기술고시 | 기술사 | 변리사 | 공무원
공사 | 공단 | 화공기사 대비

100주

공업
화학

이홍주 지음

BM (주)도서출판 **성안당**

■ 도서 A/S 안내

　화학공업은 산업 전반에 걸쳐 필요한 각종 원료나 화학제품을 생산하는 기간산업으로서, 전 세계적으로 국가 기반기술로 그 위치를 공고히 하고 있습니다. 또한 석유화학, 정밀화학, 촉매공학, 생물공학 등 제품생산에 관계되는 분야는 물론, 각 생산공정의 최적화를 위한 공정설계나 제어, 그리고 환경공학, 원자력을 포함한 에너지공학 등 현재 화학공학 분야에서 다루어지고 있는 분야는 매우 광범위합니다.

　신소재 분야 또한 미래의 첨단기술로 평가되며 고분자재료, 무기재료 등 다양한 기능과 용도의 소재 개발 및 응용이 이루어지고 있습니다. 이러한 화학공업의 전반적인 발전을 위한 제반환경을 조성하기 위해서는 전문지식과 기술을 갖춘 인재가 필요하며, 이를 위하여 이론과 실습을 겸비한 화학공학 전문인력 양성을 위한 교육자료 확보 및 교육여건 조성이 무엇보다도 중요합니다. 최근에는 공무원 및 공단 입사 열풍과 전공에 대한 중요성이 높아지고 있으나 화공기술 교육기관의 미비와 교육자료의 부재로 수험생들이 많은 어려움을 겪고 있는 실정입니다. 이에 체계화된 화공분야의 교육여건을 수립하고 이론과 실습을 통해 전문지식과 기술을 겸비한 전문인을 양성하여 산업체 및 공사, 공단, 공무원 분야로의 진출을 돕고자 기존의 수험서와는 다른 패턴의 수험서를 집필하려고 노력하였습니다.

　첫째, 최근 기출문제 분석을 통한 문제의 유형화와 유형에 따른 이론요약 및 핵심정리를 통한 풍부한 사고력 배양을 할 수 있도록 구성하였습니다.

　둘째, 유기, 무기, 고분자, 섬유, 환경공업 분야의 전문가의 경험과 수험생 및 합격자들의 입장에서 생각하고, 재해석하여 명쾌하고 정확하게 서술하였습니다.

　셋째, 100가지 주제(100주)로 정리한 체계적이고 함축적인 입문의 구성과 풍부한 읽을거리를 제공하였으며 이론의 체계적 접근을 위해 알고리즘식 사고로 기술하여 논리적 해설을 통한 바른 문제접근방식을 제시하였고 요약 및 개체 흐름도, 표의 체계적 정리를 통해 효율적, 논리적 구성에 심혈을 기울였습니다.

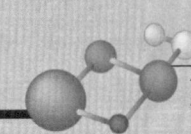

Preface

넷째, 용어의 정비, 오류의 교정, 공업화학 기출문제 분석을 통한 관련 내용 추가 보완, 2018~2024년 9급 기출문제 중 공업화학 분야의 부록 추가 등을 통해 최신의 경향을 반영하였습니다. 기출문제 각 문항의 해설에는 100주 공업화학의 참고 주차를 기입하여 시험을 앞둔 수험생들의 학습에 도움이 되도록 하였습니다.

어려운 여건 속에서도 수험생의 입장에서 본서를 출간해 주신 성안당 관계자 여러분께 감사드리며 긴 시간 속에서도 항상 출판을 위해 헌신적으로 도와주신 성안당 최옥현 전무님께 감사의 말씀을 드립니다.

저자 씀

Ⅰ. 공무원 공업화학 문제유형을 분석하자면 …

1 지식형

"기초적인 공부는 하였는가?" = 전공이해능력(인지)

① 용어(1단계) : 기본적 용어 습득 여부, 정확한 정의를 알아두어야 한다.

공업화학이란 과목에 대해 "기초적인 학습은 하였는가? 용어, 정의, 기출문제, 옥탄가란? 세탄가란?

② 원리(개념) : 원리에 대한 기본적인 응용

화학에서 이용되는 여러 기초 원리에 대해 이해하고 있는가?

> 예 전자분포에 의한 반응성 문제(극성 반응), 반응속도

> 기출 다음 화합물의 친전자성 방향족 치환반응에 대하여 반응성이~?

> 기출 다음 친전자체 화합물 중에서 치환반응의 반응속도(=반응성)가~?

> 기출 주어진 전기화학전지의 산화, 환원반응을 올바르게 표시한 것은?

③ 종류 : 학습의 목적이 되는 것이다. 분명히 아닌 것을 찾는다.

> 기출 다음 중 아미노산이 아닌 것은?
>
> ① 글리신 ② 글루코오스 ③ 류신 ④ 리신
>
> 정답은 ② 글루코오스, 글루코오스는 당의 일종이다.

2 특성형

"비교・대조하여 감각적 인지를 하고 있는가? = 전공비판능력

특성은 우리가 알고자 하는 대상에 대한 다른 객체가 지니지 못한 특이한 점을 알아두는 것이다. "내 친구 영철이는 머리가 크다"에서처럼 특징을 포착하고 관찰하는 능력을 측정하는 분야이다.

① 성질 및 특성(1단계) : 표면적 인지

> 기출 다음 중 고분자 화합물의 성질을 잘못 설명한 것은?

> 기출 유지의 주성분인 고급 지방산의 특성으로 옳지 않은 것은?

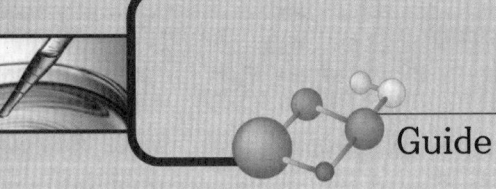

② 속성(2단계) : 내부적 고찰(하부 항목의 개념이 조금 더 자세하다)

　　기출　음료수병으로 사용되고 있는 P.E.T와 관련이 없는 것은?

　　　　선택지를 보면, 가지형 고분자, 에틸렌글리콜, 에스테르 교환반응, 테레프탈산 디메틸에스테르 등 다소 연관성이 없는 환란변수를 산재시켜 놓고, 다소 함정을 만들어 놓은 난이도가 조금 있는 문제이다. 종합적으로 학습한다면 별 문제 없다.

③ 용도(3단계) : 성질, 특성 및 속성을 이해하고 용도를 암기하면 조금 더 알기 쉽다.

　　기출　제올라이트의 용도로 알맞지 않은 것은?

3 반응 추리형

"기본적으로 알고 있는 개념을 이용하여 과거에 있었거나 미래에 일어날 사건을 추리할 수 있는가?" = 전공추리능력

이러한 유형의 문제는 반응물을 주고 생성물을 묻는 문제, 생성물을 주고 합성법을 묻는 문제로 크게 둘로 나뉜다. 먼저 중요한 반응 위주로 반응법을 익히고, 그 개념과 원리를 학습하면 쉽다. 반드시 이유는 있다. Markovnikov 법칙과 같은 원리, 입체장애 등 기본적인 원리를 들어 학습하자.

　　기출　화합물 A에 B를 첨가반응시킬 때 주생성물(major product)은?

　　기출　물질의 합성법으로 적절한 것은?

4 공정 분석형

"일반적으로 제품을 만들기 위한 목적과 제품이 만들어지는 과정을 감각적으로 이해하고 분석할 수 있는가?" = 전공분석능력

이러한 유형의 문제는 공정에 대한 개괄적인 절차를 익힌다. 예를 들어, 펄프를 만들려면 원목이 있어야 하고, 원목을 사용 가능한 원재료 형태로 가공해야 하고, 이것을 절단하는 공정이 필요할 것이고, 제품의 목적에 맞게 가공하는 공정이 필요하고, 건조, 염색 등 제품화하는 단계가 필요할 것이다. 각 분야에 특이사항은 문제로 만들기 용이하니, 출제자의 시각에서 비판적으로 학습하자.

① 목적

　　기출　석유 원료를 가공하는 방법 중 화학적 전환공정의 가장 큰 목적은?

　　기출　유지의 가공단계에서 수소 첨가의 목적이 아닌 것은?

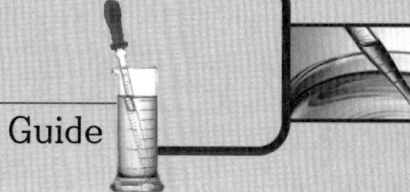
② 공정 순서도 및 흐름 이해

[기출] 펄프 제조 시 종이에 액체가 침투하는 것을 막기 위하여 처리하는 공정은?

[기출] 큐멘 제조공정과 관련 없는 것은?

③ 제조방법

[기출] 황산암모늄(황안)을 제조하는 방법이 아닌 것은?

[기출] 접촉식 황산 제조공정에 대한 설명으로 옳지 않은 것은?

Ⅱ. 객관식 문제를 풀기 위한 Tips 알아두면 …

먼저, 개인차가 있음을 전제로 하니, 문제가 없는 사람은 보지 않아도 된다.

① 항상 문제에 ○, △, ×를 하는 습관을 기르자. 중요한 것은 △의 판단이다.
② 어려운 문제는 가능성을 50%화시킨다. 둘 중에 하나를 선택한다. (셋이나 넷 중에 선택한다면 과감히 찍어라. 고민하다 시간만 날아간다) 반드시 이유를 찾아 머릿속으로 검증한다.
③ 서술형 문제를 먼저 푸는 것이 효율적이다. 초반에 조금 더 집중을 한다. 집중의 강약을 잘 조절해야 한다. 아니면 토익시험처럼 그냥 머리 터지고, 얼굴이 붉어져 제정신이 아니게 된다. 그러면 곤란하다 생각한다.
④ 계산에 공식이 떠오르지 않으면 역산법(거꾸로 생각해 본다), 공식을 만들어 낸다.
⑤ 반드시 문제에는 출제 포인트가 있다. 그것을 명확히 알자. 제대로 공부하지 않은 사람은 요즘 같은 시험 분위기로는 포인트를 모르고 시험치면 힘들다. 운을 바란다면, 무릎팍 도사를 찾아가는 것이 좋을 듯 싶다.

Ⅲ. 공업화학 학습을 위한 당부를 하자면 …

항상 '정의－특성－반응(원리)－종류－제법－용도－특이사항'으로 학습하길 바란다. 여러분의 앞길에 합격이 함께 하길 바란다.

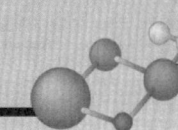

❶ 100가지 주제로 정리한 체계적이고 압축적인 입문의 구성과 풍부한 읽을거리

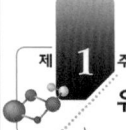

제 **1** 주

유기화합물의 개요

제1주제 유기화합물의 특성

1. **[유기화합물의 정의]** 유기화합(organic compounds)이란, 일반적으로 탄소화합물을 가리키는 명칭이다.
2. **[예외]** 홑원소 물질인 탄소(C), 탄소산화물(산화탄소), 금속의 탄산염, 시안화물ㆍ탄화물 등을 제외한 탄소화합물의 총칭이다.
3. **[고전 유기화합물]** 18C 후반 과학자들은 '유기화합물을 생명체로부터 얻어지는 물질'이라 정의하였다. 이에 따라, '생명현상'에 관련된 유기화합물은 유기물에서 비롯된다고 생각하였다.
4. **[Wöhler의 무기물로부터 유기화합물의 합성]** 1828년 F. Wöhler는 무기물로 알려진 시안산암모늄($NH_4^+NCO^-$)으로부터 유기물인 요소(urea, $(NH_2)_2CO$)의 합성에 성공하였다. 이로써, '생명현상'이란 관념은 서서히 사라졌다.
5. **[유기'란 단어의 통상적 의미]** 과학에 있어서 '생명현상'의 소멸에도 불구하고, "유기농 식품", "유기비료" 등 생명체로부터 온 것(천연)이라는 의미로 통용되고 있다.
6. 여러 요소에 기인한 유기화합물의 특성은 다음과 같다.
   ① **[구성원소]** 주요 구성원소는 탄소, 수소, 산소와 [...]
   ② **[종류]** 구성원소의 종류는 무기화합물에 비해 적[...] 없다.
   ③ **[비전해질]** 유기화합물은 전해질보다 비전해질이[...]
   ④ **[개시제]** 유기화합물을 반응을 진행시키기 위해 [...] 응속도를 빠르게 한다.
   ⑤ **[녹는점과 끓는점]** 주로 비금속원소로 된 유기화[...] 부분이기 때문에 녹는점, 끓는점도 낮다. 이는 [...] 간의 인력이 약하기 때문에 보통 300℃ 이상의 [...]
   ⑥ **[반응조건]** 유기화합물의 반응은 그 조건에 따라 [...] 가 높고 낮음에 따라 에텐 또는 에테르가 생긴다[...] 압력, 촉매, 시약 등의 조건에 따라 다르다.
   ⑦ **[탄화수소의 연소]** 유기화합물은 연소되어 이산[...]
   ⑧ **[반응기구, mechanism]** 유기화합물의 반응은 [...] 으로 진행되기 때문에 중간생성물(intermediate)[...]
   ⑨ **[유기용매]** 극성용매인 물보다는 알코올, 에테르[...]
   ⑩ **[이성질체]** 유기화합물 중에는 같은 분자식을 가[...]
   ⑪ **[분자 간 힘]** 유기화합물은 탄소를 주축으로 하여 [...] 성하므로 그 성질은 Van der Waals힘, 수소결[...]

2. 입체 이성질체(stereoisomers)

(1) **광학 이성질체** : 이는 거울상체라고도 하며, 서로의 거울상들이 겹치지 않는 입체 이성질체이다.
   1) 거울상체 분자는 손대칭성인 화합물에서만 존재한다.
   2) 손대칭성이란 분자의 거울상이 서로 겹치지 않는 분자들 간의 관계를 말한다.
   3) 알켄 입체 이성질체들은 손대칭성이 아니다. (이는 기하 이성질체로 분류한다)
   4) 즉, 거울상체란 4개의 다른 그룹들이 연결된 정사면체의 탄소원자(키랄탄소)를 가진 모든 분자에는 한 쌍의 거울상체가 존재한다.
   5) 손대칭성을 지닌 화합물을 '키랄 화합물'이라 한다.

(2) **기하 이성질체** : C=C 이중결합의 회전의 제약으로 인해 서로 전환하지 않는 이성질체이다. 보통 C=C 결합에서 나타나지만 팔면체 착화합물, 고리형 화합물에서도 기하 이성질체가 존재한다. 같은 방향에 치환기가 존재하면 cis, 반대방향에 존재하면 trans 이성질체라 한다.

(cis-1,2-Dichloroethene)   (trans-1,2-Dichloroethene)

정리 광학 이성질체 이름짓기 순서 : (R-S)체계

① 입체중심인 탄소에 연결된 4개의 그룹 각각에 우선권(priority) (a)>(b)>(c)>(d)를 부여한다. 우선권은 입체중심에 곧바로 연결된 원자의 번호에 따라 먼저 정한다.
② 입체중심인 탄소에 연결된 원자의 번호에 따라서 우선권을 정할 수가 없을 때는 정해지지 않은 그룹의 원자들의 다음 조합을 살펴본다. 이러한 과정을 우선권이 정해질 때까지 계속하고 처음 달라지는 점에서 우선권을 정한다.
③ 이제 구조식을 회전하여 가장 낮은 우선권(d)이 우리 눈에서 가장 멀리 보이도록 위치시킨다. 우리의 눈 앞에서 3방이 펼쳐질 것이다.
④ 우선순위에 따라 회전시켜 본다. 시계방향으로 회전하면 (R)이고, 반시계방향으로 회전하면 (S)이다.
※ 위에서 (a), (b), (c), (d)는 우선권을 부여하기 위한 임의의 선정임.

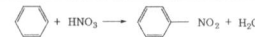

기출 및 예상 문제

01 니트로화합물(nitro-compounds)의 용도에 관한 설명 중 옳지 않은 것은?
   ① 폭발물질로 많이 이용된다.
   ② 염료의 중간체로 많이 이용된다.
   ③ 환원에 의하여 아민화합물을 합성하는 데 많이 이용된다.
   ④ 향료로 많이 이용된다.

02 다음 반응과정에 대한 설명으로 옳은 것은?

$$\bigcirc + HNO_3 \longrightarrow \bigcirc - NO_2 + H_2O$$

   ① NO_2^+에 의한 친전성 치환반응이다.
   ② NO_2^-에 의한 친전자성 첨가반응이다.
   ③ NO_2^+에 의한 친전자성 치환반응이다.
   ④ NO_2^-에 의한 친핵성 중합반응이다.

다음 설명 중 옳지 않은 것은?
   [...]화한다.
   [...]화한다.
   [...]로메탄이 생성되기도 한다.

[...]설명 중 옳지 않은 것은?
   [...]하게 이루어진다.
   [...]반응이 빠르다.
   [...]으로 느리다.
   [...]C 정도에서 실시한다.

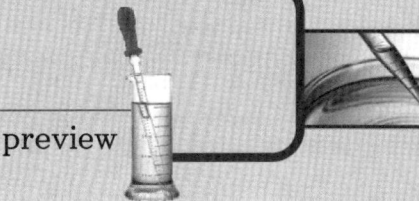

❷ 이론의 체계적 접근 : 메커니즘-알고리즘식 사고

강산(약염기)   약산(강염기)

➡ 아세트산이 에탄올에 비해 더 큰 산도를 지니는 핵심 요인은 그것의 카보닐(C=O) 그룹이 에탄올의 위치에 대응되는 CH₂ 그룹에 비해 강력하게 전자를 끄는 유발효과를 가진 점이다.

(5) 화학적 안정성과 에너지

1) 화학에너지는 위치에너지로서 서로 다른 두 분자 사이에 인력이나 척력 때문에 존재한다.

2) 한 화합물의 상대적인 안정도는 상대적인 위치에너지와 반비례한다. 위치에너지가 클수록 그 계는 덜 안정하다.

(6) 산도에 대한 용매의 효과

1) 용매가 없을 때(圖 기체상태) 대부분의 산은 용액 속에서보다 아주 약해진다.
① 아세트산은 기체상태에서 pKa≒130이다. 그 이유는 기체상태에서 아세트산 분자가 물분자에게 양성자를 줄 때, 생긴 이온들은 반대전하를 띠게 되고, 이 입자들이 분리되어야 한다. 용매가 없이는 이런 분리가 힘들다.

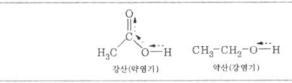

② 용액에서는 용매분자가 이온들을 둘러싸고 있어서 이온끼리 차단되어 안정화되고 기체상태에 있을 때보다 쉽게 분리된다.

2) 수용액 중 아세트산의 이온화에서 물분자는 해리하지 않는 산(CH₃COOH)과 그것의 음이온(CH₃COO⁻)이 모두 수소결합을 형성하여 안

3) CH₃COO⁻의 수소결합이 CH₃COOH의 수소결합보다 더욱 강하게 끌리기 때문이다.

4) 어떤 화학종을 용매화하면 용매 분자가 용질 분 트로피를 감소시킨다.

(7) 산·염기 반응의 결과 예상

1) 산·염기 반응은 항상 더 약한 산과 더 약한 염

더 강한 산   더 강한 염기
pKa=3~6

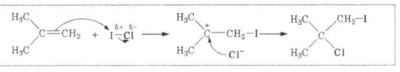

➡ 알켄에 라디칼 첨가반응 : HBr의 anti-Markovnikov 첨가반응
① HBr이 알켄에 첨가하는 방법에는 이온성 첨가반응과 라디칼 첨가반응 두 가지가 있다.
② 이온성 첨가반응은 Markovnikov 첨가반응을 한다.
③ 과산화물이 존재하여 양성자보다 크기가 큰 브로민원자(Br·)가 이중결합을 먼저 공격한다. 이것은 라디칼 메커니즘에 따라 입체장애가 덜한 탄소원자에 달라붙어 더욱 안정한 라디칼 중간체를 형성한다.

$$CH_3-CH=CH_2 \xrightarrow{Br\cdot} CH_3-CH-CH_2Br \xrightarrow{HBr} CH_3-CH-CH_2Br$$
더 안정한 라디칼

4. 제거반응(elimination reaction)

(1) 제거반응이란 반응물의 인접한 원자들로부터 어떤 분자(YZ)가 제거되는 반응을 말한다.

(2) E1과 E2 반응의 비교 : 아래 [예제]를 바탕으로 이해해 보자.

[예제] Alkane에서 Alkene으로의 제거반응(elimination reaction)인 E1과 E2 반응에 대해 다음을 각각 설명하시오.

---

② 수소를 포함한 모든 고리의 치환기를 Q라 하고, 다음 그림과 같은 메커니즘을 갖는다.

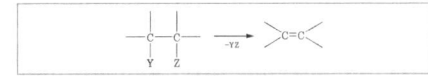

아레늄이온

...이탈기(leaving group), ⓒ 염기(base), ⓓ 용... ...하여 E1과 E2의 상대적인 우위를 논하시오.

2) 전자를 주는(미는, donating) 그룹이 치환기로 있을 때
① 아레늄이온에 이르는 전이상태를 안정화시킨다.
② 반응속도는 빨라진다.

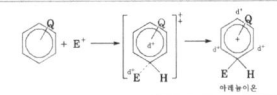

유기 전자를 받아 냄   전이상태가 더 안정화됨   아레늄이온 더 안정화됨

3) 전자를 끄는(withdrawing) 그룹이 치환기로 있을 때
① 아레늄이온이 불안정화된다.
② 반응속도는 느려진다.

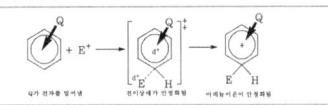

유기 전자를 끌어 냄   전이상태가 덜 안정화됨   아레늄이온 더 안정화됨

(3) 유발효과(방향족 반응성)

1) 원자의 전기음성도와 작용기에 따라 σ 결합을 통해서 전자를 밀어주거나 끌어당기는 효과를 말한다.

2) 방향족 고리에 결합한 치환기는 그 결합의 극성 때문에 전자를 유도적(inductive)으로 끌어당긴다.

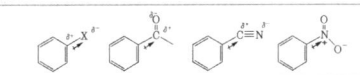

3) 알킬기(R-)는 전자를 주는(미는) 그룹이다.(C₆H₅ ← CH₃)

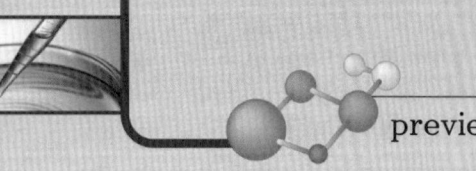

③ 최신 기출문제와 논리적 해설, 바른 문제접근방식 제시

기출 및 예상 문제

01 다음 [보기] 화합물들의 친전자성 방향족치환반응에 대하여 반응성이 낮은 것부터 증가하는 순서로 나타낸 것은? ● 07 국가직 9급

[보기]

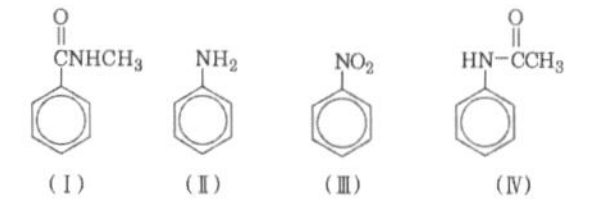

CNHCH₃ (I)   NH₂ (II)   NO₂ (III)   HN-CCH₃ (IV)

① (Ⅱ), (Ⅰ), (Ⅳ), (Ⅲ)　　② (Ⅱ), (Ⅳ), (Ⅰ), (Ⅲ)
③ (Ⅲ), (Ⅰ), (Ⅳ), (Ⅱ)　　④ (Ⅲ), (Ⅳ), (Ⅰ), (Ⅱ)

02 다음 그림에서 물질의 합성법으로 적절한 것은? ● 07 국가직 9급

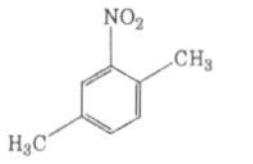

NO₂, CH₃, H₃C

① benzene $\xrightarrow{HNO_3/H_2SO_4}$ product $\xrightarrow{CH_3Cl/AlCl_3}$
② toluene $\xrightarrow{HNO_3}$ product $\xrightarrow{CH_3Cl/AlCl_3}$
③ p-xylene $\xrightarrow{HNO_3/H_2SO_4}$
④ m-nitrotoluene $\xrightarrow{HNO_3/H_2SO_4}$

08 유기화합물 lactic acid 분자는 공간으로 나눌 수 있다. 다음 중 어느 것이

① COOH H OH H₃C
② HO HOOC H
③ OH C H H₃C COOH
④ HOOC H CH₃ HO

09 다음 화합물의 이름을 명명한 것으로 바르지 않은 것은?

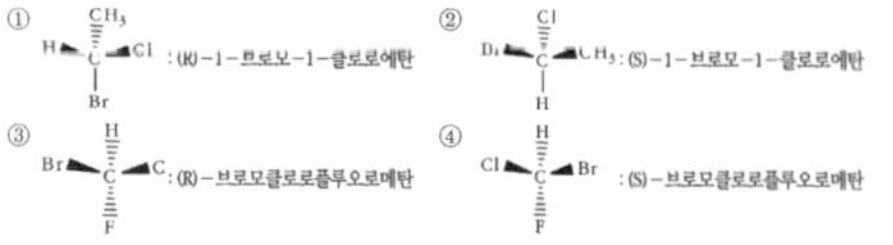

① CH₃ H Cl Br :(R)-1-브로모-1-클로로에탄
② Cl H CH₃ Br :(S)-1-브로모-1-클로로에탄
③ Br H C F :(R)-브로모클로로플루오로메탄
④ Cl Br C F :(S)-브로모클로로플루오로메탄

정리　반응성과 배향에 미치는 치환기 효과 **

치환기를 가진 벤젠이 친전자성 공격을 받을 때, 고리에 이미 있던 그룹(치환기)은 반응속도와 공격의 위치에 영향을 준다. 그러므로 치환기는 방향족치환반응의 **반응성**과 **배향**에 모두 영향을 끼친다. 치환기를 반응성의 영향에 따라 두 가지로 분류하면, 고리가 벤젠 자체보다 더 큰 반응성을 갖도록(전자를 밀어주는) 하는 것을 **활성화기**(activating group), 벤젠보다 반응성을 작게 하는 그룹은 **활성감소기**(deactivating group)라 한다.
① 활성화기 ⇒ ortho-para 지향기
② 활성감소기 ⇒ meta 지향기
③ [예외] 할로겐 치환기 ⇒ 활성감소기이며, ortho-para 지향기

[친전자성 방향족치환반응에서 치환기 효과]

ortho-para 지향기	meta 지향기
• 강한 활성화 　−NH₂, −NHR, −NR₄, −ÖH, −Ö⁻ • 보통 활성화 　−NHOOCH₃, −NHCOR, −OCH₃, −OR • 약한 활성화 　−CH₃, −CH₂CH₃, −R, −C₆H₅ • 약한 불활성화 　−F, −Cl, −Br, −I	• 보통 불활성화 　−C≡N, −SO₃H, −CO₂H 　−CO₂R, −CHO, −COR • 강한 불활성화 　−NO₂ 　−NR₄⁺ 　−CF₃, −CCl₃

02 ③

유형　자일렌의 니트로화반응과 지향성

해설　① 벤젠의 니트로화를 통해 니트로벤젠을 만들고, 이를 알킬화시키면 니트로기가 활성감소기이므로 meta−니트로톨루엔(모노니트로톨루엔)이 형성된다.
② 톨루엔을 니트로화하면 다음과 같다. 이후 o−니트로톨루엔이 형성되므로, 이를 알킬

기출 및 예상 문제

01 석유를 정제하는 1단계인 토핑과정에서 분류되는 유분은 주로 어떤 성질의 차이를 이용한 것인가? ● 97 서울시 9급

① 밀도　　　　　　　② 용해도
③ 끓는점　　　　　　④ 삼투압

02 원유의 성분 중 에틸렌과 프로필렌의 원료가 되는 것은? ● 06 국가직 9급

① 나프타(naphta)　　② 등유(kerocene)
③ 경유(diesel)　　　④ 중유(heavy oil)

03 원유에 거의 포함되어 있지 않은 것은? ● 06 국가직 9급

① 파라핀계　　　　　② 올레핀계
③ 나프텐계　　　　　④ 방향족

(친전자성 방향족치환반응 해설 이어짐) ...이 있기 때문에, o−, p− 지향하여 결합하므로 정답이다. ...o−, p− 지향하여 문제와 같이 될 수 없다.

...화수소이지만, π결합에 의해 비편재화되어 있다. 이는 ...당히 안정하다. 따라서 첨가반응보다는 치환반응이 주

...거하고, 가열로에서 가열한 후, 상압 증류탑에 들어가서 끓... 유 등의 유분과 찌꺼기유로 나누어지는데 이를 상압 증류... 라 하고, 석유정제공업의 제1단계로서 토핑(topping)이라 한다. 이는 끓는점 차이를 이용해 원유를 각 유분으로 분리하는 방법이다.

02 ①

유형　석유정제공정과 나프타

해설　나프타(납사, naphta)는 석유화학공업의 기초원료가 되는 중요한 재료로 이를 이용하여 에틸렌, 프로필렌, 부타디엔을 만들 수 있다.

03 ②

유형　원유의 성분

해설　올레핀은 원유의 성분 중에 거의 없다. 이는 석유화학공정을 통해 만들어진다.

04 ⑤

유형　석유화학공업 전반과 나프타

해설　나프타는 고분자라고 볼 수 없다. 전반적인 내용에 관한 문제로, 잘 이해해 두기 바란다.

④ 요약 및 개체 흐름도, 표의 체계적 정리

1. 석유정제공정의 개요

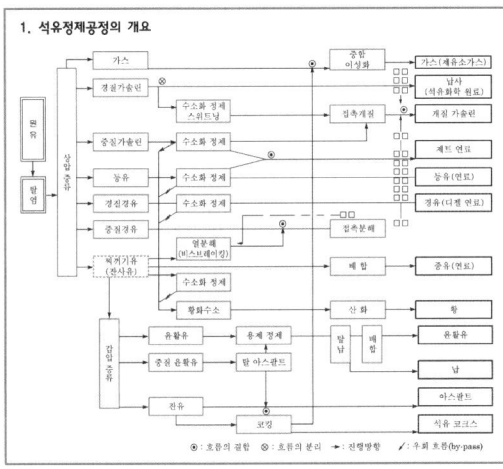

⊕ : 흐름의 결합   ⊗ : 흐름의 분리   → : 진행방향   ⊷ : 우회 흐름(by-pass)

[LNG와 LPG의 물성 비교]

구분		LNG	LPG	
	주성분	CH_4	C_3H_8	C_4H_{10}
물성	비중(공기대비)	0.55	1.52	2.01
	연소범위(%)	5~15	2.0~9.5	1.5~9.0
	발화온도(℃)	537	450	287
	액화온도(℃)	−162	−42.1	−0.5
	주용도	도시가스	가정, 취사	수송

[여러 가지 기체의 액화온도]

(단위 : ℃)

질소	공기	메탄	에탄	프로판	n−부탄	n−펜탄	n−헵탄	물
−196	−194	−162	−89	−42	−0.5	36	98	100

[기타 연료가스(fuel gas)의 제법 및 용도]

구분	제법 및 성분	용도
재유소가스	• 원유의 상압증류에 의해 원유 속에 용해된 경질 포화 탄화수소(C_1~C_5)가 가스로서 분리된 것을 말한다. • 증류가스 또는 석유가스라고도 한다. • 광의로, 석유정제공정 중의 분해, 개질공정에서 발생하는 가스를 포함한다.	• 공업용 연료 • 석유화학용 연료
합성가스 (synthesis gas)	• 여러 혼합비에서 만든 CO와 H_2의 가스 혼합물이다. • 석탄과 수증기의 반응에서 얻어지는 합성가스는 수성가스와 CH_4의 가수분해에서 얻어지는 것으로 분해가스라고도 부른다. • 석유가스, 나프타 등의 석유류에도 합성가스제조에 사용된다. • 합성가스의 제조방법에는 수증기 개질법, 무촉매 열분해법, 부분산화법 혹은 이들의 조합으로 제조한다.	• 메탄올 제조용 CO + $2H_2$ • 옥소가스(CO+H_2) 올레핀의 히드로포밀화, 수소 / CO의 제조, Fischer − Tropsch법에 의한 탄화수소 제조용에 쓰인다.
수성가스 (water gas)	• 합성가스의 일종으로, 고온으로 가열한 코크스에 수증기를 작용시키면 생성되는 가스이다. • 합성가스이므로 수소와 CO가 주성분이다.	• NH_3나 메탄올의 합성원료 • 환원용 수소원
발생로가스	• 공기에 의해 석탄을 부분산화시켜 얻어지는 가스이다. • 주성분은 CO와 N_2이다(3 : 7).	• CO를 사용하는 여러 합성 반응의 원료
코크스로 가스	석탄의 건류로 얻어지는 가스, 주성분 CH_4, H_2이다.	• 연료 또는 수소의 제조
유가스	• 석유의 분해에 의해 제조되는 도시가스용의 가스이다. • C_1~C_4가 주성분이다.	• 도시가스용 • 에틸렌을 분리하여 이용

정리 · 짝불포화계(conjugated unsaturated system)와 알릴기(allyl group)

1. 콘쥬게이션(conjugation) : 이중결합 옆에 있는 원자에 p궤도를 가진 화학종 간의 결합을 말한다.
이중결합의 인접한 원자에 한 p궤도를 가진 계(비편재화된 π 결합을 가진 분자)를 짝불포화계라 부른다.
이런 일반적인 현상을 짝지음(conjugation)이라고 부른다.

2. 알릴자리 치환반응
프로필렌이 저온에서 브로민이나 염소와 반응하면 대개 이중결합에 할로젠이 첨가된다.

$$CH_2=CH-CH_3 + X_2 \xrightarrow[\text{(첨가반응)}]{\text{저온}} CH_2-CH-CH_3$$
$$\qquad\qquad\qquad\qquad CCl_4 \quad \overset{|}{X}\quad\overset{|}{X}$$

그러나 프로필렌이 고온에서 염소나 브로민과 반응하거나 할로젠의 농도가 아주 적은 조건에서는 치환반응이 일어난다.

$$CH_2=CH-CH_3 + X_2 \xrightarrow[\substack{\text{낮은 농도의}\\X_2\text{(치환반응)}}]{\text{고온 또는}} CH_2=CH-CH_2-X + HX$$

이 치환반응에서 할로젠원자는 프로필렌의 메틸 그룹에 있는 한 수소원자를 치환한다. 이 수소원자를 알릴자리 수소원자(allylic hydrogen atoms)라 한다. 이 반응을 알릴자리 치환반응이라 한다.

3. 알릴자리의 안정성
• 상대적인 안정도 : 알릴기 > 3° 탄화수소 > 2° 탄화수소 > 1° 탄화수소 > 비닐기
• 알릴구조는 공명에 의해 안정화되어 있다. 치환반응을 할 때, 반응속도가 빠르다.

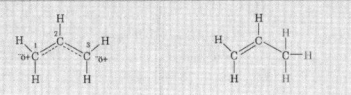

정리 · 이성질체(isomer)의 종류 / 알칸 이성질체의 수

이성질체(isomer)의 종류	알칸 이성질체의 수

구조 이성질체 ┬ 주쇄(chain) 이성질체
             ├ 위치(position) 이성질체
             └ 작용기(functional) 이성질체
입체 이성질체 ┬ 거울상(광학) 이성질체
             ├ 부분 입체 이성질체
             └ cis−trans 이성질체
	• 부탄(butane) (C_4H_{10}) : 2개
	• 펜탄(pentane) (C_5H_{12}) : 3개
	• 헥산(hexane) (C_6H_{14}) : 5개
	• 헵탄(heptane) (C_7H_{16}) : 9개
	• 옥탄(octane) (C_8H_{18}) : 18개
	• 노난(nonane) (C_9H_{20}) : 35개
	• 데칸(decane) ($C_{10}H_{22}$) : 75개

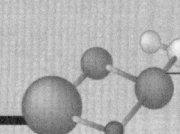

100주 공업화학

차 례

Contents

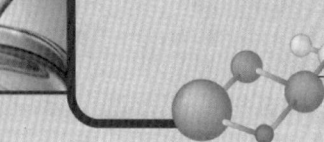

Contents

Contents

Contents

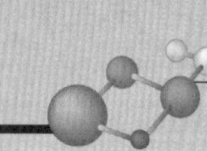

Contents

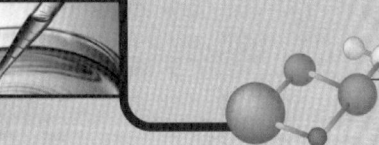

Contents

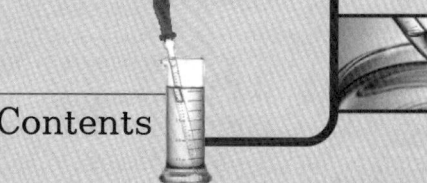

Contents

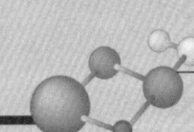

Contents

제3편   고분자화학과 유기정밀화학

Contents

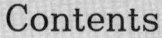

Contents

Contents

Contents

Contents

Contents

Contents

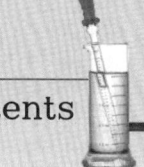

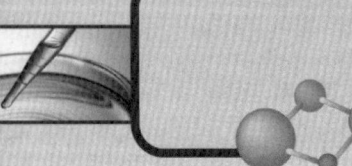

Contents

Contents

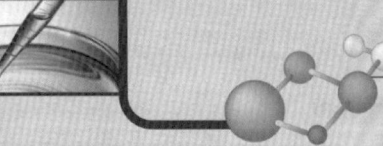

Contents

Contents

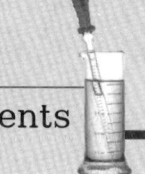
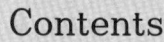

제8편   무기정밀화학, 세라믹스, 핵 및 분석

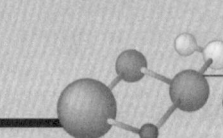

Contents

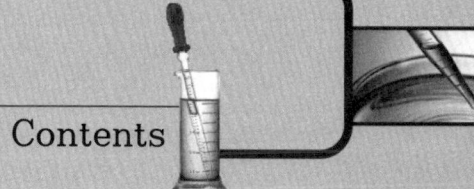

Contents

성공하려면

당신이 무슨 일을 하고 있는지를 알아야 하며,

하고 있는 그 일을 좋아해야 하며,

하는 그 일을 믿어야 한다.

-윌 로저스(Will Rogers)-

☆

때론 지치고 힘들지만 언제나 가슴에 큰 꿈을 안고 삽시다.

노력은 배반하지 않습니다.^^

제 **1** 편

유기물화학과
단위반응

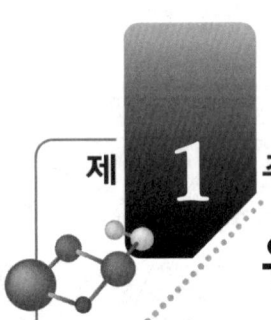

제 1 주

유기화합물의 개요

제1주제   유기화합물의 특성

1. **[유기화합물의 정의]** 유기화합물(organic compounds)이란, 일반적으로 탄소화합물을 가리키는 명칭이다.

2. **[예외]** 홑원소 물질인 탄소(C), 탄소산화물(산화탄소), 금속의 탄산염, 시안화물·탄화물 등을 제외한 탄소화합물의 총칭이다.

3. **[고전 유기화합물]** 18C 후반 과학자들은 '유기화합물을 생명체로부터 얻어지는 물질'이라 정의하였다. 이에 따라, '생명현상'에 관련된 유기화합물은 유기물에서 비롯된다고 생각하였다.

4. **[Wöhler의 무기물로부터 유기화합물의 합성]** 1828년 F. Wöhler는 무기물로 알려진 시안산암모늄 $(NH_4^+NCO^-)$으로부터 유기물인 요소(urea, $(NH_2)_2CO$)의 합성에 성공하였다. 이로써, '생명현상'이란 관념은 서서히 사라졌다.

5. **['유기'란 단어의 통상적 의미]** 과학에 있어서 '생명현상'의 소멸에도 불구하고, "유기농 식품", "유기 비료" 등 생명체로부터 온 것(천연)이라는 의미로 통용되고 있다.

6. 여러 요소에 기인한 유기화합물의 특성은 다음과 같다.
   ① **[구성원소]** 주요 구성원소는 탄소, 수소, 산소와 질소, 황, 인, 할로겐 원소 등이다.
   ② **[종류]** 구성원소의 종류는 무기화합물에 비해 적지만, 종류는 수백만에 이르러 무기화합물에 비해 많다.
   ③ **[비전해질]** 유기화합물은 전해질보다 비전해질이 더 많다.
   ④ **[개시제]** 유기화합물은 반응을 진행시키기 위해 가열하거나, 광선을 쬐어주거나, 촉매를 사용해 반응속도를 빠르게 한다.
   ⑤ **[녹는점과 끓는점]** 주로 비금속원소로 된 유기화합물은 공유결합성(covalent bonding) 물질이 대부분이기 때문에 녹는점, 끓는점도 낮다. 이는 유기화합물의 대부분이 무극성 화합물이어서 분자 간의 인력이 약하기 때문에 보통 300℃ 이상의 끓는점과 녹는점을 가지는 것은 드물다.
   ⑥ **[반응조건]** 유기화합물의 반응은 그 조건에 따라 매우 다양하다. 예를 들면, 에탄올 가열 시 온도가 높고 낮음에 따라 에텐 또는 에테르가 생긴다. 즉, 온도에 따라 반응생성물이 달라진다. 그리고 압력, 촉매, 시약 등의 조건에 따라 다르다.
   ⑦ **[탄화수소의 연소]** 유기화합물은 연소되어 이산화탄소, 물 등이 발생하거나 열분해를 일으킨다.
   ⑧ **[반응기구, mechanism]** 유기화합물의 반응은 분자의 일부분에서 일어나는 경우가 많고, 단계적으로 진행되기 때문에 중간생성물(intermediate)이 형성된다.
   ⑨ **[유기용매]** 극성용매인 물보다는 알코올, 에테르 등의 유기용매에 잘 녹는 것이 많다.
   ⑩ **[이성질체]** 유기화합물 중에는 같은 분자식을 가지면서도 구조가 다른 이성질체가 많이 존재한다.
   ⑪ **[분자 간 힘]** 유기화합물은 탄소를 주축으로 하여 이루어진 공유결합 물질이다. 분자성 물질을 형성하므로 그 성질은 Van der Waals힘, 수소결합 등에 의해 달라진다.

1. 유기화합물의 정의 및 특징

유기화합물이란, 탄소가 함유된 화합물을 의미한다.

유기화합물은 무기화합물에 비해 다음과 같은 특성을 가지고 있다.
(1) 유기화합물은 일반적으로 탄소화합물이므로 가연성이 있다. 공기 중에서 산소공급이 충분하면 완전 연소되어 이산화탄소와 물 또는 그 밖의 간단한 분자가 생성된다. 반면에, 산소공급이 불충분할 때는 불완전 연소되어 일산화탄소가 생성된다.
(2) 유기화합물은 일반적으로 녹는점, 끓는점이 무기화합물보다 훨씬 낮으며, 가열했을 때 열에 약하여 쉽게 분해된다.
(3) 유기화합물은 일반적으로 물에 용해되기 어렵고, 알코올, 에테르 등의 유기용매에 용해되는 것이 많다. 반면에, 무기화합물은 물에 용해되는 것이 많고 벤젠, 알코올, 에테르 같은 유기용매에 용해되는 것이 적다.
(4) 유기화합물에는 이온화되지 않는 비전해질이 많으나, 무기화합물은 물에 용해 시에 양이온과 음이온으로 해리되는 전해질이 많다.
(5) 유기화합물 중에는 같은 분자식을 가지면서도 구조가 다르므로, 성질이 다른 물질이 되는 예가 많다.

기출 및 예상 문제

01 다음은 유기화합물의 특성에 대한 설명이다. 옳지 않은 것은?

① 구성하는 원소에 비해 화합물의 종류가 많다.
② 녹는점이 일반적으로 낮다.
③ 무기화합물에 비해 반응속도가 빠르다.
④ 공유결합으로 이루어져 있다.
⑤ 끓는점이 일반적으로 낮다.

02 유기화합물을 무기화합물과 비교할 때, 구별되는 성질로 바르지 못한 것은?

① 유기화합물은 비전해질인 것이 더 많다.
② 녹는점이 높다.
③ 반응속도가 느리다.
④ 공유결합을 형성하는 화합물이 더 많다.
⑤ 극성용매인 물보다 알코올과 같은 유기용매에 잘 녹는다.

03 다음 중 유기화합물의 성질을 잘못 설명한 것은?

① 구성원소에는 탄소, 수소, 산소, 질소, 황, 인, 할로겐 원소가 있다.

② 가연성이 있다.

③ 녹는점, 끓는점이 무기화합물보다 훨씬 낮으며, 가열했을 때 열에 약하여 쉽게 분해된다.

④ 유기화합물 중에는 같은 분자식을 가지면서도 구조가 다르므로, 성질이 다른 물질이 되는 예가 많다.

⑤ 무기화합물에는 이온화되지 않는 비전해질이 많으나, 유기화합물은 물에 용해 시 양이온과 음이온으로 해리되는 전해질이 많다.

 정답 및 해설

01 ③

해설 유기반응은 분자 상호 간의 충돌에 영향을 받으므로 시간이 장시간 소요되는 반응이 대부분이다. 이를 보완하기 위해 다양한 촉매를 사용한다.

02 ②

해설 유기화합물은 일반적으로 300℃ 이하의 낮은 녹는점을 가진다.

03 ⑤

해설 유기화합물은 대부분이 비전해질이다.
⑤ 선택지는 '유기' ↔ '무기'가 서로 바뀌었다.

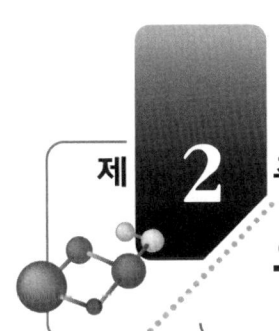

유기화합물의 분류와 기초원리

 제2주제　유기화합물의 분류

1. 사슬화합물(chain compound), 고리화합물(cyclic compound)

1. 유기화합물의 분류

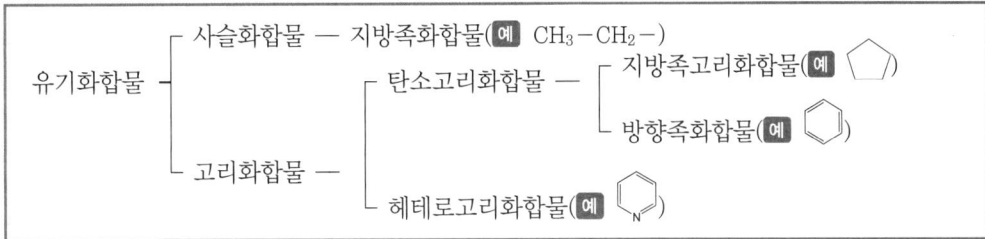

① 유기화합물은 크게 사슬화합물(chain compound)과 고리화합물(cyclic compound)로 나 눈다.

② 사슬화합물은 구조 중에 고리가 없고 구성원자들이 사슬모양으로 결합하고 있는 화합물이 다. 지방족화합물이 사슬화합물에 속한다.

③ 고리화합물은 탄소고리(carbocyclic)화합물과 헤테로고리(hetero cyclic)화합물로 나눈다. 삼각형, 사각형, 오각형, 육각형 등 고리구조를 가진 화합물이다.

2. **[작용기]** 특정 부류의 화합물 분자들은 원자들이 독특하게 배열된 형태의 존재 여부에 따라 정해진다. 이러한 형태를 작용기(functional group)라 한다. 작용기는 분자에서 대부분 반응이 일어나는 부분이 다. 곧 화합물의 화학적 성질, 대부분의 물리적 성질을 결정하는 부분이다.

➡ 카르복시기(Carboxylic group) '>C=O:'를 의미한다. 이는 지면상 한계로 인해, 여기에서 -(CO)-라 표기한다.

➡ 'R-'은 알킬기 화합물을 명명하기 위한 목적으로 정한 그룹명이다. 이는 알칸에서 수소원자 한 개 를 제거한 것이다.

2. 유기화합물의 주요 작용기

그 룹	작용기	예	IUPAC 명	관용명
알칸	$C-H$와 $C-C$	CH_3CH_3	ethane	ethane
알켄	$>C=C<$	$H_2C=CH_2$	ethene	ethylene
알킨	$-C\equiv C-$	$HC\equiv CH$	ethyne	acetylene
방향족	Aromatic Ring		benzene	benzene
할로알칸	$\rightarrow C-X$	CH_3CH_2Cl	chloroethane	ethyl chloride
알코올	$\rightarrow C-OH$	CH_3CH_2OH	ethanol	ethyl alcohol
에테르	$\rightarrow C-O-C\leftarrow$	CH_3OCH_3	methoxymethane	dimethyl ether
아민	$\rightarrow C-N<$	CH_3NH_2	methanamine	methylamine
알데히드	$-CHO$	CH_3CHO	ethanal	acetaldehyde
케톤	$R-(CO)-R'$	CH_3COCH_3	propanone	acetone
카르복시산	$-(CO)-OH$	CH_3COOH	ethanoic acid	acetic acid
에스테르	$-(CO)-OR$	$CH_3CO_2CH_3$	methyl ethanoate	methyl acetate
아마이드	$-(CO)-N<$	CH_3CONH_2	ethanamide	acetamide
니트릴	$-C\equiv N:$	$CH_3C\equiv N$	ethanenitrile	acetonitrile

3. 유기화합물의 기초원리 및 이론

(1) **실험식과 분자식** : 분자식은 C_2H_4, C_5H_{10}과 같이 실측된 시료의 분자의 양을 아보가드로 법칙에 의한 정수비로 표현한 것이고, 실험식은 분자식을 최소의 정수비로 나타낸 식을 의미한다.

   cf (분자식)$=n\times$(실험식)

(2) **원자가(valence)** : 결합을 형성하려는 능력의 척도로, 원자가전자라 하며 최외곽전자의 수($=$족번호)와 일치한다.

(3) **Kekulé 선 구조식** : 원자간의 결합을 '$-$'선으로 나타낸 구조식이다.

(4) **Lewis 점 구조식** : 원자가를 각 원소에 표시하여 이들의 결합형태를 나타낸 식이다.

(5) **구조 이성질체** : 분자식은 같으나 (구조가) 서로 다른 화합물인데, 연결모양이 다르다.

   cf 제3주제에서 자세히 다룬다.

(6) **팔전자 규칙(octet rule)** : 원자가 그 원자껍질에 8개의 전자를 지닌 전지배열을 갖는 경향을 말한다.

(7) 화학결합에 관여하는 척도

1) 이온화에너지(I_E)와 전자친화도(E_A)

　① 원자가 전자를 잃어버린 lost는 능력을 이온화에너지라 한다.

　　$X(g) \longrightarrow X^+(g) + e^-$에서의 반응에너지이다.

　　　↳ I_E는 주기율표상에서 대체적으로 우상향[↗]으로 갈수록 커진다.

　② 전자친화도는 전자를 끌어당기려는 원자들의 경향성을 말한다.

　　$X(g) + e^- \longrightarrow X^-(g)$에서의 반응에너지이다.

　　　↳ E_A는 주기율표상에서 대체적으로 우상향[↗]으로 갈수록 커진다.

2) 전기음성도(electronegativity)는 원자가 화학결합에 사용된 전자를 끌어당기는 경향의 척도이다.

　↳ 주기율표상에서 전기음성도는 우상향[↗]으로 갈수록 커진다.

(8) 화학결합

1) 이온결합 : 금속 양이온과 비금속 음이온 간의 전기적 인력에 의해 형성된 화학결합으로 주로 결정으로 존재한다. 이온 간의 전하량의 차이가 클수록, 거리가 가까울수록 이온결합이 상대적으로 강해진다(격자에너지가 크고, 녹는점이 높다).

2) 공유결합 : 비금속 원자 간의 원자가 전자를 공유함으로써 형성된 화학결합으로 동일 원자 간의 무극성 공유결합과 다른 원자 간의 극성 공유결합으로 구분된다.

(9) 작용기의 구조 확인 분석법 : 적외선 분광법(IR, Infrared Spectroscopy)

어떤 원자에 적외선을 쬐었을 때 그 분자의 양자화된 신축(stretch)과 굽힘(bending) 에너지 수준에 해당하는 파장만을 흡수한다. 이 흡수 스펙트럼을 분석하여 작용기를 알아내는 방법이 적외선 분광법이다.

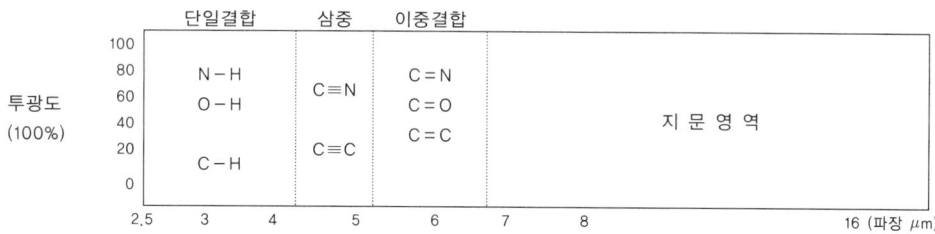

a. 4000~2500cm^{-1} : N−H(3310~3510), O−H(3200~3600), C−H(2850~2960)

b. 2500~2000cm^{-1} : R−C≡N(2210~2260), C≡C(2100~2260)

c. 2000cm^{-1} 이하 : C=O(1670~1780), ester(1735), aldehyde(1725), ketone(1715), ……, C=C(1650) 등

d. 1500cm^{-1} 이하는 지문영역(fingerprint region)이다.

(10) 핵자기 공명 분광법(NMR, Nuclear Magnetic Resonance) : 어떤 구조의 뼈대(특정결합)가 존재하는지를 점검하는 분광법으로, 적당한 진동수의 라디오파(radio wave)를 쬐어주면 평행 양성자의 자기 모멘트가 에너지를 흡수하여 높은 에너지상태인 반평행상태로 뒤집어진다. 이때 흡수된 에너지가 스펙트럼에서 신호로 관찰되어 이를 토대로 확인한다.

1) 물질구조 분석 시 탄소 주변의 수소의 수를 알 수 있다.

2) 화학적 이동(chemical shift)이란 수소 원자 주위의 화학적 환경 차이로 인한 상이한 값을 말한다.

(11) 형식전하(formal charge) : Lewis 구조를 그릴 때, 양 또는 음의 전하를 분자나 이온에 있는 원자에 표시해 두어, 그 분자의 물성이나 반응을 이해하는 용도로 쓰인다.

모든 형식 전하의 합은 분자나 이온의 전체 전하와 같다.

➡ 형식 전하＝족번호(원자가전자수)－고립전자쌍의 전자수 $-\dfrac{1}{2}$ (결합전자쌍의 전자수)

(12) 공명이론의 가정

1) 각 원자들은 팔전자 규칙을 만족하는 구조를 가진다.

2) 비공유 전자쌍과 파이전자의 위치를 변화시킴으로써 공명구조를 형성할 수 있다.

3) 실제분자는 여러 공명구조의 기여도의 조합으로 나타내는 것이 더 정확하다.

4) 표시 기호는 평형(⟷)과 구별하여야 한다. 공명의 표시 기호는 '↔'이다.

5) 실제분자의 에너지는 각각의 공명구조의 에너지보다 안정하다. 이를 '공명안정화'라 한다.

6) 동등한 공명구조는 실제분자에 동등한 기여도를 갖는다.

(13) 공명과 안정성 : 더욱 안정한 구조(따로 보았을 때)가 혼성에 더욱 기여한다.

1) 한 구조에 공유결합수가 많을수록 실제분자는 더 안정하다.

2) 원자들 모두가 팔전자 규칙에 따른 전자배치를 할 때, 특히 안정하며 혼성에 더 많이 기여한다.

3) 형식전하가 분리되면 안정도는 감소한다.

4) 전기음성도가 큰 원자에 음전하를 띤 공명구조는 덜 전기음성적이거나 전기음성적이 아닌 원자에 음전하를 띤 것보다 더욱 안정하다.

(14) 혼성오비탈이론 : 오비탈의 혼성화를 통해 분자구조를 실제에 가깝게 예측할 수 있는 이론이다.

1) sp^3 혼성오비탈은 s 오비탈과 3개의 p 오비탈이 혼성화된 오비탈로, 중심 원자 주위로 4개의 전자쌍이 공간상에서 사면체 구조로 배치된다. 분자구조는 사면체를 기본구조로 하며 비공유 전자쌍에 따라 피라미드, 굽은형 구조 등이 존재한다.

　예　메탄(CH_4), 에탄(C_2H_6), 다이아몬드 등

2) sp^2 혼성오비탈은 s 오비탈과 2개의 p 오비탈이 혼성화된 오비탈로, 중심 원자 주위로 3개의 전자쌍이 공간상에서 평면삼각형 구조로 형성된다. 분사구조는 평면삼각형을 기본구조로 비공유 전자쌍에 따라 굽은형 구조 등이 존재한다.

　예　에틸렌(C_2H_4), 보란(BH_3), 흑연, 벤젠(C_6H_6) 등

3) sp 혼성오비탈은 s 오비탈과 1개의 p 오비탈이 혼성화된 오비탈로, 중심 원자 주위로 2개의 전자쌍이 공간상에서 선형 구조로 형성된다.

> 예 아세틸렌(C_2H_2), BeH_2 등

(15) 명명법

1) 모체를 찾는다.
   ① 작용기 우선 순위를 확인한다.
   ② 우선 순위가 가장 높은 작용기를 포함하는 가장 긴 사슬을 찾는다.
   ③ 길이가 같은 서로 다른 사슬이 존재하면 곁가지 수가 많은 쪽을 선택한다.

2) 치환기 번호를 붙인다.
   ① 작용기 우선순위가 높은 탄소를 1번으로 정한다.
   ② 작용기 우선순위가 없을 경우 치환기가 결합된 탄소의 번호가 작은 번호가 되게 순서를 정한다.

3) 치환기 이름을 알파벳 순으로 나열한다. 단, 다음의 경우에는 알파벳에서 제외한다.
   ① 중복 치환기(숫자) 접두사(di-, tri-)
   ② 차수(숫자) 접두사(sec-, tert-)
   ③ N-은 위치(숫자)를 의미하는 접두사
   단, iso, neo는 숫자를 의미하는 접두사가 아니므로 치환기 이름에 포함된다.

예	
(구조식)	1. 가장 긴 사슬을 모체로 본다. → octane 2. 치환기가 낮은 번호가 되게끔 모체의 탄소에 번호를 배정한다. 3. 치환기를 번호와 함께 확인한다. 　　→ 2-methyl, 3-ethyl 4. 숫자 사이에는 하이픈(-)을 긋고, 치환기는 알파벳 순서대로 적는다. 5. 3-ethyl-2-methyloctane, 3-에틸-2-메틸옥탄
(구조식)	1. 가장 긴 사슬을 모체로 본다. → octane 2. 치환기가 낮은 번호가 되게끔 모체의 탄소에 번호를 배정한다. 3. 치환기를 번호와 함께 확인한다. 　　→ 2-methyl, 3-methyl 4. 같은 치환기가 올 경우 숫자 접두어를 이용하여 2,3-dimethyl과 같이 한 번에 적어 준다. 5. 2,3-dimethyloctane, 2,3-디메틸옥탄

탄소수 (n)	숫자 접두어	알칸족(alkane)		알켄족(alkene)		알킨족(alkyne)	
		일반식	명명법	일반식	명명법	일반식	명명법
		C_nH_{2n+2}	안, ane	C_nH_{2n}	엔, ene	C_nH_{2n-2}	인, yne
1	mono	CH_4	메탄(methane)	–	–	–	–
2	di	C_2H_6	에탄(ethane)	C_2H_4	에텐(ethene)	C_2H_2	에틴(ethyne)
3	tri	C_3H_8	프로판(propane)	C_3H_6	프로펜(propene)	C_3H_4	프로핀(propyne)
4	tetra	C_4H_{10}	부탄(butane)	C_4H_8	부텐(butene)	C_4H_6	부틴(butyne)
5	penta	C_5H_{12}	펜탄(pentane)	C_5H_{10}	펜텐(pentene)	C_5H_8	펜틴(pentyne)
6	hexa	C_6H_{14}	헥산(hexane)	C_6H_{12}	헥센(hexene)	C_6H_{10}	헥신(hexyne)
7	hepta	C_7H_{16}	헵탄(heptane)	C_7H_{14}	헵텐(heptene)	C_7H_{12}	헵틴(heptyne)
8	octa	C_8H_{18}	옥탄(octane)	C_8H_{16}	옥텐(octene)	C_8H_{14}	옥틴(octyne)
9	nona	C_9H_{20}	노난(nonane)	C_9H_{18}	노넨(nonene)	C_9H_{16}	노닌(nonyne)
10	deca	$C_{10}H_{22}$	데칸(decane)	$C_{10}H_{20}$	데켄(decene)	$C_{10}H_{18}$	데킨(decyne)

우선순위	작용기	접미사	접두사
1	carboxylic acid(카르복시산)	–oic acid	carboxy–
2	anhydride(무수물)	–oic anhydride	
3	ester(에스터)	–oate	alkoxycarbonyl–
4	acyl halide(할로젠화 아실)	–oyl halide	halocarbonyl–
5	amide(아미드)	–amide	amido–, carbamoyl–
6	nitrite(나이트리트)	–nitrile	cyano–
7	aldehyde(알데히드)	–al	formyl–, oxo–
8	ketone(케톤)	–one	alkanoyl–, –oxo–
9	alcohol(알코올)	–ol	hydroxy–
10	phenol(페놀)	–ol	hydroxy–
11	thiol(싸이올)	–thiol	mercapto–
12	amine(아민)	–amine	amino–, –aza–
13	imine(이민)	–imine	imino–
14	alkene(알켄)	–ene	alkenyl–
15	alkyne(알킨)	–yne	alkynyl–
16	alkane(알칸)	–ane	alkyl–
17(동일) 우선권 없는 작용기들	azide(아지드)	RN₃	azido–
	diazo(디아조)	RN=NR	diazo–
	ether(에테르)	ROR	alkoxy–, –oxa–
	halide(할로젠)	RX	halo–
	nitro(니트로)	RNO₂	nitro–
	sulfide(황화물)	RSR	alkylthio–, –thia–

비고) 1. 접미사 – 모체화합물인 경우
　　　2. 접두사 – 우선순위가 더 높은 것이 있어서 치환기로 취급할 때

기출 및 예상 문제

01 다음 원자단을 갖는 화합물을 부기에서 고르시오.

[보기]

ㄱ $C_6H_5SO_3H$ ㄴ CH_3COOH ㄷ CH_3CHO

ㄹ CH_3COCH_3 ㅁ CH_3COCl ㅂ C_3H_7OH

ㅅ ⟨벤젠⟩–$CHCl_2$ ㅇ ⟨벤젠-COOH, NH_2⟩

(1) 아미노기　　(2) 술폰산기　　(3) 카르복시기　　(4) 벤젠기
(5) 아세틸기　　(6) 알데히드기　　(7) 프로필기

02 다음 중 유기화합물 $RCONH_2$는 어느 것에 속하는가?

① 아민(amine)　　　　　② 아마이드(amide)
③ 케톤(ketone)　　　　　④ 니트릴(nitrile)

03 공통으로 들어 있는 작용기(혹은 기능기, 원자단)를 갖고 있지 않은 화합물은?

① 아마이드(amide)　　　　② 알데히드(aldehyde)
③ 에스테르(ester)　　　　④ 에테르(ether)

04 다음 중 화합물 이름이 잘못된 것은?

① ROH : 알코올　　　　　② RCHO : 알데히드
③ ROR : 케톤　　　　　　④ RNH_2 : 아민

05 그림의 화합물에서 존재하지 않는 작용기(functional group)는?

① 히드록시기(hydroxy)
② 아마이드(amide)
③ 에스테르(ester)
④ 에테르(ether)

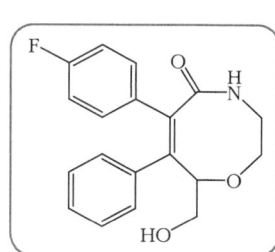

06 다음 물질 중 케톤(ketone)은 무엇인가?　　　　　　　　　　　　　❖ 02 국가직 9급

① CH_3OCH_3　　　　　　　　　　　② $CH_3COC_2H_5$

③ $CH_3COOC_2H_5$　　　　　　　　　④ CH_3OH

정답 및 해설

01 (1) ◎　(2) ㉠　(3) ㉡&◉　(4) ㉂　(5) ㉢　(6) ㉣　(7) ㉤

해설 아미노기 $-NH_2$, 술폰산기 $-SO_3H$, 카르복시기 $-COOH$, 벤젠기 $Ar-C-$, 아세틸기 CH_3CO-, 알데히드기 $-CHO$, 프로필기 $C_3H_7-(CH_3CH_2CH_2-)$이다.

02 ②

해설 $R-CO-NH_2$는 알킬기+카보닐기+아미노기이다. 이는 아마이드(amide)이다.

03 ④

해설 아마이드, 알데히드, 에스테르는 카보닐기 '$>C=O$'를 가지고 있으나, 에테르는 '$-O-$' 결합을 가진다.

04 ③

해설 $R-O-R$은 에테르(ether)이고, 케톤은 $R-CO-R'$이다.

05 ③

해설 우측 팔각형의 아랫부분의 '$-OH$'가 히드록시기, 위측부분의 '$-CO-NH-$'가 아마이드기이다. 역시 팔각형의 아랫부분에 '$-O-$'의 에테르가 있으며, '$-CO-O-R$'의 에스테르기는 위의 화합물에서 존재하지 않는다.

06 ②

해설 케톤의 작용기는 $R-(CO)-R'$이다.
①은 에테르, ③은 에스테르, ④는 알코올이다.

정리 주요 작용기(원자단) 정리

$-OH$	히드록시기	$-NO_2$	니트로기	$-C_2H_5$	에틸기	$-CH=CH_2$	비닐기
$-CHO$	알데히드기	$-NO$	니트로소기	$-C_3H_7$	프로필기	$-CH_2CH=CH_2$	알릴기
$>C=O$	카르보닐기	$-NH_3$	아미노기	$-C_4H_9$	부틸기	$-SO_3H$	술폰산기
$-COOH$	카르복실기	$=NH_2$	이미노기	$-C_nH_{2n+1}$	알킬기	$-COCH_3$	아세틸기
$-CN$	나이트릴기	$-CH_3$	메틸기	$-OCH_3$	메톡시기	$-COC_nH_{2n+1}$	아실기

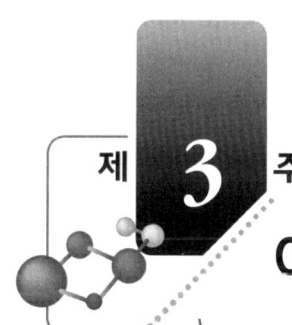

이성질체(isomer)

 제3주제   이성질체

1. **이성질체란?** : 분자식은 같으나 동일하지 않은 화합물을 말한다. 예를 들면, CH_3CH_2OH와 CH_3OCH_3는 분자식은 C_2H_6O로 동일하나, 서로 구조식이 달라서 다른 화합물이다.

2. **이성질체의 종류**

   ① 구조 이성질체 : 같은 분자식을 가지나 구조식이 다른 화합물을 말한다.

   ② 광학 이성질체 : 분자 내 존재하는 입체중심탄소(또는 키랄(chiral) 탄소라고도 함)에 따라, 편광면의 회전방향이 다른 현상의 화합물을 말한다(거울상 이성질체, enantiomers).

   ③ 기하 이성질체 : 이중결합을 한 탄소원자에 결합된 원자 또는 원자단의 위치가 서로 다른 관계를 말한다. 대표적으로 cis – trans 이성질체가 있다(부분입체 이성질체, diastereomers).

1. 구조 이성질체(constitutional isomers)

에탄올(ethanol)과 디메틸에테르(dimethyl ether)의 경우와 같이 분자식은 서로 같으나 다른 화합물로서, 서로 연결모양이 다르다. 즉, 원자들이 서로 결합하는 순서가 다른 것이다. 구조 이성질체들은 물리적 성질(녹는점, 끓는점, 밀도 등)과 화학적 성질이 서로 다르다. 그러나 이러한 차이점들이 에탄올과 디메틸에테르처럼 항상 뚜렷한 것은 아니다.

예 분자식이 CH_3NO_2인 두 가지 이성질체를 예를 들어보자. 이 중 하나는 경주용 차량의 고에너지 연료로 사용되는 니트로메탄(nitromethane)이며, 다른 하나는 메틸니트라이트(methyl nitrite)이다. 즉, 이 두 화합물은 분자식은 같으나 원자의 결합순서가 상이하므로 구조 이성질체이다.

$$H_3C-N\begin{smallmatrix}O\\\\O^-\end{smallmatrix} \qquad\qquad\qquad H_3C-O-N=O$$

(Nitromethane)   (Methyl nitrite)

2. 입체 이성질체(stereoisomers)

(1) 광학 이성질체 : 이는 거울상체라고도 하며, 서로의 거울상들이 겹치지 않는 입체 이성질체이다.

    1) 거울상체 분자는 손대칭성인 화합물에서만 존재한다.

    2) 손대칭성이란 분자의 거울상이 서로 겹치지 않는 분자들 간의 관계를 말한다.

    3) 알켄 입체 이성질체들은 손대칭성이 아니다. (이는 기하 이성질체로 분류한다)

    4) 즉, 거울상체란 4개의 다른 그룹들이 연결된 정사면체의 탄소원자(키랄탄소)를 가진 모든 분자에는 한 쌍의 거울상체가 존재한다.

    5) 손대칭성을 지닌 화합물을 '키랄 화합물'이라 한다.

(2) 기하 이성질체 : C=C 이중결합의 회전의 제약으로 인해 서로 전환하지 않는 이성질체이다. 보통 C=C 결합에서 나타나지만 팔면체 착화합물, 고리형 화합물에서도 기하 이성질체가 존재한다. 같은 방향에 치환기가 존재하면 cis, 반대방향에 존재하면 trans 이성질체라 한다.

(cis-1,2-Dichloroethene)　　　　　　(trans-1,2-Dichloroethene)

★정리 광학 이성질체 이름짓기 순서 : (R-S)체계

① 입체중심인 탄소에 연결된 4개의 그룹 각각에 우선권(priority) (a)>(b)>(c)>(d)를 부여한다. 우선권은 입체중심에 곧바로 연결된 원자의 번호에 따라 먼저 정한다.

② 입체중심인 탄소에 연결된 원자의 번호에 따라서 우선권을 정할 수가 없을 때는 정해지지 않은 그룹의 원자들의 다음 조합을 살펴본다. 이러한 과정을 우선권이 정해질 때까지 계속하고 처음 달라지는 점에서 우선권을 정한다.

③ 이제 구조식을 회전하여 가장 낮은 우선권(d)이 우리 눈에서 가장 멀리 보이도록 위치시킨다. 우리의 눈 앞에 3발이 펼쳐질 것이다.

④ 우선순위에 따라 회전시켜 본다. 시계방향으로 회전하면 (R)이고, 반시계방향으로 회전하면 (S)이다.

※ 위에서 (a), (b), (c), (d)는 우선권을 부여하기 위한 임의의 선정임.

3. 2-부탄올의 두 가지 거울상체 이름짓기 규칙

(1) 먼저 첫 번째 구조의 우선순위를 부여한다.

  1) 중심 탄소에 바로 연결된 원자의 번호에 따라 순서를 정한다.

    ↳ 따라서, $-OH > ($ CH_3 or $-CH_2CH_3) > H$

  2) 여기서, 2번 규칙을 이용해서 원자를 분해하면 메틸기는 (H, H, H)이고, 에틸기는 (H, H, C)이다. 여기서 C가 더 원자번호가 크므로 에틸기가 우선한다.

  3) 따라서, 가장 낮은 우선순위인 H-를 입체회전하여 가장 멀리 둔다.

  4) 다음과 같은 구조의 그림이 나온다.

    ➡ 여기서 모형을 정사면체라 생각하고 관찰자의 시각에서 삼각면이 나타나도록 회전한다.

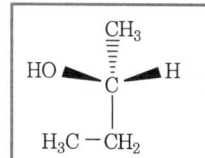

(2) 회전시킨 삼각면에 우선순위에 따라 화살표를 그어 시계방향이면 (R)이고, 반시계방향이면 (S)로 명명한다.

[쉽게 생각하기] 분자를 소(cow)로 생각하자. 앞으로 튀어나온 OH기와 H기는 소뿔이며 뒤로 가리워진 메틸기는 소의 몸통, 아래 수직 지면의 메틸기를 소의 다리라 생각하면, 일단 오른쪽 소뿔을 보이지 않게 관찰자의 뒷면으로 놓이게 하면, 공간적 배치에 의해 정면을 바라보던 관찰자가 측면을 보게 되어, 몸통은 좌측에 소뿔은 튀어나온 우상향, 소의 다리는 그냥 지면에 일직선으로 있게 된다. 이를 정리하면 옆의 그림과 같다.

따라서, 시계방향으로 회전하므로 위의 분자는 (R)-2-부탄올이라 명칭한다.

참고

• 라세믹 혼합물(racemic mixture) : 거울상 대칭인 물질이 1 : 1로 섞여 있는 혼합물

• 메조 화합물(meso compound) : 키랄탄소를 가지고 있으나 거울상 대칭이 없는 물질로, 일반적으로 분자 내 대칭면이 존재한다.

예 2,3-Dichlorobutane

기출 및 예상 문제

01 펜탄(C_5H_{12})의 이성질체의 수는? ✦ 02 서울시 9급

① 2개 ② 3개 ③ 4개
④ 5개 ⑤ 6개

02 C_6H_{14}의 구조 이성질체의 수는? ✦ 07 서울시 9급

① 4개 ② 5개 ③ 6개
④ 7개 ⑤ 8개

03 $C_5H_{11}Cl$의 구조 이성질체의 개수는? ✦ 05 기술고시(화학개론)

① 5개 ② 6개 ③ 7개
④ 8개 ⑤ 9개

04 C_4H_9Br의 분자식을 갖는 화합물의 구조 이성질체는 몇 개인가?

① 4개 ② 5개 ③ 7개
④ 8개 ⑤ 9개

05 다음 중 광학적 활성을 보이지 않는 화합물은 어느 것인가? ✦ 06 기술고시(화학개론)

①
$$H_2N-\underset{\underset{COOH}{|}}{\overset{\overset{CH_3}{|}}{C}}-H$$

②
$$H_2N-\underset{\underset{COOH}{|}}{\overset{\overset{H}{|}}{C}}-H$$

③
$$HO-\underset{\underset{CH_2CH_3}{|}}{\overset{\overset{CH_3}{|}}{C}}-H$$

④
$$HO-\underset{\underset{CHO}{|}}{\overset{\overset{CH_3}{|}}{C}}-H$$

06 다음 중 키랄(chiral) 화합물인 것은? ✦ 07 서울시 9급

① $CH_3CH(NH_2)COOH$ ② $CH_2(NH_2)COOH$
③ $CH_3CH_3CH(OH)CH_3$ ④ $CH_3CH(OH)CH_3$

07 다음 화합물 중 cis와 trans 구조를 가지고 있는 것은?

① HOOCCH=CHCOOH

② $H_2C=C(COOH)_2$

③ $H_2C=CH(COOH)$

④ $HOOCCH_2CH_2COOH$

08 유기화합물 lactic acid 분자는 공간의 배치에 따라 (R)형태와 (S)형태의 광학 이성질체로 나뉠 수 있다. 다음 중 어느 것이 (R)-lactic acid인가?　　✿ 07 국가직 9급

①
```
      COOH
        |
  H'''' C OH
        |
     H₃C
```

②
```
        CH₃
         |
  HO'''' C   H
         |
   HOOC
```

③
```
       OH
        |
      C ''''H
     /   \
  H₃C   COOH
```

④
```
         H
         |
 HOOC '' C  CH₃
         |
        HO
```

09 다음 화합물의 이름을 명명한 것으로 바르지 않은 것은?

①
```
      CH₃
       |
  H '''C  Cl
       |
      Br
```
: (R)-1-브로모-1-클로로에탄

②
```
      Cl
       |
 Br '''C  CH₃
       |
       H
```
: (S)-1-브로모-1-클로로에탄

③
```
      H
       |
 Br '''C  C
       |
       F
```
: (R)-브로모클로로플루오로메탄

④
```
      H
       |
 Cl '''C  Br
       |
       F
```
: (S)-브로모클로로플루오로메탄

정답 및 해설

01 ②

유형 공간지각능력

해설 펜탄의 이성질체의 수를 그려보자. 동등한 화합물에 유의하자.

① n-Pentane	② Isopentane	③ Neopentane

$H_3C-CH_2-CH_2-CH_2-CH_3$	$H_3C-CH_2-CH-CH_3$
	         $\|$
	       CH_3
		CH_3
		     $\|$
		 $H_3C-C-CH_3$
		     $\|$
		    CH_3

02 ②

유형 공간지각능력

해설 주쇄(main chain) 탄소 6개인 구조 1개, 주쇄 탄소 5개인 구조 2개, 주쇄 탄소 4개인 것 중 직렬형 1개, 병렬형 1개가 있다.
∴ 총 5개의 이성질체가 있다.

03 ④

유형 공간지각능력

해설 알칸에 치환기가 있을 때에는 좌우대칭에 관해 생각해보면, 홀수 개의 탄소원자를 가지므로 n-형 3개, iso-형 4개, neo-형 1개이다.
∴ 총 8개이다.

04 ①

유형 공간지각능력

해설 normal형 2개, iso형 2개

05 ②

유형 구조의 파악(구조가 주어졌으므로, 치환기들만 비교하면 된다.)

해설 광학적 활성(광학 이성질체)은 중심탄소 주위의 4개의 치환기가 모두 다른 경우에 보인다. ②는 중심탄소의 주위에 수소 2개가 같으므로 광학적 활성이 없다.

06 ①

유형 구조의 파악(구조를 생각하여야 하므로 2차적인 사고가 필요하다.)

해설 키랄화합물이란, 광학적 활성을 지닌 화합물을 의미한다. 즉 중심탄소 주위의 4개의 치환기가 모두 다른 경우를 의미한다. ①만이 중심탄소 주위의 4개의 치환기가 모두 다르다.

07 ①

유형 구조의 파악(구조를 생각하여야 하므로 2차적인 사고가 필요하다.)

해설 기하 이성질체는 이중결합 화합물, 고리형 화합물 등에서 볼 수 있다. 이중결합 화합물에서는 이중결합을 포함하여 수직으로 자르는 평면의 같은 쪽에 있으면 cis, 반대쪽 대각선 상에 있으면 trans이다.

08 ③

유형 공간지각능력 : (R)-(S) 이름짓기

해설 거울상체 이름짓기 규칙(R은 시계방향(clockwise) 회전, S는 반시계방향(counterclockwise) 회전을 의미한다.)

①

②

③

④

09 ②

유형 공간지각능력 : (R)-(S) 이름짓기

해설 ①과 ②는 회전하여 보면 삼각면에서 같은 형태의 구조를 가지므로 동일한 이름을 가지는 분자이다. ②를 취하여 Cl원자를 잡고 다른 그룹들을 C*-Cl 결합을 따라 회전하여 브로민이 밑바닥(①의 그림처럼)에 오도록 한다. 그 다음 분자의 Br을 잡고 C*-Br 결합에 대하여 다른 그룹들을 회전한다. 이렇게 하면 〈보기〉 ①과 ②는 동일하므로, 모두 '(R)-1-브로모-1-클로로에탄'이 된다.

정리

이성질체(isomer)의 종류	알칸 이성질체의 수
┌ 구조 이성질체 ┬ 주쇄(chain) 이성질체 │ ├ 위치(position) 이성질체 │ └ 작용기(functional) 이성질체 └ 입체 이성질체 ┬ 거울상(광학) 이성질체 ├ 부분 입체 이성질체 └ cis-trans 이성질체	┌ 부탄(butane) (C_4H_{10}) : 2개 ├ 펜탄(pentane) (C_5H_{12}) : 3개 ├ 헥산(hexane) (C_6H_{14}) : 5개 ├ 헵탄(heptane) (C_7H_{16}) : 9개 ├ 옥탄(octane) (C_8H_{18}) : 18개 ├ 노넨(nonane) (C_9H_{20}) : 35개 └ 데칸(decane) ($C_{10}H_{22}$) : 75개

제 4 주

산·염기(acid and base) 반응

1. 산·염기 반응의 중요성

유기화학에서 일어나는 대부분의 반응들은 처음부터 산·염기 반응이거나, 어느 단계에서 산·염기 반응을 포함하고 있다. 산·염기 반응은 단순하고도 기본적인 반응으로, 반응 메커니즘을 기술하기 위한 상관관계 및 인과관계에 근거를 제공한다. 산·염기 반응은 또한 분자구조와 반응성 사이의 관계에 대한 중요한 관점을 살펴볼 수 있도록 해주고, 또한 반응이 평형에 도달했을 때 열역학적인 인자들을 사용하여 생성물이 얼마나 형성되는지 예상할 수 있도록 해준다. 산·염기 반응은 화학반응에 있어서 용매 역할의 중요성을 보여준다.

2. 산과 염기의 정의

분류	아레니우스	Br∮nsted-Lowry	Lewis
산(acid)	H⁺ 내는 것	H⁺ 주개(proton donor)	전자쌍 받개(electron pair acceptor)
염기(base)	OH⁻ 내는 것	H⁺ 받개(proton acceptor)	전자쌍 주개(electron pair donor)

(1) 짝산과 짝염기

1) 짝산 : 염기가 양성자를 받아서 된 분자나 이온을 '그 염기의 짝산'이라 부른다.

2) 짝염기 : 산이 양성자를 잃음으로써 형성되는 분자나 이온을 '그 산의 짝염기'라 부른다.

NH_3 + H_2O ⟶ NH_4^+ + OH^-
염기   산   짝산   짝염기

> 예 HCO_3^-의 짝산(conjugated acid)은 (H^+ 더하기) H_2CO_3이고, 짝염기(conjugated base)는 (H^+ 빼기)는 CO_3^{2-}이다.

(2) 양쪽성(amphoteric) 물질 : 몇몇 분자와 이온들은 반응조건에 따라 산(acid)으로 작용하기도 하고 염기(base)로 작용하기도 하는 물질을 말한다. 가장 대표적인 경우가 물(H_2O)이며, 암모니아에 수소이온을 제공할 때에는 산으로 작용하고, 아세트산으로부터 수소이온을 받을 때에는 염기로 작용한다.

> 예 대표적인 양쪽성 물질 : H_2O, $H_2PO_4^-$, HPO_4^{2-}, Al_2O_3 등

> **참고**
>
> Al_2O_3 + 6HCl → $2AlCl_3$ + $3H_2O$
>
> Al_2O_3 + 2NaOH → $2NaAlO_2$ + H_2O

(3) 반대 전하끼리 당김 : 많은 유기반응에서 산 · 염기 이론에 의한 반대 전하를 화학종 사이의 인력은 반응성의 근본이다. 따라서, 전기음성도를 고려하는 것이 중요하다. 이는 곧 전자분포를 인식하여, 반응의 메커니즘을 구성한다.

3. 산과 염기의 세기

(1) 산도 상수, Ka

1) 가상적인 산(HA)이 물과 반응할 때의 반응식으로부터 Ka의 정의

HA + H_2O ⇌ H_3O^+ + A^-
$Ka = \dfrac{[H_3O^+][A^-]}{[HA]}$ $pKa = -\log Ka$

2) Ka값이 클수록, pKa가 작을수록 강산(strong acid)이다.

CH_3-COOH < CF_3-COOH < HCl
$pKa = 4.75$ $pKa = 0$ $pKa = -7$
약산   강산

3) 물은 그 자체로 아주 약한 산이므로 산이나 염기가 존재하지 않아도 스스로 이온화한다.

◉ **물의 자체 이온화**

(2) 염기의 세기

1) 산이 강할수록 그 짝염기는 약하다.

강산의 짝염기는 약염기이다.

> HF < HCl < HBr < HI   (산도)
>
> F^- > Cl^- > Br^- > I^- (염기도)

2) 짝산의 pKa가 클수록 더 강염기이다.

염기의 세기 증가 ⇨		
Cl^-	CH_3COO^-	OH^-
아주 약한 염기		강한 염기
짝산(HCl)의 pKa = -7	짝산(CH_3COOH)의 pKa = 4.75	짝산(H_2O)의 pKa = 15.7

(3) 구조와 산도 사이의 관계

1) 주기율표에서 수직(족)인 항(⇩)의 화합물들을 비교할 때, 양성자에 연결된 결합의 세기가 월등한 영향을 미친다. 대체적으로 분자량이 커질수록(원자번호가 커질수록) 산도가 증가한다.

H-A 사이의 결합력은 분자량이 커질수록 약해지기 때문에, H^+이 해리가 잘 되고 강산이다. 할로겐화 수소들의 산도는 좋은 예이다.

예 HF[약산] < HCl < HBr < HI[강산]

2) 같은 주기에서 전기음성도가 클수록, 산도가 증가한다.

화학종 간의 전기음성도 차이가 커서 극성일수록 해리가 잘 되므로 강산이다.

예 CH_4[무극성] < NH_3 < H_2O < HF[극성]

3) 전기음성도와 산소산의 세기 : 산소산의 상대적 세기 경향성은 양성자를 주기 쉬운 정도에 대한 전기음성도와 결합 극성도의 영향에 의해 설명된다. '-X-OH'를 예를 들면, 중심원자 X인 산소산의 세기는 중심원자에 결합된 산소의 원자의 수가 많을수록 커진다. 이 산소산을 $XO_n(OH)_m$으로 표기하면 산의 세기는 n(고립 산소 원자수)에 따라 특정한 변화를 보인다. 즉, n이 1만큼 증가할 때마다 산 이온화상수 Ka는 약 10^5만큼 증가한다. 중심원자에 붙어 있는 고립 산소원자의 수가 많을수록 음전하가 이온 주위를 더 쉽게 퍼질 수 있게 되어 염기의 안정도는 더 커지게 되고, 이는 Ka값을 더 커지게 한다.

- HO-F > HO-Cl > HO-Br (전기음성도)
- $HClO_3$ > $HClO_2$ > HClO (산소산) : 산소수가 많을수록 강산이다.

4) 결합차수가 클수록 강산이다.(혼성 효과)

➡ s 궤도함수가 차지하는 값이 클수록 강산이다. 그리고 s성격을 많이 가질수록 강산이라고도 표현한다.(s성격을 많이 가졌다는 것은 음이온의 전자가 평균적으로 더 낮고, 음이온은 더 안정해짐을 의미한다.)

$$CH_3 - CH_3 \quad < \quad CH_2 = CH_2 \quad < \quad CH \equiv CH$$

sp^3 (1차)	sp^2 (2차)	sp (3차)
25% (s성격)	33%	50%

➡ 카르보 음이온의 상대적인 염기도 : $CH_3 - CH_2{:}^- > CH_2 = CH{:}^- > CH \equiv C{:}^-$

5) 유발효과(inductive effect) : 치환기의 전기음성도 때문에 전자를 끌거나 미는 능력을 의미한다. 이 효과는 공간을 통하여 또는 결합을 통하여 전파되며, 치환기에서 거리가 멀수록 급격히 감소한다.

① 전자를 당기는 물질(NO_2, 전기음성도가 큰 물질)이 있을수록 산도가 증가한다.

➡ 전자를 당겨 양성자가 빠진 음이온을 안정화시킴으로서 양성자의 해리를 촉진한다.

② 전자를 미는 물질(알킬기, $R \rightarrow$)이 있을수록 산도가 감소한다.

➡ 알킬기가 많으면 약산이다.

예 $CF_3COOH > CF_2HCOOH > CFH_2COOH > CH_3COOH$(산도)

6) 공명효과 : 분자나 이온이 공명구조에 의해 안정된다. 공명물질이 있을 경우 산도는 커진다.

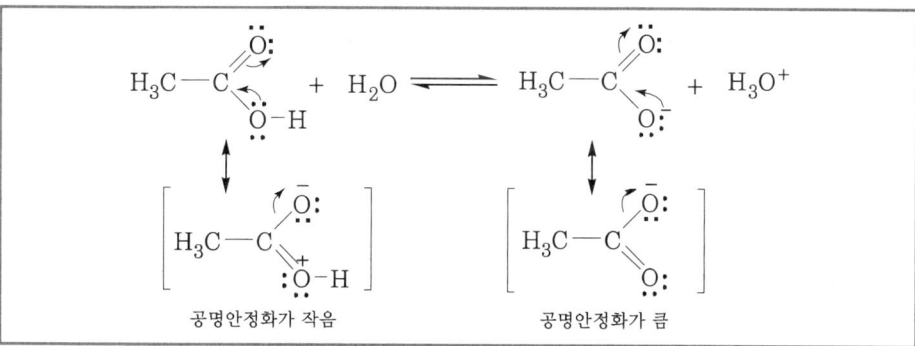

➡ 우선순위 : 전기음성도 > 결합차수 > 공명효과 > 유발효과

(4) 카르복실산의 산도

1) 카르복실산의 산도가 알코올보다 더 큰 이유

① 카르복실산의 공명안정화에 기여한다.

② 유발효과에 의한다.

➡ 아세트산이 에탄올에 비해 더 큰 산도를 지니는 핵심 요인은 그것의 카보닐(C=O) 그룹이 에탄올의 위치에 대응되는 CH_2 그룹에 비해 강력하게 전자를 끄는 유발효과를 가진 점이다.

(5) 화학적 안정성과 에너지

1) 화학에너지는 위치에너지로서 서로 다른 두 분자 사이에 인력이나 척력 때문에 존재한다.

2) 한 화합물의 상대적인 안정도는 상대적인 위치에너지와 반비례한다. 위치에너지가 클수록
그 계는 덜 안정하다.

(6) 산도에 대한 용매의 효과

1) 용매가 없을 때(예 기체상태) 대부분의 산은 용액 속에서보다 아주 약해진다.

① 아세트산은 기체상태에서 pKa≒130이다. 그 이유는 기체상태에서 아세트산 분자가
물분자에게 양성자를 줄 때, 생긴 이온들은 반대전하를 띠게 되고, 이 입자들이 분
리되어야 한다. 용매가 없이는 이런 분리가 힘들다.

② 용액에서는 용매분자가 이온들을 둘러싸고 있어서 이온끼리 차단되어 안정화되고
기체상태에 있을 때보다 쉽게 분리된다.

2) 수용액 중 아세트산의 이온화에서 물분자는 해리하지 않는 산(CH_3COOH)과 그것의 음이
온(CH_3COO^-)이 모두 수소결합을 형성하여 안정화시킨다.

3) CH_3COO^-의 수소결합이 CH_3COOH의 수소결합보다 훨씬 강하다. 왜냐하면 물분자가 음이
온에 더욱 강하게 끌리기 때문이다.

4) 어떤 화학종을 용매화하면 용매 분자가 용질 분자를 둘러싸므로 더욱 정돈되어 용매의 엔
트로피를 감소시킨다.

(7) 산·염기 반응의 결과 예상

1) 산·염기 반응은 항상 더 약한 산과 더 약한 염기가 형성되는 쪽으로 진행한다.

2) 카르복시산이 NaOH 수용액에 녹는다.

3) 수산화이온보다 더 강한 염기를 수용액에서는 사용할 수 없다.

$$H-\overset{..}{\underset{..}{O}}-H \ + \ :\overset{..}{N}H_2^- \ \longrightarrow \ \overset{..}{\underset{..}{O}}H^- \ + \ NH_3$$

더 강한 산   더 강한 염기   더 약한 염기   더 약한 산
pKa=15.7   pKa=38

(8) Lewis 산과 Lewis 염기

1) Lewis 산

① 중성 양성자 주개 : H_2O, HCl, HNO_3, H_2SO_4, CH_3COOH, $Ar-OH$, EtOH 등

② 양이온 : Li^+, Mg^{2+} 등

③ 금속화합물 : $AlCl_3$, BF_3, $TiCl_4$, $FeCl_3$, $ZnCl_2$ 등

2) Lewis 염기 : 알코올, 에테르, 알데히드, 케톤, 산염화물, 카르복실산, 에스터, 아마이드, 아민, 황화합물 등

 기출 및 예상 문제

01 다음은 산과 염기에 대한 설명이다. 옳은 것은?

① Arrhenius는 수용액에서 OH^-를 내는 물질을 산(acid)이라 정의하였다.

② Lewis 산이란 H^+(양성자)를 내는 물질을 의미한다.

③ 염기가 양성자를 받아서 된 분자나 이온을 그 염기의 짝산(conjugated acid)이라 부른다.

④ 브뢴스테드-로우리의 산-염기 정의에서, 염기란 전자쌍을 받는 것을 의미한다.

02 다음 중 양쪽성 물질이 아닌 것은?

① ZnO   ② BeO

③ Na_2O ④ H_2O

03 다음에 나열된 화합물의 산도가 큰 순서로 바르게 나열한 것은?

Ⅰ. $HClO_4$	Ⅱ. HIO
Ⅲ. HClO	Ⅳ. HBrO

① Ⅰ > Ⅲ > Ⅳ > Ⅱ   ② Ⅰ > Ⅳ > Ⅲ > Ⅱ

③ Ⅱ > Ⅲ > Ⅳ > Ⅰ   ④ Ⅱ > Ⅳ > Ⅰ > Ⅲ

04 다음 산(acid) 가운데, 가장 센 산은?

① CH_3COOH

② $ClCH_2COOH$

③ $CH_2=CHCOOH$

④ CH_3CH_2COOH

05 다음 화합물의 염기성이 큰 순서로 바르게 나열한 것은?

$$NH_3, \quad H_2O, \quad OH^-, \quad C_2H_3O_2^-, \quad Br^-$$

① $OH^- > NH_3 > C_2H_3O_2^- > H_2O > Br^-$

② $NH_3 > OH^- > H_2O > C_2H_3O_2^- > Br^-$

③ $OH^- > C_2H_3O_2^- > NH_3 > Br^- > H_2O$

④ $NH_3 > C_2H_3O_2^- > Br^- > OH^- > H_2O$

06 다음은 산-염기에 대한 내용이다. 수용액에서 염기의 세기가 증가하는 순서가 바른 것은?

(ㄱ) $CH_3CH_2O^-$

(ㄴ) $CH_3CH_2^-$

(ㄷ) $CH\equiv C^-$

(ㄹ) $CH_2=C^-$

① (ㄱ) > (ㄴ) > (ㄷ) > (ㄹ)

② (ㄱ) > (ㄴ) > (ㄹ) > (ㄷ)

③ (ㄴ) > (ㄱ) > (ㄹ) > (ㄷ)

④ (ㄴ) > (ㄹ) > (ㄷ) > (ㄱ)

정답 및 해설

01 ③

유형 산-염기의 정의 및 짝산·짝염기

해설 아레니우스산은 수용액에서 H^+을 내는 물질을 의미하고(①), Lewis 산은 전자쌍을 받는 물질(②), 브뢴스테드-로우리의 정의에 의한 염기는 양성자를 받는 물질을 의미한다.

02 ③

유형 산과 염기의 성질을 모두 가지는 양쪽성 물질 구별하기

해설 ③은 염기이다.

03 ①

유형　산의 세기 비교

해설　(a) 먼저 $HClO_4 > HClO$를 설명하면, 전기음성도가 상당히 큰 산소원자들이 염소원자와 협력하여 $O-H$ 결합으로부터 전자를 끌어당길 수 있는데, 이렇게 되면 H^+은 살 떨어져 나간다. 즉, 산성이 증가하는 것이다. 이는 산소수가 많을수록 더욱 그러하다. 일반적으로 산소산의 산도는 산소수가 많을수록 증가한다.

$HCl < HClO_2 < HClO_3 < HClO_4$

(b) 산소산의 구조는 $-X-O-H$인데, X가 전기음성도가 크면 산소원자와 협력하여 $O-H$ 결합으로부터 전자를 끌어당길 수 있다. 따라서 전기음성도 순으로 $HClO > HBrO > HIO$이다.

04 ②

유형　산의 세기 비교

해설　다음 작용기들의 전자를 끌어당기는 힘의 순서를 보자.

$CH_3- < H- < CH_2=CH- < C_6H_5- < HO- < CH_3O- < I- < Br- < Cl-$

위 순서에 의해, 염소기가 달린 ②가 전자를 당겨, 맨 우측의 H^+이 제일 잘 떨어져 나가게 된다.

05 ①

유형　염기도 비교

해설　주어진 염기의 짝산의 세기 비교를 해 보자.

$H_2O < NH_4^+ < CH_2=CH-(CO)OH < H_3O^+ < HBr$

염기도는 이의 반대이다.

06 ④

유형　혼성효과와 염기도

해설　① 혼성효과에 의한 카르보 음이온의 산도는 s성격의 정도에 따라 (ㄷ) > (ㄹ) > (ㄴ)이다. 염기도는 이의 반대로 1차 > 2차 > 3차, 즉 (ㄴ) > (ㄹ) > (ㄷ)이다.

② 다음 에탄올은 유발효과에 의해 이들 중 산도가 가장 크다. 따라서 염기도는 가장 작다.

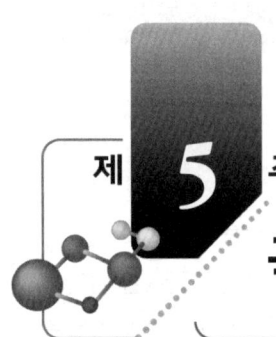

제 **5** 주

극성 반응(polar reaction)

제5주제 극성 반응의 의미

1. **극성 반응이란?** : 화학반응 중 극성 분자 및 이온이 관여하는 반응을 의미한다. 즉, 한 분자를 이루고 있는 공유결합이 끊어져 새로운 결합을 형성하려는 양이온과 음이온으로 분리되어 이들이 반응에 관여하는 형태의 반응을 의미한다.

여기서, 한 분자의 비공유 전자쌍(ione pairs)도 반응에 관여한다.

① 전해질 수용액에서 일어나는 반응은 대부분 극성 반응이다.

② '1' 이외에, 물을 제외한 다른 용매 및 융해염 속에서의 반응, 이온방전을 포함하는 전극반응, 방사선에 의한 반응, 산·염기 촉매에 의한 반응 등이 극성 반응에 속한다.

2. 일반적으로 반응의 진행과 더불어 전하(charge)의 중화, 이동, 분리가 일어난다.

3. 유기 극성 반응에서 원료물질이나 생성물질이 이온이 아니더라도 반응과정 중 이온이 생성되는 경우가 많다.

[예] 벤젠의 니트로화] 벤젠, 진한 질산, 진한 황산의 혼합산으로 니트로화하는 경우, 반응에 직접 관여하는 것은 질산 자체가 아니라 잘산에서 파생된 NO_2^+(니트로이온)이다. 유기 극성 반응에서 반응에 관여하는 시약은 전하의 형태에 따라 양이온성(친전자성) 반응, 음이온성(친핵성) 반응이라 부른다.

1. 친핵체와 친전자체

(1) **친핵체(nucleophile)** : 비공유 전자쌍을 가지고 있는 전자 수여체(e^- donor)로 OH^-, NH_2^-, OR^-, CN^- 등 전자를 내어주는 역할을 한다.

(2) **친전자체(electrophile)** : 주로 양이온 H^+, NO_2^+, SO_3H^+ 등이 전자 수용체(e^- acceptor)가 이에 속하며 전자쌍의 공격을 받는다.

4. **치환반응이란?** : 화합물 속의 원자, 이온, 기 등이 다른 화합물의 그것으로 바뀌는 현상을 말한다. 다른 용어로 풀이하자면, 한 화합물의 원자, 이온, 기가 다른 화합물의 그것으로 대치되는 반응을 의미한다.

대표적인 치환반응에는 친핵성 치환반응(Nucleophilic Substitution, S_N), 친전자성 방향족 치환반응(Electrophilic Aromatic Substitution, EAS)이 있다.

5. **첨가반응** : 첨가 또는 부가반응이라 하며, 같은 종류 또는 다른 종류의 화합물 또는 원자단이 직접 결합하여 새로운 화합물을 생성하는 반응을 말한다.

　① 보통 에틸렌, 아세틸렌, 카르보닐기, 니트릴기 등 불포화 결합을 가지는 유기화합물에 수소, 할로겐, 할로겐화 수소, 물, 산 등이 첨가하는 반응을 의미한다.

　② 짝지은 디엔과 말레산무수물과 같은 불포화화합물을 반응시키는 디엔 합성도 첨가반응 중 하나이다.

　③ 고분자 중합 시, 불포화결합을 기진 단량체(monomer)가 같은 송류의 분자와 첨가반응을 되풀이 하여 고분자(polymer)를 형성하는 반응을 첨가중합(addition polymerization)이라 한다.

　④ 알켄에 HX[1]의 첨가반응 : 불포화결합이 있는 알켄에 HX를 첨가하는 반응은 Markovnikov 규칙을 따른다.

　　㉠ Markovnikov 규칙이란, 알켄에 HX가 첨가될 때, 수소원자는 이중결합의 탄소원자들 중 수소원자를 더 많이 가지는 탄소에 첨가된다.

　　㉡ 위 규칙을 다르게 설명하면, 이중결합에 비대칭인 시료가 이온성 첨가반응을 할 때, 첨가하는 시료의 양의 부분은 더욱 안정한 카르보 양이온 중간체가 만들어지도록 이중결합의 탄소원자에 붙는다.

　⑤ 위치 선택적 반응(regioselective rxn)이 일어난다. Markovnikov 첨가반응과 같이 한 가지 생성물만을 생성할 경우 이러한 반응을 위치 선택적 반응이라 한다.

6. **제거반응** : 에탄올(CH_3CH_2OH)에서 물(H_2O) 분자가 제거되어 에틸렌($CH_2=CH_2$)을 형성하는 반응과 같이, 한 분자에서 원자 또는 원자단이 떨어져나가는 반응을 의미한다. 대표적인 제거반응에는 1분자 제거반응(E_1), 2분자 제거반응(E_2)이 있다.

7. **전위반응** : 전위는 분자내 자리옮김(rearrangement) 반응이라고도 한다. 대표적인 반응으로 카르보 양이온의 자리옮김 반응이 있다.

2. 치환반응(substitution reaction)

　(1) **친핵성 치환반응** : 일반적인 형태는 다음과 같다.

$$\underset{\text{친핵체}}{Nu:^-} + \underset{\text{할로겐화 알킬(기질)}}{R-X} \longrightarrow \underset{\text{생성물}}{R-Nu} + \underset{\text{할로겐화 이온}}{X^-}$$

　① 비공유 전자쌍을 가진 화학종인 친핵체는 할로겐화 알킬(기질)과 반응하여 할로겐 치환기를 치환한다. 치환반응이 일어나고 이탈기(leaving group)라고 부르는 할로겐 치환기는 할로겐화 이온으로 떠난다. 반응이 친핵체에 의해 치환되어 일어나므로 친핵성 치환반응이라 한다.

　② 친핵성 치환반응에서 기질로 사용되는 분자는 좋은 이탈기를 가져야 반응에 유리하다. 좋은 이탈기가 되려면 치환기는 상대적으로 안정하고, 약한 염기인 분자나 이온으로 떨어질 수 있어야 한다. 할로겐원자는 이탈되면 약한 염기이고 안정한 음이온이 되므로 좋은 이탈기 중 하나이다.

---

1) HX에서 H는 수소이고, X는 할로겐족원소를 의미한다. 'HX'를 할로겐화수소라 명명한다.

1) S_N2와 S_N1 반응의 특징

① S_N2 반응

$$CH_3-Cl \ + \ OH^- \ \xrightarrow[H_2O]{60℃} \ CH_3-OH \ + \ Cl^-$$

㉠ 반응속도 : 위 반응에 대해 실험을 통한 반응속도를 경험적으로 측정하면, '속도 $\propto [CH_3Cl][OH^-]$' 전체적으로 2차 반응이다.

➡ 반응이 일어나려면 수산화이온과 염화메틸이 충돌해야 한다고 볼 수 있다(충돌이론).
∴ 위 반응은 속도가 측정되는 단계에서 두 분자(화학종)이 관여하고 있어, 이를 2분자 반응이라 한다. "**친핵성 2분자 치환반응(S_N2)**"란 이러한 것을 말한다.

㉡ 반응 메커니즘 : 친핵체는 이탈기를 가진 탄소의 뒤쪽에서 공격한다. 공격에 의해 전이상태를 형성하며, 이 **전이상태**(transition state)에서 탄소원자는 그 배위가 뒤집히는 반전(**Walden 반전**)이 일어난다. 이후, 이탈기가 떨어져 나가고, 안정한 생성물을 형성한다.

㉢ 친핵체의 농도와 반응성 : 친핵체의 농도를 증가시키면 반응속도가 증가한다.

ⓐ 대표적으로, 메톡시화이온(CH_3O^-)은 강한 친핵체이며, 메탄올(CH_3OH)은 약한 친핵체이다.

ⓑ 친핵체의 상대적인 세기는 두 가지 구조적인 특징과 관련이 있다.

➡ 1. 음전하를 띤 친핵체는 그것의 짝산보다 항상 강한 친핵체이다. 따라서, OH^-은 H_2O보다, RO^-은 ROH보다 더 강한 친핵체이다.

2. 친핵성 원자가 같은 친핵체에서 친핵성도는 염기도와 비슷하다. 예를 들어, 아래의 산소화합물은 다음과 같은 반응성을 나타내며, 이는 염기도 순서와 동일하다.
$RO^- > HO^- \gg RCO_2^- > ROH > H_2O$

㉣ 친핵체 : 강한 Lewis 염기, 친핵체의 농도가 높은 것이 유리하다.

㉤ 기질(substrate)의 반응성 우선 순위 : 메틸 > 1° > 2° (입체장애가 없는 기질이 필요)

㉥ 용매 : 극성 비양성자성(예 DMF, DMSO)

양성자성 용매에서 할로겐화 이온의 친핵성도 : $I^- > Br^- > Cl^- > F^-$

② S_N1 반응

$$(CH_3)_3C-Cl \ + \ OH^- \ \xrightarrow[H_2O]{acetone} \ (CH_3)_3C-OH \ + \ Cl^-$$

㉠ 반응속도 : 실험에 의한 속도는 '속도 $\propto [(CH_3)_3CCl]$'이다. 수산화이온은 반응속도를 결정하는 단계의 전이상태에 관여하지 않으므로 염화 tert-뷰틸만 관여한다. 이런 형태의 반응을 "**1분자성 치환반응(S_N1)**"이라 한다.

ⓛ 반응 메커니즘 : 염화 tert-뷰틸과 물 사이의 반응 메커니즘은 분명히 세 단계를 포함하고 있다. 두 가지 뚜렷한 중간체(intermediate)가 형성된다.

　[단계 1] 첫 번째 단계는 극성 용매(물)의 도움을 받아 염소는 탄소에 결합되었던 전자를 가지고 이탈하여, 3차 카르보양이온(carbocation)과 염소이온을 형성한다. 이 단계가 느린 단계이며, 속도 결정단계(rate determine step)이다.

　[단계 2] 두 번째 단계는 중간체 tert-뷰틸양이온은 물과 재빨리 tert-뷰틸 옥소늄이온이 된다.

　[단계 3] 물분자는 tert-뷰틸 옥소늄이온으로부터 양성자를 받아 생성물을 형성하고 하이드로늄이온이 된다.

ⓒ 카르보양이온의 상대적인 안정도 : (가장 안정) $3° > 2° > 1° >$ 메틸(가장 불안정)

ⓔ 입체화학 : S_N1 반응은 중간체인 카르보양이온의 형성을 거쳐 진행되는데, 카르보양이온의 입체적 구조에 의해 거울상체를 생성물과 같은 양(1 : 1)로 만든다(라세미 혼합물).

ⓜ 친핵체 : 약한 Lewis 염기, 중성분자, 친핵체는 용매도 될 수 있음(가용매 분해 반응)

ⓗ 기질 : $3°$(비교적 안정한 카르보양이온의 형성이 필요)

ⓢ 용매 : 극성 양성자성 용매(**예** 물, 알코올)

③ **이탈기 효과**

ⓐ 이탈기는 기질에다 자신을 결합시켰던 전자쌍을 가지고 떠나간다.

ⓑ 가장 좋은 이탈기는 떨어져 나간 다음 가장 안정한 이온이 되는 것이다.

ⓒ 이탈기에 생겨나는 음전하가 안정화되면, 전이상태가 안정화되어 활성화에너지가 작게 된다. 따라서, 반응속도는 증가한다.

ⓓ 대부분의 이탈기는 음이온으로 떨어져 나가기 때문에 가장 좋은 이탈기는 떨어진 후, 비교적 안정한 음이온이나 중성인 분자인 것이다.

ⓔ 약염기(weak base)는 음이온을 효과적으로 안정화시키기 때문에 약염기가 되는 것은 좋은 이탈기가 된다. 일반적으로 가장 좋은 이탈기는 떨어져서 약염기가 되는 것이다.

ⓕ 일반적으로 이탈기 효과의 우선 순위는 다음과 같다.

　$I^- > Br^- > Cl^- > F^-$ (S_N2와 S_N1 모두 같음)

ⓖ 다른 좋은 이탈기인 약염기로는 알킬설폰산이온(RSO_3^-)과 알킬황산이온(RSO_4^-)이 있다.

◎ 트라이플루오로메테인설폰산($CF_3SO_3{}^-$, 보통 트리플레이트이온이라고 부름)은 가장 좋은 이탈기로 알려져 있다. 그것은 황산보다 훨씬 강한 산인 CF_3SO_3H의 음이온이다.

ⓩ 수산화이온(OH^-)과 같은 강염기성 이온은 거의 이탈기로 행동하지 않는다.

(2) 친전자성 방향족 치환반응(EAS ; Electrophilic Aromatic Substituition)

1) 벤젠과 그 유도체의 방향족화합물은 친전자체(electrophiles)라 부르는 전자가 결핍된 화학종과 반응한다. 즉, 친전자성 시약은 알켄에 첨가된다.

2) 방향족화합물은 일반적으로 아렌(arenes)이라고 알려져 있다. 아릴(aryl) 그룹은 아렌으로 부터 수소원자 하나를 제거한 것으로 'Ar−'이란 부호로 나타낸다. 알켄을 RH로 표시하는 것처럼 아렌은 ArH로 표시한다.

3) 친전자체가 아렌과 반응하면, 첨가반응 대신 치환반응이 일어난다.

$$Ar-H + {}^{\delta+}E-Y^{\delta-} \longrightarrow Ar-E + H-Y$$

4) 친전자성 방향족 치환반응의 메커니즘은 두 단계이다.

(3) 친핵성 방향족 치환반응(S_NAr : Nucleophilic Aromatic Substitution) : 벤젠의 파이전자를 희박(electron poor)하게 만드는 치환기가 결합된 경우 벤젠은 친핵체와 치환반응하게 된다.

3. 첨가반응(addition reaction)

(1) 첨가반응의 특징 : 첨가반응은 다중결합을 가진 화합물의 특성이다. 첨가반응에서 첨가하는 시약의 모든 부분들이 생성물에 나타난다. 즉, 두 분자는 한 분자로 된다.

(2) 알켄의 첨가반응 정리

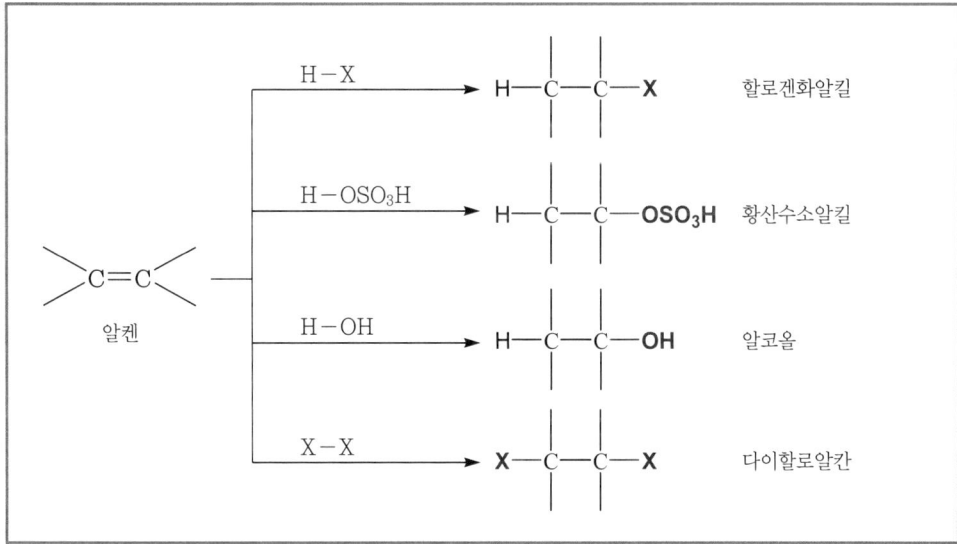

(3) Markovnikov 첨가반응 : HX가 알켄에 첨가될 때, 수소원자는 이중결합의 탄소원자들 중 수소원자를 더 많이 가진 탄소원자에 첨가된다. 다음 반응을 보자.

$$CH_2{=}CH{-}CH_3 \ + \ HBr \ \longrightarrow \ H_3C{-}CH{-}CH_3$$

$$\underset{H}{\Uparrow} \quad \underset{Br}{\vdots} \qquad\qquad\qquad \overset{\displaystyle|}{Br}$$

➡ 이중결합에 비대칭인 시료가 이온성 첨가반응을 할 때, 첨가하는 시료의 양의 부분은 더욱 안정한 카르보양이온 중간체가 만들어지도록 이중결합의 탄소원자에 붙는다.

$$\underset{H_3C}{\overset{H_3C}{\diagdown}}C{=}CH_2 \ + \ I\overset{\delta+ \ \delta-}{-}Cl \ \longrightarrow \ \underset{H_3C}{\overset{H_3C}{\diagdown}}\overset{+}{C}{-}CH_2{-}I \ \longrightarrow \ \underset{H_3C}{\overset{H_3C}{\diagdown}}C\underset{Cl}{\overset{CH_2{-}I}{\diagup}}$$

➡ 알켄에 라디칼의 첨가반응 : HBr의 anti-Markovnikov 첨가반응
① HBr이 알켄에 첨가하는 방법에는 극성 첨가반응과 라디칼 첨가반응 두 가지가 있다.
② 극성 첨가반응은 Markovnikov 첨가반응을 한다.
③ 과산화물의 존재하에 양성자보다 크기가 큰 브로민원자(Br·)가 이중결합을 먼저 공격한다. 이 것은 라디칼 메커니즘에 따라 입체장애가 덜한 탄소원자에 달라붙어 더욱 안정한 라디칼 중간 체를 형성한다.

$$CH_3{-}CH{=}CH_2 \xrightarrow{\ Br^- \ } CH_3{-}\overset{\cdot}{C}H{-}CH_2Br \xrightarrow{\ HBr \ } CH_3{-}CH{-}CH_2Br$$
$$\text{더 안정한 라디칼}$$

4. 제거반응(elimination reaction)

(1) 제거반응이란 반응물의 인접한 원자들로부터 어떤 분자(YZ)가 제거되는 반응을 말한다.

(2) **E1과 E2 반응의 비교** : 아래 [예제]를 바탕으로 이해해 보자.

[예제] **Alkane에서 Alkene으로의 제거반응(elimination reaction)인 E1과 E2 반응**에 대해 다음을 각각 설명하시오.

1) 반응기구(mechanism)
2) 반응속도(kinetics)
3) ㉠ 기질(substrate), ㉡ 이탈기(leaving group), ㉢ 염기(base), ㉣ 용매(solvent) 인자들에 대하여 E1과 E2의 상대적인 우위를 논하시오.

해설 ① alkane의 인접한 원자들이 빠져나가 alkene을 형성하는 제거반응을 할로겐화 알킬의 제거반응으로 설명한다. 할로겐화알킬은 강염기와 함께 가열하면 제거반응이 일어난다. 다음과 같이 할로겐화 수소성분이 할로알칸으로부터 제거되는 반응을 '탈할로겐화 수소반응'이라 한다.

$$H_3C-\underset{\underset{Br}{|}}{C}H-CH_3 \xrightarrow[C_2H_5OH,\ 55℃]{C_2H_5ONa} H_2C=CH-CH_3 \ + \ NaBr \ + \ C_2H_5OH$$

② 제거반응에서 이탈기(leaving group)와 공격성을 지닌 염기(base)가 있다. 탈할로겐화 수소반응에서 제거되는 수소원자는 β탄소원자로부터 나오므로 이 반응을 흔히 β 제거 반응이라고 부른다.

1) 반응기구(mechanism)의 비교 : 2분자 제거반응인 E2 반응은 염기와 기질 두 분자가 관여하는 반응이다. 염기가 기질과 부분적으로 매우 짧은 시간동안 결합하는 전이상태 (transition state)가 존재한다. 이에 반해 1분자 제거반응인 E1 반응은 2단계를 거치며, 1단계는 안정한 카르보양이온을 형성하는 단계이고, 2단계는 용매에 의해 수소원자가 떨어져나가 생성물을 얻는 단계이다. 이를 다음과 같이 반응 메커니즘으로 표현한다.

➡ E2 반응은 염기인 RO⁻이 기질의 β수소원자와 공유결합을 형성하면서 전이상태를 만든다. 전이상태에서 부분적 결합을 형성한다. 전자밀도에 의해 이탈기가 떨어져나가고, 생성물을 얻는다.

➡ 치환기(위에서는 브롬원자)를 가진 탄소원자를 'α 탄소'라 부르며, 이 탄소에 이웃한 탄소원자를 'β 탄소'라 부른다.

E1	[1단계]	$H_3C-C(CH_3)(CH_3)-Cl \xrightarrow[H_2O]{slow} H_3C-\overset{+}{C}(CH_3)(CH_3) + Cl^-$	이 느린 단계는 비교적 안정한 3차 카르보양이온과 염화이온을 생성한다. 이온들은 물분자에 의해서 둘러싸여 용매화(안정화)된다.
	[2단계]	$H_2O\ H-\underset{H}{\overset{H}{C}}_\beta-\overset{+}{C}_\alpha(CH_3)(CH_3) \longrightarrow H_3O^+\ H_2C=C(CH_3)(CH_3)$	물분자는 카르보양이온의 β탄소로부터 수소원자 하나를 제거한다. 이 수소는 이웃한 양전하 때문에 산성이다. 전자쌍이 α와 β 탄소원자 사이로 이동하여 이중결합을 만든다.
	$(CH_3)_3CCl + H_2O \longrightarrow CH_2=C(CH_3)_2 + H_3O^+ + Cl^-$		

➡ E1 반응은 S_N1 반응처럼, 안정한 카르보양이온의 형성이 중요하다.

➡ 강염기가 아닌 용매에 의해 분해될 때, S_N1 반응과 E1 반응은 동시에 일어난다.

2) 반응속도(kinetics)의 비교 : 2분자 제거반응(E2)는 속도 결정단계의 반응속도가 [기질][염기] 두 분자의 농도에 모두 의존한다. 반면, 1분자 제거반응(E1)의 반응속도는 1단계의 한 분자의 분해 반응속도에 의해 지배된다.

3) 조건에 따른 상대적 우위

㉠ 기질(substrate) : E1 반응은 비교적 안정한 카르보양이온 형성이 중요하므로, 3차 탄소가 좋으며, E2 반응은 염기의 공격이 용이해야 하므로 입체장애가 없는 '메틸 > 1차 > 2차 탄소' 순으로 좋다.

㉡ 이탈기(leaving group) : 이탈 후 약염기일수록 좋은 이탈기이다. 탈할로겐화 수소반응을 예로 들면, I⁻ > Br⁻ > Cl⁻ > F⁻로 E1과 E2 반응이 동일한 우선순위를 가진다.

㉢ 염기(base) : E2 반응은 반응의 개시제와 같은 역할을 하는 염기(C₂H₅O⁻)를 사용한다. 이 염기의 염기도가 클수록, 좋은 염기이다. 일반적인 시약의 염기도 순서는 다음과 같다.
RO⁻ > HO⁻ ≫ RCO₂⁻ > ROH > H₂O
이에 반해, E1 반응은 염기를 사용하지 않고, 극성용매의 도움으로 반응을 개시한다.

㉣ 용매(solvent) : E2 반응은 주로 DMF, DMSO와 같은 극성 비양성자성 용매를 사용한다. 반면 E1 반응은 물, 알코올과 같은 극성 양성자성 용매를 사용한다.

5. 치환반응 대 제거반응

(1) 강한 친핵체나 강염기의 농도가 높을 때, S_N2와 E2 모두 유리하다.

(2) 온도를 올리면 치환반응보다 제거반응(E1과 E2)이 유리하다.

(3) 비교적 입체적 장애가 없는 염기는 치환반응을 하나, 입체적 장애가 큰 염기는 제거반응을 선호한다.

(4) 강하며 편극성이 작은 염기를 사용하면 제거반응(E2)이 일어날 가능성이 크며, 약염기성이나 약염기이며 편극성이 큰 이온을 사용하면 치환반응(S_N2)이 일어날 가능성이 커진다.

(5) 일반적으로 3차 할로겐화물은 치환반응에 비해 제거반응이 너무 쉽게 일어난다.

6. 전위반응(자리옮김반응, rearrangement reaction)

(1) 전위반응에서 분자는 구성원의 재조직화를 진행한다. 예를 들어, 알켄을 강산과 함께 가열하면 또 다른 이성질체인 알켄이 형성된다.

➡ 위 전위반응에서 이중결합과 수소원자의 위치가 변했을 뿐만 아니라 메틸 그룹도 탄소원자로부터 다른 탄소원자로 옮겨 갔다.

(2) 2차 알코올의 탈수반응 과정에서 전위반응

1) 이 반응의 첫 단계는 반응물의 히드록시기에 수소가 첨가되어 알코올이 형성되는 것이다.

2) 두 번째 단계에서는 양성자가 첨가된 알코올은 물을 잃고 2차 카르보양이온을 만든다.

3) 이제 전위가 일어난다. 다른 어떤 것이 일어나기 전에, 비교적 덜 안전한 2차 카르보양이온은 더욱 안정한 3차 카르보양이온으로 전위한다.

➡ 양전하를 띤 탄소에 이웃한 탄소원자로부터 알킬기(메틸기)가 이동하여 전위가 생기는 것이다. 메틸기는 전자쌍을 가지고, 즉 메틸 음이온 $^-$:CH_3(메탄화이온이라 부름)로 이동한다. 이동 후, 메틸 음이온이 떠난 자리의 탄소원자가 카르보양이온이 된다.

4) 반응의 마지막 단계는 새로운 카르보양이온으로부터 양성자를 잃고 알켄을 형성하는 것 이다.

➡ Zaitsev 규칙 : 작은 염기로는 치환체를 가장 많이 가진 알켄의 형성이 유리하다. 즉, 더 안정 한 알켄이 형성되는 것은 산촉매에 의한 탈수반응에 있어서 일반적인 규칙이다. [단계 4]에서 보면, 이 규칙에 의해 치환체를 많이 가진 (b)방향의 생성물이 더 안정한 알켄이 되어 주생성 물이 된다.

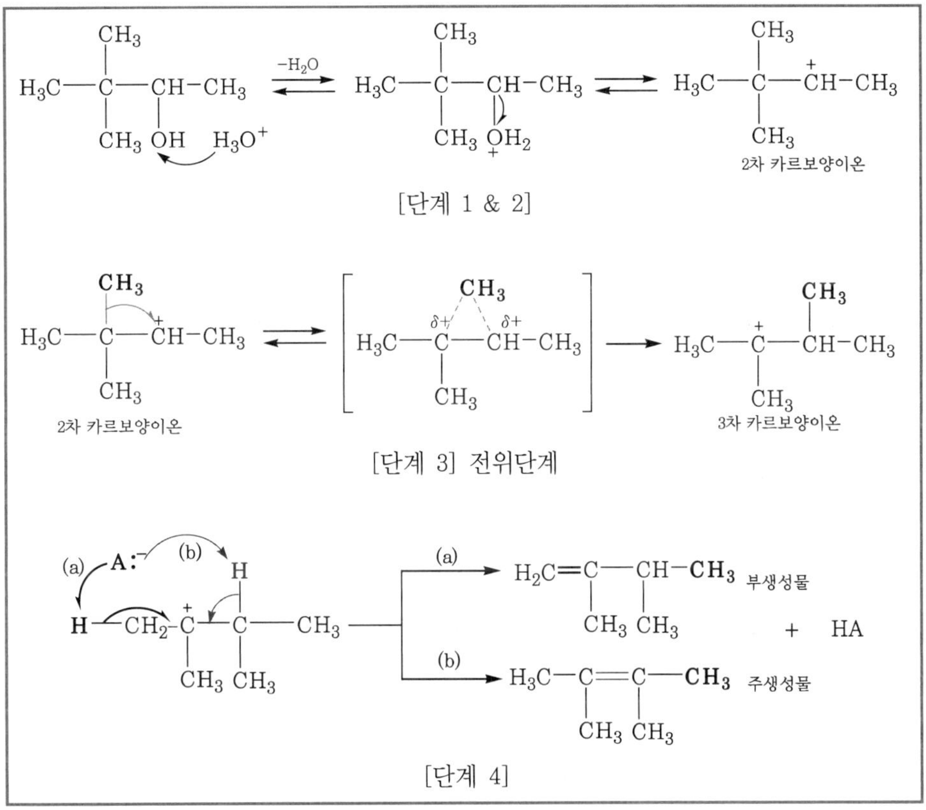

[단계 1 & 2]

[단계 3] 전위단계

[단계 4]

기출 및 예상 문제

01 다음은 할로겐화알킬(RX)이 히드록시이온(OH⁻)으로 가수분해될 때, 이의 친핵성 치환반응(nucleophilic substitution)에 대한 설명이다. 옳지 않은 것은?

① 1분자 친핵성 치환반응(S_N1)의 반응속도는 할로겐화 알킬의 농도[RX]에 무관하고, 히드록시이온의 농도[OH⁻]에만 의존한다.

② 2분자 친핵성 치환반응(S_N2)의 반응속도는 할로겐화 알킬의 농도[RX]와 히드록시이온의 농도[OH⁻] 모두에 의존한다.

③ OH⁻과 같이, 반응에 관여하는 원자단을 친핵체(nucleophile)라 한다.

④ 1분자 친핵성 치환반응(S_N1)은 2단계 과정을 거쳐 진행되고, 1단계 과정이 속도결정단계(rate determine step)이다.

02 다음은 극성 반응 메커니즘 중 제거반응(E1, E2)에 대한 설명이다. 옳지 않은 것은?

① E1 반응은 2단계 과정으로 진행된다.

② 제거반응은 친핵성 치환반응과 동시에 일어나는 경우가 많다.

③ E2 반응은 중간에 전이상태를 거치는 1단계 과정이다.

④ E2 반응은 1단계에서 생성된 카르보늄이온이 안정할수록 우선적으로 일어난다.

03 다음 친전자체 화합물 중에서 S_N2 치환반응의 반응속도가 제일 빠른 것은? ✪ 07 국가직 9급

① 염화에탄(ethyl chloride)

② 염화알릴(allyl chloride)

③ 염화이소프로판(isopropyl chloride)

④ 염화벤젠(chlorobenzene)

04 화합물 $CH_3-CH=CH_2$에 염산(HCl)을 첨가반응시킬 때 주 생성물은? ✪ 07 국가직 9급

① $CH_3-C(Cl)-CH_3$

② $CH_3-CH_2-CH_2Cl$

③ $CH_2(Cl)-CH=CH_2$

④ $CH_3-CH=CH(Cl)$

05 탈할로겐화 수소반응에서, 다음 중 가장 좋은 이탈기(leaving group)는?

① F^-
② Cl^-
③ Br^-
④ I^-

06 다음 중 반응 메커니즘을 보면, 카르보양이온(carbocation)을 형성하는 반응만 묶은 것은 어느 것인가?

① S_N1, S_N2
② S_E1, S_N1
③ $E2$, S_N2
④ S_N1, $E1$
⑤ $E1$, S_E1

07 S_N2 반응이 일어나면 분자의 입체적인 성질에는 어떤 변화가 있는가?

① 광학적 활성을 잃음(racemization)
② 뒤집힘(Walden inversion)
③ 변광회전(mutarotation)
④ 보존(retention)

08 다음 반응은 어떠한 형태의 반응인가?

$$C_6H_5ONa + CH_3CH_2Br \longrightarrow C_6H_5OCH_2CH_3$$

① 제거반응(elimination)
② 친핵 치환반응(nucleophilic substitution)
③ 친전자성 방향족치환반응(electrophilic aromatic substitution)
④ 알돌 축합반응(aldol condensation)

09 다음 유기화합물과 그에 상응하는 일반적인 반응이 서로 다르게 짝지어진 것은?

① 할로겐화탄소(alkylhalides) : 친핵성 치환반응
② 알데히드(aldehyde) : 친핵성 첨가반응
③ 에스테르(ester) : 친전자성 첨가반응
④ 방향족화합물(aromatic compound) : 친전자성 치환반응

정답 및 해설

01 ①

유형 S_N1과 S_N2 반응 비교

해설 S_N1의 반응속도는 히드록시이온의 농도에 무관하고, 할로겐화알킬의 농도에만 의존한다.

02 ④

유형 E1과 E2 반응 비교

해설 ④는 E1 반응에 대한 설명으로, 이는 2단계 과정을 거치는데 카르보늄이온을 형성하고, 전자의 이동에 의한 수소 이탈이 일어나 제거가 진행된다.

03 ②

유형 치환반응과 반응속도(반응성)

해설 S_N2 반응을 하는 RX의 상대적인 반응속도는, 입체효과에 의해 지배된다.

1) 이론에서 본 것을 토대로 기질의 구조에 따른 효과는 접근을 용이하게 하여, 반응속도를 증가시킨다. 일반적인 순서는 다음과 같다.

'메틸 > 1차 > 2차 > 네오펜틸 > 3차'

2) 문제에 주어진 친전자체 화합물들의 구조를 보면, 먼저 ③과 ④는 2차 탄소의 구조를 가져서 속도가 상대적으로 느리고, ①은 1차 탄소를 가지고 있으며, 거의 입체장애가 없다. 그러나 여기서 ②를 염두에 두어야 한다. 알릴기는 짝불포화계로 구조 내의 전자들이 효과적으로 비편재화되어 있어 상당한 안정성을 보인다. ①인 염화메탄에 비해, 염화알릴은 보다 안정해서, ①보다 쉽게 결합을 형성한다. 즉, 반응속도가 더 빠르다.

04 ①

유형 첨가반응(Markovnikov 규칙)

해설 여기서 프로필렌은 이중결합을 가지므로 친핵체이고, 염산은 친전자체이다. 프로필렌의 이중결합에 있는 전자가 수소원자를 끌어당기면 수소원자는 이중결합의 두 탄소원자 어딘가에 첨가될 것이다. 이 경우에 'Markovnikov 규칙'을 적용하면, HX(할로겐화수소)가 알켄에 첨가될 때, 수소원자는 이중결합의 탄소원자들 중 수소원자를 더 많이 가진 탄소원자에 첨가된다. 여기서, 프로필렌의 'CH_2'쪽 탄소가 'CH'에 비해 수소가 더 많으므로 수소는 'CH_2'에 결합되고, 'Cl'은 나머지 탄소에 결합한다.

05 ④

유형 이탈기 효과

해설 이탈기 효과는 S_N1, S_N2, E1, E2 등 기준물질로부터 떨어져 나가는 것이 있는 반응에서, 다음과 같은 우선순위로 동일하다. 즉, 떨어져 나간 후 약염기일수록 좋은 이탈기이다.

$$I^- > Br^- > Cl^- > F^-$$

06 ④

유형 반응 메커니즘의 서술

해설 반응 메커니즘을 머릿속으로 상상해 본다. 3차 탄소를 주로 기질로 하는 S_N1, E1과 같은 1분자 반응은 카르보양이온을 형성하여 열역학적으로 안정한 화합물을 형성하려 한다. 그러나, S_E1과 같은 반응에서는 친전자체가 공격을 하므로 카르보음이온과 같은 기질을 공격해야 할 것이다.

07 ②

유형 S_N2 반응의 메커니즘과 입체적 변화과정

해설 S_N2 반응은 친핵체가 기질을 공격하면 주로 벌키한 3차 탄소에 접근하기 때문에 주변에 있는 가지가 뒤집히는 입체적 효과가 일어난다. 이를 Walden inversion(반전)이라 한다.

08 ②

유형 주어진 반응의 반응형태

해설 주어진 반응에서 Br(브롬)이 이탈기가 되어 떨어져 나간다. 전기음성도에 의해 C_6H_5O-가 친핵체의 역할을 하여 기질의 Br과 치환반응을 한다. 따라서, 이는 친핵성 치환반응이다.

09 ③

유형 여러 화합물의 반응형태

해설 ③의 에스테르는 친핵성 아실 치환반응을 한다.

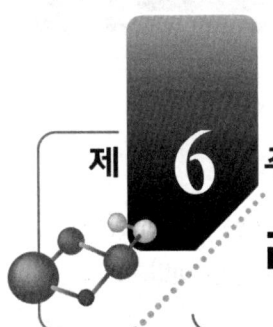

제 **6** 주 라디칼반응(radical reaction)

제6주제   라디칼반응

1. **라디칼반응이란?** : 반응계에서 공유결합이 빛이나 열에 의해 균등하게 분열하여 생기는 라디칼(또는 자유 라디칼)이 반응하는 것을 말한다.

2. **라디칼반응의 특징**
   ① 대부분이 기상반응(gas – phase rxn)이다.
   ② 라디칼반응의 중지는 히드로퀴논과 같은 결합으로 이루어진다.
   ③ 라디칼반응은 유도기에 의해 반응이 개시되고, 반응이 진행되는 중에는 연쇄반응(chain reaction)이 일어난다.
   ④ 산화반응, 전기환원반응, 첨가중합반응, 방향족 디아조늄염의 반응, 광화학반응 등이 라디칼반응의 한 예이다.

1. 라디칼반응의 기초

(1) **자유 라디칼(free radical)이란?** : 공유결합이 균일분해(homolytic cleavage)하여 쌍을 이루고 있지 않은 전자(홀 전자)를 가진 화학종이다.

① **균일분열(homolytic cleavage)** : 두 원자 간의 결합이 끊어지면 각 원자는 결합에 사용된 전자들 중 한 개씩을 가지게 되는 것을 균일분열이라 한다.

$$X : Y \longrightarrow X \cdot + Y \cdot$$

② **불균일분열(heterolytic cleavage)** : 결합이 끊어질 때 분리된 한 화학종이 두 개의 전자를 모두 가지는 것을 나타낸다. 불균일분열에 의해 생성된 이온들은 극성 반응의 반응물, 중간체, 그리고 생성물로 관여한다.

$$X : Y \longrightarrow X^+ + : Y^-$$

(2) **라디칼의 생성** : 일반적으로 공유결합을 분해시키기 위해서는 에너지가 필요하다. 이 에너지 공급원으로 가열하거나 빛을 쪼여주는 두 가지 방법을 보통 사용한다.

예를 들어 과산화물(peroxides)이라 불리는 산소-산소 단일결합을 가진 화합물들은 산소-산소 결합이 약하기 때문에 가열해 주면 곧 균일분해를 일으킨다. 이 생성물은 알콕실라디칼(alkcoxyl radical)이라 불리는 두 개의 라디칼이다.

$$R—\ddot{O}—\ddot{O}—R \xrightarrow{\triangle} 2\,R—\ddot{O}\cdot$$

과산화이알킬　　　　　　　　　알콕실라디칼

➡ 할로겐분자(X_2)도 또한 비교적 약한 결합을 가지고 있다. 할로겐도 가열을 하거나 할로겐분자가 흡수할 수 있는 파장의 빛을 쪼여주면 곧 균일분해를 일으킨다.($X_2 \rightarrow 2X\cdot$)

(3) 라디칼반응의 특징

1) 대부분의 라디칼들은 수명이 짧고 반응성이 매우 큰 화학종이다. 이들이 다른 분자와 부딪히면 쌍을 이루지 않은 전자가 쌍을 이루게끔 반응을 하는 경향이 있다. 그렇게 하는 한 가지 방법은 다른 분자로부터 한 원자를 빼앗는 일이다.

$$:\ddot{C}l\cdot \; + \; H:CH_3 \longrightarrow Cl:H \; + \; CH_3\cdot$$

➡ 위 반응에서 할로겐원자는 메탄의 수소원자 하나를 빼낸다. 반응 후, 수소원자를 빼낸 할로겐원자는 짝을 이루게 되고, 메틸라디칼을 생성한다. 이는 연쇄반응을 가능하게 한다.

2) 다중결합을 가진 화합물의 라디칼반응

$$R\cdot \; + \; C=C \longrightarrow -C—C\cdot$$

➡ 위 반응은 알킬라디칼($R\cdot$)과 이중 결합의 에틸렌과의 반응으로 폴리에틸렌(polyethylene)과 고분자 중합에서 볼 수 있다.

2. 자유 라디칼의 구조와 안정성

자유 라디칼은 카르보양이온과 같이 채워지지 않은 2p 궤도함수를 가지며, 알킬기와 같은 전자를 방출하는 치환기에 의해 안정화된다. 따라서 자유 라디칼의 안정성은 카르보양이온에서의 순서와 같다.

자유 라디칼의 구조와 안정성
3차　>　2차　>　1차　>　메틸
$C—\overset{C}{\underset{C}{C}}\cdot$ > $C—\overset{C}{\underset{H}{C}}\cdot$ > $C—\overset{H}{\underset{H}{C}}\cdot$ > $H—\overset{H}{\underset{H}{C}}\cdot$

3. 라디칼반응의 메커니즘

메탄의 라디칼 염소화반응을 예로 들어 설명한다.

반응		$CH_4 + Cl_2 \xrightarrow[\text{(열 또는 빛)}]{} CH_3Cl + HCl$	
메 커 니 즘	단계 1	$Cl : Cl \xrightarrow[\text{열 또는 빛}]{} 2Cl\cdot$	염소분자가 해리하여 두 염소 라디칼을 생성한다.
	단계 2	$Cl\cdot \quad H : \underset{H}{\overset{H}{C}} : H \longrightarrow H : Cl + \underset{H}{\overset{H}{C}} - H$ 메틸라디칼	염소라디칼은 메탄분자 중 수소원자 하나를 빼내어 결합하고 메틸라디칼을 만든다.
	단계 3	$\underset{H}{\overset{H}{C}} - H + Cl : Cl \longrightarrow H - \underset{H}{\overset{H}{C}} : Cl + Cl\cdot$	메틸라디칼은 염소로부터 염소원자 하나를 빼내어 생성물을 만들고, 다시 염소라디칼을 생성하여 단계 2를 반복한다.

기출 및 예상 문제

01 다음은 극성 반응과 라디칼반응에 대한 설명이다. 바르지 않은 것은?

① 극성 반응은 액상(liquid phase)반응이 대부분이다.
② 라디칼반응은 기상(gas phase)반응이 대부분이다.
③ 대표적인 라디칼반응으로 산화반응, 전기환원반응, 첨가중합반응이 있다.
④ 대표적인 극성 반응으로 Friedel-Craft 반응, 방향족 치환반응, 방향족 디아조늄의 반응이 있다.

02 다음 반응에 대한 설명으로 바른 것은?

$$\text{⬡}-CH_3 + Cl_2 \xrightarrow{\text{햇빛}}$$

① 벤젠고리에 첨가반응이 일어난다.
② 극성 반응으로 염소화한다.
③ 라디칼반응으로 곁사슬의 H와 치환한다.
④ o- 및 p- 클로로톨루엔이 생긴다.

 정답 및 해설

01 ④

유형 극성 반응과 라디칼반응의 특징 비교

해설 ④의 반응들 중 방향족 디아조늄염의 반응은 라디칼반응에 속한다.

참고 극성 반응과 라디칼반응의 비교

구 분	극성 반응	라디칼반응
phase상	용제를 사용하는 액상반응이 대부분이다.	기상반응의 대부분은 라디칼반응이다.
반응형태	반응은 산, 염기 촉매작용으로 진행된다.	개시제(initiator)가 필요하고, 연쇄반응이 일어난다.
대표적 응용	Friedel-Craft 반응, 방향족 치환반응, 탈수반응, 알킬화 반응 등	산화반응, 전기환원반응, 첨가중합반응, 방향족 디아조늄염의 반응, 광화학 반응 등
기타	—	• 석유계 등의 비극성 용매에서는 균일분열이 쉽게 일어난다. • 물 등의 극성용매에서는 불균일분열이 쉽게 일어난다.

02 ③

유형 라디칼반응의 특징 파악

해설 톨루엔의 염소화반응으로 곁사슬($ph-CH_2Cl + Cl\cdot$)에 치환된다.

🦋정리 **유기 단위반응**

유기공업화학 과정의 이해를 위해 유기반응의 단위공정을 반드시 알아두어야 한다. 유기공업화학이란, 유기화학을 기초로 한 공업화학 또는 제조화학이기에, 공정 중에 시행되는 유기반응의 그 과정 및 원리를 알아두어야 한다. 유기반응은 제품의 종류에 따라 여러 가지가 있지만, 산업현장에서 대표적으로 응용되고 있는 반응의 종류는 다음과 같다.

유기 단위반응의 주요 나무(tree)		
니트로화 ┬ 지방족화합물의 니트로화	할로겐화 ┬ 불포화 결합에 할로겐 첨가반응	
└→ (파라핀의 기상 니트로화)	├ 수소원자 치환반응	
└→ (올레핀의 액상 니트로화)	├ 작용기 치환반응	
└→ (아세틸렌의 니트로화)	└ telomerization	
└ 방향족화합물의 니트로화**	⇒ 염소화, 브롬화, 요오드화, 플루오르화 반응	
└→ (반응성과 배향)		
술폰화 ┬ 지방족화합물의 술폰화	아미노화 ┬ 환원에 의한 아미노화	
└→ (SO₂계 화합물에 의한 반응)	└→ (환원제의 종류 및 세기에	
└→ (Na₂SO₃에 의한 반응)	따른 생성물의 분류)	
└→ (올레핀의 술폰화)	└ ammonolysis에 의한 반응	
└ 방향족화합물의 술폰화		
└→ (SO₃계에 의한 반응)		
└→ (아민의 술폰화)		
에스테르화 ┬ 유기산 에스테르반응	가수분해 ┬ 오직 물에 의한 가수분해	
├ 무기산 에스테르반응	├ 산촉매에 의한 가수분해	
└ 첨가반응에 의한 에스테르화	└ 알칼리촉매에 의한 가수분해	
└→ alkene(oleffin)		
└→ ethylene oxide		
└→ acetylene		
알킬화 ┬ C−alkylation	아실화 ┬ O−acylation	
└→ (Friedel−Craft alkylation**)	├ N−acylation	
├ O−alkylation	├ ketene에 의한 acylation	
└ N−alkylation	└ 방향족탄화수소의 acylation	
	└→ (Friedel−Craft acylation*)	
산화 ┬ 산소첨가반응	환원 ┬ 니트로화합물의 환원	
├ 탈수소반응에 의한 산화	(수소화) ├ 수소화반응 hydration	
└ 탈수소와 동시에 산소첨가반응(duo)	└ 수소화분해 hydrogenolysis	
디아조화 ┬ 직접법	커플링 ┬ 아조 커플링반응	
├ 간접법	└ pH 조절에 의한 커플링의 위치 변경	
└ nitrosyl 황산법		

제 **7** 주

할로겐화(halogenation)반응

제7주제　　할로겐화반응

1. **할로겐화(halogenation)란?** : 유기화합물에 할로겐을 도입하는 반응이다.
2. **할로겐화반응의 형태**
    ① 불포화결합에 첨가반응
    ② 수소원자 치환반응
    ③ 작용기 치환반응
3. **할로겐화반응의 종류**
    ① 플루오르화
    ② 염소화
    ③ 브롬화
    ④ 요오드화

1. 할로겐화반응 소개

할로겐화반응의 조건은 할로겐의 종류, 유기화합물의 종류에 따라 다르다. 도입된 할로겐원자는 반응성이 풍부하므로, 다시 여러 원자단으로 치환시키거나 할로겐화합물 자체를 여러 약품의 제조에 사용한다.

2. 할로겐화반응의 형태

(1) **첨가반응** : 불포화결합에 첨가

1) 아세틸렌의 염소화 첨가반응

$$HC{\equiv}CH + 2Cl_2 \xrightarrow{FeCl_3} Cl_2HC{-}CHCl_2$$

$$HC{\equiv}CH + HCl \xrightarrow{HgCl_2} H_2C{=}CHCl$$

2) 에틸렌의 염소화 첨가반응

$$H_2C\!=\!CH_2 + Cl_2 \xrightarrow{FeCl_3} ClH_2C\!-\!CH_2Cl$$

$$H_2C\!=\!CH_2 + HCl \xrightarrow{AlCl_3} H_3C\!-\!CH_2Cl$$

3) 벤젠의 염소화 첨가반응

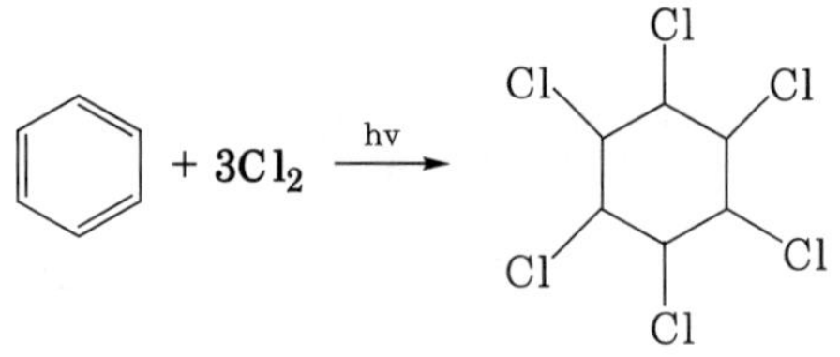

(2) 수소원자 치환

1) 메탄의 염소화반응

$$CH_4 + Cl_2 \longrightarrow CH_3Cl + HCl$$

2) 벤젠의 염소화 치환반응

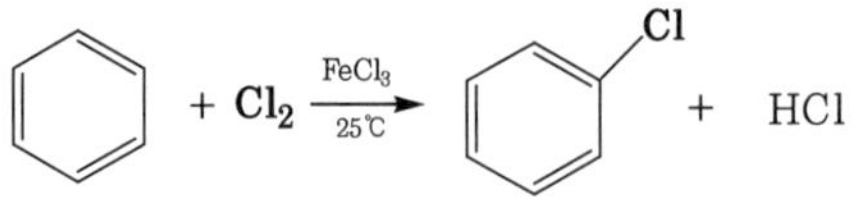

3) 톨루엔의 염소화 치환반응 : 곁사슬 치환반응

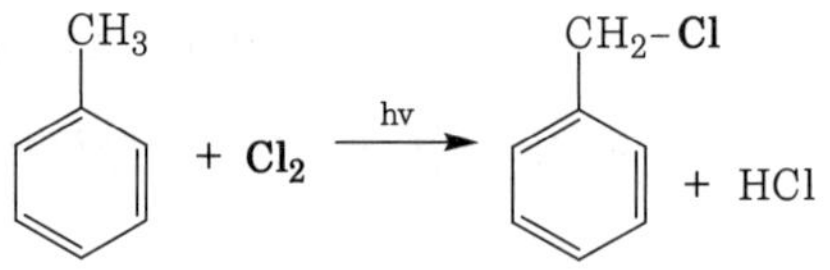

4) 카르복시산의 염소화 치환반응

$$CH_3COOH + Cl_2 \xrightarrow{PCl_3} CH_2ClCOOH + HCl$$

(3) 작용기 치환

– 에탄올의 염소화반응

$$C_2H_5OH + HCl \longrightarrow C_2H_5Cl + H_2O$$

$$3RCOOH + PCl_3 \xrightarrow{ZnCl_2} 3RCOCl + H_3PO_3$$

3. 할로겐화반응의 종류

(1) 플루오르화(fluorination)

1) 특징 : 반응이 너무 격렬하기 때문에 잘 사용하지 않지만, 플루오르화합물은 매우 안정되고 끓는점이 낮다. 탄화수소를 직접 플루오르화시키면 폭발할 위험성이 있으므로 특별한 장치와 실험기술이 필요하다.

2) 방향족 디아조화합물과 HF를 반응시키면, 염화수소산과 질소(N_2)로 분해되며, 방향족 플루오르화합물을 얻을 수 있다.

$$Ar-N\equiv N-Cl + HF \longrightarrow Ar-F + HCl + N_2\uparrow$$

(2) 염소화(chlorination) **

1) 특징 : 플루오르화보다는 반응이 더 격렬하지 않지만, 전체적으로 반응성이 매우 좋다. 가장 기본이 되는 반응으로 염소가스를 직접 염소화시키는 것을 예로 들 수 있다.

2) 반응의 종류 *

① 염소가스(Cl_2)에 의한 직접 염소화

$$CH_2=CH_2 + Cl_2 \xrightarrow[(FeCl_3)]{} ClCH_2-CH_2Cl$$

② 하이포염소산염(NaOCl, Ca(OCl)$_2$)에 의한 염소화

$$\langle\!\!\!\bigcirc\!\!\!\rangle-NHCOCH_3 + Ca(OCl)_2 \xrightarrow[(유기용매)]{} Cl-\langle\!\!\!\bigcirc\!\!\!\rangle-NHCOCH_3$$

③ 염화수소(HCl)에 의한 염소화 : 첨가 또는 치환반응으로 염소화

$$2\langle\!\!\!\bigcirc\!\!\!\rangle + 2HCl + O_2 \xrightarrow[(CuCl_2/Al_2O_3)]{} 2\langle\!\!\!\bigcirc\!\!\!\rangle-Cl + 2H_2O$$

④ 염화티오닐(SOCl$_2$)에 의한 염소화

$$R-COOH + SOCl_2 \longrightarrow RCOCl + SO_2\uparrow + HCl\uparrow$$

⑤ 포스겐(COCl$_2$)과 벤조트리클로라이드($C_6H_5CCl_3$)에 의한 염소화

$$\langle\!\!\!\bigcirc\!\!\!\rangle-CHO + COCl_2 \longrightarrow \langle\!\!\!\bigcirc\!\!\!\rangle-CHCl_2 + CO_2$$

⑥ 염화술푸릴(SO_2Cl_2)에 의한 염소화

$$C_6H_5CH_3 + 2SO_2Cl_2 \xrightarrow[(SbCl_3)]{} CH_3C_6H_3Cl_2(2,4-) + 2SO_2 + 2HCl$$

⑦ 샌드메이어(Sandmeyer)와 가터만(Gattermann) 반응에 의한 염소화

$$RN_2Cl \xrightarrow[(CuCl_2)]{} RCl + N_2 \text{ 샌드마이어}, \quad C_6H_5-N_2Cl \xrightarrow[(HCl/Cu)]{} C_6H_5-Cl + N_2 \text{ 가터만}$$

⑧ 공업적인 염소화

㉠ 하이포염소산이 이중결합에 첨가되어 클로로히드린을 생성

$$CH_2=CH_2 + HOCl \longrightarrow CH_2Cl-CH_2OH(chlorohydrin)$$

㉡ 기체, 액체 상태에서 촉매를 사용해 염화비닐, 클로로프렌 등의 생성

$$CH\equiv C-CH=CH_2 + HCl + (촉매\ CuCl_2/H_2O,\ 액상,\ 40℃) \longrightarrow \underset{chloroprene}{CH_2=CCl-CH=CH_2}$$

$$CH\equiv CH + HCl + (촉매\ BaCl_2,\ HgCl_2,\ CuCl_2/활성탄,\ 기상,\ 200℃) \longrightarrow \underset{vinyl\ chloride}{CH_2=CH-Cl}$$

⑨ 염화인(PCl₃, PCl₅)에 의한 염소화

$$3R-COONa + PCl_5 \longrightarrow 3RCOCl + NaPO_3 + 2NaCl$$

$$3R-COOH + PCl_3 \longrightarrow 3RCOCl + H_3PO_3$$

(3) 브롬화(bromination)

1) 브롬화의 특징은 염소화보다는 반응성이 약하나 3차 수소를 선택적으로 치환하여 3차 브롬화합물을 생성한다. 주로 많이 쓰이는 브롬화제(bormine agent)로는 브롬, 브롬화수소, 하이포브롬산나트륨 등이 사용된다. 여기서, KBr을 첨가시켜 브롬의 물에 대한 용해도를 높이는 것이 가능하다. 페놀 등의 브롬화반응에는 브롬을 물에 용해한 브롬수(bromine water)를 사용한다.

2) 브롬화반응

① 첨가반응

$$CH_2=CH_2 + Br_2 \longrightarrow BrCH_2-CH_2Br$$

② 치환반응

$$C_2H_5OH + KBr \xrightarrow[(H_2SO_4)]{} C_2H_5Br + K^+HSO_4^- + H_2O$$

㉠ 알칼리 촉매하에서 페놀류와 하이포브롬산나트륨(NaOBr)과의 치환반응

ⓛ 비대칭 알켄에 브롬화수소(HBr)의 극성 반응과 라디칼반응, 첨가반응

$$CH_3-CH=CH_2 + HBr \longrightarrow$$
이온반응 (Markovnikov) → $CH_3-CH-CH_2$ Br H

라디칼반응 ROOR (anti-Markovnikov) → $CH_3-CH-CH_2$ H Br

(4) 요오드화(iodinization)

1) 요오드화의 특징 : 일반적인 할로겐화 촉매로는 반응이 어렵고, 고온에서 쉽게 HI로 탈리 된다. 많이 쓰이는 요오드화제(iodine agent)로는 I_2, HI, 하이포요오드산칼륨, 염화요 오드 등이 쓰인다.

2) 요오드화반응

① 요오드에 의한 수소의 치환반응 : 역반응이 더 우세한 가역반응이다(산화제나 알칼리 를 사용하여 제어가 가능하다.)

$$\bigcirc + I_2 \rightleftharpoons \bigcirc-I + HI$$

② 알코올(ROH)의 요오드화 : HI, PI_3, $(CH_3)_2SO_4/KI$을 주로 사용한다.

$$CH_3OH + HI \longrightarrow CH_3I + H_2O$$

③ 하이포요오드산칼륨(KOI)에 의한 요오드화(할로포름반응(haloform reaction)) : KOI 를 아세톤과 반응시켜 요오드포름(CHI_3)과 카르복시산을 생성하는 반응

$$CH_3COCH_3 + 3KOI \xrightarrow{(KOH)} CH_3COOK + CHI_3 + 2KOH$$

④ 일염화요오드(ICl)에 의한 요오드화 : 아미노화합물의 요오드화에 주로 사용

$$H_2N-\bigcirc-\overset{O}{\overset{\|}{C}}-OH \xrightarrow[HCl]{ICl} H_2N-\bigcirc-\overset{O}{\overset{\|}{C}}-OH$$
I

⑤ 요오드화수소산에 의한 요오드화

$$\bigcirc-I + HI \rightleftharpoons CH_2=CH_2 + I_2$$

4. 텔로메르화(telomerization)

α – 올레핀 'RCH=CH₂'와 할로겐화 메탄(CH₃X) 등의 저분자 물질을 원료로 하여 중합반응시키면 텔로머(telomer, 짧은 사슬의 중합체)가 생긴다. 이 반응을 telomerization이라 한다.

$$CCl_4 \ + \ nCH_2 \longrightarrow Cl(CH_2CH_2) - (CCl_3)n -$$

➡ 여기서, CCl₄를 텔로겐(telogen)이라 한다.(중합도(n)는 보통 3~30 정도이다.)

기출 및 예상 문제

01 다음은 할로겐화(halogenation) 반응에 대한 설명이다. 옳지 않은 것은?

① 요오드화반응은 상대적으로 역반응이 잘 일어나 일반적인 할로겐화 촉매로는 진행이 어렵다.
② 일반적으로 할로겐화 수소첨가반응을 할 때, Markovnikov 규칙을 따른다.
③ 브롬화반응은 3차 수소를 선택적으로 치환하여 (CH₃)₃CBr과 같은 3차 브롬화합물을 만든다.
④ 염소화반응은 플루오르화반응에 비해 더 격렬한 반응으로, 할로겐원소 중 가장 반응성이 좋다.

02 다음 중 R-COOH에 SOCl₂나 PCl₃로 염소화시켰을 때, 얻어지는 주 생성물은?

① $R-COCl$
② $R-CHCl_2$
③ $R-CH_2Cl$
④ $R-Cl$

03 다음 반응의 주 생성물(major product)을 예측하면 어느 것인가?

$$CH_3^- CH_2 — N = N\text{-}Cl \xrightarrow[\text{HCl}]{\text{CuCl}_2}$$

① CH_3CH_2COCl
② $CH_3CH_2CHCl_2$
③ $CH_3CH_2CH_2Cl$
④ CH_3CH_2Cl

04 아세톤(CH₃COCH₃)에 알칼리 존재하에 차아요오드칼륨(KOI)을 가했을 때, 생성되는 주 생성물은 무엇인가?

① CH_3-CO-I

② CHI_3

③ $CH_3-CO-Cl_3$

④ CH_3-CH_2-I

05 다음 빛을 가하여, 110~120℃ 온도하에 반응시킨다. 얻어지는 주 생성물(major product)은?

$$\text{(C}_6\text{H}_5)\text{CH}\begin{array}{l}\text{CH}_3\\\text{CH}_3\end{array} \xrightarrow[\text{hv}]{\text{Cl}_2}$$

①
$$\text{(C}_6\text{H}_5)\text{CH}\begin{array}{l}\text{CH}_2-\text{Cl}\\\text{CH}_3\end{array}$$

②
$$\text{(C}_6\text{H}_5)\text{CH}\begin{array}{l}\text{CH}_2-\text{Cl}\\\text{CH}_2-\text{Cl}\end{array}$$

③
$$\text{(C}_6\text{H}_5)\text{C}\begin{array}{l}\text{CH}_3\\\text{CH}_3\\\text{Cl}\end{array}$$

④
$$\text{Cl}-\text{(C}_6\text{H}_4)-\text{CH}\begin{array}{l}\text{CH}_3\\\text{CH}_3\end{array}$$

06 황산 존재하에 에틸알코올(CH₃CH₂OH)에 브롬화칼륨(KBr)을 가하면 생성되는 주 생성물은?

● 97 총무처 9급

① $C_2H_5-O-C_2H_5$

② C_2H_5-Br

③ C_2H_5O-Br

④ C_2H_4-Br

정답 및 해설

01 ④

유형 할로겐화반응의 특징

해설 ④ 플루오르화반응은 할로겐화반응 중 가장 격렬하고, 반응속도 또한 가장 빠르다.

① 요오드에 의한 치환반응은 역반응이 더 우세하게 일어나는 가역반응이므로, 질산 등의 산화제나 알칼리로 요오드화를 효과적으로 한다.

02 ①

유형 염소화반응 익히기

해설 염화티오닐과 염화인에 의한 염소화반응에 대해 익혀두자.

$$R-COOH + SOCl_2 \rightarrow RCOCl + SO_2\uparrow + HCl\uparrow$$

03 ④

유형 샌드마이어반응 익히기

해설 위의 반응은 질소가 빠져 나가는(탈리되는) 샌드마이어반응이다.

- 샌드마이어반응 : $RN_2Cl \xrightarrow[(CuCl_2)]{} RCl + N_2$

- 가터만반응 : $C_6H_5-N_2Cl \xrightarrow[(HCl/Cu)]{} C_6H_5-Cl + N_2$

04 ②

유형 요오드화반응 익히기

해설 요오드화반응에서 아세톤에 KOI를 가하면 메틸기의 수소가 모두 요오드로 치환된다.

$$CH_3COCH_3 + 3KOI \xrightarrow[(KOH)]{} CH_3COOK + CHI_3 + 2KOH$$

05 ③

유형 라디칼반응

해설 라디칼반응에 의해 이소프로필기의 중심 탄소원자의 수소 하나와 염소원자가 치환반응한다.

참고 곁사슬 치환반응과 라디칼반응의 비교(전자분포)

1) 곁사슬 치환반응, 다음 톨루엔의 염소화를 보면, 톨루엔의 곁사슬인 CH_3-의 H·와 Cl· 이 반응하여 HCl을 만들고 나머지 Cl·는 곁사슬에 치환된다.

2) 라디칼반응은 다음과 같다.

06 ②

유형 브롬화반응 익히기

해설 브롬화반응은 3차 수소를 선택적으로 치환하여 3차 브롬화합물을 만든다. 에틸알코올의 $-OH$와 브롬화칼륨의 $-Br$이 서로 치환반응하여 브롬화에틸(C_2H_5-Br)이 주로 생성된다. 에틸렌과 같은 이중결합이 있는 경우 브롬화하면 첨가반응이 일어난다. 브롬화반응은 염소화에 비해 반응성이 약하다.

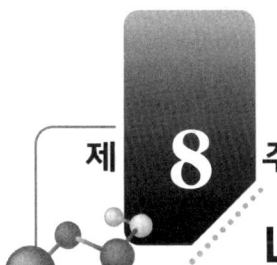

니트로화(nitration)반응

제8주제 **니트로화반응**

1. **니트로화란?** : 니트로늄이온(nitronium ion, NO_2^+)을 반응물에 도입시키는 반응을 의미한다.
2. 니트로화제(nitro agent)에는 공업적으로 질산과 황산의 혼합산을 사용한다.
3. 니트로화반응은 대체적으로 친전자성(electrophilic) 반응이다.
4. 지방족화합물의 니트로화
   ① 알칸의 니트로화
   ② 알켄의 니트로화 : 에틸렌의 니트로화
   ③ 알카인의 니트로화 : 아세틸렌의 니트로화
5. 방향족화합물의 니트로화
   ① 반응 메커니즘
   ② 반응성(reactivity)과 배향(orientation)
6. 혼합산에 의한 니트로화에서 DVS(Dehydrating Value of Sulfuric aicd, 황산의 탈수값)

1. 니트로화반응 소개

(1) 니트로화(nitration)반응이란, 니트로늄이온(NO_2^+)을 화합물에 도입시키는 반응을 의미한다.

(2) 니트로기는 1가 원자나 원자단(작용기)과 치환하여 도입되며, 특히 니트로기가 수소원자와 치환하는 니트로기의 치환반응은 공업적으로 중요하다.

2. 니트로화제(nitration agent)

니트로화제에는 질산단독계(발연질산, 진한질산, 묽은질산 등)와 질소산화물계(N_2O_5, N_2O_4 등)이 있으나 공업적으로 질산(HNO_3)과 황산(H_2SO_4)의 혼합산계를 주로 많이 사용한다. 다른 혼합산계로는 질산과 아세트산 무수물 및 아세트산계, 질산과 인산 및 클로로포름계 등이 있다.

[단계 1]

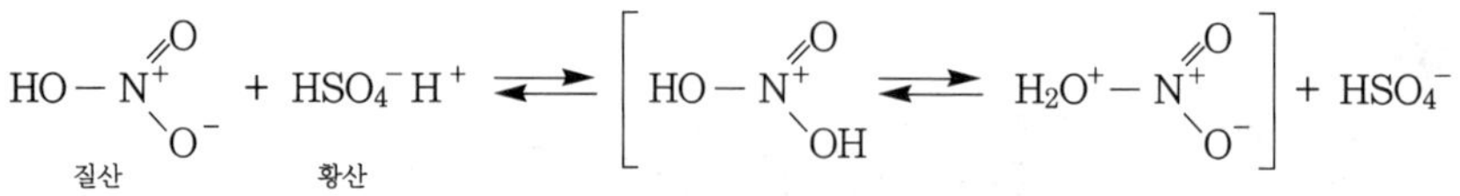

| 질산은 더 강산인 황산으로부터 양성자를 받는다. |

[단계 2]

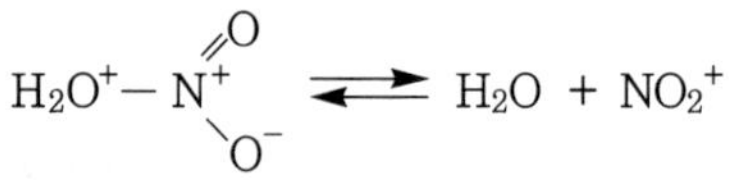

| 양성자가 첨가된 질산은 해리하여 니트로늄이온(nitronium ion)을 생성한다. |

➡ 황산의 pKa는 −9이고, 질산의 pKa는 −1.4이다. 이 사실로부터 니트로화반응은 진한질산만을 사용했을 경우보다, 질산과 황산의 혼합산을 사용하면 반응속도를 더 빨리 할 수 있다. 이유는 진한황산은 반응과정에서 친전자체인 니트로늄이온의 농도를 증가시켜 주어 반응속도를 빠르게 하기 때문이다. 위의 pKa를 보면 황산은 아주 강한 산이다. 황산에서 빠르게 분리된 양성자에 의해 질산은 보다 빠른 활성을 가지며, 이로 인해 질산 자체일 때보다 훨씬 빨리 니트로늄이온을 생성한다.

3. 니트로화반응의 메커니즘

니트로화반응의 메커니즘은 대부분 친전자성 반응이다. 예를 들어 벤젠에 진한황산과 진한질산의 혼합산을 가해 니트로벤젠을 합성하는 반응 메커니즘을 살펴보자.

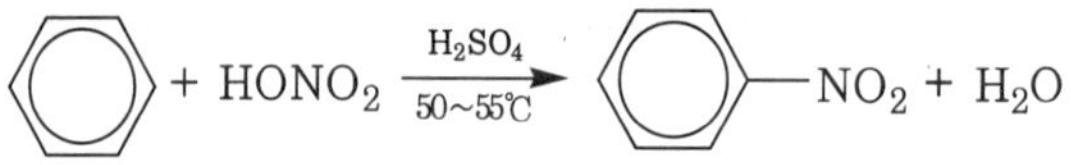

단계 1 & 2	니트로화제의 그림 [단계 1], [단계 2]와 동일하다.
단계 3	니트로늄이온(친전자체)이 벤젠과 반응하여 공명 안정화된 아레늄이온(arenium ion)을 형성한다. 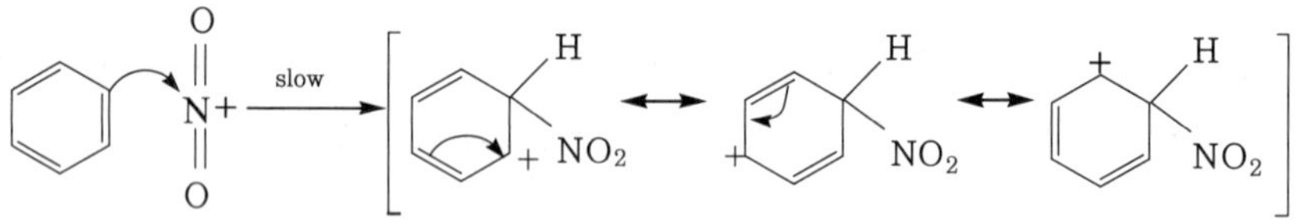
단계 4	아레늄이온은 Lewis 염기이다. 양성자를 잃고 니트로벤젠이 된다. 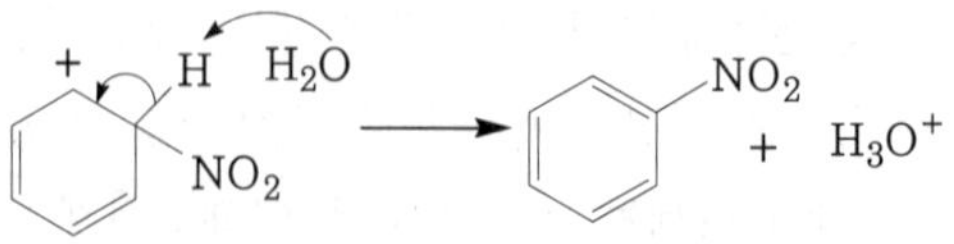

4. 지방족화합물의 니트로화반응

(1) alkane의 니트로화(파라핀의 기상 니트로화)

1) alkane은 니트릴이온과 같은 친전자체에 대해 비활성이므로 극성 반응을 하지 않는다.

2) 70%나 그 이하의 묽은질산과 기상에서 $350 \sim 450 ℃$(고온)로 가열하면 라디칼반응을 일으켜 니트로알칸(니트로파리핀)을 생성한다.

3) 수소원자와 니트로기에 의한 치환으로 액상반응도 진행할 수 있으나, 기상반응에 비해 수율이 낮고 불필요한 부반응을 동반한다. 또한 액상반응은 alkane과 니트로화제와의 상호 용해도가 낮아 반응속도가 느리다.

$$HONO_2 \longrightarrow \cdot NO_2 + \cdot OH$$
$$RH + \cdot OH \longrightarrow R \cdot + HOH$$
$$RH + \cdot NO_2 \longrightarrow R \cdot + HNO_2$$
$$R \cdot + \cdot NO_2 \longrightarrow RNO_2$$

(2) alkene의 니트로화(올레핀의 액상 니트로화)

1) alkene(oleffin)을 N_2O_4를 사용해 액상 니트로화시키면, 첨가반응에 의해 디니트로알칸(dinitroalkane)과 니트로니트리트(nitronitrite)가 만들어진다. 니트로니트리트는 불안정해서 니트로니트레이트(nitronitrate) 또는 니트로알코올(nitroalcohol)로 변한다. 이 반응은 일반적으로 $-10 \sim 25 ℃$의 범위에서 서서히 첨가하면 진행되고, 고급알켄이 더 빠르게 진행한다. 반응시간은 보통 $1 \sim 2$시간 이내이다.

(3) acetylene의 니트로화

1) 아세틸렌을 혼합산으로 액상 니트로화하면 트리니트로메탄(trinitromethane)을 거쳐 군용 폭약으로 쓰이는 테트라니트로메탄(tetranitromethane, TNM)을 얻는다.

2) TNM의 제조반응 메커니즘
   - 전체반응 : $CH \equiv CH + 6HNO_3 \rightarrow (NO_2)_4C + CO_2 + 4H_2O + 2NO_2$

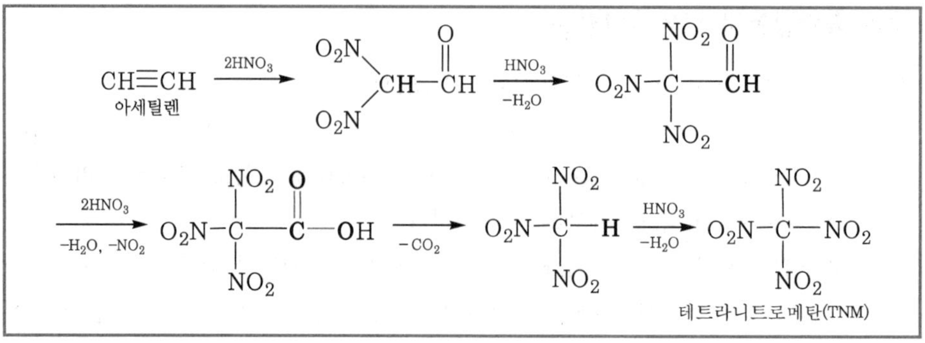

$$CH \equiv CH \xrightarrow{2HNO_3}$$
아세틸렌

테트라니트로메탄(TNM)

5. 방향족화합물의 니트로화반응

(1) 방향족화합물의 니트로화반응의 특징

1) 반응기구(mechanism)

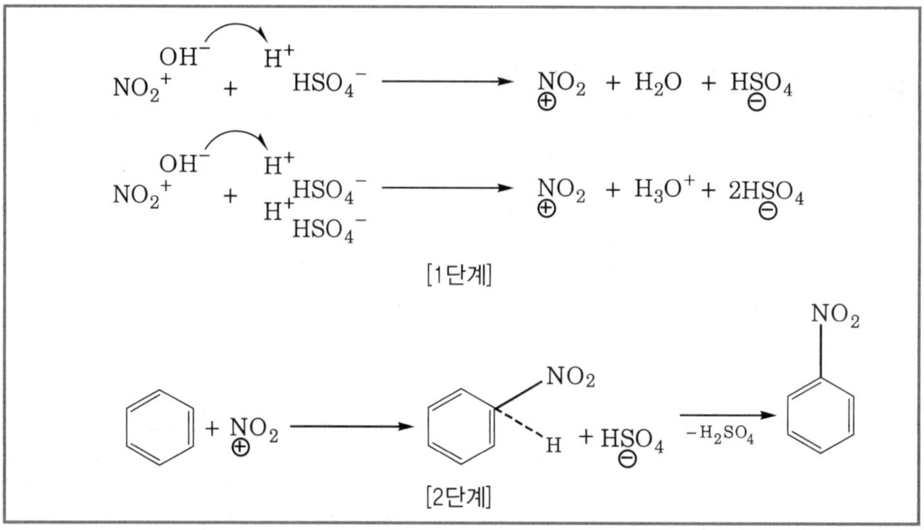

[1단계]

[2단계]

2) 반응성(reactivity)과 배향성(orientation)** : 방향족니트로화에서 니트로기가 치환되는 위치는 이미 벤젠고리에 치환되어 있는 치환기에 의해 결정된다. 다음 그림을 보자.

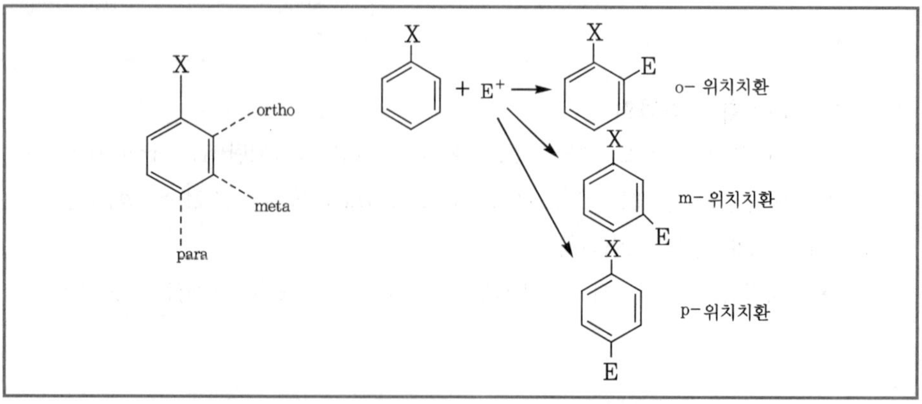

① 앞의 현상은 유발효과(Inductive effect)와 메조메리효과(Mesomeric effect)로 설명이 가능하다.

② **I 효과와 M 효과**가 같이 나타날 경우 : +I 효과와 +M 효과는 치환을 더욱 촉진시켜 ortho, para 배향성을 띠고, −I 효과와 −M 효과는 기존의 치환기를 더욱 어렵게 하여 meta 배향성을 띠게 한다.

③ I 효과와 M 효과가 서로 반대로 일어날 경우 : (+I 효과, −M 효과) 또는 (−I 효과, +M 효과)인 경우에는 그 효과를 예측하기 어렵다.

> 🏵 **보충설명**　유발효과(I effect)와 메조메리효과(M effect)

① 유발효과(Inductive effect)란 극성분자에서 전자를 유인(유도, 유발, 잡아끄는 것)하는 것이다. 또한 전자를 미는 것일 수도 있다(메틸기). 유발효과는 치환기의 거리가 멀수록 급격히 약해진다.

　㉠ +I 효과 : ortho, para 위치에 치환이 일어나고, 반응성은 벤젠 자체에서 보다 더 크다. 전자 수여성(밀어주는) 작용기의 +I 효과 크기 순서는 다음과 같다.

　　(순서상 크기) $-CR_3 > -CH(CH_3)_2 > -C_2H_5 > -CH_3$, $-N-R > -O- > -S-$

　㉡ −I 효과 : X(여기서는 벤젠에 치환된 치환기)가 전자를 끌어당기는 경우 meta 위치에 치환이 일어나며, 반응성은 X가 수소인 벤젠 자체보다 작고, 전자 수용성(끌어오는) 작용기인 −I 효과의 크기 순서는 다음과 같다.

　　(순서상 크기) $F- > Cl- > Br- > I-$, 　$-NR_3 > -NR_2$

　　　　　　　　$-F > -OR- > -NR_2$, 　$-OH > -NH_2$

② 메조메리효과(Mesomeric effect)

　㉠ +M 효과 : 벤젠핵에 결합되어 있는 치환기의 $\alpha-$원자에 비공유 전자쌍을 가지고 있어 이 전자쌍을 공여하여 벤젠고리의 전자밀도를 증가시키는 효과이다.

　㉡ −M 효과 : 치환기 내에 다중결합을 가지고 있어 전자쌍을 끌어당겨 벤젠고리의 전자밀도를 감소시키는 효과이다.

효 과	전자(electron)기구	보 기	배향효과	벤젠 활성도
+I	ph(페닐기) ← R(치환기)	ph ← CH_3	o^-, p^-	활성
+I & −M	ph ← R	ph → COO^-	o^-, p^- and m^-	활성 또는 비활성
−I	ph → R	ph → $^+NH_3$	m^-	비활성
−I & −M	ph → R	ph → COOEt	m^-	비활성
−I & +M	ph → R	ph → Cl	o^-, p^-	비활성
+I & +M	ph ← R	ph ← O^-	o^-, p^-	활성

(2) 아미노화합물의 니트로화반응*

1) 질산은 니트로화와 산화작용이 있으므로, 아민과 같이 산화되기 쉬운 치환기는 질산의 산화방지를 위해 산화되지 않는 치환기로 변화시켜 보호한 후 니트로화시켜야 한다.

2) 다음 반응을 보자. 아미노기($-NH_2$)를 가진 아닐린을 니트로화할 경우, 먼저 아미노기를 아실화(acylation)하여 보호한 후 니트로화시키고, 후에 아세틸기를 가수분해하여 제거한다.

3) 벤젠의 혼합산에 의한 니트로화

4) 톨루엔의 혼합산에 의한 니트로화 : TNT의 합

5) 클로로벤젠의 혼합산에 의한 니트로화

6. 혼합산에 의한 니트로화 : 황산의 탈수값(Dehydrating Value of Sulfuric acid, DVS)

혼합산을 사용하여 니트로화시킬 때의 기준으로 혼합산 중의 '황산과 물의 비'가 최적이 되도록 정하는 값이다.

[DVS 식]

$$DVS = \frac{혼합산\ 중의\ 황산의\ 양}{반응\ 후\ 혼합산\ 중의\ 물의\ 양} = \frac{혼합산\ 중의\ 황산의\ 양}{반응\ 후\ 생성된\ 물의\ 양 + 반응\ 전\ 혼합산\ 중의\ 물의\ 양}$$

예를 들어 다음 예제에서 설명하기로 한다.

> [예제] 황산 60%, 질산 32%, 물 8% 조성을 가진 혼합산 100kg을 벤젠으로 니트로화할 때, 그 중 질산이 화학양론적으로 전부 벤젠과 반응하였다면, DVS값은?
>
> ❍ 06 화공기사(필기)

해설 $C_6H_6 + HNO_3 \rightarrow C_6H_5NO_2 + H_2O$
　　　　(78)　　(63)　　　　(123)　　　(18)
질산 32kg에서 생기는 물의 양은 $(18 \times 32)/63 = 9.14$
∴ $DVS = 60.00/(9.14 + 8.00) = 3.50$이다.

① 공업적 니트로화에 사용되는 혼합산은 '질산-황산-물' 삼성분계이다.

② 황산의 탈수값(DVS)이 커지면, 반응의 안정성과 수율이 커지지만 DVS값이 작으면 수율이 감소하고 질산의 산화작용도 활발해진다.

③ 반응의 온도, 화합물의 종류 등의 조건에 따라, DVS값을 적당히 조절하여 반응성과 수율을 조절할 수 있다.

　㉠ 황산에 대하여 질산을 많게 하면, 니트로화가 유효할 것 같으나, 황산의 양이 적어 반응에서 생긴 물 때문에 질산의 농도가 감소하여 수율이 나빠진다.

　㉡ 반대로, 황산의 양을 더 많이 하면, 질산의 양이 감소하므로 일정량의 혼합산의 처리능력이 저하되고, 폐산량이 많아진다. 따라서, 물의 비가 가장 적당하도록 조작해야 한다.

④ 니트로화반응은 발열반응이며, 원료 1mol에 대해 20~30kcal의 열이 발생한다. 또한, 생성물에 의한 황산의 수화열이 더해지므로, 반응온도가 높아진다. 이에 폴리니트로화반응이 일어나기도 하고, 과산화질소가 발생하여 산화작용을 일으키는 원인이 되므로 냉각할 필요가 있다.

기출 및 예상 문제

01 니트로화합물(nitro - compounds)의 용도에 관한 설명 중 옳지 않은 것은?

① 폭발물질로 많이 이용된다.
② 염료의 중간체로 많이 이용된다.
③ 환원에 의하여 아민화합물을 합성하는 데 많이 이용된다.
④ 향료로 많이 이용된다.

02 다음 반응과정에 대한 설명으로 옳은 것은?

$$\langle \text{benzene} \rangle + HNO_3 \longrightarrow \langle \text{benzene} \rangle - NO_2 + H_2O$$

① NO_2^+에 의한 친핵성 치환반응이다.
② NO_2^-에 의한 친전자성 첨가반응이다.
③ NO_2^+에 의한 친전자성 치환반응이다.
④ NO_2^-에 의한 친핵성 중합반응이다.

03 파라핀(paraffin)의 니트로화에 대한 다음 설명 중 옳지 않은 것은?

① 혼산을 사용하여 저온에서 니트로화한다.
② 질산을 사용하여 고온에서 니트로화한다.
③ 라디칼반응이 일어난다.
④ 탄소사슬의 절단이 일어나 니트로메탄이 생성되기도 한다.

04 올레핀(oleffin)의 니트로화에 대한 설명 중 옳지 않은 것은?

① 이산화질소의 첨가에 의하여 용이하게 이루어진다.
② 고급 올레핀은 저급 올레핀보다 반응이 빠르다.
③ 저급 올레핀의 반응시간은 일반적으로 느리다.
④ 반응온도는 일반적으로 $-10 \sim 25\,°C$ 정도에서 실시한다.

05 공업적인 니트로화반응에 사용되는 니트로화제로 가장 적합한 물질은 무엇인가?

✪ 04 서울시 9급

① 오산화바나듐(V_2O_5)
② 삼플루오르화코발트(CoF_3)
③ 황산과 염산의 혼합산($H_2SO_4 + HCl$)
④ 황산과 질산의 혼합산($H_2SO_4 + HNO_3$)

06 아닐린(aniline)의 니트로화 시, 가장 먼저 해야 할 것은 무엇인가?

① 황산을 먼저 가해야 한다.
② 혼합산을 아닐린에 먼저 가해야 한다.
③ 아닐린의 아미노기를 먼저 보호해야 한다.
④ 황산보다 질산을 먼저 가해야 한다.

07 아닐린을 니트로화하여 o‑nitroaniline을 얻고자 할 경우, 수행해야 할 것으로 적합한 것은?

① 황산보다 질산을 더 많이 가한다.
② 혼합산을 조금씩 가하면서 니트로화한다.
③ 아닐린을 산화시킨 후 니트로화하고, 다시 환원시킨다.
④ $-NH_2$(아미노기)를 아실화하고, 니트로화한 후 가수분해시킨다.

08 다음 설명 중 옳지 않은 것은?

✪ 05 국가직 9급

① 비누화값은 유리지방산이 들어 있으면 에스테르값과 산값의 합이 된다.
② 산값은 시료의 중화에 필요한 수산화칼륨(KOH)의 mg수로 나타낸다.
③ 황산의 탈수값(DVS)이 커지면 안정성이 커지고 수율은 작아진다.
④ 분자량이 작은 글리세리드가 들어 있는 유지의 비누화값은 240~250 정도이다.

09 공업적으로 혼합산을 사용하여 니트로화시킬 때, 기준이 되는 값은 무엇인가?

✪ 97 서울시 9급

① 산값(AV)
② 요오드값(IV)
③ 비누화값(SV)
④ 황산의 탈수값(DVS)

10 니트로화반응에서 황산의 탈수값(DVS)에 대한 설명으로 옳지 않은 것은? ○ 05 해양경찰(변형)

① DVS값의 조절로 반응성과 수율을 조절할 수 있다.

② DVS값이 작아지면 수율이 감소하고, 질산의 산화작용이 활발해진다.

③ DVS값이 클수록 반응의 안정성과 수율이 커진다.

④ DVS는(반응 후 혼합산 중의 물의 양/혼합산 중의 황산의 양)이다.

⑤ 혼합산을 사용하여 니트로화시킬 때의 기준으로 혼합산 중의 '황산과 물의 비'가 최적이 되도록 정하는 값이다.

11 니트로화반응에 관한 설명 중 맞는 것은? ○ 02 국가직 9급

① 50~60℃에서 반응시킨다.

② 혼산을 일시에 가한다.

③ 0℃ 이하에서 반응시킨다.

④ 저온에서 빠르게 반응시킨다.

정답 및 해설

01 ④

유형 니트로화합물의 용도

해설 ④의 향료는 주로 에스테르화합물을 이용한다.

참고 니트로화합물의 용도 : 니트로화합물이란, 니트로기($-NO_2$)가 탄소와 결합되어 있는 'R$-NO_2$'를 니트로화합물이라 한다. 예를 들면, 질산에스테르(Nitrate Ester, $R-ONO_2$), 니트라민(Nitroamine, $RNHNO_2$)이 있다. 니트로화합물은 주로 용매, 폭약, 여러 공업약품으로 많이 쓰인다. 특히 지방족화합물은 농약 제조에 많이 사용되며, 방향족화합물은 염료 및 의약품 생산의 유기화합물 제조를 위한 중간체로 많이 사용된다.

02 ③

유형 니트로화반응의 메커니즘

해설 니트로화반응은 친전자성 반응이다. 주어진 반응은 벤젠의 니트로화반응으로 친전자성 치환반응이다.

03 ①

유형 파라핀(알칸)의 니트로화

해설 파라핀의 니트로화는 기상반응이므로, 저온에서 반응이 일어나지 않는다. 라디칼반응은 빛이나 열을 쬐어 주어야 하므로 일빈직으로 고온에서 반응이 일어난다.

04 ③

유형 올레핀의 니트로화(고급 올레핀과 저급 올레핀)

해설 ③의 경우는 고급 올레핀의 반응시간이다. 고급 올레핀의 반응시간은 대체로 느리다.

05 ④

유형 니트로화제

해설 니트로화반응에 많이 사용되는 니트로화제(nitrating agent)에는 질산, 질산과 황산의 혼합산, 질산과 아세트산 무수물 및 아세트산, 질산과 인산 및 클로로포름 등의 혼합산이 사용된다. 특히 이 중에서 공업적인 니트로화에는 질산과 황산의 혼산이 많이 사용된다.

06 ③

유형 아닐린(aniline)의 니트로화

해설 아닐린의 니트로화 시 가장 먼저 아미노기가 산화하기 쉽기 때문에 보호해야 한다.

$$\bigcirc\!\!-NH_2 + CH_3COCl \longrightarrow \bigcirc\!\!-NHCOCH_3 + HCl$$

이 과정을 먼저 수행한 다음 본격적인 니트로화를 진행해야 한다.

07 ④

유형 아닐린(aniline)의 니트로화

해설 '문 6'의 내용과 유사한 문제이다.

08 ③

유형 시험분석값

해설 황산의 탈수값(DVS)이 커지면, 반응의 안정성과 수율이 커지지만 DVS값이 작으면 수율이 감소하고 질산의 산화작용도 활발해진다.

09 ④

유형 DVS(황산의 탈수값)의 의미

해설 나머지 선택지는 유지류의 분석 시험 시 사용하는 값이다.

> ① 산값(Acid value, AV) : 시료 1g 속에 들어 있는 유리지방산을 중화시키는 데 필요한 KOH의
> mg수를, 산값이라 한다.
> ② 요오드값(Iodine value, IV) : 시료 100g에 할로겐을 작용시켰을 때, 흡수되는 할로겐의 양을
> 요오드로 환산하여 시료에 대한 백분율로 표시한 것을 요오드값이라 한다. 이를 통해 분자의
> 불포화도를 알 수 있다.
> ③ 비누화값(Saponification value, SV) : 시료 1g을 완전히 비누화시키는 데 필요한 KOH(수산
> 화칼륨)의 mg수를 비누화값이라 한다.

10 ④

유형 DVS(황산의 탈수값)의 특징

해설 ④의 황산의 탈수값 식의 분모와 분자가 바뀌었다. DVS식은 다음과 같다.

$$DVS = \frac{\text{혼합산 중의 황산의 양}}{\text{반응 후 혼합산 중의 물의 양}} = \frac{\text{혼합산 중의 황산의 양}}{\text{반응 후 혼합산 중의 물의 양}+\text{반응 전 혼합산 중의 물의 양}}$$

11 ①

유형 니트로화반응의 특징

해설 니트로화반응의 조건 중 온도는 보통 50~60℃ 정도에서 조업한다. 따라서 0℃ 이하나 저
온에서는 반응하지 않는다. 진한질산과 진한황산의 혼합물을 반응물과 함께 가열하여 반
응시키지 일시에 가하는 접촉 양식이 달라 반응성이 나빠진다.

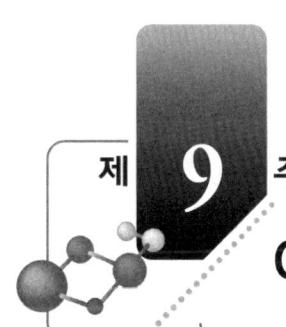

제9주 아미노화(amination)반응

제9주제 | **아미노화반응**

1. **아미노화반응이란?** : 유기화합물에 아미노기(amino group, $-NH_2$)를 도입시켜 아민(amine)을 만드는 반응을 의미한다.
2. **아민의 합성**
3. **환원에 의한 아미노화(reductive amination)** : 촉매하에 환원제를 사용하여 반응물을 환원시켜, 아미노기를 도입하는 것을 의미한다. 환원제의 세기에 따라 생성물이 달라진다.

1. 아미노화반응의 소개

(1) 유기화합물의 분자 내에 아미노기($-NH_2$)를 도입시켜 아민(amine)을 만드는 반응을 아미노화라 한다.

(2) 암모니아(NH_3)에 의한 암모놀리시스(ammonolysis) 또는 다른 아민화합물의 환원에 의한 아미노화(reductive amination), Mannich 반응(the Mannich reaction) 등이 있다.

2. 아민(amine)

(1) 아미노화합물이란, 암모니아(NH_3)의 수소원자를 알킬기 또는 아릴기(Ar-, aryl group)로 치환한 화합물로 아민(amine)이라고도 한다.

(2) **아민의 분류**
   1) 1차 아민 : 수소원자 1개가 다른 작용기로 치환된 것($R-NH_2$ 또는 $Ar-NH_2$)
   2) 2차 아민 : 수소원자 2개가 다른 작용기로 치환된 것($RR'NH$)
   3) 3차 아민 : 수소원자 3개가 다른 작용기로 치환된 것($RR'R''N$)

(3) **아민의 물리적 성질과 구조**
   1) 아민의 물리적 성질
      ① 아민은 중간 정도의 극성을 지닌 물질이다.
      ② 아민은 분자량이 비슷한 탄화수소보다도 끓는점이 높지만, 알코올보다는 일반적으로 끓는점이 낮다.

③ 1차와 2차 아민은 서로 물분자와 강한 수소결합을 할 수 있다.

④ 3차 아민은 서로 수소결합을 하지 못하지만, 물분자와는 수소결합을 할 수 있다.

⑤ 3차 아민은 분자량이 대등한 1차나 2차 아민보다는 낮은 온도에서 끓는다. 그러나 분자량이 작은 모든 아민들은 물에 녹는다.

2) 아민의 구조

① 아민은 대략 sp^3 혼성이다. 비공유 전자쌍을 하나의 그룹으로 생각하면 아민은 정사면체구조이다.

② 3차 아민의 모든 알킬 그룹들이 서로 다르다면, 아민은 손대칭성(chirality)이다. 3차 아민에는 두 가지 거울상 이성질체가 존재하나, 실제로 이들은 급속히 상호전환하므로 분리가 대개 불가능하다(질소의 반전 또는 피라미드).

③ 암모늄염은 비공유 전자쌍이 없기 때문에 반전을 하지 않는다. 4차 암모늄염은 손대칭성이며, 별개의 거울상체로 분리가 가능하다.

(4) 아민의 용도 : 염료, 계면활성제, 농약, 가황촉진제, 의약품, 나일론, 석유첨가제, 폴리우레탄 등의 합성 중간체 또는 합성섬유의 단량체 제조에 중요한 용도로 사용된다.

➡ 의약품 : 강력한 흥분제(암페타민), 환각제(메스칼린), 강력한 진통제(몰핀, 코데인), 비타민, 항히스타민제, 안정제(클로로디아제폭사이드), 신경전달물질(콜린) 등.

3. 아민의 합성

(1) 친핵성 치환반응을 이용한 아민의 합성 : 암모놀리시스(ammonolysis)

1) 암모니아의 알킬화반응

$$\ddot{N}H_3 + CH_3CH_2-Br \longrightarrow R-\overset{+}{N}H_3X^- \xrightarrow{OH^-} RNH_2$$

① 1차 아민의 염은 암모니아와 알킬 할로겐화물 사이에 친핵성 치환반응에 의하여 합성된다. 생성된 아민늄염은 염기로 처리하면 1차 아민이 된다.

② 위의 방법은 알킬화반응이 여러 번 일어나기 때문에, 합성에 응용이 극히 제한되어 있다.

③ 산-염기 반응과 알킬화반응이 반복되면 궁극적으로 3차 아민이 형성되고, 할로겐화알킬이 과량으로 존재하는 경우 4차 암모늄염도 형성된다.

④ 다중 알킬화반응은 아주 과량의 암모니아(excess NH_3)를 사용하면 최소화시킬 수 있다.

2) 아자이드이온(azide ion)의 알킬화반응과 환원반응

① 할로겐화알킬로부터 1차 아민을 합성하는 더 좋은 방법은 할로겐화알킬을 친핵성 치환반응에 의해서 아자이드화알킬($R-N_3$)로 먼저 전환하는 것이다.

$$R-X + \overset{-}{:}\overset{\cdot\cdot}{N}=\overset{+}{N}=\overset{\cdot\cdot}{N}: \xrightarrow[-X^-]{S_N2} R-\overset{\cdot\cdot}{N}=\overset{+}{N}=\overset{\cdot\cdot}{N}:^- \xrightarrow[\text{or } LiAlH_4]{\text{Na/알코올}} RNH$$

아지이드이온   아자이드화알킬

② 그 다음 아자이드화알킬을 소듐(Na)이나 알코올이나 혹은 수소화알루미늄리튬을 가지고 환원시켜 1차 아민으로 만드는 것이다.

③ 주의해야 할 것은 아자이드화알킬이 폭발성(explosive)이 있다는 점과 분자량이 작은 알킬아자이드화합물을 분리하지 말고 용액 속에 보관해야 한다는 것이다.

④ 아자이드화소듐은 자동차의 공기주머니에 쓰인다.

3) 3차 아민의 알킬화반응

$$R_3N: + RCH_2-Br \xrightarrow{S_N2} R_3-\overset{+}{N}-CH_2R + Br^-$$

3차 아민이 메틸 또는 1차 할로겐화물로 알킬화될 때, 다중 알킬화반응은 문제되지 않는다. 위와 같은 반응으로 아주 좋은 수율을 얻을 수 있다.

(2) 니트로화합물의 환원을 통한 아민의 합성

1) 방향족 아민을 합성하는 데 가장 널리 사용되는 방법은 고리를 니트로화반응시킨 다음, 니트로 그룹을 아미노 그룹으로 환원하는 것이다.

$$Ar-H \xrightarrow[H_2SO_4]{HNO_3} Ar-NO_2 \xrightarrow{[H]} Ar-NH_2$$

➡ 니트로 그룹의 환원반응은 여러 가지 방법으로 수행할 수 있다. 가장 흔히 사용되는 방법은 촉매에 의한 수소화반응이다. 니트로화합물을 철과 산으로 처리하는 것이다. 아연(Zn), 주석(Sn) 또는 $SnCl_2$ 같은 금속염도 사용될 수 있다.

2) 디니트로화합물의 선택적 환원

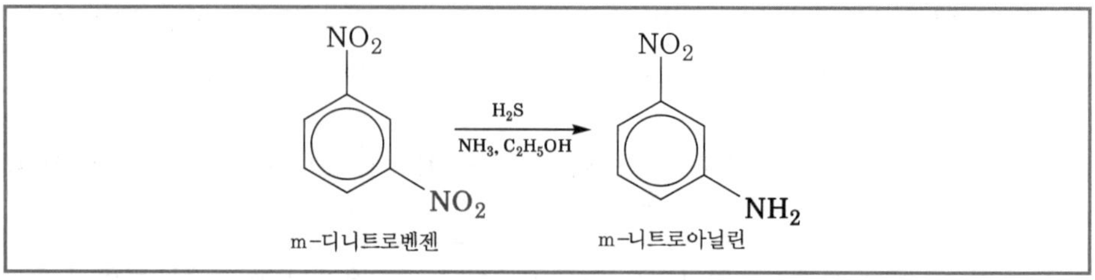

m-디니트로벤젠 → m-니트로아닐린

➡ 위 반응은 디니트로화합물의 한 니트로 그룹만 선택적으로 환원시키기 위하여, 황화수소(H_2S)와 암모니아(NH_3) 수용액(혹은 알코올용액)을 사용하기도 한다.

➡ 이 방법을 쓸 때 황화수소의 양을 조심스럽게 조정해야 한다. 왜냐하면 과량의 황화수소를 사용할 경우 한 개 이상의 니트로 그룹이 환원될 수도 있기 때문이다.

그러나 어느 니트로 그룹으로 환원될 것인가를 항상 예상하기는 가능한 것이 아니다. 2,4-디니트로톨루엔을 황화수소와 암모니아로 처리하면 4-니트로 그룹이 환원된다. 그리고 2,4-디니트로아닐린을 한 가지만 환원시킬 때는 2-니트로 그룹이 환원된다.

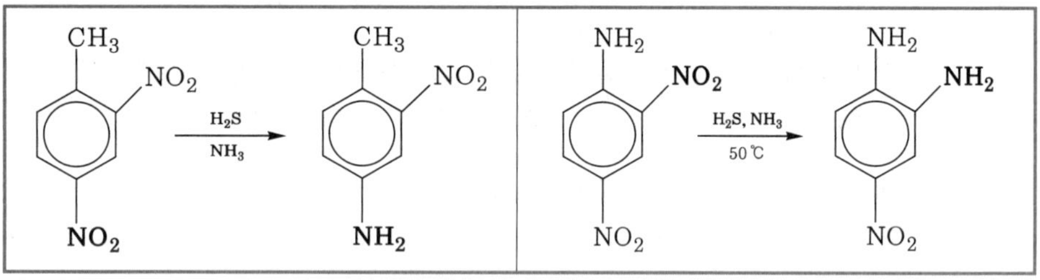

(3) 환원적 아민화반응

1) 알데히드와 케톤은 암모니아 또는 아민 존재하에서 촉매에 의한 환원이나 화학적 환원방법에 의하여 1차 아민으로 전환될 수 있다. 이 방법으로 1차, 2차 그리고 3차 아민을 합성할 수 있다.

2) 이 반응을 알데히드나 케톤의 '환원적 아민화반응(또는 아민의 환원적 알킬화반응)'이라 한다.

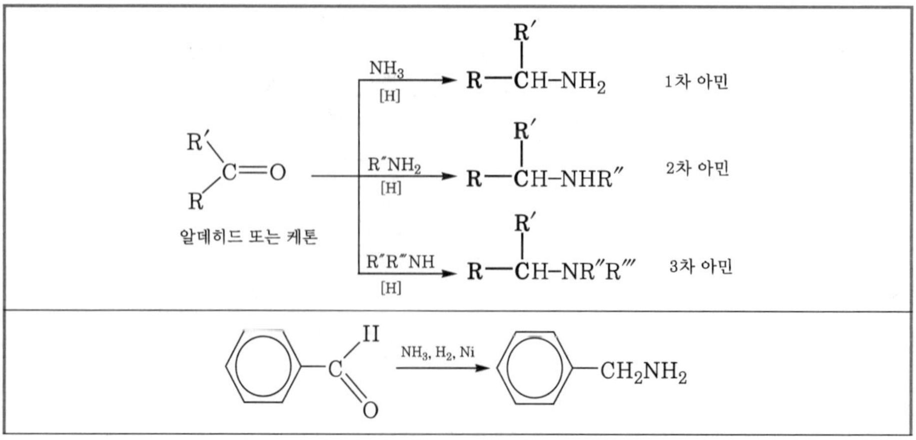

$$\text{C}_6\text{H}_5\text{CHO} \xrightarrow[\text{(2) LiBH}_3\text{CN}]{\text{(1) CH}_3\text{CH}_2\text{NH}_3} \text{C}_6\text{H}_5\text{CH}_2\text{NH}_2\text{CH}_2\text{CH}_3$$

$$\text{C}_6\text{H}_{10}\text{O} \xrightarrow[\text{(2) NaBH}_3\text{CN}]{\text{(1) (CH}_3)_2\text{NH}} \text{C}_6\text{H}_{11}\text{N(CH}_3)_2$$

➡ 위 반응의 환원제로는 수소나 촉매(Ni), $NaBH_3CN$, 또는 $LiBH_3CN$ 등을 쓴다. 후치된 두 가지는 $NaBH_4$와 비슷하며, 특별히 환원적 아민화반응에 효과적이다.

(4) 니트릴, 옥심, 아마이드의 환원을 이용한 1차, 2차, 3차 아민의 합성

$$\underset{\text{니트릴}}{R-C\equiv N} \xrightarrow{[H]} \underset{\text{1차 아민}}{R-CH_2-NH_2}$$	니트릴은 알킬 할로겐화물 CN-로부터, 또는 알데히드와 케톤의 시아노히드린으로부터 만들 수 있다.
$$\underset{\text{옥심}}{R-CH=NOH} \xrightarrow{[H]} \underset{\text{1차 아민}}{R-CH_2-N}$$	옥심은 알데히드와 케톤으로부터 만들 수 있다.
$$\underset{\substack{\text{아마이드} \\ R''}}{R-\overset{O}{\overset{\|}{C}}-N-R'} \xrightarrow{[H]} \underset{\substack{R'' \ \text{3차 아민}}}{RCH_2-N-R'}$$	아마이드는 산염화물, 산무수물 그리고 에스테르로부터 만들 수 있다.

➡ 이들 모든 환원반응은 수소와 촉매로 또는 $LiAlH_4$에 의해서 수행될 수 있다. 옥심은 $LiAlH_4$를 쓰는 것보다는 더 안전한 방법인 소듐과 알코올을 사용하여 편리하게 환원시킬 수 있다.

✨정리 | 아미노화반응의 방법

(1) 환원에 의한 아미노화
① 환원제의 종류에 따른 여러 가지 화합물

- **니트로벤젠**

$$C_6H_5NO_2 \begin{cases} \xrightarrow{\text{Zn+산}} C_6H_5-NH_2 \\ \xrightarrow{\text{Zn+물}} C_6H_5-NHOH \\ \xrightarrow{\text{Zn+알칼리}} C_6H_5-\overset{H}{N}-\overset{H}{N}-C_6H_5 \end{cases}$$

- **디니트로벤젠**

$$\begin{cases} \xrightarrow{\text{Fe+산}} \text{H}_2\text{N}-\text{C}_6\text{H}_4-\text{NH}_2 \\ \xrightarrow{\text{Na}_2\text{S}} \text{O}_2\text{N}-\text{C}_6\text{H}_4-\text{NH}_2 \end{cases}$$

- **클로로벤젠**

$$C_6H_5-Cl + NH_3 \longrightarrow C_6H_5-NH_2$$

- 니트로화합물

$$4 \bigcirc -NO_2 + 9Fe + 4H_2O \longrightarrow 4 \bigcirc -NH_2 + 3Fe_3O_4$$

- 이산화탄소와 암모니아가 반응하여 요소(urea)의 생성

$$CO_2 + 2NH_3 \rightleftharpoons \left[O = C \begin{matrix} NH_2 \\ ONH_4 \end{matrix} \right] \xrightarrow{-H_2O} O = C \begin{matrix} NH_2 \\ NH_2 \end{matrix} \text{ Urea}$$

- 산화에틸렌은 50~60℃ 정도에서 암모니아와 반응하여 에탄올아민의 혼합물 생성

- 아디포니트릴은 수소첨가에 의해 헥사메틸렌디아민을 생성

$$N \equiv C - (CH_2)_6 - C \equiv N \xrightarrow{4H_2} H_2N \diagdown\diagup\diagdown\diagup NH_2$$
adipic nitrile   hexamethylenediamine

② 환원제의 세기에 따른 생성물

　　㉠ m – 디니트로벤젠은 환원제 세기에 따라 한 개 또는 두 개 모두 환원된다.
　　　(환원제로 'Fe＋산'을 쓰면 두 개 모두 환원, 'Na₂S'를 쓰면 한 개만 환원됨)

　　㉡ amide, ester와 같은 산, 알칼리에 의해 쉽게 분해되는 작용기를 가진 화합물은 pH를 조절하여 선택적으로 환원이 가능하다.

(2) 암모놀리시스(ammonolysis)에 의한 아미노화 : 유기화합물의 분자 내에 $-X$, $-SO_3H$, $-OH$와 같은 작용기가 존재하면, 암모니아를 가하여 아미노기를 도입시킬 수 있다. 이러한 반응을 암모놀리시스라 한다.

※ 암모놀리시스제(ammonolysis agent) : 액체나 기체 암모니아를 물 또는 유기용매에 녹인 용액을 사용한다. 기상반응에서는 요소나 암모늄염의 분해로 발생하는 암모니아를 사용하거나 액체 암모니아를 직접 사용한다. 암모니아에 수소(수소화 촉매)를 혼합하여 사용하는 경우 hydroammonolysis도 있다. 이에 비해, 액상반응에서는 압력을 가해 100℃ 이상의 온도에서 25~50% 농도의 암모니아를 사용한다.

① 이중분해반응 : 유기화합물의 $-X$, $-SO_3H$, $-OH$와 같은 작용기가 암모니아의 분해 시 생성된 $-NH_2$와 치환되어 아미노화가 일어나는 반응이다.

② 탈수반응 : **수소첨가 암모니아 분해반응**(hydroammonolysis)** : 알코올이나 페놀을 암모니아와 반응시킨 것이나 카르보닐화합물을 암모니아와 수소혼합물과 반응시켜 동일한 탄소수를 가진 1차 아민으로 바꾸는 아민화반응이다.

③ 단순첨가반응 : 에테르류, 시안아미드 불포화탄화수소니트릴 등의 아미노화

④ 복합반응 : 아민화합물을 암모니아와 반응시켜 2차, 3차 아민을 만드는 반응

기출 및 예상 문제

01 방향족화합물이 환원(reduction)에 관한 설명으로 바르지 않은 것은?

① 클루르벤젠의 염소원자가 o-, m- 위치에 니트로기기 있으면 치환반응이 잘 일어난다.

② 화합물 내의 할로겐기나 술폰산기가 있으면 암모니아나 암모늄염을 사용해 아미노화시킨다.

③ 니트릴아닐리드(nitrileanilide)는 무기산이 존재할 경우, 가수분해되는 경향이 있다.

④ 암모니아를 사용해 아미노기를 도입하는 반응을 암모놀리시스(ammonolysis)라 한다.

02 니트로벤젠을 'Zn+알칼리'로 환원시킬 때, 얻어지는 생성물은?

① —NHNH— ② —NHOH

③ —NH$_2$ ④ O$_2$N——NO$_2$

03 니트로벤젠을 환원시켜 아닐린(aniline)을 합성할 때, 많이 쓰이는 환원제는?

① Zn+H$_2$O ② Fe+NaOH

③ Zn+HCl ④ Fe+HCl

04 'R-CHO'에 암모니아와 수소를 가압하여 수소첨가 암모니아 분해반응(hydroammonolysis)이 일어나 얻어지는 생성물은?

① R-NH$_2$ ② R-CH$_2$NH$_2$

③ R-NHOH ④ R-NHNH-R

05 NH$_3$와의 작용으로 아미노 치환반응(amino substitution reaction)이 가장 잘 일어나는 것은?

① 클로로벤젠 ② o-클로로벤젠

③ p-클로로벤젠 ④ m-클로로벤젠

06 클로로벤젠을 이산화구리(CuO_2)의 존재하에 암모니아를 가하고, 가압하면 생성되는 주 생성물은?

① 페놀(phenol)
② 아민(amine)
③ 아닐린(aniline)
④ 테트라니트로톨루엔(TNT)

07 벤즈알데하이드(C_6H_5CHO)의 가압하에 암모니아를 가하고, 수소첨가하면 생성되는 물질은 어느 것인가?

① $C_6H_5CH_2OH$
② $C_6H_5NH_2OH$
③ $C_6H_5CH_2NH_2$
④ $C_6H_5CH_2CH_2NH_2$

08 다음은 아민화합물이다. 이 중 끓는점(비점)이 가장 낮은 것은?

① $CH_3CH_2CH_2NH_2$
② $CH_3CH_2NH_2CH_3$
③ $CH_3NHCH_2CH_3$
④ $(CH_3)_3N$

09 다음 〔보기〕 중 끓는점이 높은 순서로 바르게 나열한 것은?

[보기]		
Ⅰ. $CH_3CH_2CH_3$	Ⅱ. $CH_3CH_2NH_2$	Ⅲ. CH_3CH_2OH

① Ⅰ > Ⅱ > Ⅲ
② Ⅰ > Ⅲ > Ⅱ
③ Ⅲ > Ⅰ > Ⅱ
④ Ⅲ > Ⅱ > Ⅰ

10 다음은 아민(amine)의 합성에 대한 설명이다. 옳지 않은 것은?

① 1차 아민은 암모니아와 알킬할로겐화물 사이에 친핵성 치환반응에 의해 합성이 가능하다.
② 할로겐화알킬을 친핵성 치환반응에 의해 아자이드화알킬($R-N_3$)로 전환 후, 소듐(Na)이나 알코올로 환원시켜 1차 아민을 합성할 수 있다.
③ 방향족 아민의 합성은 주로 고리를 니트로화반응시킨 후, 환원하여 아민을 얻는 방법을 쓴다.
④ 알코올이나 카르복시산을 임모니아 또는 이민 존재하에 환원하면, 1차 아민을 얻을 수 있다. 이 방법으로 1차, 2차, 그리고 3차 아민을 합성할 수 있다. 이를 '환원적 아민화반응'이라 한다.

정답 및 해설

01 ①

유형 환원적 아미노화반응

해설 클로로벤젠에 염소원자가 o−, m− 위치에 있으면 치환반응이 잘 일어난다.

02 ①

유형 니트로벤젠의 아미노화

해설 니트로벤젠을 'Zn+알칼리'를 이용해 환원시키면, ph−NH−NH−ph이 얻어진다.

03 ③

유형 환원제(니트로벤젠의 환원)

해설 니트로벤젠을 이용해 아닐린을 얻으려면, 'Zn+산' 촉매를 이용해 환원한다.

04 ②

유형 하이드로암모놀리시스

해설 ③의 경우는 고급 올레핀의 반응시간이다. 고급 올레핀의 반응시간은 대체로 느리다.

05 ②

유형 니트로화제

해설 o−클로로벤젠은 좋은 이탈기인 할로겐기를 가지고 있어, S_N2 반응하여 아미노화한다.
p−에 비해 o−가 반응성이 더 좋다.

06 ③

유형 아닐린(aniline)의 니트로화

해설 아닐린의 니트로화 시 가장 먼저 아미노기가 산화하기 쉽기 때문에 보호해야 한다.

$$\bigotimes\!\!-NH_2 + CH_3COCl \longrightarrow \bigotimes\!\!-NHCOCH_3 + HCl$$

이 과정을 먼저 수행한 다음 본격적인 니트로화를 진행해야 한다.

07 ③

유형 아닐린(aniline)의 니트로화

해설 수소첨가 암모니아 분해반응은 먼저 암모니아를 첨가하고, 수소화반응은 환원반응(포화시킴)을 일으킨다.

08 ④

유형 아민화합물 간의 끓는점 비교

해설 이성질체 아민 가운데, 1차 아민은 끓는점이 가장 높으며, 3차 아민은 가장 낮다. ②와 ③ 은 동일한 것이다. 먼저, 1차와 2차 아민은 분자끼리 수소결합을 할 수 있지만, 3차 아민은 수소결합을 할 수 없다.

09 ④

유형 아민화합물의 끓는점 비교

해설 한 물질의 극성을 나타내는 성질은 끓는점과 같은 물리적 성질에 영향을 준다. 이 문제는 알칸(Ⅰ)보다는 극성이 더 크지만, 알코올(Ⅲ)보다는 극성이 더 작은 아민(Ⅱ)의 경우에 있어서도 적용이 된다. 구조가 비슷할 경우, 알킬아민의 끓는점은 알칸보다는 더 높지만, 알코올보다는 더 낮다. 쌍극자－쌍극자 상호작용, 특히 수소결합은 아민에는 존재하지만 알칸에는 존재하지 않는다. 질소는 산소보다는 전기음성도가 작으며, 아민의 극성은 알코올에 비해 더 작기 때문에, 아민에서 이러한 분자 간의 힘은 알코올에서보다 더 작게 된다. 즉, 알코올>아민>알칸 순이다.

10 ④

유형 아민의 합성법

해설 ④는 알코올과 카르복시산이 아니라 알데히드와 케톤이다. 이들은 암모니아 또는 아민 존재하에서 촉매에 의한 환원이나 화학적 환원방법에 의하여 1차 아민으로 전환될 수 있다. 이 방법으로 1차, 2차 그리고 3차 아민을 합성할 수 있다. 이 반응을 알데히드나 케톤의 '환원적 아민화반응(또는 아민의 환원적 알킬화반응)'이라 한다.

제 **10** 주

술폰화(sulfonation)반응

1. 술폰화반응 소개

(1) 술폰화(sulfonation)는 화합물에 술폰산기($-SO_3H$)를 도입시키는 공정이다.

(2) 술폰화반응은 친전자성(electrophilic) 치환반응이다.

(3) 술폰화반응에 쓰이는 술폰화제(sulfonation agent)에는 반응의 목적에 따라 발연황산, 진한황산, 클로로술폰산 등이 공업적으로 많이 사용된다.

➡ 유기화합물에 황산과 같은 시약을 사용하여 황산에스테르기($-OSO_3H$)를 도입하는 반응은 황산화(sulfation)라 한다.

2. 지방족화합물의 술폰화반응

(1) 파라핀계 탄화수소의 술폰화

➡ 파라핀계 탄화수소(alkane)는 발연황산으로 직접 술폰화가 어려워, 이를 술폰화하기 위해 할로겐 원자를 치환시켜 반응에 이용한다.

1) 술포클로리네이션(sulfochlorination) : 탄화수소를 직접 아황산가스(SO_2)와 염소(Cl_2)의 혼합물로 반응시켜 술폰산기를 도입시키는 반응을 의미한다.

$$R-H + SO_2 + Cl_2 \xrightarrow[\text{(빛이나 과산화물)}]{} R-SO_2Cl + HCl$$

2) 술폭시데이션(sulfoxidation) : 탄화수소를 직접 아황산가스와 산소(O_2)의 혼합물로 반응시켜 화합물에 술폰산기를 도입시키는 반응이다.

$$R-H + SO_2 + O_2 + (CH_3CO)_2O \longrightarrow R-SO_2OOCOCH_3 + CH_3COOH$$

3) Strecker(스트레커)반응 : 일반적으로 화합물의 할로겐 원자, 니트로기, 술폰산기를 아황산나트륨(Na_2SO_3)으로 치환시키는 반응이다.

① Strecker 반응으로 생성된 염화알킬술폰산염은 술포알킬화제로 사용된다.

$$RCl + Na_2SO_3 \longrightarrow RSO_3Na + NaCl$$
$$RNO_2 + Na_2SO_3 \longrightarrow RSO_3Na + NaNO_3$$

② 주로 알코올성 용액이나 수용액에서 반응시킨다.

$$R-CHO + NaHSO_3 \longrightarrow HOCH(R)SO_3Na$$
$$R-CHCH_2 + NaHSO_3 \xrightarrow{\text{(과산화물)}} R-CH_2CH_2SO_3Na$$

(2) 올레핀계 탄화수소의 술폰화 : 황산을 이용하여 황산에스테르를 생성하는 반응이다.

$$R-CH=CH_2 \underset{H_2O}{\overset{H_2SO_4}{\rightleftarrows}} R-\underset{OSO_3H}{CH}-CH_3$$

(3) 클로로술폰산(chlorosulfonic acid)에 의한 술폰화 : 2가지 경로를 통해 합성된다.

1) 클로로술폰산($ClSO_3H$)에 의해 술폰산을 합성한 후, 클로로술포닐을 합성하는 방법

$$R-H + ClSO_3H \longrightarrow \mathbf{R-SO_3H} + HCl\uparrow$$
$$\mathbf{R-SO_3H} + ClSO_3H \rightleftarrows \mathbf{R-SO_2Cl} + H_2SO_4$$

2) 클로로술폰산($ClSO_3H$)에 의해 알코올술페이트(alcoholsulfate)를 합성하는 방법

$$R-OH + ClSO_3H \longrightarrow \mathbf{R-OSO_3H} + HCl\uparrow$$

3) 클로로술폰산($ClSO_3H$)에 의해 술파메이트(sulfamate)를 합성하는 방법

$$3R-NH_2 + ClSO_3H \longrightarrow \mathbf{R-NHSO_3H \cdot NH_2} + RNH_2 \cdot HCl\uparrow$$

3. 방향족화합물의 술폰화

- 방향족화합물의 술폰화반응은 수소와의 치환반응이 대부분이다.
- 친전자성 치환반응의 메커니즘에 따라, 방향족의 치환반응은 반응성과 배향성을 염두에 둔다.

(1) 벤젠(benzene)의 술폰화반응

1) 벤젠은 발연황산과 실온(25℃)에서 벤젠술폰산(benzenesulfonic acid)을 만든다.

2) SO$_3$의 영향 : 발연황산은 3산화황(SO$_3$)을 포함하는 황산이다. 이는 SO$_3$의 생성속도가 아주 빨라 반응속도를 빠르게 한다. 따라서, SO$_3$의 농도는 반응속도에 영향을 끼친다.

> 🔵 참고   술폰화반응의 한계농도값(π)
>
> 벤젠의 술폰화반응은 '삼산화황 한계농도값(π)'에 따라 반응이 결정된다. 한계농도(π) 이상에서는 술폰화가 일어나고, 그 이하에서는 정지된다. 즉, π값이 작을수록 술폰화가 쉽다.
>
> $$\pi = \frac{SO_3}{H_2SO_4 \cdot 1.5H_2O} \times 100 = \frac{80}{125} \times 100 = 64\%$$

벤젠 + H$_2$SO$_4$ ⇌ 벤젠-SO$_3$H + H$_2$O

(2) 나프탈렌(naphthalene)의 술폰화반응 : 온도에 따라 배향성이 달라진다.

➡ 저온일 경우 α-위치 치환반응을 하며, 고온일 경우 β-위치 치환반응을 한다.

나프탈렌 →(H$_2$SO$_4$, 50℃) 1-나프탈렌술폰산 α-이성질체(96%) + 2-나프탈렌술폰산 β-이성질체(4%)

나프탈렌 →(H$_2$SO$_4$, 160℃) β-이성질체(85%) + α-이성질체(15%)

(3) 아민(amine)의 술폰화

1) 아민을 술폰화시키는 방법으로 주로 배소법을 이용한다.

2) 배소(roasting)란, 광석을 쉽게 환원처리하기 위해 금속을 그 녹는점 이하의 고온으로 가열하여 물리·화학적 성질을 변화시키는 일을 의미한다.

3) 여기서 배소법이란, 방향족아민에 1당량의 진한황산을 가하면 산성황산염(ArNH$_3^+$, HSO$_4^-$)이 되고, 약 170~220℃로 가열하면, 탈수반응과 동시에 SO$_3$H기가 방향족화합물 중의 아미노기의 para 위치에 붙는 것을 의미한다.

➡ 배소법은 70~75% 정도의 황산으로 균일한 아닐린황산염을 생성해 내는 것이 중요한데 황산염이 균일하지 않을 경우, 적당한 유기용매를 사용해 희석한 후 황산을 가한다.

➡ 용매로는 빙초산(수분이 적고 순도가 높은 아세트산)이나 벤젠을 사용한다.

술파닐산

기출 및 예상 문제

01 다음은 유기화합물의 술폰화(sulfonation)에 관한 설명이다. 옳지 않은 것은?

① '−OSO₃H'를 도입하는 반응이다.

② 안트라퀴논을 황산수은 존재하에 술폰화시켰을 때 α−치환이 일어난다.

③ 방향족화합물의 술폰화는 친핵성 치환반응(S_N)이다.

④ 나프탈렌의 술폰화는 반응온도에 크게 영향을 받으며, 저온에서 α−치환, 고온에서 β−치환을 한다.

02 다음 물질 중 술폰화가 가장 일어나기 쉬운 것은?   ❖ 05 국가직 9급

① $C_6H_5-NO_2$ ② $C_6H_5-SO_3H$

③ $C_6H_5-NH_2$ ④ C_6H_5-COOH

03 다음은 방향족 술폰화반응에 대한 설명이다. 옳지 않은 것은?

① SO_3를 친전자체로 사용하는 친전자성 치환반응이다.

② 가역반응의 성질을 보인다.

③ 동일한 탄소에 2개 이상의 술폰화가 용이하다.

④ −OH, −CH₃ 등의 전자공여기(e^- donating group)는 술폰화를 용이하게 하며 o−, p−위치로의 배향성(orientation)을 가진다.

04 다음 〔보기〕 중 공업적 술폰화제(sulfonation agent)로 적합한 것을 모두 고르면?

> [보기]
>
> (ㄱ) 발연황산　　　　　(ㄴ) 황산과 질산의 혼산　　　　(ㄷ) 진한황산
>
> (ㄹ) 묽은황산　　　　　(ㅁ) 클로로술폰산

① (ㄱ), (ㄴ)　　　　　　　　　　② (ㄱ), (ㄷ)

③ (ㄱ), (ㄴ), (ㄷ)　　　　　　　　④ (ㄱ), (ㄷ), (ㄹ)

⑤ (ㄱ), (ㄷ), (ㅁ)

05 다음 중 술폰산기는 무엇인가?　　　　　　　　　　❂ 97 서울시 9급

① $-OH$　　　　　　　　　　　　② $-NO_2$

③ $-SO_3H$　　　　　　　　　　　④ $-COOH$

06 안트라퀴논의 술폰화에서 β-치환이 일어나게 하기 위해 사용하는 촉매는?

① 술팜산($SO_3 \cdot NH_3$)　　　　　　② 황산수은($HgSO_4$)

③ 발연황산($mSO_3 \cdot nH_2O, \ m>n$)　　④ 아황산(SO_2)

07 술폰화(sulfonation) 반응은 다음 중 어떤 반응인가?　　❂ 02 국가직 9급

① 친핵성 치환반응　　　　　　　　② 라디칼반응

③ 친전자성 치환반응　　　　　　　④ 첨가반응

 정답 및 해설

01　①, ③

유형 ▶ 술폰화반응의 특징

해설 ▶ ①은 황산화반응이다. 술폰화반응은 '$-SO_3H$'를 도입하는 반응이다. 주의하자.

③ 술폰화란 유기화합물에 술폰산기를 도입시키는 반응으로, 친전자성 치환반응(S_E)을 하고, 술폰산기를 가진 화합물은 강한 친수성이 있어, 유기합성의 중간체로 사용된다.

02 ③

유형 아민의 술폰화

해설 아미노기($-NH_2$)는 벤젠고리를 활성화시켜, 친전자성 치환반응이 일어나기 쉽다. 니트로 벤젠과 벤젠술폰산, 벤조산에 비해, 전자를 밀어주는 효과가 크다(유발효과). 따라서 고리 가 활성화되어 고리 치환반응이 가능하게 된다.

03 ③

유형 방향족 술폰화반응의 특징

해설 입체적 장애로 설명하면, 술폰산기는 비교적 크기가 큰 작용기로 도입하기 어렵다.

04 ⑤

유형 공업적으로 사용되는 술폰화제 알아두기

해설 공업적으로 많이 쓰이는 술폰화제에는 발연황산, 진한황산, 클로로술폰산이 대표적이다. 모두 고르라 했으니, 정답은 ⑤번이다.

05 ③

유형 술폰화의 정의

해설 ①은 히드록시기, ②는 니트로기, ④는 카르복시기이다.

06 ③

유형 안트라퀴논의 술폰화

해설 안트라퀴논의 술폰화 : 발연황산만을 촉매로 사용할 때는 β-치환이 일어나고, 황산수은 ($HgSO_4$)만을 사용할 때는 α-치환이 일어난다.

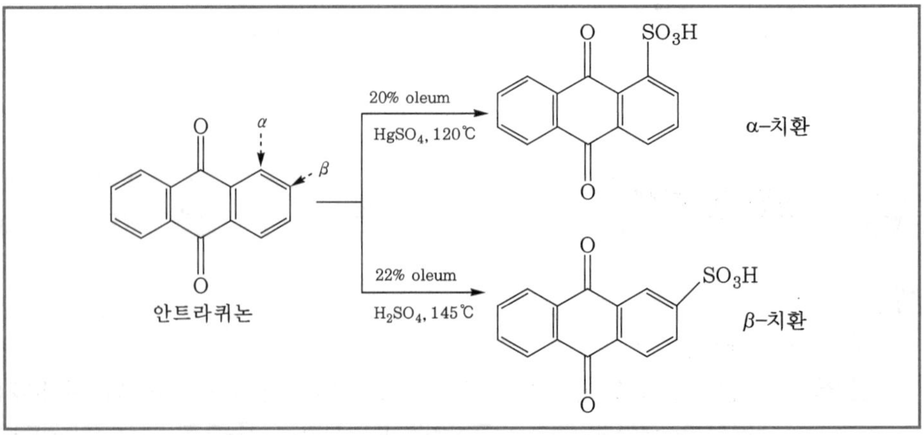

07 ③

유형 술폰화반응의 반응형태

해설 술폰화반응은 친전자성 치환반응이다.

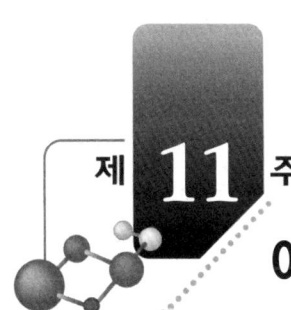

에스테르화(esterification)반응

제11주제   에스테르화반응

1. **에스테르화란?** : 산(acid)과 알코올(R−OH)의 축합반응으로 화합물에 에스테르기(−(CO)O−)를 도입하는 반응이다.
2. **에스테르 합성반응(종류에 따라)**
   ① 유기산 에스테르 생성반응
   ② 무기산 에스테르 생성반응
   ③ 부가에 의한 에스테르의 생성
   ④ 기타 반응

1. 에스테르화반응의 소개

(1) **에스테르화의 의미** : 에스테르화(esterification)란 산과 알코올의 축합반응으로 분자에 에스테르기(−COO−)를 도입하는 반응을 의미한다.

$$\underset{\text{Carboxylic Acid}}{R-\overset{\displaystyle O}{\overset{\|}{C}}-OH} + \underset{\text{Alcohol}}{H-O-R'} \rightleftharpoons \underset{\text{Ester}}{R-\overset{\displaystyle O}{\overset{\|}{C}}-OR'} + H_2O$$

➡ 위 반응식에서 물이 생성되는 경우는 산의 히드록시기와 알코올의 수소원자와의 결합으로 얻어지나, 알킬의 R과 R′에 따라 전자분포가 달라지면 산의 말단 −OH의 수소원자와 알코올의 히드록시기가 결합하여 물이 생성되는 경우도 있다.

➡ 이에 따라, 물의 출처를 확인하는 문제가 주어지면, 반응 시 메커니즘에 따라 그 구성에 기여한 작용기를 확인할 수 있다. 실제 반응 시 메커니즘은 동위원소를 이용한 벤조산과 메탄올의 에스테르화반응으로 확인해 보자. 다음 반응은 알코올의 히드록시기에서 수소가 떨어져 나간 경우에 해당된다.

$$\underset{}{\bigcirc\!\!\!\!\!\!-\overset{\displaystyle O}{\overset{\|}{C}}-OH} + HOCH_3 \xrightleftharpoons{H^-} \bigcirc\!\!\!\!\!\!-\overset{\displaystyle O}{\overset{\|}{C}}-^{18}OCH_3 + H_2O$$

(2) **에스테르(ester)의 분류** : 에스테르는 에스테르화반응에 의해 생성된 물질로, 그 종류는 원료에 따라 유기산에스테르, 무기산에스테르로 나뉜다. 그리고 합성방법과 부가에 의한 에스테르가 있다.

(3) **에스테르의 용도**

1) 용제 : 초산에틸, 초산부틸 등

2) 가역제 : 프탈산부틸(DBP), 프탈산옥틸(DOP) 등

3) 폭약 : 니트로셀룰로오스, 니트로글리세린 등

4) 폴리머 제조용 : 아크릴산에스테르는 모노머(monomer) 제조에, 폴리에스테르, 셀룰로오스아세테이트, 로진에스테르 등은 폴리머(polymer) 제조에 쓰인다.

2. 유기산에스테르 생성반응

(1) **산무수물의 에스테르화** : 알코올과 반응하여 에스테르를 생성

$$(CH_3CO)_2O + C_2H_5OH \longrightarrow CH_3-(CO)O-C_2H_5 + CH_3COOH$$

(2) **에스테르 교환반응** : 유기산에스테르를 산, 알코올 및 에스테르와 작용기를 교환시켜 새로운 에스테르를 생성

1) 알코올리시스(alcoholysis)

$$RCOO-R' + R'' \longrightarrow RCOO-R'' + R'-OH$$

2) 에스테르 상호교환반응

$$RCOO-R' + R''COO-R''' \longrightarrow RCOO-R''' + R''COO-R'$$

3) 에시돌리시스(acidolysis)

$$R-COOR' + R''-COOH \longrightarrow R''-COOR' + R-COOH$$

(3) **금속염(metal salt)의 에스테르화** : 이 반응은 산 확인 실험에 쓰이는데, 산의 금속염과 RX(할로겐화알킬)을 가열하여 에스테르가 생성된다.

$$CH_3COONa + C_6H_5CH_2Cl \longrightarrow CH_3-COO-CH_2C_6H_5 + NaCl$$

(4) 니트릴(nitrile)의 에스테르화

1) 아크릴산에스테르의 생성반응 : 아크릴로니트릴을 물에서 메탄올과 반응

$$CH_3\;CN + C_2H_5OH + H_2O \longrightarrow H_3C-\overset{\overset{O}{\|}}{C}-OC_2H_5 + NH_3$$
니트릴   아크릴산에스테르

$$CH_2=CH(\mathbf{CN}) + CH_3OH + H_2O \longrightarrow CH_2=CHCOOCH_3 + NH_3$$

2) 니트릴을 적당한 알코올에 녹이고 염화수소가스로 포화시켜 아미노에스테르산염을 만든다. 그 후, 니트릴을 가수분해하여 생성된 산을 알코올과 반응시켜 만든다.

$$CH_3CN + C_2H_5OH \xrightarrow{HCl} H_3C-\overset{\overset{\overset{HCl}{\|}}{\overset{N-H}{\|}}}{\underset{OC_2H_5}{C}} \xrightarrow{H_2O} H_3C-\overset{\overset{O}{\|}}{\underset{OC_2H_5}{C}} + \mathbf{NH_4Cl}$$

(5) 산염화물의 에스테르화

1) 산염화물은 반응성이 크므로 알코올과 반응하여 쉽게 에스테르화한다. 특히, 지방족 산염화물은 방향족 산염화물보다 반응성이 빠르다. 이 반응에 주로 사용되는 촉매는 염화알루미늄($AlCl_3$), 마그네슘(Mg)이 쓰인다.

$$C_2H_5OH + COCl_2 \longrightarrow C_2H_5\mathbf{COO}Cl + HCl$$

2) Schotten-Baumann법 : 10~25% NaOH 수용액에 페놀이나 알코올을 용해시킨 후 강하게 교반하면서 서서히 산염화물을 가하면, 에스테르가 순간적으로 생성되는 반응으로 염화물의 에스테르화반응 중 가장 좋은 방법이다.

3. 무기산에스테르 생성반응

(1) **질산에스테르 생성** : 합성 화학제품 중 비교적 오래된 제품으로, 글리세롤 또는 cellulose를 니트로화하여 얻는다.

$$C_2H_5OH + HNO_3 \longrightarrow C_2H_5O\mathbf{NOO} + H_2O$$

$$[C_6H_7O_2(OH)_3] + 3HNO_3 \longrightarrow [C_6H_7O_2(O\mathbf{NOO})_3] + 3H_2O$$
unit of cellulose   unit of nitrocellulose

$$C_3H_5(OH)_3 + 3HNO_3 \longrightarrow C_3H_5(O\mathbf{NOO})_3 + 3H_2O$$
glycerol   nitroglycerol

(2) **황산에스테르 생성** : 황산 또는 클로로술폰산을 반응시켜 얻는다. 고급 알코올의 황산에스테르는 세척제로 많이 쓰인다.

$$C_2H_5OH + HO-SOO-OH \rightleftharpoons C_2H_5O-\mathbf{SOO}-OH + H_2O$$

$$C_2H_5OH + Cl-SOO-OH \rightleftharpoons C_2H_5O-\mathbf{SOO}-OH + HCl$$

(3) 알킬모노술페이트(alkyl monosulfate)의 생성 : 황산을 알켄에 첨가하여 얻는다.

$$R-CH{=}CH_2 + H+OSO_3H^- \rightleftharpoons R-CH(OSO_3H)-CH_3$$

4. 부가(addition)반응에 의한 에스테르의 생성

(1) 알켄(alkene)은 황산 등의 강산하에 유기산을 첨가하면, 중간체인 카르보늄이온(carbonium ion)을 거쳐 생성되는 반응메커니즘을 가진다.

(2) 산화에틸렌(ethylene oxide)이 산과 반응하면 glycolacetate가 생성되고, 이를 다시 아세트산과 반응하면 디글리콜아세테이트가 생성된다.

$$\underset{\text{산화에틸렌}}{C_2H_4O^{2)}} + CH_3COOH \longrightarrow CH_3COO-CH_2CH_2-OH$$

$$CH_3COO-CH_2CH_2\text{-}OH + CH_3COOH \longrightarrow \underset{\text{디글리콜아세테이트}}{CH_3COO-CH_2CH_2-COOCH_3}$$

(3) 아세틸렌(acetylene) : 메탄술폰산, 초산아연, 인산삼플루오르화붕소 등의 촉매를 사용하여 아세틸렌과 아세트산을 반응시키면, 아세트산비닐 또는 아세트산에틸렌이 생성된다.

$$CH{\equiv}CH + CH_3COOH \xrightarrow[\text{촉매(Hg)}]{} CH_3COOCH{=}CH_2$$

$$CH{\equiv}CH + 2CH_3COOH \xrightarrow[\text{촉매(Hg)}]{} \underset{\text{아세트산에틸리덴}}{CH_3-CH(COOCH_3)_2}$$

➡ 위 두 반응은 원료는 같지만 생성물의 용도에 따라 CH_3COOH의 몰수를 다르게 반응시켜, 아세트산비닐은 중합체의 원료로 아세트산에틸리덴은 아세트산 무수물 제조용의 중간체로 쓰인다.

5. 기타 에스테르 생성반응

(1) 알데히드 두 분자의 에스테르화반응

$$2CH_3CHO \longrightarrow CH_3COOC_2H_5$$

$$2CH_3CHO \xrightarrow[\text{촉매(KOH)}]{} CH_3COOH + CH_3CH_2OH \text{【Cannizzaro 반응】}$$

---

2) C_2H_4O는 산화에틸렌으로 그 구조식은 이다.

(2) 알코올과 일산화탄소의 반응

$$CH_3OH + CO \longrightarrow CH_3COOH$$
$$2CH_3OH + CO \longrightarrow CH_3COOCH_3 + H_2O$$

기출 및 예상 문제

01 다음은 에스테르화반응에 대한 설명이다. 바르지 못한 것은?

① 산염화물과 알코올이 반응하면 에스테르가 만들어진다.
② 산과 알코올의 축합반응으로 분자에 에스테르기를 도입하는 반응을 의미한다.
③ 산화에틸렌은 산과 반응하여 아세트산에틸리덴을 생성한다.
④ 니트릴의 에스테르화로 아크릴산에테르가 만들어진다.

02 다음 반응은 에스테르화반응이다. 이에 대한 설명으로 바르지 않은 것은?

$$CH_3COOH + C_2H_5OH \rightarrow CH_3COOC_2H_5 + H_2O$$

① HCl이나 H_2SO_4와 같은 강산 촉매를 사용한다.
② NaOH와 같은 알칼리 촉매도 사용이 가능하다.
③ 생성물인 H_2O를 탈수제로 제거한다.
④ CH_3COOH이나 CH_3OH를 과량(excess)으로 가한다.

03 다음은 에스테르의 생성반응에 대한 설명이다. 잘못된 것은?

① 아세틸렌과 아세트산을 1 : 1의 몰비로 $Hg(Ac)_2$ 촉매하에 작용시키면 비닐아세테이트가 생성된다.
② 에스테르화반응은 대부분 축합반응이다.
③ $CH_3COOC_2H_5$를 암모니아와 반응시키면, 디아조화합물(diazo – compound)을 얻는다.
④ 글리세린에 진한질산을 가하여 니트로화시키면 글리세릴트리니트레이트(glyceryl trinitrate)를 얻는다.

04 다음 반응 중 에스테르(ester)가 만들어지는 반응이 아닌 것은?

① $C_2H_5OH + (CH_3CO)_2O \rightarrow$

② $C_6H_5COOH + C_2H_5OH \rightarrow$

③ $C_6H_6 + H_2SO_4 \rightarrow$

④ $C_6H_5ONa + CH_3COCl \rightarrow$

05 다음 중 분자 내에 에스테르를 만들 수 있는 두 원자단을 가지고 있어 카르복시산과 반응할 때는 -OH기가 반응하고, 알코올과 반응할 때는 -COOH가 반응하여 각각 다른 두 종류의 에스테르를 만드는 물질은?　　　　　　　　　　　　　　　❂ 97 총무처 9급

① 벤조산(benzoic acid)

② 피크르산(picric acid)

③ 술폰산(sulfonic acid)

④ 살리실산(salicylic acid)

정답 및 해설

01 ③

유형 에스테르화반응의 특징(서술형)

해설 산화에틸렌(ehtylene oxide)은 산과 반응하여 글리콜아세테이트(glycolacetate)가 된다.

02 ②

유형 에스테르화반응 설명(서술형)

해설 NaOH와 같은 알칼리 촉매는 CH_3COOH와 반응하므로 에스테르화되지 않는다.

03 ③

유형 공업적으로 사용되는 술폰화제 알아두기

해설 ③번 반응으로 산아미드(CH_3CONH_2)가 생성된다.(amide)

04 ③

유형 에스테르반응 추측(추론형)

해설 벤젠의 술폰화반응이다.

∴ $C_6H_5SO_3H + H_2O$가 생성된다.

05 ④

유형 에스테르 합성반응

해설 HO-〈　〉-COOH 살리실산

제 12 주

가수분해(hydrolysis)

1. **가수분해란?** : 화합물이 물과 반응하여 분리되는 반응이다. 물의 분리기인 H−와 HO−를 각각 다른 쪽의 성분에 부여하는 복분해(double decomposition)반응을 의미한다.
2. 무기화합물의 가수분해는 '산·염기 중화반응의 역반응'이다.
3. 유기화합물의 가수분해는 에스테르, 산아미드, 에테르 등 산·염기 존재 시 일어난다. 유지의 비누화, 단백질의 가수분해, Grignard 화합물의 가수분해 등이 있다. 유기화합물은 물 이외의 알칼리 존재하에 서도 가수분해가 일어난다.
4. **지방족화합물의 가수분해**
   ① 알칸의 가수분해
   ② 알켄의 가수분해
   ③ 아세트산의 가수분해
   ④ 니트릴의 가수분해
   ⑤ 유기산에스테르의 가수분해
5. **방향족화합물의 가수분해**
   ① 가수분해에 의한 페놀의 제조
   ② 가수분해에 의한 β−나프톨의 제조
   ③ 방향족 디아조늄염의 가수분해
   ④ 가수분해에 의한 알데히드와 카르복시산의 제조

1. 가수분해 소개

(1) 가수분해란 유·무기 화합물을 물(H_2O)과 반응시켜 복분해(double decomposition)가 일 어나 물분자의 H^+과 OH^-의 작용으로 목적화합물을 분해시키는 것을 의미한다.

$$A^+B^- + H_2O \longrightarrow AOH + BH$$

(2) 무기화합물의 가수분해는 '산·염기 중화반응의 역반응'이다.

$$KCN + H_2O \rightleftharpoons HCN + KOH$$

(3) 유기화합물은 에스테르, 산아미드, 에테르 등이 산이나 염기 존재 시 가수분해가 일어난다. 유지의 비누화, 단백질의 가수분해, Grignard 화합물의 가수분해 등이 있다. 유기화합물은 물 이외의 알칼리 존재하에서도 가수분해가 일어난다.

$$C_6H_{11}Cl + \textbf{H}_2\textbf{O} \longrightarrow C_6H_{11}OH + HCl$$
$$CH_3COOC_2H_5 + \textbf{NaOH} \longrightarrow CH_3COONa + C_2H_5OH$$

☞정리 가수분해와 비슷한 반응

① 수화반응 : 유기화합물의 분자 간이나 분자 내에서 물이 떨어져 나가면서 화합물이 생성되는 '탈수반응의 역반응'으로, 물이 분해되지 않고 직·간접적으로 분자에 첨가되는 반응이다.
② 알칼리용융 : 진한 알칼리 및 순수한 알칼리만을 고온에서 반응시키는 것이다.

2. 지방족화합물의 가수분해

(1) **지방족 포화탄화수소의 가수분해** : 직접 가수분해되지 않고 고온·고압에서 산이나 효소에 의해 서서히 가수분해된다.

(2) **알켄의 가수분해** : 황산법과 직접법이 있다.

1) 첫째, 황산법은 알켄에 황산을 반응시켜 중간체를 거쳐 가수분해된다.

$$CH_2=CH_2 + H_2SO_4 \longrightarrow CH_3CH_2OSO_3H + \textbf{H}_2\textbf{O} \longrightarrow CH_3CH_2OH + H_2SO_4$$

2) 둘째, 직접법은 알켄을 인산이나 알루미늄 촉매로 직접 수화반응시켜 알코올을 만드는 공업적인 방법이다.

$$CH_3-CH=CH_2 + H_2O \xrightarrow{\text{촉매(알루미나)}} CH_3-CH(OH)-CH_3$$

(3) **아세틸렌의 수화반응** : 아세틸렌에 황산을 촉매로 하여, 대기압에서 수화반응시켜 아세트알데히드를 제조한다.

$$CH{\equiv}CH + H_2O \xrightarrow{\text{촉매(HgSO}_4/\text{H}_2\text{SO}_4)} CH_3CHO$$

(4) **니트릴(nitrile)의 가수분해** : 니트릴에 의한 산, 알칼리의 가수분해는 유기산을 생성한다.

$$N{\equiv}C-(CH_2)_4-C{\equiv}N + H_2O \longrightarrow HOOC-(CH_2)_4-COOH$$
아니프산

(5) **유기산에스테르의 가수분해** : 알코올과 카르복시산을 생성한다.
에스테르화반응의 역반응의 형태를 가진다.

$$\begin{array}{c} C_{17}H_{35}-\overset{\overset{\displaystyle O}{\|}}{C}-O-CH_2 \\ C_{17}H_{35}-\overset{\overset{\displaystyle O}{\|}}{C}-O-CH \\ C_{17}H_{35}-\overset{\overset{\displaystyle O}{\|}}{C}-O-CH_2 \end{array} \xleftarrow[H_2SO_4]{3H_2O} 3C_{17}H_{35}COOH \;+\; \begin{array}{c} HO-CH_2 \\ HO-CH \\ HO-CH_2 \end{array}$$

➡ 위 반응은 알코올과 카르복시산으로 에스테르를 만드는 esterification의 역반응이다.

(6) 이소시아네이트 수화반응 : 아민을 만든다.

$$R-N=C=O \;+\; H_2O \longrightarrow RNH_2 \;+\; CO_2\uparrow$$

(7) 고리모양 에테르의 가수분해 : 산화에틸렌을 가수분해하면 에틸렌글리콜을 얻는다.

$$C_2H_4O \;+\; H_2O \xrightarrow[촉매(H^+)]{} CH_2(OH)-CH_2(OH)$$

3. 방향족화합물의 가수분해

(1) 페놀(phenol) 제조 : ㉮벤젠을 염소화시켜 얻은 클로로벤젠을 고온에서 수증기와 반응시켜 제조하는 방법과 ㉯벤젠술폰산을 NaOH에 용융시켜 나트륨페록시드를 만든 후 이를 H₂SO₃과 반응시켜 페놀(phenol)을 제조하는 방법을 알아두자.

(2) β-나프톨(β-naphtol) 제조

(3) 방향족 디아조늄염의 가수분해

(4) 알데히드와 카르복시산의 제조

$$\bigcirc -CHCl_2 + \mathbf{2NaOH} \longrightarrow \bigcirc -CHO + 2NaCl + H_2O$$

$$\bigcirc -CCl_3 + \mathbf{3NaOH} \longrightarrow \bigcirc -COOH + 3NaCl + H_2O$$

➡ 할로겐 원자의 위치가 o−, p−에 술폰산기나 니트로기가 있으면 가수분해가 더 잘 된다. 이들은 고리를 활성화시키기 때문이다.

기출 및 예상 문제

01 다음 중 가수분해가 가장 어려운 물질은?

① C_6H_5Cl　　　　　　　　　　　② CH_3CH_2Cl

③ $C_6H_4(NO_2)Cl$　　　　　　　　④ $C_6H_3(NO_2)_2Cl$

02 다음 중 가수분해반응이 아닌 것은?

① $\bigcirc -CCl_3 + 3HF \longrightarrow \bigcirc -CF_3 + 3HCl$

② $CH\equiv CH + H_2O \xrightarrow[HgSO_4/H_2SO_4]{} CH_3CHO$

③ $\bigcirc -CHCl_2 + 2NaOH \longrightarrow \bigcirc -CHO + 2NaCl + H_2O$

④ $R-N=C=O + H_2O \longrightarrow RNH_2 + CO_2$

03 무기 및 유기화합물이 물과 반응하여 복분해를 일으키는 반응은?　　　　　✪ 97 서울시 9급

① 가수분해　　　　　　　　　　　② 커플링

③ 아실화　　　　　　　　　　　　④ 산화환원

04 다음 가수분해 결과물이 바르지 않은 것은?　　　　　✪ 06 국가직 9급

① 유지 → 글리세린/지방산　　　　② 설탕 → 포도당과 과당

③ 단백질 → 아미노산　　　　　　④ 녹말 → 알데히드

 정답 및 해설

01 ①

유형 가수분해의 반응성

해설 클로로벤젠은 −Cl기의 작용으로 수소가 떨어져 나가기 어렵다.

02 ①

유형 가수분해 반응구별

해설 ①은 플루오르화반응이다.

03 ①

유형 가수분해의 의미 파악

해설 가수분해는 무기 및 유기화합물이 H_2O과 반응하여 복분해가 일어나는 것으로, 물 분자의 H가 한 생성물에 첨가되고, OH는 다른 생성물에 첨가되어 2개의 성분으로 나누어지는 것을 말한다.

04 ④

유형 가수분해 결과물 알기

해설 '천연 고분자', '유지'를 통해 보다 심층적으로 학습하여 인식한다. ④의 녹말은 가수분해하면, 포도당이 생성된다.

$$(C_6H_{10}O_5)n + nH_2O \rightarrow nC_6H_{12}O_6$$

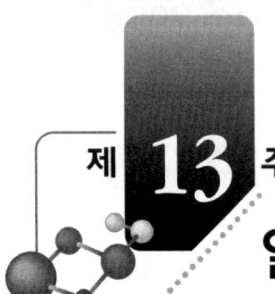

제13주

알킬화(alkylation)

제13주제 · **알킬화**

1. **알킬화(alkylation)란?** : 치환 또는 첨가반응을 통해 유기화합물에 메틸기, 에틸기와 같은 알킬기를 도입하는 반응을 의미한다.
2. **알킬화반응 종류는 다음 3가지로 구분한다.**
   ① C - 알킬화 : 탄소원자에 알킬화반응 : 프리델 - 크래프트 알킬화반응**
   ② O - 알킬화 : 산소원자에 알킬화반응
   ③ N - 알킬화 : 질소원자에 알킬화반응

1. 알킬화반응의 소개

(1) 알킬화(alkylation)란 치환반응이나 첨가반응으로 유기화합물에 알킬기(R -)를 도입시키는 반응이다.

(2) 올레핀(olefin)에 파라핀(paraffin)을 첨가하여 옥탄가가 높은 가지달린(branched - chain) 탄화수소를 생성하는 반응을 의미한다.
   ➡ 고옥탄가의 무연휘발유(lead - free gasoline)를 얻는 공정으로 매우 중요하다.

2. 알킬화반응의 종류

(1) **탄소원자에 알킬화(C - alkylation)**

  1) alkene에 의한 알킬화

    ① 이소옥탄 제조 : 이소부탄과 이소부틸렌이 황산 촉매하에 반응하여 이소옥탄을 생성한다.

② 에틸벤젠($C_5H_5-CH_2CH_3$) 제조 : 산촉매하에 친전자성 치환반응을 한다.

$$\text{benzene} + H_2C=CH_2 \xrightarrow{\text{HCl-AlCl}_3} \text{ethylbenzene}(-CH_2CH_3)$$

③ 큐멘(cumene)의 제조 : Friedel-Craft 알킬화반응이다.

$$\text{benzene} + H_2C=CH-CH_3 \xrightarrow{\text{AlCl}_3} \text{cumene}\left(-CH\begin{smallmatrix}CH_3\\CH_3\end{smallmatrix}\right)$$

2) Friedel-Craft 알킬화반응(할로겐화알킬에 의한 알킬화) : 프리델-크래프트 촉매에 의한 알킬화반응으로 $AlCl_3$ 촉매가 가장 많이 사용되고, $FeCl_3$, BF_3, HF, $ZnCl_2$ 등도 사용된다.

① Friedel-Craft 알킬화반응의 일반식

$$\bigcirc + R-X \xrightarrow{\text{AlCl}_3} \bigcirc^{R} + H-X$$

② Friedel-Craft 알킬화반응 소개

   ㉠ 알켄과 산의 혼합물을 사용하는 경우

$$\bigcirc + \bigcirc \xrightarrow[\text{HF}]{0\text{℃}} \text{cyclohexylbenzene}$$

cyclohexene   cyclohexylbenzene

   ㉡ 알코올과 산의 혼합물을 사용하는 경우

$$\bigcirc + HO-\bigcirc \xrightarrow[\text{BF}_3]{60\text{℃}} \text{cyclohexylbenzene} + H_2O$$

cyclohexanol   cyclohexylbenzene

③ Friedel-Craft 알킬화반응의 제한성

3. 할로겐화 알킬, 알켄 또는 알코올 등으로부터 형성된 카르보양이온이 더 안정한 카르보양이온으로 전위가 가능할 때, 전위가 일어나는 것이 보통이다. 이 반응의 주 생성물은 더 안정한 카르보양이온으로부터 유도된 것이다.

➡ 벤젠과 브롬화부틸의 반응에서 주 생성물은 부틸벤젠(butylbenzene)이 아니라, sec-부틸벤젠이 생성된다. 생성 메커니즘에서 1차 카르보양이온보다 더 안정한 2차 카르보양이온과 벤젠이 반응하여 생성물을 더 많이 만든다.

4. 방향족고리에 강력한 전자 끄는 기(electron withdrawing group)가 존재하거나, −NH₂, −NHR 또는 −NR₂ 그룹이 결합되어 있는 경우, Friedel−Craft 반응은 일어나지 않는다.

➡ 전자 끄는 기는 고리의 전자밀도를 감소시키기 때문에 고리의 반응성을 약하게 한다.

➡ 할로겐 원소에 비해 더 전자를 끄는(불활성화시키는) 치환기인 보통 meta 지향성 그룹은 방향족 고리를 전자 결핍이 심한 계로 만들기 때문에 Friedel−Craft 알킬화반응이 진행되기 어렵다. (예 → NO₂, → ⁺N(CH₃)₃, → COOH, → COR, → CF₃, → SO₃H, → NH₂ 등)

5. 아릴(aryl)과 비닐(vinyl)자리 할로겐화물은 카르보양이온을 쉽게 형성하지 못하므로, 할로겐화물의 성분으로 사용되지 못한다.

6. 다중알킬화(polyalkylations)반응이 흔히 일어난다.

➡ 알킬 그룹은 전자를 밀어내는 기(electron donating group, ← R)이다. 한 개의 알킬 그룹이 일단 고리에 들어가면 고리는 활성화되어 치환반응이 일어난다.

3) 알코올, 에테르 및 에스테르에 의한 방향족알킬화 : Lewis 산촉매와 무기산촉매를 가하여 알킬화한다.

(2) 산소원자에 알킬화(O−alkylation) : 알코올이나 페놀의 −OH의 수소를 알킬기로 치환하는 반응이다.

1) 에탄올과 산화에틸렌의 산소 알킬화반응

2) 알코올 간의 산소 알킬화반응

$$R-OH + R'-OH \longrightarrow R-O-R' + H_2O$$

3) 페놀로부터 아니솔(anisole)의 합성

$$2 \text{ } \underset{\text{(OH)}}{\bigcirc} + (CH_3)_2SO_4 \xrightarrow{\text{KOH}} 2 \text{ } \underset{\text{(O—CH}_3)}{\bigcirc} + H_2SO_4$$

(3) 질소원자에 알킬화 : 방향족술폰산, 디알킬황산, 알킬에스테르, 할로겐화알킬을 알킬화제로 사용하여 지방족 또는 방향족 아민의 수소를 알킬기로 치환하는 반응

$$R-X \ + \ \mathbf{N}H_3 \longrightarrow \ R-\mathbf{N}H_3 \ + \ HX$$

(4) 기타 원자에 알킬화반응

1) 황화합물에 의한 알킬화 : 알킬황산이나 할로겐화알킬을 KSH로 반응시킨다.

$$2RSO_4Na \ + \ Na_2\mathbf{S} \longrightarrow R_2\mathbf{S} \ + \ 2Na_2SO_4$$

2) Grignard 반응

$$R-X \ + \ \mathbf{R'}MgX \longrightarrow R-\mathbf{R'} \ + \ MgX_2$$

기출 및 예상 문제

01 다음 중 Friedel-Craft 반응에 사용되는 촉매로 가장 알맞은 것은?

❂ 97 총무처 9급, 04 서울시 9급

① ZnO
② TiO_4
③ $LiAlH_4$
④ $AlCl_3$

02 $AlCl_3$ 존재하에서 Cl_2와 반응성이 가장 큰 것은?

① $\bigcirc\!\!\!\!\bigcirc -OCH_3$
② $\bigcirc\!\!\!\!\bigcirc$
③ $\bigcirc\!\!\!\!\bigcirc -CH_3$
④ $\bigcirc\!\!\!\!\bigcirc -NO_2$

03 벤젠을 cumene법을 이용하여 얻을 수 있는 것은 무엇인가?

① 글리세린, 아세톤

② 페놀, 아세톤

③ 페놀, 프로필렌

④ 글리세린, 프로필렌

04 다음 반응들에 관한 설명으로 바른 것은?

① Oxo 반응은 올레핀계 탄화수소와 수소 및 일산화탄소의 혼합 기체를 코발트계 촉매를 사용하여 알데히드를 합성하는 알킬화반응이다.

② Friedel—Craft 반응은 탄소화합물의 수소를 $AlCl_3$와 같은 Lewis산 촉매를 이용하여 알킬화한다.

③ $2RX + 2Na \rightarrow R-R + 2NaX$는 Würtz 반응으로 알킬화반응의 한 예이다.

④ Grignard 반응은 금속을 알킬화시켜 유기금속화합물을 만드는 반응이다.

05 다음 중 일반적으로 공업 합성가스(synthesis gas)는 무엇을 의미하는가?

① CO_2와 H_2의 혼합가스

② CO와 H_2의 혼합가스

③ CO와 H_2O의 혼합가스

③ CO_2와 O_2의 혼합가스

정답 및 해설

01 ④

유형 Friedel—Craft 촉매

해설 $AlCl_3$ 촉매가 가장 많이 사용되고, $FeCl_3$, BF_3, HF, $ZnCl_2$ 등도 사용된다.

02 ①

유형 Friedel—Craft 반응의 반응성

해설 벤젠의 특징적인 반응은 '친전자성 방향족 치환반응'이다. 이 반응은 활성화 치환기 (activating group)가 붙어 있는 경우에는 반응이 더욱 빠르다. 선택지에 주어진 활성치환기는 ①과 ③이다. 이 중 산소의 비공유 전자쌍이 벤젠고리의 친전자체에 대해 제공하는 전자만큼의 전자결핍을 충분히 보상해 주므로 ①의 반응성이 가장 좋다.

03 ②

유형 Friedel-Craft 반응(큐멘-페놀 공정)

해설 큐멘-페놀 공정이란 인산, 염화알루미늄을 촉매로 하여 벤젠을 프로필렌으로 알킬화시켜 만든 이소프로필벤젠(큐멘)을 액상에서 공기 산화시켜 큐멘히드로퍼옥시드를 만든 후 황산으로 분해시켜 페놀을 얻는 방법으로, 이때 아세톤이 부생된다.

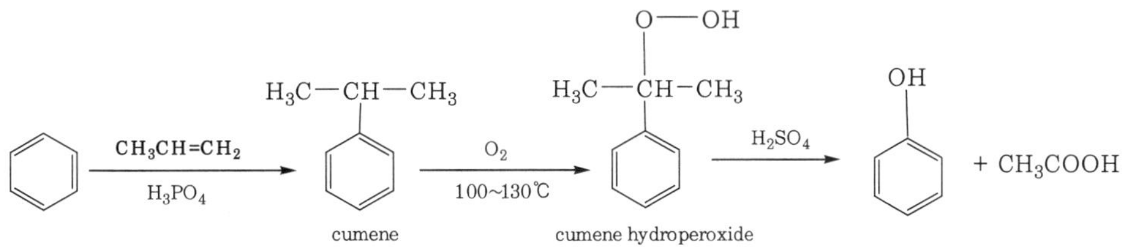

04 ①

유형 주요 인명반응

해설 Oxo 반응이란 수소첨가반응의 한 형태이다.

$$R-CH=CH_2 + CO + H_2 \rightarrow RCH_2CH_2CHO$$

05 ②

유형 공업 합성가스 제조

해설 일반적으로 합성가스는 메탄에서 만들어지며 CO와 H_2가 생성된다.

$$CH_4 + H_2O \rightarrow CO + 3H_2$$

제 14 주 아실화(acylation)

1. **아실화(acylation)란?** : 유기화합물의 수소원자를 아실기($R-CO-$)로 치환하는 반응을 말한다.
2. **아실화반응**
   ① 방향족화합물의 아실화
   ② 산소원자의 아실화
   ③ 질소원자의 아실화
   ④ 케텐(ketene)에 의한 아실화

1. 아실화(acylation)의 소개

(1) 아실화란, 화합물에 아실기($R-CO-$) 및 아로일기($Ar-CO-$)를 도입하는 반응으로 친전자성 치환반응을 한다.

(2) 치환되는 산기의 종류에 따라 포름화(formylation), 아세틸화(acetylation), 벤조일화(benzoylation) 등이 있다.

(3) 아실화되는 원소에 따라 방향족탄화수소의 아실화, 산소원자의 아실화, 질소원자의 아실화, 케텐에 의한 아실화로 분류할 수 있다.

(4) **아실 그룹** : 아세틸 그룹, 벤조일 그룹 등

$R-\overset{O}{\underset{\|}{C}}-$	$CH_3-\overset{O}{\underset{\|}{C}}-$	(벤젠고리)$-\overset{O}{\underset{\|}{C}}-$
	아세틸 그룹	벤조일 그룹

2. 방향족탄화수소의 아실화(Friedel-Craft 아실화반응)

아실기를 벤젠고리에 도입하는 반응이다.

(1) 방향족탄화수소와 방향족카르복시산클로라이드(염화아실)를 $AlCl_3$ 촉매하에서 아실화하면, 케톤(ketone, 아릴케톤)이 생성된다.

➡ 방향족화합물은 반응성이 크지 않는 한 적어도 1당량의 Lewis 산($AlCl_3$와 같은)을 첨가해야만 반응이 시작된다.

➡ 아실화에서 얻은 ketone은 순도가 높고 수율이 좋아 유기합성의 중요한 중간체로 쓰인다.

(2) Friedel-Craft 아실화반응은 카르복시산무수물(carboxylic acid anhydrides)을 사용해서도 진행된다.

(3) 대부분의 Friedel-Craft 아실화반응에서 친전자체(electrophile)는 할로겐화 아실로부터 생성된 아실늄이온(acylium ion)이다.

(4) Friedel-Craft 아실화반응은 알킬화반응과 비교해, 탄소사슬의 전위는 일어나지 않는다. 알킬화에서는 더 안정한 카르보양이온 형성을 위해 전위가 일어나지만, 아실화반응에서는 아실늄이온이 형성되기 때문이다. 이는 공명에 의해 안정화되므로 다른 카르보양이온보다 더 안정하다.

알킬화	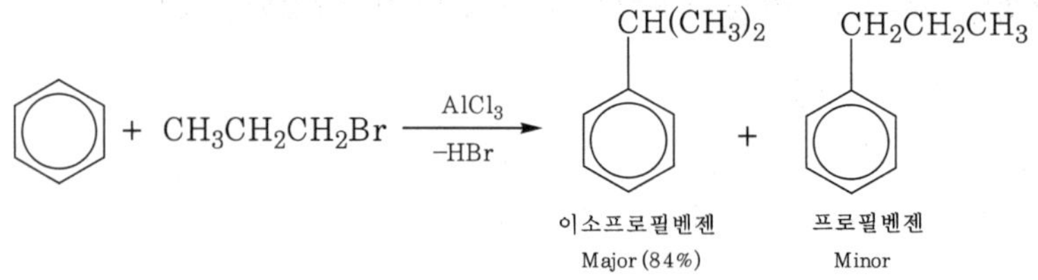
아실화	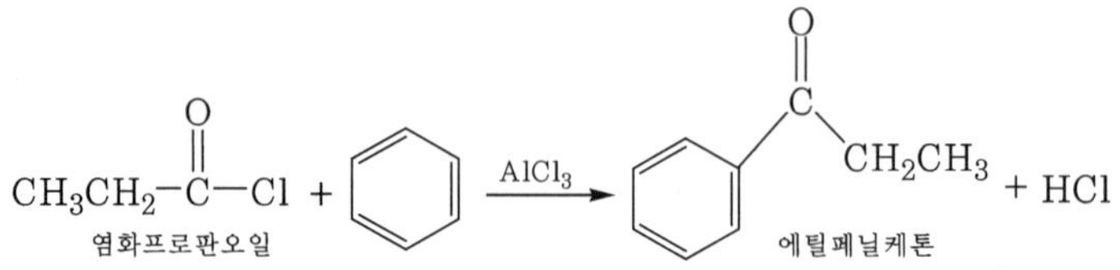

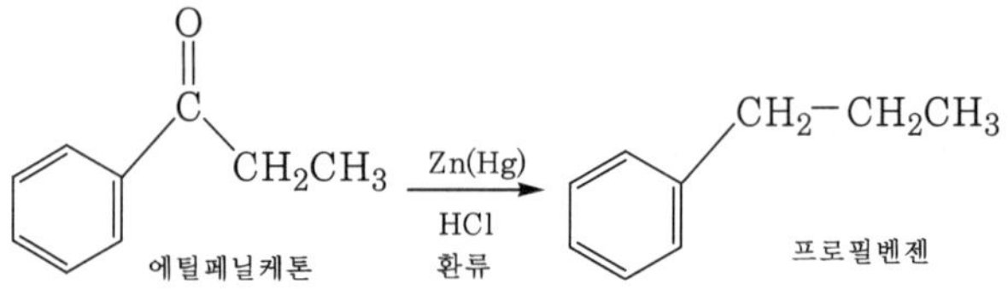

➡ Clemmensen 환원 : 케톤(ketone)을 아연 아말감(amalgamated zinc)이 포함된 염산과 환류 시켜 산소를 제거하고 수소를 도입하는 환원반응을 의미한다.

(5) 다중아실화(polyacylation)반응 : 아실기는 활성감소기(deactivating group)이므로 반응의 마지막 단계에서 AlCl₃와 착물(complex)을 형성하면 활성은 더욱 더 감소된다. 이것은 치환반응이 일어나는 것을 강력하게 막으며, 아실화반응이 한 번만 일어난다.

3. 기타 아실화반응

(1) 산소원자의 아실화(O-acylation)

1) 지방족알코올류를 산성촉매 및 아세트산나트륨, 피리딘 등의 염기성 촉매하에서 산염화물이나 산무수물로 반응시켜 알코올의 -OH가 아실화되어 에스테르를 제조한다.

$$R-OH + R'COCl \longrightarrow R-(CO)-O-R' + HCl$$

2) 방향족페놀류도 위와 같은 방법으로 아실화된다.

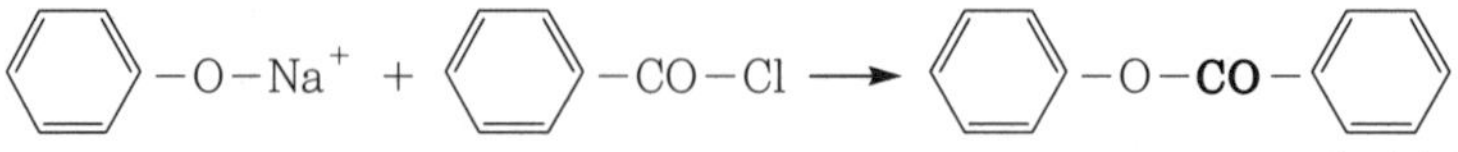

(2) 질소원자의 아실화(N-acylation) : 지방족아민 또는 방향족아민에 유기산무수물이나 카르복시산무수물을 반응시켜 아실화하면 카르복시산아미드가 제조된다.

$$RNH_2 + (R'CO)_2O \longrightarrow RNH\mathbf{COR'} + R'COOH$$

(3) 케텐(ketene)에 의한 아실화

1) ketene($CH_2=C=O$)의 높은 반응성으로 인한 $-OH$나 $-NH_2$와의 쉬운 아세틸화가 된다.

$$CH_2=C=O + ROH \text{ or } RNH_2 \longrightarrow CH_3CO-OR \text{ or } \mathbf{CH_3CO}-NHR$$

2) 케텐의 지방족카르복시산이나 방향족카르복시산과 반응결과 산무수물이 생성된다.

$$CH_2=C=O + CH_3COOH \longrightarrow \underset{\text{아세트산무수물}}{(\mathbf{CH_3CO})_2O}$$

3) diketene[$(CH_2=C=O)_2$]은 아민, 알코올과 반응하여 아세트아세틸화된다.

$$(CH_2=C=O)_2 + ROH \text{ or } RNH_2 \longrightarrow \mathbf{CH_3CO}CH_2COOR \text{ or } \mathbf{CH_3CO}CH_2NHR$$

4. 아실화합물의 반응성

(1) 산유도체 가운데 염화아실은 친핵성 첨가 및 제거반응에 대해 가장 반응성이 좋으며, 아마이드는 가장 반응성이 적다. 일반적인 반응성 순서는 다음과 같다.

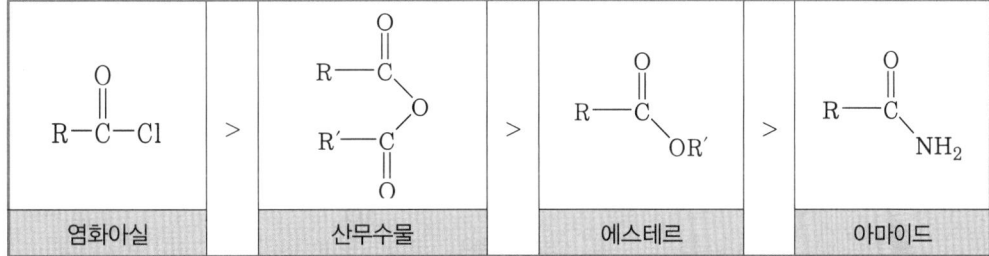

| 염화아실 | | 산무수물 | | 에스테르 | | 아마이드 |

(2) 산유도체에 대한 반응성은 일반적으로 이탈기의 염기도와 비례한다. 염화아실의 이탈기는 염화이온이다. 이외 것들의 이탈기를 보면, 산무수물은 카르복시산 또는 카르복시산이온, 에스테르는 알코올, 아마이드는 아민(혹은 암모니아)이다. 이 중 염화이온이 가장 약한 염기이다. 따라서 염화아실이 가장 반응성이 큰 아실화합물이 된다. 아민(혹은 암모니아)는 가장 강한 염기이며, 따라서 아마이드는 가장 반응성이 약한 아실화합물이다.

5. 염화아실의 반응과 활용

(1) 염화아실은 가장 반응성이 큰 아실 유도체이기 때문에, 아주 쉽게 반응성이 작은 물질로 전환된다. 따라서 무수물, 에스테르 및 아마이드를 합성하는 최고의 방법은, 일단 염화아실을 합성하는 방법이다. 그 후 염화아실을 원하는 물질로 전환하면 용이하다.

(2) 염화아실은 물과 반응한다. 그리고 염기수용액과는 더 빨리 반응한다. 그러나 이 반응은 고의로 일어나지 않는다. 왜냐하면 유용한 염화아실 반응물을 카르복시산 또는 그것의 염으로 전환시키기 때문이다.

기출 및 예상 문제

01 다음은 'Friedel-Craft 아실화' 반응에 대한 설명이다. 바르지 않은 것은?

① 이 반응의 촉매로는 AlCl₃가 주로 사용된다.
② 이 반응은 방향족화합물을 염화아실과 처리하여 진행된다.
③ 이 반응은 카르복시산무수물을 사용해도 진행할 수 있다.
④ 이 반응에서 친전자체는 할로겐화아실로부터 생성된 카르보늄이온(carbonium ion)이다.

02 다음 친전자체 화합물 중에서 방향족화합물과 치환반응의 반응속도가 제일 빠른 것은?

① 염화아실(acyl chloride)
② 아세트산무수물(acetic anhydride)
③ 아마이드(amide)
④ 에스테르(ester)

정답 및 해설

01 ④

유형 Friedel-Craft 아실화반응의 전반적 이해
해설 카르보늄이온이 아니라 아실늄이온(acylium ion)이다.

02 ①

유형 Friedel-Craft 아실화의 반응성
해설 염기도에 따른 반응성으로 유추 해석한다.

제15주

산화 · 환원(oxidation · reduction)

제15주제   산화 · 환원

1. **산화와 환원의 정의** : 산화란 산소와의 결합, 수소의 떨어져 나감, 산화수의 증가(전자의 수가 줄어듦)
   의 경우를 말하며, 환원은 산소와의 분리, 수소와의 결합, 산화수의 감소(전자의 수가 늘어남)의 경우
   를 말한다. 한 원소가 산화하면 다른 원소는 환원되기 때문에 항상 동반되어 발생한다고 할 수 있다.

2. **주요 산화 · 환원 반응**
   ① 여러 가지 산화반응의 예
   ② 환원반응 : 니트로화합물의 환원반응, 수소화반응(hydrogenation) 및 수소화분해(hydrogenolysis)
   반응

1. 산화 · 환원의 소개

(1) 산소와의 화합(산화) : 공기 중에서 탄소나 황의 연소반응을 예로 들어 보자.
$C+O_2 \rightarrow CO_2$, $S+O_2 \rightarrow SO_2$ 이와 같이 산소와 화합하기 때문에 산화이다.

(2) 수소수의 이탈(산화) : 에탄올(CH_3CH_2OH)을 적당한 산화제와 반응시키면 아세트알데
히드(CH_3CHO)를 생성하고 원래의 에탄올보다도 분자 중의 수소수가 감소하는 것도 산
화이다.

(3) 환원 : 산화와는 반대로 산소를 잃거나 수소를 얻는 반응을 환원이라고 한다.

➡ 넓은 뜻으로는 일반적으로 화학반응이 일어난 전후에 1개의 원소에 주목하였을 때, 그 원소는
산화되었다고 한다면, 그 원소의 산화수의 증가는 다른 어느 원소의 산화수의 감소를 뜻하므로
그 원소의 산화에 의하여 다른 원소의 환원을 볼 수 있고, 산화와 환원은 항상 동반된다고 할
수 있다.

(4) 산화수의 변화 : 산화에서의 산화수의 변화는 이온(ion)인 경우는 양전하의 증가, 음전하
의 감소로 나타나는데 어느 경우이든 그것은 전자를 방출하는 반응이 산화가 된다. 예를 들
면, $C+O_2 \rightarrow CO_2$에서는 C(탄소)의 산화수 0 및 O(산소)의 산화수 0인데, CO의 C(탄소)에
서는 +4, O(산소)의 산화수 −2이기 때문에, C(탄소)는 산화되고, O(산소)는 환원되어 있
다. 즉, 산화수의 증가는 산화반응을 의미하고, 산화수의 감소는 환원반응을 의미한다.

(5) **전자의 이동** : 질산은($AgNO_3$) 수용액에 구리판을 담그면 구리판이 녹아서 푸른색의 질산구리 수용액으로 변하고 은이 석출된다. 구리판은 구리이온(Cu^{2+})으로 되면서 전자를 잃어 산화되며, 은이온(Ag^+)은 구리판으로부터 전자를 얻어 은으로 환원되어 석출된다.
이와 같은 산화 · 환원 반응식은 다음과 같은 반쪽 반응시으로 나타낼 수 있다.
산화 : $Cu(s) \rightarrow Cu^{2+}(aq) + 2e^-$,   환원 : $2Ag^+(aq) + 2e^- \rightarrow 2Ag(s)$

(6) **정리**

구 분	산화	환원
산소	(산소를) 얻음(get)	(산소를) 잃음(lost)
수소	(수소를) 잃음(lost)	(수소를) 얻음(get)
전자	(전자를) 잃음(lost)	(전자를) 얻음(get)
산화수	(산화수) 증가(up to)	(산화수) 감소(down to)

2. 산화수(oxidation number)

분자 내에서 전하량 보존법칙에 따라, 원자에 간편한 가상적인 전하량을 부여한 것을 산화수(oxidation number)라 한다. 산화수는 이온성 화합물에서 이온의 전하량과 합치하도록 정한다.

> **참고   산화수 결정 우선순위 단계**
> (1) 중성분자에서 원자들의 산화수 합은 0이다. 이온인 경우 산화수의 합은 이온의 전하량과 같다.
> (2) 화합물에서 알칼리 금속원자(1족)의 산화수는 +1, 알칼리 토금속(2족)은 +2이다.
> (3) 플루오린은 화합물에서 항상 −1이다. 다른 할로겐원소들도 화합물에서 −1이다.(단, 산소나 다른 할로겐원소가 결합하여 있는 것은 산화수가 양이다. 예 IO_3에서 I의 산화수는 +6임.)
> (4) 수소는 +1, LiH와 같은 금속의 경우 규칙 (2)가 우선이므로 수소는 −1이다.
> (5) 산소는 화합물에서 −2이지만, 다음과 같은 예외가 있다.
> 플루오린과의 화합물에서는 규칙 (3)이 우선이고, 'O−O' 결합을 같은 화합물에서는 규칙 (2)와 (4)가 우선이다.(예 OF_2에서 산소의 산화수 +2이고, H_2O_2나 Na_2O_2와 같은 과산화물은 −1이다. KO_2와 같은 초과산화물에서는 산소의 산화수는 $-\frac{1}{2}$이다.)

3. 산화제와 환원제

(1) **산화제(oxidizing agent)** : 다른 물질을 산화시키고, 자신은 환원되는 물질을 말한다.

(2) **환원제(reducing agent)** : 다른 물질을 환원시키고, 자신은 산화되는 물질을 말한다.

(3) **중요한 산화제와 환원제**

분 류	종 류
산화제	염소(Cl_2), 과산화수소(H_2O_2), 질산(HNO_3), 황산(H_2SO_4), 과망간산칼륨($KMnO_4$), 중크롬산칼륨($K_2Cr_2O_7$)
환원제	나트륨(Na), 수소(H_2), 황산철($FeSO_4$), 요오드화칼륨(KI), 황화수소(H_2S), 옥살산($H_2C_2O_4$)

(4) **공업적인 환원제**

1) 수소가스($H_2(g)$) : Ni과 같은 촉매를 사용하여 수소를 첨가하는 데 이용된다. 이중결합에 수소첨가는 가급적 저온에서 하는 것이 분해를 막으므로 유리하다.

2) 금속과 산 : Sn, Fe, Zn과 염산(HCl), 황산(H_2SO_4), 초산(CH_3COOH) 등이 사용된다. 공업적인 공정에서는 Fe와 HCl이 가장 중요하다. Fe은 공정에서 매우 경제적으로 사용된다. $Fe + 2HCl \rightarrow FeCl_2 + H_2$와 같은 반응공정에서 Fe는 계산 양의 약 1/40 정도면 반응이 진행된다.

4. 공업적 산화반응 소개

(1) **산소원자 도입**

$$CH_3CHO + \frac{1}{2}O_2 \xrightarrow{\text{cat.}} CH_3COOH$$

(2) **탈수소반응(dehydrogenation)**

$$C_2H_5OH + \frac{1}{2}O_2 \xrightarrow{\text{cat.}} CH_3\overset{\displaystyle O}{\overset{\|}{C}}-H + H_2O$$

➡ 1차 알코올은 산화에 의해 탈수소되어, 알데히드(aldehyde)를 생성한다.

$$H_3C-\underset{\underset{OH}{|}}{C}H-CH_3 + \frac{1}{2}O_2 \xrightarrow{\text{cat.}} H_3C-\underset{\underset{O}{\|}}{C}-CH_3 + H_2O$$

➡ 2차 알코올은 산화에 의해 탈수소되어, 케톤(ketone)을 생성한다.

(3) 탈수소와 동시에 산소부가

$$CH_4 + O_2 \longrightarrow H-\overset{\overset{\displaystyle O}{\|}}{C}-H + H_2O$$

$$\text{⬡}-CH_2OH + O_2 \longrightarrow \text{⬡}-COOH + H_2O$$

(4) 탈수소, 산소부가, 탄소연쇄를 동반하는 반응 : 나프탈렌의 산화로 무수프탈산을 제조하
　는 반응을 예로 들어 보자.

$$\text{나프탈렌} + 4.5\,O_2 \xrightarrow{V_2O_5} \text{무수프탈산} + 2H_2O + 2CO_2$$

(5) 중간체를 통한 반응

$$\text{⬡}-CH_3 + Cl_2 \xrightarrow[-HCl]{hv} \text{⬡}-CH_2Cl \xrightarrow{Cl_2} \text{⬡}-CCl_3 \xrightarrow[-3HCl]{2H_2O} \text{⬡}-COOH$$

(6) 이중결합의 산화

　1) 일반적인 산화반응에서는 디히드록시 화합물이 생성된다.

$$H_3C(H_2C)_7-CH=CH-(CH_2)_7COOH \xrightarrow[\text{알칼리성}]{KMnO_4} H_3C(H_2C)_7-\underset{OH}{CH}-\underset{OH}{CH}-(CH_2)_7COOH$$

　2) 강력한 산화제를 사용한 때에는 저급의 알데히드나 카르복시산까지 분해된다.

$$H_3C(H_2C)_7-CH=CH-(CH_2)_7COOH \xrightarrow[H_2SO_4]{Na_2Cr_2O_7} CH_3(CH_2)_7COOH + HOOC(CH_2)_7COOH$$

(7) 과산화물이 생기는 반응

$$\text{⬡}-\underset{CH_3}{\overset{CH_3}{CH}} \xrightarrow[hv]{O_2} \text{⬡}-\underset{CH_3}{\overset{CH_3}{C}}-OOH$$

5. 공업적 환원반응 소개

(1) 니트로화합물의 환원

1) 니트로화합물을 금속과 산으로 환원하면 항상 아민(amine)이 되지만, 여러 가지 다른 환원제를 사용하여 반응을 조절하면 다른 중간체를 얻을 수 있다.

2) 니트로벤젠의 환원반응에 의한 아닐린의 합성

$$2\,C_6H_5NO_2 + 5Fe + 4H_2O \xrightarrow{FeCl_2} 2\,C_6H_5NH_2 + Fe_3O_4 + 2Fe(OH)_2$$

(2) 수소화반응(hydrogenation)

1) 불포화결합에 수소가 첨가되는 반응이다.

2) 불포화결합을 포화결합으로 만든다 하여, 'saturation(포화)'이라고 한다.

$$-C\equiv C- \xrightarrow[\text{Ni, Pb, 상압}]{H_2} -CH=CH- \xrightarrow[\text{Ni, 상압}]{H_2} -CH_2CH_2-$$

$$>C=O \xrightarrow[\text{Raney Ni, 상압}]{H_2} >CH-OH \qquad -C\equiv N \xrightarrow[\text{Ni-Cr, 상압}]{H_2} -CH_2-NH_2 \qquad -N=N- \xrightarrow{(NH_4)_2S} -NH\ NH-$$

(3) 수소화 분해 : 수소의 첨가와 동시에 분해가 일어나는 반응을 의미한다.

$$RCH=CH_2 + CO_2 + \mathbf{H_2} \xrightarrow{Co} RCH_2CH_2CH=O + RCH(CHO)-CH_3$$

(주 생성물)　　　　　(부 생성물)

➡ 옥소(oxo)반응 : 알켄과 코발트카르보닐([Co(CO)$_4$]$_2$) 촉매하의 고온, 고압에서 CO : H$_2$의 비를 1 : 1로 하여 반응시키면, 2중결합에 H와 −CH=O가 첨가되어 알데히드를 생성하는 반응이다. 하이드로포르밀화(hydroformylation) 반응이라고도 한다.

6. 카르보닐화합물의 환원에 의해 만들어지는 알코올

(1) 1차, 2차 알코올은 카르보닐 그룹을 포함하는 여러 가지 화합물의 환원반응으로부터 합성될 수 있다.

$$R-\overset{O}{\underset{}{C}}-OH \xrightarrow{[H]} RCH_2OH \qquad\qquad R-\overset{O}{\underset{}{C}}-OR' \xrightarrow{[H]} \underset{(+R'OH)}{RCH_2OH}$$

카르복시산　　　　　1차 알코올　　　　　　에스테르　　　　　1차 알코올

$$R-\overset{O}{\underset{}{C}}-H \xrightarrow{[H]} RCH_2OH \qquad\qquad R-\overset{O}{\underset{}{C}}-R' \xrightarrow{[H]} R-\overset{OH}{\underset{}{CH}}-R'$$

알데히드　　　　　1차 알코올　　　　　　케톤　　　　　　2차 알코올

1) 카르복시산의 환원은 아주 힘들다. 그러나 강력한 환원제인 수소화알루미늄리튬(LiAlH₄, LAH)을 사용하여 카르복시산을 1차 알코올로 좋은 수율로 환원할 수 있다.

2) 에스테르는 고압 수소화반응(이때, 탄소−산소 결합이 깨짐으로 가수소 분해반응이라고 부른다, 5,000psi에서 $CuO \cdot CuCr_2O_4$ 촉매를 사용)이나 수소화알루미늄리튬을 사용하여 환원할 수 있다.

3) 알데히드나 케톤도 수소와 금속촉매, 소듐과 알코올, 수소화알루미늄리튬 등에 의해서 알코올로 환원된다. 그러나 가장 흔히 사용되는 환원제는 수소화붕소소듐($NaBH_4$)이다.

 기출 및 예상 문제

01 다음 화학 반응식에 대한 설명으로 바르지 않은 것은?

$$2Mg + O_2 \rightarrow 2MgO$$

① 반응물의 산화수는 모두 0이다.
② Mg는 산화수가 2만큼 증가하여 산화되었다.
③ O_2는 산화수가 2만큼 감소하여 환원되었다.
④ Mg는 산화제 역할을 하고, O_2는 환원제 역할을 한다.
⑤ 산화반응의 반쪽 반응식은 $Mg(s) \rightarrow Mg^{2+}(aq) + 2e^-$이다.

02 에틸렌($CH_2 = CH_2$)과 같은 저급 알켄을 산화시키면, 생성되는 물질은 무엇인가?

① 알코올(alcohol)　　　　　　　　② 에폭사이드(epoxide)
③ 디히드록시산(dihydroxy acid)　　④ 알데히드(aldehyde)

03 니트로벤젠을 아닐린으로 환원시키기 위한 환원제(reduction agent)는?

① Fe+HCl　　　　　　　　　　② Zn+H_2O
③ Fe+NaOH　　　　　　　　　④ Zn+NH_4Cl

04 다음은 산화−환원에 대한 설명이다. 옳은 것은?　　　　　　ⓞ 06 국가직 9급

① 수소원자를 잃는 것을 환원이라 한다.
② 전자를 얻는 것을 환원이라 한다.
③ 산화수가 증가하면 환원반응이 일어난다.
④ 환원제는 자신은 환원되고 다른 것을 산화시키는 물질이다.

정답 및 해설

01 ④

유형 산화, 환원의 원리 이해

해설 반응을 보면, 산화수가 0인 마그네슘과 산소를 반응시켜 산화마그네슘을 생성하는 반응이다. 생성물인 산화마그네슘에서 Mg^{2+}, O^{2-}을 이루어 이들의 산화수는 +2와 −2이다. 즉, Mg는 선택지문에서 보듯이 산화수가 증가하였기에 산화되었고, O_2는 산화수가 감소하였기에 환원되었다. 역시, 산화와 환원은 동시에 일어났다. 정답은 ④로, Mg는 환원제의 역할을 하였고, O_2는 산화제의 역할을 하여 서로 바뀌었다.

02 ②

유형 에틸렌의 산화반응

해설 에틸렌을 은촉매하에서 O_2와 반응시키면, 산화에틸렌과 같은 epoxide를 얻는다.

03 ①

유형 반응조건 익혀두기

해설 니트로벤젠을 아닐린으로 환원할 때, 철과 산을 사용한다.

04 ②

유형 산화−환원반응 기초

해설 산소원자를 얻고, 수소원자를 잃으면 산화이다. 반대로 산소원자를 잃고, 수소원자를 얻는 것은 환원이다. 전자의 이동은 수소의 움직임과 같다. 전자를 얻으면 환원, 전자를 잃으면 산화이다. 산화수가 증가하면 산화반응, 산화수가 감소하면 환원반응이다. 환원제(reduction agent)는 '환원 도우미(agent)'이다. 즉, 자신은 산화되고, 다른 것은 환원시키(환원을 돕는다)는 물질이다.

제**16**주

디아조화와 커플링

1. **디아조화(diazotization)** : 방향족 1차 아민을 산성용액에서 아질산염을 작용시키면 디아조늄염을 생성시키는 반응을 의미한다.
2. **커플링(coupling)**
   ① 디아조 짝지음반응
   ② 짝지음반응의 배향성과 농도

1. 디아조화반응

(1) 디아조화(diazotization) 반응이란, 아닐린과 같은 방향족 1차 아민의 염화수소산(HCl)용액에 5℃ 이하에서 아질산나트륨($NaNO_2$)을 반응해, 염화벤젠디아조늄과 같은 디아조화합물을 생성하는 반응을 말한다.

➡ 지방족 1차 아민은 아질산에 의해 아미노기($-NH_2$)가 히드록시기($-OH$)로 치환된다.

1) 일반적인 반응형태

$$\bigcirc -NH_2 + 2HCl + NaNO_2 \longrightarrow [\bigcirc -N^+\equiv N]Cl^- + 2H_2O + NaCl$$

2) 디아조늄의 합성반응

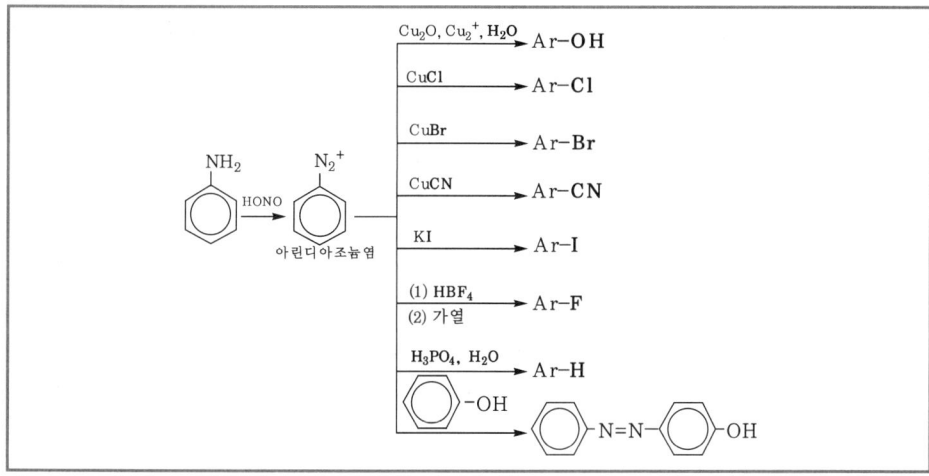

3) 디아조화 방법

① **직접법** : 아민을 물과 염산에 용해하면서 계산량의 10~20% NaNO$_2$ 용액을 가하면 단시간에 반응이 완료된다.

② **간접법(전화법)** : 방향족 아미노카르복시산 또는 아미노술폰산 등 물에 녹기 어려운 물질의 디아조화합물은 물에 녹기 어려우므로 디아조화가 힘들다. 이러한 경우 NaNO$_2$와 아민의 알칼리 용액을 과잉의 차가운 진한산에 가하면 디아조화가 가능하다.

$$Ar-SO_3H + NaNO_2 + 2HX \longrightarrow Ar-SO_3H + NaX + 2H_2O$$

③ **니트로실황산법** : 아닐린과 같은 약염기성 아민을 황산, 인산, 식초산 용액에 ON-SO$_4$H를 도입시켜 디아조화하는 방법이다.

4) **샌드마이어(Sandmeyer)반응** : 디아조늄 그룹이 -Cl, -Br 혹은 -CN으로 치환하는 반응 아린디아조늄염은 염화구리(Ⅰ), 브롬화구리(Ⅰ), 그리고 시안화구리(Ⅰ)와 반응하여 디아조늄 그룹이 각각 -Cl, -Br, -CN으로 대치된 화합물을 만든다. 이 반응은 일반적으로 샌드마이어반응이라고 한다.

2. 커플링(coupling)

(1) 커플링(coupling)이란 디아조늄염이 활성 에틸렌기를 가진 화합물과 반응해 새로운 아조화합물을 만드는 반응, 짝지음이라고 한다. 커플링이 가능한 물질로는 방향족아민, 페놀류, 페놀성 케톤기를 가진 물질 등이 있다.

➡ 디아조늄이온은 약한 친전자체이다. 그들은 아주 반응성이 큰 방향족화합물(페놀이나 3차 아릴아민)과 반응하여 아조화합물(azo compound)을 만든다. 이러한 친전자성 방향족치환반응을 디아조 짝지음반응이라 한다.

1) 반응

① 디아조늄이온은 약한 친전자체이지만 방향핵이 히드록시기, 아미노기 등의 전자공급성 치환기로 활성화된 경우에는 커플링이 쉽게 되어 아조염료를 만든다.

② 분자 내 히드록시기와 아미노기를 함께 가진 신과 같은 아미노나프톨류의 커플링은 pH를 조절하여 커플링이 되는 위치를 바꿀 수 있다.

2) 특성

① 염화벤젠디아조늄과 염화벤젠디아조늄염의 차이는 전자는 분해가 쉬우므로 분리하지 않고 저온에서 그대로 반응에 사용하나, 후자는 반응 시 반드시 N_2 기체 발생, 염료의 중간체나 유기약품의 원료로 사용한다.

② 아조커플링반응의 반응속도는 pH의 영향을 받는다.

➡ 페놀류의 커플링속도는 pH=8~10에서 최대이고, 아민류의 속도는 pH=4~10에서 최대이다.

3. 아조화합물의 용도

(1) 아조화합물은 대개 진한 색을 띠고 있다. 왜냐하면 아조(디아젠디일, diazenediyl)결합(−N=N−)이 두 방향족고리를 짝짓게 만들기 때문이다. 이것은 비편재화된 π전자의 연장된 계가 되며, 가시광선 영역에서 빛을 흡수하도록 한다. 아조화합물은 짙은 색 때문에, 그리고 비교적 값싼 화합물로부터 합성될 수 있기 때문에 염료로 널리 쓰인다.

(2) 아조염료는 거의 항상 한 개 이상의 $-SO_3^- Na^+$ 그룹을 가지고 있어, 염료의 물에 대한 용해도를 충족시키며 염료가 극성인 섬유(순모, 면, 나일론)의 표면에 달라붙도록 돕게 한다. 많은 염료가 나프틸아민과 나프톨의 짝지음반응에 의해서 만들어진다.

기출 및 예상 문제

01 방향족디아조늄염을 HF와 반응시킬 때, 질소가스와 함께 생성되는 주 물질은?(단, Ar-은 aryl기(C_6H_5-)를 의미함.)

① Ar$-$F   ② Ar$-$CO$-$F

③ Ar$-$Cl   ④ Ar$-$Co$-$Cl

02 다음 중 디아조화반응(diazotization)에 가장 적합한 것은?

① 페놀류   ② 방향족 1차 아민

③ 지방족 1차 아민   ④ 지방족 2차 아민

03 아닐린(aniline)을 출발물질로 하여 염화벤젠디아조늄염을 생성하는 디아조화반응과 관계가 없는 것은?

① 염화수소(HCl)   ② 질산나트륨($NaNO_2$)

③ 방향족 1차 아민   ④ 과망간산칼륨($KMnO_4$)

04 다음과 같은 반응물을 알칼리성 용매하에서 반응시킬 때 주 생성물(major product)은?

$$HO_3S-\bigcirc-N=N-Cl \; + \; \bigcirc-N(CH_3)_2 \xrightarrow[\text{알칼리성}]{}$$

① $HO_3S-\bigcirc-\bigcirc-N(CH_3)_2$

② $HO_3S-\bigcirc-N=N-\bigcirc-N(CH_3)_2$

③ $HO_3S-\bigcirc-N=N-\bigcirc-N(CH_3)Cl$

④ $HO_3S-\bigcirc-N(Cl)-\bigcirc-N=N-(CH_3)$

05 화합물 $\langle\!\langle\ \rangle\!\rangle - N_2^+Cl^-$을 물($H_2O$)과 반응시켜 가열하면, 생성되는 주 생성물은?

① $\langle\!\langle\ \rangle\!\rangle - Cl$

② $\langle\!\langle\ \rangle\!\rangle - NH_2$

③ $\langle\!\langle\ \rangle\!\rangle - NH_3Cl$

④ $\langle\!\langle\ \rangle\!\rangle - OH$

06 페놀류를 이용하여 아조커플링반응을 시킬 때, 반응속도가 최대가 되는 pH 범위는?

① 1~5

② 4~10

③ 8~10

④ 10~14

정답 및 해설

01 ①

유형 디아조늄염과 HF의 반응, 반응의 추리

해설 $Ar - N_2^+Cl^- + HF \rightarrow Ar - F + HCl + N_2\uparrow$

02 ②

유형 디아조화반응의 기본원리

해설 방향족 1차 화합물이 치환기에 의해, 고리가 활성화되어 디아조화반응에 가장 적합한 화합물이다.

03 ④

유형 반응조건 익혀두기

해설 과망간산칼륨($KMnO_4$)은 산화반응에 주로 많이 쓰인다. 디아조화반응이란 방향족아민과 아질산염을 산촉매하에 디아조늄염으로 만드는 반응이다. 반응조건도 익혀두자.

04 ②

유형 디아조커플링반응

해설 커플링반응으로 디아조늄염에 페놀, 나프톨, 아닐린, 나프틸아민 등이 커플링 성분을 결합시키는 반응으로 주로 알칼리성 용매하에서 진행된다. 반응 메커니즘과 반응형태를 익혀두자.

05 ④

해설" 디아조늄염이 물에 의해 가수분해되어, '페놀＋질소가스＋염화수소'를 생성한다.

06 ③

유형" 아조커플링반응의 배향성과 pH

해설" 아민류는 pH 4~10에서 최대이고, 페놀류의 커플링속도는 pH＝8~10에서 최대이다.

정리 커플링 배향성(coupling orientation)

디아조늄화합물은 양성 시약이지만 질산이나 황산에 비하면 반응성이 작다. 이에, 주로 활성이 큰 페놀이나 디메틸아민 등과 반응을 개시한다. 아래 여러 화합물의 일반적인 커플링 우선순위이다.

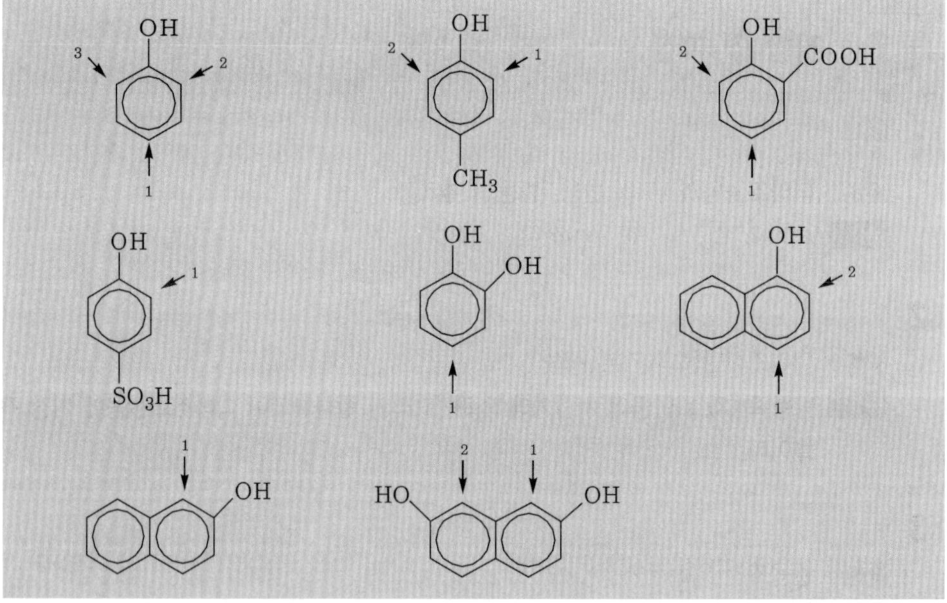

지방족탄화수소

1. 알코올(alcohol)

(1) 알코올이란, 사슬 탄화수소의 수소원자가 −OH(히드록시기)로 치환된 화합물로 일반식은 'ROH'로 나타낸다.

(2) **알코올의 분류**

1) 분자량에 따라 : 저급 알코올(상온 액체), 고급 알코올(탄소수 16개 이상, 상온 고체)

2) −OH의 수에 따른 분류 '−가' : 1가 알코올(에탄올), 2가 알코올(에틸렌글리콜), 3가 알코올(글리세린)

3) −OH가 결합하고 있는 탄소원자에 결합된 알킬기의 수에 따른 분류 '−차' : 1차 알코올(n−프로판올), 2차 알코올(iso−프로판올), 3차 알코올(tert−부탄올)

(3) **알코올의 일반적 성질**

1) (저급 1가 알코올은 무색 유동성 있는 액체로), 탄소수 3까지의 알코올은 물과 어떠한 비율로도 잘 혼합된다.

2) 탄소수↑(가 증가할수록) ⇒ 비등점↑, 녹는점↑ 그러나 용해도↓↓(급감한다)

3) 알코올의 비등점은 대체로 같은 분자량은 같은 탄화수소보다 훨씬 높다.

4) −OH는 친수성이지만, R−는 친유성이므로 R기의 탄소수가 증가하면 물에 녹지 않는다.

5) 물과 알코올은 수소결합을 이룰 수 있어 분자량이 비슷한 알칸, 알켄보다 끓는점이 높다.

> 💡정리 **알코올의 산화반응과 에스테르화**
>
> - 알코올의 산화 : 알코올 $[+O]$ → 알데히드 $[+O]$ → 카르복시산
>
> $C_2H_5OH \xrightarrow{\text{산화}} CH_3CHO \xrightarrow{\text{산화}} CH_3COOH$
>
> - 에스테르화반응 : 알코올 + 카르복시산 ⇆ 에스테르 + 물
>
> $RCOOH + R'OH → RCOOR' + H_2O$ (역반응은 가수분해임)

(4) 에탄올(ehtanol)

1) 제법

① 촉매(H_3PO_4)를 사용한 에틸렌을 수증기와 반응시켜 제조한다.

$CH_2=CH_2 + H_2O(g) \xrightarrow{\text{촉매}} C_2H_5OH$

② 에틸렌을 진한황산과 반응시킨 다음 가수분해하여 제조한다.

$CH_2=CH_2 + H_2SO_4 → C_2H_5OSO_3H + H_2O → C_2H_5OH + H_2SO_4$

③ 할로겐화알킬에 물을 첨가해 제조한다.

$CH_3CH_2CH_2CH_2Br + NaOH + H_2O → CH_3CH_2CH_2CH_2OH + Na^+Br^-$

④ 천연화합물인 녹말이나 포도당을 발효하여 제조한다.

$C_6H_{12}O_6 \xrightarrow{\text{효소}} 2C_2H_5OH + 2CO_2(g)$

2) 특성

① 가연성의 무색 액체로 향기가 있다.

② 물과 어떤 비율로도 용해된다.

③ 에탄올을 산화시키면, 아세트알데히드를 거쳐 아세트산이 된다.(알코올의 산화*)

④ 에탄올에 나트륨(Na, s)을 가하면 수소가 생성된다.

$C_2H_5OH + 2Na → 2C_2H_5ONa + H_2↑$
나트륨에톡사이드

⑤ 에탄올의 검출반응(요오드포름반응) : 에탄올에 요오드와 수산화나트륨 용액을 작용 시 요오드포름(CHI_3)의 노란색 앙금이 형성되는데, 이를 요오드포름반응이라 한다.

$C_2H_5OH + 4I_2 + 6NaOH → CHI_3 + 5NaI + HCOONa + 5H_2O$

3) 용도 : 용제, 유기합성의 원료, 음료, 향료, 의약품, 변성 알코올의 제조, 과실주 제조 등

(5) 메탄올(methanol)

1) 제법 : 수소와 일산화탄소를 혼합한 기체를 금속산화물(ZnO, Cr_2O_3) 촉매하에서 고온 (300~400℃), 고압(150~200atm)으로 반응시켜 제조한다.

$2H_2 + CO → CH_3OH$

2) 특성

① 끓는점이 65℃인 액체로 독성이 강하다. 색깔이 없지만 자극적인 냄새가 난다.

② 산화시키면 포름알데히드를 거쳐 포름산(메탄산)이 된다.

③ 나트륨을 가하면 나트륨메톡사이드가 생성되면서 수소가 발생한다.

④ 목재를 높은 온도로 가열, 증류하여 얻을 수 있으므로 목정(wood alcohol)이라고도 불린다.

3) 용도 : 용제, 포름알데히드제조, 천연가스, 석유 대체연료, 화학 중간체 등에 쓰인다.

2. 알데히드(aldehyde)와 케톤(ketone)

(1) 알데히드와 케톤의 특성

1) 알데히드와 케톤은 모두 카르보닐기를 가지고 있어 '카르보닐화합물'이라고 불린다.

2) 저급 알데히드와 케톤은 특유한 냄새가 나는 액체(포름알데히드는 기체)이다. 물에 잘 녹는다. 그러나 탄소수가 5를 넘으면 물에 거의 녹지 않고 유기용매에 잘 녹는다(고급 알데히드와 케톤은 고체이다).

3) 비슷한 분자량의 비극성 화합물에 비해 끓는점이 높으나 수소결합을 한 ROH, RCOOH보다는 낮다.

(2) 알데히드와 케톤의 차이점

1) 알데히드는 쉽게 산화되어 카르복시산이 되므로 환원성이 있다. 반면 케톤은 없다.

① 알데히드는 암모니아성 질산은 용액(Tollens시약)을 가하면 은이 석출된다(은거울반응)

$$2Ag(NH_3)_2OH + RCHO \rightarrow RCOOH + 2Ag\downarrow + 4NH_3 + H_2O$$

② 알데히드는 펠링(Fehling) 용액을 가하면 붉은색의 산화제일구리 침전이 일어난다.

$$RCHO + [2Cu(OH)_2 + NaOH] \rightarrow RCOONa + Cu_2O\downarrow + 3H_2O$$

2) 케톤은 은거울반응과 펠링용액에 의한 침전반응을 하지 않는다.

(3) 알돌 축합반응(aldol condensation reaction)

카르보닐화합물은 알칼리가 있을 때, 두 분자가 합체화되어 알돌 축합반응을 한다.

$$2CH_3CHO \xrightarrow{NaOH} CH_3CH(OH)CH_2CHO$$

(4) 포름알데히드(메탄알, methanal)

1) 제법

① 메탄올을 Ag, CuO 촉매로 산화시켜 제조

$$CH_3OH \xrightarrow{CuO+Ag} HCHO + H_2O$$

② 알켄의 가오존분해로 제조

$$R-CH=CH-R' + O_3 \xrightarrow{H_2O,\ Zn} RCHO + R'CHO$$

2) 특성 및 용도

① 생물학적 화합물에 들어 있는 아미노기와 히드록시기가 알데히드의 반응성에 의존한다. 이러한 성질을 이용하여 방충제 및 방부제로 사용한다.

② 포름알데히드 수용액(37%)을 포르말린(formalin)이라 한다.

③ 반응성이 커서, 증기나 액체가 피부와 접촉하면 화상을 입는다.

④ 기타 용도 : 페놀 수지, 요소 수지, 멜라민 수지 등의 원료/소독, 살균, 방부제 등

(5) 아세트알데히드(CH_3CHO)

1) 제법

① 에틸렌을 산화하여 제조(Wacker법)

$$CH_2=CH_2 + 1/2O_2 \xrightarrow[PdCl_2, CuCl_2]{} CH_3CHO$$

② 에탄올을 산화하여 제조

$$C_2H_5OH \xrightarrow[(+O), (-H_2O)]{} CH_3CHO$$

③ 아세틸렌의 수화반응으로 제조

$$HC{\equiv}CH + H_2O \xrightarrow[H_2SO_4]{} CH_3CHO$$

2) 특성 및 용도

① 아세트알데히드는 산화되기 쉬워, 아세트산 및 부탄올의 합성원료로 사용된다.

② 공기 중에서 산화시키면, 아세트산이 된다.

$$2CH_3CHO + O_2 \xrightarrow[Mn염]{} 2CH_3COOH$$

③ 끓는점이 21℃이며, 아세트알데히드도 포름알데히드와 같이 중합반응을 한다.

④ 황산의 존재하에 삼합체인 파라알데히드는 온화한 진정제로 쓰이나, 사합체인 메트알데히드(metaldehyde)는 독성이 있다.

⑤ 자극성의 냄새가 있는 무색의 액체로, 물, 에테르, 알코올 등과는 어떤 비율로도 잘 녹는다. 포름알데히드와 같이 환원작용이 있다.(요오드포름반응)

(6) 아세톤(프로판온, CH_3COCH_3)

1) 제법

① 2차 알코올(이소프로판올)의 산화

$$CH_3CH(OH)CH_3 \xrightarrow[(Cu)]{} CH_3COCH_3$$

② 프로필렌의 $PdCl_2$, $CuCl_2$ 촉매하에 산화

$$CH_3CH=CH_2 + 1/2O_2 \xrightarrow[(PdCl_2, CuCl_2)]{} CH_3COCH_3$$

③ 공업적 제법으로 프로필렌을 황산, 수화, 산화시켜 제조한다.

$$CH_3CH=CH_2 + H_2SO_4 \rightarrow CH_3CH(OSO_3H)CH_2 + H_2O \rightarrow CH_3CH(OH)CH_2 + O \rightarrow CH_3COCH_3$$

④ 아세톤은 프로필렌과 벤젠으로부터 페놀을 합성하는 'dow chemical process'의 부산물로 얻어진다.

2) 특성 및 용도

① 특유한 향기가 있는 무색 휘발성 액체로, 물, 알코올, 에테르 등과는 잘 녹는다.

② 고무, 합성 수지, 셀룰로이드 등을 잘 용해하므로 용매로 이용된다.

③ 산화제에 비교적 안정하나 $KMnO_4$에 의하여 포름산과 초산이 된다.

④ 끓는점은 56.5℃이며, 쉽게 산화되지 않고 환원성이 없다.

⑤ 탄소수가 같은 알데히드와 이성질체 관계이다.

3. 에테르(ether)

(1) 제법 : 에틸에테르는 에탄올과 황산의 혼합물을 가열하여 제조한다.(축합반응)

1) Williamson 합성법 : 알콕시화나트륨과 할로겐화알킬 사이의 S_N2 반응이다.

$$ROH + Na^+H^- \longrightarrow RO^- Na^+ + H_2$$
$$RO^- Na^+ + R'X \longrightarrow \mathbf{R-O-R'} + NaX$$

2) 산에 의한 탈수반응 : 에테르의 공업적 제법으로, 140℃에서 에탄올을 탈수시켜 만든다.

$$CH_3CH_2OH \underset{\substack{H_2SO_4 \\ 140℃}}{\overset{\substack{H_2SO_4 \\ 180℃}}{\rightleftarrows}} \begin{array}{l} H_2C{=}CH_2 \\[2mm] CH_3CH_2OCH_2CH_3 \\ \text{Diethyl ether} \end{array}$$

3) 알켄의 알콕시 수은화반응 : mercuric acetate 존재하에서 알켄을 알코올로 처리하여 생성한다. 다음 반응은 $NaBH_4$를 사용한 탈 수은화반응에 의해 에테르를 얻는다.

$$\text{Cyclohexene} \xrightarrow[\text{NaBH}_4]{(CF_3CO_2)_2Hg,\ CH_3CH_2OH} \text{Cyclohexyl ethyl ether (100\%)}$$

(2) 특성 및 용도

1) 가장 간단한 에테르는 메틸에테르(메톡시메탄, CH_3OCH_3)로 상온에서 기체이다.

2) 휘발성, 마취성, 인화성이 큰 액체이다.

3) 물에 녹지 않으며, 유기물질 추출용제로 쓰인다. 반응성이 매우 작아 유기반응의 용매로 사용된다. 마취제로도 사용된다.

(3) 종류 : 디메틸에테르[$(CH_3)_2O$], 디에틸에테르[$(C_2H_5)_2O$](일반적인 에테르, 전신 마취제)

4. 에폭사이드(epoxide)

(1) **에폭시화물** : 에폭시화물은 삼각형 고리를 가진 고리형 에테르이며, oxirane이라고 하며, 1,2-epoxyethane이 체계적인 이름이다. 사각형 에테르는 옥세탄(oxetane)이라 한다.

(2) **에폭시화물의 합성**

1) 과산화산에 의한 에폭시화반응

2) 에틸렌에 산소원자의 첨가

(3) **에폭사이드의 고리 열림반응**

1) 염기촉매 수화반응

2) 산촉매 수화반응

5. 카르복시산 : -COOH(~ic acid)

(1) **포름산(formic acid, HCOOH)**

1) 제법

① 수산화나트륨과 일산화탄소를 $120 \sim 150\,°C$, $6 \sim 8\,atm$하에서 반응시켜 포름산나트륨을 얻고, 이것에 황산을 작용시켜 제조한다.

$NaOH + CO \rightarrow HCOONa + H_2SO_4 \rightarrow HCOOH$

② 포름알데히드를 산화하여 제조한다.

$HCHO + [O] \rightarrow HCOOH$

2) 특성 및 용도

① 포름산은 색깔이 없고 자극성 냄새가 나는 액체로서 피부에 닿으면 상처를 입는다.

② 지방산 중에서 가장 간단한 것으로 '개미산'이라고 하며, 물이나 에테르, 알코올에 잘 녹는다.

③ 알데히드기와 카르복시기를 동시에 가지므로 환원성과 산화성이 있다.(은거울, 펠링 반응을 함)

④ 지방산 중 가장 강한 산이며, 연소 시 푸른 불꽃을 낸다.

⑤ 용도 : 강한 살균작용을 하며, 피혁공업, 직물이나 생고무를 처리하는 산성 시약이다.

(2) 아세트산(acetic acid, CH_3COOH)

1) 제법

① 에틸렌으로부터 합성

$$CH_2\!=\!CH_2 \xrightarrow[+O_2/PdCl_2,\ CuCl_2]{} CH_3CHO \xrightarrow[+O_2/Mn염]{} CH_3COOH$$

② 에탄올의 초산 발효

$$C_2H_5OH\ +\ O_2 \xrightarrow[초산발효]{} CH_3COOH\ +\ H_2O$$

③ 아세트산무수물은 아세트산에 P_2O_5을 작용하여 탈수시켜 제조

$$2CH_3COOH \xrightarrow[(+P_2O_5)]{} (CH_3CO)_2O\ +\ H_2O$$

2) 특성 및 용도

① 포화지방산 일반식 $C_nH_{2n+1}COOH$에서 $n=1$에 해당하는 산으로 '초산'이라고도 불린다.

② 보통 식초 속에 3~4% 정도 포함되어 있다. 연소할 때 푸른 불꽃을 내며 CO_2와 H_2O를 생성한다.

$$CH_3COOH\ +\ 2O_2 \rightarrow 2CO_2\ +\ 2H_2O$$

③ 순수한 초산은 무색이고, 자극성 냄새를 가진 액체이다. 수분이 적은 초산은 겨울에 잘 얼기 때문에 '빙초산'이라 한다.

④ 물에 잘 혼합되고, 수용액은 카르복시기가 전리되어 약산성을 띤다.

$$CH_3COOH \rightarrow CH_3COO^-\ +\ H^+$$

⑤ 아세트산무수물은 다른 화합물에 아세틸기(CH_3CO^-)를 도입하는 아세틸화반응의 시약으로 쓰인다.

⑥ 아세트산을 알코올과 혼합하여 진한황산으로 탈수하면 에스테르인 '아세트산에틸'이 된다.

$$CH_3COOH\ +\ C_2H_5OH \xrightarrow[(+H_2SO_4)]{} CH_3COOHC_2H_5\ +\ H_2O$$

⑦ 아세틸 보조 효소 A의 유도체 내의 아세트산은 생화학적인 합성계의 중심이 된다.

⑧ 요오드나 붉은 인을 촉매로 하거나 빛에 의해 가열된 아세트산에 염소를 통하면, mono-, di-, tri- 클로로아세트산 등이 합성된다. 모노클로로아세트산은 인디고(indigo) 염료의 합성에 쓰인다.

기출 및 예상 문제

01 다음 중 알코올의 산화과정을 올바르게 나타낸 것은? ◐ 97 서울시 9급

① 1차 알코올 → 케톤
② 1차 알코올 → 알데히드 → 카르복시산
③ 2차 알코올 → 카르복시산 → 알데히드
④ 2차 알코올 → 에스테르

02 아세트알데히드(CH₃CHO)로부터 얻을 수 없는 것은? ◐ 97 서울시 9급

① 에탄올(ethanol)
② 아세트산(acetic acid)
③ 아세트산에틸(ethyl acetic acid)
④ 글리세린(glycerin)

03 메탄올(methanol)을 산화시킬 때, 생성되는 물질은? ◐ 97 총무처 9급

① 에틸렌(ehtylene)
② 아세톤(acetone)
③ 아세트알데히드(acetaldehyde)
④ 포름알데히드(formaldehyde)

04 메탄올이나 에탄올의 검출에 사용되는 시약은? ◐ 97 총무처 9급

① 클로로포름
② 요오드포름
③ 사염화탄소
④ 염화비닐

05 에탄올의 일반적인 성질로 바르지 않은 것은? ◐ 97 총무처 9급

① 금속나트륨을 가하면 수소가 발생한다.
② 수소로 환원시키면 알데히드가 생긴다.
③ 산화시키면 아세트알데히드를 거쳐 아세트산이 된다.
④ 요오드와 수산화나트륨 수용액을 작용시키면 요오드포름을 생성한다.

06 다음 중 알코올(alcohol)의 산화과정에 대한 설명으로 옳은 것은?

◐ 05년 국가직 7급 화학개론(변형)

① 1차 알코올은 산화되지 않는다.
② 2차 알코올은 카르복시산으로, 카르복시산은 알데히드로 산화된다.
③ 2차 알코올은 에스테르로 산화되고, 에스테르는 산화되지 않는다.
④ 1차 알코올은 알데히드로, 알데히드는 카르복시산으로 산화된다.

정답 및 해설

01 ②

유형 알코올의 산화

해설 알코올의 산화에 대해 알아두자. 1차 알코올을 산화하면 알데히드가 되고, 이를 한 번 더 산화하면 카르복시산이 된다. 그리고, 2차 알코올을 산화하면 케톤이 된다. 3차 알코올은 산화하지 않는다.

02 ④

유형 아세트알데히드의 유도체

해설 글리세린은 프로필렌을 염소화시켜 염화알킬을 만든 후에 제조한다. 아세트알데히드는 에틸렌으로부터 제조된다.

03 ④

유형 알코올의 산화반응

해설 메탄올을 산화시키면 포름알데히드가 생성되고, 이를 더 산화시키면 포름산이 된다. 그리고 에탄올(ethanol)을 산화시키면 아세트알데히드가 되고, 이를 더 산화시키면 카르복시산이 된다.

04 ②

유형 알코올의 검출반응

해설 요오드포름반응으로 알코올의 검출이 가능하다.

05 ②

유형 알코올의 산화반응

해설 에탄올을 산화시켜야 아세트알데히드가 된다.

06 ④

유형 알코올의 산화반응

해설 2차 알코올은 케톤으로, 3차 알코올은 산화되지 않는다.

제**18**주

방향족탄화수소

1. 벤젠과 방향족성

(1) 벤젠의 제법

  1) 벤조산을 산화칼슘과 가열하여 합성한다.

$$
\underset{\text{Benzoic acid}}{\bigcirc\!\!\!\!\!\bigcirc\overset{\overset{\text{O}}{\|}}{\text{C}}\!-\!\text{OH}} + \text{CaO} \xrightarrow{\text{가열}} \underset{\text{Bezene}}{\bigcirc\!\!\!\!\!\bigcirc} + \text{CaCO}_3
$$

  ➡ 석탄을 진공상태에서 가열하면, 석탄분자가 열분해하며, 이를 증류하여 얻은 콜타르를 다시
  분별증류하여 얻는다. 이때 방향족화합물들도 같이 생성된다.

  2) 나프타(naptha)의 접촉개질로부터 얻어진다.

(2) 벤젠의 구조

  1) 구조상 특징

  ① 동등한 탄소 6개와 수소 6개로 이루어져 있다. (C_6H_6)

  ② 벤젠고리 내외 이중결합들이 두 위치 사이에서 빠르게 상호변환이 가능하여 분리할 수 없다.

  ③ 현재, Kekulé의 구조와는 조금 다르다. 즉, 공명구조로 이해한다.

  ④ 단일 고리형 conjugation 분자로 정육각형이며, 평면(plane) 분자구조이다.

  ⑤ 결합길이가 단일결합과 이중결합의 중간이다. (139pm)

  2) 벤젠의 안정성

  ① Kekulé 구조가 나타내는 것보다 더 안정하다.

  ② 예측치보다 152kJ/mol이나 낮은 수소화열을 가지며, 이 차이를 공명에너지라고 한다.

  3) 반응성

  ① 알켄의 성질이 나타나지 않는다.

  ㉠ 브롬의 첨가반응이 일어나지 않는다.

  ㉡ $KMnO_4$에 의한 산화반응이 일어나지 않는다.

  ㉢ 수화반응이 일어나지 않는다.

  ② 고온, 고압에서 첨가반응이 천천히 일어난다.

  ③ 친전자성(electrophilic) 치환반응을 한다.

  ㉠ 출발물질이 더 안정하다.

  ㉡ 치환반응이어서 벤젠고리의 안정성을 보존한다.

(3) 방향족성

  1) 방향족화합물

  ① 벤젠 또는 벤진과 구조적으로 관계있는 화합물을 의미한다.

  ② 벤젠, 톨루엔, 크실렌, 나프탈렌, 사이클로펜타디닐(cyclopentadienyl) 음이온 등이 있다.

  ③ 현재 쓰이는 방향성이라는 말은 π전자들이 비편재화(delocalization)되어 있을 때 안정해진다.

  2) Hückel의 방향족 이론

  ① 평면이어야 한다.

  ② 각 원자의 p궤도 함수를 가진 단일고리형 conjugation계이어야 한다.

  ③ p궤도 함수에 $(4n+2)$개의 π전자가 들어있는 계이어야 한다.

  (여기서, $n=0, 1, 2, \cdots$)

(4) 고리 방향족화합물

1) 나프탈렌(naphthalene)

① 3개의 공명구조를 갖는다.

② 브롬과의 치환반응을 한다.

2) 여러 고리 방향족화합물

2. 방향족고리의 반응성

(1) 배향에 미치는 치환기 효과

1) 활성화기(activating group)

① 카르보양이온 중간체는 활성화기에 의해 보다 더 안정화된다.

② 고리의 반응성은 더 커지게 한다.(고리를 활성화시킴)

③ $-NH_2$, $-OH$, $-NHR$, $-NR_2$, $-OCH_3$, $-CH_3$, $-NHCOCH_3$

④ ortho-para 지향기이다.

2) 활성감소기(deactivating group)

① 카르보양이온 중간체는 활성감소기에 의해 덜 안정화된다.

② 고리의 반응성은 더 작아진다.(활성이 감소된다.)

③ $-NO_2$, $-C{\equiv}N$, $-SO_3H$, $-CO_2H$, $-CO_2R$, $-CHO$, $-COR$, $-CF_3$, $-CCl_3$

④ meta 지향기이다.

3) 할로겐 치환기

① 할로겐 그룹은 활성감소기지만 유일하게 ortho-para 지향기이다.

② ortho-para 지향인 이유는 그 유발효과와 공명효과 때문이다.

(2) 친전자성 방향족 치환반응의 반응속도와의 관계

1) 속도 결정단계

① 아레늄(arenium) 이온이 형성되는 단계이다.

② 수소를 포함한 모든 고리의 치환기를 Q라 하고, 다음 그림과 같은 메커니즘을 깆는다.

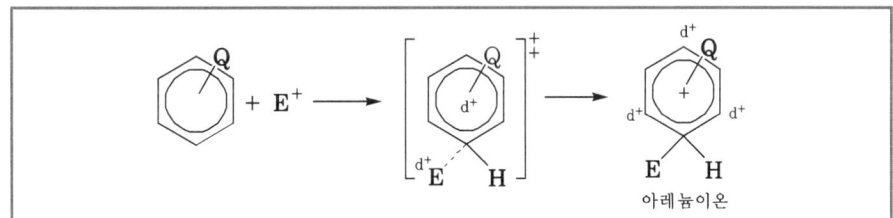

2) 전자를 주는(미는, donating) 그룹이 치환기로 있을 때

① 아레늄이온에 이르는 전이상태를 안정화시킨다.

② 반응속도는 빨라진다.

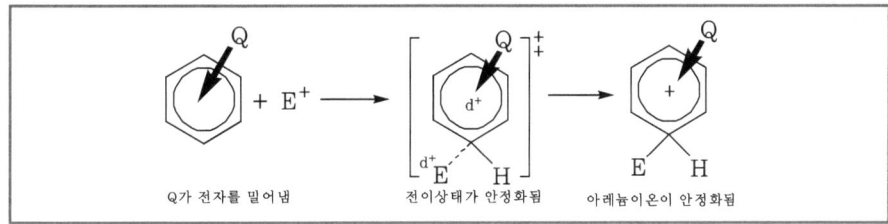

3) 전자를 끄는(withdrawing) 그룹이 치환기로 있을 때

① 아레늄이온이 불안정화된다.

② 반응속도는 느려진다.

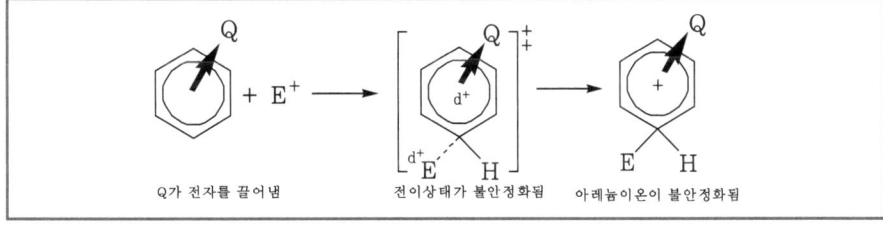

(3) 유발효과(방향족 반응성)

1) 원자의 전기음성도와 작용기에 따라 σ 결합을 통해서 전자를 밀어주거나 끌어당기는 효과를 말한다.

2) 방향족 고리에 결합된 치환기는 그 결합의 극성 때문에 전자를 유도적(inductive)으로 끌어당긴다.

3) 알킬기(R−)는 전자를 주는(미는) 그룹이다.($C_6H_5 \leftarrow CH_3$)

(4) 공명효과(방향족 반응성)

1) 치환기의 p궤도 함수와 방향족 고리의 p궤도 함수가 겹쳐서 π 결합을 하여 전자를 주거나 끌어당기는 작용에 의해 공명안정성이 증가하거나 감소하는 성질을 말한다.

2) **전자를 끄는 기가 있는 경우** : 공명에 의해 π 전자를 끌어당겨 방향족고리의 활성을 감소시킨다.

3) **전자를 주는 기(미는 기)가 있는 경우** : 공명에 의해 π 전자를 제공해 방향족고리를 활성화시킨다.

전자주개기의 활성 정도

$-NH_2 > -NR_2 > -OH > OR > -CH_3 > -Cl$

3. 방향족고리의 배향성

(1) 배향성(orientation, 지향성) : 1개의 치환기를 가진 벤젠고리에 2번째 치환기가 도입될 때, 첫번째 치환기의 영향을 받는다. ortho-para와 meta 지향기가 있다.

(2) ortho-para 지향기(활성화기) : 벤젠고리 곁에 있는 원자에 적어도 한 쌍의 비결합 전자를 가지고 있는 형태이다.

1) 알킬기 : 예외적으로 비결합 전자가 없다.

① ortho 공격

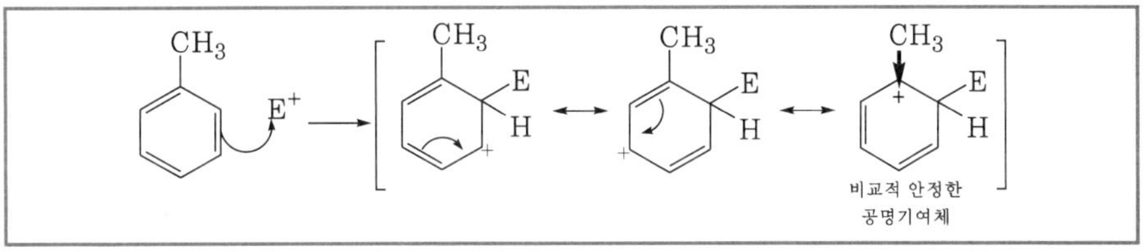

② meta 공격

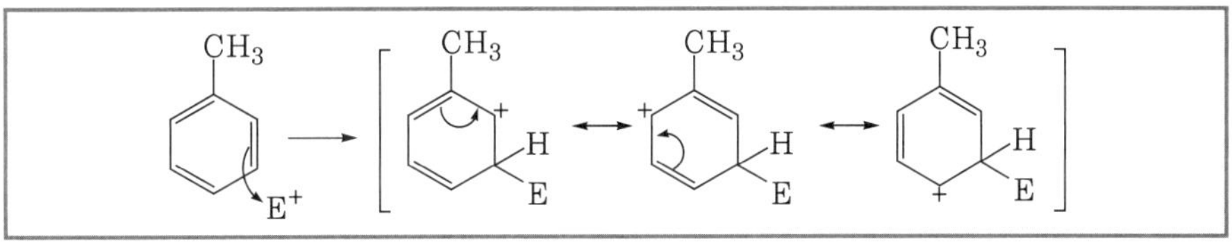

③ para 공격

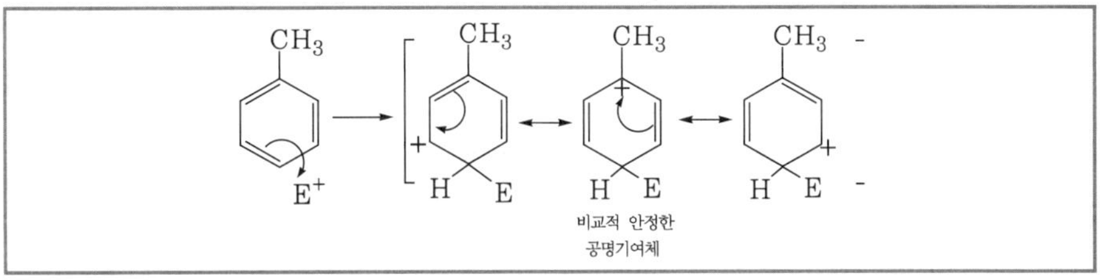

➡ 알킬기의 전자주개 효과 때문에 ortho-para 위치에 비교적 안정한 공명기여체를 얻을 수 있다.

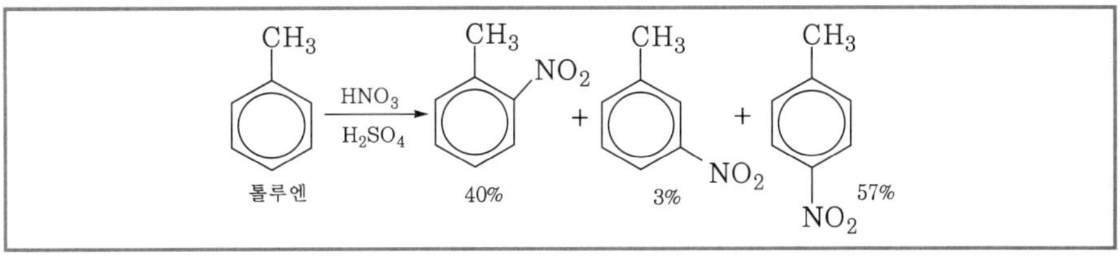

[ortho-, para- 니트로톨루엔의 합성]

2) 기타 ortho, para 지향기 : $-NH_2$, $-F$, $-Cl$, $-Br$, $-I$, $-OCH_3$, $-OR$, $-OH$, $-NHOCR$ 등

(3) meta 지향기

1) 니트로기

① ortho 공격

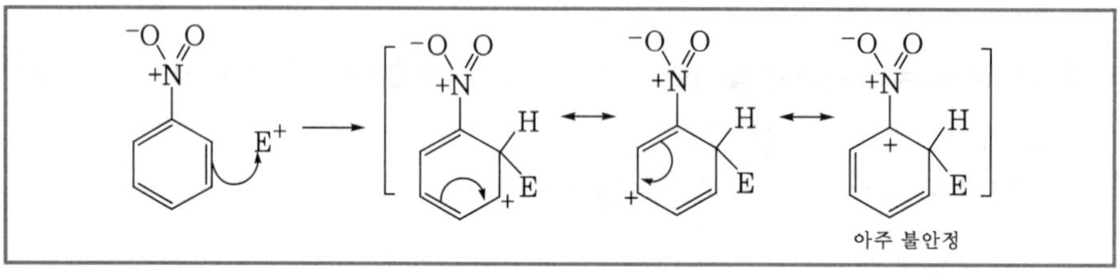

② meta 공격

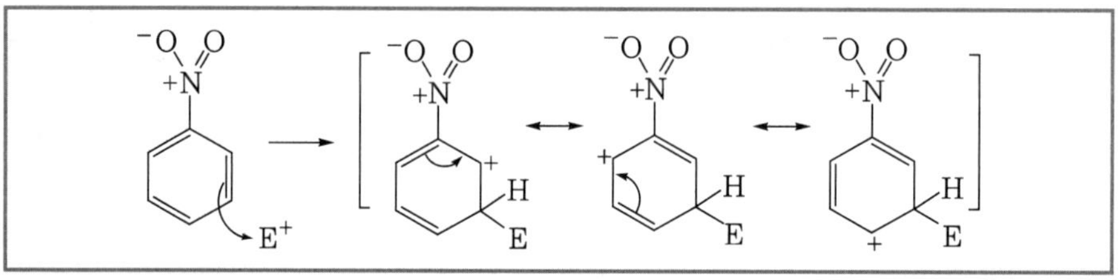

③ para 공격

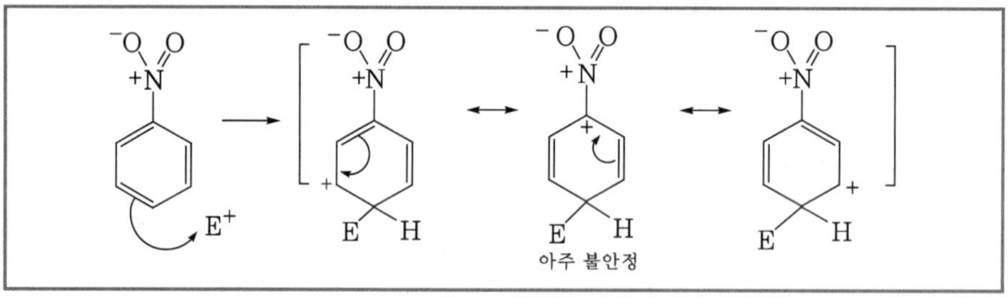

④ 디니트로벤젠(dinitrobenzene)의 합성

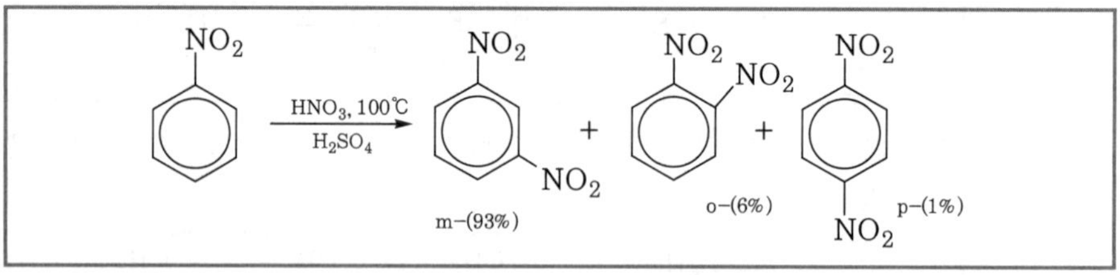

2) 기타 meta 지향기 : $-CF_3$, $-C{\equiv}N$, $-SO_3H$, $-CO_2H$, $-CO_2R$, $-CHO$, $-COR$, $-CCl_3$ 등

(4) 삼치환 벤젠

1) 두 치환기의 지향성이 보강된다면 삼치환은 문제가 되지 않는다.

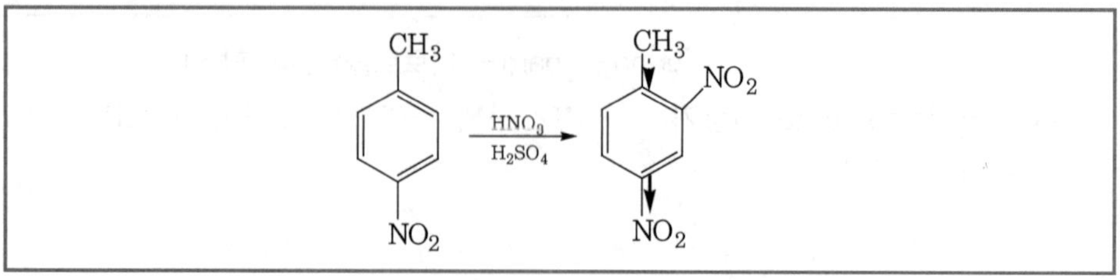

2) 두 치환기의 지향효과가 서로 반대이면, 보다 강력한 치환기가 우세하다.

3) meta－이치환 화합물에서 두 치환기 사이에서는 입체장애가 크기 때문에 치환반응이 추가로 일어나기 어렵다.

4. 친핵성 방향족치환반응

(1) 특징

1) 할로겐이 치환된 벤젠이 ortho나 para 위치에 '전자 끄는 기'를 가지고 있을 때만 일어난다.
2) 친전자성 치환은 카르보양이온 중간체를 안정화시키는 '전자 미는 기'가 있을 때 유리하지만, 친핵성 치환은 카르보음이온 중간체를 안정화시키는 '전자 끄는 기'가 있을 때 유리하다.
3) 친핵성 치환반응에서는 '전자 끄는 기'는 고리를 활성화시키며, ortho－para 지향기이다.
4) 친전자성 치환반응은 고리에서 수소를 치환하는 반응이고, 친핵성 치환반응은 이탈기를 치환하는 반응이다.

(2) 메커니즘

1) 전자가 부족한 방향족고리에 히드록시이온의 친핵성 첨가로 안정화된 카르보음이온 중간체가 생성된다.
2) 카르보음이온 중간체는 두 번째 단계에서 염소이온의 제거가 일어나 치환된 생성물이 형성된다.

5. 합성에의 응용

(1) 톨루엔의 니트로화반응

(2) 톨루엔의 산화반응

벤조산(Benzoic acid)　　　m-Nitrobenzoic acid

(3) 톨루엔의 브롬화반응

(4) 톨루엔의 염소화반응

(5) 보호기와 막기기의 이용(use of protecting and blocking group) : 아미노 그룹이나 하이드록실 그룹같이 매우 강력한 활성화기는 벤젠고리의 반응성을 너무 크게 하므로 원하지 않는 반응도 일어나게 된다.

➡ 질산과 같은 친전자성 치환반응에 사용되는 어떤 시약들은 강한 산화제이기도 하다(친전자체와 산화제는 모두 전자를 추구한다). 그러므로 아미노 그룹이나 하이드록실 그룹은 친전자성 치환반응을 하도록 고리를 활성화시킬 뿐만 아니라 산화반응을 하게끔 활성화시키기도 한다. 아닐린의 니트로화반응을 예로 들면 질산에 의한 산화반응으로 벤젠고리가 상당히 파괴된다. 결과적으로 아닐린을 직접 니트로화하는 것은 o−와 p− 니트로아닐린을 합성하기 위한 좋은 방법이 아니다.

1) p−니트로아닐린(para−nitroaniline)의 합성

　① 아세트아닐라이드(acetanilide) 그룹이 보호기로 작용한다.

　② 고리를 완만하게 활성화시킨다.

　③ 고리를 쉽게 산화되지 않도록 한다.

2) o−니트로아닐린(ortho−nitroaniline)의 합성

　① 술폰산 그룹은 '막기기(blocking group)'로 사용될 수 있다.

　② 술폰산 그룹은 탈술폰화반응에 의해 제거될 수 있다.

　　➡ 탈술폰화반응에 쓰인 시약(묽은 H_2SO_4)은 벤젠고리를 질산에 의한 산화로부터 "보호"하기 위해서 썼던 아세틸기도 역시 편리하게 제거한다.

기출 및 예상 문제

01 다음 [보기] 화합물들의 친전자성 방향족치환반응에 대하여 반응성이 낮은 것부터 증가하는 순서로 나타낸 것은? ✪ 07 국가직 9급

[보기]

$\underset{\text{(I)}}{\overset{\overset{\displaystyle O}{\parallel}}{C}NHCH_3}$	$\underset{\text{(II)}}{NH_2}$	$\underset{\text{(III)}}{NO_2}$	$\underset{\text{(IV)}}{HN-\overset{\overset{\displaystyle O}{\parallel}}{C}CH_3}$

① (II), (I), (IV), (III)

② (II), (IV), (I), (III)

③ (III), (I), (IV), (II)

④ (III), (IV), (I), (II)

02 다음 그림에서 물질의 합성법으로 적절한 것은? ✪ 07 국가직 9급

① benzene $\xrightarrow[\text{H}_2\text{SO}_4]{\text{HNO}_3}$ product $\xrightarrow[\text{AlCl}_3]{\text{CH}_3\text{Cl}}$

② toluene $\xrightarrow[\text{H}_2\text{SO}_4]{\text{HNO}_3}$ product $\xrightarrow[\text{AlCl}_3]{\text{CH}_3\text{Cl}}$

③ p−xylene $\xrightarrow[\text{H}_2\text{SO}_4]{\text{HNO}_3}$

④ m−nitrotoluene $\xrightarrow[\text{H}_2\text{SO}_4]{\text{HNO}_3}$

03 다음 중 수소첨가반응을 일으키기 가장 어려운 물질은?

○ 02 환경부 9급

① 에틸렌(ethylene)
② 아세틸렌(acethylene)
③ 벤젠(benzene)
④ 프로펜(propene)

04 다음은 벤젠에 대한 설명이다. 옳은 것은?

① 모든 원자들은 동일 평면상에 존재한다.
② 탄소원자 간에는 3개의 고정된 이중결합이 존재한다.
③ 탄소원자 간의 거리는 모두 다르다.
④ 구조적 안정성 때문에, 치환반응보다 첨가반응을 선호한다.

05 다음 중 톨루엔(toluene)을 산화시켜 얻을 수 있는 물질만으로 짝지어진 것은?

① 벤즈알데히드(bezaldehyde), 벤조산(benzoic acid)
② TNT(trinitrotoluene), 페놀(phenol)
③ 펜탄(pentane), 프로판(propane)
④ 아스피린(asprin), 나프탈렌(naphtalene)

정답 및 해설

01 ③

유형 친전자성 방향족치환반응의 치환기 효과

해설 반응성 오름차순으로 정리한다. 먼저 강한 활성감소기로 대표적인 것이 니트로기(-NO₂)이다. 니트로기는 전자를 당겨 고리를 불안정하게 하여, 반응성이 가장 낮다. 그 다음이 보통 불활성인 '-C=O(카르보닐기)'를 가진 Ⅰ이다. 그리고 보통 활성화기인 Ⅳ이다. 유발효과와 공명효과로 각 치환기의 전자분포를 판단하여 확인해 본다. 마지막으로 NH₂는 아주 강하게 활성화하기 때문에 가장 반응성이 좋다.

🖐정리 | 반응성과 배향에 미치는 치환기 효과 **

치환기를 가진 벤젠이 친전자성 공격을 받을 때, 고리에 이미 있던 그룹(치환기)은 반응속도와 공격의 위치에 영향을 준다. 그러므로 치환기는 방향족치환반응의 **반응성**과 **배향**에 모두 영향을 끼친다. 치환기를 반응성의 영향에 따라 두 가지로 분류하면, 고리가 벤젠 자체보다 더 큰 반응성을 갖도록(전자를 밀어주는) 하는 것을 **활성화기**(activating group), 벤젠보다 반응성을 작게 하는 그룹은 **활성감소기**(deactivating group)라 한다.

① 활성화기 ⇒ ortho-para 지향기
② 활성감소기 ⇒ meta 지향기
③ [예외] 할로겐 치환기 ⇒ 활성감소기이며, ortho-para 지향기

[친전자성 방향족치환반응에서 치환기 효과]

ortho-para 지향기	meta 지향기
• 강한 활성화	• 보통 불활성화
$-\ddot{N}H_2$, $-\ddot{N}HR$, $-\ddot{N}R_2$, $-\ddot{O}H$, $-\ddot{O}-$	$-C\equiv N$, $-SO_3H$, $-CO_2H$
• 보통 활성화	$-CO_2R$, $-CHO$, $-COR$
$-\ddot{N}HCOCH_3$, $-\ddot{N}HCOR$, $-OCH_3$, $-OR$	• 강한 불활성화
• 약한 활성화	$-NO_2$
$-CH_3$, $-C_2H_5$, $-R$, $-C_6H_5$	$-NR_3^+$
• 약한 불활성화	$-CF_3$, $-CCl_3$
$-F$, $-Cl$, $-Br$, $-I$	

02 ③

유형 | 자일렌의 니트로화반응과 지향성

해설 | ① 벤젠의 니트로화를 통해 니트로벤젠을 만들고, 이를 알킬화시키면 니트로기가 활성감소기이므로 meta-니트로톨루엔(모노니트로톨루엔)이 형성된다.

② 톨루엔을 니트로화하면 다음과 같다. 주로 o-니트로톨루엔이 형성되므로, 이를 알킬화하면, p-니트로자일렌은 얻을 수 없다.

③ 파라자일렌은 활성화기를 가지고 있기 때문에, o-, p- 지향하여 결합하므로 정답이다.

④ 메타니트로벤젠을 니트로화하면, o-, p- 지향하여 문제와 같이 될 수 없다.

03 ③

유형 | 벤젠의 구조와 반응성

해설 | 벤젠은 이중결합을 가진 불포화탄화수소이지만, π결합에 의해 비편재화되어 있다. 이는 공명구조를 가지므로, 그 구조는 상당히 안정하다. 따라서 첨가반응보다는 치환반응이 주로 일어난다.

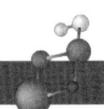

04 ①

유형 벤젠의 특징

해설 벤젠은 모든 원자들이 동일 평면상에 비편재화된 구조를 가지고 있다. 벤젠은 공명상태에 있으므로 표현상(Kekulé 구조) 이중결합이 존재하나, 실질적으로 이중결합이 존재한다고 볼 수 없으므로 ②는 오답이다. ③은 탄소원자 간의 거리는 모두 같다. ④는 첨가반응보다는 치환반응을 선호한다.

05 ①

유형 톨루엔의 산화반응

해설 톨루엔을 강력한 산화제($KMnO_4$)로 산화시키면, 벤조산을 얻을 수 있다. 톨루엔의 벤질자리 수소가 반응에 관여하는 것이 특징이다. 물론, 일반적인 산화반응에 의해 벤즈알데히드를 생성한다.

방향족화합물의 반응

제19주제	방향족화합물의 반응

1. **환원반응** : 방향족고리의 촉매 수소화반응, 아릴알킬케톤의 환원, Birch 환원
2. 산화반응
3. 벤자인(benzyne)의 반응
4. 알킬벤젠의 곁사슬 반응
5. 알켄일벤젠(alkenyl benzene)의 반응
6. 알릴(allyl)자리와 벤질(benzyl)자리 할로겐화물의 친핵성 치환반응

1. 환원반응

(1) 방향족고리의 촉매 수소화반응

1) 3몰 당량의 수소가 첨가된다.
2) 수백 기압에서 팔라듐(Pd) 촉매와 수소 기체(H_2)를 사용하거나 탄소에 흡착된 로듐과 같은 보다 강력한 촉매를 사용해야 한다.

(2) 아릴알킬케톤의 환원

1) 방향족 고리의 Friedel−Craft 아실화반응에 의해 합성된 아릴알킬케톤은 Pd 촉매 수소화 반응에 의해 알킬벤젠(alkylbenzene)으로 전환된다.

2) 아릴알킬케톤의 촉매 수소화반응은 벤젠고리에 니트로기가 존재하는 경우는 적합하지 않다.

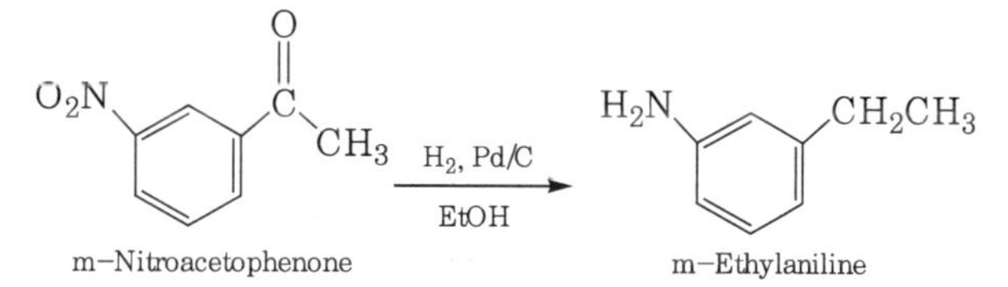

m−Nitroacetophenone　　m−Ethylaniline

(3) Birch 환원반응 : 용해된 금속에 의한 환원반응

1) 벤젠을 액체 암모니아와 알코올 혼합물 속에서 알칼리금속(소듐, 리튬, 포타슘)과 반응시키면, 1,4−사이클로헥사다이엔(1,4−cyclohexadiene)으로 환원된다.

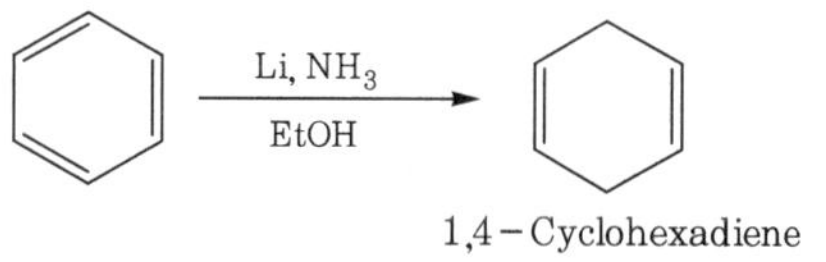

1,4−Cyclohexadiene

2) 전자 끄는 기가 있을 때는 카르보음이온을 안정화시키고, 전자 주는 기는 카르보음이온을 비안정화시킨다.

① 환원은 전자 끄는 기를 갖는 탄소원자에서 일어난다.

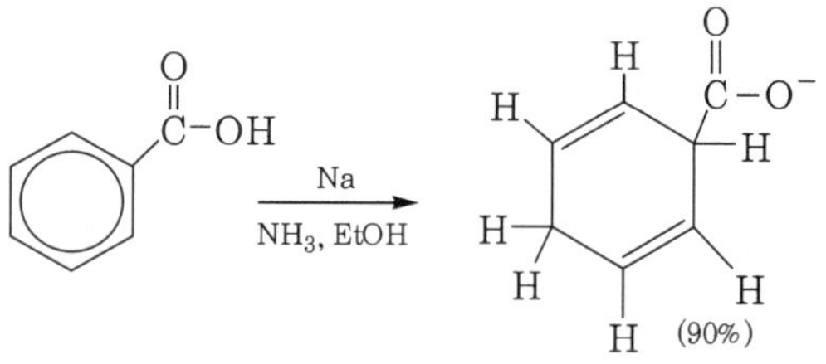

(90%)

② 환원은 전자 미는 기를 갖는 탄소원자에서는 일어나지 않는다.

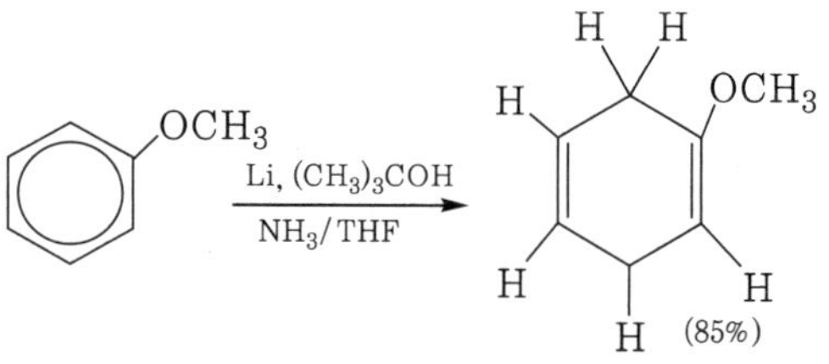

(85%)

③ 응용

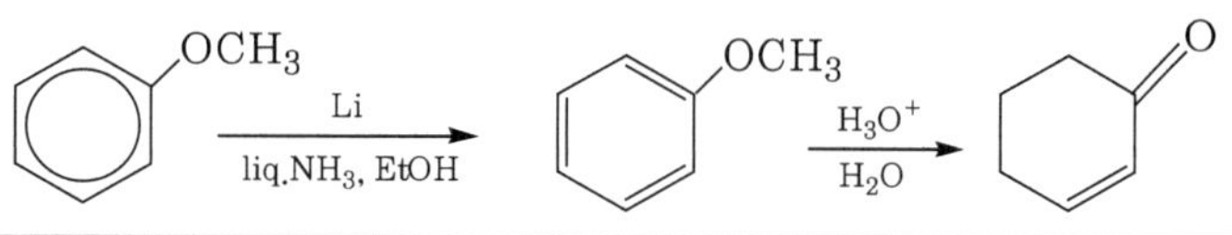

2. 산화반응

(1) KMnO₄나 K₂Cr₂O₇과 같은 강력한 산화제를 사용하면 알킬 곁사슬만 −COOH로 전환된다.

(2) 반응 메커니즘에 벤질라디칼 중간체 형성이 포함되어 있으나, t−butylbenzene은 벤질자리 수소가 없어서 반응이 일어나지 않는다.

3. 벤자인(benzyne)의 반응

(1) 벤자인(benzyne)은 매우 불안정하여 반응성이 크다.

   1) 벤자인의 반응 메커니즘 예

(2) 페놀(phenol)의 제조

   1) 강염기에 의한 제거에 의해 benzyne을 형성한다.

   2) 페놀의 합성은 제거/첨가 메커니즘에 의해 일어나므로 친핵성 방향족치환반응과는 다르다.

(3) Diels – Alder 반응

4. 알킬벤젠의 곁사슬반응

(1) 벤질자리 라디칼

1) 벤젠고리에 바로 연결된 곁가지 탄소원자에 쌍을 이루지 않은 전자를 가진 모든 라디칼에 적용된다.

2) 벤젠고리에 곧바로 연결된 탄소원자에 있는 수소원자를 벤질자리 수소라고 한다.

3) 공명에 의해 안정화된다.

(2) 곁사슬의 할로겐화반응

1) Lewis 산이 없이 라디칼의 형성이 가능한 조건에서 반응을 수행하면 일어날 수 있다.

2) Lewis 산의 존재하에서 톨루엔과 반응하면 톨루엔고리의 수소원자가 치환된다.

3) 톨루엔을 NBS와 과산화물 존재하에서 반응시키면 브롬화벤질이 얻어진다.

4) 톨루엔의 곁사슬 염소화반응은 기체상태로 400~600℃에서 반응시키거나 자외선 존재하에서 반응시키면 일어난다. 과량의 염소를 사용하면 여러 번 일어난다.

5. 알켄일벤젠(alkenyl benzene)

(1) 이중결합 첨가반응

1) 과산화물이 존재할 때는 벤질자리 라디칼을 통하여 진행된다.
2) 과산화물이 없을 때는 벤질자리 양이온을 통하여 일어난다.

(2) 곁사슬의 산화반응

1) 메틸보다 긴 알킬 그룹을 가진 알킬벤젠은 궁극적으로 벤조산으로 분해된다.
2) 뜨거운 $KMnO_4$의 작용에 의해 다음과 같이 산화된다.

(3) 벤젠고리의 산화반응

1) 가오존 분해반응 후 과산화수소로 처리하면 된다.

2) 오산화바나듐 촉매를 이용하여 산화시켜 무수말레인산을 합성할 수 있다.

6. 알릴자리와 벤질자리 할로겐화물의 친핵성 치환반응(교과서)

(1) 알릴자리와 벤질자리 할로겐화물은 다른 유기할로겐화물을 분류했던 것과 같은 방법으로 분류될 수 있다.

1) 이 화합물 모두가 친핵성 치환반응을 할 수 있다.

2) 다른 3차 할로겐화물과 마찬가지로 3차 알릴자리와 3차 벤질자리 할로겐화물은 할로겐이 붙어 있는 탄소원자가 3개의 큰 그룹을 가졌으므로 입체장애가 있어서 S_N2 메커니즘으로 반응하지 못한다. 이들은 친핵체와 S_N1 메커니즘으로만 반응한다.

(2) 알킬, 알릴자리, 벤질자리 할로겐화물의 S_N 반응에 대한 요약

1) 다음 할로겐화물들은 주로 S_N2 반응을 한다.

$$CH_3-X \quad R-CH_2-X \quad R-CH(R')-X$$

2) 다음 할로겐화물들은 주로 S_N1 반응을 한다.

3) 다음 할로겐화물들은 주로 S_N1이나 S_N2 반응을 한다.

✊정리 짝불포화계(conjugated unsaturated system)와 알릴기(allyl group)

1. 콘쥬게이션(conjugation) : 이중결합 옆에 있는 원자에 p궤도를 가진 화학종 간의 결합을 말한다.

   이중결합의 인접한 원자에 한 p궤도를 가진 계(비편재화된 π 결합을 가진 분자)를 짝불포화계라 부른다.

   이런 일반적인 현상을 짝지음(conjugation)이라고 부른다.

2. 알릴자리 치환반응

   프로필렌이 저온에서 브로민이나 염소와 반응하면 대개 이중결합에 할로겐이 첨가된다.

$$CH_2{=}CH{-}CH_3 + X_2 \xrightarrow[\substack{CCl_4 \\ (첨가반응)}]{저온} \begin{array}{c} CH_2{-}CH{-}CH_3 \\ | \quad\ \ | \\ X \quad\ \ X \end{array}$$

   그러나 프로필렌이 고온에서 염소나 브로민과 반응하거나 할로겐의 농도가 아주 적은 조건에서는 치환반응이 일어난다.

$$CH_2{=}CH{-}CH_3 + X_2 \xrightarrow[\substack{낮은\ 농도의 \\ X_2(치환반응)}]{고온\ 또는} CH_2{=}CH{-}CH_2{-}X + HX$$

   이 치환반응에서 할로겐원자는 프로필렌의 메틸 그룹에 있는 한 수소원자를 치환한다. 이 수소원자를 알릴자리 수소원자(allylic hydrogen atoms)라 한다. 이 반응을 알릴자리 치환반응이라 한다.

3. 알릴자리의 안정성
   - 상대적인 안정도 : 알릴기 > 3° 탄화수소 > 2° 탄화수소 > 1° 탄화수소 > 비닐기
   - 알릴구조는 공명에 의해 안정화되어 있다. 치환반응을 할 때, 반응속도가 빠르다.

제 20 주

주요 인명반응

1. Friedel－Craft 반응

(1) **친전자체(Lewis 산)** : 촉매 $AlCl_3$가 할로겐화알킬과 착물을 만들어 친전자체로 행동한다.
　➡ 친전자성 방향족 치환반응을 한다.

(2) RX가 1차 할로겐화물이면 단순한 카르보양이온이 형성되지 않는다.

(3) 가지가 긴 1차 RX는 알킬화반응이 잘 일어나지 않으며, 이 경우는 아실화반응을 시킨 후에 환원시켜 알킬화한다.

(4) **프리델－크래프트 알킬화반응**

$$\text{Benzene} + CH_3CH=CH_2 \xrightarrow{AlCl_3} \text{Isopropylbenzene } C(CH_3)_2$$

[메커니즘(mechanism)]

[단계 1] 할로겐화 알킬이 $AlCl_3$와 반응하여 카르보양이온(carbocation)을 생성한다.(착물)

[단계 2] 카르보양이온은 친전자체로 행동하여 벤젠과 반응하여 아레늄(arenium) 이온을 생성한다.

[단계 3] 양성자(H^+)가 아레늄 이온으로부터 제거되어 알킬벤젠을 만들어 알킬화가 완료된다.

(5) 프리델 – 크래프트 아실화반응

[메커니즘(mechanism)]

[단계 1] 염화아실과 $AlCl_3$와 반응하여 카르보양이온(carbocation) 착물을 형성한다.

[단계 2] 이 카르보양이온은 공명혼성에 의해 아실늄(acylium) 이온을 만든다.

[단계 3] 친전자체인 아실늄이온은 벤젠과 반응하여 아레늄이온을 형성한다.

[단계 4] 아레늄이온으로부터 양성자(H^+)가 제거되어 아릴케톤을 만든다.

[단계 5] 케톤화합물(Lewis 염기)과 $AlCl_3$(Lewis 산)과 반응하여 착물을 만들고, 이를 물로 처리하면 케톤이 생성되어, 아실화반응이 완료된다.

2. Grignard 반응

(1) Grignard 시약

1) Grignard 시약은 아주 강한 염기이다. 이는 산소, 질소, 황과 같은 전기음성적인 원자에 붙은 수소원자를 가진 어떤 화합물과도 반응한다. 물과 산–염기 반응을 한다.

$$\overset{\delta-}{R} \colon \overset{\delta+}{MgX}$$

2) Grignard 시약은 알켄의 음이온, 즉 카르보음이온을 지니고 있는 것처럼 행동한다.

(2) 일반적인 반응형태

$$\overset{\delta-}{R} \colon \overset{\delta+}{MgX} + H_2O \longrightarrow R{-}H + OH^- + Mg^{2+}X^-$$

(3) 알코올의 제법

1) Grignard 시약은 포름알데히드와 반응하여 1차 알코올이 된다.

$$\overset{\delta-}{R}\!:\!\underset{\delta+}{MgX} \quad \overset{H}{\underset{H}{>}}C=\overset{..}{\underset{..}{O}} \longrightarrow R-\overset{H}{\underset{H}{\overset{|}{C}}}-\overset{..}{\underset{..}{O}}\!:\!MgX \xrightarrow{H_3O^+} R-\overset{H}{\underset{H}{\overset{|}{C}}}-\overset{..}{\underset{}{O}}H$$

2) Grignard 시약은 모든 다른 알데히드와 반응하여 2차 알코올이 된다.

$$\overset{\delta-}{R}\!:\!\underset{\delta+}{MgX} \quad \overset{R'}{\underset{H}{>}}C=\overset{..}{\underset{..}{O}} \longrightarrow R-\overset{R'}{\underset{H}{\overset{|}{C}}}-\overset{..}{\underset{..}{O}}\!:\!MgX \xrightarrow{H_3O^+} R-\overset{R'}{\underset{H}{\overset{|}{C}}}-\overset{..}{\underset{}{O}}H$$

3) Grignard 시약은 케톤과 반응하여 3차 알코올이 된다.

$$\overset{\delta-}{R}\!:\!\underset{\delta+}{MgX} \quad \overset{R'}{\underset{R''}{>}}C=\overset{..}{\underset{..}{O}} \longrightarrow R-\overset{R'}{\underset{R''}{\overset{|}{C}}}-\overset{..}{\underset{..}{O}}\!:\!MgX \xrightarrow[H_2O]{NH_4Cl} R-\overset{R'}{\underset{R''}{\overset{|}{C}}}-\overset{..}{\underset{}{O}}H$$

4) 에스테르는 2몰 당량의 Grignard 시약과 반응하여 3차 알코올을 형성한다.

$$\overset{d-}{R}\!:\!\underset{d+}{MgX} \quad \overset{R'}{\underset{R''O}{>}}C=\overset{..}{\underset{..}{O}} \longrightarrow \left[R-\overset{R'}{\underset{R''O}{\overset{|}{C}}}-OMgX \right] \xrightarrow[\text{자발적}]{-R''OMgX} \left[\overset{R'}{\underset{R}{>}}C=\overset{..}{\underset{..}{O}} \right]_{\text{케톤}}$$

$$\text{케톤} \xrightarrow{RMgX} R-\overset{R'}{\underset{R}{\overset{|}{C}}}-\overset{..}{\underset{..}{O}}\!:\!MgX \xrightarrow[H_2O]{NH_4Cl} R-\overset{R'}{\underset{R}{\overset{|}{C}}}-\overset{..}{\underset{}{O}}H$$

3. Canizzaro 반응

(1) 알데히드가 친핵성 아실치환반응을 하는 반응이다.

(2) 포름알데히드(formaldehyde)와 치환된 벤즈알데히드(bezaldehyde)에 국한된 반응이다.

(3) 알데히드의 산화형과 환원형이 동시에 얻어지는 불균등화반응(disproportionation)이다.

(4) 일반적인 반응형태

4. Diels-Alder 반응

(1) 특징

1) 2개 반응물이 첨가되어 한 개의 고리형 생성물을 만든다.

2) 2개의 고립된 알켄의 1,4번 탄소에 있는 전자의 활성으로 디엔과 결합하는, 고리 첨가반응이다.

3) Diels-Alder 반응을 유리하게 하기 위해서는 고온, 고압, Lewis 산을 촉매로 사용한다.

(2) 일반적인 반응형태

5. Claisen 축합반응(condensation)

(1) 두 분자의 에스테르 혹은 한 분자의 에스테르와 한 분자의 케톤 사이의 축합반응으로 β-케토에스테르를 합성한다.

(2) 알돌반응과 유사하며 평형혼합물이 얻어진다.

(3) 오직 한 개의 α-수소를 가진 에스터는 Claisen 축합반응을 하지 않는다.

(4) 일반적인 반응의 형태

6. Williamson 합성

(1) 알콕시화나트륨과 할로겐화알킬 사이의 S_N2 반응으로 에테르는 합성반응이다.

$$ROH + Na^+H^- \longrightarrow RO^-Na^+ + H_2$$
$$RO^-Na^+ + R'X \longrightarrow \mathbf{R-O-R'} + NaX$$

(2) 페놀류는 Williamson 합성을 통해 에테르로 전환이 가능하다.

7. Kolbe 반응

(1) 페놀류의 벤젠고리반응에 속하며, 펜옥시화(phenoxide) 이온고리의 반응성을 이용한 반응이다.

(2) 일반적인 반응의 형태(다음 반응에서 CO_2가 친전자체이다.)

(3) 이 반응은 펜옥시화 소듐이 이산화탄소를 흡수하도록 한 다음 그 생성물을 수 기압의 이산화탄소하에서 125℃로 가열하는 것이다. 불안정한 중간체는 양성자 이동(케토-인올 토토머현상)을 일으켜서 살리실산소듐이 된다. 이후, 혼합물을 산성화시키면 살리실산(salicylic acid)이 된다.

➡ 살리실산이 아세트산무수물과 반응하면 널리 쓰이는 진통제인 아스피린이 만들어진다.

> **참고　토토머화(tautomerization)**
>
> 불안정한 비닐자리 알코올과 같이, 전자에 의해 케톤과 같은 형태(케토형, keto form)와 엔올레이트(enolate)와 같은 형태(엔올형, enol form)가 상호 전위반응을 일으키는 것을 의미한다. 이를 케토-엔올 토토머현상이라 부른다.

$$>C=CR-OH \text{ [enol]} \rightleftarrows >CH-(CO)-R \text{ [keto]}$$

8. Hofmann 반응

(1) 아마이드(amide)의 Hofmann 전위반응

　1) 초기에 두 개의 수소원자가 아마이드의 질소원자에 존재해야 한다.

2) $RCONH_2$ 형태의 아마이드에 국한되는 반응이다.

3) 배위가 보존되면서 반응이 진행된다.

$$RCONH_2 \ + \ Br_2 \ +4NaOH \ \xrightarrow{H_2O} \ RNH_2 \ + \ 2NaBr \ + \ Na_2CO_3 \ + \ 2H_2O$$

(2) Hofmann 제거반응

1) 4차 암모늄수산화물을 가열하여 알켄을 얻는 반응이다.

2) Zaitsev 규칙에 반대로, 더 적게 치환된 알켄이 얻어진다.

3) 3차 아민의 제법이기도 하다.

(3) Hofmann 반응을 이용하여 탄소원자수를 감소시키는 과정이다.

$$RCH_2OH \xrightarrow{[O]} RCOOH \xrightarrow{NH_3} RCOONH_4 \xrightarrow[\text{전류}]{-H_2O} RCONH_2 \xrightarrow[\text{호프만 반응}]{NaOCl} RNH_2 \xrightarrow{HNO_2} ROH$$

9. Würtz 반응

(1) 커플링(coupling)반응이라고도 한다.(Würtz 커플링)

(2) 일반적인 반응형태

$$R-X \ + \ R-X \ + \ 2Na \ \longrightarrow \ R-R \ + \ 2NaX$$

10. Beckmann 전위반응

(1) 카르보닐화합물에 NH_2OH을 가하여 결정성 화합물을 만들고, 이에 오염화인을 작용시킨 전위반응이다.

(2) 일반적인 반응형태

11. 카르보닐 α-치환반응

(1) 카르보닐 알파 치환반응은 카르보닐 화합물(예 알데하이드, 케톤)의 알파 탄소(α-carbon)에 존재하는 수소가 치환되는 반응이다(여기서, 알파 탄소란 카보닐(>C=O) 탄소에 직접 결합된 탄소를 의미한다).

이 반응은 산(酸) 또는 엄기(鹽基)에 의해 촉진되고, 일반적으로 에놀(enol) 또는 에놀레이트 (enolate) 중간체를 거쳐 진행되며, 종류로는 할로겐이 치환되는 α-halogenation과 알킬기가 치환되는 α-alkylation이 있다.

(2) 일반적인 반응형태

12. Michael 반응

(1) Michael 반응은 1,4-첨가반응(conjugate addition)의 일종으로, α,β-불포화탄소-탄소 결합을 가진 화합물(예 α,β-불포화카보닐화합물)에 친핵체(Nucleophile)가 첨가되는 반응이다.

(2) 일반적인 반응형태

기출 및 예상 문제

01 다음 중 그리냐드(Grignard) 시약은 무엇인가? ✪ 02 서울시 9급, 06 국가직 9급

① $R-MgCl$ ② $R-NH_2$
③ $LiAlH[(OCH_3)_3]_3$ ④ PCl_5

02 사이클로펜타디엔(cyclopentadiene)이 중합되는 반응은?

① Würtz 반응 ② Williamson 반응
③ Diels-Alder 반응 ④ Hofmann 반응

03 다음 반응 중 방향족알킬화와 관계없는 것은 무엇인가?

① Friedel-Craft 반응 ② Williamson 반응
③ Grignard 반응 ④ Würtz 반응

정답 및 해설

01 ①

유형 Grignard 시약

해설 Grignard 반응의 기본적인 형태는 익혀둔다.

02 ③

유형 디엘스-앨더반응

해설 사이클로펜타디엔은 디엔(diene)과의 디엘스-엘더반응으로 올리고머를 만든다. 이를 지글러 촉매나 자유라디칼형 촉매를 사용하여 중합시킨다.

03 ④

유형 방향족화합물의 알킬화 인명반응

해설 대표적인 방향족 알킬반응은 촉매 $AlCl_3$를 사용하는 프리델-크래프트반응이고, 페놀류는 알킬화반응을 통해 에테르로 전환되는 것이 윌리엄슨반응이다. 그리고, 그리냐드반응은 유기금속화합물의 R-기를 방향족화합물에 치환한다. 한편, 우르쯔반응은 커플링반응이다.

제 **2** 편

석유화학공업과 연료

제21_주

석유의 성분과 성질

1. 원유의 성분은 주로 각종 탄화수소혼합물이며, 그 밖에 소량의 질소나 산소를 함유하는 화합물, 황화합물 및 금속을 함유하는 화합물로 구성된다.
2. 탄화수소의 성분에 따른 석유의 분류는 다음과 같다.
   ① 파라핀기 탄화수소
   ② 나프텐계 탄화수소
   ③ 혼합기 원유
   ④ 방향족계 탄화수소
3. 석유의 물리적 성질과 화학적 성질을 알아둔다.

1. 석유화학공업의 개요

(1) 석유화학공업 정의의 학문적 한계

석유화학공업을 넓은 뜻으로 해석할 때, 원료로서의 석유라는 공통점이 있는 모든 것을 석유화학공업에 포함시키면 그 범위가 너무 넓어져서 공학적인 학문분야로 다루기에 다소 어려운 점이 있다. 예를 들면, 1차, 2차 및 3차적 제품을 다루는 데 필요한 기초지식이나 화학적 방법이 각 제품에 따라 매우 다르기 때문이다.

(2) 석유화학공업의 분류

석유화합공업은 석유정제공업과 석유화학제품공업으로 나눈다.

1) **석유광업** : 유전이나 천연가스의 소재를 탐색하여 유정이나 가스정에서 원유와 천연가스를 채굴하는 공업

➡ 천연가스는 일반적으로 석유에 포함시켜 채굴하는 경우가 많다.

2) **석유정제공업(정유, 제유공업)** : 원유를 정제하여 각종 연료유, 용제, 윤활유 등의 제품을 만드는 공업

3) **석유화학공업** : 석유를 전환시켜 유기화학공업용 기초원료나 중간체를 만드는 공업

[석유화학공업과 석유정제공업의 관계]

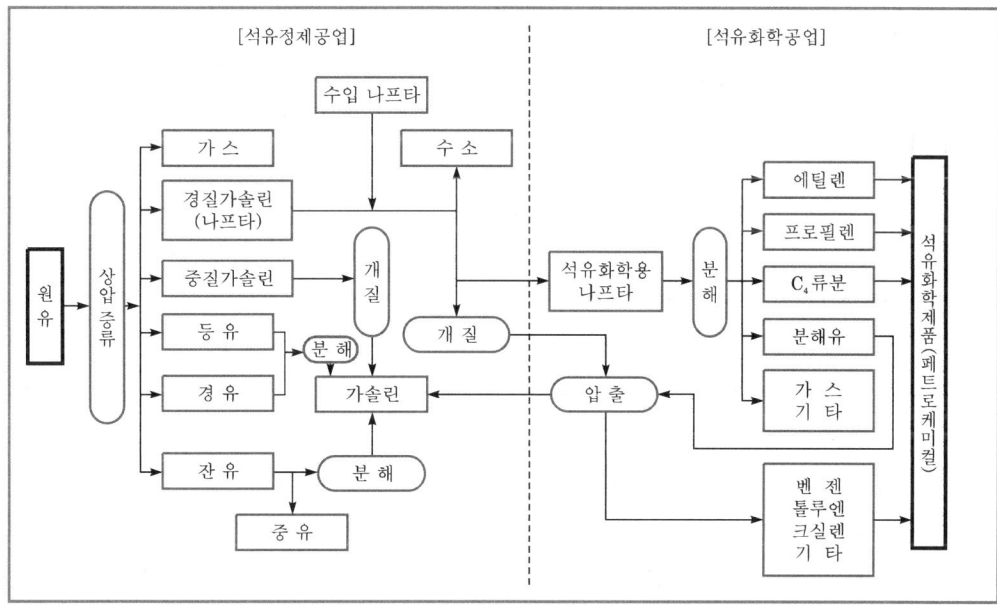

2. 석유의 성분과 분류

(1) 원유의 성분

1) 원유(crude oil)

① 원유는 암갈색, 암황색, 흑색을 띠는 점성 액체로, 여러 가지 물질이 혼합된 혼합물이다.

② 유정(oil pool)을 통하여 채취한 광유(鑛油)를 말한다.

2) 성분 : 주 성분은 각종 탄화수소혼합물이며, 그 밖에 소량의 질소나 산소를 함유하는 화합물, 황화합물, 금속을 함유하는 화합물 등이 있다.

3) 조성 : 원유의 원소 조성은 산지에 따라 다르나, 일반적으로 탄소(80%), 질소(0.4%), 수소(12%), 산소(1%), 황(2%), 연소 후의 회분(0.1% 이하)이다.

구 분	탄소	수소	황	산소	질소	회분
조성(%)	82~87	11~15	0~4	0~2	0~1	0.1 이하

(2) 탄화수소의 성분에 따른 분류

1) 파라핀(paraffin)계 원유 : C_nH_{2n+2}

① 구조상 직렬쇄상 구조(사슬모양 구조)이며, 연소성이 양호하다.

② 왁스(wax)성분이 많아 품질이 좋은 고체 파라핀과 윤활유를 만든다.

③ 얻어지는 가솔린 유분의 옥탄가는 낮지만, 등유는 연소성이 뛰어나다.

④ 산지로는 수마트라, 미국의 펜실베니아, 인도네시아 등에서 생산된다.

➡ 원유 내 탄화수소의 예 n-부탄, iso-부탄, n-헥산, 2,2-디메틸부탄 등

2) 나프텐(naphtene)기 원유 : C_nH_{2n}

① 구조상 환상구조이다. 파라핀계보다는 연소성이 나쁘다.

② 우수한 품질의 아스팔트(asphalt)제조에 맞고, 얻는 가솔린 유분의 옥탄가는 비교적 뛰어나다.

③ 산지는 베네수엘라, 러시아, 캘리포니아, 멕시코, 자바섬 일대, 텍사스 등에서 생산된다.

➡ 원유 내 탄화수소의 예 시클로펜탄, 메틸시클로펜탄, 시클로헥산, 메틸시클로헥산 등

3) 혼합(mixing)기 원유

① 나프텐기 원유와 파라핀기 원유가 혼합되어 있는 원유로, 중유제조, 윤활유에 적절하고, 대부분의 원유가 이에 해당한다.

② 미국의 미스콘치넨트 지방, 루마니아, 중동산 등이 대부분이다.

4) 방향족(aromatic) 원유

① 테레빈계 탄화수소나 방향족탄화수소의 함유량이 많은 특수한 원유로, 보르네오, 수마트라, 타이완 등에서 생산된다.

② 구조상 환상구조이며 2중 결합이 있어 연소성이 나프텐계보다 나쁘다.

➡ 원유 내 대표적인 탄화수소의 예 벤젠, 톨루엔, p-크실렌, 에틸벤젠, 이소프로필벤젠 등

5) 올레핀(olefin)계 탄화수소

① 구조상 직렬쇄상 구조이며, 2중 결합이 있어 연소성이 올레핀계보다 나쁘고 나프텐계보다 좋다. 올레핀계는 나프텐계와 이성체 관계에 있다.

② 올레핀계 탄화수소는 원유 중에 거의 함유되어 있지 않다. 올레핀은 석유화학공업에서 만들어진다.

(3) 오일 샌드(oil sand)와 오일 셸(oil shell) : 이 두 자원은 부존량이 많기 때문에, 장래 원유의 대체자원으로 기대된다.

1) 오일 샌드(일명 타르샌드)는 탄화수소를 함유한 지층이 지각변동에 의해 지표 가까이에 올려져 저비점 탄화수소는 휘발하고, 중질성분(5~10wt%)만이 모래층에 남은 것을 말한다. 오일 샌드를 스팀에 의해 가열 유동화시키면 중질(重質) 유분을 채취할 수 있다.

2) 오일 셸은 중질 고점도 성분이 혈암 중에 포함된 것으로 10~15wt% 중질유이다.

[파라핀계 탄화수소]

화합물명	구조식	비점($°C$)	비중(d_4^{20})	굴절률(n_D^{20})
메탄	CH_4	−161.49	−	−
에탄	CH_3CH_3	−88.63	−	−
프로판	$CH_3CH_2CH_3$	−42.07	0.5000	−
부탄	$CH_3CH_2CH_2CH_3$	−0.50	0.5788	
2−메틸프로판	$CH_3CH(CH_3)CH_3$	−11.73	0.5572	1.3326
n−펜탄	$CH_3CH_2CH_2CH_2CH_3$	36.05	0.6262	1.3575
n−헥산	$CH_3CH_2CH_2CH_2CH_2CH_3$	68.74	0.6594	1.3748
2,2−디메틸부탄	$CH_3C(CH_3)_2CH_2CH_3$	49.74	0.6492	1.3687
2,3−디메틸부탄	$CH_3CH(CH_3)CH(CH_3)CH_3$	57.99	0.6616	1.3749
2−메틸펜탄	$CH_3CH(CH_3)CH_2CH_2CH_3$	60.27	0.6532	1.3714
3−메틸펜탄	$CH_3CH_2CH(CH_3)CH_2CH_3$	68.28	0.6643	1.3765
n−헵탄	C_7H_{16}	98.43	0.6837	1.3876
n−옥탄	C_8H_{18}	125.67	0.7025	1.3974
2,2,4−트리메틸펜탄	$CH_3C(CH_3)_2CH(CH_3)CH_2CH_3$	99.24	0.6919	1.3914
n−데칸	$C_{10}H_{22}$	174.12	0.7301	1.4118

[나프텐계 탄화수소(시클로파라핀)]

화합물명	구조식	비점($°C$)	비중(d_4^{20})	굴절률(n_D^{20})
시크로펜탄	C_5H_{10}	49.26	0.7454	1.4064
메틸시클로펜탄	$CH_3-C_5H_9$ CH_3	71.81	0.7486	1.4097
시크로헥산	C_6H_{12}	80.74	0.7786	1.4262
메틸시클로헥산	$CH_3-C_6H_{11}$ CH_3	100.93	0.7694	1.4231
에틸시클로헥산	$C_2H_5-C_6H_{11}$ C_2H_5	131.78	0.7879	1.4330

[방향족계 탄화수소]

화합물명	구조식	비점(℃)	비중(d_4^{20})	굴절률(n_D^{20})
벤젠	(벤젠 고리)	80.10	0.8790	1.5011
톨루엔	(벤젠 고리–CH_3)	110.63	0.8669	1.4969
o–크실렌	(벤젠 고리, CH_3, CH_3)	144.41	0.8800	1.5054
m–크실렌	(벤젠 고리, CH_3, CH_3)	139.10	0.8642	1.4972
p–크실렌	(H_3C–벤젠 고리–CH_3)	138.35	0.8611	1.4958
에틸벤젠	(벤젠 고리–CH_2–CH_3)	136.19	0.8670	1.4959
이소프로필벤젠 (큐멘)	(벤젠 고리–CH(CH_3)CH_3)	152.39	0.8618	1.4914

[올레핀계 탄화수소]

화합물명	구조식	비점(℃)	비중(d_4^{20})	굴절률(n_D^{20})
에틸렌	$CH_2=CH_2$	−103.71	−	−
프로필렌	$CH_3-CH=CH_2$	−47.70	0.5139	−
1–부텐	$CH_3-CH_2-CH=CH_2$	−6.26	0.5951	−
2–부텐	$cis-CH_3-CH=CH-CH_3$	3.72	0.6213	−
	$trans-CH_3-CH=CH-CH_3$	0.88	0.6042	−
2–메틸프로펜 (이소부텐)	$CH_2=C(CH_3)-CH_3$	−6.90	0.5952	−
1,3–부타디엔	$CH_2=CH-CH=CH_2$	−4.41	0.6211	−
이소프렌	$CH_2=C(CH_3)-CH=CH_2$	34.08	0.6808	1.4216
1–헥센	$CH_3-CH_2-CH_2-CH_2-CH=CH_2$	63.49	0.6732	1.3879

3. 원유의 성질

(1) 물리적(physical) 성질

1) 색(color) : 검은 갈색이 많으며 대체로 불투명하다. 짙은 색을 가진 것은 비중이 크며 끓는점이 낮고 유분이 적다. 파라핀 왁스에서 처럼 대체로 끓는점이 높은 탄화수소의 색깔은 무색인데 반해, 석유의 색깔은 불순물인 탄화수소, 질소, 산소, 황 능의 화합물이나 아스팔트질 등이 착색의 원인이다. 등유(kerosene)나 가솔린(gasoline)은 정제하면 무색(colorless)이 되지만, 중유는 완전히 탈색하기 어렵고, 아스팔트분은 검은색이다.

2) 냄새(smell) : 석유는 성분에 따라 그 냄새가 다르나, 고유의 독특한 냄새를 가진다. 비점이 낮은 방향족탄화수소나 포화탄화수소는 향기로운 냄새를 가지고 있으나, 질소화합물이나 황화합물이나 황, 산화물, 몇몇 불포화탄화수소는 냄새가 좋지 않다.

3) 비중(sepecific weight) : 비중(석유 15℃/물 4℃)은 일반적으로 0.7~1.0의 범위이지만 0.7 이하의 가벼운 것도 있고, 아스팔트질 석유에는 0.1 이상인 것도 있다.

　① 가솔린분은 0.70~0.77, 등유분은 0.77~0.82, 윤활유분은 0.86~0.98이며, 탄화수소의 분자량이 커짐에 따라 비중도 커지고, 비점도 높아진다.

　② 석유의 비중은 '4℃의 물에 대한 15℃의 석유의 무게 비'로 나타내지만, 공업적으로 API(American Petroleum Institute)도 라는 단위가 쓰이는데, 그 식은 다음과 같다.

$$\text{API} = \frac{141.5}{\text{비중(석유 } 60°\text{F/물 } 60°\text{F)}} - 131.5$$

4) 점도(viscosity) : 점도는 석유의 운반, 취급 등과 관계 있는 중요한 성질이고, 윤활유 등에서는 품질의 기준이 된다. 화학구조에 따라 점도가 변하는데, 대체로 온도가 높아지면 줄어들고, 탄소수가 늘어남에 따라 커진다.

5) 발열량(heating value) : 석유 또는 석유제품의 발열량은 9,500~12,000kcal/kg이고, 같은 석유로부터 나온 제품은 끓는점이 낮은 것일수록 발열량이 높다.

(2) 화학적(chemical) 성질

1) 산화작용 : 석유 중의 탄화수소는 산소에 의해 산화되며, 불포화탄화수소가 많은 것은 더욱 산화되기 쉽다. 산화와 함께 중합반응도 진행되는데, 온도가 높고 불포화도가 클수록 빠르게 중합된다.

2) 할로겐화작용

　① 석유계 탄화수소의 할로겐화작용은 주로 염소화반응이 가장 강하며, 첨가반응 및 치환반응을 한다.

　② 요오드, 브롬은 낮은 온도에서 대체로 불포화탄화수소에 대한 첨가반응을 일으키기 때문에 이들 반응은 석유 중 불포화탄화수소의 정량에 쓰인다.

3) 황산의 작용 : 석유정제공업에서 매우 중요하다.
① 불포화탄화수소에 대한 진한황산의 반응은 특히 현저하게 나타나며, 황산에스테르,
알킬황산, 술폰산 등을 생성한다.
② 파라핀이나 나프텐 등의 포화탄화수소는 상온에서 반응하지 않는다.
③ 발연황산이나 진한황산으로 석유의 유분을 처리하면 처리온도, 산의 농도 등에 따라
일부 성분과 반응하여 황산에스테르나 황산염 등으로 되어 없어진다.

기출 및 예상 문제

01 원유를 구성하고 있는 성분원소 함유량이 많은 순서로 바른 것은? ● 97 서울시 9급

① 탄소>수소>황>산소>질소
② 수소>산소>황>탄소>질소
③ 탄소>산소>수소>황>질소
④ 수소>탄소>질소>황>산소

02 다음에서 설명하는 원유로 적합한 것은?

> 이 원류는 구조상 환상구조를 가지며, 파라핀계보다 연소성이 나쁜 특징이 있다. 특
> 히, 우수한 품질의 아스팔트(asphalt)제조에 맞고, 얻는 가솔린 유분의 옥탄가는 비
> 교적 뛰어나다. 산지는 베네수엘라, 러시아, 캘리포니아산이 많다.

① 파라핀기 원유   ② 올레핀기 원유
③ 나프텐기 원유   ④ 혼합기 원유

03 다음은 석유의 성질에 관한 설명이다. 틀린 것은?

① 색은 검은 갈색이 많으며 대체로 불투명하다.
② 파라핀이나 나프텐 등의 포화탄화수소는 상온에서 황산과 반응하지 않는다.
③ 석유의 비중은 공업적으로 API(American Petroleum Institute)도 라는 단위를 쓴다.
④ 탄화수소는 온도가 높고 불포화도가 작을수록 빠르게 중합된다.

정답 및 해설

01 ①

해설 탄소가 약 82.2~87.1% 정도로 가장 많으며, 그 다음이 수소가 11.7~14.7% 정도로 많고, 그 다음은 황, 산소, 질소 순이다.

02 ③

해설 나프타(납사, naphta)는 석유화학공업의 기초원료가 되는 중요한 재료로 이를 이용하여 에틸렌, 프로필렌, 부타디엔을 만들 수 있다.

03 ④

해설 석유 중의 탄화수소는 산소에 의해 산화되며, 불포화탄화수소가 많은 것은 더욱 산화되기 쉽다. 산화와 함께 중합반응도 진행되는데, 온도가 높고 불포화도가 클수록 빠르게 중합된다.

제 22 주

석유의 정제공정

제22주제　　석유정제공정

1. 석유의 정제공정은 원유로부터 여러 가지 처리에 의해 연료유, 나프타, 윤활유 등의 석유제품을 만드는 작업을 말한다.

2. **원유의 종류**
   ① 증류 전 염분의 제거　　② 상압증류　　③ 감압증류　　④ 스트리핑　　⑤ 안정화

1. 석유정제공정의 개요

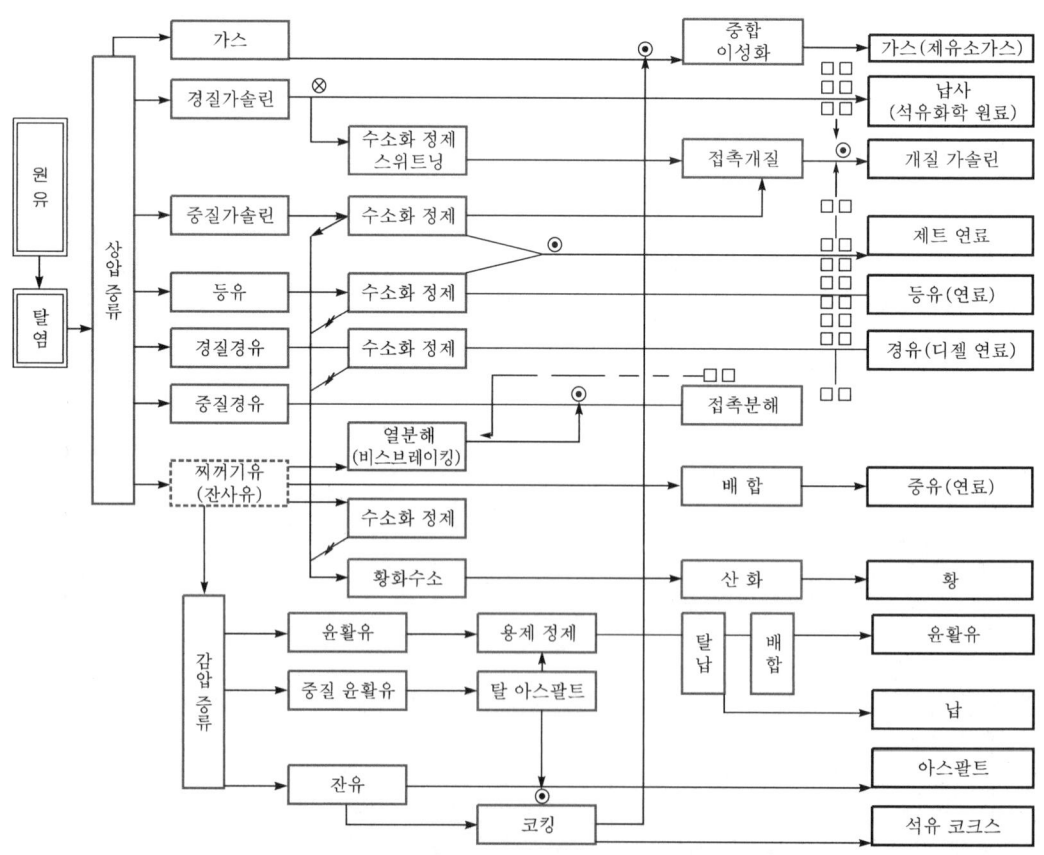

⦿ : 흐름의 결합　⊗ : 흐름의 분리　→ : 진행방향　↗ : 우회 흐름(by-pass)

원유로부터 여러 가지 처리에 의해 연료유, 나프타(석유화학 원료), 윤활유 등의 석유제품을 만드는 작업을 석유 정제 또는 정유라고 한다.

➡ 원유를 증류시켜 단지 가솔린을 공급하는 것만으로는 수요를 충족시키기 어렵기 때문에, 석유를 더욱 분해(cracking)하여 보다 많은 가솔린을 제조할 수 있게 되었고, 또한 필요한 양질의 가솔린을 만들기 위해 그 화학적 처리에 따른 개질(reforming)을 실시하게 되었다.

2. 원유의 증류

(1) **염분의 제거** : 증류 전 염(salt)의 제거

1) 염분을 포함한 원유를 그대로 증류하면, 염분이 분해되어 산을 만들어 장치를 부식시키고, 열교환기, 가열 가마의 관, 증류탑 등의 내부에 고체로 남아 여러 문제를 일으킨다.

2) 이들 염분은 대개 물에 녹아 에멀션의 형태로 있고, 안정하여 원유탱크 안에서 정치(settling) 조작이나 가열만으로는 분리하기가 쉽지 않다.

3) **탈염방법** : 대체로 탈염조작은 1000kL 속에 15kg 이상의 염분이 존재할 때, 시행한다.

① **전기 탈염법** : 수만 볼트(V)의 전압으로 에멀션을 파괴하여 탈염하는 방법

② **화학적 탈염법** : 원유 속에 항에멀션화제를 넣어줌으로써 에멀션을 파괴해 탈염하는 방법

(2) **상압 증류** : 먼저 탈염조작을 한 후, 파이프 스틸(pipe still)이라는 가열로에서 가열한다. 수십 단의 칸막이(tray)가 있는 상압 증류탑에 들어가서 끓는점 차이로 등유, 납사, 경유 등의 찌꺼기유와 유분으로 분리된다. 석유정제공업의 1단계로서 **토핑**(topping)이라고도 불린다.

1) 탈염장치를 나온 원유는 가열 가마에 보내지는데, 여기는 관이 수직 또는 수평, 병렬 또는 직렬로 연결되어 있다. 전열 넓이를 넓게 하기 위하여 열을 흡수할 수 있는 관 속을 원유가 통과하면서 가열된다. 여기서는 관 속의 압력이 원인이 되어 기화되지 않고 액상으로 정류탑에 보내진다.

2) 정류탑은 상압이므로 중질분을 제외하고 기화되고, 기화되지 않은 아스팔트분이나 중유분은 밑으로 간다. 정류탑의 내부는 45~90cm의 간격으로 칸막이(tray)가 수십 단 설치되어 있는데, 이 칸막이는 많은 구멍을 가진 철판으로 만들어져 있다.

3) 석유 증기는 칸막이의 구멍을 통해 위로 올라가고, 이 사이에 끓는점이 높은 유분부터 칸막이를 차례로 통과하여 응축된다.

4) 탑의 내부는 위로 올라갈수록 온도가 낮아지며, 아랫부분은 윗부분보다 온도가 높으므로 밑부분의 액체 중에서 경질유는 재기화하여 윗부분으로 올라간다.

5) 몇몇 유분은 액화되어 다시 아랫부분으로 가고, 액화되지 않은 유분은 다시 윗부분으로 올라간다. 정류탑의 내부에는 기화와 액화가 반복되어 몇 번 재증류한 것과 같은 효과가 나타난다. 탑 위에서 증발한 증기를 냉각, 액화하여 다시 아랫부분으로 보내는 조작을 환류(reflux)라 하고, 이 조작을 통해 정류도를 높이고 온도조절이 용이하다.

6) 응축한 액체는 적당한 출구로 유출된다.

유 분	끓는점 범위(℃)	탄소수
경질 납사	30~120	5~ 8
중질 납사	100~200	7~12
등유	150~280	9~19
경유	230~350	14~23
찌꺼기유(잔사유)	300 이상	17 이상

➡ 상압 증류하여 얻은 유분은 연료나 화학적 처리를 통해 제품으로 가공된다.

➡ 직류 가솔린(경질 납사(b.p 30~120℃), 중질 납사(b.p 100~200℃), 조제 가솔린(정제하지 않은 것)

(3) 감압 증류 : 진공 증류

상압 증류에 의해 생성된 끓는점이 높은 찌꺼기유(잔사유)를 이용하여, **끓는점이 높은** 윤활유와 같은 유분을 얻기 위해 50mmHg 정도로 감압하여 증류하는 조작을 말한다.

① 찌꺼기유를 고온에서 증류하면, 열분해하여 품질이 나빠지므로 이것을 감압하면 끓는점이 낮아지기 때문에 비교적 저온에서 증류할 수 있게 되어 **열분해**를 방지할 수 있다.

② 감압 증류의 장치로는 용도에 따라 윤활유의 제조를 목적으로 하는 것과 접촉분해·수소화분해용 원료제조를 목적으로 하는 장치가 있다.

③ 감압 증류탑의 찌꺼기로부터 아스팔트(asphalt)를 얻는다.

(4) 스트리핑(stripping) : 증류로 얻은 석유 유분 중에 녹아 있는 **끓는점이 낮은** 탄화수소를 분리, 제거하기 위해 석유 유분에 **수증기를 불어 넣는** 조작으로, 스트리퍼(stripper)라는 장치를 사용한다.

등유, 경유의 유분이나 감압 증류로 얻은 윤활유의 유분 속에 있는 끓는점이 낮은 유분을 분리, 제거할 때 스트리핑을 한다.

➡ c/w : 수증기 증류 - 대기압에서 수증기를 불어 넣으면 중질유의 끓는점이 낮아져 가장 낮은 온도에서 **끓는점이 높은** 유분이 유출되는 조작으로, 고온에서 분해하기 용이하다.

(5) 안정화(stabilization) : 나프타 속에 들어 있는 가스상의 탄화수소를 증류하여, 분류·제거시켜 상압에서 저장하기에 알맞도록 증기압을 조정하는 조작이다.

 기출 및 예상 문제

01 석유를 정제하는 1단계인 토핑과정에서 분류되는 유분은 주로 어떤 성질의 차이를 이용한 것인가?
⊕ 97 서울시 9급

① 밀도　　　　　　　　　② 용해도
③ 끓는점　　　　　　　　④ 삼투압

02 원유의 성분 중 에틸렌과 프로필렌의 원료가 되는 것은?　　◑ 06 국가직 9급

① 나프타(naphta)
② 등유(kerocene)
③ 경유(diesel)
④ 중유(heavy oil)

03 원유에 거의 포함되어 있지 않은 것은?　　◑ 06 국가직 9급

① 파라핀계
② 올레핀계
③ 나프텐계
④ 방향족

04 다음은 석유화학공정에 대한 설명이다. 옳지 않은 것은?

① 원유를 분별 증류하여 LPG, 나프타, 등유, 경유, 중유 등을 얻을 수 있다.
② 나프타를 크래킹하여 석유화학공업의 기초 원료인 에텐, 프로펜, 부타디엔을 얻을 수 있다.
③ 나프타를 리포밍하거나 등유 또는 중유를 크래킹하여 가솔린을 얻을 수 있다.
④ 리포밍과 크래킹은 모두 화학적 변화이다.
⑤ 나프타는 에텐, 프로펜, 부타디엔을 단위체로 하는 고분자이다.

05 상압 증류의 잔류물 중에서 끓는점이 높은 윤활유와 같은 유분을 얻기 위한 조작으로 사용되는 것은?

① 상압 증류
② 감압 증류
③ 수증기 증류
④ 안정화

06 증류에 의해 생성된 유분 속에 포함된 끓는점이 낮은 탄화수소에 수증기를 넣어 분리하는 조작으로, 윤활유의 유분 속에 포함된 비점이 낮은 성분을 없애는 방법은 무엇인가?

① 추출 증류
② 공비 증류
③ 스트리핑
④ 안정화

07 증류에 의해 얻은 유분 속에 들어 있는 비점이 낮은 탄화수소를 수증기를 넣어 분리, 제거하는 조작은?　　◑ 02 국가직 9급

① 토핑
② 감압 증류
③ 접촉분해
④ 스트리핑

정답 및 해설

01 ③

유형 원유 증류의 원리

해설 원유는 탈염장치에서 염분을 제거하고, 가열로에서 가열한 후, 상압 증류탑에 들어가서 끓는점의 차이로 나프타, 등유, 경유 등의 유분과 찌꺼기유로 나누어지는데 이를 상압 증류라 하고, 석유정제공업의 제1단계로서 토핑(topping)이라 한다. 이는 끓는점 차이를 이용해 원유를 각 유분으로 분리하는 방법이다.

02 ①

유형 석유정제공정과 나프타

해설 나프타(납사, naphta)는 석유화학공업의 기초원료가 되는 중요한 재료로 이를 이용하여 에틸렌, 프로필렌, 부타디엔을 만들 수 있다.

03 ②

유형 원유의 성분

해설 올레핀은 원유의 성분 중에 거의 없다. 이는 석유화학공정을 통해 만들어진다.

04 ⑤

유형 석유화학공업 전반과 나프타

해설 나프타는 고분자라고 볼 수 없다. 전반적인 내용에 관한 문제로, 잘 이해해 두기 바란다.

05 ②

유형 감압 증류의 의미

해설 감압 증류란, 상압 증류에 의해 생성된 끓는점이 높은 찌꺼기유(잔사유)를 이용하여, 끓는점이 높은 윤활유와 같은 유분을 얻기 위해 50mmHg 정도로 감압하여 증류하는 조작을 말한다.

06 ③

유형 스트리핑의 의미

해설 추출 증류는 잘 분리되지 않는 혼합물에 비점이 높은 제3성분을 증류하면 제3성분에 의해 추출된 탄소만이 증류장치에 남고 나머지는 모두 유출되어 분리되는 조작이다.

07 ④

유형 스트리핑의 의미

해설 스트리핑이란, 증류로 얻은 석유 유분 중에 녹아 있는 끓는점이 낮은 탄화수소를 분리, 제거하기 위해 석유 유분에 수증기를 불어 넣는 조작으로, 스트리퍼(stripper)라는 장치를 사용한다.

제23주

석유의 전화

1. 화학적 전환공정의 목적

직류가솔린은 옥탄가가 낮고 그 양도 많지 않으므로 **가솔린의 증산(增産)과 옥탄가를 높이기 위해** 중질유의 분해(cracking)와 가솔린의 개질(reforming)을 한다. 석유의 전화반응으로 주성분의 화학구조는 변하지만, 그 사용연료나 생성물은 모두 탄화수소화합물이다.

2. 분해공정(cracking)

끓는점이 높고 분자량이 큰 탄화수소를 끓는점이 낮고 분자량이 작은 탄화수소로 분해하는 것이다. 석유정제공업에서는 찌꺼기유를 사용해 옥탄값이 높은 가솔린을 만드는데, 이 방법으로 얻어진 가솔린을 분해가솔린이라 한다.

(1) 열분해법(thermal cracking) : 열과 압력을 가하여 분해하는 것
  1) 분자량이 큰 탄화수소가 열에 의해 분해되어 끓는점이 낮은 탄화수소로 분해됨
  2) 반응성이 큰 저분자탄화수소의 일부가 서로 결합하여 원래의 원료보다 더 분자량이 큰 물질로 중합되는 현상을 보인다.
  3) 실제 열분해의 모든 반응은 동시에 일어나지 않는데, 대체로 열분해 과정은 큰 분자가 작은 분자로 분해되는 1차 반응이 먼저 진행된 후에 반응성이 큰 분해 생성물이 연쇄적으로 중합하여 중질의 타르성 물질이 되는 2차 반응이 진행된다.

4) 원료로서 찌꺼기유를 쓸 때에는 반응온도를 250~500℃ 정도로 하고, 경유를 쓸 때에는 530~565℃ 정도로 한다. 압력은 12~25atm 정도로 가압해 준다.

5) 알킬기 전위, 고리화 등은 일어나지 않고, 에틸렌을 주로 하는 분해물이 생성된다.

6) 열분해법은 원래 중유, 경유와 같은 중질유를 분해시켜 가솔린을 얻는 것을 목적으로 하였으나 접촉분해법이 개발된 후에는 원료유의 일정 성질의 개량에 목적을 두고 사용되고, 방법에는 비스브레킹(visbreaking)법과 코킹(coking)법이 주로 쓰인다.

   ① 비스브레킹 : 중질유의 점도를 낮추는 목적으로, 20atm, 500~550℃의 온도로 서서히 액상 열분해한다. 주로 **연료**나 **접촉 분해용 원료유** 제조에 쓰인다.

   ② 코킹법 : 찌꺼기유를 분해시켜 분해경유, 분해가솔린, 석유 코크스를 얻는 데 주로 사용되는데 경질유와 함께 고품질의 **코크스**를 만드는 것을 목적으로 한다.

7) **열분해 메커니즘** : 열분해는 촉매없이 850~900℃ 온도에서 조업된다. 이는 화학공업에서 유일하게 올레핀을 제조하는 방법이다. 열분해에 의해 대부분 C_2, C_3, C_4 올레핀을 얻고, 가솔린의 생산량은 상대적으로 낮다. 대부분의 가솔린은 접촉분해에 의해 얻는다.

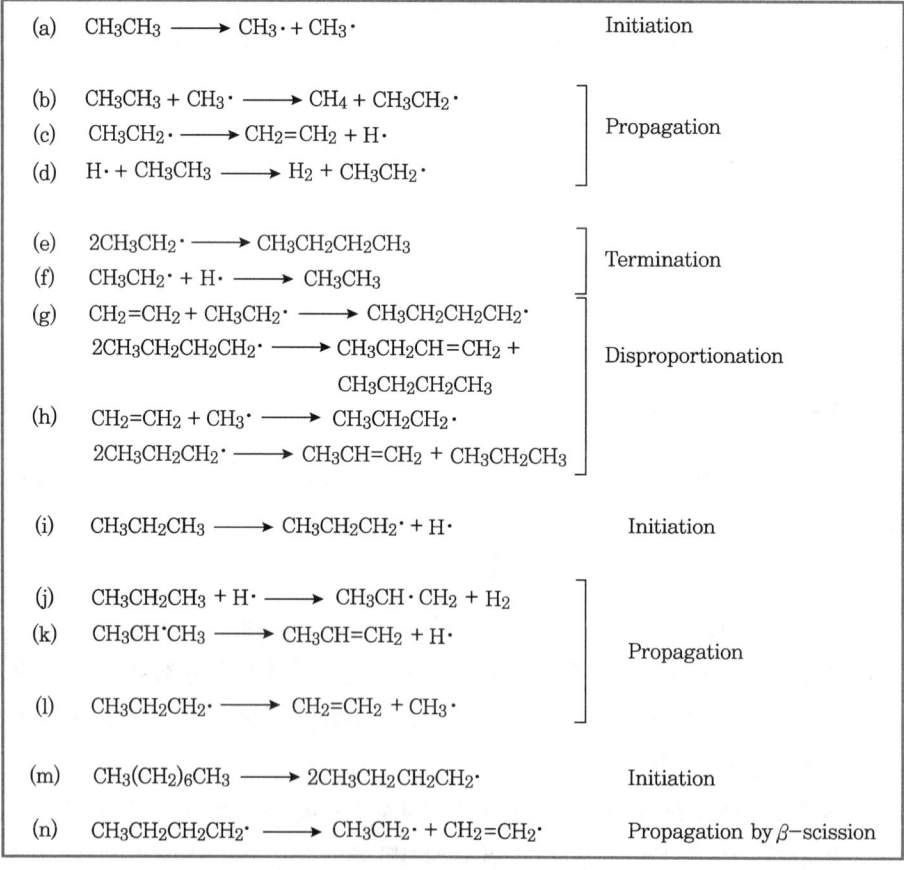

[열분해 메커니즘]

① 열분해는 자유라디칼 연쇄반응 메커니즘을 가진다.

② 개시(initiation) 단계는 (a)에서 두 개의 메틸라디칼이 생성되며, 이는 에탄분자와 반응하여 라디칼을 생성한다.

③ 전파(propagation) 단계에서는 (b)와 (c)처럼 진행된다. 여기까지 에탄분해의 주요 생성물로 에틸렌(ethylene)만이 생성되었다.

④ 정지(termination) 단계는 (e)에서 짝지음(coupling) 반응에 의해 n−부탄(n−butane)이 생성되며, 이는 분해반응에 의해 소량의 올레핀(olefin)과 프로필렌(propylene)을 생성한다.

⑤ 에틸렌이 에틸라디칼($C_2H_5 \cdot$)과 반응하면 불균일화(disproportionation) 반응에 의해 C_4 올레핀(g)이 생성되고, 에틸렌이 메틸라디칼($CH_3 \cdot$)과 반응하면 프로필렌(h)이 생성된다.

　➡ 이 경우 같은 양의 알칸이 생성되며, 이들이 다시 분해될 수 있다.

⑥ 프로판이 분해되면 (i)에서 (l)까지와 같이 훨씬 많은 프로필렌이 생성된다. 이 반응은 프로판이 수소원자의 공격을 받아 프로필렌으로 전환될 수 있는 이소프로필 라디칼(j)을 생성하기 때문에 발생한다.

⑦ 더 큰 분자량의 원료를 사용하면, (m)에서와 같이 더 긴 사슬의 분자가 즉시 생성된다.

⑧ 생성된 자유 라디칼은 β−분열반응(β−scission)으로 에틸렌과 다른 라디칼을 생성한다.

(2) 접촉분해법(catalytic cracking) : 여러 가지 촉매를 이용하여 분해하는 것

1) 경유나 등유와 같이 끓는점이 높은 유분을 고체산 촉매를 사용해 500℃, 1~2atm에서 분해시켜 고옥탄가의 가솔린을 만드는 방법으로, 촉매의 작용으로 분해와 함께 탈수소, 이성질화, 탈알킬화 반응(β−절단), 고리화 등을 진행하여 방향족, 특히 BTX를 만든다.

2) **사용되는 촉매** : 실리카−알루미나($SiO_2 - Al_2O_3$), 백금−알루미나, 레늄−알루미나 및 합성 제올라이트 등

3) 반응메커니즘은 산성촉매의 작용으로 탄화수소에서 카르보늄이온이 생성되고, 그것의 탄소사슬이 끊어져서 올레핀이 만들어진다.

4) **방법** : 고정상 촉매분해법, 이동상 촉매분해법, **유동상 촉매분해법(FCC)** 등의 방법이 있다.

(3) 수소첨가 분해법(hydrocracking) : 수소 가압하에 촉매를 사용하여 분해하는 것

1) 끓는점이 높은 유분을 **고압의 수소기류** 속에서 촉매를 사용하여 분해시킨다.

2) 탄화수소의 분해와 동시에 고리화, 이성질화, 올레핀의 수소첨가반응, 방향족화가 일어나고 탈황도 가능하다.

3) '실리카−알루미나'나 제올라이트를 담체로 한 Mo, Ni, W 등의 촉매를 사용하는데, 접촉분해로 분리되기 쉽지 않은 찌꺼기유나 경유도 분해가 가능하다.

4) 가솔린의 수율이 높고, 방향족탄화수소 및 이소파라핀을 포함하는 옥탄가가 높은 가솔린을 만들 수 있다.

3. 개질공정(reforming)

(1) 개질공정(리포밍) : 옥탄가가 낮은 분해가솔린이나 직류가솔린의 일부를 분해하여 옥탄가가 높은 리포밍가솔린으로 변화시키거나 나프텐계 탄화수소, 파라핀을 방향족탄화수소로 변화시키는 방법이다.

(2) 리포밍의 종류 : 촉매를 사용하지 않고 열처리, 가압만을 하는 열개질(thermal reforming)법과 촉매를 사용하는 접촉개질(catalytic reforming)법이 있다.

(3) 리포밍반응

1) 반응은 주로 이성질화반응이나 탈수소반응이 일어나서 방향족이나 이소파라핀이 생성되어 옥탄값이 높은 가솔린의 주성분을 만든다.

2) 리포밍은 그 원료로서 메틸시클로헥산, 시클로헥산, 디메틸시클로헥산의 유분을 사용하고 방향족화합물인 톨루엔, 벤젠, 크실렌 등을 만드는 데에도 쓰인다.

(4) 접촉개질법(catalytic reforming)

1) 플랫포밍(platforming)

① 백금−알루미나($Pt-Cl-Al_2O_3-SiO_2$) 촉매를 고정(고정상방식)시켜 놓고, 고압에서 반응시키는 것이다.

② 촉매를 재생하지 않고 오랜 시간에 걸쳐 연속운전이 가능하도록 강력한 백금촉매가 사용되기 때문에 붙여진 이름이다.

③ 공정(process)은 먼저 연료유를 예비 증류탑으로 보내어 수분이나 산소를 제거하고, 수소처리에 의해 황이나 질소화합물을 없앤다.

④ 공정을 거친 원유는 가열가마에서 500℃ 정도로 가열되어(30~35기압하) 반응탑으로 보내지며, 주로 탈수소반응으로 리포밍가솔린이 만들어진다.

2) 하이드로포밍(hydroforming) : 수소 존재하에서 **산화몰리브덴 – 알루미나 촉매**를 반응시키는 것이다. ($MoO_3 - Al_2O_3 - SiO_2$)

3) 울트라포밍(ultraforming) : 예비 반응탑을 가지고 촉매를 재생하여 항상 깨끗한 촉매로 반응시켜 옥단가가 높은 가솔린을 읻는다.

4) 레니포밍(rheniforming) : '**백금 + 레늄**'을 가한 촉매의 우수성이 인정되어 사용되는 방법이다. ($Pt - Re - Al_2O_3 - SiO_2$) ('08, 경기도 기출)

4. 알킬화(alkylation) 공정

(1) 알킬화란, 분해가스 안의 올레핀과 파라핀에 촉매를 사용하여 이소파라핀을 주성분으로 하는 '알킬레이트'라 불리는 옥탄값이 높은 가솔린을 만드는 방법이다.

➡ 올레핀을 파라핀과 결합시켜 가지 사슬분자를 만든다.(예를 들면, 프로필렌과 이소부탄)

(2) **촉매** : HF, H_2SO_4, 활성화된 염화알루미늄, 염산 등이 사용된다.

(3) **알킬화반응** : HF에 의한 알킬화에서 탄화수소혼합물(부틸렌, 이소부탄, 올레핀계 프로필렌 등)을 원료로 사용하여 온도 20~40℃, 압력 7~10atm에서 이루어진다. 그리고 여기서 사용된 HF는 생성물에 의해 증류되어 제거된다.

5. 이성화법(또는 이성질화, isomerization)

(1) **이성화법** : 촉매를 사용해 n – 펜탄, n – 부탄, n – 헥산 등의 n – 파라핀을 각각 이소파라핀으로 이성질화하는 방법을 말한다.

(2) **목적** : n – 부탄으로부터 알킬화의 원료인 iso – 부탄을 만들며, 경질가솔린에 포함된 n – 헥산, n – 펜탄올을 이성화하여 그 옥탄가를 높이는 데 목적이 있다.

(3) **촉매** : 공업용 촉매로는 수소 기류와 함께 쓰는 **백금계**와 염산으로 활성화시킨 **염화알루미늄계**가 있다.

기출 및 예상 문제

01 석유원료를 가공하는 방법 중 화학적 전환공정의 가장 큰 목적은?   ✪ 07 국가직 9급

① 원료에 포함되어 있는 불순물을 제거한다.
② 원료의 산성가스를 중화시킨다.
③ 원료의 옥탄가를 높여 연료의 성능을 향상시킨다.
④ 원료의 점도를 낮추어 유동성을 향상시킨다.

02 CO_2는 일반 석유유분 중 어떠한 활성으로 증가시키기 위한 석유개질법에서 주된 반응은?
   ✪ 97 서울시 9급

① 황화학반응   ② 염소화학반응
③ 질소화학반응   ④ 탄소화학반응

03 석유개질법 중 크래킹(cracking)에 해당하지 않는 것은?   ✪ 97 서울시 9급

① 열분해법   ② 유지분해법
③ 접촉분해법   ④ 수소화분해법

04 중질유분을 분해하여 옥탄값이 높은 경질가솔린을 만드는 공정은?   ✪ 02 행안부 9급

① 개질(reforming)   ② 토핑(topping)
③ 스트리핑(stripping)   ④ 크래킹(cracking)

05 접촉분해법에 사용되는 촉매는 다음 중 어느 것인가?   ✪ 02 행안부 9급

① 오산화바나듐(V_2O_5) 촉매
② 몰리브덴 – 코발트(Mo – Co) 촉매
③ 실리카 – 알루미나($SiO_2 – Al_2O_3$) 촉매
④ 산화철(FeO_3) 촉매

06 접촉분해법에 해당되지 않는 것은?   ✪ 02 행안부 9급

① 고정상법   ② 이동상법
③ 유동상법   ④ 여과법

정답 및 해설

01 ③

유형　화학적 전환공정의 목적

해설　선택지 ①은 정제법(화학적 정제법, 스위트닝, 수소화 정제법, 용제 정제법), ②는 알칼리 세척법, ④는 열분해 중 비스브레킹법에 관한 제한된 설명이다. 정답은 일반적 속성을 갖는 ③이다.

02 ④

유형　석유화학공업에서 이산화탄소의 생성

해설　원유에는 탄소성분이 많으므로 탄소화학반응을 통해 이산화탄소를 증가시킨다.

03 ②

유형　크래킹의 종류

해설　크래킹의 방법으로는 열분해법, 접촉분해법, 수소화분해법을 주로 사용한다.

04 ④

유형　크래킹에 대한 설명이다.

해설　분해는 크래킹이다.

05 ③

유형　접촉분해의 특성 이해

해설　접촉분해법은 실리카-알루미나($SiO_2-Al_2O_3$)나 합성 제올라이트 같은 고체산 촉매를 사용해 500℃, 1~2atm에서 분해시켜 고옥탄가의 가솔린을 만드는 방법이다. 오산화바나듐 촉매는 접촉식 황산제조 공정에, Mo-Co계 촉매는 수소첨가 탈황공정에, 산화철 촉매는 탈수소반응 공정에서 사용된다.

06 ④

유형　접촉분해의 종류

해설　접촉분해 방법에는 고정상 촉매분해법, 이동상 촉매분해법, 유동상 촉매분해법(FCC)이 있다. 이 3가지를 반드시 알아둔다.

제24주 옥탄가와 세탄가

 제24-1주제 옥탄가

옥탄가는 가솔린의 성능을 나타내는 척도이다.
-안티노크성이 매우 높은 iso-옥탄을 지수 100으로 하고, 안티노크성이 매우 낮은 n-헵탄을 지수 0으로 하여 정한다.

1. 옥탄가(octane number) : "옥탄가를 논하기 전에 가솔린에 대해 얘기하지 말라."

(1) 정의
1) 옥탄가는 **가솔린**의 성능을 나타내는 척도이다.
2) 원료(가솔린+공기)가 기관 내에서 압축될 때 안티노킹(antiknocking)성을 나타내는 지수의 하나로 안티노크성이 매우 높은 이소옥탄(지수 100)과 안티노크성이 매우 낮은 n-헵탄(지수 0)을 혼합하여 만든 시료가솔린을 표준연료와 비교하여 안티노킹의 정도를 나타낸다. 그 표준시료 중의 이소옥탄의 부피비를 의미한다.

(2) 노킹(knocking)현상 : 가솔린이 기관 내에서 연소 시, 많은 가솔린 혼합물이 불균일한 연소가 일어난다. 이러한 현상은 피스톤이 원래의 위치로 회복되기 전에 점화에 의해 일어나, 불연속적이고 매끄럽지 못한 연소를 일으킨다.

(3) 특징
1) 옥탄가는 가지(branch)의 양이나 고리(ring)의 수가 많을수록 증가한다. iso-옥탄이 n-옥탄보다 옥탄가가 더 크며, n-헵탄에 비해 메틸사이클로헥산이 더 크다.

$$
\underset{\underset{CH_3}{|}}{\overset{\overset{CH_3}{|}}{CH_3-C-CH_2-}}\overset{\overset{CH_3}{|}}{CH}-CH_3 \;>\; CH_3-(CH_2)_6-CH_3
$$

$$
\overset{CH_3}{\bigcirc} \;>\; CH_3-(CH_2)_5-CH_3
$$

➡ 화합물(옥탄가) : 2,2,4-트리메틸펜탄(100), 메틸사이클로헥산(75), n-헥산(0), n-옥탄(-19)

2) 다중결합(multiple bond)의 수가 증가할수록 옥탄가도 증가한다. 톨루엔은 메틸사이클로헥산에 비해 옥탄가가 더 크다. 톨루엔은 벤젠고리에 다중결합을 포함하고 있다.

➡ 화합물(옥탄가) : 에틸벤젠(107), 톨루엔(120), 자일렌(116~120)

3) 일반적인 옥탄가의 크기 정리 : (방향족, 알겐, 알긴) > (사이클로알간, 가지형 일칸) > 직쇄사슬 알칸

➡ (자유라디칼의 안정성) 자유라디칼 공정에 의한 연소반응을 생각하면, 직쇄사슬 알칸에 비해 사이클로 알칸이나 가지형 알칸이 더 부드럽게 연소한다. 그 이유는 더 안정한 자유라디칼이 형성되기 때문이다. 이는 노킹현상은 줄고, 옥탄가는 크다는 의미이다.

$$CH_3-\underset{\underset{CH_3}{|}}{\overset{\overset{CH_3}{|}}{C}}-CH_2-\underset{\underset{3^0}{}}{\overset{\overset{CH_3}{|}}{C}}-CH_3 >$$

$$CH_3-\dot{C}H-(CH_2)_5-CH_3$$
$$2^0$$

$$> CH_3-\dot{C}H-(CH_2)_4-CH_3$$
$$2^0$$

$$3^0$$
(with CH_3 cyclohexane structure)

benzyl $> 3^0$
(benzyl radical and methylcyclohexyl radical structures)

제24-2주제　세탄가

세탄가는 디젤연료 착화성의 정도를 나타내는 수치이다.
－착화성이 높은 n－세탄을 지수 100으로 하고, 착화성이 낮은 α－메틸나프탈렌을 지수 0으로 하여 정한다.

2. 세탄가(cetane number)

(1) 세탄(cetane, $C_{16}H_{34}$)

1) 세탄은 포화 파라핀계 탄화수소로, 무색의 엽상 결정이다.
2) 노킹을 일으키는 경향이 적어, 디젤기관용 연료의 안티노크성을 판정하는 표준연료로 사용된다.
3) '헥사데칸(hexadecane)'이라고도 한다.
4) 요오드화세틸($C_{16}H_{33}I$)을 환원시켜 제조한다.

(2) 정의

1) 연료의 착화성(≒내폭성)을 의미하는 수치이다.
2) 세탄가가 높을수록 착화하기 쉬운 성질을 가진다.

3) 착화성이 높은 n-세탄($C_{16}H_{34}$, cetane ; 지수 100)과 착화성이 낮은 α-메틸나프탈렌 ($CH_3 - C_{10}H_7$, α-methylnaphtalene ; 지수 0)을 적당히 혼합하여 표준연료를 만들고, 표준엔진을 사용하여 표준연료와 시료연료가 같은 착화성을 나타낼 때, 세탄의 부피비를 의미한다.

(3) 특성

1) 연료의 세탄가를 높이면 연료의 착화성이 좋아지기 때문에, 저온 시동성이 향상되고 연소 효율이 증가된다.

2) 디젤엔진에 사용되는 경유의 착화성에 대한 정도를 나타내는 수치로, 이 디젤엔진은 불꽃 점화방식이 아니기 때문에 항상 노킹이 발생하고 있으며 이것을 디젤노킹이라 한다. 디젤엔진에서 경유의 세탄가를 높이면 착화성이 높아지기 때문에 디젤노킹이 감소하게 된다.

 ## 기출 및 예상 문제

01 일반적으로 옥탄가는 이소옥탄의 옥탄가를 100으로 한다. 그러면 옥탄가 '0'은 무엇을 기준으로 하는가?　　　　　　　　　　　　　　　　　　　　　　**✪ 07 국가직 9급**

① n-pentane　　　　　　　　　　　② n-hexane
③ n-heptane　　　　　　　　　　　④ n-octane

02 다음은 옥탄가와 세탄가에 대한 설명이다. 옳지 않은 것은?　　**✪ 06 국가직 9급(복원)**

① 옥탄가는 가솔린의 성능을 나타내는 척도이다.
② 세탄가는 디젤기관의 안티노크성을 판단하는 척도이다.
③ 탄화수소의 옥탄가는 가지의 양이나 고리의 수가 많을수록 감소한다.
④ 디젤엔진에서 경유의 세탄가를 높일수록 디젤노킹이 감소한다.

03 디젤엔진의 연료인 세탄가가 좋은 경유는 착화성이 우수해 겨울에도 저온 시동성이 좋다. 여기서 세탄가는 α-메틸나프탈렌을 0으로 한다. 그러면 세탄가 '100'은 무엇을 기준으로 하는가?

① n-pentane　　　　　　　　　　　② n-decane
③ n-heptane　　　　　　　　　　　④ n-hexadecane

04 다음 중 세탄가 0인 'α-메틸나프탈렌' 구조식은?

○ 06 서울환경 연구사

①

②

③

④

정답 및 해설

01 ③

유형 옥탄가의 정의

해설 옥탄가는 이소옥탄을 옥탄가 100(탄소 8개)으로 하고, n-헵탄(탄소 7개)을 옥탄가 0으로 하여 규정한 수치이다. 문제에서 ④는 변형하였다. 단순하게 생각하면 ④로 답이 갈수도 있다.

02 ③

유형 옥탄가와 세탄가 비교와 구별

해설 옥탄가는 가지(branch)의 양이나 고리(ring)의 수가 많을수록 증가한다. iso-옥탄이 n-옥탄보다 옥탄가가 더 크다.

03 ④

유형 세탄가의 정의

해설 n-세탄은 헥사데칸을 의미한다.

04 ③

유형 세탄가의 정의-구조식 익히기

해설 이 문제는 세탄가 관련 문제라기보다는 나프탈렌의 구조와 α-, β- 위치 치환반응을 묻는 문제인 것 같다. 정답은 ③이다.

제 25 주

석유정제(purification)

제25주제 석유정제

1. 화학적 정제법
2. 스위트닝
3. 수소화정제법
4. 용제정제법

1. 화학적 정제법(chemical purification)

(1) 산세척법 : 석유의 주성분인 불포화탄화수소가 황산과 작용하지 않는다는 성질을 이용한 것으로, 황산을 써서 방향족탄화수소나 올레핀과 같은 불포화탄화수소 및 질소, 산소, 황 등의 불순물을 함유한 화합물을 없애는 공정을 의미한다. 진한황산으로 처리하면 유분 속의 불순물은 황산에 용해되거나, 술폰화반응으로 물에 녹는 에스테르를 만들거나, 또는 중축합 반응으로 침전물을 생성하게 되므로 불순물을 분리, 제거할 수 있다.

(2) 알칼리세척법 : 산 세척 후 생성된 황산에스테르, 술폰산, 유리산 등을 중화하여 불순물을 없애는 방법이다. 여기서 이용되는 알칼리의 농도는 1.5~10% 정도의 수산화나트륨이다.

2. 스위트닝(sweetening)

(1) 정의 : 스위트닝이란 등유, 직류 가솔린 등의 유분 중에 함유된 나쁜 냄새와 부식성을 가지며, 대기오염원이 되는 황화수소, 티올(메르캅탄)류, 황 등을 산화하여 이황화물로 변화시켜 없애는 정제법을 의미한다.

$$2R-SH + \frac{1}{2}O_2 \longrightarrow R-SS-R + H_2O$$

(2) 닥터법이란 스위트닝법의 한 종류로 닥터용액(황화합물+Na_2PbO_2)을 접촉시켜 이황화물로 변화시켜 없앤다.

$$2RSH + Na_2PbO_2 \longrightarrow Pb(RS)_2 + 2NaOH$$
$$Pb(RS)_2 + S \longrightarrow PbS + RSSR$$

➡ 생성된 황화납(PbS)은 산소와 수산화나트륨에 의해 닥터 용액으로 재생되어 재사용한다.

(3) **LPG, 분해가솔린 등을 대상으로 한 메록스(Merox)법** : 메록스 촉매(코발트프탈로시아닌 술폰화물)의 수산화나트륨수용액으로 티올류를 추출하고, 공기로 산화시켜 이황화물의 형태로 분리, 제거한다. 추출액은 순환시켜 사용한다.

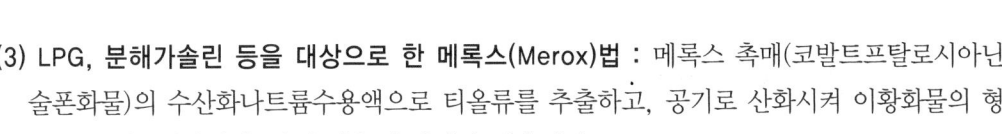

$$RSH + NaOH \longrightarrow RSNa + H_2O$$

$$2RSNa + \frac{1}{2}O_2 + H_2O \longrightarrow RSSR + 2NaOH$$

3. 수소화정제법(hydrogenation purification)

(1) 수소화정제법이란 수소기류 중에 촉매를 사용하여 원료유 중에 들어 있는 황, 산소, 질소, 할로겐 등의 불순물을 제거하고, 디올레핀을 올레핀으로 만드는 방법을 말한다. 여기서 사용되는 수소는 리포밍장치에서 부산물로 생기는 것이고, 촉매로는 텅스텐의 황화물이나 니켈, 몰리브덴, 코발트 등을 사용하여 압력과 높은 온도에서 석유 유분을 수소화 처리를 하면 아스팔트질의 생성의 억제가 가능하고, 촉매독이 제거된다.

(2) **수소화정제법의 특징**

1) 수소화정제의 장점은 원료유를 크래킹하거나 리포밍하기 전에 수소화 처리를 하면 아스팔트질의 생성이 억제되고, 촉매독이 제거된다.

2) 수소화정제법의 종류에는 유니파이닝법, 하이드로파이닝법이 있다.

3) 원료유를 수소화정제하면 황화합물 속의 황을 황화수소, 산소화합물 속의 산소를 물로, 질소화합물 속의 질소를 암모니아로 각각 전화시켜 없애는 것이 가능하다.

4. 용제정제법(solvent purification)

(1) **정의** : 이는 주로 윤활유의 정제에 사용되는 방법으로, 윤활유 중의 나프텐과 방향족 성분은 페놀이나 푸르푸랄과 같은 용제로 추출, 제거된다.

(2) **용제의 조건**

1) 추출성분의 끓는점과 용제의 끓는점의 차이가 크고, 증류로서 회수가 용이할 것

2) 원료유와 추출 용제와의 비중 차이가 커서, 추출 시 상분리가 용이할 것

3) 열적, 화학적으로 안정할 것

4) 선택성(selectivity)이 클 것

5) 값이 저렴하고 다루기가 용이할 것

6) 추출한 성분에 대해 용해도가 클 것

기출 및 예상 문제

01 다음 중 연료유의 정제방법에 해당하지 않는 것은?

① 수소화처리   ② 열처리

③ 백토처리   ④ 황산알칼리세척

02 다음의 석유정제법 중 윤활유의 정제에 사용되는 방법은?

① 산세척   ② 용제정제법

③ 수소화처리   ④ 스위트닝

03 석유정제법에서 유분 속의 황화수소, 메르캅탄, 황 등을 산화하여 제거하는 것은?

① 알칼리세척   ② 접촉분해

③ 감압 증류   ④ 스위트닝

 정답 및 해설

01 ②

유형 연료유의 정제법

해설 연료유를 정제하는 방법에는 백토처리, 황산알칼리세척, 수소화처리, 황의 회수의 방법이 있으며, 정제공정에서 열처리는 하지 않는다.

02 ②

유형 석유의 정제법

해설 윤활유를 정제하기 위해서는 용제정제법을 사용하는데, 먼저 윤활유 중의 방향족나프탈렌 성분은 페놀용제나 푸르푸랄로 추출한다. 그 다음 왁스분은 벤젠-에틸메틸케톤 혼합 용제로 석출하고, 액화 프로판용제를 사용하여 아스팔트질을 침전, 분리 제거한다.

03 ④

유형 석유의 정제법

해설 스위트닝이란 등유, 직류 가솔린 등의 유분 중에 함유된 나쁜 냄새와 부식성을 가지며, 대기오염원이 되는 황화수소, 티올류, 황 등을 산화하여 이황화물로 변화시켜 없애는 정제법을 의미한다.

제26주 연료유(fuel oil)

1. 천연가스(Natural Gas, NG)와 천연가스액(Natural Gas Liquids, NGL)

(1) NG

1) 채굴 시 천연적으로 지하로부터 발생하는 가스로, 탄화수소를 주성분으로 하는 가연성가스로 규정한다.

2) 천연가스의 성분은 메탄이 주성분인 외에 에탄과 프로판을 함유한다.

3) 천연가스는 정제할 때 액상성분(condensate)을 꺼내어 천연가솔린(natural gasoline), 그 밖의 석유 유분으로 만들어 이용하는 외에 프로판·부탄 등을 분리하여 LP가스로 제조한다. 에탄을 분리하여 에틸렌의 원료로 하는 일도 있다. 주성분인 메탄(일부 에탄을 함유한다)은 도시가스 연료, 메탄올, 합성가스, 아세틸렌 등의 제조용 원료로 사용된다.

(2) NGL

1) 천연가스로서 산출된 탄화수소 중 상온·상압에서 액체가 되는 C_5 이상의 중질분이다. 즉, 천연가스를 액화시켜 제조한 액화 에탄과 프로판을 의미한다.

2) 주된 용도는 발전 보일러용 연료, 석유화학공업용 원료로 사용된다.

2. LNG(Liquefied Natural Gas, 액화천연가스)

(1) 천연가스를 정제해서 얻은 메탄을 주성분으로 하는 가스를 심냉 압축 액화한 것이다.

(2) 메탄의 부피 백분율이 약 90% 이상이기 때문에 LNG와 LMG(Liquefied Methane Gas)는 호칭상 혼용되고 있다.

(3) 액화공정 전에 탈황·탈습되기 때문에 그 성질이 천연가스보다 뛰어나고 더욱이 청결하며, 황분이 없고 해가 없으며 고칼로리라는 점 등 장점이 많다.

(4) 열병합 발전, 가스 냉난방, 천연가스 차량 등

(5) **LNG의 저온성을 이용한 산업적 용도**

  1) 공기액화 분리사업 : 액체산소, 질소, 아르곤을 생산한다.

  2) 냉동 창고 : LNG의 냉열을 직·간접적으로 이용해 식품산업의 냉장에 적용한다.

  3) 냉열 발전 : LNG를 기화할 때 발생된 팽창에너지를 회수하여 발전에 이용하는 방식이다.

  4) 저온 분쇄 : 폐타이어 등의 폐기물을 저온 분쇄하여 재활용하는 방법이다.

3. LPG(Liquefied Petroleum Gas, 액화석유가스)

(1) 원유의 접촉분해, 상압 증류, 접촉 리포밍 등과 같은 조작에서 부생되는 가스 및 천연가스를 압축한 액상 유분이다.

(2) 천연가스, 제유소가스 중의 프로판과 부탄올을 주성분으로 한다. $C_3 \sim C_4$ 탄화수소혼합물로, 냉각·압축에 의해 액화시킨 것이다.(주성분은 **프로판**, 나머지는 부탄, 프로필렌, 부틸렌)이다.

(3) '프로판가스'라고도 불리며, 쉽게 액화시켜 운반이 용이하므로 자동차용 연료나 가정용 연료 또는 석유화학용 원료로 사용된다.

[LNG와 LPG의 물성 비교]

구 분		LNG	LPG	
주성분		CH_4	C_3H_8	C_4H_{10}
물성	비중(공기대비)	0.55	1.52	2.01
	연소범위(%)	5~15	2.0~9.5	1.5~9.0
	발화온도(℃)	537	450	287
	액화온도(℃)	−162	−42.1	−0.5
	주용도	도시가스	가정, 취사	수송

[여러 가지 기체의 액화온도(℃)]

질 소	공 기	메 탄	에 탄	프로판	n−부탄	n−펜탄	n−헵탄	물
−196	−194	−162	−89	−42	−0.5	36	98	100

[기타 연료가스(fuel gas)의 제법 및 용도]

구 분	제법 및 성분	용 도
제유소가스	• 원유의 상압증류에 의해 원유 속에 용해된 경질 포화 탄화수소($C_1 \sim C_5$)가 가스로서 분리된 것을 말한다. • 증류가스 또는 석유가스라고도 한다. • 광의로, 석유징제공징 중의 분해, 개질공징에서 발생하는 가스를 포함한다.	▶ 공업용 연료 ▶ 석유화학용 연료
합성가스 (synthesis gas)	• 여러 혼합비에서 만든 CO와 H_2의 가스 혼합물이다. • 석탄과 수증기의 반응에서 얻어지는 합성가스는 수성가스와 CH_4의 가수분해로 얻어지는 것으로 분해가스라고도 부른다. • 석유가스, 나프타 등의 석유류분도 합성가스제조에 사용된다. • 합성가스의 제조방법에는 수증기 개질법, 무촉매 열분해법, 부분산화법 혹은 이들의 조합으로 제조한다.	▶ 메탄올 제조용 CO + 2H_2 ▶ 옥소가스(CO + H_2) 올레핀의 히드로포밀화, 수소 / CO의 제조, Fishcer − Tropsch법에 의한 탄화수소 제조용에 쓰인다.
수성가스 (water gas)	• 합성가스의 일종으로, 고온으로 가열한 코크스에 수증기를 작용시키면 생성되는 가스이다. • 합성가스이므로 수소와 CO가 주성분이다.	▶ NH_3나 메탄올의 합성원료 ▶ 환원용 수소원
발생로가스	• 공기에 의해 석탄을 부분산화시켜 얻어지는 가스이다. • 주성분은 CO와 N_2이다(3 : 7).	▶ CO를 사용하는 여러 합성 반응의 원료
코크스로 가스	석탄의 건류로 얻어지는 가스, 주성분 CH_4, H_2이다.	▶ 연료 또는 수소의 제조
유가스	• 석유의 분해에 의해 제조되는 도시가스용의 가스이다. • $C_1 \sim C_4$가 주성분이다.	▶ 도시가스용 ▶ 에틸렌을 분리하여 이용

4. 가솔린(gasoline)

(1) 특유의 냄새를 가지는 휘발성 액체이다. 끓는점이 30~200℃인데, b.p 100℃ 전후를 경계로 하여 중질가솔린과 경질가솔린으로 나뉜다.

(2) 물에는 녹지 않지만, 유기용제에는 녹으며, 천연수지, 유지를 용해시킨다.

(3) 주로 $C_5 \sim C_{12}$계열의 탄화수소로, 리포밍가솔린을 주성분으로 하고, 여기에 직류가솔린, 분해가솔린 등을 혼합하여 안티노킹제를 넣어 쓴다.

5. 등유

(1) 끓는점 150~250℃인 무색 투명한 액체로서 인화점이 65~85℃이며, $C_9 \sim C_{19}$의 파라핀계 탄화수소가 주성분이다.

(2) 용도는 발동기, 석유 난로 등의 연료와 용제 또는 기체 세척용으로 쓰인다.

(3) 충분히 정제한 무색 투명한 백등유는 석유난로 등의 가정용 기기에 많이 사용된다.

6. 제트연료

(1) 끓는점이 50~300℃의 석유 유분으로, 등유와 중질 나프타를 필요에 따라 정제하여 혼합한 것으로 대체로 제트기관의 연료로 사용된다.

(2) 자동차용 가솔린만큼 옥탄가가 높을 필요는 없지만, 산소가 희박한 높은 하늘에서 사용되므로 착화가 용이해야 하며 발열량이 높은 연료의 조건을 가져야 한다. 즉, 연소효율이 높아야 하고 부식성이 없어야 한다. 항공유 등에 사용된다.

7. 경유

(1) 끓는점이 250~350℃인 액체로 크래킹에 의한 접촉분해 가솔린의 원료이다.

(2) 디젤엔진용 연료로 쓰인다. 디젤유는 세탄가가 커야 좋다.

> **참고** 바이오디젤(bio-diesel)
>
> • 콩기름 등의 식물성 기름을 원료로 해서 만든 바이오연료로 바이오에탄올과 함께 가장 널리 사용된다.
> • 주로 경유를 사용하는 디젤자동차의 경유 첨가제 또는 그 자체로 차량 연료로 사용된다.
> • 보통 메탄올을 이용해 3가의 지방산에 글리세롤이 결합한 트리글리세리드로부터 글리세롤을 분리한 다음, 지방산 에스테르를 만들어 내는 에스테르 교환방법을 통하여 만든다. 이때 만든 바이오디젤이 바로 지방산 메틸에스테르(FAME)이다.

8. 중유

(1) 끓는점이 350℃ 이상이고, 상압·감압 증류 시 부생되는 찌꺼기유나 분해가솔린 제조 시 생성되는 찌꺼기유(잔사유)에 등유, 경유 등을 혼합한 것으로 우리나라에서 수요량이 많다.

(2) 보일러용 기름(등유와 다름), 대형 디젤기관용 연료, 아스팔트나 석유 코크스의 원료용으로 크게 나뉜다.

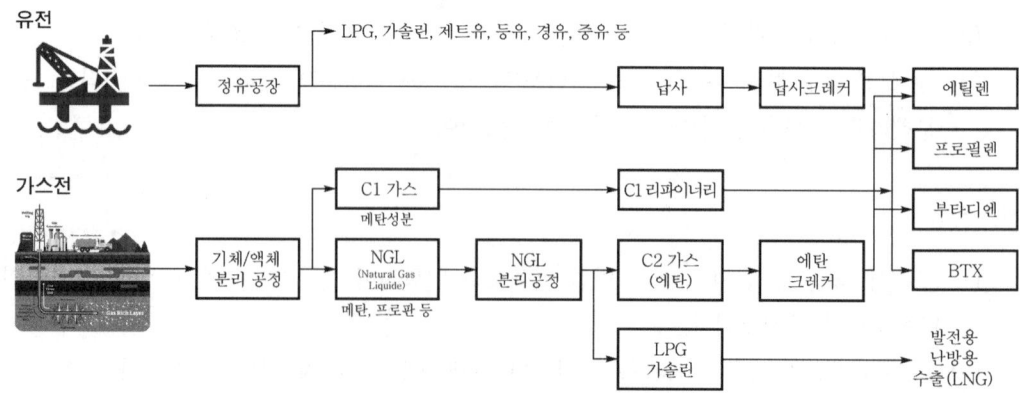

기출 및 예상 문제

01 다음 연료 중 자동차 연료로 사용할 수 없는 것은?

① 가솔린
② 액화석유가스
③ 경유
④ 제트유

02 다음 중 액화석유가스(LPG)의 성분이 아닌 것은? ✪ 04 서울시 9급

① 메탄(CH_4)
② 프로판($CH_3CH_2CH_3$)
③ 부탄($CH_3CH_2CH_2CH_3$)
④ 프로필렌($CH_2=CHCH_3$)

03 다음 중 끓는점이 가장 낮은 것은?

① 가솔린
② 액화석유가스
③ 경유
④ 제트유

정답 및 해설

01 ④

해설 제트유는 자동차용 가솔린만큼 옥탄가가 높을 필요는 없지만, 산소가 희박한 높은 하늘에서 사용되므로 착화가 용이해야 하며 발열량이 높은 연료의 조건을 가져야 한다. 즉, 연소 효율이 높아야 하고 부식성이 없어야 한다. 항공유 등에 사용된다.

정리 천연가스의 자동차 연료로서의 특징

① 천연가스는 옥탄가가 120 정도로 높기 때문에 일반적인 가솔린엔진보다 압축비를 높이고도 엔진의 노킹없이 운전이 가능하며, 열효율과 출력 향상을 도모할 수 있다. 또한 연소 한계범위가 넓어서 희박연소의 실현이 가능하고 좋은 연비와 NOx 저감에 효과적이다. 엔진의 내구성이 향상되며, 유독성, 화재 위험성 및 폭발성면에서 가장 안전한 연료로 평가되고 있다.
② 화염전파속도는 느리고 자기착화온도가 높기 때문에 디젤엔진보다는 점화플러그를 사용하는 가솔린엔진에 적합하다.
③ 에너지 밀도 측면에서 보면 천연가스를 200기압으로 가압하여 사용할 경우 석유와 동일한 에너지를 갖기 위해서는 약 5배의 용적이 필요하며, 액화시켜 LNG 상태로 저장하면 약 1.5배 정도의 용적이 필요하다.

02 ①

해설 LPG의 주성분은 프로판과 부탄이다. 이는 $C_3 \sim C_4$ 혼합물로 구성되어 있기에 프로필렌, 부틸렌도 함유한다. 메탄은 천연가스의 주성분이다.

03 ②

해설 연료유 중 증류순서를 생각하면 비점이 가장 낮은 물질이 먼저 나오므로, 이는 가솔린이다.

제 27 주 석탄(coal)

1. 석탄화도란 석탄 중의 탄소의 중량 분율을 기준으로 석탄의 등급을 정한 지표이다.
2. 석탄의 종류에는 석탄화도에 따라 아탄<갈탄<역청탄<무연탄이 있다.
3. 석탄의 가스화
4. 석탄의 건류와 콜타르
5. 석탄의 액화

1. 석탄의 종류와 석탄화도

(1) 석탄화도 : 석탄의 종류를 나타내는 지표 중의 하나로서, 석탄 중의 탄소 중량%(C%)가 그
기준으로 사용된다.

　1) 식물에서 석탄으로의 변질 정도를 나타낸다.

　2) 식물이 지하에 매몰하여 생화학적 변화를 받아 이탄(peat)이 되고, 더욱 지열, 지하압에
　　의한 변성에 의해 석탄화작용이 진행된다.

　3) 석탄화도 진행순서(탄소 함유량)

구 분	아탄	갈탄	역청탄(고휘발분)	역청탄(저휘발분)	무연탄
석탄화도(C%)	68.8	74.7	86.5	90.4	91.6

(2) 석탄의 종류

　1) 이탄(peat) : 이탄은 수목질의 유체가 분지에 두껍게 퇴적하여 물의 존재하에서 균류 등의
　　생물화학적인 변화를 받아 분해·변질된 것으로, 토탄이라고도 한다. 이탄은 지하에 매몰
　　된 수목질이 오랜 세월동안 지열과 지압을 받아 생성된 것과는 달리 식물질의 주성분인 리
　　그닌, 셀룰로오스 등이 지표에서 분해작용을 받은 것이다.

2) **아탄(lignite)** : 아탄은 유연탄의 일종으로 탄화도가 낮은 저품위 갈탄의 일종으로 학술적으로는 갈색갈탄이라고 한다. 발열량은 3,000~4,000kcal/kg으로 낮은 비점결탄으로 일부 지방에서는 연료로 사용된다. 다량의 수분이 건조할 때에 수축하여 목질아탄(목질조직이 어느 정도 보존되어 있어 나뭇결이 눈에 보임)은 널빤지 모양으로 벗겨지고 탄질아탄(미세한 석탄질과 광물질로 된 치밀함을 갖고 있음)은 불규칙한 균열이 생겨서 급속히 분화한다.

3) **갈탄(brown coal)** : 갈탄은 유연탄의 일종으로 석탄 중에서 가장 탄화도가 낮은 석탄, 흑갈색을 띠며 발열량이 4,000~6,000kcal/kg, 휘발성분이 40% 정도이다. 갈탄은 탄소성분이 70%로 낮기 때문에 원목의 형상, 나이테, 줄기 등의 조직이 보이는 경우가 많다. 다른 탄에 비하여 고정탄소(수분, 휘발분 및 회분을 뺀 나머지) 함량이 적고 물기에 젖기 쉽고, 건조하면 가루가 되기 쉽다. 코크스 제조용으로 사용하기는 어렵고 대부분 가정연료나 기타 연료로 사용된다. 우리나라에서는 두만강 연안과 길주, 명천 지구대의 제3기층에 주로 분포되어 있다.

4) **역청탄(bituminous coal)** : 역청탄은 유연탄의 일종으로 흑색 또는 암흑색으로 유리광택 또는는 수지광택이 있는 석탄으로 흑탄이라고도 한다. 탈 때에는 긴 불꽃을 내며, 특유한 악취가 나는 매연을 낸다. 탄소함유량은 80~90%, 수소함유량은 4~6%이며 탄화도가 상승함에 따라 수소가 감소하고 탄소가 증가한다. 발열량은 8,100kcal/kg 이상이다. 제철용 코크스, 도시가스로 이용되며 최근에는 수소의 첨가, 가스화 등의 연구가 발달되어 석탄화학공업의 가장 중요한 자원이다. 건류 때에는 역청 비슷한 물질이 생기므로 이름이 붙었다.

5) **무연탄(anthracite)** : 무연탄은 탄화가 가장 잘 되어 연기를 내지 않고 연소하는 석탄을 말한다. 휘발분이 3~7%로 적고 고정탄소의 함량이 85~95%로 높으므로 연소 시 불꽃이 짧고 연기가 나지 않는다. 점화점이 490℃이므로 불이 잘 붙지는 않지만 화력이 강하고 일정한 온도를 유지하면서 연소된다. 주로 고생대의 오랜 지층에서 산출되며 간혹 신생대 석탄으로도 지각변동의 동력작용이나 화산암의 열작용으로 무연탄화되는 경우도 있다.

2. 석탄의 공업적 분석값

(1) 석탄의 공업적 분석값은 석탄의 품질을 나타낸다.

(2) **분석값** : 수분, 회분, 휘발분 및 고정탄소의 4성분으로 주로 분석한다.

1) **수분** : 107℃에서 1시간 가열했을 때의 수분의 증발량(%)으로 측정한다. 아탄, 갈탄에서 초기치의 6~20%, 역청탄은 6% 이하이다.

2) **회분** : 800℃로 가열하여 회화시켰을 때의 잔류 무기물의 양(%)을 말한다. 석탄화도에 관계없이 수십 %에 이른다. 회분은 규사, 알루미나, 산화철, 석회, 마그네시아, 알칼리금속 등으로 이루어져 있다. 회분의 융점은 보통 1,200~1,500℃이지만, 용도상 높을수록 좋고, 특히 석탄가스 제조용이니 보일러용에서는 회분이 고온에서 용융하면 부적당하다.

3) **휘발분** : 공기를 차단시켜 925℃로 가열하였을 때의 감량에서 수분을 뺀 양(%)이다. 이는 석탄의 건류 시에 가스나 타르(tar)로서 배출되고, 혹은 연소할 때에 불꽃이 되어 연소하는 성분으로 일반적으로 저탄화도 쪽이 휘발분이 많고, 아탄, 갈탄에서 50% 이상, 역청탄은 50% 이하, 무연탄은 수 %이다. 휘발분이 높은 쪽이 연소 시에 빛나는 긴 화염을 발생시킨다.

4) **고정탄소** : 휘발분 유출 후의 성분이다. 계산식=100−(수분＋회분＋휘발분)%이다. 건류 시 코크스로 되어 잔류하고, 연소 시에 적열상태의 고체로서 계속 타는 성분, 고정 탄소와 휘발분의 비를 연료비라 한며, 석탄화도가 높은 석탄이 연료비가 크다.

[석탄 및 원유의 원소분석 조성]

구 분		원소분석값(d, a, f %)					H/C 원자수 비
		C	H	O	N	S	
석탄	아탄	65.10	4.93	28.42	0.93	0.62	0.91
	역청탄	81.27	5.99	7.82	1.19	0.73	0.89
	무연탄	91.16	3.97	2.56	1.78	0.53	0.52
	갈탄	72.60	4.90	20.20	1.10	1.20	0.81
*원유		약 85.00	약 12	약 1	약 1	약 2	1.76

* d, a, f%(dry ash free%, 무수무회베이스) : 석탄의 수분과 회분을 제외한 유기질 C, H, O, N, S의 조성 %를 말한다.

3. 석탄의 건류와 콜타르

(1) 공기를 차단하여 석탄을 가열하는 것을 건류라 한다.

(2) 공업적으로 코크스, 타르, 가스의 제조를 목적으로 하여 건류를 행하는 경우, 저온 건류이면 보통 600℃ 전후, 고온 건류이면 1,000℃ 전후로 하여 석탄을 건류한다. 건류를 시작하면, 일반적으로 100℃ 부근에서 수분 및 소량의 가스가 배출된다.

1) 역청탄은 300~400℃가 되면 열분해가 시작되고, 가스, 수분, 타르가 급격히 발생하기 시작하고, 500~600℃ 정도에서 배출된다.

2) 분해가스는 메탄, 일산화탄소, 수소가 주이고, 에탄, 에틸렌 그 외의 탄화수소를 포함한다.

➡ 가스 발생량은 온도와 함께 늘지만, 500℃를 넘으면 메탄이 감소하고, 수소가 주가 된다. 1,000℃ 부근에서는 가스의 발생이 거의 종료된다.

3) **점결탄** : C%기액 83~91%인 역청탄을 말한다.

4) 1,000℃ 부근에서 탄소가 풍부한 괴상의 코크스가 된다.

5) **강점결탄** : 건류에 의해 굳은 양질의 코크스를 제공하는 석탄화도가 높은 석탄을 의미한다.

6) 비점결탄에서는 잔사는 괴상으로 되지 않고, char(탄화)라고 말하는 분산탄화물이 된다.

(3) 콜타르(coal tar)

1) 코크스로의 부산물 중 벤젠류, 석탄산(페놀)류, 나프탈렌, 안트라센 등을 일괄하여 타르(tar)라 한다. 염료, 의약 및 유기합성의 원료로 사용된다.

➡ 코크스부산물 중 암모니아도 생성되나, 이는 타르가 아니다.

2) **콜타르로부터 제조되는 원료와 그 용도**

① **페놀류** : 페놀(석탄산), o-크레졸

② **나프탈렌** : 무수프탈산의 제조에 사용한다.

③ **안트라퀴논** : 염료의 중간체로 사용된다.

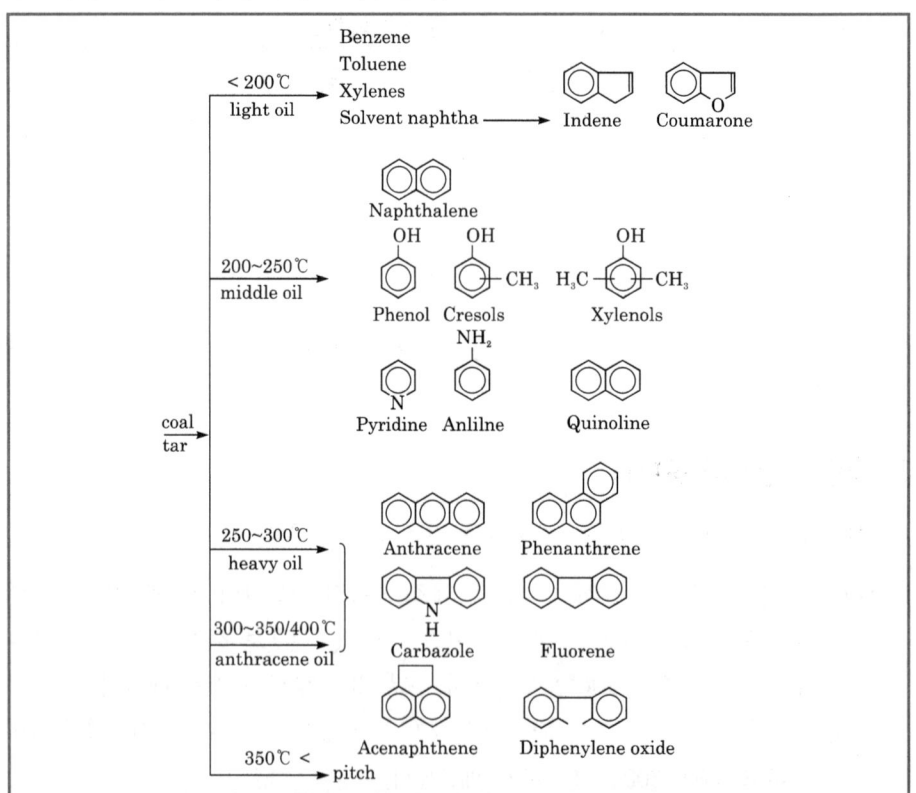

[콜타르(coal tar)의 증류에 의한 생성물]

4. Fischer-Tropsch 반응

(1) Fischer-Tropsch 공정

1) 석탄을 이용해 탄화수소로 만드는 방법이다.

2) 합성가스를 150~300℃, 대기압 상태에서 철, 니켈, 코발트 촉매로 반응시키면 광대한 범위의 분자량을 갖는 알칸과 올레핀의 혼합물을 얻는다.

(2) 공정반응

$$nCO + 2nH_2 \longrightarrow C_nH_{2n} + nH_2O$$
$$2nCO + nH_2 \longrightarrow C_nH_{2n} + nCO_2$$
$$nCO + (2n+1)H_2 \longrightarrow C_nH_{2n+2} + nH_2O$$

1) 처음에는 올레핀이 생성되고, 차츰 알칸으로 환원된다.

2) 만약 석탄 대신에 나프타 또는 메탄으로부터 생성된 과량의 수소가 포함된 합성가스가 사용되면, 알칸은 초기 생산물이 될 것이다.

5. 석탄의 활용

(1) **코크스용 원료탄** : 휘발성분을 제거한 탄으로, 순수한 탄을 말한다.

1) **코크스화 공정** : 제철용 코크스제조

2) **건류공정** : 콜타르제품, 화학원료, 도시가스제조 등

(2) **일반용 탄**

1) **연료용** : 화력발전 보일러 연료

2) **가공에 이용** : 기름과의 혼합연소 및 미분탄의 연소 시 연료로 적합

3) **가스화, 액화 등으로 전환하여 이용함** : 도시가스, 화력발전, 보일러, 화학공업원료 등

6. 석탄의 가스화

(1) 석탄의 가스화란 일반적으로 고체연료인 석탄 또는 그의 건류 생성물인 코크스나 char를 원료로 하여, 수증기, 산소, 수소 등과 반응시켜 메탄을 주성분으로 하는 가스를 제조하는 것을 말한다.

(2) **석탄의 가스화반응**

1) cokes, char의 생성

$$석탄 \xrightarrow[\text{열분해(건류)}]{\text{가열}} 가스(H_2, CH_4, CO, CO_2, C_nH_m \ 등), \ 타르, \ 코크스, \ char(C), \ 회(ash)$$

$$석탄 + H_2 \longrightarrow 액체성분 + char(C), \quad 석탄 + H_2 \longrightarrow CH_4 + char(C)$$

2) 코크스나 char의 가스화반응

① 산소와의 반응

$$C(s) \ + \ O_2 \ \longrightarrow \ CO_2 \ + \ 97.0kcal/mol$$
$$C(s) \ + \ \frac{1}{2}O_2 \ \longrightarrow \ CO \ + \ 29.4kcal/mol$$

② 이산화탄소와의 반응

$$C(s) \ + \ CO_2 \ \longrightarrow \ 2CO - 38.2kcal/mol$$

③ 수증기와의 반응

$$C(s) \ + \ H_2O \ \longrightarrow \ CO \ + \ H_2 - 31.4kcal/mol$$
$$C(s) \ + \ 2H_2O \ \longrightarrow \ CO_2 \ + \ 2H_2 - 18.2kcal/mol$$

④ 수소와의 반응

$$C(s) \ + \ 2H_2 \ \longrightarrow \ 2CH_4 \ + \ 17.9kcal/mol$$

⑤ shift 반응(water-gas shift reaction)

$$CO \ + \ H_2O \ \longrightarrow \ H_2 \ + \ CO_2 \ + \ 10.0kcal/mol$$

➡ 수소제조 방법으로 중요한 반응이다. 특히 도시가스용에서는 CO의 함량을 낮출 필요가 있어 이 반응이 사용되며, 더욱이 화학품 합성용 원료가스 제조 시에 가스 중의 CO와 H_2 의 비를 조절하기 위해서도 사용된다.

7. 석탄의 액화

(1) 석탄 액화원리 : 석탄의 H/C 원자비가 작기 때문에, 액화에는 수소를 공급하거나 탈탄소를 일으킬 필요가 있다.

이를 일반적으로 석탄의 수소화라 한다.

1) 수소화

① 수소원 : 수소가스나 수소공여성 용매가 사용된다.

② 고온·고압하의 수소화 시, 분해, 중합, 축합 등의 복잡한 반응이 일어난다.

③ 수소화에 의해 석탄의 분자구조 중에 존재하는 여러 가지 함산소 관능기는 거의 H_2O로 제거되고, 특히 에테르결합이 수소화되면 석탄의 저분자화로 이어진다.

④ 더욱이 석탄 중의 축합 방향족고리의 측쇄사슬의 수소화에 의한 절단이나 열분해에 의한 절단은 석탄의 저분자화에 중요하다. 축합 방향족고리의 부분 수소화반응도 후속의 결합 절단과정을 쉽게 한다.

⑤ 방향족고리와 그의 치환기 사이 결합의 절단은 열에 의해서도 일어난다.

2) 일반적인 석탄의 수소화 분해과정

> 석탄(분자량이 2,000~5,000 이상) ──→ 아스팔텐(분자량이 300~2,000) ──→ 기름

(2) **석탄의 액화방법** : 석탄의 액화, 즉 석탄의 수소화(탈탄소화)의 일반적인 수단으로는 석탄-용매 슬러리를 직접 온화하게 수소화시켜 석탄의 수소화되기 쉬운 부분을 수소화하여 용매 가용이 되게 한다. 또는 석탄이 고온에서 용매에 추출되는 부분만을 수소화시킨다. 어떤 경우에는 석탄을 저온 건류(일종의 탈탄소반응)시키고, 생성되는 타르(회분 없음)부분만을 수소화시킬 수도 있다. 이어서 액화가 곤란한 부분을 개선하여 강한 조건으로 수소화한다. 수소화된 부분은 분리 정제하여 연료유로 만든다.

1) **직접 수첨액화법** : 미분탄을 중질유와 혼합하여 페이스트상으로 만들고, 고온·고압하에서 고도로 수소화분해하여 연료유를 제조하는 방법이다.
   - ➡ Bergius법, H-coal법, NEDOL법, Lummus법(CGGC법), synthoil법 등

2) **추출 수첨액화법** : 석탄 중의 수소화분해되기 쉬운 용매 추출물만을 수소화액화시키는 방법이다. 석탄을 용매추출할 때 수소가압하에 행하는 방법과 수소가스를 사용하지 않고 수소공여성 촉매를 사용하는 EDS(Exxon Donor Solvent)법 등이 있다.
   - ➡ SRC법(PAMCO법), CSF법, EDS법(Exxon법) 등

3) **건류 수첨액화법** : 석탄의 저온 건류에 의해 가능한 한 다량의 저온 타르를 얻고, 이것을 수소화시킴으로써 연료유를 얻는 방법을 말한다.(➡ COED법)

4) **합성액화법** : 석탄의 가스화에 의해 $CO+H_2$ 가스로 하고, 이것을 철 또는 코발트, 니켈 등의 촉매를 사용하여 반응시키고, 여러 가지 탄화수소나 알코올을 합성하는 방법이다.
   - ➡ SASOL법(Fischer-Tropsch법)

기출 및 예상 문제

01 다음 중 석탄화도가 가장 많은 탄은? ✪ 04 서울시 9급(변형)

① 이탄
② 갈탄
③ 역청탄
④ 무연탄

02 석유(petroleum)에 비해 석탄(coal)의 단점이 아닌 것은? ✪ 06 국가직 9급(복원)

① 원료의 에너지효율이 좋지 못하다.
② 화학제품의 원료로 이용하지 못한다.
③ 원산지에 따라 질의 차이가 있다.
④ 액화하기가 상대적으로 어렵다.

03 다음은 석탄에 대한 설명이다. 틀린 것은?

① 탄화도는 석탄의 종류를 나타낸다.
② 연료비는 고정탄소를 회분으로 나눈 값이다.
③ 고정탄소는 100에서 석탄의 수분, 휘발분, 회분을 뺀 값이다.
④ 공기를 차단하여 석탄을 가열하는 것을 건류라 한다.

04 다음 중 석탄을 건류하여 얻은 것이 아닌 것은?

① 타르
② 가솔린
③ 도시가스
④ 코크스

05 석탄으로부터 코크스, 콜타르, 석탄가스를 제조하기 위해 저온 건류할 때, 가장 적절한 온도는?
❂ 97 서울시 9급

① 200℃
② 400℃
③ 600℃
④ 1,000℃

06 다음 중 고온 건류에 주로 사용되는 석탄은?

① 아탄
② 갈탄
③ 역청탄
④ 비점결탄

07 석탄을 건류하여 얻을 수 있는 물질로 제철용 원료로 사용되는 것은?
❂ 97 서울시 9급

① 코크스
② 콜타르
③ 분해가스
④ 발생로 가스

정답 및 해설

01 ④

해설 석탄화도는 석탄 중 탄소의 함유 정도를 나타내는 것으로, 탄의 진행 정도에 따라 많아진다. 일반적으로 생물학적 성인설에 따라 이탄 < 갈탄 < 역청탄 < 무연탄 순으로 진행된다.

02 ②

해설" 석탄도 여러 가지 화학공업용 원료로 활용된다.

03 ②

해설" 고정탄소란, 휘발분 유출 후의 성분이다. '계산식=100-(수분+회분+휘발분)%'이며, 건류 시 코크스로 되어 잔류하고, 연소 시에 적열상태의 고체로서 계속 타는 성분, 고정탄소와 휘발분의 비를 연료비라 한다. 이 식을 정리하면, 연료비란 고정탄소를 휘발분으로 나눈 값을 의미한다. 석탄화도가 높은 석탄이 연료비가 크다.

04 ②

해설" 가솔린은 석탄을 액화해서 얻은 것이다. 건류를 통해 가스, 코크스, 타르를 얻는다.

05 ③

해설" 공업적으로 코크스, 타르, 가스의 제조를 목적으로 하여 건류를 행하는 경우, 저온 건류이면 보통 600℃ 전후, 고온 건류이면 1,000℃ 전후로 하여 석탄을 건류한다. 건류를 시작하면, 일반적으로 100℃ 부근에서 수분 및 소량의 가스가 배출된다.

06 ③

해설" 역청탄은 점결성이 크기 때문에, 1,000℃ 정도의 고온에서 건류하여 제철용 코크스와 연료 가스를 만든다.

07 ①

해설" 고온 건류를 통해 얻은 코크스(cokes)는 제철용으로 사용이 가능하다.

정리 7가지 화학재료군(chemical building block)

1. **석유화학(petroleum chemistry)** : 탄화수소를 원료로 하는 유기합성화학을 의미한다. 또한, 석유화학공업(petrochemical industry)이란 석유계 탄화수소를 화학적 가공에 의해 기초원료(에틸렌, 프로필렌 등)나 화학공업용 중간체(아세트알데히드, 산화에틸렌, 벤젠, 각종 중합용 비닐 모노머 등), 폴리에틸렌, 폴리스티렌, 폴리염화비닐 수지 등의 석유계 탄화수소로 유도되는 최종제품을 제조하는 공업을 가리킨다.

2. 석유화학공업의 7가지 화학재료군 : 에틸렌, 프로필렌, C₄−올레핀, 벤젠, 톨루엔, 자일렌, 메탄

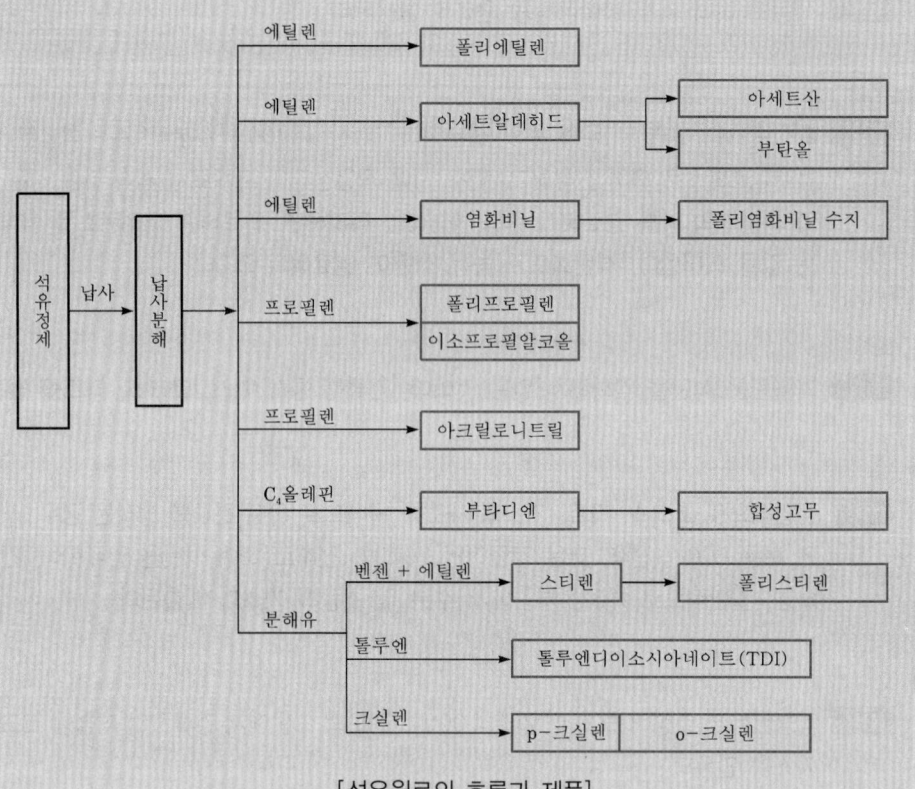

[석유원료의 흐름과 제품]

3. 재료군으로부터 대표적으로 생성되는 유기화합물(highest volume organic chemicals)
   ① 에틸렌 : 이염화에틸렌(ethylene dichloride), 염화비닐(vinyl chloride), 스티렌(styrene),
      에틸벤젠(ethylbenzene), 아세트산(acetic acid), 비닐아세테이트(vinyl acetate), 산화에
      틸렌(ethylene oxide), 에틸렌글리콜(ethylene glycol)
   ② 프로필렌 : 아크릴로니트릴(acrylonitrile), 산화프로필렌(propylene oxide), 큐멘(cumene),
      아세톤(acetone), 페놀(phenol), 비스페놀 A(bisphenol A), n−부타날
   ③ C₄올레핀 : 부타디엔, 아세트산, 비닐아세테이트, 이소부틸렌, 메틸 t−부틸에테르(MTBE)
   ④ 벤젠 : 에틸벤젠, 스티렌, 큐멘, 아세톤, 페놀, 비스페놀 A, 사이클로헥산, 아디프산, 니트로
      벤젠
   ⑤ 톨루엔 : 벤젠
   ⑥ 크실렌 : p−크실렌, 테레프탈산, 디메틸테레프탈레이트
   ⑦ 메탄 : 메탄올, 포름알데히드, 디메틸테레프탈레이트, MTBE, 아세트산, 비닐아세테이트,
      n−부타날(n−butyraldehyde), 우레아(urea)

제 28 주

에틸렌(ethylene)으로부터 유도체

제28주제　　에틸렌으로부터 유도체

1. **에틸렌계 고분자합성** : LDPE, HDPE 및 LLDPE
2. 염화비닐(vinyl chloride)의 합성과 응용
3. 아세트알데히드(acetaldehyde)의 합성과 응용
4. 비닐아세테이트(vinyl acetate)의 합성과 응용
5. 산화에틸렌(ethylene oxide)의 합성과 응용
6. 에틸렌글리콜(etylene glycol)의 합성과 응용
7. 테트라에틸납(tetraethyl lead)의 합성과 응용
8. 스티렌(styrene)의 합성과 응용
9. 에탄올(ethanol)의 합성과 응용

---

1. 에틸렌의 원료와 성질

(1) 에틸렌 원료는 무엇으로부터 얻어지는가?

천연가스, 정유소 가스, 납사 및 원유, 중질유분의 열분해, 아세틸렌의 수소첨가 등

(2) 에틸렌의 성질에 대해 간단히 설명하시오.

가장 간단한 올레핀계 탄화수소로 이중결합을 가지고 있으므로 반응성이 다양하다. 유기합성의 기초원료로 유용하게 사용된다.

2. 에틸렌의 중합 : 에틸렌계 고분자($n\mathrm{CH_2}=\mathrm{CH_2} \rightarrow -[\mathrm{CH_2}-\mathrm{CH_2}]_n-$)

(1) 에틸렌의 생산량 중 약 50%가 일상생활에 널리 알려진 합성 수지인 polyethylene(PE)의 합성에 이용된다. PE는 저렴하여 가장 많이 생산되는 고분자이다. PE는 전기 절연재료, 포리백, 농업용 필름, 전선피복, 관(pipe), 생활잡화 등 용도가 매우 광범위하다.

(2) 폴리에틸렌의 제법

1) 저밀도 폴리에틸렌(LDPE, Low Density Polyethylene)

$$\mathrm{CH_2}=\mathrm{CH_2} \xrightarrow[\text{개시제}]{\mathrm{O_2}\,\text{or 과산화물}} \mathrm{LDPE}$$

① 반응온도는 200~300℃이고, 반응압력은 1,300~2,600bar(고압)이다.

② 구조는 가지형(branched), 결정화도는 55% 정도, 인장강도가 HDPE나 LLDPE에 비해 작다.

③ 연신율 500% 정도이고, 밀도는 0.915~0.925g/cm^{3}이다.

2) 고밀도 폴리에틸렌(HDPE, High Density Polyethylene)

$$CH_2 = CH_2 \xrightarrow[\text{or 금속산화물 촉매}]{\text{Ziegler 촉매}} HDPE$$

① 반응온도는 60℃이고, 반응압력은 1~300bar(저압)이다.

② 구조는 선형(linear), 결정화도는 85~95% 정도, 인장강도가 다른 것에 비해 아주 좋다.

③ 연신율 10~1,000% 정도이고, 밀도는 0.945~0.965g/cm^{3}이다.

3) 선형 저밀도 폴리에틸렌(LLDPE, Linear Low Density Polyethylene) : 공중합체(copolymer)

$$CH_2 = CH_2 + Co-Monomer \xrightarrow[\text{or 금속산화물 촉매}]{\text{Ziegler 촉매}} LLDPE$$
$$\text{예) } CH_3CH_2CH=CH_2$$

① 반응온도는 60℃이고, 반응압력은 1~300bar(저압)이다.

② 구조는 작은 가지를 포함한 선형(linear with short branches), 결정화도는 55% 정도이다.

③ 공단량체(Co-monomer)로 1-부텐, 1-헥센, 1-옥텐을 주로 사용한다.

④ 연신율 500% 정도이고, 밀도는 0.915~0.925g/cm^{3}이다.

[HDPE, LDPE, LLDPE의 용도]

구 분	HDPE	LDPE	LLDPE
속빈 성형용	화학약품용기, 세제용기 등 중·대형 용기, 우유병	소형 병, 수축 필름	×
필름	공업용, 포장재, 농업용, 연질 포장재, 쇼핑백	중포장용, 농업용, 일반용, 공업용	일반용, 공업용, 농업용, 중포장용, 수축 필름
전선피복	전선피복	일반 피복용, 옥외 케이블용 기재	×
파이프	가스관, 수도관, 하수관, 전선관, 온돌관 파이프	×	×
사출 성형용	운반상자, 가정 용기, 공업용 부품, 대형 팔레트, 기재 컵	식품용기 뚜껑, 병마개, 라이너, 가성용품, 뚜껑류	가성용품, 냉동 포장상사

구 분	HDPE	LDPE	LLDPE
발포 성형용	×	다리걸친 발포용	×
회전 성형용	×	×	화학탱크, 파이프 피복, 물탱크
연신	티포린(T-DIE), 밴드, 로프, 어망	×	−
LD/LLD 필름용 블렌트	×	중포장용, 일반용, 공업용	×

3. 염화비닐(vinyl chloride, $CH_2=CH-Cl$)

(1) 제법

1) 아세틸렌법 : vinyl chloride는 PVC[poly(vinyl chloride)]의 단량체(monomer)로, 아세틸렌에 염화수소를 첨가하여 만든다.

건조한 아세틸렌과 염화수소 혼합가스(몰비 1 : (1~1.1))를 다관형 반응기에 주입하여, 기상으로 접촉반응시킨다.(촉매 : $HgCl_2$를 사용) 생성된 염화비닐은 세척, 건조하여 정제한다.

$$HC\equiv CH + HCl \longrightarrow CH_2=CHCl + 46.5kcal$$

2) 에틸렌의 염소화와 열분해 : 에틸렌에 염소를 첨가시켜 이염화에틸렌을 만들고, 이를 열분해하여 염화비닐을 만든다.

염화수소가 부생되므로 염화수소를 이용하면 염화비닐의 값을 낮출 수 있다.

$$CH_2=CH_2 + Cl_2 \xrightarrow[(+FeCl_2)]{} CH_2(Cl)-CH_2(Cl) \xrightarrow{열분해} CH_2=CHCl + HCl$$

3) 옥시클로리네이션법(oxichlorination) : 에틸렌에 염화수소와 산소를 작용시켜 염화비닐을 제조하는 방법으로, 부생되는 HCl을 에틸렌과 반응시켜 이염화에틸렌을 다시 합성한다. 염화수소를 재생할 수 있는 장점이 있다.

$$CH_2=CH_2 + 2HCl + 1/2O_2 \xrightarrow{(CuCl_2)} CH_2Cl-CH_2Cl + H_2O$$

$$CH_2Cl-CH_2Cl \xrightarrow{열분해} CH_2=CHCl + HCl$$

4) Kureha법(혼합가스법) : 나프타를 불꽃분해시켜 그 분해가스로 염화비닐을 제조한다.

(2) 용도 : PVC(polyvinylchloride) 수지의 단량체가 가장 많이 쓰인다.

4. 아세트알데히드(acetaldehyde, CH_3CHO)

(1) 제법

1) 와커공정(Wacker process) : 에틸렌을 직접 액상산화시켜 만드는 방법으로, 와커 (Wacker)법이라 부른다. 공정이 비교적 간편하고, 원료나 건설비가 저렴하며, 부생물이 적고 수율이 높아 경제적인 방법이다.

① 에틸렌에 $PdCl_2$와 $CuCl_2$을 염산용액하에서, 공기 산화시켜 아세트알데히드를 생성한다.

$$CH_2=CH_2 + PdCl_2 + H_2O \longrightarrow CH_3CHO + Pd^0 + 2HCl$$

② 이때, 유리된 Pd은 염화제이구리의 작용으로, 염화팔라듐으로 재생시켜 사용한다.

$$Pd^0 + 2CuCl_2 \longrightarrow PdCl_2 + 2CuCl$$
$$4CuCl + 4HCl + O_2 \longrightarrow 4CuCl_2 + 2H_2O$$

2) 아세틸렌에 촉매(수은염)를 가해 물과 반응

$$CH\equiv CH + H_2O \xrightarrow[(HgSO_4/H_2SO_4)]{} CH_3CHO$$

(2) 용도 : 다른 합성의 중간체, 아세트산·아세트산에틸 제조원료, 아세트알데히드 유도체 등

5. 비닐아세테이트(vinyl acetate, $CH_3COO-CH=CH_2$)

(1) 제법

1) 아세틸렌과 아세트산을 산화아연(ZnO) 촉매하에 반응시키는 방법

$$CH\equiv CH + CH_3COOH \xrightarrow{촉매} CH_3COOCH=CH_2$$

2) 에틸렌과 아세트산, 산소를 금속 팔라듐 촉매를 사용하여 기상에서 반응시키는 방법

➡ 아세트알데히드 제조법 중 와커법을 모사(modification)한 공정이다.

$$CH_2=CH_2 + PdCl_2 + 2CH_3COONa \longrightarrow CH_3COOCH=CH_2 + 2NaCl + Pd^0 + CH_3COOH$$

3) 기타 제조방법 : 에탄의 염소화법, 에탄올과 염화수소의 반응법

(2) 용도 : 비닐론, 섬유, 접착제, 도료, 종이의 사이징제(sizing agent) 등의 원료로 쓰인다.

6. 산화에틸렌(ethylene oxide, C_2H_4O)

(1) 제법

1) 산화법 : 촉매(Ag 촉매)를 사용하여 에틸렌을 공기, 산소로 산화시키는 방법

$$CH_2 = CH_2 + O_2 \xrightarrow{Ag} H_2C\!\!-\!\!CH_2$$
$$\underset{O}{\diagdown\!\diagup}$$

Shell법에 의한 산화에 의한 부생물질로 CO_2와 H_2O를 생성한다.

$$CH_2 = CH_2 + 3O_2 \longrightarrow 2CO_2 + 2H_2O$$
$$C_2H_4O + 2.5O_2 \longrightarrow 2CO_2 + 2H_2O$$

2) 클로로히드린법 : 에틸렌에 HOCl(하이포아염소산)을 반응시켜 에틸렌클로로히드린을 만든 후, 탈염시켜 산화에틸린을 만든다.

$$CH_2 = CH_2 + HOCl \longrightarrow \underset{\text{에틸렌클로로히드린}}{HOCH_2 - CH_2Cl}$$
$$HOCH_2 - CH_2Cl + Ca(OH)_2 \longrightarrow 2C_2H_4O + CaCl_2 + 2H_2O$$

(2) 용도

1) 화학반응성이 매우 크므로 물, 알코올, 산, 아민 등과 잘 반응하여 많은 유도체를 생산한다.

2) 에틸렌글리콜, 계면활성제, 에탄올아민, 폴리에틸렌글리콜 등의 제조원료로 쓰인다.

7. 에틸렌글리콜(ethylene glycol, $HOCH_2CH_2OH$)

(1) 제법

1) 산화에틸렌의 수화반응으로 만든다.

$$H_2C\!\!-\!\!CH_2 + H_2O \xrightarrow{\text{(excess)}} \underset{\underset{OH}{|} \quad \underset{OH}{|}}{CH_2 - CH_2}$$
$$\underset{O}{\diagdown\!\diagup}$$

(2) 용도

1) 테레프탈산(terephthalic acid)과 에틸렌글리콜을 합성시켜 P.E.T 등의 폴리에스테르계 섬유의 합성원료로 쓰인다.

2) 합성 수지의 원료, 부동액 등의 제조에 쓰인다.

8. 테트라에틸납(TEL, $Pb(C_2H_5)_4$)

(1) 제법

납과 나트륨의 합금에 염화에틸을 작용시켜 만든다.

$$4PbNa + 4C_2H_5Cl \longrightarrow Pb(C_2H_5)_4 + 4NaCl + 3Pb$$

(2) 용도

공업적으로 가솔린의 옥탄가를 높이기 위한 안티노크제로 사용된다.

9. 스타이렌(styrene)

(1) 제법

1) 에틸벤젠(ethylbenzene) 생성공정 : 벤젠과 에틸렌 간의 Friedel-Craft 반응에 의해 알킬 벤젠을 생성하고, 이를 수증기와 촉매의 존재하에 탈수소하면 스타이렌을 얻을 수 있다.

$$CH_2=CH_2 + \text{[벤젠]} \xrightarrow[\text{or Zeolite, 400℃, 20bar}]{\text{AlCl}_3, \text{ 450℃, 20bar}} \text{[}CH_2CH_3\text{]} \xrightarrow[\text{촉매}]{-H_2} \text{[}CH=CH_2\text{]}$$
에틸벤젠   금속산화물   스타이렌

① Friedel-Craft 알킬화 : 초기에는 $AlCl_3$과 소량의 염산에 의해 85~90℃, 상압조건 에서 액상반응으로 수행되었다. 어떤 다른 공정에서는 BF_3가 사용되기도 한다. 메커 니즘은 다음과 같다.

$$AlCl_3 + HCl + CH_2=CH_2 \longrightarrow CH_3\overset{+}{C}H_2AlCl_4^-$$

$$CH_3\overset{+}{C}H_2AlCl_4^- + \text{[벤젠]} \longrightarrow \text{[}\overset{H^+ \ CH_2CH_3}{\text{벤젠}}\text{]} + AlCl_4^-$$

$$AlCl_4^- + \text{[}\overset{H^+ \ CH_2CH_3}{\text{벤젠}}\text{]} \longrightarrow \text{[}\overset{CH_2CH_3}{\text{Ethylbenzene}}\text{]} + HCl + AlCl_3$$

➡ 수율은 높으나 알킬아릴 복합체가 수소아릴 복합체보다 반응성이 더 좋아 계속해서 에틸 기가 첨가될 수 있기 때문에, 소량의 디에틸벤젠(diethylbenzene) 그리고 폴리에틸렌이 생성된다.

➡ 이들은 재순환되어 지는데, 과량의 벤젠과 교차 알킬반응에 의해 에틸벤젠으로 전환한다.

② 탈수소화반응 : 흡열반응이고, 고온 약 550~600℃, 저압에서 진행한다.

수증기 분해처럼 과열된 수증기는 코킹을 억제해 주고 반응물의 분압을 감소시키기 위해 첨가해 준다. 촉매는 매우 선택적이어서 50% 이상 존재하는 주요성분은 철, 코발트, 망간, 크롬 또는 지르코늄의 산화물로 이루어져 있다.

③ 산화적 탈수소반응 : 에틸벤젠과 스타이렌 모두 산소에 민감하기 때문에 스타이렌의 산화적 탈수소반응은 실질적 용도로 고려되지 않았다. 그러나 새로운 촉매의 발명으로 단점을 극복할 수 있게 되었다. 이 촉매는 현재 사용되는 촉매와 함께 사용해야 하며, 알루미나에 담지된 플라티늄주석 그리고 리튬으로 구성된다. 반응은 하나의 독립된 단계로, 에틸벤젠에서 생성되는 수소를 이용하여, 반응 혼합물의 다른 성분에는 영향을 주지 않고, 물론 선택적으로 산화시킨다. 물의 생성은 발열반응이기 때문에, 생성된 열은 현재의 공정에서 필요한 과열된 수증기의 도입을 줄여준다.

2) 아세토페논(acetophenone)을 이용한 스타이렌의 생성(구식 공정) : 에틸벤젠을 아세토페논과 페닐에틸알코올(phenylethyl alcohol)로 산화시킨 후, 아세토페논을 수소화시켜 페닐에틸알코올을 만들고, 이를 탈수하여 스타이렌을 얻는 공정이다.

① p-methylstyrene은 한때 스타이렌을 대체할 수 있는 단량체로 부상하였다. 이는 ZSM-5 촉매를 사용하여, 톨루엔을 에틸렌으로 알킬화하여 얻어진다. 이 제올라이트 촉매는 para 배향성을 갖게 하여 p-메틸벤젠의 수율이 높아진다.

② 에틸기의 탈수소화반응은 p-메틸스타이렌을 만든다. 톨루엔이 벤젠보다 가격이 더 저렴하기 때문에 p-메틸스타이렌은 경제적인 장점을 가지고 있다. 실제로, 초기 소규모 생산과 과거 톨루엔의 가격상승으로 이런 장점이 무용하게 되어, 이 제법은 상용화되지 못했다.

(2) 용도

1) 스타이렌의 주된 용도는 폴리스타이렌(PS)의 제조이다.

2) **탄성체 분야에 활용** : 스타이렌-부타디엔 고무(SBR)와 라텍스 등의 탄성체(elastomer)

3) **스타이렌 공중합체로 활용** : 아크릴로니트릴-부타디엔-스타이렌(ABS) 수지 등

4) 불포화 폴리에스테르(unsaturated polyester)에 대한 반응성 용매로 쓰인다. 경화 후 스타이렌과 폴리에스테르의 공중합체가 형성된다.

10. 에탄올

(1) 제법

1) **에틸설페이트(ethyl sulfate)와 디에틸설페이트(diethyl sulfate) 공정** : 에틸렌을 황산과 반응시키면 에틸설페이트와 디에틸설페이트를 만드는데, 모두 가수분해하면 에탄올을 얻을 수 있다. 이때 황산은 재순환되어 사용되고, 디에틸에테르가 부산물로 생성된다.

$$CH_2=CH_2 + H_2SO_4 \longrightarrow CH_3CH_2OSO_3H + (CH_3CH_2O)_2SO_2$$

Ethyl sulfate   Diethyl sulfate

$$CH_3CH_2OSO_3H + H_2O \longrightarrow CH_3CH_2OH + H_2SO_4$$

$$(CH_3CH_2O)_2SO_2 + 2H_2O \longrightarrow 2CH_3CH_2OH + H_2SO_4$$

2) **직접수화반응** : 1)의 제법에 실리카 또는 셀라이트(celite)에 담지된 H_3PO_4 촉매를 사용할 경우 물이 에틸렌에 첨가되는 직접 수화반응으로 대체될 수 있다.

$$CH_2=CH_2 + H_2O \xrightleftharpoons{cat.} CH_3CH_2OH$$

Ethanol

① 이 반응은 300℃, 69bar에서 조업되며, 생성된 에탄올은 증류에 의해 정제되는데, 물과 95.6vol%의 에탄올을 포함하는 공비물을 생성한다. 100% 에탄올은 공비 증류에 의해 제조되어 진다.

② 벤젠, 물, 에탄올을 포함하는 삼상 공비물이 증류 분리되고, 바닥 제품으로 무수알코올이 생성된다.

③ 또 다른 방법으로, 글리세롤 또는 에틸렌글리콜을 사용한 향류추출을 이용하는 방법이 있다.

(2) 용도

1) 아세트알데히드와 아세트산 생산의 원료로 사용된다.

2) 표면코팅이나 화장품 등에 대한 용매로 많이 쓰인다.

3) 가소올(gasohol)의 생산 : 옥수수 전분의 발효에 의한 에탄올로, 자동차 연료로 사용된다.

4) 발효에탄올은 호기성 조건에서 발효되어 식초(묽은 아세트산)를 생산한다.

11. 알켄(alkene)의 반응과 특성

(1) 알켄은 탄소−탄소 sp^2 혼성의 이중결합을 가진 탄화수소로, 일반식은 C_nH_{2n}, 결합각은 120°이고, 탄소−탄소 결합길이는 134pm이다.

(2) **알켄의 불포화도(degree of unsaturation)**

1) 수소결핍지수(IHD, Index of Hydrogen Deficiency)라고도 한다.

① 알켄의 분자식−화합물의 분자식=수소수의 차이

② 수소수의 차이=1쌍의 수소원자=수소 결핍지수=1

2) 화합물의 이중결합, 삼중결합, 또는 고리의 개수를 알게 하는 것

① 1개의 불포화도=1개의 이중결합=1개의 고리

ㄱ 각 이중결합은 1몰 당량의 수소를 소모한다.

ㄴ 고리는 상온에서 수소화반응의 영향을 받지 않는다.

② 2개의 불포화도=1개의 삼중결합=1개의 이중결합+1개의 고리

=2개의 이중결합=2개의 고리

각 삼중결합은 2몰 당량의 수소를 소모한다.

3) 탄화수소의 불포화도

① 탄소의 개수에 해당하는 알칸(alkane)의 수소수와의 차이를 계산한다.

C_6H_{10}의 경우 : 불포화도 2

② 가능한 구조를 그려 찾는다.

4) C, H, X기가 포함된 유기할로겐족화합물(F, Cl, Br, I)

① 할로겐 치환기를 수소원자와 같이 취급한다.

② 할로겐 치환기의 수를 수소수에 더한다.

예 $C_4H_6Br_2$: 불포화도 1

5) C, H, O가 포함된 유기산소족화합물(O, S, Se)

산소원자들은 무시하고, 식의 나머지로부터 불포화도를 구한다.

예 C_5H_8O : 불포화도 2

6) C, H, N가 포함된 유기질소족화합물(N, P, As)

전체 수소수에서 질소의 수를 뺀 것을 수소의 수로 계산한다.

예 C_5H_9N : 불포화도 2

(3) **알켄의 (E), (Z)−체계**

1) 수소 이외의 치환기가 3개 또는 4개이므로 cis−, trans−로 표현이 불가능한 이중결합에 적용한다.

2) 알켄의 모든 형태의 부분입체 이성질체에 적용한다.

3) (E), (Z)-체계의 규칙

규칙 1	각각 이중결합 탄소에 직접 붙어 있는 원자를 찾아 원자번호가 감소하는 순으로 순서를 정한다. 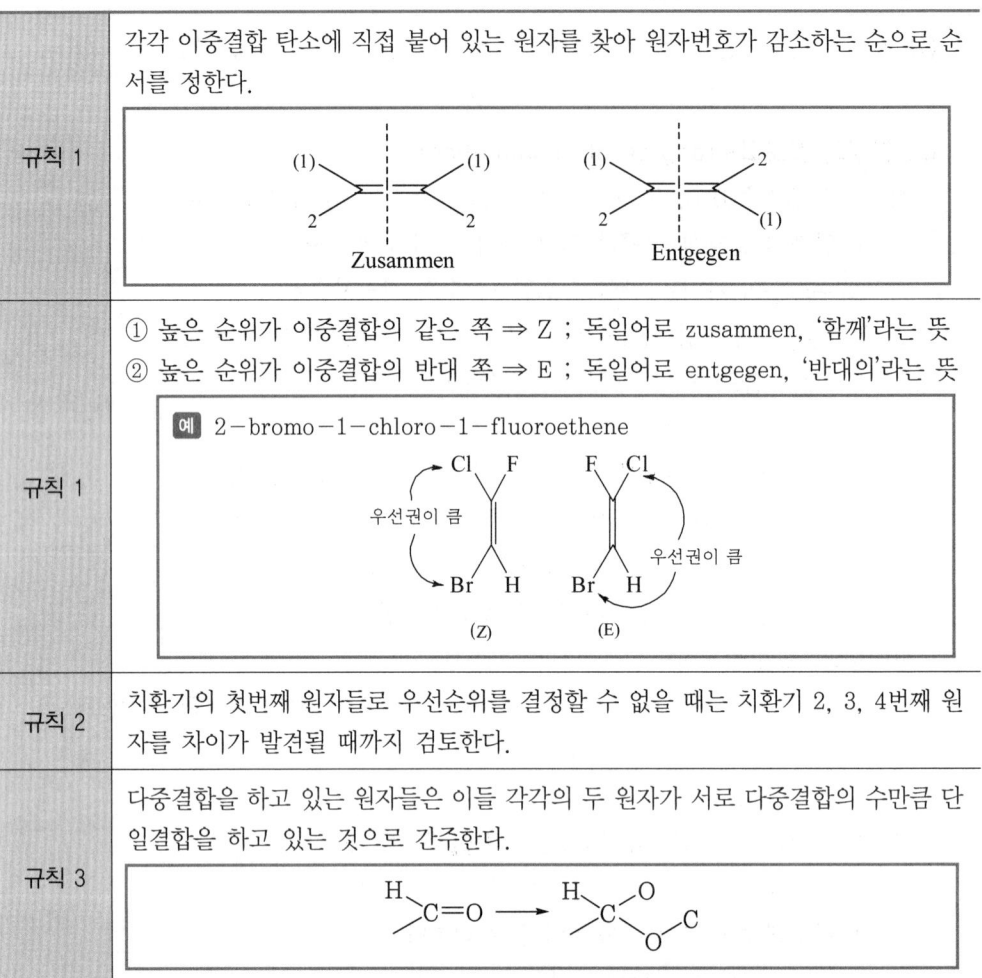
규칙 1	① 높은 순위가 이중결합의 같은 쪽 ⇒ Z ; 독일어로 zusammen, '함께'라는 뜻 ② 높은 순위가 이중결합의 반대 쪽 ⇒ E ; 독일어로 entgegen, '반대의'라는 뜻
규칙 2	치환기의 첫번째 원자들로 우선순위를 결정할 수 없을 때는 치환기 2, 3, 4번째 원자를 차이가 발견될 때까지 검토한다.
규칙 3	다중결합을 하고 있는 원자들은 이들 각각의 두 원자가 서로 다중결합의 수만큼 단일결합을 하고 있는 것으로 간주한다.

(4) 알켄의 성질

1) 물리적 성질

① 일반적인 성질은 알칸(alkane)과 비슷하다.

② 분자량이 낮은 알켄은 상온에서 기체이다.

③ 알켄의 끓는점은 분자량이 증가함에 따라 증가하고, 가지 달린 알켄은 끓는점이 낮다.

④ 밀도는 물보다 작으며, 비극성 용매나 극성이 낮은 용매에 녹는다.

⑤ 알켄은 알칸보다는 좀 더 극성을 띤다.

2) 상대적인 안정도

① **수소화 반응열** : 알켄과 수소와의 반응에 관여된 엔탈피 변화값, 즉 수소화 반응열은 trans−이성질체가 cis−이성질체보다 안정하다.

② **연소열** : 알켄 이성질체를 수소화반응을 시켜서 같은 알칸이 만들어지지 않을 때 연소열을 사용하여 상대적인 안정도를 비교한다. 연소열을 이용한 부텐(butene)의 안정도는 일반적으로 다음과 같다.

$$CH_3-\underset{\text{geminal}}{\overset{CH_3}{C}}=CH_2 > \underset{\text{trans}}{\overset{H}{\underset{H_3C}{C}}=\overset{CH_3}{\underset{H}{C}}} > \underset{\text{cis}}{\overset{H_3C}{\underset{H}{C}}=\overset{CH_3}{\underset{H}{C}}} > CH_3CH_2CH=CH$$

③ 결합된 치환기의 수가 많을수록 안정도는 커진다.

➡ [hyperconjugation] 비어있는 반결합성 C=C π−궤도함수와 인접한 채워진 C−H σ−궤도함수 사이의 겹침으로 생기는 안정화 효과를 하이퍼콘쥬게이션(hyperconjugation)이라 한다.

➡ [결합세기] 치환기가 많을수록 s−성격이 많아서 안정하다.

④ **알켄의 상대적인 안정도**

㉠ 결합된 치환기수가 많을수록 안정도가 크다.

㉡ 이중결합의 탄소원자가 더 많은 치환기를 가질수록 안정도가 크다.

$$\overset{R}{\underset{R}{C}}=\overset{R}{\underset{R}{C}} > \overset{R}{\underset{R}{C}}=\overset{R}{\underset{H}{C}} > \overset{H}{\underset{R}{C}}=\overset{R}{\underset{H}{C}} \approx \overset{R}{\underset{R}{C}}=\overset{H}{\underset{H}{C}} > \overset{R}{\underset{H}{C}}=\overset{R}{\underset{H}{C}} > \overset{R}{\underset{H}{C}}=\overset{H}{\underset{H}{C}}$$

기출 및 예상 문제

01 선형 저밀도 폴리에틸렌(LLDPE)에 대한 설명 중 맞는 것은?

① 밀도와 결정성은 HDPE보다 높다.

② 공단량체로 1−butene, 1−hexene을 사용한다.

③ 반응조건은 LDPE와 동일하게 반응시킨다.

④ 불규칙한 가지사슬이 많은 구조를 가진다.

02 다음은 저밀도 폴리에틸렌(LDPE)과 고밀도 폴리에틸렌(HDPE)에 대한 설명이다. 틀린 것은?

① HDPE의 생산은 LDPE에 비해 더 적은 에너지를 소모한다.
② HDPE는 슬러리, 유동층 반응공정에서 생산이 가능하다.
③ LDPE는 회분식과 연속식 생산이 가능한데, 회분식 생산품은 가지가 많아 코팅에 사용된다.
④ 결정화도는 LDPE가 HDPE에 비해 크다.

03 다음 반응에 의해 생성되는 물질은?　　　　　　　　　　　　　　　 ✿ 07 서울시 9급(복원)

$$H_2C = CH_2 + \frac{1}{2}O_2 \xrightarrow[\text{AgO, 600℃}]{}$$

① 에틸벤젠　　　　　　　　　　　　② 에탄올
③ 프로판올　　　　　　　　　　　　④ 산화에틸렌
⑤ 에틸렌글리콜

04 다음 반응에 의해 생성되는 물질은?　　　　　　　　　　　　　　　 ✿ 07 서울시 9급(복원)

$$\text{⌬}-CH_2CH_3 + ZnO \longrightarrow$$

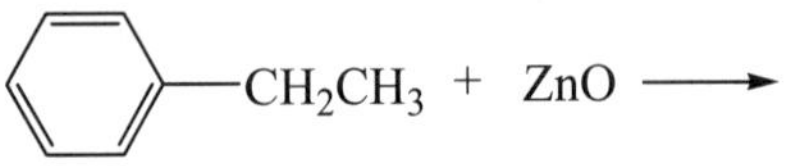

① 이소프로필벤젠　　　　　　　　　② 스타이렌
③ 페놀　　　　　　　　　　　　　　④ 아세톤
⑤ 톨루엔

05 에틸렌(C_2H_4)에 어떤 물질을 넣으면 에탄올(C_2H_5OH)을 만들 수 있는가?　 ✿ 97 서울시 9급

① 물(H_2O)　　　　　　　　　　　② 염소(Cl_2)
③ 수소(H_2)　　　　　　　　　　　④ 벤젠(C_6H_6)

06 아세틸렌과 염화수소를 반응시켜 염화비닐 제조 시 촉매가 아닌 것은? ✪ 02 국가직 9급(복원)

① $CuCl_2$
② $CaCl_2$
③ $BaCl_2$
④ $HgCl_2$

07 HDPE와 LDPE의 물성에 대한 설명 중 바르지 않은 것은?

① HDPE는 곁가지가 적어, LDPE에 비해 밀도가 높다.
② LDPE는 결정화도가 HDPE에 비해 높다.
③ HDPE의 기계적 강도는 LDPE에 비해 아주 우수하다.
④ LDPE는 HDPE에 비해 용융점이 낮다.

08 에틸벤젠을 수증기와 촉매의 존재하에 탈수소반응시켜 얻는 것은?

① 페놀(phenol)
② 이소프로필벤젠(isopropylbenzene)
③ 스타이렌(strene)
④ 나프톨(naphthol)

09 염화비닐을 염소화 반응시킨 다음, 수산화칼슘을 이용하여 탈염소화시키면 얻어지는 생성물은?

① $CH_2(Cl)-CH-Cl_2$
② $CH_2=CCl_2$
③ $CH(Cl)=CCl_2$
④ CH_3-CCl_3

10 다음 물질 중 할로겐화 알킬(RX)과의 반응속도가 빠른 순서로 바르게 나타낸 것은?

(Ⅰ) $(CH_3)_2C=CH_2$	(Ⅱ) cis$-1,2-$메틸에텐
(Ⅲ) trans$-1,2-$메틸에텐	(Ⅳ) 1$-$butene

① (Ⅱ), (Ⅰ), (Ⅳ), (Ⅲ)
② (Ⅱ), (Ⅳ), (Ⅰ), (Ⅲ)
③ (Ⅳ), (Ⅲ), (Ⅱ), (Ⅰ)
④ (Ⅳ), (Ⅱ), (Ⅰ), (Ⅲ)

11 와커(Wacker) 공정의 최종생산물은 무엇인가? ✪ 02 서울시 9급(복원)

① 부탄올
② 포름알데하이드
③ 아세트알데하이드
④ 아세톤
⑤ 벤젠

정답 및 해설

01 ②

> 유형 LLDE의 특징

> 해설 선형 저밀도 폴리에틸렌은 합성조건(반응조건)은 HDPE와 같은 지글러 촉매나 금속산화물 촉매(Phillips)를 사용하여 반응시킨다. 밀도는 당연히 HDPE에 비해 작다. 인장강도를 제외한 물성은 LDPE와 거의 같다. 구조의 형태를 보면, LDPE는 불규칙한 가지를 가지고 있으며 1차 가지에 첨가되어 2차 가지를 가지고 있는 반면, LLDPE는 늘어져 있는 C_2-그룹이 1-부텐 공단량체에 의해 제공되기 때문에 가지가 규칙적이다.

02 ④

> 유형 HDPE와 LDPE

> 해설 선택지 ①은 HDPE는 반응온도를 60℃ 정도로 낮출 수 있으며, 압력도 1bar 정도로 낮출 수 있다. 그럼에도 불구하고, 상업적으로 이용되는 공정에서는 130~270℃, 10~160bar에서 운용되는 전환율은 거의 100%에 달해 아주 경제적인 공정을 가지고 있다.
> ②는 슬러리 공정에서는 용매는 헥센과 같은 용매에 퍼져 있으며, 에틸렌은 여러 개의 회분식 반응기에서 중합된다. 기상의 유동층 반응공정에서는 작은 HDPE 입자는 기상의 에틸렌과 공단량체에 의해 85~105℃, 20bar에서 유동화된다. 촉매는 반응기로 연속해서 분무되어지며, 에틸렌과 공단량체는 미리 형성된 입자들 주위에 공중합되어 진다.
> ③은 저밀도 폴리에틸렌은 고압회분식 또는 연속 관형반응기에서 제조가 가능하다. 회분식 생산품은 가지구조를 많이 가지고 있으며 이는 종이 코팅에 많이 이용된다. 곁가지가 다소 덜한 생산품을 가지는 관형반응기 생산품은 필름제조용으로 사용된다.
> ④는 결정화도는 분자의 구조로 판별한다. LDPE는 분자구조가 HDPE에 비해 조밀하지 못하다. 따라서 결정화도는 LDPE는 55% 정도인 반면 HDPE는 85~95% 정도이다.

03 ④

> 유형 및 해설 [산화에틸렌의 제법] 에틸렌을 은 촉매를 이용해 산화하면, 산화에틸렌을 얻는다.

04 ②

> 유형 스티렌의 제법 > 에틸벤젠의 탈수소화반응

> 해설 주어진 반응은 에틸벤젠을 금속산화물 촉매를 이용하여 탈수소화시켜 스티렌을 생성하는 반응식이다. 탈수소반응에서 정확히 촉매는 $ZnO-Al_2O_3-CaO$의 3원계 산화물 촉매가 사용된다.

05 ①

> 유형 및 해설 [에틸렌의 직접 수화반응] $C_2H_4 + H_2O \rightarrow C_2H_5OH$

06 ①

유형 및 해설 [염화비닐의 제법 > 촉매] 최근 들어, $HgCl_2$를 주로 많이 사용하고, $CaCl_2$, $BaCl_2$도 사용한다.

07 ②

유형 염화비닐의 제법 > 촉매

해설 HDPE는 선형구조로, 곁가지가 적어 잘 쌓이게 되어 밀도가 높다. 밀도가 높기 때문에 강도가 세고 강한 플라스틱이다. 이는 상대적으로 곁가지가 많은 LDPE에 비해 결정화도가 크며, 기계적 강도(인장강도)도 크며, 용융점 또한 높다.

08 ③

유형 염화비닐의 제법 > 촉매

해설 에틸렌과 벤젠을 알킬화반응시켜 에틸벤젠을 만든 후 이를 탈수소시켜 스타이렌을 만든다.

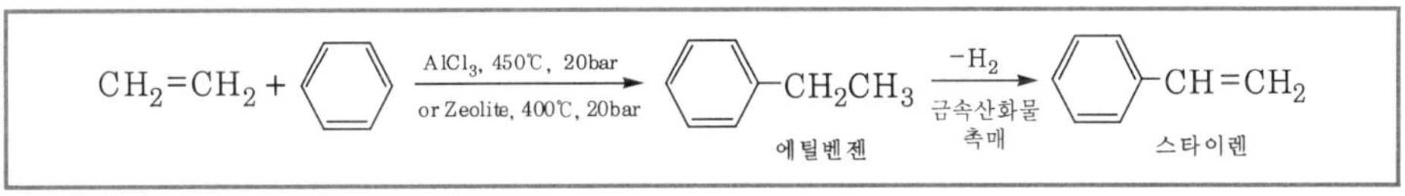

09 ②

유형 및 해설 [염화비닐의 반응] 먼저 염화비닐을 할로겐화시킨다. 이 반응에서 트리클로로에탄을 얻는다. 다음 이를 석회유로 탈염소화시키면, 이염화비닐리덴을 얻게 된다. 반응식은 다음과 같다.

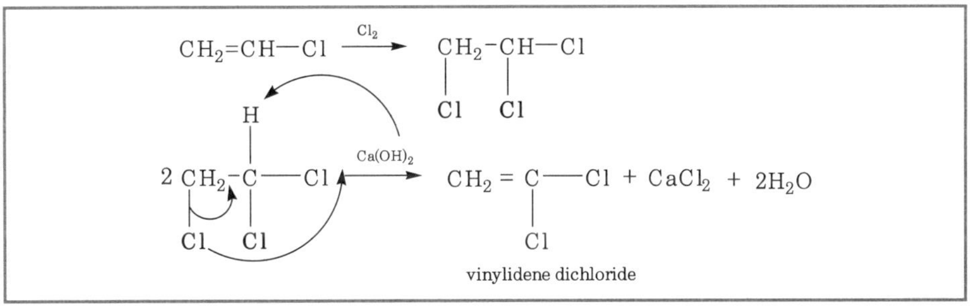

10 ④

유형 및 해설 [염화비닐의 반응] 다음은 일반적인 알켄의 안정도이다. 반응성은 안정성의 반대이다. 이 문제에서 중요한 것은 1-부텐이 반응성이 좋아 C_4 화학에 많이 쓰인다는 것과 cis-가 trans에 비해 반응성이 좋다는 것이다.

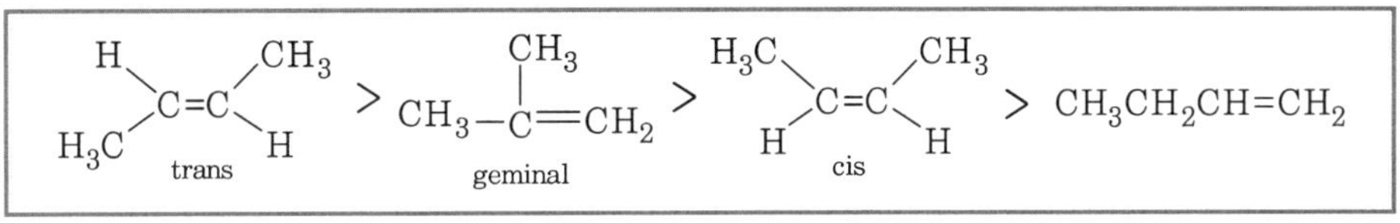

11 ③

유형 및 해설 [아세트알데히드 > 와커공정] 와커공정은 에틸렌을 산화시켜 아세트알데히드를 합성하는 공정을 말한다. 촉매로는 $PdCl_2$과 $CuCl_2$를 사용한다. 이 반응은 촉매활성을 나타내는 Pd이 주촉매이며, Cu는 촉매의 재생을 위해 Pd을 산화시킨다.

$$CH_2 = CH_2 + \frac{1}{2}O_2 \rightarrow CH_3CHO$$

제 29 주
프로필렌(propylene)으로부터 유도체

제29주제   프로필렌으로부터 유도체

1. **프로필계 고분자합성** : polypropylene, propylene copolymer
2. 아크릴산(acrylic acid)의 합성과 응용
3. 아크릴로니트릴(acrylonitrile)의 합성과 응용
4. 큐멘–큐멘 과산화수소물–페놀(cumene, cumene hydroperoxide, and phenol)의 합성과 응용** :
   큐멘–페놀 공정
5. **아세톤(acetone)의 합성과 응용** : 이소프로판올(isopropanol), 메타메틸아크릴레이트(metamethylacrylate)
6. 산화프로필렌(propylene oxide)의 합성과 응용
7. 프로필렌글리콜(propylene glycol)의 합성과 응용
8. 부티르알데히드(butyraldehyde)의 합성과 응용
9. **기타 소규모 화학제품** : 부틸알코올, 염화알릴, 글리세린, 에피클로로히드린

1. 프로필렌 원료

(1) **프로필렌은 에틸렌 다음으로 중요한 올레핀이다.**

1) 이는 에탄, 프로판, C_4 이상의 알칸의 열분해 과정에서 부산물로 얻어진다.

2) 접촉분해 또는 정제과정의 부산물로도 얻어진다.

(2) 프로필렌은 비닐기($CH_2=CH-$)에 기인하는 안정성과 메틸기(CH_3-)의 반응성에서 비롯되는 약간의 특이한 화학작용을 한다.

(3) 생산된 프로필렌의 대부분은 화학제품 생산에 사용되며, 나머지의 대부분은 이소부탄과 반응하여 알킬화된 휘발유로 쓰이고, 소중합(oligomerization)되어 폴리가스(polygas)로 쓰이기도 한다.

(4) DCC(Deep Catalytic Cracking) : 상압 가스오일과 같은 중질유분을 사용하여 경질의 올레핀 생산을 위한 고도화된 접촉분해 공정이다.

(5) metathesis : 이는 복분해 또는 치환을 의미한다. n–butene과 에틸렌을 반응시켜 이중 결합을 단일결합화한 탄소수 3개의 프로필렌으로 분해하는 형태를 metathesis라 한다. 올레핀 간의 상호전환(interchange of olefins)을 의미한다.

1) 올레핀의 수요에 따라 그 적절한 양을 조절할 목적으로 개발되었다.

2) 에틸렌과 2-butene을 반응시켜 프로필렌을 생산한다.

$$CH_3CH{=}CHCH_3 + CH_2{=}CH_2 \rightleftarrows 2CH_2{=}CHCH_3$$

2. 프로필렌 고분자(polypropylene)

(1) 폴리프로필렌(PP)의 특징

1) 제조용 촉매로 가장 많이 사용되는 것은 Ziegler-Natta 촉매이다. 이 촉매 중 대표적인 것으로 마그네슘이나 염화마그네슘 담체에 담지한 사염화티타늄($TiCl_4$)과 Lewis염기 복합체 촉매이다. 조촉매로는 Lewis 염기와 트리에틸알루미늄($Al(C_2H_5)_3$)과 같은 알킬알루미늄과의 조합이 사용된다.
   Ziegler-Natta 촉매를 이용한 중합반응은 40~80℃에서, 슬러리, 용액, 벌크, 기체상이나 유동층 공정에 의해 프로필렌을 생산한다.
2) 폴리프로필렌은 무정형이나 아탁틱 형태뿐 아니라 이소탁틱과 신디오탁틱의 두 가지 결정형 상태로 존재한다.

(2) 프로필렌 공중합체

1) 에틸렌-프로필렌 탄성체 : 무결정 고무이며, 퍼옥사이드(peroxide)와 가교화한다. 각각은 에틸렌, 프로필렌과 공중합하기 위한 이중결합을 한 개 가지고 있으며, 일반적으로 황을 기본으로 하는 가황화제와 함께 Ziegler 촉매를 사용하여 가교화반응을 진행한다.
   ➡ 이런 고무는 수명이 긴 고무를 생산하는 데 쓰이며, 가교를 하기에 충분한 양의 이중결합이 존재하므로 이 고분자는 산화에 대단히 안정하다.
2) 에틸렌-프로필렌 블록 공중합체 : 먼저 프로필렌을 중합시키고, 그 다음에 에틸렌과 더 많은 프로필렌을 첫단계와 같이 촉매를 첨가하여 생성한다. 이때 생성된 물질은 랜덤 공중합 블록의 형태이고, 여기에 원래의 폴리프로필렌 블록이 그래프트(graft)된다. 공중합 블록은 폴리프로필렌을 가소화시켜 낮은 온도에서 약한 충격의 강도를 개선시킨다.
   ➡ 블록 공중합체는 결정도가 낮으면서 유연성이 크므로 저온 물성이 좋으나 투명도는 낮다.

(3) 폴리프로필렌의 용도

1) 사출성형 제품 : 하우징(주택건설산업), 내부재의 부품, 가구용, 사무 기기 등
2) 자동차 용품 : 배터리 케이스, 범퍼, 내부 장비, 공기 흐름관 등
3) 사출성형된 포장재료 : 마가린 통, 의료용 병, 주사기 등
4) 섬유 : 충분히 큰 탄성률과 충분히 낮은 연신율을 가지고 있다. 스포츠용 의류, 카페트, 깔개, 자동차 시트용 직물 등
5) 기타 : 수하물용 캔버스, 구두의 대체재, 프로필렌 필름(담배와 식품 포장, 수축 랩)과 인화지, 석면 대체용(고온에서 저항이 필요하지 않는 경우) 등

3. 아크릴산(acrylic acid, $CH_2=CH-COOH$)

(1) 제법

1) 프로필렌의 산화 : 2단계 공정으로, 아크롤레인(acrolein)을 중간체로 만드는데 이것은 원하는 경우 분리도 가능하다. 몰리브덴(Mo)과 같은 금속산화물 촉매하에 1단계 또는 2단계 산화시켜 제조한다.

➡ 현대의 발전된 촉매($Fe_4BiWMo_{10}Si_{1.35}K_{0.6}$)를 사용하면 프로필렌의 전환율이 99%이다.

$$CH_2=CH-CH_3 \xrightarrow[\text{촉매}]{\underset{\text{금속산화물}}{O_2}} CH_2=CH-CHO \xrightarrow{0.5O_2} CH_2=CH-COOH$$
아크롤레인   아크릴산

2) 아세틸렌의 카보닐화 : 테트라카보닐니켈($Ni(CO)_4$)을 사용해 염산하에서 아세틸렌의 카보닐화 반응으로 제조한다.

$$4CH\equiv CH + Ni(CO)_4 + 2HCl + 4H_2O \longrightarrow 4CH_2=CH-COOH + NiCl_2 + H_2$$

3) 아크릴로니트릴의 가수분해 : 적은 양의 아크릴산이 요구될 때 경제적인 방법이다.

$$CH_2=CH-CN \xrightarrow[H_2O]{H_2SO_4} CH_2=CH-CONH_2 \cdot H_2SO_4 \xrightarrow{-NH_4^+HSO_4^-} CH_2=CH-COOR$$
아크릴아미드셀페이트   아크릴에스테르

(2) 용도 : 주로 에스테르화시켜 도료, 접착제, 합성 수지 등의 제조원료로 사용한다.

1) 대부분의 아크릴산은 중요한 에스테르들로 변환하는데, 메틸, 에틸, 부틸 그리고 2-에틸헥실아크릴레이트 등이 그들이다. 이것들은 보통 메틸메타크릴레이트(MMA)와 비닐아세테이트를 함께 혹은 공단량체로 하여 중합된다. 이 고분자는 에멀션 형태로 수성페인트로 사용된다.

2) 용매상 코팅제, 메타메틸아크릴레이트와의 공중합체, 그리고 자동차용 열경화성 외부 코팅제와 같은 마감제로 쓰인다. 이를 위해 아크릴레이트는 멜라민(melamine)과 함께 쓰인다.

3) 아크릴 코팅제는 원적외선에 대한 저항이 크기 때문에 특히 야외용 장식제로서 품질과 필름으로서의 내구성이 뛰어나다.

4) 아크릴 에멀션(acrylic emulsion)은 섬유용 화학물질과 접착제로 쓰인다.

5) 기타 : 종이코팅, 부직포의 바인더, 광택제, 가죽코팅 등에도 사용된다.

(3) 아크릴 단량체의 새로운 응용분야

1) UV 경화 코팅제 : 펜타에리트리톨 테트라아크릴레이드(pentaerythritol tetraacrylate)와 이의 소중합체를 의미한다.

➡ 합판과 같은 기질에 적용된 후 UV 빛에 의해 필름 형태로 중합된다. 필름은 안료가 UV선을 흡수하므로 투명해야 하며 수평면 위에만 적용될 수 있다.

2) 인쇄잉크 분야 : 인쇄잉크는 UV 빛으로 경화될 수 있는데, 그 이유는 소량의 착색이 경화에 의해 크게 방해받지 않기 때문이다. 착색제가 많이 들어간 코팅제는 전자빔에 의해 경화될 수 있으나 장비가 고가이고, 공정은 안전을 요한다.

(4) 아크릴산의 새로운 용도

1) 세제 빌더(detergent builder) : {폴리크릴산(과산화물을 촉매로 하는 아크릴산의 자유라디칼 중합에 의해 제조) 또는 아크릴산－무수말레산 공중합체를} 칼슘이나 마그네슘 이온을 붙잡는 인산염을 대체할 수 있는 세제의 빌더로 쓰는 것이다.

  ➡ 이들은 또한 분산 보조제나 토양의 재침적 방지용으로 쓰인다.

2) 흡수제(water－absorbing agent) : 일회용 기저귀 등에 사용되는 흡수제로, 이 고분자들은 초흡수제라 불리는데, 그 이유는 그들의 무게보다 천 배 이상의 물을 흡수할 수 있기 때문이다.

  ① 대표적인 성분은 아크릴산 공중합체, 소듐아크릴레이트 그리고 적은 양의 트리메틸프로판 트리아크릴레이트와 같은 가교제로 구성되어 있다.

  ② "superslurper" : 녹말 그래프트폴리머로부터 만들어진다. 아크릴로니트릴을 녹말에 그래프트시켜 긴 사슬을 만들고, 니트릴기를 부분적으로 가수분해시켜 아미드와 카르복시기로 전환시킨 후, 소량의 가교제가 젤의 염 존재하에 안정성을 높이기 위해 사용되어야만 한다. 녹말 그래프트폴리머들은 아크릴로니트릴 대신 아크릴아미드와 아크릴산으로도 제조될 수 있다.

4. 아크릴로니트릴(acrylonitrile, $CH_2=CH-CN$)

(1) 제법

1) Sohio법(ammoxidation) : 프로필렌, 암모니아, 공기를 450~500℃, 2~3atm하에서 **몰리브덴－비스무스($MoO_3-Bi_2O_3$)**를 촉매로 제조한다. 이 방법으로 아크릴로니트릴을 값싸게 대량생산이 가능해져 아크릴섬유가 3대 합성섬유(＋나일론, 폴리에스테르)로 대두되었다.

$$2CH_2=CH-CH_3 + 2NH_3 + 3O_2 \longrightarrow 2CH_2=CH-CN + 6H_2O$$

2) 아세틸렌－시안수소법 : 아세틸렌과 시안화수소를 염화제일구리와 염화암모늄의 염산혼합용액을 촉매로 액상에서 합성하여 제조한다.

$$CH\equiv CH + HCN \longrightarrow CH_2=CH-CN$$

3) 옥시시안화법 : 에틸렌, 시안화수소, 산소를 1단으로 반응시켜 제조한다.

$$CH_2=CH_2 + HCN + \frac{1}{2}O_2 \xrightarrow{\text{Pd-HCl}} CH_2=CH-CN + H_2O$$

(2) **용도** : 아크릴섬유, 합성고무, 합성 수지의 제조원료로 사용된다.

5. 큐멘, 큐멘 과산화수소물, 페놀(cumene, cumene hydroperixyde and phenol)

(1) **큐멘(cumene)** : '이소프로필벤젠'으로, 페놀과 아세톤의 전구체(precursor)이다.

➡ 실제로 모든 큐멘은 페놀과 아세톤으로 전환되어 사용된다.

(2) **큐멘－페놀 공정의 개요**

$$C_6H_6 + CH_2=CH-CH_3 \longrightarrow C_6H_5CH(CH_3)_2 \xrightarrow[\text{[큐멘] 공기산화+산처리}]{} C_6H_5OH + CH_3COCH_3$$

1) 알킬화반응 : Friedel－Craft 알킬화반응을 한다.

기상 알킬화를 흔히 사용하며, $AlCl_3$, H_3PO_4, BF_3 촉매와 200~350℃ 그리고 10~15bar 의 조건에서 이루어진다.

2) 산화반응 : 큐멘은 130℃ 알칼리 수용액 존재하에서 공기 중의 산소와 반응하여 큐멘 과산 화수소물(cumene hydroperoxide)을 만든다.

① 큐멘과 수용액상의 접촉을 쉽게 하기 위해 유화제를 종종 첨가한다.

② 소다회는 pH를 유지하기 위해 첨가된다.

③ 코발트, 구리 혹은 망간과 같은 금속 촉매는 조촉매와 함께 사용될 수는 있으나, 일 반적으로 큐멘을 산화시켜 이산화탄소로 만들기 때문에 잘 사용하지 않는다.

(3) **큐멘－페놀 공정의 메커니즘**

(4) 큐멘의 활용 순차도

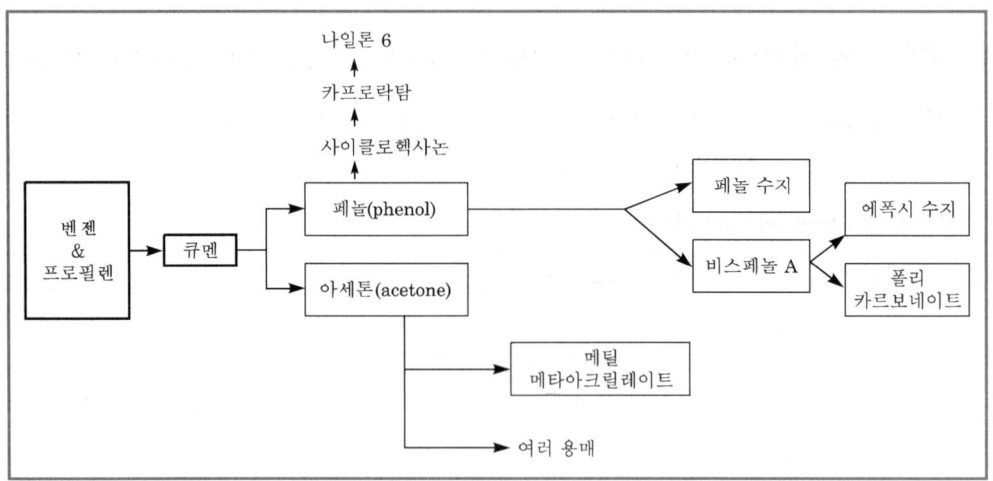

6. 아세톤과 이소프로판올

(1) 아세톤 : 큐멘−페놀 공정은 아세톤의 주 공급원이지만, 시장의 수요를 감안한다면, 다른 경로의 방법이 요구된다.

1) 이소프로판올의 제법 및 용도

① 프로필렌에 황산을 반응시켜 황산에스테르를 만든 후 가수분해시켜 제조한다.

$$CH_3-CH=CH_2+H_2SO_4 \longrightarrow CH_3-CH(OSO_3H)-CH_3 \xrightarrow{\text{가수분해}} CH_2CH(OH)CH_3+H_2SO_4$$

② 프로필렌의 직접수화반응 : 고체산 촉매로 프로필렌을 직접 수화시켜 제조한다.

$$CH_3-CH=CH_2 \ + \ H_2O \longrightarrow CH_2CH(OH)CH_3$$

③ 용도 : 아세톤제조의 중간체, 용제, 부동액, 소독제 등으로 쓰인다.
  ➡ 이소프로판올을 탈수반응시켜 큐멘공정에 사용이 가능한 프로필렌을 재생한다.

2) 이소프로판올로부터 아세톤의 생성

① 진한황산에 프로필렌을 흡수시켜 이소프로필황산염(isopropyl sulfate)을 만들고, 이를 가수분해시켜 이소프로판올을 생성한다.

② 산화적 탈수소반응이나 탈수소반응에 의해 아세톤을 형성한다.

$$CH_3 \ CH=CH_2 \xrightarrow[H_2SO_4]{H_2O} CH_3 \cdot CH \ CH_3 \ \Big|_{OH}$$

$$\xrightarrow[\text{Cat.}]{-H_2} CH_3 \cdot \overset{\displaystyle O}{\overset{\|}{C}}-CH_3 \quad \text{(탈수소)}$$

$$\xrightarrow[\text{Cat.}]{0.5\,O_2} CH_3 \cdot \overset{\displaystyle O}{\overset{\|}{C}}-CH_3 + H_2O \quad \text{(산화적 탈수소)}$$

이소프로판올

㉠ 이 중에서 탈수소공정(300~400℃, 3bar)이 더 선호되는데, 촉매는 산화아연 촉매나 500℃ 구리 또는 황동을 촉매로 사용한다. 수율이 90% 이상으로 좋다.

㉡ 산화적 탈수소는 은이나 구리 촉매상에서 400~600℃, 공기 존재하에 일어난다.

　➡ 탈수소는 흡열반응으로 부산물인 수소의 용도가 부족할 경우, 발열반응인 산화적 탈수소 경로가 더 가치있는 경로가 될 수 있다.

3) 용도 : 메틸메타아크릴레이트, 비스페놀 A 등의 합성원료 제조 시 사용된다.

(2) 메틸메타아크릴레이트(Methyl Methacrylate, MMA)

1) 전통적인 방법 : 아세톤과 HCN을 축합시켜 아세톤시아노히드린(acetone cyanohydrin)을 만든다. 그 후 니트릴기를 가수분해하여 아미드기로 만든 다음, 이를 에스테르화하면 메틸메타아크릴레이트가 만들어진다.

① 아세톤시아노히드린의 아세톤시아노히드린 황산염을 경유한 메타크릴아미드 황산염으로의 전환은 140℃ 온도에서 98% 황산에 의해 수행된다. 이 아미드는 메탄올과 80℃에서 반응하여 메틸메타크릴레이트를 생성한다.

② 이 공정의 주된 문제는 메틸메타크릴레이트 1톤당 1.5톤 가량의 암모늄바이설페이트(ammonium busulfate) 부산물이 생성되는 것이다. ⇒ 해결책 : ICI 공정(고온 열분해)

③ 아크릴로니트릴 제조 시 HCN이 약 21% 부생되는 문제도 있다.

$$
\underset{\text{ACETONE}}{CH_3CCH_3 \atop \overset{\|}{O}} + HCN \longrightarrow \underset{\substack{\text{ACETONE} \\ \text{CYANOHYDRIN}}}{CH_3-\overset{\overset{\textstyle CH_3}{|}}{\underset{\underset{\textstyle OH}{|}}{C}}-CN} \xrightarrow[90\sim130℃]{H_2SO_4} \left[CH_3-\overset{\overset{\textstyle CH_3}{|}}{\underset{\underset{\textstyle OSO_3H}{|}}{C}}-CN \right] + H_2O
$$

$$
\xrightarrow{H_2SO_4} \left[CH_3-\overset{\overset{\textstyle CH_3}{|}}{\underset{\underset{\textstyle OSO_3H}{|}}{C}}-CONH_2 \cdot H_2SO_4 \right] \longrightarrow \underset{\substack{\text{METHACRYLAMIDE} \\ \text{SULFATE}}}{CH_2=\overset{\overset{\textstyle CH_3}{|}}{C}-CONH_2 \cdot H_2SO_4} + H_2SO_4
$$

$$
\xrightarrow[2NH_4OH]{CH_3OH}
$$

$$
\underset{\text{METHYL METHACRYLATE}}{CH_2=\overset{\overset{\textstyle CH_3}{|}}{C}-COOCH_3} + 2NH_4HSO_4
$$

2) C$_4$ oxidation

$$
\underset{\text{\textit{tert}-BUTANOL}}{CH_3-\overset{\overset{\textstyle CH_3}{|}}{\underset{\underset{\textstyle CH_3}{|}}{C}}-OH} \text{ OR } \underset{\text{ISOBUTENE}}{CH_2=\overset{\overset{\textstyle CH_3}{|}}{C}-CH_3} \xrightarrow{O_2 \atop \text{CAT.}} \underset{\text{METHACROLEIN}}{CH_2=\overset{\overset{\textstyle CH_3}{|}}{C}-CHO} \xrightarrow{O_2 \atop \text{CAT.}} \underset{\substack{\text{METHACRYLIC} \\ \text{ACID}}}{CH_2=\overset{\overset{\textstyle CH_3}{|}}{C}-COOH} \xrightarrow{CH_3OH \atop \text{CAT.}} \underset{\substack{\text{METHYL} \\ \text{METHACRYLATE}}}{CH_2=\overset{\overset{\textstyle CH_3}{|}}{C}-COOCH_3}
$$

3) C₄ ammoxidation

$$
\underset{\text{ISOBUTENE}}{\overset{\overset{\displaystyle CH_3}{|}}{CH_2{=}C{-}CH_3}} \xrightarrow[\text{CAT.}]{NH_3,\ O_2} \underset{\substack{\text{METHACRYLO-}\\\text{NITRILE}}}{\overset{\overset{\displaystyle CH_3}{|}}{CH_2{=}C{-}CN}} \xrightarrow[H_2SO_4]{H_2O} \underset{\substack{\text{METHACRYLAMIDE}\\\text{SULFATE}}}{\overset{\overset{\displaystyle CH_3}{|}}{CH_2{=}C{-}CONH_2 \cdot H_2SO_4}} \xrightarrow[\text{CAT.}]{CH_3OH} \underset{\substack{\text{METHYL}\\\text{METHACRYLATE}}}{\overset{\overset{\displaystyle CH_3}{|}}{CH_2{=}C{-}COOCH}}
$$

4) 용도 : MMA는 폴리메틸메타아크릴레이트(PMMA)로 중합된다.

① MMA는 다른 아크릴 단량체와 함께 수성페인트용 에멀션을 만드는 데 쓰인다.

② 특수한 기능으로 사용되는 불포화에스테르에 첨가되는 스타이렌의 대체제로 사용된다.

③ 높은 굴절률과 넓은 임계각을 가지고 있어 굽어진(bending) 곳에서도 빛을 잘 전달할 수 있기 때문에, 광섬유나 광파이프 제조에 점차 필요성이 증대되고 있다.

> **참고** PMMA의 용도
>
> 창유리, 조명기구, 사인 그리고 열성형에 의해 만든 욕조와 같은 위생용품에 쓰이는 아크릴 시트, 창유리 대체재(투명한 PMMA).

7. 산화프로필렌(propylene oxide, CH₃C₂H₃O)

(1) 제법

1) 클로로히드린법 : 프로필렌에 HOCl을 반응시켜 'α-프로필렌클로로히드린'을 생성(90%) 후, 염기성 조건하에 제조한다.

$$
\begin{aligned}
&Cl_2 + H_2O \rightleftharpoons HOCl + HCl \\[4pt]
&CH_2{=}CHCH_3 + HOCl \longrightarrow CH_2ClCHOHCH_3(90\%) + CH_2OHCHClCH_3(10\%) \\[4pt]
&CH_2ClCHOHCH_3\ or\ CH_2OHCHClCH_3 + NaOH \longrightarrow H_2\overset{\displaystyle O}{\overset{\diagup\ \diagdown}{C-}}CHCH_3 + \underset{\text{(not balanced)}}{NaCl{+}H_2O}
\end{aligned}
$$

2) 아세트알데히드를 공기와 반응시켜 과아세트산을 만든 후, 프로필렌에 산화시켜 제조한다.

$$
CH_3CHO + O_2 \longrightarrow CH_3{-}CO{-}OOH \xrightarrow[\text{프로필렌}]{} H_2\overset{\displaystyle O}{\overset{\diagup\ \diagdown}{C-}}CHCH_3 + CH_3COOH
$$

3) 히드로퍼옥사이드(hydroperoxide)와 프로필렌을 반응시켜 산화프로필렌을 만드는 방법이다.

① 에틸벤젠을 산화시켜 에틸벤젠히드로퍼옥사이드(ethylbenzene hydroperoxide)를 만든다.

② 이를 프로필렌에 산화시켜 산화프로필렌을 생성한다.

③ 부생된 페닐메틸카비놀(phenylmethyl carbinol)을 탈수하여 스타이렌을 제조한다.

(2) 용도

  1) 프로필렌글리콜제조 시, 폴리프로필렌글리콜의 원료, 니트로셀룰로오스제조 시, 염화비닐

    제조 시, 비닐아세테이트제조 시 등에 사용된다.

  2) 계면활성제의 원료 제조 등에 사용된다.

8. 프로필렌글리콜(propylene glycol, CH₃-CH(OH)-CH₂(OH))

(1) **성질** : 상온에서 무색이며, 끓는점은 197℃ 정도이고, 정착성(定着性) 액체로 흡습성에 강

  하다. 단맛을 내며, 물에 잘 녹는다.

(2) **제법** : 산화프로필렌의 수화반응으로 제조된다.

$$CH_3-CH-CH_2 + H_2O \longrightarrow CH_3-CH-CH_2$$
$$\underset{O}{\diagup\diagdown} \qquad\qquad\qquad \underset{OH}{\,}\ \underset{OH}{\,}$$

(3) **용도** : 화장품, 의약품, 식품용, 불포화폴리에스테르 수지 등의 원료 및 부동액으로 쓰

  인다.

9. 부티르알데히드(butyraldehyde) : n-부탄알과 iso-부탄알

(1) **부티르알데하이드**

  1) 제법

    옥소합성법 : 프로필렌에 일산화탄소와 수소를 반응시키고, 촉매로 코발트와 활성이 높

    고 효율이 좋은 로듐을 사용하여 제조한다.

$$2CH_3-CH=CH_2 \ + \ 2CO \ + \ 2H_2$$
$$\longrightarrow \ \underset{n-Butyraldehyde}{CH_3CH_2CH_2CHO} \ + \ \underset{iso-Butyraldehyde}{CH_3CH(CH_3)CHO}$$

2) 용도 : 옥틸알코올 제조원료, 수소화시켜 n-부틸알코올과 이소부틸알코올을 만드는 데 쓰인다.

10. 프로필렌을 원료로 한 소규모 화학제품 제조

(1) 부틸알코올(butyl alcohol, CH₃CH(CH₃)CH₂OH)

1) 제법 : n-butyraldehyde, iso-butyraldehyde의 수소화로 제조한다.

$$CH_3CH_2CH_2CHO \ + \ H_2 \ \longrightarrow \ \underset{n-Butanol}{CH_3CH_2CH_2OH}$$
$$CH_3CH(CH_3)CHO \ + \ H_2 \ \longrightarrow \ \underset{iso-Butanol}{CH_3CH(CH_3)CH_2OH}$$

2) 용도 : 주로 용제, 염화비닐 수지의 가소제 원료, 이소부탄올은 윤활유 첨가제로 쓰인다.

(2) 염화알릴(allyl chloride, CH₂=CH-CH₂Cl)

1) 제법 : 공업적으로 프로필렌을 고온에서 염소화시켜 라디칼반응으로 제조한다.

$$CH_2=CH-CH_3 \ + \ Cl_2 \ \longrightarrow \ \underset{염화알릴}{CH_2=CH-CH_2Cl} \ + \ HCl$$

2) 용도

① 반응성이 우수해 글리세린, 에피클로로히드린 등의 합성용 중간체로 쓰인다.

② 에폭시 수지의 원료로 쓰인다.

(3) 글리세린(glycerine(glycerol), HOCH₂CH(OH)CH₂OH)

1) 제법

① 프로필렌에서 만든 염화알릴에 하이포아염소산(HOCl)을 부가시켜 디클로로히드린을 만들고 이것을 단계적으로 가수분해하여 제조한다.

$$CH_2=CHCH_2Cl \ + \ HOCl \ \longrightarrow \ \underset{[디클로로히드린]}{ClCH_2CH(OH)CH_2Cl} \ \underset{가수분해}{\longrightarrow} \ HOCH_2CH(OH)CH_2OH$$

② 산화프로필렌을 알릴알코올로 이성질화시킨 후, HOCl을 부가시켜 가수분해한다.

$$\underset{산화프로필렌}{CH_3C_2H_3O} \ \underset{(Li_3PO_4)}{\longrightarrow} \ \underset{알릴알코올}{CH_2=CHCH_2OH} \ \underset{(HOCl/H_2O, \ Na_2CO_3)}{\longrightarrow} \ \underset{글리세린}{(HO)CH_2CH(OH)CH_2(OH)}$$

③ 유지를 가수분해시켜 제조하기도 한다.

2) 용도 : 니트로글리세린, 화장품, 의약품, 합성 수지 등의 원료의 제조에 쓰인다.

(4) 에피클로로히드린(epichlorohydrin, $ClCH_2 - C_2H_3O$)

1) 제법

① 염화알릴을 염소화하여 디클로로히드린을 얻고 이것을 탈염화하여 얻는다.

$$CH_2=CHCH_3 \xrightarrow{HOCl} \begin{array}{c} ClCH_2CHOHCH_2Cl \\ + \\ ClCH_2CHClCH_2OH \end{array} \xrightarrow{Ca(OH)_2} H_2C-CHCH_2Cl + CaCl_2$$

② 산화프로필렌으로부터의 제법

$$CH_3-\underset{H}{C}-CH_2 \xrightarrow{Li_3PO_4} CH_2=CHCH_2OH \xrightarrow{Cl_2} CH_2ClCHClCH_2OH \xrightarrow{-HCl} ClH_2C-C-CH_2$$

Propylene oxide　　　　　　Allyl alcohol　　　　　2,3-dichloro-1-　　　　Epichlorohydrin
　　　　　　　　　　　　　　　　　　　　　　　　　hydroxypropane

③ 아크롤레인으로부터의 제법

$$CH_2=CHCHO \xrightarrow{Cl_2} CH_2ClCHClCHO \xrightarrow{H_2} CH_2ClCHClCH_2OH \xrightarrow{-HCl} ClH_2C-\underset{H}{C}-CH_2$$

Acrolein　　　　　　2,3-Dichloropropanal　　　　2,3-Dichloropropanol　　　　Epichlorohydrin

2) 용도

① 비스페놀 A와 반응하여 에폭시 수지를 만드는 데 쓰인다(주된 용도).
② 그 외 글리세린제조 중간체, 가소제, 안정제, 계면활성제에 쓰인다.

기출 및 예상 문제

01 다음 중 아크릴로니트릴(acrylonitrile)의 제법으로 가능한 것은?　　　　○ 06 국가직 9급(복원)

① 프로필렌의 암모니아산화법
② 프로필렌의 히드로-포밀화
③ 프로필렌의 수화반응
④ 프로필렌의 염소화반응

02 프로필렌을 공기중에 산화시킨 다음 알코올과 반응시키면, 얻어지는 생성물은?

① 프로판올(propanol)　　　　　　　② 아크릴산(acrylic acid)
③ 아크롤레인(acrolein)　　　　　　④ 아크릴산에스테르(acrylic ester)

03 아세톤의 제법과 관계없는 것은?   ● 02 서울시 9급(복원)

① 프로필렌의 산화   ② 큐멘법
③ 이소프로판올의 산화   ④ 이소프로필벤젠

04 올레핀과 CO와 H₂를 촉매하에서 반응시켜 탄소수가 하나 더 증가된 알코올을 얻는 공정은 어느 것인가?

① Wacker 공정   ② Reppe 공정
③ cumene-phenol 공정   ④ oxo 공정

05 다음은 큐멘법에 의해 페놀을 생산하는 공정과 관계없는 것은?

① 이소프로필벤젠(isopropyl benzene)
② 아세톤(acetone)
③ 산화반응(oxidation)
④ 옥소반응(oxo reaction)

06 다음 중 에피클로로히드린(epichlorohydrin)과 관련이 없는 것은?

① 염화알릴을 염소화하여 디클로로히드린을 얻는다.
② 산화프로필렌으로부터 알릴알코올을 얻고 이를 염소화시킨다.
③ 아크릴에스테르를 염소화시킨다.
④ 비스페놀 A와 반응시켜 에폭시 수지를 만든다.

정답 및 해설

01 ①

해설 ** 프로필렌의 히드로-포밀화반응은 버터알데히드를 생성하는 반응이다. 그리고 프로필렌의 염소화반응을 통해 보통 염화알릴을 제조하여 이를 에피클로로히드린이나 알릴알코올로 만들어 글리세린을 생성하는 데 사용된다. 그리고, 프로필렌의 수화반응으로 이소프로필 알코올을 만들어 아세톤을 생성하는 데 사용된다. 프로필렌 합성계통 트리를 확인하자.

> **참고** 아크릴로니트릴의 일반적 제법 3가지
>
> (1) Sohio법(ammoxidation) : 프로필렌, 암모니아, 공기를 촉매하에 반응시킨다.
> (2) 아세틸렌 – 시안수소법 : 아세틸렌과 시안화수소를 염산혼합 용액을 촉매로 합성한다.
> (3) 옥시시안화법 : 에틸렌, 시안화수소, 산소를 1단으로 반응시켜 제조한다.

02 ④

해설 프로필렌을 산화시켜, 산화프로필렌을 얻는다. 이를 계속 산화시키면, 아크릴산이 얻어진다. 여기서 알코올과 반응시키면 아크릴산에스테르이다.

> $CH_2=CH-CH_3$ (산화) → $CH_2=CH-CHO$ → $CH_2=CH-COOH$ 아크릴산
>
> $CH_2=CH-COOH + ROH → CH_2=CH-COOR$ 아크릴산에스테르 $+ H_2O$

03 ④

해설 아세톤의 제법은 일단 이소프로판올을 만드는 것이다. 프로필렌의 산화란, 프로필렌을 촉매하에서 직접 수화반응시켜 아세톤을 만들 수 있다. 중간체로 이소프로판올이 생성된다. 그리고 아세톤은 큐멘 – 페놀 공정의 부산물로 얻어진다. 그러나, 이소프로필벤젠(큐멘)은 아세톤의 제법과는 직접적인 관련이 없으며, 큐멘 – 페놀 공정의 중간체이다.

04 ②

해설 Reppe 공정이란, 올레핀+CO+H₂O을 철카르보닐 촉매하에 트리메틸아민(trimethyl amine) 용매를 사용하여 반응시켜 알코올을 합성하는 방법이다. 이 방법의 특징은 옥소공정에 비해 반응 압력이 10배나 낮은 상태에서도 반응이 가능하다는 점이다.

05 ④

해설 큐멘 – 페놀 공정이란 ① 벤젠과 프로필렌의 알킬화반응(프리델 – 크래프트 알킬화, 촉매 $AlCl_3$), ② 이소프로필벤젠의 생성(큐멘), ③ 산화공정(큐멘 히드로페록사이드의 생성), ④ 산촉매를 이용한 shift반응, ⑤ 페놀의 생성 및 아세톤의 부생 이상을 반드시 알아두기 바란다.

06 ③

해설 아크릴산에스테르가 아니라 아크롤레인이다. 아크롤레인을 염소화시키면 2,3 – 디클로로프로판알을 얻는다. 다음 이를 수소화하면 2,3 – 디클로로프로판올에서 HCl을 잃어 에피클로로히드린을 얻는다.

제30주 C₄ 및 C₅ 유분으로부터 유도체

1. C₄ 유분(fractions)

(1) C₄계 유분의 조성(부피 %)

구 분	C₃	n-부탄	이소부탄	이소부텐	1-부텐	2-부텐	부타디엔	C₅, 기타
구성비(%)	0.5	3	1	23	14	11	47	0.5

나프타의 분해로 얻어진 C₄ 유분은 일반적으로 위와 같은 구성을 가진다. 불포화탄화수소가 많으며, 포화탄화수소는 적다. 이들의 분별공정 증류에 의해 2가지 흐름을 가진다.

1) 비점에 따라 비점이 낮은 흐름 집합인 이소부탄(-11.7℃), 이소부텐(-6.9℃), 1-부텐 (-6.3℃), 1,3-부타디엔(-4.4℃)은 따로 분리한 후, 추출에 의해 각 성분을 분리한다.
2) 비점이 상대적으로 높은 n-부탄(-0.5℃)과 2-부텐(0.8~3.7℃)은 퍼퓨랄(furfural) 용제로 추출한다.

➡ 천연가스, 나프타 분해 시 생성되는 C₄ 유분을 B-B유분(부탄-부틸렌 유분)이라고도 한다.

(2) C₄ 유도체 상호 간 전환

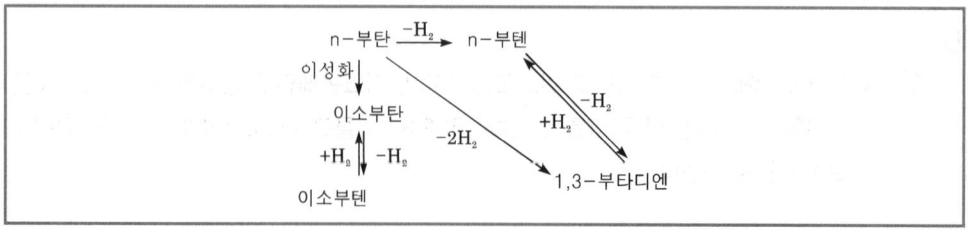

(3) C$_4$계 흐름의 분리

구 분	① 혼합된 C$_4$	② 추출증류	③	수화반응(+물)	④	분별 또는 추출 증류
				MTBE 합성(+메탄올)		분자체 흡착
부타디엔	○	butadiene의 분리				
이소부텐	○	○		isobutene의 분리		
1-부텐	○	○		○		1-butene의 분리
2-부텐	○	○		○		○
		추잔물 I		추잔물 II		추잔물 III

(4) 직쇄(straight) C$_4$ 탄화수소의 최대 용도는 부타디엔과 스타이렌의 공중합에 의한 합성고무의 제조이다. 기타 C$_4$ 올레핀도 중합용 모노머로 많이 상용된다.

2. 부타디엔(butadiene)의 이용

(1) 부타디엔의 제조 : 추출증류법

1) 나프타 분해물 중의 C$_4$ 유분으로부터 추출용제를 사용하여 분리한다.

> **참고** 부타디엔 분리에 사용되는 용제
> - NMP법 : N-메틸 피로리돈
> - 아세트산동 암모니아 수용액
> - GPB법 : 디메틸포름아미드(DMF)를 용제로 사용하여, 한 성분과의 친화성이 강한 용제를 가해 증류하는 방식으로, 다른 성분은 먼저 유출되므로 추출과 같은 결과를 낳는 방법이다.

2) n-부탄이나 사슬의 부텐을 탈수소시켜 얻는다. 탈수소반응은 어느 것도 흡열반응이고, 600~680℃의 온도로 진행한다. n-부탄에서는 Al$_2$O$_3$-Cr$_2$O$_3$를 촉매로 하고, 1-부텐 또는 2-부텐에서는 Fe$_2$O$_3$, Cr$_2$O$_3$, CuO, K$_2$O 등을 주성분으로 하는 촉매를 사용한다.

$$CH_3CH_2CH_2CH_3 \xrightarrow[Al_2O_3-Cr_2O_3]{-2H_2,\ 650℃} CH_2=CHCH=CH_2$$

$$\left.\begin{array}{l} CH_2=CHCH_2CH_3 \\ CH_3CH=CHCH_3 \end{array}\right\} \xrightarrow[Fe_2O_3,\ Cr_2O_3,\ K_2O]{-H_2,\ 560℃} CH_2=CHCH=CH_2$$

(2) 부타디엔의 용도

구 분	스타이렌-부타디엔 고무(SBR)	폴리부타디엔 고무(PBR)	헥사메틸디아민 (HDMA)	스타이렌-부타디엔 라텍스(SBLatex)	ABS 수지	기타
구성비(%)	27	25	14	11	5	18

(3) **스타이렌 – 부타디엔고무(styrene – butadiene rubber)** : 고무와 폴리부타디엔고무 (polybutadiene rubber) 그리고 ABS 수지는 고분자 분야의 '합성고무'와 '합성수지' 분야 에서 정리한다.

(4) **아디포니트릴(adiponitrile, $NC(CH_2)_4CN$)**

　　1) 제법

　　　① 부타디엔을 염소화시켜 디클로로부텐을 만들고, 염화제일구리 촉매하에서 시안화나 트륨, 시안화수소와 반응한 후 수소를 첨가하면 제조된다.

$$CH_2=CH-CH=CH_2 \ + \ Cl_2$$
$$\longrightarrow \ [ClCH_2-CH=CH-CH_2Cl \ + \ ClCH_2-CH(Cl)CH=CH_2]$$
$$\xrightarrow[(2HCN)]{} \ NCCH_2CH_2CH=CHCN \xrightarrow[(NaOH[이성질화])]{} \ NCCH_2CH=CHCH_2CN \xrightarrow[(H_2)]{} \ NC(CH_2)_4CN$$

　　　② 아디프산의 증기와 암모니아를 혼합하여 촉매하에 반응한다.

$$HOOC(CH_2)_4COOH \ + \ 2NH_3 \longrightarrow \ NC(CH_2)_4CN \ + \ 4H_2O$$

　　　③ Sohio법에 의해 생산된 아크릴로니트릴(acrylonitrile)을 전해 환원시켜 이합체화 (dimerization, 이량화)하여 제조한다.

$$\cdot \text{해반응 : (음극) } 2CH_2=CHCN \ + \ 2H^+ \ + \ 2e^- \longrightarrow \ NC(CH_2)_4CN$$
$$\text{(양극) } H_2O \longrightarrow \ 2H^+ \ + \ \frac{1}{2}O_2 \ + \ 2e^-$$
$$\cdot \text{전체반응 : } 2CH_2=CHCN \ + \ H_2O \longrightarrow \ NC(CH_2)_4CN \ + \ \frac{1}{2}O_2$$

　　2) 용도 : 헥사메틸렌디아민(나일론 6,6의 주원료)의 합성의 원료로 쓰인다.

(5) **아디포니트릴의 유도체와 활용**

　　1) 헥사메틸렌디아민(hexamethylenediamine, HMDA)

　　　① 제법 : 아디프산을 암모니아와 반응시켜 암모늄에디페이트(ammonium adipate)를 만든 후, 탈수시켜 생성된 아디포니트릴을 액상에서 수소화시켜 제조한다.

$$HOOC-(CH_2)_4-COOH \xrightarrow{2NH_3} [NH_4OOC-(CH_2)_4-COONH_4] \xrightarrow{-2H_2O}$$

Adipic acid　　　　　　　　　　　Ammonium adipate

$$\left[H_2N-\overset{O}{\underset{}{\overset{\|}{C}}}-(CH_2)_4-\overset{O}{\underset{}{\overset{\|}{C}}}-NH_2 \right] \xrightarrow{-2H_2O} N{\equiv}C-(CH_2)_4-C{\equiv}N \xrightarrow{4H_2} H_2N-(CH_2)_6-NH_2$$

Adipamide　　　　　　　　　　Adiponitrile　　　　　　　　Hexamethylenediamine

2) 아디프산(adipic acid)

① 제법

    ㉠ 1단계는 디코발트옥타카보닐($Co_2(CO)_8$)/퀴놀린(C_9H_7N, quinoline) 촉매하에 일산화탄소와 메탄올을 600bar, 120℃ 반응시켜 methyl 3 petenoate를 얻는다.

    ㉡ 2단계는 185℃로 온도를 올리고, 30bar 압력을 낮추어 CO와 CH_3OH를 촉매와 반응시킨다.

$$CH_2=CH-CH=CH_2 + CO + CH_3OH \xrightarrow{cat.} CH_3CH=CHCH_2COOCH_3$$
$$\text{Methyl 3-pentenoate}$$

$$CH_3CH=CHCH_2COOCH_3 + CO + CH_3OH \xrightarrow{cat.} CH_3OOC(CH_2)_4COOCH_3$$
$$\text{Dimethyl adipate}$$

$$CH_3OOC(CH_2)_4COOCH_3 + 2H_2O \xrightarrow{H^+} HOOC(CH_2)_4COOH + 2CH_3OH$$
$$\text{Adipic acid}$$

> **참고** 나일론 6,6 : 아디프산과 헥사메틸디아민의 합성
>
> $$HOOC(CH_2)_4COOH + H_2N(CH_2)_6NH_2 \longrightarrow +OC(CH_2)_4CONH(CH_2)_6NH+_n$$
> $$\text{Adipic acid} \quad\quad \text{Hexamethylenediamine} \quad\quad\quad \text{Nylon 6,6}$$

3. 이소부텐(isobutene)의 이용

MTBE, TAME, 부틸고무, BHT, BHA, Ziegler-Natta 촉매

(1) 휘발유의 옥탄가 향상제 : MTBE, TAME

1) 메틸 t-부틸이테르(methyl tert-butyl ether, MTBE) : n-부탄을 이성화시켜 이소부탄을 만들고, 이를 탈수소화시켜 이소부텐을 만든다. 이소부텐을 메탄올과 함께 촉매하에서 반응시켜 제조한다.

$$CH_3-\underset{\underset{CH_2}{|}}{C}=CH_2 + CH_3OH \xrightarrow{cat.} CH_3-\underset{\underset{CH_3}{|}}{\overset{\overset{CH_3}{|}}{C}}-O-CH_3$$
$$\text{Isobutene} \quad\quad \text{Methanol} \quad\quad \text{Methyl } \textit{tert}\text{-butyl ether}$$

2) t-아밀메틸이테르(tert-amyl methyl ether, TAME) : 접촉분해에서 얻어진 이소알켄을 이용해, 메탄올을 첨가하여 촉매(Pd 담지)하에 반응한다.

$$\underset{H_3C}{\overset{H_3C}{>}}CH-CH=CH_2 \xrightarrow{cat.} \underset{H_3C}{\overset{H_3C}{>}}CH=CH-CH_3 \xrightarrow{CH_3OH} CH_3\underset{\underset{CH_3}{|}}{\overset{\overset{OCH_3}{|}}{C}}-CH_2CH_3$$
$$\text{3-Methyl-1-butene} \quad\quad \text{2-Methyl-2-butene} \quad\quad \text{TAME}$$

(2) 식품산화방지제 : BHT, BHA

1) BHT(Butylated Hydroxy Toluene)

2) BHA(Butylated Hydroxy Anisole)

(3) Ziegler – Natta 촉매의 제조

$$3CH_2=C(CH_3)-CH_3 \xrightarrow{(Al/Fe)} [(CH_3)_2CH_2CH_2]_3Al$$
트리이소부틸알루미늄

4. 부틸알코올(butyl alcohol, CH₃CH₂CH₂CH₂OH)과 그의 유도체

(1) n – 부탄올의 제법

1) 아세트알데히드에 묽은 알칼리를 반응시켜 알돌 축합반응으로 크로톤알데히드를 생성시키고 이것을 수소화반응시켜 제조한다.

$$2CH_3CHO \xrightarrow{알칼리} CH_3CH(OH)CH_2CHO \xrightarrow{탈수} CH_3-CH=CH-CHO$$
크로톤알데히드

$$CH_3-CH=CH-CHO + 2H_2 \longrightarrow CH_3CH_2CH_2CH_2OH$$
부틸알코올

2) 고압에서 코발트계 촉매하에 프로필렌에 일산화탄소 및 수소를 첨가시킴으로써 제조한다.

$$CH_3CH=CH_2 + CO + H_2 \longrightarrow CH_3CH_2CH_2CHO \xrightarrow{(H_2)} CH_3CH_2CH_2CH_2OH \text{ (옥소법)}$$

3) 프로필렌과 물 및 일산화탄소를 촉매로 사용하여 제조한다.

$$CH_3CH=CH_2 + 3CO + 2H_2O \longrightarrow CH_3CH_2CH_2CH_2OH + 2CO_2 \text{ (Reppe법)}$$

(2) 2차 부틸알코올의 제법 : B−B 유분을 이용해 황산법으로 제조한다.

$$CH_3CH_2CH=CH_2 + H_2SO_4 \longrightarrow CH_3CH_2CH(OSO_3H)CH_3 \xrightarrow{(H_2O/-H_2SO_4)} CH_3CH_2CH(OH)CH_3$$

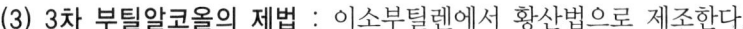

(3) 3차 부틸알코올의 제법 : 이소부틸렌에서 황산법으로 제조한다.

$$H_3C-\underset{\underset{CH_2}{\|}}{\overset{\overset{CH_3}{|}}{C}} \xrightarrow{H_2SO_4} H_3C-\underset{\underset{OSO_3H}{|}}{\overset{\overset{CH_3}{|}}{C}}-CH_3 \xrightarrow[-H_2SO_4]{H_2O} H_3C-\underset{\underset{OH}{|}}{\overset{\overset{CH_3}{|}}{C}}-CH_3$$

(4) 부틸알코올의 용도 : 용제, 가소제, 도료, 메틸에틸케톤의 원료, 유용성 페놀 수지의 원료 등으로 쓰인다.

 제30-2주제　C₅ 유분으로부터 유도체

1. C₅ 유분의 분리
2. 이소프렌(isoprene)의 이용
3. 사이클로펜타디엔과 디사이클로펜타디엔(iso-butene)의 이용

5. C₅ 유분

(1) 일반적인 C₅ 분급물의 구성

구 분	n-펜탄	이소펜탄 (메틸부탄)	n-펜텐	이소펜텐	이소프렌	시클로펜탄	디시클로펜탄	펜타디엔
구성비(%)	21.2		5.6	12.6	19.5	4.6	21.5	13.7

(2) C₅계 유분의 분리

1) 시클로펜타디엔을 디시클로펜타디엔으로 Diels-Alder 반응시켜 분리한다(고비점이 된다).

　　　Cyclopentadiene　　　　Dicyclopentadiene　　　　Endo form

2) 디올레핀과 아세틸렌의 화합물을 비양성자성 용매로 추출증류한다.

3) 탑 하부흐름을 연속적으로 증류하면 이소프렌, 아세틸렌(C₅), 다른 디올레핀, 용매가 분리되고, 사용된 용매는 순환된다.

4) 탑 상부흐름도 연속된 증류에 의해 분리되고, 특히 2-methyl-2-butene은 황산하에 메탄올과 반응시켜 TAME를 얻을 수 있다.

$$(CH_3)_2C=CHCH_3 + CH_3OH \longrightarrow (CH_3)_2C(OCH_3)CH_2CH_3$$
　　2-Methyl-2-butene　　　　　　　　　　　　TAME

6. 이소프렌(isoprene, $CH_2=C(CH_3)-CH=CH_2$)

(1) 제법

1) 아세틸렌과 아세톤을 KOH 촉매하에 반응시켜 2-메틸-3-부티놀-2를 만들고, 이를 수소화시켜 생성된 부텐계를 탈수하면 이소프렌(isoprene)을 얻을 수 있다.

$$HC{\equiv}CH + CH_3-\overset{CH_3}{\underset{}{C}}=O \longrightarrow CH_3-\overset{CH_3}{\underset{OH}{C}}-C{\equiv}CH \xrightarrow{H_2} CH_3-\overset{CH_3}{\underset{OH}{C}}-CH=CH_2 \xrightarrow{-H_2O} CH_2=\overset{CH_3}{\underset{}{C}}-CH=CH_2$$

Acetylene　Acetone　2-Methyl-3-butynol-2　2-Methyl-3-butenol-2　Isoprene

2) C_5계 탄화수소를 탈수소반응시켜 제조한다 : C_5 유분 속에 들어있는 이소펜탄, 이소펜텐을 산화철, 알루미나-산화 크롬 촉매를 사용해 탈수소반응으로 제조한다.

$$H_3C-\overset{CH_3}{\underset{}{C}}=CH_2 + CH_3CH=CHCH_3 \xrightarrow[-CH_2=CHCH_3]{cat.} H_3C-\overset{CH_3}{\underset{}{C}}=CHCH_3 \xrightarrow{-H_2} H_2C=\overset{CH_3}{\underset{}{C}}-CH=CH_2$$

Isobutene　2-Butene　2-Methyl-2-Butene　Isoprene

3) 몰리브덴, 텅스텐, V_2O_5 촉매하에 MTBE를 공기산화하여 제조한다.

$$H_3C-\overset{CH_3}{\underset{CH_3}{C}}-OCH_3 \xrightarrow[cat.]{\frac{1}{2}O_2} H_2C=\overset{CH_3}{\underset{}{C}}-\overset{}{\underset{H}{C}}=CH_2 + 2H_2O$$

MTBE　Isoprene

4) 프로필렌 이량체(dimer)의 열분해(pyrolysis)에 의해 제조한다.

$$2CH_2=CHCH_3 \xrightarrow{이량화} H_2C=\overset{CH_3}{\underset{}{C}}-CH_2CH_2CH_3 \xrightarrow{이성화} H_3C-\overset{CH_3}{\underset{}{C}}=CHCH_2CH_3 \xrightarrow[-CH_4]{열분해} H_2C=\overset{CH_3}{\underset{}{C}}-CH=CH_2$$

2-Methyl-1-pentene　2-Methyl-2-pentene　Isoprene

5) 이소부틸렌과 포름알데히드의 프린스(Prins)반응에 의해 제조한다.

$$CH_3-\overset{CH_3}{\underset{}{C}}=CH_2 + 2HCHO \longrightarrow \overset{H_3C}{\underset{H_3C}{>}}C\overset{CH_2-CH_2}{\underset{O-CH_2}{<}}O \longrightarrow CH_2=\overset{CH_3}{\underset{}{C}}-CH=CH_2 + HCHO + H_2O$$

4,4-Dimethyl-m-dioxane　Isoprene

➡ Prins 반응 : 올레핀과 HCHO의 반응에 대하여 모노디옥센(m-dioxane)을 합성하는 반응이다.

(2) 이소프렌의 용도

1) 오래 전부터 천연고무를 구성하고 있는 단위분자로 알려져 있다. 무색의 액체로서 약한 자극적 냄새를 지닌다.
2) 'cis-1,4-폴리이소프렌'인 합성 천연고무의 제조원료로 이용된다.
3) 부틸고무의 공중합 원료로 사용된다.

7. 사이클로펜타디엔과 디사이클로펜타디엔

(1) 사이클로펜타디엔(cyclopentadiene)

1) 공급원

① 사이클로펜타디엔은 납사의 가혹한 수증기 분해에서 얻어지는 C$_5$ 올레핀 분급물의 15~25%를 차지한다.

② 가스 오일 분해 시의 주된 올레핀이며, 코크스 오븐에서 얻어지는 증류물에서도 얻는다.

(2) 용도

1) 저분자량 소중합체(2,000 이하)로, 열가소성 물질의 접촉 접착제, 인쇄용 잉크로 사용된다.

① **직쇄 지방족** : 피페릴렌과 펜텐을 포함하는 불포화 C$_5$ 유분으로부터 만들어진다.

② **고리형 지방족** : 직쇄 지방족과 사이클로펜타디엔을 포함하는 혼합물이다.

2) 불포화 폴리에스테르 수지의 제조에 사용된다.

Cyclopentadiene   Hexachlorocyclopentadiene   Chlorendic anhydride

➡ 사이클로펜타디엔의 액상 염소화는 헥사클로로사이클로펜타디엔을 생성하는데, 이는 무수말레산과 디엘스－앨더 반응을 수행하여 소위 클로레딕무수물(chloredic anhydride)이라 불리는 물질을 생성한다. 이는 불포화폴리에스테르 수지에서 내염제로 사용된다.

(3) 디사이클로펜타디엔(dicyclopentadiene)

1) 반응성을 달리하는 두 개의 이중결합을 가지고 있어, 에틸렌－프로필렌 디엔 탄성체의 단량체로 사용된다.

Cyclopentadiene   Butadiene   5-Ethylidenenorbornene

정리 propylene과 oxo 및 Reppe 합성법

1. oxo 합성법과 프로필렌
   (1) 옥소합성법
   ① 반응물 : 올레핀 + CO + H_2 & 촉매 : $[Co(CO)_4]_2$
   ② 반응조건 : 온도 100~160℃, 압력 200~300atm
   ③ 생성물 : 탄소수가 하나 더 증가된 알데히드(aldehyde) 화합물을 얻는다.
   (2) 반응기구(프로필렌)

   $$CH_2=CH-CH_3 + [Co(CO)_4]_2 \rightarrow Co(CO)_7[CH_3-CH=CH_2] + CO$$
   $$Co(CO)_7[CH_3-CH=CH_2] + H_2 \rightarrow Co_2(CO)_6 + \mathbf{CH_3-CH_2CH_2-CHO}$$
   $$Co_2(CO)_6 + 2CO \rightarrow [Co(CO)_4]_2$$

   ➡ 위 반응에서와 같이 n-부티르알데히드와 이소부티르알데히드가 거의 7 : 3의 비율로 생성된다. 이 알데히드는 다시 환원시켜 부탄올로 된다.
   (3) n-부티르알데히드의 반응

   $$CH_3CH_2CH_2-CHO \begin{cases} (+H_2) \rightarrow CH_3CH_2CH_2CH_2-OH \text{ 부탄올} \\ \rightarrow 2-ethyl\ hexanol \end{cases}$$

   (4) iso-부티르알데히드의 반응

   $$CH_3CH(CH_3)-CHO \rightarrow (CH_3)_2CHCH_2-OH \text{ 이소부탄올}$$

   (5) 헵텐(heptene, C_7H_{14})과 옥소합성법
   ① 먼저 프로필렌과 부틸렌을 반응시켜, 헵텐을 얻는다.
   ② 이 헵텐을 옥소반응($CO+H_2$)시키면, 옥탄올(octanol)을 얻는다.
   ③ 그리고 이 옥탄올을 수소화시켜, sec-octanol로 만들어 주로 사용한다.
2. Reppe 합성법과 프로필렌
   (1) 레페합성법
   ① 반응물 : 올레핀 + CO + H_2O & 촉매 : 철카르보닐 촉매
   ② 반응조건 : 용매 트리메틸아민(trimethyl amine)
   ➡ 이 방법은 옥소합성법보다 압력이 10배 정도 낮은 상태에서도 반응시킬 수 있다.
   ③ 생성물 : 프로필렌-부틸알코올(butyl alcohol) (cf 에틸렌-프로필알코올, 부틸렌-아밀알코올)
   (2) 반응기구(예 프로필렌)

   $$CH_2=CH-CH_3+3CO+2H_2O \begin{cases} CH_3CH_2CH_2CH_2OH\ (85\%) \\ CH_3CH(CH_3)CH_2OH\ (15\%)+2CO_2+5kcal \end{cases}$$

 기출 및 예상 문제

01 올레핀에 H$_2$O와 CO를 철카르보닐 촉매와 트리에탄올이민 용매 내에서 반응시기면, 탄소가 1개가 더 증가된 알코올을 얻을 수 있다. 이 반응을 무엇이라 하는가?

① Friedel−Craft 아실화반응　　② oxo 반응

③ Reppe 반응　　④ Diels−Alder 반응

02 n−부탄이나 n−부텐을 부타디엔으로 전환시킬 때 일어나는 반응은 무엇인가?

⊙ 97 서울시 9급 (변형)

① 산화반응　　② 탈수소반응

③ 가수분해반응　　④ 옥소합성반응

03 아크릴로니트릴(acrylonitrile)의 전기분해 이합체화(dimerization)에 의해 생성되며, 나일론 6,6의 원료인 헥사메틸렌디아민(hexamethylenediamine)을 만드는 데 쓰이는 물질은?

① 아디프산(adipic acid)　　② 아세토니트릴(acetonitrile)

③ 아크롤레인(acrolein)　　④ 아디포니트릴(adiponitrile)

04 다음 두 반응에서 공통적으로 일어나는 반응은?

① 프리델−크래프트반응(Friedel−Craft rxn)

② Mannich 반응(Mannich rxn)

③ 알돌 축합반응(aldol condensation rxn)

④ 디엘스−앨더반응(Diels−Alder rxn)

05 다음 중 가솔린에 잘 녹는 고체로, 옥탄가 향상제로 사용 가능한 것은?

① PCB(Polychlorinated Biphenyl)　　② BHA(Butylated Hydroxyanisole)

③ BHT(Butylated Hydroxy Toluene)　　④ MTBE(Methyl Tert−Butyl Ether)

정답 및 해설

01 ③

유형 n-부탄올의 제조(Reppe법)

해설 1952년 Reppe(레페)가 고안한 법으로서, 프로필렌으로부터 n-부탄올 제조 시 사용하는 방법이다. ②의 옥소반응은 'CO+H_2'를 작용시켜 탄소수가 1개 더 많은 알데히드 생성을 목적으로 하는 반응이다.

02 ②

유형 부타디엔 제조반응

해설 n-부탄에서는 수소 2분자를 제거시키고, n-부텐에서는 수소 1분자를 제거시켜 부타디엔을 만든다. 이는 탈수소(dehydrogenation) 반응이다.

03 ④

유형 헥사메틸렌디아민의 제조

해설 아크릴로니트릴의 Sohio법에서 전기분해에 의해 이합체화에 의해 생성되는 것은 아디포니트릴(프로펜니트릴, $CH_2=CH-C\equiv N$)이다. 이는 아디프산과 합성하여 나일론 6,6를 만든다.

04 ④

유형 부타디엔의 반응 특성 > 디엘스-앨더반응

해설 디엘스-앨더반응은 1,3-부타디엔과 같은 두 개의 이중결합을 가진 경우 말레산무수물과 반응하여 합체화되는 것을 말한다.

05 ④

유형 옥탄가 향상제(MTBE, TAME, tert-부탄올 등의 산소가 포함된 첨가제)

해설 옥탄가 향상제로 시중에 "소-한방"이라는 제품이 있다. 이런 것과 같이 가솔린의 안티노킹을 방지하여 옥탄가를 2차적으로 향상시켜 주는 첨가제이다. 이 첨가제들의 구조적인 특징인 4차적인 구조를 하며, 산소를 포함하여 반응성이 좋다는 점이다. 여기에는 MTBE, TAME, tert-부탄올이 있다.

제 31 주

벤젠(benzene)으로부터 유도체

제31주제   벤젠으로부터 유도체

1. 벤젠의 공급원과 활용
2. **페놀(phenol)** : 페놀 수지, 폴리아미드계 수지의 원료, bisphenol A, 시클로헥산의 제조
3. **사이클로헥산(cyclohexane)** : 아디프산, HMDA, ε−caprolactam 등의 나일론 섬유 및 수지의 제조 원료
4. **아닐린(aniline)** : 디이소시아네이트(MDI의 제조)
5. **기타** : 알킬벤젠, 염화벤젠, 말레산무수물 등

1. 벤젠의 공급원

(1) 나프타의 접촉개질

1) 대부분의 벤젠은 나프타의 접촉개질로부터 얻어진다.

접촉개질 시에는 벤젠, 톨루엔, 자일렌의 혼합물(BTX)이 얻어진다.

2) 석탄으로부터 코크스로의 전환 시에 휘발성 부산물로 얻어진다.

① 석탄의 증류액으로부터 얻을 수 있는 벤젠의 양은 제철용에서 요구되는 코크스의 양 정도이다.

② 이는 제거가 어려운 티오펜(thiophene)과 같은 부산물들이 포함되어 있어, 많은 용도로 활용하기에 부적절하다.

(2) 벤젠의 주용도

1) 에틸벤젠의 합성에 사용된다.(**예** 전체의 55% 정도)

2) 큐멘의 생산에 사용된다.(**예** 전체의 23% 정도)

3) 나머지는 사이클로헥산, 세제 알킬레이트, 니트로벤젠 등에 사용된다.

2. 페놀(phenol)

(1) 페놀의 제조 공정들

1) 큐멘-페놀 공정 : 프로필렌 유도체에서 다루었다.

2) 벤젠을 술폰화시킨 후, 이를 알칼리에 융해시켜 페놀을 제조하는 방법이다.

3) 벤젠을 염소화시켜 클로로벤젠(chlorobenzene)을 만든 후, 클로로벤젠을 다시 탄산나트륨 또는 수산화나트륨을 사용하여 페놀의 나트륨염 형태로 가수분해시키는 방법이다.

4) 이 방법은 상기 3)의 방법을 개량한 것으로, 알루미나를 담체로 한 구리를 촉매로 하여 공기와 염화수소를 벤젠에 가해 염소화시키고, 이를 인산칼륨($Ca_3(PO_4)_2$)을 조촉매로 한 구리 촉매 위에서 알칼리 용액으로 가수분해시켜 페놀을 만든다.(Rasching법)

5) 톨루엔을 산화시켜 벤조산을 만든 후, 이를 촉매하에 공기를 가해 분해시킨다.

(2) 페놀류의 벤젠고리반응

1) 브롬화반응

① 하이드록시 그룹은 강력한 활성화 그룹이며, 친전자성 치환반응에서 ortho-para 지향기이다.

② 페놀 자체는 브로민의 수용액과 반응하여 2,4,6-트리브로모페놀을 거의 정량적으로 형성한다. 매우 활성화된 고리의 브롬화반응에서 Lewis 산이 필요하지 않다.

③ 페놀의 일브롬화반응은 브로민의 친전자성 반응도를 감소시키는 조건인 이황화탄소 용액 안에서 저온으로 반응시키면 된다. 주 생성물은 para 이성질체이다.

2) 니트로화반응 : 페놀은 묽은질산과 반응하여 o-와 p- 니트로페놀의 혼합물을 만든다.

3) 술폰화반응 : 페놀은 진한황산과 반응할 때 25℃에서 반응을 수행하면 ortho-술폰화 생성물이, 100℃에서 반응을 수행한 para-술폰화 생성물이 얻어진다.

4) **Kolbe 반응** : 펜옥시화(phenoxide) 이온고리의 반응성을 이용한 반응으로, 일반적인 반응의 형태(다음 반응에서 CO_2가 친전자체이다.)는 다음과 같다.

펜옥시화이온

살리실산

(3) 페놀 유도체

1) 페놀의 용도 : 페놀 수지(35%), 비스페놀 A(28%), 카프로락탐(15%) 등

2) 페놀 수지(phenol resin)의 특성

① 우수한 내화학성, 열저항성, 내수성을 갖고 있으며, 절연성이 뛰어나고, 높은 표면 강도와 안정성을 갖고 있으며, 값이 저렴하다.

② 자동차, 전기, 기계, 접착제 산업의 요구에 맞는 제고가 가능하다.

③ 페놀 수지의 가장 큰 용도는 접착제이며, 플라이우드, 작은 조각 목재, 하드보드의 접착용에 접착제 제조에 가장 많이 사용된다. 이는 종종 내수성, 접착성, 점착성을 갖도록 다른 접착제와 섞어 사용하는 경우도 있다.

④ 이는 '호마이카(Formica)'와 같은 라미네이트(laminates)를 만드는 데 사용되는데, 이 경우 페놀 수지로 접착된 박판은 원치 않는 고동색을 띠고 있어, 노란색으로 변색되지 않는 무색의 양질 멜라민-포름알데하이드 수지로 코팅된다.

⑤ 페놀 성형물은 전기 플러그와 재떨이에 사용된다. 이뿐만 아니라 절연, 연마, 주물, 포탄의 주물재료로 사용된다. 또한 브레이크라이닝, 클러치 겉단장, 다른 마찰부품들과 같이 고온에서 견딜 수 있는 바인더가 요구되는 부분에 사용된다.

⑥ 에폭시 수지의 가교제로 사용된다.

3) bisphenol A

① 페놀이 아세톤과 축합반응하여 제조한다. 에폭시 수지와 폴리카보네이트 수지 합성
의 원료로 아주 중요하다.

② **용도** : 에폭시 수지, 폴리카보네이트, 엔지니어링 플라스틱 합성, 폴리술폰 생산 등

㉠ 비스페놀 A와 에폭시 수지 : 에폭시 수지는 비스페놀 A와 에피클로로히드린이 반
응하여 생성되는 소중합체이다.

㉡ 비스페놀 A와 폴리카보네이트 : 폴리카보네이트(PC)는 비스페놀 A와 포스겐
(phosgen)의 축합반응에 의해 생성된다.

ⓒ 폴리술폰(polysulfone) : 비스페놀 A와 p,p′-dichlorodiphenylsulfone와 축합
반응에 의해 생성된다.

4) 사이클로헥사논(cyclohexanone)

① 페놀을 수소첨가 반응시킨 후, 이를 탈수소하는 2단계 방법과 직접산화법으로 제조
한다. 카프로락탐제조의 원료로 쓰인다.

② 주 용도 : 사이클로헥사논을 산화반응시켜 **카프로락탐**을 제조하는 데 사용한다.

3. 사이클로헥산(cyclohexane)

(1) 사이클로헥산의 합성

1) 벤젠의 수소화반응 : 촉매(니켈 혹은 백금), 액상 수소화(1.5~2.5bar, 230℃ 이하)

2) 사이클로헥산의 용도 : 대부분 아디프산과 카프로락탐의 제조에 사용되고, 일부 용매로 쓰
인다.

(2) 아디프산(adipic acid, 1,6-hexandioic acid)

1) **제법** : 사이클로헥산을 질산 또는 코발트아세테이트 촉매하에 공기로 직접 산화시키는 1단계 공정과 이를 사이클로헥사논과 사이클로헥사놀을 얻은 후 촉매를 이용해 아디프산을 얻는 2단계 공정으로 생성한다.

H₂C–CH₂–CH₂ / H₂C–CH₂ / CH₂ **Cyclohexane** ──**Cosait**──▶ Cyclohexanone + Cyclohexanol

↓ HNO₃, Cu
ammonium vanadate

$$HOOC(CH_2)_4COOH$$

Adipic acid

➡ 1단계 공정, 즉 직접산화법은 수율이 낮고 유용가치가 없는 부산물을 많이 생성할 뿐 아니라 다량의 질산이 요구되므로, 2단계 공정을 대부분 사용한다.

> **참고 2단계 공정은 다음과 같다.**
>
> ① 먼저 150℃, 10~15bar 정도의 반응조건에서 코발트 혹은 망간 나프테네이트(naphthenate) 혹은 옥타노에이트(octanoate)를 촉매로 하여 사이클로헥사논-사이클로헥사놀 혼합물을 얻는다. 이 반응은 사이클로헥실 하이드로퍼옥사이드가 먼저 생성된 후 이것이 촉매반응에 의해 위 혼합물을 생성한다.
> ② 위 혼합물은 암모늄바나데이트(ammonium vanadate)와 구리 촉매하에서 질산에 의해 산화되어 아디프산이 된다.

2) **아디프산의 용도** : 나일론 6,6 섬유(72%)·수지(18%) 제조에 주로 사용된다.

HO–C(=O)–(CH₂)₄–C(=O)–OH + H₂N–(CH₂)₆–NH₂ ──Δ / –H₂O──▶ [C(=O)–(CH₂)₄–C(=O)–NH–(CH₂)₆–NH]ₙ

adipic acid   HMDA   nylon 6,6

[아디프산을 이용한 '나일론 6,6'의 제조]

(3) 카프로락탐(ε-caprolactam)

1) **제법** : 제조 경로에는 여러 가지가 있는데, 그 중 가장 널리 사용되는 방법은 다음과 같다.

① 사이클로헥사논을 출발물질로 사용하는 방법이다.

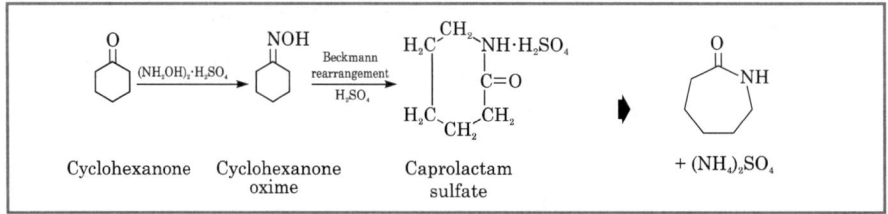

➡ 시클로헥사논(cyclohexanone)을 이용하여 '시클로헥사논옥심(cyclohexanone oxime)'을 만들고 이를 황산 속에 넣어 베크만 전위반응(Beckmann rearrangement)시킨다.

② 위 방법은 부산물로 황산암모늄을 얻는다. 카프로락탐 1lb당 4.4lb의 황산암모늄이 부생된다. 특히 이는 가까운 곳에 비료공장을 두어, 비료로 활용할 수 있다.

➡ 많은 양의 원하지 않는 황안은 유용한 부산물 생성을 위해 베트만 전위 시 인산으로 대체 하여 사용하는 방법이 제기되었는데, 유용한 인안(인산암모늄)이 비료로서 가치가 크기 때문이다.

2) 주 용도 : 카프로락탐의 개환 중합반응으로 'Nylon 6'를 생성한다.

[카프로락탐의 개환 중합반응에 의한 나일론 6의 합성]

4. 아닐린(aniline)

(1) 아닐린의 제조

1) 제법

① 최신방법 : 페놀의 암모니아 첨가분해반응을 통해 제조된다.

② 재래방법 : 벤젠을 니트로화하여 니트로벤젠을 만든 후, 이를 증기에 수소를 혼합한 뒤, 촉매를 사용하여 환원시켜 만든다.(촉매 : 실리카를 담지한 구리 촉매)

2) 성질 및 용도 : 주 용도는 MDI 제조(80%)이다.

① 아닐린의 $-NH_2$는 염기성이므로 산과 반응하여 염을 만든다.

　예 염산(HCl)과 반응하여 물에 녹는 염산아닐린($C_6H_5NH_2 \cdot HCl$)을 생성한다.

② 아닐린의 **검출반응** : 아닐린은 산화되기 쉬우며, 표백분을 첨가하면 보라색이 된다.

③ 중크롬산과 황산으로 산화하면 **아닐린블랙**이 생기는데, 무명의 염료로 사용한다.

④ 아세트산무수물이나 염화아세틸과 반응시키면 **아세트아닐리드**가 생성되는데, 이는 해열제로 쓰인다.

$$\underset{}{\text{(NH}_2\text{ 벤젠)}} + CH_3COOH \longrightarrow \underset{\text{아세트아닐리드}}{\text{(NHCOCH}_3\text{ 벤젠)}} + H_2O$$

⑤ 아닐린을 진한황산과 가열하면 술파닐산(sulfanilic acid)이 생성된다.

$$\underset{}{\text{(NH}_2\text{ 벤젠)}} + H_2SO_4 \longrightarrow \underset{\text{SO}_3\text{H}}{\text{(NH}_2\text{ 벤젠)}} + H_2O$$

(2) 디이소시아네이트(diisocyanate) : MDI

1) 디페닐메탄 디이소시아네이트(4,4′-diphenylmethane diisocianate)

① MDI(methtylene diphenyl diisocyanate)라 한다.

② **제법** : 아닐린을 HCHO와 반응시켜 디아민을 생성 후, 이에 포스겐(phosgen, $Cl-CO-Cl$)을 가하여 MDI(methylene diphenyl diisocyanete)를 제조한다.

$$2\,\text{(○)}-NH_2 + CH_2{=}O \xrightarrow{HCl} H_2N-\text{(○)}-CH_2-\text{(○)}-NH_2$$
$$\text{MDA}$$
$$\downarrow {COCl_2, -HCl}$$
$$O{=}C{=}N-\text{(○)}-CH_2-\text{(○)}-N{=}C{=}O$$
$$\text{MDI}$$

2) 용도 : 디올(diol)과 중합하여 폴리우레탄 수지 제조에 쓰인다.

$$O{=}C{=}N{-}R^1{-}N{=}C{=}O + HO{-}R^2{-}OH + O{=}C{=}N{-}R^1{-}N{=}C{=}O + HO{-}R^2{-}OH + \cdots \longrightarrow$$

$$\cdots \underset{H}{-}\overset{O}{\overset{\|}{C}}{-}N{-}R^1{-}\underset{H}{N}{-}\overset{O}{\overset{\|}{C}}{-}O{-}R^2{-}O{-}\overset{O}{\overset{\|}{C}}{-}\underset{H}{N}{-}R^1{-}\underset{H}{N}{-}\overset{O}{\overset{\|}{C}}{-}O{-}R^2{-}O{-} \cdots$$

5. 기타 벤젠 유도체

(1) 알킬벤젠(alkylbezene)

1) 제법 : $C_{11} \sim C_{13}$의 곧은 사슬 염화알킬이나 α-올레핀을 HF를 촉매로 사용하여 벤젠에 가하여 제조한다.

2) 성질 및 용도

① 합성세제로 쓰이는 알킬벤젠 중 가지가 많은 것은 생분해성이 떨어지고, 하수에 배출 시 거품이 많이 생성되므로 좋지 않다.

➡ 생분해성의 순서 : $C_{10} \sim C_{14}$ 알코올 > $C_{10} \sim C_{20}$ 내부 올레핀(선형) > 가지(bad)

② 이들을 술폰화시켜 계면활성제(연성세제용)로 사용한다.

(2) 염화벤젠(chlorinated benzenes)

1) 모노디클로로벤젠(mono-dichlorobenzene) : 향기로운 냄새가 나는 액체인 '모노디클로로벤젠'은 DDT, 페놀, 아닐린의 원료로 쓰인다.

DDT(1,1,1-trichloro-2,2-bis(p-chlorophenyl)ethane)의 제법

2) 디클로로벤젠(dichlorobenzene) : 모노디클로로벤젠 제조 시 부생성물이므로 이것을 분리하여 사용한다.

① o-dichlorobenzene은 유지, 수지의 용제 금속 등의 세척제로 쓰인다.

② p-dichlorobenzene은 방충제(deodorant), 염료 등의 제조원료로 쓰인다.

(3) 말레산무수물(maleic anhydride)

　1) 제법 : 벤젠을 V_2O_5 촉매로 공기산화시켜 만든다. 이 반응은 발열반응이고, 대량의 이산화
　　탄소를 발생하는 결점이 있다.

$$\bigcirc + 4.5O_2 \longrightarrow \underset{HC}{\overset{HC}{\underset{}{}}}\begin{matrix}O\\\|\\C\\\|\\\|\\C\\\|\\O\end{matrix}O + 2CO_2 + 2H_2O$$

Maleic anhydride

　2) 용도 : 불포화폴리에스테르 수지, 가소제 등의 원료, 숙신산, 말산의 원료로 쓰인다.

기출 및 예상 문제

01 페놀은 벤젠을 출발물질로 하여 큐멘을 합성한 다음 큐멘을 산화하여 얻을 수 있다. 이 공정과 관계없는 것은?　　　　　　　　　　　　　　　　　　　　　❂ 07 국가직 9급

　① 과망간산칼륨　　　　　　　　　　　② 황산
　③ 공기　　　　　　　　　　　　　　　④ 프로필렌

02 큐멘(cumene) 공정으로 페놀(phenol) 제조 시 부산물은?　　　　　　❂ 06 국가직 9급

　① 에탄올(CH_3CH_2OH)
　② 아세트산(CH_3COOH)
　③ 아세트알데히드(CH_3CHO)
　④ 아세톤(CH_3COCH_3)

03 벤젠(benzene)이나 톨루엔(toluene)을 출발물질로 하여, 베크만 전위반응(Beckman rearrangement)에 의해 생성되는 물질은?　　　　　　　　　　　　❂ 02 국가직 9급

　① 염화벤젠(chlorobenzene)
　② 말레산무수물(maleic anhydride)
　③ 헥사메틸디아민(hexamethyldiamine)
　④ 카프로락탐(caprolactam)

04 다음 중 '나일론 6'의 제조원료인 카프로락탐(caprolactam)의 제조원료로 적합하지 않은 것은?

① 페놀   ② 시클로헥산
③ 톨루엔   ④ 프로판올

05 다음은 페놀제조에 대한 설명이다. 옳지 않은 것은?   ✪ 02 국가직 9급(변형)

① 벤젠의 술폰화에 의해 벤젠술폰산을 만든 후, 알칼리 용융시켜 페놀을 만든다.
② 벤젠을 염소화시켜 클로로벤젠을 만든 후, 알칼리 용융시켜 페놀을 만든다.
③ 큐멘법으로 페놀을 만들 수 있다.
④ 벤젠을 V_2O_5 촉매로 공기산화시켜 만든다.

06 다음 중 벤젠에서 직접 유도되지 않는 물질은?   ✪ 02 서울시 9급(변형)

① 클로로벤젠   ② 니트로벤젠
③ 아닐린   ④ 벤진술폰산
⑤ 메틸벤젠

07 다음은 아닐린에 대한 설명이다. 옳은 것은?

① 물에 녹지 않으나 NaOH 수용액에 잘 녹는다.
② $FeCl_3$ 수용액과 반응하여 보라색을 나타낸다.
③ 니트로벤젠을 환원시켜 얻는다.
④ CH_3OH, CH_3CO_2H와 모두 에스테르반응을 한다.

08 니트로벤젠을 이용한 환원반응은 일반적으로 시약에 따라 다른 생성물을 얻는다. 다음과 같은 반응에서 생성되는 주 생성물(major product)은?   ✪ 98 행안부 9급(변형)

> nitrobenzene + Zn + 산 →

① $C_6H_5-NH_2$ ② C_6H_5-NHOH
③ $C_6H_5-N=N-C_6H_5$ ④ $C_6H_5-NH-NH-C_6H_5$

09 벤젠고리에 친전자성 치환반응에 의한 반응속도가 낮은 것부터 높은 것 순으로 나타낸 것은 어느 것인가?

> (I) 니트로벤젠(nirtobenzene)　　(Ⅱ) 톨루엔(toluene)
> (Ⅲ) 아닐린(aniline)　　　　　　(Ⅳ) 페놀(phenol)

① (I), (Ⅱ), (Ⅲ), (Ⅳ)　　　② (I), (Ⅱ), (Ⅳ), (Ⅲ)
③ (Ⅱ), (I), (Ⅳ), (Ⅲ)　　　④ (Ⅱ), (Ⅲ), (I), (Ⅳ)

10 다음 중 생성물을 예측하고, 그 용도를 바르게 짝지은 것은?

$$C_6H_5-NH_2 + CH_3COOH \rightarrow (\qquad) + H_2O$$

① $C_6H_5-NHCOCH_3$, 해열제　　　② $C_6H_5-N(CH_3)CHO$, 용제
③ $C_6H_5-N(CH_3)CHO$, 염료　　　④ $C_6H_5-NHCOCH_3$, 가소제

정답 및 해설

01 ①

02 ④

유형　큐멘-페놀 공정

해설　$KMnO_4$는 강력한 산화제로 주로 쓰인다. 하지만 여기서는 공기로 산화한다. 아주 중요한 '큐멘-큐멘하이드로페록사이드-페놀[큐-큐멘하~페]' 공정이다. 단계별로 기억해 두는 것이 중요함을 문제가 암시한다. 1단계는 출발물질로 벤젠+(프로필렌 ④)을 산촉매하에 합성하면, 2단계에서 큐멘이 생성되고 이를 (공기 ③)로 산화하면 큐멘하이드로페록사이드를 얻고, 이를 (황산 ②)과 반응시키면 페놀과 아세톤을 얻는다.

03 ④

04 ④

유형　카프로락탐의 제조

해설　3번 문제는 카프로락탐의 제조반응을 인지하느냐의 문제이고, 4번 문제는 추리형 문제이다. 여기서 문제의 포인트는 카프로락탐의 전구체(precursor)인 시클로헥사논 옥심의 형성에 있다. 프로판올은 이 전구체를 만들기에 부적합하다.

05 ④

유형 페놀의 제조방법

해설 ④는 말레산무수물의 제조방법이다. 교재에서 제시된 3가지 정도만이라도 확실히 알아두자.

06 ③

유형 벤젠 유도체들의 제조방법의 형태(단위반응)

해설 먼저 클로로벤젠은 벤젠의 할로겐화(염소반응), 니트로벤젠은 니트로화, 벤질술폰산은 술폰화, 메틸벤젠과 같은 알킬벤젠류(알킬화) 반응을 통해 이상 모두 벤젠과 치환반응한다. 벤젠으로부터 직접 유도되지 않는 것 중 대표적인 것이 아닐린으로 니트로벤젠을 먼저 만든 후 이를 환원시켜 얻는다. 아닐린과 같이 벤젠에서 간접적으로 얻어지는 유도체에는 벤즈알데히드, 벤조산, 페놀 등이 있다.

07 ③

08 ①

유형 아닐린의 개요

해설 [7번] $FeCl_3$ 지시약은 페놀류의 검출반응에 쓰인다. 물에 대한 용해성은 아닐린이 염기성이므로 염산과 같은 산성용액에 잘 녹는다. CH_3COOH(카르복시산)만 에스테르반응을 한다. [8번] 아닐린의 합성법은 일반적으로 Zn+산을 사용한다. Zn+물을 하여 Ar−NHOH를 만들지만 이를 다시 환원시켜 용도가 많은 아닐린을 만드는 데 쓰인다. 이 문제는 조금 클래식한 문제로 정답은 ①번밖에 없음을 알 수 있다.

09 ②

유형 벤젠고리의 치환기 효과

해설 벤젠고리의 반응성으로 전자밀도에 의한 치환기 효과를 적용하여, 아미노기>수산기>알킬기>니트로기 순이다. 즉 문제는 이의 역순을 의미하므로, 활성감소기인 니트로기부터, 활성화기인 아미노기 순이다. 치환기 효과는 문제 만들기도 좋고, 논리성도 있는 문제라 출제 가능성이 높다. 반드시 알아두기 바란다.

10 ①

유형 반응추리 및 용도(아닐린)

해설 아세트산무수물이나 염화아세틸과 반응시키면 아세트아닐리드(acetanilide)가 생성되는데, 이는 해열제로 쓰인다.

톨루엔(toluene)으로부터 유도체

제32주제   톨루엔으로부터 유도체

1. **톨루엔의 제법과 일반적 용도**
2. **톨루엔 유도체** : 벤젠, 자일렌 – 혼합물, 용매, 디니트로톨루엔, 톨루엔디이소시아네이트
3. **톨루엔 소규모 용도** : 벤즈알데하이드, 벤조산, 테레프탈산

1. 톨루엔의 제법과 용도

(1) 톨루엔의 제법

1) 톨루엔은 벤젠을 Friedel – Craft 알킬화반응(촉매 $AlCl_3$)시켜서, $-CH_3$를 치환한다.

$$\bigcirc + CH_3Cl \xrightarrow{\quad AlCl_3 \quad} \overset{CH_3}{\bigcirc} + HCl$$

2) 접촉 개질로부터 얻어지는 주된 생성물이다(접촉개질 55%).
3) 콜타르(coaltar)를 분류하면, 톨루엔이 소량 생성된다.

(2) 톨루엔의 용도

방향족탄화수소 중 가장 생산량이 많다.

1) 수요가 많은 벤젠으로 전환시킨다.
2) 도료의 용제(코팅용 용매)로 많이 쓰인다.
3) 톨릴렌디이소사이네이트로 만들어 폴리우레탄 수지의 원료로 사용된다.
4) 카프로락탐을 거쳐 나일론의 원료로 사용된다.
5) 페놀, 테레프탈산의 합성원료로 쓰인다.

2. 톨루엔 유도체

(1) 톨루엔으로부터의 벤젠(benzene from toluene)

톨루엔은 생산량에 비해 용도가 적어 벤젠으로 전환시킨다.

1) 수소첨가 탈알킬화반응(hydrodealkylation) : 톨루엔을 탈알킬화시켜 벤젠을 얻는다.

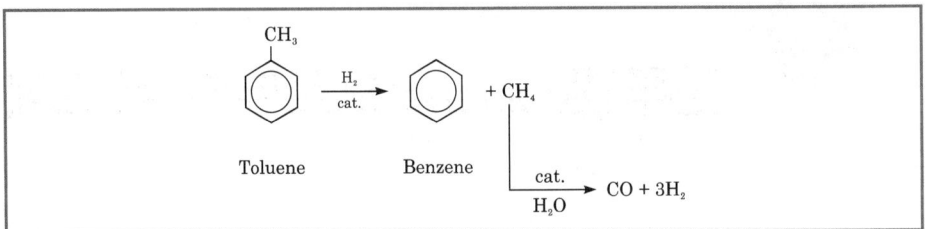

① 위의 반응은 촉매를 사용하지 않는 순수한 열반응과 금속 또는 담지된 금속산화물을 사용한 촉매반응이 있다.

 ㉠ 촉매를 사용하지 않는 반응 : 800℃, 100bar

 ㉡ 촉매를 사용하는 반응 : 촉매로 알루미나에 담지된 Cr, Pt, Mo, Co의 산화물이 사용되며, 반응온도는 600℃, 압력은 40~60bar에서 진행된다. 이 반응은 높은 전환율과 92% 이상의 벤젠이 생성되는 높은 선택도를 보여 많이 이용된다.

② 위의 반응에서 벤젠과 메탄이 생성되며, 메탄은 합성가스반응에 의하여 공정에 필요한 수소를 제공한다.

(2) 자일렌-혼합물(mixed xylenes) : 불균등화반응

1) 2몰의 톨루엔이 반응하여 벤젠과 자일렌-혼합물을 얻는다.

$$2 \bigcirc\text{--}CH_3 \xrightarrow[\substack{80\sim125℃ \\ 35\sim70\ atm.}]{AlCl_3\text{--}HCl} \bigcirc + \bigcirc\begin{smallmatrix}CH_3 \\ CH_3\end{smallmatrix} \quad (o,m,p)$$

① 불균등화반응(disproportionation)은 자일렌-혼합물을 얻는 가장 중요한 방법으로, 가장 수요가 많은 p-자일렌은 다른 자일렌 혼합물로부터 고립시켜 얻을 수 있다.

② 반응은 기상에서 귀금속 촉매를 사용하여 일어난다.

③ 불균등화반응은 접촉개질에 비해, 유출물 속에 에틸벤젠이 존재하지 않는 장점을 가지고 있어 자일렌 이성체들의 분리가 보다 용이하다.

2) 제올라이트 촉매를 이용한 자일렌-혼합물의 제조

$$\bigcirc\text{--}CH_3 \xrightarrow[\text{zeolites}]{CH_3OH} CH_3\text{--}\bigcirc\text{--}CH_3 \quad (\text{para only})$$

① 이는 세올라이트 촉매 ZSM-5를 사용한 액상공정이다.

② 자일렌 혼합물 중 약 80%의 'p-자일렌'만 얻을 수 있다.

3) 교차 알킬화반응(transalkylation)에서 톨루엔이 접촉개질 과정으로부터 생성되는 트리메틸 벤젠(trimethylbenzene) 또는 메시틸렌(mesitylene)과 반응하여 자일렌−혼합물을 얻는다.

Mesitylene   Mixed xylenes

① 이 반응에서는 트리메틸벤젠의 메틸기 하나가 톨루엔 분자로 이동되어 두 분자의 자일렌 혼합물이 생성된다.
② 실제 벤젠도 생성되기는 하지만, 톨루엔에 비하여 많은 양의 트리메틸벤젠을 사용하여 벤젠의 생성량을 낮출 수 있다.

(3) 디니트로톨루엔(dinitrotoluene)

1) 톨루엔의 니트로화반응(2단계)을 통해, 3종류의 모누니트로톨루엔이 생성된다.

Toluene   o−Nitrotoluene   p−Nitrotoluene   m−Nitrotolue
            (65%)   (31%)   (4%)

① 폴리우레탄 수지에 사용되는 2,4− 또는 2,6− 디이소시아네이트의 합성에 사용된다.
② 디니트로톨루엔은 폭약 성분 중의 겔화와 방수제로 사용된다.

2) TDI(toluene diisocyanate, diisocynate toluene) : TDI는 3단계로 합성되는데, 첫 단계는 톨루엔의 디니트로화(dinitration), 두 번째 단계는 니트로화합물로부터 디아미노톨루엔(diaminotoluene) 화합물로의 수소화, 마지막으로 이를 포스겐(phosgen)과 반응시켜 TDI를 생성한다.

Mainly o−and   Mainly 2,4−and 2,6−dinitrotoluenes   Mainly 2,4−and 2,6−diaminotoluenes
p−nitrotoluenes

Mixture of 2,4 and   Isomeric carbamoyl   Mixture of 2,4−and
2,6−diaminotoluenes   chlorides   2,6−tolune diisocyanate

3) T.N.T(trinitrotoluene)

① 디니트로톨루엔을 추가로 니트로화반응시켜 폭약인 트리니트로톨루엔을 얻는다.

② 트리니트로톨루엔은 피크르산(picric acid)에 비해 안전하다.

➡ TNT는 금속과 결합하여 폭발에 민감한 염을 형성하지 않으며, 또한 낮은 융점(80℃)을 갖고 있어, 용융된 상태로 통에 용이하게 넣을 수 있기 때문이다.

➡ 광산과 같은 민간용의 폭약으로는 질산암모늄(NH_4NO_3)이 널리 사용되고 있다.

3. 톨루엔의 소규모 용도

(1) 벤즈알데히드(benzaldehyde)

1) 제법 : 염화벤잘(benzal chloride)을 가수분해시켜 벤즈알데히드를 만든다.

2) 용도 : 유지, 수지 등의 용매, 합성 향료의 원료

(2) 벤조산(benzoic acid)

1) 제법 : 톨루엔을 액상에서 공기산화법이 주로 사용되며 나프텐산 코발트, 아세트산 코발트, 망간염 등이 쓰인다.

2) 용도 : 나트륨염으로 식품의 방부제, 염료의 중간체, 방충제, 가소제, α-카프로락탐 등에 사용되고, 페놀, 테레프탈산의 중간반응물로 사용된다.

(3) 테레프탈산(terephthalic acid)

테레프탈산은 다음 주제에서 상세히 다룬다. 여기서는 톨루엔과 관련된 것만 서술한다.

1) 테레프탈산(TA)의 용도 : 폴리에스테르 섬유(fiber, 50%), 수지(resin, 33%), 필름(8%)의 제조에 사용된다.

2) 테레프탈산의 제법

① 톨루엔을 카르보닐화시키면 p−톨루알데하이드(toluadehyde)가 얻어진다.

② p−톨루알데하이드를 산화시키면 테레프탈산이 얻어진다.

➡ 위의 반응은 HF/BF₃ 촉매하에 진행되며 85% 전환율에 97%의 선택도를 얻을 수 있다.

기출 및 예상 문제

01 다음은 톨루엔을 이용한 벤젠의 제법이다. 옳지 않은 것은?

① 수소첨가 탈알킬화반응(hydrodealkylation)을 통해 벤젠을 얻을 수 있다.

② 불균등화반응(disproportionation)을 통해 벤젠을 얻을 수 있다.

③ 수소첨가 탈알킬화반응은 이산화탄소가 부생되는데, 이는 포스겐제조에 활용된다.

④ 불균등화반응은 자일렌 혼합물을 얻으며, 이 중 p−자일렌이 가장 유용하다.

02 벤젠의 염화알루미늄($AlCl_3$) 무수물을 촉매로, 염화메틸(CH_3Cl)을 작용시키면 톨루엔이 된다. 이를 질산과 황산의 혼합산으로 계속 니트로화시키면 생성되는 물질은 무엇인가?

✪ 97 총무처 9급

① 니트로벤젠(nitrobenzene)   ② 피크린산(picric acid)

③ 나프톨(naphthol)   ④ TNT(trinitrotoluene)

03 제올라이트 촉매(ZSM-5)를 사용하여, 톨루엔과 에탄올을 반응시켜 얻어지는 주 생성물은 어느 것인가?

① p-자일렌(para-xylene)　　　　② o-자일렌(ortho-xylene)

③ m-자일렌(meta-xylene)　　　　④ 에틸벤젠(ethyl benzene)

04 다음 두 물질을 제조하기 위해, 공통으로 사용이 가능한 원료로 적합한 것은?

$$
\begin{array}{c}
\text{CH}_3 \\
\text{NO}_2 \quad \bigcirc \quad \text{NO}_2 \\
\text{NO}_2
\end{array}
\qquad
\begin{array}{c}
\text{CH}_3 \\
\bigcirc \quad \text{N=C=O} \\
\text{N=C=O}
\end{array}
$$

① 디니트로벤젠(dinitrobenzene)

② 벤조산(benzoic acid)

③ o-클로로톨루엔(o-chlorotoluene)

④ 피크린산(picric acid)

05 톨루엔을 카르보닐화시킨 후 산화를 통해 얻을 수 있고, p-자일렌을 공기산화시켜 얻을 수 있는 물질로 폴리에스테르 섬유의 제조에 쓰이는 것은?

① 에틸렌글리콜(ethylene glycol)

② 테레프탈산(terephthalic acid)

③ 프로필렌글리콜(propylene glycol)

④ 디메틸테레프탈레이트(dimethyl terephthalate)

정답 및 해설

01 ③

유형 ″ 벤젠 from 톨루엔 공정(BFB 공정)

해설 ″ 수소가 관여하여 벤젠을 얻고 메탄(CH_4)이 부생된다. 메탄은 가수분해하여 수소(H_2)와 일산화탄소를 생성하는데, 수소는 본 공정으로 순환시켜 원료로 사용한다.

02 ④

유형 디니트로톨루엔을 이용한 TNT의 제조

해설 톨루엔을 니트로화는 3단계로 진행된다. 즉, 각 단계에 친전자체인 니트로기가 치환되어 트리니트로톨루엔(TNT)을 생성한다.

03 ①

유형 제올라이트 촉매를 이용한 자일렌의 합성

해설 톨루엔을 제올라이트 촉매를 이용하여 에탄올에 반응시키면, p-자일렌만 얻는다.

04 ①

유형 디니트로톨루엔을 활용한 제조

해설 다음 그림은 좌측 TNT, 우측 TDI이다. 이 둘은 모두 디니트로벤젠으로부터 얻어진다.

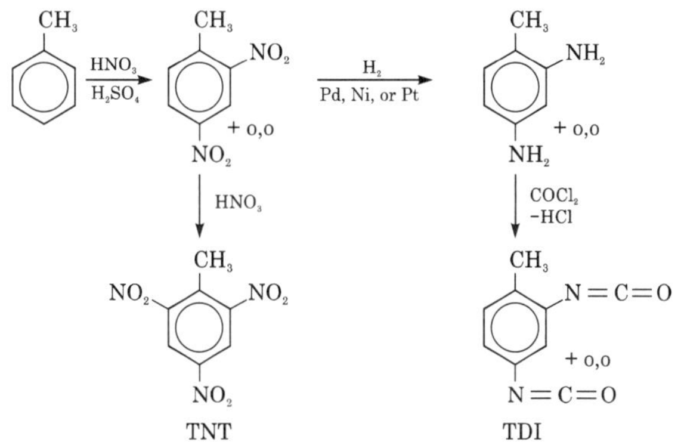

05 ②

유형 테르프탈산의 제법과 용도

해설 테레프탈산의 한 가지 제법은 이론에서 설명했다. 다른 한 가지 제법인 톨루엔의 공기산화 반응은 다음과 같다. 폴리에스테르는 에틸렌글리콜과 테레프탈산을 공단량체로 한 공중합체이다.

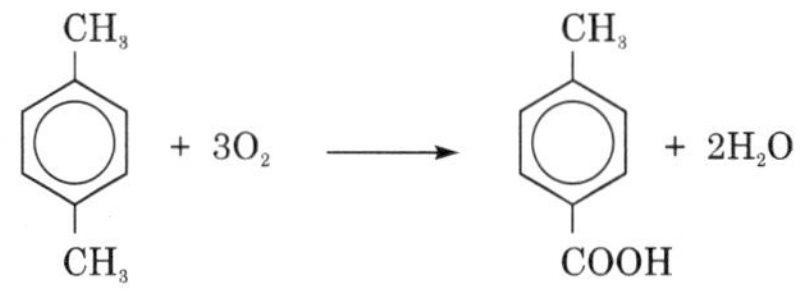

제33주 자일렌(xylene)으로부터 유도체

제33주제 자일렌으로부터 유도체

1. 자일렌의 제법과 공급원
2. **자일렌 유도체** : 무수프탈산, 이소프탈산, 테레프탈산

1. 자일렌의 제법과 공급원

(1) 자일렌의 공급원

1) 대부분 접촉개질에서 얻는다.

2) 콜타르의 분류에서도 얻을 수 있다.

(2) C_8 분급물의 분리

C_8 분급물에서 자일렌을 열분해(pyrolysis)로 분리하는 것은 매우 어렵다. 왜냐하면 열분해 가솔린 속에 함유되어 있는 에틸벤젠은 자일렌과 유사한 증기압을 갖고 있기 때문이다. 따라서, 이들의 녹는점이 각기 다르기 때문에 저온 결정화법을 사용하여 분리한다.

1) o-xylene의 분리

① 이는 비점(144.4℃)이 다른 물질에 비해 5℃ 가량 높으므로, 분별증류가 가능하다.

② 위의 방법은 150~200개의 판을 가진 거대한 칼럼과 높은 환류비가 요구된다.

③ 탑상물질의 조성은 m-자일렌 40%, p-자일렌 20%, 에틸벤젠 40%이다.

➡ 40%나 되는 에틸벤젠은 필요에 따라 추출증류(extractive distillation)를 이용하여 분리 가능하나, 에너지 비용이 많이 들기 때문에 분리하지 않고 그대로 남겨 두어 나중에 처리 한다.

2) m-xylene의 분리 : 이는 C_8계로부터 용매추출에 의해 얻을 수 있다.

3) p-xylene의 분리 : C_8 분급물을 ZSM-5 촉매로 이성화시켜 p-자일렌을 얻는다.

(3) 자일렌의 용도

1) 용매 : 페인트 산업에 많이 사용된다.

2) 높은 옥탄가를 가지고 있어 가솔린 유분 중의 중요한 성분들이다.

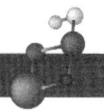

3) o−, m−, p− 자일렌의 화학제품으로 중요한 용도는 이들을 산화시켜 무수프탈산(phthalic anhydride), 이소프탈산(isophthalic acid), 테레프탈산(terephthalic acid)으로의 사용이다.

2. 자일렌 유도체

(1) 무수프탈산(phtalic anhydride) from o−xylene

1) 무수프탈산의 제조

① o−자일렌은 기상 또는 액상에서 고정층이나 유동층에서 산화시켜 무수프탈산을 얻는다.

　㉠ 액상반응 : 금속염 촉매

　㉡ 기상반응 : 바나듐 펜톡사이드 촉매

　　➡ o−자일렌을 원료로 사용하는 이유는 o−자일렌은 상온에서 액체이므로 나프탈렌보다 다루기가 쉬울 뿐만 아니라, 이론적으로 공기의 소요량이 적고 경제적이기 때문에, 요즘 건설되는 공장은 대부분 o−자일렌을 원료로 하고 있다.

② 나프탈렌을 바나듐 펜톡사이드 촉매로 산화시켜 제조하는 방법도 있다.

$$\text{(o-xylene)} + 3O_2 \xrightarrow[\Delta]{V_2O_5} \text{(phthalic anhydride)} + 3H_2O$$

$$\text{(naphthalene)} + 4\tfrac{1}{2}O_2 \xrightarrow[\Delta]{V_2O_5} \text{(phthalic anhydride)} + 2CO_2 + 2H_2O$$

> 💡참고 나프탈렌(naphtalene)의 제법
>
> 나프탈렌은 코크스로의 증류액에서 얻을 수 있고, 콜타르에서도 얻을 수 있다. 또한 경유 유분의 접촉개질에 의해 생성되는 메틸나프탈렌(methylnaphthalene)의 수소첨가 탈알킬화 반응에 의해서도 얻을 수 있다.

2) 무수프탈산의 용도 : 프탈산에스테르화반응에 의한 무수프탈산의 응용

　① 가소제(plasticizer)

　② 알키드 수지(alkyd resin)

　③ 불포화폴리에스테르 수지(unsaturated polyester resin)

(2) 이소프탈산(isophthalic acid) from m-xylene

1) 이소프탈산의 제조 : m-자일렌을 황산암모늄과 반응시켜 만든다.

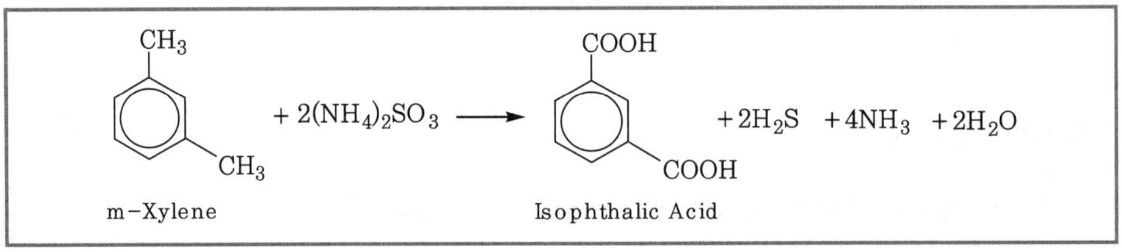

2) 이소프탈산의 용도

① 무수프탈산과 같이 불포화폴리에스테르, 알키드 수지 및 특수 가소제의 제조에 사용
된다.

② 이소프탈산의 산염화물인 이소프탈로일염화물(isophthaloyl chloride)은 아라미드
섬유인 Nomex 제조에 사용된다.

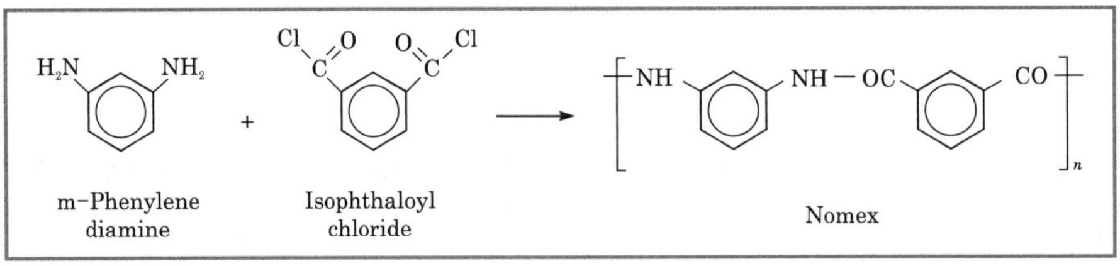

③ m-자일렌의 암모니아 첨가 산화(ammoxidation)를 통한 살충제 Dancoil의 제조에
사용된다.

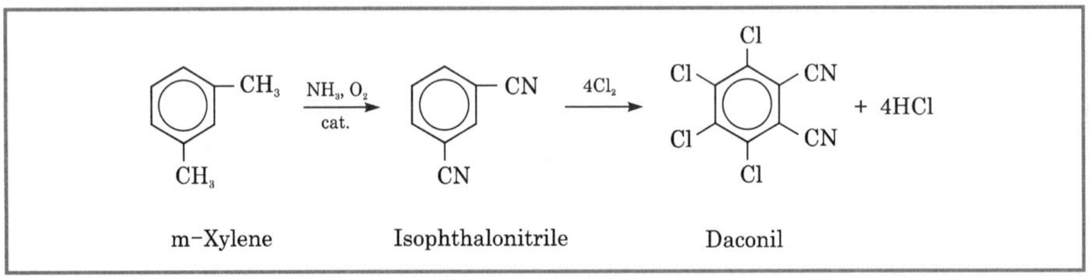

(3) 테레프탈산(terephthalic acid) from p-xylene

1) 테레프탈산의 제조

① p-자일렌의 산화 : o-자일렌은 쉽게 산화되나, m-자일렌과 p-자일렌은 m-톨
루산과 p-톨루산(p-toluic acid)을 생성하게 된다. 톨루산 내의 카르복실 그룹이
전자를 방출하기 때문에, 메틸기의 산화반응이 더이상 진행되지 않는다. 따라서, 추
가적인 산화반응을 진행시키는데, 망간 혹은 코발트염에 브롬 촉진제가 포함된 촉매
가 들어있는 아세트산 용액에서 반응시킨다.

➡ 이 브롬화물은 산화반응에 저항하는 메틸기를 자유 라디칼기로 변환시켜 반응을 진행한다.

이세트산(acetic acid)은 테레프탈산의 용매로 사용된다. 테레프탈산이 다른 중간 생성물에 비해 아세트산에 대한 용해도가 작아 순수한 테레프탈산의 분리가 가능하다.

② PTA(Purified Terephthalic Acid) 공정에 의한 p-톨루산의 제조 : ①의 산화공정에서 아세트산 용매하의 반응 도중 불순물이 생성되는데, 이 중 p-카르복시벤즈알데하이드(carboxybenzaldehyde)가 가장 중요하다. 불순물을 함유하는 테레프탈산 혼합액을 250℃, 조건에서 팔라듐 촉매에 의해 수소첨가 분해반응시키면, p-톨루산으로 전환된다. 이 p-톨루산은 위 방법과 같이 산화시켜 테레프탈산을 제조한다.

③ 포타슘벤조에이트(potassium benzoate)의 불균등화 반응 [Henkel Ⅱ 공정] : 테레프탈산의 중간반응물인 테레프탈산 포타슘염의 생성 반응

④ 톨루엔의 카보닐 산화반응(톨루엔 유도체 참고)

⑤ 디포타슘 o-프탈레이드(dipotassium o-phthallate)를 이용한 테레프탈산의 제조 [Henkel Ⅰ]

2) 디메틸테레프탈레이트(dimethyl terephthalate, DMT)의 제조 : 과거 PTA 공정이 개발되기 이전 DMT를 사용하여 순수한 테레프탈산을 제조하였다.

① 메탄올을 과잉으로 넣은 후 염산이나 황산을 촉매로 하여 200℃ 정도의 온도에서 가압하면서 반응시킨다.

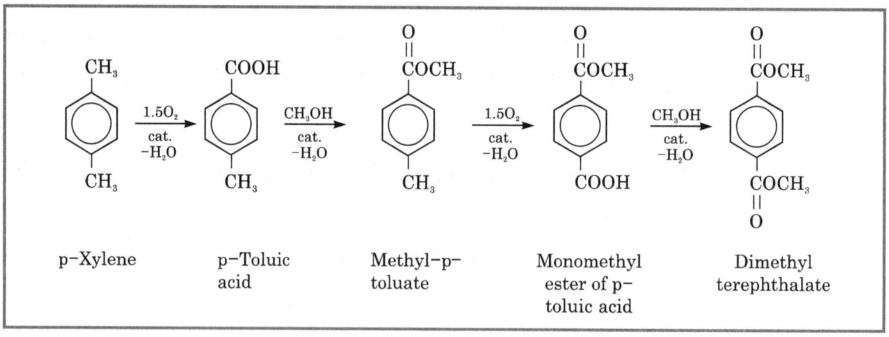

② 폴리에스테르병 재활용 공정에서 DMT의 생성 : PET병의 파쇄물을 CH_3OH로 처리하여 DMT와 에틸렌글리콜을 얻는다.

3) 테레프탈산의 용도

① PET(poly(ethylene terephthalate)) 및 PBT(poly(butylene terephthalate)) 수지의 제조

➡ PBT는 비교적 저렴한 수지로 파이프, 자동차부품, 칫솔 제조에 사용된다.

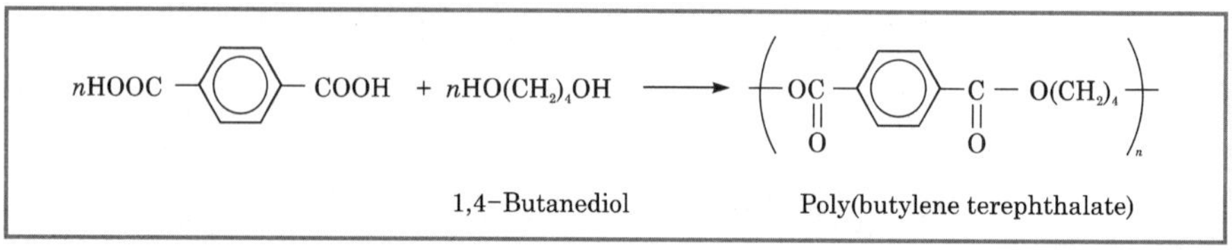

② 테레프탈로일클로라이드(terephthaloyl chloride)를 이용한 강철보다 강한 Kevlar의 제조

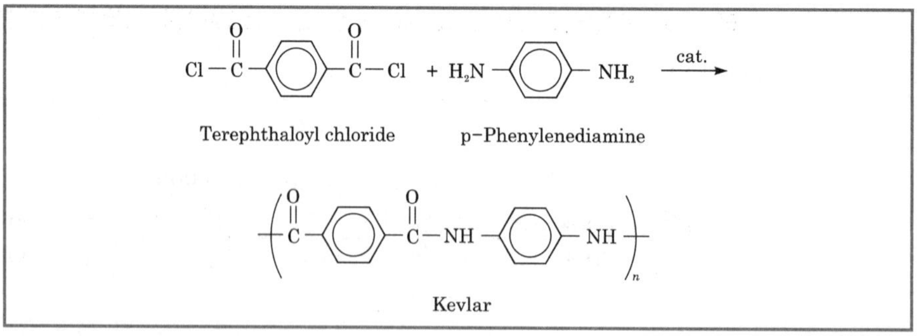

 기출 및 예상 문제

01 다음 중 o-자일렌(o-xylene)의 산화반응에 의해 생성되는 물질은?

① 프탈산무수물(phthalic anhydride)
② 테레프탈산(terephthalic acid)
③ 이소프탈산(isophthalic acid)
④ p-톨루산(p-toluic acid)

02 접촉개질에 의해 생산된 C_8 분급물로부터 자일렌을 분리하려 한다. 다음의 표를 보고 이에 대한 설명으로 옳지 않은 것은?

	융점(m.p.) (℃)	비점(b.p.) (℃)
o-자일렌(xylene)	−25.2	144.4
m-자일렌	−47.9	139.1
p-자일렌	13.2	138.3
에틸벤젠(ethylbenzene)	−95.0	136.2

① m-자일렌은 융점과 비점의 차이가 가장 커서, 액체상태의 온도범위가 가장 넓다.
② 비점이 가장 높은 o-자일렌은 다른 세 물질에 비해, 비점차를 이용한 분별 증류방법을 사용할 가능성이 가장 높다.
③ m-자일렌은 용매추출법으로 분리할 수 있다.
④ 위 4가지 화합물의 분리는 분별증류법이 분별결정법보다 훨씬 용이하다.

03 자일렌(xylene)은 o-, m-, p-의 세 가지 이성질체가 있다. 이 중 p-자일렌만을 분리할 수 있는 촉매는 무엇인가?   ✪ 01 국가직 7급

① 활성탄(activated carbon)
② 분자체(molecular sieve)
③ 제올라이트(ZSM-5)
④ 실리카겔(silica gel)

04 다음 중 자일렌의 용도로 알맞지 않은 것은?

① 테레프탈산   ② 무수프탈산
③ 아세트산   ④ 이소프탈산

05 다음은 자일렌(xylene)에 관한 설명이다. 틀린 것은?

① p-자일렌이 가장 경제적 가치가 높다.
② m-자일렌으로부터 얻은 테레프탈산은 PET병의 제조에 쓰인다.
③ o-자일렌은 Henkel Ⅰ 공정을 이용해 테레프탈산을 제조할 수 있다.
④ o-자일렌은 쉽게 산화되지만, m- 및 p-자일렌은 쉽게 산화되지 않는다.

정답 및 해설

01 ①

유형 무수프탈산의 제조

해설 o-자일렌의 산화반응은 무수프탈산을 생성하고, m-자일렌은 이소프탈산, p-자일렌은 테레프탈산을 생성한다.

02 ④

유형 C₈ 분급물로부터 자일렌을 얻기 위한 데이터의 해석(자료해석, 미래형)

해설 물질의 분류에 가장 기본적인 원리는 성질의 뚜렷한 차이를 보이는 방법을 선택한다. 이것이 가장 순도가 높은 각 생성물을 분리할 수 있다. 위의 데이터에는 비점에 비해 융점이 더 뚜렷한 차이를 보이므로, 분별증류보다 저온 분별결정법을 사용하는 것이 더 용이하다.

03 ③

유형 p-자일렌의 제조

해설 o-, m-, 에틸벤젠 등과 같은 물질을 유용한 p-자일렌으로 전환하기 위해 이성화 촉매로 제올라이트인 ZSM-5를 사용한다. 이를 이용한 공정은 기상 혹은 액상반응의 경우 모두 낮은 압력조건에서 조업이 가능할 뿐만 아니라 귀금속(실리카-알루미나/백금)을 사용한 경우와 비교하여 수소가 거의 필요하지 않으며, 적은 양의 환류가 요구된다. ZSM-5는 가솔린의 합성, 방향족화합물의 합성, 접촉분해 공정의 촉매로 사용된다.

04 ③

유형 자일렌의 용도

해설 아세트산은 테레프탈산 혼합용액의 용매로 사용한다.

05 ②

유형 자일렌의 유도체 전반

해설 자일렌의 유도체 중 p-자일렌으로 테레프탈산을 제조한다.

제 **34** 주

메탄(methane)으로부터 유도체

1. 메탄의 분리

(1) 메탄(methane)의 공급원

1) 천연가스 : 천연가스의 주성분인 메탄(CH_4)은 천연가스를 정제하여 얻는다.

2) 탄화수소의 열분해(thermocracking) : 탄화수소의 열분해 시 생성된 연료가스에서 일부 분리, 회수하여 얻는다.

➡ 이는 합성가스, 암모니아, 메탄올, 포름알데히드, 펜타에리트리톨, 아세틸렌, 시안화수소, 할로겐화메탄, 이황화탄소를 만드는 데 사용된다.

3) 오일이나 석탄으로부터의 메탄을 합성할 수 있다.

2. 메탄 유도체

(1) 시안화수소(hydrogen cyanide)

1) 제법

① Andrussow 법 : 메탄, 공기 및 암모니아를 백금-로듐 촉매하에 1,000℃ 정도에서 반응시켜 만든다.

$$2NH_3 + 2CH_4 + 3O_2 \xrightarrow{\text{Pt-Rh } 1,000℃} 2HCN + 6H_2O$$

② Degussa 법 : 메탄과 암모니아를 위와 마찬가지로 백금-로듐 촉매하에 1,400℃ 정도에서 반응시킨다.

$$CH_4 + NH_3 \xrightarrow{\text{Pt-Rh } 1,400℃} HCN + 3H_2$$

2) 용도 : 메타크릴산, 아크릴로니트릴, 아디포니트릴 등의 제조원료로 사용된다.

(2) 아세틸렌(acetylene) : 앞서 여러 번 소개된 아세틸렌은 값이 저렴한 올레핀원료로, 유기
화학 제품의 원료로 아주 중요한 용도로 사용된다. 여기서는 메탄에서의 제조방법과 일반
적인 아세틸렌의 성질을 정리해 본다.

1) 제법

① 메탄의 열분해에 의한 아세틸렌의 제조 : 메탄을 1,500℃ 정도의 고온에서 아주 짧은
시간동안 열분해시켜 제조한다. 이 반응은 흡열반응이므로 필요한 열은 메탄의 일부
를 연소시켜 그 연소열을 이용하고, 아세틸렌을 분리시킨 후 함께 생성되는 수소는
암모니아 합성에 사용된다.

$$2CH_4 \xrightarrow{\text{pyrolysis}} HC \equiv CH$$

② 탄화칼슘에 의한 아세틸렌의 제조 : 코크스와 석회를 전기로에서 2,000℃로 가열하
여 탄화칼슘을 생산하고 이를 물로 가수분해하여 아세틸렌을 생산한다.

$$CaO + 3C \longrightarrow CaC_2 + CO$$

$$CaC_2 + 2H_2O \longrightarrow Ca(OH)_2 + CH \equiv CH$$
$$\text{Acetylene}$$

③ Wuff 공정 : 천연가스를 1,300℃의 반응조에서 열분해시켜 얻는다.

④ Sachsse 공정(부분 산화공정) : 메탄과 산소를 600℃로 예열시켜 불꽃을 갖는 특수
한 버너에서 반응시켜 1,500℃에서 체류시킨다. 생성된 기상 생성물은 합성가스가
대부분이며, 8~10% 정도의 아세틸렌이 생성된다.

2) 일반적인 아세틸렌의 성질

① 아세틸렌에 톨렌스 시약을 반응시킬 때, 흰 앙금이 생긴다.

② 첨가반응이 잘 일어나, 촉매를 써서 수소를 반응시키면 에틸렌을 거쳐 에탄이 된다.

$$HC \equiv CH + H_2 \xrightarrow{\text{Pt, Ni}} CH_2 = CH_2 + H_2 \longrightarrow C_2H_6$$

③ 아세틸렌가스를 고압에서 철 촉매로 가열하면 벤젠이 합성된다.

3) 아세틸렌의 공업적 용도

① 스판덱스와 같은 폴리우레탄 탄성섬유 생산에 사용되는 테트라하이드로퓨란(tetrahydrofuran,
THF)은 1,4-부탄디올을 전환시켜 만든다.

$$HC \equiv CH + 2HCHO \longrightarrow HOCH_2 - C \equiv C - CH_2OH \xrightarrow{H_2}$$
$$\text{Acetylene} \quad \text{Formaldehyde} \qquad\qquad \text{1,4-Butynediol}$$

$$HOCH_2 - CH = CH - CH_2OH \xrightarrow{H_2} HOCH_2 - CH_2 - CH_2 - CH_2OH$$
$$\text{1,4-Butenediol} \qquad\qquad\qquad\qquad \text{1,4-Butanediol}$$

$$HOCH_2CH_2CH_2CH_2OH \xrightarrow{-H_2O} \quad \text{Tetrahydrofuran}$$
$$\text{1,4-Butanediol}$$

② 기름 제거용 트리클로로에틸렌(trichloroethylene)과 드라이 클리닝용 퍼클로로에틸렌 (perchloro ethylene)의 제조에 사용된다.

$$
\begin{array}{l}
HC \equiv CH \\
\text{Acetylene} \quad \xrightarrow{HCl} \\
\\
CH_2ClCH_2Cl \quad \xrightarrow{-HCl} \\
\text{Dichloroethylene}
\end{array}
\quad CH_2=CHCl \xrightarrow{Cl_2} CH_2Cl-CHCl \xrightarrow{-HCl} CH_2=CCl_2 \xrightarrow{Cl_2}
$$

$$
CH_2Cl - CCl_3 \xrightarrow{-HCl} \underset{\text{Trichloroethylene}}{CHCl = CCl_2} \xrightarrow{+Cl_2, -HCl} \underset{\text{Perchloroethylene}}{CCl_2 = CCl_2}
$$

③ 뛰어난 풍화물성을 가지는 기능성 고분자인 poly(viny fluoride) 제조에 사용된다.

$$
nCH \equiv CH + nHF \longrightarrow nCH_2 = CHF \longrightarrow \left[CH_2 - CHF \right]_n
$$

④ 프로판올글리콜 : 석유와 금속산업의 항균성 물질 및 살균제의 제조를 위한 중간체로 사용된다.

$$
HCHO + HC \equiv CH \xrightarrow[100℃, 5bar]{Cu\ acetylide} \underset{\text{Propargyl alcohol}}{HC \equiv CCH_2OH}
$$

(3) 염화메탄(chloromethane) : 메탄의 염소화에 의해 모노-, 디-, 트리- 그리고 테트라- 염화메탄들을 생성한다. 염화메탄은 메탄보다 더 쉽게 염소화되어 이염화메탄을 생성한다. 즉 메탄의 염소화의 주 생성물은 이염화메탄이다.

1) 염화메탄(chloromethane)

① 제법 : 메탄올과 염산의 합성에 염화메탄을 얻는다.

$$
CH_3OH + HCl \longrightarrow CH_3Cl + H_2O
$$

② 주 용도 : 생산량의 80%가 폴리실리콘 수지의 제조에 쓰인다.

$$
\underset{\substack{\text{Silicon/} \\ \text{copper alloy}}}{CH_3Cl + Si(Cu)} \longrightarrow \underset{\text{Dimethyldichlorosilane}}{(CH_3)_2SiCl_2 + Cu}
$$

$$
(CH_3)_2SiCl_2 + 2H_2O \longrightarrow \underset{\text{Dimethyldihydroxysilane}}{(CH_3)_2Si(OH)_2 + 2HCl}
$$

$$
n(CH_3)_2Si(OH)_2 \longrightarrow \left(\begin{array}{c} CH_3 \quad CH_3 \\ | \qquad | \\ Si - O - Si - O \\ | \qquad | \\ CH_3 \quad CH_3 \end{array} \right)_{n/2} + nH_2O
$$

Polysiloxane

2) 이염화메탄(dichloromethane)

① 제법 : 염화메탄의 염소화반응에 의해 만들어진다.

$$CH_3Cl + Cl_2 \longrightarrow CH_2Cl_2 + 2HCl$$
Chloromethane   Dichloromethane

② 용도

㉠ 페인트 벗김제(paint stripper, 특히 제트 비행기)로 사용된다.

㉡ tri- 및 tetra- 염화메탄에 비해 위험하지는 않으나 발암물질로 건강에 해롭다. 따라서, 특수한 경우를 제외하고 사용을 금지하고 있다.

3) 삼염화메탄(trichloromethane)

① 제법 : 메탄 또는 염화메탄의 염소화에 의해 얻는다.

② 용도

㉠ 염화불화탄소(CFCs) 냉동제와 에어로졸 추진제로 사용되었다.

㉡ 마취제에 사용되었다.

㉢ '테프론(Teflon)' 제조를 위한 단량체(테트라플루오로에틸렌)의 제조에 사용된다.

$$2CHCl_3 + 2HF \xrightarrow{-2HCl} 2CHClF_2 \xrightarrow{700\text{℃}} F_2C=CF_2 + 2HCl$$
Trichloromethane   Chlorodifluoromethane   Tetrafluoroethylene

4) 사염화탄소(terafluoromethane)

① 제법

㉠ 프로필렌과 프로판의 염소화

$$CH_2=CHCH_3 + 7Cl_2 \longrightarrow CCl_4 + Cl_2C=CCl_2 + 6HCl$$
Propylene   Carbon   Perchloro-
                   tetrachloride   ethylene

$$CH_3CH_2CH_3 + 8Cl_2 \longrightarrow CCl_4 + Cl_2C=CCl_2 + 8HCl$$

㉡ 30℃ 철 촉매하에 이황화탄소의 염소화

$$CS_2 + 2Cl_2 \longrightarrow CCl_4 + 2S$$

② 용도 : 프레온 11, 프레온 12의 원료, 소화제로 쓰인다.

> ⚙️**참고 냉매 및 에어로졸 분사제의 관용명**
>
> ① 프레온가스의 관용명 : CFC-12(CCl_2F_2), CFC-11(CCl_3F), CFC-113(CCl_2FCClF_2)
> ② 수소화염화불화탄소의 관용명 : HCFC-22($CHClF_2$), HCFC-123(CF_3CHCl_2), HCFC-124
> ($CF_3\,CHClF$)
> ③ 수소화불화탄소의 관용명 : HFC-125(CF_3CHF_2)

(4) 합성가스(synthesis gas)

1) 합성가스(synthesis gas)의 정의 : CO와 H_2 또는 N_2와 H_2의 여러 혼합물의 이름이다.

2) 합성가스의 제조공정

① 천연가스에서 얻어지는 메탄으로부터 합성한다.

② 나프타(naphtha)로부터 합성가스를 제조한다.

③ 석탄을 이용한 Fischer–Tropsch 공정으로부터 합성가스를 얻는다.

$$
\begin{aligned}
\text{COAL}: \quad & 2C + O_2 &\rightleftharpoons&\quad 2CO \\
& C + H_2O &\rightleftharpoons&\quad CO + H_2 \\
& CO + H_2O &\rightleftharpoons&\quad H_2 + CO_2 \text{ (SHIFT REACTION)} \\
& C + CO_2 &\rightleftharpoons&\quad 2CO \text{ (BOUDOUARD REACTION)} \\
& C + 2H_2 &\rightleftharpoons&\quad CH_4 \\
& CO + 3H_2 &\rightleftharpoons&\quad CH_4 + H_2O \\[4pt]
\text{METHANE}: \quad & CH_4 + 1/2O_2 &\rightleftharpoons&\quad CO + 2H_2 \\
& CH_4 + H_2O &\rightleftharpoons&\quad CO + 3H_2 \\[4pt]
\text{NAPHTHA}: \quad & -CH_2{}^- + 1/2O_2 &\rightleftharpoons&\quad CO + H_2 \\
& -CH_2{}^- + H_2O &\rightleftharpoons&\quad CO + 2H_2 \\[4pt]
\text{CARBON FORMATION}: \quad & 2CO &\rightleftharpoons&\quad C + CO_2 \\
& CO + H_2 &\rightleftharpoons&\quad C + H_2O \\
& CH_4 &\rightleftharpoons&\quad C + 2H_2
\end{aligned}
$$

[합성가스 생성을 위한 주요 반응들]

3) 제조공정에 따른 혼합물에서 CO/H_2의 비율

① Fischer–Tropsch 공정과 메탄올 합성공정 : $CO/H_2 = 1 : 2$

② 옥소공정(하이드로포밀화) : $CO/H_2 = 1 : 1$

③ 암모니아 생산을 위한 Haber 공정 : $N_2/H_2 = 1 : 3$

4) 합성가스를 이용한 화학공정 : 용도

① 암모니아제조 : Haber–Bosch 공정에 의해, $N_2/3H_2$의 조성을 갖는 합성가스를 사용한다.

㉠ 암모니아는 요소 비료의 제조에 대부분 사용된다.

$$2NH_3 + CO_2 \longrightarrow \underset{\text{Ammonium carbamate}}{NH_2COONH_4} \xrightarrow{-H_2O} \underset{\text{Urea}}{NH_2CONH_2}$$

㉡ 요소는 포름알데하이드와 반응하여 열경화성 멜라민–포름알데하이드 수지에 사용하는 멜라민(melamine)을 만든다.

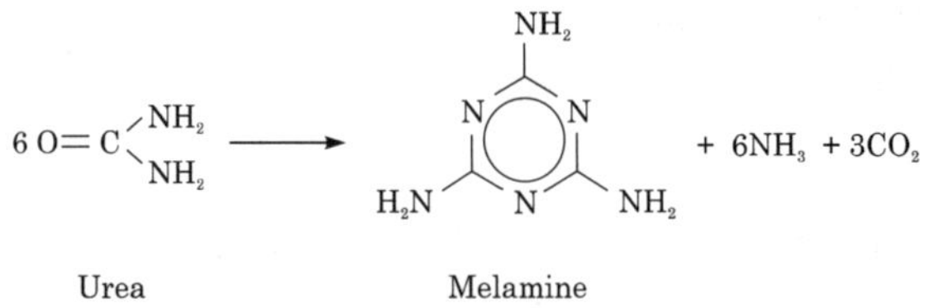

$$6 \, O = C \underset{NH_2}{\overset{NH_2}{\diagdown}} \longrightarrow \text{(Melamine ring structure)} + 6NH_3 + 3CO_2$$

Urea   Melamine

② 메탄올의 제조

$$CO \; + \; 2H_2 \; \rightleftarrows \; CH_3OH$$

(5) 메탄올(methanol)

1) 메탄올의 제조방법 : 합성가스($CO \; + \; 2H_2$)로부터 제조된다.

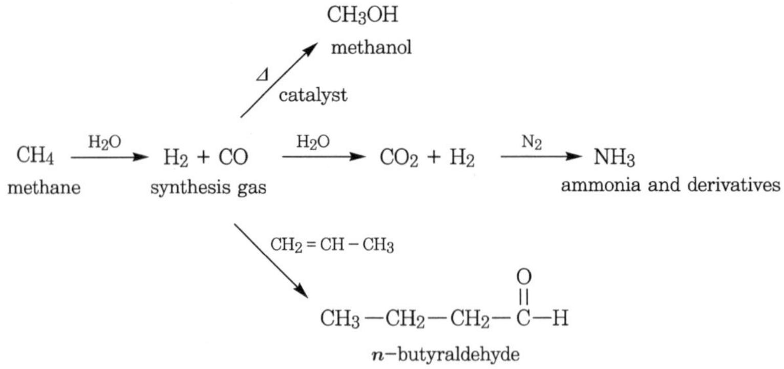

2) 메탄올의 용도

① 포름알데하이드(HCHO)의 제조 : 우레아 및 페놀−포름알데히드 수지의 제조, 아세
틸렌류의 제조, 폴리아세탈 수지의 제조에 사용된다.

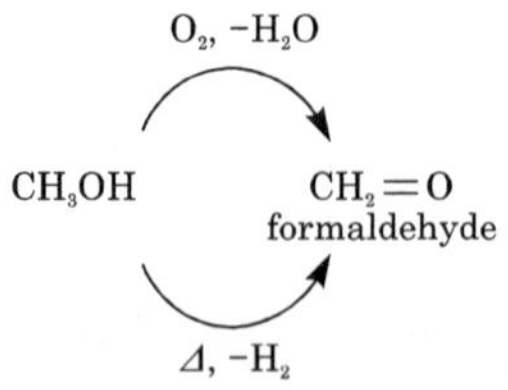

② 아세트산의 제조 : 아세트산비닐 수지의 원료가 되는 비닐아세테이트 생산에 대부분
의 아세톤이 사용된다.

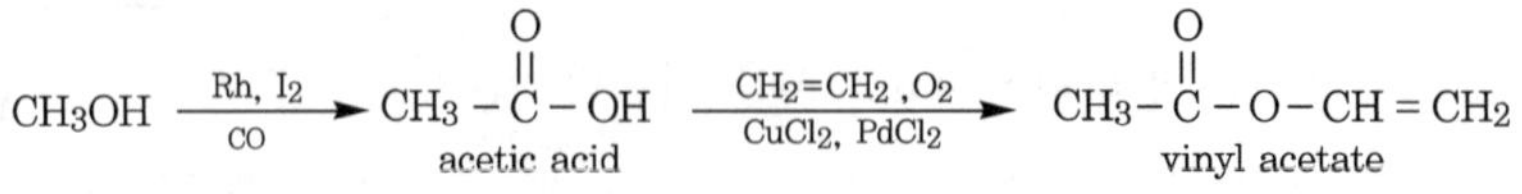

$$CH_3OH \xrightarrow[CO]{Rh, \; I_2} CH_3 - \overset{O}{\overset{\|}{C}} - OH \xrightarrow[CuCl_2, \; PdCl_2]{CH_2=CH_2 \,, O_2} CH_3 - \overset{O}{\overset{\|}{C}} - O - CH = CH_2$$

acetic acid   vinyl acetate

③ 메탄올로부터 MTBE의 합성

$$CH_3OH \xrightarrow[H^+]{\underset{CH_3-C=CH_2}{\overset{CH_3}{|}}} CH_3 - \underset{\underset{MTBE}{\overset{|}{O - CH_3}}}{\overset{\overset{CH_3}{|}}{C}} - CH_3$$

(6) 무수아세트산(acetic anhydride)

1) 무수아세트산의 용도

① 무수아세트산의 주된 용도는 셀룰로오스아세테이트(담배필터)의 생산이다.

② 아스피린(acetylsalicylic acid)과 같은 여러 에스테르들을 생성하는 데 사용한다.

2) 무수아세트산의 제법

① 먼저 아세트산을 열분해시켜 케텐(ketene)을 만들고, 이를 아세트산과 반응시켜 제조한다.

$$CH_3COOH \xrightarrow{heat} CH_3=C=O + H_2O$$
Acetic acid   Ketene

$$\xrightarrow{CH_3COOH} (CH_3CO)_2O$$
Acetic anhydride

② 아세트알데하이드를 산화시켜 과초산(peracetic acid)을 만들고, 이는 다시 더 많은 아세트알데하이드와 반응하여 무수물을 생산한다.

$$CH_3CHO + O_2 \longrightarrow CH_3COOOH$$
Acetaldehyde   Peracetic acid

$$\xrightarrow{CH_3CHO} (CH_3CO)_2O + H_2O$$

③ Eastman-Halcon 공정 : 메틸아세테이트를 만든 후 카르보닐화시켜 무수물을 제조한다.

촉매로는 아세트산 용매 안에서 염화로듐(rhodium chloride)과 크롬헥사카르보닐(Cr(CO)₆)로 구성된다.

$$\overset{\overset{O}{\underset{||}{}}}{CH_3CI} + CH_3COOCH_3 \longrightarrow CH_3I + (CH_3CO)_2O$$
Acetic anhydride

3) 셀룰로오스아세테이트의 제조공정

① 아래 공정은 아세트산이 방출되어 재생성되며, 이는 중간 원료로 사용된다.

② 이것은 석탄이 석유를 대체한 유일한 최근 공정으로 기대받고 있다.

$$Coal + O_2 + H_2O \longrightarrow CO + H_2$$

$$CO + 2H_2 \longrightarrow CH_3OH$$

$$CH_3COOH + CH_3OH \longrightarrow CH_3COOH_3 + H_2O$$

$$CH_3COOCH_3 + CO \longrightarrow (CH_3CO)_2O$$
$$\text{Acetic anhydride}$$

$$(CH_3CO)_2O + HO-cellulose \longrightarrow CH_3COO-cellulose + CH_3COOH$$
$$\text{cellulose acetate}$$

(7) MTG 공정(Methanol To Gasoline process)

1) 공정반응의 개요

①	$CO + 2H_2 \xrightarrow[\text{저온, 저압}]{Cu-Zn/Al_2O_3} CH_3OH$
②	$2CH_3OH \xrightarrow[\text{반응기 1}]{CuO/\gamma-Al_2O_3} CH_3OCH_3 + H_2O$ Dimethyl ether
③	$\left.\begin{array}{l} CH_3OH \\ CH_3OCH_3 \\ H_2O \end{array}\right\}$ 혼합물 $\xrightarrow[\text{반응기 1}]{HZSM-5} \left[nCH_2\cdot + mH_2O\right] \xrightarrow{HZSM-5}$ Gasoline

① 합성가스를 이용하여 메탄올을 생성시키는 공정으로 시작한다.

② 메탄올을 반응시켜 디메틸에테르를 만든다. 이 반응은 큰 열을 발생(큰 발열반응)하므로, $CuO/\gamma-Al_2O_3$와 같은 탈수촉매를 사용하여 물로의 탈수를 촉진시킨다. 이 반응에 의해 산소와 탄소가 분리되는데, 탄소는 탄화수소 사슬로 중합되고 산소는 물로 빠져 나온다. 결과적으로 메탄올, 물, 디메틸에테르의 평형혼합물을 얻는다.

③ 이 혼합물을 두 번째 반응기로 도입시켜, $HZSM-5$ 촉매 고정층과 380℃의 온도에서 접촉시킨다. 디메틸에테르는 물을 잃고 $CH_2\cdot$ 라디칼을 형성하고, 물은 제올라이트 밖으로 빠져 나온다. 이 $CH_2\cdot$ 라디칼들은 제올라이트 세공 내에서, 세공구조에 의해 부여된 형상 선택 한계(C_{10})까지의 알칸과 방향족 탄화수소로 중합된다.

➡ $HZSM-5$의 형상 선택성은 코크(coke)의 전구체인 연결된 방향족 고리들의 생성을 방지하며, 이에 의해 촉매 활성을 유지할 수 있다.

MTG 반응흐름 요약

$$2CH_3OH \underset{+H_2O}{\overset{-H_2O}{\rightleftarrows}} CH_3OCH_3 \overset{-H_2O}{\longrightarrow} C_2-C_5 \text{ alkenes} \longrightarrow \text{alkenes, cycloalkanes, aromatics}$$

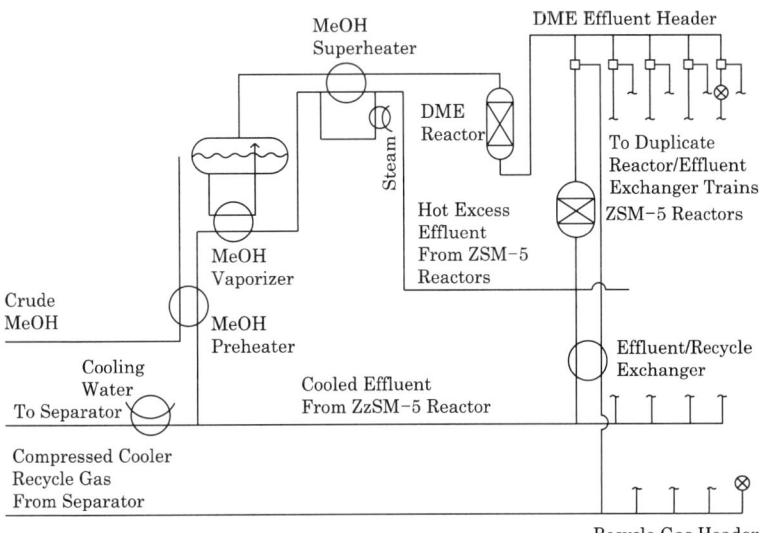

[MTG 공정 흐름도]

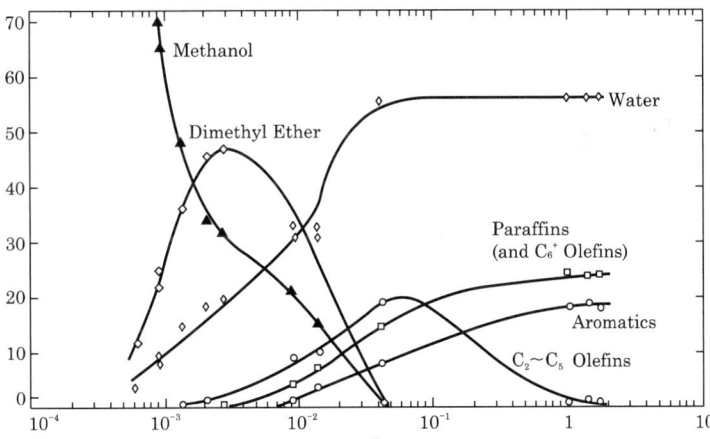

[MTG 공정 가솔린의 시간에 따른 생성물의 분포(w/w%)]

[메탄올로부터 제조된 가솔린의 조성(%)]

reaction temperature(℃)	370	538
C_1~C_4 aliphatics	28.84	60.50
C_5+aliphatics	33.83	3.50
benzene	0.96	
toluene	4.69	
xylenes	12.33	35.90
C_9 aromatics	12.25	
C_{10} aromatics	7.10	
C_{11}+aromatics		0.10
total aromatics	37.33	36.00

(8) 포스겐(phosgene)

1) 포스겐(phosgene)의 제조 : 염소와 일산화탄소를 250℃, 활성탄 상태에서 반응시킨다.

$$CO + Cl_2 \xrightarrow{\text{cat.}} COCl_2$$
$$\text{Phosgene}$$

2) 포스겐의 용도

① 이 포스겐은 대부분이 디이소시아네이트(diisocyanate)의 생산에 사용된다.

② 비스페놀 A와 반응시켜 폴리카르보네이트(PC) 제조에도 사용된다.

기출 및 예상 문제

01 다음 중 메탄올(methanol)을 산화시킬 때, 생성되는 물질은? ❂ 97 총무처 9급

① 에틸렌　　　　　　　　　　② 아세톤
③ 포름알데하이드　　　　　　④ 디메틸에테르

02 다음은 메탄올(methanol)에 대한 설명이다. 옳지 않은 것은? ❂ 02 서울시 9급

① MTG 공정에 의해 가솔린(gasoline)을 생산할 수 있다.
② 합성가스(synthesis gas)를 이용해 에탄올을 만들 수 있다.
③ MTBE(Methyl Tert-Butyl Ether)를 만들 수 있다.
④ 아세톤(acetone)을 만들 수 있다.

03 다음 중 합성가스(synthesis gas)의 구성 성분으로 적합한 것으로만 묶인 것은?

(ㄱ) $CO_2 + H_2$	(ㄴ) $CO + H_2$
(ㄷ) $NH_3 + H_2$	(ㄹ) $N_2 + H_2$

① (ㄱ), (ㄴ)
② (ㄴ), (ㄹ)
③ (ㄱ), (ㄴ), (ㄷ)
④ (ㄴ), (ㄷ), (ㄹ)

04 다음 중 합성가스를 이용하는 제조 공정이 아닌 것은?

① 하이드로포밀화(hydroformylation)
② Fischer – Tropsch 공정
③ Haber – Bosch 공정
④ Reppe 공정

05 다음 (   )의 물질은 무엇인가?

• 메탄올은 (   )와 H_2의 합성으로 제조된다.
• 포스겐은 (   )와 Cl_2의 합성으로 제조된다.

① 메탄(methane)
② 클로로메탄(chloromethane)
③ 일산화탄소(carbon monoxide)
④ 이산화탄소(carbon dioxide)

06 MTG 공정에서 메탄올, 물, 디메틸에테르를 가솔린으로 전환시킬 때 사용하는 촉매는?

① V_2O_5 ② $SiO_2 - Al_2O_3$
③ $PdCl_2$ ④ zeolite

정답 및 해설

01 ③

유형 메탄올의 용도

해설 포름알데히드의 제법을 기억하는가? 즉 메탄올은 포름알데히드 제조에 사용되는데, 이는 메탄올을 산화시켜 제조한다는 것을 반드시 알아두자. 문제는 이런 데에서 나온다.
제17주에서도 메탄올에 대해 배웠다. 이 단원을 통해 메탄올에 대해 세부적으로 설명하는 이유는 여러분의 지식을 조금 더 점성이 있는 지식으로 유지시키기 위함이다.

02 ④

유형 메탄올의 제법

해설 메탄올은 Monsanto의 메탄올카르보닐화 공정을 통해 아세트산(acetic acid)을 합성한다.

03 ②

유형 합성가스(synthesis gas)의 정의

해설 CO와 H_2 또는 N_2와 H_2의 여러 혼합물의 이름이다.

04 ④

유형 합성가스(synthesis gas) 이용 공정

해설 Reppe 공정은 올레핀에 CO와 H_2O를 철 카르보닐 촉매하에 반응시키는 방법이다. 암모니아 합성공정인 하버법은 N_2와 H_2의 합성가스를 이용하는 공정이다. 그리고 하이드로포밀화는 옥소공정을 의미한다.

05 ③

유형 공통 합성물질 추리하기

해설 문제의 빈 칸에 들어갈 화합물은 일산화탄소(CO)이다. CO는 Reppe 공정에도 사용된다.

06 ④

유형 MTG 공정

해설 MTG 공정은 일반적으로 3단계로 구분하는데, 첫 번째 공정이 합성가스를 사용하여 메탄올을 제조하고, 두 번째 공정이 메탄올 2분자를 반응시켜 디메틸에테르를 만든다. 세 번째 공정은 물, 메탄올, 디메틸에테르 평형혼합물에 HZSM−5와 같은 제올라이트 촉매를 가해 가솔린을 제조한다.

제 **35** 주

에너지와 연료의 연소

제35-1주제   에너지

1. 에너지의 분류 및 특징
2. 미래형 대체 에너지
3. 에너지의 활용

1. 에너지 개론

(1) **에너지란 무엇인가?** : 일을 할 수 있는 능력을 말한다.

(2) **에너지의 분류**

1) 에너지원에 따른 분류

- 천연에너지 : 태양에너지, 지열에너지, 조력에너지, 수력에너지, 풍력에너지
- 화석에너지 : 석탄, 석유, 천연가스, tar sand 등
- 핵에너지 : U−235, U−238, Th−232

2) 형태상의 분류 : 열에너지, 화학에너지, 역학에너지, 광에너지, 전기에너지, 핵에너지

(3) **각종 에너지의 상호변환**

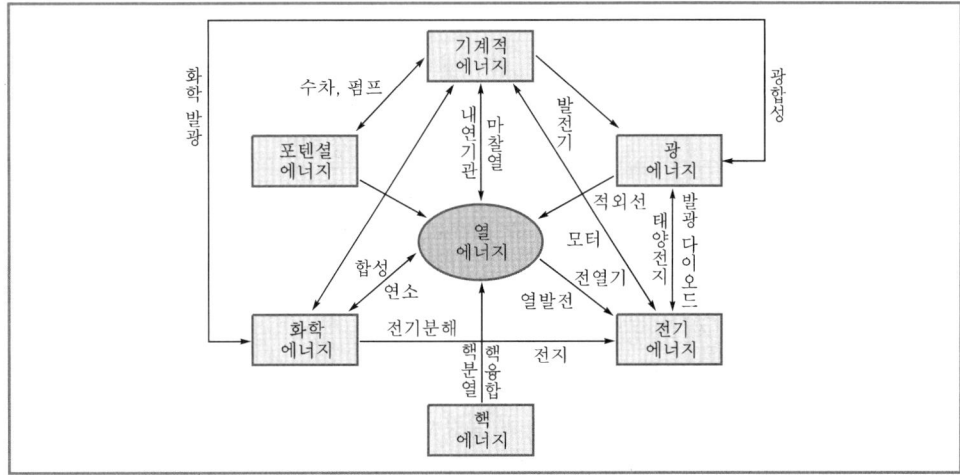

[각종 에너지의 상호변환]

[에너지의 변환 이용]

변환 후 / 변환 전	열에너지	화학에너지	전기에너지	광에너지
열에너지	열 회수	각종 반응	발전	방사전열
화학에너지	연소	각종 반응	전지	화학발광
전기에너지	Joule 열	전기분해	전자유도	전등
광에너지	태양로	광합성	광전지	형광

[에너지 변환 설비 및 기술]

구 분	열 발생설비	변환/수송 기술	열 이용기술
열	공업로	집단 에너지 미활용 에너지	분리 기술 건조기
소형 열병합	에너지 변환축적	보급형 건물 기술 공조 시스템	–
전기	발전	송·배전	조명 시스템, 유도 전동기, 전동력 응용

2. 대체 에너지

(1) 청정 에너지

[청정 에너지 기술개발 분야]

분 야	기술개발
석탄의 저공해 고효율 연소	• 연소 전 공해물질 저감장치 개발 • 저공해용 연소장치 개발 • 석탄 청정활용 체계확립
중질유의 저공해 정제	• 고성능 촉매 제조 기술개발 • 촉매재생 및 신촉매 기술개발 • 중질유의 새로운 정제공정개발
CO_2의 회수 및 활용	• 연소 후 가스의 오염저감장치 개발 • 화석연료의 연소 후 발생하는 가스의 회수 및 활용 기술개발

(2) 신재생 에너지

1) 태양열 : 태양전지, 태양열 발전설비 등

2) 바이오에너지 : 바이오 매스, 메탄가스 이용기술, 연료용 알코올 개발 등

3) 폐기물 소각열 : 가연성 폐기물의 발열량을 이용한다.

4) 수소 : 물의 전기분해를 통해 얻음, 화학반응을 통한 수소생성(신기술)

5) 연료전지 : 수소연료전지 자동차 등

6) 석탄 이용기술 : 석탄을 이용한 가솔린 제조 등

7) 풍력 및 조력 발전 : 지역적 특성상 에너지 밀도가 낮아 대규모 활용이 어려움

8) 원자력 발전 : CO_2 발생량이 가장 작은 발전으로, 기술개발과 원전 폐기물에 대한 처분 및 국민적 공감대 형성이 요구됨

(3) 수소의 색상별 생산방식과 특징

1) 그레이 수소(grey hydrogen)

① 생산방식 : 천연가스(메탄) 개질(SMR, Steam Methane Reforming)

② 특징 : 생산과정에서 이산화탄소(CO_2)가 다량 배출됨

③ 단점: 친환경적이지 않음

2) 블루 수소(blue hydrogen)

① 생산방식 : 그레이 수소와 동일한 방식(SMR) + 탄소 포집 및 저장 기술 적용

② 특징 : 이산화탄소를 포집하여 배출량을 줄임

③ 장점 : 그레이 수소보다 친환경적

3) 그린 수소(green hydrogen)

① 생산방식 : 재생에너지(태양광, 풍력) 기반의 전기분해

② 특징 : 이산화탄소를 전혀 배출하지 않는 완전한 친환경 수소

③ 단점 : 생산비용이 높음

4) 브라운 수소(brown hydrogen)

① 생산방식 : 석탄을 고온·고압하에서 가스화

② 특징 : 탄소 배출량이 가장 많음

③ 단점 : 환경에 매우 유해하여 점차 사용이 줄어드는 추세

5) 터키석 수소(turquoise hydrogen)

① 생산방식 : 메탄 열분해(pyrolysis)

② 특징 : 부산물로 고체 탄소(C) 생성 → CO_2 배출 없음

③ 장점 : 블루 수소보다 친환경적이며, 그린 수소보다 경제적 가능성이 높음

6) 핑크 수소(pink hydrogen)

① 생산방식 : 원자력발전의 전기를 이용한 물의 전기분해

② 특징 : 탄소 배출이 없고, 안정적인 전력공급 가능

③ 단점 : 원자력발전에 대한 사회적 논란 존재

7) 옐로우 수소(yellow hydrogen)

① 생산방식 : 사용 전력망(GRID)의 전기에너지로 사용되는 태양광에너지를 활용한 물의 전기분해

② 특징 : 그린 수소와 유사하지만, 태양광에너지를 집중적으로 사용한다는 차이점이 있음

8) 화이트 수소(white hydrogen)
  ① 생산방식 : 자연적으로 지각에 존재하는 천연수소
  ② 특징 : 현재 상업적으로 활용되지 않음

제35-2주제 연료의 연소

1. 연소이론
2. 탄화수소의 연소

3. 연소이론

(1) 연소의 정의 : 물질이 발열과 빛을 동반하는 급격한 산화현상

(2) 발광에 따른 온도측정 : 적열상태(500℃ 부근), 백열상태(1,000℃ 부근)

(3) 고온체의 색깔과 온도

➡ 담암적색(522℃), 암적색(700℃), 적색(850℃), 휘적색(950℃), 황적색(1,100℃), 백적색(1,300℃), 휘백색(1,500℃)

(4) 연소의 3요소 : 연소가 일어나기 위해서는 연소의 3요소인 가연물, 산소공급원, 점화원이 꼭 구비되어야 한다.

특히 연료가 연소되기 위해서는 일정 농도 이상의 산소가 필요하다. 이때, 필요한 최소의 산소농도를 최소 산소농도라 한다.

1) 가연물(산화되기 쉬운 물질)

가연물의 조건	가연물이 될 수 없는 조건
• 산화할 때 발열량이 클 것 • 산화할 때 열전도율이 작을 것 • 산화할 때 필요한 활성화에너지가 작을 것 • 산소와 친화력이 좋고 표면적이 넓을 것	• 주기율표 0족의 원소(He, Ne, Ar, Kr, Xe, Rn) • 이미 산화반응이 완결된 산화물(CO_2, SiO_2, Al_2O_3, P_2O_5) • 질소 또는 질소의 산화물(질소도 산화반응을 하나 흡열반응을 하므로 가연물이 안 된다.)

2) 산소공급원(조연성 물질)

① 공기(공기중 산소는 부피로 21%, 무게로 23%가 존재)

② 산화제(제1류 위험물, 제6류 위험물 – 강산화제로 많은 산소를 함유)

③ 자기반응성 물질(제5류 위험물 산소를 함유)

3) 점화원(가연물에 활성화에너지를 주는 것)

① 전기 불꽃

② 정전기 불꽃(방전전압 500~1,000V/방지하기 위해서 접지, 습도를 70% 이상 유지, 공기를 이온화)

③ 마찰 및 충격의 불꽃

④ 고열물

⑤ 단열압축(디젤엔진)

⑥ 산화열

⑦ 낙뢰(피뢰침은 25m 이상 설치, 사방 45° 보호, 2개 이상일 때는 외각 45°, 내각 60° 보호, 접지는 지하 3m 이상)

(5) 인화점, 연소점, 착화점, 연소범위

1) **인화점** : 가연물을 가열할 때 가연성 증기가 연소온도에 달하는 온도

2) **연소점** : 연소가 계속되기 위한 온도로, 보통 인화점보다 10℃ 정도 높다.(위험물에 따라 차이가 있음)

3) **착화점** : 점화원이 없이 가열온도만으로 스스로 연소가 시작되는 온도

착화점이 낮아지는 경우

➡ 압력이 클 때, 발열량이 클 때, 화학적 활성도가 클 때, 산소와 친화력이 좋을 때, 분자구조가 복잡할 때, 접촉 금속의 열전도율이 좋을 때, 습도 및 가스압(증기압)이 낮을 때

➡ 착화점이 낮아지면 위험성이 커진다. 그러나 위험성의 척도는 인화점이다.

(6) 연소범위(연소한계, 폭발범위, 폭발한계)

연소에 필요한 가연성 기체와 공기 또는 산소와의 혼합가스 농도 범위, 단위[vol%]

1) 온도가 높아지면 연소범위는 넓어지며, 압력이 높아지면 하한계는 크게 변하지 않으나 상한계는 상승한다.

2) 상압(1기압)보다 낮아지면 연소범위는 좁아진다.

3) 압력이 높아지면 연소범위는 넓게 된다.

4) 일산화탄소와 공기의 혼합기는 압력이 높아질수록 폭발범위가 좁아진다.

5) 가연성가스와 공기가 혼합된 경우보다도 산소가 혼합되었을 때 더 넓게 되면, 폭발위험성도 커진다.

(7) 위험물의 연소형태 : 정상적인 연소는 아레니우스의 화학반응 속도론에 의해, 상온부근에서 온도가 10℃ 상승하면 연소속도는 2~3배씩 증가한다.

1) **기체의 연소** : 발염연소, 불꽃연소

2) **액체의 연소**
   ① **증발연소** : 액체 자체가 연소하지 않고 표면에서 증발하는 증기가 연소
   ② **액적연소** : 점도가 높고 비휘발성인 액체의 점도를 낮추어 버너로 분무하여 연소

3) **고체의 연소**
   ① **분해연소** : 착화에너지의 부족으로 열분해를 충분히 하지 못하는 현상을 탄화현상이라고 함
   ② **표면연소** : 코크스의 연소반응식은 다음과 같다.

   > 1차 반응(1,300℃) : $4C + 3O_2 \longrightarrow 2CO_2 + 2CO$
   >
   > 0차 반응(1,500℃) : $3C + 2O_2 \longrightarrow CO_2 + 2CO$

4) **증발연소** : 황, 나프탈린, 파라핀 등은 가열하면 액체가 되고 일정 온도에서 증기가 발생하여 점화원에 의해 연소

5) **자기연소** : 제5류 물질은 산소를 함유하고 있어 공기없이 연소하고, 공기 중에서는 폭발적으로 연소

(8) 화석연료의 연소반응식

$$C_nH_m + \left(n + \frac{m}{4}\right)O_2 \longrightarrow nCO_2 + \left(\frac{m}{2}\right)H_2O$$

1) **메탄의 연소** : $CH_4 + 2O_2 \rightarrow CO_2 + 2H_2O$

2) **프로판의 연소** : $C_3H_8 + 5O_2 \rightarrow 3CO_2 + 4H_2O$

3) **부탄의 연소** : $C_4H_{10} + 6.5O_2 \rightarrow 4CO_2 + 5H_2O$

기출 및 예상 문제

01 다음 각 에너지와 그 성질을 바르게 연결한 것은?(단, 주어진 항목 간은 일대일 대응이다.)

(ㄱ) 원자력에너지	㉮ 달과 지구와의 사이에 작용하는 힘을 이용하여 얻을 수 있다.
(ㄴ) 화석에너지	㉯ 식물 셀룰로오스, 전분 등에서 이를 얻을 수 있다.
(ㄷ) 바이오에너지	㉰ 집열판으로 폴리실리콘(polysilicone)을 사용한다.
(ㄹ) 태양열에너지	㉱ 온실가스인 CO_2를 다량 방출한다.
(ㅁ) 조력에너지	㉲ 우리나라에서 발전 의존율이 가장 높은 발전방법에 의해 얻어진다.

① (ㄱ) – ㉱　　　　　　　　② (ㄴ) – ㉲
③ (ㄷ) – ㉱　　　　　　　　④ (ㄹ) – ㉰
⑤ (ㅁ) – ㉯

02 다음은 에너지에 대한 설명이다. 옳지 않은 것은?

① 열에서 일로 100% 전환이 가능하다.
② 공학적으로 에너지보존의 법칙이 성립한다.
③ 석탄은 연소과정에서 SO_x 및 NO_x를 방출한다.
④ 열역학 제1법칙은 에너지 전환효율과 관계 있다.

03 다음 중 연소의 3대 요소가 아닌 것은?

① 공기　　　　　　　　　② 가연물
③ 시간　　　　　　　　　④ 점화원

04 연료에 고정탄소가 많이 함유되어 있을 때, 발생되는 현상으로 옳은 것은?

① 매연발생이 많다.　　　　　② 발열량이 높아진다.
③ 연소효과가 나쁘다.　　　　④ 열손실을 초래한다.

정답 및 해설

01 ④

해설 (ㄱ)–㉲, (ㄴ)–㉰, (ㄷ)–㉯, (ㄹ)–㉱, (ㅁ)–㉮

02 ①, ④

해설 에너지 전환(변환)효율은 열역학 2법칙과 관련 있다.

03 ③

해설 연소의 3요소는 가연물, 산소(공기)공급원, 점화원이다.

04 ②

해설 고정탄소가 많이 함유되면, 발열량이 커진다.(몰당 엔탈피×몰수)

제 **3** 편

고분자화학과 유기정밀화학

제 **36** 주

고분자화학의 개요

1. 고분자의 정의 및 특징

(1) 고분자(polymer)란, 분자량이 매우 커 약 10,000 이상이 되는 화합물을 말한다. 즉, 반복 단위들이 공유결합으로 연결된 거대분자를 지칭하는 일반적인 용어이다. 우리말로는 고분 자 또는 중합체라고 부른다.

　고분자화합물에는 녹말, 단백질, 셀룰로오스, 천연고무와 같은 **천연 고분자화합물**과 합성섬 유, 합성 수지(플라스틱), 합성고무 등과 같은 **합성 고분자화합물**이 있다.

(2) 고분자화합물의 특징

　1) 화학적으로 안정하다.(안정성=ΔG)

　2) 결정이 되기 힘들고, 녹는점이 뚜렷하지 않아 분리정제가 곤란하다.

　3) 분자량이 불균일하며, 특별한 용매 이외에는 잘 녹지 않고, 녹으면 콜로이드 성질을 나타 낸다.

　4) 녹슬지 않고, 잘 깨지지 않는다.

　5) 가열하면 부드러워지고, 열·전기에 강하다.

　6) 분자의 형태에 따라, 막(film)이나 실(string)과 같은 모양을 이룬다.

　7) 탄성(elasticity)이나 점성(viscosity), 가소성(plasticity)을 가진다.

　8) 결합한 작용기나 불포화도에 따라 화학적 성질이 다르다.

　9) 단위체와는 전혀 다른 물리적, 화학적 성질을 나타낸다.

2. 고분자 관련 주요용어

(1) **단량체(monomer)** : 고분자로 전환될 수 있는 물질이다.

➡ 예를 들면, 에틸렌(단량체)은 중합반응을 거쳐 폴리에틸렌(PE)이 된다.

$$CH_2=CH_2 \longrightarrow -[CH_2-CH_2]n-$$
단량체   중합제

➡ 아미노산은 단량체로서, 반응 중 물(H_2O)을 잃으면 폴리펩티드가 된다.

아미노산(단량체)   폴리펩티드(중합제)

(2) **올리고머(oligomer, 소중합체)**

1) 단량체들의 중합반응은 연속적으로 일어난다.

2) 이량체(또는 이합체, dimer) : 단량체 둘이 반응하여 생성된 화합물이다.

3) 삼량체(또는 삼합체, trimer) : 이량체가 단량체와 반응하여 생성된 화합물이다.

4) 다시 삼량체가 사량체, 오량체 등을 생성하며, 이들이 선형(linear) 또는 고리형 구조를 이루고 있는 화합물을 올리고머(oligomer, 소중합체)라 한다.

5) 올리고머는 고분자가 아니며, 소규모 중합에 의해 형성된 화합물이다. 작은 수의 중합도(DP)를 가지는 화합물 정도라 생각하면 될 것이다.

➡ 중합도(DP, degree of polymerization) : 단위체의 반복되는 횟수(n)를 의미한다.

Glycol acid   이량체(이합체)   삼량체(삼합체)

아세틸렌   벤젠(고리삼량체)   포름알데히드   트리옥산(고리삼량체)

(3) 선형고분자(linear polymer) : 치환기가 붙은 골격원소들이 긴 사슬로 이루어져 있다.

1) 선형고분자들은 보통 용매에 녹는다.

2) 일반적 온도하에서 고체상태인 고무상의 유연한 물질 또는 유리상의 열가소성 플라스틱으로 존재한다.

3) 대표적인 예 : 폴리에틸렌, 폴리비닐클로라이드, 폴리메틸메타크릴레이트, 폴리아크릴로니트릴, 나일론 6,6 등

(4) 가지고분자(branched polymer) : 선형고분자에 가지가 붙어 있는 구조이다.

1) 가지는 주 사슬과 동일한 기본구조(basic unit)를 가지고 있다.

2) 가지고분자는 선형고분자와 같은 용매에 녹는다(성질이 선형고분자와 유사하다).

3) (그러나) 선형고분자에 비해 결정화 경향이 낮고, 용액의 점성도 다르며, 광산란성이 있다.

4) 매우 가지가 많은 고분자의 경우 특정한 용매에 팽윤(swelling)하며, 완전히 용해되지 않는다.

➡ 팽윤(swelling)이란, 물질이 용매를 흡수하여 부푸는 현상으로, 젤라틴이나 목재를 물에 담그면 일어난다.

(5) 망상형 고분자(network polymer)

1) 이를 가교(crosslinked) 고분자라 부르기도 한다.

2) 사슬 사이에 화학결합이 존재하기 때문에, 용매에 의해 팽윤되나, 용해되지 않는다.

➡ 실제로 이러한 비용해성이 가교구조를 측정하는 중요한 기준으로 사용되고 있다.

➡ 액체에 의해 팽윤되는 양은 가교밀도에 따라 다르다. 즉, 가교가 많을수록 팽윤량은 적어지게 된다.

3) 가교도가 충분하면 고분자는 매우 단단해지며, 고융점을 갖고, 팽윤도 잘 안 되는 다이아몬드와 같은 물질이 된다.

4) 약하게 가교된 사슬은 고무상태인 탄성체의 성질을 갖는 물질을 형성한다.

(6) 스타고분자(star polymer, 별모양)와 덴드리머고분자(dendrimeric polymer)

1) 스타고분자

① 별모양 고분자는 중심으로부터 팔을 펴고 있다.

② 별모양 고분자는 다관능성을 띠며, 중합반응에 의해 팔이 자라면서 제조되거나 미리 제조한 고분자들이 중심에 첨가하는 식으로 제조한다.

③ 원칙적으로 별모양 고분자 내의 팔의 길이는 제한이 없다.

2) 덴드리머고분자

① 구조는 3차원이며 최종 외곽형태가 구상(球狀)으로 되어 있다.

② 덴드리머는 2가지 방법에 의해 제조된다.

ㄱ 중심(centerpost) 우선법

ⓐ 3관능기 이상의 기능성을 갖는 단량체의 다관능성 중심을 반응시켜 제조한다.

ⓑ 연속된 층 또는 세대(generation)들이 중심에서 더욱 멀리 움직이면서 분자의 성장이 일어나며 각 세대에서는 분자의 외곽쪽으로 관능기의 수를 배가시킨다.

ⓒ 가지점들의 수가 증가할수록 그리고 반응 영역이 중심에서 더욱 바깥으로 움직일수록 그 다음 반응에 필요한 공간이 더욱 적어진다.

ⓓ 따라서, 이런 분자들은 3~4세대만 자라면, 그 크기와 구형의 모양이 더 이상 성장할 수 없다.

ㄴ 팔(arm) 우선법 : 각각의 가지가 많은 팔을 먼저 합성하고 마지막 단계에서 이들 팔들을 중심에 연결시켜 제조하는 방법이다.

③ 덴드리머의 용액 및 고체 물성은 분자량이 같은 선형고분자들에 용액 및 벌크 점도는 예상치보다 작다. 왜냐하면, 덴드리머의 구형모양이 분자간 엉김(entanglement)을 제한하기 때문이다.

(7) 고리화 선형고분자(cyclolinear polymer)

1) 고리계를 연결하여 형성되는 선형고분자의 특별한 형태로, 가끔 벤젠고리를 도입하여 고분자를 만들며, 헤테로 고리화나 무기계 고리를 이용하여 고리화 선형고분자를 만들 수도 있다.

2) 성질은 선형고분자와 유사하나, 용해도가 낮고 결정화 경향은 매우 높다.

(8) 사다리형고분자(ladder polymer)

1) 사다리(ladder)처럼, 두 개의 주 사슬들이 가교에 의해 일정하게 연결되어 선형고분자를 이루고 있다.

2) 실제로는 방향족 고리들이 연결단위를 이루고 있다.

3) 사다리형고분자는 선형고분자들보다 더욱 단단한 분자구조를 갖고 있으며 용해도가 낮다.

4) 열안정성은 매우 양호하다. 그 이유는 분자량의 감소가 각 끊긴 점에 있는 두 개의 결합이 깨지기 전에 일어나기 때문이다.

(9) 고리화고분자(cyclomatrix polymer)

1) 고리계가 연결되어 3차원형태를 이루는 고분자를 말한다.

2) 규산염 광물, 흑연(graphite), 실리콘 수지 등이 이에 속한다.

3) 3차원 결합망이 생성되므로 고분자들이 용매에 녹지 않는 불용성이고, 단단하고 고융점을 가지며, 대체로 고온에서도 안정하다.

4) 이러한 구조는 열경화성 수지, 내열성 전선 코팅에서 볼 수 있다.

(10) 공중합체(copolymer) : 공중합체란 두 종류 이상의 단량체들로부터 만든 고분자를 말한다. 공업적으로 생산되는 많은 합성고분자의 대다수가 공중합체들이다. 합성법이나 메커니즘에 따라 공중합체를 형성하는 단량체의 연결위치가 달라질 수 있다. 공중합체의 종류는 다음과 같다.

1) 랜덤공중합체(random copolymer) : 단량체 배열은 일정한 규칙이 없다.

$$-A-B-B-B-A-A-A-A-A-B-A-A-B-A-A-B-A-B-B-B-$$

① 일반적으로 랜덤공중합체는 올레핀 형태의 단량체들이 자유 라디컬형 반응공정에 따라 공중합될 때 생성된다.

② 랜덤공중합체의 성질은 관련된 단일중합체의 성질과 판이하다.

2) 교대 공중합체(alternating copolymer) : 교대로 단량체들이 나란히 나열된 구조이다.

$$-A-B-A-B-A-B-A-B-$$

① 이온중합 메커니즘에 의해 생성되는 올레핀 중합으로, 이러한 공중합체가 제조 가능하다.

② 교대 공중합체의 성질은 관련된 단일중합체의 성질과 판이하다.

3) 블록 공중합체(block copolymer) : 한 단량체로 된 블록과 다른 단량체로 된 블록이 연결된 것이다.

$$-A-A-A-A-A-A-A-A-B-B-B-B-B-B-B-B-$$

① 블록 공중합체는 일반적으로 이온중합에 의해 생성된다.

② 다른 중합체와는 달리 두 단일중합체의 물리적 특성을 많이 가지고 있다.

4) 그래프트 공중합체(graft copolymer)

```
                    B              B
                    |              |
                  B B      B       B
                  | |      |       |
                  B B      B       B
                  | |      |       |
        -A-A-A-A-A-A-A-A-A-
```

① 접목 공중합체라 부르기도 한다.

② 일반적으로 두 개의 서로 다른 고분자들이 함께 연결되어 있다.

③ 이와 같은 그래프트 공중합체는 각 단독 중합체에 γ-선이나 X-선을 쬐어주어 만들 수 있거나, 또는 두 개의 단독 중합체를 기계적으로 혼합하여 만들 수도 있다. 또 그래프트 공중합체를 고분자사슬 A에 개시점을 만들어 단량체 B를 중합하여 제조할 수 있다.

④ 이의 성질은 두 단독 중합체와 연관된 성질을 띤다.

5) 3원 공중합체(terpolymer) : 3개의 다른 단량체 단위들을 가지고 있다. 이들은 불규칙적으로 혹은 블록을 이루며 연결되어 있는 공중합체를 말한다.

(11) **텔레킬릭고분자(telechelic polymer)** : 사슬의 하나 또는 두 말단에 반응성 작용기를 갖는 것이다.

1) 리빙 중합반응에 의해 제조된다.
2) 텔레킬릭고분자들은 두 개의 서로 다른 고분자들의 두 말단기를 연결하여 블록 공중합체를 제조하는 데 쓰이거나, 스타 또는 덴드리머를 만들거나, 말단기 연결에 의해 망상구조를 만들기도 한다.

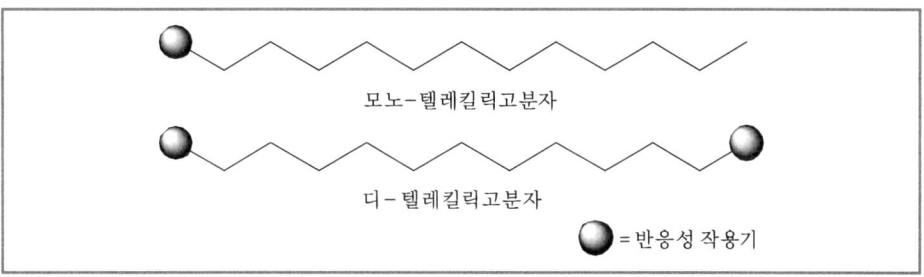

모노-텔레킬릭고분자

디-텔레킬릭고분자

● = 반응성 작용기

(12) **고분자의 형태학(polymer morphology)** : 모폴로지의 연구분야로, 모폴로지란 고분자의 고체구조와 거동에 관한 학문이다.

1) 결정성, 상전이(고체상 → 유리상), 강도와 탄성, 고분자-사슬 배향 등에 관한 연구
2) 고분자가 온도변화와 용매에 노출될 때, 변화하는 형태 연구
3) 고분자의 액체, 기체 및 이온투과 거동연구

(13) **고분자 블렌드(polymer blend)** : 둘 이상의 고분자물질을 기계적으로 함께 혼합하여 생성된 물질을 고분자 블렌드라 부른다.

1) 고분자 블렌드는 각각의 고분자들과는 다른 성질을 띤다.
2) 분류
① 섞임성이 있는 것(miscible)과 섞임성이 없는 것(immiscible)으로 분류
② 형태상의 분류
㉠ 간단한 발포영역 혼합물로 된 고분자
㉡ 상호 침투사슬을 갖는 고분자로서 분자 레벨에서 보면 무질서하게 혼합되어 있는 고분자
㉢ 물리적으로 결합이 파괴되어 형성된 블록 또는 그래프트 공중합체로서 다른 고분자 조작들 사이에 결합된 고분자

3. 고분자의 분자량과 분자량 분포

(1) 고분자의 가장 큰 특징은 거대한 분자량이다. 벤젠, 클로로포름, 또는 효소와 같은 생리학적 고분자들과 같은 작은 분자들과 달리, 합성고분자 시료는 정확한 분자량을 갖고 있지 않다. 대신 같은 시료 내에서도 다른 분자량을 갖는 분포가 존재한다. 이러한 이유로 인해, 평균분자량으로 나타낸다.

(2) 고분자의 분자량계산

1) 시료 전체의 무게(ω) : $\omega = \sum \omega_i = \sum M_i N_i$ (여기서, M은 분자량이고, N은 몰수임.)

2) 수 평균분자량($\overline{M_n}$) : 시료 내 분자들의 총 무게를 총 몰수로 나눈 분자량이다.

$$\overline{M_n} = \frac{총\ 무게}{총\ 몰수} = \frac{\omega}{\Sigma N_i} = \frac{\Sigma M_i N_i}{\Sigma N_i}$$

3) 무게(중량) 평균분자량($\overline{M_w}$) : 각 i종의 평균값에 대한 기여도를 그들의 무게분율에 비례하여 나타낸 분자량이다.

$$\overline{M_w} = \frac{\sum M_i^2 N_i}{\sum M_i N_i}$$

(3) 고분자의 분자량분포

1) 다분산도(polydispersity)로 분자량의 분포의 정도를 측정한다.

$$다분산도 = \frac{\overline{M_w}}{\overline{M_n}}$$

① 다분산도가 1에 가깝다면, 분자량분포가 좁다고 표현한다.

② 다분산도가 2 이상이면, 분자량분포가 넓다고 한다.

2) 분자량분포는 몇 가지 중요한 고분자 물성에 영향을 미친다.

① 매우 넓은 분자량분포를 지닌 고분자는 분자량분포가 좁은 고분자에 비해, 결정화되기 쉽지 않으며, 고체화되는 온도가 낮다.

② 사슬길이가 짧으면 고체물질을 가소화(plasticization)하기 쉽고 부드럽게 만든다.

3) 분자량분포는 유리전이온도(T_g), 결정용융온도(T_m)와 함께 합성고분자의 중요한 특징이다.

(4) 고분자의 중합도

1) 단랑체가 중합된 정도를 의미한다.

2) 중합도 $= \dfrac{중합체의\ 분자량}{단량체의\ 분자량}$

4. 열가소성과 열경화성

(1) 열가소성

1) 정의 : 열을 가하면 유연하게 되는 성질을 의미한다.

2) 무정형, 결정성 및 액정 고분자들의 열가소성 특성 비교

무정형	결정성	액정
액체	액체	등방성 액체
		T_m
	T_m	규칙성 액체
껌(gum)		
	유연한 열가소성	T_{IC}
		유연한 열가소성
고무	T_g	T_g
	결정성 및 유리상 영역	결정성 및 유리상 영역
온도↑ T_g 유리		

➡ 주된 물성 차이는 중간온도 범위에서 나타나는데, 무정형인 고분자는 고무 또는 껌(gum)이고, 결정성 고분자는 질기고 유연한 물질이다. 액정성을 나타내는 물질은 규칙적인 액체상을 띤다.

➡ 무정형, 결정성, 액정성 등의 거동은 모두 선형고분자, 가지고분자, 공중합체, 고리화 선형고분자의 특성이다. 일반적으로 이러한 특성들은 가교가 많은 고분자들이나 고리화고분자에서 찾아볼 수 없다. 이(후자) 물질들은 가열하여도 강한 성질을 유지하고 있다. 용융현상은 단지 가교 단위나 주 사슬결합이 열에 의해 끊어졌을 때 일어난다. 약하게 가교된 고분자들은 열가소성을 나타내지만, 액체상을 이루지는 못한다.

(2) 유리전이온도

1) 무정형 또는 결정성 열가소성 플라스틱들은 저온에서 유리상을 하고 있고, 온도를 상승시키면 유리상에서 탄성체로 변화한다. 이 변화는 대체로 좁은 온도범위에서 일어난다. 이 전이점을 **유리전이온도**(T_g)라고 한다.

① 많은 고분자에 있어서 유리전이온도는 가장 중요한 특징이다. 그것은 마치 저분자량 화합물의 특성인 녹는점(용융성)과 유사할 수 있으나, T_g란 일반적인 의미의 녹는점은 분명히 아니다.

② T_g 이상에서는 무정형 고분자가 결정성 고분자와 다르게 거동한다. 무정형 고분자의 온도가 상승하면, 고무상 탄성체 형태가 점차적으로 유연해지고 늘어날 수 있는 고무상이 된 후, 껌(gum)과 같은 형태에서 최종적으로 액체가 된다. 이는 상(phase) 간의 급진적인 전이는 일어나지 않으며, 점진적으로 물성변화만이 일어난다.

③ 결정성 고분자는 T_g 이상에서 고무상 탄성체의 성질이나 유연한 성질을 유지하여 용융점(T_m)에 이르게 된다. 이 온도에서 물질은 액체가 되며, 동시에 용융되어 광학 복굴절과 결정상을 잃게 된다.

> **참고 액정고분자(liquid crystal polymer)**
>
> 유리전이온도와 등방성 액체형성온도 사이에 추가로 상전이가 일어나는 고분자를 말한다.
> ① 열을 가하면 유리상과 미세결정상을 통과하여 T_m 이하에서 가용융점(T_{IC})을 나타낸다.
> ② 위의 두 온도 사이에서 고분자는 용융물질과 같은 특성을 나타내며, 물리적인 방법으로 이와 같은 구조를 갖고 있는지 알 수 있다. 곁사슬은 이 상에서 느슨하게 쌓여져 있는 반면, 골격 세그먼트들은 배열을 유지한다.
> ③ 가장 높은 전이온도(T_m)에서만 구조를 잃어버리며 재료가 이방성 액체가 된다.

2) 고분자화합물의 유리전이온도(2차 전이온도, T_g)

① **1차 전이온도(T_m)** : 고분자형태(morphology)라고 불리는 고분자 사슬집단의 배열은 무정형과 결정성으로 구별된다. 고분자들의 규칙적인 배열이 전혀 없는 경우를 무정형(amorphous)이라 하고, 반면, 고분자 사슬들이 어떤 규칙적인 배열을 하였을 때를 결정성(crystalline)이라고 표현한다. 결정의 용융온도, 즉 용융점은 1차 전이온도(T_m) 또는 상전이온도라 부른다.

➡ 1차 전이는 잠열을 동반하는 특징적인 열역학적 상변화를 의미한다. 고분자의 용융점은 보통의 저분자 결정들의 용융점만큼 예리하지 못하고 대개는 어느 정도의 온도범위에 걸쳐서 나타난다.

② **2차 전이온도(T_g)** : 고분자가 냉각되고 온도가 저하되면, 무정형 영역에 있는 고분자 사슬들의 운동성이 감소한다. 온도가 내려갈수록 고분자 사슬은 더욱 강직해져서 마침내 전이점에 이르게 되고, 이 온도를 지나면 전형적인 유리상으로 거동하게 된다. 이 전이점을 2차 전이온도 또는 유리전이온도(T_g)라고 부른다. 2차 전이점에서는 강직성 이외에도 비체적, 열함량, 열전도도, 굴절률, 유전손실 등의 변화가 나타나게 된다.

③ **고분자의 DTA(DSC) 곡선**

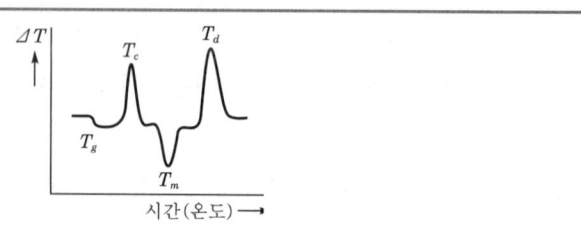

(여기서, T_g : 유리전이온도, T_c : 결정화온도, T_m : 녹는점, T_d : 분해(산화)온도)

(3) 열경화성(thermosetting)

1) 초기에는 액체로 존재하나, 고체화반응을 일으켜 매우 가교된 매트릭스를 형성하는 성질을 의미한다.

2) 전형적인 예로, 메틸올멜라민(methylol melamine)이 축합반응을 통해 딱딱해지며, 가교된 멜라민 수지가 되는 것을 들 수 있다.

3) 프리폴리머(prepolymer) : 부분적으로 중합된 계로서, 액체와 같이 흐르는 성질을 나타내는 고분자를 프리폴리머라 한다.

4) 가교되지 않은 열가소성 재료는 가열에 의해 다양한 형태로 개질할 수 있지만, 열경화성 수지는 개질할 수 없다.

5. 입체 규칙도

(1) 선형고분자에 있어서 사슬원자들에 부착되어 있는 치환기들의 입체적 배열(configuration)은 고분자의 물성에 중요한 영향을 미친다. 이러한 배열 특성은 중합공정에 의해 좌우되어 치환기들의 규칙적인 배열 또는 무질서한 배열을 갖는 입체 이성체고분자들이 얻어질 수 있다. 예를 들어, 폴리프로필렌은 두 가지 종류의 질서 있는 입체 배열 또는 무질서한 배열의 고분자로 중합될 수 있다. 그 밖의 단일 치환기를 갖는 비닐단량체의 경우도 중합방식에 따라 폴리프로필렌과 같은 세 가지 입체 배열들로의 중합이 이루어진다.

(2) 이와 같이, 고분자에서 보이는 치환기의 입체적 배치를 입체 규칙도(tacticity)라고 부른다.

➡ 올레핀고분자로서 독특한 곁사슬을 가지고 있는 프로필렌(propylene)이나 스티렌(styrene) 등은 각 단량체 반복 단위에 비대칭 중심을 갖고 있는 고분자를 생성한다.

➡ 이온중합이나 배위중합으로 입체 규칙성 구조의 고분자를 합성할 수 있다.

(3) 3가지 대표적인 형태

1) 이소탁틱(isotactic) : 모든 키랄(비대칭)탄소가 동일한 배열을 하고, 중합되어 있을 때의 입체형태이다.

2) 신디오탁틱(syndiotactic) : 또 다른 질서 있는 배열의 탁티시티는 키랄 중심의 배열이 한 개 건너서 동일한 경우의 입체형태이다.

3) 아탁틱(atactic) : 한편 배열 질서가 없는, 즉 랜덤 배열의 경우는 아탁틱 또는 헤테로탁틱(heterotactic)이라 부른다. 아탁틱 중합체는 결정화가 어렵다.

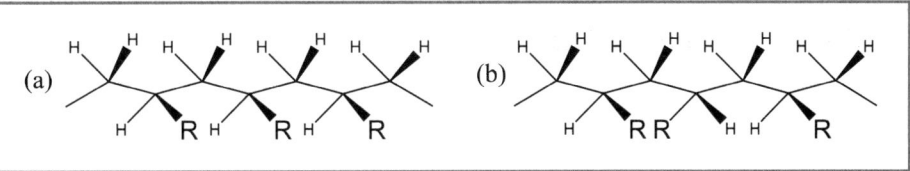

[이소탁틱(a)과 신디오탁틱(b)]

※ 가장 간단한 입체 규칙성 중합체의 입체 규칙도 : $CH_2 = CHR$

isotactic	syndiotactic	treo−diisotactic	erythodiisotactic	disyndiotactic
R R R R R R R R	R R R R R R R R	R R′ R R′ R R′ R R′	R R′ R R′ R R′ R R′	R R′ R R′ R R′ R R′

➡ $CHR = CHR$과 $CHR = CHR'$과 같은 구조의 단량체에서는 위와 같은 더 많은 구조의 형태가 가능하다.

기출 및 예상 문제

01 고분자화합물을 만드는 반복단위, 구조단위, 기본단위라 불리는 것은 무엇인가?

① 텔로머(telomer)
② 중합체(polymer)
③ 올리고머(oligomer)
④ 모노머(monomer)

02 다음 중 고분자화합물의 성질을 잘못 설명한 것은? ✪ 07 국가직 9급

① 화학적으로 안정하다.
② 결정이 되기 쉽고, 녹는점이 뚜렷하지 않아 분리정제가 어렵다.
③ 분자량이 불균일하며, 특별한 용매 이외에는 잘 녹지 않는다.
④ 분자의 형태에 따라서 막이나 실과 같은 모양으로 되며, 또 일반적으로 탄성이나 점성 또는 가소성을 나타낸다.

03 분자량이 100g/mol인 고분자 200g과 분자량이 50g/mol인 고분자 400g을 포함하는 고분자 시료의 수 평균분자량은 얼마인가? ✪ 07 국가직 9급

① 4
② 60
③ 75
④ 90

04 분자량이 2, 4, 6, 8, 10(g/mol)로 이루어진 다섯 개의 분자가 각각 20, 40, 60, 80, 100(g)이 있다. 수 평균분자량은?

① 3   ② 6

③ 10   ④ 60

05 고분자의 물리적 성질에 관련된 설명으로 옳지 않은 것은?

① 일반적으로 천연고분자와 합성고분자는 분자량의 범위가 넓다.

② 낮은 분자량의 고분자는 녹는점이 낮고, 인장강도가 작다.

③ 물체는 외력을 받으면 모양의 변형이 일어나고, 외력을 제거하면 원래 모양으로 돌아가는 성질을 탄성변형(elastic deformation)이라 한다.

④ 고분자의 사슬의 길이는 일정 수치의 단일분자량으로 표시할 수 있다.

06 고분자의 전이온도에 대한 설명으로 옳지 않은 것은?

① 온도가 조금 변하면 고분자의 성질은 고분자 내의 결정영역(1차 전이) 때문에 변화한다.

② 유리전이(2차 전이) 온도는 결정성을 늘리면 낮아지고, 가소제를 첨가하여 떨어뜨릴 수 있다.

③ 온도가 변하면 분자 내의 특별한 분자운동(2차 전이)에 의해 상전이온도는 변한다.

④ 2차 전이를 유리전이라 하며, 여기서 비용적, 열전도도, 굴절률, 열용량 및 유전손실에 현저한 변화가 나타난다.

07 모든 알킬기가 지그재그(zig-zag) 주쇄면의 상하부에 규칙적이 아닌 무질서한 중합체의 입체적 구조를 무엇이라 하는가?

① 신디오탁틱(syndiotactic)   ② 이소탁틱(isotactic)

③ 아탁틱(atactic)   ④ segment 구조

08 다음은 고분자의 유리전이온도에 대한 설명이다. 옳지 않은 것은?   ✪ 06 국가직 9급(변형)

① 유리전이온도는 분자량 분포도, 결정용융온도와 함께 합성고분자의 물성을 결정하는 중요한 요소이다.

② 유리상에서 탄성체로 변화하는 좁은 범위의 전이점을 의미한다.

③ 유리전이온도 이상에서는 무정형고분자와 결정성고분자의 거동이 유사하다.

④ 액정고분자는 유리전이온도와 등방성 액체형성온도 사이에 추가로 상전이가 일어난다.

09 다음 중 폴리스티렌(polystyrene) 분자의 이소탁틱(isotactic)의 입체구조는?

①
$$H\ CH_3\ H\ CH_3\ H\ CH_3$$
②
$$H\ Ph\ H\ Ph\ H\ Ph$$

③
$$H_3C\ Ph\ Ph\ H_3C\ Ph$$
④
$$Ph\ Ph\ H\ Ph$$

10 다음은 중합체(polymer)에 대한 설명이다. 옳지 않은 것은?

① 조성은 같으나 분자량이 다른 화합물을 기술하는 것으로 다수의 단위를 말한다.
② 기능기(작용기)에 의해서 무한히 진행될 수 있는 반응이다.
③ 반복단위는 2개 이상의 반응성인 결합위치를 가지는 구조이며, 주로 배위결합으로 결합된다.
④ 일반적으로 반복단위로서 표시할 수 있다.

정답 및 해설

01 ④

유형 ▪ 고분자 주요 용어

해설 ▪ ①의 telomer란 짧은 사슬 중합에 의해 생성되는 중합체를 말한다. ③의 oligomer란 소중합체라 불리며 분자량이 대략 1,000 이하의 것으로, 중합 정도가 높은 고분자화합물과 같은 수지상의 물질이 아니다.

02 ②

유형 ▪ 고분자의 일반적 성질(특징)

해설 ▪ ①은 화학적 안정성은 반응성과 유사한 개념이다. 고분자는 개시제(initiator)나 촉매를 가하지 않으면, 주로 쉽게 반응하지 않는다. ②는 결정성 고분자는 강도가 크고 녹는점이 높지만 신상성과 용해성이 석고, 화학반응성이나 흡수성도 석다. 그러나 결성성 고분자도 갑자기 냉각하면 고분자 사슬의 부분적 이동이 제한을 받아 결정화가 어렵다.

03 ②

유형 고분자의 수 평균분자량

해설 일단, 고분자의 총 몰수를 구한다. 100g/mol인 고분자(A) 200g은 몰수가 2mol(A)이고, 50g/mol인 고분자 400g(B)는 몰수가 8mol(B)이다. 따라서 총 몰수는 10mol이며, 총 무게는 (200+400)인 600g이다. 이를 수식에 대입하면, 수 평균분자량은 60g/mol이다.

∴ $M_n = 600/10 = 60$

04 ②

유형 고분자의 수 평균분자량

해설 수 평균분자량은 '총 무게/총 몰수'이므로 즉 (무게의 총합)/(총 몰수의 합)을 구해야 한다.
(20+40+60+80+100)/50 = 6
즉, 6이 된다.

05 ④

유형 고분자의 성질 : 물리적 성질(물성)

해설 합성고분자의 생성은 다양한 화학종들 간의 랜덤한 반응에 의해 지배되므로 생성고분자의 사슬길이는 분포를 보이게 된다. 따라서, 고분자의 사슬길이는 일정 수치의 단일분자량으로 표시할 수 없으며, 이들의 통계적 평균으로 나타내어야만 한다.(수 평균, 무게 평균분자량)

06 ②

유형 고분자의 물성 : 전이온도(1차 전이온도인 결정용융온도와 2차 전이온도인 유리전이온도)

해설 결정성을 늘리면 유리전이온도는 올라간다. 물리적으로 생각해 보자.

07 ③

유형 입체 규칙도

해설 신디오탁틱은 주쇄에 연결된 치환기(−R)이 '마주보고 멀어지고 ~(반복)', 이소탁틱은 동일한(일정한, 교대로) 배열을 가진 입체구조이다.

08 ③

유형 유리전이온도

해설 유리전이온도 이상에서는 무정형 고분자와 결정성 고분자의 거동은 다르다. 무정형 고분자는 고무상 탄성체가 점차로 유연해져 신축성 고무가 된 후, 껌과 같은 형태의 액체가 된다. 반면, 결정성분자는 고무상 탄성체의 성질이나 유연한 성질을 유지하여 용융점에 이르게 된다.

09 ②

유형 입체 규칙도

해설 ①은 폴리프로필렌의 이소탁틱 구조이고, ④는 폴리스타이렌의 신디오탁틱 입체구조이다.

10 ③

유형 고분자의 정의 및 분류

해설 ③은 배위결합이 아니라 주로 '공유결합'으로 결합된 것이다.

제 **37** 주
고분자의 분류

제37주제   고분자 분류와 반응

1. **고분자의 형태에 따른 분류** : 선형, 가지형, 별모양, 빗모양, 사다리형, 준사다리형, 망상형 고분자
2. **Carothers 분류법** : 부가(addition)중합 고분자와 축합(condensation)중합 고분자
3. **Flory 분류법** : 단계(step)중합 고분자와 연쇄(chain)중합 고분자
4. **공업적 중합방법** : 벌크중합, 용액중합, 현탁중합, 유화중합

1. 고분자의 형태에 따른 분류

선형고분자, 가지형고분자, 별모양(스타)고분자, 빗모양고분자

사다리형 고분자, 준사다리형 고분자, 망상형 고분자

1) 선형고분자 : 가장 단순한 모양으로 치환기를 가진 골격 원자의 긴 사슬로 이루어진 고분자

2) 가지형고분자 : 곧은 사슬에 가지가 달린 고분자

3) 다리결합 고분자 : 곧은 사슬 선형고분자가 물리적 또는 화학적으로 군데군데 서로 결부되어 전체적으로 3차원적인 그물모양 구조

4) 고리모양 선형고분자 : 고리모양 화합물과 결합하여 생성되는 특이성 선형고분자

5) 사다리형고분자 : 다리 결합단위에 의하여 규칙적으로 연속된 분자 사슬로 결합된 두 개의 곧은 사슬로 형성된 선형고분자

6) cyclomatrix 고분자 : 구조 단위가 서로 결합하여 3차원 구조를 한 고리모양 중합체

2. 중합형태에 따른 분류 : Carothers의 분류법

(1) 부가고분자(addition polymer)

1) 부가고분자란 올레핀이나, 아세틸렌, 알데히드, 기타 불포화결합을 가지는 화합물이 부가반응(첨가반응)을 통해 형성된 거대분자를 의미한다. 즉, 단량체의 구조단위와 생성된 고분자의 반복단위가 동일한 경우를 부가고분자로 정의하였다.

2) 대부분의 열가소성(thermoplastic) 고분자들이 이에 속한다.

① 단량체의 구조와 생성된 고분자의 반복단위의 구조가 동일한 경우이다.

② 이중결합을 가진 화합물들이 첨가반응에 의해 중합체를 형성하는 중합반응이다.

③ 중합에 따른 이중결합의 손실을 무시한 정의이다.

④ 불포화결합(이중결합 이상)을 가진 단위체들로 구성된 에틸렌이나 부타디엔과 같은 고분자는 적당한 촉매와 반응시키면 이중결합이 단일결합으로 되면서 첨가반응을 일으켜 사슬모양의 고분자를 만든다.

⑤ 2개 이상의 이중결합이 하나의 단일결합을 사이에 끼고 구성되어 있는 형태로, 단위체 중에서 부타디엔, 클로로프렌, 이소프렌 등은 conjugated diene(하나 건너 하나 이중결합)을 만든다.

➡ 부가 중합반응에 의한 고분자 : 폴리에틸렌(에틸렌), 폴리염화비닐(염화비닐), 폴리프로 필렌(프로필렌), 폴리비닐아세테이트(비닐아세테이트) 등

[부가반응 고분자의 예]

폴리에틸렌 (PE)	$n\mathrm{CH_2=CH_2} \rightarrow -[-\mathrm{CH_2-CH_2-}]n-$
폴리비닐클로라이드 (PVC)	$n\mathrm{CH_2=CH(Cl)} \rightarrow -[-\mathrm{CH_2-CH(Cl)-}]n-$
폴리아크릴로니트릴 (아크릴섬유, Creslan)	$n\mathrm{CH_2=CH(CN)} \rightarrow -[-\mathrm{CH_2-CH(CN)-}]n-$
폴리스티렌	$n\mathrm{CH_2=CH(Ph)} \rightarrow -[-\mathrm{CH_2-CH(Ph)-}]n-$
폴리이소부티렌 (부틸고무)	$n\mathrm{CH_2=C(CH_3)_2} \rightarrow -[-\mathrm{CH_2-C(CH_3)_2-}]n-$
cis$-$1,4$-$폴리이소프렌 (천연고무)	$n\mathrm{CH_2=CH-C(CH_3)=CH_2} \rightarrow -[-\mathrm{CH_2-CH=C(CH_3)-CH_2-}]n-$
trans$-$1,4$-$폴리부타디엔	$n\mathrm{CH_2=CH-CH=CH_2} \rightarrow -[-\mathrm{CH_2-CH=CH-CH_2-}]n-$
trans$-$1,4$-$폴리클로로프렌 (네오프렌고무)	$n\mathrm{CH_2=CH-C(Cl)=CH_2} \rightarrow -[-\mathrm{CH_2-CH=C(Cl)-CH_2-}]n-$
폴리테트라플루오로에틸렌 (Teflon)	$n\mathrm{CF_2=CF_2} \rightarrow -[-\mathrm{CF_2-CF_2-}]n-$
폴리포름알데히드 (폴리옥시메틸렌, Delrin)	$n\mathrm{CH_2=O} \rightarrow -[-\mathrm{CH_2\ O-}]n-$

(2) 축합고분자(condensation polymer)

1) 축합반응은 둘 이상의 분자들이 서로 반응하여, 물이나 암모니아 등을 동시에 잃어버리면서 반응하는 것을 의미한다. 즉, 사용된 단량체의 구조에서 다소 원자들이 탈리되어 형성되는 고분자를 축합고분자라 정의하였다.

2) 축합반응 고분자 : 나일론 6,6(아디프산), 폴리에스테르(테레프탈산), 페놀 수지(페놀), 요소 수지(요소) 등

① 나일론 : 축합고분자로서 디아민과 디카르복시산이 반응하여 만들어진다.

$$H_2N-[CH_2]_6 NH_2 + H_2N-\overset{O}{\overset{\|}{C}}-(CH_2)_4 \overset{O}{\overset{\|}{C}}-NH_2 \xrightarrow{-H_2O}$$

HMDA   Adipic acid

$$H + \left[\begin{array}{c}H \\ N \end{array} - [CH_2]_6 \begin{array}{c}H \\ N \end{array} - \overset{O}{\overset{\|}{C}} - (CH_2)_4 \overset{O}{\overset{\|}{C}} \right]_n OH$$

Nylon-6,6

② 폴리에스테르 : 디카르복시산과 디올을 반응시켜 만든다.

㉠ P.E.T 제조에는 테레프탈산($R=C_6H_4$)과 에틸렌글리콜($R'=CH_2CH_2$)을 사용한다.
㉡ 알키드 수지제조에는 프탈산무수물과 글리세롤을 사용한다.

$$HO-\overset{O}{\overset{\|}{C}}-R-\overset{O}{\overset{\|}{C}}-OH + H-O-R'-OH \xrightarrow[\text{Cat.}]{-H_2O} H + \left[O-\overset{O}{\overset{\|}{C}}-R-\overset{O}{\overset{\|}{C}}-O-R'\right]_n OH$$

디카르복시산   디올   폴리에스테르

> **참고 부가 및 축합 고분자 분류상의 문제점**
>
> 부가고분자에 대한 정의는 중합에 따른 이중결합의 소실을 무시한 것이다. 또한 부산물의 생성없이 진행되어 Carothers의 정의에 의해 부가고분자에 속하지만, 실제적인 중합반응의 성격과 중합체의 특성상 축합계 고분자로 분류되어야 하는 다음과 같은 고분자들을 축합고분자로 분류하지 못하는 문제점이 있다. 이러한 예로 다음과 같은 폴리우레탄을 들 수 있다.
>
> $$nO=C=N-R-C=O + nHO-R'-OH \longrightarrow -[-(CO)-NH-R-NH-(CO)-O-R'-O-]_n-$$
> 디이소시아네이트   글리콜   폴리우레탄

3. 중합양식(반응기구)에 의한 분류 : Flory의 분류법

(1) 단계중합(step-growth polymerization) : 일련 단계적인 화학반응들을 통해서 형성된 고분자를 말한다. 두 개의 단량체 분자들이 반응하여 이량체를 형성하고, 다시 반응하여 삼량체를 만들거나 다른 이량체들끼리 반응하여 사량체를 만든다. 이렇게 하여, 계의 평균 분자량은 시간이 경과함에 따라 서서히 증가한다.

1) 단계성장중합에 의해 각각의 고분자 사슬이 형성되는 데는 오랜시간이 걸린다.

2) 단량체는 반응 초기에 모두 소모되나 분자량의 증가는 매우 천천히 일어난다.

3) 고분자 사슬의 성장은 단량체들, 올리고머(oligomer)들, 그리고 고분자들 간의 반응에 의해 이루어진다.

4) 반응 중에 정지단계(termination step)는 없으며, 중합과정 중에 고분자의 말단은 항상 반응성을 갖고 있다.

5) 중합은 전 과정에서 동일한 반응 메커니즘에 의해 진행된다.

6) 축합중합과 Diels−Alder 부가와 같은 몇 가지 비축합성 반응들은 이런 범주에 속한다.

➡ 단계 중합체의 종류 : 폴리에스테르류, 폴리카르보네이트류, 고분자무수물류, 폴리아미드류, 폴리이미드류, 폴리벤즈옥사졸류, 폴리벤즈티아졸류, 폴리벤즈이미다졸류, 폴리퀴녹살린류, 멜라민−포름알데히드 중합체류, 폴리아세탈류, 폴리술폰산류, 폴리페닐렌옥시드, Diels−Alder에 의해 생성된 중합체류, 폴리우레탄류, 폴리아릴렌류 등

(2) 연쇄중합 : 사슬성장반응(chain propagation reaction)에 의해 형성

1) 사슬 말단의 반응위치에 단량체들이 계속적으로 빠르게 반응하여 연결되는 반복과정을 통해 진행되므로, 그 성장속도가 매우 큰 데, 통상 초단위 이하의 시간에서 완료되는 특징이 있다.

2) 대부분의 경우 정지단계가 존재한다.

3) 단량체는 서서히 소모되고 반응 전 과정을 통해 존재한다.

4) 고분자의 생성은 서로 구별되는 두 가지의 반응 메커니즘에 의해 진행된다. 즉, 이들 반응은 개시(initiation)와 성장(propagation) 단계로 구별된다.

4. 단량체의 상(phase)에 따른 분류 : 공업적 고분자 중합법 4가지

(1) 액상중합 : 액상(liquid phase)인 단량체를 써서, 액상에서 중합하는 것으로 대부분 라디칼반응 메커니즘에 의해 고분자를 제조할 때 주로 사용한다. 공업적으로 주로 벌크중합, 용액중합, 현탁중합, 유화중합 4가지를 주로 사용한다.

1) **벌크(bulk)중합(또는 괴상(mass)중합)**

① 부가중합에 있어서, 용매를 쓰지 않고 단량체만을 중합시키는 방법이다.

② 보통 소량의 개시제를 첨가하여 가열한다.

③ 높은 분자량, 높은 순도, 취급의 용이 등이 특별히 요구될 경우 사용한다.

④ 공정이 단순하여 자원절약, 에너지절약의 입장이 유리하다.

⑤ 단량체만 중합반응에 관여하므로, 발생하는 중합열의 제어가 곤란하다.

2) **용액(solution)중합**

① 단량체를 적당한 용매에 녹이고, 필요에 따라 개시제를 첨가하여 가열한다.

② 반응이 진행되어 중합체가 형성되면, 반응용액은 끈적끈적해진다.

③ 반응용액 중 폴리머의 분리를 위해, 이를 녹이지 않는 용매(비용매)를 사용하여 침전시킨다.

④ 단량체를 용매에 희석한 상태로 중합시키므로, 발생하는 열의 제거가 쉽고 반응제어가 편리하다.

⑤ (그러나) 용매의 회수과정이 필요하므로, 주로 물을 매체로 쓸 수 없는 반응의 경우에 쓰인다.

3) 현탁(suspension)중합

① 물속에 분산된 작은 액체 단량체 방울을 이용하여 구형의 고체입자를 만드는 방법이다.

② 일반적으로 교반상태에서 안정한 매체는 적은 양의 현탁제나 분산제를 함유하는 물이다.

③ 비드(bead)중합 또는 진주(pearl)중합이라고도 한다.

④ 단량체의 분산을 위해, 단량체는 현탁계에서 거의 녹지 않아야 한다.

⑤ 단량체가 고루 분산되도록 현탁제를 넣어주면 효과적이다(끈적한 입자들의 점착 방지).

➡ 유기 현탁제 : 셀룰로오스, 폴리아크릴산, 폴리메타크릴산 그리고 이들 산의 염, 젤라틴, 전분, 고무, 단백질 등

➡ 무기 현탁제 : 활석, 탄산마그네슘, 탄산칼슘, 산화티타늄, 산화알루미늄, 점토 등

⑥ 용해도를 감소시키기 위해, 때로는 생성된 구슬(bead)입자의 크기를 증가시키기 위해, 부분적으로 프리폴리머(prepolymer, 예비중합체)를 사용할 수 있다.

⑦ 생성된 중합체는 알갱이 모양으로, 분자량이 상당히 크고, 순도가 좋은 편이다.

⑧ 현탁중합에서 가장 어려운 점은 일정한 현탁을 형성하고 유지하는 것이다. 단량체가 섞이지 않는 액체 중에서 끈적한 점성물질에서 단단한 입자로 천천히 전환되기 때문이다.

4) 유화(emulsion)중합

① 많은 양의 물(분산매) 속에 비닐(vinyl)이나 디엔(diene) 단량체와 같이 물에 잘 녹지 않는 단량체를 비누와 같은 유화제로 분산시키고, 수용성 개시제를 사용하여 중합하는 방법이다.

➡ 수용성 개시제로는 과황산염, 과탄산염, 과산화수소 등이 효과적이다.

➡ 개시제를 첨가하면 반응속도는 커지나 중합도는 저하된다.

② 단량체는 기름방울모양이 되고 그 주위를 활성제, 주로 음이온성 또는 비이온성 활성제가 둘러싸고 있어 안정한 유화상태로 되어 있다.

③ 중합은 수용성의 라디칼 중합 개시제에 의해 물속의 미셀(micelle)부터 개시된다.

④ 이 중합반응은 다른 방법들과 달리, 중합이 일어나는 장소에 따라 차이가 있어, 입자 내부중합, 입자 표면중합, 분산매에 용해된 단량체의 중합(분산매 상에서) 등으로 요약된다.

⑤ 다량의 물이 존재하기 때문에, 계의 점성도가 낮고 중합에 의한 발열의 제거가 쉬우며, 입자지름이 작아 0.05~0.2㎛ 정도이며, 활성제로 보호되어 라텍스로 되어 있으므로 서로 점착되는 일이 없다.

⑥ 라텍스 자체로 도료나 섬유처리제로 쓸 수 있으며, 또한 응고시켜 통상적인 중합체(폴리머)를 만들 수도 있다.

⑦ 단점은 활성제나 개시제, 응고제의 파편 등 무기계의 불순물을 함유하며, 플라스틱으로서의 전기적 성질이나 열안정성, 투명성을 잃는 것이다.

⑧ 유화중합에 의해 제조되는 고분자는 취급이 간단하고, 반응속도 조절이 용이, 중합도가 크고, 다른 방법에서 제조 불가능한 공중합체의 형성이 가능하여 공업적으로 널리 사용되고 있다.

[각 중합법의 비교]

구 분	괴상중합	용액중합	유화중합	현탁중합
개시제	유용성	유용성	수용성	유용성
온도조절	곤란하다.	약간 용이, 용매 전열매체	용이, 물 전열매체	용이, 물 전열매체
분자량 조절	곤란, 분자량 분포가 넓다.	용이, 분자량이 작다.	용이, 분자량이 크다.	곤란, 분자량 분포가 넓다.
장치	고온, 강한 교반	용매회수, 여러 설비 필요	여과, 건조 등의 설비 필요	
제품	고순도의 제품	중합체의 정제 필요	유화제 제거 곤란	고순도의 중합체(입상)
반응속도	중간	작음	큼	중간

(2) 기상중합 : 폴리에틸렌은 기상중합으로도 제조 가능하며, 유동층 반응기를 이용해 기체화된 단량체로 중합반응하는 것을 말한다.

(3) 고상중합 : 고체상태인 단량체를 사용해, 이 상태에서 직접 중합시키는 반응이다.

기출 및 예상 문제

01 P.E.T 고분자의 구조는 어디에 속하는가?

① 가지고분자(branched polymer) ② 스타고분자(star polymer)

③ 선형고분자(linear polymer) ④ 망상형고분자(network polymer)

02 다음은 축합(condensation)고분자와 부가(addition)고분자에 대한 설명이다. 옳지 않은 것은?

① Carothers에 의한 고분자 분류방법이다.
② 축합고분자란 중합반응 시 물 또는 암모니아를 잃어버리면서 생성되는 고분자를 말한다.
③ 부가고분자란, 반응 단량체의 구조와 생성된 고분자의 반복단위의 구조가 동일한 경우를 말한다.
④ 축합고분자에는 나일론, 폴리에스테르, 폴리스티렌 등이 있다.
⑤ 부가고분자에는 폴리에틸렌, PVC, 폴리아크릴로니트릴 등이 있다.

03 다음은 단계중합(step polymerization)에 대한 설명이다. 옳은 것은?

① 고분자 사슬 말단에 단량체가 반복, 부가되어 중합된다.
② 단량체는 서서히 소모된다.
③ 반응기구는 개시와 성장단계로 진행된다.
④ 사슬의 성장은 단량체, 올리고머, 고분자 상호 간의 반응에 의해 이루어진다.
⑤ 반응진행 속도가 빠르다.

04 축합중합 반응속도에 관한, 디올과 이염기산의 반응에 대한 설명으로 옳지 않은 것은?

① 일반적으로 C(농도)를 어느 시간 t에서 반응도 P로 표시하면, '$C_o = (1-P)C$'이다.
② 만일 반응속도상수 k가 모든 기능기에 대해 같고 분자량에 따라 변하지 않으면, 속도식은 '$-d[CO_2H]/dt = k[CO_2H]_2[OH]$'이다.
③ 카르복실기와 히드록시기의 농도가 같을 때, '$2kt = (1/C^2) - $상수'이다.
④ 초기농도를 C_o로 표시하면, '$2C_o^2 kt = 1/(1-P) - $상수'이다.

05 다음 중 주로 연쇄(chain)중합반응으로 형성되는 고분자는?

① 폴리에틸렌테레프탈레이트(poly ethylene terephthalate)
② 폴리스티렌(polystyrene)
③ 폴리아크릴로니트릴(polyacrylonitrile)
④ 폴리아마이드(polyamide)

06 공업적 고분자 중합법에 대한 설명이다. 〔보기〕에서 설명하는 중합방법은 무엇인가?

> **[보기]**
> • 단량체가 고루 분산되도록 하는 안정제를 소량 넣어주면, 효과적이다.
> • 생성된 중합체는 알갱이 모양으로 분자량이 상당히 크고, 순도가 좋은 편이다.
> • 비수용성인 단위체를 물속에 분산시켜 중합하는 방법으로, 비드(bead)중합 또는 진주(pearl)중합이라고도 불린다.

① 괴상중합(bulk polymerization)
② 용액중합(solution polymerization)
③ 현탁중합(suspension polymerization)
④ 에멀션중합(emulsion polymerization)

07 다음 중 축합중합반응을 하는 고분자는? ✪ 07 서울시 9급

① 폴리염화비닐(poly(vinylchloride))
② 폴리프로필렌(polypropylene)
③ 폴리비닐아세테이트(poly(vinylacetate))
④ 폴리에스테르(polyester)

 정답 및 해설

01 ③

유형 고분자 형태에 따른 분류
해설 PET는 다음과 같은 구조를 가지고 있는, 형태상 '선형고분자'이다.
$$-[-O-CH_2-CH_2-O-(CO)-C_6H_4-(CO)-]_n-$$

02 ④

유형 부가중합과 축합중합에 따른 고분자
해설 ④의 폴리스티렌은 부가중합 고분자이다.

03 ④

유형 단계중합과 연쇄중합의 비교

해설 ④는 단계중합은 단계적으로 서서히 진행되므로, 단량체 간의 결합, 단량체－올리고머 간의 결합, 단량체－고분자 간의 결합, 올리고머－고분자 간의 결합 등의 반응에 의해 이루어진다.

04 ①

유형 고분자반응과 속도론(＋반응공학)

해설 ①은 반응도(P, 전화율)에 의해 임의 시간에서의 농도 C이고 초기농도 C_0이므로, 쉽게 전화율 공식을 생각하면, $C=C_0(1-P)$이다.

05 ②

유형 연쇄중합 고분자

해설 연쇄중합이 가능한 고분자는 사슬 말단에 단량체들이 부가하여 기하 급수적인 반응속도를 내는 단량체로서, 폴리스티렌과 같은 고분자의 중합법으로 사용된다. 나머지는 모두 단계성장 고분자이다.

06 ③

유형 고분자의 중합방법

해설 ① 괴상중합은 중합체가 단량체에 녹지 않아 그 덩어리가 반응계에서 분리될 때 불균일한 벌크중합을 의미한다. ② 용액중합은 반응온도조절은 용이하나 중합체로부터 용매의 완전한 제거가 어려워 중합체를 용액상태에서 그대로 사용할 수 있을 때에만 사용한다. ④ 에멀션중합은 현탁중합과 같이 단위체를 물속에 분산시켜 중합하는 방법으로 이때 액상 중에 불용성 액체의 매우 작은 알갱이가 에멀션화되어 있는 상태에 있다.

07 ④

유형 축합중합 고분자와 부가중합 고분자

해설 부가중합반응과 축합중합반응의 대표적인 고분자를 알아두자.

➡ 부가중합 고분자 : 폴리에틸렌, 폴리염화비닐, 폴리프로필렌, 폴리비닐아세테이트 등
➡ 축합중합 고분자 : 나일론, 폴리에스테르, 페놀 수지, 요소 수지 등

제38주

고분자의 중합반응

제38주제 　고분자의 중합반응

1. 라디칼중합
2. 이온중합
   ① 양이온중합
   ② 음이온중합(배위중합)
3. 지글러 – 나타 촉매
4. 여러 가지 고분자 합성법의 장·단점

1. 라디칼중합

(1) 부가중합에서의 연쇄반응 메커니즘

1) 부가중합을 할 수 있는 단량체는 2중 결합을 가지고 있거나 또는 고리열림을 할 수 있는 고리모양 화합물이다. 부가중합이란, 다수의 단량체가 중합하여 고분자량의 중합체를 생성하는 반응을 말한다.

2) 부가중합의 연쇄반응은 다시 라디칼(radical)중합과 이온(ion)중합으로 구분된다.

(2) 자유라디칼(free radical)반응

1) 라디칼중합(radical polymerization) : 개시제에 의해 자유라디칼(free radical)을 생성하여, 이에 의해 연쇄반응이 일어나 중합체를 생성하는 반응을 의미한다.

2) 자유라디칼 개시제(initiator)

개시제의 종류	화학식(화합물)
① 유기과산화물류 또는 히드로과산화물류 (peroxides)	벤조일퍼옥사이드 $Ph-\overset{O}{\overset{\|}{C}}-O-O-\overset{O}{\overset{\|}{C}}-Ph$
② 레독스계(redox)	퍼술페이트+환원제, 산화물류+철(II) 이온
③ 아조(azo)화합물류	아조비스이소부티로니트릴(AIBN) $Me_2C(CN)N$ $=NC(CN)Me_2$
④ 유기금속시약	알킬화은류
⑤ 열, 빛, 자외선 혹은 고에너지 조사	－
⑥ 전해질의 전자이동	－

3) 자유라디칼 중합용 단량체

(여기서, Me는 메틸기, Ph는 페닐기임.)

스티렌	$CH_2 = CH - Ph$	에틸렌	$CH_2 = CH_2$
α-메틸스티렌	$CH_2 = C(Me)Ph$	염화비닐	$CH_2 = CH - Cl$
1,3-부타디엔	$CH_2 = CH - CH = CH_2$	염화비닐리덴	$CH_2 = CCl_2$
메틸메타크릴레이트	$CH_2 = C(Me)COOMe$	테트라플루오로에틸렌	$CF_2 = CF_2$
비닐에스테르류	$CH_2 = CHOOCR$	아크릴로니트릴	$CH_2 = CH - C \equiv N$
N-비닐피롤리돈	$CH_2 = CH - N$	아크릴아미드	$CH_2 = CH - (CO) - NH_2$

(3) 연쇄반응

1) 자유라디칼 중합반응은 연쇄반응이다. 단량체 분자를 연쇄 말단에 부과하면, 연쇄 말단에 다시 활성점을 생성한다. 이에 따라, 많은 단량체 분자들이 소모되어 각각의 활성점을 반응계에 만들게 된다.

2) 연쇄중합 반응의 4단계

① 개시반응(initiation step)	반응의 시작으로, 매우 반응성이 강한 일시적인 분자들 또는 활성점이 형성된다.
② 성장반응(propagation step)	활성연쇄 말단에 단량체가 부가되어 다시 사슬 끝에 활성점을 생성한다.
③ 연쇄이동(chain transfer)	활성점을 단량체, 용매 등 다른 분자들에게 이동시킨다. 활성점을 잃어버린 분자는 연쇄성장 관점에서 죽은 분자들이다. 활성점을 받은 분자는 새로운 연쇄를 만들 수 있다.
④ 정지반응(termination step)	활성연쇄 중심이 파괴되는 반응이다.

① 개시반응 : 벤조일퍼옥사이드(BPO)

$$\text{(벤조일퍼옥사이드 구조)} \xrightarrow{\text{열분해}} 2 \text{ (벤조일옥시 라디칼)}$$

② 성장반응 : 비닐 단량체

➡ 첨가되는 형태는 head to tail(머리-꼬리) 결합형이 많으며, head to head(머리-머리)이나 tail to tail(꼬리-꼬리) 결합형은 적다.

$$R-CH_2-\overset{\bullet}{C}H \ + \ CH_2=CH \longrightarrow R-CH_2-CH-CH_2-\overset{\bullet}{C}H$$
$$\qquad\quad\ X \qquad\qquad\ X \qquad\qquad\qquad\ X \qquad\quad\ X$$

(head to tail)

③ 연쇄이동

$$\sim\!\!\sim\!\!CH_2\!-\!\overset{\bullet}{C}H + CH_3 \longrightarrow \sim\!\!\sim\!\!CH_2\!-\!CH_2 + \overset{\bullet}{C}H_2$$

$$\overset{\bullet}{C}H_2 + CH_2\!=\!CH \longrightarrow H_2C\!-\!CH_2\!-\!\overset{\bullet}{C}H$$

④ 정지반응

㉠ 재결합(coupling or recombination) : 홀전자끼리 서로 공유결합을 형성한다.

$$\sim\!\!\sim\!\!CH_2\!-\!\overset{\bullet}{C}H + H\overset{\bullet}{C}\!-\!CH_2\!\sim\!\!\sim \longrightarrow \sim\!\!\sim\!\!CH_2\!-\!CH\!-\!CH\!-\!CH_2\!\sim\!\!\sim$$

㉡ 불균등화(disproportionation) : 다른 중합체 라디칼에서 수소원자가 이동하여 성장이 정지되거나 또는 새로운 성장연쇄가 일어나는 것이다.

$$\sim\!\!\sim\!\!CH_2\!-\!\overset{\bullet}{C}H + H\overset{\bullet}{C}\!-\!CH_2\!\sim\!\!\sim \longrightarrow CH_2\!-\!CH_2 + HC\!=\!CH\!\sim\!\!\sim$$

2. 이온중합

(1) 이온중합이란, 성장하는 연쇄말단이 음전하 또는 양전하를 가진 부가중합을 말한다.

➡ 연쇄말단이 음전하를 가지면 음이온(anionic)중합, 양전하를 가지면 양이온(cationic)중합이라 한다.

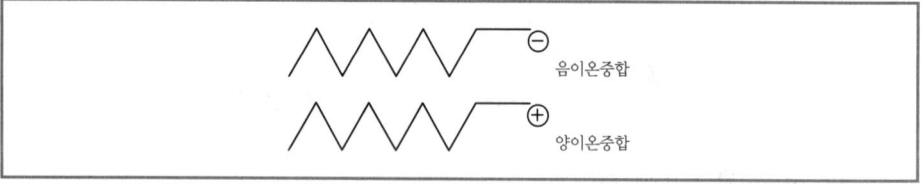

(2) 배위(coordination)중합이란, Zigler-Natta 촉매 또는 전이 금속착물에 의해 개시되는 중합반응을 의미한다. 이 반응기구는 전이금속과 단량체의 π-전자 간에 착물이 형성되면서 진행하는 것으로 믿어지기 때문이다.

➡ 그러나 이 부류의 대부분이 음이온중합과 많은 유사점을 가지고 있기 때문에, 음이온중합의 일부라 생각되고 있다.

(3) 음이온중합

1) 음이온중합 개시제의 염기이며, 개시작용은 그 염기의 세기에 따라 지배된다.

개시제의 종류	화학식(화합물)
① 알칼리금속 서스펜션	THF 또는 액체 NH_3 내에서 Na
② 알킬리튬 또는 아릴리튬 시약	$n-C_4H_9-Li$
③ Grignard 시약	RMgX (R은 alkyl 또는 aryl, X는 할로겐)
④ 알킬화 알루미늄	AlR_3
⑤ 유기라디칼 음이온	나프탈렌화나트륨
⑥ Ziegler-Natta 촉매	$TiCl_4 + AlR_3$
⑦ 메탈로센 개시제	$R_2Si(C_9H_6)_2ZrCl_2$
⑧ ROMP 촉매	$(Cy_3P)_2Ru(Cl_2)CHPh$, (여기서, Cy는 cyclohexyl)
⑨ ADMET 개시제	$(ArO)_2WCl_3$
⑩ 전이금속 π-알릴착물	$(\pi C_4H_7)_2Ni$

2) 음이온중합용 단량체

  ① 스티렌

  ② 메틸메타크릴레이트

  ③ 아크릴로니트릴 등

  ➡ 일반적으로 '전자 흡인성(acceptor) 치환기'를 가지는 것들이다.

3) 음이온중합의 반응기구

  ① 개시반응

  $$n-C_4H_9-Li + \overset{\delta+}{CH_2}=\underset{\delta-}{C}\overset{R'}{\underset{H}{|}} \longrightarrow n-C_4H_9-CH_2-\underset{H}{\overset{R'}{\underset{|}{C}}}{}^{\ominus} Li^{\oplus}$$

  ② 성장반응

  $$n-C_4H_9-CH_2-\underset{H}{\overset{R'}{C}}{}^{\ominus} Li^{\oplus} + CH\!=\!\underset{H}{\overset{R'}{C}} \longrightarrow n-C_4H_9-CH_2-\underset{H}{\overset{R'}{C}}-CH_2-\underset{H}{\overset{R'}{C}}{}^{\ominus} Li^{\oplus}$$

  ③ 연쇄이동이나 사슬가지화현상 : 음이온중합에서는 잘 일어나지 않는다. 반응이 저온에서 일어날 경우 더욱 그러하다.

  ④ 연쇄 정지반응 : 활성 연쇄말단이 이산화탄소, 물, 알코올 또는 다른 양성자를 가진 시약들과 반응할 때 일어난다.

$$R \wedge\wedge\wedge C^{\ominus} \underset{H}{\overset{R'}{\underset{|}{|}}} M^{\oplus} \xrightarrow{\quad}
\begin{cases}
\xrightarrow{H_2O} R \wedge\wedge\wedge \underset{H}{\overset{R'}{\underset{|}{C}}}\!\!-H + MOH \\[4mm]
\xrightarrow[HCl]{CO_2} R \wedge\wedge\wedge \underset{H}{\overset{R'}{\underset{|}{C}}}\!\!-COOH + MCl
\end{cases}$$

4) **리빙중합체(living polymer)** : 정지반응이 일어나지 않는 이온중합에서의 중합체이다.

① 이는 같은 단량체 또는 다른 단량체를 첨가했을 때, 연쇄가 더욱 성장한다.

② 이는 높은 점성을 지니고 사슬이 불용성으로 변하기 때문에 연쇄성장속도가 느리다.

③ 실제로 소량의 정지제를 넣어 반응을 정지시킨다.

④ 가장 격렬한 리빙중합반응은 개시과정에서 라디칼 음이온을 생성하는 것이다.

   ➡ 금속나트륨이나 나프탈렌화나트륨 등이 이에 속한다.

⑤ 이는 분자량의 분포가 몹시 좁은 중합체를 생성한다. 이는 리빙중합반응의 개시단계 반응속도가 빠르기 때문이다.

   ➡ 이는 연쇄이동이 저온에서 일어나지 않는다.

(4) Ziegler - Natta 촉매

1) **발견** : 고압하에서 에틸렌이 알킬화알루미늄과 반응하여 유기금속 올리고머인 폴리에틸렌을 생성하는 사실을 발견하였다.

$$Al(CH_2CH_3)_3 + 3nCH_2=CH_2 \longrightarrow Al[(CH_2-CH_2)n-CH_2CH_3]_3$$

2) **반응의 일반특성**

   Ziegler - Natta 촉매를 사용하면, 가지가 없는 입체특이성 고분자를 제조할 수 있다.

   ➡ 이 촉매를 이용하여 제조된 폴리에틸렌은 선형구조이며, 프로필렌은 공업적으로 유용한 성질을 지닌 이소탁틱폴리프로필렌을 생성한다.

3) **입체 규칙성**

① Ziegler - Natta 촉매는 고도의 입체 규칙성 중합체를 생성한다.

   ➡ 비닐단량체는 일반적으로 이에 의해 이소탁틱 중합체를 생성하며, 특수한 조건에서 프로필렌은 신디오탁틱 중합체로도 생성된다.

② 입체 규칙성에 영향을 주는 인자

   ㉠ 촉매의 균일성과 불균일성

   ㉡ 촉매의 상세한 조성, 제조방식

   ㉢ 단량체 내의 곁사슬의 성질 등

③ 폴리프로필렌의 입체 규칙성도는 알루미늄에 붙어있는 유기 그룹의 크기가 커질수록 감소한다.

4) 촉매의 조성 : 두 가지 성분으로 이루어져 있다.

① 주기율표 IVB(4B)족에서 VIIB(7B)족에 이르는 전이금속화합물

② IA(1A)에서 IIIa(3A)족 금속으로부터 유도되는 Ti, V, Mo, Zr의 할로겐화물이나 옥시할로겐화물이며, 제2성분은 Al, Li, Mg 또는 아연알킬화물, 아릴화물 또는 수소화물들이다.

➡ 가장 잘 알려진 것이 $TiCl_4$ 또는 $TiCl_3$와 트리알킬알루미늄이다.

➡ 이 촉매계는 불균일계 또는 가용성이다.

가용성인 촉매계(염소 가교구조)

$$Cp{\diagdown}\atop{Cp}{\diagup}Ti{\diagdown Cl\diagup}\atop{\diagup Cl \diagdown}Al{\diagup C_2H_5}\atop{\diagdown C_2H_5}$$

(여기서, Cp는 cyclopentadienyl 기를 의미한다)

---

③ 이 촉매의 정확한 구조는 아직도 명확하지 않다. 한 가지 분명한 것은 처음 할로겐화물과 알킬화알루미늄에 의해 생성된 단순한 배위부가물은 아니라는 것이다. 촉매가 최고의 활성을 나타내는 데는 일정한 기간이 필요하고, 복잡한 반응들은 이 기간 동안에 일어난다는 것이다.

④ 두 금속 간의 치환기의 교환이 먼저 일어나고, 그 다음 전이금속과 탄소 간의 결합이 형성되는 것이다.

$$AlR_3 + TiCl_4 \rightleftharpoons R_2AlCl + RTiCl_3$$
$$R_2AlCl + TiCl_4 \rightleftharpoons RAlCl_2 + RTiCl_3$$

---

5) Ziegler-Natta 촉매에 의한 배위 음이온중합

6) 디엔과 고리올레핀 중합

① Ziegler-Natta 촉매는 모노올레핀뿐만 아니라, 디엔류 중합촉매로도 유용하다.

➡ 1,3-부타디엔이나 이소프렌은 Ziegler-Natta 촉매로서 입체특이성 중합을 한다. 이는 촉매의 종류에 따라 다른 형태의 생성물을 형성한다.

② Ziegler-Natta 촉매는 시클로부텐류, 시클로옥타디엔류 등의 고리올레핀의 개환중합에도 사용된다.

➡ 시클로부텐은 $Al(C_2H_5)_3/TiCl_4$ 촉매 예에서 cis와 trans-폴리부타디엔 혼합물을 생성한다.

(5) 양이온중합

일반적인 양이온중합들의 특징이다.

• 정지반응의 활성화에너지가 연쇄이동의 활성화에너지보다 크다면, 반응온도가 낮아짐에 따라 중합속도가 증가하는 특징이 있다. 이는 자유라디칼 중합의 거동과 대조를 이룬다.

• 정지와 이동의 활성화에너지가 성장에너지보다 크다면, 분자량 역시 온도가 낮아짐에 따라 증가된다.

1) 양이온중합 개시제 : 양이온 촉매

촉매의 종류	예
1. 강산류	H_2SO_4, $HClO_4$, HCl
2. Lewis 산류 및 그들의 착물	BF_3, $BF_3 \cdot O(C_2H_5)_2$, BCl_3, $TiCl_4$, $AlCl_3$, $SnCl_4$

2) 양이온중합용 단량체

① 이소부틸렌, 1,3-부타디엔

② 비닐에테르류, 알데히드류

③ p-치환스티렌, α-메틸스티렌 등

➡ 일반적으로 '전자 공여성(donor) 치환기'를 가지는 것들이다.

3) 양이온중합의 반응기구

① 개시반응

$$H_2SO_4 \rightleftharpoons H^+ + HSO_4^-, \quad HClO_4 \rightleftharpoons H^+ + ClO_4^-$$
$$BF_3 + CH_3OH \rightleftharpoons F_3B{:}OCH_3H \rightleftharpoons F_3BOCH_3^- + H^+$$
$$SnCl_4 + H_2O \rightleftharpoons [Cl_4Sn{:}OH_2] \rightleftharpoons Cl_4SnOH^- + H^+$$

BF_3나 $SnCl_4$는 물이나 메탄올 같은 공촉매(cocatalyst)가 없으면 촉매로 작용하지 않는다.

실제, 촉매 대 공촉매의 최적비(흔히 1 : 1)에서 최대 반응속도를 나타낸다. 공촉매가 이보다 더 많이 존재하면 파괴로 인해 반응속도는 감소한다.

$$H^{\oplus}X^{\ominus} + CH_2{=}\underset{R}{\overset{R}{C}} \longrightarrow H{-}CH_2{-}\underset{R}{\overset{R'}{C}}{}^{\oplus}\ X^{\ominus}$$

대체로 단량체 분자의 개시는 이중결합에 촉매 이온쌍을 첨가해 일어난다. 이중결합에 첨가되는 방법은 양성자가 가장 큰 전자밀도를 가진 탄소원자에 첨가되어 가장 안전한 카르보늄이온을 형성하는 것이다.

② 성장반응

$$H{-}CH_2{-}\underset{R}{\overset{R}{C}}{}^{\oplus}\ X^{\ominus} + CH_2{=}\underset{R}{\overset{R}{C}} \longrightarrow CH_3{-}\underset{R}{\overset{R}{C}}{-}CH_2{-}\underset{R}{\overset{R}{C}}{}^{\oplus}\ X^{\ominus}$$

③ **연쇄이동** : 고분자량의 중합체를 얻고자 하면, 반응온도를 낮게 유지해야 한다.

$$\left[H_3C{\sim\!\sim\!\sim}\underset{R}{\overset{CH_3}{C}} \right]^{\oplus}\ X^{\ominus} + CH_2{=}\underset{R}{\overset{R}{C}} \longrightarrow H_3C{\sim\!\sim\!\sim}\underset{R}{\overset{CH_2}{C}} + CH_3{-}\underset{R}{\overset{R}{C}}{}^{\oplus}\ X^{\ominus}$$

중요한 이동단계는 말단 곁사슬기에서 단량체분자로 양성자를 공여하는 과정이다.

④ **연쇄정지반응** : 양성자의 소실로 반응이 정지된다.

$$R{\sim\!\sim\!\sim}\underset{R}{\overset{R}{C}}{}^{\oplus}\ X^{\ominus} + H_2O \longrightarrow R{\sim\!\sim\!\sim}\underset{R}{\overset{R}{C}}{-}OH + HX$$

4) 리빙 탄소 양이온중합

① 최근까지만 해도, 양이온중합공정은 음이온중합과 견줄만한 "리빙" 중합체류를 생성할 수 없다고 여겨졌다.

➡ 왜냐하면 일반적인 탄소 양이온중합에서 성장하는 양이온은 단량체에 대한 연쇄이동이 본질적으로 불안정하기 때문이다.

② (그러나) t-부틸아세테이트와 같은 3차 에스테르류로 제조된 개시제들은 BF_3와 착물을 형성한 이소부틸렌과 같은 단량체를 리빙중합으로 개시할 수 있게 되었다.

③ 일반적인 양이온중합과 달리 이 방법은 습기에 덜 민감하면, 리빙특성을 이용한 블록 공중합체의 제조가 가능하다.

3. 여러 가지 고분자합성법의 장·단점

중합방법	장 점	단 점
축합중합	가능한 단량체의 수가 많음	• 비교적 저분자량이고, 분자량 분포가 넓음 • 입체 선택성 결여, 반응이 느림, 열이 필요함
라디칼중합	단량체 수가 많음	• 선택성이 불량하고, 입체 규칙성 조절이 불가능 • 열 혹은 방사선 조사 필요함
일반 음이온 중합	• 분자량 분포 폭이 좁고, 입체 규칙성 정도 조절이 어느 정도 가능함 • 리빙 중합체를 거쳐 블록 공중합체를 생성 가능	• 단량체 수가 제한되어 있음 • 저온을 필요로 함
Ziegler-Natta 중합	• 매우 높은 선택성과 입체 특이성 • 실온에서 반응	• 올레핀류는 적합하나, 비닐화합물은 부적합 • 분자량이 그다지 크지 않음
복분해	• 주 사슬 내 불포화결합을 가진 고분자를 생성 • "리빙"된 상태로 중합이 가능함	고리 올레핀류 또는 알킨류에만 적용이 가능
그룹 트랜스퍼	• 리빙 중합체류와 실온반응 • 민감한 곁사슬기를 가진 단량체의 중합이 가능	곁사슬기에 $C=O$나 $C\equiv N$기를 가진 단량체류에 국한됨
일반 양이온 중합	분자량 조절이 가능함	• 연쇄이동에 의해 분자량이 제한됨 • 올레핀류에 국한됨 • 냉각이 필요하고, 습기에 민감함
리빙 양이온 중합	• 분자량 조절이 가능함 • 분자량 분포 폭이 좁음 • 블록 공중합체 합성이 가능 • 비교적 습기에 덜 민감함	—
개환중합	• 축합반응보다 훨씬 높은 분자량이 가능 • 대부분의 축합공정보다 편리함	• 단량체 수가 제한되어 있음 • 분자량 분포 폭이 넓음 • 열 혹은 방사선 조사가 필요함
고분자 치환	• 다른 방법을 이용해서 만들 수 없는 고분자를 생성하는 방법으로 많이 사용함 • 몇몇 무기고분자와 반응함 • 매우 폭넓은 유도체성 고분자 생성이 가능	• 대부분의 유기고분자와 치환이 효과적이지 못함 • 적용할 수 있는 무기고분자 중간체의 수가 제한적임

기출 및 예상 문제

01 자유라디칼 첨가중합에 대한 다음 설명 중 옳지 않은 것은?

① 단량체가 생성한 라디칼에 계속 첨가되는 성장단계(propagation step)가 있다.

② 연쇄 개시단계(initiation step)에서는 개시제(initiator)가 분해하여 한 쌍의 자유라디칼을 형성하여, 이들이 단량체가 부가된다.

③ 정지단계(termination step)에서는 두 성장연쇄의 수소분자결합이 일어나 커플링(coupling)과 한 성장단계에서 다른 연쇄로 수소원자가 이동하는 불균등화(disproportionation)가 일어난다.

④ 정지단계(termination step)에서 일어나는 또 하나의 방법으로는 용매 또는 수소원자 또는 다른 원자들이 성장 사슬반응하여 이동하는 전하이동(charge transfer)이 있다.

02 라디칼중합에 대한 설명 중 틀린 것은?   ✪ 06 국가직 9급(복원, 변형)

① 개시단계에서 중합 길이는 짧다.

② "리빙"중합은 계속적으로 반응이 이루어져 정지단계가 없다.

③ 개시, 성장, 종결 반응을 구별할 수 있다.

④ 상업용 단량체에는 중합 방지제를 섞어 운반해야 한다.

03 다음 중 음이온 중합 개시제는?   ✪ 06 국가직 9급

① 아조비스이소부티르니트릴(AIBN)

② 삼플루오르붕소(BF_3)

③ 알킬리튬(n–butyl–Li)

④ 사염화티타늄($TiCl_4$)

정답 및 해설

01 ④

유형 라디칼중합의 특징

해설 라디칼중합의 반응기구(메커니즘)에 대한 설명으로, ④는 연쇄이동(chain transfer)에 대한 설명이다.

02 ②

유형 라디칼중합과 이온중합

해설 라디칼중합의 표면적인 선택지로, 라디칼중합은 개시 초기에 올리고머를 형성하므로 당연히 반응길이는 짧다.(좀 더 명확한 지문을 제시했으면 하는 바람이다.) 단계상, 개시, 성장, 종결이 가능하고 연쇄이동 또한 가능하다. 라디칼중합 고분자는 운반 시 공기 등 저장조건에 따라 반응이 일어날 여지가 있으므로 반드시 방지제(inhibitor)를 섞어 운반한다. ②는 이온중합에 속하는 리빙중합체에 대한 설명으로, 라디칼중합과는 상관없다.

03 ③

유형 음이온중합 개시제

해설 대표적인 음이온중합 개시제로, 알킬리튬시약과 아릴리튬시약, Grignard 시약, 알킬화알루미늄, 지글러-나타 촉매, 메탈로센 개시제 정도는 알아두자.

제 **39** 주

합성 수지(plastics)

제39주제　　합성 수지

1. **열가소성 수지(thermoplastic resin)**
   ① 폴리에틸렌
   ② 폴리프로필렌
   ③ 폴리스티렌
   ④ ABS 수지
   ⑤ 폴리염화비닐
   ⑥ 폴리아세트산비닐
   ⑦ 폴리비닐알코올
   ⑧ 폴리테트라플루오르에틸렌
   ⑨ 폴리에틸렌테레프탈레이트
2. **열경화성 수지(thermosetting resin)**
   ① 페놀 수지
   ② 아미노계 수지 : 요소 수지, 멜라민 수지
   ③ 폴리우레탄
   ④ 에폭시 수지
   ⑤ 불포화폴리에스테르
   ⑥ 알키드 수지
   ⑦ 규소 수지
3. **합성 수지 가공방법**
   ① 플라스틱의 성형법
   ② 첨가물질의 종류 : 첨가제, 가소제, 가교제, 충전제, 열안정제, 산화방지제, 착색제, 자외선 흡수제,
   발포제, 난연제 등

1. 열가소성 수지

① 열가소성 수지란, 적당한 온도로 가열하면 연화되어 외력을 가할 때, 쉽게 변형되므로 이
상태로 성형가공한 후 냉각하면 외력을 없애도 성형된 상태를 유지하는 수지이다.

② 또한 열가소성 수지는 용제에 대해 용해성이 있기 때문에 내열성이나 내약품성은 열경화성 수지에 비해 떨어지고, 기계적 성질(인장, 압축 및 굴곡 강도) 또한 일반적으로 떨어진다. 그러나, 성형가공이 용이하며, 다량생산이 가능한 특징이 있다.

(1) 폴리에틸렌(polyethylene)

1) 일반적인 중합반응 : 부가중합반응

$$n\,CH_2 = CH_2 \longrightarrow -[-CH_2-CH_2-]n-$$

2) 일반적인 성질

① 제조방법에 따라 성질이 다르지만, 대체로 무색, 무취이고 상온에서 모든 용매에 녹지 않는다.

② 분자량이 커질수록 강도, 내후성이 커지는 반면, 용융체의 유동성 필름의 마찰계수 등이 작아진다.

③ 곁가지가 적을수록 결정성이 커지고 밀도가 높아지며 강도, 경도, 내약품성이 커지고 연화온도가 높아지는 반면, 액체나 기체의 투과성, 유연성 등은 작아진다.

3) 제법 및 용도

① 고압법

㉠ 제조공정

ⓐ 가스상의 정제된 에틸렌 단량체를 1차 압축기에서 약 200~340기압으로 압축한다.

ⓑ 반응기에서 나오는 순환가스와 함께 2차 압축기에서 1,000~3,000기압까지 압축한다.

ⓒ 촉매나 분자량 조절제와 함께 펌프로 반응기에 압입한다.

ⓓ 반응기에서는 작은 압력, 온도(150~300℃)로 유지하여 반응을 조절한다. 이때, 중합률은 10~25%이다.

ⓔ 폴리에틸렌을 함유한 반응생성물은 감압분리기에 들어가서 고압 및 저압 분리기를 이용해 2단으로 분리한다.

ⓕ 저압분리기에서 나온 폴리에틸렌은 냉각하여 후처리를 통해 펠릿(pellet)모양으로 절삭하여 제품화된다.

㉡ 특징

ⓐ 50~60% 결정화된 저밀도 폴리에틸렌이 주로 얻어진다.

ⓑ 결정성이 작으므로 비중이 작고 많이 늘어나며, 연화온도가 낮은 편이다.

ⓒ 빛에 쬐거나 산소와 오래 접촉하면 연화된다.

ⓓ 원료가스가 순수하고 압력이 높을수록 생성물의 분자량이 커지고, 수율도 좋다.

ⓔ 산소량이 많고 온도가 높으면, 분자량이 작아진다.

  ⓒ 용도
   ⓐ 플루오르화수소산을 저장하는 그릇(화학적 성질이 우수, 상온에서 내산성, 내
    알칼리성 우수)
   ⓑ 필름(농업용, 도장용), 사출성형품(가정용품, 장난감), 전기절연제, 코딩재료,
    여러 저장용 그릇의 제조에 사용된다.

② **중압법**
  ㉠ 중합조건 : 30~70기압에서 금속산화물을 촉매로 중합시킨다.
  ㉡ 필립스(Phillips)법 : 에틸렌의 중합률이 거의 95~98% 정도이다.
   100~170℃, 35~50atm하에, 알루미나－실리카 촉매를 사용하여 제조한다.
  ㉢ 스탠다드(Standard)법 : 230~270℃, 70atm하에, 산화몰리브덴(MoO_3)과 같은
   촉매를 사용하여 제조한다.
  ㉣ 특징 : 고압법에 비해 주 사슬에 가지가 거의 없고, 연화점이 높으며, 강도가 큰
   고밀도 폴리에틸렌이 얻어진다.
  ㉤ 용도 : 전선피복, 가정용품, 섬유제품의 제조에 사용한다.(결정성이 크고, 내수
   성, 전기절연성이 뛰어나기 때문이다.)

③ **저압법(상압법, Ziegler법)**
  ㉠ 중합조건
   ⓐ 60~80℃의 온도, 1~6atm 정도의 저압에서 조작한다.
   ⓑ 지글러 촉매(트리에틸알루미늄－사염화티탄)을 중합 개시제로 사용하여, 용
    매에 촉매를 현탁시켜 중합한다.(현탁중합)
   ⓒ 촉매의 현탁액 중에 에틸렌을 불어 넣으면, 에틸렌이 격렬히 흡수되어 중합이
    진행된다.
   ⓓ 발열반응이므로, 진행 중에 적당히 냉각하여 일정한 온도를 유지하도록 한다.
   ⓔ 폴리에틸렌의 분자량은 수소의 첨가로 조절할 수 있으며, 보통 중합률 50%
    정도이다.
   ⓕ 비활성화된 촉매를 함유한 폴리에틸렌 슬러리를 물로 씻고 원심분리시켜 중
    합체를 얻는다.
  ㉡ 특징
   ⓐ 분자가 규칙적으로 배열된 전형적인 선 모양의 고밀도(0.94~0.96g/cm^3) 폴
    리에틸렌은 결정화도가 96% 이상인 중합체로서 녹는점이 135℃ 정도이다.
   ⓑ 고압법 폴리에틸렌에 비해 인장강도, 경도가 크며, 기체나 증기의 투과성이
    작다.
  ㉢ 용도 : 저압법 폴리에틸렌은 병, 단단한 그릇, 섬유, 로프, 어망 등에 사용된다.
   (결정성이 우수하고 연화점이 높으며 내열성, 기계적 성질이 우수하기 때문이다)

4) 분류 : LDPE(저밀도 폴리에틸렌), HDPE(고밀도 폴리에틸렌), LLDPE(선형저밀도 폴리에틸렌)

(2) 폴리프로필렌(Polypropylene, PP)

1) 일반적인 중합반응 : 부가중합반응

$$nCH=CH_2 \longrightarrow \begin{bmatrix} CH-CH_2 \\ | \\ CH_3 \end{bmatrix}_n$$
$$| \\ CH_3$$

2) **특징 및 분자 구조**

① 표면에 광택이 있고, 흠이 잘 나지 않지만, 낮은 온도에서 부서지기 쉬운 결점이 있다.

➡ 결점을 보완하기 위해, 프로필렌과 에틸렌 공중합체를 만들어 이를 보완한다.

② 성형가공성, 내응력 균열성, 전기절연성, 내수성, 내약품성이 좋고 저비중 고분자이다.

③ (그러나) 저온 내충격성, 내후성, 대전성, 내열산화성이 있고 인쇄, 도장, 도금이 어렵다.

➡ 위와 같은 결점을 보완하기 위해 첨가제, 공중합체 형성, 고분자 블렌드를 만든다.

④ 프로필렌은 아탁틱, 이소탁틱, 신디오탁틱 3가지 입체구조가 있다.

> **참고 폴리프로필렌의 이소탁틱 중합체**
> ① 지글러–나타 촉매를 사용해 중합시키면 선모양의 결정성이 크고, 규칙적인 이소탁틱 중합체를 얻는다.
> ② 지글러–나타 촉매가 이온중합 촉매이고 불균일계에서 고체촉매반응을 하기 때문에, 이의 작용으로 반응계 중의 단위체가 특별한 배열방식을 가지게 된다.
> ③ 이소탁틱 중합체는 프로필렌 밀도가 $0.905g/cm^3$로서 매우 가벼운 중합체이고, 결정성이 커서 인장강도, 압축강도와 같은 기계적 성질이 좋다.

3) **용도** : 섬유 전기기구, 로프, 가정용품 및 식기류, 필름제조에 사용된다.

4) **제법**

① 프로필렌 원료 : 나프타 분해 시 또는 경유나 등유를 분해하여 가솔린을 만들 때, 생성되는 부산물을 분리하여 프로필렌을 얻는다.

② 제조공정

㉠ 반응탑에 용매를 넣고 슬러리상태의 촉매를 가한 후, 프로필렌을 주입한다. (반응이 발열반응이므로 반응열을 제거하여야 한다. 반응조건은 50~80℃, 1.5atm 정도에서 조업하며, 용매로는 펜탄, 헥산, 헵탄을 주로 많이 사용한다.)

     ⓛ 생성된 중합체는 침전시켜, 슬러리상태로 만든다.

     ⓒ 플래시 탱크로 이송하여 미반응 프로필렌을 분리한 후, 정제·순환하여 재사용한다.

     ⓔ 슬러리는 원심분리기를 이용해 중합체를 분리하고, 액체는 회수하여 정제한 후 용제로 재사용한다.

     ⓜ 걸러진 중합체를 세척·건조시켜 분말상태로 만든다.

     ⓗ 용도에 따라 적당한 첨가제를 가하여 절단한 뒤, 제품을 만든다.

(3) 폴리스티렌(Polystyrene, PS)

  1) 일반적인 중합반응 : 부가중합반응

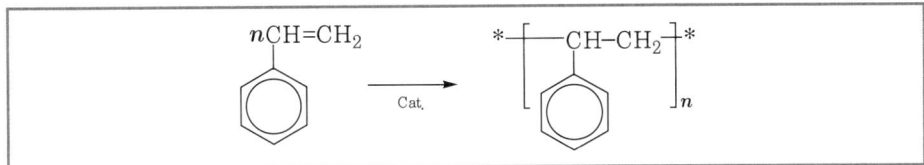

  2) 성질 및 용도

    ① 비중이 1.05 정도이고, 우수한 전기적 성질을 가지며, 내수성이 있다.

    ② 성형가공 특성이 우수하고, 치수 안정성이 뛰어나며, 가격이 저렴하여 5대 범용 수지 중 하나이다.

    ➡ 5대 범용 수지 : LDPE, HDPE, PP, PS, PVC

    ③ 무색 투명한 고체로, 착색이 가능하다.

    ④ 내후성이 약하고, 부서지기 쉬운 단점이 있다.

    ⑤ 케톤, 에스테르, 방향족탄화수소에 용해 또는 팽윤하지만, 산·알칼리, 염류, 유기산, 저급알코올 등에는 안정하여 내약품성 그릇을 만드는 데 사용된다.

    ⑥ 전기절연성이 좋아 고주파 절연재료로 사용될 뿐 아니라, 조명신호장치, 계량기판, 수신기판, 일용품 등에 사용된다.

    ⑦ 사출성형에 적합한 수지로, 광학적 성질이 우수하고 굴절률이 크기 때문에 광학용 플라스틱을 만드는 데 사용된다.

    ⑧ 여러 가지 첨가제를 넣어 내화성 폴리스티렌을 만들기도 한다.

  3) 제법 : 대부분 벌크중합과 현탁중합으로 제조한다.

    ① 벌크중합 공정

      ㉠ 과산화벤조일을 개시제로 하여, 90~110℃에서 중합액에 약 30%의 중합체가 생성될 때까지 예비중합한다.

      ㉡ 원형 탑으로 예비중합체(프리폴리머)를 보내어 중합을 완성한다.

      ㉢ 완성된 용융상태의 중합체를 탑저부분으로 압출시켜 냉각·절단하여 성형재료로 만든다.

➡ 벌크 중합공정은 중합공정이 간단하고, 높은 순도를 얻고, 전기적 성질이 우수하나, 반면 온도조절이 어렵고, 분자량 분포가 넓은 단점이 있다.

② 현탁중합 공정

㉠ 스티렌을 물속에서 격렬하게 교반하여 분산시키고, 물에 녹지 않으나 스티렌에는 용해되는 BPO와 같은 개시제를 가하여 가열한다. 분산제로는 $MgCO_3$, $CaCO_3$를 주로 많이 사용한다. (이 반응은 발열반응이지만, 분산매가 존재하기 때문에 반응온도 조절이 비교적 용이하며, 고분자량의 PS를 얻을 수 있고, 최종제품의 순도가 높아 공업적으로 유용한 공정이다.)

㉡ 중합 및 정제 공정은 벌크중합과 동일하다.

㉢ 제품은 구슬(bead)상태로 얻어지며 사출가공과 압출가공에 용이하게 사용하기 위해 입상(pellet)형태로 압출한 후 제품화한다.

➡ 현탁중합은 발포과정에서 발포가스를 중합체 내로 손쉽게 주입할 수 있으므로 발포 폴리스티렌(EPS) 제조에 널리 쓰인다.

➡ 물을 안정제로 사용하여 촉매와 함께 중합속도를 조절하기 때문에, 중합열 조절이 용이하고, 간단한 장치로도 제조가 가능하다. 그러나, 물과 분산제가 불순물로 작용하고, 회분식 중합에 제한되는 단점이 있다.

4) 일반적 분류

① 일반용 폴리스티렌(General Polystyrene, GPS)

㉠ 무색투명하며, 선명한 착색이 가능하여 고급 성형품제조에 사용된다.

㉡ 용해할 때 열안정성 및 유동성이 양호하기 때문에 성형가공에 좋다.

㉢ 성형수축이 다른 수지에 비해 작아, 치수 안정성이 우수하며, 가격도 저렴하다.

㉣ 내수성, 내산 및 내알칼리성이 좋다.

㉤ (그러나) 결점은 내충격성이 작고 탄화수소나 케톤류의 용제에 상하기 쉽고, 내후성이 약하고 부서지기 쉬우며, 82~88℃에서 변형되므로 멸균 그릇으로는 사용할 수 없다.

㉥ 이는 평균분자량과 분자량 분포, 가소제 함량의 조절로 물성의 변화가 가능해, 소비자 요구에 적합한 등급의 생산이 가능한 신축적 소재이다.

② 내충격성 폴리스티렌(High Impact Polystyrene, HIPS)

㉠ GPS의 커다란 약점 중 하나인 내충격성을 개선하기 위하여, 고무를 보강한 제품이다.

➡ 폴리부타디엔 사슬에 폴리스티렌을 중합하여 공중합체를 만든다. 계면에서의 상용성의 증가로 고착력을 대폭 향상시켜 효과적인 충격물성을 띤다.

㉡ 충격강도는 고무함량이 증가될수록 향상되나 기타 성질(인장강도, 내열성, 내광성, 성형성, 표면광택 등)은 점점 저하된다.

ⓒ 고무를 배합하므로, 폴리스티렌의 특성인 투명성을 잃고 유백색이 된다.

③ 발포 폴리스티렌(Expandable Polystyrene, EPS)

　ⓐ 폴리스티렌에 발포제로 프로판, 부탄, 펜탄 등을 배합한 것이다.

　ⓑ 이는 그대로 또는 미리 발포한 것을 금형에 넣거나 가열하는 것만으로도 10~70배로 팽창하여 가볍고 특특한 발포제 성형품을 얻을 수 있다.

　ⓒ 열, 음향 차단이 우수하여 단열재, 음향흡음제, 냉동공업, 건축재료에 사용된다.

5) 폴리스티렌 공중합체

① ABS 수지

　ⓐ 아크릴로니트릴(acrylonitrile), 부타디엔(butadiene) 및 스티렌(styrene)의 3원 혼성중합체인 열가소성 수지이다. 그래프트형 공중합체이다.

　ⓑ 스티렌의 우수한 가공성과 아크릴로니트릴의 내약품성 그리고 부타디엔의 유연성 및 내충격성을 겸비하고 있다.

　ⓒ ABS 수지의 중합반응

$$l\,CH_2{=}CH{-}CH{=}CH_2$$
$$+$$
$$CH{=}CH_2$$
$$m \,\bigcirc$$
$$+$$
$$n\,CH_2{=}CH{-}CN$$
$$\longrightarrow {*}{-}\!\left(CH_2{-}CH{=}CH{-}CH_2\right)_l^{*}\!{-}\!\left(CH{-}CH_2\right)_m^{*}\!{-}\!\left(CH_2{-}CH\right)_n^{*}$$

② AS 수지(SAN 수지)

　ⓐ 아크릴로니트릴 : 스티렌의 공중합체로서, 폴리스티렌의 투명성을 손상시키지 않고 기계적 강도를 강화시킨 것이다.

　ⓑ 용도 : 화장품 용기, 위생용품 및 완구류(고유동성), 전기·전자부품, 라이터 및 배터리 케이스류(고강도 및 내열성), 높은 강성 및 내열을 요구하는 기계 부품류(내열성 및 치수 안정성) 등

③ AXS 수지

　ⓐ 불포화결합이 없는 고무(X)와 공중합시켜, ABS 수지의 성질을 보유한 채 내후성을 향상시킨 수지이다.

　ⓑ AAS 수지(아크릴고무–아크릴로니트릴–스티렌의 그래프트 공중합체), ACS 수지(염소화폴리에틸렌의 아크릴로니트릴–스티렌의 그래프트 공중합체), EPSAN 수지(에틸렌–프로필렌고무의 아크릴로니트릴, 스티렌의 그래프트 공중합체) 등이 있고, 그 성능이 ABS보다 전반적으로 우수하다.

(4) 폴리염화비닐(poly(vinyl chloride), PVC)

1) 일반적인 중합반응

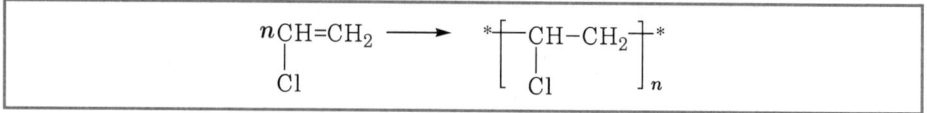

2) 성질

① 백색 분말로서 겔(gel)화하면 투명해진다.

② 내열, 내한성, 강인성 및 전기절연성이 양호하다.

③ 내수성(흡수율은 경질 0.07~0.3, 연질 0.5~1.0)

④ 난연성(불꽃 속에서는 연소하나 외부로 드러내면 연소, 이동 안함)

⑤ 산·알칼리에 안정함

⑥ 용제의 용해성(THF, MEK, 아세톤 및 아세트산에틸 등에 용해되나, 메탄올, 에탄올, 가솔린, 에테르 유지 등에는 용해되지 않음)

3) 종류 및 용도 : PVC는 연질과 경질의 것이 있다.

① **경질 PVC** : PVC 그대로 혹은 5% 가소제를 가해 성형한 것으로 딱딱하며, 파이트, 창틀, 타일(tile), 포장재(blister package) 등에 사용된다.

② **연질 PVC** : 30~50%의 가소제를 가한 것으로 부드러운 촉감을 가지는 매우 다양한 제품으로, 인조가죽, 바닥재, 필름 등으로 사용된다.

③ **PVC의 일반용도** : 전선피복, 끈(어망, 방충망), 파이프, 성형품 등에 쓰인다.

④ **아세트산비닐과의 공중합체** : 주로 필름, 박막(foil), 음반(LP 레코드) 등에 이용되고, 용매에 용해시켜 접착제, 잉크, 니스, 밀봉제(sealant) 등으로 사용된다.

4) 제법 : 거의 대부분이 현탁중합법으로 제조한다.

① **폴리비닐알코올로부터 제조** : 폴리비닐알코올을 반응열 축적을 방지하기 위해 현탁제로 물을 소량 첨가하여 중합시키는 방법이다.

② **현탁중합의 연속조작**

㉠ 수용성상(물, 현탁제, 보호 콜로이드)을 반응조에 투입하고 약간의 감압을 걸어준다.

㉡ 단량체와 개시제를 교반과 함께 투입한다. 온도는 45~55℃에서, 이 압력을 유지하면서 반응시킨다.

㉢ 전환율이 80~90% 정도에 이르게 되면, 이와 함께 반응압력이 0.05MPa(380mmHg) 정도로 떨어진다. 현탁물은 반응조 아래쪽으로 빠져나가 정제단계로 들어간다.

㉣ 정제 후, 중합제 슬러리는 블랜드 탱크로 보내어 균일하게 혼합한다.

㉤ 원심분리기로 수분을 제거하고, 로터리 건조기에서 건조한다.

㉥ 사이클론에서 공기를 분리하여 분말상태의 폴리염화비닐을 얻는다.

③ 반응 시 첨가제

　　㉠ 안정제 : 탈염화수소반응을 방지하기 위해 첨가한다. 안정제는 산화방지 및 분해 시 분자 내에 생성되는 이중결합을 없애는 작용을 한다. 고급지방산 금속염, 에폭시 수지, 염기성 탄산납 등이 사용된다.

　　㉡ 가소제 : 가열에 의한 유동성이 나쁠 경우, 이의 개선을 위해 첨가한다. 가공 시 용제와 같은 작용을 하여 합성 수지의 연화온도를 내리고 유동성을 향상시키며 탄성과 유연성을 가지게 한다. 유기에스테르인 프탈산디옥틸(DOP), 프탈산디부틸(DBP), 인산트리크레실(TCP) 등이 주로 사용된다.

　　　➡ 아세트산비닐과 공중합체를 형성하면 역시 가소성이 증가한다.

　　㉢ 개시제 : AIBN(아조비스이소부티르니트릴), BPO(과산화벤조일)

　　㉣ 충전제 : 양을 늘리거나 내열성을 높일 목적으로 첨가하는 것으로 탄산칼슘, 점토, 운모, 유리섬유 등이 있다.

　　㉤ 이형제 : 압출하거나 성형할 때 기기에 달라 붙지 않도록 하기 위한 첨가제로, 스테아르산 납, 금속 비누 등이 사용된다.

(5) 폴리아세트산비닐(poly(vinyl acetate), PVAc)

아세트산비닐은 열 및 광에 의해 쉽게 중합될 뿐만 아니라, 과산화물이 존재하면 중합이 촉진된다. 공업적인 합성에 촉매로는 BPO, ammonium persulfate 및 acetyl peroxide 등이 사용된다.

1) 일반적인 중합반응

$$nCH_2=CH\underset{O-\underset{\underset{O}{\|}}{C}-CH_3}{} \xrightarrow{\text{과산화물}} *\left[CH_2-CH\underset{O-\underset{\underset{O}{\|}}{C}-CH_3}{}\right]_n *$$

2) 성질 및 용도

① 연화온도가 매우 낮고, 점착력이 크다.

② 대부분의 용제에 용해하며, 수용성이다.

③ 열 및 광에 의해 착색되지만 노화되지 않는다.

④ 도료(유화재료, 실내도료, 수성페인트), 접착제(목재, 종이, 옷감), 점결제(pulp, 석면), 보호 교질제와 같은 기재(base)로 많이 사용된다.

⑤ 폴리비닐알코올, 폴리비닐아세탈의 합성원료로 사용된다.

3) 제법

① 라디칼 용액중합 : 3단계 연속식 중합반응조에서 이루어진다. 대부분 이 방법을 사용한다.

ⓒ 중합조에서 단량체와 개시제 그리고 용매를 혼합한다. 여기서 부분적으로 중합된 혼합물은 두 번째, 세 번째 중합조로 이동하는데, 이들 단계에서 전환율을 높이기 위해 개시제를 더 투입하기도 한다.

ⓛ 반응조에서 나온 고분자 용액은 미반응 단량체의 제거를 위해 제거관을 통과한다. 제거제로 용매의 증기를 관의 아래쪽으로부터 불어 올린다. 용매와 함께 관의 위쪽으로 빠져나온 단량체는 회수되어 다시 중합에 사용된다.

ⓒ 제거관의 아래쪽을 빠져나온 고분자 용액은 0.1% 이하의 단량체를 포함하게 된다.

ⓔ 생성된 PVAc는 용액상태로 보관하거나, 폴리비닐알코올 합성을 위해 가알코올분해(alcoholysis) 공정으로 보내진다.

② 용액중합 외에 유화중합, 입상중합, 괴상중합으로도 제조가 가능하다.

(6) 폴리비닐알코올(poly(vinyl alcohol), PVA)

1) **일반적인 중합반응** : 비닐알코올로부터 직접 제조할 수 없으며, 폴리비닐아세테이트의 가알코올분해로 제조된다.

➡ 비닐알코올 단량체는 존재하지 않는데, 그 이유는 비닐알코올 단량체의 케토(keto)토토머가 훨씬 더 안정하기 때문이다.

① 직접 비누화반응

$$*-[CH_2-CH(O-C(=O)-CH_3)]_n-* + CH_3OH \xrightarrow{NaOH} *-[CH_2-CH(OH)]_n-* + CH_3-CONa$$

② 산·염기에 의한 에스테르 교환반응

$$*-[CH_2-CH(O-C(=O)-CH_3)]_n-* + CH_3OH \xrightarrow[\text{또는 염기}]{\text{산}} *-[CH_2-CH(OH)]_n-* + CH_3-COOCH_3$$

2) **제조공정**

[메탄올과 아세트산 비닐 수지의 혼합] → [비누화] → [분리] → [제품]
　　　　　　　　　　　　　　　　　　　　　　↓
　　　　　　　　　　　　　　　　　[폐액] → [증류] → 아세트산
　　　　　　　　　　　　　　　　　　　　　　　　　나트륨 및
　　　　　　　　　　　　　　　　　　　　　　　　　용제회수

3) 특성

① 수용성이며, 물에 대한 용해성은 품질에 따라 다르다. 완전비누화형은 냉수에 잘 용해 되지 않지만, 뜨거운 물에는 완전히 용해된다. 부분비누화형은 냉수에 용해된다.

② 유기용제에는 용해되지 않으며, 내용제성이 좋다. 그러나 산·알칼리에는 용해된다.

③ 수용액은 각종 물질(특히 섬유, 목재, 종이)에 대해 강력한 점착력이 있다.

④ 결정성으로 피막형성능력이 있으며, 피막은 무색 투명하고 인장강도, 내마모성이 좋다.

⑤ 계면활성적 성질이 있어, 흡착에 의해 강력한 보호 교질작용을 한다. 그래서 유화분 산력이 우수하다.

⑥ 분자 내의 수산기의 화학반응성 때문에, 알데히드 및 케톤과 아세탈화, 산 및 산무 수물에 의해 에스테르화와 에테르화반응이 일어난다.

⑦ 일반적으로 부패, 분해 및 해중합이 일어나지 않고, 또한 생리적으로 무해하다.

4) 용도

① 경사용풀(방적실, filament계), 직물가공제 등의 섬유용호제(풀)로 사용된다.

② 표면(판지, 가공원지), 안료결합제, 내부첨가용 등의 종이 가공제로 사용된다.

③ 접착제, 유화제, 현탁제 등으로 사용된다.

④ 성형용품, 필름, 비닐론 섬유, 폴리비닐아세탈 수지, 감광 수지 등의 제조에 쓰인다.

⑤ 내수성 도료(부분적으로 아세틸화 또는 염소화 된 것), 수성도료 등의 도료로 사용된다.

(7) 폴리테트라플루오르에틸렌(poly(tetrafluoroethylene), PTFE, Teflon)

1) 테프론의 제법

$$n CF_2 = CF_2 \longrightarrow -[-CF_2-CG_2-]n-$$
$$\text{TFE} \qquad\qquad\qquad \text{PTFE}$$

① TFE를 은(Ag)으로 내벽을 바른 고압솥 반응기(autoclave) 중에서 소량의 산소를 촉 매로 사용하여 1,600~2,200psi의 기압하에서 150℃로 중압시키면 입상백색의 중합 체를 얻는다.

② TFE의 중합반응은 매우 반응하기 쉽고, 중합열이 높으므로 물을 매체로 BPO(과산 화벤조일) 등을 촉매로 하여 유화중합 또는 입상중합하는 방법도 가능하다.

2) 특성

① 입상 반투명체이며, 연화점은 200℃로 400~500℃에서 해중합한다.

② 내약품성(왕수, HNO_3, KOH 등에 안정하지만, 용융된 알칼리 금속에 의해 침식될 뿐임), 내용제성, 내수성이 좋다.

③ 화학적 불활성(플루오르기), 강인성, 자기윤활성 및 전기절연성이 있다.

3) 용도

① 소결성형품(화학적으로 저항이 큰 개스킷, 밸브, 패킹, 격막 등), 소결코팅(전선피복, 콘덴서, 박막, 플라이판 코팅 등)에 사용된다.

➡ PTFE는 난용성과 더불어 고융점 및 고용융점 때문에 종래의 방법으로 형성 가공이 불가능하므로 냉분말을 케이크(cake) 또는 금형(mold) 속에서 압축한 다음 고온에서 소결 (sintering) 성형한다.

② 기어, 내장(lining), 베어링 등의 기계용품과 전기 및 변압기 부속품 등의 전기용품 으로 사용된다.

(8) 폴리에틸렌테레프탈레이트(poly(ethylene terephthalate), PET)

1) 공업적 제법

① 일반적인 중합공정 : 디메틸테레프탈산과 에틸렌글리콜의 합성(에스테르화 교환반응)

Dimethyl terephthalate(DMT) Ethylene glycol

P.E.T

② 2단계 공정 : 테레프탈산(에스테르)와 에틸렌글리콜의 합성(직접 에스테르화법)

terephthalic acid Ethylene glycol bis(2-hydroxyl ethyl) terephthalate

P.E.T

➡ 부산물로 생성되는 에틸렌글리콜은 반응기 밖으로 감압 증류되어 나간다. 축합중합 단계 에서 고중합도의 PET를 얻기 위해 에틸렌글리콜의 완벽한 제거가 필요하다.

2) 특성

① 투명 또는 불투명(백색)의 결정성 고체(비중 1.12 정도)로, 연화점은 260℃ 정도이다.

② 강도, 내피로성, 내열성, 내광성, 내후성, 내수성(저흡수성) 등이 우수하다.

③ 전기 절연성, 내마모성 및 섬유형성 능력이 크고 특히 혼방성이 좋다.

④ 유기용제에 불용성 및 내약품성이 있다.

3) 용도

① 산업용 섬유(로프, 타이어코드, 어망, 낚시줄, 벨트 등), 의류용 섬유(무명, 양털 등의 각종 혼방사) 등의 섬유제조에 사용된다.

② 진기질연용 테이프, 녹음 테이프, 진공증착 테이프, 사진용 필름, 포장용 필름 등에 사용된다.

③ 탄산음료 용기, 식용류 용기 등의 성형품으로 사용된다.

(9) 폴리메틸메타크릴레이트(poly(methyl methacrylate), PMMA)

1) 제조방법 : 메틸메타크릴레이트의 첨가중합법을 사용한다.

2) 성질 및 용도

① 무색 투명하고 열가소성인 유기 유리의 제조에 사용된다.

② 항공기의 바람막이 유리로 사용된다.

③ 전기도구, 방수용 안경, 인조치아의 제조에도 사용된다.

(10) 폴리카르보네이트(poly carbonate, 폴리탄산에스테르) : 폴리에스테르 수지의 한 종류이다.

1) 제조방법

① 포스겐(phosgen)과 디페놀(diphenol)을 직접 반응시킨다.

➡ 위 반응은 촉매로 그리고 HCl 제거제 역할을 하는 피리딘(pyridine)의 존재하에 일어난다. 때때로 염소화된 용매를 피리딘에 대한 희석제로 사용하기도 한다.

② 에스테르 교환반응 : 디페놀과 디페닐카르보네이트 사이에서 일어난다.

2) 성질 및 용도

① 높은 녹는점과 우수한 열적 및 가수분해 안정성을 가지고 있다. 그럼에도 불구하고 오늘날 '2,2′−비스(4−히드록시페닐)프로판' 만이 상업적으로 많이 사용된다.

② 투명하고 뛰어난 기계적 성질(특히 내충격성), 내열성, 내한성, 전기적 성질을 균형 있게 갖추고, 무독하고 자기소화성도 있는 엔지니어링 플라스틱이다. 미국 아폴로계 획에서 월면활동을 실시한 비행사의 우주모(宇宙帽)에도 사용되었다.

③ 각종 스위치, 헤어드라이어, 선풍기 부품 등의 전기부품과 각종 팬, 헬멧, 카메라 바디, 소화기 커버 등의 기계부품에 사용된다.

2. 열경화성 수지

(1) 페놀 수지(phenol resin, 포르말린 수지)

페놀 수지는 페놀과 포름알데히드의 축합생성물이다. 이 화합물은 최초의 상업적인 합성 플라스틱 중의 한 화합물이다. 이들은 제조하는 방법에 따라 두 가지 형태가 있는데, 염기 촉매 하에 축합시켜 얻어진 생성물을 레졸(resols)이라 하며, 산 촉매하에 제조한 것을 노블락(novolacs)이라 부른다. 페놀 수지는 코팅이나 라미네이팅에 많이 사용된다. 순수한 수지만으로는 구조재료로 사용하기 취약해, 이를 보강하여 유용한 플라스틱을 제조한다.

1) 제법

① 레졸(resols) : 페놀과 포름알데히드를 NH_4OH, $NaOH$, KOH와 같은 염기촉매를 사용해 반응시키면 축합반응보다 첨가반응이 일어나기 쉽고 벤젠핵에 메틸올기($-CH_2OH$)가 2~3개 포함된 레졸 수지가 얻어진다.

㉠ 염기촉매의 존재하에 페놀과 물에 녹아있는 포름알데히드를 반응시키면 생성된다. 페놀은 공명음이온으로 존재하여, 포름알데히드와 친핵성 첨가반응을 한다.

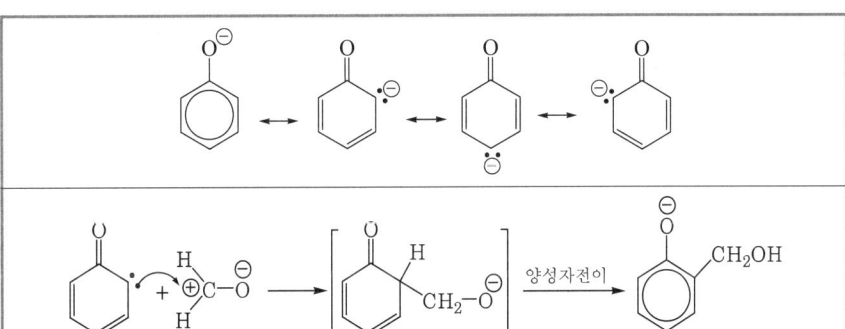

➡ 앞의 반응에서 ortho 및 para 메틸올페놀이 생성된다. 페놀은 반응성이 매우 크고 1치환 페놀은 반응혼합물에서 분리되지 않아 2치환 또는 3치환이 쉽게 일어난다. meta 위치에서는 치환이 일어나지 않는다.

　전체반응은 다음과 같다.

ⓛ 레졸형 수지를 가열하면 축합반응이 일어나고, 차차 경화하여 불용성 합성 수지가 된다.

② **노블락**(novolacs) : pH=7 이하의 포름알데히드와 카르보닐기에 양성자화반응이 먼저 일어나고, 뒤이어 페놀의 ortho− 및 para− 위치에 **친전자성 방향족치환반응**이 일어난다.

㉠ pH=7 이하의 산성 촉매하에서 반응시키면, o- 및 p- 메틸올페놀은 빨리 없어
지므로 적은 농도로 존재한다. 수소이온이 이들을 벤질카르보양이온으로 전환시
켜 페놀과의 반응을 용이하게 도와준다.

㉡ 디히드록시디페닐메탄을 더 메틸올화시키면, 메틸렌기($-CH_2-$)로 연결된 선모
양의 저분자량 중합체인 노블락 수지를 얻을 수 있다.

㉢ 공중합체를 얻으려면, 페놀에 대한 포름알데히드의 몰비를 1 이상으로 하여 더
많은 포름알데히드와 반응시킨다.

㉣ 노블락은 경화반응에 주로 사용하는 메틸올기($-CH_2OH$)가 거의 없으므로 헥사
메틸테트라민($(CH_2)_6N_4$)과 톱밥 등을 가해 가열, 혼합시킨 후 분쇄하여 성형용
분말로 한다.

2) **페놀 수지의 일반적 특징** : 페놀 수지는 원료의 배합비나 촉매의 종류를 바꿈으로써 얻어
지는 수지의 성상은 대폭적으로 달라진다. 그리고 페놀 수지 제품에는 흔한 경우 다량의
충전재나 기재가 배합되어 있는데 이들 충전재나 기재의 종류에 따라서 제품의 여러 성능
을 광범위하게 변화시킬 수가 있다.

① 일반적으로 기계적 강도, 기계가공성, 치수안정성, 내열성에 뛰어나고 또한 전기절연성, 내용제성, 내산성 등도 우수하고, 특히 고온에서도 강성을 유지하여 크리프(creep)하기 힘든 특성은 다른 고분자 재료에서 볼 수 없는 특징이라고 말할 수 있다.

② 개개의 물리적 성질을 든다면 페놀 수지를 웃도는 고분자 재료는 많이 있지만 이들 성능을 광범위하게 만족시키고 또한 가격적으로도 안정한 재료는 따로 볼 수 없다.

③ 페놀 수지에도 몇 가지의 본질적인 결점도 있다. 예컨대 페놀 수지는 원래 황갈색으로 착색하고 있으며 또한 공기에 장시간 접촉하면 적갈색으로 변색하는 경향이 강하기 때문에 제품의 착색범위에 제한이 있다. 그러나, 이 결점은 멜라민 수지 등에 의한 변성이나 페놀성 수산기의 에테르화, 에스테르화 등에 의하여 상당히 개선할 수가 있다.

④ 또한 경화 수지가 굳고 물러서 충격에 약한 것도 큰 결점이라고 말할 수 있는데, 건성유에 의한 변성, 고무라든가 폴리비닐아세탈 등의 혼합, 가소제의 배합 등에 의해서, 또한 충전재나 보강재 등의 선택에 의해서 대폭적으로 개선할 수가 있다.

⑤ 또한 페놀 수지는 산에는 강하지만 내알칼리성에는 약하다는 결점이 있다. 이 결점도 페놀성 수산기의 화학적 블록이나 포름알데하이드 대신에 푸르프랄을 반응시키는 등의 방법에 의해 어느 정도 개선할 수가 있지만 실질적으로 만족할만한 제품을 얻는 것은 힘들다.

⑥ 한편 페놀 수지는 300℃를 초과하면 열분해를 시작하는데 그때에 많은 코크스상 탄소가 남는다. 그렇기 때문에 전기적 성능 속에서의 내아크성은 불량하지만 이 잔류 탄소의 기계적 강도나 내열성을 살린 제품도 많이 개발되고 있다.

3) 용도

① **성형품** : 전기, 통신 관계의 분야에서 각종 절연재료, 브레이크용 피스톤, 타이밍 기어, 그 밖의 자동차 부품으로서의 수요가 급증하고 있다. 이 밖에 접시나 컵 등의 식기류, 냄비뚜껑 등의 손잡이, 주전자나 다리미의 손잡이 등의 가정용품으로서 내열성이 요구되는 분야에도 널리 이용되고 있으며 또한 내산성이나 내유성에 필요한 기계부품으로서의 수요도 많다.

② **적층품** : 종이 기재의 적층판은 대부분이 전기절연 재료로써 이용되고 있다. 특히 최근은 동박을 표층에 접착한 적층판이 인쇄회로용 기판으로서 대량으로 생산되고 통신기, 계측기, 컴퓨터 등의 전기회로의 소형·경량화, 고성능화나 가격인하에 크게 공헌하고 있다.

③ **도료** : 페놀 수지계 도료는 일반적으로 뛰어나고 수증기나 산소의 투과율이 작고 내약품성이나 내열성에 뛰어난 특징이 있는데, 고유의 색과 변색성 때문에 주로 금속 제품의 부식방지용 초벌 도료로서 사용되고 있다.

④ **접착제** : 페놀 수지는 합성접착제로서 오래전부터 내수합판용 접착제로서 레졸형의 수지가 다량으로 사용되어 왔는데, 최근에는 칩보드나 하드보드의 제조에도 이용되고 있다.

⑤ **무기질재료 접착제** : 페놀 수지는 유리, 규상, 알루미나 등에 대해서도 뛰어난 접착성을 가지며 내열성도 뛰어나기 때문에 무기질재료의 결합제로서의 수요량은 해마다 증대하고 있다. 예컨대 수용성 레졸은 유리섬유나 석면 섬유의 단열재용 결합제로서 오래전부터 많은 수요가 있으며 최근에는 내한용 결합제로서의 수요가 급증하고 있다.

⑥ **기타** : 레졸에 발포제, 계면활성제, 산성경화제를 첨가, 교반하여 경화시키면 스폰지상의 발포제를 얻는 데 사용된다. 그리고 레졸을 함침한 다음 경화시킨 목재(인플레그)나 함침한 다음 압력을 가하여 압축하면서 경화된 목재(콤프레그 등) 등은 개질목재로서 오래전부터 생산되어 왔지만 최근에는 양질의 경질목재가 세계적으로 고갈하고 있기 때문에 이 기술이 재인식되었으며 각종 구조재, 직기의 부품, 스포츠 용품 등에 이용되고 있다. 또한 연축전지의 전극차폐판(배터리용 격판)도 페놀 수지의 내산성을 살린 중요한 용도의 하나이다.

(2) 아미노계 수지

아미노기($-NH_2$)를 가진 화합물에 포름알데히드가 첨가, 축합되어 생성되는 수지이다.

1) 요소(urea) 수지

① **제법**

㉠ 요소와 포름알데히드의 반응에 의해 얻어진 열경화성 수지로, 암모니아수, 수산화나트륨 등의 알칼리성 물질을 가하여 중성 내지 약알칼리성으로 반응시킨다.

㉡ 반응 초기에 pH=7 이하의 물 존재하에 생성되는데 그 이유는 생성된 메틸올 유도체가 산성조건에서 빠르게 축합되기 때문이다. 다음 그림은 요소가 포름알데히드에 친핵성 부가되는 단계이다.

모노메틸올우레아

➡ 산성에서 반응 시 모노메틸올우레아가 천천히 생기지만, 축합반응이 빨리 일어나기 때문에 모노메틸올화합물이 생성되는 즉시 요소와 축합되어 메틸렌화합물이 생긴다. 여기에 다시 포름알데히드가 반응하여 첨가와 축합반응을 되풀이하여 선형 중합체가 생성된다.

㉢ 반면, 알칼리 조건하에서 요소와 포름알데히드를 반응시키면, 모노메틸우레아와 디메틸렌에테르의 혼합물이 생성되며 축합반응이 일어난다.

생성된 메틸올우레아에 산을 가해 가열하여 불용, 불용해성인 3차원 망상구조의 수지를 얻는다.

```
                    |
                    C=O
                    |
  -CH₂-N-CH₂-N-CH₂-N-CH₂-
       |           |
       C=O         C=O
       |           |
   -N-CH₂-N-CH₂-N-CH₂-N-CH₂-
                    |
                    C=O
                    |
          -N-CH₂-N-CH₂-N-CH₂-
          |
```

② 성질 및 용도

　㉠ 목재에 대한 접착력이 우수하여 합판, 화장합판, 가구류, 텔레비전의 캐비닛, 차량과 선박의 내장재 등의 접착용으로 쓰인다.

　㉡ 비중 1.4~1.5로 인장강도가 크고, 내약품성이 있다.

　㉢ 맑고 투명하여 착색이 가능하므로 단추, 시계 테두리, 전철 객차, 버스의 손잡이, 링, 쟁반, 밥상 등을 만드는 데 사용된다.

　㉣ 질소 포함률이 높아 난연성이므로 전기부품에 쓰인다.

　㉤ 단, 내열성이 약하고, 수지 속에 친수기($-NH-$, $-CH_2OH$) 및 가수분해를 받기 쉬운 산아마이드($-CONH_2$) 구조를 가지기 때문에 내수성이 떨어진다.

　㉥ 건조상태에서 장시간 방치하면 균열이 생기기 쉽다.

2) 멜라민(melamine) 수지 : 멜라민은 약한 알칼리 조건하에서 포름알데히드와 반응하여 각종 메틸올멜라민의 혼합물이 생성된다. 요소 수지와 유사하며 그 용도도 거의 비슷하다.

① 제법 : 멜라민의 수용액은 알칼리성으로 포름알데히드와 가열해 메틸올멜라민을 생성하여 3차원 구조를 생성한다.

② **성질 및 용도** : 멜라민 수지는 요소 수지와 성질이 비슷하여 합판, 목공용 접착제로서의 용도가 많으며 잘 알려진 멜라민 수지 화장판이나 도료, 섬유·종이의 수지 가공에도 사용되고 있다.

(3) 우레탄 수지 : 폴리우레탄(poly urethane, 이소시아네이트 고분자)

1) **제법** : 이소시아네이트와 수산기(−OH)를 가지고 있는 화합물을 반응시키는 것이다. 수산기를 갖는 화합물에는 글리콜, 디히드록시기가 말단에 결합된 폴리에테르 또는 폴리에스테르 등이 있다.

$$n\text{HO}-\text{R}'-\text{OH} + n\text{O}=\text{C}=\text{N}-\text{R}-\text{N}=\text{C}=\text{O} \longrightarrow \left[\text{R}'-\text{O}-\overset{\overset{\text{O}}{\|}}{\text{C}}-\text{NH}-\text{R}-\text{NH}-\overset{\overset{\text{O}}{\|}}{\text{C}}-\text{O}\right]_n$$
폴리우레탄

2) 폴리우레탄 수지를 가교시키면, 가교제의 종류나 가교 밀도에 따라 딱딱한 수지에서 연한 고무까지, 성질이 다른 폴리우레탄 수지를 얻을 수 있다.

① 가교제로 물을 사용하면, 이소시아네이트와 반응하여 탄산가스를 발생시키므로 발포제로서 작용하고, 우레탄폼이 만들어진다.

② 가교제로 글리콜이나 디아민을 사용하면 탄성체 우레탄고무가 된다.

3) **용도** : 우레탄폼(스펀지), 트랙용 우레탄고무, 접착제, 도료, 합성 피혁, 섬유 등 넓은 용도로 사용된다.

(4) 에폭시(epoxy) 수지

① 분자 내에 에폭시기를 평균적으로 2개 이상 가진 반응성 수지이다.

② 저점도인 액상의 것으로부터 고융점의 고체의 것까지 많은 종류가 있다.

1) **제법** : 주로 비스페놀 A와 에피클로히드린을 결합시켜 제조한다. 일부 멜라민을 이용한 멜라민 에폭시 수지도 있다.

$$\text{HO}-\!\!\!\!\!\bigcirc\!\!\!\!\!-\overset{\overset{\text{CH}_3}{|}}{\underset{\underset{\text{CH}_3}{|}}{\text{C}}}-\!\!\!\!\!\bigcirc\!\!\!\!\!-\text{OH} + \text{H}_2\text{C}-\text{CH}-\text{CH}_2-\text{Cl} \xrightarrow{\text{NaOH}}$$

비스페놀 A   에피클로로히드린

$$*\!\left[\text{O}-\!\!\!\bigcirc\!\!\!-\overset{\overset{\text{CH}_3}{|}}{\underset{\underset{\text{CH}_3}{|}}{\text{C}}}-\!\!\!\bigcirc\!\!\!-\text{O}-\text{CH}_2-\underset{\underset{\text{OH}}{|}}{\text{CH}}-\text{CH}_2\right]_n *$$
에폭시 수지

2) **경화제** : 에폭시 수지는 경화제를 가하면, 기계적 강도나 내약품성이 우수한 것을 만든다. 지방산 폴리아민이 상온에서 경화제로 쓰이고, 무수프탈산과 같은 유기산무수물이 저온에서 경화제로 사용된다.

3) **특징 및 용도** : 가교화된 에폭시 수지는 견고하고 내화학성이 뛰어나며, 안정된 구조의 우수한 전기적 물성을 갖고 있다.

① 에폭시 수지의 가장 큰 용도는 부식에 대한 저항성이 요구되는 일반 생활필수품과 금속용기, 기구, 배 등의 표면 보호 코팅으로 사용된다. 또한 이는 컴퓨터 산업에서 전자제품의 포장재로 사용된다.

② 두 번째로 많은 용도는 회로판, 항공부품, 스포츠 기구 등에 사용하는 섬유강화 복합체로의 이용이다.

③ 기타 : 접착제, 밀폐제, 마루재료, 주물재료에 사용된다.

(5) 불포화폴리에스테르 수지(unsaturated polyester resin)

1) 제법 : 불포화디카르본산(unsaturated dicarbonic acid)과 글리콜(glycol)로부터 불포화폴리에스테르 프리폴리머(prepolymer)를 만들고, 이것을 단량체(모노머)와 공중합시키면 가교를 일으키며 경화한다.

2) 경화 : 레독스 촉매를 사용하면 상온에서도 경화가 일어난다.

3) FRP 섬유 : 불포화폴리에스테르를 유리섬유로 강화시켜 FRP를 만든다. 이는 강도가 우수하여 건축자재나 자동차의 바디(body) 등 넓은 용도로 쓰인다.

(6) 알키드(alkyd) 수지

1) 제법 : 지방산, 무수프탈산 및 글리세린에서의 축합반응에 의해 얻어진다.

① 지방산공정(fatty acid process) : 지방산, 글리세린 및 무수프탈산에서의 축합반응으로 만들어진 수지로, 유리지방산을 이염기산 및 폴리올과 함께 200~240℃에서 직접 공중합 에스테르화(co-esterification)시키는 것이다.

➡ 이 반응은 불활성 기체를 반응조의 밑에서부터 수지 내로 불어넣어 물과 미반응물을 제거해 준다. 이것의 개선공정으로서 에스테르화반응에 의해 생성되는 물의 공비를 증류시켜 수분 트랩으로 제거시켜 주기 위해 소량의 용매를 가해주는 방법이 있다.

② 에스테르교환법(또는 알코올분해공정, alcoholysis) : 유지와 글리세린의 에스테르교환반응으로, 건성유를 글리세롤과 함께 반응 첫단계에서 약 240℃로 가열해 주는 것이다. 이 반응은 일반적으로 에스테르 교환－염기촉매 존재하에서 일어나며 모노글리세라이드가 생성된다. 이어 무수프탈산을 첨가해 에스테르화반응을 행하는 방법이다.

➡ 첫단계가 완전히 일어난 다음, 프탈산무수물에 다른 이염기산을 가하거나 또는 가하지 않고 공중합 폴리에스테르화반응을 반응의 첫 단계에서와 똑같은 방법으로 진행시킨다.

2) 특징 및 용도

① 알키드 수지는 복잡한 구조를 가진 폴리에스테르류이다.

② 극히 점성적인 액체이다. 이 때문에 성형재료로는 쓰이지 않고, 주 용도는 도료이다.

➡ 도료로서 밀착성, 광택, 내후성 및 작업성이나 가격면에서 우수하고, 합성 수지 도료의 중심적 존재이다.

(7) 규소 수지(silicon resin, 폴리실록산)

실리콘 고분자는 실록산 결합을 한 유기규소 고분자화합물이고, 실리콘이라 불린다. 주로 특히 열안정성, 전기절연성, 발수성이 우수하고 어떤 화합물에 대해서는 코팅 이형제로도 사용된다.

1) 실록산 결합 : '$-Si-O-Si-O-$'로 이루어진 결합으로, 열에 상당히 안정한 결합이다.

2) 실란(silane) : 일반식이 Si_nH_{2n+2}로, 수소와 포화결합을 형성한다.

3) 유기클로로실란(유기규소할라이드)의 합성

① 알킬할라이드와 실리콘을 구리 촉매하에 반응시켜 제조한다.

② Grignard 반응에 의해 생성된다.

③ 에틸렌 또는 아세틸렌에 트리클로로실란을 부가하여 제조한다.

➡ 트리클로로실란은 BCl_3 존재하에서 방향족화합물과도 반응한다.

$$R-Cl + Si \xrightarrow[Cu]{250\sim280℃} SiCl_4 + RSiCl_3 + R_2SiCl_2 + R_3SiCl$$

$$RMgCl + SiCl_4 \longrightarrow RSiCl_3 + MgCl_2$$

$$RMgCl + R_2SiCl_2 \longrightarrow R_3SiCl + MgCl_2$$

$$HSiCl_3 + CH_2=CH_2 \longrightarrow CH_3-CH_2-SiCl_3$$

$$HSiCl_3 + 2C_6H_6 \xrightarrow{BCl_3} (C_6H_5)_2-SiCl_2$$

4) 폴리실록산의 제법

① 클로로실란의 가수분해에서 생성되는 실란올(silanol)의 탈수 축합중합으로 합성된다.

디메틸디클로로실란 / 디메틸폴리실록산 / 메틸트리클로로실란 / 메틸폴리실록산

➡ 앞의 반응은 실옥산고분자를 얻는 하나의 가능한 방법이나, 반응 중 고리화합물이 생성되기 때문에 아주 만족스러운 방법은 아니다. 트리클로로실란에 의해 생성되는 몇몇 고리화합물은 구조가 복잡하다.

참고 정제(증류)된 고리화합물의 개환반응

산이나 염기를 촉매로 하여, 선형 중합체를 만든다.
① 산을 촉매로 하여 중합시키면, 대부분 오일(oil)인 저분자량 중합체가 생성된다.
② 염기를 촉매로 하여 중합시키면, 고분자량의 중합체가 생성된다.

② 이 작용성 올리고머와 환상의 유기규소화합물을 반응시켜 폴리디알킬실옥산을 제조한다. 분자량이 700,000 또는 그 이상까지 이르는 폴리디메틸실옥산을 얻을 수 있다.

➡ 분자량이 4,000~25,000 사이인 경우, 이 화합물은 여러 가지 점성을 갖는 액체가 된다.

5) 성질 및 용도

① 광범위한 온도(약 $-80 \sim 250℃$)에서도 성질이나 물성이 일정하며, 내열성, 전기절연성, 내수성이 우수하다.

② 공업용 페인트, 절연 니스 등과 같은 표면처리제로 주로 쓰인다.

③ 성형품제조, 방수용재료 및 다른 수지와 혼합하여 사용이 가능하다.

④ 규소는 탄소와 같이 2중 결합이나 3중 결합을 이루지 않기 때문에 실리콘 수지는 축합반응으로 이루어진다.

⑤ 폴리실록산에는 선 모양의 1차원 중합체와 다리 걸친 모양의 3차원 중합체가 있다.

➡ 주로 1차원 중합체는 실리콘 고무이고, 특히 저중합체인 사합체는 유동성 액체로 실리콘 오일로 사용된다. 3차원 중합체는 실리콘 수지 제조에 사용한다.

3. 합성 수지의 가공

① 플라스틱은 보통 상업적으로 분말이나 펠릿(pellet)형으로 제공된다. 이는 성형가공을 목적으로 마무리된다. 일반적으로 플라스틱에 열 및 압력을 동시에 작용시키거나 각각 작용시켜 가공한다.

② 합성 수지의 가공방법은 대개 필요한 모양을 만드는 1차 가공과 이것을 제품화하기 위해 손질하는 2차 가공으로 나눈다. 넓은 의미에서 성형은 1차와 2차 모두를 포함한다.

(1) 플라스틱의 성형(molding)

1) 성형절차

① **성형재료의 준비** : 플라스틱재료에 가소제, 가교제, 충전제, 착색제 등을 첨가, 반죽해서 재료를 준비한다.

② 적합한 금형(mold)을 준비한다.

③ 금형 속에 플라스틱 재료를 부어 가열·가압한다.

④ 낮은 온도로 식혀 성형품을 만들고, 이를 제거한다.

⑤ 마무리 손질을 한 후, 이를 제품화한다.

> 🔍 **참고**
>
> ① 열가소성 수지는 가열하면 연화되고 냉각하면 다시 굳어지기 때문에 여러 가지 형태로 쉽게 가공이 가능한 반면, 열경화성 수지는 유동화 과정에서부터 저중합체 분자 사이에 가교결합을 하여 3차원 구조가 되면서 경화되어, 불용성 수지가 된다. 한 번 경화된 열경화성 수지는 쉽게 재생하기 어렵다.
>
> ② 금형(mold) : 주로 주물(casting)을 만들 때에 사용하는 철이나 그 밖의 금속으로 만든 주형, 플라스틱 등의 성형용으로 사용되는 것을 말한다. 위 아래의 형 사이에 금속의 얇은 판이나 플라스틱판 등을 끼우고 정해진 형상으로 압축해서 완성하기 위해 사용하는 금속제형 등이 있다.

2) 성형방법

① **압축성형(compression molding)** : 성형재료를 금형 공간에 넣고 열과 압력을 가해 성형한다. 압축성형에 사용되는 금형의 종류에는 압입형, 반압입형, 유출형 등이 있다.

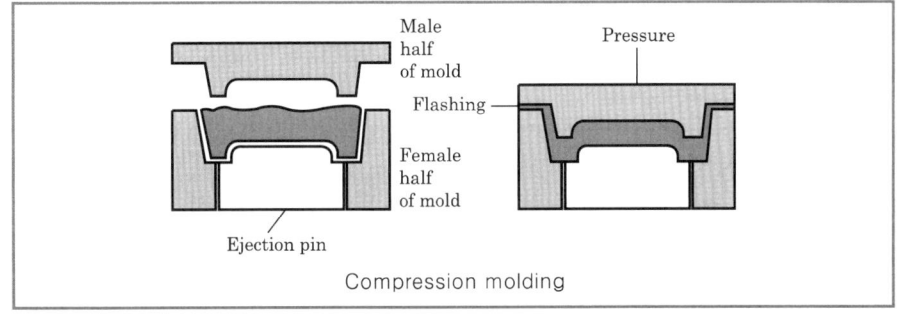

Compression molding

② **사출성형(extrusion molding)** : 성형재료를 가열·용융시켜 유동상태로 만들어, 이를 높은 압력을 가해 금형 공간에서 사출시킨 후, 냉각(열가소성) 또는 가열(열경화성)하여 성형품을 제조한다.

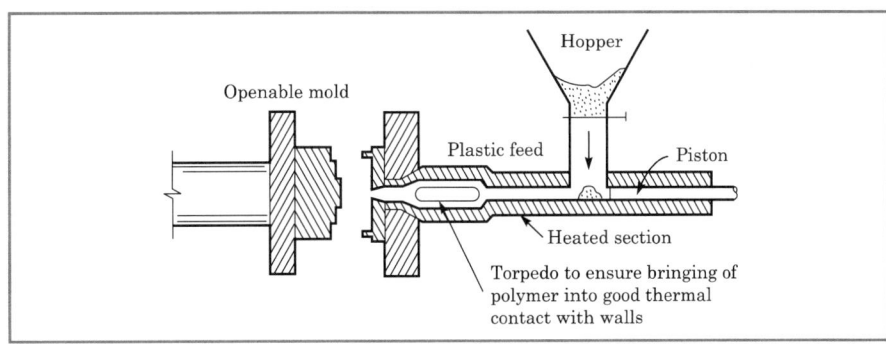

③ **압출성형(extrusion)** : 압출기를 사용해, 압출 다이(die)로부터 가열, 연화 열가소성 수지를 압출시켜 성형한다. 피드 호퍼(feed hopper)에 펠릿상의 열가소성 수지를 넣고, 가열 실린더 내의 스크루로 연화한 후, 다이로부터 압출하여 냉각수 속을 통과시키거나 공기로 냉각하여 롤(roll)에 감거나 적당한 크기로 냉각하여 제품화한다.

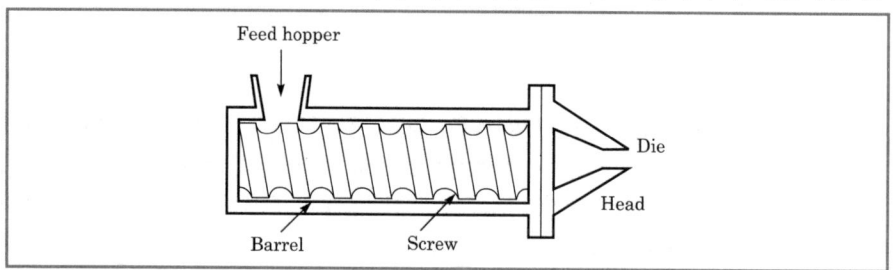

④ **블로 성형(blow extrusion)** : 두 장을 합친 시트상의 성형품이나 관상 성형품을 속이 빈 틀에 넣고 그 사이에 압축공기를 불어 넣어 성형하는 방법이다.

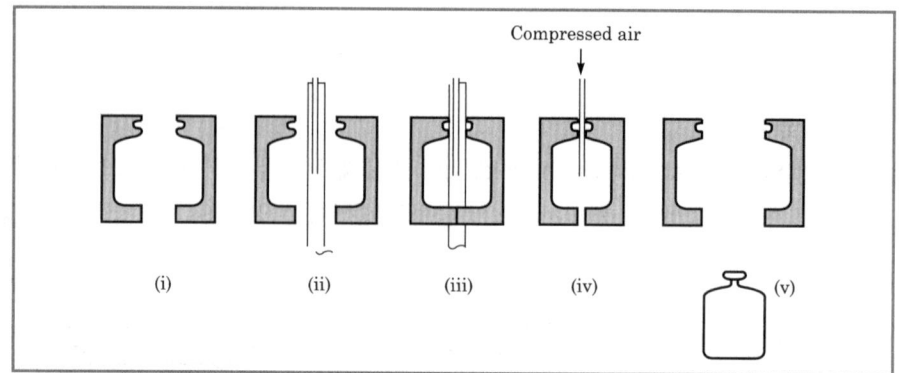

⑤ **주형(casting)** : 액체재료를 틀에 넣고 냉각과 같은 물리적 방법이나 중합과 같은 화학적 방법으로 경화시킨 후, 고체로 된 제품을 틀에서 떼어낸다.

⑥ **이송성형(transfer molding)** : 압축성형용 금형에 출구가 가는 노즐(thin nozzle)을 부착시키고, 금형 상부에 설치한 예열실에 성형재료를 넣고 가열·연화한 후, 플런저로 노즐을 통해 미리 가열되어 닫혀 있는 금형 속에 압송한다.

⑦ **캘린더링(calendering)** : 2개 또는 그 이상의 롤의 캘린더에 원료를 유입하여 시트모양으로 압연하는 성형방법이다. 캘린더링에 의해 제조되는 합성 수지에는 염화비닐 수지, 고무류, 메타크릴 수지, 내충격성 폴리스티렌 등이 있다.

⑧ **적층가공(laminating, 라미네이팅)** : 종이, 합판, 유리솜, 천 등에 열경화성 수지 용액을 침투시켜 건조시킨 것을 몇 겹으로 쌓은 뒤, 가열, 가압하여 판상으로 만드는 방법이다. 이는 전기 절연재료로 많이 쓰는 적층판과 나무판 위에 액상 수지를 침투시켜 표면에 아름다운 광택을 내는 화장판이 있다.

⑨ **발포가공(foaming)** : 고온 액상 중합체 속에 기체를 발생시켜 성형한다. 폴리에틸렌과 같은 수지와 발포제의 혼합물을 시트 모양으로 성형하여 방사선이나 과산화물로 다리 걸친 결합을 형성시켜 제조하는 방법이다.

⑩ 코팅(coating) : 코팅이란 물체의 표면에 수지를 입히는 것이다. 물체의 표면을 코팅할 때 사용되는 물질에는 수지 용액, 수지 융용체, 라텍스 페이스, 래커, 에너멜 등을 쓴다.

3) 가공법에 따른 제품의 용도(염화비닐 수지 예)

가공법	제품형태	주 용도
압출성형	관, 봉, 판	호스, 파이프, 파판
사출성형	경, 연질품	잡화, 기계 및 전기 제품
캘린더링	필름, 시트	의류, 잡화, 가구용
블로 성형	연, 경질 성형품	모조과실, 병
진공성형	얇은 두께 성형품	큰 용기, 복잡한 성형품
슬러지 성형	연질 취입 성형품	완구, 가정용품
인플레이션 성형	필름, 튜브	포장용
적층가공	두꺼운 판	용기, 공업재료
발포가공	합성피혁, 도장	차량, 가구, 포장지
스펀지 가공	발포체	바닥재, 대물, 잡화

4. 가공 첨가제의 종류

(1) **첨가제** : 중합체의 성질을 개량하여, 가공성을 좋게 하고 상품화하기 위해 첨가하는 재료를 말한다.

(2) **첨가제의 종류**

1) 가소제(plasticizer)

① 가소제 첨가의 목적

㉠ 중합체의 경도, 유연성, 가소성, 연화온도 등을 변화시켜, 부드럽고 연하며 강인한 성질로 만들기 위함이다.

➡ 가소제를 첨가하면 기존의 유리전이온도가 보다 낮아져 딱딱하고 부스러지기 쉬운 성질이 부드럽고 연하며 강인한 성질로 개량된다.

㉡ 열가소성 수지에 가소제를 넣으면, 고분자의 구조에 선 모양이 부가되어, 분자 사이의 움직임을 쉽게 하는 윤활유와 같은 역할을 한다. 이는 내충격성, 신장성을 향상시킨다.

② 가소제 필요 중합체

㉠ 필요없는 중합체 : 폴리스티렌, 폴리에틸렌 등(가열만으로도 쉽게 가공이 가능)

㉡ 필요한 중합체 : 폴리염화비닐, 폴리염화비닐리덴, 폴리비닐아세테이트, 아크릴산에스테르, 폴리비닐부틸알코올, 재생 셀룰로오스 등

③ 양의 조절 : 염화비닐 수지와 같은 경우, 가소제를 많이 넣으면 연질이 되고, 적게 넣으면 경질의 제품이 된다.

2) 가소제의 종류

① 프탈산에스테르 계 : DOP(di-octyl-phthalate), DIOP(di-iso-octyl-), DMP(-methyl-), DEP(-ethyl-), DBP(-butyl-), DINP(di-iso-nonyl-), DIDP(di-iso-decyl-) 등

㉠ 수지(resin)와의 상용성이 뛰어나고, 50PHR(Part per Hundred Rubbers) 이상 배합이 가능하다.

㉡ 다른 성능에 큰 결함이 없어, 거의 모든 용도로 사용이 가능하다.

㉢ 전체 가소제의 80% 이상을 차지한다. 특히 DOP만으로 50% 이상을 차지하고 있다.

➡ 이하 'octyl'은 'ethyl-hexyl'로도 표현하기도 한다. 이 책에서는 약자에 치중하여 octyl이라 표기한다.

② 트리메리트산에스테르 계 : TOTM(tri-octyl-tri-meritate)

㉠ 프탈산에스테르와 유사한 구조로 수지와의 상용성이 좋다.

㉡ DOP(분자량, 390)보다 분자량(546, TOTM)이 커서, 휘발성과 이행성이 보다 작다.

㉢ 낮은 작동성과 내열성이 요구되는 자동차 내장재료의 제조에 사용된다.

③ 지방족 이염기산에스테르 계 : DOA(di-octyl-adipate), DINA(di-iso-nonyl-adipate), DIDA(di-iso-decyl-adipate) 등

수지와의 상용성이 불충분하지만, 배합물의 위화온도가 낮기 때문에 내한성 향상을 목적으로 프탈산에스테르계와 혼용한다.

④ 인산에스테르 : TOP(tri-octyl-phospate), TPP(-phenyl-), TCP(-crecyl-) 등

난연성은 높지만 내한성이 낮아, 프탈산에스테르계와 혼용하여 사용한다.

⑤ 지방족 에스테르 : 올레인산부틸(butyl oleic acid)

상용성이 나쁘므로, 내한성 향상을 위해 다른 가소제와 소량 병용한다.

⑥ 기타

㉠ 에폭시계 가소제는 대두유가 있으며, 이는 안정제 겸 가소제로 사용된다.

㉡ MPE(메틸프탈린에틸글리콜레이트)와 EPE(에틸프탈린에틸글리콜레이트)는 이염기산과 글리콜의 에스테르화반응에 의해 합성된다. 이는 상용성, 가소화 효율, 내한성은 나쁘지만, 분자량이 커서 수지 속으로 확산 정도가 적으며, 내이행성, 내휘발성이 좋다.

㉢ 함염소계인 염소화파라핀은 상용성, 가소화 효율, 내한성, 열안정성이 나쁘지만, 난연성이고, 증량제로 쓰인다.

3) 가교제(cross-linking agent) : 경화제라고도 불리며, 열경화성 수지의 다리 걸친 결합을 용이하게 해 준다.

① 가교반응

  ㉠ 선형 중합체의 가교반응 : 중합반응과 별개의 가교반응을 필요로 한다.

    ⓐ 에폭시 수지의 가교반응 : 중합체 중의 작용기를 이용하여 디아민으로 가교결합 반응시킨다. 첫 번째 단계에서 디아민에 의해 에폭시 고리를 끊어 히드록시기를 만들어, 이를 이용해 가교반응시킨다.

    ⓑ 불포화탄화수소의 가교반응 : 과산화물 촉매, 황, 황화합물 등에 의해 가교결합을 시킨다. 불포화폴리에스테르와 같이 스티렌이 함께 있는 것은 라디칼 중합으로 가교반응시킨다.

    ⓒ 포화탄화수소의 가교반응 : 일단 과산화물의 분해를 이용해 중합체 골격에서 수소를 없앤 다음 빛, 열, 방사선 등에 의해 가교반응시킨다.

  ㉡ 비선형 중합체의 가교반응 : 두 개 이상의 작용기를 가진 단량체로 제조된 저중합체가 축합되면서, 다리 걸친 결합이 생겨 3차원 그물모양 구조가 된다.
  멜라민-포름알데히드 수지, 요소-포름알데히드 수지 등은 중합에 의해 다리 걸친 결합이 생성되어 경화된다.

② 가교제의 종류

고분자	가교제의 예(고무의 경우 가황제로 사용됨)
폴리에틸렌	• 무기물 : 염화알루미늄, NF_3, N_2F_2 등 • 유기물 : 디쿠밀퍼옥시드, 3,3'-디메톡시-4,4'-디아조페닐 등
폴리프로필렌	• 유기물 : 폴리술폰아지드, 유기과산화물 등
폴리염화비닐	• 무기물 : 염화알루미늄
폴리스티렌	• 유기물 : 유기과산화물
폴리비닐알코올	• 무기물 : 염화알루미늄, 제2구리이온 등
폴리아크릴계	• 유기물 : 폴리디아조화합물 등 • 무기물 : 염화알루미늄
폴리아크릴아마이드	• 유기물 : 퀴논, 디옥심, 유기과산화물
폴리에스테르	• 유기물 : 메틸렌비스아크릴아마이드
폴리술피드	• 유기물 : 스티렌 단위체(그래프트용), 과산화물
규소 수지	• 유기물 : 과산화물, 이소시아네이트
폴리이미드	• 유기물 : 과산화물, 3-부틸퍼아세테이트, 방향족 비닐 단위체
플루오르 수지	• 유기물 : 트리에틸렌테트라민, 헥사메틸디아민 등

고분자	가교제의 예(고무의 경우 가황제로 사용됨)
페놀 수지	• 유기물 : 헥사메틸디아민
에폭시 수지	• 아민계 : 에틸렌디아민, 디에틸렌트리아민, 트리에틸렌테트라민 등 • 유기산 : 무수프탈산, 무수말레산, 피로멜리트산 이무수물 등
불포화폴리에스테르	• 유기과산화물 : 벤조일퍼옥시드, 메틸에틸케톤, 과산화물 등
요소 수지 및 멜라민 수지	• 무기물 : 암모늄염(CH_4Cl)류, 산화납 • 유기물 : 알칸올아민염류
천연고무, SBR, NBR, BR 등	• 무기물 : 황, 염화물($ZnCl_2$, $FeCl_2$, $SnCl_2$ 등) • 유기과산화물 : 디쿠밀퍼옥시드, 벤조일퍼옥시드 등 • 기타 : 타우람디술피드, 퀴논디옥심티올 등
클로로프렌고무	• 무기물 : 산화아연, 산화마그네슘
다황화고무	• 무기물 : 산화아연, 산화납
우레탄고무	• 유기계 : 에틴퍼옥시드, 이소시아네이트

4) **충전제(filler)** : 플라스틱에 배합하여 제품의 기계적, 열적 성질을 개선해 주고 가공성을 좋게 하고 증량제로서 역할을 한다.

① 페놀 수지, 아미노 수지 : 순수한 짧은 섬유, 나무 가루, 운모 가루, 석면 등이 사용되고, 이 물질들은 수지의 충격, 인장강도, 안정성, 내열성, 압착강도 등을 좋게 한다.

② 폴리에스테르계 수지 : 유리섬유가 충전제로 사용된다.

③ 연질 열가소성 수지 : 탄화수소계 수지, 쿠마론-인덴 수지 등의 연질 열가소성 수지에는 석회석, 석영, 점토 등의 가루를 쓴다. 제품의 인장강도가 나빠지기 쉽지만, 내마멸성, 압착강도, 안정성은 크게 좋아진다.

5) **열안정제(thermal stabilizer)** : 비닐 수지 중 폴리염화비닐은 특히 그 자체로 열과 빛에 매우 불안정하므로 이를 보완한다.

① 열안정제의 종류 : 바륨, 아연 등의 아인산염이나 스테아르산염 등이 주로 사용되고, 카드뮴화합물 및 납 역시 사용 가능하나 독성이 문제시되고 있다.

② PVC용 안정제의 조건 : C-Cl 결합을 안정시켜 분해를 방지하고, 자외선 흡수방지 작용 및 산화방지작용이 있어야 한다. 또한 서로 잘 용해되는 동시에 첨가물과 같이 안정성이 있어야 한다.

6) **산화방지제(antioxidant)** : 공기 중에 산소나 오존에 의해 산화되어 플라스틱의 강도와 전기절연성이 열화된다. 가공 시의 자외선, 물 등에 의해 이런 성질이 촉진되므로 이런 성질을 막아주는 기능을 한다.

① 산화방지제의 조건 : 서로 잘 용해되어야 하며, 내열성이 있어야 한다. 그리고 휘발성 및 독성은 없어야 한다.

② 산화방지제의 종류

  ㉠ 페놀계 : 2,6-디-tert-부틸-p-크레졸(BHT) 등

  ㉡ 방향족 아민계 : 페닐-α-나프탈아민, 알킬화 디페닐아민 등

  ㉢ 인산계 : 트리페닐포스페이트 등

7) **착색제** : 합성 수지에 각종 색을 착색시키는 것으로서, 빛의 반사·차단·흡수에 의해서 제품에 내광성을 준다. 착색제는 염료, 무기안료, 특수안료, 유기안료로 구분된다.

① **염료(dye)** : 물, 기름에 녹아 단분자로 분산하여 섬유 등의 분자와 결합하여 착색하는 유색물질만을 가리킨다.

② **무기안료(inorganic pigment)** : 화학적으로 무기질인 안료를 가리키는데, 광물성 안료라고도 한다. 천연광물 그대로, 또는 이것을 가공, 분쇄하여 만드는 것과 아연, 티탄, 납, 철, 구리, 크롬 등의 금속화합물을 원료로 하여 만드는 것이 있다. 유기안료에 비해 내광성, 내열성이 양호하고, 유기용제에 녹지 않는다. 또 가격이 저렴하고 사용량도 많다. 도료, 인쇄잉크, 회화용 크레파스, 고무 등 그 용도가 넓다.

③ **유기안료(organic pigment)** : 무기안료에 비해 색상이 풍부하고 착색력과 선명도가 좋으며, 주로 아조계 프탈로시아닌계를 많이 사용한다.

④ **특수 안료** : 형광안료, 금속가루 등이 있다.

8) **자외선 흡수방지제** : 플라스틱은 자외선을 흡수하면 색이 변하거나 균열이 발생하여 기계적 성질이 나빠진다. 플라스틱 소재 자체가 자외선을 흡수하는 것을 방지하기 위한 첨가제이다.

① **자외선 흡수작용기** : 자외선 흡수제는 방향족 유도체의 분자 속에 $-C\equiv N$, $-N=N-$, $-N=O$, $-C=O$ 등의 발색단과 $-OH$, $-NH_2$, $-COOH$, $-SO_3H$ 등의 조색단을 가지고 있어, 이를 통해 자외선을 흡수한다.

② **자외선 흡수제의 종류**

  ㉠ 벤조페놀계 : 2,4-디히드록시벤조페놀, 2,2′-디히드록시-4,4′-디메톡시벤조페놀 등

  ㉡ 벤조트리아졸계 : 2-(2′-히드록시-5-메틸페닐) 등

  ㉢ 아크릴로니트릴계 : 2-에틸헥실-2-시아노-3-3′-디페닐아크릴레이트 등

  ㉣ 기타 : 파라메톡시벤질리덴마론산디메틸, 페닐실리게이트 등

9) **발포제(blowing agent)** : 플라스틱이나 고무 등과 배합해 기포를 만들어내는 물질을 총칭한다. 수지 또는 고무의 종류와 특성, 용도, 가공방법, 조건 등에 따라 적합한 발포제를 선택해야 하는데, 크게 화학적 발포제와 물리적 발포제의 두 종류로 나눈다. 전자는 물이 발포제로 쓰이고, 후자는 기체를 혼입하거나 분해형 또는 증발형 발포제를 사용해 반응열을 일으킴으로써 기포를 형성하기 때문에 고분자반응에는 참여하지 않는다.

① 화학적 발포제의 종류

　㉠ 무기발포제 : 탄산암모늄, 탄산수소암모늄, 탄산수소나트륨 등이 주로 쓰이며 때로는 질소와 같은 불활성 가스를 주입하는 방법도 있다.

　㉡ 유기발포제 : 독립 기포를 형성하는 비율이 많다.

　　➡ 유기발포제에는 벤젠술포닐히드라지드, 파라톨루엔술포닐히드라지드, 아조비스이소부틸로니트릴, 아조비스포름산에틸, 디아조아세트아미드 등이 있다.

② 발포제의 조건 : 분해속도, 경화속도의 조절이 용이해야 한다. 또한 냄새 및 부식성이 없어야 한다.

10) 난연제(flame retardant) : 플라스틱이 불에 잘 견디거나 불이 붙어도 곧 꺼지는 성질을 갖게 하는 것이다. 난연제에는 난연성을 높이는 것과 소화성을 크게 하는 것이 있다.

① 공기의 공급을 차단해 주는 첨가제 : 할로겐을 함유한 유기화합물이나 중간체가 사용된다. ⇒ 폴리염화비닐을 다른 수지에 조금 넣어 주면 난연성을 가지게 할 수 있다.

② 연소물질의 온도를 떨어뜨리는 첨가제 : 유기인산에스테르(트리크레실포스페이트 등)

③ 연소 중 유리모양의 필름을 형성하여 공기를 차단시키므로 연소를 막아주는 첨가제 : 삼산화안티몬, 산화규소, 붕산아연, 메타붕산바륨 등이 있다.

11) 대전 방지제 : 합성 수지는 전기 절연성이 좋기 때문에 정전기의 발생이 심하다. 따라서, 성형가공 중에 문제점이 발생하고, 제품에 먼지가 섞이거나 표면에 붙어 제품의 가치를 떨어뜨린다. 이를 보완하기 위해 수지의 표면을 음이온 계면활성제, 양이온 계면활성제 또는 비이온 계면활성제로 처리한다.

12) 첨가제 혼용

① 컴파운드(compound) : 중합재료 제조 시, 성형용 가루나 입자를 만들어 가공 및 처리가 편하도록 만든 것을 말한다.

② 혼합기의 종류 : 혼합 압출기, 니더(kneader), 메스티케이터(Masticater), 텀블러(tumbler), 롤밀(roll mill), 패들 혼합기 등이 있다.

 기출 및 예상 문제

01 다음은 폴리에틸렌(polyethylene)에 대한 설명 중 옳지 않은 것은?

① 알칼리 및 산과 같은 대개의 화학약품에는 안정하지만, 산화성 산성에서는 불안정하다.

② 폴리에틸렌은 밀도에 따라 물리적 성질이 다르고, 밀도가 클수록 인장강도가 좋아진다.

③ 폴리에틸렌은 제조할 때, 반드시 가소제를 첨가해야 품질이 좋은 제품을 얻을 수 있다.

④ 포장재료로 광범위하게 사용된다.

02 다음은 페놀 수지(phenol resin)의 제법에 대한 설명으로 옳지 않은 것은?

① Lewis산 촉매를 사용하여 페놀과 포름알데히드를 축합반응하면, 노볼락(novolac) 수지를 얻을 수 있다.

② 페놀과 포름알데히드를 알칼리성 촉매를 사용해 반응시키면 첨가반응보다 축합반응이 일어나기 쉬워, 레졸(resol) 수지를 얻을 수 있다.

③ 첨가반응과 축합반응으로 만들 수 있다.

④ 공중합체를 얻으려면, 페놀에 대한 포름알데히드의 몰비를 1 이상으로 하여 더 많은 포름알데히드와 반응시킨다.

03 폴리비닐알코올(poly vinylalcohol)의 용도로 알맞지 않은 것은?

① 요업제품

② 가죽에 대한 유색도료의 이완재

③ 종이제품

④ 경사용 풀의 제조

04 다음은 폴리염화비닐(polyvinylchloride)에 대한 설명으로 옳지 않은 것은?

① 가장 중요한 성질은 빛이나 열에 안정해서 농업용 촉성 비닐하우스 필름제조에 사용된다.

② 폴리비닐알코올에 현탁제로 물을 소량 첨가하여 중합하는 현탁(suspension)중합법을 사용한다.

③ 중합 개시제(initiator)로 아조비스이소부티르니트릴(AIBN)을 사용할 수 있다.

④ 분자 내 극성기가 없어, 전기적 성질이 불량하므로 전기절연체로는 부적당하다.

05 실리콘고분자 활성 연결구조 모형은? ✪ 04 국가직 7급(화학개론)

① Si−Si−Si   ② Si−H−Si

③ Si−C−Si   ④ Si−O−Si

06 분자 중 '−NH−COO−'기를 갖고 있는 수지는? ✪ 97 서울시 9급

① 우레탄 수지   ② 요소 수지

③ 알키드 수지   ④ 페놀 수지

07 축합중합에 의한 합성 수지로서, 열에 견디는 힘이 커서 내열성 도료로 사용되는 합성 수지는 어느 것인가? ✪ 97 총무처 9급

① 실리콘 수지   ② 멜라민 수지

③ 요소 수지   ④ 페놀 수지

08 다음 중 열경화성 수지가 아닌 것은? ✪ 97 총무처 9급

① 폴리에틸렌   ② 에폭시 수지

③ 페놀 수지   ④ 멜라민 수지

09 에피클로로히드린과 비스페놀 A가 원료로 사용되는 수지는? ✪ 02 국가직 9급

① 요소 수지   ② 멜라민 수지

③ 알키드 수지   ④ 에폭시 수지

10 다음 중 '폴리스티렌'의 분자식은? ✪ 04 서울시 9급

① $\left(\text{CH}_2-\underset{\text{CN}}{\text{CH}}\right)_n$ ② $\left(\text{CH}_2-\underset{\text{Ph}}{\text{CH}}\right)_n$

③ $\left(\text{CH}_2-\underset{\text{CH}_3}{\text{CH}}\right)_n$ ④ $\left(\text{CH}_2-\underset{\text{OCOCH}_3}{\text{CH}}\right)_n$

11 다음 중 열가소성 수지(thermoplastic resin)가 아닌 것은? ○ 04 서울시 9급

① 폴리염화비닐(poly(vinyl chloride))
② 폴리비닐알코올(poly(vinyl alcohol)) 수지
③ 폴리스티렌(polystyrene)
④ 페놀 수지(phenol resin)

12 음료수병으로 사용되고 있는 P.E.T.와 관련없는 것은? ○ 07 국가직 9급

① 가지형 고분자(branched polymer)
② 에틸렌글리콜(ethylene glycol)
③ 에스테르 교환반응(transesterification)
④ 테레프탈산디메틸에스테르(terephthalic acid dimethyl ester)

13 합성 수지 등에 필름 모양의 물질을 접착시켜, 몇 겹으로 만드는 방법은?

① 사이징(sizing)
② 블로 압출(blow extrusion)
③ 적층가공(laminating)
④ 주형(casting)

14 열경화성 수지인 에폭시(epoxy) 수지와 관련없는 것은?

① 비스페놀 A(bisphenol A)
② 에피클로로히드린(epichlorohydrin)
③ 가지고분자(branched polymer)
④ 프탈산무수물(phthalic anhydride)

15 다음은 플라스틱(plastic)에 대한 설명이다. 옳지 않은 것은? ○ 05 국가직 9급

① 본래 플라스틱의 뜻은 가소성을 가진 재료를 의미한다.
② 비닐중합으로 얻은 열가소성 수지는 필름, 성형에 이용된다.
③ 폴리에틸렌은 결정화도가 높아 투명성이 낮다.
④ EEA 수지는 에틸렌과 아크릴산에틸의 공중합체로, 내충격성이 높다.

정답 및 해설

01 ③

유형 폴리에틸렌 제조 시 특징

해설 폴리에틸렌은 제조할 때, 가소제와 같은 첨가제를 따로 사용하지 않기 때문에 첨가물질에 대한 독성이 문제되지 않기 때문에 앞으로 유아용품과 같은 제품에 폴리에틸렌이 더욱 많이 사용될 것으로 예상된다.

02 ②

유형 페놀 수지의 제조방법

해설 레졸 수지는 페놀과 포름알데히드를 알칼리성 촉매(NH_4OH, NaOH 등)하에 반응시키면, 축합반응보다 첨가반응이 일어나기 쉬워 벤젠핵에 $-CH_2OH$가 2~3개 포함된 레졸 수지를 얻을 수 있다.

03 ②

유형 폴리비닐알코올의 용도

해설 폴리비닐알코올의 중요한 성질은 점착성이다. 따라서 종이, 풀, 요업, 점결제의 제조에 많이 사용된다. 이완재는 분자 간의 간격이 커지는 것으로 점착성과 거리가 멀다.

04 ④

유형 폴리염화비닐의 성질

해설 폴리염화비닐은 분자 내에 극성기를 가지고 있으므로 화염에 대한 저항성도 가지고 있고, 전기적 성질이 양호하므로 전기절연체로 적당하다.

05 ④

유형 규소 수지의 결합형태

해설 실록산결합을 의미한다. 참고로 ①의 Si-Si는 열에 불안정하지만 ④는 열에 안정하다.

06 ①

유형 폴리우레탄 수지(우레탄결합)

해설 글리콜(glycol)과 디이소시아네이트(diisocyanate)를 중합하면, 폴리우레탄을 얻는다. 분자 내 $-NH-COO-$ 결합을 우레탄결합이라 한다. ②의 요소 수지는 아미노기와 포름알데히드가 첨가축합반응으로 생성되는 수지로, 분자 내에서 $-HN-CO-NH-$와 같은 아미노계 수지이다. ③의 알키드 수지는 폴리에스테르계 수지이며, ④의 페놀 수지는 페놀과 포름알데히드의 중합에 의해 노블락과 레졸형태의 수지를 얻는다.

07 ①

유형 실리콘 수지(규소 수지는 특히 내열성이 좋다.)

08 ①

유형 열경화성 수지와 열가소성 수지

해설 이러한 문제는 따로 정리해 두지 않고, 평소 학습 시 감각적으로 인지한다.

09 ④

유형 에폭시 수지의 제법

10 ②

유형 및 해설 고분자의 분자구조 : 페닐기(ph-)를 가진 ②가 폴리스티렌이며, ①은 폴리아크릴로니트릴, ③은 폴리프로필렌이고, ④는 폴리비닐아세테이트 수지이다.

11 ④

유형 및 해설 열경화성 수지와 열가소성 수지 : 페놀 수지는 대표적인 열경화성 수지이다.

12 ①

유형 PET 수지의 제법(구조와 반응)

해설 PET 수지의 제조에서 제조원료(디메틸테레프탈산+에틸렌글리콜), 제조공정(2단계) 중 1단계는 BHT(디메틸테레프탈산 디메틸에스테르)의 생성이고 이 단계에서 반응은 에스테르 교환반응이다. 2단계는 중합공정이다. PET 수지는 가지형 고분자가 아니라, 선형 고분자라 신축성이 있고 섬유로 사용된다.

13 ③

유형 합성 수지의 가공법

해설 라미네이팅(적층가공)에 대한 설명으로 최근 여러 서적을 보면, 책상 스탠드를 비추면 책면에 광택이 나는 것을 볼 수 있다. 이는 라미네이팅을 적용한 것이다. 이와 같이, 필름모양에 물질을 발라 겹을 만들어 튼튼하게 하는 것을 적층가공이라 한다.

14 ③

유형 에폭시 수지

해설 에폭시 수지는 주로 비스페놀 A와 에피클로로히드린으로 제조한다. 이는 저분자량 선상(linear) 중합체이고, 에폭시기가 활성수소를 가지고 있는 2기능기 분자가 작용하여 가교결합을 형성한다. 이는 프탈산무수물과 같은 산무수물을 경화제를 이용해 개량한다.

15 ③

유형 플라스틱 개괄 문제

해설 폴리에틸렌은 LDPE, HDPE, LLDPE가 주로 사용된다. 이들 제품은 다른 플라스틱 수지에 비해 결정화도가 낮은 편이고, 폴리에틸렌은 필름 등에 사용되므로 투명성이 높다.

정리 **열가소성 수지와 열경화성 수지**

① 열가소성 수지 : 가열 시 연화되어 외력을 가할 때, 쉽게 변형되므로 이 상태로 성형 가공한 후 냉각하면 외력을 없애도 성형된 상태를 유지하는 수지이다.

합성 수지	단량체	특 성	용 도	기 타
폴리염화비닐(PVC) poly vinyl chloride	$CH_2=CH-Cl$	• 빛이나 열에 안정하다. • 화공약품에 안정하다.	pipe 제조 (전기절연체)	현탁중합법
폴리에틸렌(PE) poly ethylene	$CH_2=CH_2$	• 반투명한 제품이다. • 약품에 안정하다.	얇은 막, 방수포장, 시약병	밀도에 따른 분류
폴리프로필렌(PP) ploypropylene	$CH_2=CH-CH_3$	• 부서지기 쉬운 결점이 있어 공중합체를 만들어 사용한다. • 강도가 좋은 이소탁틱 중합체를 만들어 쓴다.	• 사출성형 : 컨테이너 • 합성섬유 : 카펫 • 기타 : 비료부대, 접착테이프 등	3가지 구조(아탁틱, 신디오탁틱, 이소탁틱)
폴리스티렌(PS)	$CH_2=CH-C_6H_5$	• 무색 투명하다. • 약품에 안정하다.	고주파 절연체, 플라스틱 광학제품	개질 PS
아크릴 수지	$CH_2=CH(CH_3)$ $\llcorner OCOCH_3$	무색 투명하고, 열가소성인 유기유리이다.	항공기 창문유리, 인공치아	PMMA
불소 수지	$CF_2=CF_2$	열, 약품에 잘 견딘다.	필름, 화학용기	Teflon
폴리비닐아세테이트 PVAc	$CH_2=CH$ $\llcorner OCOCH_3$	용매에 녹기 쉽다.	비닐론의 원료, 접착제	—

② 열경화성 수지 : 가열하면 일단 연화되지만, 계속 가열하면 차차 경화되어 나중에는 온도를 올려도 용해되지 않고, 원상태로 되지 않는 수지이다.

합성 수지	합성 단위체		용 도	기 타
페놀 수지 phenol resin	⬡—OH 페놀	HCHO 포름알데히드	각종 용제, 화학약품, 전기절연체, 도료	노블락(Novolac), 레졸(Resol)형
요소 수지 urea resin	H_2NCONH_2 요소	HCHO	접착제, 단추, 링, 버스 손잡이, 전기부품	내수성이 적은 이유 : $-CONH_2$
멜라민 수지 melamine resin	멜라민 melamine	HCHO	합판, 목공용 접착제 도료, 섬유	메틸올멜라민의 형성
규소 수지 silicone resin	디에틸디클로로실란 diethyldichlorosilane	—	윤활유, 전기절연재, 내열 도료, 방수가공	실록산 결합 '-Si-O-Si-O-'
알키드 수지 alkyd resin	프탈산무수물 phthalic anhydride	글리세롤 glycerol	도료, 접착제	요소, 멜라민 등과 혼합하여 굴곡성을 띰
에폭시 수지 epoxy resin	페놀류	에피클로로히드린	피복 도료 등의 표면 피복제	비스페놀 A + 에피클로로히드린

제 40 주

천연섬유와 합성섬유(fibers)

1. **천연섬유의 개요** : 성질, 종류
2. **셀룰로오스계 섬유** : 면, 케이폭, 아마, 삼베, 모시, 황마, 명주(견섬유)
3. **단백질계 섬유** : 양모, 수모
4. **단백질 부직포(피혁공업)** : 가죽, 모피

1. 섬유의 개요

(1) **섬유의 정의** : 일반적으로 섬유란, 직물이나 편성물을 만드는 데 충분한 강력과 유연성을 가지며 실을 만들기 위해 충분한 포함력(실에 여러 섬유가 서로 달라붙는 성질)을 갖고 있는 긴 선상물질이다.

> 🔧**참고　방직섬유의 구비조건(standard by ASTM)**
>
> ① 섬유의 강도가 1g/denier 이상되어야 한다.
> ② 백색(white color)이어야 한다.
> ③ 섬유길이가 최소한 5mm 이상되어야 한다.
> ④ 섬유의 길이와 직경의 비가 1,000 이상되어야 한다.
> ⑤ 가소성(plasticity)이 풍부해야 한다.
> ⑥ 포합성이 있어야 한다.
> ⑦ 탄성(elasticity)이 풍부해야 한다.
> ⑧ 광택이 좋아야 한다.
> ⑨ 내구성이 좋아야 한다.
> ⑩ 섬유가 길이와 굵기가 균일할수록 좋다.
> ⑪ 다공성(porosity)이어야 한다.
> ⑫ 내약품성이 좋아야 한다.

(2) 섬유의 분류

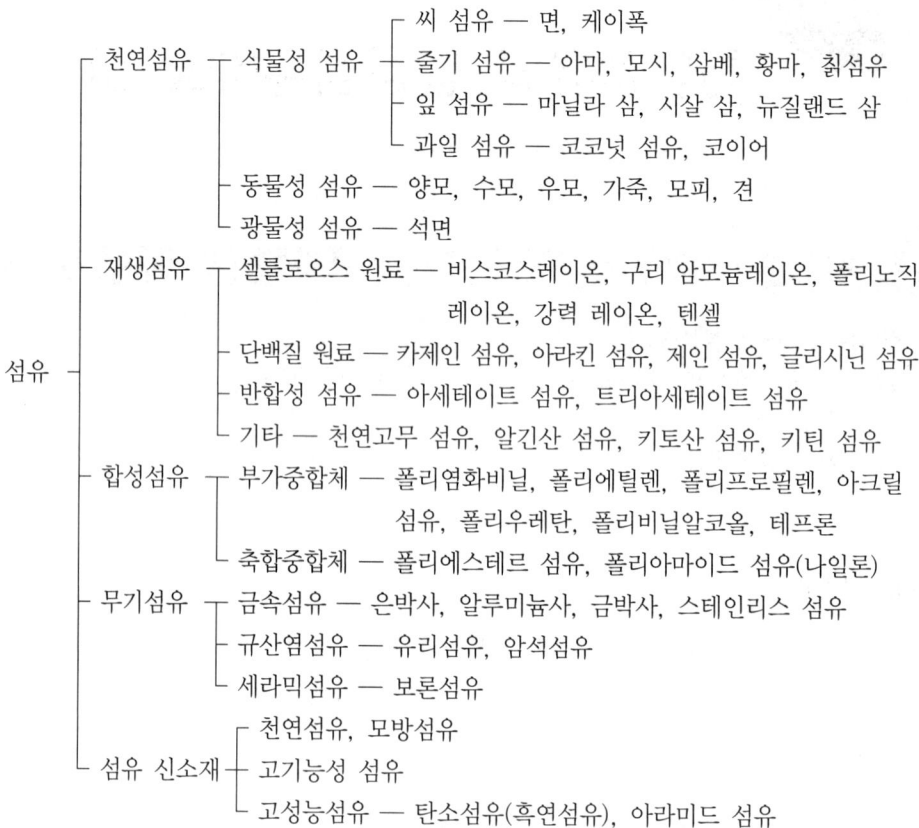

(3) 섬유의 섬도 계산

1) 섬도 : 섬유의 가늘기를 나타내는 수를 의미한다.

2) 실의 섬도계산

① 실의 번수(Ne) 계산

$$Ne = \frac{W}{L} \times \frac{l}{\omega}$$

여기서, W/L : 단위길이당 표준중량

ω : 측정한 실의 중량

l : 측정한 실의 길이

② 실의 데니어(denier) 계산

$$D = \frac{L}{W} \times \frac{\omega}{l}$$

여기서, L/W : 단위중량당 표준길이

ω : 측정한 실의 중량

l : 측정한 실의 길이

> [예제 1] 8,400yard의 길이를 갖는 면사의 무게가 2lb일 때, 이 면사의 번수(Ne)는?(단, 면사의
> 번수는 1lb(453.6g) 무게의 실을 타래(840yard) 수로 나타낸 것이다.)

해설 식에 따라 $Ne = (1/840) \times (8,400/2) = 5Ne$ 이다.

[예제 2] 나일론실 4,500m의 무게가 4g일 때, 이 실의 데니어(D)는 얼마인가?(단, 데니어 (denier)는 주로 견, 레이온, 합성섬유 등 필라멘트사의 섬도를 나타내는 것으로, 9,000m 길이의 실을 무게 g수로 나타낸 것이다.)

해설 식에 따라 $D=(9,000/1)\times(4/4,500)=8D$이다.

(4) 섬유의 성질 비교

성 질 \ 섬 유	식물성 섬유 무명, 레이온	동물성 섬유 명주, 양털	합성 섬유 나일론, 폴리에스테르
가열 시	불이 붙기 쉽고, 흰 재를 남김	불이 붙기 어렵고, 타면 노린내가 남	타기 어렵고, 녹아서 덩어리가 됨
진한황산 및 진한염산 작용	녹음	상온에서 녹지 않음	녹지 않음
진한질산 작용	거의 변하지 않음	노란색으로 됨	거의 변하지 않음
10% NaOH 작용	변색되나 녹지 않음	녹음	변하지 않음
피크르산 용액과 끓여서 물에 씻을 시 염색 유무	염색되지 않음	노란색으로 됨	염색되지 않음

2. 천연섬유

(1) 셀룰로오스(cellulose) 섬유

1) 셀룰로오스 분자구조 : $(C_6H_{10}O_5)n$

① 셀룰로오스는 면, 마, 목재, 짚과 같은 섬유질이나 세포벽, 목질 조직 등을 이루는 구조성분이다.

② 셀룰로오스를 산과 함께 가열하면, 가수분해 반응이 일어나 글루코오스(glucose)가 생긴다. 이러한 사실은 글루코오스가 셀룰로오스를 만드는 기본이 되는 화합물이며, 글루코오스가 많이 결합되어 셀룰로오스가 생성된다는 것을 의미한다.

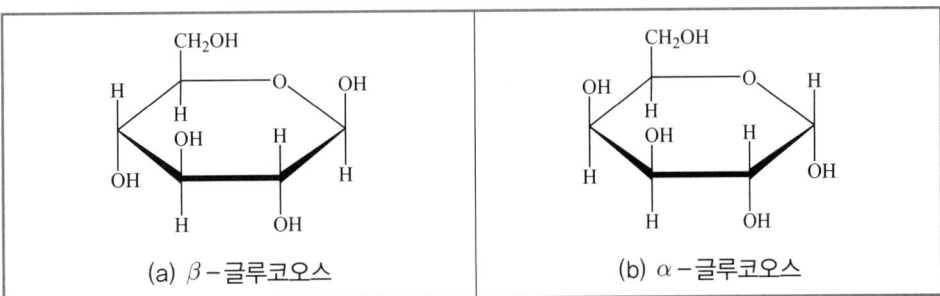

(a) β – 글루코오스   (b) α – 글루코오스

➡ 셀룰로오스는 두 가지 입체 이성질체가 존재한다. 셀룰로오스를 이루는 것은 β – 글루코오스이고, α – 글루코오스(D – 글루코오스)는 곡식의 성분인 녹말을 이룬다.

➡ 글루코오스와 글루코오스를 연결하는 −O−기에서 가수분해를 받고, 나머지 3개의 −OH기
는 염색, 팽윤, 흡착이나 다른 화학반응에 관계되는 중요한 역할을 한다.

2) 셀룰로오스 섬유의 중합도

섬유의 종류	중합도(DP)
면	2,500~3,000
아마	2,000~3,500
목재펄프	900~1,500
레이온	150~500

3) 셀룰로오스계 섬유의 일반적인 성질

① 흡습성이 좋고, 열전도성이 좋다.(여름옷으로 시원하고 쾌적함)

② 우수한 내열성(보온성)을 가지고 있다.(다림질에 안전하고, 고온·고압에서 멸균
가능)

③ 낮은 탄성(구김이 잘 생김), 높은 비중(무거움), 내충·내균성(곰팡이, 귀뚜라미, 좀
에 의해 손상됨)과 같은 단점이 있다.

④ 가연성(종이 타는 형태와 비슷함)이 있고, 내일광성이 양호하다.

4) 면

① 고려말 문신인 문익점이 원나라에 사신으로 갔다가 귀국할 때 목화씨를 들여와서 면
의 재배가 시작되었다. 의류 제작에 가장 많이 사용되는 천연섬유이다.

② 머서화(mercerization) : 영국인 존 머서(J. Mercer)가 발견한 방법으로 면섬유를
NaOH 수용액에 처리하고 물로 씻으면, 섬유가 수출력이 커지고, 흡수성이 커지고,
염착성이 커지는 현상을 말한다.

$$\text{Cell}-\text{OH} + \text{NaOH} \longrightarrow \text{Cell}-\text{ONa} + \text{H}_2\text{O}$$

➡ 면섬유 내의 셀룰로오스가 NaOH와 반응하여 알칼리 셀룰로오스로 변형하여 물이 섬유에
침투하여 팽윤이 일어난다. 이러한 작용은 비가역적이므로 면섬유를 건조시켜도 원상태
로 되돌아오지 않는다.

③ 면의 성질

㉠ 강도가 보통 2.5~5.9g/d이며, 습윤 시에는 강도가 더 증가한다.

㉡ 신도(伸度)가 7.5% 정도로, 습윤 시에는 신도가 더 증가한다.

㉢ 탄성이 불량하여 구김이 잘 생기고, 형태 안정성이 나쁘다.

㉣ 비중이 평균 1.54로 무거운 편이다.

㉤ 표준수분율 8% 정도이고, 상대습도가 100%에서의 수분율은 25~27% 정도이다.

㉥ 곰팡이에 침해받기 쉽다. 특히 풀먹인 직물은 좀벌레가 잘 생긴다.

㉦ 불에 잘 타고 종이타는 냄새가 난다.

◎ 안전 다림질온도는 220℃이고, 250℃에서는 분해된다.

㉣ 직접 염료, 바트 염료, 염기성 염료로 염색이 잘 된다.(특히 바트 염색은 수세와 일광에 대한 견뢰도가 우수함)

④ 면의 관리와 용도

㉠ 습한 곳에서 곰팡이가 발생하므로, 깨끗하고 건조한 곳에 보관한다.

㉡ 산에 의해 손상을 받으나 유기용제에 저항성이 있어 안전하게 드라이클리닝할 수 있다.

㉢ 강알칼리 세제에 세탁할 수 있고 염소계 표백제에도 표백할 수 있다.

㉣ 과일즙 오염은 면섬유에 고착되어 제거되기 어렵기 때문에 오염되면 즉시 찬물로 세척해야 한다.

㉤ 면직물은 구김이 잘 생기므로 다림질은 수분을 분무하고 뜨거운 상태에서 하는 것이 좋다. 면은 구김을 방지하기 위해 방추가공을 하거나 합성섬유와 혼방하는 경우가 많다.

㉥ 면은 고온·고압 솥에서 멸균처리되므로 병원용 위생재료로도 사용된다.

5) 케이폭(kapok) 섬유

① 케이폭 섬유는 단세포인 씨섬유인데 천연꼬임이 없어서 표면이 평활하고 견같은 광택을 갖는다.

② 길이는 18mm, 굵기는 30μ 정도이며, 단면은 타원형이고 중공은 매우 크고 세포벽이 얇아서 쉽게 절단되므로 면섬유와 혼방하여 실로 만든다.

③ 케이폭 섬유는 건조가 빠르고 자체 무게의 30~50배까지 뜨게 하고, 방수성과 부력이 커서 구명조끼에 사용되며, 가볍고 탄력이 있으므로 침구의 충전제로도 사용되고 있다.

④ 이를 요도황산 용액에 녹이면 황갈색을 띠지만 면섬유는 청색을 띠므로 섬유감별에 이용된다.

6) 아마(flax)

① 중앙아시아 원산으로서, 주로 섬유식물로 재배하였다. 껍질을 섬유자원으로 활용하여 방직, cigar(담배) 종이 등을 만드는 데 쓴다.

② 리넨(linen)은 아마 섬유로 제조한 직물이고, 아마 섬유 중에서 엷은 갈색이나 크림색의 것이 품질이 좋다.

③ 목화에 비해 탄력성은 떨어(구김이 잘 생김)지나 흡습, 건조가 빠르고 질기다(섬유가 길고 평행함).

④ 습기를 잘 흡수하며 빨리 증발시키는 성질과, 세탁 견뢰도가 우수하여 여름 옷감으로 많이 사용된다(열전도성이 면보다 큼).

⑤ 염색성은 면과 비슷하지만 아마는 세포섬유 간에 있는 펙토스 때문에 염료친화력이 작고 염료 침투효과가 저조하여 균염성이 떨어진다.

⑥ 색은 엷은 상아색으로부터 황갈색 또는 회색까지 다양하다. 견광택이 있으므로 머서화가 필요없다.

⑦ 주로 테이블 보, 냅킨(napkin), 캔버스 등에 쓰인다.

7) 삼베(삼, 대마)

① 삼은 줄기에서 섬유를 얻고 잎을 건조시켜 마취약을 얻고 씨에서는 대마유를 얻는다.

② 삼베의 주성분은 셀룰로오스(77~78%)이다.

③ 거칠고 탄력성이 좋지 못해 표백이 곤란하다. 하지만, 질기고 내수성이 강하므로 모기장, 어망, 범포(帆布, 돛을 만드는 포목)로 사용된다.

④ 우리나라에서 삼, 삼베로 직조하여 하절용 의류, 상복, 침구용 포로 사용하였다.

⑤ 삼베는 세탁을 자주하면 펙틴질이 제거되기 때문에, 세포 간의 결합이 약화되어 유연해진다.

8) 모시(저마)

① 모시섬유는 강경하고 탄성이 작아 구김이 잘 가고, 온도가 낮고 습도가 낮은 겨울철에는 섬유가 잘 부러진다. 그리고 생산효율이 낮아서 가격이 비싸다.

② 모시섬유는 액즙과 고무질을 다량 함유하므로 공기 중에 건조시키면 줄기의 바깥부분이 응교하여 경화하고 갈색으로 변한다. 따라서 탈고무질 공정을 거쳐 제조한다.

③ 모시는 수분과 땀의 흡수가 빠르고 빨리 건조된다. 그리고 열의 전도율이 크고 쾌냉감이 있으므로 여름용 의복소재로 사용된다.

9) 황마(jute)

① 황마는 주로 인도, 파키스탄에서 생산되며, 신도가 매우 작고 경직된 섬유로 내일광성이 약하다.

② 리그닌(lignin)이 다량 포함(24%)되어 있으므로 황색을 띤다. 표백 후에도 시간이 경과하면 다시 황색으로 변한다.

③ 황마는 포장용 자루와 끈, 카펫의 접결사로 쓰인다(강직성과 내식성, 형태 안정성).

④ 현재는 폴리프로필렌이 황마의 대용품으로 사용되고 있다.

10) 명주(silk fabrics)

① 원래는 명(明, 중국왕조)나라에서 생산한 견직물을 의미하였으나, 오늘날은 주로 견사를 사용하여 짠 직물을 말한다.

② 명주는 다른 섬유직물이 갖지 않는 우아한 광택과 풍부한 촉감 및 비단소리(scrooping) 등이 있는데, 이러한 성질은 생명주(생사, 생견직물)에서는 볼 수 없고 불순물이 제거된 후에야 나타난다. 생명주의 주된 불순물은 세리신(sericine)이며, 이 세리신은 그 성질이 고무와 비슷하여 명주의 정련을 디거밍(degumming)이라고도 한다.

③ 명주의 모든 특성을 얻고자 할 때는 완전히 정련해 주어야 하지만 명주가 고가이기 때문에 그 무게가 감소하는 것을 막고 싶을 때나 촉감을 어느 정도 딱딱하게 하고 싶을 때는 세리신이 좀 남아 있도록 정련한다. 정련할 때 생기는 감량은 정련 전 명주 무게의 20~25%이지만, 한국에서 쓰는 7분련, 5분련, 3분련 등은 각각 세리신이 제거되는 양이 다르게 정련한 것이다.

④ 표백 시 표백제로는 나트륨히드로술파이트, 이산화황, 과붕산, 과산화수소 등을 쓴다.

(2) 단백질 섬유

1) 단백질 섬유의 일반적인 성질

① 단백질 섬유는 천연 고분자인 아미노산 단위들이 펩티드결합으로 연결되어 있는 것을 말한다.

② 단백질 섬유는 우수한 탄성, 높은 흡수성을 가지며, 셀룰로오스 섬유에 비해 가벼우며, 내약품성과 내일광성, 내연성이 있다. 그러나 습윤 시 약해지며, 알레르기를 일으키기도 한다.

2) 양모

① 양털은 단백질로서 카르복시기, 아미노기를 가지고 있어, 산-알칼리와의 결합이 용이하다.

② 섬유의 주체가 되는 안섬유는 긴 막대모양이며, 알칼리 처리로 단섬유를 분리한다.

③ 양털은 바늘모양으로, 스케일로 된 겉바늘과 그 속에 섬유의 특성을 지닌 안섬유가 있는데 털실은 그 중심에 있다. 겉바늘 부분은 알칼리, 산, 마찰 등에 강하지 않다.

④ 케라틴(keratin)이 주성분으로, 양털은 면양의 목에서 채취한 경화 단백질 섬유이다.

⑤ 양모는 흡습성이 좋고 열전도도가 외부환경의 갑작스런 온도변화에도 신체를 보호하고 쾌적성을 유지하는 위생적인 소재이다. 탄성이 우수하여 구김으로부터 잘 회복되지만, 젖었을 때는 구김이 잘 간다.

⑥ **코르텍스(Cortex)** : 양모섬유 중량의 90%를 차지하고 있다. 염기성 염료인 메틸렌블루로 양모를 염색시키고 섬유의 단면을 보면 단면의 절반은 짙게 염색되는데 나머지 절반은 옅게 염색되어 있다. 이때 짙게 염색된 부분을 오르토-코르텍스라고 하고, 옅게 염색된 부분을 파라-코르텍스라고 한다. 이러한 양모의 이원적 구조는 수분흡수에 대한 팽윤성의 차이를 유발하여 섬유를 뒤틀리게 하므로 권축이 생기게 하는 원인이 된다.

성 질	오르토-코르텍스	파라-코르텍스
강연성	무름	단단함
존재장소	권축곡면의 바깥쪽	권축곡면의 안쪽
흡습성, 팽윤성	큼	작음
염기성 염료의 염착성	큼	작음
시스틴 함량	약 9.8%	약 17.1%

3) 수모 : 양모 이외의 기타 동물성 섬유

① **모헤어 섬유** : 앙고라 염소로부터 얻어지는 섬유이다. 모헤어는 털이 길고 비늘이 풍부하고 광택도 있지만 사모가 혼합되어 질을 떨어뜨리고 있다. 이의 용도는 굵기에 따라 달라지는데 섬세한 것은 벨루어나 안감용으로 쓰이고, 다음으로 가는 것은 여름옷의 옷감으로 쓰인다. 또한 양모, 면, 레이온 등과 혼방하여 남성용 양복용 옷감으로 쓰인다.

② **캐시미어 섬유** : 캐시미어라는 말은 인도의 캐쉬미르 지방에서 생산된 섬유로 유래된다. 캐시미어 섬유는 결이 거칠고 모수를 가진 긴 바깥털과 가늘고 유연하며 매끄러운 감촉을 가진 모수가 없는 속털로 이루어져 있는데, 속털만이 숄(shawl)과 옷으로 사용된다. 손으로 속털을 일일이 골라내야 하므로 동물털 중에서 가장 비싸다. 숄을 만들기 위해서는 10마리, 양복 한 벌을 만들려면 30마리 이상의 캐시미어 염소에서 속털을 얻어야 한다.

③ **앙고라 토끼털** : 이는 그 내부에 마치 모수처럼 생긴 여러 개의 기포가 연결되어 있어 매우 가볍고 보온성이 크다. 그러나 권축이 없고 비늘이 발달되어 있지 않아 섬유가 직물에서 잘 빠져 나오고 보푸라기가 잘 생긴다. 그러므로, 토끼털은 단독으로 쓰이지 않고 양모나 견, 레이온 등과 혼방하여 모자, 장갑, 머플러 등에 널리 쓰인다.

3. 피혁공업

(1) 가죽(leather)

1) 가죽의 구조

① 가죽은 포유동물은 물론이고 파충류와 같은 동물의 표피를 총칭한다. 이러한 가죽은 섬유상 단백질인 콜라겐(collagen)으로 이루어진 천연 부직포이다.

② 동물 가죽의 구조는 표피와 진피의 2층으로 되어 있고, 지방을 많이 함유한 피하조직이 붙어 있다. 표피층은 케라틴질로서 얇은데 털·땀샘·피지선 등은 표피계에 속하고, 진피 속에 들어간 형태로 되어 있다. 표피층은 무두질 공정 전에 달모처리로써 제거된다. 진피는 가죽의 주체로, 주로 콜라겐섬유로 되어 있으며, 무두질로써 유피가 되는 부분이다. 진피층은 다시 유두층과 망양층으로 구분되고, 그 경계는 대

체적으로 땀샘이나 모근부를 잇는 가상선으로 알려져 있다. 유두층의 윗면은 유피가 되었을 때 표면이 되며 은면이라고 불리는 곳으로, 유피의 외관·품질과 관계가 깊으며 그 울룩불룩한 모양은 동물 고유의 것이다. 망양층은 유피의 물리적 강도와 관계가 있고, 비교적 굵은 콜라겐 섬유가 종횡으로 교차한다.

2) **가죽이 가공공정(제혁자업)** : '무두질 한다.'고 표현한다.

① **준비공정** : 원피에서 유피로서는 필요없는 성분이나 부분을 제거하고, 다음의 유성공정에 편리한 상태로 원피를 조정하는 작업을 총칭한다. 보통 수지로써 원피를 세척하여 염분을 용출시키고, 흡수연화시키며, 플레싱(fleshing)으로 피하조직을 제거하고, 석회침지로써 알칼리에 의한 가죽의 팽윤을 일으킨다. 그 후 섬유속을 풀고, 모근을 느슨하게 하며, 표피층을 분해시켜 지방을 비누화시키고, 기계적으로 탈모한다. 가죽이 두꺼울 경우에는 2층으로 분할하여 가죽의 두께를 조정한다. 이어서 산이나 암모늄염으로 가죽에서 석회분을 제거하고, 베이팅(bating)으로 단백분해 효소를 사용해 콜라겐 이외의 불필요한 단백질을 제거한다.

➡ 가죽의 전처리 작업 : 물에 담그기 → 살떼기 → 석회 담그기 → 털뽑기 → 베이팅 순서이다. 여기서 베이팅이란 가죽에 함유된 칼슘(Ca)을 제거하기 위한 과정이다.

② **유성공정** : 유제를 써서 콜라겐 섬유조직을 고정·안정화시키고, 유피로서의 기본적 성질을 부여하는 작업이다. 유제는 무기계로는 크롬염·알루미늄염·지르코늄염, 유기계로는 식물타닌·합성타닌(합성유제) 등을 단독 또는 2종류 이상을 병용하면서 무두질이 행해지며, 그 종류는 많지만 크롬 무두질을 기초로 한 것이 가장 일반적이다.

③ **마무리공정** : 가죽 용도에 따라 상당한 차이가 생긴다. 즉 구두의 갑피나 핸드백·의료용 가죽 등의 크롬 유피는 물감을 염색한 뒤, 유화상(乳化狀) 또는 유상(油狀) 유제를 발라서 가죽에 유연성을 주는 '가지공정'을 거쳐, 수분을 제거하는 '물짜내기', 주름을 없애고 표면을 평활하게 하는 '펴기', 이어 '건조' 과정을 거친다. 또한 갑피나 의료용의 얇은 가죽은 '셰이빙'에 의해 가죽의 안쪽면을 깎아 두께를 조정하고 '스테이킹'에 의해 기계적으로 비벼서 부드럽게 만든 다음 표면에 안료나 광택제 등을 바른다. 구두의 바닥가죽과 같은 단단한 가죽은 기계적으로 가압하는 등, 저마다의 용도에 적합한 가죽으로 마무리한다.

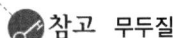**참고 무두질**

동물에서 벗겨낸 생피는 무두질하여 후처리한다. 이로써 실용적인 가죽을 얻는다.

➡ 무두질에 의해 불순물을 제거하고, 내구성을 향상시키며, 미생물에 대한 저항력이 증대된다.

3) 가죽의 종류

① **소가죽** : 전체 가죽 소비의 70~80%를 차지한다.

② **말가죽** : 소가죽에 비해 얇고 큰데, 섬유는 가늘다.

③ **돼지가죽** : 페카리

④ **산양가죽** : 새끼염소(kid), 섐와(chamois)

⑤ **양가죽** : 도스킨, 새끼 양가죽(램스킨)

⑥ **사슴가죽** : 쎄무

⑦ **타조가죽** : 깃털을 뺀 돌기무늬 자국이 있다.

⑧ **악어가죽** : 딱딱한 특유의 모양과 돌기가 있어 입체적인 효과가 있다. 엘리게이터, 크로커다일

⑨ 이 외에 캥거루가죽, 뱀가죽 등이 있다.

(2) 모피(fur)

1) 모피 : 모피는 동물의 가죽을 털이 붙은 상태로 처리하고 무두질을 모근이 상하지 않도록 부드럽게 해준 것이다. 모피는 주로 방한용 옷과 장식용으로 쓰인다.

2) 모피의 종류

① **밍크** : 주로 북미의 물가에 서식한다. 코트 한 벌에 60~80마리가 소요된다.

② **토끼** : 원래는 흑색, 백색, 회색과 혼합색이 있는데, 염색하면 여러 가지 색을 낼 수 있다. 털이 매끄럽다.

③ **카라쿨** : 양의 한 품종으로 생후 12개월 미만인 어린 카라쿨의 모피를 '카라쿨 램'이라고 한다. 이 카라쿨 램 중에서 페르시아에서 생산되는 '페르샤 램'은 아스트라칸이라고도 하는데, 견광택이 나고 꼬불꼬불한 권축이 잘 발달되어 있어 품질이 좋다.

④ **여우** : 흰색이나 옅은 황색이고, 털이 길고 조밀하다.

⑤ **담비** : 흑갈색의 중모이다. 광택이 있고 조밀하다.

⑥ **너구리** : 숄로 사용된다.

(3) 인공가죽

1) 인공가죽 : 인공가죽이란 부직포를 바탕천으로 하고 주로 폴리우레탄 수지를 습식 함침시키거나 도포 가공한 소재를 종래의 합성가죽과 구별하여 인공가죽이라 한다.

2) 제조공정

① 초극세사로 만든 부직포를 바탕으로 폴리우레탄 용액에 함침시킨다.

    ㉠ 그 뒤 스무드형 인공가죽은 부직포에 폴리우레탄 수지를 도포하여 2층 구조로 만들고 표면가공시킨다.

    ㉡ 스웨드형의 인공가죽은 표면층을 기모시킨 다음 염색하여 표면에 잔털이 생기게 한 것이다.

3) 종류

구 분	스무드형	스웨드형
가공방법	가죽표면의 은면층을 가공	망양층 표면을 기모가공
용도	신발가죽	의류 소재(쎄무)

4) 인공가죽의 성질

① 천연가죽의 단점 : 내세탁성이 나쁘고(수세에 의해 수축되고 딱딱해짐), 무겁고, 형태안정성이 나쁘다. 그리고 향균, 방취성이 나쁘고, 염색 견뢰도, 봉제 수율이 낮다.

② 인공가죽은 위와 같은 천연가죽의 단점을 보완하여 결점을 개선하였을 뿐만 아니라, 섬유의 극세화 기술과 폴리우레탄 수지의 가공기술 등의 발전에 힘입어 개발 초기에 문제되었던 유연성, 내한 굴곡성, 투습성 등도 뚜렷이 개선되었다.

5) 인공가죽의 일반적 용도 : 운동화, 가죽 의류, 골프장갑, 공, 스포츠 가방 등에 이용된다.

 제40-2주제 합성섬유

1. 폴리에스테르, 나일론(폴리아마이드), 아크릴 섬유를 3대 합성섬유라 한다.
   ① 폴리에스테르 섬유
   ② 나일론 섬유 : 나일론 6과 나일론 6,6 그리고 아라미드 섬유, 키아나, 나일론 610
   ③ 아크릴 섬유
   ④ 폴리비닐알코올 섬유
   ⑤ 폴리우레탄 섬유 : 스판덱스
2. **재생섬유** : 비스코스레이온
3. **무기섬유** : 석면, 금속섬유, 유리섬유
4. **섬유 신소재** : 자외선 차단섬유, 축열섬유, 타이벡, 탄소섬유

4. 합성섬유

3대 **합성섬유**는 폴리에스테르 섬유, 나일론, 아크릴 섬유

(1) 폴리에스테르 섬유

1) 특징

① 주 사슬에 반복되는 카르복실에스테르기를 갖는 헤테로 사슬로 이루어진 모든 종류의 고분자화합물을 폴리에스테르(polyester)라 한다. 단, 아크릴 및 메타아크릴 고분자, 폴리비닐에스테르 그리고 셀룰로오스 또는 전분의 에스테르와 같이 곁가지에 에스테르기를 갖는 모든 고분자는 제외된다.

② 합성섬유를 형성할 수 있는 것은 주로, 테레프탈산과 에틸렌글리콜과의 공중합물로 부터 방사된 섬유이다.

2) **구조식** : 대표적인 PET로부터 폴리에스테르는 공통적으로 카르복실에스테르기를 갖는다.

3) **성질 및 용도**

① 초기 탄성회복률이 커서 구김이 잘 생기지 않고 얇은 직물에 있어서도 촉감이 뻣뻣하여 넥타이 소재로 쓰인다.

② 폴리에스테르는 열가소성이 우수하므로, 열고정에 의해 형태를 안정화시키면 신축, 구김, 형태의 틀어짐 등이 잘 일어나지 않는다.

③ 폴리에스테르의 큰 결점으로, 흡수성이 낮아 정전기 발생이 크고 염색이 어렵다는 것이다. 속옷이나 여름용 의류로 사용될 때 몸에서 발생되는 땀을 흡수하지 못한다. 이러한 단점을 개선하기 위해, 실에 권축을 부여한 텍스처를 사용하면 보수성(保水性)과 투습성을 부여할 수 있다. 또한 흡수성이 큰 면이나 레이온 등과 혼방하기도 한다.

④ 폴리에스터는 다른 섬유와 혼방성이 좋다. 스테이플 섬유는 모, 견, 아마, 레이온과의 혼방에 의해 강도, 내추성, 형태안정성을 유지하고 폴리에스터의 흡습성과 대전성을 개선한다.

4) **PET 섬유** : 성질 및 용도는 중합체는 고체로 비중은 1.12~1.14 정도이고, 결정의 녹는점은 265℃인데, 150~175℃에서도 좋은 기계적 성질이 유지되고 나일론과 비슷한 점은 약품이나 용제에 잘 견디는 것이다. 그리고 직물을 만들 때는 이 섬유에 양털이나 무명을 섞어서 사용한다. 내수성이 좋고 주름이 잘 가지 않아 섬유용으로 많이 쓰인다. 필름으로 만든 것은 질기고 인장강도가 좋으며, 충격강도도 좋아 사진용 필름, 녹음 테이프 전기절연성 테이프 등에도 사용된다.

5) **PBT 섬유(poly(butylene terephthalate))** : 특징은 PBT 섬유는 화학적으로 폴리에스테르와 같은 결합을 가지면서 폴리에스테르와 나일론 양쪽의 특성을 지니고 있다. 신축성이 큰 엘라스토머로서 스판덱스보다 값이 저렴하면서 그에 떨어지지 않는 품질을 갖는 섬유여서 스판덱스의 대체용으로 사용된다.

(2) 폴리아마이드(polyamide) 섬유 : '−(CO)−NH−' 결합(아마이드 결합)으로 연결된 고분자물질로서 합성섬유 생산량의 반 이상을 차지하고 있다. 폴리아마이드계 섬유는 일반적으로 나일론(nylon, 관용명)이라 불린다.

1) 나일론 개요

① 나일론은 반복단위에 있는 탄소원자의 수에 의해 명명된다.

② 락탐(lactam)의 중합으로 생성된 생성물은 한자리 숫자의 이름을 가지는데, 예를 들면 나일론 6은 카프로락탐에서 얻어진 중합체이다.

③ 나일론 6,6은 헥사메틸렌디아민과 아디프산의 축합에 의해 얻어지는데, 첫 번째 숫자는 헥사메틸렌디아민에 있는 탄소수를 나타내고, 두 번째 숫자는 아디프산에 있는 탄소숫자를 나타내는 것이 관례이다.

2) 나일론의 성질 및 용도

① 흡수성이 작고 습강도가 커서, 세탁 후에 쉽게 건조되며 형태안정성이 좋다.

② 직물은 처음에는 차게 느껴지는데, 이는 지방족화합물의 특성과 발수성 때문이다.

③ 직물은 열가소성이 커서 한 번 다림질하면 그 형태가 오래 유지된다.

④ 양모나 레이온 등과 혼방에 유효한 성질을 부여한다. 면과 혼방할 경우 형태안정성, 내마모성, 내추성 등이 향상되고, 양모와 혼방하면 인장강도, 습강도 및 내마모성이 현저하게 증가된다. 이들과의 혼방에서 나일론의 함유량을 늘리면, 수축이 현저하게 감소된다.

⑤ 나일론은 여성용 스타킹으로 많이 사용된다.

⑥ 탄력과 얇은 직물이 요구되는 란제리(속옷)로도 사용된다.

⑦ 나일론은 물세탁할 경우 다른 섬유에서 나온 염료나 때를 흡착하여 오염되므로, 세탁시 세탁물의 색을 고려하여야 하고 색제거제를 사용해야 한다.

3) **나일론 6,6** : 헥사메틸렌디아민과 아디프산의 축합생성물이다.

➡ 이 중합체가 좋은 물성을 가지기 위해서는 분자량이 커야 되기 때문에, 축합반응에서 반응물을 정량적으로 반응시켜야 한다. 이러한 정량반응을 위해 실제로 이용되는 것이 중합하기 전에 나일론 염(nylon salt)을 먼저 만드는 것이다.

① 제법

② 성질 및 용도

　　㉠ 백색의 단단한 탄성체로서 녹는점 265℃, 비중 1.4이며, 내마멸성이 좋다.

　　㉡ 페놀, 크레졸, 포름산 용제에는 상온에서 녹고, 내산성과 내알칼리성이 있다.

　　㉢ 고온에서 물, 아세트산, 알코올 등에 침해 받고, 130℃ 이상에서는 변색되며, 안정제를 첨가시키지 않으면 내후성이 떨어진다.

　　㉣ 전기절연성은 보통이며, 물흡수율이 좋으며, 불이 붙으면 자체적으로 꺼진다.

　　㉤ 용융방사하여 섬유를 만들고, 로프, 타이어, 벨트, 끈, 여과 천 등의 공업용 재료와 의류제조에 쓰인다.

4) 나일론 6

① 제법 : 카프로락탐의 개환중합(ring-opening) 반응

ε-카프로락탐에 아미노산, 물 등을 촉매로 200~300℃에서 가열하여 개환중합을 하면, 나일론 6이 만들어진다.

② 성질 및 용도

　　㉠ 성질은 나일론 6,6과 유사하나, 녹는점은 225℃로 조금 더 낮고 부드러우며 질긴 정도가 덜하다.

　　㉡ 우리나라에서는 '코올론', '토플론' 등의 이름으로 상품화되어 있다.

　　㉢ 나일론 6의 대부분은 섬유생산에 이용되며, 타이어 코드, 플라스틱 등의 제조에도 사용된다.

5) 기타 나일론

① 나일론 6,10

　　㉠ 헥사메틸렌디아민과 세바크산(sebacic acid)의 반응으로 생성된다.

　　㉡ 칫솔의 강모로 주로 쓰인다.

② 나일론 6,9 : 헥사메틸렌디아민과 아젤라산(azelaic acid)의 반응으로 생성된다.

③ 나일론 12 : cyclododecatriene로부터 제조되는 라우릴락탐의 개환중합반응으로 제조한다.

④ 나일론 11 : 단량체인 ω-aminoundecanoic acid의 중합을 통해 제조한다.

6) 나일론의 녹는점

Nylon	반복단위	녹는점(℃)	
		염(salt)	중합체(polymer)
4,6	$-NH-(-CH_2-)_4-NH-CO-(-CH_2-)_4-CO-$	204	278
4,10	$-NH-(-CH_2-)_4-NH-CO-(-CH_2-)_8-CO-$	−	236
5,10	$-NH-(-CH_2-)_5-NH-CO-(-CH_2-)_8-CO-$	129	195
6,6	$-NH-(-CH_2-)_6-NH-CO-(-CH_2-)_4-CO-$	183	250
6,9	$-NH-(-CH_2-)_6-NH-CO-(-CH_2-)_7-CO-$	−	205
6,10	$-NH-(-CH_2-)_6-NH-CO-(-CH_2-)_8-CO-$	170	209
6,12	$-NH-(-CH_2-)_6-NH-CO-(-CH_2-)_{10}-CO-$	−	212
8,6	$-NH-(-CH_2-)_8-NH-CO-(-CH_2-)_4-CO-$	153	235
8,10	$-NH-(-CH_2-)_8-NH-CO-(-CH_2-)_8-CO-$	164	197
9,6	$-NH-(-CH_2-)_9-NH-CO-(-CH_2-)_4-CO-$	125	204~205
9,10	$-NH-(-CH_2-)_9-NH-CO-(-CH_2-)_8-CO-$	159	174~176
10,6	$-NH-(-CH_2-)_{10}-NH-CO-(-CH_2-)_4-CO-$	142	230
10,10	$-NH-(-CH_2-)_{10}-NH-CO-(-CH_2-)_8-CO-$	178	194
11,10	$-NH-(-CH_2-)_{11}-NH-CO-(-CH_2-)_8-CO-$	153	168~169
12,6	$-NH-(-CH_2-)_{12}-NH-CO-(-CH_2-)_4-CO-$	144	208~210
12,10	$-NH-(-CH_2-)_{12}-NH-CO-(-CH_2-)_{10}-CO-$	157	171~173
13,13	$-NH-(-CH_2-)_{13}-NH-CO-(-CH_2-)_{11}-CO-$	−	174

7) 아라미드(aramid) 섬유(방향족 폴리아마이드 섬유)

① 특징 : 아라미드란 나일론 분자 내에 있는 $-CH_2-$기 대신 방향족 벤젠고리가 아마이드 결합에 의해 연결된 방향족 폴리아마이드이다.

② 성질 : 분자구조 내에 있는 방향족 고리 때문에 강도가 크고, 내열성이 우수할 뿐만 아니라 산·알칼리, 유기용매에 저항성이 크다.

③ 종류

　㉠ 케블라(Kevlar)

　　ⓐ 아미드기(amide Group)를 제외한 모든 주 사슬에 페닐기가 파라(para) 형태로 결합된 파라계 방향족(aromatic) 폴리아미드 섬유이다.

　　ⓑ 미국 듀폰사(社)가 1971년 제품을 출시하였는데, 황산용액에서 액정방사한 고강력섬유이다.

　　ⓒ 강도, 탄성, 진동흡수력 등이 뛰어나 진동흡수장치나 보강재, 방탄재 등으로 사용된다. 특히, 방탄성능이 우수해 방탄복이나 방탄모 등에 사용되는 것으로 유명하다.

ⓓ 인장강도가 높아 쉽게 끊어지지 않고, 열에 의한 수축률도 적다. 벤젠 등에 의해 쉽게 녹지 않는 내화학성 물질이며, 전기절연성, 내화성 등의 성질이 있다.

Kevlar

ⓛ 노멕스(Nomex, HT1 fiber) : 높은 열분해 온도를 가지고 있고 불꽃에 녹지 않고 탄화되기 때문에 내열성과 내연성이 요구되는 용도에 사용된다. 소방복, 경주용 자동차 운전자 보호복, 다림질판 덮개, 항공기의 방염직물 등에 사용된다.

Nomex

(3) 아크릴 섬유

1) **제법** : 아크릴로니트릴(acrylonitrile)의 중합에는 물속에서 단량체를 시켜, 중합하는 현탁 중합법을 사용한다.

폴리아크릴로니트릴

2) **특징**

① 촉감이 양털과 비슷하며, 곰팡이가 생기지 않고 좀이 먹지 않는다. 내후성, 내마멸성, 기계적 성질이 뛰어나다.

② 용매에 잘 녹지 않고 용융되지 않으면서 강도가 좋은 이유는 중합체 측쇄에 있는 니트릴기(−CN)가 강한 극성을 갖고 있으므로 분자 간의 인력이 매우 크기 때문이다.

③ 100% 폴리아크릴로니트릴 섬유는 치밀한 분자구조를 갖고 있는 고배향, 고결정성 분자이므로 염색이 매우 어렵다. 이를 개선하기 위해 공중합체를 형성하여 용해성과 염색성을 향상시켜 사용한다.

④ 아크릴 섬유의 종류에는 오올론, 드랄론, 레돈, 아크릴란, 크레슬란, 보넬, 엑스란, 다이넬, 베렐, 카네칼론 등이 있다.

3) **용도**

① 양모와 성질이 유사하여 겨울 의류로 많이 사용된다.

② 카펫, 인조 모피, 텐트, 이불솜, 무명, 비스코스와 혼방한 양장지 및 양복지, 내의, 스웨터, 가발 등의 제조에도 사용된다.

③ 특수 용도로는 폴리아크릴로니트릴 섬유를 고온에서 가열하여 탄화시킨 탄소섬유가 있는데, 이것은 상당한 강도를 가지며, 내염, 내열, 내식성이 뛰어나다.

(4) 폴리비닐알코올(PVA) 섬유(비닐론, vinylon)

1) 제법

① 비닐아세테이트의 중합방법은 많이 있지만 폴리비닐알코올을 만들려고 할 때는 연속회작업괴 비누화반응울 하기 쉬운 용액 중합이 쓰인다. 중합 촉매로는 과산화물(과산화벤조일)이 쓰이고, 용매는 메탄올이 쓰인다.

비닐아세테이트 → 폴리비닐아세테이트

② 단위체에 해당하는 비닐알코올이 존재하지 않으므로, 비닐아세테이트를 중합하여 폴리비닐아세테이트를 만들고, 이 중합체를 그대로 비누화반응시킨다. 공업적으로 폴리비닐아세테이트의 메탄올용액을 알칼리, NaOH을 써서 비누화반응시킨다. 비누화반응을 마친 후, 침전은 압착하여 비누화 폐액과 분리하고 폐액은 버린다. 분리한 침전은 분쇄기로 고운입상을 만들어 건조기에서 건조하여 제품화한다.

폴리비닐아세테이트 → 폴리비닐알코올

2) 성질 : 폴리비닐알코올의 뜨거운 수용액을 HCHO, 황산, 황산나트륨을 포함하는 방사액 중에서 습식 방사하면 −OH의 일부가 아세탈화하여 물에 용해되지 않는 중합체가 된다.

3) 용도 : 방사한 것은 직물섬유로 주로 쓰이고, 흰색가루인 PVAc는 물에는 녹지만 유기용매에는 녹지 않으므로 수용성 접착제, 에멀션화제, 수용성 포장 필름 등으로 쓰인다.

(5) 폴리우레탄 섬유 : 아미드결합과 에스테르결합의 성질을 동시에 가지는 섬유로, 우레탄결합(−NHCOO−)이 있는 고분자화합물을 의미한다.

1) 제법

① 펄론 U : 헥사메틸렌 디이소시아네이트와 부탄디올의 중첨가반응으로 제조되고, 펄론 U(perlon U)라고도 한다.

② 선상 폴리우레탄 : 디이소시아네이트와 글리콜의 첨가중합반응으로 만들어진다. 이 방법은 용매법과 무용매법 2가지 방법이 있다.

2) 특징 및 용도 : 스판덱스(spandex) 섬유는 폴리우레탄이 85% 이상 함유되어 있는 섬유를 말하고, 탄성이 있으므로 수영복 · 가먼트(garment) 등에 쓰인다. 섬유소보다 강하기 때문에 브러시(brush)를 만드는 데 쓰인다. 내구성이 좋다. 내후성이 우수하며, 전기절연성 또한 양호하다. 나일론 6처럼 용제에 추출되는 저분자물은 없다.

(6) 폴리염화비닐 섬유

- 폴리염화비닐 섬유는 용융방사가 곤란하고, 중합체를 녹일 수 있는 용제가 비싸고, 연화온도(76℃)가 낮고, 65℃ 전후에 많은 수축이 일어나고, 드라이클리닝 용제에 약하기 때문에 그 실용화가 늦었다.
- 폴리염화비닐은 다른 섬유와 마찰하면 항상 음전기를 띠므로 이 성질을 이용해서 피부에 직접 닿게 하면, 류마티스에 효과적이어서 건강소재로 사용된다.
- 폴리염화비닐은 단독중합체로 사용하는 것보다 다른 단량체와 공중합시켜 의류로 사용한다.

1) 비니온(Vinyon) : 염화비닐과 아세트산비닐을 공중합시켜 제조한다.

용도는 무대 막, 커튼, 보호의류(이상 불연성), 화학공업분야 작업복(내수성 및 내약품성), 다양한 모양의 방적사, 직물의 제조(열가소성), 이불솜, 모포(단열성), 부직포(불연성, 방음성, 단열성) 등에 사용된다.

2) 사란(Saran) : 염화비닐과 염화비닐리덴을 공중합시켜 제조한다.

용도는 사란 섬유는 매우 무겁고 연화점이 너무 낮고 흡습성이 적으므로 의류용으로는 부적당하다. 그러나 강도가 크고 불연성이므로 커튼, 실내장식, 자동차 시트, 여과포에 쓰인다.

5. 재생섬유

천연섬유를 일단 화학적으로 융해시키고, 재생·방사하여 섬유로 만든 것으로 레이온이나 큐프라가 대표적이다.

(1) 레이온(rayon, 인조섬유)

1) 비스코스 레이온(viscous rayon) : 비스코스를 방사하여 얻은 재생 셀룰로오스 섬유를 말한다.

2) 제조방법 : 용해 펄프를 원료로 하여, 수산화나트륨으로 처리한 알칼리셀룰로오스와 이황화탄소의 반응으로 제조한다. 이 반응에 의해 크산토겐산나트륨(셀룰로오스 잔데이트)을 만들고, 이것을 알칼리 수용액에 녹이면 비스코스(viscous)라 불리는 점성인 액이 된다. 비스코스를 가는 노즐의 구멍에서 황산 중으로 압출시키면(습식방사), 분해에 의해 셀룰로오스가 재생되고, 실의 형태로 유리된다.

$$\text{Cell-OH} + \text{NaOH} + \text{CS}_2 \longrightarrow \underset{\text{셀룰로오스 크산토겐산나트륨}}{\text{Cell-O-}\underset{\|}{\text{C}}\text{-S}^{\ominus} \text{ Na}^{\oplus}} \xrightarrow{1/2\ \text{H}_2\text{SO}_4} \begin{array}{c} \text{Cell-OH} \quad \substack{\text{재생된}\\\text{셀룰로오스}} \\ + \\ 1/2\ \text{NaOH} \\ + \\ \text{CS}_2 \end{array}$$

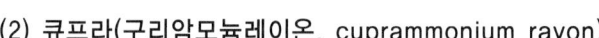

(2) 큐프라(구리암모늄레이온, cuprammonium rayon)

1) 제조방법 : 황산동 수용액에 과잉의 암모니아수를 가하면 '구리 제2아민 착체용액 (Schweizer 용액)'이 얻어진다. 이 셀룰로오스용액을 잘 여과하고, 가는 구멍으로부터 흘러내리는 물속에 압출하면, 셀룰로오스가 섬유모양으로 석출된다. 이것을 구리암모니아법 또는 벰베르크식이라 한다. 원료는 면실(綿實)에서 면화(綿花)를 따낸 뒤의 짧은 섬유를 가성소다로 삶아 정제한 린터(linters)나 레이온펄프 등을 사용한다.

$$Cu(OH)_2 + 4NH_4OH \longrightarrow [Cu(NH_3)_4](OH)_2 + 4H_2O$$

2) 특성 및 용도

① 비중 1.5, 인장강도는 1데니어(denier)당 2~3.5g, 신장률(伸張率) 27% 이하이다.

② 비스코스레이온보다도 아름다운 인견을 얻을 수 있으며, 필라멘트(장섬유)와 스테이플(단섬유)이 있다.

③ 단사(單絲)가 가늘고 부드러워 우아한 광택과 견과 비슷한 감촉을 주며, 흡수성이 있고 염색성이 우수하며, 세탁이나 햇볕 등에 의해서 변색하지 않는다.

④ 위와 같은 성질 때문에 얇은 양복지, 여성의 속옷, 안감, 목도리, 보자기 따위에 사용된다.

6. 무기섬유

무기섬유는 무기물로 된 섬유로서 내열성이 큰 것이 특징이며, 방열, 내열, 방음제 등의 용도로 주로 사용된다.

(1) 석면(asbestos) 섬유

1) 제법 : 대표적인 천연무기섬유로, 석면암을 분쇄하면 섬유형태로 분쇄되어 석면 섬유가 얻어지는데 그 길이에 따라 장섬유, 단섬유로 분리한다.

2) 성질 : 강도는 2.5~3g/d이고, 신도는 낮다. 비중이 2.5~2.8 정도이며, 견광택이 난다. 내약품성, 보온성, 안정성이 매우 뛰어나다. 또한 일광에 영향이 없어, 200~300℃에서도 사용이 가능하다.

3) 용도

① 단열성, 절연성이 뛰어나 내화재료나 전기절연체로 쓰인다.

② 염색시킨 석면포는 난로 주위에 까는 융단이나 커버, 커튼용으로 사용된다.

③ 방화복, 보온재, 지붕 슬레이트, 브레이크, 건축재료, 절연테이프 등에 사용된다.

④ 내약품성과 보온성, 안정성이 매우 우수하다. 그러나 체내에 도입되면 배출되지 않고 암을 유발시키므로 그 사용을 규제하고 있다.

⑤ 미세한 섬유구조를 가지므로 무게에 비해 큰 표면적을 갖기 때문에 플라스틱, 시멘트 등의 물질과 결합하여 산업용으로 사용한다.

(2) 금속섬유

1) **루렉스(lurex)** : 폴리에스테르나 아세테이트를 알루미늄 박에다 입혀서 염색하거나 색을 넣어 금, 은과 같은 장식효과를 나타내는 섬유이다.

2) **스테인리스 섬유** : 크롬 18%, 니켈 8% 그리고 철을 함유하는 강철을 연신시켜 얻은 섬유이다.

① 이는 옷에 발생한 정전기를 전도시켜 주므로, 단지 1~3% 정도만 혼방시켜 주어도 대전방지에 매우 뛰어난 효과를 보여준다.

② 보통 직물이나 카펫에 스테인리스 섬유를 0.2~1.0% 정도 혼방시키면 대전을 방지시킨다.

③ 염색이 안 되고 값이 비싸다.

(3) 유리섬유

1) **제조방법** : 유리의 주 원료는 규사(SiO_2)와 석회석($Ca(OH)_2$)인데, 여기에 유리의 종류에 따라 탄산나트륨(Na_2CO_3), 수산화알루미늄($Al(OH)_3$), 붕사 등을 소량 첨가하여 제조한다.

① 모래, 석회석, 장석 및 붕산 등을 용융시켜 유리를 얻고, 용융시켜 유리구의 형태로 만들어 방사형태로 이용 준비한다.

② 유리구 내에 불순물을 제거한 후 방사시킨다. 방사된 액체유리는 냉각되고 응고되면서 고속 권취기에 의해 연신되고 권취된다.

③ 연신되어 나온 필라멘트에 유활제를 바르고 감아 섬유를 만든다.

2) **코로나 가공** : 유리섬유로 만들어진 포(布)의 촉감을 부드럽게 하고 염색성을 부여하기 위한 작업단위이다.

➡ 유리섬유를 실리카 콜로이드 분산계에서 650℃로 가열하면, 실리카의 미세한 분말이 섬유표면에 부착하게 되는데, 이때 열로 인하여 섬유가 이완되고 권축이 생기면서 섬유가 부드럽게 된다. 그 다음 색소가 포함된 수지액을 직물에 도포시키고 160℃의 온도에서 열처리하여 경화시킨다.

3) **성질 및 용도**

① 강도가 매우 크고, 신도가 매우 작으므로 굽혀지면 부러지고, 절단된다.

② 내굴곡성과 내마찰성이 나빠 접히는 부분과 스치는 부분이 쉽게 떨어진다.

③ 불연성이고, 염색성이 없으므로 안료 수지 염료로 염색한다.

④ 내오염성이 있어 얼룩은 축축한 천으로 닦아낼 수 있으므로, 유리섬유로 만든 커튼은 자주 세탁해 주지 않아도 좋다.

⑤ 전기절연재료(불연성, 내구성, 내흡수성), 내일광성과 방화성을 요하는 벽지, 커튼, 담요, 방화복 등에 쓰인다. 공업용으로는 방음재, 보온재, 석유곤로의 심지 등에 쓰인다.

7. 섬유 신소재

(1) 자외선 차단섬유

1) 자외선과 영향 : 자외선은 파장이 180~400nm인 전자파로서 자외선 A, 자외선 B, 자외선 C가 있다. 자외선 C는 지상 10~50km 상방의 오존층에 흡수되어 지상에 도달되지 않는다. 하지만 태양광에 포함되어 있는 자외선 B는 피부가 장시간 노출되면 빨갛게 되며 염증과 홍반을 일으키고, 멜라민 색소를 피부표피에 만들어 선탠(sun tan)효과를 나타낸다. 자외선 A는 피부의 진피층까지 침투하여 피부의 탄력성을 없애고, 피부를 노화시켜 주름을 만들고, 백내장과 피부암을 일으키는 원인이 된다.

2) 자외선 차단방법

① 산란제 이용 : 산화아연, 이산화티타늄, 카오린, 탄산칼슘, 운모 등의 초미립자 형태의 무기안료를 사용하여 염색한다.

② 흡수제 이용 : 금속착화합물제, 살리실산계, 벤조페놀계, 벤조트리아졸계를 사용한다.

③ 산란제와 흡수제를 혼용하여 이의 효과를 높인다.

3) 용도 : 레서 운동복, 스타킹, 양산, 텐트 등의 제조에 사용한다.

(2) 축열섬유(보온섬유)

1) 소재 : 보온소재로서 알루미늄이나 세라믹을 이용한 원적외선방사 소재가 많이 이용된다.

2) 원적외선 : 파장범위가 4,000nm~1mm에 이르는 전자파이다. 동물, 식물과 수분은 그 체온이나 표면온도에 적합한 6,000~14,000의 원적외선을 흡수한다.

① 원적외선이 물체에 흡수되면, 열로 변한다.

② 동식물의 발육 및 신진대사에 촉진작용이 있고, 탈취효과가 있다.

③ 상온에서 발효, 살균, 부패방지의 효과가 있다.

3) 세라믹 혼방 : 세라믹(산화 지르코늄)을 섬유에 혼방시키면, 그 세라믹이 태양광을 흡수하여 광에너지를 열에너지(적외선)로 전환시키고, 인체에서 발생하는 원적외선의 방열을 차단시키는 2중 축열효과를 갖는다. 원적외선은 인체에 흡수되면 신진대사를 높여 혈액순환을 촉진시킨다.

4) 용도 : 전기모포 커버, 방석, 전열기, 운동복, 내의, 양말, 방한복으로 쓰이고 특히 고온에서 방사냉각 효과를 목적으로 하는 여름용 스웨터로 이용할 수 있다. 건강용으로는 진통효과가 큰 보호대, 욕창방지 시트 등에 사용될 수 있다.

(3) 타이벡(tyvek)

1) 타이벡이란, 고밀도 폴리에틸렌(HDPE)을 극세섬유로 방사시킨 후 부직포로 만든 천이다. 이는 습기는 통과(vapor open)하나 물은 통과하지 못하는(water barrier) 신개념 빌딩 페이퍼이다. 이것은 종이보다 가볍고, 필름보다 강하고, 다양한 용도로 사용이 가능하다.

2) 타이벡의 특징

① 단열시스템 내의 습기를 통과시키는 기능이 있어 결로발생을 방지한다.

② 여름에는 외부 복사열을 효과적으로 차단시키고, 겨울에는 따뜻한 공기의 누출을 막는다.

③ 외벽방수는 물론, 단열재를 비바람으로부터 보호한다.

④ 외부의 찬 공기의 침입과 따뜻한 공기의 누출을 막아주는 air barrier 기능으로 기존 단열재의 단열성을 향상시켜 에너지 절감효과가 있다.

⑤ 재활용이 가능한 HDPE계로, 환경친화적 소재이다.

⑥ 인장강도, 굴곡강도, 인열강도가 뛰어나고, 내산성, 내알칼리성이 있다.

3) 용도 : 실리카겔이나 플로피 디스크용 봉투, 책표지, 명함, 오리털 제품의 baffle 원단, 스포츠 레저용품, 건축용 단열소재 등에 사용된다.

(4) 탄소섬유(carbon fiber)

1) 개요

① 탄소섬유란 탄소원자의 결정구조를 이용한 고강도 섬유로 복합재료 생산에 가장 많이 이용되고 있는 강화섬유이다. 탄소섬유 제조 전의 물질(precursor)에 따라 PAN계와 pitch계 탄소섬유로 구분하고 있으며, 주로 PAN계의 탄소섬유가 많이 이용되고 있다.

② 탄소섬유는 용제에 녹지 않고 용융되지도 않으므로 방사가 불가능하다. 그러므로 탄소섬유는 폴리아크릴로니트릴, 셀룰로오스계 섬유, 피치 등을 섬유상태로 만든 후 타버리지 않도록 서서히 산화분해시켜 얻는다. 열분해 중에 산소, 수소, 질소 등의 분자들이 빠져 나가므로 섬유의 중량이 감소된다.

③ 탄소섬유는 탄소의 육각고리가 연이어 층상격자를 형성한 구조로서 내열성, 내충격성, 내약품성이 뛰어나며, 알루미늄보다 가볍고 강철보다 탄성과 강도가 훨씬 우수하다.

2) 원료에 따른 제법

① 폴리아크릴로니트릴(PAN) 원료 : PAN 섬유에 내염화처리를 하여 안정화시킨 후, 불활성 가스 중에 탄화, 소성 또는 필요에 따라 고온에서 흑연화하는 방법을 말한다.

가장 중요한 공정은 내염화 공정으로, PAN 분자는 탄소화반응을 억제하기 쉽고 피리딘 고리를 주성분으로 하는 사다리형(ladder) 중합체를 형성한다.

② 피치(pitch) 원료

㉠ 납사 분해 잔사유를 개질한 등방성 프리커서인 피치를 사용하여 탄소섬유를 제조한다.

㉡ 탄소섬유를 제조하기 위한 피치는 방사성이 좋아야 하며 방사온도에서 점도가 균일해야 하는데 이는 적정 분자량과 좁은 분자량 분포에 의해 좌우된다.

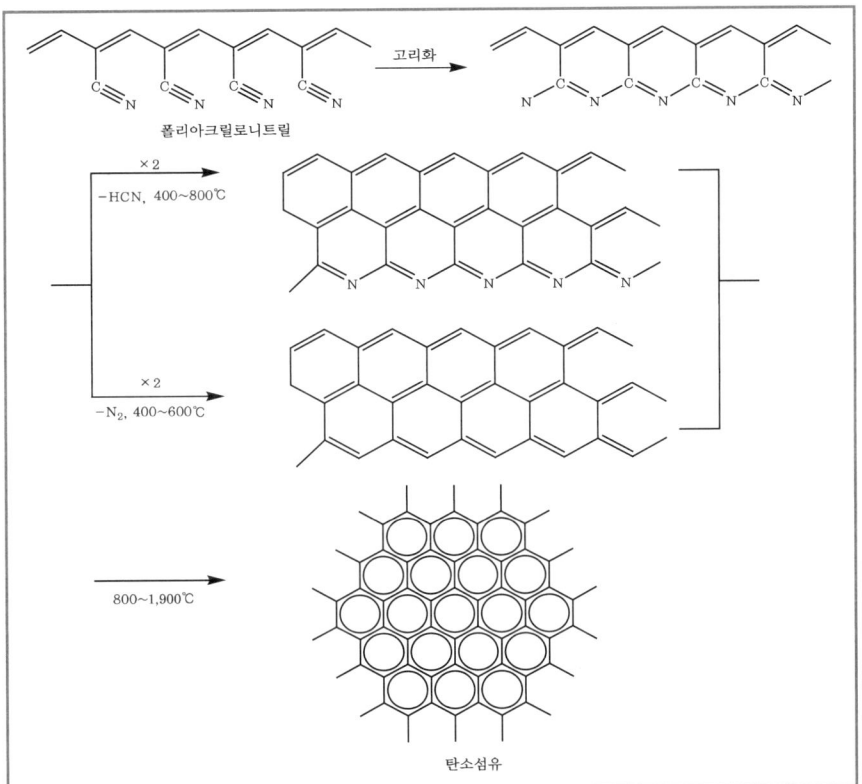

3) 성질 및 용도

① 세라믹, 금속, 유기고분자들과 공통 성질을 일부 지닌, 세 가지 접점에 위치하는 탄소재료로 만들어진 섬유이다.

② 고강성, 경량성, 내식성, 내열성, 전도성, 내마멸성, 생체 친화성 등 많은 뛰어난 특성을 가지고 있다.

③ 최근 보잉 787 항공기 제조 시(탄소섬유 테이프 사용), 우주항공기 내열재료, 자동차 경량부품 및 브레이크, 라켓, 골프채, 악기줄, 낚싯줄, 연료전지 등에 사용된다.

8. 합성섬유의 가공

- 섬유와 플라스틱은 본질적인 물성의 차에 의해서 구별되기 보다는 최종제품의 가공된 모양에 따라 쉽게 구별된다.
- 합성 중합체가 섬유로 사용되기 위해서는 넓은 온도범위에서 알맞은 인장강도, 다리미질을 할 수 있는 높은 연화점과 방사를 할 수 있는 용융성 및 용해성이 필요하다. 또한 열 및 햇빛에 견디는 성질과 내약품성, 내충해성, 무독성 등의 물리, 화학 및 생물학적 특성과 경제성 등을 고루 갖추어야 한다.

(1) 방사(spinning) : 섬유제조를 위한 필라멘트(가는 선)를 얻는 조작을 말한다.

  1) 방사의 종류 및 특성

    ① **용융방사** : 적당한 조건에서 중합체를 용융할 수 있을 때 사용한다.

      ㉠ 용융방사한 섬유는 단면이 둥글고 일정하고, 다른 방법에 비해 용액의 증발이나 추출과정에서 섬유모양이 변하지 않는다.

      ㉡ 용융방사하여 만든 제품에는 나일론, 폴리에스테르, 사란(Saran) 등이 있다.

    ② **건식방사** : 중합체를 용매에 녹여 방사할 때, 방사한 후 용매를 증발시켜 제거하는 방법이다.

      ㉠ 용매는 중합체의 끓는점, 용해력, 안정성, 증발열, 사용 후 회수방법, 독성 등에 따라 적절한 것을 고르는데 주로 아세톤(acetone, 프로판온)이 쓰인다.

      ㉡ 건식방사하여 만든 제품에는 폴리염화비닐 및 이의 공중합체 등의 비닐섬유, 아크릴로니트릴 섬유가 있으며, 셀룰로오스아세테이트를 아세톤에 방사시킬 때 이 방법을 사용한다.

    ③ **습식방사** : 중합체 용액을 응고액 속에 방사하는 것이다.

      ㉠ 방사할 때, 화학반응을 동반하여 응고하거나 삼투, 확산, 염석 등이 동시에 발생한다.

      ㉡ 습식방사하여 만든 제품에는 비스코스레이온, 폴리아크릴로니트릴의 염용액의 방사 등과 같은 재생섬유의 방사에 쓰인다.

  2) **방사구** : 지름이 5~8cm, 두께는 약 0.8cm의 강철판으로 되어 있고, 지름 0.25mm 또는 그 이하의 구멍이 50~60개 뚫려 있는 구멍을 말한다.

    ① 방사구는 필라멘트용과 스테이플 섬유용이 있다.

    ② 필라멘트용 방사구는 구멍이 보통 12~96개 정도되는데, 필라멘트용 방사구를 나온 필라멘트사의 제품 표시는 '데니어/필라멘트의 올수'로 표시된다. 즉 '75/36'이라고 표시된 필라멘트사는 약 2d 정도의 필라멘트사 36올이 합해져서 75d의 밀티필라멘트사를 이룬 실이라는 의미이다.

③ 스테이플용 방사구는 구멍이 수천 개 정도로 되어 있어, 필라멘트 다발의 굵은 로프 상태로 방사된다.

3) 에멀션방사(emulsion spinning)

① 기존의 빙사법으로 빙사하기 어려운 중합체를 방사하기 쉬운 재료(Matrix 물질)의 용액 중에 에멀션화하여 분산시켜 열로 에멀션입자를 연속적으로 연결시키는 방법이다.

② 용해성이나 용융성이 없는 폴리테트라플루오르에틸렌(poly(tetrafluoro ethylene))은 에멀션방사를 하여 제조한다.

(2) 권축(捲縮, crimp) 부여

• 권축(crimp)이란 직물에서 실의 꼬임에 의해 직면(織面)에 나타나는 파상(波狀), 입상(粒狀) 형태의 주름을 말한다.

• 방사된 섬유는 직선형태이다. 이에 권축을 부여하는데, 다음과 같은 3가지 방법이 쓰인다.

1) 열가소성 섬유를 파상이나 나선상으로 형체를 준 뒤 열고정시켜 권축을 만드는 방법이 있다.

2) 팽윤성이 다른 두 종류의 방사원액을 한 방사구로 압출하여 복합섬유를 얻는 방법이다. 이 것은 양모섬유에 있어서 o-코르텍스와 p-코르텍스의 양면구조가 권축의 원인이 되는 것과 같은 원리이다.

3) 습식방사에 있어서 섬유의 외피만 응고되었을 때 크게 연신시키면 표피가 파열되어 내부의 방사원액이 표피 밖으로 유출되어 2차적으로 응고된다. 이때 처음에 생성된 표피층과 2차적으로 응고된 부분의 성질 차이에 의해 권축이 생긴다.

(3) 오물제거 및 윤활처리

1) 오물제거 : 섬유에 묻은 먼지나 약품, 오염물질은 비누나 합성세제로 세탁하여 제거시킨다.

2) 윤활처리 : 가장 많이 사용되는 윤활제로는 수용성인 '폴리알킬글리콜류'이다. 이는 소수성 합성섬유의 경우에 특히 중요한 윤활제의 기능인 표면저항성을 낮추어 섬유에 정전기의 축적을 막아주는 효과이다.

➡ 윤활처리는 섬유의 마찰을 줄이고, 발열하지 않으며 실을 빠른 속도로 감는 것이 목적이다.

➡ 사용되는 윤활제에는 광물성 기름 및 식물성 기름, 정제한 석유 제품 등이 있다.

(4) 섬유의 사이징(sizing)

1) 사이징 처리란, 직물을 짜는 동안에 실을 보호하기 위한 표면코팅을 말한다.

2) 직물은 방적 후에 주로 염색하므로 좋은 염색을 위해서라면, 사이징제가 쉽게 제거되어야 한다.

3) 사이징제로는 무명, 레이온, 양털에는 주로 녹말을 사용하고, 재생섬유나 합성섬유 등에는 폴리비닐알코올이나 젤라틴을 사용한다.

(5) 염색(dyeing)

1) 천연 셀룰로오스와 단백질섬유의 염색

① 섬유 안에 히드록시기나 아미노기에 결합하는 산성염료로 주로 염색한다.

② 셀룰로오스아세테이트는 말단에 아민이나 히드록시기를 가진 분산염료를 사용한다.

③ 염료는 아세테이트기의 카르보닐 산소에 염료가 수소결합한 것으로 간주한다.

2) 합성섬유의 염색

① 천연섬유나 재생섬유에 비하여 염색하기가 곤란하다.

② 폴리에스테르, 폴리아미드, 아크릴 섬유 등은 염료의 흡수속도가 매우 느리므로, 팽윤제를 넣거나 염색 용액의 온도를 높여서 염색속도를 빠르게 한다.

③ 폴리염화비닐, 폴리에틸렌 등의 섬유는 다른 화합물과 공중합시켜 제조하거나 천을 짤 때 염색한 천연섬유와 혼방함으로써 염색효과를 낸다.

④ 실은 미리 염색하거나 직조한 후 염색하는데, 염료 용액이나 분산액 중에 섬유를 담아 염료분자가 섬유에 부착되도록 하려면, 섬유와 염료 사이에 수소결합이나 Van der Waals 결합 등의 결합력이 필요하다.

(6) 오염방지가공 및 대전방지가공

1) 오염방지가공 : 합성섬유로 제조한 의류는 더러워지기 쉽고, 이것을 막기 위해 소수성 합성섬유의 표면에 친수성을 주어 대전에 의한 더러움을 막고 세탁이 잘 되기 위해 처리한다. 오염방지에 가공에는 크릴아미드, 아크릴산, 폴리에틸렌글리콜의 유도체 등이 쓰인다.

2) 대전방지가공 : 소수성 합성섬유는 마찰에 의해 정전기를 축적시키기 때문에, 천을 짤 때나 실제 사용 중에 다양한 장해를 발생시킨다. 대전 방지제로는 합성 수지처럼 여러 가지 계면활성제, 폴리아미드, 아크릴산, 폴리비닐아민의 유도체 등이 쓰인다.

(7) 텍스처 가공실(textured yarn)

1) 텍스처 가공실 : 나일론의 필라멘트를 꼰 후, 가열하여 고정시키면 꼬임이 생겨 길이가 처음보다 2~4배가 늘어나게 하여 꼬임이 생기게 한 실을 말한다. 합성섬유 필라멘트실에 신축성과 시원한 느낌을 주기 위해 가공하는 것이다.

2) 스테이플파이버(staple fiber) : 필라멘트를 짧게 잘라 솜과 같은 성질을 가지도록 만든 섬유이다.

(8) 부직포(non-woven fabric)

1) 실을 짜지 않고, 실을 여러 겹으로 놓고 접착제로 붙여 천 모양으로 만든 것이다.

2) 접착제로는 고무 라텍스, 폴리비닐아세테이트, 수용성 셀룰로오스 유도체, 아미노 수지 등이 쓰인다.

3) 책상보, 냅킨, 위생지, 벽지, 의복의 안감, 공업용 걸레 등으로 쓰인다.

기출 및 예상 문제

01 가죽의 제조공정에서, 동물에서 벗겨낸 생피를 후처리하는 것을 무엇이라 하는가?

① 용두질　　　　　　　　　② 구두질
③ 유두질　　　　　　　　　④ 무두질

02 실의 굵기를 나타내는 단위는 무엇인가?

① 센티(centi)　　　　　　　② 메시(mesi)
③ 데니어(denier)　　　　　　④ 데바이(debye)

03 반응의 생성물은?　　　　　　　　　　　　　　　　　○ 07 서울시 9급

$$H_2N-(CH_2)_6-NH_2 \ + \ HOOC-(CH_2)_4-COOH \longrightarrow$$

① 나일론 6　　　　　　　　② 나일론 6,6
③ 나일론 6,10　　　　　　　④ 나일론 11
⑤ 나일론 12

04 카프로락탐의 개환반응으로 얻을 수 있는 섬유의 종류는?　　　○ 97 서울시 9급

① 아크릴 섬유　　　　　　　② 폴리아마이드 섬유
③ 탄소섬유　　　　　　　　④ 폴리에스테르계 섬유

05 나일론 6,6의 원료를 제조하기 위해 페놀(phenol)을 수소화시킨 후, 질산으로 산화시켜 형성되는 생성물은 무엇인가?

① 아디프산　　　　　　　　② 프탈산
③ 헥사메틸디아민　　　　　　④ 카프로락탐

06 천의 직조 시 실을 보호하기 위한 표면코팅을 무엇이라 하는가?　　○ 02 국가직 9급

① 방사(spinning)　　　　　　② 혼방(mixed spinning)
③ 텍스처(texture)　　　　　　④ 사이징(sizing)

07 신개념 빌딩페이퍼(building paper)인 타이벡(tyvek)의 원료는?

① 저밀도 폴리에틸렌
② 고밀도 폴리에틸렌
③ 선형포화 폴리에스테르
④ 불포화 폴리에스테르

08 탄성이 좋아서 운동복 등의 섬유로 이용되는 폴리우레탄계 섬유는?

① 캐시미론(cashmilon)
② 비닐론(vinylon)
③ 모드아크릴(modacryl)
④ 스판덱스(spandex)

09 에멀션 방사를 이용하는 것은?

① 폴리에스테르(polyester)
② 사란(saran)
③ 폴리테트라플루오르에틸렌(poly(tetra fluoroethylene))
④ 나일론(nylon)

10 섬유의 계통과 관용명이 바르게 짝지어지지 않은 것은?

① 폴리아미드계 - 나일론, 콜론
② 폴리에스테르계 - 토플론, 대포린
③ 폴리아크릴계 - 캐시미론, 올론
④ 폴리우레탄계 - 사란, 스판덱스
⑤ 폴리염화비닐계 - 비닐론, 데비론

11 케블라(kevlar) 섬유의 특징으로 옳은 것으로만 짝지은 것은?　　　　　● 05 국가직 9급

> (ㄱ) 1960년에 독일의 BASF사(社)에서 개발했다.
> (ㄴ) 파라계 방향족 폴리아미드섬유이다.
> (ㄷ) 방탄성능이 우수하여, 방탄 헬멧이나 조끼 등에 이용된다.
> (ㄹ) 벤젠에 쉽게 녹는다.

① (ㄱ), (ㄴ)
② (ㄱ), (ㄷ)
③ (ㄴ), (ㄷ)
④ (ㄷ), (ㄹ)

정답 및 해설

01 ④

유형 및 해설 [가죽의 가공-무두질] 무두질이란, 동물에서 벗겨낸 생피는 무두질하여 후처리한다. 이로써 실용적인 가죽을 얻는다. 무두질에 의해 불순물을 제거하고, 내구성을 향상시키며, 미생물에 대한 저항력이 증대된다.

02 ③

유형 및 해설 [데니어] 섬유의 무게와 길이와의 실용단위로 사용되는 것은 데니어(denier)이다. 이는 섬유길이가 450m인 것이 0.05g일 때, 10D(데니어)라 하며 섬유의 굵기는 D가 클수록 굵어진다.

03 ②

유형 및 해설 헥사메틸디아민과 아디프산의 반응으로 생성되는 합성물질은 나일론 6,6이다.

참고 여러 가지 나일론의 구조 및 반응형태

종 류	구조식	원 료	중합반응 형태
나일론 6	$-[-NH(CH_2)_5-CO-]_n-$	![ε-caprolactam 구조식] $\varepsilon-$caprolactam	카프로락탐의 개환중합
나일론 6,6	$-[NH(CH_2)_6NH-CO(CH_2)_4CO]_n-$	$H_2N-(CH_2)_6-NH_2$ 헥사메틸디아민 + $HOOC-(CH_2)_4-COOH$ 아디프산	디아민과 디카르복시산의 축중합반응
나일론 6,10	$-[NH(CH_2)_6NH-CO(CH_2)_8CO]_n-$	헥사메틸디아민 + sebacic acid $HOOC-(CH_2)_8-COOH$	나일론 6,6와 동일반응
나일론 11	$-[-NH(CH_2)_{10}-CO-]_n-$	$\omega-$아미노운데칸산	아미노카르복시산의 중축합
나일론 12	$-[-NH(CH_2)_{11}-CO-]_n-$	cyclododecatriene	라우릴락탐의 개환중합

04 ②

유형 및 해설 카프로락탐의 개환중합으로 얻어지는 섬유는 나일론 6이다. 이는 폴리아미드(polyamide)계 섬유인 나일론의 한 종류이다.

05 ①

유형 및 해설 나일론 6,6의 제조원료는 아디프산과 HMDA이다. 이 문제에서 두 가지 원료가 가능성이 있다. 그리고 중간체도 물론 가능성이 있다. 하지만 문제의 주어진 조건상, 페놀을 수소화시켜 포화시킨 후, 여기에 산화시키면, 양 말단에 카르복시기를 형성하고 나머지는 6개의 직쇄형 탄화수소를 형성하게 될 것이다. 이게 바로 아디프산(adipic acid)이다.

06 ④

유형 및 해설 섬유의 사이징(sizing) 공정에 대한 설명이다.

07 ②

유형 및 해설 타이벡 섬유의 원료는 HDPE이다.

08 ④

유형 및 해설 [섬유의 종류] 위의 문제는 스판덱스로 일단 제거법으로 풀이하자. 캐시미론은 아크릴로니트릴계 합성섬유로 가볍고 포근하며, 보온성이 있는 것이 특징이다. 그리고 비닐론은 폴리비닐알코올계 합성섬유로 −OH기를 가지므로, 물에는 녹지만 유기용매에 녹지 않아 에멀션화 등에 사용한다. 그리고 모드아크릴은 아크릴계 섬유로, 가발을 만드는 데 사용한다. 정답은 폴리우레탄 섬유인 스판덱스로, 이는 폴리에스테르에 디이소시아네이트를 중합한 후, 디아민을 중첨가반응시켜 중합한 것이다. 이는 특유의 탄성이 있어, 수영복과 탄성이 풍부한 운동복을 만드는 데 사용된다.

09 ③

유형 및 해설 폴리테트라플루오르에틸렌은 용해성과 용융성이 없어, 에멀션 방사하여 필라멘트를 만든 후 이것을 늘려 섬유로 제조한다. 나머지 사란, 폴리에스테르, 나일론은 용융방사에 의해 섬유화된다.

10 ④

유형 및 해설 폴리우레탄 계통의 유명한 섬유는 펄론−U와 스판덱스이다. 사란은 폴리염화비닐계 섬유이다.(정확히 말하면 폴리염화비닐리덴)

참고 합성섬유의 상품명과 종류

종 류	상품명
폴리아미드계	나일론, 코올론, 하일론
폴리에스테르계	대포린, 데이크린, 테릴렌, 토플론, 트릴론
폴리염화비닐계	비닐론, 사란, 데비론, 로벨
폴리우레탄계	펄론, 스판덱스
폴리아크릴계	캐시미론, 엑슬란, 올론
폴리비닐알코올계	비닐론

11 ③

유형 및 해설 [아라미드 섬유>케블라 섬유] 케블라는 아라미드 섬유로 폴리아미드와 방향족의 결합이다. 그러므로 이는 파라 지향으로 치환기를 구성하고 있어, 파라형(계) 방향족 폴리아미드이다. 케블라는 1971년 미국의 듀폰사(社)에서 개발하였고, 이는 내화학성을 지닌 물질로 벤젠에 쉽게 녹지 않는다. 방탄 성능이 우수한 것은 케블라의 대표적 특징이다.

제41주 탄성체(elastomers)

제41-1주제 천연고무

천연고무(생고무)
① 라텍스와 생고무
② 천연고무의 종류
③ 천연고무의 특징 및 용도

1. 천연고무(생고무)

천연고무는 동남아시아 등을 중심으로 한 연중 고온다습한 열대지방에서 자생하는 고무나무(헤비아 브라질리엔시스)로부터 얻어진다. 고무나무의 표피에 상처(테핑)를 내어 이때 흘러내리는 수액(latex)을 채취하여 모아서 가공공장으로 보내면, 라텍스 농도를 약 12~18% 정도로 묽게 하고, 잡티분을 제거한 후, 응고제(포름산 또는 아세트산)를 첨가하여 고무분을 응고(pH 4.8~5.1일 때 등온점 도달함)시킨 후, 롤러(Roller)를 통과시키며 수분은 탈수하고, 고무분은 시트(sheet)상으로 만들면서 필요한 크기로 절단, 포장해서 출고한다.

(1) 라텍스와 생고무

1) 라텍스(latex)

① 고무나무 줄기의 높이 1m 정도 되는 곳의 나무껍질에 칼금을 내어, 거기서 흐르는 수액을 그릇에 받는다. 이것이 라텍스(latex)이다.

② 방부와 응고방지를 위해서 소량의 암모니아(NH_3)를 가한다. 수분 약 60%, 고형분 약 40%이나, 원심분리법으로 60~70%로 농축시켜 수출한다.

2) 생고무

① 생고무는 라텍스에 포름산 또는 아세트산(초산)을 가하여 고형분을 응고시킨 것으로서, 건조 시에 연기에 쐰 스모크드 시트(smoked sheets)와 이보다 빛깔이 연하고 약품으로 방부처리를 한 페일 크레이프(pale crape)로 분류된다. 이들을 모두 생고무라 한다.

② 생고무의 성분

구 분	고무탄화수소	단백질	수분	무기물	기타
구성비(%)	91	2.8	0.5	0.4	5.3

➡ 기타 성분은 아세톤 추출분, 지방산, 당류 등이다.

➡ 주성분인 고무탄화수소는 이소프렌(isoprene)이 시스형으로 1,4 중합한 것으로, 분자량은 10만~100만까지 이른다.

(2) 천연고무의 종류 : 잡티분, 회분, 휘발성 물질의 함량에 따라 분류한다.

1) 국제 규격상의 천연고무 분류(국내 품질포장 기준 : 8품종 35등급)

① 리브드 스모크드 시트(Ribbed Smoked Sheets : RSS) : RSS 1X, RSS 1, RSS 2, RSS 3, RSS 4, RSS 5, RSS 6(7등급)

② 페일 크레이프(Pale Crepes) : Thick(Thin) Pale Crepes 1X호, 1호, 2호, 3호

③ White Crepes

④ 저급 천연고무

㉠ (농원산) 브라운 크레이프(Estate Brown Crepes) : Thin Brown Crepes 1X호, 2X호, 3X호.

㉡ 블랭킷 크레이프(Thick Blanket Crepes : Ambers) : Thick Blanket Crepes 2호, 3호, 4호

㉢ 플랫 바크 크레이프(Flat Bark Crepes)

㉣ Thick Brown Crepes(Remills)

㉤ Pure Smoked Blanket Crepes.

2) 기타 특수 천연고무

① ICR 고무(Initial Concentration Rubbers) : 묽게 하지 않고 라텍스에서 직접 제조된 고무

② SP 및 PA 고무(Superior Processing/Processing Aid)

㉠ 가공성 향상을 목적으로 부분적으로 가교된 라텍스와 혼합된 고무

㉡ SP 20, SP 40, SP 50 ⇒ 20%, 40%, 50%의 가교혼합물 포함

㉢ PA 고무 ⇒ 50% 이상 가교 혼합물이 블랜드된 고무(PA−57, PA−80)

㉣ ADS ⇒ SP Air Dried Sheets.

③ Oil extended NR(OE−NR) : 천연고무에 나프텐 또는 방향족 오일을 5~40% 함유된 천연고무

④ Hevea Plus MG Rubber : NR와 폴리메틸메타크릴레이트(PMMA)가 공중합된 것 ⇒ 접착제, 프라이머용

⑤ TC 고무(Technically Classified Rubber) : 가황속도에 따라 색상별로 구분함.(빠름(청색) → 느림(적색))

(3) 천연고무의 새로운 동향 : 천연고무는 기계적 강도, 내마모성, 동적특성이 합성고무에 비해 우수하여 항공기 부품, 자동차 타이어, 방진용으로 사용되고 있다.

1) 에폭시화 천연고무(ENR ; Epoxidized Natural Rubbers)

① NR 분자에 에폭시기가 10~50% 도입된 고무(NR Latex + Peracetic acid)

② NR의 내온도성, 내유성을 보완하여 타이어 트레드 등 기계부품, 운동기계용으로 사용한다.

2) 열가소성 천연고무(TPNR ; Thermoplastic Natural Rubbers) : NR 분자에 polyolefin (polypropylene)을 블랜드한 고무, 유기과산화물로 가황이 가능하다. plastic 특성을 보완하여 PVC, PE 대체용으로 운동기계, 호스, 창틀에 사용한다.

3) 펩타이즈드 천연고무(Liquid Natural Rubbers) : 천연고무를 액상으로 가소화한 고무로, 가공공정이 경제적이며, 점착성, 흐름성이 좋다.

(4) 천연고무의 특성

1) 천연고무의 구조

① **화학식** : isoprene(cis-1,4-isoprene)

$$\left(\begin{array}{c} * - CH_2 \qquad\qquad CH_2 - * \\ \underset{H_3C}{\overset{}{C}} = \underset{H}{\overset{}{C}} \end{array}\right)_n$$

② **구성** : 고무탄화수소(89.3~92.35%), 단백질(2.5~3.5%), 수분, 회분 등

③ **분자량(평균)** : 200,000~400,000 넓게 분포 ⇒ 가공성이 우수함

④ **생고무 물성** : 비중 0.934(20℃), 비열(20℃/0.502), 연소열(44.16kJ/g) 등

2) 천연고무의 장·단점

① **장점** : 기계적 특성이 극히 우수하고, 표면감촉이 고무 중 가장 좋다. 내마모성, 내굴곡성이 극히 우수하다.

② **단점** : 내열성(상용온도 : 60℃), 내오존성이 매우 나쁘다. 또한 진한산성이나 기름유에 극히 약하고, 고무 자체의 점도 차이가 많을 뿐 아니라 곰팡이에 부패되기 쉽다.

3) **용도** : 전선피복용, 자동차 타이어용, 신발창용, 방진용, 벨트용, 공업용 부품

제41-2주제   합성고무

1. 합성고무의 종류
① 스티렌 – 부타디엔고무(SBR)
② 부타디엔고무
③ 니트릴고무 : 아크릴로니트릴 – 부타디엔고무(NBR)
④ 부틸고무
⑤ 클로로프렌고무
⑥ 우레탄고무
⑦ 실리콘고무

2. 합성고무 가공방법
① 고무의 배합
② 고무 첨가제의 종류 : 충전제, 연화제, 가황 촉진제, 노화 방지제, 착색제, 활성제, 가황 지연제, 경화제, 발포제 등
③ 고무의 성형
④ 가황 처리 및 방법

2. 합성고무

(1) 스티렌 – 부타디엔고무(Styrene – Butadiene Rubber, SBR)

1) **제법** : 에멀션화제를 물속에 넣고 교반하여 에멀션으로 만들고, 안정제를 첨가시킨 후 부타디엔과 스티렌을 넣고 분산시키면서 중합조절제와 촉매를 넣는다. 중합반응이 적절히 진행되었을 때에 중합정지제를 넣어 반응을 정지시킨다. 저온(5℃)에서 레독스(redox)계를 사용하는 중합인 cold rubber법으로 주로 제조한다.

$$\left(CH_2-CH\right)_n\left(CH_2-CH=CH-CH_2\right)_m$$

SBR

2) **특징** : 부타디엔을 50% 이상 함유한 스티렌–부타디엔 공중합체로, 근래에 세계에서 가장 많이 쓰이는 합성고무이다. 부타디엔과 스티렌을 약 3 : 1의 무게비(몰비 약 6 : 1)로 하여 유화중합법에 따라 공중합시킨 것으로 Buna–S, GR–S 등으로 널리 알려져 있다.

3) 성질 및 용도

① SBR은 라디칼중합으로 만든 불규칙 공중합체로서 결정화하지 않는다.

② 호스, 벨트, 구두창, 마룻바닥 등으로 주로 쓰이고, 피복 제품, 압출품 및 전기절연체 등으로 사용된다. 전기절연성은 부틸고무보다는 나쁘다.

③ 성질은 천연고무와 비슷하며, 합성고무 중에서 가격도 가장 저렴하다.

④ 타이어로 사용될 경우 탄력이 약하고 열이 많이 발생하는 단점이 있다.

(2) 부타디엔고무(Butadiene Rubber, BR)

1) 제법 : 입체 규칙성 시스-1,4 폴리부타디엔(BR)은 에멀션 중합법과 지글러-나타 촉매를 사용한 용액중합법으로 제조한다. 여기서 용액중합으로 제조된 폴리부타디엔고무는 입체 구조인 시스-1,4 구조를 95% 이상 함유하므로 스테레오(stereo) 부타디엔고무라고 부르며, 일반적으로 BR이라 부른다.

cis-1,4-Polybutadiene rubber

2) 성질 및 용도

① 지글러형 촉매를 사용하는 스테레오부타디엔고무는 천연고무, SBR보다 반발탄성, 내마멸성, 내한성이 우수한데 발열성이 낮아 주로 단독으로 사용하지 않고 천연고무를 블렌드(blend)로 하여 타이어고무 원료로 사용한다.

② 알킬리튬 촉매를 사용한 BR은 내마멸성, 반발탄성, 저온에서의 특성이 우수해 일반 고무 제품을 만드는 데 쓰인다.

(3) 니트릴고무(acryloNitrile-Butadiene Rubber, NBR)

1) 제법 : 두 가지 제법이 있다. ① 그 중 하나는 아크릴로니트릴-스티렌 공중합체를 부타디엔-아크릴로니트릴고무와 블렌딩(blending)하는 방법이다. ② 다른 하나는 폴리부타디엔과 단량체인 스티렌, 아크릴로니트릴의 혼합물을 중합하여 상호 고분자(interpolymer)들을 제조하는 방법이다.

2) 특징

① '스티렌-아크릴로니트릴' 공중합체는 구조용 플라스틱의 용도로 상업생산되고 있다.

② 이들 수지에서 전형적인 아크릴로니트릴의 함량은 20~30%이다.

③ 이는 폴리스티렌에 비해 상대적으로 우수한 내용매성과 내유성, 그리고 높은 연화점을 보인다. 더욱이 이들은 균열과 파열에 대한 저항성이 높고 상대적으로 향상된 충격강도를 보인다.

④ 이와 같이 아크릴로니트릴 공중합체가 폴리스티렌보다 향상된 물성을 가지고 있지만 여전히 제품으로 다양한 응용에 부족한 점이 많아 아크릴로니트릴-부타디엔-스티렌 중합체가 개발되어 ABS 수지로 사용되고 있다.

(4) 부틸고무(Butyl Rubber, BR) : 이소프렌과 이소부틸렌의 공중합체를 이소프렌-이소부틸렌고무 또는 부틸고무라 한다.

1) 제법 : 이소부틸렌과 이소프렌에 희석제인 염화메틸을 혼합하여 제조한다.

$$n\text{H}_2\text{C}=\text{CH}-\overset{\overset{\text{CH}_3}{|}}{\text{C}}=\text{CH}_2 + m\text{H}_3\text{C}-\overset{\overset{\text{CH}_2}{||}}{\text{C}}-\text{CH}_3 \xrightarrow{\text{중합}}$$

isoprene   isobutylene

$$*-\left[\text{CH}_2-\overset{\overset{\text{CH}_3}{|}}{\underset{\underset{\text{CH}_3}{|}}{\text{C}}}\right]_n\left[\text{CH}_2-\overset{\overset{\text{CH}_3}{|}}{\text{C}}=\text{CH}-\text{CH}_2\right]_m*$$

2) 성질 및 용도

① 다량의 이소부틸렌 분자 속에 소량(1.5~4.5%)의 이소프렌이 불규칙하게 분포되어 있다.

② 기체 투과성이 작아서, 주로 자동차 타이어의 내부용 튜브의 원료로 사용된다.

③ 디엔계 고무와의 블렌드성(상용성)이 나쁘고, 가황속도가 비교적 느리며 접착성도 나쁘다.

④ 내노화성, 내오존성, 전기절연성이 뛰어나지만 반발탄성은 불량하다. 호스, 튜브 없는 타이어의 내장, 전선피복, 기계적 제품의 생산에 사용된다.

(5) 클로로프렌고무(Chloroprene Rubber, CR) : 2-클로로-1,3-부타디엔(클로로프렌)의 중합체 및 공중합체로, 클로로프렌고무, 네오프렌, 폴리클로롤프렌이라 한다.

1) **제법** : 클로로프렌 단위체를 물속에서 비누로 에멀션화시키고, 중합 조절제(황)와 개시제 (과황산칼륨)를 사용하여 pH 9~12, 40℃에서 중합시켜 제조한다.

$$n\text{H}_2\text{C=CH-C=CH}_2 \xrightarrow{\text{중합}} *\!\!\left[\text{CH}_2-\text{CH=C-CH}_2\right]_n\!\!*$$

chloroprene   네오프렌 합성고무의 일종

(첫 구조의 C에 Cl, 생성물의 C에 Cl)

2) **종류** : 현재 드라이 타입이 28종(성능에 따라 G 타입, W 타입, 특수 타입), 라텍스타입이 13종 있다.

3) **성질 및 용도**

① 중합온도에 따라 중합체의 trans-1,4 결합량이 달라진다. 중합온도가 높을수록 trans-1,4 결정성이 저하되고, 결합량도 감소한다.

② 클로로프렌라텍스로 장갑이나 피복제품 제조에 원료로 사용된다.

③ 다른 제품보다 가격이 비싸므로 타이어로는 많이 쓰이지 않고, 주로 전선, 케이블 피복, 구두의 뒤축, 공업용 호스, 벨트로 쓰인다.

(6) 실리콘고무

1) **제법** : 직쇄상 폴리실록산을 원료로 하여, 가교를 촉진시키기 위해 메틸비닐 폴리실록산을 가하여 제조한다.

$$\left[\begin{matrix}\text{CH}_3 \\ \text{Si}-\text{O} \\ \text{CH}_3\end{matrix}\right]_n + \left[\begin{matrix}\text{CH}_3 \\ \text{Si}-\text{O} \\ \text{CH} \\ \| \\ \text{CH}_2\end{matrix}\right]_n$$

메틸비닐 폴리실록산

➡ 가교는 과산화벤조일(BPO) 등의 유기과산화물에 의해 행하고, 비닐기가 라디칼반응으로 가교를 일으킨다.

2) **성질 및 용도**

① 넓은 온도범위에서 내열성, 탄성이 좋고, 내수성, 내한성, 전기적 성질, 내약품성이 뛰어나지만, 내유성이 약하고 가격이 비싸다.

② 내유성을 개선하기 위해 플루오르알킬기 같은 유리기를 넣어준다.

③ 기기의 완충제, 전기절연품, 뜨거운 유체의 도관, 전선 및 케이블의 피복, 유리와 금속의 접착제 등으로 사용된다.

3. 고무의 가공

고무제품의 제조공정 순서 : 원료고무나 중합체를 잘라서 이김 → 여기에 여러 가지 첨가제를 넣어 배합 → 혼합 → 성형 → 가황 → 제품화

(1) 고무의 배합

1) 원료의 혼합과 배합 : 첨가제를 배합한 후, 밀(mill)이나 믹서(mixer)를 사용하여 혼합한다.

① **고무의 배합방법** : 라텍스를 응고시켜 건조시킨 후, 고무를 분쇄기 또는 기타 장치로 이겨 배합하는 것이 일반적이다. 하지만, 천연고무나 SBR 및 기타 에멀션 중합법으로 합성한 고무들은 라텍스를 형태 그대로 사용이 가능하다.

② SBR 제조 시, 라텍스가 응고하기 전에 유전(oil extending)과 마스터 배칭(master batching)을 실시한다.

㉠ 유전 : 고무의 유연성, 가소성 등을 늘려 주고, 용융점도를 떨어뜨려 첨가제의 배합이나 가공성을 좋게 하는 처리이다. 이는 탄화수소유를 고무 라텍스가 응결되기 전에 넣어준다. 유전시킨 고무는 타이어 표면 등의 제조에 주로 쓰인다.

㉡ 마스터 배칭 : 카본블랙과 고무의 혼합방법은 카본슬러리와 고무 라텍스의 혼합물을 동시에 침전시키는 것이다. 라텍스입자와 카본블랙의 입자 크기가 비슷하고, 응고 전의 단위부피당 각각의 입자수가 거의 비슷할 때, 혼합하기 쉽다.

(2) 고무 첨가제

1) 충전제 : 고무에 배합하는 고운가루로서, 불활성 충전제와 보강 충전제가 있다.

① **불활성 충전제(inert filler)** : 고무제품의 성질에 큰 영향을 주지 않고, 단지 양을 늘릴 목적으로 첨가하는 것이다. 백악(chalk), 점토, 산화아연, 활석, 탄산마그네슘 등이 있다.

② **보강 충전제(reinforcing filler)** : 제품의 경도, 인장강도, 인열강도, 탄성률, 내마멸성 등의 제품 성질을 증가시키는 보강재료로 고무공업에서 중요한 배합제이다. 제품의 보강성은 크기, 충전제의 종류, 배합량, 모양, 고무의 종류 등에 따라 달라지는데, 이들 중 카본블랙이 가장 많이 쓰이며 규산염, 실리카도 쓰인다.

③ 보강재를 넣지 않은 순수한 고무는 비교적 부드럽고 연하며 잘 늘려지기 때문에, 튜브, 고무줄, 장갑 등을 만드는 데 쓰이고, 보강제를 넣은 것은 구두창, 타이어 등을 만드는 데 쓰인다.

2) **연화제** : 제품을 유연하게 하는 첨가제로, 이기기(mastication), 압출, 압연을 쉽게 하고 배합제가 고루 잘 분산된다. 이 연화제에는 석유유분을 처리하여 만든 프로세스 오일, 지방유(콩기름, 면실유 등의 유지와 스테아르산과 같은 지방산), 광물류(아스팔트 물질, 윤활유) 등이 쓰인다.

3) **가황 촉진제** : 고무의 가황시간을 조절하고 가황온도를 낮추는 작용을 하여, 황의 양을 감소시키고 고무제품의 품질을 향상시키는 역할을 한다. 이의 종류에는 유기촉진제와 무기촉진제가 있다.

① **유기촉진제** : 티오페놀, 티오요소, 디티오카바메이트, 메르캅탄 등

② **무기촉진제** : 산화마그네슘, 산화칼슘, 산화아연 등

> **주의** 아주 강한 활성을 띤 가황 촉진제를 사용할 경우, 가황 처리를 하기 전에 미리 가황될 수 있기 때문에 이를 방지하기 위해 무수프탈산이나 N-니트로소디페닐아민을 넣어준다.

4) **노화 방지제** : 고무제품의 열화는 시간이 지남에 따라 경도가 증가하고, 균열이 생기며, 기계적 성질이 떨어지고 점성이 생기는 현상을 의미한다. 노화의 원인은 햇빛, 공기 중의 산소, 열의 작용 등에 의해 고무분자가 분해하기 때문이다.

노화방지제의 종류는 주로 산화방지제로 라디칼을 흡수하는 성질을 가진 것이다. 산화방지제로는 방향족, 페놀류, 아민류가 많이 쓰인다.

5) **발포제** : 스펀지 고무제조에 쓰이며, 분해되서 탄산가스, 질소가스를 방출하는 화합물이다. 이의 종류에는 디니트로소펜타메틸렌테트라민, 디아조아미노벤젠, 벤젠술포닐히드라지드 등이 쓰인다.

6) **착색제**

① **착색제의 조건** : 분산성이 좋으며, 색상이 선명해야 하고, 내광성, 내열성, 내약품성이 좋으며, 합성 수지의 성질에 영향을 주면 안 된다.

② **착색제의 종류** : 일반적으로 무기안료가 사용되나, 근래에 선명한 제품에는 유기안료도 쓰인다.

③ **착색제와 색**

색	착색제	색	착색제
흰색	황산칼륨, 황산바륨, 산화티탄	빨간색	카드뮴 레드, 산화철 레드
검은색	아닐린블랙, 카본블랙	보라색	안트라퀴논 바이올렛·코발트
노란색	카드뮴 옐로, 황납	녹색	크롬·프탈로시아닌
주황색	피카졸론 오렌지, 크롬 버밀련	금속가루	황동, 알루미늄, 청동

7) **기타** : 가황활성제(금속산화물과 지방산), 가황지연제(니트로소화합물과 방향족유기산), 경화제(벤젠, 하이스티렌 수지, 퀴논), 용제(유기용제) 등

(3) 성형 : 이기기와 배합을 끝낸 배합고무는 각종 제품을 만들기 위해 천과의 접착, 고무판, 봉관, 실 등의 기본형으로 성형된다.

1) 프릭셔닝(frictioning) : 압연은 일정한 두께의 고무 시트를 만드는 것을 말하고, 시트 성형에는 캘린더를 사용하는데, 이때 두 롤은 다른 회전속도를 가지게 하면서 적당한 천을 공급하어 천에 고무를 넣는 작업이다.

2) 토핑(topping) : 프릭셔닝을 한 천에 일정한 두께의 고무를 압착시켜 한 면 또는 두 면에 천을 댄 시트로 만드는 것이다.

(4) 가황(vulcanization) : 자연고무나 합성고무에 이황화물을 교차결합(cross-linking)시키기 위해 황을 가해 가열하는 것으로 내구성, 탄성을 증가시키는 조작을 의미한다.

1) 가황의 개요

① 고무의 가황은 고무의 약 0.5~5% 정도의 황이 반응했을 때 일어난다.

② 딱딱하고 탄성이 없는 에보나이트는 천연고무에 황(고무의 양 30~50%)을 반응시키면 만들어진다.

③ 고무 성형 시 가황을 하는 것은 가교결합을 목적으로 한 것이지만, 실제로 가황고무를 아세톤으로 추출하면 일부의 황이 녹아 나온다.

④ **실제의 가황반응**

㉠ 가황제(황, 셀렌, 텔루르, 유기황화합물, 금속산화물, 유기과산화물 등)

㉡ 가황촉진제(구아니딘류, 티오산염류, 이소티오요소염류 등)

㉢ 가황지연제(살리실산, 프탈산, 올레인산카드뮴 등) 외에 가황촉진조제(助劑), 경화제, 펩타아제, 충전제, 산화방지제(탄산칼슘·카본블랙·산화납·점토 등) 등의 많은 물질이 배합되므로 복잡한 반응이 일어나는 것으로 알려졌다. 일반적으로 고무의 양에 대하여 황이 6% 정도 가해지면 연질고무, 30% 정도이면 경질고무, 즉 에보나이트가 된다.

2) 가황법

① **열가황법** : 가열하여 가황하는 방법으로, 가열은 주로 증기를 사용하고, 대부분의 제품의 가황에 사용된다. 이 방법에 사용되는 장치에는 수증기 가황탱크, 프레스 가황기 등이 있다.

② **냉가황법** : 염화황(S_xCl_2)을 CS_2나 벤젠, 가솔린 등에 녹인 용액(2% 정도)을 천에 바르거나 또는 성형한 고무를 담가, 상온에서 가황하는 방법을 말한다. 고무장갑 같은 얇은 제품을 만드는 데 쓰인다.

기출 및 예상 문제

01 라텍스(latex)에 아세트산이나 포름산을 가하여 응고시키면, 생고무가 된다. 이 생고무가 이루는 단위체는 무엇인가?　　　　　　　　　　　　　　　　　　　　　● 97 총무처 9급

① 이소프렌(isoprene)　　　　　　　　　② 부타디엔(butadiene)
③ 클로로프렌(chloroprene)　　　　　　　④ 부나(Buna)

02 다음 중 천연고무인 것은?　　　　　　　　　　　　　　　　　　　　● 04 서울시 9급

① 부타디엔(butadiene)　　　　　　　　　② 네오프렌(neoprene)
③ 이소프렌(isoprene)　　　　　　　　　　④ 부타디엔-아크릴로니트릴 공중합체
⑤ 부타디엔-스티렌 공중합체

03 합성고무 배합제 중, 가황을 할 때에 비교적 저온에서 빠른 속도로 3차원 그물모양 구조가 이루어지도록 첨가하는 물질은?

① 가황촉진제　　　　　　　　　　　　　② 충전제
③ 연화제　　　　　　　　　　　　　　　④ 가황제

04 스티렌을 포함하는 고무인 것은?

① BR　　　　　　　　　　　　　　　　② IR
③ SR　　　　　　　　　　　　　　　　④ SBR

05 다음 중 합성고무의 가황제로 사용하는 화합물은?

① 셀렌(Se)　　　　　　　　　　　　　　② 탄소(C)
③ 납(Pb)　　　　　　　　　　　　　　　④ 산소(O_2)

06 다음 네오프렌에 대한 설명이다. 옳지 않은 것은?

① 클로로프렌의 중합체로, 클로로프렌고무(CR)라고 한다.
② 공기나 오존 등이 약해 쉽게 산화된다.
③ 가황체는 내후성과 내유성이 대단히 좋다.
④ 충전제를 가하지 않아도 높은 인장강도를 가진다.

정답 및 해설

01 ①

[유형 및 해설] [천연고무(생고무)] 생고무는 이소프렌으로, cis-1,4-부타디엔이다.

02 ③

[유형 및 해설] '문제 1'과 동일한 문제로 천연고무 이소프렌에 대해 알아두자.

03 ①

[유형 및 해설] 가황제는 고무의 다리 걸친 결합을 촉진시켜주는 첨가제이다. 가황촉진제는 가황 시 저온에서 빠른 속도로 3차원 그물모양 구조를 만드는 첨가물로서, 유기촉진제, 무기촉진제가 있다.

04 ④

[유형 및 해설] ①은 부틸고무, ②는 이소프렌고무로 이는 cis-1,4-부타디엔이다. ③은 실리콘고무(silicone rubber)로 디메틸클로로실란을 가수분해, 축중합시켜 만든 폴리실록산이다. 정답은 ④로 '스티렌-부타디엔' 공중합체이다.

05 ①

[유형 및 해설] 가황제에 대한 질문으로, 쇄상 고무분자를 3차원 그물모양으로 만드는 것을 가황으로, 이를 위해 첨가하는 물질에는 셀렌(Se), 유기황화합물, 텔루륨(Te), 유기산화물, 금속산화물 등이 있다.

06 ②

[유형 및 해설] [클로로프렌고무] 클로로프렌의 공중합체로, 그 특성은 공기나 오존산화에 잘 견디며, 인장강도가 크고, 내후성이 우수하나 NBR에 비해 약간 떨어진다. 그리고 값이 비싸다. 따라서, 이는 케이블의 피복, 전선, 벨트나 공업용 호스의 제조에 쓰인다.

제 42 주

생체고분자 개요와 탄수화물

제42-1주제 생명체 천연고분자

1. 천연고분자의 분류
2. 생체분자의 특징

1. 생체고분자 개요

> **참고 천연고분자의 분류**
>
> ① 다당류 : 전분, 셀룰로오스, 키틴, 펙틴, 알긴산, 송진(plant gum) 등이 이에 속한다.
> ② 단백질(천연폴리아마이드) : 동물과 식물 속에서 얻어진다.
> ③ 천연고무(폴리이소프렌) : 나무의 수액으로부터 분리시킨다.
> ④ 폴리뉴클레오티드 : 모든 생물체에서 발견되는 DNA와 RNA를 포함한 천연고분자를 말한다.
> ⑤ 리그린(lignin) : 침엽수 및 그 유사체에 존재하는 고분자물질이다.
> ⑥ 가교화된 폴리에스테르 : 랙깍지 진딧물(lac insert)에 의해 분비된 셸락 수지(shellac)와 같은 잡다한 천연고분자로, 이는 몇 개의 불포화된 긴 사슬 지방산을 함유하고 있다.

(1) 생체분자 : 아미노산, 당, 지방산, 뉴클레오티드

동물과 식물의 세포는 약 만 여종의 생체분자를 갖고 있다. 그 중 물(H_2O)은 약 50~90%를 차지하며, Na^+, K^+, Mg^{2+} 및 Ca^{2+} 등은 약 1%를 차지한다. 그 이외의 다른 분자들은 거의 유기화합물이다. 유기화합물은 주로 탄소(C), 수소(H), 산소(O), 질소(N), 인(P), 황(S) 등으로 구성된다. 이 중 탄소는 유기화합물의 주축을 이루고, 4개의 강력한 공유결합으로 탄소 또는 다른 원자와 결합하여 다양한 구조를 이루고 있다.

- **생체분자의 작용기** : 대부분의 생체분자는 하나 이상의 작용기를 가지고 있다. 예를 들어, 단당류(simple sugar)는 여러 개의 수산기(−OH)로 알데히드기를 갖고 있다. 아미노산은 아미노기와 카르복실기를 갖고 있다. 각 작용기의 독특한 화학적 성질은 그 분자의 전체의 화학적 성질을 나타내는 데 기여한다.

화학족	작용기의 구조	작용기 이름	화학적 성질
알코올(alcohol)	R−OH	hydroxyl	극성(수용성), 수소결합을 형성
알데히드(aldehyde)	R−(CO)−H	carbonyl	극성, 약간의 당류에서 발견됨
케톤(ketone)	R−(CO)−R′	carbonyl	극성, 약간의 당류에서 발견됨
산(acids)	R−(CO)−OH	carboxyl	약산, 양성자를 공여할 때 음전하를 띰
아민(amines)	R−NH$_2$	amino	약염기, 양성자를 수용할 때 양전하를 띰
아마이드(amides)	R−(CO)−NH$_2$	amido	극성이나 전하를 띠지 않음
티올(thiols)	R−SH	thiol	수소결합을 하지 않기 때문에 알코올보다 물에 덜 용해됨
에스테르(esters)	R−(CO)−OR	ester	지방분자에 발견됨
이중결합(double bond)	RCH=CHR	alkene	많은 생체분자의 구조 성분(**예** 지방)

(2) **작은 생체분자** : 세포 속에 존재하는 많은 화합물들은 보통 분자량이 1,000보다 작은 것들로서 4개의 그룹, 즉 아미노산, 당, 지방산과 뉴클레오티드로 되어 있다. 각 그룹은 여러 기능을 가지고 있는데, 첫 번째 거대분자인 중합체(단백질과 핵산)를 만들고, 두 번째 어떤 분자는 특이한 생물학적 기능을 갖는다. 예를 들어 ATP는 세포 내 화학적에너지의 저장고로 쓰인다.

(3) **생체분자의 중합**(역방향은 산화반응 또는 이화작용이라 한다.)

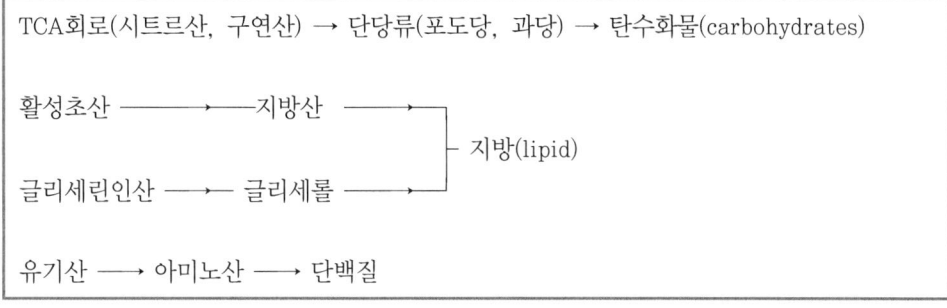

TCA회로(시트르산, 구연산) → 단당류(포도당, 과당) → 탄수화물(carbohydrates)

활성초산 ──────→ 지방산 ─────┐
　　　　　　　　　　　　　　　　├ 지방(lipid)
글리세린인산 ───→ 글리세롤 ───┘

유기산 ──→ 아미노산 ──→ 단백질

제42-2주제 당류 – 탄수화물

1. **단당류** : 포도당, 과당, 갈락토오스
2. **이당류** : 젖당, 엿당, 설탕
3. **올리고당류**
4. **다당류** : 녹말, 셀룰로오스

2. 탄수화물

탄수화물은 살아있는 세포를 위해 신속하게 필요한 에너지를 공급하는 에너지원으로서만 작용하는 것이 아니라, 세포의 구성성분과 수많은 대사 경로의 구성원으로서도 쓰인다. 세포인식(cell recognition)과 세포결합(cell binding)같은 다양한 세포현상(예 호르몬과 바이러스)은 탄수화물에 의존하고 그 종류에 따라 달라진다.

(1) 당(sugar) : 자연계에 가장 많이 존재하는 탄수화물은 에너지원, 구조적 성분 및 세포 간 정보교신 등으로 쓰인다. 탄수화물의 기본적 단위는 단당류이고, 폴리히드록시 알데히드 또는 케톤으로 분류된다. 대부분의 탄수화물의 실험식은 $(CH_2O)_n$이고, n은 적어도 3개 이상이다. 알데히드기를 갖고 있는 당을 알도오스(aldose)라고 하는 반면, 케톤기를 갖고 있는 당은 케토오스(ketose)라 한다. 수많은 단당류로 구성된 복잡한 중합체를 다당류(polysaccharide)라고 하며 글리코겐(glycogen), 전분(starch), 셀룰로오스(cellulose) 등이 있다.

| 알도오스 | 케토오스 |

$$\left(\begin{array}{c}\text{H}\\ |\\ \text{C}=\text{O}\\ |\\ \text{H}-\text{C}-\text{OH}\\ |\\ \text{CH}_2\text{OH}\end{array}\right)_n \qquad \left(\begin{array}{c}\text{CH}_2\text{OH}\\ |\\ \text{C}=\text{O}\\ |\\ \text{H}-\text{C}-\text{OH}\\ |\\ \text{CH}_2\text{OH}\end{array}\right)_n$$

알도오스   케토오스

➡ 당류는 포함되어 있는 탄소수에 따라 분류된다. 예를 들면, 가장 작은 당류로서 탄소수가 3개인 3탄당(triose), 4개인 4탄당(tetrose), 5개인 5탄당(pentose), 6개인 6탄당(hexose) 등이 있다. 세포에서 가장 많이 발견되는 단당류는 5탄당과 6탄당이다.

(2) 단당류(monosaccharide)

가장 간단한 당류로 가수분해되지 않으며, 환원성이 있다.

 1) 포도당 : 글루코오스

  ➡ 녹말 또는 셀룰로오스를 가수분해하여 제조하거나, 맥아당이 말타아제의 작용을 받아 제조된다.

① 글루코오스(glucose)

　㉠ 분자식이 $C_6H_{12}O_6$인 것을 말하며, 무색의 가루모양의 결정이다.

　㉡ 글루코오스 속에 있는 알데히드기의 작용으로 환원성을 가지므로 펠링용액을 환원하여 은거울반응을 한다.

　㉢ 결정 포도당은 α-글루코오스이지만, 묽에 녹이면 고리모양의 구조가 사슬모양으로 변한다.

　㉣ 가열하면 단맛이 있는 α-글루코오스는 감소하고, β-글루코오스가 증가한다. 효소와 작용하여 알코올을 만든다(알코올 발효).

　㉤ 포도당은 3가지 이성질체가 있는데(α-글루코오스, β-글루코오스, 알도오스형), 평형상태로 존재하며 서로 쉽게 변환이 가능하다. 포도당의 단맛은 설탕보다 약하다.

　㉥ 여러 가지 과일 속에 함유되어 있으며, 정상적인 사람의 혈액에는 약 0.1%가 들어 있다.

　㉦ 혈중에는 글루코오스가 0.16%로 증대하면 과잉의 당은 신장에서 제거되어 소변으로 배설된다. 당뇨병은 글루코오스의 대사가 약해져서 생기는 병이다.

　㉧ 이 물질은 살아있는 세포의 제일 중요한 에너지이다. 동물에서는 뇌세포 그리고 적혈구처럼 미토콘드리아가 거의 또는 전혀 없는 세포에 아주 좋은 에너지원이다. 안구같이 산소공급이 제한된 세포도 에너지를 만들기 위해 대량의 글루코오스를 사용한다.

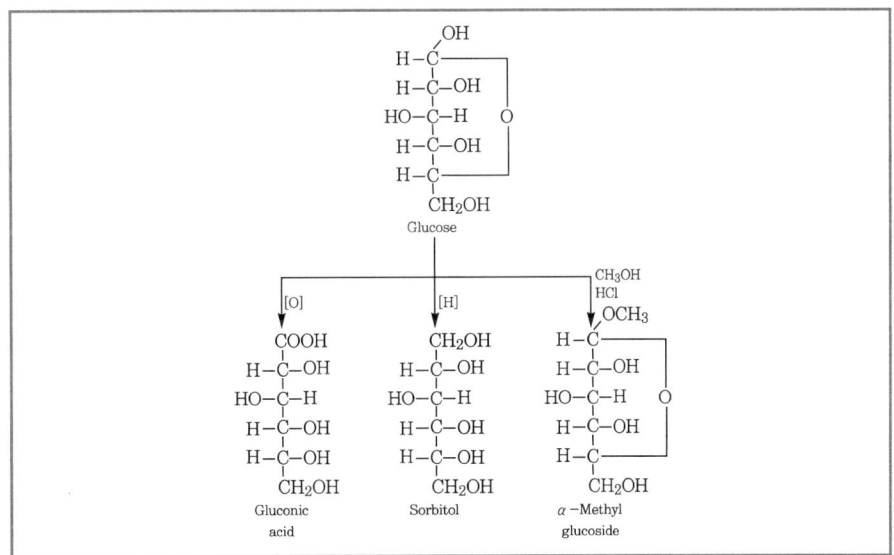

[글루코오스의 반응]

ⓩ 솔비톨(sorbitol)은 비타민 C(아스코르브산)의 전형적인 합성을 위한 시작물질이다.

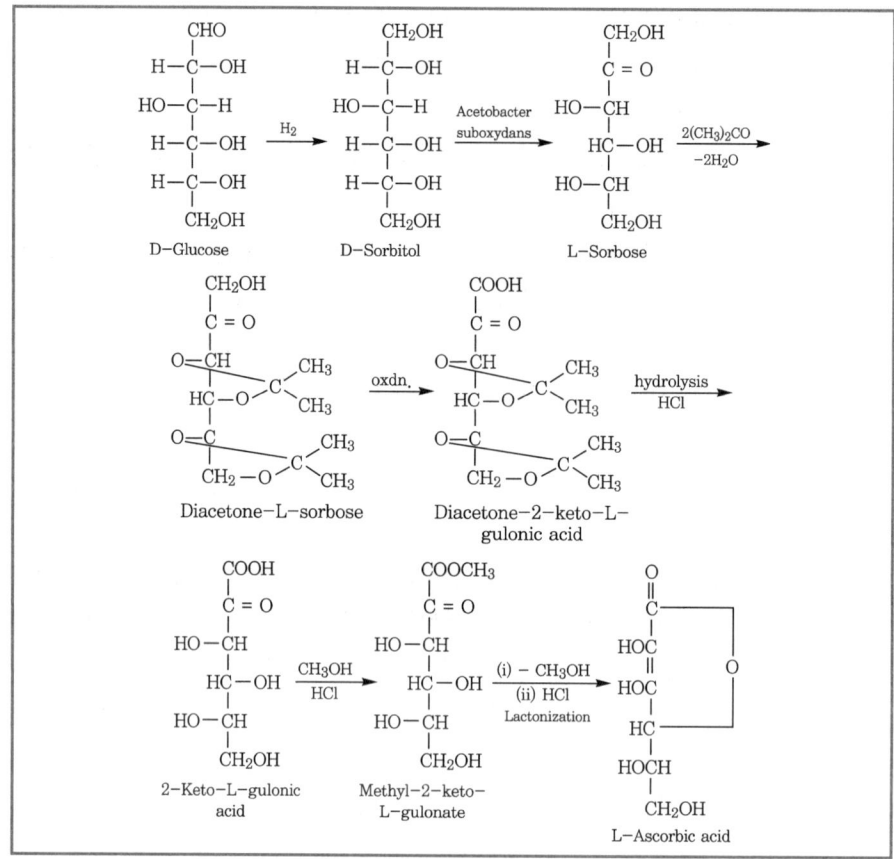

2) 과당 : 프록토오스

① **프록토오스(fructose)**

　ⓐ D-fructose 또는 levulose는 과일 속에 다량 존재하기 때문에 과당(fruit sugar) 이라 한다.

　ⓑ 분자식은 글루코오스와 같으나 구조식이 다르다.

　ⓒ **환원력** : 케톤기를 가지나 인접 수산기 때문에 아시로인기 '-CHOH-CO-'가 2개의 수소원자를 잃고 디케톤으로 되기 때문이다.

　ⓓ 포도당과 비슷한 성질을 가지며, 공업적으로 대량 생산하여 설탕이나 포도당을 대신하는 감미료로 사용된다.(1g의 프록토오스는 설탕보다 2배나 달다.)

　ⓔ 과량의 프록토오스는 수컷의 생식관에 사용되고, 세정낭(seminal vesicle)에서 합성된 다음 정액의 구성물질로 된다.

　ⓕ 포도당과 과당은 탄소수가 6개인 단당류이지만, DNA, RNA를 이루는 디옥시리 보오스 등은 탄소수가 5개인 단당이다.

3) 갈락토오스(galactose)

① 알데히드기를 가지는 6탄당 중의 하나로, 다양한 생체분자를 합성하는 데 필요하다.

② 이에 속하는 생체분자로는 락토오스, 당지질, 프로테오글리칸과 당단백질이 있다.

③ 갈락토오스와 이의 유도체 등이 축적되어 간 장애, 백내장 및 심각한 징신박약을 일으킨다.

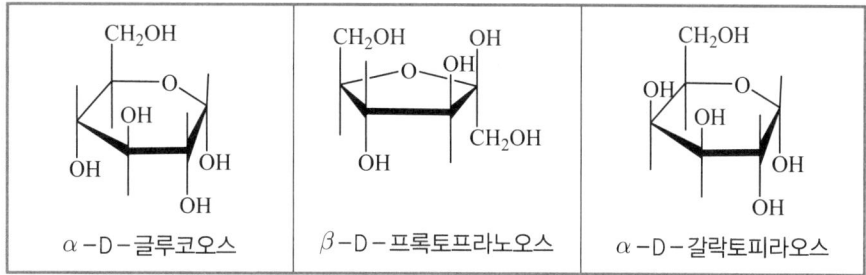

α-D-글루코오스 | β-D-프록토프라노오스 | α-D-갈락토피라오스

4) 단당류의 반응

① 변광회전(Mutarotation) : 단당류의 α-와 β-형은 물에 용해되면 쉽게 상호전환된다. 이를 변광회전이라 하며, 자발적반응으로 평형혼합물을 만든다.

② 산화-환원반응 : 효소, 금속이온(Cu^{2+}), 산화제 존재하에서 단당류는 여러 가지 산화반응을 한다. 알데히드기가 산화되면 알도닉산(aldonic acid)이 되고, 말단 CH_2OH 가 산화되면 우로닉산(uronic acid)이 된다.

➡ 베네딕트(Benedict) 시약과 같은 약한 산화제에 의해 산화될 수 있는 당을 환원당(reducing sugar)이라 한다. 이의 반응은 열린 사슬형태로 되돌아갈 수 있는 당에서만 일어나기 때문에 모든 단당류는 환원당이다.

③ 환원반응 : 단당류의 알데히드와 케톤기의 환원은 당알코올(alditols)을 만든다.

④ 이성질화반응 : 단당류는 여러 형태의 이성질화반응을 한다.

⑤ 에스테르화반응 : 모든 자유 히드록시기(free OH group)처럼 탄수화물의 자유 히드록시기는 산과 반응하여 에스테르(ester)로 될 수 있다. 에스테르화는 당의 물리적, 화학적 성질을 극적으로 변화시킬 수 있다.

⑥ 글리코시드 형성(glycoside) : 헤미아세탈(hemiacetal)은 알코올과 작용하여 아세탈(acetal)을 만든다. 새로 형성된 결합을 글리코시드결합이라 한다. 글리코시드는 아세탈이기 때문에 알칼리용액에 안정하다.

$$R-\underset{\underset{OH}{|}}{\overset{\overset{H}{|}}{C}}-OR' + R''OH \longrightarrow R-\underset{\underset{OR''}{|}}{\overset{\overset{H}{|}}{C}}-OR' + H_2O$$

[아세탈(acetal)의 형성]

(3) 이당류(disaccharide)

- 이당류는 두 개의 단당류로 된 글리코시드(glycoside)이다. 자연계에 풍부하게 분포하는 이당류는 인간의 음식에서 중요한 칼로리원이 된다.
- 이당류의 소화는 작은 창자 세포에서 합성되는 효소에 의해 일어난다. 이 효소가 결핍되면 소화되지 않은 이당류가 큰 창자로 흘러가 거기에서 주변 조직으로부터 삼투압에 의해 물을 빨아들여 설사를 일으키게 한다.
- 가수분해되어 2분자의 단당류가 되는 것으로, 환원성이 있다(단, 설탕은 제외함).

1) 락토오스(lactose) : 젖당

① 우유에 많이 들어 있는 이당류이다.

② 락토오스의 구조는 갈락토오스의 1번째 탄소 위의 히드록시기가 글루코오스의 4번째 탄소의 히드록시기에 β-글리코시드 결합으로 연결되어 있다.

③ 글루코오스 성분이 헤미아세탈기를 갖고 있어, 락토오스는 환원당이다.

④ 젖당을 가수분해하면 포도당과 갈락토오스가 된다.

⑤ 공업용 락토오스는 탈지우유의 폐기물로부터 주로 추출된다.

⑥ 이는 식품, 치즈생산, 인쇄 및 염색 공정 그리고 가죽생산 등에 사용된다.

2) 말토오스(maltose) : 엿당 또는 맥아당

① 녹말 가수분해의 중간 산물이고, 자연계에 유리된 상태로 존재하지 않는다.

② 두 개의 D-글루코오스분자 사이의 $\alpha(1,4)$ 글리코시드결합을 한 이당류이다.

③ 용액에서 유리된 아노머탄소는 변광회전을 하여 α-말토오스와 β-말토오스의 평형혼합물을 이룬다.

④ 전분, 글리코겐, 덱스트린의 불안전한 가수분해로 생성된다.

⑤ 두 개의 단당류의 축합반응으로 제조되고, 가수분해하면 두 분자의 포도당이 된다.

⑥ 설탕의 이성질체이며 환원작용이 없다. 엿당은 엿, 식품의 제조에 사용된다.

3) 수크로오스(sucrose) : 설탕

① 식물의 잎과 줄기에서 생성되고, 식물 전체로 운반되는 에너지원이다.

② α-글루코오스와 β-프록토오스로 구성된 설탕은 단당류들이 두 개의 아노머탄소 사이에 글리코시드결합으로 연결하고 있는 다른 이당류와 다르다. 어느 단당류 고리도 열린 사슬형태로 되돌아 갈 수 없기 때문에, 설탕은 비환원당이다.

③ 포도당과 과당이 축합된 모양의 분자구조를 가지므로, 묽은 산이나 효소인 인베르타제를 작용시켜 가수분해한다.

④ 설탕은 펠링용액을 환원시키지 못하나, 설탕용액에 산을 가하여 가열한 후 펠링용액과 작용시키면 적갈색인 Cu_2O 침전이 일어난다. 설탕이 산 촉매작용을 받아 환원력이 있는 전화당으로 가수분해되기 때문이다.

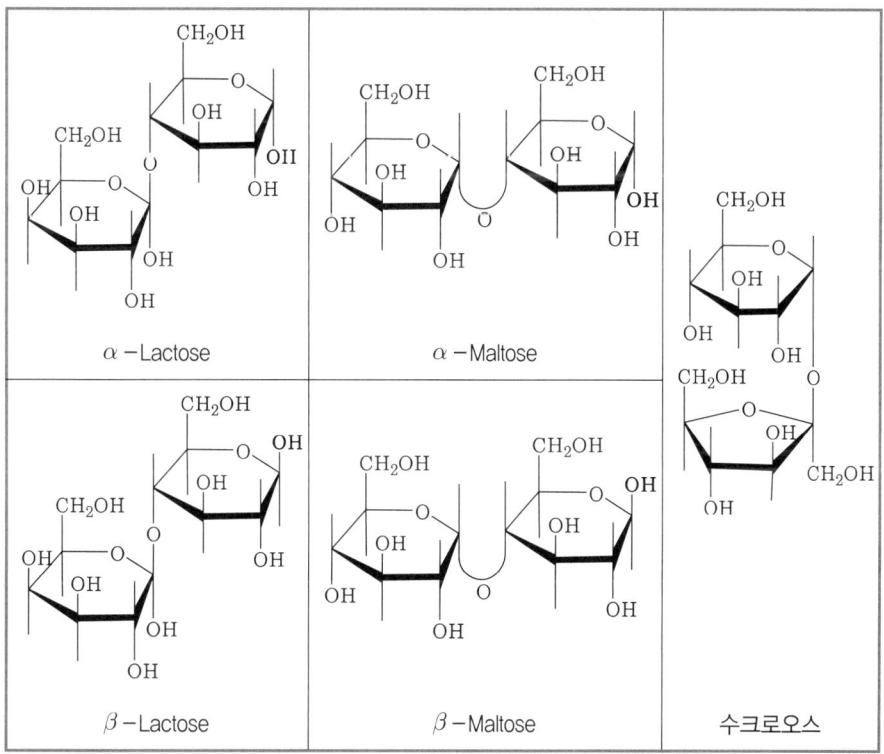

⑤ 수크로오스는 볏과의 식물인 사탕수수 또는 뿌리 작물인 사탕무로부터 추출된다. 수
   수는 잘라서 분쇄한 후 물을 이용하여 그 액을 추출한다.

   ➡ 이 추출 후의 찌꺼기는 'bagasse'라고 불리며, 이는 매우 순수한 셀룰로오스이며, 당 정제
      에 필요한 에너지를 생산하기 위한 연료로 쓰이거나 종이나 하드보드의 재료로 이용한다.

   ➡ 여기서 나온 액은 정제한 후 농축시켜, 에너지를 보존하기 위해 진공 증발시킨다. 진공증
      발은 액체를 과포화시키고 핵은 당 결정을 침전시키고 당밀은 남긴다. 이들은 가축사료
      그리고 구연산 생산과 럼주 생산 및 다른 발효를 위한 기질로 사용된다.

⑥ 수크로오스는 수크로오스 옥타아세테이트는 에탄올에서 변성제로 사용되고, 아세테
   이트 이소뷰티레이트(acetate isobutyrate)와 옥타벤조에이트는 가소제로 사용된다.

⑦ 모노- 혹은 디- 지방산 에스테르는 계면활성제로 사용되고, 수크로오스 폴리에테
   르폴리온은 폴리우레탄 제조에 사용된다.

⑧ 덱스트로오스(dextrose)로 알려진 D-글루코오스는 옥수수전분을 산과 효소 글루코
   아밀라아제 혼합액으로 가수분해시켜 대규모로 생산한다. 이는 수크로오스만큼 단
   맛을 내지는 않지만 고영양가의 시럽으로 생산된다. 옥수수의 헥타르당 수율은 사탕
   수수의 수율보다 높기 때문에 수크로오스에 비해 생산단가를 낮출 수 있는 장점이
   있다.

(4) 올리고당류(oligosaccharide)

1) 올리고당류는 2개에서 10개의 단당류의 단위로 구성된 탄수화물이다. 이 작은 중합체는 대부분의 경우 당단백질의 폴리펩티드와 약간의 당지질에 결합되어 있다.

2) 가장 잘 알려진 올리고당류는 소포체(endolplasmoc reticulum)와 골지(Golgi) 복합체의 분비 단백질과 막에 결합되어 있다.

(5) 다당류(polysaccharide)

- 녹말이나 셀룰로오스 등은 단맛이 없는 고분자 물질로, 이들 분자는 단당류가 여러 분자와 합쳐질 때 물이 빠지면서 고분자로 된 것이다. 이 반응을 광합성(탄소동화작용)이라 한다.
- 다당류분자들은 에너지 저장형 또는 구조적 물질로 사용된다.
- 다당류는 셀룰로오스처럼 선형구조를 하거나, 글리코겐처럼 가지모양 구조를 하기도 한다.

1) 녹말(starch, 전분)

① 식물세포의 에너지 저장원인 녹말은 음식물 속에 존재하는 주요 탄수화물 중 하나이다. 녹말을 제공하는 주요 음식물로는 감자, 쌀, 옥수수, 밀 등이 있다.

② 실험식은 $(C_6H_{10}O_5)n$으로서, 포도당이 축합하여 생긴 고분자이다.

③ 녹말 속에는 두 타입의 다당류인 아밀로스(amylose)와 아밀로펙틴(amylopectin)이 있다.

④ 녹말을 묽은산으로 가수분해하면 엿당을 거쳐 포도당으로 분해된다.

⑤ 식물로부터 녹말의 추출은 식물조직을 물속에서 갈아서 행한다. 슬러지를 여과하여 전분 과립상의 현탁액을 얻고, 이들을 원심 및 건조하여 과립상의 녹말을 얻는다. 이 현탁용액을 가열하면 전분분자가 어느 정도 녹아 점성의 콜로이드상의 분산액이 생성된다. 이 분산액을 냉각하면 아밀로스분자의 응집으로 겔화된다. 이에 비해 아밀로펙틴분자는 가지화 때문에 회합할 수 없고, 이 조건에서 겔화하지 않는다.

⑥ 전분은 에피클로로히드린, 아세트산과 이염기 또는 삼염기산의 직선 혼합된 무수물을 가교제로 사용한다.

⑦ 전분은 접착제로도 사용되고, 직물과 종이제조에서 아교물로 사용된다. 종이의 외형을 향상시키기 위해 섬유의 표면에 현탁을 입혀 매끄러운 표면을 만든다.

⑧ 전분 아세테이트는 전분과 무수아세트산으로 만들고, 식품, 종이, 직물산업에 사용된다.

⑨ 하이드록시에틸 전분은 전분과 산화에틸렌으로 만들고, 종이코팅이나 아교칠에 사용된다. 이는 전분 자체보다 더 쉽게 분산되고, 훨씬 명료하게 분산된다.

　㉠ 아밀로스

　　ⓐ 직선사슬(linear chain)을 가지고 있기 때문에 이것의 분자들은 배치된 분자 안에서 서로 접근할 수 있어 수소결합을 형성한다. 이들 상호작용은 너무나 강하기 때문에 아밀로오스는 좀처럼 물에 분산되지 않는다.

　　　ⓑ 뜨거운 물에 녹는 성분으로, 중합단위가 $n=200\sim1,000$ 정도이다.

　　　ⓒ 인화합물과 같은 유도체로 전환되면, 표피형성이 방해받게 된다. 따라서 식품
　　　　산업에서 농후제로 사용되며, 안정한 고점도 전분 반죽이 필요한 분야에도 응
　　　　용된다.

　㉡ 아밀로펙틴

　　　ⓐ 가지사슬(branched chian)을 가지기 때문에 쉽게 분산된다.

　　　ⓑ 뜨거운 물에 녹지 않는 성분으로 중합단위가 $n=6,000\sim280,000$ 정도이다.

> **참고** 글리코겐(glycogen, 동물녹말)
>
> 척추동물의 탄수화물 저장분자로서, 간과 근육세포에 가장 많이 존재한다. 글리코겐은 분자
> 의 핵심부위 내에 매 4번째 글루코오스 잔기에서 더 많은 분지점을 보유하고 있는 것을 제외
> 하고는 아밀로펙틴과 그 구조가 유사하다. 글리코겐의 구조는 다른 다당류보다 훨씬 치밀한
> 구조를 하고 있기 때문에, 공간을 매우 작게 차지하며 움직이는 동물에게는 유리하게 작용한
> 다. 글리코겐분자의 많은 비환원당 말단부는 동물이 많은 에너지를 필요로 할 때 신속하게
> 글루코오스로 이용될 수 있도록 한다.

➡ 글리코겐은 인슐린, 아드레날린과 같은 호르몬의 영향으로 포도당으로 상호 전환된다.

> **참고** 덱스트린(dextrine)
>
> 녹말을 산, 효소 또는 건조 및 가열 등에 의한 부분적인 가수분해로 생성된 다당류이다. 덱스
> 트린은 젖은 상태에서 끈적하므로 봉투나 우표의 접착제, 벽지풀로 사용된다. 용해성 녹말이
> 라고도 하며, 빵을 구울 때 빵껍질이 갈색으로 되는 것도 덱스트린의 형성결과이다.

2) 셀룰로오스(cellulose)

① 자연계에서 광범위하게 발견되며, 식물조직, 섬유질, 줄기의 주된 구성성분이다.

② 셀룰로오스는 화학적으로 $1,4-\beta-polyanhydroglucose(trans)$이며, 반복단위인 중
합도 수천 정도이다.

③ 셀룰로오스를 가수분해하면 $95\sim96\%$의 D-글루코오스(포도당)가 얻어진다. 이것으
로 셀룰로오스 구조를 알 수 있다.

　➡ 그러나 셀룰로오스를 아세틸화하면 셀로비오스(cellobiose)라는 이당류가 얻어진다. 따라
　　서 셀룰로오스의 구조는 기본적으로 셀로비오스 단위에 근거를 두고 있다.

④ 이들 고분자는 고도로 결정화되어 있으며, 분자 간 및 분자 내 수소결합을 많이 하
고 있다. 이로 인해 용융되지 않은 채 열에 의해 분해함으로써 열가소성 수지로 되
지 못한다.

⑤ 인체에 글루코시드결합을 끊을 효소가 없어 위장 관에서 소화되지 못하고 통과된다. 따라서 적당한 배변을 위해 섬유질의 공급이 필요하다.

⑥ 나무에는 셀룰로오스가 50%, 헤미셀룰로오스가 20%, 리그닌과 수지가 20% 들어 있다.

⑦ 나무에서 얻은 헤미셀룰로오스, 리그닌, 그 밖의 화합물을 제거하여 순도를 높인 후, 종이제조 등을 위한 펄프(pulp)를 제조한다.

⑧ 나무로부터 포도당을 만들어 발효시켜 에탄올을 제조한다.

⑨ 고순도 셀룰로오스를 혼합산(진한질산＋진한황산)으로 처리하여 니트로셀룰로오스를 만든다. 이는 다이너마이터 및 래커의 원료로 쓰인다.

⑩ 기타 용도로는 셀룰로이드, 레이온, 면화약, 셀룰로오스아세테이트(플라스틱, 식품 포장용 랩 등), 메틸셀룰로오스(직물, 풀, 화장품), 에틸셀룰로오스(코팅용 플라스틱, 필름 등)에 쓰인다.

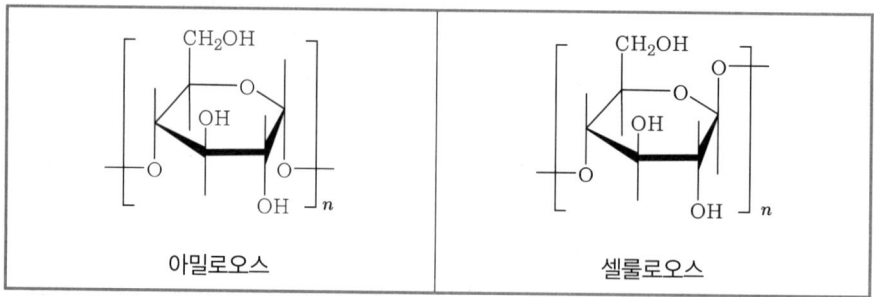

| 아밀로오스 | 셀룰로오스 |

참고 헤미셀룰로오스(hemi-cellulose)

이는 다당류이지만 축합되어 있는 단당류의 분자수가 작아 묽은 알칼리용액에 녹으며, 산으로 쉽게 분해되어 단당류가 된다. 헤미셀룰로오스를 가수분해하면 글루코오스를 포함한 혼합물이 얻어진다. 펜토산(pentosan)으로 알려진 일반적인 몇몇의 펜토스로는 xylan, galactam, araba 등이 있다. 펜토산은 쌀겨 속에 많이 발견되며, 액체 알데히드의 대규모 공업생산에 사용된다.

① 자일란(xylan) : 식물 세포막 구성성분이다. 이 펜토산은 셀룰로오스와 화합된 상태로 생성되는데, 생성되는 구조는 1,4-polyxylose이다.

② 갈락탐(galactam) : 몇몇 침엽수나 낙엽수에 미량 존재하는 성분이다.

③ 아라반(araban, 폴리아라비노스) : 나무수액으로부터 발견된다.

➡ 송진(plant gum)과 나무점액 등은 헥소오스와 펜토오스로 구성된 고분자량 다당이다.

3) 껌(gum)

① 전분 및 셀룰로오스와 비슷한 껌(gum)은 탄수화물 중합체이다. 이들은 당량체 단위 가 글루코오스 이외의 당이 될 수 있다는 점에서 다르며, 화학적 배열과 단량체들이 결합되는 방법 등에서 서로 다르다.

② 껌들의 분자량은 대개 200,000~300,000 사이이며, 1,500개의 단량체 단위로 되어 있다.

③ 구아(guar)는 전형적인 껌이다. 이는 만노오스(mannose) 단위들이 1,4-글리코시 딕결합으로 연결되어 있고, 각각의 다른 만노오스 단위에 갈락토오스 단위가 붙어 있다.

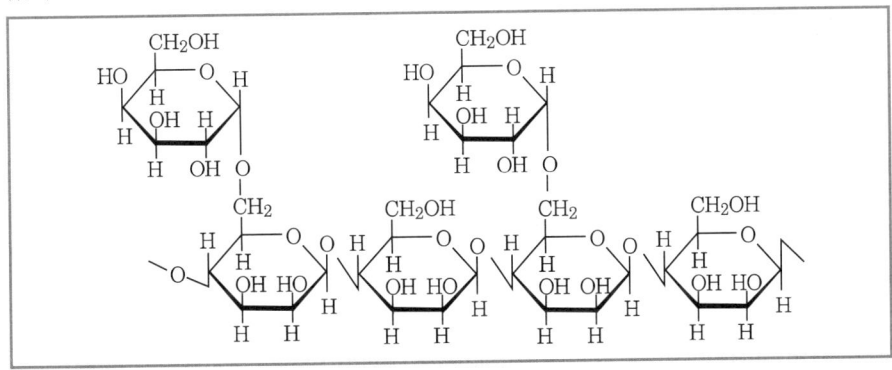

[구아 껌의 분자구조]

④ 구아는 전분의 농후 능력에 비해 훨씬 높으며, 전분들과 함께 조달하여 이용된다. 이것의 유도체는 무기점액의 침전을 위한 응고제로 많이 이용되며, 암모늄니트레이 트를 위한 현탁제로 유용하다. 암모늄니트레이트는 다이너마이트 혹은 니트로글리 세린보다 훨씬 저렴한 폭발물을 만들 수 있으며, 좀 더 효율적이다.

3. 펄퓨랄(furfural)

(1) 펄퓨랄의 특징

1) 제조 : 귀리 껍질, 옥수수의 속대, 사탕수수 줄기, 나무 그리고 많은 다른 식물 폐기물들은 아라비노오스(arabinose)와 같은 오탄당(펜토산)을 포함하고 있다. 펜토산을 염산 혹은 황 산으로 탈수할 때 펄퓨랄(furfural)이 생성된다.

2) 용도 : 석유를 정제할 때 선택용매로 사용되고, C_4 올레핀으로부터 불순물을 분리하기 위 해 부타디엔의 추출증류에 사용된다. 펄퓨랄은 페놀과 함께 페놀-펄퓨랄데히드 수지를 생성하고 연마용의 바퀴나 브레이크라이닝에 함유시켜 사용된다.

3) 환원 : 이의 환원으로 펄퓨릴알코올과 테트라하이드로 펄퓨릴알코올이 생성된다. 대개 펄퓨랄은 펄퓨릴알코올의 전환에 가장 많이 사용된다.

➡ 펄퓨릴알코올은 주형을 짜기 위한 주조 속을 만드는 데 접합체로 사용되는 수지 생성과정의 산
   −촉매 축, 중합반응을 수행한다.

Furfural   Furfuryl alcohol   Tetrahy drofurfuryl alcohol   2,3−Dihydropyran

(2) 테트라하이드로퓨란(terahydrofuran, THF)

1) 제조 : 아연−크롬−몰리브덴 촉매하에 펄퓨랄의 탈카르보닐화와 수소화에 의해 생성된다.
   또한 1,4−부탄디올탈수소화나 무수말레산 혹은 말레산에스테르의 산 수소첨가 분해에 의
   해 만들어질 수 있다.

2) 중합반응에 기여 : 산화에틸렌 및 산화프로필렌처럼 히드록실기 말단을 가지기 때문에 폴
   리에스테르에 올리고머로 중합 가능하다. 중합체는 폴리(테트라메틸렌글리콜)라 부르며
   탄성섬유, 스판덱스의 구성성분이다.

Poly(tetramethylene glycol)

(3) 자일리톨(xylitol)

(3) **자일리톨(xylitol)** : 펄퓨랄은 충치예방을 위한 곡물식, 껌, 사탕의 구성성분으로 당 알코
올인 자일리톨로 전환 가능하다. 펄퓨랄처럼 자일리톨은 펜토산으로부터 유도된다.

4. 효소(enzyme)

(1) 효소의 기능

1) 촉매작용 : 보통 미량으로 효과를 나타내며, 자신은 소모되지 않으면서 계속적으로 화학반 응의 속도를 촉진한다.(생물촉매)

① 무기 촉매 : 과산화수소(H_2O_2)는 자연상대에서 서서히 분해되니 이산화망간(MnO_2) 을 넣으면 반응이 촉진된다.

② 생체 촉매 : 생체 내에서 효소에 의해 신속하게 반응한다.

$$2H_2O_2 \xrightarrow[\text{MnO}_2]{\text{카탈라아제}} 2H_2O + O_2$$

2) 활성화에너지 : 어떤 물질이 화학반응을 일으키기 위해 필요한 최소의 운동에너지를 활성 화에너지라 한다. 생물체 체온 정도의 저온상태에서도 반응이 쉽게 일어나며, 반응속도를 느리게 하여 생물이 생명현상을 영위하는 데 불편이 없도록 한다.

(2) 효소의 구성

'전(홀로)효소 ⇌ 주(아포)효소 + 보결분자단(조효소, 보결족)'

1) 단백질만으로 된 효소 : 보통 가수분해 효소들이 이에 해당된다.

2) 조효소를 필요로 하는 효소 : 효소 중 비단백질성 부분을 조효소라 한다.

① 주효소(아포효소) : 단순단백질 부분으로, 단독으로 활성을 나타내지 못하여 촉매로 작용하지 않는다.

② 보결분자단

㉠ 조효소(coenzyme) : 보통 단백질과 떨어져 있으며, 기질에 대한 특이성은 없고 촉 매의 구실을 한다. 비타민 B 복합체, NAD, FAD, 아세틸 CoA 등을 성분으로 한다.

㉡ 보결족 : 효소를 활성화시키는 금속원소로 Fe, Mg, Cu, Mn, Zn, Ca, Mo 등이 있다.

③ 전효소(홀로효소) : 보통 완전한 효소이다.

(3) 효소의 특징

1) 생물체 내에서 모든 반응은 효소반응이다.

2) 생물체 내의 효소반응은 모두 상온, 상압에서 일어나며, 효소의 촉매적 활성이 극히 크다.

3) 임의의 효소에 대해 촉매로 인해 반응하는 화합물을 그 효소에 대한 기질(substrate)이라 한다.

4) 효소는 35~55℃, pH 5~8(단, 펩신과 같은 위액에서는 pH 2 정도)에서 최적 활성을 나타낸다.

5) 효소는 저마다 특정한 화합물에만 작용하는 선택성이 강한 특이성을 가지고 있다.

6) 보통 촉매처럼 불용성 담체에 부착하여 사용하는 효소를 고정화(immobilized) 효소라 한 다. 고정화된 효소는 반응 후에도 회수 및 재사용이 가능하며, 효소의 안정성을 증대시키 는 장점이 있다.

7) 효소는 사실상 모든 생물학적 반응에 관여하며, 그 화학적 변화형태를 결정한다.

(4) 효소의 종류

1) 탄수화물 가수분해 효소

① 아밀라아제(amylase)

㉠ 침, 이자액, 엿기름, 효모 등에 존재한다.

㉡ 녹말, 글리코겐과 같은 물질을 엿당, 덱스트린으로 전환하는 데 관여한다.

② 말타아제(maltase)

㉠ 엿기름, 이자액, 효모, 맥아, 곰팡이 등에 존재한다.

㉡ 엿당을 포도당으로 전환하는 데 관여한다.

③ 인베르타아제(invertase) : 수크라아제(sucrase)라고도 한다.

㉠ 효모, 창자액에 존재한다.

㉡ 설탕을 포도당(글루코오스)과 과당(프록토오스)으로 분해하는 데 관여한다.

④ 지마아제(zymase) : 효모 등에 존재하며, 포도당과 과당을 알코올로 전환하는 데 관여한다.

2) 단백질 가수분해 효소

① 펩신(pepsin) : 위액에 존재하며, 단백질을 프로테오스와 펩톤으로 전환시킨다.

② 트립신(trypsin) : 이자액에 존재하며, 단백질, 프로테오스, 펩톤을 아미노산으로 전환한다.

③ 에렙신(erepsin) : 창자액, 이자액, 효모 등에 존재하며, 프로테오스와 펩톤을 아미노산으로 전환한다.

3) 유지 : 리파아제(lipase) : 이자액, 위액, 창자액 등에 존재하며, 유지를 지방산과 글리세린으로 분해한다.

4) 산화 · 환원 효소 : 기질에서 산소의 결합 또는 수소나 전자를 이탈시켜 다른 기질에 전달하는 효소이다.

① 옥시다아제(oxidase, 산화효소) : $A + O_2 \rightarrow AO_2$

과산화수소가 되는 예에는 푸른 곰팡이류에 존재하는 글루코오스옥시다아제, 생우유나 간 등에 존재하는 크산틴옥시다아제, 동물조직 중에 존재하는 D-아미노산옥시다아제 등이 알려져 있다.

② 디히드로게나아제(dehydrogenase, 탈수소효소) : $AH_2 + B \leftrightarrow A + BH_2$

㉠ 분류

ⓐ 피리딘효소 : 피리딘뉴클레오티드류(NAD, NADP)를 조효소로 하는 것으로서, 알코올탈수소효소(NAD), 이소시트르산탈수소효소(NADP) 등

ⓑ 플라빈효소 : 플라빈뉴클레오티드(FMN, EAD)를 조효소로 하는 것으로서 $NADPH_2$, 시토크롬 C 환원효소 등

　　　ⓒ 시토크롬과의 반응에 관여하는 것 : 효모의 젖산탈수소효소(시토크롬 C) 등
　　　　생체 내에서는 대사물질의 산화환원계가 대부분 어떤 공통의 산화·환원계를
　　　　중개시킴으로써 수소의 전달이 이루어진다.
　　③ 카르복시다아제(carboxydase, 탈탄산효소) : ACOOH → AH + CO_2
　　④ 카탈라아제 : 간장, 적혈구 등에 존재하며, 알코올을 알데히드로 전환하는 데 관여
　　　한다.
　5) 전이효소 : 기질의 원자단을 다른 기질로 옮기는 것을 말한다. 여기에는 아미노기 전이효
　　소가 있다.

 ## 기출 및 예상 문제

01 다음 물질을 가수분해할 때 생성되는 물질로 옳지 않은 것은?　　　　　ㅇ 06 국가직 9급

　① 유지 → 글리세린 + 지방산
　② 설탕 → 포도당 + 과당
　③ 단백질 → 아미노산
　④ 녹말 → 알데히드

02 다음 보기의 (　　) 안에 들어갈 알맞은 단어는?　　　　　ㅇ 05 국가직 9급

　(（ㄱ）)는(은) 이자액, 효모 등에 있는 효소로 엿당이 작용할 때 (（ㄴ）)이 생성
　된다.

　① （ㄱ） 락타아제, （ㄴ） 녹말
　② （ㄱ） 펩신, （ㄴ） 알코올
　③ （ㄱ） 아밀라아제, （ㄴ） 과당
　④ （ㄱ） 말타아제, （ㄴ） 포도당

03 다음 중 중합체가 아닌 것은?　　　　　ㅇ 07 국가직 7급(화학개론)

　① 단백질　　　　　　　　　　② 녹말
　③ 천연고무　　　　　　　　　④ 포도당

정답 및 해설

01 ④

유형 및 해설 [생체분자의 산화] 녹말을 묽은 산으로 가수분해하면 엿당을 거쳐 포도당이 된다.

정리 유지를 가수분해하면, 「글리세린과 지방산」으로 분해된다.(유지~글지~)

설탕(sucrose)을 가수분해하면, 「포도당과 과당」으로 분해된다.(설탕~포~콰당)

단백질을 가수분해하면 아미노산이 되고, 아미노산을 중합하면 단백질이 된다.

02 ④

유형 및 해설 [포도당의 생성과 효소] 엿당을 가수분해하여 2분자의 글루코오스(포도당)를 생성하는 효소로 맥아, 곰팡이, 효모, 이자액, 장액 등으로 생물계에 널리 분포한다.

03 ④

유형 및 해설 [생체고분자] 고분자는 중합체이다. 중합체는 단량체, 즉 반복단위를 가진다. 여기서, 단백질, 녹말, 천연고무(이소프렌)는 모두 단량체를 가진다. 그러나 포도당은 즉, 글루코오스는 경험적인 분자식 $C_6H_{12}O_6$을 가진다.

제 **43** 주

제지공업

제43-1주제 펄프공업

1. **목재의 구성성분** : 셀룰로오스, 리그닌, 헤미셀룰로오스
2. **펄프의 원료**
3. **펄프의 제법** : 기계적 방법, 화학적 방법, 반화학적 방법

1. 목재

(1) **목재의 학문적 의미** : 수목이 생장함에 따라 형성층 세포의 분열증식에 의해, 형성층 내측에 형성되는 목질의 부분이다.

(2) **목재의 구성성분**

1) 원소조성 : 목재는 탄소 50%, 산소 44%, 수소 5%, 질소 1% 정도, 회분, 석회, 칼슘, 마그네슘, 나트륨, 망간, 알루미늄, 철 등이 미량으로 함유되어 있다.

2) 목재의 주요성분은 섬유소(cellulose)로서 목질 건조중량의 60% 정도이며 나머지 대부분 리그닌(lignin)으로 20~30% 정도이다. 그 외 헤미셀룰로오스(hemi-cellulose), 탄닌(tannin), 수지(resin) 등이 포함되어 있다. 이들 성분에 있어서 침엽수는 리그닌을 많이 함유하며 활엽수는 헤미셀룰로오스를 많이 함유하고 있다.

① **셀룰로오스** : β-포도당이 탈수중합한 것으로, 섬유의 특성과 제지원료로서의 적합성을 좌우하는 것이다. 제지용 셀룰로오스는 평균 중합도가 600~1,500 정도인 것을 사용한다.

② **리그닌(lignin)** : 세포 사이에 중간층을 이루며 식물조직을 강하고 튼튼하게 하는 성분으로, 분리 시 분해되기 쉬우므로 그 구조가 많이 밝혀지지 않았다.

③ **헤미셀룰로오스** : 셀룰로오스와 함께 세포막을 구성하고 있으며 5개의 서로 다른 당들로 이루어져 있다. 만노오스, 글루코오스, 갈락토오스(이상 6탄당), 아라비노스, 자일로오스(이상 5탄당)로 구성된다. 셀룰로오스와는 달리 쉽게 용출 또는 분해되므로, 펄프 내의 헤미셀룰로오스 함유량은 항상 목재(원목)보다 낮다.

➡ 셀룰로오스는 세포막을 구성하여 골격을 형성하고 리그닌은 세포 상호 간의 충진물질이고, 반셀룰로오스는 양자를 결합하는 물질이다.

2. 펄프(pulp) 공업

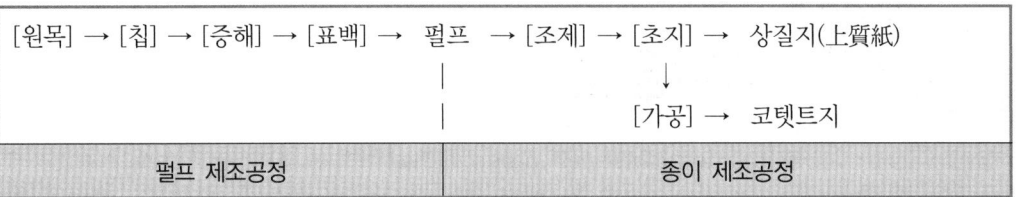

펄프 제조공정	종이 제조공정

(1) **펄프(pulp)** : 목재나 그 밖의 섬유 식물에서 기계적, 화학적 또는 그 중간방법에 의하여 얻어진 셀룰로오스 섬유의 집합체를 의미한다. 종이제조의 원료가 된다. 원래는 많은 수분을 포함하고 있어서 죽모양으로 되어 있거나, 압착 등의 방법에 의하여 탈수한 습윤물(濕潤物)을 말하는데, 좁은 의미로는 식물을 구성하고 있는 섬유를 추출하여 모은 것을 말한다.

(2) **펄프의 원료** : 대분분이 목재로 침엽수와 활엽수가 사용되고 있고, 우리나라에서는 볏짚, 보릿짚 등에서 펄프를 제조하고 있다.

➡ 현재 이용되는 펄프의 원료로는 솜 같은 종모섬유(種毛纖維)와 대나무·짚·에스파르토·버개스 등과 같은 벼와 식물의 줄기, 마닐라 삼의 줄기, 대마·아마·닥·삼아·안피 등의 나무껍질과 나무의 가지나 잎을 제외한 줄기 등 매우 다양하다.

(3) **펄프 제조방법**

1) **기계적 펄프제법** : 쇄목(碎木) 펄프, 아스플룬드법 및 메소법

① 원목을 회전하는 쇄목석(grinding stone)에 밀어 넣고 가압하여 펄프를 제조하는 방법으로, 섬유는 목재로부터 뜯겨져나가 갈려진 후 쇄목석 표면에서 물로 씻겨낸다.

② 정선(精選) 후에는 제지용으로 적합한 펄프스톡을 만들기 위해 탈수, 농축한다.

③ 기계적 방법은 원리가 간단한 이점이 있는 반면, 양질의 펄프를 제조하기 위해 쇄목석 표면의 조도(調度), 마쇄 압력 및 세척수의 온도와 유량을 적절히 조절해야 한다.

2) **화학적 펄프법(chemical pulp)** : 아황산법, 황산염법, 소다법, 염소법, 질산법 등

① **아황산법** : 원목박피 및 분쇄 → 증해(蒸解) → 원료펄프의 정제 → 표백 → 중화 → 압착 및 건조 → 제품

아황산펄프는 주로 고급 종이제조에 사용되고, 합성섬유, 합성 수지 제조에도 사용된다.

② **황산염법** : 원료 목재의 처리(박피, 치퍼(chipper)로 처리) → 회분식 증해 → 세정 필터 → 정선 → 세정 → 표백 → 건조 → 제품

황산염법으로 제조된 펄프를 크래프트(kraft)펄프라 하고, 이 펄프로 제조된 종이는 표백방법의 발달로 강도가 커지고 품질이 좋은 종이로 제조할 수 있다.

3) 반화학 펄프법(mechanical + chemical method) : 기계적 방법과 화학적 방법을 조합한 것으로, 목채, 칩, 원목을 부분적으로 연화시키거나 약품으로 약간 증해한 후, 펄프화 작업의 대부분이 기계적 방법으로 처리하는 것을 의미한다. 고수율 크래프트 펄프법과 중성 아황산염법 등이 있다.

제43-2주제   제지공업

1. 종이는 펄프를 얇게 펴서 제조한다. 종이가 상품성을 가지기 위해서는 불투명도, 표면의 성질, 감촉, 강도 등이 규격에 적합해야 한다.
2. **종이의 제조공정** : 펄프, 비팅, 사이징, 충전, 착색, 초지

3. 종이의 제조

(1) 종이제조의 특징

1) 종이는 펄프(pulp)를 얇게 펴서 제조한다.
2) 종이가 되기 위해서는 불투명도, 표면의 성질, 감촉, 강도 등이 적당해야 한다.
3) 식물섬유가 불규칙하게 엉겨서 교착한 것이라고 한다.

(2) 제조공정

펄프 → [비팅] → [사이징] → [충전] → [착색] → [초지] → 상질지(上質紙)

1) 비팅(beating) : 펄프를 물에 풀어서 기계적으로 전달, 해리, 콜로이드화시켜 종이의 품질을 고르게 하기 위한 공정이다. 펄프를 칼날이 있는 롤러로 비팅하면 종이의 강도가 고르게 되고 증가하며, 불투명도와 밀도가 증가해 다공성 부분이 줄어든다.

➡ 비팅은 흡수성이 요구되는 화장지 등에서는 불필요한 공정이다.

2) 사이징(sizing)

① 종이에 액체가 침투하는 것을 방지하기 위한 처리로, 종이 시트 제조 후 표면을 처리하는 공정이다. 종이의 표면 특성과 물리적 특성을 향상시켜 준다.

② 비팅, 정선공정에서 사이징을 하지 않을 경우 건조한 종이의 표면에 점착성이 있는 물로 사이징한다. 종이가 수분에 잘 견디게 하기 위해서 아미노 수지로 처리한다.

③ 사이징방법에는 합성 수지, 송진 등을 이용하여 접촉각에 영향을 주어 수분에 대한 침투의 방지가 가능한 제법인 내부 사이징(internal sizing)과, 녹말입자와 같은 물질을 사용하여 시트표면의 공간부분을 메워(모세관을 파괴시켜) 액체 침투를 줄이는 제법인 표면 사이징(surface sizing)이 있다.

3) 충전 : 다공성인 부분을 메우는 공정이다.

  ① 펄프가 일정한 밀도와 균일성을 갖기 위해서는 고해(beating, 펄프섬유에 물을 가하여 종이를 뜨는 처리조작), 정선과정에서는 충전제(filler)를 넣어준다.

  ② 점토분말, 활석, 이산화티탄, 탄산칼슘 등의 충전제를 첨가시키면 백색도를 향상시킬 수 있고, 섬유 사이의 공간을 메움으로써 표면을 매끄럽게 하며, 불투명도와 인쇄능이 향상된다.

4) 착색 : 색을 입히는 공정으로, 종이는 주로 어떤 색료를 가해 제품화한다. 색료로는 염기성염료, 산성염료, 황화염료, 직접염료, 합성염료, 천연염료 등의 사용이 가능하다. 착색방법은 보통 터(비팅하는 기계)에서 염색하거나 종이 제조 후 처리한다.

5) 초지 : 종이를 뜨는 것

  ① 조제된 펄프는 초지기에 들어가 섬유를 얇게 떠서 종이를 제조한다.

  ② 제조된 펄프액에는 약 0.5%의 섬유가 들어 있는데, 스크린을 사용하여 수분을 제거시키고 조업하여 종이의 강도를 증가시킨다. 또한 섬유를 골고루 퍼지게 한다. 편평하고 매끄러운 종이를 얻기 위한 공정이다.

기출 및 예상 문제

01 6탄당과 5탄당으로 이루어진 목재는? ● 06 국가직 9급(복원)

  ① 셀룰로오스(cellulose)

  ② 헤미셀룰로오스(hemi-cellulose)

  ③ 리그닌(lignin)

  ④ 글루코오스(glucose)

02 펄프 제조 시 종이에 액체가 침투하는 것을 막기 위해 처리하는 공정은? ● 07 국가직 9급

  ① 비팅(beating)

  ② 사이징(sizing)

  ③ 착색

  ④ 초지공정

03 다음은 펄프를 이용한 종이의 제조공정이다. ( )에 알맞은 말로 짝지어진 것은?

✪ 05 국가직 9급

> 비팅 → ( ) → 약품·염료 및 충전제 첨가 ‘ 정정과 정선 → ( ) → 완정

① 압착, 사이징 　　　　　　② 초지, 압착

③ 사이징, 초지 　　　　　　④ 압축, 증발

정답 및 해설

01 ②

유형 및 해설 [목재의 구성성분] 만노오스, 글루코오스, 갈락토오스(이상 6탄당), 아라비노오스, 크실로오스(이상 5탄당)으로 구성되는 것은 헤미셀룰로오스이다. 셀룰로오스는 β-셀룰로오스가 탈수중합한 것이다. 리그린은 세포 사이에 중간층을 이루며 식물조직을 강하고 튼튼하게 하는 성분을 말한다.

02 ②

유형 및 해설 [종이의 제조공정] 사이징은 표면을 처리하는 공정이다. 합성 수지의 가공에서도 사이징처리를 하며, 종이 제조 시 제품의 품질 향상을 위해 필수적인 공정이다. 종이는 목재를 이용한 제품으로 물을 함유하는 성질이 있다. 이 성질을 보완하기 위해 액체의 침투를 막는 사이징공정을 하는 것이다.

03 ③

유형 및 해설 [종이의 제조공정] 위의 빈 칸은 먼저, 펄프에 물을 풀어 기계적 조작을 하는 비팅을 행한 후, 종이에 액체가 침투하는 것을 방지하기 위해 사이징(sizing)을 해야 하며, 제품을 완성하기 위해 제품을 뜨는 초지공정이 필요하다. 여기서 완정은 완전히 제품이 결정된다는 의미이다.

제 **44** 주

코팅과 접착제

1. 코팅(coating)

(1) 코팅의 4가지 분류

1) 페인트 : 안료를 포함한 불투명한 코팅이다.

2) 에나멜(enamel 또는 varnish) : 용매의 증발건조, 산화 또는 고분자 중합에 의한 투명하고, 깨끗한 코팅이다.

3) 래커(lacquer) : 용매의 증발로 인한 급성 건조코팅이다.

4) 셸락(shellac) : 곤충의 분비물인 천연물로, 거친 코팅표면을 이루며 대부분 지방족 폴리수소산(C_{60})을 포함한다.

(2) 코팅물질의 4가지 형태

1) 안료(pigment) : 주로 불투명으로, 물질의 염색에 사용한다.

2) 비히클(vehicle) : 바인더(binder)와 시너(thinner)를 의미한다.

  ① 바인더 : 고분자 수지 또는 수지상의 물질을 이용한다.

  ② 시너 : 필름에 증착하는 휘발성 용매를 말한다.

(3) 첨가제(additives) : 발포제, 이형제, 건조제, 유착제, 윤활제 등

2. 접착제의 개요

1) 접착현상 : 피착제인 고체끼리 서로 들러붙게 하는 것인데, 두 개의 물체가 근접하여 그 후 서로를 이들로부터 떼어내는 어떤 힘을 필요로 하는 현상이라 정의할 수 있다.

➡ 접착력 : 두 물질이 계면에서 서로 잡아끄는 힘을 접착력이라 한다.

2) 접착제와 피착제 : 접착 그 자체를 목적으로 하는 것을 접착제, 접착되는 물질을 피착제라 한다.

➡ 점착제 : 피착제로부터 물체를 서로 분리하는 데 있어 점탄성적 변형에 상당한 힘을 필요로 하는 것을 점착제라 한다.

(1) 접착제의 구성

1) 접착기제 : 천연 및 합성 고분자, 단량체

2) 용제, 분산제 : 물 또는 유기용매

3) 가소제 : 프탈산에스테르, 액상고무

4) 충전제 : 콜로이드실리카, 목분 등(무기질, 유기질)

5) 중합 · 축합 촉매, 가교제 : 과산화물, 황 등(반응형 접착제)

6) 증점제 : 점도를 높이는 물질로 폴리비닐알코올과 같은 수용성 고분자를 사용함

7) 방부제, 노화방지제 : 펜타클로로페놀, 페닐$-\beta-$나프틸아민 등

8) 소포제 : 거품을 제거하는 물질로 실리콘 소포제를 많이 사용함

(2) 접착제의 분류

분 류	접착제	예
성분 (생성상태)	천연 고분자계	아교, 전분
	반합성 고분자계	acetyl cellulose
	합성 고분자계	
	① 열가소성 수지	polyvinyl acetate, PVC
	② 열경화성 수지	epoxy 수지, urethane 수지
	③ 고무계	chloroprene 고무, NBR
	④ 복합 수지계	nitrile 고무/phenol 수지
	무기 고분자계	규산염계, aluminia cement
형상	용액형(수용액)	urea 수지, melamine 수지
	에멀션형	polyvinyl acetate 수지, acyl 수지
	용제형	acyl 수지, chloroprene 고무
	무용제형	순간접착제, epoxy 수지
	고체상(Pellet, 분말 등)	EVA 수지, polyester 수지
	필름, 테이프	polyester 수지, epoxy 수지
성능	비구조용	chloroprene 고무, polyvinyl acetate
	준구조용	epoxy 수지, Acyl 수지
	구조용	vinyl/phenol 수지, epoxy/phenol 수지

3. 접착제의 종류 및 용도

(1) 접착제의 종류

1) 천연 접착제

① 단백질계 : 아교, 젤라틴

② 탄수화물계 : 전분, 덱스트린

③ 천연고무계 : 농축라텍스 등

2) 합성 수지 접착제

① 열가소성 접착제

㉠ 비닐계, 아크릴계 고분자, 그리고 이들의 2종 이상의 공중합체 고분자 등이 있다.

㉡ 열가소성 고분자 중 가장 생산량이 많은 것은 폴리비닐아세테이트(PVAc)로, 용해도 파라미터가 광범위한 피착제에 접착할 수 있다.

㉢ 용제의 종류가 많은 점, 용이하게 수중 에멀션이 될 수 있는 점에서 용액형, 에멀션형의 접착제로도 모두 우수하다.

② 열경화성 접착제

㉠ 아미노 수지(우레아, 멜라민), 페놀 수지, 자일렌 수지, 퓨란 수지, 에폭시 수지 등이 있다.

㉡ 경화성 접착제 중 생산량이 가장 많은 것은 urea 수지계이다.

㉢ 이는 합판가구 목공 등 목재의 접착에 다량 사용된다.

③ 고무계 접착제

㉠ 합성고무를 이용하여 제조한다.

㉡ 대표적인 고무계 접착제는 polychloroprene계 접착제이다. 일반적으로 용액형인데, 이 계통 접착제의 주 결합체인 chloroprene 중합체는 경정성이 크고 극성이 큰 중합체로 접착성이 우수하다. 가황되어 급속히 강한 접착을 형성하는 장점이 있다.

　　cf 경정성 : 굳는 정도를 나타내는 말

㉢ 고무 플라스틱 섬유, 금속, 목재, 피혁 등 각종 재료의 접착에 널리 사용된다.

3) 무기계 접착제

① 유기계 고분자 접착제의 내열성이 좋지 않으므로, 이는 고온에서 접착, 충진실링 코팅 등에 사용이 가능하다.

② 예를 들면 rocket, 미사일 부품, 가스 및 서유 기기 등에 사용된다.

4) 고기능 접착제

　① 항공기 구조용 접착제

　② 속(速)경화성 접착제 : 순간접착제, acyl계, epoxy계 등

(2) 제조 유형별 용도

1) 증발형 접착제

　① 용제, 분산제의 증발에 의해 고화시키는 접착제이다.

　② 베이스 폴리머를 물 또는 유기용제에 용해시킨 용액형과 라텍스를 물에 분산한 에멀션형이 있다.

　③ **수용성 접착제** : 전분, 폴리비닐알코올 등 근래 이들은 이소시아네이트로 경화하여 내수성, 내열성을 높이기 위한 개량을 행하여 사용한다.

　④ **유기용제를 사용한 접착제** : 폴리아세트산비닐, 염화비닐, 아세트산비닐 공중합체 등이 사용된다. 하지만 안전성 등의 점에서 수용성, 무용제화로 진행되고 있다.

　⑤ **에멀션형** : 고무, 라텍스나 폴리아세트산비닐, 폴리아크릴산에스테르 등의 에멀션이 종래부터 사용되고 있지만, 최근 관능기를 갖는 라텍스나 입경이 고른 기능성 라텍스가 사용되었다.

2) 감압형 접착제

　① 가압으로 유동시킨 후, 압력을 제거하면서 고화시킨다.

　② 베이스폴리머로 천연고무나 합성고무, 아크릴 공중합체 등이 사용된다.

　③ 점착 부여제를 혼합하여 제조한다.

　④ 접착테이프 등에 사용된다.

3) 감열형 접착제

　① 가열에 의해 유동(연화)시키고, 냉각에 의해 고화(경화)되는 열가소성 수지를 사용한다.

　② 핫멜트 접착제라 불린다.

　③ 에틸렌-아세트산비닐(EVA) 공중합체가 가장 많이 사용된다.

4) 감광형 접착제

　① 자외선이나 가시광선에 의해 중합을 개시하거나 가교되어 경화하기 때문에 저온에서 단시간의 접착이 가능하다.

　② **자외선 경화형 접착제** : 폴리에테르, 폴리에스테르, 에폭시, 폴리우레탄 등의 디 또는 트리 아크릴레이트의 올리고머를 사용하고, 광중합 개시제와 광증감제가 첨가되고 있다.

　③ 전자부품공업이나 정밀기계공업에 있어서 접착제와 봉지제로서 용도가 넓어지고 있다.

5) 반응형 접착제

① **열가소성 접착제** : 에틸-2-시아노아크릴레이트(순간접착제, 속칭 '오초본드')

➡ 시아노아크릴레이트는 전자흡인성 치환기 때문에 물과 같은 약한 염기에 의해서도 음이온 중합이 개시하여 고분자가 된다.

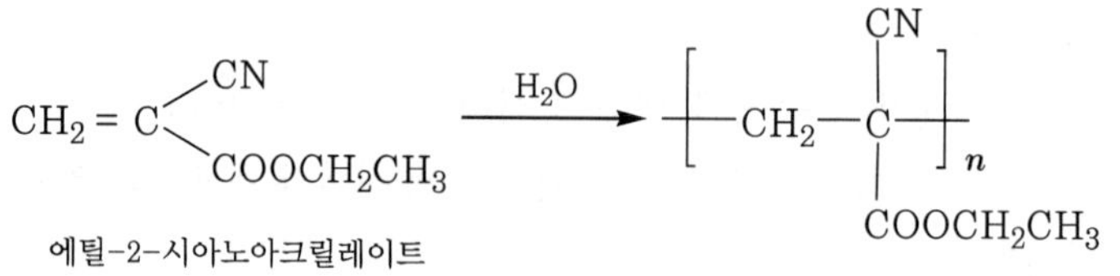

$$CH_2 = C \bigg\langle {CN \atop COOCH_2CH_3} \xrightarrow{H_2O} \bigg[CH_2 - \underset{COOCH_2CH_3}{\overset{CN}{C}} \bigg]_n$$

에틸-2-시아노아크릴레이트

② **열경화성 접착제** : 저분자량으로 반응성인 관능기를 가지며, 경화제와 혼합시켜 가교를 일으키고 고분자량화되어 고화된다.

　㉠ 대표적으로 페놀 접착제가 있으며, 전자부품의 밀봉재료로 절연성의 에폭시 접착제나 우레탄 접착제가 사용된다.

　㉡ 초내열성 수지인 폴리아미드도 전기·전자 부품이나 항공 우주산업에서 이용되고 있다.

③ **중부가반응** : 에폭시, 이소시아네이트 등

제 45 주 유지(fats and oils)

1. 지질 개요

지질은 탄화수소에 용해되고 물에는 용해되지 않는 물질로, 생물에서 매우 중요한 여러 가지 기능을 수행한다. 어떤 지질은 에너지원으로서 세포 안에 저장되어 있고, 또 다른 지질들은 생물막의 주요 구조성분이 된다. 이 밖에도 지질분자들은 호르몬, 항산화제, 색소 혹은 성장인자 및 비타민으로서 작용을 한다.

(1) 지질의 정의

지질이란, 에테르, 클로로포름 및 아세톤과 같은 비극성 용매에는 용해되지만, 물에는 거의 용해되지 않는 생물로부터 유래된 물질을 의미한다.

(2) 지질의 기능

1) 트리아실글리세롤(triacylglycerol)은 효율적인 저장 에너지로 작용한다.
2) 그 외의 임의의 지질분자는 호르몬, 비타민 혹은 색소로 작용한다.
3) 왁스 같은 지질은 여러 생물의 표피를 코팅하여 보호 및 방수 기능을 갖는다.

(3) 지질의 분류

1) 지방산과 그 유도체
2) 트리아실글리세롤(triacylglycerol)
3) 왁스 에스테르(wax ester)
4) 인지질(phosphoglyceride 및 spingomyelin)
5) 스핑고지질(spingolipid, 스핑고미엘린 이외에 스핑고신을 포함한 분자)
6) 이스프레노이드(isoprenoid, 5-탄소 탄화수소 단위인 이소프렌 중합체)

2. 유지의 종류 및 성질

유지의 주성분은 지방산과 글리세린의 에스테르이다.

(1) 지방산과 그 유도체

1) **지방산** : 다양한 길이의 탄화수소 사슬을 가진 모노카르복시산(monocarboxylic acid)이다. 대부분은 트리아실글리세롤 분자, 몇 가지 막-결합 지질, 또는 아실화 막단백질 (acylated membrane protein)에서 발견된다.

2) 지방산은 지질의 중요한 구성성분으로, 1차적으로 트리아실글리세롤과 몇 종류의 막-결합 지질분자에 존재한다.

   미리스트산(myristic acid) 및 팔미트산(palmitric acid)과 같은 지방산은 수많은 종류의 진핵 단백질에 공유결합으로 결합되어 있다. 이러한 단백질은 아실화단백질이라 한다. 아실기는 막단백질과 그들의 소수성 환경 사이에 상호작용을 촉진시킨다. 그러나 아실화단백질의 역할은 아직까지 불명확하다.

3) **포화지방산과 불포화지방산**

   ① 자연계에 존재하는 대부분의 지방산은 짝수의 탄소를 갖고 있다. 이는 탄소-탄소 결합이 단일결합으로만 되어 있는 지방산으로, 이를 포화지방산(saturated fatty acid)이라 한다.

   ② 이중결합을 한 개 이상 갖고 있는 지방산을 불포화지방산(unsaturated fatty acid)이라 한다.
   - ➡ 자연계에 존재하는 대부분의 불포화지방산의 구조는 시스(cis-)형이다. 시스형 이중결합은 지방산의 사슬을 꺾이게 하며, 구조적 특성으로 인하여 불포화지방산은 포화지방산처럼 밀집화되지 못한다. 따라서 불포화지방산은 낮은 녹는점을 가지며 실온에서 액체상태로 있다.
   - ➡ 트랜스(trans-)형 이중결합을 가지는 불포화지방산은 흥미롭게도 포화지방산과 비슷한 3차원 구조를 나타낸다.

   ③ 생물에 가장 풍부한 지방산은 단일 불포화지방산인 올레산(oleic acid)과 다불포화지방산인 리올레산(lioleic acid)이다.

4) **지방산의 종류 및 구조**

종 류	구 조	이중결합 및 입체구조	원 천
라우르산 (lauric acid)	$n-C_{11}H_{23}COOH$	-	코코아오일, 팜씨앗오일
미리스트산 (myristic acid)	$n-C_{13}H_{27}COOH$	-	코코넛오일, 팜씨앗오일

종 류	구 조	이중결합 및 입체구조	원 천
팔미트산 (palmitic acid)	$n-C_{15}H_{31}COOH$	−	식물기름, 농물지방
스테아르산 (stearic acid)	$n-C_{17}H_{35}COOH$		식물기름, 동물지방
올레산 (oleic acid)	$CH_3(CH_2)_7CH=CH(CH_2)_7COOH$	$cis-9$	올리브유, 콩기름, 톨유
리놀레산 (linoleic acid)	$n-C_{17}H_{31}COOH$	$cis-9$, $cis-12$	톨유, 해바라기씨유, 대 두유
$\alpha-$리놀레산 ($\alpha-$linoleic acid)	$n-C_{17}H_{29}COOH$	$cis-9$, $cis-12$, $cis-15$	아마씨유
$\alpha-$eleostearic acid	$n-C_{17}H_{29}COOH$	$cis-9$, $trans-11, 13$	동유
eicosapentaenoic acid	$n-C_{19}H_{29}COOH$	$cis-5, 8, 11,$ $14, 17$	생선유
arachidonic acid	$n-C_{19}H_{29}COOH$	$cis-5, 8, 11,$ 14	동물지방 및 조직
erucic acid	$n-C_{21}H_{41}COOH$	$cis-13$	평지씨유, 생선유

5) 유지의 화학적 성질

① 지방산이 알코올과 반응하여 에스테르(ester)를 형성한다.

$$RCOOH + R'OH \rightleftarrows RCOOR' + H_2O$$

➡ 위 반응은 가역적으로 일어난다. 즉, 지방산에스테르가 적당한 조건하에서 물과 반응하면
지방산과 알코올이 생성된다.

② 에스테르 교환반응 : 유지의 구성 지방산이나 글리세린이 다른 지방산 또는 알코올
과 치환반응하는 것이다. 소듐 메톡사이드와 같은 알칼리촉매를 주로 사용한다.

$$
\begin{array}{l}
CH_2-O-\overset{\overset{\displaystyle O}{\|}}{C}-R \\
CH-O-\overset{\overset{\displaystyle O}{\|}}{C}-R \qquad + 3C_2H_5OH \longrightarrow \\
CH_2-O-\overset{\overset{\displaystyle O}{\|}}{C}-R
\end{array}
\qquad
\begin{array}{l}
CH_2-OH \\
CH-OH \quad + 3RCOOC_2H_5 \\
CH_2-OH
\end{array}
$$

③ 비누화반응 : 유지를 가수분해시키면 지방산과 글리세린을 생성하는 반응을 말한다.

$$
\begin{array}{l}
CH_2-O-\overset{\overset{\displaystyle O}{\|}}{C}-R \\[4pt]
CH-O-\overset{\overset{\displaystyle O}{\|}}{C}-R \quad + 3H^+OH^- \longrightarrow \\[4pt]
CH_2-O-\overset{\overset{\displaystyle O}{\|}}{C}-R
\end{array}
\qquad
\begin{array}{ll}
CH_2-OH & RCOOH \\
 & + \\
CH-OH \; + & R'COOH \\
 & + \\
CH_2-OH & R''COOH \\
\text{글리세린} & \text{지방산}
\end{array}
$$

④ 유지의 산화반응 : 불포화지방산은 쉽게 산화되어 과산화물(peroxide)을 형성한다. 이를 유지의 산패(rancidification)라고 한다. 유지가 공기와 접촉하여 신맛을 갖게 되고, 나쁜 냄새를 내게 된다.

⑤ 유지의 환원반응

ㄱ 지방산 또는 지방산에스테르의 수소에 의한 접촉 환원

$$
\begin{array}{l}
RCOOH + H_2 \longrightarrow RCH_2OH + H_2O \\[4pt]
RCOOR' + 2H_2 \longrightarrow RCH_2OH + R'OH
\end{array}
$$

ㄴ Bouvealt-Blanc법 : 금속나트륨에 의한 환원

$$
\begin{array}{l}
CH_2-O-\overset{\overset{\displaystyle O}{\|}}{C}-R \\[4pt]
CH-O-\overset{\overset{\displaystyle O}{\|}}{C}-R \quad \xrightarrow[\text{에탄올}]{Na} \\[4pt]
CH_2-O-\overset{\overset{\displaystyle O}{\|}}{C}-R
\end{array}
\qquad
\begin{array}{l}
CH_2-OH \\[4pt]
CH-OH \quad + 3RCH_2OH \\[4pt]
CH_2-OH
\end{array}
$$

⑥ 수소첨가반응 : 불포화유지에 니켈을 촉매로 하여 수소첨가시키면 녹는점(융점)이 높은 포화유지가 생성되는 반응이다. 이로써 경화유를 제조한다.

$$
CH_3-(CH_2)_7-CH=CH-(CH_2)_7-\overset{\overset{\displaystyle O}{\|}}{C}-OH \xrightarrow[\text{Ni}]{H_2} CH_3-(CH_2)_{16}-\overset{\overset{\displaystyle O}{\|}}{C}-OH
$$
Oleic acid   Stearic acid

⑦ 암모니아 분해반응(ammonolysis) : 유지를 암모니아와 반응시켜 자방산아미드와 글리세린을 얻는 것이다.

$$
\begin{array}{l}
CH_2-O-\overset{\overset{\displaystyle O}{\|}}{C}-R \\[4pt]
CH-O-\overset{\overset{\displaystyle O}{\|}}{C}-R \quad + 3NH_3 \longrightarrow \\[4pt]
CH_2-O-\overset{\overset{\displaystyle O}{\|}}{C}-R
\end{array}
\qquad
\begin{array}{l}
CH_2-OH \\[4pt]
CH-OH \; + \; R-\overset{\overset{\displaystyle O}{\|}}{C}-NH_2 \\[4pt]
CH_2-OH
\end{array}
$$

$$R-\overset{\overset{O}{\|}}{C}-NH_2 \xrightarrow{-H_2O} R-C \equiv N \xrightarrow{+2H_2} R-CH_2-NH_2$$

지방산아미드   지방산니트릴   지방산아민

(2) 트리아실글리세롤(고급 지방산)

$$\begin{array}{l} CH_2-O-\overset{\overset{O}{\|}}{C}-R \\ CH\ -O-\overset{\overset{O}{\|}}{C}-R' \\ CH_2-O-\overset{\overset{O}{\|}}{C}-R'' \end{array}$$

트리아실글리세롤

➡ 트리아실글리세롤로 R, R′, R″은 긴 포화 또는 불포화의 곧은 사슬 탄화수소기이며 천연의 유지에는 이들 셋이 모두 같은 경우는 적고, 탄소수나 불포화도가 다른 경우가 많다.

1) 트리아실글리세롤은 세 분자의 지방산과 글리세롤의 에스테르로서, 트리글리세리드(triglyceride)라고도 불린다.

2) 지방산의 조성에 따라 트리아실글리세롤혼합물은 지방이나 기름으로 불린다.
   ① 실온에서 고체인 것을 지방(fat)이라 하며, 이것은 많은 양의 포화지방산을 함유하고 있다.
   ② 기름(oil)은 불포화지방산의 함량이 비교적 높아 실온에서 액체이다.

3) 트리글리세리드의 역할
   ① 동물에서 : 지방산을 저장하고 운반하는 역할을 하고, 저온에서 절연체 역할을 한다.
   ② 식물에서 : 중요한 에너지원으로서, 과일이나 씨앗에 저장되어 있다.

4) 트리글리세리드(고급 지방산)의 특성
   ① 고급 지방산은 글리세롤과 카르복시산과의 에스테르이다.
   ② 자연계에 존재하는 지방이나 기름은 2개 이상의 트리글리세리드혼합물이다.
   ③ 지방산의 사슬 길이는 탄소원자의 수가 12~26인 것이 있지만, 12, 14, 16 및 18의 탄소사슬을 주로 가진다. 이 사슬은 포화사슬 혹은 한 두 개의 이중결합을 가진 포화, 불포화카르복시산이다.
   ④ 보통 포화지방산을 포함한 글리세리드는 상온에서 고체이며, 불포화지방산의 글리세리드는 상온에서 액체인 것이 많다. 기름은 불포화지방산을 함유, 지방은 포화지방산을 함유하는 경향이 크다.
   ⑤ 트리아실글리세롤은 전하를 띠고 있지 않아, 때로는 중성 지방(neutral fat)으로 불린다.

⑥ 트리아실글리세롤은 소수성이기 때문에, 치밀하게 뭉쳐 세포 안에서 무수과립(anhydrous droplet)을 형성한다. 지방조직에 있는 지방세포는 트리아실글리세롤을 저장한다. 이에 비해 글리코겐은 상당한 양의 물과 결합해 있기 때문에 같은 양의 에너지를 생산하는 데 무수트리아실글리세롤 용적의 8배를 차지한다.

➡ 이는 트리아실글리세롤이 글리코겐에 비해 훨씬 더 효율적인 에너지원임을 의미한다.

⑦ 트리아실글리세롤분자는 탄수화물보다 덜 산화된 상태이다. 따라서 트리아실글리세롤은 분해될 때, 글리코겐보다 더 많은 에너지를 방출한다.

3. 유지의 제조공정

- 유지공업은 제유공업이라 불리는 유지제조공업과 제품으로 가공하는 유지가공공업으로 나뉜다. 유지제품으로는 마가린, 비누, 양초, 글리세린 등이 있다.
- 화학공업에서 일부 사용되는 대부분의 지방산들(팔미틴산, 스테아린산, 올레산 등)은 수지나 다른 동물 기름 그리고 kraft 종이 제조에서 나오는 톨유(toll oil)에서 얻는다.

(1) 지방산의 근원

구 분	대두유	팜	평지씨	해바라기씨	버터	우지(牛脂)	돈지(豚脂)
	soybean	palm	rape	sunflower	butter	tallow	lard
%	21.4	17.0	10.5	9.21	6.91	6.66	6.07
구 분	땅콩	혼합유	목화씨	코코넛	팜씨앗	올리브	생선
	groundnut	misc.	cottonseed	coconut	palm kernel	olive	fish
%	4.96	4.37	3.91	3.50	2.20	2.16	1.27

(2) 채유공정

```
┌ 식물성 기름의 채유법 : 압착법, 추출법, 압추법
│
│                                    ┌ 건식 용출법
└ 동물성 기름의 채유법 : 가열채유법 ┤
                                     └ 습식 용출법
```

➡ 식물성 기름에 대해서는 종자의 저장, 전처리가 들어간다. 식물성 기름의 경우와 동물성 기름의 경우에서는 채유법이 다르다.

1) **압착법** : 주로 스크루(screw) 프레스식 방법을 사용한다. 이 채유법은 유분이 많은 종자에 경제적이지만, 짜내고 남은 껍질 중에 잔유량이 많은 것이 단점이다.

2) **추출법** : 용제를 사용해 채유하는 방법으로, 용제는 주로 헥산(hexane)을 사용한다. 원료를 용제에 넣는 방법과 원료에 용제를 뿌리는 방법으로 2가지가 있지만, 주로 후자를 사용한다.

3) **압추법** : 유분이 많은 종자를 효율적으로 채유하는 방법이다. 처음 잔유량이 20% 정도 될 때까지 압착 채유한 후, 추출공정을 거치는 방법이다. 추출에 사용한 용제는 감압증류를 거쳐 미셀라(micella, 기름 추출액)나 채유 찌꺼기로 회수한다. 채유 찌꺼기는 사료, 비료로서 유용하고, 특히 대두유 찌꺼기는 화학 조미료, 된장, 간장의 원료로 이용할 수 있다.

> **● 참고　초임계 추출공정의 발전**
>
> 최근 식품과 개인용품을 위한 용매 추출에 초임계 CO_2를 사용하는 경향이 있다. 이것은 커피에서 카페인 제거와 향수공업을 위한 방향유 추출과 같은 고비용 생산품의 공정에 사용된다. 또한 이는 헥산으로 인한 오염을 막을 수 있어, 식용유에 매력적인 공정으로 제안되고 있다. 그러나 현재 경제적 문제로 산업화되지 못하고 있다.

4) **건식 용출법** : 가열하여 건조한 상태에서 채유하는 방법이다.

5) **습식 용출법** : 증기를 뿜어 넣어 가열하는 방법으로, 건식법에 비해 기름의 착색, 산화 등이 용이하다.

(3) 정제공정 : 지방은 도축장폐기물을 정제하여 지방질을 동물조직으로부터 추출한다. 건조 정제에서는 열만을 사용하여 건조하고 지방을 유리시키고, 습윤정제에서는 지방을 뜨거운 물이나 증기에 의해 유리시킨 후 부유물을 걷어내거나 원심분리하여 얻는다.

1) **알칼리 정제** : 가성소다($NaOH$)나 탄산소다(Na_2CO_3)를 이용하여 유리지방산을 비누화시켜 제거한다. 인지질이나 색소도 제거한다. 처리유는 원심분리로 알칼리 정제 찌꺼기와 탈산유로 나누고, 기름은 물로 씻어 정제한다.

식물성 기름은 대개 효소의 분해로 생성되는 유리지방산을 포함한다. 이 기름이 식품에 사용되려면, 알칼리 정제를 거쳐야 한다. 지방산의 나트륨염은 분리되고, 이들은 비누 원료 또는 '앙금'이라 부른다. 유리지방산은 산성화에 의해 재생된다.

2) **탈색** : 알칼리 정제된 정제유는 아직 색이 진하기 때문에, 일반적으로 산성 백토나 활성 백토에 의한 흡착 탈색을 행한다. 경우에 따라 활성탄도 사용된다.

3) **탈취**

① 식용유는 반드시 탈취공정을 거쳐야 한다. 220~250℃의 기름에 증기를 뿜어 넣어 냄새성분을 제거한다. 탈취조작에서 유리 지방산도 제거가 가능하다.

② 식물성 기름에 결합되어 있는 강한 향의 제거를 위한 것이다. 이 과정은 고진공과 15~40분 동안의 고온(240~260℃) 조건의 사용이 포함되고, 트리글리세라이드에 손상을 입히지 않도록 원하지 않는 휘발성 물질들을 제거하는 진공 증류방법이다. 증류 최종물질은 적은 양의 가치있는 두 종류의 물질과 함께 방향물질을 포함한다. 하나는 토코페롤로 비타민 E의 전구체인데, 이는 천연 비타민 E의 근원이다. 다른 하나는 스테롤혼합물로 스티그 마스테롤과 코티손으로 전환되는 다른 스테롤을 포함한다.

4) 표백공정

① 산화보다는 흡착에 의해 기름이 표백된다.

② 유색물질은 벤토나이트나 몬트모릴로나이트 진흙 위에 흡착된다. 그런 다음 특정 범위의 트리글리세라이드를 추출하기 위해서는 녹는점에 의해 분류하거나 수소화한다.

(4) 유지 가공공정

1) **가수분해** : 유지를 물과 고온으로 반응시키거나, 산, 알칼리 혹은 분해제 등 촉매를 사용해 가수분해하고 지방산과 글리세린을 제조한다.

> **참고 글리세린의 제조**
>
> 유지의 가수분해 시 회수되는 글리세린수(감수) 외에, 비누 제조 시의 폐액으로부터 글리세린을 회수한다.
>
> ① 감수는 일반적으로 10~20%의 글리세린을 함유하고 있다.
> ② 불순물인 지방산은 소석회($Ca(OH)_2$)처리로 칼슘비누를 만들어 제거한다.
> ③ 과잉의 석회(CaO)는 소다회(Na_2CO_3)로 석출시키고, 이때 단백질 등의 유기 불순물이 흡착·제거된다. 여기에, 무기염류를 이온교환 수지로 처리하여 제거한다.

➡ 처리액을 농축시키고, 활성탄을 처리한 후 재농축하여 정제 글리세린을 얻는다.

2) **분별** : 천연유지 및 그 가수분해 지방산은 여러 가지 성분의 혼합물이기 때문에, 그들 성분을 분리하는 공정이다.

① **분별 결정법** : 성분의 녹는점 차이를 이용하여 분리하는 방법이다.

㉠ 윈터링법(wintering) : 용제를 사용하지 않는 방법으로, 겨울철에 유지를 옥외에서 냉각시켜 석출된 고체지방을 분리하는 방법이다.

㉡ 용제법 : 용제를 사용하여 분별결정하는 방법이다.

㉢ Eckey법 : 무수상태에서 포화, 불포화지방산의 혼합 에스테르에 소량의 나트륨메틸레이트를 가해 에스테르 교환반응을 일으켜, 포화트리글리세라이드와 불포화트리글리세라이드로 분별시키는 방법이다.

② **감압 증류법** : 지방산을 1~10mmHg의 감압하에, 150~230℃에서 분별 증류하는 방법이다.

③ **분자 증류법** : 진공도를 10~3mmHg 이하에서 분자 간 충돌없이 분자가 이동할 수 있는 거리(평균 자류행로, mean freepath)의 차이를 이용하여 분별하는 방법이다. 증기압이 낮은 글리세라이드, 열에 불안정한 비타민 A, E 및 가소제의 증류에 이용되고 있다.

3) 수소첨가(환원)

① 가공공정 중 가장 중요한 공정으로, 수소첨가에 의해 동물성 기름의 용도가 확대된다.

② 유리지방산, 인지질, 단백질 등의 유지는 촉매독이 많기 때문에 수소천가 공정 전에 미리 정제한다.

㉠ 경화유

ⓐ 불포화유지를 수소첨가하는 것을 "경화한다"라고 하고, 수소첨가된 기름을 "경화유(수소첨가유)"라고 한다. 수소첨가의 목적은 이중결합의 수가 감소되면, 비누화값과 요오드값이 감소되어 유지의 안정성과 보존성을 증가시키고, 원료유에 비해 냄새가 없고 녹는점이 높아진다(녹는점과 불포화도는 반비례한다).

ⓑ 니켈(Ni) 촉매하에서 진행되고 기름을 경화시킨다. 이는 녹는점을 높인다. 마가린이 이러한 전형적인 제품이다.

ⓒ 경화공정은 이중결합의 환원, cis-trans 이성화, 이중결합의 이동을 포함한다.

㉡ 마가린(margarine) : 면실유나 대두유를 부분 수소첨가 한 경화유에 팜유나 우지(牛脂)의 고형지와 해바라기유, 대두유 등을 배합한다. 그 후 물과 버터 프레이바, 유화제(모노글리세리드), 비타민 A를 첨가하여 유화, 혼연(渾然)하여 제조한다.

㉢ 쇼트닝(shortening)

ⓐ 돈지(豚脂) 또는 여러 가지 부분 경화유에 질소가스를 분산시킨 상태로 급냉고화한 것이다. 이는 식용 대두 경화유, 식용 면실 경화유 등을 사용하여 제조하고 있다. 버터와 달리 물은 포함되어 있지 않다. 돈지를 원료로 하는 것이 '라드(lard)'이다.

ⓑ 지방질이 100%로서 제과, 제빵 등의 식품가공용 원료로 사용되는 반고체상태의 가소성 유지제품이다.

> 🌐**참고 수소첨가의 조건 및 선택성**
>
> 혼합 불포화글리세라이드를 수소첨가할 때, 선택성이 문제가 된다. 리놀렌산을 수소첨가하면 디엔산이 되고(k_a), 리놀산에 수소첨가하면 모노엔산(k_b), 올레인산에 수소첨가하면 스테아린산(k_c)이 된다. 여기서 반응속도상수의 차이를 비교하면, 즉 선택도(selectivity)를 보면, k_a가 가장 크고, k_c가 가장 작다.

➡ $k_a : k_b : k_c = (15 \sim 60) : (10 \sim 30) : (1)$

반응조건	선택성	이성화	이 유
반응온도 상승	증가	촉진	H_2 용해도 감소하기 때문
촉매량의 증가	증가	촉진	촉매당 H_2량 감소
수소압의 상승	감소	억제	H_2 용해도 증가하기 때문

4. 지방산의 공업적 활용

(1) 지방산에스테르

1) 지방산에스테르의 용도

① 레시노레인산부틸 : 내한성 윤활유 제조에 사용된다.

② 아시틸리시노레인산메틸 : 내한성 가소제 제조에 사용된다.

③ 세파신산옥틸 : 내한성 가소제 및 윤활유 제조에 사용된다.

④ 많은 불포화 다가 알코올에스테르 : 도료의 원료로 사용된다.

⑤ 저온 불포화(또는 포화)산 다가 알코올모노에스테르 : 계면활성제 제조에 사용된다.

⑥ 지방산 모노(혹은 디) 글리세라이드 : 식품유화제 및 알키드 수지 중간체 제조에 사용된다.

2) 지방산에스테르의 제법

① 직접 에스테르화법 : $RCOOH + R'OH \rightarrow RCOOR' + H_2O$

ⓐ 지방산과 알코올을 무촉매하, 고온(135~250℃)으로 가열한다.

ⓑ 황산, 인산, 알칼리 금속의 아세트산염, 탄산염, 염화물, 산화물 및 파라톨루엔 술폰산 등을 촉매로서 사용해 온화한 조건에서 가열하는 방법이 있다.

➡ 제3급 알코올이나 페놀과 같이 직접 에스테르화하기 어려운 경우, 35~70℃ 정도에서 산할로겐화물을 거쳐 간접 에스테르화시킨다($RCOCl + R'OH \rightarrow RCOOR' + HCl$).

② 에스테르교환법 : 모노글리세라이드, 당류 에스테르, 솔비드 에스테르의 제조는 주로 에스테르교환법에 의하고 있다. 일반적으로 매우 과잉의 알코올을 사용한다.

➡ 솔비드와 같이 열로 탈수반응하기 쉬운 알코올에 대해 에스테르반응은 아주 좋은 수단이다.

(2) 고급 알코올

1) 고급 알코올의 용도 : 계면활성제, 가소제, 화장품 등에 광범위하게 이용된다.

2) 고급 알코올의 제법

① 고압 환원법 : 지방산이나 메틸에스테르 등을 사용하여 고압하에서 수소를 이용하여 환원시킨다. 포화알코올 제조 시, 구리-크롬계 촉매를 사용하고, 불포화알코올 제조 시 아연-크롬계나 카드뮴-크롬계 촉매가 사용되나, 이 방법에서 소량의 탄화수소가 부생된다.

$$R-\overset{\overset{\text{O}}{\|}}{C}-OCH_3 \xrightarrow[\text{Cat.}]{2H_2} R-CH_2-OH + CH_3OH$$

② **금속나트륨 환원법** : 고온, 고압을 필요로 하지 않는 방법이다. 이는 불포화알코올의 제조에 적합하다. 톨루엔에 분산시킨 금속나트륨을 지방산에스테르와 반응시켜 고급 알코올을 얻지만, 이 반응에서는 반응 매체로 해서 제2급 알코올(R_2CHOH) 의 4메틸-2-펜탄올이나 시클로헥산이 사용된다. 향유 고래기름으로부터 얻어지는 올레일알코올이 중요한 자원이다.

$$R-\overset{\overset{\text{O}}{\|}}{C}-OR_1 + 4Na + 2R_2OH \longrightarrow \begin{array}{c} RCH_2ONa \\ + \\ R_1ONa \\ + \\ 2R_2ONa \end{array} \longrightarrow \begin{array}{c} RCH_2OH + R_1OH \\ + 2R_2OH + 4NaOH \end{array}$$

(3) 지방성 질소화합물

1) 지방성 질소화합물의 응용

① **지방산으로부터 합성되는 질소화합물** : 지방산아마이드, 지방족니트릴, 지방족아민 등이다.

② **용도** : 합성 수지 첨가제, 접착제, 도료, 종이의 코팅제, 섬유처리제, 윤활유 첨가제 등에 쓰인다. 특히 니트릴은 아민의 중간체로 사용되고, 아민은 계면활성제의 중간 체로 사용된다.

2) **지방산아마이드(fatty amide)**

① 지방산과 암모니아를 160~200℃에서 실리카겔 촉매를 사용하여 제조한다.

② 에탄올아민류와 지방산으로부터 합성되는 알카놀아마이드는 계면활성제 및 그 첨가 제로 폭넓은 분야에 활용된다.

3) **지방족니트릴(fatty nitrile)**

① **제법** : 일반적으로 제1 아마이드의 탈수반응으로 제조한다. 먼저 지방산에 암모니아 를 도입시켜 지방산아미드를 만든 후, 이를 탈수시켜 니트릴을 제조한다.

② 촉매로는 실리카겔, 알루미나, 코발트 비누 등이 사용된다.

4) **지방족아민(fatty amine)** : 지방족 질소화합물 중에서 가장 중요한 화합물로, 일반적으로 니트릴의 환원으로 제조된다.

① 이들 중 4차 아민을 포함하는 지방성아민이 가장 중요하다. 이는 계면활성제와 같이 산업적으로 중요한 분야에 사용된다.

② 관련된 4차 염인 디스테아릴디메틸 암모늄클로라이드는 가정용 세탁을 위한 섬유 연화제로 사용된다. 이는 마지막 세척과정에 첨가해야 하고 그렇지 않으면, 음이온 세제와의 접촉으로 침전된다.

5) 지방성 질소화합물의 반응관계

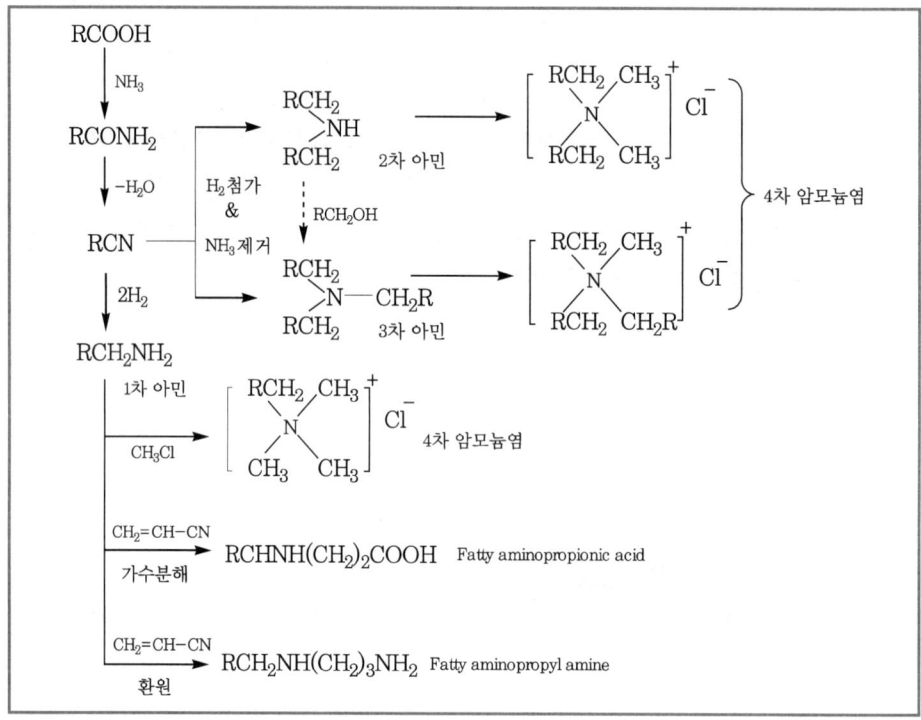

(4) 기타 지방산

1) 지방산염화물

① **제법** : 삼염화인(PCl_3)을 이용해 지방산을 염소화시킨다.

② **용도** : 에스테르, 산무수물, 아마이드, 케텐다이머, 디아실페록사이드 등의 합성 중간체로 사용된다. 케텐다이머는 섬유 처리제, 페록사이드는 촉매로서 이용된다.

2) 에폭시 기름

① **제법** : 불포화유지, 불포화지방산에스테르 및 불포화지방산을 과산화물로 산화하여 만든다.

② **용도** : 가소제, 안정화제, 가교제 등에 이용한다.

3) 불포화지방산의 산화분해로 제조되는 유지

① 올레인산으로부터 아제라인산의 제조

$$CH_3-(CH_2)_7-CH=CH-(CH_2)_7-\overset{\overset{\displaystyle O}{\|}}{C}-OH \xrightarrow[H_2O]{O_3/O_2}$$

$$CH_3-(CH_2)_7-\overset{\overset{\displaystyle O}{\|}}{C}-OH + HO-\overset{\overset{\displaystyle O}{\|}}{C}-(CH_2)_7-\overset{\overset{\displaystyle O}{\|}}{C}-OH$$

② 리시노레인산으로부터 세바신산의 제조

$$CH_3-(CH_2)_5-\underset{\underset{OH}{|}}{CH}-CH_2-CH=CH-(CH_2)_7-\overset{\overset{O}{\|}}{C}-OH \xrightarrow[270℃]{NaOH}$$

$$CH_3-(CH_2)_5-\underset{\underset{OH}{|}}{CH}-OH \ +HO-\overset{\overset{O}{\|}}{C}-(CH_2)_8-\overset{\overset{O}{\|}}{C}-OH$$

4) **이합체산(dimer 산)** : 불포화지방산을 고온으로 가열하면 열중합하지만, 그 중에서 올레인 산이나 리놀산이 이합체화한 산은 폴리아미드 수지 첨가제, 윤활유 첨가제, 방청제 등에 이용된다.

5) **금속 비누** : 촉매, 발수제, 증점제, 살균제, 윤활유 첨가제로서의 용도 외에 PVC 수지의 안정제 그리스(grease) 첨가제, 겔화제로 사용된다.

$$n\text{RCOOH} +M(OH)_n \longrightarrow (\text{RCO})_n M + nH_2O$$
$$n\text{RCOONa} +MX_n \longrightarrow (\text{RCO})_n M + n\text{NaX}$$

5. 유지의 화학적 성질

(1) 유지분석시험법

➡ 유지의 특성값은 요오드값과 비누화값을 말하며, 산값과 아세틸값은 유지의 변수이다.

1) **비누화값(Saponification value, Sv)** : 시료 1g을 완전히 비누화시키는 데 필요한 KOH(수 산화칼륨)의 mg 수를 비누화값이라 한다.

2) **산값(Acid value, Av)** : 시료 1g 속에 들어 있는 유리지방산을 중화시키는 데 필요한 KOH 의 mg 수를 산값이라 한다.

3) **에스테르화값(Esterification value, Esv)** : 비누화값과 산값의 차이를 에스테르화값이라 한다.

4) **요오드값(Iodine value, Iv)** : 시료 100g에 할로겐을 작용시켰을 때, 흡수되는 할로겐의 양 을 요오드로 환산하여 시료에 대한 백분율로 표시한 것을 요오드값이라 한다. 이를 통해 분자의 불포화도를 알 수 있다.

5) **아세틸값(acetyl value)** : 아세틸화한 유지나 납 1에 결합하고 있는 초산을 중화시키는 데 필요한 KOH의 mg 수를 아세틸값이라 한다.

$$아세틸값=A-[B/(1-0.00075B)]≒[(A-B)/(1-0.00075B)]$$

여기서, A는 아세틸화한 비누화값, B는 아세틸화하기 전의 비누화값을 의미한다.

(2) 주요 식물성 유지의 요오드값과 주성분

	유지명	요오드값	주성분(%)
건성유	아마인유	68~190	올레인산(20~35), 리놀산(5~20), 리놀레산(30~58)
	잇꽃유	122~150	팔미틴산(4~8), 올레인산(8~25), 리놀산(60~80)
	대두유	144~138	팔미틴산(5~12), 올레인산(20~35), 리놀산(50~57)
반건성유	참기름	103~118	팔미티산(7~12), 올레인산(35~46), 리놀산(35~48)
	유채유	94~107	올레인산(10~35), 리놀산(10~20), 에르신산(35~60)
	쌀겨유	99~108	팔미티산(13~18), 올레인산(40~50), 리놀산(29~42)
	면실유	88~121	팔미티산(20~30), 올레인산(15~30), 리놀산(4~52)
불건성유	올리브유	75~ 90	팔미티산(7~15), 올레인산(70~85), 리놀산(4~12)
	피마자유	81~ 91	올레인산(7~9), 리놀산(3~4), 리시노렌인산(80~87)
	팜유	43~ 60	팔미티산(35~48), 올레인산(37~50), 리놀산(7~11)
	야자유	7~ 16	카프린산(4~12), 라우린산(45~52), 미리스틴산(15~22)

(3) 주요 동물성 유지의 요오드값과 주성분

	유지명	요오드값	주성분(%)
육지간	돈지(豚脂)	46~ 70	팔미틴산(24~33), 스테아린산(8~12), 올레인산(40~60)
	우지(牛脂)	25~60	팔미틴산(24~33), 스테아린산(14~30), 올레인산(39~50)
	양지(羊脂)	31~47	팔미틴산(25), 스테아린산(31), 올레인산(36)
해양산	큰고래기름	107~110	C_{14}, C_{16}의 포화지방산(~25), C_{16}, C_{18} 모노엔산(주 성분)
	향유 고래뇌기름	71~ 74	C_{10}~C_{18}의 포화지방산, C_{12}~C_{20} 모노엔산, 불검화물(39)
	향유 고래가죽기름	82	C_{12}~C_{16}의 포화지방산, C_{14}~C_{18} 모노엔산, 불검화물(36)
	정어리유	165~190	C_{18}~C_{22}의 고도 불포화지방산(~70)
	대구의 간유	170~182	C_{16}~C_{20}의 고도 불포화지방산(~80)

기출 및 예상 문제

01 유지의 가공단계에서 수소첨가의 목적은 무엇인가? ⊙ 07 국가직 9급

① 이중결합의 수를 증가시킨다.
② 유지의 안정성, 보존성을 감소시킨다.
③ 유지의 악취를 제거한다.
④ 순도 높은 글리세린을 얻는다.

02 유지의 주성분인 고급 지방산의 특성으로 옳지 않은 것은? ⊙ 07 국가직 9급

① 직쇄상의 탄소사슬을 가진 것이 대부분이다.
② 탄소수는 12~20의 지방산이 대부분이고, 특히 탄소수가 18의 지방산이 가장 널리 존재한다.
③ 불포화지방산은 이중결합을 가진 것이 일반적이다.
④ 이중결합을 가진 지방산의 입체배치는 트랜스형이 많다.

03 유지에 수소첨가 시, 다음 설명 중 틀린 것은? ⊙ 02 국가직 9급

① 유지가 경화된다.
② 포화지방산이 된다.
③ 불포화지방산이 많아진다.
④ 이중결합에 수소가 결합된다.

04 유지의 화학적 특성을 결정하는 여러 가지 값에 대한 설명이다. 옳지 않은 것은?

① 유지의 특성을 나타내는 수치로 산값, 비누화값, 요오드값이 대표적인데, 이들에 의해 평균분자량, 불포화도 계산이 가능하다.
② 비누화값(saponification value)은 유지 1g 중에 존재하는 유리지방산을 중화하는 데 필요한 KOH의 mg 수를 의미한다.
③ 요오드값(iodine value) 시료에 흡수된 할로겐의 양을 요오드로 환산하여, 시료에 대한 백분율로 나타낸 것으로, 불포화도를 측정하는 수치로 사용된다.
④ 에스테르화값이란 비누화값과 산값의 차이를 에스테르화값이라 한다.

05 설명 중 옳지 않은 것은? ⊙ 05 국가직 9급

① 비누화값은 유리지방산이 들어 있으면 에스테르값과 산값의 합이 된다.
② 산값은 시료의 중화에 필요한 수산화칼륨(KOH)의 mg 수로 나타낸다.
③ 황산의 탈수값(DVS)이 커지면 안정성이 커지고 수율은 작아진다.
④ 분자량이 작은 글리세리드가 들어 있는 유지의 비누화값은 240~250 정도이다.

06 불포화지방산인 것은?

① 라우르산(lauric acid, $n-C_{11}H_{23}COOH$)
② 미리스트산(myristic acid, $n-C_{13}H_{27}COOH$)
③ 스테아르산(steraric acid, $n-C_{15}H_{31}COOH$)
④ 올레산(oleic acid, $n-C_{17}H_{33}COOH$)

07 불포화지방산을 일정한 촉매 존재하에서 수소첨가하면, 포화지방산으로 되는 것을 무엇이라 하는가?

① 열화(劣化) ② 고화(固化)
③ 순화(純化) ④ 경화(硬化)

08 콩기름에 강제적으로 수소를 유입시켜, 고체처럼 굳게 만든 기름의 이름은? ✪ 06 국가직 9급

① 경화유 ② 팜유
③ 건성유 ④ 중성유

09 유지를 구성하는 지방산의 탄소수는 얼마 정도 된다고 생각하는가? ✪ 97 서울시 9급

① $C_1{\sim}C_4$ ② $C_5{\sim}C_8$
③ $C_9{\sim}C_{12}$ ④ $C_{12}{\sim}C_{22}$

10 유지로부터 얻을 수 있는 지방산의 종류를 알아보기 위한 방법으로 요오드값(I_v)을 측정하는데, 이것은 그 분자의 어떤 성질을 통해 알 수 있는가? ✪ 97 총무처 9급

① 산도 ② 용융점
③ 불포화도 ④ 용해도

11 고진공에서 간유로부터 비타민 A, E를 포집하는 방법은? ✪ 06 국가직 9급

① 압착 ② 추출
③ 분자증류 ④ 분별결정

정답 및 해설

01 ③

유형 및 해설 [유지의 수소첨가] 화학적으로 수소첨가반응은 이중결합의 수를 감소시켜, 지방산을 포화시킨다. 또한 이로 인해, 비누화값과 요오드값이 감소되어 유지의 안정성과 보존성이 증가된다. 불포화도가 감소되면 녹는점이 증가해, 휘발성이 작아져 원료유에 비해 냄새가 없다. 글리세린의 순도와는 관계가 없다.

정리 '트랜스(trans)지방'이란 무엇인가?

> 트랜스지방이란, 고체인 식용지방의 제품은 식물성 기름을 부분적으로 수소화반응시킨 것이다. 그 결과로 "부분적으로 수소화된 지방"이 많은 제조된 식품에 존재하는 것이다. 수소화반응을 완전히 시키는 것을 피하는 까닭은 전부 포화된 트리아실글리세롤이 딱딱하고 부서지기 때문이다(비스킷). 전형적인 식물성 기름을 균일한 반고체형이 될 때까지 수소화반응시킨다. 부분적인 수소화반응의 상업적인 이점은 지방을 오래 보존할 수 있다는 것이다. 다중 불포화된 유지는 자동산화반응을 하여 냄새가 나기 쉽다. 그러나 부분적인 수소화반응에서 촉매가 반응하지 않은 이중결합을 천연적인 cis로부터 천연적이지 않은 trans 배열로 이성질화시키는 문제도 있다. 그리고 trans 지방이 심장질환의 위험성을 증가시킨다는 증거도 있다.

02 ④

유형 및 해설 [트리글리세리드의 특징] 이중결합을 가진 지방산의 입체배치는 시스형이 많다. 항상 학습 시 반대개념의 용어에 대해 정리해 두자. 오답의 포인트이다. 이 문제는 고급 지방산인 트리글리세리드에 대한 설명이다. 다음과 같이 정리해 두자.

정리 '트리글리세리드(트리아실글리세롤)'의 특징

> ① 생명체로부터 얻어진 카르복실산의 대부분은 글리세롤의 에스터, 즉 트리아실글리세롤이다. 이 트리아실글리세롤은 식물이나 동물로부터 온 유지(oil)와 지방(fat)이다. 흔한 생명체 원천으로는 땅콩기름, 올리브기름, 콩기름, 옥수수기름, 목화씨기름, 돼지기름, 쇠기름 등이 있다.
> ② 상온에서 트리아실글리세롤은 액체이며 보통 '유지'라 부른다. 고체인 것은 지방(fat)이라 부른다.
> ③ 일반적으로 트리아실글리세롤은 아실 그룹이 모두 다른 혼성인 유지가 대부분이다.
> ④ 지방이나 유지를 가수분해하면 지방산의 혼합물이 생긴다.
> ⑤ 대부분의 천연지방산은 곁가지 사슬이 없다. 그리고 이들은 두 개의 탄소단위로부터 합성되므로 짝수인 탄소원자를 가지고 있다.

⑥ 불포화지방산에서 이중결합은 모두 cis임을 주목하자.

⑦ 천연에 존재하는 불포화지방산들은 둘 또는 세 개의 이중결합을 가지고 있다. 이로부터 생긴 지방산이나 유지를 다중 불포화지방 또는 유지(관용명)라고 부른다.

⑧ 불포화지방산의 첫번째 이중결합은 $C_9 \sim C_{10}$ 사이에 흔히 존재하며 나머지 이중결합은 $C_{12} \sim C_{15}$에서 시작하는 경향이 있다. 그러므로 이중결합들은 짝지어 있지 않다. 삼중결합은 지방산에서 거의 존재하지 않는다.

⑨ 포화지방산의 탄소사슬은 충분히 확장되어 있어 인접한 메틸렌 그룹들 사이의 입체적인 반발을 최소화하려 한다. 포화지방산의 결정은 효율적으로 밀집하여 있으며, Van der Waals 인력이 크기 때문에 녹는점이 비교적 높다. 분자량이 커질수록 녹는점이 증가한다.

⑩ 불포화지방산의 이중결합의 cis 형태는 분자들 사이의 Van der Waals 인력을 감소시켜 녹는점이 낮아진다.

➡ 주로 포화지방산으로 구성된 트리아실글리세롤은 녹는점이 높고 실온에서 고체이나(이를 지방(fat)이라 하고), 불포화나 다중 불포화지방산의 비율이 큰 트리아실글리세롤은 녹는점이 낮다(이를 유지(oil)라 한다).

03 ③

유형 및 해설 [유지의 수소첨가] : 선택지를 보면, ②와 ③ 중의 하나가 답이 됨을 짐작할 수 있을 것이다. 수소첨가는 환원반응이 일어난다. 즉, 수소가 첨가되므로 이중결합은 포화된다. 따라서 불포화결합이 증가하는 것은 전혀 상관없다.

04 ②

유형 및 해설 [유지시험 분석값] 선택지 ②는 산값(acid value)에 대한 의미이다. 비누화값이란 유지 1g을 완전히 비누화하는 데 필요한 KOH의 mg 수이다.

05 ③

유형 및 해설 [시험 분석값] 황산의 탈수값(DVS)이 커지면, 반응의 안정성과 수율이 커지지만 DVS값이 작으면 수율이 감소하고 질산의 산화작용도 활발해진다.

06 ④

유형 및 해설 [지방산의 종류] 다음 지방산의 종류를 정리하자.(괄호는 탄소원자의 수를 의미한다)

※ 포화지방산 : 라우르산(12), 미리스트산(14), 팔미르산(16), 스테아르산(18), 아라키드산(20) 등

※ 불포화지방산 : 팔미트올레산(16), 올레산(18), 리놀레산(18), 리놀렌산(18), 아라키돈산(20) 등

➡ 모든 탄소−탄소 이중결합은 시스이다.

07 ④

유형 및 해설 [수소첨가와 경화유] 불포화지방산이 수소첨가에 의해 포화지방산으로 변하면, 액체상태의 유지는 고체상태로 지방화하는 것을 경화(oil hardening)라고 부른다.

08 ①

유형 및 해설 [수소첨가와 경화유] 경화유에 대한 설명이다.

09 ④

유형 및 해설 [지방산] 유지를 구성하고 있는 대부분의 지방산은 $C_{12} \sim C_{22}$이다.

10 ③

유형 및 해설 [요오드값] 요오드값으로 분자의 불포화도를 알 수 있다.

11 ③

유형 및 해설 [유지의 제조공정] 유지의 탈취는 식물성 기름에 결합되어 있는 강한 향의 제거를 위한 것이다. 이 과정은 고진공과 고온(240~260℃) 조건에서, 트리글리세라이드에 손상을 입히지 않도록 원하지 않는 휘발성 물질들을 제거하는 진공 증류방법이다. 증류 최종물질 중 '토코페롤'은 비타민 E의 전구체이다. 이는 천연 비타민 E의 근원이다.

제 46 주

계면활성제

제46주제	계면활성제

1. 계면활성제의 정의 및 분류
2. 계면활성제의 구조
3. 계면활성제의 종류와 특성
4. 계면활성제의 용도

1. 계면활성제의 개요

(1) 계면활성제(surfactant)의 정의

1) 어원 : 영어로 'surface activate agent'를 축약하여, 「surfactant」라 부른다.

➡ 계면활성제는 '표면활성제' 또는 '활성제'라고도 한다.

2) 계면활성제란?

① 묽은 용액상태에서 그 용액의 계면장력이나 표면장력을 극도로 저하시키는 물질로, 에멀션화제, 세척제, 가용화제, 분산제 등이 이에 포함된다. 즉, 어느 정도 길이의 사슬상 탄화수소기 끝에 극성기가 결합한 것으로, 물에 녹지 않는 탄화수소기를 **소수기**, 물과 수소결합 등에 의해 녹기 쉬운 극성기를 **친수기**라고 부르고 있다.

② 계면활성제란 기-액, 액-액, 액-고, 기-고의 계면에 흡착하고, 그 계면에너지를 저하하는 것에 따라, 계면의 성질을 현저하게 변화시키는 물질을 말한다. 즉, 물에 녹아 표면장력을 저하시키는 물질을 의미한다.

3) 친수기와 소수기

① 소수기 : 극성이 작고, 물분자와의 친화성이 작은 원자단을 말한다.

➡ 유기화합물인 알킬기, 페닐기, 알킬페닐기, 나프틸기, 알케닐기 등이 이에 속한다.

② **친수기** : 물분자와의 친화성이 강한 원자단을 말한다.

➡ $-SO_4^{2-}$, $-COO^-$, $-(-CH_2CH_2O-)n-$, $-CO_2^-$, $-COOH$, $-SO_3^-$, $-OH$, N^+, O^- 등이 이에 속한다.

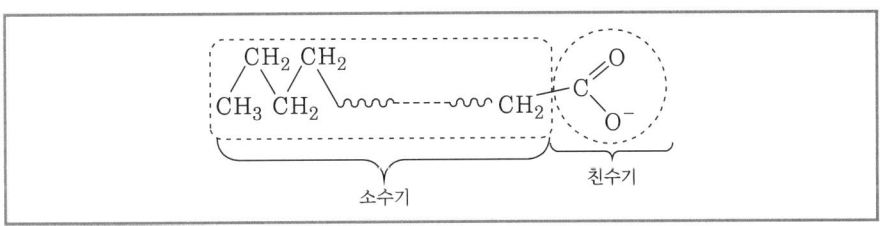

(2) **계면활성제의 분류** : 계면활성제는 수중에서 이온화되는 이온성 계면활성제와 이온화되지 않는 비이온성 계면활성제로 분류하고, 고분자로 합성되는 계면활성제는 특이한 성질을 지니기 때문에 별도로 분류한다.

$$
계면활성제의 \ 분류 \
\begin{cases}
이온성 \ 계면활성제 \begin{cases} 음이온성 \ 계면활성제 \\ 양이온성 \ 계면활성제 \\ 양쪽성 \ 계면활성제 \end{cases} \\
비이온성 \ 계면활성제 \\
고분자 \ 계면활성제
\end{cases}
$$

2. 계면활성제의 구조와 특성

(1) 수중에서 계면활성제의 상태

1) 계면활성제 분자의 친수기는 수중에서 수화반응에 의해 안정하게 존재하지만, 소수기와 물과의 반발이 크기 때문에 계 전체를 안정화시키기 위해, 물−공기(또는 기름)의 계면에서 계면활성제 분자는 친수기가 수중, 소수기가 공기(또는 기름) 중에 있도록 배열하려 한다.

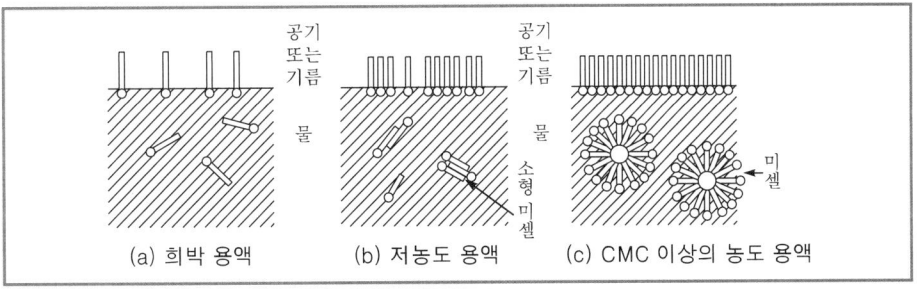

[수중에서 계면활성제의 상태]

2) 미셀(micelle)의 형성 : 어느 농도 이상이 되면 계면흡착이 포화되고, 수중의 과잉분자에 의해 물과 소수기 사이의 반발이 작아져, 몇 개로부터 수십 개의 소수기가 안쪽으로, 친수기가 바깥쪽으로 한 집합체를 형성하게 된다. 이 집합체는 바깥쪽은 극성기(친수기)에 덮힌 것으로서 수중에 안정되게 분산이 가능하다. 이와 같은 분자 집합체를 **미셀(micelle)**이라 한다.

➡ 미셀의 형태는 일정하지 않다. 분자의 형태, 농도에 따라 변한다.

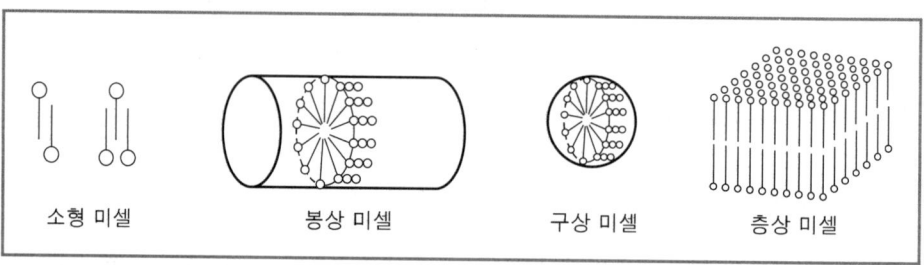

[전형적인 미셀의 형태]

3) 임계미셀농도(Critical Micelle Concentration) : 미셀 형성이 가능한 지점의 농도를 임계
   미셀농도(CMC)라 한다.

   ① 즉, 수용액에서 계면활성제의 농도가 어느 정도 증가하면, 단순 분산상태이던 계면
   활성제가 집합체(미셀)를 형성한다. 이때의 농도를 CMC라 한다.

   ② 일반적으로 CMC가 작은 것은 미셀의 크기가 크다.

   ③ 소수기가 큰 것일수록 미셀의 크기는 커진다.

   ④ 비이온성 계면활성제가 이온성 계면활성제에 비해 회합수(덩어리 수)가 많다.

(2) 임계미셀농도와 계면활성제의 물성

1) CMC 전후에서 계면활성제 수용액의 성질은 크게 변한다.

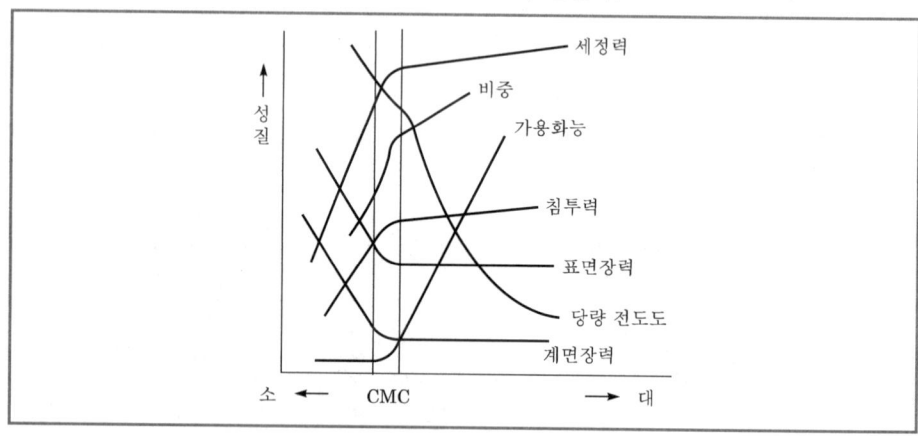

[CMC 전후에서 계면활성제 수용액의 물성변화]

2) 일반적으로 계면활성제를 취급하는 경우, CMC 이상의 농도로 사용해야 효율적이다.

   ➡ CMC는 계면활성제의 종류에 따라 다르지만, 대부분의 것은 $10^{-4} \sim 10^{-2}$mol/L 정도이다.

3) 세정력

4) 비중

5) 가용화 능력

6) 침투력

7) 표면장력

8) 당량 전도도

9) 계면장력

(3) 크래프트점(kraft point)과 크라우드점(cloud point)

1) 크래프트점 : 이온성 계면활성제는 어느 특정의 온도 이상이 되면, 물에 대한 용해도가 급격하게 증가한다. 이 온도를 크래프트점(kraft point)이라 한다.

2) 크라우드점(담점) : 폴리옥시에틸렌계 비이온성 계면활성제에서는 온도가 상승하면 물과의 수소결합의 절단에 의해 수용성이 감소하고 어느 온도에서 불투명하게 된다. 이 온도를 크라우드점(cloud point)이라고 한다.

(4) HLB(Hydrophilic Lipophile Balance)값

1) HLB의 정의

① 계면활성제 분자 중 소수성인 부분과 친수성인 부분의 균형을 나타낸다. 그러므로 소수성 유화제는 HLB가 낮으며, 친수성 유화제는 HLB가 높게 나타난다.

② HLB는 계면활성제를 선택할 때 매우 유용한 기준이다. 그러나 HLB는 계면활성제를 선정하는 하나의 방향 제시가 되는 기준일 뿐, 모든 계면활성제에 전반적으로 적용될 수 있는 기준은 아니다. HLB만으로 유화제의 특성이 결정되는 것이 아니라는 사실도 유의해야 한다.

2) HLB의 계산

① Griffin's 방법(가장 일반적인 방법)

미국의 화학자 William C. Griffin이 1954년에 제안한 방식으로 비이온성 계면활성제(non-ionicsurfactant)에 주로 사용된다.

$$HLB = \frac{M_h}{M} \times 20$$

여기서, M_h : 분자 내 친수성 부분의 분자량, M : 전체 분자의 분자량

> [예제] 계면활성제의 분자량이 100이고, 친수성 부분의 분자량이 40인 경우의 HLB를 계산하시오.

해설 $HLB = \frac{40}{100} \times 20$

② Davies의 방법(이온성 계면활성제에도 사용 가능)

Davies는 계면활성제의 구조에서 친수기와 소수기의 기여도를 반영하여 HLB값을 계산하는 방식을 제안했다.

$$HLB = \sum(친수기 \ 그룹 \ 번호) - \sum(소수기 \ 그룹 \ 번호)$$

각 작용기(기능기)의 기여도는 다음과 같다.

㉠ 친수기 그룹 기여도
- −COO⁻(카르복실산염) : 2.1
- −OH(하이드록실기, 1개당) : 1.9
- −O(에터 산소) : 1.5
- −COO(에스터) : 2.4
- −NH₂(아민) : 0.5

㉡ 소수기 그룹 기여도
- −CH(메틸렌기) : −0.475
- −CH₂(메틸렌기) : −0.475
- −CH₃(메틸기) : −0.475

[예제] 아래 친수기·소수기 기여도를 활용하여 라우릴황산나트륨(Sodium Laauryl Sulfate, SLS)의 HLB를 계산하시오.

- 친수기 : 설페이트(SO_4) → 38.7
- 소수기 : 라우릴기($-C_{12}H_{25}$) → 5.7

해설 ❞ $HLB = 7 + (38.7) - (5.7) = 40$

3) 계면활성제가 혼합된 경우
- 계산공식 : HLB가 A인 계면활성제 x(%)와 HLB가 B인 계면활성제 y(%)의 혼합물인 경우 그 HLB를 산출하는 공식은 다음과 같다.

$$HLB_{AB} = \frac{Ax + By}{x + y}$$

➡ 예를 들어 HLB가 8인 POE(3) octyl phenol 60%와 HLB가 10인 POE(5) nonyl phenol을 40% 섞었을 때, 이 혼합물의 HLB는 8.8이 된다.

➡ 만일 HLB 5.5인 POE(2) nonyl phenol과 HLB 15인 POE(15) nonyl phenol을 섞어서 HLB 11을 만들려면 POE(2) nonyl phenol 42%와 POE(15) nonyl phenol 58%를 섞으면 된다.

4) 대표적인 계면활성제의 HLB

계면활성제	HLB	계면활성제	HLB
솔비탄모노라우레이트	8.6	라우릴알코올 EO 5몰 부가물	10.8
솔비탄모노올레이트	4.3	라우릴알코올 EO 23몰 부가물	16.9
솔비탄모노라우레이트 EO 4몰 부가물	13.3	노닐페놀 EO 4몰 부가물	8.9
솔비탄모노라우레이트 EO 20몰 부가물	16.7	노닐페놀 EO 12몰 부가물	14.1
폴리에틸렌글리콜(400)모노라우레이트	13.1	올레인산나트륨	18.0
폴리에틸렌글리콜(400)모노올레이트	11.8	라우릴황산나트륨	40.0

5) HLB와 용도

HLB	용 도
20~15	가용화
12 이상	세정작용
7 이상	유하작용(O/W형)
15~7	침투작용
7~3	유화작용(W/O형)
4~1	소포작용

3. 계면활성제의 종류 및 그 제조방법

(1) 음이온 계면활성제 : 극성기가 $-COONa$, $-SO_3Na$, $-SO_3Na$ 등으로 되어 있으며 수용액 중에서 이온화할 때 소수성기를 포함하는 활성제 분자의 대부분이 음이온으로 해리되는 것이 음이온 계면활성제이다.

1) **비누(soap)** : 유지의 가성소다에 의한 비누화반응에 의해 제조된다. 여기서 장쇄의 지방산은 알칼리 금속염이다.

$$
\begin{array}{l}
CH_2-O-\overset{\overset{O}{\|}}{C}-R \\
CH-O-\overset{\overset{O}{\|}}{C}-R \quad + \; 3NaOH \longrightarrow \\
CH_2-O-\overset{\overset{O}{\|}}{C}-R
\end{array}
\qquad
\begin{array}{l}
CH_2-OH \\
CH-OH \quad + \; 3RCOONa \\
CH_2-OH
\end{array}
$$

① **원료** : 우지, 야자유, 돈지, 팜유, 올리브유 및 피마자유 등이 있다.

② **제법** : 원료를 배합한 후, 이 혼합유를 비누화한다. 그 후, 산화방지제, 착색제, 향료 및 라놀린이나 스쿠알렌 등의 첨가제를 가하여 성형한다.

➡ 세탁비누의 경우 탄산나트륨, 규산나트륨, 폴리인산 등 내경수 첨가제를 사용한다.

➡ 약용비누에는 소독제를 첨가한다.

③ **용도** : 목욕용(고형), 세탁용(고형, 분말) 약용 및 공업용 유지(고형 또는 페이스트 상태) 등에 사용된다.

2) **술폰산염형 음이온 계면활성제**

① **제조방법** : (a) 알킬벤젠을 합성하는 방법(Linear Alkylbenzene Sulfonate, LAS)과 (b) α-올레핀으로 합성하는 방법(α-olefin sulfonate, AOS)이 있다.

㉠ 알킬벤젠 및 α-올레핀을 무수황산으로 술폰화하고 중화시켜 나트륨염을 만든다.

㉡ 술폰화제 : 황산, 발연황산, 무수황산, 술판(3산화황의 3량체) 등

ⓒ 뛰어난 성능을 가지는 이게폰 T나 양호한 침투제인 에어로졸 OT 술폰산염형 음이온 계면활성제로 대표적이다.

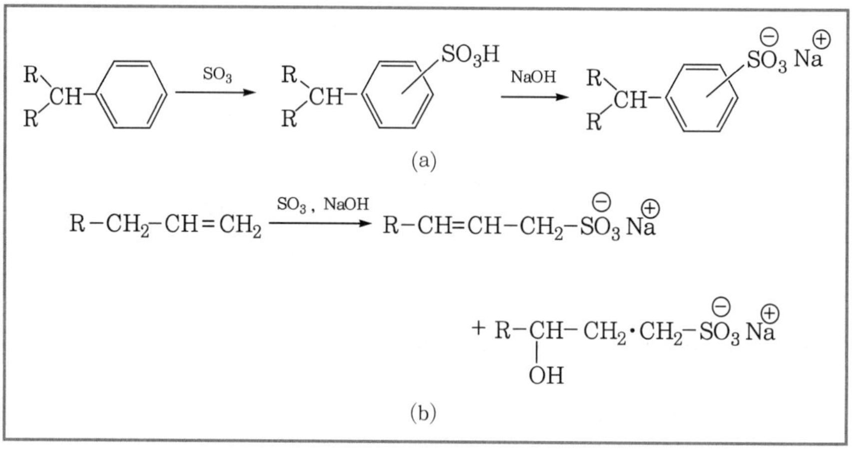

(a)

(b)

➡ 과거 알킬기에 가지가 많은 프로필렌 4량체 등이 사용되었지만, 측쇄 메틸기가 생분해성을 저하시켜 하천오염의 원인이 되기 때문에, 현재 곧은 사슬의 알킬기를 가진 알킬벤젠을 원료로 사용하고 있다.

② **용도** : 합성세제로 널리 쓰이고 있다.

3) **황산에스테르형 음이온 계면활성제**

① **제법** : 고급 알코올, $\alpha-$올레핀 및 폴리옥시에틸렌알킬레이트를 황산, 발연황산, 클로로술폰산, 무수황산 등과 술폰화하여 제조한다.

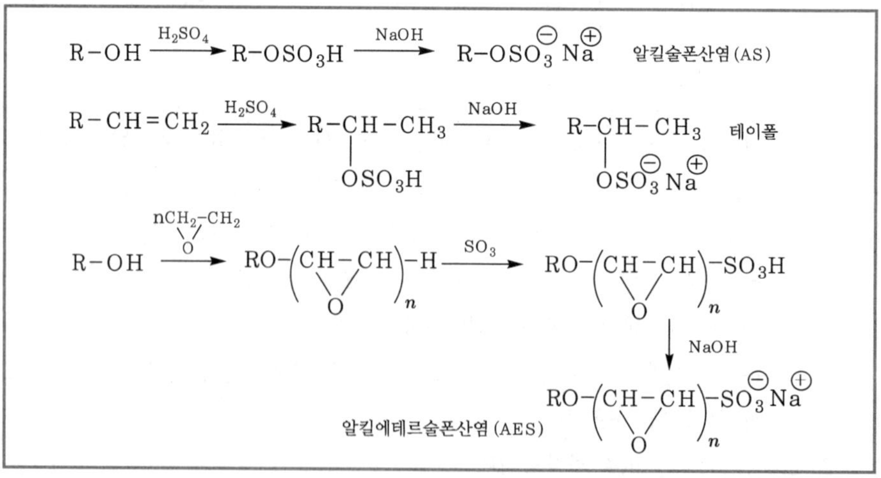

② 성질

  ㉠ 합성세제로 양털제품의 세제 및 샴푸에 없어서는 안 되는 세제이다. 산, 알칼리에 잘 견디나 강산과 장시간 가열하면 가수분해되기 쉽다.

  ㉡ 이 황산에스테르염 계통은 세제는 중성이고, 이의 길슘염도 물에 용해되기 때문에 센물에서도 사용이 가능하다.

③ 용도 : $C_{12} \sim C_{18}$의 고급 알코올을 황산으로 에스테르화하고 알칼리로 중화한 것인데, 알코올의 원료로 야자유, 고래기름 등이 쓰인다.

  ㉠ α-올레핀으로부터 제조한 테이폴은 액체 세제의 중요한 원료가 된다.

  ㉡ 폴리옥시에틸렌기를 가지는 것은 수용성이 크고, 경수 중에서 기포성이 큰 특징을 가지고 있어 샴푸(shampoo) 등에 사용된다.

  ㉢ 피마자유나 올리브유를 부분적으로 황산에스테르화한 것을 '황산유'라 한다. 특히 피마자유에서 제조된 것은 '로드유'라 하며 이는 섬유공업에서 많이 사용되고 있다.

4) 인산에스테르형 음이온 계면활성제

① 고급 알코올이나 지방산을 무수인산에 의해 에스테르화시켜 제조한다.

② 정전기 대전방지제로서 많이 사용된다.

③ 종류 : $RO-PO-(ONa)_2$, $(RO)_2-PO-ONa$, $RO(C_2H_4O)_n-PO-(ONa)_2$

(2) 양이온 계면활성제 : 극성기가 **아민염** 또는 **4차 암모늄**이며, 수용액에서 이온화할 때 긴 알킬기를 포함하는 분자의 대부분이 양이온이 되는 것이 양이온 활성제이다. 물에 녹으면 모체인 친유성기를 가지는 부분이 양이온으로 되는 활성제로 알킬트리메틸암모늄클로라이드[$RN(CH_3)_3{}^+Cl^-$] 등이 있다. 주로 방수제, 유연제 등에 사용된다.

1) 아민염 양이온 활성제

① **제법** : 지방산과 암모니아로 니트릴을 만들고 이것을 접촉환원하여 아민을 만든 후 산으로 중화시킴으로써 만들 수 있다.

② 촉매로서 루이스산 혹은 무기알칼리를 사용한다. 무촉매에서도 반응온도의 조절에 의해 분자량 분포가 양호한 것을 합성할 수 있다.

③ 대표적인 것으로 폴리옥시에틸렌알킬아민이 있다.

$$R-NH_2 + (n+m)\underset{\underset{O}{\diagdown\diagup}}{CH_2-CH_2} \longrightarrow R-N\begin{cases} (C_2H_4O)_nH \\ (C_2H_4O)_mH \end{cases}$$

2) 4차 암모늄염형

① **제법** : 3차 아민에 알킬화제를 작용시키면 4차 암모늄이 생긴다.

② 양이온성 계면활성제의 주류를 이루는 것으로, 테트라알킬암모늄형과 피리디늄형이 있다.

➡ 피리디늄형은 살균성이 특히 좋아 소독제로 사용되고 있다.

(3) 비이온성 계면활성제

- 극성기가 이온화하지 않으므로 분자 전체로서 이온성이 없다. 극성기로는 알코올성 $-OH$, 에스테르형 산소, 에스테르기 등이 이의 역할을 한다. 디가알코올의 지방산에스테르, 지방산의 폴리에틸렌글리콜에스테르 등이 여기에 속한다. 즉, 친수성기가 이온해리하지 않는 $-OH$, $-O-$ 에서 만들어지는 긴 사슬화합물이다.

- 비이온성 계면활성제는 에스테르형을 제외하고는 넓은 pH 범위에서 기능을 발휘하고, 수중에서 이온해리하지 않는다. 따라서, 이온성 계면활성제 모두 병용할 수 있고, 응용분야가 광범위하다. 합성 수지의 화장품, 에멀션 중합, 제초제, 살충제 및 식품의 에멀션화에 사용하고, 염색에서는 유연평활제, 완염제, 대전방지제로 쓰인다.

1) 폴리에틸렌글리콜형 : 에테르형과 에스테르형 2가지가 있다.

① 대표적인 것으로 고급 알코올이나 알킬페놀의 산화에틸렌 부가물이며, 용도에 따라 몰수가 조절된다. 산화에틸렌 부가물은 활성이 강한 촉매를 사용할 경우 분자량분포가 넓어지는 특성이 있다.

② **제조방법**

㉠ 에테르형 : NaOH 또는 KOH를 촉매로 하여 산화에틸렌을 가압하에 반응시킨다. 대표적인 것으로 '폴리옥시에틸렌알킬레이트'가 있고 이는 세제로 많이 이용된다.

ⓛ 에스테르형 : 산촉매법과 염기촉매법 2가지가 있으나, 주로 산촉매법을 많이 사용한다.

$$R-\overset{O}{\overset{\|}{C}}OH + n\,CH_2-CH_2 \quad \xrightarrow{\quad NaOH \quad}$$
$$R-\overset{O}{\overset{\|}{C}}OH + HO(CH-CH)_n H \quad \xrightarrow{\quad H_2SO_4 \quad} \quad R-\overset{O}{\overset{\|}{C}}-O(CH-CH)_n H$$

2) 디가알코올형 : 에스테르형, 아마이드형 2가지가 있다.

① 대표적인 것으로 디가알코올의 모노 및 디에스테르류와 그들의 산화에틸렌부가물이나 지방산알카놀아마이드 및 이들의 산화에틸렌부가물이 있다.

② 폴리올(polyol)

  ㉠ 글리세린과 펜타에리트리톨 : NaOH를 촉매로 하여 에스테르 교환법에 의해 제조한다. 이들의 모노글리세라이드는 식품용첨가제로 많이 사용된다.

  ➡ 펜타에리트리톨 : $C(CH_2OH)_4$

  ㉡ 솔비탄 : 솔비트와 지방산을 KOH 촉매하에 가열하면 지방산이 에스테르화한다.

  ㉢ 설탕 에스테르 : 지방산메틸과 에스테르 교환반응으로 합성된다. 이는 식용 계면활성제로서 사용된다.

③ 지방산디에탄올아마이드 및 그 산화물은 거품을 일으키는 세제 첨가제로 우수한 성질을 가지고 있다.

$$C_{11}H_{23}COOH + NH(C_2H_4OH)_2 \longrightarrow C_{11}H_{23}CO-N(C_2H_4OH)_2$$

(4) 양쪽성 계면활성제

분자 내에 양이온 활성기와 음이온 활성기 둘 다 가지고 있는 활성제이다. 양이온이 되는 원자는 황, 인, 질소 등이며, 음이온이 되는 부분은 황산에스테르염, 술폰산염, 인산에스테르염 등으로 구성되어 있다. 넓은 pH 범위에서 사용이 가능하고, 화장품, 살균소독제, 섬유처리제 등의 용도가 있다.

1) 아미노산형

$$R-NH_2 \ + \ CH_2=CH-COOCH_3 \longrightarrow RNHC_2H_4COOCH_3$$
$$R-NH_2 \ + \ CH_2=CH-CN \longrightarrow RNHC_2H_4CN$$
$$\Big\} \ \ RNHC_2H_4COOH$$

$$R-NH_2 \ + \ ClCH_2-COONa \longrightarrow RNH_2COONa \xrightarrow{\ ClCH_2COONa\ } RN(CH_2COONa)_2$$

이의 특성 중 하나는 등전점이 있다는 것이다. 어느 특정 pH 값에서 염기 및 산의 해리도가 동등해진다. 즉 분자 내 염을 형성하여 친수성이 현저하게 감소되고, 계면활성제로서의 성능이 저하됨을 의미한다.

2) 베타인형

① 제4암모늄기와 카르복실레이트기를 가지는 것으로, 아미노산형과 달리 등전점에서도 석출되지 않고, 모든 pH에 계면활성이 유지된다.

② 대표적인 베타인형에는 제3아민을 모노클로로아세트산으로 4급화한 것이 있다. 이외에 이미다조린계의 것도 있다.

$$C_{18}H_{37}-N^+(CH_3)_2CHCOO^- , \ C_{12}H_{25}-N^+(CH_2CH_2OH)_2CHCOO^-$$

이미다조린계

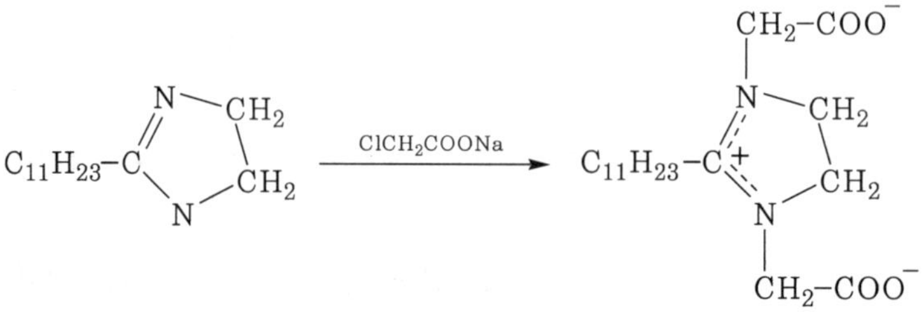

3) 레시틴(lethithin) : 천연 양쪽성 계면활성제로 계란 노른자 중에 있다. 마요네즈 제조에 사용된다.

4) 타우린(taurine) : 소의 쓸개즙에서 얻어지는 것으로 술폰산형 양쪽성 계면활성제이다.

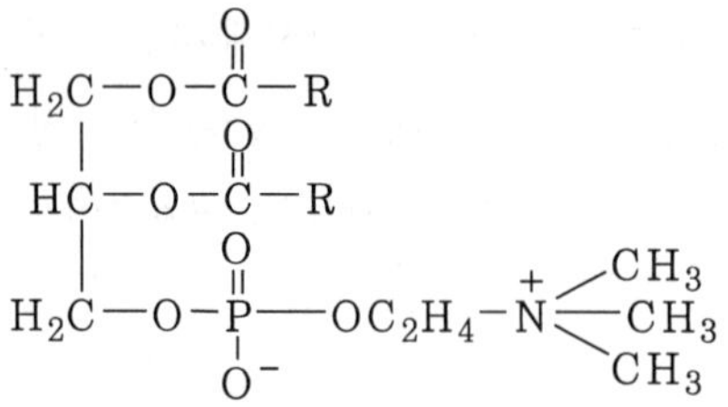

레시틴

$$R-NH-C_2H_4-SO_3H$$

타우린

(5) **특수 계면활성제**

　1) 플루오르계 : $C_8F_{17}SO_3Na$, $C_8F_{17}NH(-CH_2CH_2O-)_nH$

　　플루오르카본 사슬을 소수기로 하는 계면활성제이다. 표면장력을 현저하게 저하시켜 CMC가 작다고 하는 특징을 가지고 있다. 소회제, 플루오르 수지 유화제, 윤활제 등의 특수한 용도로 사용된다.

　2) 실리콘계 : $CH_3Si-[-O-Si(CH_3)_2-]_n-(CH_2)_3O(-CH_2CH_2O-)_m-H$

　　폴리디메틸실록산을 소수기로 하는 계면활성제이다. 이는 분자 간 힘이 작을 뿐 아니라 표면장력을 크게 저하시킨다. 이형제(離型劑), 방담제(서리방지) 등의 특수한 용도에 사용된다.

　3) 고분자 계면활성제 : 분자 하나가 1개의 미셀에 상당하는 것을 형성하고, 이 점이 저분자 계면활성제와 다른 점이다. 대표적인 것으로 산화프로필과 산화에틸렌의 블록 공중합물이며, 저발포성 세제, 유화분산제로서 사용되고 있다. 이것을 플루로닉형 비이온 계면활성제라 부른다.

　　① 폴리프로필렌글리콜은 분자량이 1,000 이상이 되면 물에 녹지 않으므로, 소수기로서 성능이 생기된다.

　　② 세제 : 폴리알킬페놀, 폴리비닐피리디늄염 등이 있다.

　　③ 세제용 재오염 방지제 : 카르복시메틸셀룰로오스

　　④ 염안료의 분산제 : 나프탈렌술폰산의 포르말린 축합물

　　⑤ 응집제 : 폴리아크릴아미드

　　⑥ 윤활유 첨가제 : 폴리 긴사슬 알킬메타크릴레이트 등

4. 계면활성제의 용도

(1) **성질에 따른 계면활성제의 용도 구분**

　1) 기본적 성질에 기초한 용도 : 습윤제, 침투제, 기포제, 소포제, 가용화제, 분산제, 유화제, 세정제로 사용된다.

　2) 2차적 성질에 기초한 용도 : 평활제, 대전 방지제, 방녹제, 균염제, 염료 고착제, 발수제, 부유선광제, 살균제로 사용된다.

참고

① '유화분산제'로의 이용은 계면활성제의 가장 넓은 응용분야이다. 유화제 선택기준은 HLB 이지만, 주로 경험에 의하여 선택한다. 일반적으로 W/O형(Water in Oil, 유중수형)의 경우는 HLB가 작은 계면활성제를 쓰고, O/W형(Oil in Water, 수중유형)의 경우는 HLB가 큰 계면활성제가 적합하다.

② '세제'로의 용도는 계면활성제의 가장 중요한 것이다. 이는 계면활성제의 침투작용, 유화 분산작용, 가용화작용을 적용한 것이다.

(2) 계면활성제의 공업적 용도

공업	목적	음	양	비	양쪽	공업	목적	음	양	비	양쪽
섬유 공업	정련, 세정제	○	×	○	×	합성 수지·고무	유화제	○	×	○	×
	침투제	○	×	×	×		안정제	○	×	○	×
	표백제	○	×	○	×		습윤제	○	×	○	×
	염색조제	○	○	○	×		대전 방지제	○	×	○	×
	유연 마무리	○	○	○	○		방담제	×	×	○	×
	대전 방지제	○	○	○	×		이형제	○	×	○	×
	방수제	○	○	○	×	원유채굴	처리제	○	○	○	×
제지 공업	사이즈 첨가제	○	×	○	×		에멀션 파괴제	○	○	○	×
	종이 가공제	○	○	○	○	윤활유	첨가물	○	○	○	×
금속 공업	세정제	○	○	○	×	피혁공업	무두질조제	○	×	○	×
	방청제	○	○	×	○		마무리조제	○	○	○	×
	도금 첨가물	○	○	○	×	식품공업	유화제, 기포제	×	×	○	×
건축 분야	공기연행제	○	×	×	×	염·안료, 도료	습윤 분산제	×	×	○	×
	아스팔트유제	×	○	○	×	도료	습윤 분산제	○	×	○	×
농약 제조	유화분산제	○	×	○	×	왁스	유화제	○	×	○	×
	전착제	○	×	○	×		안정제	○	×	○	×
의약 제조	살균, 소독제	×	○	×	×	클리닝	세정제	○	×	○	×
	첨가제	○	×	○	×		유연제	×	○	×	×
비료 제조	고결 방지제	○	○	×	×	향장품	유화제	○	○	○	○

기출 및 예상 문제

01 양이온 계면활성제는? ✿ 07 서울시 9급

① 비누
② 술폰산염형
③ 황산에스테르형
④ 아민염형
⑤ 폴리에틸렌글리콜

02 계면활성제의 특성에 대한 설명이다. 옳지 않은 것은? ✿ 02 국가직 9급(변형)

① 분자 내에 친유성 부분과 친수성 부분을 가지고 있다.
② 묽은 용액상태에서 그 용액의 계면장력이나 표면장력을 극도로 저하시키는 물질이다.
③ 친수성 부분에는 사슬모양의 탄화수소 또는 고리모양 탄화수소가 붙고, 친유성 부분에는 이온성 극성기 또는 비이온성 극성기가 결합하고 있다.
④ 이온성 계면활성제는 어느 특정의 온도 이상이 되면, 물에 대한 용해도가 급격하게 증가하게 되는 온도를 크래프트점(kraft point)이라 한다.

03 계면활성제의 용도가 아닌 것은?

① 세제
② 접착제
③ 습윤제
④ 유화분산제

04 다음 중 계면활성제의 종류와 유형이 바르게 짝지어진 것은?

① 비누-양이온 계면활성제
② 알킬벤젠술폰산나트륨-음이온 계면활성제
③ 테트라알킬암모늄-음이온 계면활성제
④ 폴리에틸렌글리콜-양이온 계면활성제
⑤ 알킬에테르황산염-양쪽성 계면활성제

05 수용액상에서 계면활성제의 농도가 증가할 때, 임계미셀농도(CMC) 전후의 물성의 변화를 바르게 예측하지 않은 것은?

① 세정능력은 CMC 전에 급격히 상승하다가, CMC 후에 완만해진다.
② 가용화능력은 CMC 전에 일정하다가, CMC 후에 급격히 상승한다.
③ 표면장력은 CMC 전에 감소하다가, CMC 후에 증가한다.
④ 침투능력은 CMC 전에 증가하다가, CMC 후에 완만히 증가한다.

정답 및 해설

01 ④

유형 및 해설 [이온성 계면활성제의 분류와 그 종류]
① 음이온 계면활성제 : 비누, 술폰산염, 황산에스테르, 인산에스테르형 등
② 양이온 계면활성제 : 아민염, 제4암모늄
③ 비이온성 계면활성제 : 폴리에틸렌글리콜형, 디가알코올형

02 ③

유형 및 해설 [계면활성제의 특성] 친유성 부분에는 사슬모양의 탄화수소 또는 고리모양의 탄화수소가 붙고, 친수성 부분에는 이온성 극성기 또는 비이온성 극성기가 결합하고 있다.
• 친유기 : 페닐기, 알킬페닐기, 나프틸기, 알킬기, 알케닐기 등
• 친수기 : $-SO_4^{2-}$, $-COO^-$, $-(-CH_2CH_2O-)_n-$, $-CO_2^-$, $-COOH$, $-SO_3^-$, $-OH$, N^+, O^- 등

03 ②

유형 및 해설 [계면활성제의 용도] 계면활성제는 침투성, 유화분산성, 가용화성 등의 성질에 의해 세정제(세제), 유화분산제, 이형제, 습윤제, 침투제, 표백제 등에 사용된다. 일반적으로 계면을 접합시키는 성질을 가지지 못해 접착제로 사용하기 어렵다.

04 ②

유형 및 해설 [계면활성제의 분류] 비누는 대표적인 음이온 계면활성제이다. 알킬벤젠술폰산나트륨, 알킬에테르황산염도 역시 음이온 계면활성제이다. 테트라알킬암모늄은 양이온 계면활성제이며, 폴리에틸렌글리콜은 비이온 계면활성제 중의 하나이다.

05 ③

유형 및 해설 [임계미셀농도] 임계미셀농도란 계면활성제 분자가 미셀을 형성할 때의 농도를 의미한다. 즉, 계면활성제의 농도를 증가시키면 어느 시점에 미셀이 형성된다. 이 시점의 농도를 임계미셀농도라 한다. 계면활성제는 표면장력을 낮추는 효과가 있다. 선택문 ③은 CMC 이후 표면장력이 증가할 수 없다. 계면활성제가 농도가 증가하는데, 어떻게 표면장력이 커지겠는가? CMC 후 표면장력이 거의 일정해진다. 명백히 거짓이다. 다른 물성들도 계면활성제 성질에 비추어 비교해 본다.

제 47 주

도료, 염료 및 안료

● 도료(paint and varnish)

페인트나 에나멜과 같이 고체물질의 표면에 칠하여 고체막을 만들어, 물체의 표면을 보호하고 아름답게 하는 유동성 물질의 총칭을 말한다. 칠한 후에는 빨리 건조 경화하는 것이 좋다. 2,500년 전에 이집트에서는 건성유가 만드는 고체막을 전색제(도막형성의 주요소)로 하는 도료를 사용하였다고 한다.

● 염료(dye)

광의로는 섬유 등 착색제의 총칭이나, 협의로는 물 또는 기름에 녹아 단분자로 분산하여 섬유 등의 분자와 결합하여 착색하는 유색물질만을 가리킨다. 염료의 합성기술은 화약류나 독가스의 제조기술에도 적용되었기 때문에, 제1차 세계대전을 계기로 각국이 염료공업의 발전에 힘을 쏟아 여러 나라에 염료공업이 보급되었다.

● 안료(pigment)

물 및 대부분의 유기용제에 녹지 않는 분말상의 착색제이다. 백색 또는 유색이며, 아마인유, 니스, 합성 수지액, 아라비아고무 등 전색제에 섞어서 도료, 인쇄잉크, 그림물감 등을 만들어 물체 표면에 착색하거나, 고무, 합성 수지 등에 직접 섞어서 착색한다. 이 밖에 도자기의 유약, 화장품, 또 최근에 합성섬유 원료의 착색에도 사용되어 용도가 다양하다.

 제47-1주제　도료

1. **도료의 개요** : 도료는 표면처리를 위해 물질의 표면에 칠하는 재료이다. 도료의 주성분은 도막형성 성분이다. 도료는 원료에 따라 유성 도료, 수성 도료, 합성 수지 도료, 셀룰로오스, 셀룰로오스 유도체 도료, 주정 도료로 나뉜다.
2. **도료의 제조방법**
3. **도장(塗裝)** : 표면처리

1. 도료

(1) 도료의 정의 및 분류

1) 정의 : 페인트(paint)나 에나멜(enamel)과 같이 고체물질의 표면에 칠하여 고체막을 만들어 물체의 표면을 보호하고 아름답게 하는 물질을 총칭하여 '도료'라 한다.

2) 도료의 목적

① 물체의 보호, 방식, 내유(耐油), 내약품, 방습

② 광택의 부여, 미화(美化), 평활화(平滑化), 채색

③ 생물부착방지, 살균, 전도성 조절, 반사

3) 피막형성 성분

분 류	소 재
건성유	아마인유, 대두유, 동백유
가공 건성유	탈수 피마자유, 에스테렌화유, 우레탄화유
합성 수지	불포화폴리에스테르, 알키드 수지, 아세트산비닐 수지, 염화비닐 수지, 에폭시 수지, 우레탄 수지, 아미노 수지
천연 수지	로진, 코팔, 세락
셀룰로오스	니트로셀룰로오스, 아세틸셀룰로오스

4) 도료의 구성

① 주성분 : 도막구성 성분(전색제, 안료), 도막에 남지 않는 성분(용매)

➡ 전색제 : 도막형성 성분, 첨가제, 용제의 3성분으로 구성된 것을 전색제(vehicle)라 한다.

② 보조성분 : 건조제, 가소제, 중량제 등

5) 도료의 분류

분류 기준(~에 따라)	도료의 명칭
도료의 주원료*	유성, 수성, 합성 수지, 셀룰로오스 유도체, 주정 도료
도료의 상태	건련 페인트, 조합 페인트, 에멀션(emulsion) 도료, 졸(sol) 도료
도장법	솔(brush)로 칠하는 도료, 분사용(ejected) 도료, 정전(停電) 도료
도막의 성능	밑칠 도료, 녹(rust)방지 도료, 선저(船底) 도료, 방화 도료

(2) 도료의 종류별 특징 및 제조방법

1) 유성 도료

① 정의 : 주로 천연유지로부터 제조되는 전색제(vehicle)를 사용하는 도료를 말한다.

② 종류 : 옻, 카슈유(cashew)계 도료, 유성페인트, 유성에나멜 등이 있다.

[유성 도료의 장·단점]

장 점	단 점
• 도장이 용이하며 특히 붓 도장에 적당함 • 휘발성분이 적기 때문에 1회에 후도(厚塗)가 가능하고 용제 휘발에 기인하는 핀홀 현상이 생기지 않음 • 도장에 미치게 되는 온도, 습도의 영향이 적음 • 철재 표면에 대해 도장성이 좋기 때문에 철재에 잘 부착하여 녹 방지 • 효과가 좋으며 오래된 도막 위에도 비교적 잘 부착하기 때문에 중첩도장 및 덧칠이 가능함 • 도막은 유연성 및 내후성이 좋음	• 건조시간이 길다. • 내수성, 내용제성, 내약품성이 떨어짐 • 도막 형성 요소의 분해에 의해 발색 물질이 생성하여 도막이 황변하기 쉬움

③ 유성페인트

　　㉠ 유성페인트는 보일유가 주성분이다.

> 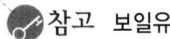 **참고　보일유**
>
> 대두유, 아마인유, 동백유, 어유 등의 건성유에 건조제를 더하고, 120℃ 이하의 온도에서 공기를 불어 넣으면서 적당한 점도가 될 때까지 산화·중합시킨 것으로, 이것에 건조제를 첨가하여 Vehicle로 된다. 유성페인트에는 건련 페인트(안료 약 90%)와 조합 페인트(안료 약 60%)가 있다.

　　㉡ 유성페인트는 지건성(脂乾性)이며, 견고성, 내수, 내알칼리성이 부족하다.

④ 유성에나멜 : 송진(주성분 이비에탄산)이나 에스테르고무 등의 천연 수지나, 송진 변성 말레인산 수지, 페놀 수지 등을 건성유와 가열 중합시킨 것에 용제나 건조제를 첨가한 것을 유성에나멜이라 한다.

　　㉠ (장점) 유성에나멜은 저렴하고 광택이 좋다.

　　㉡ (단점) 도막 성능은 합성 수지 도료보다는 떨어진다.

2) 합성 수지 도료

① 알키드 수지 도료 : 무수프탈산과 글리세린 혹은 펜타에리트라이트(pentaerythrit)의 폴리에스테르를 기름 혹은 지방산으로 변성시킨 것이다.

　　㉠ 지방산의 변성 : 지방산, 무수프탈산, 디가알코올의 3가지 희유기체 흐름하에서 220~250℃로 폴리에스테르화한다.

ⓛ 기름 변성 : 사전에 디가알코올과 기름(트리글리세라이드)과의 에스테르교환으로 모노 혹은 디글리세라이드를 만들어 무수프탈산을 더하여 폴리에스테르로 만든다.

➡ 이 방법이 지방산 변성에 비해 축합도가 낮아 겔화가 쉽다.

ⓒ 알키드 수지의 성질은 변성으로 사용한 기름 혹은 지방산의 종류 및 알키드 수지 중의 지방산의 비율(이를 '유장(油長)'이라 한다)에 의해 변한다. 장유성의 경우는 직선상의 저축합도 수지가 되고, 단유성의 경우 지분상(枝分狀)의 고축합도 수지가 된다.

[알키드 수지의 성질에 미치는 유장의 영향]

유장	단유(短油)		중유(中油)		장유(長油)
(%)	30	40	50	60	70
점도	大 ←————————→ 小				
용해성	小 ←————————→ 大				
건조성	小 ←————→ 大 ←——→ 小				
굳기	大 ←————————→ 小				
휨성	小 ←————————→ 大				
내수성	小 ←————————→ 大				
내유성	大 ←————————→ 小				
내후성	小 ←————————→ 大 ←—— 小				
부착성	小 ←———————→ 大 ←———→ 小				

[알키드 수지의 성질에 미치는 변성유의 영향]

변성유	요오드가	건조성	보색성
아마인유	168~190	大 ↑	大 ↑
오동나무유	155~175		
탈수 피마자유	137~150		
대두유	114~138		
피마자유	81~ 91		
야자유	7~ 16	↓ 小	↓ 小

ⓡ 도료용 알키드 수지의 평균분자량은 2,000~3,000이지만, 도장 후 지방산의 2중결합이 산화 가교형성반응을 일으키고, 고분자량의 그물모양 구조를 형성하여 도막이 된다.

➡ 이 반응의 촉매로서 나프텐산 코발트 등의 금속염이 사용된다.

ⓜ 건조(산화)일수에 따라 도막의 강도는 증대하지만, 장기간의 폭로에 견디지 못한다.

ⓗ 유리된 −OH, −COOH기를 많이 가진 것이며, 부착성이 뛰어나지만 내알칼리성은 낮다.

ⓢ 용도 : 알키드 수지 도료는 금속, 목재를 불문하고 모든 분야에 다량 소비되고 있으며, 아미노알키드 소부 도료와 함께 실용 도료의 대부분을 점유하고 있다. 건축공사용, 선박용, 차량용 등에 사용된다.

② 아미노 수지 도료

ⓐ 알키드 수지(주로 단유성)와 아미노 수지의 혼합물을 도막형성 주요소로 하는 소부 도료를 말한다.

ⓛ 부틸화 요소 수지, 멜라민 수지를 주로 사용하고, 벤조구아나민 수지도 사용
된다.

      ⓒ 일반적인 특성은, ⓐ 저온 단시간에 소부가 가능하며, ⓑ 도막이 질기고 광택이
좋고, ⓒ 변색이 적고 내후성 및 내약품성이 좋으며, ⓓ 내미모성, 전기적 제성
질이 우수하고 난연성이 있다. ⓔ 별다른 결점은 없으나 에폭시, 비닐, 아크릴
수지 도료에 비해 부착성 및 내알칼리성이 조금 나쁘다.

③ 에폭시 수지 도료 : 에피클로로히드린과 비스페놀 A의 공축합에 의해 합성되는 것으
로, 이는 프리폴리머(prepolymer)를 아민계 경화제로 가교 고분자화시키고, 도막을
형성한다.

   에폭시 수지 도료는 건조조건의 폭이 넓고(실온~소성), 내충격성이나 광택이 뛰어
나다.

④ 폴리우레탄 수지 도료 : 우레탄 결합을 도막 중에 갖는 도료의 총칭으로, 도막형성
요소 중 우레탄결합을 형성하지 않아도 도막형성 반응과정에서 우레탄결합이 만들
어지는 도료도 폴리우레탄 도료로 포함시킨다. 에폭시 도료의 특징과 유사하나 보통
금속 도장에 에폭시 도료, 목재 도장에 우레탄 도료가 많이 사용된다.

⑤ 불포화폴리에스테르 도료 : 무용제 도료이기 때문에 용제의 휘발이 없고, 1회의 도장
으로서 두꺼운 도막을 얻을 수 있는 장점이 있다. 또, 도막은 단단하고 내약품성 및
연마성이 좋다. 그러나 경화될 때 체적 수축이 크고 부착성이 조금 나쁘고, 도막은
유연성이 부족하고 내후성도 조금 떨어지는 결점이 있다.

   1회 도장으로 두꺼운 도막이 가능하고 연마성이 좋기 때문에 주로 목재 도장 및 퍼
티로서 이용된다.

⑥ 아크릴 수지 도료

      ㉠ 합성 수지 도료의 대표적인 것으로, 투명성, 무변색성, 광택, 내후성 등이 뛰어
나다.

      ㉡ 보통 아크릴산, 메타크릴산을 주성분으로 하는 공중합 수지를 비히클이라 한다.

      ㉢ 상으로는 현재의 도료 가운데서 가장 뛰어난 도료의 하나이다.

      ㉣ 로 금속용 톱코트로 하여 광범위한 용도를 확보하고 있고, 자동차(특히 메탈릭
도장), 가정용 전기제품류, 착색 아연도 강판, 가드레일, 사무용 기기, 기계부품
등에 널리 사용된다.

3) 셀룰로오스 유도체 도료

  ① 에스테르형 : 니트로셀룰로오스, 아세틸셀룰로오스, 아세틸부틸셀룰로오스 등

  ② 에테르형 : 에틸셀룰로오스, 벤질셀룰로오스 등

  ③ 이 중 니트로셀룰로오스 도료, 즉 '래커'로 유명하다.

4) **정도료** : 알코올의 주성분으로 한 용제에 수지를 용해한 것을 vehicle로 하는 도료로 여기에서 사용되는 수지로는 시드락, 세락, 송진, 담마, 코팔 등의 천연 수지가 있고, 용제에는 메탄올, 변성 알코올, 이소프로판올, 부탄올, 아세트산에틸 등이 사용된다.

5) **성도료** : 통상 에멀션 도료라 하며, 미립자가 물에 현탁된 라텍스이며, 물이 용제이다.

6) **체도료** : 유기용제 및 물을 사용치 않은 불휘발분 100%의 분말상태의 도료로서 정전 스프레이, 용사 또는 유동 침적법에 의해 피도물에 도장한 다음 이를 소부하여 도료를 용융, 유동, 경화시켜 연속 도막을 형성시킨다.

① 무용제이기 때문에 화재, 위생상의 문제가 적고 저공해 도료이다.

② 1회 도장으로 자유로이 도막 두께가 가능하고, 도장공정의 자동화가 용이하여 점도 조절 및 세팅이 필요없기 때문에 도장관리가 쉽다.

(3) 도장

1) **전처리(표면처리)** : 수분, 유분 및 오염물의 제거나 소지 표면의 연마를 통해 도막의 밀착 성능을 높이기 위해, 도장에 앞서 본 바탕의 전처리를 행한다.

특히 소지면에 녹이 남아 있는 채 도장을 하게 되면 도막 밑에는 녹이 계속적으로 발생하게 되어 점점 그 면적이 증대하고 도막에 부풀음이나 균열이 일어나 결국은 도막을 파괴하게 된다. 따라서 도장하기 전에 미리 이러한 모든 이물질을 완전히 제거함과 동시에 도막 밑에서 녹이 발생하지 않도록 내식성이 있는 화성 피막을 입힘으로써 바라는 도막을 얻을 수 있는 것인데 이러한 작업 전체를 표면처리(surface preparation)라 하며 소지 조정 또는 전처리라고도 한다.

2) **도장방법** : 도장의 목적은 도장물을 보호하여 원하는 만큼의 수명을 유지시키며, 또한 미관이나 기타 서비스를 얻기 위한 것이다.

① **붓 도장** : 가장 간단하고 일반적인 방법으로, 솔(붓)로 도장한다.

② **롤러 도장** : 롤러 브러시에 의한 도장법이며, 벽이나 천장 등의 평면 도장에 적합하다.

③ **주걱 도장** : 주걱을 이용한 방법으로, 퍼티(putty)나 필러(filler) 도장에 주로 사용된다.

④ **뿜칠 도장** : 공업적인 도장법으로, 공기를 사용하는 뿜칠과 공기를 사용하지 않는 뿜칠이 있고, 전자쪽이 도료의 비산에 의한 손실이 크다.

⑤ **침지 도장** : 도료통 속에 침지한다. 도료의 손실은 적지만, 부분적으로 막두께의 차이가 난다.

⑥ **정전 스프레이** : 도장기와 물체 사이에 전압을 걸어 도료를 분사시켜 도장하는 방법이다.

⑦ **전착 도장** : 염기 수용액 중에 폴리카본산 수지를 용해 또는 분산시켜, 이 중에서 피도물을 양극으로 하여 직류를 흘려보내면 수지가 음으로 대전하여 양극으로 이동하고, 여기에서 금속이온과 반응하고 불용화하여 도막이 된다.

 제47-2주제   염료

1. **빛과 색**
2. **화학구조에 의한 염료의 분류 및 특성** : 아조 염료, 안트라퀴논 염료, 인디고 염료
3. **염색성에 따른 염료의 종류 및 특성** : 직접 염류, 배트(건염) 염류, 나프톨 염류, 분산 염료

2. 빛과 색

(1) 색과 파장(wave length)

1) 유기화합물이 가시광선 중 일정한 파장의 빛은 흡수하고 나머지 부분을 반사하므로 색깔이 표현된다. 보통 4,000~7,500 Å의 파장에서 육안으로 색깔을 감지할 수 있고(가시광선), 자외선은 이보다 파장이 길다.

2) **가시광선** : 보라색 파장이 가장 짧으며, 적색 파장이 제일 길다. 파장과 진동수(에너지)는 서로 반비례 관계이다.

3) 염료 화학에서 색이 짙고 밝음은 색깔의 농도에 따라서가 아니라 흡수되는 파장의 길이에 따라 다른데, 파장이 길수록 여색(complementary color, 보색)은 색이 짙고, 짧을수록 색이 밝다.

(2) 색과 화학구조

1) Witt의 발색단설(chromophore theory)

① **발색단(chromophore)** : 화합물에 백색광선이 닿아서 특정한 파장부분이 흡수되면 색을 나타내는 원자단을 말한다.

> **발색단의 종류**
> 아조기($-N=N-$), 에틸렌기($>C=C<$), 카르보닐기($>C=O$), 니트로기($-NO_2$),
> 니트로소기($-N=O$), 티오카르보닐기($>C=S$), 옥시아조기($-N_2O-$)

② **조색단(auxochrome)** : 섬유에 대한 염착을 돕고, 동시에 빛깔을 진하게 하는 원자단을 말한다. 발색단 자체만으로는 불충분할 때나 염색성이 좋지 않을 때, 성질을 개선하기 위해 쓰이는 원자단이다.

> **조색단의 종류**
> 아미노기($-NH_2$, $-NHR$, $-NR_2$), 히드록시기($-OH$), 카르복시기($-COOH$), 술폰산기($-SO_3H$)

염료의 예 [아조벤젠]은 하나의 발색단을 가지는 화합물이며, 가시부에 흡수를 가져 황색으로 착색하고 있는데, 염착성을 가지지는 않는다. 그러나 이것에 조색단인 아미노기가 하나 들어가면 불완전하지만 염료가 되고, 더욱이 술폰기가 더해지면 염착성이 완비된 염료가 된다.

③ **색원체(chromogene)** : 유기화합물의 분자 속에 빛깔을 나타내는 원자단만을 함유하는 화합물이다. 조색단을 가하면 염료가 되는 것을 말한다.

④ **보색(complementary colour)** : 흡수한 파장의 색을 스펙트럼색이라 하며, 반사하여 우리의 눈에 느끼는 색을 보색이라 한다.

2) **Armstong의 퀴논형설(quinoid theory)** : 발색의 원인을 분자 내 p–quinone형이든가 o–quinone형의 부분구조에 있다고 하는 설이다.

염료의 예 [페놀프탈레인]은 산성에서 무색이지만, 알칼리성이 되면 홍색으로 변한다. 이것은 분자 내 퀴논형구조가 생기기 때문이라 생각했다. 페놀프탈레인은 더욱 더 알칼리성을 강하게 하면, 퀴논형이 부서져 카비놀형이 되기 때문에 다시 무색이 된다.

3) **공명구조설** : 발색의 원인을 전하의 이동에 의해 만들어진 유사구조 간의 공명에 의한다는 설이다.

염료의 예[벤조페논, 테트라페닐에틸렌]은 둘 다 무색이지만, 분자 내를 가교(분자의 평면성을 높여)하여 불포화결합 간의 공명을 용이하게 하면 양자의 화합물이 모두 착색한다. 위에서 제시한 페놀프탈레인도 퀴논형의 것만이 분자의 평면성을 잘 유지하고, 3개의 벤젠핵 전체에 걸친 공명을 용이하게 하고 있다. 그 때문에 들뜸에 필요한 빛에너지가 작아지고, 그 결과 장파장의 빛을 흡수하여 착색한다고 설명한다.

(3) 색소 재료의 종류

1) **염료** : 각종 섬유의 염색

2) **안료** : 인쇄잉크, 도료 및 플라스틱·고무 등의 착색, 원액 착색, 날염용

3) **분석용 색소** : pH 지시약, 흡착 지시약, 산화환원 지시약 등

4) **생물학·의학용 색소** : 생체 염색용, 임상 검사용 색소

5) **사진용·문구용 색소** : 증감색소, 감광색소, 칼라사진용 색소, 그림물감, 크레용, 감광지 등

6) **기타 착색제** : 식품, 의약품, 화장품, 가솔린, 피혁, 모발, 무피, 시멘트 등의 착색제 등

3. 염료

(1) 염료와 색

염료(dye) : '물감'이라 불리는 염료는 가시광선 중의 일정한 파장을 흡수하고 다른 부분을 반사함으로써 육안으로 색깔을 감지하게 하는 물질로, 과거에는 천연 물감을 사용했으나, 근래에 이르러 합성 물감을 사용해서 품질이 우수한 제품의 제조에 사용된다.

(2) 염료의 분류

염료의 염색법과 염색성에 따라, 다음과 같이 분류한다.

1) **직접 염료** : 물에 녹는 염료로서 어떤 섬유에도 중성 또는 약알칼리성 수용액에서 직접 염색된다. 주로 아조염료가 많다. 긴 conjugate된 2중 결합을 갖는 아조염료가 대부분으로 술폰산(sulfonic acid) 등의 수용성기를 가진다.(**예** 크로소 페닌 G 등)

2) **배트 염료** : 염료 분자가 물에 녹지 않는 것으로, 알칼리성 용액으로 환원시켜 수용액을 만들고, 여기에 섬유를 흡수시킨 다음 공기 중에 방치시키면 산화하여 처음의 염료로 되돌아온다. 알칼리를 사용하므로 양털에는 적합하지 않다.

두 개의 carbonyl기가 conjugate 2중 결합에 연결된 것 등

예 인디고, 인단트렌 등

3) **나프톨 염료(불용성 아조염료)** : 나프톨류나 페놀의 섬유용액을 디아조화합물의 용액에 첨가시키면 섬유상에 녹지 않는 성질인 아조염료가 만들어져 염색된다.(**예** 나프톨 AS)

4) **황화 염료** : 물에 불용인 염료를 황화나트륨수용액으로 환원시키면 수용성으로 변한다. 이를 공기 중에 방치하면 발색된다.(**예** 술퍼 블랙 T)

➡ 이상 4가지 염료의 주된 적용 섬유는 셀룰로오스, 면, 마, 레이온 등에 적용된다.

5) **산성 염료** : 분자 안에 −COOH, SO$_3$H 등의 기를 가진 것으로, 나트륨염의 수용액은 동물섬유를 직접 염색한다. 아조 염료에 속하는 것은 많다.(**예** 오렌지 Ⅱ)

산성 염료는 폴리아마이드, 모, 견, 나일론 등에 적용된다.

6) **염기성 염료** : 분자 안에 −NH$_2$를 가진 염료로, 그 산성염을 물에 용해시키면 동물섬유를 직접 염색한다.(**예** 메틸 바이올렛)

염기성 염료는 acryl, CDP 등의 섬유의 염색에 사용한다.

7) **분산 염료** : 수난용성이나 분산제에 의해 분사시켜 염착시킨다.

   ① 비교적 작은 분자로 수용성기를 가지지 않는 아조계, 안트라퀴논계 염료가 여기에 속한다.

   ② 나일론이나 비닐론, 아세테이트 등의 화학섬유는 일반적으로 친수성이 부족하기 때문에 수용성 염료로는 염색하기 어렵다. 이러한 경우 유기용매에 녹기 쉬운 디스파레스 R이나 안트라퀴논계 염료 펠휘스트 그린 BT 등이 잘 사용되고 있다.

8) **매염 염료** : 염료분자가 섬유와 친화성이 부족한 것으로, 섬유에 크롬, 철, 알루미늄 등의 염류를 흡착시키고 그 염료의 용액을 첨가하면 염색된다.(예 알리자린)

   꼭두서니의 뿌리에 함유되어 있는 천연 염료이다. 염색의 주성분은 알리자린이다. 알리자린은 황색이지만, 그 자체로는 염색이 약해 알루미늄이나 철 등의 금속염을 매염제(媒染齊)로 사용한다.

[염료의 염색성에 의한 분류]

분류	염색 및 구조상 특징	주된 적용 섬유
직접 염료	• 중성염 수용액에서 염색할 수 있는 수용성 염료이다. • 길게 콘쥬게이트된 2중 결합을 갖는 아조 염료가 대부분이다. • sulfon산 수용성기를 가진다.(주로 나프탈렌 아조 염료가 사용)	셀룰로오스 (면, 마, 레이온 등)
배트(건염) 염료	• 수불용성이나 염기성 환원제로 수용성으로 하여 염착 후 불용성이 된다. • 두 개의 카르보닐기가 콘쥬게이션된 2중 결합에 연결된다.(예 인디고) • 주로 안트라퀴논 다환계가 사용되고, 인디고도 사용이 가능하다.	
황화(유황) 염료	• 수불용성의 유기황화합물로 황화나트륨으로 수용성으로 하여 염착 후 불용성이 된다.(티아졸, 퀴논아민이 주로 많이 사용됨) • 구조가 복잡하고 단일 성분이 아니다.	
나프톨 (Naphtol)	• 나프톨 유도체를 섬유에 흡수시켜 방향족 아민의 디아조니움염과 섬유상에서 커플링시켜 수불용성의 아조 염료를 생성한다. • 주로 나프탈렌 아조 염료를 사용하고, 벤젠 아조 염료도 사용이 가능하다.	
산성 염료	• 산성 수용액에서 염착시키는 염료 • 술폰산기 등 산성기를 가짐 • 주로 나프탈렌아조를 사용하고, 벤젠아조 및 헤테로환 아조도 가능	폴리아마이드 (모, 견, 나일론 등)
염기성 염료	• 약산성용액에서 염착하는 염료로, 선형 양이온 염료가 대부분이다. • 카르보니움이온, 4급 암모늄염의 형태를 가진다. • 주로 헤테로환 아조 염료 및 카르보니움계 염료를 사용한다.	아크릴 섬유, CDP
분산 염료	• 수난용성이나 분산제에 의해 분산시켜 염착시킨다. • 비교적 작은 분자로 수용성기를 갖지 않는 아조, 안트라퀴논 염료이다.	폴리에스테르 섬유

(3) 염색법

1) 직접 염법 : 염료를 물에 녹이고, 이 수용액에 섬유를 넣어 염착시키는 방법이다.

① 조작이 간단하여, 가정에서 행하는 염색법으로 이용되고 있다.

② 이 방법으로 염색하는 염료에는 직접 염료(벤조파프린 4B), 산성 염료(오렌지 Ⅱ), 염기성 염료(메틸렌블루) 등에 적용된다.

2) 매염 염법 : 염료가 수용성이라도 용해도가 크지 않아 색이 엷은 경우 염료와 섬유와의 상호작용이 작기 때문에 충분히 진한색을 얻기 어려운 경우 매염 염법을 사용한다.

① 섬유를 사전에 금속염(매염제)으로 처리한 후, 염료로 물들이는 방법이다.

➡ 주로 사용되는 매염제에는 알루미늄, 크롬, 철, 구리 등이 사용된다.

② 염료는 섬유 표면에 정착한 금속과의 배위결합을 형성하여 염착한다.

3) 건염 염법(베트 염법) : 색소가 물에 불용인 경우 매염제를 사용해도 염색할 수 없기 때문에, 염료를 환원제로 사용해 환원시키면 수용성으로 변하여 이를 공기 중에 방치시키면 산화되어 원래의 불용성으로 되돌아가는 원리를 응용한 방법이다.

① 위 성질을 이용하여 환원상태로 염착시킨 섬유를 공기 중에 쬐어 발색시킨다.

② 물에 불용(수난용성)이기 때문에, 세탁에 대한 견뢰도가 높은 염색이 가능하다.

③ 하이드로설파이트와 같은 환원제를 사용해 행하는 염료를 건염 염료(인디고)라 하고, 황화나트륨 등의 황화물을 사용해 환원하여 염색하는 것을 황화 염료(인도카본 CL)라고 한다.

4) 기타 방법

① 발색 염법 : 디아조화 커플링반응에 의해 염료가 섬유상에서 화합하고, 발생하는 방법이다.

② 분산 염법 : 색소를 유기용매를 사용해 콜로이드상으로 분산시켜 염색시키는 방법이다.

③ 반응 염법 : 셀룰로오스의 수산기와 염료의 사이에 에테르결합을 형성시키는 방법이 대표적이다.

(4) 화학구조에 의한 염료 주조 및 성질

1) 아조 염료

① 특징 : 염료분자 내에 발색단으로 아조기($-N=N-$)를 가진 염료로, 아조기 이외에 가지는 발색단, 조색단의 배합에 따라 다양한 아조 염료를 만든다. 또한 이의 제법은 쉽고 색상이 많아서 다량으로 만들어지고 있다.

② 제법 : 방향족 1차 아민을 염산에 용해하여 이를 냉각하고 아질산나트륨용액을 첨가하여 디아조화시킨다. 그 후, 알칼리성에서 디아조늄염에 나프톨류, 페놀의 커플링 성분을 결합시키고, 산성이나 중성에서 방향족 아민류를 결합시킨다(디아조화 → 커플링반응).

2) 안트라퀴논(anthraquinone) 염료

① 안트라퀴논은 주로 안트라센의 산화 또는 벤젠으로부터 Friedel−Craft 반응에 의해 합성된다. 안트라센의 대부분이 안트라퀴논의 제조에 사용되고 있다.

㉠ V_2O_5 촉매를 사용하는 공기산화법이 공업적으로 주로 많이 사용된다.

㉡ Friedel−Craft 반응에서는 무수프탈산과 벤젠을 사용하고, 중간에 생성된 o−벤조일벤조산을 진한황산으로 탈수하여 얻어진다.

② 안트라퀴논 염료는 일광에 대한 견뢰도(堅牢度)가 높은 것이 많고, 색조도 훌륭하다.

3) 인디고계 염료

① 인디고(indigo)는 대표적인 식물성 염료로서, "염(染)"의 주성분이다.

② 인디고는 인도크실(indoxyl) 토토머(tautomer)에서 공기산화시켜 제조한다.

③ 인디고는 청자색 분말이며, 물, 알칼리, 산 등에 녹지 않고 아닐린에 녹는다.

④ 인디고에 수산화나트륨과 $Na_2S_2O_4$의 수용액을 가하면, 환원되어 녹황색인 로이코 인디고의 나트륨염이 되고, 수용성으로 변한다. 여기에 섬유를 담그고, 공기 중에 방치하면 다시 인디고로 산화되어 청색이 된다. 이러한 염료를 환원 염료 또는 건염 염료라 한다.

 제47-3주제 안료

1. 안료의 의미 및 분류
2. 무기 안료
3. 유기 안료

4. 안료(pigment)

(1) 안료의 개요

1) 정의 : 일반적으로 물, 유기용매, 기름류, 수지류 등에 불용성이면서, 화학적으로 안정한 미립자상의 고체물질을 말한다. 다른 물질의 착색을 위해 사용되는 색소 재료이다.

2) 기능 : 도막의 기계적 성질을 보강하고, 도막에 아름다운 색체를 부여하며, 내구성, 내광성을 개선한다. 방식(防蝕) 안료는 금속의 부식을 억제한다.

3) 안료의 물성 : 은폐력, 색상, 알갱이의 크기, 흡유량, 착색력 등이 좋아야 한다.

(2) 무기 안료

1) 무기 안료의 특징

① 유기용매에 대해 불용성이며, 500~1,000℃ 고온에서 견디는 내열성이 우수하다.

➡ 도자기의 착색에 무기 안료를 사용한다.

② 착색제로서 색의 선명성, 착색력, 투명성 등에서 유기안료보다 좋지 않아 사용량은 적다.

2) 안료의 분류

① 백색(white) 안료 : 연백[$PbCO_3 \cdot Pb(OH)_2$], 리토폰($ZnS+BaSO_4$), 아산화티탄(TiO_2), ZnO 등

② 흑색(black) 안료 : 주로 탄소계이고, 아마씨기름의 산화를 늦추어 도막을 천천히 성형한다.

③ 적색(red) 안료 : FeO_2, PB_3O_4, 유기레드 안료(리톨레드, 퍼머넨트레드 4R, 알리자린 레드)

④ 청색(blue) 안료 : 코발트블루, 울트라마린, 프탈로시아닌블루, 페로시아나이드블루 등

⑤ 노란색(yellow) 안료 : 황토, $ZnCrO_4$, $PbCrO_4$, PbO 등

⑥ 녹색(green) 안료 : 기네그린($Cr_2O_3 \cdot 2H_2O$), 크롬그린, 프탈로시아닌그린, 페르마자그린 등

3) 백색 안료와 유색 안료의 특성

① 유색 안료는 철, 크롬, 납 등의 전이원소가 외곽전자의 상태에 따라 가시광선의 일부를 선택 흡수하는 것을 이용한다. 따라서, 유색 안료는 가시광선을 흡수하므로, 착색력이나 은폐력이 백색 안료보다 보통 강하다.

② 특히 코발트 원자는 색이 선명하고, 흡수파장은 화합상태에 따라 달라, 코발트블루($CoO \cdot Al_2O_3$), 코발트그린($CoO \cdot ZnO$), 코발트마그네슘핑크($CoO \cdot MgO$) 등의 각종 안료로 많이 사용한다.

무색 무기안료		유색 무기안료		특수 및 기타 무기안료	
안료명	화학식[색]	안료명	화학식[색]	안료명	화학식
산화아연	ZnO [백색]	크롬산납	$PbCrO_4$ [노란색]	알루미늄분 (금속광택 안료)	Al
이산화티탄	TiO_2 [백색]	황색산화철	FeO(OH) [노란색]	황화아연 (형광 안료)	고순도 ZnS
lithopone	$ZnS + BaSO_4$ [백색]	크롬오렌지	$PbCrO_4$ [주황색]	염기성 탄산납 (진주광택 안료)	$PbCO_3 \cdot Pb(OH)_2$
염기성 탄산염	$2PbCO_3 \cdot Pb(OH)_2$ [백색]	적색산화철	Fe_2O_3 [적색]	옥시염화비스무스 (진주광택 안료)	BiOCl
철흑	$FeO \cdot Fe_2O_3$ [흑색]	사삼산화납	Pb_3O_4 [적색]	이산화동 (오염방지 안료)	Cu_2O
카본블랙	C(주성분) [흑색]	manganese violet	$NH_4MnP_2O_7$ [보라색]	아연말(dust) (오염방지 안료)	Zn
		코발트블루	$CoO \cdot Al_2O_3$ [보라색]	사산화납 (부식방지 안료)	Pb_2O_4
		감청	$Fe(NH_4)Fe(CN) \cdot xH_2O$ [청색]	탄산칼슘 (기타 · 체질 안료)	$CaCO_3$
		크롬그린	황연+감청(혼합물) [초록색]	Kaolin (기타 · 체질 안료)	$Al_2O_3 \cdot 2SiO_2 \cdot 2H_2O$

(3) 유기 안료 : 유기 안료는 착색제로 사용되는데, 본질적으로 염료와 범주가 유사하다.

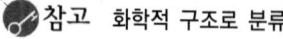 **참고** 화학적 구조로 분류

- azo 안료(노란색~빨간색계)
- phthalocyanine 안료(파란색~초록색계)
- 축합 다환계 안료
- 주광 형광 안료

기출 및 예상 문제

01 도료의 도막을 형성하는 성분으로, 도막형성 성분, 첨가제, 용제의 3성분으로 이루어진 것을 무엇이라 하는가?

① 가소제 　　　　　　　　　② 발색제
③ 전색제 　　　　　　　　　④ 형성제

02 합성 수지 도료인 아미노알키드 수지 도료의 특징으로 옳지 않은 것은?

① 저온 소부(燒附)가 가능하고 소요 시간은 짧다.
② 무색 투명하고, 양호한 보색성을 가진다.
③ 양호한 내후성, 내약품성을 가진다.
④ 밀도가 낮아 마모성이 크며, 가연성을 가진다.

03 페인트의 조성을 결정하는 기준으로 안료(P), 부피(V), 농도(C)를 사용한다. PVC값이 가장 큰 것은?　　　　　　　　　　　　　　　　　　　　　　　✿ 97 총무처 9급

① 목재 도장용 페인트 　　　　② 외부 건축용 페인트
③ 금속 하부 도장용 　　　　　④ 무광택 페인트

04 카르보닐기를 가지고 있고, 인디고·안트라퀴논 염료는?　　　✿ 07 서울시 9급

① 직접 염료 　　　　　　　　② 배트 염료
③ 매염 염료 　　　　　　　　④ 나프톨 염료
⑤ 분산 염료

05 산성 염료의 염색 성질은 양털, 명주, 나일론 등을 아미노기와 염착(染着)으로 이루어지는데, 그 구조의 결합 형식은?　　　　　　　　　　　　　　　✿ 04 서울시 9급

① 이온결합 　　　　　　　　② 공유결합
③ 배위결합 　　　　　　　　④ 수소결합

06 발색단이 아닌 것은?　　　　　　　　　　　　　　　　　　✿ 02 국가직 9급

① $-NH_2$ 　　　　　　　　　② $-N=O$
③ $-N=N-$ 　　　　　　　　④ $-CH=N$

정답 및 해설

01 ③

[유형 및 해설] [도료>전색제] 전색제 또는 비히클(vehicle)이라 한다.

02 ④

[유형 및 해설] [도료의 종류>알키드 수지 도료] 아미노 알키드 수지는 내마모성이며, 난연성이다.

> **참고 아미노 알키드 수지 도료의 특징**
> • 저온 소부(燒附)가 가능하고 소요 시간은 짧다.
> • 무색 투명하고, 양호한 보색성을 가진다.
> • 양호한 내후성, 내약품성을 가진다.
> • 내마모성이며 난연성이다.

03 ④

[유형 및 해설] [착색제 전반>페인트의 요건] 건축도장용 페인트와 무광택 페인트가 안료를 가장 많이 사용한다. 그리고 무광택 페인트에는 여러 가지 종류가 있어 이 종류에 따라 안료 사용량이 각각 다르다. 만약 여기서의 무광택 페인트가 건축도장용이라면 이것이 PVC값이 가장 크다. PVC는 안료의 양과 부피, 농도를 곱하여 생각하면 그 페인트의 조성을 감지할 수 있는 척도의 값이다.

04 ②

[유형 및 해설] [도료>전색제] 인디고는 '−CO−C=C−CO−'이고, 안트라퀴논은 가운데 고리에 카르보닐기를 가지고 있다. 염료의 분류표를 참고한다.

05 ①

 [염색법＞산성염료] 산성염료는 이온결합으로 염착된다.

> **참고**
>
> 오렌지 Ⅱ와 같은 산성염료는 거의 화학양론적인 염착평형(르 샤틀리에의 원리)에 되고, 황산을 가하면 반응이 오른쪽으로 진행되고, 황산나트륨을 가하면 반응이 왼쪽으로 진행된다. 따라서 이온결합이 작용하고 있다고 간주한다.
>
> $W(NH_3^+)(COO^-) + NaO_3S-R + 0.5H_2SO_4 \rightleftharpoons W(NH_3^+O_3^-S-R)(COOH) + 0.5Na_2SO_4$

(위 반응식에서 W는 단백질 섬유의 기질이고, R은 염료의 기질이다.)

$$NaO_3S--N\!=\!N- \quad \text{HO} \quad \text{오렌지 Ⅱ}$$

06 ①

 [발색단과 조색단] $-NH_2$는 조색단에 속한다.

제 **48** 주

자외선 차단제

제48주제　자외선 차단제

1. 자외선 차단제의 개요
2. 자외선 흡수제
3. 자외선 산란제

(1) 자외선 차단제의 개요

1) **자외선(ultraviolet rays, UV)** : 빛 스펙트럼에서 가시광선보다 짧은 파장으로 눈에 보이지 않는 빛을 말한다. 자외선 파장역역은 400~100nm이다.

2) **자외선의 종류**

① UV-A(400~320nm) : 피부에 침투하여 멜라닌색소를 침착하게 하여 피부를 검고, 거칠게 만든다.

② UV-B(320~280nm) : 피부를 빨갛고 따갑게 만들며, 피부조직을 손상시켜 탄력성을 저하시키고 조직을 파괴시켜 피부의 노화를 촉진시킨다.

③ UV-C(280nm 이하) : 오존층에 흡수된다.

➡ 이 중에 약 290nm 이하의 자외선은 지면에 도달하기 전에 거의 대기권의 오존층 등에서 흡수된다. 문제가 되는 것은 400~290nm의 파장, 즉 UV-A와 UV-B로, 특히 UV-B는 피부 표면을 침투하여 건강에 나쁜 영향을 일으킬 수 있다.

3) **자외선과의 접촉과 증상** : 플라스틱을 비롯한 공업 제품이 태양광선에 노출되면 자외선의 작용에 의해 열화(劣化)되어 외관이 변한다든가 기계적 성질이 저하된다. 또한 인체의 피부에 대한 작용도 vitamin D의 합성 등 보건 위생상 유익한 면이 있기는 하지만, 과도하게 쬐는 것은 피부에 극히 유해하여 붉은 반점이 생기고 염증을 유발하기도 하며, 색소 세포의 melamine형성이 촉진되어 피부가 흑화된다. 더욱이 장시간 반복 노출되면 피하조직이 파괴되어 잔주름이 발생, 기미, 주근깨 등의 색소 침착과 피부 노화가 촉진되고 최악의 경우 피부암으로 발전한다.

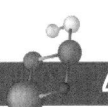

(2) 자외선 차단제(UV protector)

1) 자외선 차단제 정의 : '자외선 차단제'에는 이산화티탄(TiO_2)과 같은 무기물질을 이용하여 물리적인 산란작용에 의해 자외선이 피부 속으로 침투하는 것을 막은 '자외선 산란제'와 PABA(para-aminobenzoic acid)와 같은 유기물질을 이용하여 화학적인 흡수작용에 의해 자외선이 피부 속으로 침투하는 것을 소멸시키는 '자외선 흡수제'가 있다.

① 자외선 산란제 : 차단작용이 우수하고 접촉성 피부염과 같은 부작용은 없으나 불투명하기 때문에 크림이나 로션에 많이 배합되면 미관상 좋지 않은 단점이 있다.

② 자외선 흡수제 : 피부에 바른 후 투명하기 때문에 미관상 좋으나 많이 배합하게 되면 접촉성 피부염을 일으킬 수 있으므로 주의하여야 한다.

2) 자외선 차단지수(SPF, Sun Protection Factor)

① SPF 측정방법

㉠ 10명 이상의 피검자를 선정하여, 깨끗하고 마른 상태의 피부를 조사부위로 정한다.

㉡ 자외선 차단제품을 바르지 않고 측정할 부위를 UVB에 노출시킨 다음 16~24시간 사이에 피부의 홍반(붉은 반점)을 판정한다.

㉢ 홍반이 나타난 부위에 노출된 UVB 광량(光量) 중 최소량을 최소 홍반량으로 한다. 그리고 자외선 차단제품을 바른 후, 같은 과정을 거쳐 다시 최소 홍반량을 측정한다.

㉣ 다음 자외선 차단제품을 바르지 않은 상태의 최소 홍반량으로 자외선 차단제품을 사용하여 얻은 최소 홍반량을 나눈다. 그 결과로 나타난 수의 소수점 이하는 버리고, 정수로 'SPF 00'와 같은 형태로 표시한다.

➡ 평상시에는 SPF 15 정도면 적당하지만, 여름철 야외에 나가거나 겨울철 스키장에 갈 때에는 SPF 30 이상되는 제품을 바른 후 자주 덧발라준다.

$$SPF = \frac{\text{자외선 차단제를 발랐을 때 MED}}{\text{바르지 않았을 때 MED}}$$

여기서 MED(Minimal Erythma Dosage)란, 홍반을 일으키는 최소 자외선량을 의미한다.

② SPF 수치의 의미 : 간단히 말해 SPF란 UV-B의 차단지수를 의미한다. 보통 'SPF 1'이 15분 가량 자외선을 차단한다. 숫자에 15분을 곱해서 나온 값 동안 자외선 B를 차단해 준다는 뜻이다.

㉠ 'SPF 15'라는 것은 자외선 차단제를 바른 뒤에는 바르지 않았을 때보다 15배의 광량을 쬐어야만 홍반이 생긴다는 의미이다.

➡ 'SPF 30'을 예로 들면, 30×15min=450min, 즉 사용 후 7hr 30min 동안 자외선 B를 차단해 준다는 뜻이다.

ⓛ SPF 수치가 클수록, 오랫동안 자외선을 차단해 줄 수 있다.

3) PA(Protection A) : 자외선 A는 피부 깊숙이 침투하여 멜라닌색소를 침착하기 때문에, 이를 막아주는 성능 정도의 표시이다.

'+'의 수가 클수록 차단되는 효과가 크다. +는 2배, ++는 4배, +++는 8배라는 뜻이다.

4) **자체 안정성** : 자외선 차단제는 자신이 자외선을 산란시키거나 흡수하므로, 자외선이 직접 세포나 조직에 작용하지 못하게 한다. 그러나 이때 문제가 되는 것은 자외선 차단제 자체의 안전성이다.

① 유기물질인 자외선 흡수제의 경우에는 분자량이 작고 지용성인 성질이 있기 때문에 피부 내부로 침투가 가능한 것이 많다. 또한 그 자체는 독성이 없다고 하더라도 자외선을 흡수하여 화학적으로 활성화되어 독성을 나타낼 가능성이 많다.

② 자외선 산란제의 경우는 자외선 흡수제와 달리 무기물질로 피지에 녹지 않기 때문에 피부 내부로 침투하지는 않지만, 이 또한 자외선을 받으면 활성화되어 독성을 나타낼 수 있다. 특히 이산화티탄은 자외선을 받으면 활성산소를 발생시킨다. 결과적으로 자체로는 독성이 없지만 빛을 받으면 독성이 생기는데, 이와 같은 물질을 광독성 물질이라 부른다.

③ 따라서 자외선 차단 화장품에는 필수적으로 항산화성분이 첨가되어야 한다.

➡ 대표적인 항산화제는 비타민 E, 베타-카로틴, 녹차추출물 등이다.

(3) 자외선 흡수제

1) 자외선 흡수제의 요선

① 흡수파장의 범위에서 광흡수성이 좋아야 한다.

② 열적, 화학적 안정성이 좋아야 한다.

③ 휘발성이 적고, 흡수제 자체의 광안정성이 좋아야 한다.

④ 무색, 무취로 독성이 적고, 가격이 저렴해 상품으로 가치가 있어야 한다.

2) 자외선 작용의 방지법(안정화)

① 불투명한 피막으로 덮어 씌워, 나(裸) 표면에 직접 빛을 쬐지 않게 한다(외부 필터적 방법).

② 유해한 자외선을 흡수하는 투명막(가시광선에 대한)으로 씌운다(내부 필터적 방법).

③ 자외선을 흡수하는 물질을 공존시켜 이것이 경쟁적으로 자외선을 흡수하는 역할을 하게 한다.(에너지 이동 관점에서의 방법)

➡ 자외선의 흡수에 의한 들뜬 전자에너지를 열에너지로 변환 분산시키는 것을 행하는 것이다.

3) 자외선 흡수의 안정화 메커니즘

> **참고** 벤조페논계 화합물의 안정화 기구
>
> [단계 1] 자외선을 쪼이면 페놀성 수산기가 근방에 있는 카르보닐기의 전자계에 근접하여, 단
> 일결합으로 공명구조를 형성한다.
>
> [단계 2] 이 공명결합은 자외선이 갖는 분해 에너지를 흡수제 내에서 진동에너지로 변환하고,
> 이 진동에너지가 열의 형태로 방출된다.

[단계 1] 자외선의 흡수 | [단계 2] 열에너지 방출

(4) Quencher(Q)

1) Quencher라고 불리는 광에너지 변환제와 같은 작용을 하는 일종의 광안정제는 있으나, 이
의 안정화 기구는 어떤 제품이 자외선을 흡수하기 쉬운 상태에서 작용하는 것으로 그것
자체로는 300~400nm의 빛을 흡수하지 않으므로 광안정제로 작용하는 것이 아니다.

2) Quencher 반응 메커니즘

$K + hv \rightarrow K^*$	여기서, K : 광을 흡수하는 물질
$K^* + Q \rightarrow K + Q^*$	(자외선 흡수제)
$Q^* \rightarrow Q + 열$ or $K^* + Q \rightarrow (K \cdots Q^*)$	hv : 자외선
$(K \cdots Q^*) \rightarrow K + Q + hv'$	hv' : 변환된 광

3) 자외선을 흡수하는 능력을 갖지 않으나 자외선을 흡수하는 물질과 공존하여 광안정화 효
과를 갖는 것이 Quencher라는 광안정제이다.

(5) 자외선 흡수제의 종류(화학구조상의 분류)

1) benzophenone계 : 가장 큰 특징은 290~420nm의 자외선을 흡수하는 것이다. 다만, 흡수
제 자체가 착색되어 있는 것이 많아 그 사용은 한정된다.

  예 2-hydroxy-4-n-octyloxy benzophenone [그림 (a)]

2) benzotriazole계 : 플라스틱을 열화시키는 자외선 파장영역은 흡수에 특히 좋다.

  예 2-(2'-hydroxy-3', 5'-di-t-butylphenyl)-5'-chlorobenzotriazole [그림 (b)]

3) salicylate계 : 벤조페논에 비해 자외선 흡수영역이 작아, 단파장만 흡수한다.

  예 4-t-butylphenyl salicylate [그림 (c)]

(a) (b) (c)

4) **기타** : cyanoacrylate계, oxanilide계, hindered amine계, 금속착염계 등이 있다.

(6) 자외선 산란제

1) 자외선 산란제는 자외선과 가시광선을 반사 또는 분산시키는 불투명한 물질로서 이산화티탄(TiO₂), 산화아연(ZnO) 등이 사용되고 있다.

   자외선에 의한 기미나 주근깨의 악화를 방지하는 목적으로 사용할 수 있으나 미용적으로는 만족스럽지 못한 것이 단점이다.

2) **이산화티탄** : 평균 입경이 작은 초미립자 이산화티탄은 자외선 방어효과가 우수하며, 초미립자이기 때문에 바른 후에 피부를 들떠보이지 않게 하므로 자연스러운 마무리효과를 얻을 수 있다. 이는 이산화티탄의 입자크기가 작아지게 되면 자외선 산란효과는 감소하는 반면 자외선 흡수제와 유사하게 자외선을 흡수하는 성질이 나타나기 때문이다. 이와 같이 초미립자 이산화티탄이 자외선 흡수능을 나타내게 되는 것은 초미립자 상태에서는 낮은 에너지 상태의 이산화티탄이 자외선을 흡수하여 높은 에너지상태로 변하기 때문이다.

3) **산화아연** : 산화아연의 경우 UV-A 차단효과가 우수하므로 초미립자 이산화티탄과 산화아연을 적당히 혼합하면 피부를 뿌옇게 하지 않으면서 UV-A, UV-B를 고루 차단할 수 있는 효과를 얻을 수 있다. 자외선 산란제의 장점으로는 피부에 바른 후 시간의 경과에 따른 자외선 차단효과의 저하가 없고 배합 한도에 대한 법적인 규제가 적으며, 안전성이 높고 자외선 흡수 파장대가 넓다는 장점이 있다.

기출 및 예상 문제

01 자외선 중 피부를 붉게 만들며, 피부조직을 손상시켜 탄력성을 저하시키는 자외선 차단의 주 대상이 되는 것은?

① UV-A ② UV-B
③ UV-C ④ UV-F

02 자외선 흡수제의 광흡수반응 메커니즘을 나타낸 것이다. 이 중 Q의 역할로 옳은 것은?

$$K + hv \rightarrow K^*$$
$$K^* + Q \rightarrow K + Q^*$$
$$Q^* \rightarrow Q + 열 \text{ or } K^* + Q \rightarrow (K \cdots Q^*)$$
$$(K \cdots Q^*) \rightarrow K + Q + hv'$$

여기서, K : 광을 흡수하는 물질
(자외선 흡수제)
hv : 자외선
hv' : 변환된 광

① 자외선이 피부에 닿아 반사되는 복사에너지를 의미한다.
② 자외선이 피막과의 광화학반응에서 형광으로 방출되는 에너지의 양을 의미한다.
③ Quencher라 불리는 광에너지 변환제로 광안정화 효과를 갖는 것을 의미한다.
④ Quinone의 약자로 자외선 흡수제의 한 종류이다.

 정답 및 해설

01 ②

 [자외선의 종류] 다음 자외선의 종류와 특징을 정리해 두자.

> 🔑**참고**
>
> ① UV-C : 200~290nm의 단파장으로, 대기 중 오존층에 의해 이미 흡수되어 피부에 영향을 미치지 않는다.
> ② UV-B : 290~320nm의 중파장으로, 파장은 짧으나 강하기 때문에 피부의 표피조직까지 침투해 화상을 초래한다. 피부가 검어지며 일주일 정도 경과 후 표피에 두께가 증가해 피부가 칙칙해지고, 심할 경우 표피세포를 죽이고 껍질이 벗겨지기도 한다. 여름철 운동이나 해수욕 등으로 장시간 햇볕에 노출되었을 때 피부가 빨개지는 홍반, 염증 등이 이에 속한다. 이때, 피부가 건조해져 주름이 생기고 각질층도 더욱 두꺼워지며 기미, 주근깨도 더 악화된다. 그러므로 피부가 검은 사람은 자외선 B에 주의해야 한다.
> ③ UV-A : 320~400nm의 장파장으로, 피부 깊숙이 진피층까지 침투하여 색소침착을 일으키고 콜라겐과 엘라스틴 등을 손상시킨다. 탄력저하 주름생성 등 피부노화의 주범이며, 멜라닌색소 발생으로 인한 색소세포(갈색) 과다생성으로 기미, 주근깨가 피부를 검어지게 한다. 그러므로 피부가 하얀 사람은 UV-A에 주의해야 한다. 또하나 기억해야 할 것은 UV-A는 비오는 날에도 있으며, 창문을 통해서 실내로 들어오는 등 우리 주위에 항상 존재한다는 것이다. 그러므로 우리가 정말 차단해야 할 생활 자외선은 피부나이와 관계있는 UV-A이며, UV-A까지 차단하는 자외선 차단제를 선택하는 것이 중요하다.

02 ③

 [자외선 흡수제>광 흡수반응] Quencher는 자외선을 흡수하는 능력을 갖지 않으나 자외선을 흡수하는 물질과 공존하여 광안정화 효과를 갖는 광안정제를 의미한다.

제**49**주

농약품

제49주제   농약품

1. 농약의 개요
2. 살충제, 살균제, 제초제, 식물생장 조절제

1. 농약 일반

(1) 농약의 소개

1) 정의 : 농작물을 병충해, 잡초로부터 보호하고 건전한 형태로 수확할 목적으로 사용되는 약제를 의미한다.

2) 성분 : 농약은 원체성분과 보조성분으로 구성되어 있다. 원체성분에는 유효성분과 활성성분이 있으며, 보조성분에는 원체를 제제화할 때에 첨가되는 화학물질로서 점토광물, 물, 유기용제, 계면활성제 등이 있다.

3) 농약의 분류 : 화학구조, 작용기구 등에 의한 분류가 있으나, 여기에서는 사용목적 및 활용(응용)에 의한 분류에 따라 구분한다. 즉, 살균제, 살충제, 해충방지제, 제초제, 식물생장 조절제에 대해 알아보자.

2. 농약의 분류

(1) 살충제(insecticides)

1) 유기 염소계 살충제 : 대표적인 것으로 DDT와 BHC가 있다.

DDT(Dichlorodiphenyltrichloroethane)

e : 수평, a : 수직

BHC(Y-체 eeeaaa)
Benzene hexachloride

(a) DDT   (b) BHC

① DDT(Dichlorodipenyl trichloroethane)

㉠ DDT의 제법 : 클로랄(chloral)과 클로로벤젠의 합성반응으로 DDT의 제조가 가능하다.

$$CH_3-CH_2-OH + 3Cl_2 + 1/2O_2 \longrightarrow \underset{\text{chloral}}{Cl_3C-CH=O} + 3HCl + H_2O$$

(a) 클로랄의 제조

chloral chlorobenzene DDT

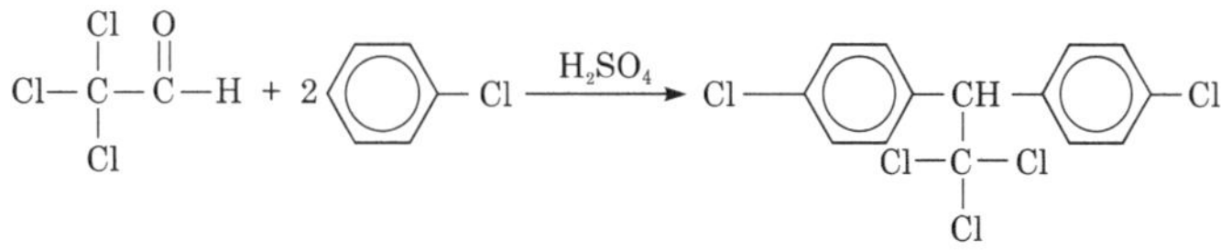

(b) DDT의 합성

㉡ DDT는 진딧물류에 방제효과가 있다.

② BHC(Benzene Hexachloride)

㉠ 7종의 이성질체가 있고, 이 중 γ 체가 살충제의 역할을 한다.

㉡ BHC는 목화해충, 토양해충 등에 매우 효과적이다. 또 모기, 파리에 탁월한 효능이 있다.

2) 유기인산에스테르계 살충제 : phosphate(a), phosphorothionate(b)가 있다.

(a) (b)

① 유기인산계 살충제는 에스테르이므로 일반적으로 알칼리에 의해 쉽게 가수분해되며 환경중에서도 비교적 분해하기 쉬워 잔류성이 적다.

② 대표적인 유기인산계 살충제에는 Dicheovos, Chlorfenvinfos 등이 있다.

3) 카바마이트계 살충제 : 일반식은 R(R')−N−COOR"이다.(R"은 주로 방향족임)

① 대표적인 살충제에는 Pyrolan, Dimeron 등이 있다.

② 이는 살충활성의 종 특이성이 높은 것으로, 논 해충인 벼멸구류 방제에 쓰인다.

4) 천연 살충성물질 : nicotinoid(a), pyrethroids(b) 등이 있다.

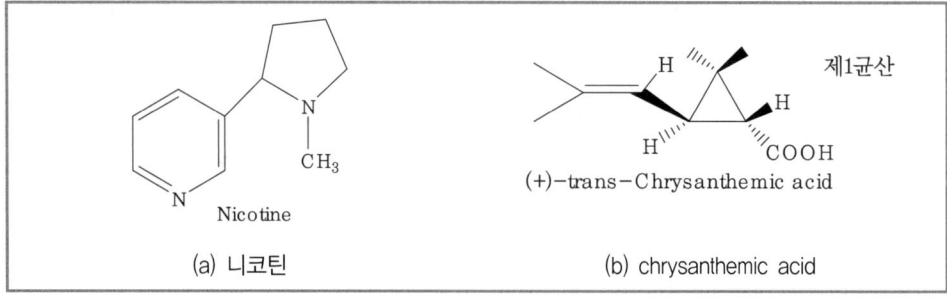

(a) 니코틴   (b) chrysanthemic acid

① 니코티노이드(nicotinoids) : 담배 중에 함유된 살충성분으로 nicotine, nornicotine, anabasine 등의 알칼로이드이다. 특히 니코틴은 식물의 잎에 2~3% 함유하고 있고, 살충제로는 니코틴황산염이 사용되고 있다.

② 파이레스로이드(pyrethroids) : 포유동물에 대한 독성은 낮으나, 곤충에 대해 신경독으로 작용, 유효한 살충력을 나타내며 녹다운이라고 불리는 급격한 마비를 일으키는 특징이 있다. 이들의 화학구조를 보면 사이클로프로판고리를 포함하는 카르복시산과 사이클로펜테논고리를 포함하는 알코올과의 사이에 에스테르이다.

(2) 살균제(germicide)

1) 금속계 살균제 : 염기성 황산동칼슘, 염기성 황산동, 수산화 제2동, 옥신동 등

2) dithiocarbamate계 살균제 : ziram, TMTD, zineb 등

3) 유기인산에스테르계 살균제 : IBP, edifenphos 등

4) N-haloalkylthioimide계 살균제 : captan, caftol 등

5) benzimidazole계 살균제 : MBC, benomyl, thiabendazole 등

(3) 제초제(herbicide)

1) 제초제의 기능 : 제초제는 식물의 광합성의 저해, 호르몬 작용의 교란, 에너지대사 저해, 단백질합성 저해, 세포분열 저해 기능을 가지고 있다.

2) 제초제의 종류

① 페녹시아세트산계 제초제 : 2,4-D, MCPB, Triclopyr 등

② 카바메이트계 제초제 : chlorpropham, phenmedipham 등

③ urea 제초제 : diuron, dymuron 등

(a) 2,4-D   (b) Chlorpropham   (c) Diuron

(2,4-Dichlorophenoxy acetic acid)   (Isopropyl Chloropenyl carbamate)   (Dichlorophenyl dimethyl urea)

(4) 식물생장 조절제

1) 식물생장 조절제 목적 : 농작물의 생장과정에서 발아, 발근(發根), 신장, 개화, 열매맺음, 낙과, 낙엽 등의 생리작용을 약제에 의해 촉진 또는 억제하여 작물의 증수, 수확기 및 출하시기의 조정 또는 품질의 개량 등을 목적으로 한다.

2) 종류 : 식물호르몬 유연 제초제(IBA, 4−CPA 등), 식물생장 억제제(daminozide 등) 및 maleic hydride, nicotinamide 등 기타 식물생장 조절제가 있다.

CH₂CH₂CH₂COOH 구조 IBA [4−(3−Indole) butyric acid]	Cl─OCH₂COOH 구조 4−CPA [para−chlorophenyl acetic acid]
Daminozide [N−(Dimethyl amino) succinamic acid]	Maleic hydrazide(MH) [1,2−Dihydro−3,6−pyridazin dione]

기출 및 예상 문제

01 살충제인 DDT의 구조식은 어느 것인가?　　　　　　　　　　　　✿ 07 경기도 9급

① Cl─⟨⟩─CH(CCl₃)─⟨⟩─Cl

② H₃C, H₃C─N─C(=S)─S─S─C(=S)─N─CH₃, CH₃

③ F─⟨⟩─CH(CF₃)─⟨⟩─F

④ H₃C, H₃C─N─C(=O)─O─O─C(=O)─N─CH₃, CH₃

02 무기 중금속 살균제에 쓰이는 금속들이다. 금속이온 자신의 독성이 가장 큰 이온은?

① Cd^{2+}　　　　　　　　　　② Ca^{2+}

③ Fe^{2+}　　　　　　　　　　④ Ag^{+}

03 농약 공장의 종사자나 농약 잔류 농산물을 섭취하는 사람들은 농약의 잔류로 인해 생리학적으로 신체에 큰 손상을 가져온다. 다음 중 잔류하는 농약의 허용한계를 나타내는 것은?

① TLM

② LD_{50}

③ NOEL

④ MRL

 ## 정답 및 해설

01 ①

유형및해설 [DDT] 유기염소계 살충제인 DDT에서 먼저 Cl계를 보면 ① 밖에 없다. ②는 비스 디술파이드로, 유기 황화합물계 살충제이다. ③, ④는 원소치환(F, O) 오답이다.

02 ④

유형및해설 [토영오염 영향인자] 금속이온 자신의 독성의 순서는 다음과 같다.

$$Ag^+ > = Hg^{2+} > Cu^{2+} > Cd^{2+} > Ni^{2+} > Co^{2+} > Zn^{2+} > Fe^{2+} > Ca^{2+}$$

(단, 유기금속의 경우 위의 순서와는 다르다.)

03 ④

유형및해설 [MRL(Max Residue Limit)] MRL은 잔류 한계로 그 수치는 다음과 같이 계산한다.

MRL[ppm] = ADI[(mg/kg · 일)×체중(kg)]/적용 농산물 섭취량(kg/일)

(위의 식에서 ADI는 Acceptable Daily Intake를 의미하여, 1일 섭취 허용량이다.)

의약품의 종류

 제50주제   의약품

1. 중추신경계 작용약, 운동신경계 작용약, 자율신경계 작용약
2. 항히스타민약, 순환기 작용약, 기생충 및 병원 미생물 작용약
3. 비타민과 호르몬

1. 약리작용에 의한 분류

(1) **중추신경계 작용약** : 신경계는 중추신경계와 말초신경계로 나뉜다. 중추신경계는 뇌척수 신경으로서 두 개의 척수 중에 있어 그 명칭에서와 같이 신경계의 중추를 이루고 심신의 반응·행동을 통합 지배한다. 중추신경계 작용약은 그 기능을 촉진하는 흥분약과 저하시 키는 억제약으로 나뉘며, 의료상으로 사용되는 것은 주로 억제약이다.

  1) **전신 마취제** : 일반적으로 에틸에테르, 할로탄(2-브로모-2-클로로-1,1,1-트리플루오 르에탄)이 사용되고, 단시간의 외과수술에는 **염산케타민**[(±)-2-(o-클로로페닐)-2-메 틸아미노시크로헥사논-히드로클로라이드]가 정맥주사 마취제로 사용된다.

  2) **최면제** : 중추신경을 저하시키고 수면을 유발함과 함께 일정시간 지속시키는 약물이다. 주 로 지방족알코올류, 할로겐화합물류, 아세틸요소류, 바르비탈류 등이 사용된다. **바르비탈** 이 있다.

  3) **해열 진통제** : 체온조절 중추에 작용하여 발열 시의 체온을 내리게 하는 약물이다. 주로 살리실산유도체, 아닐린유도체를 사용하여 조제한다. **아스피린**이 있다.

(a) 염산케타민   (b) 바르비탈(barbital)   (c) 아스피린(aspirin)

4) 진통제 : 구조상 아편 알칼로이드 및 그 유도체와 몰핀의 부분구조를 갖는 합성 진통약으로 분류된다. 염산 몰핀(morphine), 인산 코데인(codeine) 및 합성 진통약으로서 염산 페티딘(pethidine) 등이 있다.

(2) 운동신경계 작용약 : 말초신경계는 말초신경(각각의 수용기)의 흥분을 중추에 전달하는 감각신경과 역으로 중추의 흥분을 말초에 전달하는 운동신경 및 자율신경이 있다.

1) 국소 마취약(지각 마취약) : 코카인의 염산염, **염산코카인**과 합성 국소 마취약으로서 파라 아미노벤조산에 에스테르류, 산아미드기를 갖는 페퀴노린 및 아닐린계화합물이 있다.

2) 근 이완약 : 외과수술을 용이하게 할 목적으로 사용되며, 크랄 중의 알칼로이드, 염화토보크라린, 염화스카시메티니움이 있다.

(3) 자율신경계 작용약 : 자율신경은 인간의 의지 곧 뇌(중추신경)로부터의 의지전달에 관계 없이 자동적으로 인간의 항상성을 유지하기 위해 생체의 효과기관을 지배하는 신경계이다.

1) 아드레날린(adrenalin) : 교감신경 지배기관 수용체를 직접 또는 간접적으로 자극하는 약물을 말한다. 아드레날린 수용체는 α, β 두 종류의 수용체가 있다. 이는 혈관수축에 의한 혈압상승을 강하게 나타낸다. 임상적으로는 승압(昇壓)약, 기관지 천식치료, 기침약 등으로 사용된다. 이 계통에 개발된 약물 중 대표적인 것이 catecholamine류이다.

2) 항아드레날린 작동약 : 교감신경기능의 감퇴를 나타내는 약이다. α–아드레날린 차단약과 β–아드레날린 차단약이 있다. 전자에는 디클로로이소프로테놀, 염산프로프라놀이 있으며, 후자인 β–차단약은 아드레날린의 심장 흥분작용을 억제하고 심근의 산소수요를 저하시키므로, 둘 다 관순환이 불안전한 환자나 협심증 환자에게 사용된다.

(4) 항히스타민약(autacoid 관련 의약품)

1) 히스타민은 생체 내에서 알레르기 증상을 유발하는 물질이라 생각되며, 항히스타민약은 기관지 천식, 알레르기성 위장 장해, 감기, 비염 등에 사용된다.

2) 종류 : 구조에 의해 아미노에테르계, 페노티아딘 유도체, 모노아민계화합물 등이 있다. 구체적으로 디펜히드라민이 유명하다.

(5) 순환기 작용약(고혈압 치료약) : 순환기계는 심장과 혈관계로 이루어진 폐쇄계로 심장의 율동적인 펌프작용과 혈관벽의 탄성에 의한 협조적인 활동에 의해 전식조직에 혈액을 순환시키는 기관이다.

1) 강심약 : 유비데카레논, 염산 드부타민이 있어, 급성 순환부전에 있어 수축력 증강에 적용된다.

2) 부정맥용 약 : 본태성 고혈압증, 협심증 이외 수축에 이용되는 에테놀과 디소피라미드가 있다.

3) **혈압 강하약** : 인디오텐신 변환효소 저해제로 본태성, 신성, 신혈관성, 악성의 각 혈압증에 적용된다. 말레이인산에나프린, 카프트릴 등이 있다.

4) **관혈관 확장약** : 협심증에 있어서 심근의 산소의 수요와 공급의 밸런스를 깨뜨리는 것을 개선히기 위해 이용 되는 치료약이다. 나페디핀, 딜티아젠 연산연 등이 있다.

5) **이뇨약** : 항알도스테론약(aldosterone)의 스피로노락톤은 Na^+-K^+ 교환계를 억제하고, 특히 고알도스테론증 등에서 저명한 이뇨효과를 나타낸다. 뇨 중에는 Na^+, K^+의 배설이 증가한다. 고혈압증, 심성부종, 신성부종, 간성부종, 암성부종 등의 치료에 사용된다.

6) **동맥경화용 약** : LDL(저비중 리포 단백질)의 이성화율 항진작용, 콜레스테롤의 담즙증에의 이성화 배설 촉진작용, 콜레스테롤 합성의 초기단계의 저해작용 등에 의해 콜레스테롤 저하작용을 발휘한다. 프르부콜이 유명하다.

7) **뇌순환 개선약** : 노인성 치매에 뇌순환 개선약이 주목을 모으고 있고, 말초 혈관 확장약의 대부분이 뇌순환 개선약이다. 나카르디핀 염산염, 핀포세틴 등이 뇌경색 후유증, 뇌출혈 후유증, 뇌동맥경화증의 개선에 적용된다.

8) **뇌대사 부활제** : 뇌 미트콘드리아 기능의 부활작용, 뇌에너지 대사의 개선작용을 갖고, ATP 생산의 촉진이나 뇌내전달 물질인 세틸코린, 세로토닌의 대사를 개선한다. 이데페논, 호판텐산칼슘 등을 뇌경색 후유증, 뇌출혈 후유증, 뇌동맥경화증에 동반된 의욕 저하, 정서 장애, 언어 장애의 개선에 적용된다.

(6) 기생충 및 병원 미생물 작용약

1) **구충약** : 천연인 산토닌 및 카이닌산, 해노포지유(주성분 아스카리돌)이 있고, 합성 구충약으로는 아디핀산 피페라진, 시틀산디에틸카르바아딘이 있다.

2) **항말라리아약** : 천연인 염산키니네가 있고, 합성인 8-아미노퀴노린유도체 등이 있다.

3) **술폰아미드제** : 술파모노메톡신, 술파이소키사졸 등과 같은 것으로, 양성구균, 음성구균 및 방선균, 제4성병 바이러스에 유효하다.

4) **항생물질** : 미생물의 발육을 저해하는 물질을 의미한다. 종류에는 β-락탐계, 아미노그리코시드계, 미클로라이드계, 펩티드계, 클로람페니콜, 테레사이크린계, 인사마클로라이드 등으로 분류된다. 스트렙토마이신, 카나마이신이 유효하다.

5) **합성 항결핵약** : 파나아미노살리실산칼슘, 이소니아디드 등이 있다.

6) **소독(살균)약** : 에탄올, 이소프로판올 등이 널리 사용되고, 포르말린은 기구, 서류 등의 살균에 사용된다. 페놀류로서는 페놀, 크레졸, 살리실산, 티몰, 살리실산메틸이 사용되고 역성비누로서는 염화벤잘코니움이 있고, 수지, 기구의 소독, 점막이나 창면의 살균, 소독에 사용된다.

7) **기타** : 아시크로빌과 같은 항바이러스약, 플루오로우라실과 같은 항악성 종양약이 있다.

2. 비타민과 호르몬

(1) 비타민

1) 지용성 비타민 : 비타민 A, D, E, K 및 ubiquinone, prostaglandin류 등

① 비타민 A(axerophtol류) : 비타민 A_1, A_2, 레티놀, 3-데히드로레티놀, 네오비타민 A 등으로, 야맹증, 피부각화 치료약으로 사용된다.

② 비타민 D(calciferol류) : 비타민 D_2, D_3, 엘고카르시페놀, 콜레카르시페롤이 있다.

  ㉠ 비타민 D_2 : 정상적인 칼슘대사를 도와준다. 영양강화제로 조제분유, 마가린, 어육소시지, 햄, 유음료의 제조 시 첨가된다.

  ㉡ 비타민 D_3 : 대구나 다랑어의 간유에 많은 비타민으로 칼슘염과 인산염의 흡수를 촉진하며, 골격형성에 도움을 준다.

③ 비타민 E(tocopherol류) : 근기능 유지, 항산화기능에 관여하는 비타민으로, 분유에 첨가하며, 유지, 버터, 마가린, 소시지의 산화방지에도 사용한다. d,l-토코페롤은 항불임성 작용이 있고, 동상의 치료, 습관성 유산의 방지에 사용한다.

④ 비타민 K : 혈액응고에 필수적인 비타민으로 항출혈성비타민(antihemorrhagic vitamin)으로 불린다. 케일, 양배추의 녹엽, 콜리플라워, 브로콜리, 시금치, 상추와 같은 녹엽채소에 많으며, 간에서 혈액응고 인자의 합성에 관여한다.

2) 수용성 비타민 : B_1, B_2, B_6, B_{12}, biotin, thioct산, 비타민 C, 비타민 P, U 등

① 비타민 B_1(tiamin) : 항각기 작용을 갖는 것으로, 염산티아민, 질산티아민이 대표적이다.

  ㉠ 비타민 B_1 염산염($C_{12}H_{17}ON_4ClS \cdot HCl$) : 맛이 쓰고 약간의 쌀겨 냄새가 있는 비타민류 영양강화제로, 식품에는 백미, 소맥분, 유제품, 빵, 제과, 간장, 잼 등에 이용한다.

  ㉡ 비타민 B_1 질산염($C_{12}H_{17}O_4N_5S$) : 백색 결정성 분말로 거의 무취이거나 약간의 특이한 냄새를 가지고 있는 비타민류 강화제이다. 빵과 간장 등에 이용한다.

② 비타민 B_2(riboflavin, $C_{17}H_{20}N_4O_6$) : 건조효모, 우유, 치즈, 계란, 육류, 맥아, 시금치 등에 많이 함유되어 있다. 영양강화제로 사용되는 비타민 B_2는 밀가루, 빵, 비스킷, 우유, 생크림 등에 첨가한다. 리보플라빈은 생체 내에서 Flavin Mononucleotide(FMN) 또는 Flavin Adenine Dinucleotide(FAD)로 변환되어 비로소 활성을 나타낸다.

③ 비타민 B_6(pyridoxine)[염산염, $C_8H_{11}O_3N \cdot HCl$] : 널리 자연계에 분포하고 있고, 피리독신, 피리독살 및 피리독사민 등이 있다. 이들은 생체 내에서 용이하게 상호 변환하고, 인산에스테르화되어 활성형 피리드키살린산이 된다. B_6 결핍증으로는 구내염, 급·만성 습진, 빈혈 등이 있다.

④ 비타민 B_{12}(cyanocobalamine, $C_{63}H_{88}CoN_{14}O_{14}P$) : 이는 빈혈증, 간 경변에 유효하다.

⑤ 니코틴산 : 비타민 B_1 분리에 의해 니코틴산 아미드가 얻어지며, 이는 피부염, 동상, 알레르기 질환에 사용된다.

⑥ 판토텐산 : 비타민 B_5라고 불리며 스트레스 완화에 도움을 준다. 이는 척수신경, 간 지방의 변성이나 위염에 유효하고 비타민 B_1과 병용된다.

⑦ 비타민 C(ascorbic acid, $C_6H_8O_6$)

　　㉠ 콜라겐합성, 항산화제로의 작용, 소장에서 철분의 흡수를 돕고 카르니틴의 생합성 및 면역 기능에 관여하는 비타민이다.

　　㉡ 식품의 비타민 강화제로서는 분유 및 식품의 산화방지, 신선도 유지, 발색보조제, 변색방지에도 효과가 있어 과일주스, 과일통조림, 잼에 이용하며 맥주의 산화방지제 및 원료육의 변색방지에 이용한다.

　　㉢ 비타민 C는 D−글루코오스로부터 7가지 공정에 의해 합성되며, 괴혈병, 해독 색소 침착의 치료, 그 외의 널리 다른 비타민과 함께 보건약으로도 사용된다.

(2) 호르몬

1) 스테로이드계 호르몬

① 여성 호르몬 : 난포 호르몬(에스트라디올)과 황체호르몬(프로게스테론)

② 남성 호르몬 : 프로피온산테스트스테론, 메틸스트스테론

③ 부신피질 호르몬 : 아세트산코디존, 프레드니조론

2) 갑상선 호르몬 : 티로키신, 트리요드티로닌

3) 단백질계 호르몬 : 인슐린(췌장 호르몬), 옥시토신, 바스프레신 등

vitamin의 화학구조

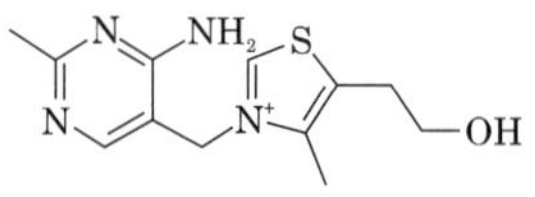

Vitamin B₁
(Tiamine)

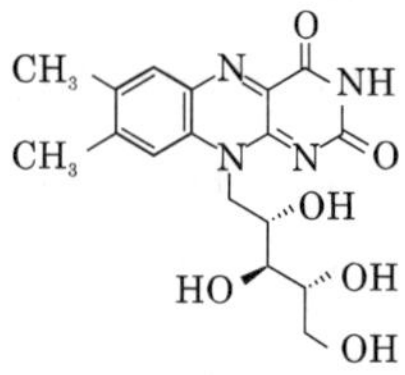

Vitamin B₂
(Riboflavin)

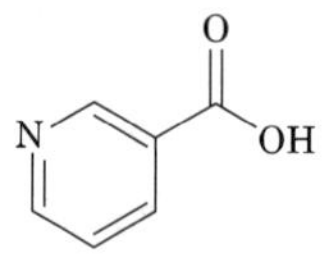

Vitamin B₃
(Niacin)

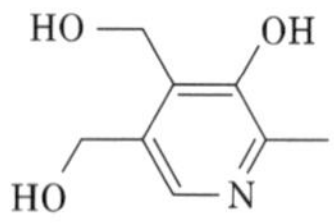

Vitamin B₆
(Pyridoxine)

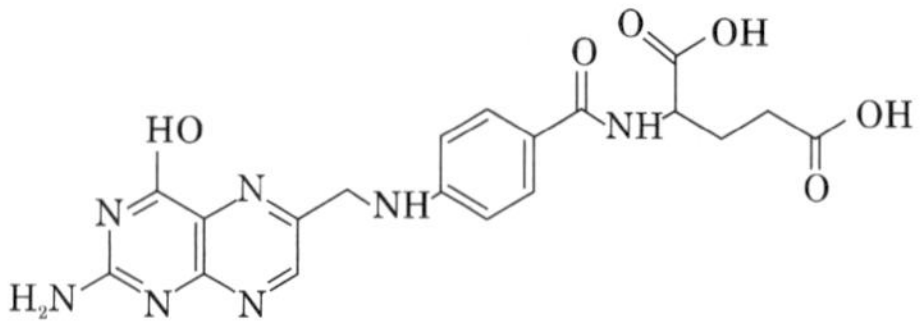

Vitamin B₉
(Niacin)

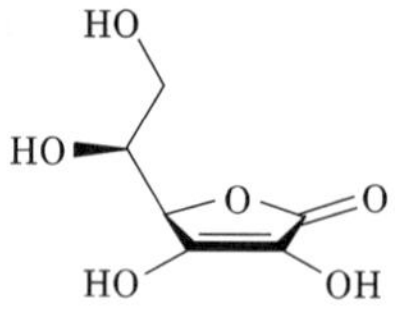

Vitamin C
(Ascorbic acid)

First generation

Retinol

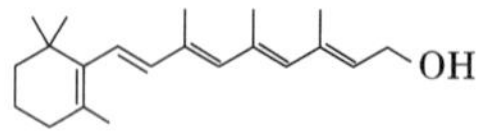

Tretinoin

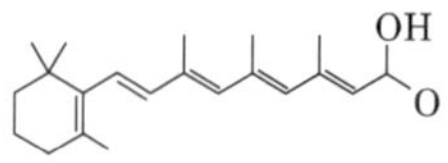

Isotretinoin

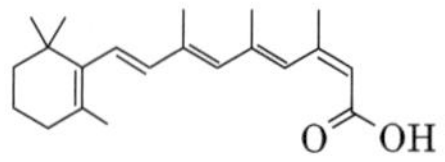

Second generation

Etretinate

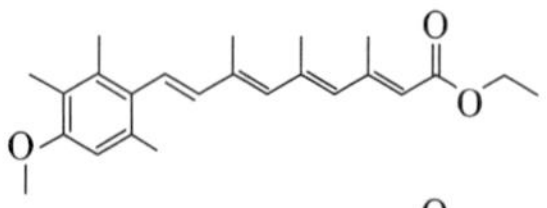

Acitretin

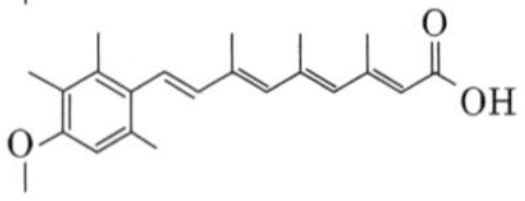

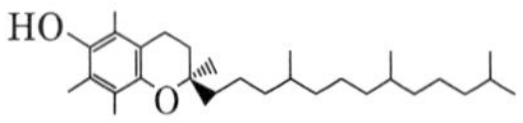

Vitamin E
(α −Tocopherol)

Vitamin A
(Retinol, Retinoids and Carotenoids)

제 51 주

향료 및 미각물질

제51-1주제 향료

1. **향료의 개요** : 종류, 용도 및 화학구조
2. **향료의 소재 및 주요성분**

1. 향료의 개요

(1) 향료의 종류와 용도

구 분		용 도
향장품용	방향상품	향수, 오드콜로뉴 등
	기초 화장품	크림, 화장수, 유액 등
	마무리 화장품	백분, 구홍, 겹홍 등
	모발 화장품	세발료, 헤어토닉, 티크 등
	목욕용품	비누, 방향제 등
식용품		커피, 주스, 아이스크림, 캔디, 조미료, 향신료, 향담배용, 의약품
방향제		실내용, 자동차용 등
가정용		세정제(가루비누), 소취제(화장실용), 살충제(모기, 파리) 등
공업용		공업용제품(합성고무, 수지, 도료, 잉크) 등
환경용		방취제(공업 방취용) 등
보안용		착취제(도시가스, 프로판) 등
생물용	사료용	동물 사료에 배합(어류도 포함)
	유인, 기피용	해충 등

(2) 냄새와 화학구조 : 발향기단

1) 냄새의 분류

① 꽃향기(fragrant odour) : 장미, 매화, 백합 등

② 과일향기(fruit odour) : 귤, 사과, 레몬 등

③ 매운냄새(spicy odour, 양미형) : 생강, 마늘 등

④ **수지향기(resinous odour)** : 테르펜, 송정 등

⑤ **썩은 냄새(rotten odour, 혐취형)** : 부패육류, 부패계란 등

⑥ **탄냄새(burnt smell)** : 카라멜류, 커피, 타르 등

2) 발향기단(osmophore or odoriphore)

> **발향기단**
> $-OH$, $-CHO$, $>C=O$, $-COOH$, $-COOR$, $-O-$, $-SH$, $-CN$, $-NC$, $-NO_2$, $-NH_2$, $-SCN$, $-NCS$

➡ 위와 같은 발향기단은 냄새의 계통적인 방향은 제시하여도 반드시 정확히 특정한 냄새를 나타내는 데는 제한이 있다.

(3) 작용기별 특징

1) **에스테르(ester)류** : 과실류의 주된 냄새성분으로 탄소수가 10 이하인 화합물은 대부분 과실향이다. 분자량이 커지면 향기도 강해지고, 진해져 꽃향으로 되며, 벤젠핵을 함유하여도 꽃향이 된다.

   ➡ 성분으로는 아밀포르메이트(amyl formate), 에틸아세테이트(ethyl acetate) 등이 있다.

2) **락톤(lactone)류** : 분자 내에 $-OH$기와 $-COOH$가 탈수되어 생긴 분자 내 에스테르로 주로 식물성 성분의 향기 재료로 사용된다. 이는 버터, 야자 지방질, 과일 등에 주로 함유되어 있다.

3) **알코올(alcohol)류** : 탄소수 5개 이하의 알코올은 채소, 과일 등의 향기성분으로 특히 청주의 향기성분으로 중요하다. 어린잎의 풋내를 이루고 차·토마토 등을 비롯하여 다수의 식물성 원료 속에서 풋내의 주성분인 3−hexenol은 청엽 알코올이라 한다.

   ➡ 주된 알코올 향기성분으로는 ethanol, propanol, pentanol, hexenol, furfuryl alcohol 등이 있다.

4) **카르보닐(carbonyl)화합물** : 미량으로 향기를 내는 성분이 많으며, 식품의 가열향기 중 각종 알데히드, 방향족알데히드는 강한 향기를 가진다. 케톤류에는 아세토인이나 케톤기를 2개 갖는 디아세틸 등이 버터향취나 발효된 유제품이 향기를 이룬다.

   ➡ 주된 향기성분으로는 aba aldehyde, benzaldehyde, cinnamic aldehyde, vanillin 등이 있다.

5) **유기산류** : 카르복시산과 같은 저분자는 자극성 산취를 나타낸다. 저급 지방산(propanoic acid, butylic acid, caproic acid)은 자극성 냄새를 가지며, 분자량이 커지면 비휘발성이 되어 향기가 적어지는데, 우유, 버터, 치즈의 주요 냄새 성분이다.

6) **테르펜류(trepenes)** : 이소프렌[isoprene, $CH_2=C(CH_3)-CH-CH_2$]의 중합체인 테레펜류 및 그 유도체(알코올 유도체, 에스테르 유도체, 알데히드 유도체, 케톤 유도체 등)를 주성분으로 하는 화합물이다. 꽃, 잎 등 식물체를 수증기 증류할 때 얻어지는 방향성의 유상물질로 정유(essential oil)라 하며 일반적으로 향기와 매운맛을 가진다.

➡ 주된 향기성분으로 myrcone(미나리), linonene(오렌지), α−phellandrene(후추), camphene(레몬), linalool(등화유), geraniol(녹차), zingibirene(생강), β−selinene(샐러드유), menthol(박하), β−citral(레몬)

7) **함유 황화합물** : 채소류 중 엽채류와 근채류에 함유된 황화합물은 향기성분으로 활용되는데, 휘발성 황화합물은 악취와 특유의 매운맛을 나타낸다. 이는 소령으로 식물의 향기를 크게 상승시키는데, 이것은 미량의 H_2S가 밥의 구수한 냄새의 요인으로 품질 향상에 도움이 된다.

➡ 식품의 향기성분으로 알려진 것은 methyl mercaptan(무), propyl mercaptan(양파), dimethyl mercaptan(단무지), S−methyl cystein sulfoxide(양배추), furfuryl mercaptan(커피) 등이 있다.

8) **휘발성 염기성 질소화합물** : 담수어의 비린내 또는 동물성 식품의 부패냄새는 암모니아(NH_3), 아민류의 질소화합물이 냄새에 관여한다.

9) **furan, pyrazine류 및 복합 고리화합물** : 식품의 가열향기의 주성분으로 furfural 유도체 및 pyrazine류는 참깨, 참기름, 커피, 보리차 등의 향기성분이다.

2. 향료의 소재 및 주요성분

향료・테르펜(terpene) 화학공업

(1) **천연향료** : 식물로부터 채취되는 향료는 휘발성 유향기 물질이며, 그 대부분은 유상(油相)이고, 이를 정유(精油, essential oil)라 부른다.

1) **식물성 향료**

① **초목류** : 시트로네라유, 레몬글래스유, 박카유, 스페이민트유, 젤라늄유, 옥크모스유, 배치바유, 라벤더유, 하마나스유, 자스민유, 장미유, 아니스유 등

② **수목류** : 장뇌유, 방장유, 백단유, 침엽유, 테레빈유, 유카리유, 정자유, 등화유, 베르가못류, 오렌지유, 페르발삼 등

2) **동물성 향료** : 사향(사향사슴의 수컷의 생식선랑의 분비물), 영묘향(사향 고양이 수컷, 암컷의 꼬리부에서 분비되는 페이스트상 물질), 해리향(해리, 즉 비버의 수컷, 암컷의 생식선을 따라 존재하는 분비선량을 절단하여 건조), 용선향(말향고래의 장내병적 결석으로 생각되는 이물을 건조), 사향쥐(무스크라이트, 사향쥐의 방향 분비선량을 잘라 건조) 등

(2) **합성향료** : 석유, 아세틸렌, 유지, 타르계 물질 등을 원료로 합성한 것

1) **테르펜계화합물** : 이소프렌 단위(C_5H_8)의 수에 의해 모노테레펜($C_{10}H_{16}$), 세스퀴(sesqui), 테르펜($C_{15}H_{24}$), 디테르펜($C_{20}H_{32}$) 등으로 분류되며 사슬상, 단환성, 쌍환성, 3환성이 있고, 이들 탄화수소와 동일한 탄소골격을 갖는 알코올, 카르보닐화합물 및 그것들의 유도체도 포함되어 있다. 많은 구조 이성질체, 입체 이성질체가 존재한다.

2) 주요 합성향료

① terepene계 탄화수소 및 알코올

② terepene계 및 방향족 알데히드

③ **terepene계 케톤** : 1-carvone(minty향, 치약이나 식용품)

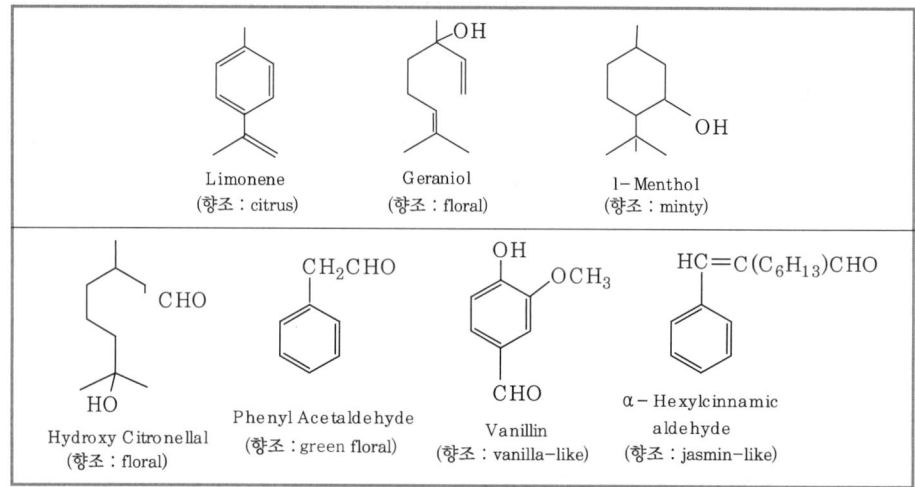

Limonene
(향조 : citrus)

Geraniol
(향조 : floral)

1- Menthol
(향조 : minty)

Hydroxy Citronellal
(향조 : floral)

Phenyl Acetaldehyde
(향조 : green floral)

Vanillin
(향조 : vanilla-like)

α-Hexylcinnamic
aldehyde
(향조 : jasmin-like)

[Terepene계]

④ **지환계 케톤** : ionone(woody향, 비누 및 향장품)

⑤ **합성 무스크(musk)** : musk ketone(musky향, 향장품이나 비누)

3) **조합향료** : 여러 종류의 냄새 물질을 조합하여 만든 것이다. 조합향료는 기초제, 조합제, 휘발 보류제, 안정제로 이루어져 있다. 인조 꽃 정유인 자스민(jasmin)을 예로 들면 기초 제는 아세트산 벤질, 리나롤, 히드록시시트로넬랄, 페닐에틸알코올이 있고, 조합제는 이소 부틸산페닐에틸, 무스크케톤 등이 있다. 무스크케톤은 보류제의 역할도 한다.

4) **식품향료** : 식품향료를 '후레버(flavor)'라 부르며 음식품의 기호성을 증가시키고, 식품의 가치를 증대시키기 위해 첨가하는 향기물질이다. 천연에서 얻어지는 식품향료에는 과실, 종자, 핵의 향미성분을 정유, 과즙, 올레로레진, 엑기스, 틴크로서 만들어지고, 그 자체로 혹은 가공되어 얻어진다. 인조 식품향료는 조합향료를 의미한다.(주로 화장품 향료)

① 식품향료에는 에센스(essence), 오일(oil), 유화(emulsion), 분말(powder), 정제(tablet) 의 5종류가 있다.

② **향신료(spice)** : 머스터드(겨자), 정향(丁香), 와사비, 산초, 후추, 고추, 생강, 페퍼 민트, 바닐라, 커피 등 향신료로서 사용되고 있는 것으로, 특유한 맛이 있지만 냄새 도 독특하기 때문에 '후레버'로 사용된다.

➡ 향신료(spicy)는 각각의 그 특유한 맛과 향을 지니고 있어, 식품을 조리 가공할 때 풍미가 생기고, 육류의 악취를 제거하는 데에도 매우 효과적이며, 미각을 자극함으로써 소화작용 을 돕는 역할을 한다. 향신료의 성분으로는 테르펜, 알코올, 알데히드, 케톤, 유황화합물 등이 있다.

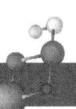

 제51-2주제 감미료

1. 맛과 화학
2. **미각물질의 성분과 제조** : 감미료, 조미료

3. 맛과 화학

(1) **맛의 종류(4원미, 4primary taste)** : 단맛(sweet), 짠맛(saline), 쓴맛(bitter), 신맛(sour)

(2) **감미 발현단**

> 감미 발현단
> $-CHO$, $-NH_2$, $-NO_2$, $-SO_3H$, $-OH$, Halogen, $-SO_2NH_2$, $-CH=NOH$, $-CN$ 등

(3) **맛의 성분**

1) 단맛

① 당류 : 포도당, 과당, 설탕, 맥아당, 유당, 전화당, 이성화당(glucose imomerase) 등

② 아미노산 : glycine, leucine, alanine, valine, serine 등

③ 당알코올 : inositol, sorbitol, mannitol, xylitol, dulicitol 등

④ 천연 감미료 : glycyrrhizin, perillatin, phyllodulcin, stevioside 등

⑤ 황화합물 : methyl mercaptan(무), propyl mercaptan(양파, 마늘) 등

⑥ 인공 감미료 : saccharin, dulcin

2) 짠맛 : 짠맛은 소금이 가지는 전형적인 맛으로, 무기 및 유기의 알칼리염이 해리하여 생긴 이온의 맛이다. 이때 음이온은 짠맛 자체를, 양이온은 짠맛을 강하게 하거나 부가적인 맛을 낸다. 무기염이 해리하여 생긴 음이온의 짠맛 세기는 다음과 같다.

$SO_4^{2-} > Cl^- > Br^- > I^- > HCO_3^- > NO_3^-$

양이온의 경우 $NH_4^+ > K^+ > Ca^{2+} > Na^+ > Li^+$ 순으로 짠맛을 낸다.

① 무기염 : NaCl, KCl, NH₄Cl, NaI 등은 주로 할로겐 이온으로 인해 짠맛을 낸다. 나머지 무기염은 쓴맛과 짠맛의 혼합된 맛을 나타낸다.

② 유기염 : 유기산의 알칼리염으로 disodium malate, sodium gluconate, diammonium sebacate, diammonium malonate 등이 식염에 가까운 짠맛을 낸다. 이들은 신장, 간장 장애 환자들의 식용대용이나 무염간장 제조에 이용된다.

3) 쓴맛 : 쓴맛을 내는 물질은 분자 내 $N\equiv$, $=N\equiv N$, $-SH$, $-S-S$, $-S-$, $=CS$, $-SO_2$, $-NO_2$ 등의 원자단을 가지며, 무기질로는 Ca, Mg, NH_3 등이 쓴맛을 낸다.

① 알카로이드(alkaloid) : 식물체에 존재하는 함질소염기성 물질의 총칭으로 인체 내에서 특수한 약리작용을 가지며, 쓴맛을 가지는 것이 많다. 알카로이드에는 많은 종류가 있으나, 일반적인 식품에는 적으며, 녹차, 커피 중 caffein(theine)과 코코아, 초콜릿 중 theobromine이 대표적이다. 이들은 신장, 중추신경계의 흥분작용을 주는 역할을 한다.

② 배당체 : 식물계에 널리 분포하며, 과실, 채소의 쓴맛 성분으로 감귤류 과실 껍질에 존재하는 naringin과 limonin, hesperidine, 오이 꼭지 부위의 cucubitacin, 양파 껍질 quercetin 등이 있다.

③ 케톤류 : nop 암꽃 중에 존재하는 α-acid로 알려진 humulone과 β-acid로 알려진 lupulone이 있다. 또 맥주 제조과정 중 가열 발효과정에서 iso-α-acid와 iso-β-acid로 이성화되어 맥주의 특유한 쓴맛을 낸다. 이들은 또한 강한 항균성을 가지고 있어 방부작용도 한다.

4) 신맛

① 무기산 : 탄산, 염산, 인산

➡ 특히 탄산은 물에 녹여서 평형을 이룬 후 약한산으로 해리되는데, 자극성의 약한 신맛이 상쾌한 맛을 주기 때문에 탄산음료(청량음료)로 쓰인다.

② 유기산 : 초산(acetic acid), 젖산(lactic acid), 호박산(succinic acid), 구연산(citric acid), 사과산(malic acid), 주석산(tartaric acid), 수산(oxalic acid), 비타민 C 등

> 🔬 **참고** 매운맛
>
> 순수한 미각이 아니고 입안의 표피에서 느끼는 일정의 감각이다. 매운맛이 적당할 때에는 식품의 풍미를 향상시키고, 식용 증진하며 식품에 살균작용을 하여 유익하다.

4. 미각물질의 성분과 제조

(1) 천연 감미료

1) 천연당 : 자당(sucrose), 포도당(glucose), 과당(fructose), 맥아당(maltose), 젖당(lactose) 등

2) 당알코올 : sorbit, maltit, mannit, xyliy 등

3) 배당체 및 그 유도체 : glycyrrhiznin(감초성분), stevioside(stevia성분) 등

4) 아미노산 및 펩타이드 : asparatame(디펩타이드), glycine(아미노산) 등

5) 단백질 감미료 : thaumatin(단백질)

6) 올리고당 : palatinose(isomaltulose), glucosyl sucrose, fructo oligosugar 등

(2) **합성 감미료** : saccharin, aspartame의 두 종류는 실용화되어 있다.

[Saccharin의 합성]

(3) **조미료**

1) 화학 조미료 : 식품위생법에서 식품첨가물의 분류로서 조미 기능상 지미 조미료에 해당한다.

- 지미(旨味) : α-글루탐산나트륨(MSG), $5'$-이노신산나트륨($5'$-IMP)이 부여하는 맛

2) 천연 조미료 : 소고기, 닭고기 등 많은 식품은 각각의 특유한 맛성분을 추출액으로 추출한 것

3) 풍미 조미료 : 위 천연 조미료에 식염, 설탕, 화학 조미료, 아미노산 등을 배합한 조미료

4) 발효 조미료 : 주류 발효 조미액이라고 부르는 것으로 술과 똑같이 알코올 발효를 시키거나 식염을 2~3% 포함한 것을 말한다. 성분은 발효생성된 알코올, 각종 발효성 향기성분을 포함하는 일종의 부향 조미료이다.

기출 및 예상 문제

01 이소프렌의 중합체로 합성 향료의 제조에 주로 사용하는 무리는 무엇인가?

① terephene류 ② oleffin류

③ ester류 ④ ether류

02 맛의 성분 중 단맛을 내는 성분이 아닌 것은?

① 포도당(glucose)

② 류신(leucine)

③ 자일리톨(xylitol)

④ 염화칼륨(potassium chloride)

정답 및 해설

01 ①

유형 및 해설 [합성 향료] 스프렌 단위(C_5H_8)의 수에 의해 모노테레펜($C_{10}H_{16}$), 세스퀴(sesqui), 테르펜($C_{15}H_{24}$), 디테르펜($C_{20}H_{32}$) 등으로 분류되며 사슬상, 단환성, 쌍환성, 3환성이 있고, 이들 탄화수소와 동일한 탄소골격을 갖는 알코올, 카르보닐화합물 및 그것들의 유도체도 포함되어 있다. 많은 구조 이성질체, 입체 이성질체가 존재한다.

02 ④

유형 및 해설 [맛을 내는 성분] 염화칼륨과 염화나트륨은 쓴맛을 내는 대표적인 물질인 Cl^-을 함유하고 있다. 나머지는 모두 단맛을 내는 성분이다. 단맛을 내는 성분은 다음과 같다. 종속 관계(분류)를 정리해 보자.

정리 단맛을 내는 성분

┌ 당류 : 포도당, 과당, 설탕, 맥아당, 유당, 전화당, 이성화당(isomerized sugar) 등
├ 아미노산 : glycine, leucine, alanine, valine, serine 등
├ 당알코올 : inositol, sorbitol, mannitol, xylitol, dulicitol 등
├ 천연 감미료 : glycyrrhizin, perillatin, phyllodulcin, stevioside 등
├ 황화합물 : methyl mercaptan(무), propyl mercaptan(양파, 마늘) 등
└ 인공 감미료 : saccharin, dulcin

짠맛을 내는 성분

무기 및 유기의 알칼리염이 해리하여 생긴 이온의 맛이다. 예를 들어 NaCl, KCl, NH_4Cl 등의 무기염과 disodium malate, sodium gluconate와 같은 유기염이 있다.

제 **52** 주

화약 제조공업

제52주제　　화약

1. **화약의 개요** : 정의, 분류 및 특성
2. 화약류의 종류 및 제법

1. 화약의 개요

(1) 화약의 정의

화약이란, 고체 또는 액체 상태의 물질로서 일부분에 충격 또는 열을 가하면 순간적으로 산화반응을 일으켜 다량의 열과 압력이 발생되는 폭발성 물질을 말한다.

➡ 그러나 폭발성 물질이라도 폭발 시 발생하는 에너지를 공업용으로 유효하게 활용할 수 없는 것은 화약류라 할 수 없다. 즉, 화학반응의 촉매제로 사용하는 중금속 acetylide나 유기과산화물은 불안정하여 폭발하기 쉬워도 화약류라 하지 않는다. 또한 같은 물질이라 할지라도 의약품이나 다른 제품의 원료로 사용될 때에는 화약류의 범주에서 제외한다.

(2) 화약의 특성

1) 액체, 고체 또는 이들의 혼합물로서, 약한 충격이나 가열에 의해 단시간에 화학변화를 일으켜 많은 열과 가스를 급격히 발생하게 하여 순간적으로 큰 힘을 얻을 수 있는 물질이다.
2) 화약은 산소가 없는 곳에서도 자체 내에 산소를 가지고 있어서 반응이 일어난다.
3) 폭속(爆速)이 큰 것과 작은 것이 있고, 화약의 성능과 폭속은 밀접한 관계가 있다.

(3) 화약의 구성

1) 화약류의 에너지는 구성된 탄소, 수소 등 가연성 물질(가연물)이 산소(산화제)와 반응할 때 발생하고, 이의 상(phase)이 고체 또는 액체일 때 에너지가 보다 크게 발생한다.
　① **산화제(산소 공급제)** : 스스로 폭발성이 있어서 폭발 시 산소를 유리시키거나, 폭발성이 없어도 고온에서 산소를 유리하는 물질들이다.
　② **가연물** : 스스로 폭발성이 있어도 폭발 시 산소가 부족하거나 고온에서 연소성이 좋은 물질들을 말한다. 가연물에는 목분, 황, 전분, 중유 및 경유, 규소철, 알루미늄 등을 사용한다.

③ **기타 혼합성분** : 화약류의 목적에 따라 첨가한다.
  ㉠ 감열제(KCl, $NaCl$, 붕사 등), 예감제(DNN, TNT, DNB, DNT 등), 발열제(Al, 규소철)
  ㉡ 안정제(디페닐아민, 에틸센트랄리트), 폭력완화제(초석, 목분), 화염증대제(황화안티몬 등)

2) 화약류는 'N-O', 'O-O' 등과 같이 분자 내에서 산소를 자체적으로 만들기 용이한 결합을 가지고 있다. 이에 의해 화합 화약류와 혼합 화약류로 나뉜다.

(4) 화약류의 분류

화합 화약류	질산염 혼합 화약 : 흑색화약, ANFO, 함수 폭약
	과염소산염 폭약 : 칼릿(carlit)
	염소산 폭약 : sprengel 폭약, 세딧트(cheddite)
	액체 산소 폭약 : LOX
혼합 화약류	질산에스테르류 : 니트로글리세린, 니트로셀룰로오스
	니트로화합물 : TNT, 피크르산(PA), 헥소겐(RDX), 테트릴(tetryl)
	기타 : 풀민산수은 Ⅱ, 아지화납

2. 화약의 종류 및 특성

(1) 흑색화약(black power, 유연화약)

1) **주성분** : 질산칼륨, 황, 숯

2) **제법** : 목탄의 분말과 위험성이 없는 황을 잘 섞은 후, 질산칼륨을 넣고 혼합한 후, 물을 분무하는 개방식 edge runner에서 진행하고, 롤러를 통과시켜 압착하고, 마지막으로 흑연으로 표면 처리하여 흑색화약을 만든다.

3) **가연물** : 목탄 분말, 황, 산소 공급제로서 질산칼륨(KNO_3)의 3성분이 혼합된 화약이다. (사용목적에 따라 그 배합 비율이 다르다.)

4) **폭발 반응식** : $2KNO_3 + 3C + S \rightarrow K_2S + 3CO_2 + N_2$

5) **형상과 용도** : 입상(엽총용, 연화), 분산(도화선 심약, 군용 화약), 구상(석재 채취)

(2) 질산암모늄(NH_4NO_3)

1) 초안이라고도 하며, 공업용 폭약의 주성분이라 할 만큼 매우 중요한 화합물이다.

2) 흰색 결정으로 물에 잘 녹고, 흡습성이 강하며 수분을 흡습하면 스스로 용해하여 액체로 변한다.

3) 질산암모늄이 배합된 폭약은 수분이 흡습되지 않도록 포장을 철저히 해야 한다.

4) 질산암모늄은 반응온도에 따라 결정모양이 달라지고 비중도 변화하며 녹는점은 169℃이지만, 100℃ 부근에서 $NH_4NO_3 \rightarrow HNO_3 + NH_3$ 반응하며, 200℃인 경우 $NH_4NO_3 \rightarrow N_2O + 2H_2O$와 같이 반응한다.

5) 이는 DNN, TNT 및 니트로글리세린과 배합하여 폭약을 만드는 데 사용하고 있으며, ANFO 폭약 및 군용 폭약 등에 많이 사용한다.

(3) 칼릿(Carlit) : 현재까지 계단식 발파와 갱외 발파에서 가장 많이 사용되는 폭약으로, 그 가격이 저렴하고 위력이 커서 많이 사용되고 있다.

1) 칼릿은 산소공급제로 과염소산염의 과염소산암모늄과 가연물로시 규소철을 사용한 깃이 특징이다.

2) 과염소산칼륨, 과염소산암모늄을 주원료로 하여 규소철, 질산암모늄, 디니트로나프탈렌, 목탄분, 젤리, 중유 등을 혼합하고, 체로 걸러 작은 포대나 약지포에 넣고, 최후공정에서 파라핀을 발라 제품으로 만들어진다. 화학적으로 안정해서 보관이 용이하다.

3) 질산암모늄을 포함한 것도 굳을 염려가 없다(계면활성제가 습기를 흡수하기 때문).

(4) 질산에스테르(nitric ester)

1) 니트로글리세린(Nitroglycerine, NG, $C_3H_5(NO_3)_3$)

① 질산과 황산으로 처리한 무색 또는 담황색 액체이다.

② 이는 폭발력이 큰 폭약으로, 순수한 것은 무색 투명하지만, 공업용은 담황색을 띤다.

③ 이는 물에 녹지 않으나, 알코올, 에테르 등과 같은 유기용매에 녹으며, 동결하면 백색결정으로 변한다.

④ 40~50℃에서 분해하기 시작하며 200℃에서 폭발한다. 또한 충격강도가 민감하여 액체상태로 운반이 금지되어 있다.

⑤ 용도는 dynamite 제조용, 무연 화약의 원료로 사용된다.

2) 니트로셀룰로오스(Nitrocellulose, NC, $C_{24}H_{29}O_9(NO_3)_{11}$)

① 식물 섬유(솜, 삼, 목 등)는 세포막을 이루는 셀룰로오스(cellulose)이다. 원료로 사용되는 것은 면약이며, 면약은 질산기의 수에 따라 강면약과 약면약이 있다.

② 건조한 니트로셀룰로오스는 마찰전기를 띠기 때문에 폭발성이 커서 30℃ 이상의 온도에서는 운반할 수 없다.

③ 용도 : dynamite 제조용, 무연 화약 및 로켓에 사용한다.

④ 생성반응 : $4C_6H_{10}O_5 + 11HNO_3 \rightarrow C_{24}H_{29}O_9(NO_3)_{11} + 11H_2O$

(5) 니트로화합물

1) 피크르산(Picric acid, PA, $C_6H_5OH(NO_2)_3$)

① 제법 : 클로로벤젠에 NaOH, 황산, 질산 등을 차례로 반응시켜 만드는 방법이다. 그리고 페놀에 황산과 질산을 반응시켜 만드는 방법과 수은 촉매로 벤젠에 질산을 작용시키는 방법이 있다.

② 이 폭약은 쓴맛이 있고, 결정은 바늘모양이며, 발화점은 300℃ 이상이다.

③ 물에 녹으며, 알코올, 에테르, 벤젠과 같은 유기용매에도 녹는다.

④ 장기간 저장하여도 자연분해를 일으키지 않는다.

⑤ 순수한 피크르산은 무색이지만, 공업용은 황색을 띤다.

⑥ **피크르산 금속염** : 철, 구리, 알루미늄과 반응시켜 폭발감도를 크게 향상시킨 것으로, TNT와 달리 폭탄을 만들 때 직접 녹여서 부을 수는 없다. 이는 뇌관의 첨장약, 도폭선의 심약, 군용 폭파약 등에 쓰인다.

2) TNT(Trinitrotoluene, $C_6H_2(NO_2)_3CH_3$)

① **제조방법** : 톨루엔에 진한황산의 혼합산을 조금씩 넣으면서 40℃로 가열한 다음, 60℃로 반응온도를 높여 반응을 마치면 모노니트로톨루엔이 된다. 반응을 계속 진행시켜 모노 및 디트리니트로화 혼합물을 얻는다. 반응을 종결하고 TNT를 얻는다.

② 이는 다른 고성능 폭약에 비해 폭발력은 상당히 떨어지나 화학적 안정성이 크고 용융전약 할 수 있는 장점이 있다.

③ 가격이 비싸기 때문에 산업용에서는 일부 폭약의 예감제나 도폭선의 심약 정도로만 사용되고 있다. 그리고 TNT는 품질이 거의 일정해서 폭력을 비교 시 기준폭약으로 사용한다.

④ 무색 또는 담황색의 사방형 결정으로 융점은 80.75℃이다.

⑤ 용융상태의 TNT는 약간의 점성과 승화성이 있을 뿐 아니라 비중도 고체의 경우보다 10% 이상 낮다. 따라서 용융전약한 후 응고시킬 경우 캐비테이션(공동화)이 발생하게 된다.

⑥ 화학적 반응성이 거의 없기 때문에 금속과 작용하지 않으며, 열적으로도 안정하여 자연분해되는 성질이 없다.

⑦ 열, 충격, 마찰에 대한 감도는 실용되는 고성능 폭약 중에서 가장 둔감한 종류이다.

⑧ **용도** : 폭발할 때 일산화탄소가 많이 생기므로, 광산에서 갱내용으로 사용이 불가능하며, 군용폭약, 예감제, 도폭선의 심약 등에 사용한다.

3) DNN(Dinitronaphthalene, $C_{10}H_6(NO_2)_2$)

① **제법** : 나프탈렌에 질산과 황산의 혼합산을 가해 니트로화반응을 일으켜 만든다.

   ➡ 치환기 효과 : 먼저 α-위치에 두 개의 니트로기가 치환되어 모노 및 디나프탈렌을 만든다. 계속 진행할 경우 β-위치에 나프탈렌이 치환되어 트리니트로나프탈렌을 생성한다.

② 무색 결정으로 물에는 녹지 않으나, 알코올, 에테르, 벤젠, 아세톤에는 녹는다.

③ 다이너마이트의 성분으로 많이 사용하며, 발화점은 310~330℃ 정도이다.

④ 충격에도 둔감하여 뇌관으로 전폭시켜도 폭발하지 않기 때문에 이것만으로 폭약을 만들 수 없다. 그러나 질산암모늄과 같은 물질과 섞어 폭발시키면 폭발성능이 좋아진다.

⑤ 질산암모늄 폭약의 예감제로 사용된다.

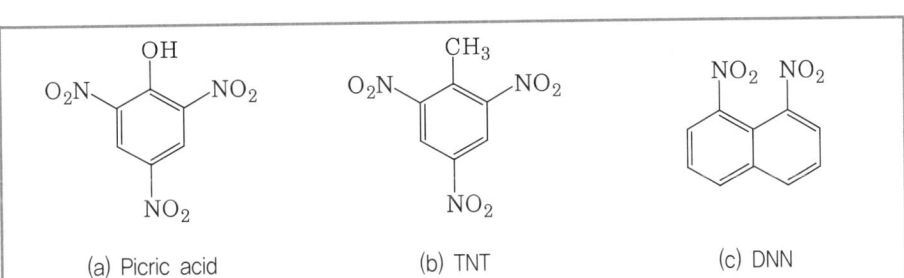

(a) Picric acid   (b) TNT   (c) DNN

(6) 헥소겐(hexogen, RDX, (CH₂NNO₂)₃)

1) 니트라민계 화합 폭약으로, 흰 결정으로 냄새가 없으며, 아세톤에만 녹고 열에 대해 안전하다.

2) 헥사메틸렌테트라민[(CH₂)₆N₄]을 질산으로 니트로화시켜 만든다.

(7) 다이너마이트류(dynamite)

1) 다이너마이트의 어원 : dynamite는 노벨(A.B. Novel)이 니트로글리세린의 강력한 폭발력을 공업적으로 이용하기 위해 1866년 니트로글리세린을 규조토에 흡수시켜 폭약의 제조에 성공한 후, 이를 상품명으로 'dynamite'라 하여, 현재에 니트로글리세린을 기제로 한 폭약류를 총칭하는 말이 되었다.

2) 다이너마이트의 원료 : 니트로글리세린, 니트로글리콜, 니트로셀룰로오스, 질산암모늄, 니트로화합물, 목분, 전분, 질산나트륨 등

3) 다이너마이트의 분류
   ① 혼합 다이너마이트 : 규조토, 스트레이트, 암모니아 다이너마이트
   ② 교질 다이너마이트 : 블라스팅, 젤라틴 다이너마이트, 젤리그나이트
   ③ 분상 다이너마이트 : 암석용, 질산암모늄 다이너마이트

4) 특징 : 니트로글리세린을 고체에 흡수시킨 것으로 액체이다. 니트로글리세린보다는 덜 예민하지만, 용융점이 높아 낮은 온도에서 얼기 때문에 결정이 석출되어 위험하고, 불안전한 폭발을 한다.

(8) 뇌관(detonator)과 도화선(fuse)

1) 뇌관 : 금속에 기폭약(염소산칼륨, 질산칼륨의 혼합물)을 채워 넣은 화약으로, 타격이나 화염, 불꽃 등으로 쉽게 인화 폭발하여 본체에 폭약을 폭발로 이끄는 장치이다. 뇌관은 도화선을 따라오는 불에 의해 폭파약을 폭발시킨다.

2) 도화선 : 화약 또는 뇌관에 안전하고 확실하게 점화시키기 위해 사용하는 약품으로, 흑색화약분말을 주성분으로 하여 헝겊으로 싼 다음, 겉에 칠을 하여 긴 줄모양으로 만든다. 연소속도를 일정하게 하기 위해 약품의 함유량과 굵기를 일정하게 해야 한다.

(9) 폭탄(bomb)
일반적으로 구조물의 파괴나 인명의 살상을 목적으로 항공기로부터 투하하는 폭발물을 말한다. 사용목적에 따라 탄체가 강한데 비해 폭발량이 적은 철갑폭탄과 표피가 얇고 폭풍의 효과가 상당한 다량의 폭약으로 구성된 보통 폭탄으로 분류된다. 그외의 분류법에 의해 유도폭탄과 비유도폭탄, 핵폭탄과 비핵폭탄 등이 있다.

기출 및 예상 문제

01 다이너마이트를 발명한 노벨은 처음 어떤 물질을 규조토에 흡수시켜 폭약을 제조하였는가?

① 니트로글리세린(nitoglycerine)

② 니트로글리콜(nitroglycol)

③ 니트로셀룰로오스(nitrocellulose)

④ 질산암모늄(ammonium nitrate)

02 니트라민계 화합 폭약으로, 아세톤에만 녹는 물질은?

① 니트로셀룰로오스

② DNN(Dinitronaphthalene)

③ TNT(Trinitrotoluene)

④ 헥소겐(hexogen)

03 니트로글리세린에 대한 설명으로 옳지 않은 것은?

① 침투력이 강하고 가열하면 분해한다.

② 유상(油狀)의 액체로 손으로 직접 취급하면 두통발열 등의 중독증을 일으킨다.

③ 동결하면 민감하고 동결 전후에 위험하다.

④ 충격마찰에 둔감하므로 액체 운반이나 단독 운반이 가능하다.

04 다음 중 피크르산(picric acid)의 제법 중 옳지 않은 것은?

① 클로로벤젠에 황산과 질산의 혼합산을 가해 니트로화한다.

② 페놀에 황산과 질산의 혼합산을 가해 니트로화한다.

③ 톨루엔에 황산과 질산의 혼합산을 가해 니트로화한다.

④ 수은을 촉매로 하여 벤젠에 질산을 작용시킨다.

05 니트로화합물에 대한 설명으로 옳지 않은 것은?

① 화약류로서 중요한 것은 방향족니트로화합물이다.

② 니트로기가 3개 결합된 화합물이 강한 폭발성을 가진다.

③ 펜트리트는 방향족니트로화합물이다.

④ TNT는 물에는 녹지 않으며, 아세톤, 벤젠, 알코올에 녹는다.

정답 및 해설

01 ①

유형 및 해설 [다이너마이트의 제조] 니트로글리세린을 이용하여 다이너마이트를 제조하였다.

02 ④

유형 및 해설 [니트라민계 폭약] 니트라민계 폭약에는 니트로구아니딘, 테트릴, 헥소겐 등이 있다. 분자구조에 의한 분류로 종속성을 따지는 것이다.

03 ④

유형 및 해설 [니트로글리세린] 니트로글리세린은 40~50℃에서 분해하기 시작하며 200℃에서 폭발한다. 또한 충격강도가 민감하여 액체상태로 운반이 금지되어 있다.

> 참고 니트로글리세린의 성질
> • 질산과 황산으로 처리한 무색 또는 담황색 액체이다.
> • 침투력이 강하고 가열하면 분해한다.
> • 이는 폭발력이 큰 폭약으로, 순수한 것은 무색 투명하지만, 공업용은 담황색을 띤다.
> • 이는 물에 녹지 않으나, 알코올, 에테르 등과 같은 유기용매에 녹으며, 동결하면 백색결정으로 변한다.
> • 동결하면 민감하고 동결 전후에 위험하다.
> • 40~50℃에서 분해하기 시작하며 200℃에서 폭발한다. 또한 충격강도가 민감하여 액체상태로 운반이 금지되어 있다.
> • 용도는 dynamite 제조용, 무연 화약의 원료로 사용된다.
> • 상온에서 냄새와 맛이 없으나, 인체에 흡수되면 해롭다.
> • 유상(油狀)의 액체로 손으로 직접 취급하면 두통발열 등의 중독증을 일으킨다.

04 ③

유형 및 해설 [피크르산의 제법과 니트로화반응] ③은 TNT의 제법이다.

05 ②

유형 및 해설 [니트로화합물의 성질] 니트로화합물에서 니트로기의 수에 따라 폭발성의 차이가 있다. 1개 또는 2개 치환된 니트로화합물은 약간의 폭발성을 띠고 있으므로 폭약의 용도로 사용할 수 없다. 그러나 니트로화합물의 화약은 니트로기가 3개 이상 결합한 방향족화합물이 되면 맹렬한 파괴력을 가진다. 단순히 니트로기가 3개라고 하면 틀린 설명이다.

제53주 아미노산과 단백질

제53주제	아미노산과 단백질

1. 아미노산
2. 단백질

1. 아미노산

(1) 아미노산(amino acid)의 정의 및 특징

단백질은 아미노산으로 구성되어 있다.

1) 정의 : 한 분자 안에 아미노기($-NH_3^+$)와 카르복시기($-COO^-$)를 동시에 가지는 유기화합물을 말한다. 단백질을 묽은염산이나 묽은황산과 함께 가열하여 가수분해하면 여러 가지 α-아미노산을 얻을 수 있다.

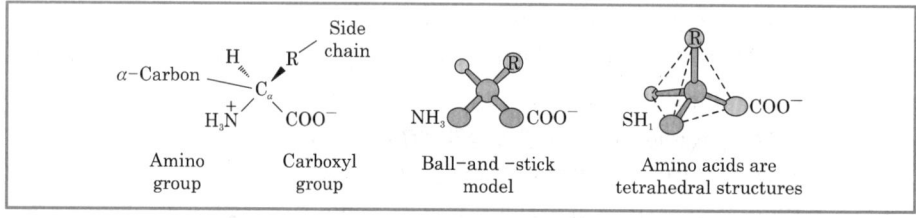

2) 특징

① 양쪽성 물질이므로, 산이나 염기와 반응하여 염을 만들 수 있으며, 수용액은 증발한다.

② 아미노산은 물에는 녹기 쉬우나, 유기용매에는 잘 녹지 않는다(수용성).

③ 녹는점도 다른 유기화합물보다 높아 200~300℃인 것이 많다.

④ 아미노산을 축합중합하면 단백질이 얻어지고, 이의 역반응은 가수분해이다. 아미노산은 단백질의 단량체로 작용하며, 광학 이성질체가 존재한다.

3) 폴리펩티드(polypeptide) : 아미노산의 중합체를 폴리펩티드 또는 단백질이라 한다.

➡ 폴리펩티드와 단백질은 서로 혼용하여 사용한다. 구체적으로 분류하면 다음과 같다.

① 올리고펩티드(oligopeptide) : 2~10개의 아미노산의 소중합체

② 폴리펩티드(polypeptide) : 10개 이상의 잔기를 갖고 있는 중합체

③ 단백질(protein) : 10,000dalton 이상의 분자를 가진 아미노산 중합체

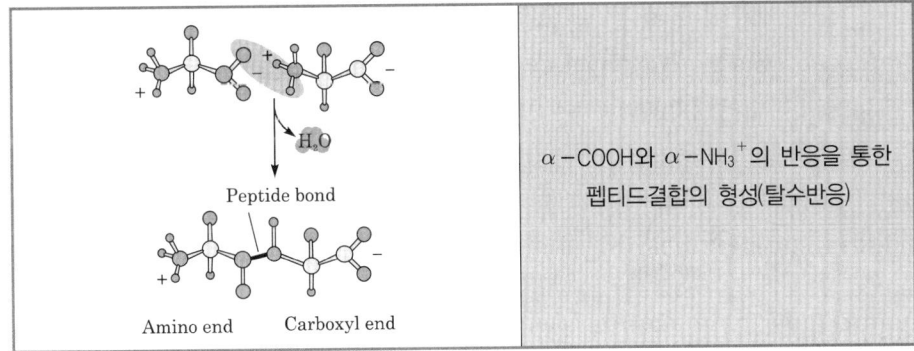

α –COOH와 α –NH$_3$$^+$의 반응을 통한
펩티드결합의 형성(탈수반응)

Peptide bond

Amino end   Carboxyl end

(2) 아미노산의 종류

1) 아미노산의 종류(20종) : 일반적으로 필수아미노산이란 페닐알라닌, 트립토판, 리신, 트레오닌, 발린, 이소류신, 류신, 메티오닌 이상 8종을 말한다.

① 중성의 비극성 아미노산 : 중성의 비극성 아미노산들은 탄화수소로 된 R 그룹을 갖고, 이 R 그룹은 + 또는 − 전하를 갖고 있지 않아 중성이라 한다. 물과 잘 반응하지 않기 때문에 비극성(소수성) 아미노산은 단백질의 3차 구조를 유지하는 데 중요한 역할을 한다.

종류는 글리신(glycine), 알라닌(alanine), 프롤린(prolin), 발린(valine), 류신(leucine), 이소루신(isoleucine), 메티오닌(methionine), 시스테인(cysteine), 페닐알라닌(phenylalanine), 트립토판(tryptophan) 이상 10종이다.

Glycine   Alanine   Proline   Valine   Leucine

Isoleucine   Methionine   Cysteine   Phenylalanine   Tryptophan

② **중성의 극성 아미노산** : 극성인 아미노산은 수소결합을 할 수 있는 기능기를 가지기 때문에 물과 잘 반응한다(친수성). 이는 단백질 구조에 중요한 역할을 한다. 종류는 세린(serine), 트레오닌(treonine), 티로신(tyrosine), 아스파라긴(asparagine), 글루타민(glutamine) 이상 5종이다.

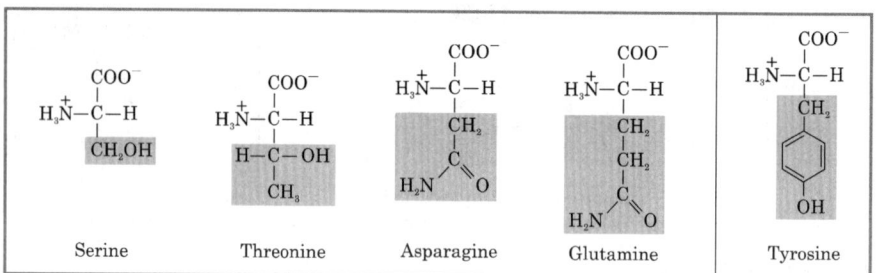

③ **산성 아미노산** : 두 개의 표준 산성 아미노산은 카르복실(carboxylate) 그룹을 갖는 곁사슬을 갖고 있다. 아스파르산과 글루탐산은 생리적 pH에서 음전하를 띠고 있기 때문에 각각 아스파라트산염(aspartate), 글루탐산염(glutamate)이라고 부른다. 이상 2종이다.

④ **염기성 아미노산** : 생리적 pH에서 (+)전하를 띠고 있기 때문에 산성 아미노산과 이온결합을 할 수 없다. 여기에는 리신(lysine), 아르기닌(arginine), 히스티딘(hystidine)이 있다. 이상 3종이다.

　㉠ 리신(lysine) : 곁사슬 아미노기를 갖는 구조로, 물분자로부터 양성자를 받아 암모늄이온(NH_3^+)이 된다. 콜라겐과 같은 단백질에서 리신의 곁사슬이 산화하면, 강력한 분자 내 그리고 분자 간 교차결합이 생긴다.

　㉡ 아르기닌(arginine) : 아르기닌의 구아니디노(guani-dino) 그룹은 NaOH처럼 강한 염기성을 띠기 때문에 생리적 pH에서 양성자를 받게 되어 산-염기 반응에서 작용하지 않는다.

　㉢ 히스티딘(hystidine) : pH 7에서 부분적으로 이온화하기 때문에 약염기라 한다. 결과적으로 히스티딘 잔기는 완충액으로서 작용하고 수많은 효소의 촉매작용에서 중요한 역할을 한다.

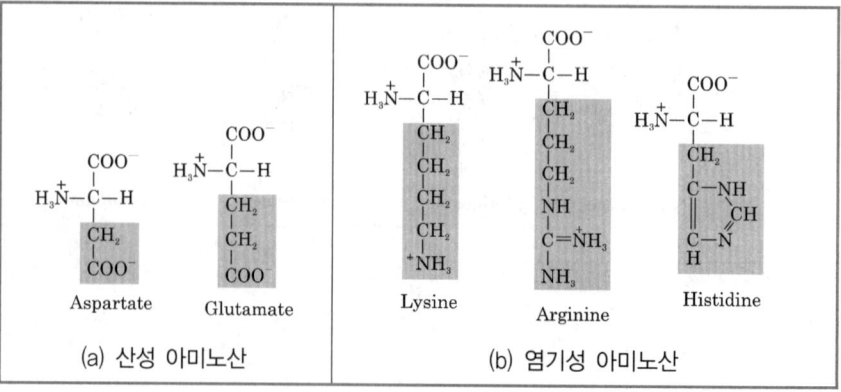

2) 아미노산의 입체 이성질체

  ① 비대칭 탄소 : 20개의 표준 아미노산 중 19개 아미노산의 α-탄소가 4개의 다른 그룹, 즉 카르복실(carboxyl), 아미노(amino), R 그룹 등에 결합되어 있기 때문에 이러한 α 탄소를 비대칭 탄소(asymemtric carbon) 또는 기랄탄소(chiral carbon)라 한다.

    ➡ 그러나 글리신과 같이 α-탄소가 2개의 수소와 결합되어 있는 것은 대칭 아미노산이다.

  ② 입체 이성질체 : 원자의 공간 배열의 차이만을 나타내는 분자를 입체 이성질체라 한다. 비대칭 탄소를 갖고 있는 이성질체에는 D-이성질체와 L-이성질체가 있다.

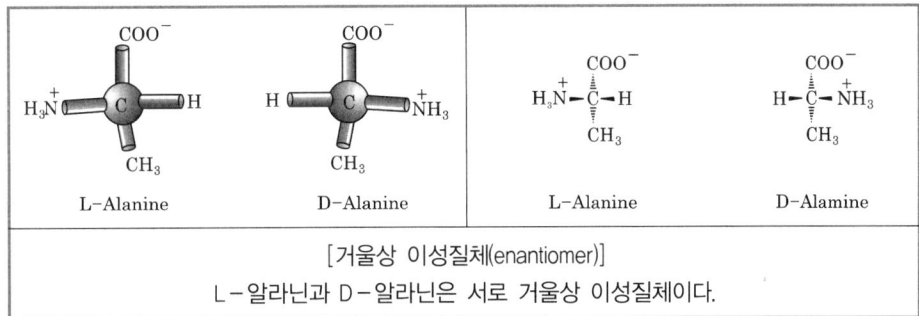
[거울상 이성질체(enantiomer)]   L-알라닌과 D-알라닌은 서로 거울상 이성질체이다.

  ➡ 위 그림에서 암모늄 그룹이 L-이성질체에서 키랄탄소의 왼쪽에 위치하고, D-이성질체에서는 키랄탄소의 오른쪽에 위치하고 있다. 2개의 이성질체의 원자들은 암모늄 그룹과 수소원자의 위치를 제외하고는 동일한 구조를 갖고 있고 서로 거울상을 하고 있기 때문에 이런 분자를 거울상 이성질체라 한다. 생체에 존재하는 대부분의 비대칭분자는 D형 또는 L형 중 한 형태로 존재한다. 예를 들어 단백질에서 발견되는 대부분의 아미노산은 L-아미노산으로 되어 있다.

(3) 아미노산의 반응

1) 카르복실기의 반응

(c)

(d)

2) 아미노기의 반응

2. 단백질

(1) 단백질의 개요

1) **단백질의 정의** : 단백질(protein)은 C, H, O, N 등의 원소를 포함한 고분자화합물로, 묽은 염산을 가하여 가열하면 여러 가지 종류의 α-아미노산이 얻어진다.

2) **단백질 검출반응** : 크산토프로테인 반응(황색), 뷰렛반응(적색), 밀론반응(백색), 닌히드린 반응(청자색), 황반응(PbS 검은색 앙금) 등

3) **단백질의 기능**

① **촉매작용(효소)** : 단백질은 소화작용, 에너지 획득, 생합성과 같은 많은 생화학반응을 관리하고 촉진한다. 이 기능의 대표적인 물질이 효소(enzyme)이다. 효소는 적정 pH와 온도에서 반응속도를 크게 증가시킨다.

예 리보오스비포스페이트 카르복실라제, 질소화효소 등

② **구조** : 단백질은 생물체를 방어하거나 유지하는 역할을 한다. 예를 들어, 콜라겐(collagen)과 피브로인(fibroin, 섬유 단백질)은 물리적으로 견고하다. 또한, 탄력성 섬유에서 발견되는 엘라스틴(elastin)은 혈관이나 피부의 조직에서 발견된다.

③ **운동** : 모든 세포의 운동에는 단백질이 관여한다. 예를 들어, 액틴(actin)과 튜부린 (tublin) 등이 세포골격을 구성한다. 세포골격은 세포분열, 세포 내 유출, 세포 외 유출, 백혈구의 아메바성 운동에 관여한다.

④ **방어능력** : 단백질은 보호능력을 나타낸다. 피부의 게라틴(keratin)과 같은 단백질 은 화학적, 물리적, 기계적 처리에 대해 생물체를 보호한다. 예를 들어, 혈액 응고 단백질인 피브리노센(fibrinogen)과 트롬빈(thrombin)은 혈관이 손상되었을 때 혈 액의 손실을 방지한다. 또한 세균 같은 이물질이 침입하였을 때 면역 글로불린이 림 프구에 의해 만들어져, 침입하는 세균에 대한 항체의 결합이 첫 단계에서 세균을 파 괴한다.

⑤ **조절작용** : 표적세포(target cell)에 호르몬의 결합은 세포의 기능을 변화시킨다. 그 예로서 글루카곤(glucagon)과 인슐린(insulin) 같은 펩티드 호르몬은 혈당의 함량을 조절한다. 생장호르몬은 세포생장과 분열을 촉진한다.

⑥ **운반작용** : 많은 단백질은 세포막 또는 세포 사이의 분자 또는 이온의 운반자로서 기 능한다. 세포막단백질의 한 예로, $Na^+ - K^+ - ATPase$와 글루코스 운반자 등이 있다. 그 외에도 폐로부터 조직에 산소를 운반하는 헤모글로빈과 지질을 간과 창자로부터 다른 기관에 운반하는 LDL(저밀도 지질), HDL(고밀도 지질 단백질)이 있다.

4) 특징

① 단백질은 폴리아미드이고 그들의 단위체는 약 20가지 서로 다른 α-아미노산이다.

② 단백질은 여러 종류의 아미노산 사이의 축합중합으로 이루어진 고분자화합물이다.

③ 한 아미노산의 -COOH와 다른 아미노산의 $-NH_2$가 축합반응으로 펩티드결합 (-CONH)을 만들고 이것이 반복된 폴리펩티드의 구조이다.

➡ 펩티드결합 ⇒ 아미드(amide)이다.

④ 단백질의 수용액은 콜로이드용액이며, 가열하거나 산, 알칼리, 알코올 등을 가하여 응고한다. 이 콜로이드용액에 황산암모늄이나 황산마그네슘 등을 많이 가하면 염석 이 된다.

⑤ 단백질은 분자 내에서 수소결합을 할 수 있어, 복잡한 나선구조를 가질 수 있다.

(2) 단백질의 구조

단백질의 구조는 1차 구조를 기초로 하여, 점점 더 복잡한 4차 구조까지 발전한다.

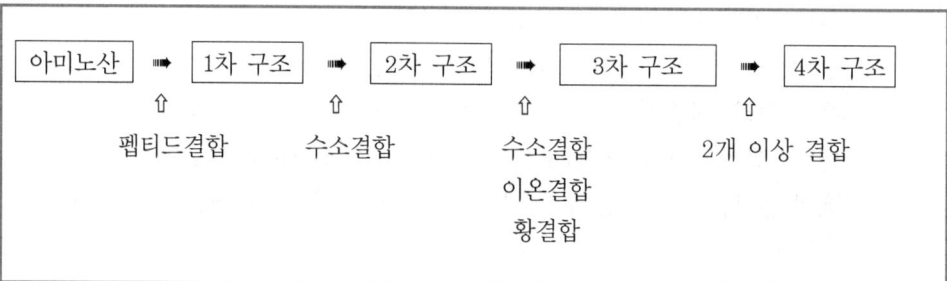

아미노산	➡	1차 구조	➡	2차 구조	➡	3차 구조	➡	4차 구조
	⇧		⇧		⇧		⇧	
	펩티드결합		수소결합		수소결합 이온결합 황결합		2개 이상 결합	

- 제1차 구조 : 인슐린
- 제2차 구조 : 케라틴, 피브로인
- 제3차 구조 : 미오글로빈
- 제4차 구조 : 헤모글로빈(α 사슬 2개, β 사슬 2개)

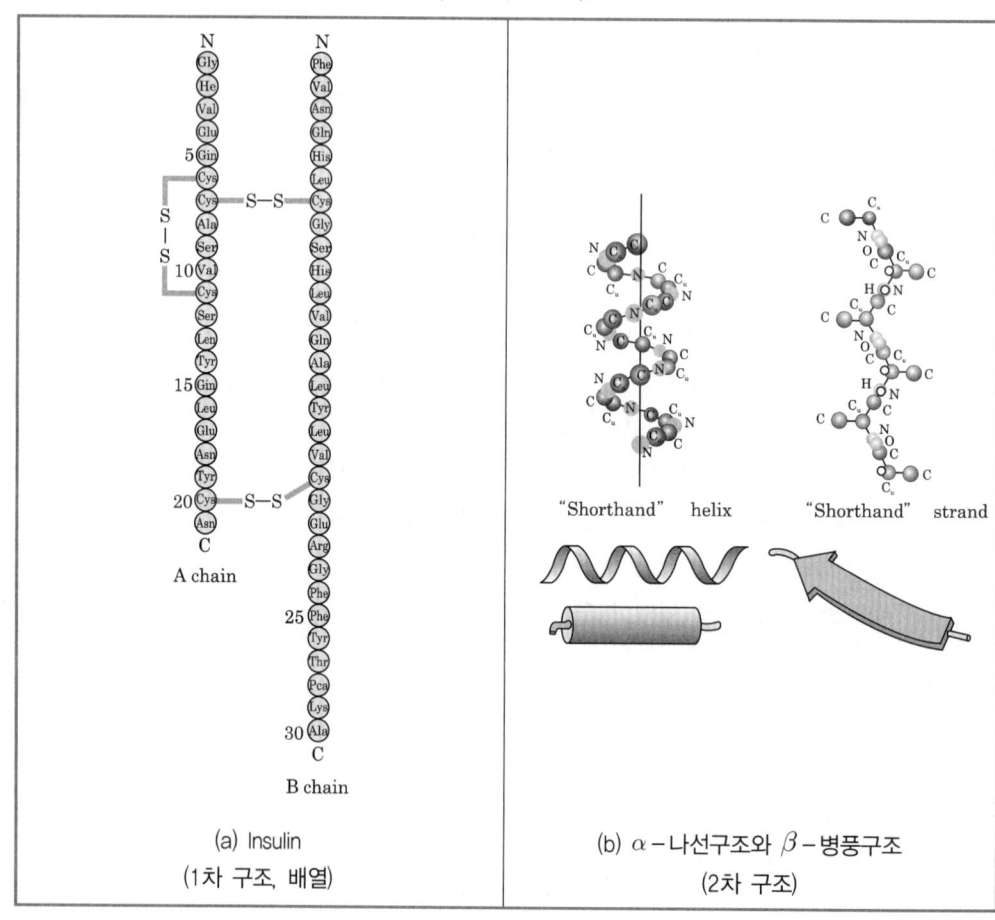

(a) Insulin
(1차 구조, 배열)

(b) α-나선구조와 β-병풍구조
(2차 구조)

> **참고** 단백질의 변성(구조상실)
>
> ① 강산 또는 강염기(strong acid or base)
> ② 유기용매(organic solvent)
> ③ 세제(detergent)
> ④ 환원제(reductant)
> ⑤ 염의 농도(salt concentration)
> ⑥ 중금속이온(heavy metal ion)
> ⑦ 온도변화(temperature change)
> ⑧ 기계적 스트레스(mechanical stress)

(3) 단백질의 종류 및 특성

단백질의 분류는 모양에 따라 섬유상(fiber) 단백질과 구상 단백질(globular)로 구분한다.

1) 섬유상 단백질 : 긴 막대모양의 분자로 물에 녹지 않고, 물리적으로 단단하다. 그 예로 케라틴은 피부나 머리카락 및 손톱을 만드는 구조인 보호 단백질이다.

① 케라틴(α-keratin) : 이는 머리카락이나 피부털, 피부, 그리고 뿔이나 손톱 등을 만드는 폴리펩티드이다. 큰 다발로 꼬인 나선구조의 폴리펩티드이다.

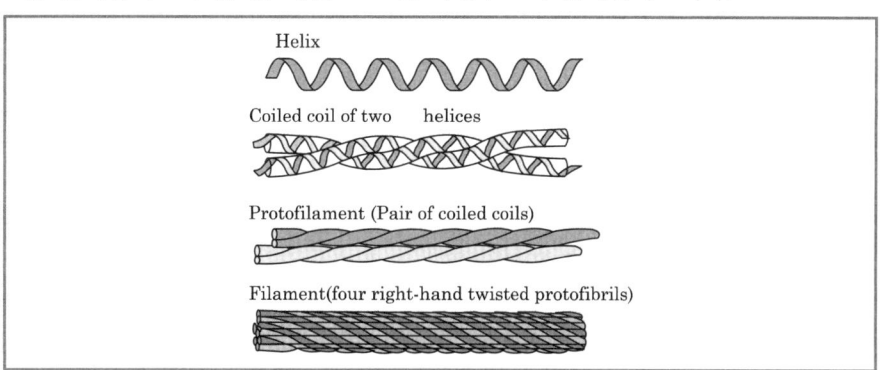

[케라틴(Keratin)]

② 콜라겐(collagen) : 척추동물에서 가장 풍부한 단백질로, 결합조직 세포에 의해 합성되는 콜라겐분자는 세포 외 기질로 분비된다. 이는 다양한 성질과 기능을 가진 단백질을 포함하고 있다. 예를 들어 피부나 뼈, 혈액 속에 유전적으로 특징있는 콜라겐분자는 다양하고 특수한 성질을 그 구조 속에 띠고 있다.

③ 실크피브로인(silk fibroin) : 여러 곤충과 거미는 단백질인 피브로인(fibroin)으로 구성된 실크를 만든다. β-케라틴으로 생각되는 피브로인에서 폴리펩티드 사슬이 역평행 β-병풍모양의 구조로 배열되어 있다.

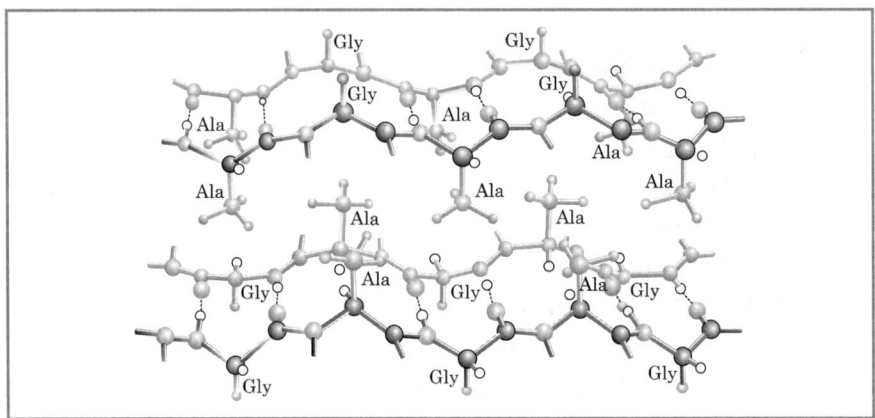

2) **구상 단백질** : 보통 수용성의 콤팩트한 구형분자이다. 전형적으로 구상 단백질은 매우 활발한 기능을 하며 거의 대부분의 효소가 이에 속한다.

① 미오글로빈(myoglobin) : 헤모글로빈과 비슷한 적색 색소를 함유하고 있는 단백질로서 조류나 포유류의 근육을 불그스름하게 염색하는 물질이다.

㉠ 분자량은 1만 7,000이다. 아미노산 잔기 153개로 이루어지는 단일의 폴리펩티드 사슬과 2가의 철을 함유하는 1개의 헴으로 이루어진다.

㉡ 구성 아미노산에는 알라닌, 류신, 리신, 글루탐산 등이 많이 존재하고, S-S 결합은 없다.

㉢ 등전점은 pH 6.9로서 헤모글로빈보다 물에 잘 녹는다.

㉣ 분자는 4.5×3.5×2.5nm의 크기로, 전체 잔기의 약 75%가 8개의 부분으로 갈라져서 α-나선구조를 취한다.

㉤ 극성의 아미노산 잔기는 대부분 분자표면에 있고, 비극성의 아미노산 잔기는 분자 속에 많다.

㉥ 헴(heme)은 분자표면에 대하여 수직으로, 소수성의 포켓 속으로 들어가 있고, 헴의 철에는 히스티딘 잔기와 물이 배위결합을 형성한다. 산소가 첨가될 때 이 물은 산소와 치환한다. 헤모글로빈에 비해 산소에 대한 친화성이 크고, 일산화탄소에 대한 친화성은 작다.

㉦ 미오글로빈의 생체 내에서의 역할은 근조직 속에 산소를 확보하는 저장체라고 여긴다.

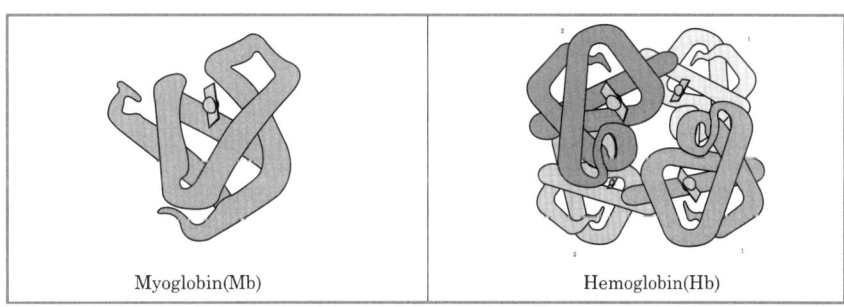

| Myoglobin(Mb) | Hemoglobin(Hb) |

② 헤모글로빈(hemoglobin) : 철을 포함한 포르피린 고리와 단백질의 일종(글로빈)을 포함한 헴(heme)이라는 구조 4개가 모여 이루어진다. 철원자 1개에 대해 한 분자씩의 산소가 결합하므로, 헤모글로빈 한 분자에는 산소 4분자가 결합한다.

㉠ 생체 내에서 산소를 운반하는 역할을 한다. 생체 내에서 산소를 운반하는 일을 한다. 산소가 풍부한 폐나 아가미에서는 산소와 결합하고, 산소가 희박한 조직에 이르면 산소를 떼어낸다. 산소의 방출은 pH가 낮아질수록 촉진되므로, 이산화탄소가 많고 pH가 낮은 말초조직에서는 산소를 보다 쉽게 떼어낼 수 있다.

㉡ 이산화탄소가 혈장 속에 녹아 폐로 운반되어 폐호흡으로 체외에 방출되면 pH는 다시 원상태로 돌아가고 헤모글로빈은 다시 산소와 결합한다.

㉢ 산소헤모글로빈(HbO_2) : 선홍색을 띠고 있으며, 산소를 포함한 적혈구는 동맥을 통하여 체내의 각 조직에 산소를 공급하고 이산화탄소를 받는다. 이때 이산화탄소의 분압이 높을수록 산소헤모글로빈의 산소해리도가 증가하므로 이산화탄소의 양이 많은 곳일수록 산소의 공급을 많이 받을 수 있게 되는데 이를 보어(Bohr)의 효과라 한다.

기출 및 예상 문제

01 아미노산이 아닌 것은? ✿ 07 국가직 9급

① 글리신(glycine) ② 글루코오스(glucose)

③ 류신(leucine) ④ 리신(lysine)

02 단백질 검출반응이 아닌 것은? ✿ 97 총무처 9급

① 뷰렛반응(biuret reaction)

② 닌히드린반응(Ninhydrin reaction)

③ 크산토프로테인반응(xanthoproteic reaction)

④ 레페반응(Reppe reaction)

03 단백질의 구조에 있어 1차 구조란 무엇을 말하는가?

① 입체구조

② 나선구조

③ 지그재그구조

④ 아미노산의 배열

04 생체 내에서 단백질의 기능과 거리가 먼 것은?

✪ 95 총무처 9급

① 산소운반

② 면역 기능

③ 촉매작용

④ 에너지 저장

05 단백질 합성의 기본 분자는?

✪ 95 지방고시 9급

① ATP

② 말토오스(maltose)

③ 아미노산

④ 아세틸 코A(acethyl CoA)

06 중성 비극성 아미노산은?

✪ 98 총무처 9급(생물학 개론, 변형)

① 페닐알라닌(phenylalanine)

② 세린(serine)

③ 티로신(tyrosine)

④ 아스파라긴(asparagine)

정답 및 해설

01 ②

유형 및 해설 [아미노산의 종류] 종류 문제는 일반 분류에서 시작하여 하위 항목을 정확히 인지한다. 글루코오스(glucose)는 탄수화물 중 단당류인 포도당이다.

02 ④

유형 및 해설 [단백질 검출반응] 단백질 검출반응에는 크산토프로테인반응, 뷰렛반응, 밀론반응, 닌히드린반응, 황반응 등이 있고 유기합성반응으로 레페(Reppe)반응과 옥소(oxo)반응이 있다.

☑ 레페(Reppe)반응 : 올레핀에 H_2O와 CO를 철카르보닐 촉매와 트리에탄올아민용매 내에서 반응시키면, 탄소 1개가 더 증가된 알코올을 얻는 방법이다.

☑ 옥소(oxo)반응 : CO와 H_2를 작용시켜 탄소 1개가 더 많은 알데히드를 얻는 방법이다.

> 🔵**참고** 　단백질의 검출반응
>
> ① 뷰렛(biuret)반응 : 펩티드의 발색반응의 하나로, 시료의 수용액에 수산화나트륨수용액을 소량
> 　가하여 알칼리성으로 만들고, 여기에 황산구리($CuSO_4 \cdot 5H_2O$)가 5%인 수용액을 가하면 청자색
> 　~적자색을 띤다. 단백질, 펩티드뿐만 아니라 뷰렛($H_2N-CO-NH-CO-NH_2$)도 색을 띠므로,
> 　반응명이 뷰렛반응이다.
>
> ② 크산토프로테인(xanthoproteic)반응 : 시료에 소량의 질산을 가하여 몇 분간 가열하면 황색이
> 　되며, 다시 암모니아수를 가하여 알칼리성으로 하면 색이 진하게 되어 주황색에 가깝게 되는 반
> 　응이다. 이 반응은 페닐알라닌, 티로신, 트립토판 등의 아미노산의 벤젠고리가 질산에 의해 니
> 　트로화되어 황색의 화합물이 되기 때문이다.
>
> ③ 닌히드린(ninhydrin)반응 : 닌히드린을 아미노산의 중성용액에 가하면 아미노기의 작용에 의해
> 　닌히드린 2분자가 축합하여 아미노산 종류에 따라 특유한 색을 나타낸다. 예를 들면, 히스티딘
> 　은 청색, 히드록시프롤린인 오렌지색으로 변한다. 이 발색은 예민하여 50~100만분의 1정도의
> 　감도를 나타내므로, 아미노산의 검출에 이용된다. 아미노산을 종이 크로마토그래피 등으로 전
> 　개하고, 0.3% 닌히드린의 부틸알코올용액에 분무하여 모든 아미노산을 검출하여 확인하는 방
> 　법이 흔히 쓰인다.

03 ④

[유형 및 해설] [아미노산의 구조] 1차 구조한 아미노산의 배열(array)구조를 나타낸다. 인슐린의 그림
을 통해 배열구조를 확인할 수 있다.

04 ④

[유형 및 해설] [단백질의 기능] 단백질은 촉매작용(효소), 구조(면역), 운동, 방어, 조절(생장, 세포분
열), 운반작용(산소운반) 기능을 가지고 있다. 에너지는 ATP로서 핵산의 물질에 해당한다.

05 ③

[유형 및 해설] [단백질의 구조] 단백질을 가수분해하면, 아미노산을 얻는다.

06 ①

[유형 및 해설] [아미노산의 분류] 중성의 비극성 아미노산에는 류신, 글리신, 이소루신, 발린, 프롤린
이 있고, 벤젠기를 가진 페닐알라닌과 트립토판이 있다. 나머지는 중성의 극성이다.

제 **54** 주

바이오 테크놀로지(BT)

제54주제 **바이오 테크놀로지**

1. 핵산과 DNA 및 RNA
2. **BT의 응용** : BT 발효공업, BT 의학, Bio – mass, Bio – plastics

1. 핵산과 DNA

(1) 기본 용어 및 개념

1) **뉴클레오티드(nucleotide)** : 핵산(nucleic acid)의 기본단위는 뉴클레오티드(nucleotide)
   이다. 한 개의 5탄당과 한 개의 질소를 함유한 염기가 모두 공유결합으로 연결되어 이루어
   져 있다. 5탄당, 인산, 염기가 각각 1분자씩으로 구성되어 있다.

   ① 뉴클레오티드를 구성하는 염기는 이중 고리구조를 가진 퓨린과 단일 고리구조를 가
      진 피리미딘의 두 계통으로 나누어진다.

      ㉠ 퓨린(purine)계 염기 : 아데닌(A), 구아닌(G)

      ㉡ 피리미딘(pyrimidine)계 염기 : 시토신(C), 티민(T)

   ② 뉴클레오티드를 구성하는 당의 탄소에는 번호가 붙어져 있는데, 1번 탄소에는 염기
      가 연결되고 5번 탄소에는 인산이 연결되어 있다. 뉴클레오티드의 3′말단에 다른
      뉴클레오티드의 5′인산이 결합하므로 당은 인산과 염기를 연결시키는 역할을 하게
      된다.

2) **핵산(nucleic acid)** : 수많은 뉴클레오티드의 결합으로 형성된 폴리뉴클레오티드가 핵산이
   며, 그 종류에는 DNA와 RNA가 있다.

3) **DNA(deoxyribonucleic acid)** : DNA는 아데닌, 구아닌, 시토신, 티민의 염기와 디옥시리
   보오스의 당과 염기로 이루어진 4종류의 뉴클레오티드(아데닌 뉴클레오티드, 구아닌 뉴클
   레오티드, 시토신 뉴클레오티드, 티민 뉴클레오티드)로 이루어져 있다.

4) **RNA(ribonucleic acid)** : RNA는 아데닌, 구아닌, 시토신, 우라실의 염기와 리보오스의 당
   과 염기로 이루어진 4종류의 뉴클레오티드(아데닌 뉴클레오티드, 구아닌 뉴클레오티드,
   시토신 뉴클레오티드, 우라실 뉴클레오티드)로 구성되어 있다.

(2) 분자생물학에서 생물 유전의 일반적인 원리

1) 세포의 생명활동을 관장하고 유전정보를 자손에게 전달하는 DNA는 특정한 염기서열(base sequence)로 구성되어 있다. DNA의 정상적인 유전적 기능과 발현을 위해 오류가 없는 정확한 DNA의 생합성이 이루어져야만 하고, DNA 합성은 뉴클레오티드 염기쌍의 상보적인 결합이 우선적으로 필요하다.

2) 단백질과 효소의 합성에 필요한 또 다른 핵산으로서 RNA가 있는데, RNA 합성은 DNA 분자와 염기의 상보적인 리보뉴클레오티드 염기쌍 결합에 의해 일어난다.

3) 여러 종류의 RNA는 효소, 구조 단백질 및 다른 폴리펩티드 합성에 관여한다. 이 과정은 다음 그림과 같다.

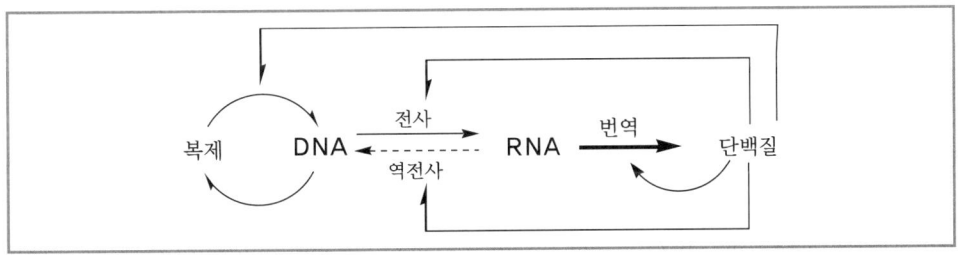

[센트랄도그마]

(3) Watson – Crick에 기반한 핵산의 구조

1950년 초 Jame Watson과 Francis Crick이 밝힌 DNA 구조는 근대 과학사의 위대한 발견이다. 인간을 비롯한 여러 생물들의 유전정보가 밝혀지면서 그들의 연구 업적은 갈수록 높이 평가를 받고 있다. DNA와 RNA의 구조와 그 생물학적 기능은 경이로울 정도로 다양하고 복잡하다.

1) DNA의 구조와 모형

① DNA는 두 타입의 염기쌍(base pair)이 있다.

㉠ A – T : 퓨린인 아데닌(adenine)은 피리미딘인 티민(thymine)과 쌍을 이룬다.

㉡ G – C : 퓨린인 구아닌(guanine)은 피리미딘인 시토신(cytosine)과 쌍을 이룬다.

Adenine
(6-amino purine)

Thymine
(2-oxy-4-oxy
5-methyl pyrimidine)

Guanine
(2-amino-6-oxy
purine)

Gytosine
(2-oxy-4-amino
pyrimidine)

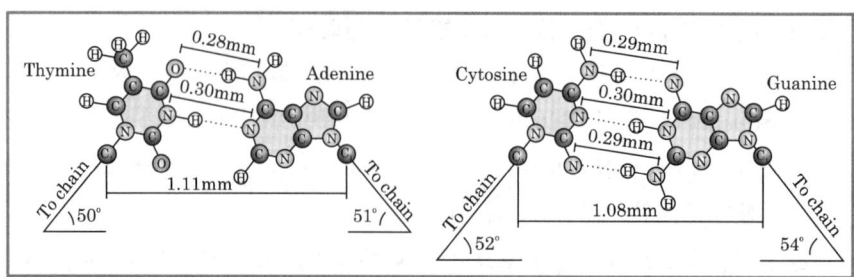

[Watson-Crick의 A : T & G : C 염기쌍 구조]

② 각 염기쌍은 나선구조의 긴축에 일정한 각도로 위치해 있기 때문에, DNA의 구조는 꼬인 층계모양이 된다.

③ 염기쌍 사이의 비공유결합과 소수성 결합 때문에, DNA는 비교적 안정된 분자이다. 당과 인산으로 구성된 DNA의 외부구조는 친수성의 성질을 나타내어 물에 쉽게 녹는다. 그리고 상보적 염기 사이의 수소결합은 염기 사이의 정확한 구조적 안정성을 제공해 준다.

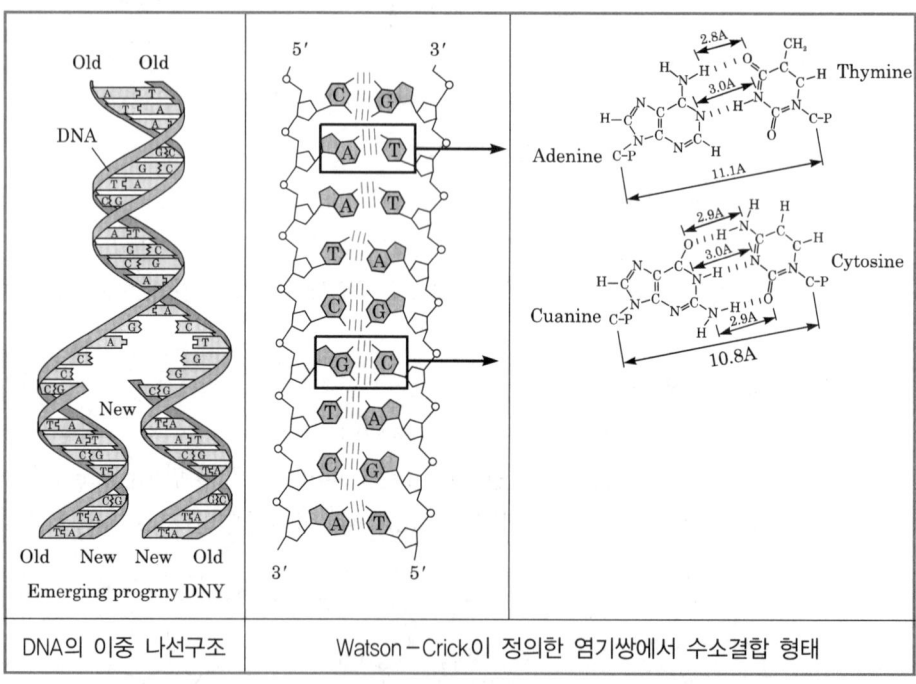

| DNA의 이중 나선구조 | Watson-Crick이 정의한 염기쌍에서 수소결합 형태 |

2) RNA의 구조와 모형

① RNA는 단백질 합성에 관여하는 폴리뉴클레오티드이다.

② **전사(transcription)** : RNA가 DNA로부터 만들어지는 것을 말한다.

③ RNA의 합성은 DNA의 주형(template)에 상보적인 염기쌍을 형성함으로써 이루어 진다.

④ RNA 분자가 DNA 분자와 다른 점은 다음과 같다.

➡ **RNA가 DNA와 다른점**

① RNA당은 DNA의 디옥시리보오스 대신 리보오스(ribose)이다.

② RNA 염기는 DNA와는 약간 다르다. 티민 대신에 우라실 (uracil)이 있다. 그 외에는 어떤 RNA 분자들은 메틸화효소 나 탈아미노효소 등에 의해 그 구조가 약간 변조된다.

③ DNA의 이중 나선구조 대신에, RNA는 보통 단일 가닥으로 존재하기 때문에 그 자차가 스스로 꼬여져 특이한 3차 구조 를 형성한다. 이 구조의 모양은 염기 쌓임뿐 아니라 특정 RNA 서열에 의한 상보적 염기쌍에 의해 결정된다.

④ RNA 분자 속의 A와 U, C와 G의 농도는 동일하지 않다.

⑤ RNA 종류에는 tRNA, rRNA, mRNA가 있다.

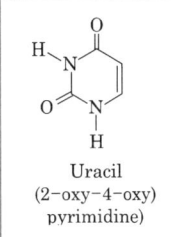

Uracil
(2-oxy-4-oxy)
pyrimidine)

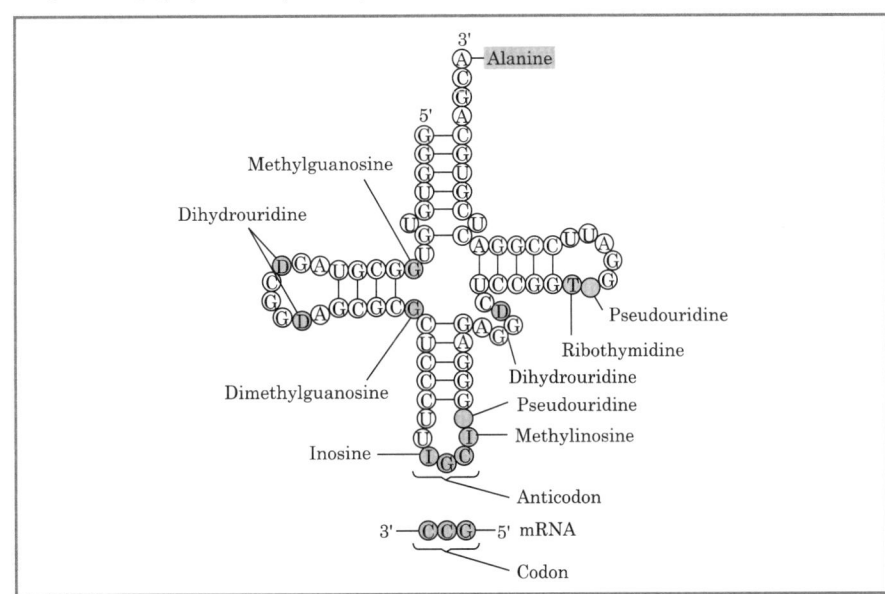

[alanine tRNA의 구조]

2. BT의 응용

(1) BT란, 생물체 또는 생물체의 구성요소를 공업적으로 이용하는 산업을 의미한다.

(2) BT의 분야

1) 생체 이용기술 : 미생물 이용기술, 효소 이용기술, 세포 융합, 유전자 변환(미생물, 동물, 식물의 육종), 대량 배양기술(세포 배양, 미생물 배양)

2) 바이오프로세스 기술 : 시스템공학(바이오리액터 등)

3) 생체모방 기술 : 재료기술(인공효소, 기능성고분자 등)

4) 화학공업과 BT

① 관계 : 생물이 행하는 화학반응의 형식에는 산화, 환원, 탈탄산, 탈아미노, 가수분해, 메틸화, 탈수, 축합, 아미노화, 아세틸화, 에스테르화 등이 있다. 예전부터 발효법으로 아세톤, 부탄올, 에틸알코올, 구연산, 글루콘산 등의 화학원료가 공업적으로 만들어져 왔다. 또 비타민 C의 화학 합성의 일부 공정으로 균이 이용되기도 하고, 입체 특이적인 스테로이드의 수산화로 효소를 사용하는 것이 필수였다. BT 공학의 발전에 의해 저렴한 식품 원료로부터 화학공업품의 제조나 공정의 일부로 이용하는 것이 성행하게 되었다.

② 응용 : 효소를 이용한 산화에틸렌 및 프락토스의 생성과정과 효소법에 의한 아크릴아미드의 생산, 바이오플라스틱(바이오폴), 흡수성 폴리머를 사용한 사막의 녹화, 키틴, 키토신 등 현재 많은 화학공업에 BT가 응용되고 있다.

5) 미생물의 생장곡선(growth curve)

배양 환경에서 미생물이 시간에 따라 어떻게 성장하는지를 나타낸 곡선으로, 미생물을 배양할 때 나타나는 전형적인 생장곡선은 다음과 같은 4단계로 구성된다.

① 유도기(Lag phase, 적응기)

㉠ 미생물이 새로운 환경(배지)에 적응하는 단계

㉡ 세포 내 효소 및 대사경로를 조절하는 시간이 필요하여 세포 수 증가 없음

㉢ 단백질 합성, RNA 합성, 대사활동이 활발하게 일어남

㉣ 유도기 길이는 환경변화(배지 성분, 접종량, 세포 상태)에 따라 달라짐

② 대수기(Log phase, exponential phase, 지수기)

  ㉠ 미생물이 기하급수적으로 빠르게 증식하는 시기

  ㉡ 이분법(binary fission)을 통해 일정한 세대시간(doubling time)마다 2배씩 증가

  ㉢ 환경이 최적이면 최대생장속도를 가짐

  ㉣ 대사활동이 가장 활발하며, 산업적 미생물 배양(발효산업)에서 중요한 단계

  ㉤ 항생제나 살균제의 효과가 가장 큰 시기

③ 정지기(Stationary phase)

  ㉠ 영양소 고갈, 대사산물 축적, pH 변화 등으로 인해 세포 성장과 사멸 속도가 같아지는 단계

  ㉡ 미생물 수는 일정하게 유지되지만, 개별 세포는 대사적으로 활발할 수 있음

  ㉢ 항생물질(예 페니실린)이나 2차 대사산물(예 항생제, 색소) 생산이 증가하는 시기

  ㉣ 산업적 발효공정에서 중요한 단계가 될 수 있음

④ 사멸기(Death phase)

  ㉠ 영양소 고갈, 독성물질 축적으로 인해 세포 사멸속도가 생장속도를 초과

  ㉡ 대사기능이 저하되며 일부 세포는 자가소화(autolysis)

  ㉢ 생존 가능한 세포 수가 점점 감소

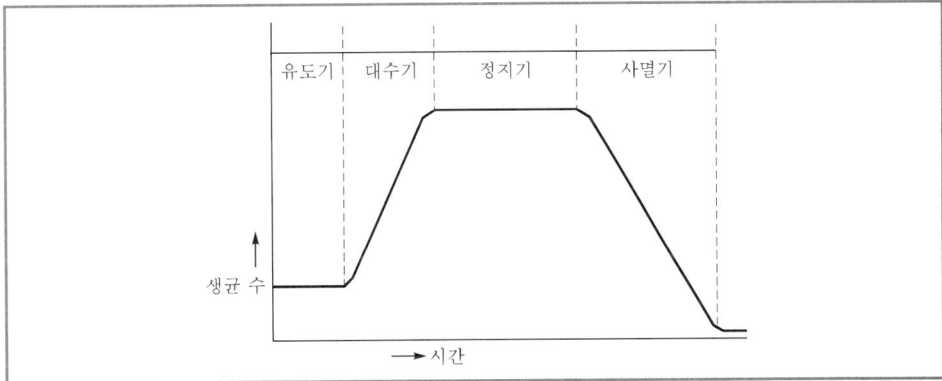

기출 및 예상 문제

01 유전정보를 저장하고 전달하는 DNA가 이중 나선구조를 가지는 데에 가장 중요한 역할을 하는 것은?

◉ 05 기술고시(화학개론)

① 당−인산 에스테르결합
② 아마이드결합
③ 수소결합
④ 공유결합

02 Watson−Crick 모형에 따르면 DNA는 이중나선으로 감겨있는 두 가닥의 폴리 뉴클레오티드로 구성되며 두 가닥에 있는 염기들은 서로 수소결합을 통하여 쌍을 이룬다. 이때, DNA의 한 가닥에 대한 염기 순서가 G−C−A−T−T−A−T라고 할 때, 이 염기 순서에 상응하는 다른 가닥의 염기 순서는?

◉ 07 국가직 7급(화학개론)

① G−C−A−T−T−A−T
② C−G−T−A−A−T−A
③ G−C−T−A−A−T−A
④ A−T−G−T−T−A−T

03 DNA는 유전자의 본체이다. DNA가 가지고 있는 당은?

◉ 97 총무처(농업·보건직)

① $C_5H_{10}O_5$
② $C_5H_{10}O_4$
③ $C_6H_{12}O_6$
④ $C_6H_{10}O_5$

04 DNA를 구성하는 염기가 아닌 것은?

① 아데닌(adenine)
② 구아닌(guanine)
③ 티민(thymine)
④ 우라실(uracil)

05 DNA를 구성하는 기본 단위는?

① 디펩티드(dipeptide)
② 폴리펩티드(polypeptide)
③ 뉴클레오티드(nucleotide)
④ 아미노산(amino acid)

06 DNA와 RNA에 대한 설명이다. 옳지 않은 것은?

① 핵산은 DNA와 RNA의 두 종류가 있다.
② 핵산은 '인산 : 당 : 염기=1 : 1 : 1'로 구성되는데, 여기서 인산은 무기인산(H_3PO_4)으로 동일하다.
③ RNA의 당은 리보오스(ribose)이며, 구조는 이중 나선구조이다.
④ DNA의 염기배열이 AGCCTA일 때, t−RNA의 염기배열은 AGCCUA이다.

 정답 및 해설

01 ③

유형 및 해설 [DNA의 염기쌍결합] DNA 염기쌍의 결합은 A-T, G-C 간 수소결합을 하고 있다.

02 ②

유형 및 해설 [DNA의 염기쌍] 염기쌍이므로 A-T, G-C를 단순히 상호 반전하면 된다.

03 ②

유형 및 해설 [DNA의 구성] 핵산은 5탄당, 염기, 인산이 1 : 1 : 1의 비로 구성된다. 여기서 DNA의
5탄당은 데옥시리보오스($C_5H_{10}O_4$)이고, RNA는 리보오스($C_5H_{10}O_5$)로 구성되어 있다.

04 ④

유형 및 해설 [DNA의 염기] DNA의 염기는 A-T, G-C, 즉, 아데닌과 티민, 구아닌-시토신의 쌍으
로 구성된다. RNA는 티민(T) 대신 우라실(U)로 구성되고, 나머지는 동일하다.

05 ③

유형 및 해설 [DNA의 기본단위] DNA는 핵산이다. 핵산을 이루는 기본단위는 뉴클레오티드이다.

06 ③

유형 및 해설 [핵산>DNA와 RNA] 핵산은 뉴클레오티드로 구성되며, 그 종류에는 RNA와 DNA가 있
다. 핵산의 기본단위는 염기, 당, 인산이 각각 하나씩 결합한 뉴클레오티드이다.

먼저, DNA ┌ 당 : 디옥시리보오스(dioxyribose)
　　　　　├ 구조 : 이중 나선구조
　　　　　└ 염기 : A, G, C, T

다음, RNA ┌ 당 : 리보오스(ribose)
　　　　　├ 구조 : 단일 사슬구조
　　　　　└ 염기 : A, G, C, U

마지막으로, 인산은 무기인산으로 동일하다.

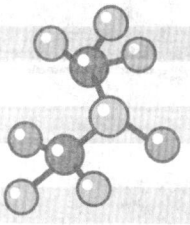

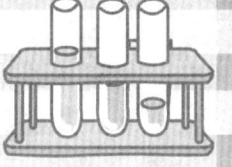

제 **4**편

무기물화학과
산 · 알칼리 공업

제55주

무기물화학의 개요

제55주제　무기물화학

1. **무기화학물의 정의와 산업** : 무기화학공업의 자원
2. **무기공업화학의 기초**
   ① 비금속화학
   ② 금속화학

무기화합물은 주로 탄소 이외의 원소로 이루어진 화합물이다. 오늘날에는 무기물과 유기물의 화학반응으로 새로운 무기화합물이 만들어지면서 더욱 발전하고 있다. 무기화합물은 세라믹, 반도체, 자동차, 우주 항공산업 등 모든 공업의 기초 재료로 이용되고 있다.

1. 무기화학물의 정의와 산업

(1) **무기화합물의 정의** : 무기화합물(inorganic compound)이란 유기화합물을 제외한 모든 화합물 또는 CO, CO_2, KCN, Na_2CO_3 등 몇 가지를 제외한 주로 탄소 이외의 원소만으로 이루어진 화합물을 뜻하는 것으로서 무기물이라고도 부르며, CCl_4와 CS_2는 유기화합물로 분류된다. 또한 옥살산나트륨($Na_2C_2O_4$), 아세트산나트륨(CH_3COONa) 등은 어느 쪽으로도 분류되고 있다.

(2) **무기화학공업의 시초** : 코크스를 이용한 제철법, 연실법에 의한 황산의 제조, 르블랑법에 의한 탄산나트륨의 제조로 무기화학공업이 발전하기 시작하였다.

➡ 우리나라는 1957년 시멘트와 판유리 제조기술을 도입하면서부터 근대화공업의 발전을 가져왔다.

(3) **무기화합물의 종류** : 무기화합물의 대표적인 예로, 염산, 질산, 황산 등의 산화합물과 탄산나트륨, 수산화나트륨 등의 알칼리화합물이 있다. 그리고 비료공업에 사용하는 염안(염화암모늄), 질안(질산암모늄), 황안(황산암모늄), 중과인산석회, 염화칼륨, 황산칼륨 등이 있다. 또 내화물, 유리, 시멘트, 도자기 원료가 되는 규소화합물과 할로겐원소인 플루오르, 염소, 브롬, 요오드 등이 있다.

(4) 무기화학공업(inorganic chemical industry) : 물질 간에 일어나는 화학반응의 평형이나 분리·분해 등의 물질변화를 이용하여 우리 일상생활에서의 유용한 무기화합물이나 혹은 타 산업용 원료나 중간 재료의 무기화합물제조를 기업화하는 공업을 말한다.

(5) 무기화학공업의 자원

1) 공기 및 공업용수(하천수, 지하수, 담수, 해수, 폐수의 처리수 등)

2) 황, 무기염, 황철광, 인광석, 석회석, 황동광, 규산염, 보크사이트 등 각종 무기광물

3) 에너지자원으로서 수력, 원자력, 풍력, 지열, 태양력을 이용한 전력, 석탄, 석유, 천연가스 등

4) 기타 : 콜타르, 유지, 목재 등

[무기공업화학에서 활용 가능한 주요 광물자원]

구 분	광물자원
황의 자원	황광, 함황 천연가스, 황철광(pyrite, FeS_2), 자황철광(FeS), 황동광($CuFeS_2$), 섬아연광(ZnS), 방연광(galena, PbS), 휘수연광, 함황원유, 석탄, 유혈암, 석고, 중정석
인의 자원	인광석[$Ca_5(PO_4)F$]
칼륨의 자원	카르나석($KCl \cdot MgCl_2 \cdot H_2O$), 초석($KNO_3$), 장석, 견운모, 하석
철의 자원	자철광(Fe_3O_4), 적철광($\alpha-Fe_2O_3$), 능철광($FeCO_3$), 갈철광($Fe_2O_3 \cdot H_2O$), 사철 또는 함티탄자철광
알루미늄의 자원	보크사이트($Al_2O_3 \cdot 3H_2O$), boehmite($Al_2O_3 \cdot H_2O$), diaspore($Al_2O_3 \cdot 3H_2O$)
구리의 자원	황동광, 휘동광(Cu_2S), 반동광(Cu_5FeS_4), 동람(CuS), 공작석, 규공작석, 람동광
니켈의 자원	함니켈자황철광[$(Fe, Ni)S$], pentlandite[$(Fe, Ni)_9S_8$], 규조토니켈광
코발트의 자원	휘코발트광($CoAsS$), 비코발트광($CoAs_2$), 황코발트광(Co_3S_4)
주석의 자원	주석광(SnO_2)
납의 자원	방연광(PbS)
아연의 자원	섬아연광(ZnS)
티탄의 자원	티탄철광($FeTiO_3$), 금홍석(TiO_2), 함티탄 자철광[$(Fe_2O_3)_x \cdot (FeO \cdot TiO_2)_y$]
크롬의 자원	크롬철광($FeCr_2O_4$)
망간의 자원	연망간광(pyrolusite MnO_2H_2O), 경망간광(psilomelane MnO_2H_2O), 수망간광 (maganite, $Mn_2O_3 \cdot 3H_2O$), 능망간광(rhodo chrosite $MnCO_3$), 장미휘석 (rhdonite $MnSiO_3$), 테프로석(tephorite Mn_2SiO_4)

구 분	광물자원
텅스텐의 자원	철망간주석[wolframite, $(Fe, Mn)WO_4$], 회중석(scheelte, $CaWO_4$)
몰리브덴의 자원	휘수연광(molybdenite, MoS_2)
우라늄의 자원	carnotite($K_2O \cdot 2UO_3 \cdot V_2O_5 \cdot 3H_2O$), pitchblend($UO_2$)

2. 비금속의 화학

(1) 할로겐원소와 화합물

1) 할로겐(halogen)원소 : 플루오르(F), 염소(Cl), 브롬(Br), 요오드(I) 등이 있다.

2) 할로겐원소의 특성

① 할로겐원소는 자연상태에서 F_2, Cl_2, Br_2, I_2 등과 같은 2원자분자로 존재한다.

② 전자 1개를 얻어 −1가의 음이온이 된다.

③ 물에 거의 녹지 않으며, 기체로 변했을 때는 매우 독성이 강하므로, 완전히 밀봉시켜 보관한다.

④ 할로겐원소는 원자번호가 증가할수록 녹는점, 끓는점이 높아진다. 이는 분자량이 커질수록 분자 사이의 인력이 강하다는 것을 나타낸다.

⑤ 같은 주기원소 중에서 비금속성, 전자친화도가 가장 크다.

⑥ 금속원소(알칼리 금속, 알칼리 토금속)와 결합하여 이온결합물질을 형성한다.

⑦ 수소와 쉽게 반응하여 할로겐화수소를 생성한다.

⑧ 화학적으로 모두 활성이 크고, 할로겐에서 음이온으로 존재 시 공유결합을 형성한다.

3) 할로겐원소의 제법과 그 화합물

① 플루오르(F)

ㄱ 원천 : 플루오르는 형석(CaF_2)과 빙정석(Na_3AlF_3) 등에 존재한다.

ㄴ 제법 : 전기로 내에서 전기분해반응으로 플루오르 기체를 얻는다.

$$2H^+ + 2F^- \longrightarrow H_2(g) + F_2(g)$$

ㄷ 성질

ⓐ 플루오르는 가장 강한 산화제로서, 모든 원소와 결합하는 특성이 있다.

ⓑ 플루오르의 가장 중요한 화합물은 플루오르수소산이라 불리는 플루오르화수소(HF) 용액이다. 이는 유리를 녹이는 특성이 있어 유리에 글자나 그림을 그릴 때 이용한다.

ⓒ 치약에 플루오르화주석이나 플루오르인산나트륨을 넣어주면 소량의 플루오르이온이 생성되어 더 단단한 플루오르화인회석을 만들고, 이것은 산에 강하여 충치를 예방할 수 있다.

② 염소(Cl)

ㄱ 원천 : 염소는 나트륨과 함께 암염이나 바닷물 속에 염소이온으로 존재한다.

ㄴ 제법 : NaCl 수용액을 전기분해하면, 양극(+)에서 염소 기체가 발생한다.

$$2NaCl + 2H_2O \longrightarrow 2NaOH + H_2(g) + Cl_2(g)$$

ㄷ 성질

ⓐ 염소는 노란색의 자극성이 있는 유독한 기체이다.

ⓑ 염소는 수돗물의 살균, 표백제, 염료, 의약, 농약 등에 응용된다.

ⓒ 가압, 액화하여 수소와의 혼합 기체를 점화하거나 빛에 직접 쬐면 폭발적으로 화합하여 염화수소가 된다.

ⓓ 염소는 물에 녹아 염소수가 된다.

ㄹ 관련된 염소화합물 : 염산(HCl), 표백분($CaOCl_2 \cdot H_2O$), 하이포아염소산나트륨(NaClO) 등

염산은 매우 중요한 화학약품으로 종이, 염료, 플라스틱의 제조에 사용된다.

ㅁ 염소소독 : 현재 상수도수의 소독에 염소소독이 가장 많이 사용되는데, 이는 경제적이며 잔류성이 있어 소독효과가 장시간 유지되는 장점이 있다.

ⓐ 염소를 물에 주입하면 물과 반응하여 하이포아염소산(HClO)이 생성된다.

$$Cl_2 + H_2O \rightarrow HOCl + HCl$$

ⓑ 하이포아염소산은 다시 하이포아염소산이온과 수소로 해리된다.

$$HClO \rightarrow OCl^- + [H^+]$$

ⓒ HClO와 OCl^-을 유리잔류염소라고 하며 살균력($HClO > ClO^-$)이 강하다.

③ 브롬(Br)

ㄱ 원천 : 브롬은 해수 속에 Br^-의 형태로 존재한다.

ㄴ 제법 : 해수를 pH 3.5 상태에서 염소 기체와 반응시켜 브롬을 얻는다.

$$Cl_2(g) + 2Br^-(aq) \longrightarrow Br_2(l) + 2Cl^-(aq)$$

ㄷ 성질 및 용도

ⓐ 비금속원소 중 유일한 액체이며, 물에 녹아 브롬수가 된다. 여기서 생성된 HBrO는 살균, 표백작용을 한다.

ⓑ 산화제 또는 연소 억제제로 사용된다.

ㄹ 브롬화합물 : 브롬화은(AgBr)은 빛에 민감하여 사진 필름의 감광제로 사용된다.

④ 요오드(I)

　㉠ 원천 : 요오드는 해초에 농축되어 있으며, 이것을 추출하여 얻는다.

　㉡ 제법 : 요오드화수소(HI)에 이산화망간(산화제)을 넣고 가열하여 생성한다.

$$4HI + MnO_2 \longrightarrow MnI_2 + 2H_2O + I_2$$

　㉢ 성질 및 용도

　　ⓐ 흑자색 고체로 판자모양의 결정이고, 승화성을 가지며 독성이 있다.

　　ⓑ 요오드는 KI과 에탄올에 녹아 요오드팅크(iodine tincture, KI_3)라는 의약품을 만들며, 이를 희석시킨 묽은 요오드팅크는 상처나 피부의 소독제로 사용된다.

　　ⓒ 녹말검출 : 녹말과 반응하여 푸른보라색을 만드는 특징을 이용한다.

　　ⓓ 물에 잘 녹지 않으나 요오드화칼륨(KI), 알코올, 사염화탄소 등에 잘 녹는다.

(2) 황과 화합물

1) 황의 원천

① 채광 : 황철광(FeS_2), 황동광($CuFeS_2$) 등의 광석에서 추출한다.

② 석유의 탈황공정의 부산물로 얻어진다.

2) 황의 성질

① 상온에서 노란색 고체이다.

② 물에 녹지 않지만, 이황화탄소(CS_2)에 잘 녹으며 열과 전기의 절연체이다.

3) 황의 동소체(allotrope) : 결정상태에 따라 구분한다.

① 사방황(α황, $S\alpha$) : 노란색 다이아몬드형의 결정으로, 8개의 황원자가 고리모양으로 결합하여 한 분자(S_8)를 이룬다. 황의 동소체 중 열역학적으로 가장 안정하다.

② 단사황(β황, $S\beta$) : 사방황을 천천히 가열한 후 냉각하여 얻은 바늘모양의 결정체이다.

③ 고무상황(γ황, $S\gamma$) : 황을 250℃ 이상으로 가열하여 액화시킨 후 냉각하여 얻은 것으로, 약간의 탄력을 가지는 고무모양의 황이다.

구 분	사방황(α황, $S\alpha$)	단사황(β황, $S\beta$)	고무상황(γ황, $S\gamma$)
분자식	S_8	S_8	S_n(사슬모양의 큰 분자)
색	노란색	노란색	흑갈색
결정형	8면체	바늘모양	무정형
안정도	95.5℃ 이하에서 안정	95.5~119℃에서 안정	불안정

4) 대표적인 화합물로 비료제조 및 공업적 약품으로 많이 쓰이는 황산(H_2SO_4)이 있다.

(3) 탄소와 화합물

1) 원천 : 탄소는 자연계에 널리 존재하는 물질로서, 원소형태로 존재하지만, 탄산염과 같은 형태로도 존재한다.

2) 탄소의 특징

① 탄소는 생명체를 이루는 근본적인 원소로서, 상온에서 안정하여 흑연 및 다이아몬드와 같은 원소형태로도 존재하지만, 대부분이 화합물의 형태로 존재한다.

② 고온에서 산화물로부터 산소를 빼앗는 환원성이 있다.(예 $C + H_2O \rightarrow CO + H_2$)

③ 탄소는 50만 개 이상인 탄소원자로 이루어진 긴 사슬과 오각형 또는 육각형의 안정한 고리를 만들 수 있는 독특한 능력이 있다. 이런 다양성 때문에 수백만의 유기화합물로 존재한다.

3) 탄소의 동소체

① 흑연(graphite) : 천연흑연도 있으나, 약 70%는 코크스나 무연탄을 3,000℃ 정도에서 가열하여 인공적으로 얻는다.

㉠ 흑연은 약한 힘으로 평면적 결합을 하고 있어, 연하고 미끄러운 성질을 가지고 있다.

㉡ 코크스나 무연탄을 전기 가마에서 2,200~3,000℃로 가열하여 만든다.

㉢ 흑연가루를 점토와 혼합 소성하여, 연필심과 같은 세라믹을 만든다.

㉣ 전기로에 사용하는 흑연 도가니를 만드는 재료로 활용된다.

㉤ 가벼우면서도 강도가 센 탄소섬유를 만드는 데 쓰인다.

② 다이아몬드(diamond) : 흑연을 10만 기압 이상, 1,000~2,000℃에 가열하여 인공적으로 만들거나, 천연다이아몬드를 얻을 수도 있다.

㉠ 다이아몬드는 각 원자가 공유결합으로 무한히 연결되어 있어 아주 단단하다.

㉡ 굴절률이 커서 아름다운 광택을 가져, 보석으로 가공된다.

㉢ 인공적으로 만든 산업용 다이아몬드는 천연산에 비해 광학적·물리적 성질이 떨어져 연마제, 절단공구 등에 공업적으로 사용한다.

③ 카본블랙(carbon black) : 탄화수소의 불완전 연소 시에 나오며, 검은 연기 속에 들어 있는 검은색의 무정형상태의 탄소이다.

㉠ 다공성이며, 흡착력이 크다.

㉡ 타이어의 충전제, 먹지, 복사기와 프린터 등의 전사물질에 이용된다.

④ 활성탄(activated carbon) : 자연이나 인공적인 유기물이 분해되고 남은 물질(char)을 물리·화학적 방법으로 활성화하여 제조된 다공성 탄소이다.

4) 탄소화합물

① 일산화탄소(CO)

㉠ 색과 냄새, 맛이 없는 기체로, 공기보다 가볍고 물에는 잘 녹지 않는다.

  ○ 탄소 및 탄소화합물의 불완전 연소로 생성된다.

  ⓒ 공업적으로 석탄, 코크스를 고온에서 가열시킨 상태에서 이산화탄소 또는 수증기와 반응시켜 제조한다.

$$C + CO_2 \rightarrow 2CO, \quad C + H_2O \rightarrow CO + H_2$$

  ⓔ 이는 환원제 역할을 하여, 용광로 속의 산화철을 산화시켜 철을 만드는 데 이용된다.

$$Fe_2O_3 + 3CO \rightarrow 2Fe + 3CO_2$$

  ⓜ 인체에 치명상을 주는 오염물질로, 몸 속에 헤모글로빈과 결합하여 일산화탄소 헤모글로빈을 형성한다. 이 물질은 산소운반능력을 현저히 저하시켜 생명까지 위협할 수 있다.

 ② **이산화탄소(CO_2)** : 무색, 무취의 기체로 공기보다 무겁다. 독성이 없고, 고온에서 다른 물질과 반응하지만 상온에서는 비활성인 물질이다.

  ㉠ 이산화탄소는 물에 약간 녹아 탄산이 되고, 다음과 같이 이온화하여 수소이온을 만들어 물의 pH를 낮춘다.

$$H_2O + CO_2 \rightarrow H_2CO_3 \rightleftarrows 2H^+ + CO_3^{2-}$$

  ㉡ 제법

   ⓐ 공업적으로 탄산칼슘 등을 고온으로 직접 가열해서 제조할 수도 있고, 탄소 또는 탄소화합물을 연소시켜 얻을 수도 있다.

   ⓑ 탄산칼슘과 염산을 반응시켜 만들거나, 탄산수소나트륨을 가열해서 얻을 수 있다.

  ㉢ 용도 : 청량 음료수에 용해시켜 사용하고, 화재 시에 사용하는 탄산소화기에 소화약제로 사용한다.

  ㉣ 드라이아이스 : 0℃, 34.4기압에서 액화시킨 다음, 빠른 속도로 분출시켜 드라이아이스를 만들 수 있다. 이는 냉각제로 사용한다.

(4) 규소와 화합물

 1) 규소(Si)

  ① 규소는 실리콘(silicon)이라고도 불린다.

  ② 무정형인 것은 갈색분말이고, 결정형인 것은 흑청색으로 침상(針狀) 또는 판상(版狀)이다.

  ③ 자연계에는 규산염, 규소화합물 등으로 널리 존재하며, 암석원의 주요 구성성분이고 대나무, 벼, 동물의 깃털, 발톱 등에도 존재한다.

  ④ 제법 : 습식 파쇄한 규석(주성분 : SiO_2)을 숯 또는 코크스와 혼합하고 전기로에서 환원시켜 제조할 수 있다.

$$SiO_2 + C \rightarrow Si + CO_2$$

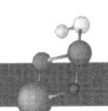

⑤ 규소는 뛰어난 반도체로서 트랜지스터, 다이오드 등의 원료가 된다.

⑥ 유기물질과 합성하여 실리콘 수지와 실리콘 고무를 만든다(실록산 결합).

⑦ 산에 잘 견디는 고규소 주철합금 등의 제조에 사용한다.

2) 반도체(semiconductor) : 물질을 전도성에 따라 도체, 부도체, 반도체로 분류한다. 자유전자가 많이 있어 전기를 잘 통하는 것을 도체(導體), 자유전자가 없어서 전기를 잘 통하지 않는 것을 부도체(不導體), 그리고 도체와 부도체의 중간 정도되는 것을 반도체라 한다.

  ① 진성 반도체(intrinsic semiconductor) : 반도체 원료로 쓰이는 순수한 규소나 게르마늄은 4개의 최외각 전자가 굳게 공유결합을 하고 있다. 따라서 외부에서 전압을 걸어도 전자가 움직이지 않아 전류가 통하지 않는다. 이를 진성 반도체라 한다.

  ② 불순물 반도체 : 진성 반도체에 특정한 불순물을 첨가하면, 이웃하는 전자와 결합하려는 성질 때문에 공유결합이 파괴되어 전자가 자유로이 이동할 수 있다. 이 원리를 이용한 것이 P형과 N형 반도체이다.

    ㉠ P형 반도체 : 이의 제조에는 13족 원소인 붕소(B), 알루미늄(Al), 갈륨(Ga), 인듐(In) 등을 소량 첨가하여 만든다. 이러한 원소는 최외각 전자가 3개이므로 전자가 비어 있는 상태, 즉 정공(hole)이 생긴다. 여기에 전압을 걸어주면, 정공에 전자가 이동하면서 전류가 흐르게 되는데, 이를 P형 반도체라 한다.

    ㉡ N형 반도체 : 제조에 15족 원소인 인(P), 비소(As), 안티몬(Sb)과 같은 원소를 소량 첨가하여 제조한다. 이들은 최외각 전자가 5개이므로 1개의 전자가 자유전자로 된다. 여기에 전압을 걸어 주면 자유전자에 의해 전류가 흐르게 되는데, 이러한 원리에 의해 만들어진 것을 N형 반도체라 한다.

3) 규소화합물

  ① 이산화규소(SiO_2)

    ㉠ 공유결합을 하고 있고, 3차원 그물구조인 육각기둥모양으로, 경도가 높고, 녹는점도 약 1,700℃로 매우 높다.

    ㉡ 물이나 산에 녹지 않으나 플르오르화수소산(HF)에는 잘 녹는다.

    ㉢ 금속산화물을 원료로 하여 이를 용융하여 유리(glass)를 얻는다. 이는 투명한 고체로 자외선을 잘 투과하는 성질이 있다.

    ㉣ 이는 렌즈, 자외선 기구, 실험 기구, 전기 절연용, 연소관, 분광기, 유리 등에 사용된다.

  ② 규산나트륨(Na_2SiO_3)

    ㉠ CO_2와 Na_2CO_3 또는 NaOH를 혼합한 후 가열하면, 유리모양의 고체인 규산나트륨을 얻을 수 있다.

$$SiO_2 + Na_2CO_3 \rightarrow Na_2SiO_3 + CO_2, \quad SiO_2 + NaOH \rightarrow Na_2SiO_3 + H_2O$$

⑥ 물유리(water glass) : 규산나트륨을 물에 넣고 가열하여 생성한다. 고점도의 액체로 $Na_2O \cdot nSiO_2 \cdot xH_2O$의 조성을 가진다. 점도가 높고 점착성이 커서, 유리나 도기의 접착제, 실리카겔의 원료, 시멘트제조에 사용된다.

⑦ 실리카겔(silica gel) : 규산나트륨에 산을 가하면 젤리모양의 흰색 고체인 규산이 생기는데, 이를 200℃ 전후에서 가열하면 다공성인 실리카겔(SiO_2, nH_2O)을 얻는다.

$$Na_2SiO_3 + 2HCl \rightarrow H_2SiO_3 + 2NaCl$$

➡ 이는 건조제 및 흡착제로 주로 사용된다.

4) 세라믹스(ceramics) : 규산염 중합체는 세라믹의 중요한 물질이다.

① 세라믹이란, 무기물질을 주원료로 사용하는 산화물, 질화물, 탄화물 등의 재료를 의미한다.

② 세라믹의 성질 : 일반적으로 금속재료, 유기재료에 비해 내식성, 내열성, 내마모성 등이 매우 좋으며, 전자기적, 기계적, 광학적 등 여러 가지 기능을 가지고 있다.

③ 세라믹의 일반적 용도

㉠ 건축재료 : 유리, 유리섬유, 시멘트 등

㉡ 높은 강도 및 경도를 이용한 것 : 인조 다이아몬드입자, 다이아몬드코팅

㉢ 기계 부품 : 세라믹 엔진 등

㉣ 반도체 특성 : Si, Ga, As 등을 반도체적 특성을 가진 재료

㉤ 신경향제품 : 연료전지, 초전도체 등

㉥ 자성체 : 자석, 자성 기록 매체 등

㉦ 광학적 성질 : 광 필터, 거울, 창 렌즈 등

㉧ 인공 뼈, 인공 장기, 인공 치아 등

㉨ 원자력 공업재료 : 방사선 차폐재료 등

3. 금속의 화학

(1) 금속의 종류와 성질

1) 용도에 따른 분류

① 보통 금속 : 철, 알루미늄, 아연, 납, 주석, 니켈, 구리, 마그네슘, 수은 등

② 합금용 금속 : 망간, 크롬, 몰리브덴, 텅스텐, 코발트, 안티몬, 카드뮴, 비스무트, 바나듐, 티탄 등

③ 귀금속 : 금, 은, 백금, 로듐, 이리듐, 오스뮴, 팔라듐 등

④ 알칼리 금속 : 리튬, 나트륨, 칼륨, 루비듐, 세슘, 프란슘 등

⑤ 알칼리 토금속 : 베릴륨, 마그네슘, 칼슘, 스트론튬, 바륨, 라듐 등

2) 비중에 따른 분류

① **중금속** : 비중이 약 4 이상인 무거운 금속으로, 생체에 유해하여 미량이라도 주의해야 한다. (**예** 비소, 안티몬, 납, 수은, 카드뮴, 주석, 크롬, 아연, 비스무트, 니켈, 코발트 등)

② **경금속** : 티탄(비중 4.5)보다도 비중이 가벼운 금속으로 일반적으로 베릴륨(비중 1.85), 마그네슘(1.74), 알루미늄(2.7), 티탄(4.5) 등이 대표적이다. 이 중에서 가장 빨리 실용화된 것은 알루미늄으로, 20세기 초 두랄루민이라고 하는 강력 합금이 발명되었는데, 같은 중량당의 강도가 일반용 강재의 3배 가까이나 되어 때마침 발달하기 시작한 항공기의 발전에 크게 기여하였다.

3) 금속의 물리적 성질

① 고유한 광택을 가지고 있다.

➡ 금(노란색), 구리(적동색), 망간(흑색), 비스무트(붉은색)를 제외하고는 은백색이나 회백색의 특유한 광택을 가지고 있다.

② 전기와 열을 잘 통한다.

③ 연성(軟性, 늘임성)과 전성(展性, 퍼짐성)이 있다.

4) 금속의 화학적 성질

① **금속의 이온화경향** : 일반적으로 금속은 다른 금속 또는 용액에서 반응할 때, 이온 상태로 반응한다. 이때 금속의 특성에 따라 전자를 잃고 이온으로 되는 정도에는 차이가 있다. 이러한 경향을 금속의 이온화경향이라 한다.

➡ 이온화경향이 큰 금속은 반응성이 강하고, 스스로 산화되기 쉽다.

> [강] $_{19}K > _{20}Ca > _{11}Na > _{12}Mg > _{13}Al > _{30}Zn > _{26}Fe > _{27}Co > _{28}Ni > _{50}Sn > _{82}Pb > (H_2) > _{29}Cu > _{80}Hg > _{47}Ag > _{78}Pt > _{79}Au$ [약]

➡ 그 순서의 암기법은 '♪♪ ~ 칼칼나마알아철코니주나(납)수구수(은)은백(금)금 ~ ♪♪'이다.

② 금속의 화학반응

㉠ 알칼리 금속과 알칼리 토금속은 상온에서 물과 반응하여 수소를 발생하며, 녹는다.

$$2Na + 2H_2O \rightarrow 2NaOH + H_2 \uparrow$$

$$Ca + 2H_2O \rightarrow 2Ca(OH)_2 + H_2 \uparrow$$

㉡ 대부분의 금속은 공기 중에 방치하면 다음과 같이 산소와 반응하여 산화물을 만들어 피막을 형성한다.(반면 금이나 백금은 공기 중에서 산화되지 않는다.)

$$4Al + 3O_2 \rightarrow 2Al_2O_3$$

(2) 알칼리금속과 화합물 : 알칼리금속은 리튬(Li), 나트륨(Na), 칼륨(K) 등이며, 수산화물은 모두 물에 녹아 강알칼리성을 나타내므로 알칼리금속이라 한다.

1) 알칼리금속의 성질

① 알칼리금속은 가볍고 무르며, 녹는점이 낮다.

② 상온에서 은백색을 띠며 공기 중에서는 쉽게 산화된다.

③ 상온에서 물과 격렬히 반응하여 수소(H_2)를 발생시키고, 용액은 염기성을 띤다.

➡ 염기성의 세기는 $LiOH < NaOH < KOH < CsOH$ 순이다.

④ 알칼리금속은 반응성이 강하여 단독으로 존재하지 못하고 화합물상태로 암염, 바닷물 등에 존재한다.

⑤ 알칼리금속이나 알칼리금속 이온을 포함한 화합물은 대부분 무색이며, 물에 녹아 보통의 방법으로 검출이 어려우므로 불꽃반응으로 검출한다.

➡ Li(붉은색), Na(노란색), K(연보라색), Rb(진한 붉은색), Cs(연한 파란색)의 불꽃색을 띤다.

2) 나트륨과 그 화합물

① 나트륨은 바닷물, 암염, 규산염 등에 존재한다.

② 전구에 나트륨 증기를 채워 넣어, 노란 불빛을 내는 나트륨램프를 만든다.

③ 수산화나트륨(NaOH, 가성소다)

㉠ 성질 : 무색, 반투명한 고체로 공기 중의 수분을 흡수하는 조해성 물질이다. 이는 물에 녹아 알칼리성을 띤다. 또한, 이는 공기 중의 이산화탄소를 흡수하여 탄산나트륨(Na_2CO_3)을 만든다.

㉡ 용도 : 나트륨 비누, 종이, 레이온, 펄프의 제조, 석유 정제 등에 이용된다.

㉢ 제법 : 진한 염화나트륨수용액을 전기분해하여 제조한다. 이때 음극에서 수소기체와 수산화나트륨이 만들어지고, 양극에서는 염소 기체가 나온다.

$$2NaCl + 2H_2O \rightarrow 2NaOH + H_2(g) + Cl_2(g)$$

④ 탄산나트륨(Na_2CO_3, 탄산소다＝소다회)

㉠ 탄산나트륨은 흰색 가루이며, 수화물은 공기 중에서 풍화되기 쉽고, 수용액은 알칼리성이다.

㉡ 솔베이법(암모니아소다법) : 진한 식염수에 암모니아를 흡수시키고, 이산화탄소를 가해 탄산수소나트륨을 얻은 다음 가열하여 탄산나트륨을 제조한다.

$$NH_3 + CO_2 + H_2O \rightarrow NH_4HCO_3$$

$$NaCl + NH_4HCO_3 \rightarrow NH_4Cl + NaHCO_3$$

$$2NaHCO_3 \rightarrow Na_2CO_3 + CO_2 + H_2O$$

㉢ 르블랑법 : 소금을 황산으로 복분해시켜 염산과 황산나트륨(Na_2SO_4)을 얻고 망초를 석탄 및 석회석으로 가열하여 환원과 동시에 복분해하여 소다회를 제조한다.

$$2NaCl + H_2SO_4 \rightarrow Na_2SO_4 + HCl$$

$$Na_2SO_4 + 4C \rightarrow Na_2S + 4CO$$

$$Na_2S + CaCO_3 \rightarrow Na_2CO_3 + CaS$$

ㄹ 용도 : 유리의 주요 원료이며, 조미료, 비누, 의약품 등 화학공업의 원료로 사용된다.

3) 칼륨과 그 화합물

① 염화칼륨(KCl)

ㄱ 염화나트륨과 비슷한 성질을 가지고 있으며, 칼륨 비료로 많이 사용된다.

➡ 염화칼륨 비료에는 수용성 칼륨이 적어도 60% 함유되어 있으며, 약간 흡습성을 가지고 있다. 그리고 산성 비료이기 때문에 취급 시 유의해야 하며, 요소와 같이 흡습성이 큰 것과는 배합을 하지 않는다.

ㄴ 순수한 것은 흰색 결정을 띠지만, 철과 마그네슘을 함유한 것은 여러 색을 띤다.

ㄷ 비료는 염화물이기 때문에 감자, 담배에는 효과가 좋지 않으나, 섬유 작물에는 효과가 좋아 복합 비료에 혼합해 사용한다.

② 수산화칼륨(KOH)

ㄱ 조해성이 있는 흰색 고체로, 염화칼륨 수용액의 전기분해로 제조된다.

ㄴ 물과 이산화탄소를 잘 흡수하여, 흡수제로 사용된다.

ㄷ 연한 칼륨 비누제조에 사용된다.

③ 탄산칼륨(K_2CO_3)

ㄱ 조해성이 있는 흰색의 고체이다.

ㄴ 수산화칼륨수용액에 이산화탄소를 통과시켜 제조한다.

$$2KOH + CO_2 \rightarrow K_2CO_3 + H_2O$$

ㄷ 수용액은 알칼리성을 띠고, 알코올에도 녹는다.

ㄹ 식물의 재(ash) 속에도 포함되어 있다.

ㅁ 용도 : 연성비누, 경질유리, 의약품 등의 원료 및 염료, 표백, 세탁 등에 사용된다.

4) 리튬

① 리튬은 합금의 제조에 사용된다. 이는 항공산업에 매우 중요한 재료로 사용된다.

② 휴대 전화기의 전지에 사용되는 리튬전지를 제조하는 데 쓰인다.

③ 휴대용 컴퓨터의 기억장치에도 사용된다.

(3) 알칼리토금속과 화합물

알칼리토금속은 2족에 속하는 물질로 베릴륨(Be), 마그네슘(Mg), 칼슘(Ca), 바륨(Ba) 등이 있으며, 알칼리금속과 성질이 비슷하다. 모두 은백색이며 녹는점이 높은 금속이다.

1) 알칼리토금속의 성질

① 원자가전자가 2개이므로 알칼리금속에 비해 원자 간 결합이 강하여, 녹는점이 높다. 그리고 이들은 전자 2개를 잃고 2가 양이온(Mg^{2+})이 된다.

② 산과 반응하여 H_2를 발생시킨다.

③ 산화물은 염기성을 띤다.

2) 마그네슘과 그 화합물

① 마그네슘(Mg)

㉠ 마그네슘 원료는 바닷물, 암염, 규산염 등에 존재한다.

㉡ 염화마그네슘($MgCl_2$)을 용융시키고 전기분해하여 금속마그네슘을 제조한다.

㉢ 마그네슘은 가볍기 때문에 알루미늄과 합금 처리하여 항공기 부품 등을 만드는 데 이용되며, 불꽃놀이($Mg + KClO_3$)에도 이용된다.

② 황산마그네슘($MgSO_4$)

㉠ 성질 및 용도 : 무색의 비늘모양 결정으로 쓴맛이 있으며, 종이 충전제, 가축이나 사람의 설사약과 염색의 매염제로 쓰인다.

㉡ 제법 : 금속마그네슘 또는 산화마그네슘을 황산과 반응시켜 제조한다.

③ 염화마그네슘($MgCl_2$)

㉠ 성질 및 용도 : 조해성이 있고, 천일제염으로 만든 굵은 소금에 함유되어 있으며, 간수의 주성분이다. 간수는 아주 떫은 액체로 두부를 응고시키는 데 사용한다.

㉡ 무수물 : 무색의 결정분말로, 흡습성이 강하고 물, 알코올에 잘 녹는다.

㉢ 무수물을 공업적으로 만드는 데는 산화마그네슘 MgO(마그네시아)에 탄소를 가하여 염소 기체를 반응시키는데, 실험실에서는 염화마그네슘암모늄 $MgCl_2 \cdot NH_4Cl \cdot 6H_2O$를 열분해하여 만든다. 보통의 수화물을 가열해도 가수분해하여 산화마그네슘을 생성하므로, 순수한 염화마그네슘은 얻을 수 없다.

④ 산화마그네슘(MgO)

㉠ 성질 및 용도 : 흰색의 가루로, 공기 중에서 녹지 않는다. 녹는점이 높아 내화벽돌, 도가니의 원료로 사용된다.

㉡ 금속마그네슘을 태워서 만들거나 탄산마그네슘을 가열하여 제조한다.

3) 칼슘과 그 화합물

① 탄산칼슘($CaCO_3$, 석회석)

㉠ 석회석과 대리석 등에서 산출되며, 달걀, 조개껍질 등에도 많이 함유되어 있다.

㉡ 물에 녹지 않으나 이산화탄소가 들어 있는 물에 녹는다.

㉢ 탄산칼슘은 건축용 석재, 시멘트의 제조, 생석회와 소석회의 원료가 된다.

㉣ 순수한 백색의 탄산칼슘은 제지공업 및 플라스틱, 고무 등의 충전제로 사용된다.

㉤ 석회석은 동굴에서 고드름모양의 종유석을 만든다(석회동굴).

$$CaCO_3 + CO_2 + H_2O \rightleftarrows Ca(HCO_3)_2$$

② 황산칼슘($CaSO_4 \cdot 2H_2O$, 석고)

    ㉠ 가열하면 물분자를 잃어 소석고($CaSO_4 \cdot \frac{1}{2}H_2O$)로 변하고, 다시 물과 섞으면 더욱 단단한 석고로 되는 성질이 있다.

    ㉡ 소석고는 빨리 굳는 성질이 있어 병원에서 석고 붕대의 재료로 쓰인다.

    ㉢ 건축용으로는 석고 벽판으로 이용되며, 200℃ 이상 가열하면 무수물이 되고 이것으로 분필을 만든다.

③ 산화칼슘(CaO, 생석회)

    ㉠ 순수한 것은 백색결정으로, 녹는점은 2,570℃이다.

    ㉡ 공기 중에 방치하면 수분과 이산화탄소를 흡수하여 수산화칼슘(소석회)과 탄산칼슘으로 분해한다. 또, 물을 작용시키면 발열하여 수산화칼슘이 된다.

    ㉢ 석회석 또는 탄산칼슘 $CaCO_3$을 약 900℃ 이상으로 가열하면 생긴다.

       $$CaCO_3 \longrightarrow CaO + CO_2$$

    ㉣ 용도는 건조제, 토목건축재료, 표백제의 원료, 소다공업 등에서의 산성 폐가스 포집제, 해수(海水) 마그네시아의 제조, 소독 등에 사용된다.

    ㉤ 강한 알칼리성 물질이며 피부·점막을 상하게 하므로 흡입하면 위험하다.

④ 수산화칼슘($Ca(OH)_2$, 소석회)

    ㉠ 백색 분말형태의 염기성화합물인데, 이산화탄소의 검출과 이산화탄소에 의한 온실효과를 줄이는 데 이용된다.

    ㉡ 수산화칼슘은 수산화기를 포함하고 있는 염기성 물질로, 수산화칼슘 한 분자당 2개의 수산화기를 가지고 있고, 1L의 물에 0.82g 정도만 녹는 정도로 물에 잘 녹지는 않지만 이온화도(해리성)는 높다는 특성이 있다. 때문에 일단 물에 녹은 수산화칼슘은 pH 12.5 정도의 강한 염기성을 나타낸다.

    ㉢ 수산화칼슘과 이산화탄소의 반응 : 수산화칼슘을 물에 녹인 것을 흔히 석회수라 하는데 입김을 불어 넣으면 용액이 뿌옇게 되는 것을 관찰할 수 있다. 물에 녹아 있는 수산화칼슘과 입김에 들어 있는 이산화탄소가 반응하여 물에 녹지 않는 탄산칼슘을 만들기 때문이다. 입김뿐 아니라 불에 타고 있는 양초 주변에 석회수를 가져가도 뿌옇게 된다. 양초가 연소되면서 이산화탄소가 발생하기 때문이다. 이러한 반응을 이용해 수산화칼슘은 이산화탄소의 검출에 자주 사용된다. 그런데 어느 정도 이상으로 이산화탄소를 수산화칼슘에 많이 통과시키면 다시 물에 녹는 염인 탄산수소칼슘이 만들어져 용액이 다시 투명해진다. 이 반응의 전체적인 반응식은 다음과 같다.

       $Ca(OH)_2 + CO_2 \longrightarrow CaCO_3 + H_2O$ (탄산칼슘이 만들어지는 과정)

$$CaCO_3 + H_2O + CO_2 \rightarrow Ca(HCO_3)_2$$

(많은 양의 이산화탄소가 들어가 탄산칼슘과 반응하여 탄산수소칼슘이 만들어지는 과정)

➡ 이러한 수산화칼슘의 반응을 이용하면 온실가스인 이산화탄소를 탄산칼슘이나 탄산수소칼슘으로 바꿀 수 있기 때문에 이산화탄소를 처리하는 장치에 수산화칼슘을 사용하는 기술이 제시되고 있다.

(4) 전이금속과 화합물

1) 전이금속의 성질과 전자구조

① 전이금속이란, 주기율표에서 2족(ⅡA)과 13족(ⅢA) 사이에 있으며, d궤도 함수에 전자가 부분적으로 채워져 있는 원소를 말한다.

② 전이금속의 특성

㉠ 모두 금속이다.

㉡ 비전이원소보다 녹는점과 끓는점이 더 높고, 증발열도 더 많다.

㉢ 이온이나 화합물은 모두 색을 띤다.

㉣ 비공유 전자쌍을 가지고는 리간드와 결합하여 착이온(complex ion)을 형성한다.

㉤ 몇 가지 예외를 제외하고는 여러 가지 산화상태를 가지며, 이들 대부분의 화합물은 상자성체(paramagnetic)이다.

㉥ 이들의 많은 화합물은 좋은 촉매제가 된다.

[전이금속과 비전이금속 이온 수용액의 색]

일반금속 이온	수용액에서의 색	전이금속 이온	수용액에서의 색
Na^+	무색	Cr^{2+}	진한 청색
Ca^{2+}	무색	Mn^{2+}	연한 핑크색
Mg^{2+}	무색	Fe^{2+}	연한 녹색
Al^{3+}	무색	Fe^{3+}	연한 녹색
Sn^{2+}	무색	Co^{2+}	핑크색
Sn^{4+}	무색	Ni^{2+}	녹색
Pb^{2+}	무색	Cu^{2+}	청색

③ 전이금속의 전자구조

㉠ 3d와 4s의 에너지는 거의 같으며 4d와 5s, 5d와 6s는 더 많이 비슷하다. 전이금속의 d궤도 함수는 화합물을 형성하면서 d궤도는 같은 에너지 상태에 있지 않고, 화합물의 구조에 따라 여러 가지 형태로 분리된다. 분리된 에너지는 거의 가시영역에 해당하는 에너지이기 때문에 전이금속을 포함한 화합물은 모두 색깔을 나타낸다.

4주기 전이금속 원소의 전자배치			
$_{21}Sc$	$[Ar]\ 3d^1 4s^2$	$_{26}Fe$	$[Ar]\ 3d^6 4s^2$
$_{22}Ti$	$[Ar]\ 3d^2 4s^2$	$_{27}Co$	$[Ar]\ 3d^7 4s^2$
$_{23}V$	$[Ar]\ 3d^3 4s^2$	$_{28}Ni$	$[Ar]\ 3d^8 4s^2$
$_{24}Cr$	$[Ar]\ 3d^5 4s^1$	$_{29}Cu$	$[Ar]\ 3d^{10} 4s^1$
$_{25}Mn$	$[Ar]\ 3d^5 4s^2$	$_{30}Zn$	$[Ar]\ 3d^{10} 4s^2$

④ 전이금속의 물리적 성질과 주기성

㉠ 원자반지름 : 일반적으로 왼쪽에서 오른쪽(→)으로 갈수록 감소한다.

➡ 그러나 감소 경향이 대표원소의 경향과 정확히 일치하지 않는다.

(단위 : Å)

Sc	Ti	V	Cr	Mn	Fe	Co	Ni	Cu	Zn
1.62	1.47	1.34	1.25	1.29	1.26	1.25	1.24	1.28	1.38
Y	Zr	Nb	Mo	Tc	Ru	Rh	Pd	Ag	Cd
1.80	1.58	1.46	1.39	1.36	1.34	1.34	1.37	1.44	1.54
La	Hf	Ta	W	Re	Os	Ir	Pt	Au	Hg
1.87	1.58	1.46	1.39	1.37	1.35	1.36	1.38	1.44	1.57

㉡ 밀도 : 같은 주기에서 반경이 감소함에 따라 증가하고 같은 족에서는 아래로 갈수록 증가한다. 5주기에서 6주기로 감에 따라 원소는 더 많은 양성자와 중성자를 가지나 체적변화는 거의 일어나지 않는다.

㉢ 산화상태 : 대부분의 전이금속은 여러 가지 산화상태를 가진다. 가장 높은 산화상태는 금속의 족의 수와 같으나 이것이 가장 안정한 산화상태는 아니다. 가장 안정한 산화상태보다 낮은 산화상태의 금속이온은 환원제로, 높은 산화상태의 금속이온은 산화제로 이용된다.

[3d 전이금속 원소의 산화상태]

| 3B/3 | 4B/4 | 5B/5 | 6B/6 | 7B/7 | 8B | | | 1B//11 | 2B/12 |
					8	9	10		
Sc	Ti	V	Cr	Mn	Fe	Co	Ni	Cu	Zn
		+1red.	+1red.	+1red.		+1red.	+1red	+1red.	
	+2red.	+2red.	+2red.	+2	+2red.	+2	+2	+2	+2
+3	+3red.	+3red.	+3	+3ox	+3	+3ox.	+3ox.	+3ox.	
	+4	+4	+4ox.	+4ox.	+4ox.	+4ox.	+4ox.		
		+5ox.	+5ox.	+5ox.	+5ox.				
		+6ox.	+6ox.	+6ox.					
				+7ox.					

⑤ **촉매로서 전이금속** : 전이금속은 많은 반응에서 효과적인 촉매제로, 특히 비활성금속 Pt, Pd, Au는 불균일 촉매반응에서 유효하게 이용된다. 다음 반응은 전이금속이나 금속이온 및 그 화합물에 대한 대표적인 촉매반응이다.

⊙ Habor-Bosch법에 의한 암모니아 합성

$N_2 + 3H_2 \rightarrow 2NH_3$

조건 촉매 Fe_2O_3, 온도 500℃, 압력 400atm

ⓛ Na과 액체 암모니아의 반응

$2Na + 2NH_3(l) \rightarrow 2[NaNH_2] + H_2$

조건 촉매 Fe, 저온

ⓒ H_2SO_4 생성과정에서 SO_3의 생성

$2SO_2 + O_2 \rightarrow 2SO_3$

조건 촉매 V_2O_5, 온도 400℃

ⓔ 벤젠의 브롬화반응

$C_6H_6 + Br_2 \rightarrow C_6H_5Br + HBr$

조건 촉매 $FeBr_3$

ⓜ 올레핀의 수소화반응(환원)

$R-CH=CH_2 + H_2 \rightarrow R-CH_2-CH_3$

조건 촉매 Pt

2) 철(Fe)과 그 화합물

① 순철(Fe)

⊙ 은백색의 금속이며, 비교적 연하고 상온에서 강자성을 나타낸다.

ⓛ 순수한 철은 특수한 용도로만 쓰이며, 실제 사용되는 철은 탄소, 황, 인 그리고 기타 금속을 첨가한 것을 사용한다.

ⓒ 철은 활성이 커서 단원자 상태로는 거의 존재하지 않고, 자철광(Fe_3O_4), 적철광(Fe_3O_4), 갈철광($2Fe_2O_3 \cdot 3H_2O$), 능철광($FeCO_3$) 등에 포함되어 있다.

ⓔ 철은 주로 +2, +3의 산화수를 가지는데, 이 중에서 +3의 산화상태가 안정하다.

② 철강

⊙ 철 혹은 철강은 선철과 강철을 의미하며, 선철은 탄소를 1.7% 이상, 강철은 탄소를 1.7% 이하로 함유한 것을 말한다. 선철은 탄소를 비교적 많이 포함하므로 성형이 어려운 반면, 강철은 성형 가공이 용이하다.

ⓛ 철의 제련 : 철광석으로부터 선철을 만드는 공정을 제선공정이라 하고, 선철로부터 강철을 제조하는 공정을 제강공정이라 한다.

③ 산화제이철(Fe_2O_3)

　㉠ 붉은색 분말로 적철광, 갈철광에서 추출한다. 이들 광석은 제철원료가 된다.

　㉡ 물에 녹지 않고, 연마제, 붉은색 안료로 사용한다.

　㉢ 수산화제이철($Fe(OH)_3$) 또는 황산제일철을 가열하여 얻기도 한다.

④ 사산화삼철(Fe_3O_4)

　㉠ 자철광의 주성분으로, 고온에서 빨갛게 가열하고 수증기를 통과시키면 검은색 사산화삼철 피막이 생긴다. 이 피막은 철이 녹스는 것을 방지하는 역할을 하고 있어 철심이나 철판의 방식용으로 사용된다.

　㉡ 특히 자기적인 성질이 있어 전자장치, 컴퓨터 기억장치, 녹음 테이프 등에 쓰인다.

⑤ 황산제일철($FeSO_4$)

　㉠ 푸른색 결정으로, 철을 황산에 녹여서 만든다.

　㉡ 공기 중에 방치하면 산화되어서 갈색으로 변한다.

　㉢ 잉크제조에 사용하며, 폐수 속의 6가 크롬을 3가 크롬으로 환원처리하는 데 이용하고 있다.

3) 구리(Cu)와 그 화합물

① 구리의 특징

　㉠ 구리는 자연에서 구리 자체로 존재하거나 황동광($CuFeS_2$), 휘동광(Cu_2S)으로 존재한다.

　㉡ 전기전도성이 좋아 전기재료로 이용된다.

　㉢ 청동이나 황동을 만드는 데 이용된다.

　㉣ 구리의 대부분은 산과 반응하지 않으나, 진한황산, 진한질산과는 반응한다.

　㉤ Cu^{2+}염의 색은 주로 무색이며, 물에 녹지 않고 착물을 형성한다.

② 황산구리($CuSO_4 \cdot 5H_2O$)

　㉠ 5개의 결정수를 가지며, 푸른색 결정이다.

　㉡ 황산구리를 가열하면 무수물 상태가 되고, 다시 공기 중에 방치하면 수분을 흡수하여 푸른색으로 변한다.

　㉢ 황산구리는 독성이 있어 박테리아, 곰팡이류의 살충제를 만드는 데 사용한다.

　㉣ 구리 도금, 의약, 석유나 알코올의 수분 검출 등에 이용된다.

4) 은(Ag)과 그 화합물

① 은의 특징

　㉠ 광택이 있고 흰색을 띠는 귀금속으로 구리, 금과 더불어 주화금속이라고도 한다.

ⓛ 비교적 반응성이 없으며, 자연계에 일부 유리상태로도 산출되지만, 화합물로서 분포되어 있다.

ⓒ 구리보다 전도성이 양호하나 분포량이 적고 장식품용 금속으로 사용되어 고가이기 때문에 구리 대신 사용할 수 없다.

ⓔ 공기 중에 녹슬지 않고 높은 온도에서도 산화되지 않는다.

ⓜ 묽은황산이나 염산과 반응하지 않으나, 질산이나 가열한 진한황산과는 반응한다.

ⓗ 황과는 직접 반응하여 황화은(Ag_2S)을 생성한다.

ⓢ +1의 산화상태가 가장 안정하다.

ⓞ 장식품, 식기, 은도금, 화폐, 사진필름, 전자 공업 등에 쓰인다.

② **질산은($AgNO_3$)**

ⓠ 은을 질산에 녹여 만들며, 무색 널판지모양의 결정으로 물에 잘 녹으며, 수용액은 중성이다.

ⓛ 유기물에 의해 쉽게 환원되어 은이 유리된다.

ⓒ 질산은 용액에 암모니아수를 가하면, 처음에는 Ag_2O이 침전하지만, 암모니아수를 더 가하면 침전이 녹아서 은아민 착염을 생성한다.

$$2AgNO_3 + 2NH_4OH \rightarrow 2NH_4NO_3 + Ag_2O\downarrow + H_2O$$

$$2AgNO_3 + 4NH_4OH \rightarrow 2[Ag(NH_3)_2]NO_3 + 4H_2O$$

➡ 은아민 착염용액은 포름알데히드(HCHO)와 같은 환원제에 의해 쉽게 환원되어 은거울을 만든다(은거울반응).

ⓔ 질산은용액에 KCN 용액을 가하면, 처음에는 흰색의 시안화은(AgCN)이 침전되나 더 계속해서 가하면 침전이 녹아 은시안화칼륨[$KAg(CN)_2$]이 된다.

$$AgNO_3 + KCN \rightarrow AgCN\downarrow + KNO_3$$

$$AgCN + KCN \rightarrow KAg(CN)_2$$

ⓜ 질산은은 화학 시약, 의약, 거울 제조, 사진현상 등에 쓰인다.

③ **염화은(AgCl)**

ⓠ 질산은용액에 할로겐이온을 가하면 침전이 생기는데, 이를 할로겐화은이라 한다.

$$Ag^+ + Cl^- \rightarrow AgCl\downarrow \text{ (흰색)}$$

$$Ag^+ + Br^- \rightarrow AgBr\downarrow \text{ (연노란색)}$$

$$Ag^+ + I^- \rightarrow AgI\downarrow \text{ (황색)}$$

➡ AgF는 침전이 아니다.

➡ 이 반응들은 매우 예민하기 때문에, 할로겐화이온을 검출하는 데 이용된다.

ⓛ 할로겐화은은 햇빛을 쬐면 분해되어 은이 유리되는데, 이와 같이 햇빛에 의해 일 어나는 반응을 광화학반응(photochemical reaction)이라 한다.

$$2AgCl + hv \longrightarrow 2Ag + Cl_2$$
$$2AgBr + hv \longrightarrow 2Ag + Br_2$$

ⓒ 위에 의해 석출된 은은 검은색을 띠는데, 흑백사진 필름에는 주로 브롬화은이 사 용된다.

> **참고　사진의 현상**
>
> 사진필름은 브롬화은을 셀룰로이드나 유리판에 얇게 바르고, 보호 콜로이드인 젤라틴의 막을 얇게 입힌 것이다. 이것을 빛에 쬐면 브롬화은에 변화가 일어나는데, 이때 물체의 모양이 보 이지 않는다. 이를 잠상(潛像, latent image)이라 하며, 이것을 히드로퀴논[$C_6H_4(OH)_2$]이나 파라메틸아미노페놀[$C_6H_4(OH)NHCH_3$]의 황산염과 같은 현상액, 즉 환원제에 담그면 감과의 세기에 따라 브롬화은이 환원되어 검은 은이 생기는데, 이 조작을 현상(現像, development) 이라 한다.

5) 크롬(Cr)과 그 화합물

　① 크롬의 특징

　　ⓐ 크롬은 굳고 부스러지기 쉬우며, 광택이 나는 내식성이 아주 강한 금속이다.

　　ⓑ 이것이 강철에 크롬 도금하여 자동차 완충장치로 사용되는 이유이다.

　　ⓒ 또한 장식의 목적으로 놋쇠나 청동 표면에 얇게 전기 도금하기도 한다.

　　ⓓ 크롬의 주 용도는 부식에 대하여 아주 강한 성질을 가지는 스테인리스 강철제조 이다.

　　ⓔ 크롬은 +2, +3, +6의 산화상태를 가지며, +3가의 상태가 가장 안정하다.

　　ⓕ 주로 도금이나 합금의 성분으로 널리 쓰인다.

　② 중크롬산칼륨($K_2Cr_2O_7$)

　　ⓐ 크롬산칼륨용액에 황산을 넣으면 붉은색 침전인 중크롬산칼륨이 생성된다.

$$2K_2CrO_4 + 4H_2SO_4 \longrightarrow K_2Cr_2O_7\downarrow + K_2SO_4 + H_2O$$

　　ⓑ 산성용액에서 Cr은 +3가로 되면서 환원되기 때문에, 산화제로 사용한다.

$$K_2Cr_2O_7 + 4H_2SO_4 \longrightarrow K_2SO_4 + Cr_2(SO_4)_3 + 4H_2O + 6O$$

　　　➡ 처음은 붉은색이나 점차 파란색으로 되므로 산화작용이 진행됨을 알 수 있다.

　　ⓒ 크롬산칼륨을 진한황산에 녹여 만든 용액을 클리닝용액(cleaning solution)이라 하는데, 이는 실험실에서 유리 기구에 묻은 기름을 산화시켜 제거하는 데 많이 쓰이고 있다.

　　ⓓ 6가 크롬화합물은 독성이 있으므로 제조공정에서나 실험실에서 나오는 배출물은 그대로 버릴 수 없다. 따라서 독성이 없는 3가 화합물로 만들어 폐수처리하여야 한다.

6) 망간(Mn)과 그 화합물

① 망간의 특징

㉠ 망간은 크롬보다는 부식에 대한 저항력이 약한 회백색의 광택이 있는 금속으로 비교적 반응성이 크다.

㉡ 망간의 산화수는 +2, +3, +4, +7의 산화수를 가진다. 이 중 +2가의 산화상태가 가장 안정하며, +4, +7의 화합물이 널리 쓰이고 있다.

② 이산화망간(MnO_2)

㉠ 이산화망간의 검은색 가루를 가열하거나 진한황산과 함께 가열하면 산소를 발생하므로 산화제로 쓰인다.

$$2MnO_2 + 2H_2SO_4 \rightarrow 2MnSO_4 + 2H_2O + O_2$$

㉡ 건전지 재료, 유리 착색제(보라색, 검은색) 또는 실험실에서 산소를 만들 때에 촉매로 이용하기도 한다.

③ 과망간산칼륨($KMnO_4$)

㉠ 망간화합물 중에서 가장 중요한 물질로서, 흑자색 결정으로 강한 산화제로서 작용한다.

㉡ $KMnO_4$에서 Mn의 산화수는 +7(보라색)이나, 중성·알칼리성에서 +4(검은색)가이고, 산성에서는 +2가(무색)이다.

$$2KMnO_4 + H_2O \rightarrow 2KOH + 2MnO_2 + 3O \ (중성, 알칼리성)$$

$$2KMnO_4 + 3H_2SO_4 \rightarrow 2K_2SO_4 + 2MnSO_4 + 3H_2O + 5O \ (산성)$$

㉢ 강한 산화제로서 산성, 알칼리성에 사용할 수 있다.

㉣ $KMnO_4$과 $FeSO_4$(황산제일철)은 황산과 같은 산성용액에서 다음과 같이 산화-환원 반응이 일어난다. 이온 반응식은 다음과 같다.

$$5Fe^{2+} + MnO_4^- + 8H^+ \rightarrow 5Fe^{3+} + Mn^{2+} + 4H_2O$$

➡ 위 반응에서 Fe는 $Fe^{2+} \rightarrow Fe^{3+} + e^-$ 이므로 산화되었고, Mn은 $Mn^{7+} + 5e^- \rightarrow Mn^{2+}$ 이므로 환원되었다.

➡ 위 반응에서 MnO_4^-의 붉은 보라색이 무색으로 변하는 것을 볼 수 있다. 이것은 MnO_4^-이 산성용액에서 Fe^{2+}에 의해 환원되기 때문이다. Fe^{2+}이 Fe^{3+}으로 바뀐 다음에는 과망간산칼륨용액의 색이 변하지 않는다.

㉤ 산화-환원 적정(red-ox titrarion) : 농도를 아는 과망간산칼륨을 사용하여 위와 같은 Fe^{2+} 등의 양을 결정하는 것을 의미한다.

(5) 기타 금속과 화합물

1) 알루미늄(Al)

① 알루미늄의 특징

㉠ 주기율표 3A족(Ⅲ족)의 주요 금속이며, 알칼리금속, 알칼리토금속에 비하여 매우 안정한 단체이다.

   ⓛ 은백색의 연한 금속이며, 열·전기전도성이 좋고, 연성과 전성이 크다.

   ⓒ 공기 중에서 표면에 산화막(Al_2O_3)이 생겨 내부를 보호하는 피막을 형성한다.

    ➡ 알루마이트(alumite)는 Al 표면에 인공적으로 산화알루미늄을 입힌 제품을 말한다.

   ⓔ 산 및 일길리와도 반응하는 양쪽성 물질이다.

   ⓜ 두랄루민(duralumin) : Al과 Mg를 주성분으로 하는 합금으로, 가볍고 강하므로 건축자재나 항공기, 차량 등에 쓰이며, 전기재료, 은백색 페인트의 안료, 박의 재료 등에 다양하게 사용된다.

  ② 산화알루미늄(Al_2O_3)

   ㉠ 자연계에는 결정석으로, 미량의 Cr_2O_3(루비)을 포함한 것과 소량의 TiO_2(사파이어)을 포함한 것으로 산출된다.

   ㉡ 이들은 보석으로 쓰이고 색이 곱지 못한 것은 연마제로 이용된다.

  ③ 황산알루미늄[$Al_2(SO_4)_3$]

   ㉠ 주로 제지공업에 사용하는 물질로서, 종이의 내수성(잉크 번짐을 막음) 처리 또는 산성을 조절한다. 또한 도시의 물처리용으로 이용된다.

   ㉡ 황산알루미늄을 물에 가하고 다시 산화칼슘(CaO)을 넣어서 염기성으로 만들면 젤라틴모양의 수산화알루미늄[$Al(OH)_3$]이 생겨서 서서히 가라앉게 되며, 미립자형의 부유물이나 박테리아가 함께 침전된다.

2) 주석(Sn)

 ① 자연계에서 주석돌(SnO_2)로서 산출된다.

 ② 주석돌과 탄소를 같이 가열하여 주석을 얻는다.

  $SnO_2 + 2C \rightarrow Sn + 2CO$

 ③ 은백색의 연한 금속으로 녹슬기 쉬우며, 연성과 전성이 커서 선과 박을 만들 수 있다.

 ④ 공기 중에서 녹슬지 않기 때문에 양철(Fe 표면에 Sn을 입힌 것)을 만들어 사용한다.

 ⑤ 주로 합금을 만들어 땜납, 퓨즈, 청동으로 사용된다.

3) 납(Pb)

 ① 납의 특징

  ㉠ 자연에서 산출되는 납은 방연광(PbS), 백연광($PbCO_3$) 등이 있으며, 이들을 가열하여 얻는다.

  ㉡ 푸른 흰색의 연한 금속으로 Pb^{2+}은 인체에 맹독성을 나타내는데, 납을 수도관으로 사용하는 이유는 표면에 불용성인 염기성 탄산납(연백, $PbCO_3 \cdot Pb(OH)_2$)을 만들기 때문이다.

  $2Pb + H_2O + O_2 + CO_2 \rightarrow PbCO_3 \cdot Pb(OH)_2$

  ㉢ 납은 주로 활자금, 수도관, 전기의 퓨즈로 사용한다.

② 질산납[Pb(NO₃)₂] : Pb에 묽은질산이나 진한질산을 작용시켜 만들며, 무색의 결정으로 물에 잘 녹는다.

$$3Pb + 8HNO_3 \rightarrow 3Pb(NO_3)_2 + 2NO\uparrow + 4H_2O$$

③ 아세트산납[Pb(CH₃COO)₂]

　　㉠ 산화납을 아세트산에 녹여서 만든다.

$$PbO + 2CH_3COOH \rightarrow H_2O + Pb(CH_3COO)_2$$

　　㉡ 무색의 결정으로 물에 잘 녹는다.

　　㉢ H₂S와 반응하면 검은색 침전이 생기므로 Pb^{2+}의 검출에 사용된다.

$$Pb^{2+} + S^{2-} \rightarrow PbS\downarrow$$
$$\quad (H_2S) \quad (검은색)$$

　　➡ Pb^{2+}은 단맛이 있으나 유독하다.

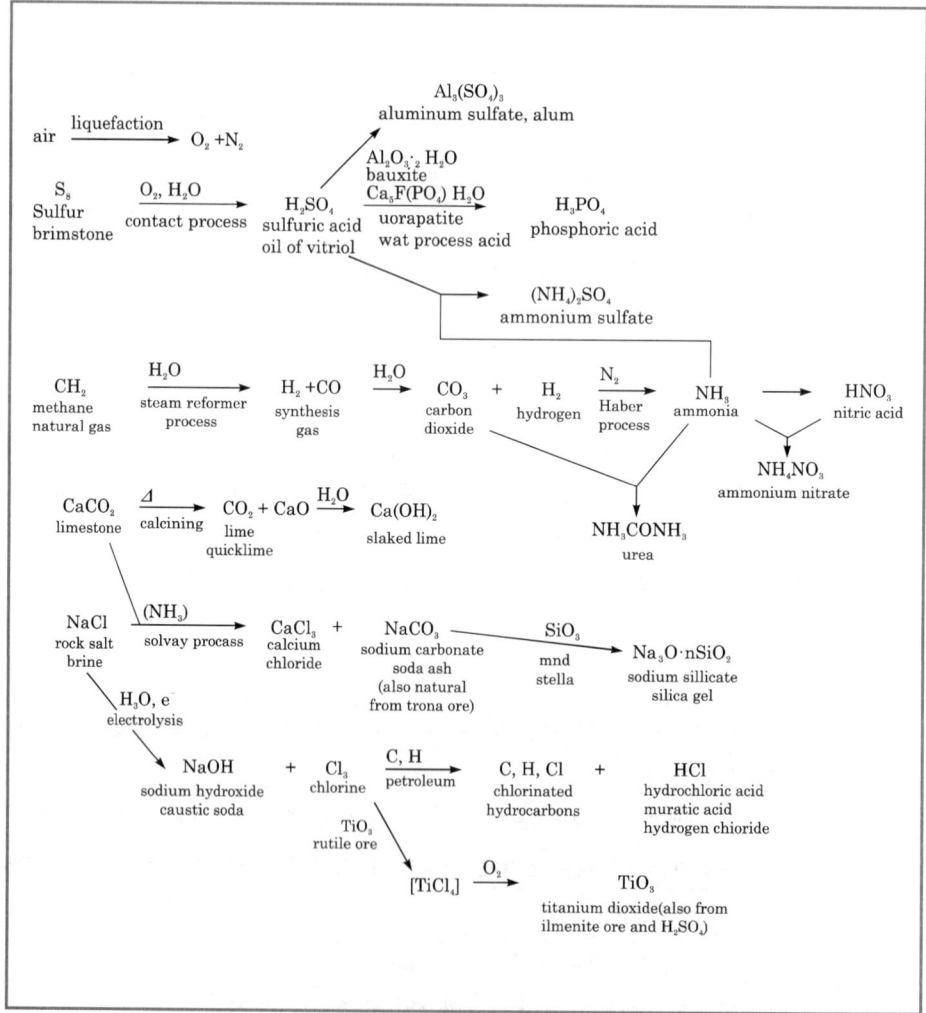

[주요 무기화합물의 제조 관계도]

제 **56** 주

황산 공업

1. 황산의 성질과 용도

(1) 성질

  1) 황산은 상온에서 무색의 액체로, 농도가 높아짐에 따라 점도가 증가하여 진한황산은 유상(油狀)액체로 된다. 발연황산은 공기 중에 노출시키면 흰색연기를 발생한다.

  2) 삼산화황이 물과 결합하면 $mSO_3 \cdot nH_2O$가 되는데,

    ① $m=n$이면 100% 황산이 된다.

    ② $m<n$이면 황산수화물($H_2SO_4 \cdot xH_2O$)이 된다.

    ③ $m>n$이면 **발연황산**이 된다.

종 류	H_2SO_4(%)	용 도
묽은황산	60~80	비료, 섬유, 무기약품, 철강
진한황산	90~100	비료, 섬유, 석유정제, 농약, 금속제련
정제 진한황산	90~100	축전지, 무기약품, 의약품, 섬유, 농약, 시약, 석유정제
발연황산	유리 SO_3 13~35	화약, 도료, 유기합성

3) H_2SO_4는 그 비중으로 농도를 표시하는데, 공업적으로 보메도(Baume' degree, 기로 °Be')를 사용한다.(아래의 d는 진비중(眞比重)을 의미한다.)

$$°Be' = 144.3\left(1 - \frac{1}{d}\right) \text{ 또는 } d = \frac{144.3}{144.3 - °Be'}$$

그러나 93% 이상의 산은 농도에 따른 비중의 변화가 적으므로 이 범위 이상의 농도는 백분율로 표시한다.(예 95% 황산, 98% 황산, 100% 황산 등)

4) 묽은황산은 이온화 경향이 수소보다 큰 금속들과 반응하여 금속황산염을 생성시키고 수소를 발생한다.

$$Zn + dil.H_2SO_4 \rightarrow ZnSO_4 + H_2 \uparrow$$

이에 비해 이온화 경향이 수소보다 작은 금속들은 묽은황산과 반응하지 않지만 가열하면서 진한황산과 반응시키면 금속황산염을 생성시키고 이산화황이 발생된다.

$$Cu + 2H_2SO_4 \rightarrow CuSO_4 + 2H_2O + SO_2 \uparrow$$

➡ 묽은황산의 부식성 : 금속을 부식시킬 수 있는 능력은 산성도에 따라 결정된다. 묽은황산은 강산이다. 이에 반해 100% 황산은 강한 탈수성을 가지기 때문에 거의 산성을 띠지 못한다. 따라서 아연 등 반응성이 큰 금속에 묽은황산의 보관은 피해야 한다.

5) 유기화합물과는 니트로화, 술폰화, 수화, 황산에스테르화 등 여러 가지 반응을 일으킨다.

(2) 용도

1) 비료의 원료(암모니아합성법의 실용화로 그 중요성이 증대됨)

2) 과거에는 인광석의 분해, 황산암모늄의 제조가 주된 용도였으나, 최근에 와서는 다른 공업용으로 많이 쓰이고 있다.(생산량의 $\frac{2}{3}$)

2. 황산의 제조공정

(1) 황산 제조원료

1) **황(sulfur)** : 과열수증기를 압입시켜 모암(母巖) 중의 황을 용융시키고, 그것에 압축공기를 주입하면 용융된 황은 채취하는 Frasch법으로 얻는다. (순도 99.5~99.9%)

2) **황화철광(pyrite, FeS_2)** : 황의 이론 함량이 53.46%이다.

3) **자류철광(pyrrhotite)** : 황의 함량은 25~35% 정도이다.

4) **금속제련 폐가스(부생 SO_2)** : 비철금속 Cu, Zn, Pb 등은 황화물광으로 산출되는 때가 많은데, 이것들로부터 금속을 제련할 때는 SO_2 가스가 부생된다. 최근 주로 이용되는 방법이다.

5) **기타 SO_2 자원** : 석고를 원료로 한 시멘트 제조공정 시 부생 SO_2, 석유정제 시 부생되는 H_2S를 회수·처리하여 유리된 황 등이다.

(2) 황산의 제조공정

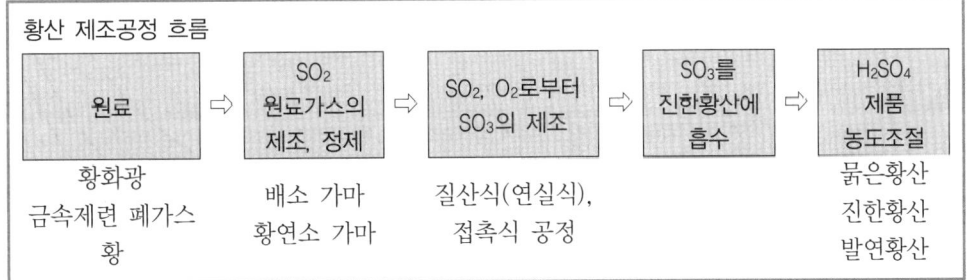

1) SO₂(이산화황)의 제조 및 정제

① 주로 황을 연소하거나 황화금속광을 배소(焙燒, roasting)하여 제조한다.

② 금속제련 폐가스로부터 이산화황을 대부분 얻는데, 얻어진 SO_2가스 중의 불순물은 삼산화황을 만들 시에 장치 내의 촉매의 성능을 저하시키므로, 가스를 충분히 정제해야 한다.

③ 세척탑에서 나오는 가스 중의 다량의 미스트(mist)는 전기집진장치(mist cottrell)에 의해 제거되고, 마지막 건조탑에서 진한황산과 접촉시켜 건조한다.

2) SO₃(삼산화황)의 제조

① 'SO₂'을 산화시켜 'SO₃'을 만든다.

② 반응 : 발열반응이며, 가역반응이다.

$$SO_2 + \frac{1}{2}O_2 \rightleftharpoons 2SO_3 + 23kcal$$

③ **고정층반응기** : 산화공정은 주로 촉매입자가 느슨하게 채워져 있는 4~5개 체판(sieve tray)을 갖추고 있는 고정층 반응기(촉매 전화기)에서 진행된다.

3) SO₃(삼산화황)을 진한황산(98% 황산)에 흡수

① 전화기(轉化機)에서 생성된 SO₃ 가스를 흡수탑에 흡수시켜 발연황산과 묽은황산을 만든다.

② 황산은 농도 98.3%에서 증기압이 최저이며, 탈수력이 있어 미스트를 파괴하므로, 실제 흡수공정에서는 SO₃를 98% 황산에 흡수시켜 발연황산이나 100% 황산을 만든다. 이때 발열하므로 흡수액은 냉각한다.

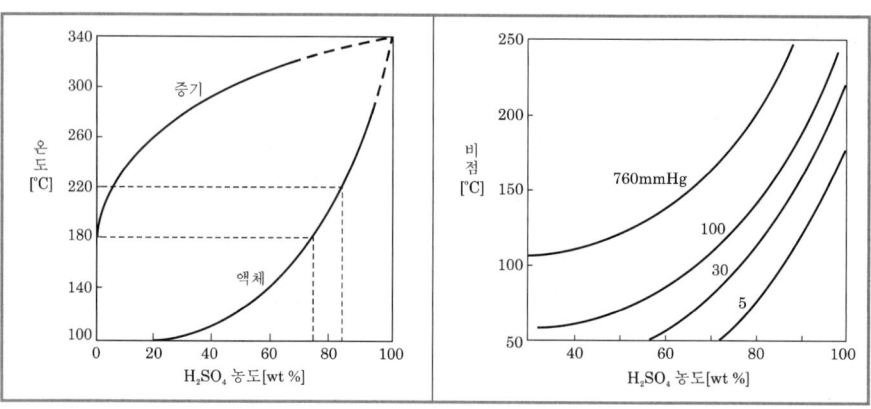

[황산의 비점곡선과 평형 증기 조성] [각 증기압하에서의 비점]

4) 묽은황산의 농축

① 공해방지 차원에서 폐황산을 회수하거나 배기가스 중의 SO_3 가스를 회수하여 다량의 묽은황산을 얻을 수 있어 농축이 필요하다.

② 액중 연소방식, 진공 증발방식을 사용한다.

(3) 연실식(lead chamber process) 제조방법

1) 연실 바닥으로 SO_2, N_2, NO_2, O_2 등을 주입하고 상부에서 물을 분무하는 방식이다.

① 연실은 크기에 비하여 능률이 낮고, 기계적 성질이 나쁘다.

➡ 연실 대신에 탑을 이용하는 Peterson식과 **반탑식**을 거쳐 **탑식**으로 개량한 제법이 있다.

➡ 연실법은 균일촉매반응(촉매 NO_x)이다.

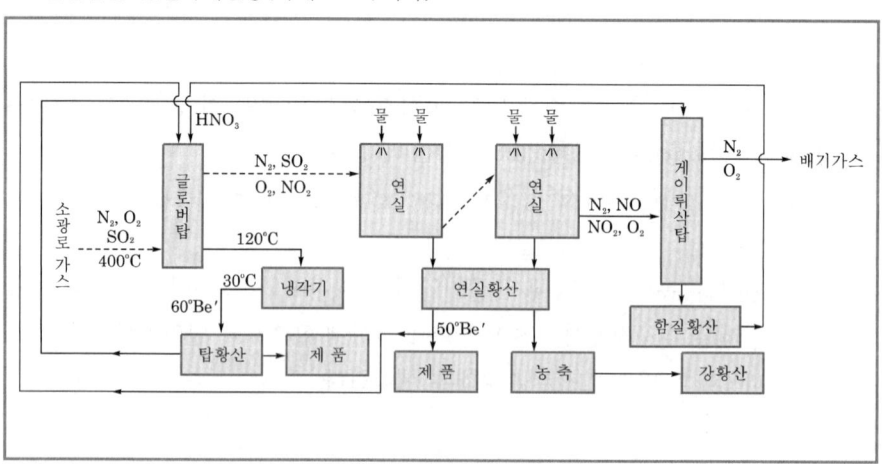

[연실법]

2) 연실법은 '**글로버탑 → 연실 → 게이-뤼삭탑**'으로 구성되어 있다.

① **글로버탑(glover tower)** : 원형 또는 각형의 탑이다. 함질황산의 탈질과 황산의 생성이 이루어지는 탑이다.

$2HSO_4 \cdot NO(함질황산) + H_2O \leftrightharpoons 2H_2SO_4 + NO + NO_2$ ······ 탈질공정

$2HSO_4 \cdot NO(함질황산) + SO_2 + 2H_2O \leftrightharpoons 2H_2SO_4 \cdot NO + H_2SO_4$ ······ 황산 생성공정

② **연실**(鉛室, lead chamber) : 글로버탑에서 오는 가스를 혼합시키고 SO_2를 산화시키기 위한 공간이다. 반응열을 발산한다. 생성된 산무(酸霧)의 응축을 위한 표면을 부여한다.

$SO_2 + NO_2 + H_2O \rightarrow H_2SO_4 + NO \ (2NO + O_2 \rightarrow 2NO_2)$

③ **게이 − 뤼삭탑**(Gay − Lussac Tower) : 산화질소의 회수반응이 주로 일어난다.

$2H_2SO_4 + NO + NO_2 \leftrightharpoons 2HSO_4 \cdot NO(함질황산) + H_2O$

④ **단점** : 연실식으로 제조된 황산은 농도가 낮고, 불순물이 많아 순도도 낮을 뿐만 아니라, 산화질소의 일부가 회수되지 않는 등의 결점이 많아 현재 사용되지 않는다.

3) 연실식을 개량한 탑식

① 연실 전후의 탑 용량을 크게 하는 대신, 연실의 부피를 축소시켜 탑을 주체로 하는 황산의 제조방법이다.

    ㉠ 연실법에서는 주 반응이 많은 공간을 필요로 하는 기상반응인데 비해, 탑식은 기 − 액상반응을 주로 하기 때문에 장치의 부피가 줄어든다.

    ㉡ 탑의 수는 6개로 직렬 배열하는데, 제1탑은 글로버탑, 제4·5·6탑은 탑산이 외부순환을 하고, 제2·3탑은 탑산이 내부순환한다.

② 탑식과 연실식의 비교

탑 식	연실식
• 장치 부피가 작다.	• 동일 용량에 비해 공장부지가 넓다.
• SO_2 산화속도가 빠르다.	• 반응가스의 통과시간이 느리다.
• 장치 능률이 좋다.(생산 황산농도 74~75%)	• 제품의 농도가 낮고, 순도가 낮다.
• 인공 냉각에 의존한다.	• 자연 냉각에 의존한다.
• 냉각수의 순환, 산 운반동력이 크다.	• 인건비가 많이 든다.
• 순환산의 양이 크므로 장치손실이 크다.	• 산화질소가 일부 회수되지 않는다.

③ Opl법 : 글로버탑, 게이 − 뤼삭탑과 비슷한 6개의 탑으로 되어 있고, 연소가스는 직렬로 순차적으로 통과한다.

    ㉠ 처음 3개 탑은 글로버탑, 나머지 3개의 탑은 게이 − 뤼삭탑의 역할을 한다.

    ㉡ 제1+6탑, 제2+5탑, 제3+4탑을 조합하여 황산의 생성과 질소산화물 흡수를 3중 운행(輪行)시키고, 제2·3탑에서 유출하는 황산의 일부는 제1탑에 추가하여 충분한 탈질를 하고 일부는 제품으로 한다.

    ㉢ 반응에 필요한 질소산화물은 제2탑에 주입되고, 황산생성에 필요한 물은 제1·2·3탑의 상부로 도입시킨다.

④ Peterson법 : 제련소에서 나오는 폐가스와 같이 양, 농도 등의 변화가 심한 이산화
황을 처리하기 위한 방법이다.

㉠ 글로버탑, 생성탑, 게이-뤼삭탑으로 구성되며, 생성탑에는 석영괴(石礦塊)를 충
전한다.

㉡ 순환 질산량은 가급적 크게 하고, 황산의 순환은 다음 그림과 같다.

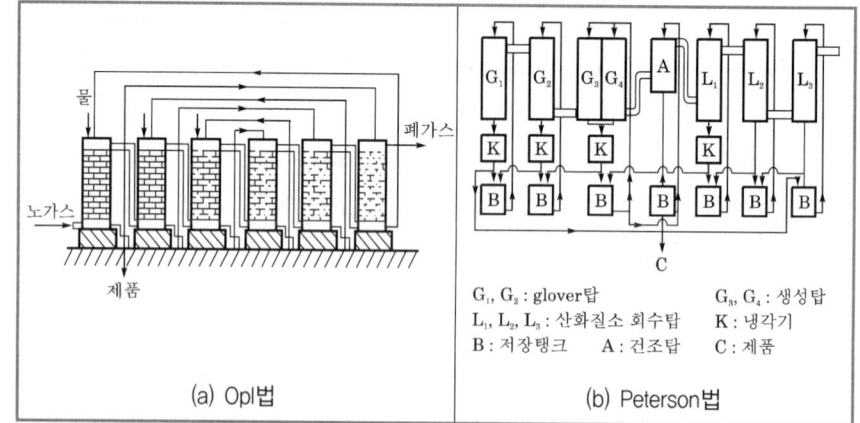

(a) Opl법   (b) Peterson법

⑤ 반탑식 : 연실법에서는 반응열로 인해 최종 연실의 온도가 너무 높아지면 게이-뤼
삭탑에 들어가는 가스 중의 수분이 증가하고, 또한 반응하지 않는 SO_2가 많을 경우
산화질소의 흡수가 감퇴되는 단점이 있다. 따라서 수분 및 SO_2를 제거하는 방법으로
최종 연실과 게이-뤼삭탑 중간에 피터슨탑을 설치하고 황산을 내외 2중 순환시키는
방법인 반탑식을 제안하였다.

[특징] 탑을 설치함으로써 글로버탑의 황산 생성량을 증가시키고 전체의 변동이 억
제되며 조업이 간편하다.

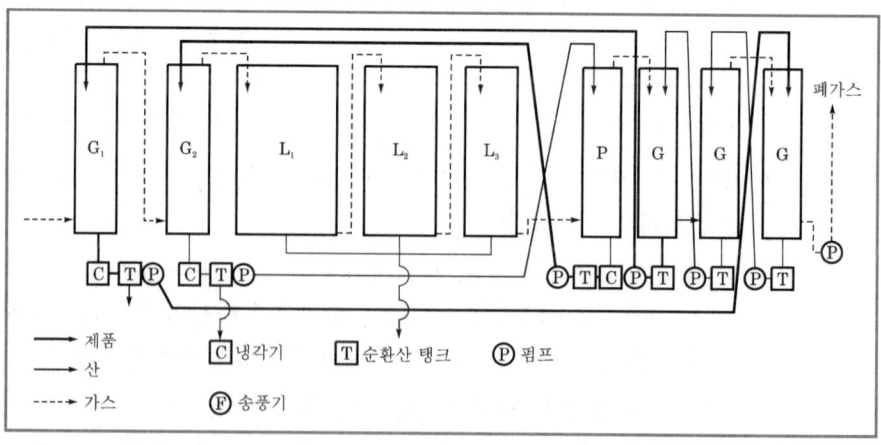

[반탑식 황산 제조 배치도]

(4) 접촉식 제조공정

1) 고체 촉매(V_2O_5, 오산화바나듐)를 사용하여 SO_2을 공기 중의 산소와 산화시켜 SO_3으로 전화시킨 후 진한황산에 흡수시켜 발연황산이나 100% 황산을 만든다.

➡ V_2O_5 촉매의 장점 : 주 촉매는 V_2O_5, 조 촉매는 K_2SO_4, 담체로 실리카겔로 구성된 촉매로, 비표면적이 크고, 수명이 10년 이상이며, 피독작용이 적고, 고온에서도 활성이 떨어지지 않고 95% 이상의 전화율을 얻을 수 있는 장점이 있다.

2) 접촉식 황산 제조공정 : Monsanto식 제조공정이 유명하다.

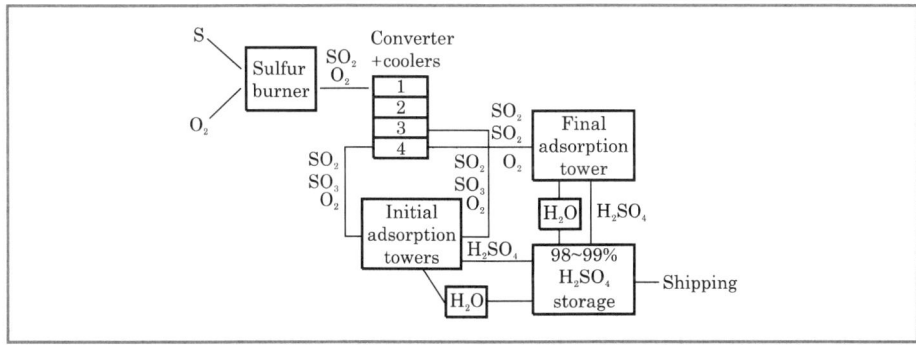

3) 전화공정(산화공정)의 특징

① 반응기의 형태 : 이산화황에서 삼산화황으로의 산화공정은 주로 촉매 입자들이 느슨하게 채워져 있는 4~5개의 체판(sieve tray)을 갖추고 있는 고정층반응기(촉매 전화기)로 구성된다.

② 촉매층에서의 온도와 전화율과의 관계

㉠ 반응가스의 이산화황 농도는 먼저 건조공기를 사용하여 부피 백분율을 약 10% 정도로 조정하고, 농도 7~8%의 이산화황을 온도 435℃ 조건에서 촉매층에 유입시킨다.

㉡ 위에서 반응열이 전부 반응가스에 유입되었다고 하면, 가스의 온도는 다음 그림의 제1단 촉매층을 통하여 a선을 따라 상승한다.

㉢ 농도조정이 된 반응가스는 위에서 아래로 촉매층을 통과하는데, 첫 번째 층(tray)에 들어갈 때 가스의 온도는 약 435℃ 정도이고, 배출가스의 온도는 590℃ 정도이다. 따라서 다음 층으로 유입되기 전에 420℃ 정도로 냉각시켜야 한다.

㉣ 시간이 지나 평형에까지 반응시키면, p점에 이르게 된다. 이때의 전화율은 74% 정도이다. 또 반응의 진행에는 반응을 중간에 정지시키고 냉각하여 다시 온도를 420℃로 한 후 제2단 촉매층에 유입시키면 다시 전화가 일어난다. 이와 같은 과정을 계속 반복하면 4단의 촉매층에 의해 전화율은 98% 정도가 된다.

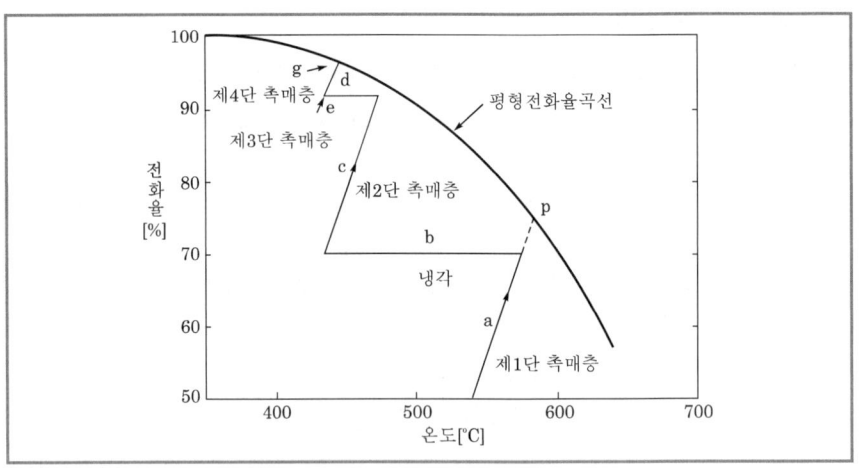

[촉매층에서의 온도와 전화율의 관계]

4) 흡수공정의 특징

① 전화기에서 생성된 SO_3 가스를 흡수탑에 흡수시켜 발연황산과 진한황산을 만든다.
이때 SO_3 가스 중에 수분이 많거나 흡수액으로 물이나 묽은황산을 사용하면, 황산
미스트(mist)로 되어 잘 흡수되지 않는다.

➡ 가스에 수분을 적게 하거나 진한황산에 흡수시키는 것이 좋다.

② 황산은 농도 98.3%에서 증기압이 최저이며, 탈수력이 있다.
위에 따라 미스트가 파괴되기 때문에, 실제 흡수공정에서는 SO_3 가스를 98% 황산
에 흡수시켜 발연황산이나 100% 황산을 만든다.

 기출 및 예상 문제

01 접촉식 황산 제조공정에 대한 설명 중 옳지 않은 것은? ✪ 07 국가직 9급

① 바나듐 촉매를 사용한다.

② 이산화황(SO_2)에서 삼산화황(SO_3)을 생성하는 반응은 흡열반응이다.

③ 삼산화황(SO_3)은 진한황산으로 흡수된다. 이때 발열하므로 흡수액은 냉동한다.

④ 폐가스 중의 이산화황(SO_2)은 되도록 적게 한다.

02 접촉식 황산 제조법에 사용하는 바나듐 촉매의 특징이 아닌 것은?

① 촉매의 수명이 길다. ② 촉매독작용이 상당히 적다.

③ 전화율이 상당히 낮다. ④ 고온에서 안정하다.

03 황산의 성질에 대한 설명이다. 옳지 않은 것은? ✛ 04 서울시 9급

① 비점은 98.3% 황산보다 100% 황산이 더 크다.
② 묽은황산은 산화력이 없으나, 신한황산은 산화력이 있다.
③ 진한황산의 수증기 압력은 대단히 적어, 물과의 결합력이 크다.
④ 묽은황산은 강산의 성질을 지니므로, 이온화 경향이 수소보다 큰 금속을 용해하고 H_2를 발생한다.
⑤ 금, 백금족원소는 진한황산에도 침식되지 않는다.

04 황산의 제조공정인 연실식과 탑식에 대한 비교이다. 틀린 것은? ✛ 02 국가직 9급

① 탑식이 더 압력손실이 크다.
② 연실식이 더 인건비가 많이 든다.
③ 탑식은 반응가스의 통과시간이 더 빠르다.
④ 연실식은 많은 공장부지가 필요하다.

05 연실법에 의한 황산 제조 시 글로버(glover)탑의 기능과 관계없는 것은? ✛ 98 행안부 9급

① 연실산을 농축한다.
② 주입된 가스의 혼합, SO_2의 산화를 위한 공간을 둔다.
③ 로(爐)가스를 세척, 냉각한다.
④ 질산을 환원시킨다.

06 다음은 황산 제조공정에서 각 단위공정의 기능을 나열한 것이다. 글로버(glover)탑의 기능으로 적합한 것만 짝지은 것은?

(ㄱ) 산화질소의 회수	(ㄴ) 함질황산의 생성
(ㄷ) 니트로실황산의 탈질	(ㄹ) 연실산의 농축

① (ㄱ), (ㄴ) ② (ㄱ), (ㄴ), (ㄷ)
③ (ㄴ), (ㄷ) ④ (ㄴ), (ㄷ), (ㄹ)

07 황산에 대한 설명이다. 틀린 것은? ✛ 98 행안부 9급(변형)

① 진한황산은 흡습성이 커서 건조제, 탈수제로 사용된다.
② 진한황산은 산화력이 강하고 비휘발성이다.
③ 묽은황산은 수소보다 이온화 경향이 작은 금속과 반응하여 수소 기체를 발생한다.
④ 100% 황산은 부식성이 없으나 이보다 낮은 농도의 황산은 부식성이 있다.
⑤ 대기 중 SO_3는 흡습성이 커서 산성비의 원인이 되기도 한다.

08 황의 연소(combustion)과정에서 양질의 가스를 얻기 위한 방법으로 잘못 설명된 것은?

① 황과 적당한 양의 공기가 혼합되어야 한다.

② SO_3로 변하는 것을 방지하기 위해 급랭해야 한다.

③ SO_3 생성을 방지하기 위해 충분히 높은 온도에서 혼합물을 완전히 연소시켜야 한다.

④ SO_3로 변하는 것을 방지하기 위해 온도를 올려주어야 한다.

09 황산 제조공정 중 반탑식 공정의 구성을 바르게 나타낸 것은?

① 황 배소로−glover탑−연실−Gay−Lussac탑

② 황 배소로−glover탑−연실−Petersen탑−Gay−Lussac탑

③ 황 배소로−glover탑의 역할을 하는 탑−Gay−Lussac탑의 역할을 하는 탑

④ 황 배소로−폐열 보일러−가스 정제부분−전화기−흡수탑

10 접촉식 황산 제조공정에서 전화기에 대한 설명 중 옳은 것은?

① 전화기 조작에서 온도조절이 좋지 않아서 온도가 너무 상승하면 전화율이 감소하므로 이의 조정이 중요하다.

② 전화기는 SO_3 생성열을 제거시키며 동시에 미반응가스를 냉각시킨다.

③ 촉매의 온도는 200℃ 이하로 운전하는 것이 좋기 때문에 열교환기의 용량을 증대시킬 필요가 있다.

④ 전화기의 열교환방식은 최근에는 거의 내부 열교환방식을 채택하고 있다.

11 최근 환경오염 문제 때문에 폐황산의 회수나 배기가스 중의 SO_2의 회수 등에서 다량의 묽은황산(15~30%)을 얻을 수 있게 되어, 이들 묽은황산의 농축이 중요하게 되었다. 다음 중 이들 묽은황산의 농축에 대한 설명 중 틀린 것은?

① 묽은황산에 연소가스를 흡입하는 방법으로 진공 증발식이 있다.

② 묽은황산에 연소가스를 흡입하는 방법은 농축 한도가 거의 90% 이상이다.

③ 진공 증발식은 설비비가 많이 든다.

④ 진공 증발식은 저온에서 고농도를 얻을 수 있다.

 정답 및 해설

- -

01 ②

유형및해설 [접촉식 황산의 제법] ②의 반응식 '$SO_2 + \frac{1}{2}O_2 \leftrightarrows 2SO_3 + 45kcal$' 발열반응이다.

02 ③

유형 및 해설 [접촉식 황산의 촉매＞바나듐 촉매] 촉매는 처음에 백금(분말) 촉매가 이용되었지만, 가격이 비싸고 피독작용과 소모율이 크므로, 전화율이 좋은 바나듐 촉매만 사용되고 있다.

> 🔬 **참고　바나듐 촉매**
>
> 오산화바나듐(V_2O_5)에 조촉매로 황산칼륨(K_2SO_4)을 가해 이것을 실리카겔, 규조토 등의 담체에 담지시킨 것이다. 이는 입경(ϕ) 4~10mm, 길이 6~15mm의 원주상으로 성형하여 사용한다. 바나듐 촉매의 특성으로는 10년 이상 사용할 수 있으며, 독작용에 대한 저항이 매우 크고, 다공성이어서 비표면적이 클 뿐 아니라, 고온에서 안정하고 산에 침식되지 않는다.

03 ①

유형 및 해설 [황산의 성질] 다음 황산의 성질을 익혀두자.

> 🔬 **참고　황산의 성질**
>
> ① 황산은 무색의 점성이 있는 무거운 액체이다. 일반적으로 사용하는 96~98% **황산은 비중이 1.84 정도**이고, 97.35%에서 최고 비중 1.8415를 나타내고, **100% 황산은 비중이 1.8385**이다.
>
> ② 황산은 98.3%에서 338℃의 최고 높은 비점을 가진다. 황산은 비중으로 농도를 표시하는데, 98% 이상의 농도에서는 비중이 저하하므로 이 범위 농도의 산은 %로 표시한다.
>
> ③ 황산의 산화력은 농도에 따라 차이가 있는데, 묽은황산은 2염기산으로 전리해 HSO_4^- 또는 SO_4^{2-}로 되어 산화력이 없고, 진한황산은 고온에서 SO_3를 발생하고 산화력을 나타낸다.
>
> ④ 진한황산의 수증기압은 대단히 적고, 물과 섞으면 발열한다. 이는 물과의 결합력이 크다. 따라서 진한황산은 건조제, 탈수제 등에 사용된다. 또, 진한황산은 폭약, 염료 등의 제조에 있어 니트로화에 의한 탈수작용, 묽은황산의 농축제로 사용한다.
>
> ⑤ 묽은황산은 강산의 성질을 지닌다. 따라서 이온화 경향이 수소보다 큰 금속을 용해하고 H_2 가스를 발생시킨다. 반면, 이온화 경향이 수소보다 작은 금속은 용해하지 못하고 그 농도가 증가함에 따라 산의 성질이 약해진다.
>
> ⑥ 금, 백금족원소는 진한황산에도 침식되지 않는데, 이런 성질을 이용하여 황산에 대한 내식 금속재료로서 실리콘(Si) 15%를 함유한 규소철(ferrosilicon)은 내산성이 강하고 산의 가열 농축 및 기타 기계장치의 재료로 사용된다.
>
> ⑦ Pb은 아연 등 불순물이 섞이면 부식이 커지므로 황산공장에서는 순수한 연판을 사용한다.

04 ①

유형 및 해설 [연실식과 탑식] 연실식은 탑식에 비해, 고가의 연실(lead chamber)이 필요하여 장치비가 많이 들고, 인건비도 많이 들 뿐만아니라 공장부지도 넓어야 한다.

05 ②

유형 및 해설 [연실식 황산의 제법] ②는 글로버탑에서의 조건이 아니라, 연실(鉛室)에서 글로버탑에서 도입되는 가스를 혼합시키고 이산화황을 산화시키기 위한 공간을 마련해 둔다.

06 ④

유형 및 해설 [글로버탑의 기능] 글로버탑은 로가스의 냉각, 황산의 생성(함질황산), 로가스의 세척, 함질황산의 탈질, 연실산의 농축, 질산의 환원기능을 담당한다. 한편, 산화질소의 회수는 게이-뤼삭탑에서 황산에 의해 흡수되어 회수된다.

07 ③

유형 및 해설 [황산의 성질] 묽은황산은 이온화 경향이 수소보다 큰 금속들과 반응하여 금속황산염을 생성시키고 수소를 발생한다.

$Zn + dil.H_2SO_4 \rightarrow ZnSO_4 + H_2 \uparrow$

cf dil : 묽은황산

이에 비해 이온화 경향이 수소보다 작은 금속들은 묽은황산과 반응하지 않지만 가열하면서 진한황산과 반응시키면 금속황산염을 생성시키고 이산화황이 발생된다.

$Cu + 2H_2SO_4 \rightarrow CuSO_4 + 2H_2O + SO_2 \uparrow$

또한 황산의 부식성은 위 이온화 경향으로 설명이 가능하다.

08 ④

유형 및 해설 [황의 연소] 삼산화황의 생성을 방지하기 위해서는 르 샤틀리에 원리를 응용한다. 이 반응은 흡열반응이므로 냉각시켜 생성을 억제시킨다.

09 ②

유형 및 해설 [황산의 제조공정>반탑식] ① 연실식 제조공정이며, ③은 탑식, ④는 접촉식 황산 제조 공정의 배치이다.

10 ①

유형 및 해설 [접촉식 황산 제조>전화기] 전화기의 반응은 다음과 같다.

$SO_2 + \dfrac{1}{2}O_2 \leftrightarrows 2SO_3 + 23kcal$

위의 반응은 발열반응으로 저온에서 반응 평형은 우측으로 진행하나 반응속도가 느리므로 가급적이면 저온에서 반응속도를 빠르게 하기 위해서 촉매를 사용한다. 온도 상승에 따라 이산화황의 전화율은 감소되나, SO_2와 산소분압을 증가시키면 전화율은 커진다.

11 ②

유형 및 해설 [묽은황산의 농축] 농축에는 묽은황산에 연소가스를 흡입시키는 액중 연소방식과 진공 증발식이 있다.

- 액중 연소방식에서 농축한도는 70%이고, 그 이상에서는 황산의 증기가 발생한다. 장치는 비교적 간단하지만 탄소질 재료가 많이 사용된다.
- 진공 증발식은 설비비가 많이 들지만, 5~100mmHg 저압에서 농축되므로, 감압하면 저온에서 고농도의 황산을 얻을 수 있다.

제**57**주

질산 공업

1. 질산의 성질과 용도

(1) 성질

1) 무색의 액체로 융점은 $-41.3℃$, 비등점은 $86℃$이며 물과 임의의 비율로 혼합되며 그 수용액은 강한 1염기산이다.

2) 강산으로서 강력한 산화제이다. 다음과 같은 반응식에 따라 NO_2를 방출한다.

$$2HNO_3 \rightarrow 2NO_2 + H_2O + \frac{1}{2}O_2$$

3) Rh, Ir, Pt, Au 이외에 대부분의 금속은 질산에 용해되며, 알루미늄이나 크롬 등은 진한 질산 속에서 산화물 피막을 생성시켜 부동태가 된다.

4) 질산과 염산의 혼합물인 왕수(aqua regia)는 금이나 백금을 용해한다.

5) 유기물에 대해서는 산화되거나 니트로화, 에스테르화반응 등이 일어난다. 이들 반응은 진한질산이나 혼합산(진한질산+진한황산) 속에서 더욱 잘 진행된다.

(2) 용도

1) 암모니아와 반응하여 질산암모늄을 생성시키므로 비료나 폭약으로 이용된다.

2) 탄수화물의 산화에도 쓰인다.

3) **공업용 묽은질산(50~70%)** : 질산암모늄, 질산칼륨 등과 같은 질소질 비료 제조원료나 인광석의 분해에 이용된다.

4) **진한질산(98% HNO_3)** : 니트로셀룰로오스, 니트로글리세린 등의 니트로화합물의 합성과 염료, 화약, 의약품, 로켓의 연료 등에 이용된다.

5) **질산나트륨($NaNO_3$, sodium nitrate)** : 특수 비료나 유리 법랑(enamel)공업의 산화제로 사용되고 15% 정도가 화약공업에, 5~10% 정도는 섬유 및 플라스틱의 전구체인 아디프산의 제조와 니트로벤젠, 디니트로톨루엔의 제조 등에 사용된다.

2. 질산의 제조공정

(1) 칠레초석법(고전적 방법) : 칠레초석($NaNO_3$, chile saltpeter)을 황산으로 분해하여 제조하는 방법이다.

$$2NaNO_3 + H_2SO_4 \longrightarrow 2HNO_3 + Na_2SO_4$$

(2) 전호법(아크방전법) : 공기 중에서 방전시켜 공기 중의 질소와 산소로부터 제조한다.

$$3/2N_2 + 3O_2 \xrightarrow[\text{방전}]{} 3NO_2 \xrightarrow[\text{H_2O에 흡수}]{} 2HNO_3 + NO$$

(3) 암모니아산화법(일명, Ostwald법) : 3단계 공정

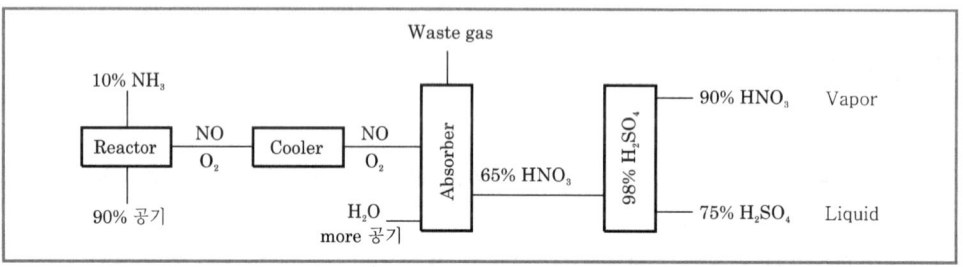

[암모니아산화법에 의한 질산의 제조공정]

1) **[제1공정]** Pt 촉매하에서 암모니아를 산화(공기)시켜 일산화질소를 만드는 공정

$$4NH_3 + 5O_2 \longrightarrow 4NO + 6H_2O + 216.4kcal$$

① 암모니아를 산소가 들어 있는 공기와 혼합하여 700~1,000℃ 정도로 가열한 백금망을 통해 접촉산화시키면 NO와 수증기가 생긴다.(이를 암모니아 산화공정이라 부른다.)

② [제1공정]의 반응식에서 평형상수는 다음 식과 같다.

$$K_P = \frac{(P_{NO})^4 (P_{H_2O})^6}{(P_{NH_3})^4 (P_{O_2})^5}$$

③ 암모니아의 산화율에 영향을 주는 인자는 주로 온도, 압력의 영향에 의해 결정된다.

   ㉠ 온도 : 이는 심한 발열반응이고, 반응이 진행될수록 부피가 증가한다. 따라서 이는 반응온도가 낮은 쪽이 유리하다. 그러나 반응온도가 너무 낮아지면 반응속도가 느려지고 부반응이 일어나며 산화율이 떨어지는 문제점이 생긴다.

     ➡ 산화율이 최고가 되기 위해서는 우선 원료가스를 열교환기로 충분히 예열시킨 뒤 암모니아 산화기로 보낸다. 고온에서 NO가 쉽게 분해되는 문제점도 있다.

     ➡ 촉매표면에서 온도가 750℃ 정도일 때, 산화율이 최고이다.

   ㉡ 압력 : 암모니아 산화반응은 압력을 가하면 평형이동의 원리(변화를 없애려는 방향으로 평형이 이동하는 원리)에 의해 생성물이 감소하는 단점이 있지만 반응장치의 규모를 줄일 수 있는 장점이 있다.

   ㉢ 암모니아 산화반응은 질산의 수율에 결정적인 영향을 미치는 반응이므로, 조건을 목적에 맞게 조절해야 한다. 이 조건에서 산소와 암모니아의 혼합비($[O_2]$: $[NH_3]$)는 2.2~2.3 : 1이 되도록 유지하는 것이 적절하다.

압력(atm)	온도(℃)	산화율(%)
1	790~850	97~98
3.5	870	96~97
8	920	95~96
10.5	940	94~95

2) [제2공정] NO를 더욱 산화시켜 이산화질소를 만드는 공정

$$2NO + O_2 \longrightarrow 2NO_2 + 32.2kcal$$

① 암모니아 산화반응기를 나온 반응가스를 냉각하면, 가스 중의 NO와 과잉산소가 쉽게 반응하여 NO_2를 생성한다.

② 이 반응은 발열반응이지만 온도가 낮아지면 반응속도가 증가하는 특성을 가지고 있다.

③ 이산화질소를 상온 부근까지 냉각시키면, 이산화질소 이분자가 중합하여 사산화질소가 된다. 순수한 사산화질소(N_2O_4)는 고체로만 존재하고, 기체, 액체에서는 NO_2를 반드시 함유한다.

3) [제3공정] 마지막으로 NO_2를 물에 흡수시켜 질산을 생성시키는 공정

$$3NO_2 + H_2O \longrightarrow 2HNO_3 + NO + 32.3kcal$$

이 반응평형은 온도를 낮추고 압력을 높였을 때 질산의 생성률이 높아진다. 이렇게 하여 얻어진 질산농도는 보통 55~63% 정도의 묽은질산이다.

3. 진한질산의 제조

묽은수용액의 최고 공비점(azeotropic point)이 68%에 존재하여, 증류만으로는 68% 이상의 질산을 얻을 수 없다. 따라서, 다음과 같은 방법을 사용한다.

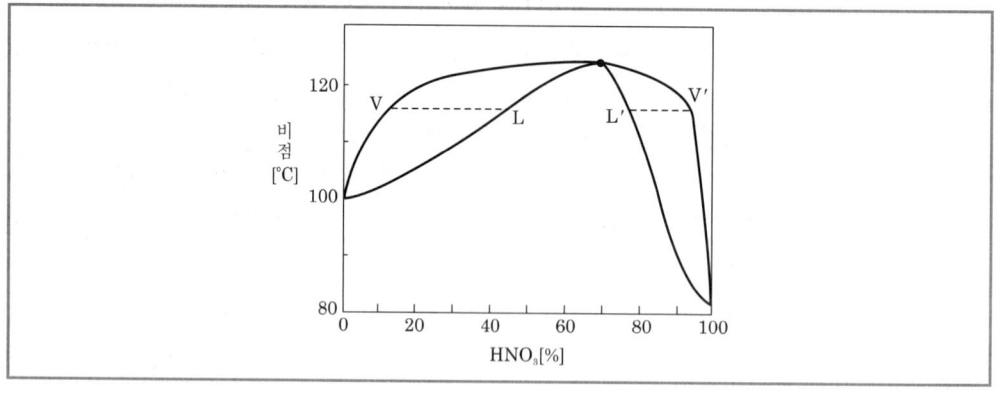

[H₂O – HNO₃계 기–액 평형도]

(1) Pauling식 : 묽은질산에 진한황산(98% 황산)을 가하여 증류하는 방법이다.

묽은질산 및 진한황산의 혼합 가열에 의한 증류 농축부와 묽은황산의 가열 농축부로 되어 있고, 탑상부에는 진한황산과 묽은질산을 혼합 공급하고 온도는 110℃ 전후로 유지하며 탑 하부의 온도는 170~180℃, 황산의 농도는 70% 정도가 되도록 조작하고 묽은황산은 다시 농축하여 사용한다.

(2) Maggie식 : Mg(NO₃)₂, 질산마그네슘을 섞어 탈수농축하는 방법이다. 이 방법은 Pauling 법에 비해 수율과 품질이 좋고 설비비가 적게 들지만 운전비가 많이 든다.

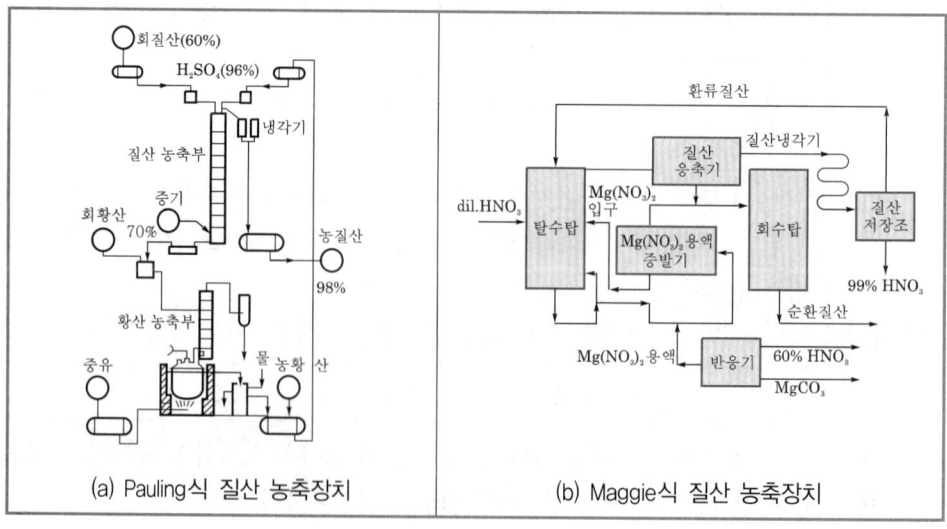

(a) Pauling식 질산 농축장치   (b) Maggie식 질산 농축장치

1) 반응기에 탄산마그네슘과 60% 질산을 넣어 질산마그네슘용액을 만든다.

2) 증발기에서 72%의 용액으로 농축한다. 이 용액을 탈수탑에 넣으면 주입된 회질산에서 수분을 탈취하여 질산은 농축되고 99%의 HNO_3가 질산 응축기 중에서 응축되므로 냉각 저장되고 일부는 탈수탑에 환류된다.

3) 탈수탑에서 나온 질산마그네슘용액은 55~65%, 338~356°F이고, 이것을 다시 농축하여 72% 용액을 만든다.

4. 배출가스(NO_x)의 제거

질산 제조 시 배출가스로 갈색의 NO_x가 0.1~0.2% 정도 포함되어 있어, 이는 환경규제물질로 반드시 제거해야 한다.

(1) 촉매환원법 : Pt 촉매하에 메탄이나 수소와 수소화반응시켜, N_2를 분리 배출한다.

$$2NO_2(g) + 4H_2(g) \xrightarrow[\text{Pt/[H]}]{} N_2(g) + 4H_2O(g)$$

(2) 흡수법 : 가성소다에 흡수시켜 아질산나트륨($NaNO_2$)으로 만들어 이것을 다시 염료공업에 사용한다.

$$NO_2 + NO + 2NaOH \longrightarrow 2NaNO_2 + H_2O$$

기출 및 예상 문제

01 질산에 대한 설명이다. 옳지 않은 것은? ✪ 04 서울시 9급(복원)

① 질산의 제법에는 칠레초석법, 전호법, Ostwald법이 있다.

② 대부분이 비료용으로 쓰이며, 폭약, 합성섬유, 염료, 플라스틱 제조에도 사용된다.

③ 암모니아 산화법에 의한 질산 제조 시 촉매는 백금 촉매를 사용한다.

④ 암모니아 산화공정에서 온도와 압력은 암모니아의 산화율에 지배적인 영향을 미친다.

⑤ 진한질산의 제조에서 68% 이상의 질산은 가열해야 한다.

02 질산의 합성법은? ✪ 04 서울시 9급(복원)

① Le Blanc법 ② Haber-Bosch법

③ Pauling법 ④ glover법

⑤ Gay-Lussac법

03 질산을 제조할 수 있는 방법이 아닌 것은?

① Frauer법   ② Ostwald법

③ nitration법   ④ IG법

04 진한질산 제조 시 농축에 사용하는 것은?   ❂ 04 서울시 9급

① 수소가스   ② 합성가스

③ 인산암모늄   ④ 묽은황산

⑤ 진한황산

05 Pt‒Rh 촉매를 사용하는 Ostwald법의 산화공정 반응식은?   ❂ 04 서울시 9급

① $SO_2 + \frac{1}{2}O_2 \rightarrow SO_3$

② $C_2H_5OH + \frac{1}{2}O_2 \rightarrow CH_3CHO + H_2O$

③ $NH_3 + HNO_3 \rightarrow NH_4NO_3$

④ $4NH_3 + 5O_2 \rightarrow 4NO + 6H_2O$

⑤ $4P + 5O_2 \rightarrow 2P_2O_5$

06 질소제품공업에 대한 설명이다. 틀린 것은?   ❂ 97 총무처 9급

① 암모니아가스를 산화시키면 NO가 생성된다.

② NH_3를 Ni 촉매하에서 환원시켜 NO를 얻는다.

③ 질산을 농축할 때는 진한 H_2SO_4를 사용한다.

④ 암모니아산화법은 촉매형태의 망을 사용한다.

 정답 및 해설

01 ⑤

유형 및 해설 [질산의 개요] 진한질산의 제조에서 H_2O‒HNO_3 기‒액 평형에 대한 이해를 바탕으로 한다. 진한질산은 68%에서 최고 공비점(azeotropic point)을 가지므로, 68% 이하의 질산은 가열하여 68%까지 농축시킬 수 있지만 그 이상의 질산은 불가능하다.

※ 공비점 문제는 열역학을 참조하여 학습해 두기 바란다.

02 ③

유형 및 해설 [질산의 제조방법] 제법에 관한 문제이다. 서울시 등 지방직 시험은 자세한 인명 제법
도 알아둘 필요가 있다. 먼저 ①은 소다회 제법이며, ②는 암모니아합성법이며, ④와 ⑤는
황산의 제법으로 탑식에 사용되는 glover탑과 Gay-Lussac탑을 활용한 방법이다.
질산의 제조방법(칠레초석법, 전호법, 암모니아산화법 ; 일반적 제법), 진한질산의 제조방
법에는 Pauling법(묽은질산에 진한질산을 가하여 제조), Maggie식(탈수농축법)이 있다.

03 ④

유형 및 해설 [질산의 제조방법] IG법은 암모니아합성이다.

✋ 정리

> 질산의 제조방법에는 전가압법인 DuPont법, Pauling법, Chemico법
> 상압 흡수법인 Frank-Caro법, 반가압법인 Fauser법, Uhde법
> 부생산소 이용법인 Hoko법, Fauser법, 동공시법이 있다.

04 ⑤

유형 및 해설 [질산의 제조방법] 진한질산의 제법 중 Pauling 방법으로, 증발 농축하여 묽은질산에
진한황산을 가해 증류한다.

05 ④

유형 및 해설 [Ostwald법] 먼저 Ostwald법은 암모니아산화법으로 질산을 제조하는 방법임을 알아야
한다. ①은 접촉식 황산 제조 시 삼산화황 제조공정, ②는 1급 알코올이 산화에 의한 알데
히드의 생성과정, ③은 질산을 암모니아로 중화시켜 질안을 제조하는 공정, ⑤는 건식인산
의 제법에서 산화공정이다.

06 ②

유형 및 해설 [질소 제품의 특징>암모니아산화법] 암모니아의 산화반응은 암모니아산화법으로 질산
을 제조 시 가장 먼저 시행하는 공정이다. 잘산을 농축할 때는 진한황산을 사용하며, 암모
니아산화법에 사용되는 촉매는 백금(Pt)에 Rh이나 Pd을 첨가하여 만든 백금계 촉매가 많
이 사용되는데, 이 촉매의 구조는 망형태를 지닐 수 있다.
여기서 ②가 말하는 Ni 촉매는 암모니아산화법에 적합하지 않으며, 굳이 Ni 촉매는 수소첨
가반응에 첨가하는 촉매로, 유지의 경화나 탈황공정에 사용된다.

제 **58** 주

염산 공업

제58주제　　염산 공업

1. 염산의 성질과 용도

(1) 성질

1) $HCl(g)$ 무색의 자극성이 강한 기체로 공기보다 무겁다.

2) $HCl(g)$는 $NH_3(g)$ 다음으로 물에 잘 녹는다.

3) 진한염산(aq)은 35% 수용액으로, 비중이 1.18이다.

4) 병 마개를 열 때, 흰 연기가 나온다. 이는 물에 녹아 있던 염화수소가 가스로 되어 나가다가 공기 중의 수분과 만나서 염산의 작은 방울을 만들기 때문이다.

5) 암모니아와 만난 염화암모늄의 흰색 알갱이를 만든다.

6) 염산은 강산으로 Al, Mg, Zn, Fe과 같은 이온화 경향이 큰 금속과 반응하여 수소가스를 발생시킨다.

7) 귀금속(Au, Pt, Hg, Ag)과는 반응하지 않고, Cu, Fe, Ni과는 가열 시 금속이 녹는다.

(2) 용도

1) 식품, 의약품, 화공약품, 염료, 농약 등

2) 염산은 글루탐산나트륨, 아미노산, 종이, 펄프, 염료, 플라스틱 제조, 철강 재료의 녹(rust) 제거에 사용된다. 그리고 염소가스는 염화비닐이나 염화에틸렌의 제조에도 쓰인다.

2. 염산의 제조공정

(1) 합성 염산법(소금물의 전기분해)

합성 염산은 소금수용액을 전해하여 NaOH를 제조할 때 부생되는 H_2와 Cl_2를 서로 연소반응시켜 HCl을 만드는 공정(연소탑)과 이것을 물에 흡수시키는 흡수공정(흡수탑) 등 2개 공정으로 이루어진다.

1) 소금물의 전기분해 : $2NaCl + 2H_2O \xrightarrow{\text{전기분해}} 2NaOH + H_2(g) + Cl_2(g)$

> **참고** 소금물의 전기분해 시 염산의 생성
>
> 소금물을 전기분해하면, 양극에는 염소가스가 음극에는 수소가스가 발생한다.
> (양극반응) $Cl^- \rightarrow Cl_2 + 2e^-$
> (음극반응) $2Na^+ + 2H_2O + 2e^- \rightarrow 2NaOH + H_2$
> ➡ 위 반응에서 생성되는 염소가스와 수소가스가 서로 반응하여 HCl(g)을 생성한다.

2) 제1공정 : H_2와 Cl_2의 반응(연소탑)

① 저온, 저압에서 라디칼 반응

$$Cl_2 + \text{에너지} \longrightarrow Cl\cdot + \cdot Cl$$
$$Cl\cdot + H_2 \longrightarrow HCl + H\cdot$$
$$H\cdot + Cl_2 \longrightarrow HCl + Cl\cdot$$

② 고온, 고압에서 폭발적으로 활성화된다.

$$Cl_2 + \text{에너지} \longrightarrow Cl_2^*$$
$$Cl_2^* + H_2 \longrightarrow 2HCl^*$$
$$2HCl^* + 2Cl_2 \longrightarrow 2HCl + 2Cl_2^*$$

> **주의** H_2와 Cl_2는 가열하거나 자외선(빛)을 쬐어주면 폭발적으로 반응하므로 조심해야 한다. 이를 방지하고 염소에 의한 부식을 막기 위해, H_2와 Cl_2 원료의 몰비를 1:1보다 약 10% 수소과잉의 상태로 하여 반응시킨다. 또한 내열, 내염소성의 석영유리 또는 합성수지 함침 불침투 흑연재료로 만든 반응기를 사용하여 광선을 차단한다.

3) 제2공정 : HCl(g) 물에 흡수(흡수탑)

① 흡수탑에서 H_2O과 병류 접촉시킨다.

➡ 미흡수된 가스는 회수탑에서 향류 접촉한다.

② 흡수탑에서 온도를 낮추고, 압력을 증가시켜야 흡수가 좋다.

➡ 진한염산용액은 저온에서도 HCl 증기압이 높아, 생성되는 산의 농도는 한정된다. 또, 증기압은 온도와 함께 증가하므로 흡수는 저온 쪽에서 행하는 것이 좋다.

ⓒ주의 폭발이 일어나는 또 하나의 원인은 흡수관에 과잉의 H_2를 동반한 HCl 가스가 들어갔을 때, HCl 가스는 흡수되므로 흡수탑 내는 점차 H_2가 농후하게 된다. 몇 가지 이유 때문에 Cl_2가 과잉으로 되거나 또는 공기가 유입된 경우에는 그들이 최후로 남아 있는 H_2와 혼합되어 광선, 열, 충격 등에 의해 반응이 급격히 일어나 폭발에 이르게 된다. 또 버너로 연소하면 장치 내 가스의 체적이 감소되어 외부의 공기가 들어와 H_2와 반응하여 폭발을 일으킬 수 있다.

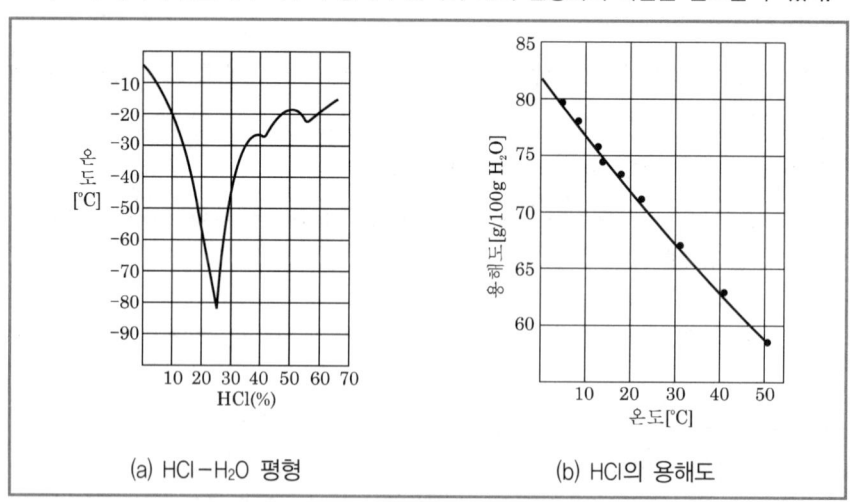

(a) HCl-H_2O 평형   (b) HCl의 용해도

(2) 부생 염산법

최근에 이 방법을 주로 사용하는데, 다음과 같은 경우 부생한다.

1) 에틸렌의 염소화반응

$$CH_2=CH_2 + Cl_2 \rightarrow CH_2=CH-Cl + HCl$$

2) TDI(toluene diisocyanate), MDI(methylene diphenyldiisocyanate) 제조 시

$$R\begin{matrix} NH_2 \\ NH_2 \end{matrix} + 2Cl-\overset{O}{\underset{||}{C}}-Cl \longrightarrow R\begin{matrix} NCO \\ NCO \end{matrix} + 4HCl$$

디아민   포스겐   디이소시아네이트

➡ 여기서 diisocyanate는 알코올과 같이 반응성이 있는 수소를 가진 화합물이 접근하면 아미드 결합으로 연결해 나가며 우레탄이 된다.

$$-NCO + ROH \longrightarrow -CONH-OR$$

3) 황산칼륨 제조 시

$$2KCl + H_2SO_4 \longrightarrow K_2SO_4 + 2HCl$$

4) 에피클로로히드린(epichlorohydrine) 제조 시

$$CH_2=CHCH_3 + Cl_2 \longrightarrow CH_2=CHCH_2Cl + HCl$$

$$CH_2=CHCH_2Cl + Cl_2 + H_2O \longrightarrow (HO)CH_2CHClCH_2Cl + HCl$$

$$2(HO)CH_2CHClCH_2Cl + Ca(OH)_2 \longrightarrow \underset{\text{epichlorohydrine}}{2H_2C-CH-CH_2\ Cl}\ + 2H_2O + CaCl_2$$

3. 무수염산의 제조

(1) 무수염산의 수요

염화비닐 제조공업의 급속한 발전으로 무수염산의 수요가 증가하고, 염화비닐, 염화메틸, 염화에틸, 염화비소 등의 제조원료로의 수요가 나날이 증가하고 있다.

(2) 제조방법

1) **직접 합성법** : 전해법에 의해 발생된 염소가스와 수소가스를 진한황산으로 탈수하여 염소가스와 수소가스를 1 : 1 몰비로 연소하여 무수 합성염산을 만든다.

2) **농염산 증류법(진한염산의 증류)** : 합성염산을 불침투성 흑연 충전탑에 주입시켜 가열 증류한다. 생성된 염산가스를 냉각한 후, HCl 용액(50%)을 분리하고 무수염산가스를 생성시킨다.

3) **흡착법** : 희박한 HCl 가스 또는 불순한 HCl 가스를 황산염($CuSO_4$, $PbSO_4$)과 인산염($Fe(PO_4)_2$)을 담체와 혼합하여 만든 입상물을 충전한 흡수탑에 주입하여, HCl을 흡착시킨 후에 가열하여 HCl 가스를 방출시켜 포집한다. 흡착생성물은 $CuSO_4 \cdot H_2O$ 또는 $CuCl_2 \cdot H_2SO_4$의 형태를 가진다.

염산의 표백제로의 응용

① **표백제**는 표백액을 이용하여 물체의 표면을 백화(白化)시키는 작용을 하는 물질이다.

② 여기서 사용할 **표백액**은 수산화칼슘수용액에 염소를 흡수시켜 제조한 용액이다. 이는 여러 표백액 중 즉시 사용 가능이 편리한 표백제 중의 하나이다.

③ 펄프, 섬유공업, 제지공업 등에서 수요가 많으며, 상·하수도, 목욕탕, 우물 등의 살균의 소독에도 쓰인다.

④ **유효염소량** : 표백분이나 표백액의 산화력의 강도를 나타낸 것으로, 표백분에 묽은염산을 가했을 때, 발생하는 염소의 양을 백분율로 나타낸 것이다.

$$CaCl_2 \cdot Ca(ClO)_2 \cdot 2H_2O + 4HCl \rightarrow 2CaCl_2 + 4H_2O + 2Cl_2$$

이것은 하이포아염소산칼슘[$Ca(ClO)_2$]의 표백효력을 나타내는 산소와 동일한 당량을 가진다. 즉, 유효염소량은 곧 산화작용을 하는 산소의 양을 뜻한다.

⑤ 표백액은 제품화를 위해 표백분으로 만든다. **표백분**은 염소를 수산화칼슘에 반응시켜 만든 백색분말이다.

$$2Ca(OH)_2 + 2Cl_2 \rightarrow CaCl_2 \cdot Ca(ClO)_2 \cdot 2H_2O + 33kcal$$

위의 반응식은 발열반응으로 안정한 생성물, 즉 $CaCl_2 \cdot Ca(ClO)_2$을 만들기 위해서 온도(45℃)를 적당히 유지해 주어야 한다.

⑥ 표백분의 유효염소량은 이론적으로 49%이지만, 실제로 수산화칼슘과 같은 미반응물질을 함유하고 있으므로 33~35% 정도이다. 공기 중에 표백분을 방치하면 $CaCl_2$이 물을 흡수하고, $Ca(ClO)_2$는 점차로 연소에 의해 방출되므로 장기간 보관하기 어렵다.

⑦ **고도 표백분**이란, 표백분 성분 중에서 흡습성이 강한 염화칼슘을 제거하여, 산화작용이 큰 하이포아염소산칼슘의 함유량을 높인 것을 말한다. 유효염소량이 이론적으로 99%이지만, 불순물 때문에 실제 60~75% 정도이다. 또한, 고도 표백분은 보통 표백분보다 습도, 온도에 안정도가 높고 장기간의 보관이 가능하다.

⑧ 하이포아염소산나트륨(sodium hypochlorite, NaClO)은 염소가스를 수산화나트륨수용액에 가하여 제조한다.

$$2NaOH + Cl_2 \rightarrow NaCl + H_2O + NaClO$$

이는 산화력이 약하기 때문에 재료를 손상시키지 않는다. 따라서 그 수용액은 식품공업이나 가정용 표백제로 주로 사용된다.

---

01 표백분의 생성반응은 무엇인가?

① $2Ca(OH)_2 + 2Cl_2 \rightarrow CaCl_2 \cdot Ca(ClO)_2 \cdot 2H_2O$

② $4NaOH + Cl_2 \rightarrow NaClO + NaCl + H_2O$

③ $CH_3COOCH_3 + 2H_2 \rightarrow CH_3CH_2OH + CH_3OH$

④ $2Ca(OH)_2 + 2Cl_2 \rightarrow Ca(ClO)_2 + 2H_2O + CaCl_2$

02 수산화나트륨수용액에 염소를 통과시켜 제조하는 표백제는?　　　　❂ 97 총무처 9급

① 표백액　　　　　　　　　　　　② 표백분

③ 표백비녹분　　　　　　　　　　④ 하이포아염소산나트륨

03 반응식은 표백분의 표백작용식이다. 유효염소량을 나타내는 식은?

$$CaCl_2 \cdot Ca(ClO)_2 \cdot 2H_2O + 4HCl \rightarrow 2CaCl_2 + 4H_2O + 2Cl_2$$

① $\dfrac{Cl_2}{CaCl_2} \times 100$

② $\dfrac{Cl_2}{CaCl_2(ClO) \cdot H_2O + HCl} \times 100$

③ $\dfrac{Cl_2}{CaCl_2(ClO) \cdot H_2O} \times 100$

④ $\dfrac{Cl_2}{Ca(Cl_2)} \times 100$

정답 1. ① 2. ④ 3. ③

 기출 및 예상 문제

01 염산은 다른 공정에서 생성되는 부산물로 제조한다. 다음 중 부생 염산을 얻는 방법이 아닌 것은?

① TDI(toluene diisocyanate) 제조 시 부생되는 디아민을 이용하여 제조한다.
② 에틸렌의 염소화반응 시 염산이 부생된다.
③ 에피클로로히드린 제조 시 염산이 부생된다.
④ 황산칼륨 제조 시 염산이 부생된다.
⑤ 암모니아소다법을 소다회 제조 시 탄산화공정에서 염산이 부생된다.

02 물질 중 염소화합물이 아닌 것은?

① BHC
② DDT
③ TNT
④ 표백분

03 가장 많이 사용되고 있는 염산의 제조법은?   ✪ 02 국가직 9급

① H_2와 Cl_2의 직접연소에 의한 합성염산의 제조
② 부생염산의 제조
③ 식염분해 염산의 제조
④ 흡착법에 의한 무수염산의 제조

04 HCl의 특징이 아닌 것은?   ✪ 02 국가직 9급

① 환원제이다.
② 질산은과 반응하여 흰색 침전을 만든다.
③ 염화비닐 제조에 원료로 쓰인다.
④ 휘발성이 있다.

05 염산을 이용하여 염소(Cl_2, g) 기체를 제조하는 공정은?

① 솔베이(Solvay) 공정
② 하버-보쉬(Haber-Bosch) 공정
③ 워커(Wacker) 공정
④ 데칸(Decan) 공정

06 염화수소(HCl) 가스의 합성에서 폭발이 일어나지 않도록 주의하여야 할 사항이 아닌 것은?

① 공기와 같은 불활성 가스로 염소가스를 묽게 한다.
② 석영괘, 자기괘 등 반응완화 촉매를 사용한다.
③ 생성된 염화수소가스를 냉각시킨다.
④ 수소가스를 과잉으로 사용하여 염소가스를 미반응상태가 안 되도록 한다.

정답 및 해설

01 ⑤

[유형 및 해설] [부생염산] 대표적인 부생염산법(4가지)을 반드시 알아두어야 하며, ④는 다음 반응식에서 보면, 암모니아소다법을 이용해서 소다회 제조 시 염화암모늄(염안)이 부생된다.

$$NaCl + NH_3 + CO_2 + H_2O \rightarrow NaHCO_3 + NH_4Cl$$

02 ③

[유형 및 해설] [염소계화합물] TNT는 트리니트로톨루엔이다. 질소화합물에 속한다.

03 ①

[유형 및 해설] [염산의 제법 > 합성염산] 염산의 제법 중 공업적으로 가장 많이 사용하는 방법이 수소와 염소를 반응시켜 합성하는 방법이다. 부생염산은 그 양이 그다지 많지 않다.

04 ①

[유형 및 해설] [염산 특징] 염산은 강력한 산화제로의 역할을 한다. 상온에서 휘발성이 있고, 염화비닐 제조 시 에틸렌과 함께 중합하며, 질산은과 반응하여 침전을 발생시킨다.

05 ④

[유형 및 해설] [염산의 활용] 데칸공정이란 부생염소에 의한 염소의 제법으로, 비전해를 이용해 염소를 생산한다. 반응은 다음과 같다.

$$4HCl + O_2 \rightarrow 2Cl_2 + 2H_2O$$

(반응조건 ; 촉매 $CuCl_2$, 온도 450℃)이다. 솔베이공정은 소다회 제법이고, 하버-보쉬 공정은 암모니아, 그리고 워커공정은 아세트알데히드의 제조공정이다.

06 ③

[유형 및 해설] [합성염산의 제조 시 폭발주의] 합성 시 폭발위험을 없애기 위해 안전작업을 요구한다.

> **참고** 합성염산 제조 시 폭발 주의사항(기술사 출제 문제)
>
> ① 미반응의 Cl_2가 남지 않도록 H_2를 과잉으로 (1 : 1.2) 주입한다.
> ② 불활성 가스, HCl 가스를 넣어 Cl_2를 희석한다.
> ③ 반응 완화물질을 사용한다.
> ④ 연소 시 H_2에 먼저 점화한 후 Cl_2와 연소시킨다.

제**59**주

인산(H$_3$PO$_4$) 공업

1. 인산의 성질과 용도

(1) 성질

1) 무색, 무취, 투명한 점성의 액체로 농도가 높아지면 결정화된다.

2) 비휘발성과 조해성이 있다.

3) 염산, 질산에 비해 약산이지만 Fe, Al, Zn 등과 반응하여 수소를 발생시키고 염을 형성한다.

4) 인산염은 물에 불용성이며 금속표면에 피막을 형성한다.

(2) 용도

1) 대부분 인산비료 제조(88% 정도)에 사용된다.

2) 식품, 의약품, 세제, 촉매, 금속표면처리제 등에도 사용된다.

2. 인산의 제조공정

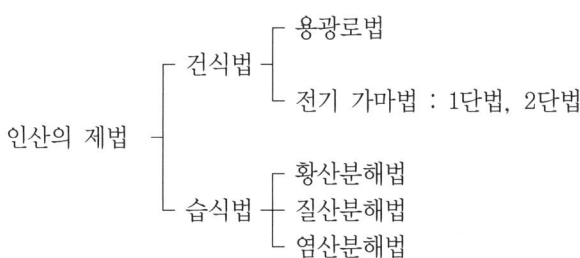

(1) 건식 인산법 : 인광석을 환원하여 생성된 인을 산화시켜 인산을 만드는 방법이다.

  1) **장치** : 전기로 → (냉각, 응축) → 연소로 → 흡수탑 → H_3PO_4

  2) **2단계 공정(2단법)**

    ① **1단계** : 전기로에서 인광석[$Ca_5F(PO_4)_3$]을 규사, 코크스와 함께 가열하여 인증기를 만든 후 냉각, 응축하여 액체인(황인)을 만든다.

> **(전기로)** $2Ca_5F(PO_4)_3 + 9SiO_2 + 15C \longrightarrow 3P_2(g) + 9CaSiO_3 + CaF_2 + 15CO$
>
> **(냉각, 응축)** $P_2(g) \longrightarrow 2P(l) + Q$

    ② **2단계** : 액체인을 산화시켜 P_2O_5을 만든다. 물에 용해시켜 인산을 만든다.

> **(연소로)** $4P(l) + 5O_2 \longrightarrow 5P_2O_5(g) + 720kcal$
>
> **(흡수)** $P_2O_5(g) + 3H_2O(l) \longrightarrow 2H_3PO_4 + 45kcal$

  ➡ 현재는 거의 2단법만 이용되고 있다.(1단법은 냉각 응축과정이 없다.)

  ➡ 2단법의 특징은 고순도 및 고농도의 인산을 만들 수 있으며, 전기로에서 나오는 CO가스는 수소의 제조와 연료로 이용할 수도 있다.

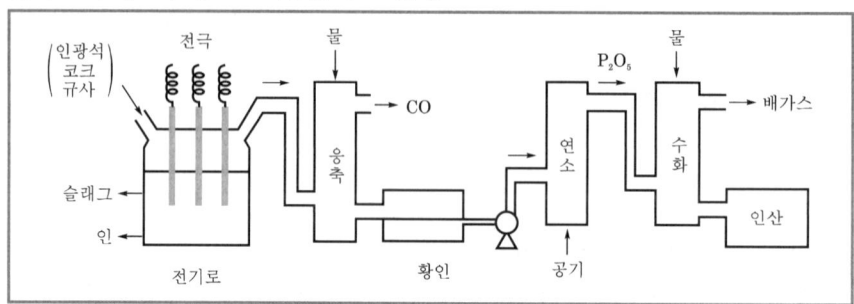

[황인과 건식 인산의 제조공정]

(2) 습식 인산법 : 인광석을 황산으로 분해하여 생성한 석고를 여과시켜 얻은 인산을 습식 인산이라 한다.

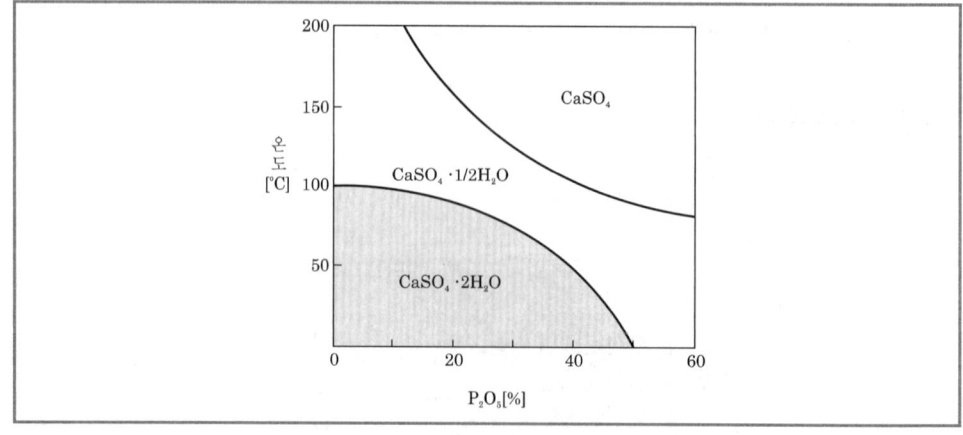

[인산의 농도와 온도에 따른 석고의 형태]

$$3Ca_3(PO_4)_2 \cdot CaF_2 + 10H_2SO_4 + 20H_2O \longrightarrow 6H_3PO_4 + 10(CaSO_4 \cdot 2H_2O) + 2HF$$

1) 습식 인산은 용해되거나 불용해된 많은 불순물을 함유하고 있어, 건식 인산에 비해 값과 질이 떨어지므로 식품, 의약품 등에는 사용하지 않고 불순물 문제에 대한 영향이 적은 인산비료제조에 대부분 쓰인다.

2) 위와 같은 반응으로 인광석의 약 1.7배의 석고가 발생하므로 석고의 결정을 크게 성장시켜 여과·세정하기 쉽도록 하는 것과 석고의 품질을 좋게 하여 이용가치를 높이는 것 등이 제일 중요하다. 인산의 농도는 P_2O_5 26~30%가 보통이고, 석고는 75~80℃ 이하에서는 이수화물, 85~120℃에서는 반수화물, 125℃ 이상에서는 무수화물이 안정한 형태이다.

3) 습식 인산의 분석값(%)

비 중	P_2O_5	SO_3	CaO	Fe_2O_3	Al_2O_3	F	MgO	Na_2O	K_2O
1.34	29.83	3.23	0.18	0.84	0.49	1.81	0.2	0.35	0.08

① 이수염법(dihydrate process)

　　㉠ 순환되는 묽은인산과 슬러리를 혼합한 인광석 가루를 분해 탱크에서 묽은황산과 반응시켜 이수염석고 $CaSO_4 \cdot 2H_2O$를 얻는다. 온도를 낮추어 주어야 한다.

　　㉡ 숙성탑에서 성장시킨 후 여과하여 인산과 석고를 얻는다. 인산분과 플루오르를 함유하고 있어 시멘트, 석고보드로 사용하기는 곤란하다.

　　➡ 대표적인 방법에는 Dorr 공정, Chemico 공정, Prayon 공정 등이 있다.

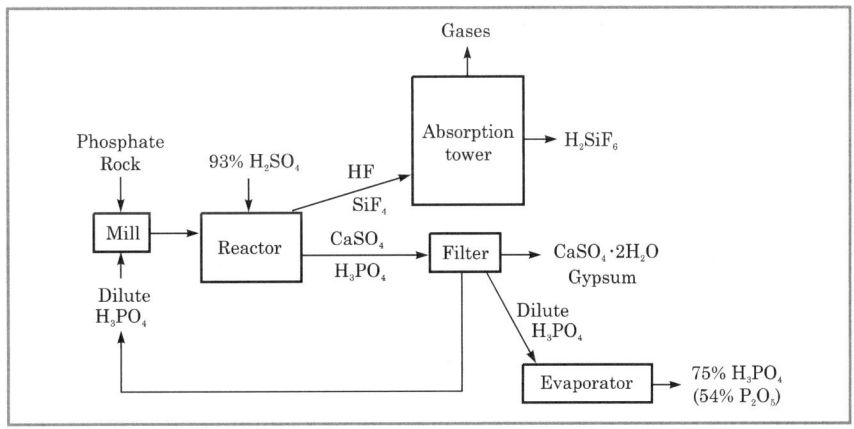

[습식 인산의 제조공정]

② 반수·이수염법(hemihydrate−dihydrate process)

　⊙ 이수염법과 마찬가지로 분해 탱크에 진한황산을 사용하여 반수염 석고 슬러리를 얻는다.

　ⓒ 이 슬러리를 교반식, 탑식과 같은 방법으로 인산과 석고를 분리한다.

　➡ 대표적인 방법에는 미쓰비시법, 일본 강관법, Prayon central process 등이 있다.

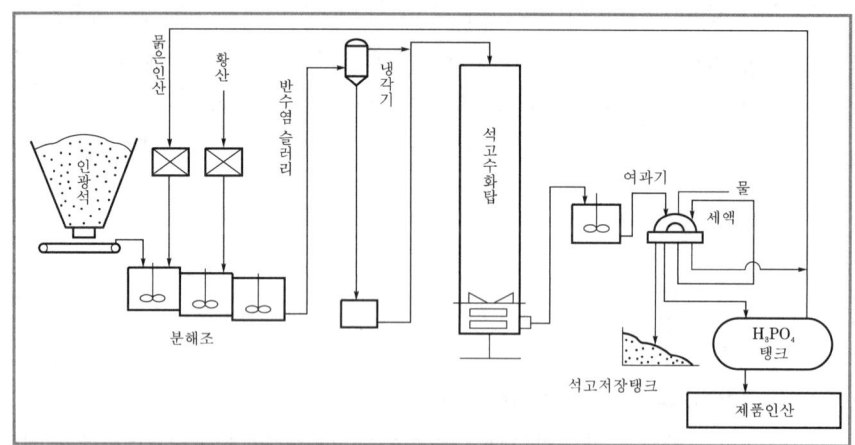

[교반식 반수·이수염법]

3. 축합인산

(1) 오르토−인산(ortho−H_3PO_4)이 탈수축합해서 생성되는 피로−인산 이상의 고중합도의 인산분을 함유하는 인산의 총칭이다.

(2) 축합인산의 제법

① 축합인산의 일반식 : $H_{n+2}P_nO_{3n+1}$

② 무수인산(P_2O_5)을 첨가 용해시키거나 건식 인산 제조 시 수화공정에서 물의 양을 조절하여 직접 고농도의 축합인산을 얻는 방법이 공업적으로 행해지고 있다.

③ 축합인산의 조성은 무수인산의 농도에 따라 70% 이상이면 피로인산($H_4P_2O_7$)이나 트리폴리인산($H_5P_3O_{10}$) 등 다양한 종류의 쇄상, 환상 고분자인산의 혼합물인 축합인산이 된다.

　$H_3PO_4 + H_3PO_4 \rightarrow H_4P_2O_7 + H_2O$, $H_4P_2O_7 + H_3PO_4 \rightarrow H_5P_3O_{10} + H_2O + \cdots$

(3) 축합인산의 특징

① 흡습성이 좋아 물과 반응하여 바로 축합이 파괴되어 ortho 인산이 된다.

② Ca^{2+}, Mg^{2+} 등의 금속이온에 대해 킬레이트작용을 가지고 있어 트리폴리인산나트륨은 세제 첨가물로 사용된다.

③ 용도 : 유기합성의 촉매, 인산형 연료전지의 전해질로 쓰인다.

 기출 및 예상 문제

01 인산의 용도로 알맞지 않은 것은?

① 세제로서의 인산염
② 공업용 세척제
③ 유기화학반응의 촉매
④ 부식 강화제
⑤ 비료

02 축합인산(super phosphoric acid)은 무엇을 탈수축합해서 제조하는가?

① meta – 인산
② para – 인산
③ ortho – 인산
④ pyro – 인산

03 인산 제조방법 중 건식법의 특징으로 옳지 않은 것은?　　　　　　　　◆ 97 총무처 9급(변형)

① 건식법은 습식법에 비해 생산비용이 많이 든다.
② 건식법은 습식법에 비해 대기환경오염물질을 더 많이 배출한다.
③ 습식법은 건식법에 비해 더 높은 순도의 제품을 생산한다.
④ 습식법은 주로 고품위 인광석만 원료로 사용하지만, 건식법은 저품위 인광석도 사용
　　가능하다.

04 무기산 공업에 의해 제조되는 물질은?　　　　　　　　◆ 02 국가직 9급

① 인산
② 수산화나트륨
③ 탄산나트륨
④ 수산화칼륨

05 인산 공업에 대한 설명으로 옳은 것은?　　　　　　　　◆ 97 총무처 9급

① 응축된 인의 정제방법으로 액체상태인 인을 모래층에 통과시킨다.
② 인산 제조 시 사용하는 반응조는 플라스틱이 효과적이다.
③ 중과인산석회는 인광석에 황산을 작용시켜 만든다.
④ 과인산석회는 $4Ca_5F(PO_4)_3 + 7H_2SO_4$이다.

06 건식법에 의한 인산 제조공정에 대한 설명 중 맞는 것은?

① 인의 농도가 낮은 인광석을 원료로 사용할 수 있다.
② P_2O_5 85% 정도의 고농도 인산은 제조할 수 없다.
③ 전기로에서 인의 기화와 산화가 동시에 일어난다.
④ 대표적인 건식법은 이수석고법이다.

정답 및 해설

01 ④

[유형 및 해설] [인산의 용도] 인산은 물에 불용성이며 금속표면에 보호피막을 형성하는 경우가 많아 부식 억제제로 쓰인다.

02 ③

[유형 및 해설] [축합인산] 축합인산은 오르토-인산(ortho-H_3PO_4)이 탈수축합해서 생성되는 피로-인산 이상의 고중합도의 인산분을 함유하는 인산의 총칭이다.

03 ③

[유형 및 해설] [인산 제조에서 건식법과 습식법] 건식법은 고순도, 고농도 인산을 제조하기 위한 방법이다.

건식법	습식법
• 고순도, 고농도 인산의 제조	• 저순도, 저농도의 인산의 제조
• 고품위뿐만 아니라 저품위 인광석도 처리 가능	• 고품위 인광석만 처리 가능 (∵ 광석 중의 불순물의 제품의 순도 저하)
• 인의 기화와 산화공정을 별도로 진행 가능	• 주로 비료용으로 쓰임
• 슬래그(slag)는 시멘트의 원료로 사용	• 황산분해법, 염산분해법, 질산분해법
• 전기로법과 용광로법이 있다.	

04 ①

[유형 및 해설] [산, 알칼리 화학제품] 무기산 공업에 의해 제조되는 대표적인 물질 : 황산, 염산, 인산, 질산 등이 있다. 나머지는 알칼리제품이다.

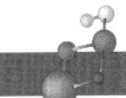

05 ①

유형 및 해설 [인산공업 전반] 인산은 주로 비료 제조에 많이 사용한다. 이 문제는 인산의 일반적인 특성에서 비롯하여 비료분야까지를 연관지어 출제하였다. ②는 반응조로 카바이드, 목재, 듀라이언 합금재질을 주로 사용하고, ③은 인광석과 인산을 반응시켜 중과인산석회를 얻는다. 마지막으로 ④는 과인산석회의 제법으로 인광석과 황산을 반응시켜 수용성의 인산1 칼슘과 석고를 얻는다. 인산1칼슘은 생산량이 많은 인산질 비료 중 하나이다. 다음 반응을 보자.

$Ca_3(PO_4)_2 + 2H_2SO_4 + 5H_2O \cdot CaH_4(PO_4)_2 \cdot H_2O + 2(CaSO_4 \cdot 2H_2O)$

06 ①

유형 및 해설 [인산의 제법 > 건식법] 건식법은 인광석을 환원하여 인을 만들고 이를 산화흡수시켜서 인산을 제조하는 방법이다. 용광로법과 전기로법(1단법, 2단법)이 있으며, 전기로법 중의 2단법이 주로 사용된다. 문 3의 건식법과 습식법의 비교표를 참고하자.

제염 공업

1. **소금의 제조방법** : 천일 제염법, 기계 제염법, 이온교환막 제염법
2. 간수(고즙)

1. 소금의 개요

(1) 소금의 용도

  1) 화학제품 원료

   ① 전기분해 : 가성소다, 수소, 염소 및 염소제품, 나트륨, 염산 등

   ② 화학반응 : 소다회, 중조, 망초, 염산 등

  2) 일반약품제조

   ① 식품공업 : 장유, 통조림, 버터, 마가린, 식품 저장 및 냉동, 사탕정제 등

   ② 요업 : 유약, 석회 소성 등

   ③ 염석제품 : 합성염료, 유지공업 등

   ④ 금속정련 : 광물용해, 제강, 야금 등

   ⑤ 냉동제 : 제빙, 얼음제품, 석유정제, 식품 등의 각종 화학조작

  3) 일반용 : 가정용, 농업용, 가축용, 약용, 도료용

(2) 소금의 원료 : 세계 소금생산량은 암염(5,840만 톤)＞해염(3,740만 톤)으로, 암염이 대다수를 차지한다.

  1) 바닷물(해수) : 바닷물을 증발시켜 얻은 천일염은 순도가 나쁘다.

   ① 바닷물에는 염류가 포함되어 있는데, 대부분인 약 77%가 염화나트륨이다.

   ② 해수 중의 소금의 농도는 2.7% 정도이다.

   ③ 해수의 조성(g/kg) : Na^+(10.47), Mg^{2+}(1.28), K^+(0.38), Sr^{2+}(0.01), Cl^-(18.97), SO_4^{2-}(2.65), HCO_3^-(0.14), Br^-(0.07), BrO_3^{3-}(0.03)

   ④ 해수 중에 녹아 있는 염 종류를 용해도가 작은 순서로 나열하면 다음과 같다.

   $CaCO_3 < CaSO_4 < NaCl < MgSO_4 < MgCl_2$

➡ 해수를 가열·농축하면 수분의 40~50%를 증발한 부근에서 미량의 $CaCO_3$가 석출되기 시작하고 ➡ 계속 농축하면 $CaSO_4 < NaCl < MgSO_4$ 순으로 석출되어 ➡ 마지막에 $MgCl_2$가 녹아 있는 간수를 얻는다.

2) 암염(岩鹽)

① 세계 대부분의 지하에는 암염층이 형성되어 있어, 자원적으로 무한하다.

② 제염 : 그대로 채굴하거나 하천수 등을 넣어 용해한 후 농축한다.

2. 소금의 제조방법

(1) 천일(天日) 제염법

1) 단계 : 제1증발지 → 제2증발지 → 결정지 → 조절지

2) 해수 속 염(鹽)들의 용해도 차이를 이용해 $NaCl$을 석출시킨다.

3) 햇빛과 중력을 이용하고 증류법을 주로 사용한다.

4) 제1, 2증발지에서 $CaCO_3$과 $CaSO_4$를 석출시키고, 결정지(結晶地)에서 소금을 석출시킨다. 조절지(操切地)에서는 소금을 석출한 모액과 증발지에서 온 함수를 섞어 농도를 조절한 후 결정지로 다시 보낸다.

(2) 기계 제염법

1) 다중효용 진공 증발관법 : 감압하면 비점이 내려가는 설정을 이용해서, 연속적인 감압을 통해 증기를 연속적으로 이용하는 방식을 말한다.

2) 증기 가압식 증발관법 : 증기를 단열압축시키면 온도가 상승하므로, 과열증기를 반응로(가열기)에 보내어 응축될 때의 잠열을 이용하여 계속 가열하는 방식을 말한다.

(3) 이온교환막 제염법

1) 원리 : 정제된 원료에 전기를 가하면 이온으로 분리되는데, 이온교환막을 설치하여 양이온은 양이온교환막을 통해서 이동할 수 있지만, 음이온은 통과할 수 없으므로 이를 이용해 고농도의 소금을 얻을 수 있다. 이를 다중효용 진공증발관에 보내어 소금을 얻는다.

2) 생성량 식 : **전기투석**을 이용한 이온교환막법의 함수생성량 식은 다음과 같다.

$S = C \cdot A \cdot n \cdot i \cdot \tau \cdot t$

여기서, S : 함수의 생성량, C : 비례상수, A : 면적,

n : $(+)$, $(-)$ 이온교환막의 한 쌍의 수, i: 전류의 밀도,

τ : 전기효율, t : 투석시간

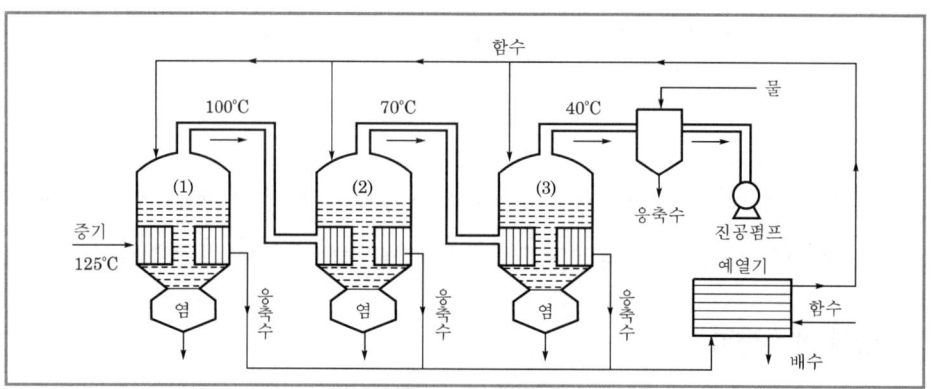

[다중효용 진공 증발관]

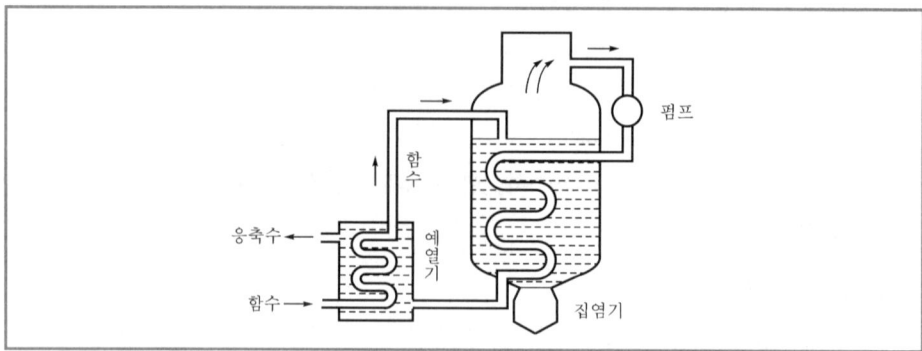

[증기 가압식 증발관]

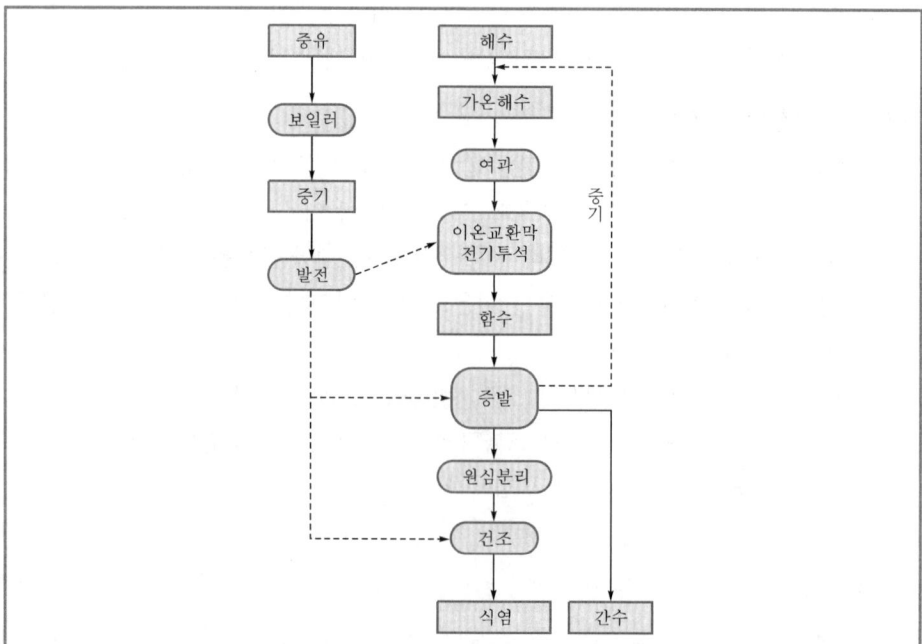

[이온교환막 전기투석법에 의한 제염공정]

3. 간수(bittern)

- 해수로부터 소금을 얻은 후 모액을 간수라 한다.
- 용해도차를 이용해 여러 성분을 얻을 수 있다.

(1) 간수의 조성

(단위 : g/100g)

방식별	NaCl	KCl	MgCl$_2$	MgBr$_2$	MgSO$_4$	CaCl
이온교환막법	2.0~12	2.3~8.0	9~21	0.5~1.1	–	2.0~6.0
천일제염법	2.0~11	2.0~3.4	12~21	0.24~0.42	2.0~7.0	–

(2) 간수의 활용

- 간수처리 공업은 칼륨공업 및 칼륨비료 제조공업 등 하나의 부문이 되어 있고, 간수를 이용하여 수산화마그네슘 또는 금속마그네슘 등을 제조하려는 연구도 있다.
- 간수는 직접적으로 두부 제조와 마그네시아시멘트 등에 쓰이고, 그 밖에 정미용·씨가리기(選種) 등에도 소량이지만 옛날부터 이용되고 있다.

1) Br의 생성

① **해수 직접법** : 해수에 황산을 가해 pH 조절 후, Cl$_2$를 불어넣어 유리 Br$_2$를 얻는다(발생탑). Br$_2$(g)을 흡수탑에서 NaOH에 흡수시킨다(흡수탑). 중화탑에서 H$_2$SO$_4$으로 중화시켜 액체 브롬을 얻는다.

② **직접 증류법** : 모액에 황산을 가하여 pH 조절 후, 연속 증류탑에서 염소가스(Cl$_2$)와 수증기를 직접 불어넣어 탑상부에서 채취한다. 여러 과정을 거쳐 정제된 Br$_2$ 제품을 얻을 수 있다.

2) 해수 마그네시아(MgO)의 생성

① 해수에 석회유[Ca(OH)$_2$]를 가하여 생성한다.

$$Mg^{2+} + Ca(OH)_2 \longrightarrow Ca^{2+} + Mg(OH)_2 \downarrow$$
$$Mg(OH)_2 \longrightarrow MgO + H_2O$$

② **경소 마그네시아** : 이 침전을 여과한 후 하소시켜 얻게 되는데 마그네슘화합물의 원료, 마그네시아시멘트, 토질개량제 등에 이용된다.

③ **마그네시아 클링커**(magnesia clinker, MgO 96~98% CaO+SiO$_2$ 각 1~2%) : 이는 제강용 평로, 전기로 등의 노상재와 염기성 내화물에 이용된다.

④ **수산화마그네슘**(Mg(OH)$_2$)의 일부는 비료에 이용된다.

기출 및 예상 문제

01 바닷물에 가장 많이 함유되어 있는 염류 물질은?

         ✪ 97 총무처 9급

① $CaCO_3$ ② $NaCl$

③ H_2SO_4 ④ K_2SO_4

02 해수 중 염류의 석출순서를 바르게 나열한 것은?

① $MgSO_4 - CaCO_3 - CaSO_4 - MgCl_2 - NaCl$

② $CaCO_3 - CaSO_4 - NaCl - MgSO_4 - MgCl_2$

③ $MgSO_4 - CaCO_3 - CaSO_4 - NaCl - MgCl_2$

④ $CaCO_3 - CaSO_4 - NaCl - MgCl_2 - MgSO_4$

03 천일제염법으로 소금 제조 시 소금의 농도를 90% 이상으로 농축시키지 못하는 이유는?

① Mg염이 석출되기 때문

② Na염이 석출되기 때문

③ Ca염이 석출되기 때문

④ Fe염이 석출되기 때문

04 천일제염법에서 해수로부터 염이 만들어지는 과정을 바르게 나타낸 것은?

① 저수지 → 결정지 → 증발지

② 결정지 → 저수지 → 증발지

③ 저수지 → 증발지 → 결정지

④ 결정지 → 증발지 → 저수지

05 제염법이 아닌 것은?

① 동결법   ② 역삼투압법

③ 증발법   ④ 이온교환 수지법

06 해수를 증발 농축하여 소금을 석출한 후의 모액인 간수 중에 포함되어 있지 않은 물질은?

① 황산마그네슘   ② 탄산칼슘

③ 황산나트륨   ④ 염화마그네슘

정답 및 해설

01 ②

유형 및 해설 [해수의 성분] 바닷물 중 NaCl의 조성은 약 77% 정도로 가장 많다. 그 다음으로 $MgCl_2 - MgSO_4 - CaSO_4 - K_2CO_3 - CaCO_3$ 순이다.

02 ②

유형 및 해설 [해수의 농축] 해수의 농축 시 염류의 석출순서는 다음과 같다.
$Fe_2O_3 - CaCO_3 - CaSO_4 - NaCl - MgSO_4 - MgCl_2 - NaBr - KCl$

03 ①

유형 및 해설 [천일제염법] 천일제염에 의해 제조된 염을 보통 천일염(天日鹽)이라 한다. 25~28°Bé의 천일염에서 얻은 소금의 순도는 90% 정도인데, 그 이상 농축하면 Mg염이 다량으로 석출되어 소금의 순도가 저하된다. 따라서 소금의 순도는 일반적으로 80% 미만인 것은 염전의 토질 불량과 과다한 농축 때문이다.

04 ③

유형 및 해설 [천일제염법>염전] 천일염은 저수지, 증발지, 결정지 순으로 걸쳐 진행되나, 저염장, 도로 등과 함께 방조, 제방, 육수 방지용 내제방에 의해 외수의 유입이 단절된다.

05 ②

유형 및 해설 [제염법] 제염법은 주로 증발법, 동결법, 용매추출법, 이온교환막식이 있다. 동결법은 프로판 또는 부탄 등의 냉매를 이용하여 해수를 냉동시켜 얼음을 분해하는 방법을 말하며, 증발법은 증발증기의 잠열을 이용해 열효율을 크게 하는 진공 증발법과 증기압축식 증발법(가압식 증발법)이 있다. 이온교환 수지법은 이온교환 수지의 선택적 투과성을 이용하여 NaCl을 추출하는 방법이다.

06 ②

유형 및 해설 [간수] 간수 중 포함되어 있는 물질은 다음과 같다.
$CaSO_4$, $MgSO_4$, $MgBr_2$, $MgCl_2$, KCl, NaCl, $NaSO_4$ 등

제61주

소다회(Na₂CO₃) 제조공업

1. 소다회의 성질 및 용도

(1) 개요

소다회는 무수탄산나트륨(Na_2CO_3)의 일반 명칭으로 겉보기 비중 차이에 따라 중회(dense ash), 경회(light ash)로 나누며 관련 제품으로는 세탁소다($Na_2CO_3 \cdot 10H_2O$), 중조($NaHCO_3$), 세스키탄산소다($Na_2CO_3 \cdot NaHCO_3 \cdot 2H_2O$), 가성화회($Na_2CO_3 \cdot NaOH$) 등이 있다.

(2) 성질과 용도

1) 성질 : 백색 분말이다. 흡수성이 강하고 약한 알칼리성이다. 경회, 중회로 구분하는데 단지 입자의 크기와 비중만 다를 뿐 성질은 같다.
2) 용도 : 유리, 화학공업의 원료, 비누, 세제, 식품 제조 시 사용한다.
   ➡ 유리의 원료 : 소다회, 석회석, 규석, 장석, 붕사

2. 소다회 제조공정

(1) Leblanc법(2단계)

황산소다(Na_2SO_4)를 중간 생성물로 하여 소금을 소다회로 전환시키는 방법이다. 이 방법은 제조과정에서 부산물로 나오는 염산과 표백분의 수요 감소로 인한 경제적인 어려움과 유독성 폐기물의 발생으로 인한 공해문제 유발로 지금은 사용하지 않는다.

1) 1단계 : 200℃에서 소금과 진한황산을 반응시켜 고체 $NaHSO_4$를 포함한 혼합물을 얻은 후, 이를 800℃로 가열하면 무수망초와 염화수소가스를 얻는다. 이때, 800℃로 가열하는 이유는 망초의 융점을 고려한 것이며, 부생되는 염화수소가스는 물에 흡수시켜 염산을 제조한다.

$$\text{at } 200℃, \ NaCl(s) \ + \ H_2SO_4 \longrightarrow NaHSO_4(s) \ + \ HCl(g)$$
$$\text{at } 800℃, \ NaCl(s) \ + \ NaHSO_4(s) \longrightarrow \mathbf{Na_2SO_4}(s) \ \text{무수망초} \ + \ HCl(g)$$

2) 2단계 : 무수망초에 서회서과 코크스를 혼합하여 반사로 또는 회전로에서 900~1,000℃로 사열하여 용해하는 공정이다.

$$Na_2SO_4 \ + \ 2C \longrightarrow Na_2S \ + \ 2CO_2$$
$$Na_2S \ + \ CaCO_3 \longrightarrow \mathbf{Na_2CO_3} \ + \ CaS$$

➡ 최종 생성물은 흑회(black ash, Na_2CO_3＋CaS＋미반응물)인데 이를 35℃ 물에 용해시키면 (탄산소다는 35℃에서 최고 용해도를 갖는다) 탄산나트륨은 용해되고 나머지는 침출을 거른 후 증류시키면 탄산소다가 얻어진다.

(2) 암모니아소다법(Solvay법)의 이론

1) 암모니아소다법은 우선 소금수용액(함수)에 암모니아와 이산화탄소가스를 순서대로 흡수 시켜 용해도가 작은 탄산수소나트륨(중탄산소다, 중조)을 침전시킨다(흡수탑).

$$NaCl \ + \ NH_3 \ + \ CO_2 \ + \ H_2O \longrightarrow \mathbf{NaHCO_3} \ \text{중조} \ + \ NH_4Cl$$

2) [중조, $NaHCO_3$] 다음 중조를 침전, 분리하고 200℃ 정도에서 하소(煆燒)하여 제품 탄산소 다를 얻는다.

$$2NaHCO_3 \longrightarrow \mathbf{Na_2CO_3} \ + \ CO_2 \ + \ H_2O$$

3) 또한 중조는 여과한 모액(NH_4Cl)에 석회유[$Ca(OH)_2$] 용액을 첨가하고, 증류하면 암모니아 를 얻고 그 부산물로 $CaCl_2$를 얻는다.(증류탑)

$$2NH_4Cl \ + \ Ca(OH)_2 \longrightarrow 2NH_3 \ + \ CaCl_2 \ + \ H_2O$$

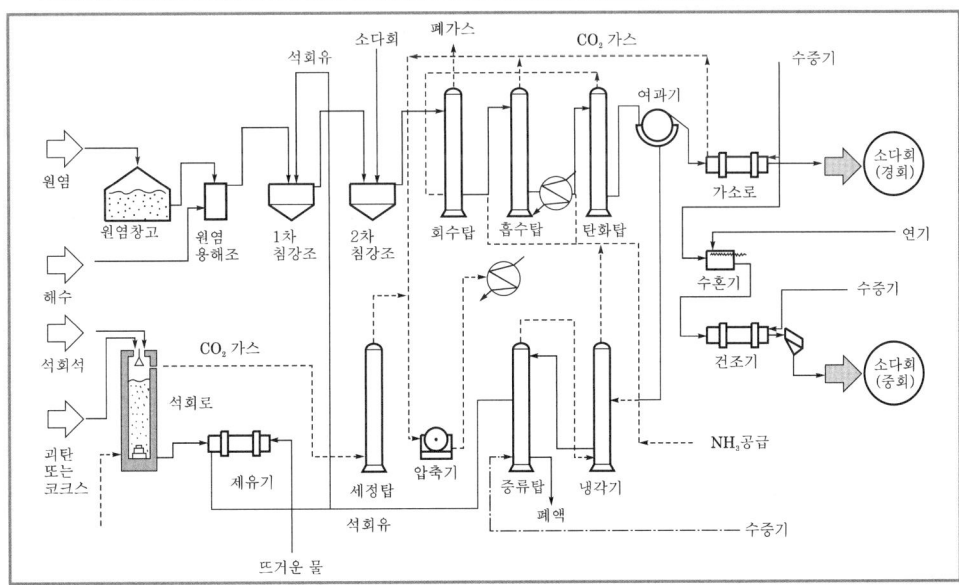

[암모니아소다법의 공정도]

(3) 암모니아소다법 각론

1) 탄산가스와 석회유의 제조

① 석회석의 열분해 : 석회석의 배소반응은 흡열반응이므로, 코크스, 무연탄 등을 혼합하여 필요한 열을 공급한다.

$$CaCO_3 + 42.5kcal \rightleftharpoons CaO + CO_2$$

㉠ 얻어진 탄산가스(CO_2)는 암모니아 함수의 탄산화에 사용한다. ①

㉡ 얻어진 생석회(CaO)는 소화(消和)하여 석회유[$Ca(OH)_2$]를 제조하여, 염화암모늄의 처리, 조함수의 정제, 소다회의 가성화 등에 공급한다.

> **참고 탄산가스의 제조**
> ① [1]의 ㉠에 · ①] 석회석과 코크스를 반응시켜 탄산가스를 만든다.
> ② [6]의 [   ]②] 조중조의 하소과정에서 탄산가스가 발생한다.

② 석회로 : 수직형 노(爐)가 많이 상용된다.

③ 석회유의 제조(소화 공정) : 생석회와 온수를 향류시켜 석회유를 얻는다.

$$CaO(s) + H_2O(l) \longrightarrow Ca(OH)_2 + 15.9kcal$$

$Ca(OH)_2$는 용해도가 적어서 보통 현탁상태로 사용하며, 이를 석회유(石灰油)라 한다.

➡ 활성이 높은 CaO로 만든 석회유일수록 입자가 미세하여 사용하기 좋다.

2) 원염의 용해 및 정제

① 원염의 용해 : 원료 소금은 대체로 해수에서 용해하여 거의 포화상태의 함수로 제조한다.

㉠ 여기서 사용되는 해수는 암모니아 함수 시 생성된 침전의 세척 후 액과 흡수탑 및 각 부분에서 배출가스 중 암모니아 회수 시 사용했던 액, 그리고 각 부의 냉각기에서 냉각용으로 사용했던 액을 활용한다.

㉡ 조제된 포화상태의 함수는 Ca, Mg염이 2~4% 정도 포함되어 있어, 탄산화 단계로 들어가게 되면 중조와 같이 침전하므로 소다회의 품질을 저하시킬 뿐 아니라 장치 중에 스케일을 형성하므로 정제하여 조업해야 한다.

② 원염의 정제 : 조함수 중의 Mg^{2+} 이온은 석회유로 침전한다.(제1 침강조)

$$Mg^{2+} + Ca(OH)_2 \longrightarrow Mg(OH)_2\downarrow + Ca^{2+}$$

➡ 위 반응은 저농도에서 충분히 진행해야 하기 때문에 침전의 침강속도를 높게 하기 위해 침강촉진제를 사용한다. 침강촉진제에는 알칼리전분, 고분자 전해질 등을 사용한다.

③ 마그네슘이온 정제 시 생성된 칼슘이온(Ca^{2+})은 탄산화탑 배출가스 중의 NH_3 및 CO_2를 이용하여 침전시켜 제거한다.(제2 침강조)

$$Ca^{2+} + (NH_4)_2CO_3 \rightleftharpoons CaCO_3\downarrow + 2(NH_4)^+$$

➡ 위 반응에서 생성된 암모늄이온은 염소이온 및 황산이온과 반응하여 $(NH_4)_2SO_4$, NH_4Cl을 생성시킨다. 생성된 이들은 탄산화공정에서 중조의 수율을 저하시키는 원인이 되므로 조절해야 한다.

3) 암모니아 흡수

① 흡수탑에서 정제된 함수에 NH_3 가스를 흡수시켜 암모니아 함수를 만든다.

$$NH_3(g) \rightleftharpoons NH_3(aq) + 8.43kcal$$

㉠ 사용될 NH_3 가스는 증류탑에서 회수하여 얻는다. 부족하면 합성하여 보충한다.

㉡ 증류탑에서 회수한 NH_3 가스에는 반드시 CO_2와 수증기가 포함되어 있는데, 이 CO_2 가스가 암모니아 흡수탑 내의 NH_3와 반응하여 $(NH_4)_2CO_3$를 생성한다. 이 탄산암모늄은 아직도 함수에 존재하는 Ca^{2+}와 Mg^{2+}염의 탄산염으로 침전시켜 정제하는 역할을 담당한다.

㉢ 반응에 동반되는 수증기는 포화 함수의 농도를 희석한다.

② **암모니아 흡수탑** : 포종탑(泡鐘塔, bubble cap)이나 충전탑(充塡塔, packed)을 사용한다.

흡수탑에서 암모니아 흡수반응열과 동시에 암모니아에 동반된 수증기의 응축열도 발생하므로, 발생열량이 매우 크다. 따라서 냉각시켜야 하며 60℃ 이상이 되지 않아야 한다.

4) **탄산화공정** : 탄산화공정에서 이미 제조된 암모니아 함수는 탄산화탑의 상부에서 공급하고, CO_2 가스를 탑의 하부에 불어넣어 중조($NaHCO_3$)를 침전시킨다.

① 탄산화 반응 3단계

$$2NH_3(aq) + CO_2(aq) \rightleftharpoons (NH_4)_2CO_3(aq) + 2H_2O \quad\cdots\cdots\cdots\text{중화}$$
$$(NH_4)_2CO_3(aq) + H_2O + CO_2(aq) \rightleftharpoons 2NH_4HCO_3(aq) \quad\cdots\cdots\text{가수분해}$$
$$NH_4HCO_3(aq) + NaCl \rightleftharpoons NaHCO_3(aq) + NH_4Cl(aq) \quad\cdots\cdots\text{가수분해}$$

② 탄산화탑의 상부와 하부에서의 반응

㉠ 탑 상부 : $CO_2(g) \rightleftharpoons CO_2(aq) \Rightarrow CO_2(aq) + 2NH_3(aq) \rightleftharpoons CO_2NH^- + NH_4^+$
$\Rightarrow CO_2NH^- + H_2O \rightleftharpoons HCO_3^- + NH_3(aq) \Rightarrow Na^+ + HCO_3^- \rightleftharpoons NaHCO_3(s)$

㉡ 탑 하부 : $CO_2(g) \rightleftharpoons CO_2(aq) \Rightarrow CO_2(aq) + OH^- \rightleftharpoons HCO_3^-$
$\Rightarrow Na^+ + HCO_3^- \rightleftharpoons NaHCO_3(s)$

➡ 탄산화탑 하부로 유출한 $NaHCO_3(s)$의 결정을 함유한 용액은 Oliver식 회전원통형의 진공여과기에서 모액과 분리하고 소량의 물로 세척한다.

③ **탄산화탑** : 솔베이탑이라고도 하며, 탄산화는 향류로 진행되며, 암모니아 함수는 탑의 상부에서 유하시키고 탄산가스는 탑의 하부에 도입되어 상부로 올라간다.

5) **조중조의 여과 및 세척** : 탄산화탑의 맨 아랫단에서 배출된 현탁액은 여과, 세정하여 Cl분 및 수분을 충분히 제거한다.

➡ 조중조 케이크 중의 Cl분은 제품의 순도를 저하시키며, 수분이 많으면 하소로의 부하를 증가시키게 되기 때문에, 여과 및 세척 공정을 거쳐야 한다.

6) **조중조의 하소** : 여과 및 세정한 조중조를 열분해하여 소다회와 탄산가스를 얻는다.

$$NaHCO_3 \rightleftharpoons Na_2CO_3 + H_2O + CO_2$$

① 발생한 탄산가스는 순환시켜 탄산화탑으로 보내진다.

② 위의 반응과 동시에, 함유되어 있던 중탄산암모늄도 분해한다.

$$NH_4HCO_3 \rightleftharpoons NH_3 + CO_2 + H_2O$$

   ㉠ 경회(light soda ash) : 조중조를 1차로 하소한 소다회로, 겉보기 비중이 0.8 이하이다. 이는 물에 용해하기 쉬우므로 소다회를 수용액상태로 사용하는 방면에 쓰인다.

   ㉡ 중회(dense soda ash) : 경회와 온수의 비율을 100 : 20 정도로 혼합(경회의 약 16%의 온수를 가함)하여 $Na_2CO_3 \cdot H_2O$의 형태로 만든 후 다시 건조하여 중회를 만든다. 중회는 겉보기 비중이 1.2 이상이며, Na_2CO_3의 함량이 99.5% 정도이다.

7) **NH₃의 회수** : 중조를 분리한 모액에는 대량의 NH_4Cl이 용해되어 있으며, NaCl, NH_4HCO_3 및 $NaHCO_3$도 용해되어 있다.

이들 중

① NH_4OH, NH_4HCO_3, $(NH_4)_2CO_3$ 등은 가열하면 분해되어 NH_3로 회수한다.

② NH_4Cl은 석회유를 첨가한 후 증류해야만 NH_3를 회수할 수 있다.

③ **암모니아 회수용 증류탑** : 다단식인 것과 충전탑식인 것을 조합한 장치를 사용한다.

④ 회수한 NH_3 가스는 CO_2와 수증기를 함유하고 있으며, 이 혼합가스를 암모니아 흡수탑으로 보내어 흡수시켜 활용한다.

8) **증류 폐액의 이용**

① 증류탑 하부에서 나온 폐액에는 $CaCl_2$가 12~13% 용해되어 있으므로 이것을 감압 3중 효용 증발관으로 농축하여 부산물로 40% $CaCl_2$를 얻거나 주철제 가마로 더 농축하여 고형 $CaCl_2$를 부산물로 얻기도 한다.

② 이 $CaCl_2$ 부산물은 가치있는 용도가 없어 솔베이법의 중대한 결점이다.

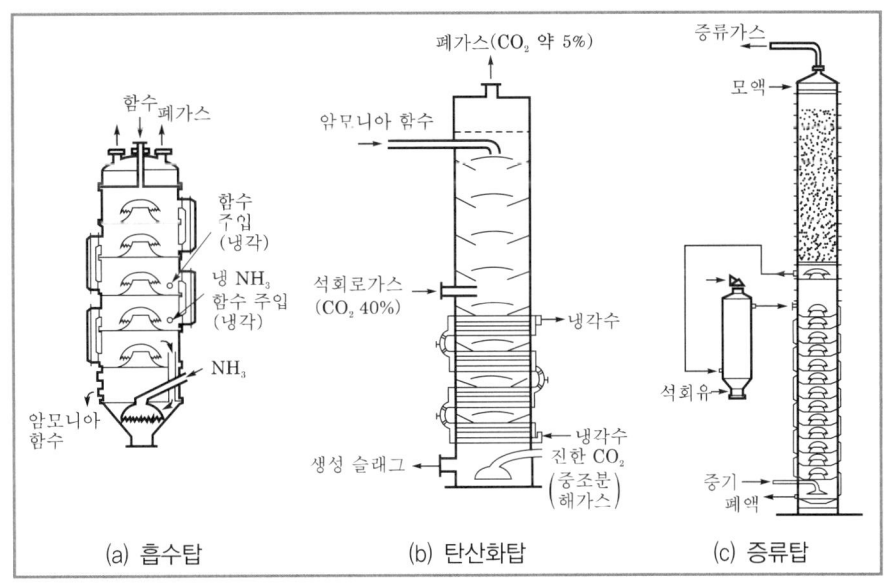

(a) 흡수탑   (b) 탄산화탑   (c) 증류탑

(4) 염안소다법

1) 여액에 남아 있는 식염의 이용률을 높이고, 탄산나트륨과 염안(NH$_4$Cl)을 얻기 위한 방법이다.

2) 중조를 여과한 모액에서 염안의 결정을 분리하고, 여액은 순환시켜 재사용하여 식염의 이용률을 거의 100% 가깝도록 개선한 방법이다.

3) 중조를 분리한 여액에 먼저 암모니아를 흡수시킨 후 식염을 더 용해시키면, 중조의 석출을 막고 염안만 석출이 가능하다.

4) **장점** : 염안소다법은 암모니아소다법과 비교할 때, 석회로와 암모니아 증류탑이 필요없고, 대신에 염안정출장치가 필요하다.

5) 이 방법에 의해 생산된 염안(염화암모늄)은 대부분 비료로 사용된다.

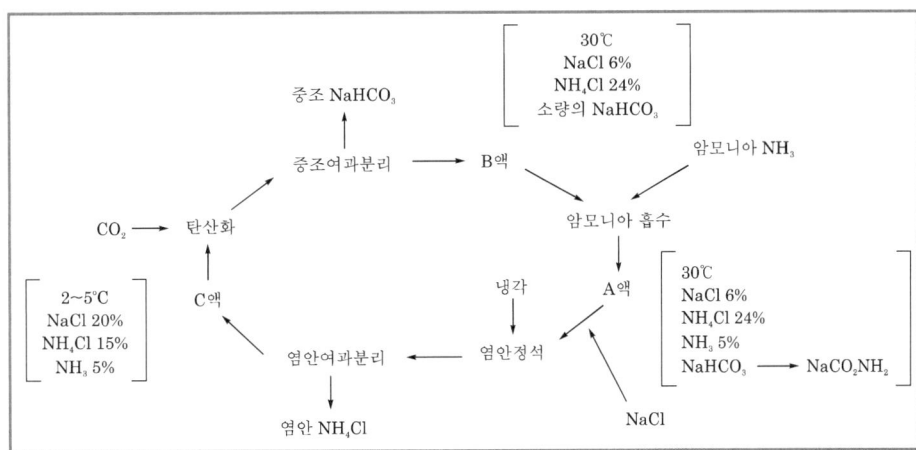

[염안소다법의 순환]

(5) 액안소다법

1) $NaCl$이 액체 암모니아에 상당히 용해하는 점을 이용하여 소다회를 제조하는 방법이다.

2) 소금을 액체 암모니아에 용해하면 $CaCl_2$, $MgCl_2$, $CaSO_4$, $MgSO_4$ 등은 용해도가 적어서 잔류하므로 용해와 정제를 동시에 할 수 있다.

    ① 여기에 20atm의 CO_2를 취입하면 $NaCO_2NH$가 생성되며, 이를 분리하여 과열수증기 (100~300℃)를 작용하면 중조가 된다. 암모니아는 회수하여 사용한다. 이 방법은 Na의 이용률이 99% 정도이다.

    ② 제품인 Na_2CO_3, NH_4Cl의 순도는 좋으나, 반드시 암모니아 합성공업과 연립하여야 하며, 그렇지 않으면 솔베이법에 비하여 전력이 약 8배나 더 든다.

    ③ 또한 액체 암모니아는 물에서 보다 $NaCl$을 적게 용해하므로 약 2배의 액량을 취급 하고 특히 고압처리를 해야 하므로 장치비가 많이 든다.

(6) 천연소다회 정제법

1) 천연에 탄산염의 고체나 용액으로 존재하는 자원을 정제하여 탄산소다를 얻는 방법이다.

2) 탄산소다 천연자원

광 물	조 성	$NaCO_3$ 함유율(%)
thermonatrite	$Na_2CO_3 \cdot H_2O$	85.5
trona	$Na_2CO_3 \cdot NaHCO_3 \cdot H_2O$	70.4
nachcolite	$NaHCO_3$	63.1
prissonite	$Na_3PO_4 \cdot MgCO_3$	47.1
northupite	$Na_2CO_3 \cdot NaCl \cdot H_2O$	43.8
tychite	$2MgCO_3 \cdot 2Na_2CO_3 \cdot H_2O$	40.6
natron	$Na_2CO_3 \cdot 10H_2O$	42.6
dawsonite	$NaAl(CO_3)(OH)$	37.1
gaylussite	$Na_2CO_3 \cdot CaCO_3 \cdot 5H_2O$	36.8
shorite	$Na_2CO_3 \cdot 2CaCO_3$	35.8
burkeite	$Na_2CO_3 \cdot 2Na_2SO_4$	34.6
hanksite	$2Na_2CO_3 \cdot 9Na_2SO_4 \cdot KCl$	27.2

3) 천연소다회 광물로부터 소다회를 분리하는 정제법은 원광석 중에 함유된 물에 불용성인 물질을 제거한 후 물에 가용성 불순물을 분리하는 순서로 정제한다.

 기출 및 예상 문제

01 알칼리 제조방법은 무엇인가?   ❂ 07 서울시 9급(변형)

> • 암모니아 – 소다법(Solvay법)을 개량한 것이다.
> • Na의 이용률을 향상시키고, 폐기염소의 효율적 사용이 가능하다.
> • 소다회와 생성물을 동시에 생산하는 방법이다.
> • 암모니아는 회수되지 않으므로 별도의 암모니아가 필요하다.
> • 석회로를 조업하지 않아도 좋다.

① Leblanc법   ② Haber – Bosch법
③ 천연소다회 정제법   ④ 액안소다법
⑤ 염안소다법

02 100%의 HCl 10kg을 르블랑법으로 제조하기 위하여 사용해야 할 NaCl의 이론량은?
(단, 원소의 화학식량은 H : 1, Na : 23, Cl : 35로 한다.)   ❂ 02 국가직 9급

① 14kg   ② 16kg
③ 19kg   ④ 26kg

03 솔베이탑 하부에서 일어나는 반응식은?   ❂ 02 국가직 9급

① $NH_3 + CO_2 + H_2O \rightarrow NH_4HCO_3$
② $NH_4HCO_3 + NaCl \rightarrow NaHCO_3 + NH_4Cl$
③ $2NaHCO_3 \rightarrow Na_2CO_3 + CO_2 + H_2O$
④ $2NH_4Cl + Ca(OH)_2 \rightarrow 2NH_3 + H_2O + CaCl_2$

04 탄산나트륨(Na₂CO₃)에 대한 설명으로 옳지 않은 것은?   ❂ 98 행안부 9급(변형)

① 탄산나트륨은 무색의 가루이며 풍해성 물질이다.
② 소다회의 제조원료는 염화나트륨과 석회석 및 이산화탄소이다.
③ 탄산소다의 주 용도는 판유리 및 조미료의 제조에 쓰인다.
④ 탄산나트륨의 공업적 생산은 솔베이법을 이용한다.

05 소다회 제법인 염안소다법에 대한 설명이다. 틀린 것은?

① $NaCl$의 이용률을 향상시킨다.
② 원염의 세정장치가 필요하다.
③ NH_3 합성장치가 필요하다.
④ 증류장치, 함수석회로, 함수정제장치 등이 필요하다.

06 암모니아소다법에서 석회유의 용도에 해당하지 않는 것은?

① 염화암모늄처리　　　　　　　② 조함수 정제
③ 소다회의 가성화　　　　　　　④ 탄산가스의 생성

07 가성소다(caustic soda)의 제법이 아닌 것은?

① 격막법　　　　　　　　　　　② 염안소다법
③ 수은법　　　　　　　　　　　④ 이온교환막법

08 소다회 제법인 암모니아소다법과 관련이 없는 것은?

① $NaCl$　　　　　　　　　　　② $NaHCO_3$
③ NH_3　　　　　　　　　　　④ $Ca(OH)_2$
⑤ Na_2SO_4

09 소다회 제조와 관련없는 것은?

① 르블랑법　　　　　　　　　　② 솔베이법
③ 하버－보쉬법　　　　　　　　④ 염안소다법

10 암모니아소다법에 의한 탄산소다 제조와 관계없는 것은?

① 암모니아와 염수의 제조　　　② 암모니아의 산화
③ 중조의 산화　　　　　　　　④ 탄산화

11 솔베이법에서 $NaHCO_3$ 가소로와 석회로에서 나오는 CO_2 가스는 어디로 보내는가?

① 탄산화탑　　　　　　　　　　② 냉각탑
③ 암모니아흡수탑　　　　　　　④ 염수세정탑

12 암모니아소다법 반응 중 탄산화탑에서의 반응은?

① $CaCO_3 \rightleftharpoons CaO + CO_2$

② $CaO + H_2O \rightarrow Ca(OH)_2$

③ $2NH_4Cl + Ca(OH)_2 \rightarrow 2NH_3 + CaCl_2 + 2H_2O$

④ $NaCl + NH_3 + CO_2 + H_2O \rightarrow NaHCO_3 + NH_4Cl$

13 탄산소다의 제법인 르블랑(Leblanc)법에 대한 설명이다. 틀린 것은?

① 르블랑법은 소금과 인산을 원료로 사용한다.

② 이 제법은 2단계 공정으로 진행된다.

③ 중간 생성물로 무수망초(Na_2SO_4)와 염화수소가스를 얻는다.

④ 마지막 공정에서 얻어진 융해물을 흑회(black ash)라 한다.

정답 및 해설

01 ⑤

> **유형 및 해설** [염안소다법] 암모니아소다법을 개량한 것이므로 목적은 소다회 생산을 하는 방법이다.

염안소다법과 액안소다법

1. 염안소다법
   ① 암모니아소다법에서 중조($NaHCO_3$)를 분리한 모액(母液)에는 NH_4Cl과 미반응 식염이 함유되어 있다. 이 모액에 남아 있는 나트륨의 이용률을 높이기 위한 방법이다.
   ② 중조를 여과한 모액에서 염안결정을 분리하고, 여액은 순환시켜 재사용하여 식염의 이용률을 거의 100% 개선한 방법이다.
   ③ 중조를 분리한 여액에 우선 암모니아를 흡수시킨 후 식염을 더 용해하면, 중조의 석출을 막고, 염안만을 석출시킬 수 있다.
   ④ 암모니아소다법과 비교할 때, 석회로와 암모니아 증류탑이 필요없고, 대신에 염안 정출장치가 필요하다. 부생된 염안은 대부분 비료로 사용된다.

2. 액안소다법
   $NaCl$이 액체 암모니아에 상당히 용해하는 점을 이용하여 소다회를 제조하는 방법이다. 소금을 액체 암모니아에 용해하면 $CaCl_2$, $MgCl_2$, $CaSO_4$, $MgSO_4$ 등은 용해도가 적어서 잔류하므로 용해와 정제를 동시에 할 수 있다. 여기에 20atm의 CO_2를 취입하면 $NaCO_2NH$가 생성하며, 이를 분리하여 과열수증기(100~300℃)를 작용하면 중조가 된다. 암모니아는 회수하여 사용한다. 이 방법은 Na의 이용률이 99% 정도이다. 제품인 Na_2CO_3, NH_4Cl의 순도는 좋으나, 반드시 암모니아 합성공업과 연립하여야 하며, 그렇지 않으면 솔베이법에 비하여 전력이 약 8배나 더 든다. 또한 액체 암모니아는 물에서 보다 $NaCl$을 적게 용해하므로 약 2배의 액량을 취급하고 특히 고압처리를 해야 하므로 장치비가 많이 든다.

02 ②

유형 및 해설 [르블랑법 반응과 계산]

$NaCl(s) + H_2SO_4 \rightarrow NaHSO_4(s) + HCl(g)$

$10/36 = 0.278$kmol이다. $0.278 = x/58$에서 $x = 16.110$이다.

계산기 없이 암산으로 풀어야 하는 경우 $10/36 = x/58$로 두어 근사치를 구한다.

03 ②

유형 및 해설 [솔베이법] 솔베이탑의 하부에서는 중조를 여과한 모액에 석회유[$Ca(OH)_2$] 용액을 첨가하고, 증류하면 암모니아를 회수하고 부산물로 $CaCl_2$를 얻는다.

04 ②

유형 및 해설 [솔베이법] 솔베이법의 주원료로 석회석을 이용하고, 부원료로 암모니아를 사용한다. 염화나트륨($NaCl$)은 사용하지 않는다.

05 ④

유형 및 해설 [염안소다법] 염안소다법은 솔베이법과 비교할 때, 석회로와 암모니아증류탑이 필요없고, 대신에 염안 정출장치가 필요하다.

➡ 염안소다법에 요구되는 장치 : 암모니아 합성설비, 원료염의 정제설비, 염안장석기, 냉동기, 염안분리 및 건조설비 등이 요구된다.

06 ②

유형 및 해설 [솔베이법] 솔베이법에서 중간생성물로 중조와 염안에서 염안의 처리를 위해 석회유를 사용한다. 이때 석회유는 암모니아의 회수에 사용된다. 또 석회유는 조함수의 정제 및 소다회의 가성화($-OH$)에 사용된다. 한편, 탄산가스의 생성은 석회석을 이용한 열분해공정에의 목적이다.

07 ②

유형 및 해설 [가성소다($NaOH$)의 제법] 가성소다의 제법 3가지 격막법, 수은법, 이온교환법이 있다. 염안소다법은 소다회 제조방법이다.

08 ⑤

유형 및 해설 [솔베이법의 원료 및 생성물] 솔베이법의 원료인 염화나트륨, 암모니아, 이산화탄소와 수증기를 이용해 중조와 염안을 만들고, 이 둘을 분리하여 중조는 탄산소다 제조에 투입되고, 염안은 석회유를 첨가하여 암모니아를 회수하고, 그 부산물로 $CaCl_2$를 얻는다. 한편, 황산나트륨(Na_2SO_4)은 제염 공업에서 간수를 이용해 제조한 염으로 암모니아소다법과 무관하다.

09 ③

유형 및 해설 [소다회 제조관련] 하버-보쉬법은 암모니아 제조공정이다.

10 ②

유형 및 해설 [솔베이법] 암모니아산화공정은 암모니아를 공기로 산화시켜 NO를 제조하고 이를 다시 냉각시켜 NO_2를 만드는 질산 제조공정에 속한다. 이는 Ostwald법에 관한 공정이다.

11 ①

유형 및 해설 [솔베이법>탄산화공정] 중조의 분해에서 얻은 CO_2는 진하므로 침전탑의 하부로, 석회로에서 공급하는 CO_2는 중화탑의 하부로 각각 분리하여 탄산화탑에 공급된다.

12 ④

유형 및 해설 [솔베이법>탄산화반응] 탄산화탑에서 공급된 이산화탄소를 이용해 탄산화가 진행되어 중조와 염안을 만드는 공정을 말한다. ①은 소화기에서의 생석회의 소화공정반응이며, ②는 석회로에서의 석회석의 배소에서 반응, ③은 증류탑에서의 암모니아회수반응을 나타낸다.

13 ①

유형 및 해설 [르블랑법] 르블랑법은 소금과 진한황산을 원료로 하여 2단계 공정으로 진행된다. 제1공정은 원료의 반응으로 무수망초와 염화수소가스의 발생이며, 2단계 공정은 무수망초에 석회석과 코크스를 혼합하여 가열 융해하여, 탄산나트륨과 황화칼슘의 혼합물인 흑회를 얻는다.

제 **62** 주

가성소다(NaOH) 제조공업

제62주제   가성소다

1. 가성소다의 성질과 용도
2. 가성소다의 제조방법
　① 가성화법
　② 전해법

1. 가성소다의 성질 및 용도

(1) 성질

1) 흰색의 반투명한 결정으로 대표적인 강염기이다.

2) 다른 물질을 잘 부식시키는 위험한 물질이다.

3) 단백질도 가수분해시키므로, 손으로 직접 만지는 것은 좋지 않다.

4) NaOH는 고체결정상태이기 때문에 화학반응 시에는 주로 물에 녹여 수용액을 만들어 사용하는데, 이때 많은 열을 발생시키므로 주의해야 한다. 만들어진 용액을 산성용액과 반응시킬 때에도 많은 열이 발생하므로 묽게 하여 사용해야 한다.

5) 수산화나트륨은 조해성(潮解性)이 있어, 무게를 측정해야 될 경우 빠르게 측정해야 한다. 이 뿐만 아니라 이산화탄소를 흡수하기도 한다.

6) 보관 : 이는 매우 위험한 물질이며 조해성을 가지고 있어, 공기와 접촉을 최대한 피할 수 있도록 마개를 꼭 닫아 보관한다.

(2) 용도 : 화학제품, 종이펄프, 레이온, 석유 정제, 비누, 세제, 셀로판 등

➡ 최근 국내 가성소다 공업이 부진한 것은 연관 공업의 부진이 가장 큰 원인이다. 특히 부생염소의 용도가 개발되지 않아 가격면에서 수입 가성소다와 경쟁이 안 된다.

2. 가성소다 제조방법

(1) 가성화법

1) 소다회를 사용하여 탄산나트륨용액을 제조한 후, 여기에 석회유를 가하여 생성하는 탄산칼슘의 침전을 제거하고 농축하여 가성소다를 만든다.

$$Na_2CO_3 + Ca(OH)_2 \longrightarrow 2\mathbf{NaOH} + CaCO_3 \downarrow$$

2) 산화철(Fe_2O_3)에 의한 가성화 : 소다회와 산화철을 회전로에서 가열반응시켜 Na_2FeO_4를 얻고 이를 40~50℃에서 가수분해하면, 가성소다용액이 얻어진다.

$$Na_2CO_3 + Fe_2O_3 \longrightarrow NaFe_2O_4 + CO_2$$
$$NaFe_2O_4 + H_2O \longrightarrow 2\mathbf{NaOH} + Fe_2O_3$$

(2) 전해법

1) 원료의 제조 : 정제(탈염소 → 중화 → 재포화 → 불순물 제거)

2) 전기분해(전해조의 종류) (연계) 전기화학분야의 전기분해와 연관지어 학습한다.

① 수은법

㉠ 음극 : $Na^+ + (Hg) + e^- \rightarrow Na(Hg)$, $2H^+ + 2e^- \rightarrow H_2$

㉡ 양극 : 흑연 전극

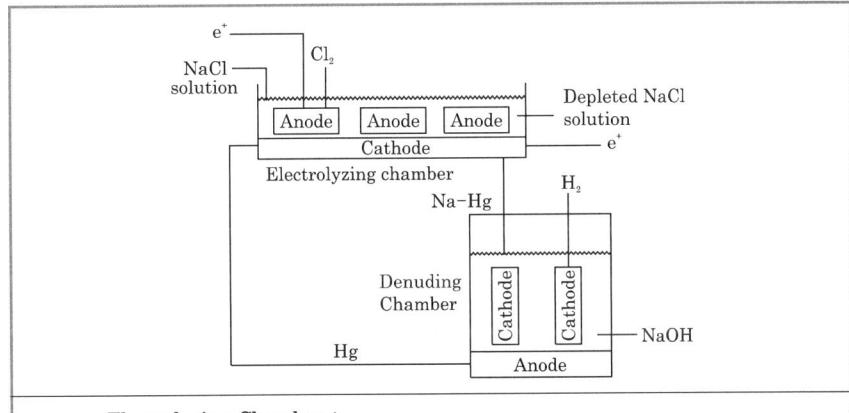

Electrolyzing Chamber :

Anode : $2Cl^- \longrightarrow Cl_2 + 2e^-$

Cathode : $2Na^+ + 2e^- \longrightarrow 2Na$

Denuding Chamber :

Anode : $2Na \longrightarrow 2Na^+ + 2e^-$

Cathode : $2H_2O + 2e^- \longrightarrow 2OH^- + H_2$

Overall : $2Na^+ + 2Cl^- + 2H_2O \longrightarrow 2Na^+ + 2OH^- + Cl_2 + H_2$

[수은법 전해조]

② **격막법** : 격막은 전해 중에 강알칼리성 용액(음극액)을 약산성 용액(양극액)과 분리 시킨다. 전해액은 양극으로 들어가서 격막을 통하여 음극으로 흐르게 하며, 음극실 의 OH^-은 역류되게 하는 역할을 한다.

㉠ 양극 : 산소와 염소가 방전된다.

㉡ 음극 : (양극이 염소 과전압이 적고 경제적인 흑연을 주로 사용하는 것과 같이) 음극은 수소 과전압이 적은 철망, 다공 철판 등이 이용된다.

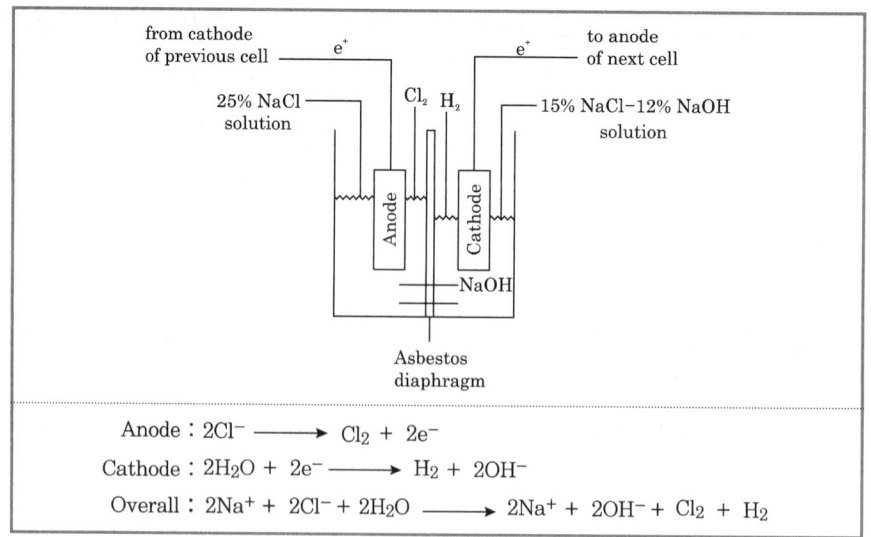

[격막법 전해조]

③ **이온교환막 전해조**

㉠ 격막으로 양이온교환 수지를 사용하는데, 이 막은 양이온만을 통과시키고 음이 온은 통과시키지 않는다.

ⓐ 전해가 개시되면 양극실에서 염소가 발생하고, Na^+은 양이온교환막을 통과 하여 음극으로 간다. 음극실에서는 H_2가 발생하는 동시에 OH^-이 생성된다. 이동해 온 Na^+과 결합하여 NaOH을 이루는데, 이는 수용액으로 외부로 배출 시킨다.

ⓑ 양극실에서는 저농도의 함수가 배출되어 다시 원염 용해조로 들어간다. 원염 이 용해되어 고농도의 염수가 조제된다.

㉡ 이 방법에서는 원리상으로, 제품 중에 NaCl이 혼합될 수 없다.

ⓒ 분리막 : Nafion(perfluorosulfonic acid), perfluorocarboxylic acid 등

$$[(CF_2CF_2)nCF - CF_2]x$$
$$|$$
$$O$$
$$|$$
$$CF_2$$
$$|$$
$$CF - CF_3$$
$$|$$
$$O - R$$

$$R = ——CF_2CF_2CF_2CO_2^-Na^+ \quad or \quad ——CF_2CF_2SO_3^-Na^+$$

[Nafion(perfluorosulfonic acid)의 화학적 구조]

[수은법과 격막법 비교]

수은법	격막법
• 제품의 순도가 높으며, 농후한 NaOH(50~73%)를 얻는다. • 수은을 사용하므로 공해의 원인이 된다.	• NaOH 농도(11~12%)가 낮으므로 농축비가 많이 든다. • 제품 중에 염화물 등을 함유하여 순도가 낮다.

➡ 제품 농도 : 수은법 > 이온교환 > 격막법

기출 및 예상 문제

01 가성소다를 격막법으로 제조할 때, 음극에서 얻을 수 있는 것으로만 짝지은 것은?

❂ 05 국가직 9급

① 산소, 나트륨
② 나트륨, 수소
③ 수소, 가성소다
④ 수소, 산소

02 격막법과 수은법의 비교 설명 중 틀린 것은?

❂ 02 국가직 9급

① 격막법은 농축이 필요하다.
② 수은법은 고농도 제품을 얻는다.
③ 격막법은 양극으로 철망을 사용한다.
④ 수은법은 전력비가 많이 든다.

03 수산화나트륨 수용액에 염소를 통과시켜 제조하는 표백제는?

❂ 97 서울시 9급

① 표백액
② 표백분
③ 표백비누분
④ 하이포아염소산나트륨

04 다음 중 양잿물(NaOH)이 들어 있는 세탁비누를 방치할 때 표면에 생기는 흰가루는 어떤 물질인가?

　　　　　　　　　　　　　　　　　　　　　　　　　　　　　　　　　　　　　✪ 97 총무처 9급

① 탄산(H_2CO_3)　　　　　　　　　　② 중조($NaHCO_3$)

③ 소다회(Na_2CO_3)　　　　　　　　　④ 염안(NH_4Cl)

정답 및 해설

01 ③

유형 및 해설 [격막법] 격막법으로 가성소다 제조 시, 음극에서의 주반응은 환원반응으로 수소를 발생한다. 이때 음극은 철을 사용한다. 음극반응은 다음과 같다.

$$2H^+ + 2OH^- + 2e^- \rightarrow H_2 + 2OH^-$$

수소의 발생은 동량의 OH^-을 남기며, 이는 Na^+과 반응하여 가성소다를 생성한다.

$$Na^+ + OH^- \rightarrow NaOH$$

02 ③

유형 및 해설 [격막법과 수은법의 비교] 격막법에서 음극으로 철망을 사용한다.

03 ④

유형 및 해설 [하이포아염소산나트륨, 표백제] 반응은 다음과 같다.

$$2NaOH + Cl_2 \rightarrow NaClO + NaCl + H_2O$$

이는 산화력이 약해 재료를 손상시키지 않고 제품을 표백할 수 있다.

04 ②

유형 및 해설 [가성소다의 탄산화] 양잿물은 가성소다가 주성분이다. 이를 방치시키면 대기 중에 있는 이산화탄소와 반응하여 수표면에 흰가루를 형성한다. 이는 중조이다.

$$NaOH + CO_2 \rightarrow NaHCO_3$$

제 **63** 주

암모니아 제조공업

1. 암모니아의 성질과 용도

(1) 성질

1) 자극성이 있는 냄새가 강한 무색의 기체로, 공기보다 가볍고 물에 잘 녹는다. 암모니아의 수용액인 암모니아수는 OH^-기를 생성해 알칼리성을 나타낸다.

$$NH_3 + H_2O \rightleftharpoons NH_4^+ + OH^-$$

2) 촉매 존재하에 암모니아의 생성·분해반응은 가역반응이고, 질소와 수소로부터 직접 합성이 가능하다.

3) 공기 중 약 80%를 차지하는 질소분자의 결합에너지가 160kcal/mol로 크기 때문에, 질소 고정에는 커다란 에너지가 요구된다.

(2) 용도

1) 암모니아는 단백질의 구성 성분으로 요소 비료, 화약, 염료, 의약품 등의 출발원료로 가장 중요한 무기물질 중 하나이다.

2) 암모니아는 1960년 경까지는 대부분이 질소비료용으로 사용되었으며, 그 외 공업용으로 소비되는 것은 약 25%에 지나지 않았다. 그러나 그 후 암모니아의 용도가 다각화되어 합성섬유·합성 수지 등의 고분자화학공업 분야에서의 소비가 급격히 늘어나게 되었다.

2. 암모니아 합성이론 **

(1) 화학평형

질소와 수소로부터 암모니아를 합성하는 가역평형반응은 다음과 같다.

$$N_2 + 3H_2 \rightleftarrows 2NH_3 + 22,000cal(at\ 18℃) \quad \text{·············하버－보쉬법}$$

$$K_p = \frac{(P_{NH_2})^2}{(P_{N_2})(P_{H_2})^3}$$

1) NH_3 합성의 최적조건 : 압력은 150~220atm, 500±50℃ 정도, 공간속도는 경제적인 공간
속도(속도가 빠르면 NH_3의 출구농도는 낮으나 단위촉매당 생성량은 증가), 원료의 조성
몰비는 1 : 3(질소 : 수소)이다.

2) 촉매 : 최근 철을 주촉매로 한 철촉매(Fe_3O_4)가 사용되는데, 조촉매로 산화칼슘(CaO), 산
화칼륨(K_2O), 산화알루미늄(Al_2O_3)을 사용하여 선택성과 활성을 높인다.

3) 암모니아 합성반응은 발열반응이므로 냉각이 필요하다. 냉각하는 방법으로는 촉매층 사이
를 냉각하는 방법, 촉매층 내 냉각하는 방법, 차가운 가스혼합식 냉각(가장 많이 사용), 열
교환식 냉각방법 등이 사용된다.

(2) 반응속도와 반응기구(4단계)

1) 질소분자 흡착 : $N_2 + [Me] \rightleftarrows [Me]N_2 \rightleftarrows 2[Me]N$

2) 수소분자 흡착 : $3H_2 + [Me] \rightleftarrows 3[Me]H_2 \rightleftarrows 6[Me]H$

3) 촉매표면에서 반응 : $2[Me]N + 6[Me]H \rightleftarrows 2[Me]NH_3$

4) 생성암모니아 탈착 : $2[Me]NH_3 \rightleftarrows 2[Me] + 2MH_3$

➡ 위의 반응단계에서 어느 과정을 속도결정단계(rate determine step)로 보느냐에 대해 여러
가지 학설이 있으나, 보통 첫 번째 단계인 질소분자의 흡착단계를 속도결정단계로 생각하는
학설이 우세하다.

3. 원료가스의 제조공정

(1) 수소의 제조

[수소의 공업적 제조법]

제조법	원 료	생성가스 또는 개질법
물 전기분해법	물	수소, 산소
고체원료법	코크스, 석탄	수성가스법, 석탄화가스화법
유체원료법	석유, 천연가스, 납사, 석유 잔사가스 제철소 배기가스	수증기 개질법, 부분산화법, 코크스로 가스법
부산물 수소의 이용	부산물 수소	전해 소다법에 의한 수소

㈜ 수성가스 : $C + H_2O \rightarrow H_2 + CO$, $CO + H_2O \rightarrow H_2 + CO_2$

코크스로 가스(COG) : H_2가 50~60%, CH_4가 22~28%, CO가 5~9% 정도이다.

천연가스(건성) : CH_4 92~99%

납사 : 유출 온도 종점 < 140℃, 비중 0.65~0.70, 파라핀 탄화수소 > 80%

유황분 < 0.05%, 분자량 약 100, C_7H_{16}(평균분자식)

석유 잔사가스 : 액체 접촉 크래킹(H_2O 10~13%, CH_4 30~33%, C_2 29~33%)

집촉개질(H_2 60~75%, CH_4 12~23%, C_2 12~23%)

1) 수증기 개질법

① 메탄~납사까지의 경질유분에 적용, ICI법이 대표적이다.

② 순서 : 나프타(naphta)의 예열·증발 → 탈황 → **수증기 개질(1차 & 2차)** → CO의 전환 → CO_2의 흡수(흡수탑, 흡수제) → 메탄화 → 원료 H_2의 생성

㉠ 탈황 : 경질유분의 탄화수소를 수증기 개질할 때, 촉매에 대해서 심한 피독작용을 하는 황을 제거해야 한다. 황화합물이 많은 원료에 대해서는 예비 탈황(Co-Mo계 촉매를 이용하는 수소첨가 탈황), 마감 탈황(Co-Mo계 촉매와 ZnO 촉매의 조합에 의한 흡착 탈황)의 두 단계로 탈황된다.

㉡ 수증기 개질 1, 2차 공정

ⓐ 1차 개질공정

> [주반응] $C_nH_n + nH_2O \longrightarrow (n+m/2)H_2 + nCO - Q$ [H_2와 CO의 생성]
> [부반응] $CO + H_2O \longrightarrow H_2 + CO_2 + Q$ [CO의 전환]

ⓑ 2차 개질공정 : 메탄을 공기에 의한 부분 연소반응으로 개질하여 잔류 메탄 농도가 0.3% 이하까지 개질한다. 부분 연소반응에서 공기 중의 산소는 소비되고, 질소는 생성된 수소에 도입된다.

$$CH_4 + \frac{1}{2}O_2 \longrightarrow CO + 2H_2 - 8.7kcal$$

➡ 2차 개질로는 내면을 내화 단열재로 처리한 내압 반응기로, 상부는 1차 개질가스와 공기의 혼합 연소부에 해당하고 하부는 Ni계 촉매로 충전되어 있다. 노의 출구가스 온도는 900~1,000℃로, 이 열에너지는 증기로 회수되어 공정 스팀 또는 터빈 구동용으로 사용된다.

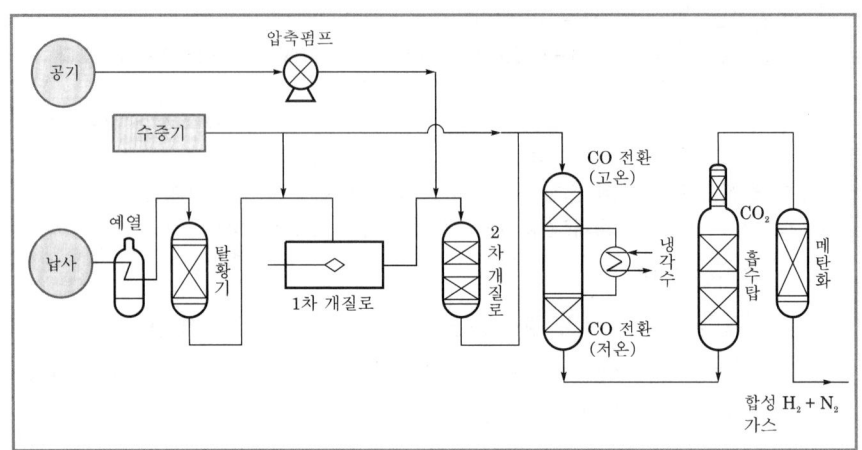

[납사 수증기 개질 공정도(ICI법)]

2) 부분산화법

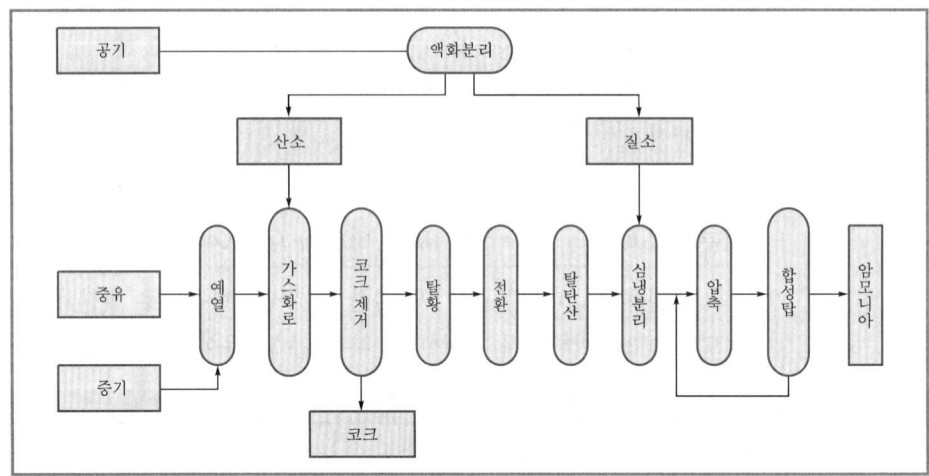

[부분산화법의 공정도]

① 부분산화법은 메탄~중질유분, 중유, 콜타르, 석탄까지 처리가 가능하다.

② 부분산화란 탄화수소를 불완전연소시켜 CO와 H_2를 얻는 반응이다.

③ 처리단계

    ㉠ 중질유분의 불완전연소

       $C_nH_m + n/2O_2 \rightarrow nCO + m/2H_2 + Q$

    ㉡ 코크 제거

    ㉢ 탈황

    ㉣ CO의 전환

       $CO + H_2O \rightleftarrows H_2 + CO_2 + 9.6kcal$

ⓜ CO$_2$의 제거 : 이전에는 가압하 물에 흡수·제거하는 방법 → 최근 흡수제를 이용한 고순도, 고농도로 회수하는 방식(요소공업에서 사용할 탄산가스의 가치가 높아졌다)

ⓗ 메탄화공정(일산화탄소 제거) : 탄산가스 제거장치에서 나온 가스에는 암모니아 합성촉매에 피독(poisoning)작용을 하는 CO, CO$_2$가 미량 포함되어 있으므로 이들을 메탄화시켜 제거한다.

$$CO \ + \ 3H_2 \ \rightleftarrows \ CH_4 \ + \ H_2O \ + \ 49.3kcal$$

$$CO_2 \ + \ 4H_2 \ \rightleftarrows \ CH_4 \ + \ 2H_2O \ + \ 39.5kcal$$

(2) 질소 제조

1) Linde식 : 고압 공기(200atm)의 단열팽창에 의한 Joule – Thomson **효과**를 이용하여 액화한다.

2) Claude식 : 저압 공기(40atm)의 단열팽창을 외부 일에 이용하여 액화한다.

3) Heylandt식 : 위의 1), 2) 방식의 절충방식이다.

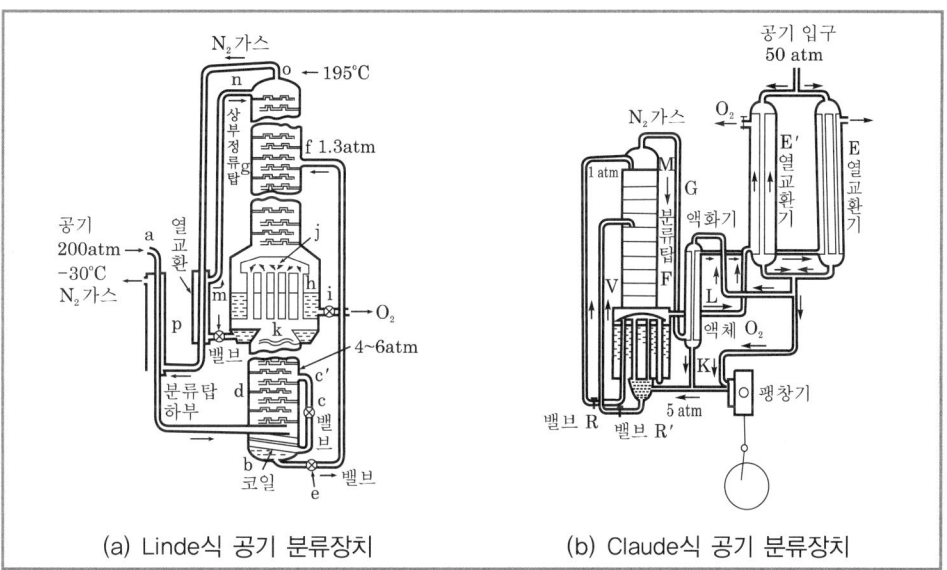

(a) Linde식 공기 분류장치   (b) Claude식 공기 분류장치

4. 암모니아 합성공정

(1) 합성탑

1) 암모니아 합성탑의 상부는 촉매층, 하부는 열교환기로 구성되어 있다.

2) 열교환기에서 예열된 가스는 촉매층을 통과해, 일부가 암모니아로 되고 다시 열교환기를 거쳐 합성탑으로 나온다. 합성탑에서 나오는 가스에는 암모니아가스 이외에 반응하지 않은 수소와 질소가 포함되어 있는데, 이 가스를 냉각기로 보내어 약 −20℃로 냉각하면 암모니아가 액화되어 미반응의 질소와 수소가 쉽게 분리된다.

(2) 합성방법

1) 압력 : 300~1,000atm

2) 온도 : 온도를 높이면 반응속도가 빨라지나, 평형 암모니아 농도는 낮아지고 장치재료의 부식도 일어나기 쉬워진다. 또 사용하는 촉매에 대한 최적온도에 제한이 생긴다. 통상적으로 합성탑의 온도는 500±50℃ 범위가 많이 이용된다.

3) 공간속도 : 일정 온도의 조건에서 공간속도를 크게 하면, 합성탑 출구가스 중의 암모니아 농도는 낮아지나 단위 촉매량당 암모니아 생성량은 증가하며 이를 고려하여 경제적인 공간속도가 많이 채택되고 있다. 일반적으로 $15,000 \sim 50,000 \mathrm{m}^3/(\mathrm{m}^3-촉매 \cdot \mathrm{hr})$을 많이 쓴다.

4) 촉매 : 가능한 저온에서 반응속도를 촉진시킬 수 있는 촉매의 선택이 중요하다. 현재 $Fe_3O_4 \cdot Al_2O_3 \cdot K_2O \cdot CaO$계 촉매를 많이 사용한다.

> **참고 촉매의 구성 및 역할**
>
> ① 철 촉매는 환원 전의 산화철 조성이 $Fe(II)/Fe(III) \fallingdotseq 0.5$, 즉 Fe_3O_4일 때 제일 좋다.
> ② Al_2O_3를 첨가하면 활성이 높아지고 동시에 지속기간도 길어진다.
> ③ K_2O의 첨가는 Al_2O_3 존재하에서 효과적이며 촉매활성을 높여준다.
> ④ Al_2O_3, K_2O, CaO의 존재는 촉매독에 대한 내피독성(耐被毒性)을 높여주며 동시에 열안전성도 높여준다.

5) 암모니아의 액화분리 : 고압법의 경우 합성탑 출구가스 중의 암모니아농도도 높으므로 반응가스를 열회수한 다음 물로 냉각함으로써 암모니아를 냉각 액화하여 분리할 수 있으나, 저압법에서는 압력과 농도가 낮으므로 위의 조작을 한 다음 다시 저온으로 처리하여야 한다.

6) 장치재료 : 암모니아 합성장치는 고온, 고압하에서 조업하므로 장치재료의 강도 열화(劣化) 및 수소에 의한 취화(臭化)가 커다란 문제이다. 또한 암모니아나 질소는 질소화합물을 생성하여 금속재료의 조직을 열화시킨다. 이외에 가스화공정, 정제공정 등에 있어서도 각각 내열, 부식을 고려해야 한다.

(3) 하버-보쉬법(Habor-Bosch법)

1) 합성탑은 300atm에 견디도록 설계된 외부 관속이 특수 강철로 된 내장관이다.(수소통과 못함)

2) 원료가스는 관 속을 흐르며, 외통의 가열을 방지하고, 탑하부에 있는 열교환기에 들어가 예열된다. 이때 온도조절을 위해 하단에서 냉가스가 유입되어 상부 촉매층의 과열을 방지시킨다.

3) 예열된 혼합가스는 전기 가열기를 거쳐서 온도를 상승시킨 후, 상부의 촉매관으로 들어간다. 이때 NH_3가 생성되고, 발생한 열을 혼합가스 가열에 이용하기 위해서 NH_3를 배출시킨다.

4) 원료가스는 가스정제에서 가스 중의 CO 및 CO_2를 완전히 제거한 다음 300atm으로 합성한다.

5. 탈황공정

(1) 탈황공정의 의의

1) 탈황공정의 필요성 : 석탄, 갈탄, 무연탄이나 석유는 모두 황분을 포함하고 있으므로, 이런 것을 원료로 해서 제조하는 가스 중에는 다소의 차이가 있으나 황화물을 함유하게 된다. 황화물이 가스상태로 내기 중에 그대로 배출되면 환경오염에 원인이 되기 때문에 빈드시 제거하여 배출시켜야 한다.

2) 석탄을 원료로 하여 얻은 수성가스 중의 황분은 대략 $1g/m^3$ 전후이고, 약 95%는 무기황화합물(H_2S)이어서 비교적 용이하게 제거된다. 그러나 CS_2, 기타 소량의 황화카르보닐(COS), 티오시안산(HCNS), 메틸메르캅탄(CH_3SH) 등의 유기 황화합물은 제거가 용이하지 않다.

(2) 탈황방법

1) 건식법 : 가스를 고체 탈황제에 통하여 흡착작용 또는 화학반응에 의하여 탈황하는 것이다.

① 수산화철에 의한 탈황

㉠ 가장 오래 사용되어 온 방법으로, 장방형의 큰 상자에 7~10단으로 수산화철 50%, 톱밥 50%를 혼합한 탈황제를 넣고 원료가스를 통과시키면 다음과 같은 반응으로 탈황된다.

$$2Fe(OH)_3 + 3H_2S \rightleftharpoons Fe_2S_3 + 6H_2O$$
$$2Fe(OH)_3 + 3H_2S \rightleftharpoons 2FeS + S + 6H_2O$$

㉡ 탈황능력이 감소된 탈황제는 대기 중에 펼쳐 놓고 물을 뿌려서 공기로 산화시키면 다시 산화철로 되돌아온다.

$$Fe_2S_3 + \frac{3}{2}O_2 + 3H_2O \rightleftharpoons 2Fe(OH)_3 + 3S$$

$$FeS + \frac{3}{2}O_2 + 3H_2O \rightleftharpoons 2Fe(OH)_3 + 2S$$

㉢ 탈황제는 되도록 화합수분이 많은 것이 좋고 부착 수분은 20% 정도가 좋으며, 약간의 알칼리의 존재가 탈황에 유효하다. 중성 또는 산성에서는 FeS_2, Fe_8S_9이 생성되어 산화 재생이 안 되고 서서히 산화되어 황산철이나 다황화물이 활성을 잃게 된다.

㉣ 탈황제를 되풀이하여 사용하면 황함량의 50% 정도까지 이르게 되는데, 이것을 폐산화철(spent oxide)이라 하고, 이를 배소하면 황산제조의 원료가스를 만드는 데 사용할 수 있다.

② 활성탄에 의한 탈황

　　㉠ 활성탄의 촉매작용에 의하여 H_2S를 O_2로 산화시켜 유리황으로 흡착하는 방법이다.

　　㉡ 활성탄의 작용은 완만하여 H_2나 CO가 산화되는 일은 없다.

　　㉢ $1m^3$의 활성탄으로 400~600kg의 황을 고정할 수 있고, $1m^3$당 3~4g의 황을 함유하는 가스를 1~2mg의 황 정도까지 정제할 수 있다.

　　㉣ 황(S)을 흡착한 활성탄은 15%의 황화암모늄용액으로 처리하여 황을 제거하고, 다음에 수증기로 처리하여 재생할 수 있다.

　　㉤ 황(S)으로 포화된 황화암모늄용액은 증발관에서 수증기로 다황화물을 분해하면 황이 유리된다.

2) **습식법** : 가스 중의 황분을 액체 탈황제에 흡수반응시키는 방식이다.

① **알칼리용액에 흡수** : 약산인 H_2S를 알칼리에 화합시켜 흡수제거하는 방법이다.

　　㉠ 가성소다와 같은 강알칼리에 흡수시키면 액의 재생이 안 되므로, 약알칼리나 약산의 알칼리염을 이용한다.

　　㉡ carbonate법(seaboard법) : 탄산소다를 사용하는 방법이다. 3% Na_2CO_3 용액을 세척탑 상부에서 흘려보내 가스 중의 H_2S와 반응시켜 흡수한다.

$$Na_2CO_3 + H_2S \rightleftarrows NaHS + NaHCO_3$$

　　　➡ 이 반응은 가역반응으로 황화수소를 흡수한 액을 재생탑 상부로 보낸 후 다시 내려보내고, 탑 하부에서 공기를 불어 넣으면 역반응이 일어나 H_2S는 공기에 의해 희석되어 대기 중에 방출된다.

　　㉢ 인산염법 : CO_2를 함유하는 가스로부터 선택적으로 H_2S를 제거하는 방법이다.

$$K_3PO_4 + H_2S \rightleftarrows K_2HPO_4 + KHS$$

　　　➡ 인산염용액에서 위와 같이 H_2S가 흡수제거되고, 수증기로 역반응을 일으키게 하여 흡수액을 재생할 수 있다. 이 흡수액은 휘발성이 없어 고온작업(93℃까지)이 가능하고 장치의 부식문제도 없어 유리하나 재생하는 데 다량의 수증기가 소비된다.

　　㉣ 석탄산염법(phenolate법) : 흡수액은 NaOH 120g, C_6H_5OH 188g/L의 농후한 용액이 사용된다. 재생 시에는 고온에서 수증기를 불어 넣으면 역반응이 일어나 H_2S가 방출된다.

$$NaOC_6H_5 + H_2S \rightleftarrows NaSH + C_6H_5OH$$

② **아민류에 흡수** : 모노-, 디-, 트리-에탄올아민 등의 수용액이 저온에서 H_2S와 결합하고 고온에서 방출하는 성질을 이용하여 H_2S, CO_2 등 산성가스의 제거에 이용하는 방법이다.

이 중 MEA(10~15% 수용액)는 값싸고 반응성이 크며, 안정한 장점이 있어 가장 널리 사용되나 COS, CS_2 등이 있을 때는 DEA 수용액(20~30%)을 사용한다.

③ H₂S의 환원성을 이용하는 방법

비산염법(thylox법) : 티오비산염이 공기 중의 O_2를 흡수해서 티오비산 중의 황과 치환하여 황을 침전시키고 황이 감소한 티오비산염은 H_2S를 흡수해서 다시 티오비신염으로 되는 성질을 이용한 방법이다.

[흡수반응]	$Na_4As_2S_5O_2 + H_2S \rightleftharpoons Na_4As_2S_6O + H_2O$
	$Na_4As_2S_6O + H_2S \rightleftharpoons Na_4As_2S_7 + H_2O$
[재생반응]	$2Na_4As_2S_7 + O_2 \rightleftharpoons 2Na_4As_2S_6O + 2S$
	$2Na_4As_2S_6O + O_2 \rightleftharpoons 2Na_4As_2S_5O_2 + 2S$

 ## 기출 및 예상 문제

01 암모니아 합성원료인 H₂의 제조방법에 대한 설명이다. 옳지 않은 것은?

① 수증기 개질법에서는 제조된 H_2와 개질과정 중 도입된 공기 속의 질소를 적당히 조절하여 합성탑에 보내 합성한다.

② 부분산화법에서는 액화공정에서 생성된 O_2, N_2을 이용한다. 여기서, O_2는 불완전 연소반응에, N_2는 암모니아합성에 사용된다.

③ 수증기 개질법은 '원료 탈황 → 수증기 개질 → CO 전환 → CO_2 제거 → 메탄화 → 원료'의 순서이다.

④ 수증기 개질할 때, 사용원료는 부분산화법은 주로 납사와 같은 경질유분을, 수증기 개질법은 값싼 중질유분을 사용한다.

02 500K에서 암모니아 합성반응의 표준 엔탈피는 −99.6kJ/mol이고, 평형상수는 1보다 작다. 다음 설명 중 옳은 것은? ✪ 05 기술고시(화학개론), 04 서울시 9급(유사 기출)

$$N_2(g) + 3H_2(g) \rightleftharpoons 2NH_3(g)$$

① 온도를 증가시키면 평형상수는 증가한다.

② 일정온도, 일정압력하에서 헬륨을 첨가해도 암모니아의 수율은 변하지 않는다.

③ 표준반응 엔트로피는 양(+)의 값을 가진다.

④ 일정온도에서 전체 압력을 증가시키면 암모니아의 수율이 증가한다.

⑤ 500K에서 적당한 촉매를 사용하여 질소 1몰과 수소 3몰을 혼합하여 반응시키면 암모니아 2몰을 얻는다.

03 하버 – 보쉬법에 의한 암모니아제법에 대한 설명이다. 틀린 것은? ✪ 02 국가직 9급

① 주촉매는 Fe_3O_4이다.

② 조촉매는 $Al_2O_3 - K_2O - CaO$이다.

③ 발열반응이다.

④ 반응조건은 200℃, 100atm이다.

04 암모니아의 제조원료인 수소가스의 제조방법이 아닌 것은? ✪ 98 행안부 9급

① 공기의 액화분리   ② 물의 전기분해

③ 수증기 개질법   ④ 수성가스법

05 혼합물 중 수성가스를 제조할 수 있는 가스는? ✪ 97 총무처 9급

① $C + H_2O$ ② $CO + 2H_2$

③ $C + O_2$ ④ $CO + H_2O$

 정답 및 해설

01 ④

유형 및 해설 [암모니아 원료가스 제조>수소의 제조] 수증기 개질법과 부분산화법을 비교해 보자.

구 분	수증기 개질법	부분산화법
사용연료	납사 등 경질유분	값싼 중질유분
연소방법	수증기	순수한 산소, 불완전 연소
질소공급	2차 개질에서 공기로 공급	액화공정으로 공급
개질로(改質爐)	특수강(비싸다)	내화물(싸다)
액화장치	필요없다(none)	필요하다(needed)
비용	원료값이 비싸다	원료값이 싸다

02 ④

유형 및 해설 [암모니아 합성반응에서 화학평형] 르 샤틀리에의 원리를 적용해 보자.

03 ④

유형 및 해설 [하버-보쉬법] 암모니아 합성공정을 Haber-Bosch법이라 한다. 반응식은 질소 1몰과 수소 3몰이 반응해 암모니아 2몰을 만들고 열을 방출한다(발열반응). 합성조건은 200 전 후의 압력이 선호되며, 반응온도는 합성탑의 온도로 500℃ 정도이다. 반응에 사용하는 촉 매는 Fe_3O_4를 주촉매로 Al_2O-K_2O-CaO와 같은 조촉매를 사용해 진행한다.

04 ①

유형 및 해설 [원료가스의 제조] 수소 원료가스의 제조방법에는 물의 전기분해법과 유체원료를 이용 하는 수증기 개질법, 부분산화법이 있고, 천연가스 분해에 의한 천연가스법이 있고, 수성 가스($CO+H_2$) 시 순환시켜 사용하는 수성가스법이 있다. 한편, 공기의 액화분리는 질소와 산소 및 아르곤을 얻기 위한 공정이다.

05 ①

유형 및 해설 [원료가스의 제조 > 수소] 천연가스 또는 수성가스 제조 시 발생하는 수소를 암모니아 합성의 원료로 사용한다. 여기서는 수성가스 제조반응에 대한 물음으로, 천연가스 또는 석 유 정제 시 발생하는 부생가스(주성분 C)에 수증기(H_2O)를 가해 수성가스($CO+H_2$)를 제조 할 수 있다.

제 **64** 주

비료 제조공업

1. 비료의 개요

(1) **비료의 분류** : 화학비료와 비료의 유효성분

		비 료	N	P_2O_5	K_2O
단일비료	질소비료	황산암모늄(황안)	20.9(21.3)	0	0
		요소	46.0(46.6)	0	0
		질산암모늄(질안)	34.4(35.0)	0	0
		염화암모늄(염안)	25.0(26.2)	0	0
		질산칼슘(질산석회)	12.5(17.1)	0	0
		석회질소	21.2(35.0)	0	0
	인산비료	인산1칼슘[$Ca(H_2PO_4)_2$]	0	(60.7)	0
		과인산석회	0	17.0	0
		중과인산석회	0	39.5	0
		용성인비	0	20.2	0
		소성인비	0	37.0	0
	칼륨비료	황산칼륨	0	0	49.8(54.0)
		염화칼륨	0	0	54.4(63.1)
복합비료		입상 화성 비료	12.4	13.6	12.0
		입상 배합 비료	9.3	9.0	9.2
		액체 비료	9.0	5.0	5.0

비 료		N	P₂O₅	K₂O
자급 비료	퇴비	0.6	0.3	0.6
	계분(鷄糞)	3	3	1
	목초의 재(ash)	0	2	5
유기질 판매 비료	어분 찌꺼기	8	6	1
	콩 찌꺼기	6	1	1
	뼛가루(骨粉)	4	20	0

※ 표 중의 숫자는 비료의 성분 함유량의 평균치, ( ) 안의 숫자는 성분의 이론치이다. 단위는 %임.

1) 인위적인 화학적 처리의 정도에 따라 : 화학 비료와 자급 비료

2) 용매에 용해되는 차이에 따라 : 수용성 비료와 구용성(枸溶性) 비료

➡ 구용성 비료란 물에 녹지 않고 구연산(2%)이나 구연산암모늄용액에 녹는 비료를 말한다.

3) 산성, 중성, 염기성 : 수용액의 액성에 따라

① 산성 : 과인산석회, 중과인산석회

② 중성 : 황안, 요소, 염안, 염화칼륨

③ 염기성 : 석회질소, 용성인비, 석회, 질산석회, 초목재

(2) 비료의 3요소 : 질소(N), 인(P₂O₅), 칼륨(K₂O)

➡ 식물에 필요한 원소이면서도 필요 이상으로 존재하면 독성을 나타내는 것들이 있다. 일반적으로
금속이온은 독성이 있고, 그 독성의 강도는 다음과 같다.
$$As > Hg > Cu > Cd > Cr > Ni > Pb > Co > Zn > Fe > Ca$$

(3) 비료의 필요성 : 한 장소에서 계속해서 농작물을 수확할 경우 토지의 영양분이 결핍되므
로 인공적으로 영양분을 공급해야 한다.

(4) 비료의 구비조건

1) 흡습성

① **흡습현상** : 비료는 소량의 수분을 흡착하여 포화용액의 얇은 층을 만들고, 이 포화
용액의 수증기압보다 대기 중에서의 수증기압이 높으면 염류(비료)의 흡습이 진행하
여 용해된다. 일반적으로 염류를 혼합하면 흡습성이 증가된다.

② **조해현상** : 대기 중의 습도가 높아지면 염류표면의 포화용액이 물을 흡수해서 희박
용액이 되려고 하고, 또 내부의 염류 경절의 용해가 시작되어 나중에는 결정이 소실
되어 대기 중의 수증기압과 같은 수증기압을 갖는 용액으로 희석되어 정지하게 되는
현상을 의미한다.

2) **방습** : 흡습성이 심한 비료에 돌로마이트, 석회석, 규조토 등의 불용성 분말물질을 섞는다.
결정입자 표면에 파라핀, 송진 등의 피막을 입힌다. 염류를 성형해서 표면적을 축소시키는
방법 등으로 방습한다.

3) **고결(固結)** : 수용성 비료는 저장 중에 굳어서 취급이 곤란하게 되는 경우가 자주 있어서 큰 문제가 된다. 이러한 고결(caking)현상은 수분에 의하여 발생한다. 비료염류 사이의 화학반응으로 새로운 결정을 생성하여 입자와 입자가 결합하는 경우가 많다. 복염의 생성이 저장 중에 일어나 고결의 원인이 되는 것이 자주 있다.

➡ 고결을 방지하기 위해 비료 중의 수분을 되도록 제거하고 입상으로 하여 규조토, 타르 등의 고결방지제를 넣는다. 제조공정 중에 복염화 등으로 반응을 충분히 행한다.

2. 질소질 비료

• 식물은 각각 아미노산에 의해 만들어진 고유의 단백질을 가진다. 아미노산의 성분인 질소는 식물에 있어 매우 중요하다. 질소는 단백질, 핵산 등의 성분으로 식물에 있어서 꼭 필요하지만 식물은 대기로부터 직접 질소를 취할 수 없다. 콩과 식물 중에는 질소 고정미생물이 공생하여 질소 공급을 받는 경우도 있지만, 일반적으로 질소는 부족한 상태이므로 비료로서 보충해 주어야 한다.

• 질소는 식물에 NH_4^+, NO_3^- 등의 이온으로서 흡수된다. 일반적으로 콜로이드는 음전하를 갖는 것이 많고 토양도 음전하를 갖는 경우가 많기 때문에 NH_4^+는 토양표면에 흡착되어 유실되기 어렵지만 NO_3^-는 유실되기 쉽다. 그러나 NO_3^-는 식물에 빨리 흡수되므로 비료효과가 빠르다.

(1) 황산암모늄(황안, [$(NH_4)_2SO_4$])

1) **특성**

① 공업적으로 생성되는 황산암모늄은 약 21%의 질소분을 함유하며, 질소비료로 주로 쓰인다.

② 속효성(速效性) 비료에 속한다.

2) **제법**

① **합성황안** : 중화조 내에서 70% 황산과 암모니아를 반응시킨다. 반응열로 농축하고 황안 결정을 석출시켜 원심분리한다.

$$2NH_3 + H_2SO_4 \longrightarrow (NH_4)_2SO_4 + 65.87kcal$$

② **회수황안** : 나일론 6의 중간체인 카프로락탐 등의 제조공정에서 부생된다.

사이클로헥사논   사이클로헥사논옥심   ε-카프로락탐제1단계의 옥심화는 황산히드록실아민 5% 수용액에서 행해지며, 이때 얻어지는 옥심에 대해 당량의 황안이 포함된 폐액이 생긴다. 또한 제2단계의 락탐화는 98% 황산 중에서 행해지며 이를 NH_3로 중화하면 락탐 1몰에 대해 2~3몰의 황안이 생성된다.

③ **부생황안** : 석유화학공업 등에서 부생하는 황안으로 생산량이 적다. 코크스로 가스에 포함되어 있는 암모니아를 이용하는 것으로 제철, 코크스, 가스회사 등에서 생산되고 석유회사에서도 중유의 탈황공정에서 생산되고 있다.

(2) 요소(urea, $[CO(NH_2)_2]$)

현재 암모니아와 이산화탄소의 직접반응에 의해 합성한다.

1) 합성반응 : 요소는 액체 혹은 기체상태의 이산화탄소와 액체 암모니아를 180~200℃, 140~250atm에서 반응시켜 얻는다. 중간체로 카바민산암모늄(NH_4COONH_2)이 생성되고 이것이 다시 물과 요소로 분해되는 2단계 반응이 널리 인정되고 있다.

$$2NH_3 + CO_2 \xrightarrow{\text{[1단계]}} NH_4COONH_2 \xrightarrow{\text{[2단계]}} CO(NH_2)_2 + H_2O$$

2) 제조방법

① 요소 합성반응의 생성물은 요소, 물, 카바민산암모늄 및 암모니아의 혼합액이기 때문에 감압가열하여 카바민산암모늄을 암모니아와 탄산가스로 분해시켜 분리하면 고농도의 요소용액이 생긴다. 이를 농축시켜 요소를 만든다.

② 원료인 탄산가스는 암모니아 합성공정에서 부생하는 탄산가스를 주로 사용한다. 이 가스 중에는 미량의 황화합물과 산소가 포함되어 있으며, 이들 불순물은 장치부식을 막기 위해 제거한다.

③ 요소의 수율은 대개 40~70%로 미반응암모니아와 탄산가스가 다량 존재한다. 이들 미반응물의 순환방식에 따라 비순환식, 반순환식, 완전순환식 방법이 있다. 현재는 완전순환식을 많이 사용하는데, 카바민산암모늄이 결정되지 않도록 해야 한다.

　㉠ 비순환법 : 미반응가스를 순환시키지 않고 황산과 반응시켜 황안을 제조하는 방법이다.

　비순환법은 과잉으로 생산되고 있는 황안을 부생시킬 뿐 아니라 탄산가스의 손실이 커서 거의 실용되지 않고 있다.

　㉡ 반순환법 : 분해를 단계적으로 실시하여 가스의 일부만을 순환시키고 나머지는 황안으로 제조하는 방법이다.

　탄산가스 이용률은 40~80%이고, 요소 1톤에 대해 황안이 1~4톤 생성되므로 경제성이 낮다.

ⓒ 완전순환법 : 미반응가스를 재순환시켜 사용하는 방법으로, 여러 가지 방식이
있다.

ⓐ 탄산가스나 암모니아 한쪽의 농도를 낮춰 카바민산암모늄의 생성을 막는
방법이다.

ⓑ 생성된 카바민산암모늄(m.p 145℃)이 결정화되지 않고 액상으로 존재하도록
장치를 고온으로 유지시켜 파이프가 막히는 것을 방지하는 방법이다.

➡ ⓑ의 방법은 고온에서 압축기가 부식되기 쉽다.

ⓒ 암모니아를 수용액으로 만들어 순환시키는 방법 등이 있다.

➡ ⓒ의 방법은 물의 존재로 반응률이 낮아지는 점 때문에 거의 사용되지 않고 있다.

3) 요소의 성질과 용도

① 요소는 무색결정질 고체이고 용융점이 132℃이며 흡습성이 매우 강하다.

② 비료용으로는 요소용액을 탑 상부에서 떨어뜨리며 냉각시켜 직경 2mm 크기의 구형
으로 만들어 방습포에 담아 출하된다.

③ 요소는 여러 종류의 화합물과 복염을 만들기 쉽다.

➡ 이 때문에 석고를 첨가하여 용융점 이하의 온도로 가열하면 요소석고($CaSO_4 \cdot 4CO(NH_2)_2$)
가 된다. 이 요소석고는 흡습성이 감소하므로 비료로 사용할 수 있다.

④ 토양 중에서 분해되어 탄산암모늄이 된다.

$$CO(NH_2)_2 + 2H_2O \rightarrow (NH_4)_2CO_3$$

(3) 염화암모늄(염안, NH_4Cl) : 탄산소다 제조 시 암모니아소다법의 개량형인 염안소다법의
부산물로서 생산된다.

$$NH_3 + NaCl + CO_2 + H_2O \rightleftarrows NaHCO_3 + NH_4Cl$$

염안은 황안의 암모니아보다 토양 중에서 질산화가 늦게 되므로 유실되는 속도가 느려 비료
로서 지속성이 좋고 쌀이나 보리, 섬유식물에 좋다고 알려져 있다. 그러나 토양 중의 석회성
분과 반응하면 $CaCl_2$의 염화물이 되어 유실되기 쉽다.

(4) 석회비료 : 비료로서 석회를 사용하는 주목적은 그 염기성을 이용하여 토양의 산성을
중화시키는 것이다. 또한 칼슘은 질소, 인, 칼륨의 비료 삼원소 다음으로 중요한 네 번
째 원소이므로 칼슘 보급으로의 의미도 있다. 칼슘성분은 가용성 석회이어야 하며, 이
는 뜨거운 염산용액에 녹는 CaO의 양으로 판정한다. 이 양을 알칼리분 또는 **알칼리도**
라고 한다.

출발물질	번호	정식 명칭	화합물의 형태	설명
석회석	a	생석회	CaO	천연품과 합성물
	b	소석회	$Ca(OH)_2$	
	c	탄산칼슘 비료	$CaCO_3$	
조개껍질로부터	d	폐화석 비료	$CaCO_3$	조립물
기타 공업으로부터의 부산물	e	부산석회 비료	$Ca(OH)_2$ $CaCO_3$ Ca함유 슬래그	비철금속 제련 시 슬래그 등
–	f	혼합석 비료	혼합물	Ca, Mg, B 등의 비료를 배합한 것

1) 위의 표에서 a, b, c 중에서 c가 염기성이 가장 약하며 대기 중에서 안정성은 가장 크다.
2) a는 흡습성이 있으며 수화 시 발열량이 크기 때문에 저장이나 사용할 때 주의가 필요하다.
3) 비료용으로는 b가 가장 적당하다.
4) 석회비료에는 MgO과 $Mg(OH)_2$을 혼합시키는 것이 가능하다. 이와 같이 제조한 것도 석회비료로 취급한다.
5) 일반적으로 a, b, c를 생산할 때 고품위의 것은 의약용으로 사용하고, 저품위의 것은 비료용, 농업용으로 사용한다.

(5) 석회질소($CaCN_2$)

1) **제법** : 생석회(CaO)와 무연탄을 1,900~2,200℃ 정도에서 전기로에 용융시켜 카바이드(CaC_2, 탄화칼슘)를 얻는다. 이 카바이드분말을 CaF_2를 촉매로 질소 분위기로에서 1,000℃로 가열하고 냉각, 분쇄시키면 흑회색의 분말이 얻어지는데 이를 석회질소라 부른다.

$$CaC_2 + N_2 \rightleftharpoons CaCN_2 + C$$
칼슘시안아미드

2) $CaCN_2$는 H_2O과 반응하여 요소와 탄산암모늄이 된다.

$$2CaCN_2 + 4H_2O \longrightarrow 2Ca(OH)_2 + (CN \cdot NH_2)_2$$
디시안디아미드

$$(CN \cdot NH_2)_2 + 2H_2O \longrightarrow 2CO(NH_2)_2$$

$$CO(NH_2)_2 + 2H_2O \longrightarrow (NH_4)_2CO_3$$
탄산암모늄

(6) 질산암모늄(질안, NH_4NO_3)

질산을 암모니아로 중화하여 제조한다.

$$NH_3 + HNO_3 \longrightarrow NH_4NO_3$$

(7) 완효성 비료(slow release fertilizer)

1) 효과가 천천히 일어나는 비료를 완효성 비료라 한다.

2) 물에 대한 용해도가 낮아야 하고, 더욱이 분해속도도 늦어, 서서히 NO_3^-, NH_4^+을 공급하도록 연구되어 왔다. 이와 같은 종류의 비료에는 우레아포름, isobutylidene 2요소(IB), crotonylidene 2요소(CDU), 황산구아닐요소 등이 있다.

[완효성 비료의 종류와 제조법]

비료명	제조법	구 조	주성분
우레아포름	요소에 포르말린을 반응시켜 요소축합물을 만든다.	$n < 5$이면, $NH_2(CONHCH_2NH)_n CONH_2$ $n \geq 5$이면, 요소수지가 되어 불용성이 됨	전 질소량 35~40%
이소부틸리덴 2요소(IB)	요소와 이소부틸알데히드를 축합반응시켜 만든다.	$(CH_3)_2CHCH(NHCONH_2)_2$를 주체로 한 완효성 질소 비료	전 질소량 28~30%
크로토닐리덴 2요소(CDU)	요소 2몰과 아세트알데히드 2몰을 축합반응시켜 만든다.		전 질소량 28~30%
황산구아닐요소	디시안디아마이드를 황산 존재하에 가수분해시켜 만든다.		전 질소량 32%

3. 인산질 비료

인산(H_3PO_4)의 역할 : 인산은 식물의 구성원소로서 식물의 생리작용에 중요한 역할을 담당한다. 예를 들어 인성분은 식물의 씨앗에 많이 포함되어 있으며, 씨앗으로부터 싹이나 뿌리가 생길 때 영양을 공급하기 위해 ADP(adenosine diphosphate)나 ATP(adenosine triphosphate)로 씨앗 중에 저장되어 있다. 이들 화합물은 식물의 성장과정에서 필요할 때 에너지를 공급하는 역할을 한다. 또한 세포핵의 주성분으로 DNA(deoxyribonucleic acid)가 있으며, 이는 식물의 염색체 중에서 유전에 관여한다. 이처럼 인산은 식물의 발육에 중요하며, 식물의 생육기에 꼭 필요한 물질이다.

구 분	제조방식	인광석 분해제	생성물의 조성	명 칭
습식	산분해	H_2SO_4	$Ca(H_2PO_4)_2 \cdot H_2O + CaSO_4$	과인산석회
	산분해	H_3PO_4	$Ca(H_2PO_4)_2 \cdot H_2O$	중과인산석회
건식	용융 소성	$MgO \cdot x SiO_2 \cdot y H_2O$ ($+SiO_2$)	$CaO-MgO-P_2O_5-CaSO_4-SiO_2$ 유리질	용성인비
		$Na_2CO_3 + H_3PO_4$	$Ca_3(PO_4)_2 \cdot 2CaNaPO_4$	소성인비

(1) 과인산석회(calcium superphosphate)

1) 성분 : 과인산석회는 인산이수소칼슘[$Ca(H_2PO_4)_2 \cdot H_2O$]이 주성분이다.

2) 성질

① 제품은 야간 습한 촉간을 가진 엷은 회색가루이며, 독특한 냄새가 난다.

② 과인산석회는 가용성 인산의 함유량이 15~20%이며, 그 중 80% 정도가 수용성이다. 그 외에 부성분으로 약 60%의 석고와 약간의 철 및 알루미늄이 있다.

③ 유리상태의 인산과 인산이수소칼슘은 수용성이고, 인산이수소칼슘은 물에 녹지 않으나 시트리산 암모늄용액에는 녹는다.

④ 과인산석회를 염기성 비료와 배합하거나 또는 저장하는 동안에 수용성 인산의 분량이 줄어들 수 있으므로 주의한다. 그러나 보통상태에서는 흡습성이 작아서 취급이 용이하다.

⑤ 과인산석회는 유리산이 들어 있어 산성을 띤다.

3) 제조방법

① 인광석의 분해·숙성 : 인광석 미분말($3Ca_3(PO_4)_2 \cdot CaF_2$ 또는 $Ca_5(PO_4)_3F$)을 약 60~70%의 황산으로 분해시켜 수주간 숙성시켜 만든다.

② 황산으로 분해 : 인광석의 주성분인 인산 3칼슘을 황산으로 분해시켜 황산과 인산의 혼합산 용액을 과인산석회라 한다. 이 방법은 인산의 함유량을 높이고 석고의 부생량을 줄일 수 있다.

$$Ca_3(PO_4)_2 + 2H_2SO_4 + 5H_2O \rightleftharpoons Ca(H_2PO_4)_2 \cdot H_2O + 2[CaSO_4 \cdot 2H_2O]$$

(2) 중과인산석회[$Ca(H_2PO_4)_2 \cdot H_2O$]

1) 과인산석회 제조 시 사용하는 황산 대신에 인산(P_2O_5 50% 정도의 농도)을 사용하여 얻어지는 갈색의 분말상 비료이다.

2) 주성분 : 인산일석회

➡ P_2O_5의 함량이 높아 고급제품이다.

3) 부생석고가 존재하지 않는 이점이 있어 최근 고도화성 비료가 보급됨으로써 생산량이 증가하는 경향이 있다.

$$Ca_5(PO_4)_3F + 7H_3PO_4 + 5H_2O \rightleftharpoons 5[Ca(H_2PO_4)_2 \cdot H_2O] + HF$$

(3) 용성인비(溶性燐肥, fused phosphate)

1) 제법 : 인광석에 여러 가지 물질(사문암 또는 감람암)을 섞고 용융시켜 시트르산용액, 또는 물에 녹을 수 있는 인산비료로 만든 것을 용성인비라 한다.

2) 구용성(枸溶性, 구연산이나 구연산암모니아용액에 용해)이다.

3) $Ca_3(PO_4)_2$ 결정상 간의 전이는 다음과 같으며, 용융온도는 대단히 높다.

$$Ca_3(PO_4)_2 \text{ 수화물} \xrightarrow{+680℃} \beta - Ca_3(PO_4)_2 \xrightarrow{+1,250℃} \alpha - Ca_3(PO_4)_2 \xrightarrow{+1,730℃} \text{용융}$$

4) 특징

① 용성인비는 염기성 비료이기 때문에 산성토양에 적합하며, MgO, CaO, SiO$_2$로서 비료효과를 나타낸다.

② 용성인비의 성분

P$_2$O$_5$	CaO	SiO$_2$	MgO	F$_2$	Fe$_2$O$_3$
20~24%	30~35%	20~30%	15~20%	1~2%	2~4%

5) 토마스인비 : 용성인비의 일종으로, 토마스인비는 인분이 비교적 많은 선철(P가 1.5~2.0%)에 생석회를 가해 공기산화하여 제조한다. 이의 조성은 4CaO·P$_2$O$_5$, 5CaO·P$_2$O$_5$·SiO$_2$이다.

(4) 소성인비(燒性燐肥, calcined phosphate)

1) 제법 : 인광석에 인산, 소다회를 섞어 회전로에서 수증기를 불어 넣으면서 용융점 아래에서 소성처리하여 구용성 비료로 만든 것을 소성인비라 한다.

인광석 : 인산 : 소다회 비율이 1 : 0.1 : 0.15가 되도록 혼합한다.

$$Ca_5(PO_4)_3F + Na_2CO_3 + H_3PO_4 \longrightarrow Ca_3(PO_4)_2 \cdot 2CaNaPO_4 + HF + CO_2 + H_2O$$

➡ 불소는 대부분 휘발되고, Ca$_3$(PO$_4$)$_2$·2CaNaPO$_4$를 주성분으로 하는 소성물이 얻어진다. 이를 미분쇄하여 비료로 사용한다.

2) 제품은 P$_2$O$_5$가 40% 정도이고 비료 이외에도 사료로 사용된다.

3) 중소인(重燒燐) : 소성인비 100에 인산용액(30% P$_2$O$_5$) 60을 가하여 입자화시키면 인산일석회(수용성), 인산이석회(구용성), α–인산삼석회(구용성)의 혼합물이 얻어지는데, 이를 중소인이라 한다. 이는 비료로 사용된다.

4. 칼륨질 비료

칼륨은 식물세포에 존재하여 그 존재량에 따라 삼투압으로 세포 중의 수분을 조절하고, 광합성과 탄수화물의 축적, 단백질의 합성에 관여하는 중요한 원소이며, 과실을 맺는 데 꼭 필요하므로 칼륨비료를 공급한다.

(1) 염화칼륨(KCl)

1) sylvinite(KCl·NaCl), carnallite(KCl·MgCl$_2$·6H$_2$O) 광물로부터 얻는다.

sylvinite(실비나이트)는 용해도 차를 이용하여 재결정시켜 염화칼륨을 얻는다.

2) 염화칼륨 비료에는 수용성 칼륨이 적어도 60% 정도 함유되어 있으며, 약한 흡습성을 지닌다.

3) 이것은 산성비료이기 때문에 취급 시 주의해야 하고, 질산암모늄이나 요소와 같은 흡습성이 큰 것과는 배합을 피한다.

4) 이는 염화물이기 때문에 감자, 담배에는 좋지 않지만 섬유작물에는 효과가 있다. 현재 우리나라에서 사용되고 있는 복합비료의 한 성분이다.

(2) 황산칼륨[K_2SO_4]

1) 제법 : 원광석인 피크로메라이트, 시에나이트($K_2SO_4 \cdot MgSO_4 \cdot 6H_2O$) 또는 랑바이나이트($K_2SO_4 \cdot 2MgSO_4$) 등을 이용한다. 이를 복분해시켜 원심분리한 후 건조하여 제품을 만든다.

$$2[K_2SO_4 \cdot MgSO_4 \cdot 6H_2O] + 4KCl \longrightarrow 4K_2SO_4 + 2MgCl_2$$

2) 황산칼륨 비료는 회백색의 결정으로서 흡습성이 매우 낮으며 제품은 48% 이상의 수용성 칼륨을 함유하고 있으며, 산성이므로 산성화된 논에 부적당하다.

기출 및 예상 문제

01 화학 비료의 분류상 복합 비료에 속하는 것은? ✿ 07 국가직 9급

① 화성 비료　　　　　　　　　② 퇴비
③ 뼛가루　　　　　　　　　　④ 염화칼슘

02 칼륨질 비료의 원료가 아닌 것은? ✿ 06 화공기사

① 칼륨광물　　　　　　　　　② 간수
③ 초목재　　　　　　　　　　④ 골분

03 질소 비료 중 질소 함유량이 가장 낮은 비료는?

① 염화암모늄(염안, NH_4Cl)　　　② 질산암모늄(질안, NH_4NO_3)
③ 황산암모늄(황안, $(NH_4)_2SO_4$)　④ 질산칼슘($Ca(NO_3)_2$)

04 염기성 비료가 아닌 것은? ✿ 07 서울시 국가직 9급

① 칠레초석　　　　　　　　　② 용성인비
③ 석회질소　　　　　　　　　④ 과인산석회
⑤ 탄산암모늄

05 산성 비료는?

✪ 04 국가직 9급

① 질산칼륨 ② 질산암모늄
③ 요소 ④ 탄산암모늄
⑤ 황산암모늄

06 황산암모늄(황안)을 제조하는 방법이 아닌 것은?

✪ 07 국가직 9급

① 중화조 내에서 반응 후 농축 및 원심분리 공정
② 나일론 제조공정 중에 부산물로부터 획득
③ 제철공정에 사용하는 코크스 또는 정유공정 중의 탈황공정 부산물로 획득하는 부생공정
④ 암모니아를 질산으로 반응시켜 제조하는 화학 제조공정

07 석회질소($CaCN_2$)의 원료물질은?

✪ 02 국가직 9급

① 슬래그 ② 백운석
③ 돌로마이트 ④ 생석회

08 요소와 관련된 설명 중 틀린 것은?

✪ 02 국가직 9급

① 카르밤산암모늄 생성의 중간단계를 거치지 않고 제조된다.
② 액성은 중성이다.
③ 질소분을 46% 함유한다.
④ 요소 제조반응에서 반응조건은 저온고압일 때 수율이 높다.

09 비료 중 건식법으로 제조하는 것은?

✪ 05 국가직 9급

① 과인산석회 ② 중과인산석회
③ 소성인비 ④ 토마스인비

10 석회질소 비료에 대한 설명으로 옳지 않은 것은?

✪ 97 총무처 9급

① 토양에 대한 살균, 살충제로 쓸 수 있다.
② 질소 비료로 사용하며 시안아미드의 독성이 있다.
③ 다른 성분의 비료와 배합 비료로 적당하다.
④ 저장 중에 CO_2를 흡수하여 부피가 증가한다.

11　석회질소는 염기성 비료이며 산성토양의 개량에 효과가 있다. 석회질소의 주성분은?

✪ 97 총무처 9급

① 칼슘시안아미드　　　　　　　　② 인산, 인, 수소칼슘

③ 아염소산나트륨　　　　　　　　④ 오산화인, 칼슘시안아미드

12　인광석은 플루오르를 함유하고 있는데, 화학적으로 이것을 제거하여 시트르산용액에 녹는 인산칼슘으로 제조한 비료를 무엇이라 하는가?

✪ 97 서울시 9급

① 과인산석회　　　　　　　　　　② 중과인산석회

③ 용성인비　　　　　　　　　　　④ 소성인비

13　인산 비료에 속하는 것으로만 짝지어진 것은?

✪ 98 국가직 9급

① 요소, 황안, 석회질소　　　　　　② 용성인비, 과인산석회, 소성인비

③ 염화칼륨, 황산칼륨　　　　　　　④ 퇴비, 나무의 재, 분뇨

14　식물의 줄기를 튼튼하게 하고, 신진대사를 촉진시켜 주는 비료는?

✪ 98 행안부 9급

① 황산칼륨　　　　　　　　　　　② 요소

③ 석회질소　　　　　　　　　　　④ 소성인비

　## 정답 및 해설

01　①

　유형 및 해설　[비료의 분류] 단일 비료, 복합 비료, 자급 비료, 유기질 판매 비료

　　　복합 비료는 배합 비료와 화성 비료로 구분된다. ②의 퇴비는 자급 비료에 속하며, ③의 뼛가루(골분)는 유기질 판매 비료에, ④ 염화칼슘은 단일 비료에 속한다.

02　④

　유형 및 해설　[칼륨 비료의 원료] 식물의 재(ash)에는 다량의 칼륨이 포함되어 있기 때문에 예로부터 목초의 재(초목재)가 칼륨 비료로 사용되어 왔다. 퇴비, 외양간 두엄과 같은 자급 비료의 형태로 시비되어 왔다. 19세기 중엽 독일의 Stassfurt사(社)에서 천연의 칼륨염이 비료로 사용되면서 유럽 전반에 칼륨 광상이 개발되었다. 간수, 해조, 칼륨함유 광물, 용광로 더스트(dust), 사탕무의 알코올 발효액 등으로부터 칼륨염을 얻는다.

03 ④

유형 및 해설 [질산 비료의 질소함유 성분] 분자식을 알고 분자량의 비를 이용해 계산하여 풀어도 된다.

'요소(46.0) > 질안(34.4) > 염안(25.0) > 황안(20.9) > 석회질소(21.2) > 질산칼슘(12.5)' 순이다.

04 ④

유형 및 해설 [비료의 액성] 수용액상에서의 비료의 성질에 대해 구분하여 익혀두자.

구 분	산성 비료	염기성 비료	중성 비료
광물질 비료	황산암모늄, 염화암모늄, 황산칼륨, 염화칼륨, 과인산석회, 중과인산석회 등	칠레초석, 석회질소, 탄산암모늄, 질산석회, 초목재, 탄산칼슘	진산칼륨, 질산암모늄, 니트로포스카, 인산칼륨
유기질 비료	녹비, 미강	혈분, 육분, 골분, 요소, 분뇨, 퇴비, 외양간 두엄, 어비류 등	

05 ⑤

유형 및 해설 [비료의 액성] 황안은 산성 비료이다. 참고로 요소는 중성 비료이다.

06 ④

유형 및 해설 [황안의 제조방법] 황안은 제조공정에 따라 합성황안, 부생황안, 회수황안으로 나뉜다.

①은 합성황안의 제법으로, 중화조 내에서 70% 황산과 암모니아를 반응시킨 후, 반응열로 농축하고 황안결정을 석출시켜 원심분리하여 얻는 방법을 말한다.

②와 ③은 회수황안의 제법이다.

④는 질산암모늄(질안)의 제법이다.

07 ④

유형 및 해설 [석회질소 비료의 원료] 생석회(CaO)와 무연탄을 1,900~2,200℃ 정도에서 전기로에 용융시켜 얻은 탄화칼슘 분말을 질소 분위기로에서 1,000℃로 가열하고 냉각, 분쇄시키면 흑회색의 석회질소 분말이 제조된다.

08 ①

유형 및 해설 [질소질 비료 > 요소] 요소는 CO_2와 NH_3를 저온, 고압하에 반응시켜 얻는다. 반응식은 다음과 같다. 미반응 NH_3를 반응관 순환 여부에 따라 비순환법, 순환법, 전순환법이 있다.

$$2NH_3 + CO_2 \xrightarrow{\text{[1단계]}} NH_4CO_2NH_2 + 38kcal$$

$$NH_4CO_2NH_2 \xrightarrow{\text{[2단계]}} CO(NH_2)_2 + H_2O$$

09 ③

[유형 및 해설] [인산질 비료의 제법] 과인산석회와 중과인산석회는 주로 습식법으로 제조하고, 용성인비와 소성인비는 주로 건식법으로 제조한다.

10 ③

[유형 및 해설] [석회질소 비료의 특징] 이 비료는 석회분을 함유하기 때문에 다른 비료와의 배합에 주의하여야 한다. 암모늄염과 혼합하면 암모니아를 발생시키고, 과인산석회와 혼합하면 인산분을 불용성으로 만들어 혼합 시 주의하여야 한다. 비료의 배합부분을 참고하여 배합 도표로 확인해 본다.

11 ④

[유형 및 해설] [석회질소의 성분] 석회질소는 칼슘시안아미드($CaCN_2$)를 주성분으로 한다.

12 ①

[유형 및 해설] [소성인비] 소성인비는 화학적으로 플루오르를 제거하여 시트르산용액에 녹는 인산칼슘으로 제조한 것이다(구용성).

13 ②

[유형 및 해설] [인산질 비료] 인산 비료의 종류에는 과인산석회, 중과인산석회, 용성인비, 소성인비, 인안, 토마스인비 등이 있다.

14 ①

[유형 및 해설] [칼륨질 비료] 이 문제는 보기 중 칼륨질 비료를 찾는 문제이다. 질소질, 인산질, 칼륨질의 개괄적인 성질을 이해하여 그 성분의 역할로 문제를 푸는 것이다. 칼륨질 비료는 특히 세포의 수분을 조절하고, 광합성과 탄수화물 축적, 단백질의 합성에 관여하는 원소인 칼륨을 함유한 비료로, 이는 생물의 생장에 중요한 역할을 하고 신진대사를 촉진한다.

제65주제   복합 비료

1. 배합 비료(blend fertilizer)
2. 화성 비료(compound fertilizer)

1. 복합 비료

(1) N, P_2O_5, K_2O의 성분 중 두 가지 이상을 혼합한 비료를 복합 비료라 한다.

➡ 복합 비료는 식물이 가장 필요로 하는 원소를 복합시켜 놓은 것이기 때문에 비료의 효과가 매우 크다. 최근 시판되는 비료 중 대부분이 복합 비료이다.

(2) 복합 비료의 분류

1) 배합 비료(blend fertilizer) : 비료성분을 단순히 혼합시켜 만든 것으로 황안, 요소, 과인산 석회 및 염화칼륨 등의 단순 혼합물이다.

2) 화성 비료(compound fertilizer) : 비료성분을 화학반응에 의해 결합시켜 만든 것을 입자 (조립)화시켜 만든 것을 말한다.

① 보통 화성 비료 : N, P_2O_5, K_2O의 함량의 합계가 30% 이하인 것을 말한다.

② 고도 화성 비료 : N, P_2O_5, K_2O의 함량의 합계가 30% 이상인 것을 말한다.

3) 공적규격에 따른 분류

① 제1종 복합 비료 : 화성 비료(化性肥料)

② 제2종 복합 비료 : 배합 비료

③ 제3종 복합 비료 : 유기질을 주축으로 한 복합 비료

④ 제4종 복합 비료 : 액제(液劑), 수화제(水和劑), 수용제(水溶劑)의 복합 비료

2. 배합 비료

(1) 배합 비료(blend fertilizer)

1) 배합 비료 제조 시 유의점

① 배합 성분 간의 배합 시 비료의 유효성분이 감소하거나 비료의 효능을 잃게 되는 경우가 있다. 예를 들어 암모니아질 비료에 석회나 석회질소를 배합하면 암모니아가 손실된다.

$$(NH_4)_2SO_4 + Ca(OH)_2 \longrightarrow CaSO_4 + 2NH_3\uparrow + 2H_2O$$

② 과인산석회에 석회질 비료를 배합하면 수용성의 하이드록시아파타이트를 생성시켜 비료의 효능을 상실하게 된다.

$$3Ca(H_2PO_4)_2 \cdot H_2O + 7CaCO_3 \longrightarrow Ca_{10}(PO_4)_6(OH)_2\downarrow + 7CO_2 + 8H_2O$$

③ NH_4NO_3와 $CO(NH_2)_2$를 배합시키면 흡습성이 현저하게 커진다.

2) 배합 가능성

① 비료의 화학성에 산성, 염기성, 중성 등의 차이가 있기 때문에 각종 화학 비료의 화학적 성질을 알고 혼합 여부를 정해야 한다.

② 산성과 산성, 산성과 중성, 중성과 중성, 중성과 염기성, 염기성과 염기성 등이 혼합은 좋으나 산성과 염기성의 혼합은 화학반응을 일으키므로 좋지 않다.

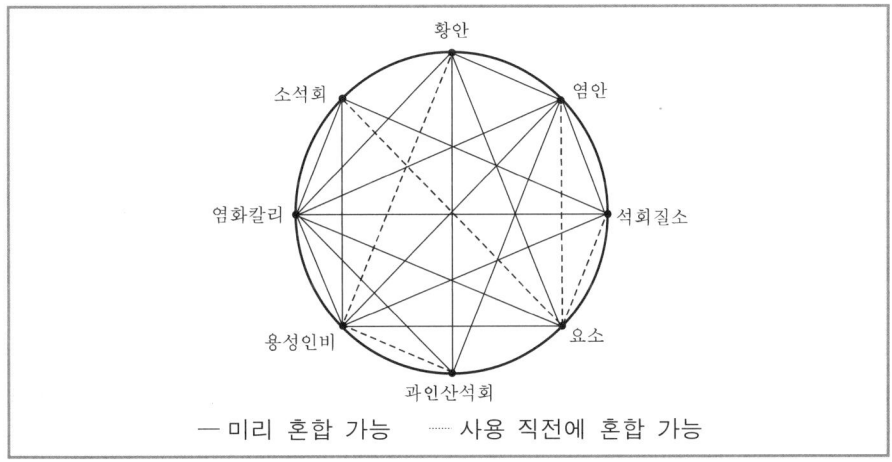

[비료의 혼합 가능성]

3) 비료 혼합 도표 : 비료 혼합 가능성을 경험적으로 기록한 도표이다.

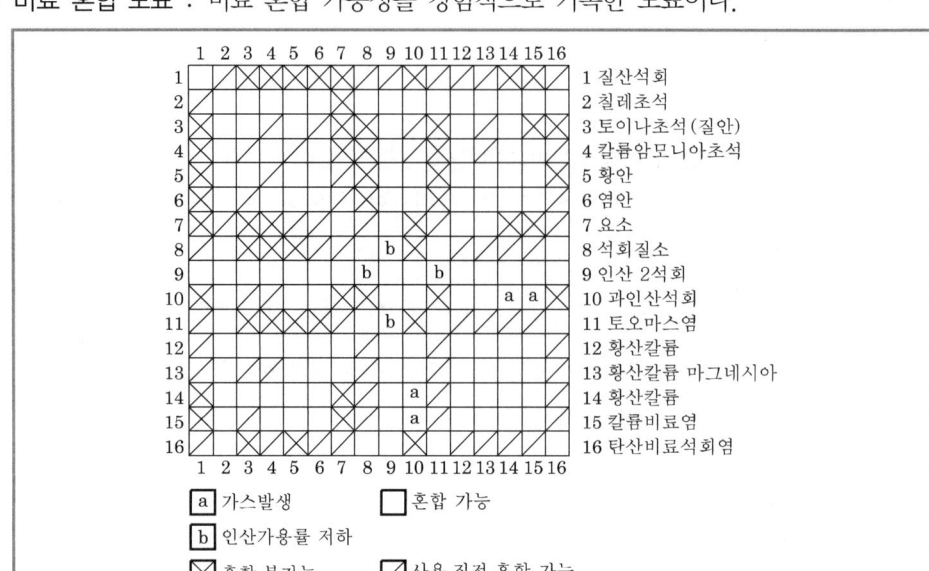

[비료 혼합 도표]

3. 화성 비료

(1) **화성 비료의 제법** : 인광석 가공물을 만들고 여기에 N염, K염을 첨가한 형태가 되도록 한다.

인광석 + 분해제 → 인광석 가공물 → 인공석 가공물 + N염 + K염 → 화성비료

(2) **저도화성 비료**

1) 과인산석회와 황안(또는 요소)에 염화칼륨과 물을 첨가하여 반응시킨 후 조립과 건조과정을 거쳐 제품화한다.

2) 직접 인광석을 황산으로 분해시키고 황안, 염화칼륨 등을 첨가하여 제조하는 방법도 있다.

3) 저도화성 비료는 과인산석회, 황산암모늄, 염화칼륨을 배합 조립(造粒)한 것으로 성분 합계량이 30% 이하이다.

(3) 고도화성 비료

1) 고도화성 비료는 성분 합계량이 30% 이상으로 인산암모늄계 비료가 이에 속한다.

2) 배합 비료보다 고농도이어서 포장, 운반, 시비가 쉽다.

3) 인안계 고도화성 비료

① **제법** : 분해제로 황산 또는 「황산＋인산」을 쓰고, 분해 후 NH_3로 중화시켜, KCl을 첨가시켜 제조한다.

② **제품의 조성** : [$(NH_4)_2SO_4$ + $((NH_4)_2HPO_4$ + KCl]이지만, 실제로는 상호 간에 반응이 일어나기 때문에 생성물에 대한 화학조성은 매우 복잡해진다.

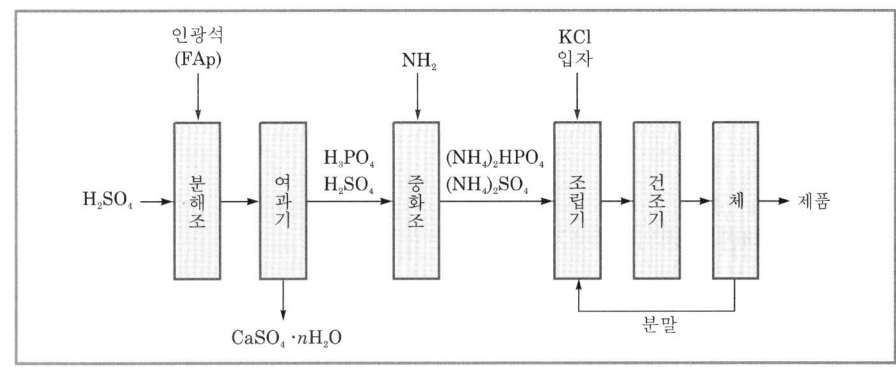

[인안계 고도화성 비료의 제조공정]

(4) 질산계 고도화성 비료

분해제로 질산을 사용한 후, 암모니아로 중화시키고, KCl을 첨가하여 제조한다.

(5) 고농도 복합 비료

고농도의 비료 유효성분을 포함하는 비료로, 축합과정에 의해 합성한 후, 생성된 액을 조립식 입자상의 제품을 만든다.(**예** 폴리인산암모늄(ammonium polyphosphate))

(6) 액체 비료

1) 액체 비료는 인안수용액에 요소, 질안, 염화칼륨 등을 녹인 용액으로 액체상태이기 때문에 고체 비료에 비해 기계적으로 시비(施肥)하기가 용이한 특징이 있다.

2) 현탁 비료(suspension fertilizer) : 비료의 유효성분을 현탁상태로 만들고 소량의 점토를 가하여 분산시킨 비료를 현탁 비료라 한다.

기출 및 예상 문제

01 복합 비료의 특징을 모두 고른 것은? ● 06 국가직 9급(복원)

> (ㄱ) 필수성분 질소, 인, 칼륨 중 2성분 이상을 혼합한 비료를 말한다.
> (ㄴ) 복합 비료의 종류에는 배합 비료와 화성 비료가 있다.
> (ㄷ) 산성과 산성을 혼합할 수 있다.
> (ㄹ) 산성과 염기성을 혼합할 수 있다.

① (ㄱ)   ② (ㄱ), (ㄴ)
③ (ㄱ), (ㄴ), (ㄷ)   ④ (ㄱ), (ㄴ), (ㄷ), (ㄹ)

02 비료에 대한 설명이다. 옳지 않은 것은? ● 05 국가직 9급

① 인산암모늄계 비료는 고도화성 비료이다.
② 복합 비료는 비료의 3요소 중 2요소 이상을 함유한 것을 말한다.
③ 현재 유통되는 대부분의 비료는 배합 비료이다.
④ 저도화성 비료는 황산암모늄, 염화칼슘, 과인산석회의 성분 합계량이 30% 이하이다.

03 무기질 비료 또는 무기질 원료를 혼합한 후 화학적 처리를 하여 비료의 3요소 중 2가지 이상을 함유한 비료는? ● 02 국가직 9급

① 화성 비료   ② 배합 비료
③ 합성 비료   ④ 복합 비료

04 혼합 가능한 비료의 조합은? ● 06 국가직 9급

① 황안＋염안   ② 질산암모늄＋요소
③ 과인산석회＋소석회   ④ 황안＋석회질소

05 화성 비료 중 고도화성 비료는?

① 과인산석회   ② 염산암모늄
③ 질산칼륨   ④ 황인산암모늄

정답 및 해설

01 ③

[유형 및 해설] [복합 비료의 특징] 비료의 화학성에 따라 산성 비료, 중성 비료, 염기성 비료로 나뉜다. 각종 화학 비료는 화학적 성질을 알고 혼합 여부를 판단해야 한다. 즉, 산성과 산성, 산성과 중성, 중성과 중성, 중성과 염기성, 염기성과 염기성 등의 혼합은 좋으나 '산성과 염기성'의 혼합은 화학반응을 일으키므로 부적당하다. 이와 같은 배합 여부의 판단은 '비료의 혼합 도표'에서 찾을 수 있다.

02 ③

[유형 및 해설] [복합 비료의 영역 및 현황] 현재 시판되는 비료 중 75%는 복합 비료이다. 여기 복합 비료에는 배합 비료도 있고 화성 비료도 있다. 이 중 화성 비료가 더 많은 비율을 차지한다.

03 ①

[유형 및 해설] [배합 비료와 화성 비료] 배합 비료는 비료의 3요소 중 2가지 이상을 적당한 비율로 배합(혼합, mixed)한 것이고, 화성 비료는 화학적 처리한 비료를 말한다.

04 ①

[유형 및 해설] [비료의 배합 가능성] 비료의 화학성에 산성, 염기성, 중성 등의 차이가 있기 때문에 각종 화학 비료의 화학적 성질을 알고 혼합 여부를 정해야 한다. 즉, 문제는 산성과 염기성의 배합을 피하는 것이다.

구 분	산 성	중 성	염기성
산성	○	×	×
중성	○	×	○
염기성	×	×	○

• 산성 – 과인산석회, 중과인산석회
• 중성 – 황안, 요소, 염안, 염화칼륨
• 염기성 – 석회질소, 용성인비, 석회

05 ④

[유형 및 해설] [고도화성 비료] 고도화성 비료는 N, P_2O_5, K의 합계가 35% 이상으로 비료성분을 높이기 위해 암모니아, 인산액 등을 이용한 것이다. 여기에는 황인산암모늄(황산암모늄 – 인산암모늄의 혼합액을 건조시켜 조립상으로 제품한 것)과 염인산암모늄, 요소인산암모늄, 인질산암모늄 등이 있다.

무기약품공업

제66주제	무기약품공업

1. 무기약품공업이란?

일반 무기약품을 제조하는 화학공업의 총칭인데, 넓은 뜻으로는 황산, 염산, 질산, 탄산나트륨, 수산화나트륨, 암모니아, 카바이드 등의 기초 무기약품 및 이것과 금속, 비금속 광물 등을 화합하여 만들어지는 2차·3차 일반 무기약품을 제조하는 공업을 일컫는다. 제품은 금속, 섬유, 염색, 펄프 및 종이와 비료, 화약, 유지, 고무, 도료, 염료, 요업, 의약품, 식품 등 공업 분야에 널리 사용되고 있다.

(1) 아연화합물

1) 산화아연(아연화, zinc oxide)

① 산소와 아연의 화합물로, 백색 분말이며 아연화(亞鉛華), 아연백(亞鉛白)이라고도 한다.

② 천연에서 홍아연석(zincite, ZnO)으로 존재하며 연소·가열 등으로 얻는다.

③ 물에는 거의 녹지 않지만, 묽은산 및 진한알칼리에 녹는 양쪽성 산화물이다.

④ 입자가 곱고, 연백(鉛白)보다 피복력은 떨어지지만 독성이 없고, 황화수소에 의하여 흑색으로 변하지 않기 때문에 백색 안료로서 중요하다. 이 밖에 아연화연고, 아연화녹말 등의 의약품 또는 화장품의 원료로 사용된다.

2) 염화아연($ZnCl_2$)

 ① 아연과 염소의 화합물로, 무색의 결정성 분말로 조해성이 있으며, 물에 잘 녹고 (25℃에서 물 100g에 432g 녹는다) 수용액에서 결정화시키면 여러 종류의 수화물이 생긴다.

 ② 공업적으로 산화아연이나 아연의 부스러기를 염산에 녹여서 철·알루미늄 등의 불순물을 제거한 다음 농축하여 만든다.

 ③ 유기합성에서는 각종 축합반응 등의 촉매로 사용되고 탈수제, 살균제, 목재의 방부제, 활성탄의 제조, 건전지 재료, 의약품 등으로 사용된다.

(2) 납화합물 : 납과 산소의 화합물

1) 사산화삼납(Pb_3O_4)

 ① 연단(鉛丹), 광명단(光明丹), 적연(赤鉛)이라고도 한다.

 ② 납을 융해하여 공기를 통과시키고 황색의 산화납 PbO로 만든 다음 노(爐) 속에서 충분히 산화하여 만든다.

 ③ 황색 빛의 적색 안료이다. 비알칼리성을 나타내며, 철의 방청제 페인트로 사용된다. 그 밖에 축전지의 전극판 재료, 납유리, 도자기의 유약 등에 사용된다.

2) 산화납(Ⅱ)(일산화납, PbO)

 ① 산화제일납이라고도 하며, 또 금밀타승(金密陀僧), 밀타승, 리사지라고도 한다.

 ② 저온에서 안정한 오렌지색 또는 적색의 것과 고온에서 안정한 황색의 것이 있다.

 ③ 금속납을 산화로에 넣고 융해하여 제조하는 용융산화법과 납을 융해하여 입상(粒狀)으로 하고, 회전드럼 속에서 뜨거운 공기를 통하여 제조하는 연분법(鉛粉法)이 있다.

 ④ 염화비닐의 안정제로 사용되는 외에 농약, 도료, 안료, 축전지, 광학유리, 고무 등에 사용된다.

3) 질산납(lead nitrate, [$Pb(NO_3)_2$])

 ① 질산납은 무색 결정이며, 액체 암모니아, 물, 히드라진에 쉽게 녹는 반면, 진한질산에는 녹기 어렵다.

 ② 일산화납에 질산을 작용시켜 제조한다.

  $PbO + 2HNO_3 \rightarrow Pb(NO_3)_2 + H_2O$

 ③ 안료의 제조원료, 납화합물의 제조원료, 폭약, 방부제 등에 쓰인다.

(3) 알루미늄염류

1) **황산알루미늄**(aluminium sulfate, $Al_2(SO_4)_3$) : 알루미늄의 황산염으로, 황산반토라고도 한다.
   ① 무수물(無水物)과 6, 10, 16, 18, 27 수화물이 있는데, 상온에서는 18수화물이 가장 안정하다. 무색의 결정으로서 물, 산, 알칼리에 녹는다.
   ② 매염제(媒染劑), 포말소화제, 의약품, 응집제 등으로 쓰인다.
   ③ 응집반응의 최적 pH는 6.0~7.0이다.

2) **칼륨백반(황산알루미늄칼륨)**
   ① 결정물은 명반(백반), 건조물은 소명반이라고 한다.
   ② 덩어리 또는 투명한 결정이거나 백색의 분말로서 냄새가 없고 맛은 약간 달며, 수렴성이 있다. 황산알루미늄칼륨은 물에 잘 녹고, 알코올에는 녹지 않으나, 글리세린에는 매우 잘 녹는다. 특히 온도가 올라갈수록 용해도가 증가된다.
   ③ 황산칼륨과 황산알루미늄의 복염(複鹽)으로 백반석을 태우고 황산을 가해서 가열 용해하여 불용물(不溶物)을 걸러내고 냉각시켜 결정을 석출시킨다. 또 황산알루미늄과 황산칼륨용액을 혼합하여 냉각시켜도 얻는다.
   ④ 황산알루미늄칼륨 및 이를 함유하는 제제는 된장에 사용해서는 안 되며, 주로 빵이나 과자 등의 팽창제 원료로 사용된다. 대기 중에 풍화되어 표면이 희게 되기 때문에 저장 시 밀폐용기에 보관한다.
   ⑤ 물처리의 응결제, 매염제, 방수가공, 가죽무두질, 사진의 경막액(硬膜液) 등에도 사용된다.

(4) 크롬염류

1) **중크롬산나트륨(이크롬산나트륨, $Na_2Cr_2O_7$)**
   ① 녹는점 356℃, 비중 2.35이다. 400℃ 이상에서는 산소를 방출하면서 분해한다.
   ② 물에는 잘 녹지만 알코올에는 녹지 않는다. 화학적 성질은 중크롬산칼륨과 아주 비슷하다.
   ③ 크롬산나트륨수용액에 황산을 가하거나 이산화탄소를 가압하에서 통과시키면 얻는다.
   ④ 공업적으로는 크롬광(鑛)과 탄산나트륨을 공기를 통과시키면서 배소(焙燒)하여 크롬산나트륨을 만들어 이것에 황산을 가하여 농축하여 만든다. 보통은 이수화물의 적색 결정으로 얻는다.
   ⑤ 황연(黃鉛 ; chrome yellow)의 원료로 쓰며, 방수제, 염료, 피혁무두질, 사진, 유지의 표백, 목재의 방부, 의약, 도금 등 용도가 다양하다.

2) 중크롬산칼륨(이크롬산칼륨, $K_2Cr_2O_7$)

① 밝은 등적색 결정으로 녹는점 398℃, 비중 2.61이다.

② 500℃ 이상으로 가열하면 산소를 방출하면서 분해한다.

③ 알코올에는 녹지 않지만 물에는 잘 녹고, 알칼리성 수용액을 가하면 크롬산길륨으로 변한다.

➡ 이는 알칼리성 용액에서 노란색을 띠며, 크롬산칼륨이 된다.

④ 공업적으로는 크롬석을 배소(焙燒)하여 분쇄하고 산화칼슘과 탄산칼륨을 가하여 강열하고 다시 공기를 통과시켜 산화시킨 다음 추출 처리한 뒤에 황산을 가하여 결정화시킨다.

⑤ 크롬산염, 중크롬산염, 크롬산 혼합액 등의 제조, 강력한 산화제로서 중크롬산 적정 등의 분석시약으로 쓰이며, 매염제, 폭발물, 안전성량 등의 제조나 유기합성, 크롬도금, 사진인쇄 등 용도가 매우 넓다.

3) 산화크롬 : 크롬의 산화물로, 산화크롬(Ⅲ), 산화크롬(Ⅵ), 산화크롬(Ⅱ)의 3종류가 있는데, 이 중 화학식 Cr_2O_3의 산화크롬(Ⅲ) 용도가 가장 많으며, 유리나 도기의 착색에 사용된다.

(5) 바륨화합물

1) 염화바륨(barium chloride, $BaCl_2$)

① 중정석(重晶石) $BaSO_4$의 가루와 목탄, 염화칼륨의 혼합물을 적열(赤熱)한 다음 뜨거운 물에서 추출하고, 과망간산칼륨 등을 가해서 불순물을 제거하여 정출(晶出)시킨다.

② 에탄올, 아세톤 등에는 녹지 않으나 물에는 잘 녹아, 20℃에서 100g에 39g이 녹는다. 이 용해도는 염소이온이나 에탄올이 존재하면 감소하므로, 재결정에 이용된다.

③ 레이크 안료, 바륨염의 원료, 보일러 용수의 연화제 등으로 사용되며, 또 분석시약으로서 황산이온의 정성 및 정량에도 사용되며, 유독하다.

2) 황산바륨(barium sulfate, $BaSO_4$)

① 상품화된 것은 불순물에 의하여 착색되어 있으며, 입상(粒狀), 괴상, 섬유상을 이룬다.

② 녹는점 1,580℃, 비중 4.499이다. 물에는 거의 녹지 않지만 진한황산에는 녹는다.

③ 안정한 화합물이며 가열하거나 황화수소에 작용시켜도 변색하지 않는다.

④ 순수한 것은 무색이며, 생성조건에 따라 콜로이드 모양의 것에서부터 비교적 큰 결정의 것까지 있다. 백색안료로서의 용도가 다양하고, 특히 황화아연과 섞은 것을 리토폰이라 한다.

3) 탄산바륨(barium carbonate, $BaCO_3$)

① 무색 분말이며, 물에는 거의 녹지 않는다.

② 알코올에는 녹지 않으나, 염화암모늄수에는 녹는다.

③ 산에 의해서 분해되어 이산화탄소를 발생한다. 또, 이산화탄소를 함유하는 물에는 탄산수소바륨이 되어 용해된다.

④ 공업적으로는 중정석(重晶石)을 환원시켜서 만든 황화바륨 침출액에 소다회를 작용하여 침전시키고, 수세(水洗)·건조하여 제품으로 만든다.

⑤ 건조는 비교적 저온에서 하는 방법과 고온의 열풍건조로 하는 방법이 있는데, 열풍건조에 의한 제품이 분진도 나지 않고 유동성도 좋다.

⑥ 바륨염이나 크리스탈유리·광학유리의 원료로 사용되며, 도자기 및 법랑의 유약, 금속 열처리의 침탄제(浸炭劑), 살충제나 살서제 등으로도 사용되며, 유독하다.

(6) 플루오르화합물

1) 플루오르화수소산(hydrofluoric acid, HF)

① 무색투명한 액체이며, 보통 농도 40% 정도이다. 35.37%에서 함께 끓는 공비혼합물(共沸混合物)을 만들며, 이때의 끓는점은 120℃이다. 공기 중에서 발연한다.

② 플루오르화수소산에 함유되어 있는 화학종은 HF, H^+, F^- 및 HF_2^-이며, 플루오르화수소 그 자체는 강한 산성이지만 플루오르화수소산에서는 산성이 강하지 않다.

③ 이온화상수는 $[H^+][F^-]/[HF]=2.4\times10^{-4}$, $[HF][F^-]/[HF_2^-]=0.030$, 금 및 백금을 제외한 모든 금속을 녹인다.

④ 이산화규소 및 유리류는 쉽게 침식되어 휘발성인 플루오르화규소를 생성한다. 순수한 것을 얻는 데는 플루오르화수소칼륨을 열분해하여 생긴 플루오르화수소를 물에 흡수시킨다. 공업적으로는 형석분말과 진한황산을 가열하여 발생하는 기체를 물에 흡수시켜서 만든다.

⑤ 유리에 대한 부식작용을 이용하여 눈금 매기기, 무늬 붙이기, 광택 지우기 등에 사용되며, 이 밖에 플루오르화합물의 제조원료, 도자기의 제조, 금속의 표면처리, 소독제 등에도 사용된다. 소량인 경우에는 폴리에틸렌 용기에 저장하지만, 대량인 경우에는 납을 입힌 철제용기를 사용하며, 유독하다.

(7) 칼륨염류

1) 수산화칼륨(potassium hydroxide, KOH)

① 가성칼륨, 가성칼리라고도 한다. 오래 전부터 탄산칼륨을 석회유와 반응시키는 가성(加成)화법이 이용되어 대량으로 생산되었으나, 현재는 염화칼륨수용액을 전기분해하여 얻는다.

$$2K+2H_2O \longrightarrow 2KOH+H_2$$

② 전기분해에는 흑연을 양극으로, 철을 음극으로 하고, 석면으로 만든 격막을 써서 조작하여 음극실에 생기는 10~12%의 수산화칼륨용액을 농축하여 분리시키는 격막법과 전해액을 연속적으로 보내어 흑연양극과 수은음극 사이에서 일부를 전기분해하여 음극에 아밀감을 만들고, 이것을 물로 분해하여 수산화칼륨으로 만드는 수은법이 있는데, 수은법이 순도가 높은 제품을 얻을 수 있다.

③ 제품으로서 시판되고 있는 것은 보통 반구형의 정제 또는 막대모양으로 성형된다.

2) **염소산칼륨**(potassium chlorate, KClO₃)

① 가열하면 400℃에서 분해하여 과염소산칼륨과 염화칼륨이 된다.

② $4KClO_3 \longrightarrow 3KClO_4 + KCl$

더 가열하면 산소를 방출하고 전부 염화칼륨이 된다. 이 반응은 이산화망간 MnO_2와 같은 금속산화물을 가하면 촉진되어 70℃에서 산소를 발생하기 시작하므로, 실험실 등에서 산소를 얻기 위해 이용된다. 단, 유기물·황·탄소 등이 혼입되면 폭발하므로 주의해야 한다.

③ 흡습성은 없다. 물에 녹고, 알코올에도 소량 녹는다. 중성 및 알칼리성 용액에서는 산화작용이 없으나, 산성용액에서는 강한 산화제가 된다.

④ 염화칼륨수용액을 뜨거울 때 전기분해하여 만든다. 산화제로서 성냥·연화·폭약 등의 원료가 되고, 표백제·염료·의약품 등의 제조에도 사용된다. 장기간 보존한 것은 아염소산칼륨을 함유하여, 건조상태에서는 유기물·인·황 등 가연성 물질과 접촉하기만 해도 폭발한다.

⑤ 마찰·충격 등에 예민하여, 폭발사고를 잘 일으키며, 진한황산·진한질산과 접촉해도 잘 폭발한다. 혼합 폭약으로 쓰이기도 하며, 극약이다. 빛이 차단되는 밀폐된 용기에 보관한다.

3) **질산칼륨**(potassium nitrate, KNO₃)

① 무색의 기둥모양 결정 또는 백색의 결정성 분말로 존재하는 칼륨의 질산염이다.

② 질산칼륨은 짠맛과 청량미가 느껴지며 냄새가 없는 물질로서 소시지, 햄, 그 밖의 식육가공품에 식품첨가물로 많이 쓰여 육류의 색을 보존하는 역할을 하며 식물에 질소를 공급하여 생장을 돕는 비료로 사용하기도 한다. 또 산소를 많이 포함하고 있어 황, 유기물 등과 혼합하면 폭발을 일으키기 때문에 화약의 재료로도 쓰인다.

③ 물에 대한 용해도가 높으며 특히 온도가 올라갈수록 용해도가 급격하게 증가한다. 따라서 질산칼륨용액의 온도를 조절하면 많은 양의 질산칼륨을 석출할 수 있다.

④ 염화칼륨과 질산나트륨을 반응시키면 질산칼륨을 얻을 수 있으며 탄산칼륨이나 수산화칼륨을 질산에 녹여 만들기도 한다.

4) 과망간산칼륨(potassium permanganate, $KMnO_4$)

① 단맛이 있으나 수렴미(收斂味)가 남는다. 공기 중에서는 안정하고 물에 잘 녹는다.

② 염산과 반응하여 염소를 발생하고, 진한황산에 의하여 폭발을 일으키므로 위험하다. 망간산칼륨을 염소 또는 이산화탄소로 산화시키거나, 격막을 써서 전기분해하여 양극에 생긴 용액을 농축하여 냉각시키면 결정으로서 얻어진다.

③ 산화제로 쓰이는데, 용액의 산성, 중성, 알칼리성에 따라 산화하는 모양이 달라지며, 산성인 경우가 산화력이 강하여 응용범위도 넓다. 과망간산염의 적정, 유기합성, 살균소독, 표백제 등의 원료로 사용된다.

(8) 나트륨화합물

1) 아황산나트륨(sodium sulfite, Na_2SO_3)

① 아황산소다라고도 한다. 보통은 7수화염 $Na_2SO_3 \cdot 7H_2O$로 얻는다.

② 탄산나트륨수용액에 이산화황(아황산가스)을 통과시켜 아황산수소나트륨용액을 만들고, 이것을 당량의 탄산나트륨으로 중화시켜 37℃ 이하에서 증발, 농축하면 얻는다. 또 수산화나트륨의 진한용액을 냉각시키면서, 이것에 이산화황을 통과시켜 중화해도 생긴다.

③ 비스코스, 염료의 제조, 티오황산나트륨의 제조원료, 환원제, 사진현상액, 표백제, 방부제에 사용되며, 고무공업, 플라스틱공업 등에서도 사용된다.

2) 티오황산나트륨(sodium thiosulfate, $Na_2S_2O_3$)

① 티오황산소다라고도 하며, 5수화물은 '하이포'라고 한다. 무색의 주상(柱狀) 결정으로, 녹는점 48.2℃, 비중 1.85이다. 보통은 5수화물로서 존재한다.

② 결정은 공기 중에서는 안정하지만, 찬 공기 중에서는 약간 조해성을 보이며, 건조한 공기 중에서는 풍해성(風解性)을 보인다.

③ 액체암모니아에는 녹지만 알코올에는 거의 녹지 않는다. 공기 중에서 가열하면 황산나트륨, 이산화황, 물로 분해한다. 또 산에 의해서도 분해되어 이산화황과 황을 생성한다.

④ 요오드(I_2)와 반응하여 사티온산나트륨($Na_2S_4O_6$)과 요오드화나트륨(NaI)을 생성한다.

$$I_2 + 2Na_2S_2O_3 \rightarrow 2NaI + Na_2S_4O_6$$

⑤ 위의 반응은 요오드를 적정할 때 사용된다. 수용액은 pH 6.5~8.0이며, 할로겐화은을 용해한다. 아황산나트륨용액에 황을 가하여 가열한 수용액을 가열 농축하여 여과한 다음 결정으로 얻는다. 또 황화나트륨에 황을 가해서 다황화나트륨으로 하고, 이것에 아황산나트륨용액을 가해도 생긴다.

⑥ 티오황산나트륨의 5수화물은 사진현상의 정착제로 많이 사용된다. 이 밖에 메틸렌블루 등 염료의 원료, 고급 종이의 탈염소제, 크롬무수질에서 중크롬산염 환원제, 털·상아 등의 표백제, 요오드 적정의 표준시약으로 쓰인다. 비소, 수은, 납 등 중금속의 중독, 시안화수은중독, 임신중독 등의 의약품으로도 사용된다.

(9) 규소화합물

1) 규산나트륨(sodium silicate, 규산소다)

① 조성에 따라 메타규산나트륨(Na_2SiO_3), 그 수화물인 오르토규산나트륨(Na_4SiO_4), 이규산나트륨($Na_2Si_2O_5$) 등 여러 가지가 있으나, 보통은 메타규산나트륨을 말한다.

② 메타규산나트륨은 물에 잘 녹으며, 수용액은 가수분해하여 알칼리성이 된다.

③ 규산나트륨의 진한수용액을 '물유리(water glass)'라 하며, 조성은 일정하지 않다.

2) 실리카겔(silica gel)

① 시판되는 김을 다 먹고 나면 플라스틱 그릇 바닥에 하얀 종이가 있고, 그 안에 작은 알갱이들이 들어 있는 것을 볼 수 있다. 이 알갱이들은 수분을 흡수하는 역할을 한다. 이 알갱이들이 바로 실리카겔이다.

② 실리카겔은 $SiO_2 \cdot nH_2O$의 화학식을 가지며 작은 구멍들이 서로 연결되어 튼튼한 그물조직을 이루고 그 사이에 용매인 물 등이 들어가 굳어버린 비결정형의 입자이다. 표면적이 매우 넓어 물이나 알코올 등을 흡수하는 능력이 매우 뛰어나다. 또 인체에 무해하기 때문에 제습제로 많이 사용되는 물질이다.

③ 실리카겔은 크로마토그래피의 흡착제로도 사용되고, 촉매의 운반체로 쓰이기도 한다.

3) 제올라이트(zeolite)

① 제올라이트는 결정성 규산염의 총칭으로, 유용한 물리화학적 특성들을 보유한다.

② 일반적으로 제올라이트의 응용광물학적 특성은 다음과 같다.

㉠ 양이온교환 특성

㉡ 흡착 및 분자체 특성

㉢ 촉매 특성

㉣ 탈수 및 재흡수 특성

㉤ 기타 물성과 관련된 특성은 기본적으로는 광종에 따라 서로 다르다.

제올라이트는 광종에 따라 세공의 크기와 교환성 양이온 조성이 달라지고 이에 따라 응용 광물학적 제반 성질들이 다르게 나타난다. 또한 동일한 광종의 경우에도 입도, 결정도, 그리고 화학 조성상의 차이에 따라 그 성질이 사뭇 다르게 나타날 수 있다.

4) 염화규소

① 염화규소는 산화규소, 탄소, 염소의 고온반응으로 만든 사염화규소($SiCl_4$)이다.

② 유도체에는 규소와 염산의 가열반응으로 만들어진 테트라클로로실란($SiHCl_3$) 등이 있다.

기출 및 예상 문제

01 화합물에 대한 설명으로 틀린 것은?

① $MgSO_4$는 색깔이 없는 결정이다.
② $BaCl_2$는 흡습성이 있는 결정으로, 광학유리 제조에 사용한다.
③ MgO는 물에는 잘 녹으나 산과 암모늄염에는 잘 녹지 않는다.
④ $K_2Cr_2O_7$은 알칼리성용액에서 노란색을 띤다.

02 납화합물에 대한 설명이다. 옳지 않은 것은?

① 질산납은 무색의 결정으로, 진한질산에 쉽게 녹는다.
② 질산납은 일산화납에 질산을 작용시켜 만든다.
③ 일산화납은 공기 중 산화하여 얻으며, 그 색은 노란색이다.
④ 사산화납은 황색 빛의 적색 안료이다.

03 염화알루미늄의 특성으로 옳지 않은 것은?

① 순수한 염화알루미늄($AlCl_3$)은 색깔이 없는 고체이다.
② 보통 구리를 함유하기 때문에 착색되어 있다.
③ 공기 중에서 수분을 흡수하여 가수분해한다.
④ 물과 폭발적으로 반응하면서 녹는다.

04 황산알루미늄의 성질이 아닌 것은?

① 수용액은 산성이다.
② 떫은 맛이 난다.
③ 유기용매에 잘 녹는다.
④ 수돗물의 정화 시 응집제로 사용된다.

05 기온에 따라 풍해성과 조해성이 있는 것은?

$$Na_2S_2O_3, \quad KOH, \quad K_2CO_3$$

06 색유리나 연성비누 제조에 사용되는 화합물은?

> KOH, ZnCl$_2$, KMnO$_4$

07 광택이 있는 보라색 결정체로, 산화제, 살균제 등으로 쓰이는 화합물은?

> PbO, KMnO$_4$, K$_2$CO$_3$

08 묽은 산이나 알칼리에 녹는 양쪽성 화합물은?

> ZnCl$_2$, PbO, ZnO

09 산화납은 공기와 접촉하면 무엇이 되는가?

> PbO, PbO$_2$, PbO$_3$

10 규소화합물 중 수용액은 가수분해하여 알칼리성을 띠며, 물유리라 불리는 것은?

> 규산나트륨, 제올라이트, 실라카겔, 염화규소

정답 및 해설

01 ③

유형 및 해설 [무기화합물의 성질] 산화마그네슘(MgO)은 산과 암모늄염에는 잘 녹으나 에탄올에는 녹지 않는다. 이는 물과 반응하여 수산화마그네슘을 생성하고, 산에 용해하여 마그네슘염이 된다. MgO의 용도는 내화물 재료, 도가니 재료, 흡착제, 촉매, 의약품으로 이용된다.

02 ①

유형 및 해설 [납화합물의 성질] 질산납은 물, 액체 암모니아 및 히드라진에 쉽게 녹지만, 진한질산에는 쉽게 녹지 않는다.

03 ②

유형 및 해설 [염화알루미늄의 특성] 순수한 염화알루미늄은 보통 불순물로 철을 함유하고 있다. 산화알루미늄은 공기 중에서 수분을 흡수하여 가수분해되고, 흰 연기모양의 염화수소가스를 만든다. 물과는 폭발적으로 반응하여 많은 양의 열을 내면서 녹고, 염산에도 잘 녹으며, 암모니아와 여러 가지 비율로 혼합된다.

04 ③

유형 및 해설 [황산알루미늄의 특성] 황산알루미늄의 수용액은 가수분해하여 산성을 띤다. 이는 떫은 맛이 나고 유기용매에 잘 녹지 않는다. 이의 용도는 수돗물이나 공업용수의 정제 시 응집제로 많이 사용한다. 그리고 펄프공업에 주로 많이 사용한다.

05 $Na_2S_2O_3$(티오황산나트륨)

06 KOH(수산화칼륨)

07 $KMnO_4$(과망간산칼륨)

08 ZnO(산화아연)

09 PbO(일산화납)

10 (규산나트륨)

제 **5**편

전기화학공업과
반도체 제조공업

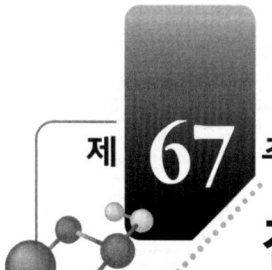

제**67**주 전기화학공업

제67주제   전기화학공업

1. 전극전위와 기전력
2. 전기화학반응의 특징
3. 과전압과 전해 및 전지 반응
4. 전기분해와 전기합성
   ① 염소－알칼리 공업   ② 알루미늄의 추출공정
   ③ 물의 전기분해   ④ 전기 유기합성

1. 전극전위와 기전력

(1) 전기화학의 기초

1) 전위(electrical potential) : 양전하(positive charge)를 무한대의 거리에서 어떤 상으로 가져오는 데 필요한 에너지를 말한다. 양전하를 가진 경우가 음전하를 가진 경우보다 전위가 더 높다.

2) 전자에너지(electron energy) : 음전하의 밀도를 의미한다. 음전하를 가진 경우가 양전하를 가진 경우보다 에너지가 더 높다.

➡ 전위와 전자에너지는 서로 상반되는 성질을 갖는다.

3) 화학 포텐셜(μ, chemical potential) : 화학평형이란 반응물과 생성물의 화학 포텐셜이 같은 상태를 의미한다.(화학적 평형)

$$\mu_i = \mu_i^0 + RT\ln a_i$$

여기서, a_i : 활성도(activity, 활동도(분석화학))를 의미한다.

4) 전기화학 포텐셜 : 전기화학에서는 전하체 i의 첨가에 따른 자유에너지 변화와 더불어 전기적인 일(에너지)도 포함해야 한다.

$$\overline{\mu_i} = \mu_i + z_i F\Phi [(\text{전기화학 포텐셜}) = (\text{화학 포텐셜}) + (\text{전기적인 에너지변화})]$$

여기서, z_i : 전하체 i의 전하량, F : 패러데이 상수, Φ : 위치에너지의 차이

(2) 기전력

1) Nernst식 : 일반적인 전위결정 평형식에서

$$\alpha A + \beta B + n e^- \leftrightarrows \gamma C + \delta D$$

① 금속과 용액 사이의 전위차

$$\Phi^{M} - \Phi^{S} = \Delta\Phi(M, S) = \Delta\Phi^{0}(M, S) + \frac{RT}{F} \ln \frac{(a_A)^{\alpha}(\alpha_B)^{\beta}}{(a_C)^{\gamma}(\alpha_D)^{\delta}}$$

② Nernst식(기전력)

$$E = E^{0} + \frac{RT}{nF} \ln \frac{(a_A)^{\alpha}(\alpha_B)^{\beta}}{(a_C)^{\gamma}(\alpha_D)^{\delta}}, \quad E = E^{0} + \frac{RT}{nF} \ln \frac{[A]^{\alpha}[B]^{\beta}}{[C]^{\gamma}[D]^{\delta}}$$

2) 표준전극전위(E^{0}, standard electrode potential) : 전기화학적으로 활성을 갖는 화학종의 활동도가 1인 경우의 전위를 뜻한다.

SHE(Standard Hydrogen Electrode, $Pt/H_2/H^+$)를 기준으로 하여 다른 반쪽전지의 전위를 결정, 수소의 퓨가시티가 1이고, 수소이온의 활성도가 1인 경우 $\Delta\Phi(M, S) = 0$으로 두고 다른 반쪽전위를 결정한다.

따라서, $2H + 2e^{-} \leftrightarrows H_2$의 $E^{0} = 0.00$이다.

$$\Delta G^{0} = -RT\ln K = -nFE^{0}, \quad \Delta G = -nFE$$

$$\Delta G = G^{0} + RT\ln Q, \quad -nFE = -nFE^{0} + RT\ln Q$$

$$E = E^{0} - \frac{RT}{nF} \ln Q,$$

25℃, 1기압하에서 $E = E^{0} - \frac{0.0592}{n} \log Q$

여기서, ΔG : 깁스자유에너지, ΔG^{0} : 표준상태 깁스자유에너지, R : 기체상수, T : 절대온도, K : 평형상수, F : 페러데이상수, n : 몰수, Q : 반응지수

2. 전기화학반응의 특징

(1) 전극의 전위는 전극 내 전자의 에너지를 의미한다.

(2) 전기화학반응은 전극표면에서만 가능하다.

(3) 전기화학반응은 여러 단계를 걸쳐 진행된다. 즉, 전극표면에서의 표면반응, 흡착, 탈착 및 물질전달, 확산 등의 단계를 걸쳐 진행한다.

(4) 전류는 반응속도의 표현이다.

(5) 전기화학반응의 반응속도는 전극전위에 의해 조절된다.

(6) 전위와 전율을 동시에 조절할 수 없다. 전위와 전류 중 어느 한쪽을 조절하면 다른 쪽이 조절되므로 따로따로 조절할 수는 없다.

3. 과전압과 전해 및 전지 반응

(1) **과전압**(overpotential) : 전류는 반응속도이므로 일정한 크기의 전류가 흐르기 위해서는

과전압이 필요하다. 과전압은 일정한 크기의 전류를 얻기 위하여 전류의 크기가 0인 평형 전압에 비해 추가적으로 인가해야 하는 전압으로 이해할 수 있다.

1) **활성화 과전압** : 전하 전달저항과 관련되고, 전극표면에서 전자가 넘어야 할 장벽이다.

2) **농도 과전압** : 물질전달속도가 느려져서 발생한다.

3) **저항 과전압** : 전해질의 저항이다.

$$R_{(전해질)} = L/A\kappa$$

여기서, L : 전극거리, A : 단면적, κ : 전기전도도

➡ 따라서 물질의 전달속도를 무시할 수 있다면, 허용해야 할 총 전위는 $E_{app} = E_d + \eta_c + \eta_a + iR^t$이다.

(2) 전해반응에서 소요되는 전기에너지

1) 전기에너지 $W = Q \times E_{app}$ 이다. 여기서 Q는 전해공정에서 생성물의 양과 관련된 변수이고, E_{app}는 일정한 전류에서 전해할 때, 두 전극 사이에서 허용해야 할 전위, $E_d + \eta_c + \eta_a + iR^t$의 합이다. (여기서, $\Delta G = -nFE_d$에서 E_d를 열역학적 분해전압이라 하고, η_c, η_a는 각각 음극과 양극의 과전압이고, iR^t는 전해질 저항을 포함하는 모든 저항과 전압이다.)

2) 같은 양의 생성물을 얻을 경우, E_{app}가 작을수록 전기에너지의 소모가 적어진다. 즉, 그만큼 공정의 경제성이 좋아지므로 이를 위해서 두 전극반응의 과전압과 전해질 저항을 줄일 수 있는 방안을 선택해야 한다. 실제로 과전압 중 활성 과전압이 큰 경우가 가장 많은데, 이를 줄이기 위해서는 전극재료와 전극의 표면상태를 개선하여야 한다.

(3) 전지반응

전지 : 전기화학적으로 양극에서 산화가, 음극에서는 환원이 일어나는 것을 말한다.

1) 전기에너지로 화학반응을 일으키는 전해전지와 화학에너지를 전기에너지로 전환시키는 갈바닉 전지(galvanic cell)가 대표적이다.

2) 산화(oxidation)와 환원(reduction)의 원리

구 분	산화(oxidation)	환원(reduction)
산화수	증가한다.(up)	감소한다.(down)
oxygen(O^{2-})	산소를 얻는다.(get)	산소를 잃는다.(lose)
proton(H^+)	양성자를 잃는다.(lose)	양성자를 얻는다.(get)
electron(e^-)	전자를 잃는다.(donor)	전자를 얻는다.(accept)

3) 주의 : 전기화학에서 산화가 일어나는 곳을 산화전극(anode, 양극), 환원이 일어나는 곳을 환원전극(cathode, 음극)이라 한다. (+)극, (−)극이라 단정지어 말하지 않는다.

4) 산화제와 환원제

① 상대를 산화시키고, 그 자신이 쉽게 환원되는 화학종을 산화제(oxidation agent)라 한다.

② 상대를 환원시키고, 그 자신이 쉽게 산화되는 화학종을 환원제(reduction agent)라 한다.

5) 충전과 방전

　　① 전지로부터 직류를 도출하는 것이 방전이다.

　　② 이의 역방향으로 직류를 흘리는 것이 충전이다.

(4) 전지반응과 에너지 변환

> 예　$H_2 + \dfrac{1}{2}O_2 \rightarrow H_2O,\ \Delta G = -237.5\,kJ/mol(25℃)$

　(산화전극, 양극) $H_2 \rightarrow 2H^+ + 2e^-,\ E^o = 0.0V\ (vs.\ SHE)$
　(환원전극, 음극) $\dfrac{1}{2}O_2 + 2H^+ + 2e^- \rightarrow H_2O,\ E^o = 1.23V\ (vs.\ SHE)$

　　　　(전체) $H_2 + \dfrac{1}{2}O_2 \rightarrow H_2O$

➡ $\Delta G < 0$이고, $E^o_{cell} \neq 0$이기에, 반쪽전지를 조합하여 전지를 구성할 수 있다. 이때, $\Delta G = -nFE^o_{cell}$의 식을 이용하여, 두 전극 사이의 기전력 E^o_{cell}을 구할 수 있다.

즉, $E^o_{cell} = \Delta G/(-nF) = (-237.5 \times 10^3)/(-2 \times 96,500) = 1.23V$이다.

4. 전기분해와 전해합성

(1) **전기분해** : 전기분해는 전기에너지를 이용하여 산화와 환원반응에 의하여 화학에너지로 전환되는 공정이다. 전지나 연료전지는 반대로 화학에너지가 전기에너지로 전환되는 공정이다.

> 참고　**전기화학 시스템 구성 시 고려사항**
>
> 　① 두 종류의 전극, 전해질, 격막
> 　② 용매, 지지 전해질, 물질의 농도, 전해질의 유동상태, 전극의 기하학적 모양과 재료
> 　③ 전기화학 반응기의 전위, 전류, 온도 등의 조절

(2) 염소 – 알칼리 공업(CA 공업)

1) 현존하는 전기화학공업 중 가장 규모가 크다.

2) 소금물의 전기분해로부터 염소(Cl_2)와 가성소다($NaOH$)를 얻는 것이 주목적이다.

3) 염소는 PVC 용도의 염화비닐 제조에 주로 사용되고, 펄프와 제지산업의 표백제 및 그 외 여러 살균제로 이용된다.

4) **전극반응**

　① 양극에서는 $2Cl^- \rightarrow Cl_2 + 2e^-$ $(E^o = +1.36V)$로 구성된다.

　② 음극에서는 $2H_2O + 2e^- \rightarrow H_2 + 2OH^-$ $(E^o = -0.84V)$로 구성된다.

5) **공업적인 반응기의 세 가지 유형** : 반응기는 수은, 격막, 멤브레인셀의 형태이다. 음극은 탄소 또는 흑연을 사용하고, 양극의 경우 염소가 강한 부식력을 가지고 양극 자체가 쉽게 산화하므로 티타늄에 Co_3O_4와 같은 전이금속을 산화물을 포함한 RuO_2를 코팅하여 사용한다.

이러한 전극을 DSA(Dimensionally Stable Anode)라 하고 거의 부식되지 않으며 부반응인 산소방출 반응이 매우 작게 일어난다.

① **수은셀**(mercury cell) : 음극으로 수은이 이용되며, 음극반응으로 $(NaHg)(NaOH)(H_2)$가 생성되므로 NaHg를 물로 씻어 Hg를 회수, $E_{app} = -4.5V$ 전위가 요구된다. 수율은 좋지만, Hg이 독성이 있으므로 현재 사용하지 않는다.

② **격막셀**(diaphragm cell) : 음극으로 steel, 양극으로 DSA, 격막으로 석면셀을 사용한 것으로, OH^-이 양극으로 이동하여 Cl과 반응하여 염소산염을 생성시키고, 음극에서는 낮은 농도의 NaOH가 생성되므로 좋지 않다.

③ **멤브레인셀**(membrane cell) : 격막셀과 비슷하나 선택적 투과능력이 있는 멤브레인을 사용한다. Na^+만이 이동하므로 높은 농도의 NaOH를 얻을 수 있다. 이 중 멤브레인을 만들어 더욱 향상시킬 수 있으며, $E_{app} = -2.95V$로 에너지 소비가 가장 작다. 멤브레인의 종류에는 Nafion(tetrafluoro ethylene copolymer), Flemion 및 기타 비슷한 재료로 이 중 멤브레인(bilayer membrane) 등이 있다.

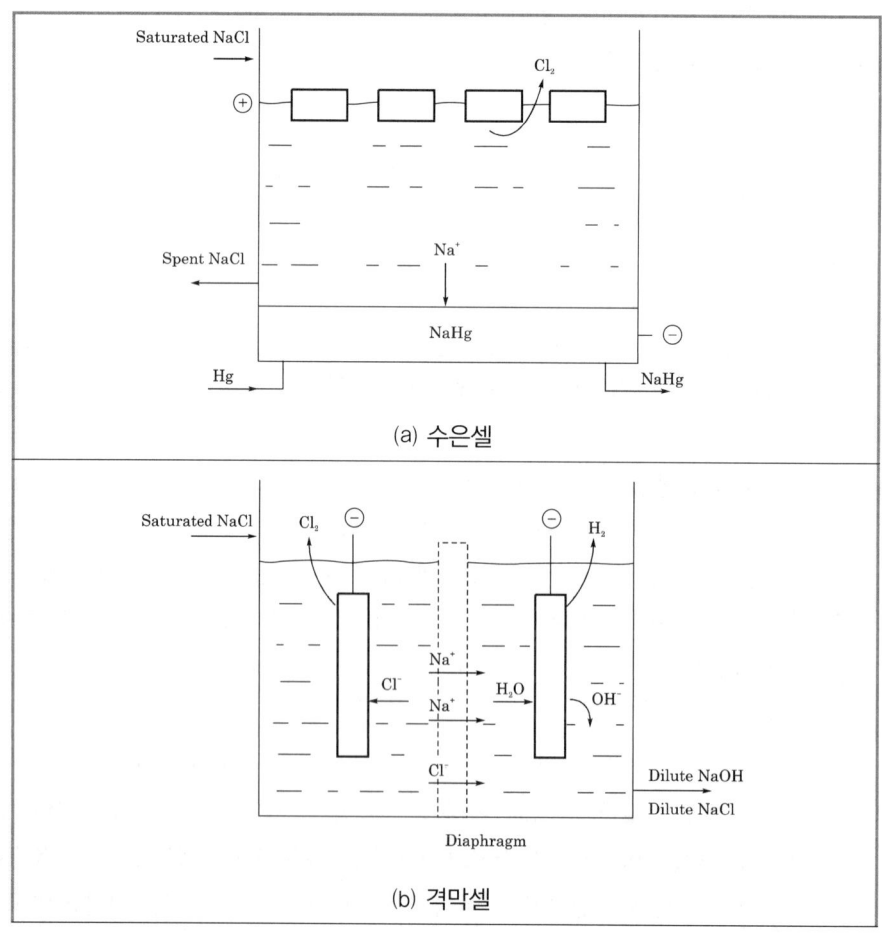

(a) 수은셀

(b) 격막셀

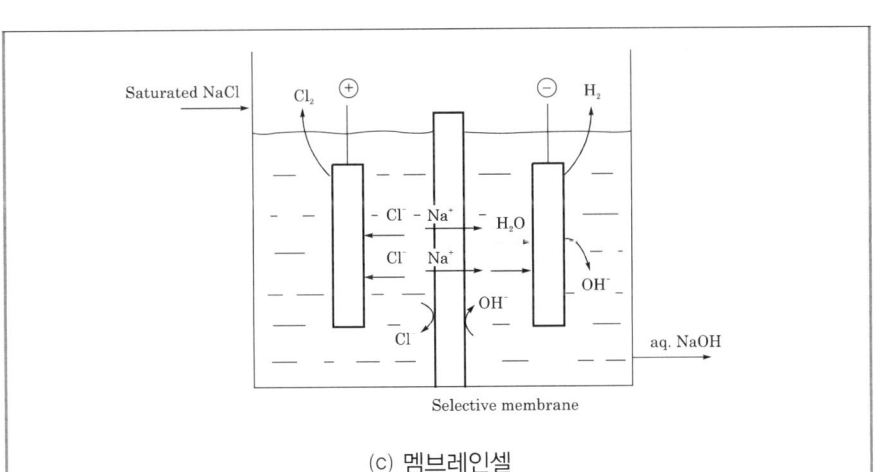

(c) 멤브레인셀

[염소-알칼리 공정에서 사용하는 반응기의 개략도]

(3) 금속 제련(製鍊, smelting) 및 정련(精鍊, refining)

1) 원광석으로부터 금속을 회수하는 가장 기본적인 공정으로, 용액 내 존재하는 금속이온들 사이에서 원하는 금속을 추출하는 조작을 의미한다.

2) 알루미늄의 추출 : 염소-알칼리 산업에 이어 두 번째로 규모가 큰 전기화학공업이다.

> **참고** Hall-Heroult 공정
>
> ① '용융 알루미늄이 덮혀진 탄소봉/알루미늄산화물/탄소봉'으로 구성되어 있다.
> ② 전체 반응은 $2Al_2O_3 + 3C \rightarrow 4Al + 3CO_2$ 또는 $2Al_2O_3 + 6C \rightarrow 4Al + 6CO$이다.
> ③ 양극에서는 산소의 산화반응으로 CO_2 또는 CO가 발생하면서 탄소가 소모된다.
> ④ 음극에서는 알루미늄산화물의 환원반응이 일어난다.

(4) 물의 전기분해

1) 고압형 전기분해 : 'carbon/KOH/carbon'으로 구성된다.

[반응]

① 양극에서는 $2O^{2-} \rightarrow O_2 + 4e^-$가 일어난다.

② 음극에서는 $2H_2O + 4e^- \rightarrow 2H_2 + 2O_2^-$가 일어난다.

2) 고체 고분자전해질 전기분해 : 'carbon/고체 고분자/carbon'으로 구성된다.

[특징] 물은 양극에만 접하고 산화하여 수소이온과 산소이온을 발생한다. 이 수소이온은 고체전해질막을 통하여 음극으로 이동, 수소를 발생한다. 이 형태의 전기분해는 가스의 회수가 용이하며, 부식성이 있는 전해질을 사용하지 않고 고체 고분자를 사용한다. 여기서 사용되는 물은 순수한 물만을 사용할 수 있다.

3) 광전기분해 : 태양빛을 이용하여 반도체 전극을 사용하여 원자가 전자를 여기(exciting)시켜 H와 O를 분리하는 것을 주목적으로 하는 분해방법이다.

(5) 전해 유기합성

1) 아디포니트릴(adiponitrile)의 합성

Monsanto Process : 아크릴로니트릴(acrylonitrile)을 수소이합체화(hydrodimerization) 하여 아디포를 제조하는 방법이다.

$$2CH_2CHCN + 2H_2O + 2e^- \longrightarrow CN(CH_2)_4CN + 2OH^-$$

2) 테트라알킬납(tetraalkyl lead)의 합성

① 전기화학적으로 Grignard 시약을 합성할 수 있다.

② 테트라알킬납을 합성하기 위해서는 납펠릿으로 구성되어 있는 양극에서 납이 직접 공급되어야 한다.

$$[양극반응]\ 2C_2H_5^- + Pb \longrightarrow (C_2H_5)_4Pb + 4e^-$$
$$[음극반응]\ 2MgCl^+ + 4e^- \longrightarrow 2Mg + 2MgCl_2$$

③ 과잉의 클로로에탄이 있을 때에는 마그네슘이 반응하여 Grignard 시약이 재생성된다.

기출 및 예상 문제

01 $Cu[(NH_3)_4Cl_2]$에서 Cu의 산화수는?

    ❂ 07 서울시 9급

① 0

② +1

③ +2

④ +3

⑤ +5

02 반응식에 대한 설명으로 옳지 않은 것은?

$$5Fe^{2+} + MnO_4^- + 8H^+ \longrightarrow 5Fe^{3+} + Mn^{2+} + 4H_2O$$

① 철이 녹이 슬어 산화철을 만드는 과정은 환원반응이 일어난 것이다.

② $KMnO_4$에서 Mn의 산화수는 +7(보라색)이나, 중성, 알칼리성용액에서 +4(검은색)으로 되며, 산성용액에서는 +2(무색)이 된다.

③ 위의 반응에서 철의 산화수가 +2에서 +3으로 증가되어 산화되고, Mn은 +7에서 +2로 산화수가 감소하여 환원되어, 용액의 색이 붉은 보라색에서 무색으로 변한다.

④ 위의 반응에서 과망간산칼륨($KMnO_4$)은 강력한 산화제이다.

⑤ Fe^{2+}이 모두 Fe^{3+}으로 전환되어도 $KMnO_4$ 용액의 색이 사라지지 않는데, 이런 경우 농도를 미리 알고 있는 $KMnO_4$ 용액을 사용하여 Fe^{2+}의 양을 결정할 수 있다.

03 다니엘 전지를 나타낸 것이다. 다음 반응식에서 산화제와 환원제는? ✦ 07 서울시 9급

$$Zn(s) \; + \; Cu^{2+}(aq) \; \rightarrow \; Zn^{2+} \; + \; Cu(s)$$

① 산화제 $Zn(s)$, 환원제 $Cu^{2+}(aq)$　　② 산화제 $Cu^{2+}(aq)$, 환원제 $Zn(s)$

③ 산화제 $Zn^{2+}(aq)$, 환원제 $Cu(s)$　　④ 산화제 $Cu(s)$, 환원제 $Zn^{2+}(aq)$

⑤ 산화제 $Cu(s)$, 환원제 $Zn(s)$

04 백금(Pt) 전극을 이용하여 다음 물질의 수용액을 전기분해할 때, 음극에서 금속이 석출되는 물질은? ✦ 01 서울시 9급, 97 총무처 9급

① $CuSO_4$ 　　　　　　　　　② $NaOH$

③ $Ca(OH)_2$ 　　　　　　　④ KNO_3

⑤ Na_2SO_4

05 소금의 전기분해에 대한 설명이다. 틀린 것은?

① 전해조의 전류효율은 패러데이(Farady) 법칙에 기초를 두어 나타낸다.

② 전압효율은 이론 분해전압과 실제 전해조전압의 비율로 나타낸다.

③ 전력효율은 (전류효율×전압효율)로 표시된다.

④ 이론 분해전압은 Gibbs Duhem식 $\varSigma V_i dn_i = 0$로 나타낸다.

06 수용액의 전기분해로 얻을 수 없는 것은?

① 크롬 　　　　　　　　　　② 망간

③ 마그네슘 　　　　　　　　④ 니켈

07 충전과 방전이 가능한 전지가 아닌 것은?

① $Cd(s) \; + \; 2NiOOH \; + \; 2H_2O \; \rightleftarrows \; Cd(OH)_2 \; + \; 2Ni(OH)_2(s)$

② $MH(s) \; + \; NiOOH \; \rightleftarrows \; M(s) \; + \; Ni(OH)_2(s)$

③ $2Zn(s) \; + \; 2MnO_2(s) \; + \; H_2O(l) \; \rightleftarrows \; 2MnO(OH)(s) \; + \; 2ZnO(s)$

④ $Pb(s) \; + \; PbO_2(s) \; + \; 2H_2SO_4(aq) \; \rightleftarrows \; 2PbSO_4(s) \; + \; 2H_2O(l)$

08 소금물의 전기분해방법으로 적합하지 않은 것은? ✦ 97 서울시 9급

① 수은법 　　　　　　　　　② 격막법

③ 이온교환법 　　　　　　　④ 양각산화법

09 격막법에 의한 물의 전기분해에서 양극과 음극의 재료로 쓰이는 것을 바르게 짝지은 것은?

① 아연, 구리 ② 철, 망간

③ 흑연, 철 ④ 니켈, 흑연

10 염소 – 알칼리 공업에 주로 사용되는 NaCl의 전기분해에 대한 설명으로 옳지 않은 것을 모두 고르면? ✪ 97 총무처 9급(변형)

① 수소는 음극에서, 염소는 양극에서 발생한다.

② 양극의 경우 염소의 부식력에 의해 쉽게 산화될 수 있다.

③ 양극의 부식을 방지하기 위해, 최근 전이금속으로 코팅한 DSA 전극을 사용한다.

④ 이온교환법은 NaOH에 NaCl이 섞이지 않는다.

⑤ 격막법에는 음극재료로 수은을 사용한다.

⑥ 수은법은 공해의 우려가 있어, 최근 현장에서 사라지고 있다.

⑦ 전기분해에 의해 생성된 염소는 PVC용 염화비닐 제조에 주로 사용된다.

⑧ 전기분해에 의해 제조된 가성소다는 유리, 섬유, 제지, 제련 산업에 이용이 가능하다.

⑨ 수은법에는 음극재료로 흑연을 사용한다.

⑩ 격막법의 단점은 내구성이 짧고, 저항이 크다는 점이다.

정답 및 해설

01 ③

유형 및 해설 [산화수 계산] 보편적인 문제로, 먼저 위의 분자의 총 전하는 0이다. $(NH_3^0) \times 4$의 전하는 0, $(Cl^{-1}) \times 2$이다. 따라서 방정식을 세우면 다음 식과 같다.

$0 = ON(Cu) + 4ON(NH_3) + 2ON(Cl)$이다.

∴ 정답(산화수, Oxidation Number)은 +2이다.

02 ①

유형 및 해설 [산화–환원반응] ①은 철이 녹이 슬어 산화철을 만들면, 당연히 산소와 결합하여야 하므로 산화반응이 일어난 것이다.(①번에 조심하자. 실수할 수 있다) ②는 다음 반응을 보자.

$2KMnO_4 + H_2O$ (중성, 알칼리성) $\rightarrow 2KOH + 2MnO_2 + 3O$ (Mn의 산화수 +4)

$2KMnO_4 + 3H_2SO_4$ (산성) $\rightarrow K_2SO_4 + 2MnSO_4 + 3H_2O + 5O$ (Mn의 산화수 +2)

③에서 MnO_4^-(붉은 보라색)이 Mn^{2+}(무색)으로 변한다. ⑤는 산화–환원 적정에 대한 서술이다.

03 ②

유형 및 해설 [산화제와 환원제] 산화제와 환원제에 의해, 산화제란 다른 물질을 산화시키고 자신은 환원되니, 위의 반응에서 환원되는 물질이 $Cu(s)$이므로 Cu^{2+}이 산화제이다. 환원제는 자기 자신은 산화되니, $Zn(s)$는 Zn^{2+}이 되어 산화되고 다른 물질을 환원시키는 이는 환원제이다.

※ 위의 문제가 '전극 도표 $(-)$ $Zn(s)|ZnSO_4(aq)||CuSO_4(aq)|Cu(s)(+)$, $E^o = 1.1V$'이라면, 주어진 도표를 순서대로 읽으면 된다. $(-)$극에서 $Zn(s)$가 $Zn^{2+}(SO_4^{2-})$로 되고, $Cu^{2+}(SO_4^{2-})$는 $Cu(s)$가 $(+)$극에서 표준 환원전위가 1.1V이다. 이렇게 이해하면 된다. '||'은 염다리를 뜻한다. 따라서 염다리의 왼쪽은 산화전극, 오른쪽은 환원전극이 일어난다. 여기서 환원제는 $Cu^{2+}(aq)$며, 산화제는 $Zn(s)$이다. $Cu(s)$와 $Cu^{2+}(aq)$는 동일하지 않다.

04 ①

유형 및 해설 [전지의 전극, 이온화 경향] 수용액에서 방전하기 힘든 물질로 SO_4^{2-}이 있다. 이는 백금전극을 사용할 시 음극에서 금속(Cu)이 석출된다. 이를 결합하면 $CuSO_4$이다. 이온화 경향이 Al 이상인 금속을 전기분해하면 수소가 발생한다.

05 ④

유형 및 해설 [소금의 전기분해 계산] 이론 분해전압은 실제 생산량과 이론 생산량의 비율로 나타내며, 이는 Nernst식을 통해서 구해진다.

$$\text{Nernst식 : } E = E^o + \frac{RT}{nF} \ln \frac{(a_A)^\alpha (a_B)^\beta}{(a_C)^\gamma (a_D)^\delta}$$

06 ③

유형 및 해설 [금속의 이온화 경향과 석출] 마그네슘은 이온화 경향이 수소(H_2)에 비해 커서 물과 반응시 수소를 발생시킨다. 이는 용융염 전해법을 이용하면 가능하다.

07 ③

유형 및 해설 [충전과 방전, 2차 전지] ③은 아연과 이산화망간의 반응, 즉 르클랑세 전지로 1차 전지이다. 이는 충·방전이 불가능하다. 르클랑세(Leclanché) 전지의 반쪽 반응식은 다음과 같다.

$(-)$극 : $2MnO_2 + H_2O + 2e^- \rightarrow Mn_2O_3 + 2OH^-$

$(+)$극 : $Zn \rightarrow Zn^{2+} + 2e^-$

➡ 문제에서 ①은 니켈-카드뮴 2차 전지이고, ② Ni-MH 2차 전지이고, ④는 납축전지이다.

08 ④

유형 및 해설 [소금물의 전기분해] 소금물의 전기분해법은 격막법, 수은법, 이온교환법 3가지는 알아두자.
가성소다 제조공정 및 제염공정도 관련시켜 익혀두자.

09 ③

유형 및 해설 [격막식 전해공정] 격막식 전해조에는 강알칼리성 용액(음극액)을 약산성 용액(양극액)과 분리하며 전해액은 양극에서 도입되어 격막을 통해 음극으로 흐른다. 양극은 염소 과전압이 적고 경제적인 흑연(C)을 많이 사용하고, 음극은 수소 과전압이 적은 철재로서 철망(Fe), 다공판탑 등이 사용되고 수소가 발생한다.

10 ⑤

유형 및 해설 [소금물의 전기분해] 격막식 음극재료로 흑연(C)을 많이 사용하고, 수은법은 음극재료로 수은을 사용한다. 음극재료가 중요하며 문제에 자주 출제된다.

> **참고**
>
> (1) 격막법과 수은법의 비교
>
>   ① 전류밀도는 수은법이 격막법보다 크고(3~5배), 전해 탱크의 생산성도 수은법이 크다.
>   ② 격막법은 저농도의 NaOH가 얻어지므로, 고농도를 얻기 위해 농축해야 한다.
>   ③ 수은법은 순도가 높은 것을 요하지만, 격막법은 순도의 허용범위가 넓다.
>   ④ 격막법은 에너지 소비비용이 적고, 연료가 저렴한 장점이 있다.
>   ⑤ 수은법은 화학섬유, 약품, 펄프공업과 같은 높은 순도의 NaOH를 필요로 하는 경우 사용한다. 작업인원의 수는 격막법의 반 정도이다.
>
> (2) 이온교환막법의 특징
>
>   ① 이온교환막은 대부분 술폰화탄화수소계 수지이다. 최근 고성능의 멤브레인셀인 Nafion, Flemion의 개발로 효율이 향상되고 있다.
>   ② 수산화나트륨수용액에 염화나트륨이 섞이지 않는 반면 양이온교환막이 알칼리용액에 약하고 전기저항이 크며, 전류밀도가 커야 하는 결점이 있다.
>   ③ 멤브레인(막)셀에서 얻은 수소는 높은 순도를 가지며, 주로 식품산업에 이용한다.

제 **68** 주
전기화학전지

1. 전지

(1) 전지가 갖추어야 할 요구조건

1) 작동전압 : $E_{cell}=E_{환원전극}-E_{산화전극}$인데, 이것이 충분히 커야 한다.

2) 전류특성 : 반쪽전지의 반응속도와 물질의 전달속도가 커야 한다.

3) 용량

$$Q=nFN=nF(\omega/M)$$

여기서, N : 몰수, w : 질량, M : 분자량

용량이 커야 좋다.

4) 비에너지 : $W\,[\mathrm{J/g}]=Q\times E_{cell}$로, 비에너지가 충분히 커야 한다.

5) 출력밀도(power density) : $W'=i\times E_{cell}$로, 출력밀도가 커야 한다.

6) 사이클 수명과 자가방전율 : 수명이 길어야 하며, 방전율은 낮아야 한다.

7) 과방전 및 과충전 특성 : 과방전 시 위험이 없어야 한다. 과방전 시 전해질이 모두 분해된 후 전해액이 산화, 환원되면서 가스가 발생할 수 있다. 충전 시도 마찬가지이다.

(2) 전지의 표시와 원리 : 갈바니전지(galvanic cell)와 볼타전지(voltaic cell)를 예로 들어 보자.

1) 갈바니전지 : $Cu\,|\,Cu^{2+}\,\|\,Ag^+\,|\,Ag$

➡ 전지를 표시할 때, 왼쪽에서 오른쪽으로 산화전극(왼쪽), 환원전극(오른쪽)을 쓰고, 금속－용액 접촉면은 '|'로, 염다리(salt bridge)는 '‖'로 나타낸다.

2) 볼타전지 : $_{(양극)}\,Zn\,|\,H_2SO_{4(전해질)}\,|\,Cu\,_{(음극)}$

2. 실용전지

(1) 1차 전지

1) **수용액 1차 전지** : 알칼리 망간전지, 'Zn / KOH, ZnO / MnO₂, carbon'으로 구성되며, 이
   의 전극반응은 $2Zn(s) + 2MnO_2(s) + 2H_2O(l) \rightarrow 2MnO(OH)(s) + 2ZnO(s)$이다.

2) **리튬 1차 전지** : 'Li/유기용매, Li염/MnO₂'로 구성된다.

3) **납축전지** : 'Pb(s)/H₂SO₄(aq)/PbO₂(s)'로 구성된다.

   ① 이의 전극반응은 $Pb(s) + PbO_2(s) + 2H_2SO_4 \underset{\text{방전}}{\overset{\text{충전}}{\rightleftarrows}} 2PbSO_4(s) + 2H_2O$이다. 저렴
      하고 신뢰가 높은 전지로 평가된다.

   ② 납축전지의 특징

      ㉠ 황산이 계속 분해되므로, 방전 말기 기전력이 급격히 떨어질 수 있다.

      ㉡ 물은 충전반응을 하기보다 전기분해에 의해 수소와 산소를 발생한다.

      ㉢ 수소발생을 완전히 억제할 수 없고 양극에서 발생한 산소를 내부산소순환
         (internal oxygen cycle)으로 음극에서 물로 환원되도록 전해질을 통과시킨다.

(2) 2차 전지

1) **수용액 2차 전지** : Ni-Cd형, Ni-MH형

구 분	Ni-Cd 전지	Ni-MH(metal hydride) 전지
구 성	Cd(s)/KOH(aq)/NiOOH(s)	MH(s)/KOH(aq)/NiOOH(s)
반 응	$Cd(s) + 2NiOOH(s) + 2H_2O(l)$ $\rightleftarrows Cd(OH)_2(s) + 2Ni(OH)_2(s)$	$MH(s) + NiOOH(s) \rightleftarrows M(s) + Ni(OH)_2(s)$
공통점		

공통점:
- 충전, 방전 시 전해질인 KOH가 반응에 참여하지 않고, 따라서 전해질의 농도변화가 없다.
- 활성물질이 모두 고체이므로 활동도의 변화가 없다.
- 위의 두 개의 성질에 의해 전해질 저항, 전극 저항이 없으므로 활동도의 변화가 없다.
- 양극의 용량을 작게 설계한다.
- 과충전 시 양극에서 발생하는 산소를 내부 산소순환으로 음극으로 보내 물로 환원시킨다(밀폐형 가능).
- 음극에서 발생하는 수소를 억제하기 위해 음극에 Cd(OH)₂를 과량으로 첨가(전하저장)한다.

차이점:
- Ni-Cd: 밀폐형, 개방형이 가능하다.
- Ni-MH:
  - 밀폐형만 가능하다.
  - MH(수소저장 합금) 용량이 Cd보다 커서, 전지의 에너지밀도 또한 이만큼 크다.

2) 리튬 2차 전지 : 보통 리튬 2차 전지, 리튬−이온전지, 리튬 고분자전지

　① 리튬 2차 전지 : 이는 리튬 1차 전지를 2차 전지화하려는 시도로부터 시작되었다.

　　㉠ 구성 : $Li(s)$/유기용매, 리튬이온/금속산화물

　　㉡ 문제점 : 리튬금속은 전해질과 반응히여 계면생성물을 형성시킨다. 1치 전지에서
　　　는 자가 방전율을 낮추어 오히려 좋으나, 2차 전지에서는 충·방전이 거듭됨에
　　　따라 죽은 리튬을 생성시켜 충·방전 효율을 감소시키는 문제를 야기한다. 또한
　　　리튬 금속표면에서 전해질이 반응하여 발열하거나 수지상 성장에 의한 내부 단
　　　락으로 폭발을 일으킬 수 있다.

　② 리튬−이온전지 : 리튬 2차 전지의 문제점을 해결하기 위해 고안되었다.

　　㉠ 구성 : 흑연 Li^+ | 고분자막(유기용매), Li^+ / $Li_x CoO_2$

　　　➡ 리튬이온이 가역적인 삽입/탈리가 가능한 흑연을 음극으로 사용하므로 위의 리튬 2차
　　　　의 문제점이 상당부분 해결되었다.

　　㉡ 특징 : 리튬이온이 흑연의 층상구조에 삽입, 탈리하면서 작동한다. 작동전압에
　　　큰 차이가 없고, 안정성이 있다. 전해액은 다공성 고분자막에 유기전해액을 함침
　　　시켜 사용한다. Li^+은 일정하게 유지된다.

　③ 리튬−고분자전지

　　㉠ 구성 : $Li(s)$ | 이온전도성 고분자(가소제), Li^+ | $Li_x CoO_2$

　　㉡ 특징 : 전해질로 리튬이온의 전도성이 있는 고분자를 사용한다. 음극은 Li 금속
　　　이며 전체가 고체상태로 제작되어 견고하고 누액(漏液)이 없으며 다양한 형태의
　　　전지제작이 가능하다. 근래, 전도도를 크게 하기 위하여 가소제 역할을 하는 유
　　　기용매를 첨가한 젤형 고분자전해질 또는 하이브리드 고분자전해질이 개발되고
　　　있다.

참고　전지의 에너지밀도(Wh/L ≒ [비에너지, Wh/kg]) 비교

구 분	리튬−이온전지	Ni−MH	lead−acid	alkaline	Ni−Cd
최대 이론값	500~550	380	358	336	209
실제값	150	60	60~90	50~80	50

[현재 사용 중인 전지의 사양]

전지	방전 시 전극반응		전해질	전극물질		Ecell N	응용분야
	산화전극	환원전극		음극	양극		
2차 전지							
lead/acid (납축전지)	$PbO_2 + 4H^+ + SO_4^{2-}$ $+ 2e^- \rightarrow 2H_2O$ $+ PbSO_4$	$Pb + SO_4^{2-}$ $\rightarrow PbSO_4 + 2e^-$	H_2SO_4 (aq)	Pb	Pb	2.05	전지 자동차용, 이동용·고정용 으로서 넓은 용도
nikel/cadimum (니켈·카드뮴 전지)	$NiO(OH) + H_2O + 2e^-$ $\rightarrow Ni(OH)_2 + OH^-$	$Cd + 2OH^-$ $\rightarrow Cd(OH)_2 + 2e^-$	KOH (aq)	Ni	Cd	1.48	항공기 엔진용, 기차 라이트용
Li−ion (리튬이온전지)	$LiMO_2 + \Delta Li + \Delta Xe^-$ $\rightarrow LiMO_2$	$Li_x C_6$ $\rightarrow Li + C_6 + Xe^-$	$LiPF_6$, $LiClO_4$ + 유기용매	$LiMO_2$	C	3.5 ~4.5	휴대폰 배터리, 캠코더 배터리, 노트북 배터리 digital camera.
1차 전지							
zinc/carbon (르클랑셰 전지)	$2MnO_2 + H_2O + 2e^-$ $\rightarrow Mn_2O_3 + 2OH^-$	$Zn \rightarrow Zn^{2+} + 2e^-$	$NH_4Cl/ZnCl_2$ $/MnO_2/damp$ C powder	흑연	Zn	1.55	휴대용 전압장치 (dry batteries)
alkaline	$2MnO_2 + 2H_2O + 2e^-$ $\rightarrow MnO(OH) + 2OH^-$	$Zn + 2OH^-$ $\rightarrow ZnO + H_2O + 2e^-$	$NH_4Cl/ZnCl_2$ $/MnO_2/C$ powder/ NaOH(aq)	$MnO_2/$ 흑연	Zn	1.55	high quality dry batteries
silver oxide/zinc (산화은−아연 전지)	$Ag_2O + H_2O + 2e^-$ $\rightarrow 2Ag + 2OH^-$	$Zn + 2OH^-$ $\rightarrow ZnO + H_2O + 2e^-$	KOH(aq)	$Ag_2O/$ 흑연	Zn	1.5	시계, 카메라
mercury oxide/zinc (산화수은−아연 전지)	$Hg + H_2O + 2e^-$ $\rightarrow Hg + 2OH^-$	$Zn + 2OH^-$ $\rightarrow ZnO + H_2O + 2e^-$	KOH(aq)	$HgO/$ 흑연	Zn	1.5	시계, 카메라

참고 실용전지의 조건

① 두 전극에서의 과전압이 작아야 한다.
② 방전할 때, 시간에 따른 전압의 변화가 작아야 한다.
③ 기전력이 커야 한다.
④ 단위중량 및 단위용량당 방전용량이 커야 한다.
⑤ 전극재료 및 전해액 원료의 가격이 저렴하고 안정되어야 한다.
⑥ 자가방전(self discharge)이 적어 보전 특성이 좋아야 한다.
⑦ 전극 활성물질의 이용률이 높아야 한다.

참고 전지의 분류 : primary(1°) cell과 secondary(2°) cell

① 1차 전지 : 일단 방전이 되면 충전할 수 없는 전지로, 건전지이다.

② 2차 전지 : 충전과 방전을 되풀이하므로 축전지이다.

1차 전지	망간 건전지, 수은 건전지, 공기 건전지, 공기 습전지
2차 전지	납축전지, 알칼리 축전지, 산화은 아연 축전지
기타 전지	연료 전지, 태양 전지, 원자력 전지

 기출 및 예상 문제

01 다음과 같은 전지가 있다. 이때 전지에 대한 설명으로 옳은 것은? ✪ 05 기술고시(화학개론)

[전지의 표현] $Cd(s) | Cd^{2+}(aq) \| Ag^+(aq) | Ag(s)$

[전지의 반응] $Cd(s) + 2Ag^+(aq) \leftrightarrows Cd^{2+}(aq) + 2Ag(s)$, $E°_{cell} = +1.201V$

① $Ag(s)$ 전극을 양극(anode)이라 부른다.

② 이 전지에서 $Cd(s)$는 환원되었다.

③ 음극(cathode)에서 $Ag^+(aq) + e^- \rightarrow Ag(s)$ 반응이 일어난다.

④ 주어진 표준 전지전위는 평형상태에서의 값이다.

⑤ 외부 전원으로부터 공급된 에너지에 의해 위의 전지반응이 일어난다.

02 다음과 같은 전기화학전지가 있다. 이때 이 전지의 전체 산화–환원 반응을 올바르게 표시한 화학반응식은? ✪ 07 국가직 9급

$$Pt(s) | H_2(g) | H^+(aq) \| Ag^+(aq) | Ag(s)$$

① $2H^+(aq) + 2Ag^+(aq) \rightarrow H_2(aq) + 2Ag(s)$

② $H_2(g) + 2Ag(s) \rightarrow 2H^+(aq) + 2Ag^+(aq)$

③ $H_2(g) + Ag^+(aq) \rightarrow 2H^+(aq) + Ag(s)$

④ $H_2(g) + 2Ag^+(aq) \rightarrow 2H^+(aq) + 2Ag(s)$

03 실용전지가 갖추어야 할 조건으로 적합하지 않은 것은?　　　◆ 02 국가직 9급, 98 행안부 9급

① 기전력이 작아야 한다.
② 두 전극에서의 과전압이 작아야 한다.
③ 자기방전이 적어 보존 특성이 좋아야 한다.
④ 방전할 때 시간에 따른 전압의 변화가 작아야 한다.

04 다음 반응은 납축전지에서의 반응이다. 방전 시 일어나는 현상에 대한 설명 중 틀린 것은?

◆ 02 경기도 9급

$$Pb + PbO_2 + 2H_2SO_4 \rightleftarrows 2PbSO_4 + 2H_2O$$

① 용액의 밀도가 감소한다.
② Pb는 산화제로 사용되었다.
③ 양극의 질량은 점점 증가한다.
④ Pb 0.1몰과 반응 시 전자 0.2몰이 반응한다.

05 자동차 배터리용으로 사용하는 2차 전지인 납축전지에 대한 설명으로 틀린 것은?

① 비중이 1.25 정도의 묽은황산용액에 Pb를 (−)극으로 하는 전지이다.
② 기전력이 감소하면 충전 가능한 2차 전지이다.
③ 방전이 일어나면 (−), (+)극 모두 $PbSO_4$가 되어 두 극의 질량이 증가한다.
④ (−)극인 PbO_2는 감극제의 역할도 한다.

06 전지에서 일어나는 반응이 아닌 것은?　　　◆ 02 서울시 9급

① $CuSO_4 + H_2 \rightarrow CuH_2SO_4$
② $Fe_2(SO_4)_3 + Cu \rightarrow 2FeSO_4 + CuSO_4$
③ $Pb + PbO_2 + 2H_2SO_4 \rightarrow 2PbSO_4 + 2H_2O$
④ $Al_2O_3 + 3H_2SO_4 \rightarrow Al_2(SO_4)_3 + 3H_2O$

07 'Zn│ZnSO₄‖CuSO₄│Cu'로 표현되는 전지로, 전해액을 격막으로 분리시킨 전지는?

◆ 97 서울시 9급(변형)

① 다니엘전지　　　　　② 볼타전지
③ 납축전지　　　　　　④ 이산화망간전지

08 전지에 대한 설명이다. 틀린 것은?

① 전해질 내에서는 이온에 의한 전하의 이동이 존재한다.
② 방전 시 (+)극에서는 산화반응, (−)극에서는 환원반응이 일어난다.
③ 충전전압은 방전전압보다 높다.
④ 충전전압과 방전전압의 차이는 전극에서의 과전압, 전해질 내에서의 저항이 주원인이다.

09 2차 전지인 것은?

① 알칼리망간전지   ② 니켈−카드뮴전지
③ 이산화망간전지   ④ 리클랑세전지

10 2차 전지가 아닌 것은?

① 리튬전지   ② Ni−MH 전지
③ 이산화망간전지   ④ 납축전지

11 감극제로 이용되는 것은?

① 알루미나   ② 질산
③ 이산화망간   ④ 염화은

 정답 및 해설

01 ③

유형 및 해설 [전기화학전지의 원리] ①은 전지의 표현을 보면 Ag(s)는 환원전극이므로 음극(cathode)이다. ②에서 Cd(s)은 산화수가 증가하였으므로 산화되었다. ③은 정답, 양극에서의 반응은 Cd(s) → Cd^{2+}(aq)+2e$^-$이다. 여기서 양론수를 2로 나누어서 표현했으므로 동일하다. ④는 표준 전지전위의 평형상태값은 $E°_{cell}$=0이다. 위의 반응에서 $E°_{cell}$=+1.201V은 0이 아니다. ⑤는 전해전지에 대한 설명으로, 이 반응은 자발적($\Delta G<0$)으로 작동되는 전기화학전지이다.

02 ④

유형 및 해설 [전기화학전지의 표현] 문제의 핵심은 산화, 환원을 이용한 전지의 표시형태를 익혀 두어야 한다. 주어진 전기화학전지에서 $H_2(g) \rightarrow H^+(aq) + 2e^-$ 되어 산화되고, $2Ag^+(aq) + 2e^- \rightarrow 2Ag(s)$로 환원된다. 양론수를 혼동하지 않기를 바란다. 이를 정확하게 표현한 것은 ④ 밖에 없다. 세부 지식을 물어보는 것이 아니라, 쉽고 간단한 원리를 정확하게 인식하고 응용할 수 있는 기본개념을 알고 있는지를 물어보고 있다.

03 ①

유형 및 해설 [실용전지] 실용전지가 갖추어야 할 요건에는 ① 작동전압이 커야 하며, ② 전류속도가 커야 한다. ③ 용량이 크고, ④ 에너지밀도 및 출력밀도가 커야 한다. ⑤ 충·방전 횟수(사이클 수명)가 길어야 하며, ⑥ 자가방전율, 과방전 및 과충전과 같은 특성이 작아야 한다. ⑦ 안정성과 신뢰도가 좋으며, ⑧ 경제적인 가격이 요구된다.

04 ②

유형 및 해설 [납축전지반응] 위의 반응식에서 보듯이 Pb는 산화되므로 환원제의 역할을 한다. 다음은 납축전지의 반쪽반응 각각을 나타낸 것이다. 납축전지는 시험에 자주 나오는 것으로, 그 형태를 기억해 두자.

(−)극 : $Pb + SO_4^{2-} \rightarrow PbSO_4 + 2e^-$: 산화

(+)극 : $PbO_2 + 4H^+ + SO_4^{2-} + 2e^- \rightarrow PbSO_4 + 2H_2O$: 환원

05 ④

유형 및 해설 [납축전지반응] 4번 문제와 같이 납축전지에 대한 설명이다. PbO_2는 감극제의 역할도 한다. 하지만 (−)극이 아니라 (+)극이다. 반응을 보면 쉽게 알 수 있다.

06 ④

유형 및 해설 [산화−환원 반응] 이 문제의 물음은 '다음 중 산화−환원 반응이 아닌 것은?'과 같은 자주 출제되는 유형의 문제이다. 즉, 산화−환원에 대해 산화수, 수소의 이동, 산소의 이동, 전자의 이동 등의 관점에서 접근해 보자. 가장 정확한 것은 산화수법이다. 흔히 이러한 문제는 반드시 그런 것은 아니지만, 원자번호 21번 이상은 다양한 원자가를 가지는 경우 대부분 일어난다. 이 문제에서도 ④의 원자번호 13번인 Al은 다양한 산화수를 가지지만 +3 → +3으로 산화수의 변화가 없다.

07 ①

유형 및 해설 [다니엘전지] 위는 다니엘전지의 표현이다. 1997년 서울시 9급 문제 '다니엘전지의 (+)극과 (−)극은 각각 어떤 물질로 이루어져 있는가?' 여러분이 직접 빈 칸을 채워보기 바란다.

양극 (　　　　), 음극 (　　　　)

08 ②

 [전지반응의 형식] 방전 시 (+)극에서는 환원반응, (−)극에서는 산화반응이 일어난다. 납축전지반응과 같은 반응식 하나라도 통째로 암기하자.

09 ②

 [1차 전지와 2차 전지] 니켈−카드뮴(Ni−Cd) 전지는 충전이 가능한 2차 전지이다.

10 ③

 [1차 전지와 2차 전지] 이산화망간전지는 1차 전지이다. 리튬전지는 1차, 2차 모두 가능하나 2차 전지가 보편화되면서 1차 전지의 원리는 구식이 되었다. 현재 리튬전지는 2차 전지로 분류한다.

11 ②, ③

 [감극제(減極劑, depolarizer)] 감극제란, 전지가 일정한 전류를 내게 하기 위하여 전극에서 분극작용을 감소시키는 물질이다. 보통 전극에서 발생하는 수소를 산화시켜 물로 변하게 하는 것이다. 보통 사용되는 감극제는 전극에서 발생하는 수소를 산화시켜서 물로 변하게 하는 것인데, 고체 감극제로서는 이산화망간, 산화구리, 과산화납, 산화수은 등이며, 액체 감극제로서는 질산 또는 황산과 중크롬산염의 혼합액, 기체 감극제로서는 공기 중의 산소 등이 사용된다.

제69주 연료전지

1. 연료전지의 정의

(1) 수소와 산소를 가진 화학적 에너지를 직접 전기에너지로 변환시키는 전기화학적 장치로, 수소와 산소를 양극과 음극에 공급해 연속적으로 전기를 생산하는 발전기술을 응용한 전지이다.

(2) 연료전지는 연료(수소)의 화학에너지가 전기에너지로 직접 변환되어 직류전류를 생산하는 능력을 갖는 전지로 정의되며, 종래의 전지와는 다르게 외부에서 연료와 공기를 공급하여 연속적으로 전기를 생산한다.

(3) 연료전지는 '반응물이 외부에서 공급되는 전지'로, '3차 전지'라고도 불린다.

2. 연료전지의 일반적인 특성

(1) 원료를 전기, 화학적으로 반응하여 연료를 생산하는 과정에서 열도 발생하므로, 총 효율을 80% 이상으로 높이는 고효율 발전이 가능하며, 기존의 화력발전에 비해 효율이 높으므로 발전용 연료의 절감이 가능하고 열병합발전도 가능하다.

(2) NOx와 CO_2의 배출량이 석탄 화력발전의 2.6~33% 정도이며, 소음도 매우 적어 공해 배출요인이 없는 무공해 에너지 기술이다(청정에너지).

(3) 발전소의 입지요건이 도심지역 및 건물 내 설치가 가능하여 경제적 에너지 공급이 가능하다.

(4) 천연가스, 도시가스, 나프타, 메탄올, 폐기물 가스 등 다양한 연료를 사용할 수 있으므로 기존의 화력발전을 대체하고, 분산전원용 발전, 열병합 발전, 무공해 자동차 전원 등에 적용할 수 있다.

3. 연료전지의 원리

➡ 수소와 산소의 전기화학적 반응에 의하여 물이 생성될 시에 발생하는 전기를 이용하는 원리를 응용한 것이다.

4. 연료전지의 분류

연료전지는 작동온도(operating temperature)와 주연료의 형태에 따라 알칼리형(AFC), 인산형(PAFC), 용융 탄산염형(MCFC), 고체산화물형(SOFC), 고분자 전해질형(PEMFC) 등으로 구분된다(주요 5가지). 각 연료전지는 근본적으로 같은 원리에 의해서 작동하지만, 서로 다른 점은 연료의 종류, 운전온도, 촉매와 전해질에 차이가 있다.

[연료전지 종류별 기술수준 및 적용대상(2006년 기준)]

연료전지의 종류	발전온도	전해질	주원료	기술수준	적용대상
알칼리형	상온 ~ 100℃	수산화칼륨	수소	사용중	특수 목적
고분자 전해질형	상온 ~ 100℃	이온(H^+) 전도성 고분자막	수소, 메탄올	개발 및 실증단계	소형 전원 자동차, 열병합발전 특수목적
인산형	150 ~ 200℃	인산(H_3PO_4)	천연가스, 메탄올	상용화단계	분산전원
용융 탄산염형	600 ~ 700℃	용융탄산염 ($Li_2CO_3 - K_2CO_3$)	천연가스, 석탄가스	개발단계	복합발전, 열병합발전
고체 산화물형	700 ~ 1,000℃	고체산화물 (yittria-stabilized zirconia)	천연가스, 석탄가스	개발단계	복합발전, 열병합발전

5. 연료전지의 종류별 세부특성

[연료전지의 종류별 반응]

연료전지의 종류 (전력량)	양극반응(anode)	음극반응(catode)	전극반응(전체, cell)
인산형 (200kW~1MW)	$H_2(g) \rightarrow 2H^+(aq) + 2e^-$	$\frac{1}{2}O_2(g) + 2H^+(aq) + 2e^- \rightarrow H_2O(l)$	$H_2(g) + \frac{1}{2}O_2(g) + CO_2 \rightarrow H_2O + CO_2$
용융 탄산염 (10kW~20MW)	$H_2(g) + CO_3^{2-} \rightarrow H_2O(g) + CO(g) + 2e^-$	$\frac{1}{2}O_2(g) + CO_2(g) + 2e^- \rightarrow CO_3^{2-}$	$H_2(g) + \frac{1}{2}O_2(g) + CO_2(g) \rightarrow H_2O(g) + CO_2(g)$

연료전지의 종류 (전력량)	양극반응(anode)	음극반응(catode)	전극반응(전체, cell)
고체산화물 (25~200kW)	$H_2(g) \rightarrow 2H^+(aq) + 2e^-$	$\frac{1}{2}O_2(g) + 2e^- \rightarrow O_2^-$	$H_2(g) + \frac{1}{2}O_2(g) \rightarrow H_2O(g)$
알칼리 (300W~5kW)	$H_2(g) + 2(OH)^-$ $\rightarrow 2H_2O(l) + 2e^-$	$\frac{1}{2}O_2(g) + H_2O(l) + 2e^-$ $\rightarrow 2(OH)^-(aq)$	$H_2(g) + \frac{1}{2}O_2(g) \rightarrow H_2O(g)$
고분자 전해질 (50~250kW)	$H_2(g) \rightarrow 2H^+(aq) + 2e^-$	$\frac{1}{2}O_2(g) + 2H^+(aq) + 2e^-$ $\rightarrow H_2O(l)$	$H_2(g) + \frac{1}{2}O_2(g) \rightarrow H_2O(g)$
메탄올(DMFC)	$CH_3OH(aq) + H_2O(l)$ $\rightarrow CO_2(g) + 6H^+(aq) + 6e^-$	$6H^+(aq) + 6e^- +$ $3/2O_2(g) \rightarrow 3H_2O(l)$	$CH_3OH(aq) + 3/2O_2$ $\rightarrow CO_2(g) + 2H_2O(l)$

(1) 인산형 연료전지(PAFC, Phosphoric Acid Fuel Cell)

1) [현황] 연료전지 중 가장 먼저 상용화되고 있는 전지이다.

2) [전극]은 백금입자 또는 니켈을 분산시킨 탄소 촉매전극이며, [연료]로는 수소를 사용하고 [산화제]는 공기 중의 산소이다.

3) [효율] 현재 상용화되어 4.8MW/month를 생산하며, 약 40%의 효율을 갖고 있다.

(2) 용융탄산염 연료전지(MCFC, Molten Carbonate Fuel Cell)

1) [장점] MCFC의 장점은 탄화수소를 개질할 때 생성되는 수소와 일산화탄소의 혼합가스를 직접 연료로 사용할 수 있다는 것이다.

2) [문제점] 기능상의 문제로 황과 염소에 의한 오염을 발생시킬 수 있다는 것과 장시간 운전 시 발생하는 부식문제가 있다.

(3) 고체산화물 연료전지(SOFC, Solid Oxide Fuel Cell)

1) [효율] 50%를 넘는 높은 전기적 효율을 얻을 수 있다.

2) [전극]으로는 세라믹 산화물이 사용되며 작동온도는 약 1,000℃이고, 수소나 일산화탄소 혼합물을 사용할 수 있다.

(4) 알칼리 연료전지(AFC, Alkaline Fuel Cell)

1) [활용] AFC는 아폴로 우주계획 등 우주선에 가장 많이 활용된 전지이다.

2) [장점] 탄소 지지체 위에 Raney 니켈과 은을 촉매로 사용하며 백금과 같은 귀금속을 사용하지 않아도 된다는 점이다. 또한 다른 전지에 비해 적층(積層)의 과정이 쉽다.

(5) 고분자 전해질 연료전지(PEMFC, Polymer Exchange Membrane Fuel Cell)

1) 고체고분자 전해질로 대표적인 것이 듀퐁의 'Nafion'을 언급할 수 있다.

2) [장점] 작동온도가 낮아서(80℃) 보다 간단하게 적층할 수 있다.

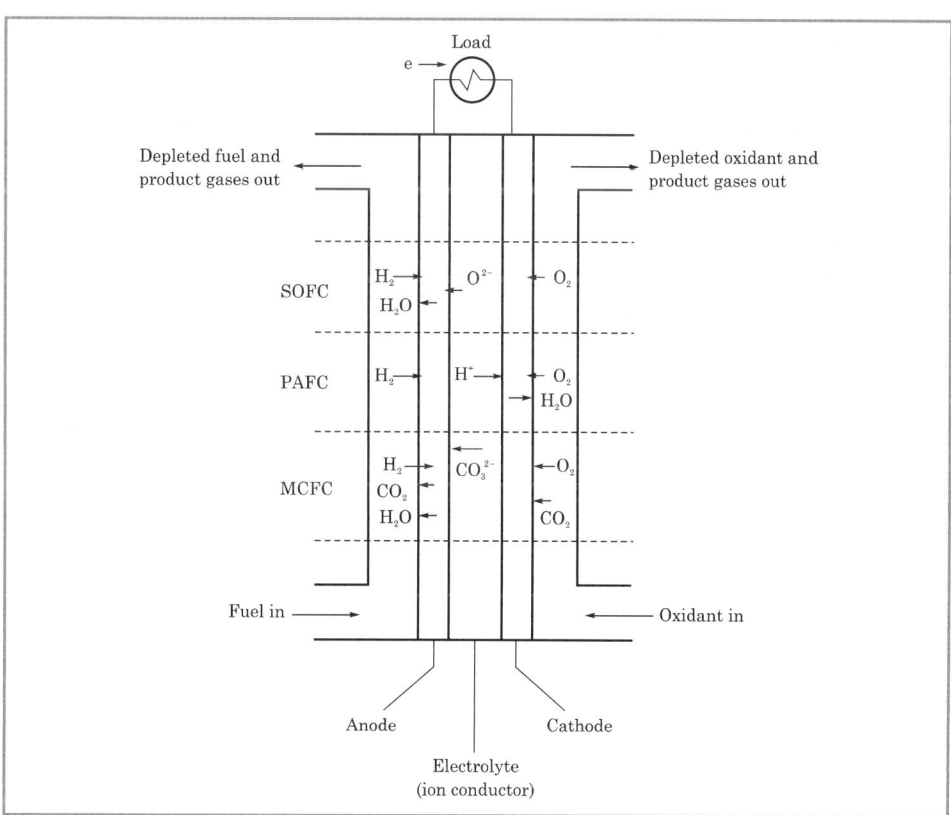

[인산형 연료전지(PAFC), 용융염 연료전지(MCFC), 고체산화물 연료전지(SOFC)의
작동 원리를 나타낸 개략도]

➡ 위의 그림은 인산형(PAFC), 용융염(MCFC), 고체산화물(SOFC)의 경우이다.

 ## 기출 및 예상 문제

01 열거된 4가지 연료전지의 작동온도가 높은 연료전지를 순서대로 나타낸 것은?

(Ⅰ) 용융탄산염 연료전지(MCFC)
(Ⅱ) 인산형 연료전지(PAFC)
(Ⅲ) 고체산화물 연료전지(SOFC)
(Ⅳ) 고분자 전해질 연료전지(PEFC)

① (Ⅲ) － (Ⅱ) － (Ⅰ) － (Ⅳ)　　　　② (Ⅲ) － (Ⅰ) － (Ⅱ) － (Ⅳ)
③ (Ⅱ) － (Ⅰ) － (Ⅲ) － (Ⅳ)　　　　④ (Ⅱ) － (Ⅲ) － (Ⅳ) － (Ⅰ)

02 연료전지의 종류 중 이온전도성 산화물을 전해질로 이용하여 고온으로 운전하는 것이 특징이며 고온에서 운전함으로써 이온에너지 효율은 저하되는 반면에 에너지 회수율이 향상되면서 화력발전을 대체하고 석탄가스를 이용한 고효율이 기대되고 있는 것은?

① 인산형 연료전지(PAFC)
② 용융탄산염 연료전지(MCFC)
③ 고체산화물형 연료전지(SOFC)
④ 고체분자형 연료전지(PEFC)

03 반응을 사용하여 제조하는 연료전지로, 양극에 연료가 산화되고 음극에서 O_2가 환원되는 연료전지는 무엇인가?

$$CH_3OH + 3/2O_2 \rightarrow CO_2 + 2H_2O$$

① 메탄올 연료전지(DMFC)
② 인산형(PAFC)
③ 알칼리 연료전지(AFC)
④ 고분자 전해질 연료전지(PEMFC)

 정답 및 해설

01 ②

유형 및 해설 [연료전지의 작동온도] 고체산화물 FC는 700~1,000℃ 정도로 가장 높고, 고분자 전해질 FC가 상온에서 100℃ 정도로 가장 낮다. 인산형 FC는 150~200℃ 정도로 고분자 전해질에 비해 높으며, 용융탄산염은 인산형보다는 높고 고체산화물 FC보다는 낮다.

02 ③

유형 및 해설 [연료전지의 종류] 고체산화물 연료전지는 높은 온도에서 산소이온이 이동할 수 있는 전해질로 yittria stablized zirconia를 이용하여 전극으로 세라믹산화물을 사용하며 작동온도는 1,000℃로 상당히 높다. 연료로는 수소나 수소/CO 혼합물을 사용하며, 50%를 넘는 전기적 효율을 보여준다.

03 ①

유형 및 해설 [연료전지의 종류] 반응은 메탄올 연료전지의 반응이다.

제**70**주

금속의 표면처리와 부식

제70-1주제 표면처리

1. 금속의 표면처리 개요
2. 전기도금(elctroplating)
3. 무전해 도금

1. 금속의 표면처리 기술

(1) 금속의 표면처리

1) 정의 : 금속 또는 고분자 표면 위에 박막(薄膜)형태의 물질을 증착(蒸着)시키거나 금속산화물을 형성시킴으로써 금속표면의 물성을 변화시키는 공정을 의미한다.

2) 목적 : 재료의 부식성 저하, 물리적, 기계적 성질 향상

(2) 표면처리 기술의 분류

1) 박막형성 : 전기도금, 무전해도금, 진공증착(PVD, 스퍼터링 등), 기상증착(CVD), 도장 등

2) 표면가공 : 양극 산화(주로 알루미늄), 화성 처리 등

3) 식각(etching, 에칭) : 습식 에칭, 건식 에칭(스퍼터링), 전해연마 등

2. 전기도금

(1) 전기도금의 원리 : 전기도금은 전기에너지를 이용하여 이온상태로 존재하는 물질을 고체 상태로 환원하여 석출시키는 방법으로 다양한 목적에 맞는 기계적, 화학적, 물리적 성질을 갖는 물질을 기판(substrate) 위에 전착(electrodeposition)하는 것이다.

(2) 금속의 전착기구(메커니즘)

1) 핵생성 : 높은 전압이 필요하며, 핵생성 밀도는 도금용액과 전극전압에 큰 영향을 받는다. 그리고 일단 생성된 핵은 비교적 낮은 과전압에서도 매우 빠르게 성장한다.

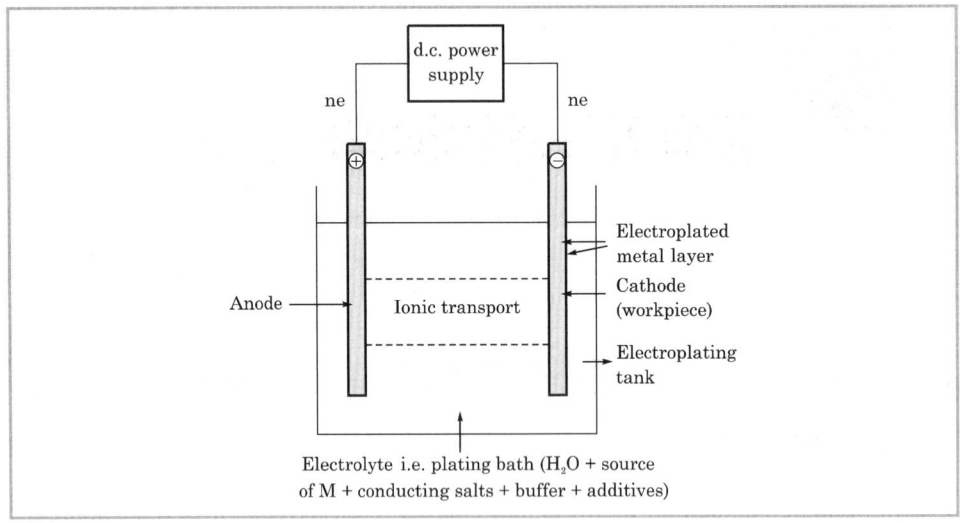

[전기도금의 원리]

2) 결정격자의 성장(전착층의 성장)

① 벌크용액으로부터 전극 표면으로 물질전달

② 전자전달에 의한 원자의 흡착

③ 흡착원자의 표면확산을 통한 격자의 성장(킨크(kink)자리나 가장(edge)자리로의 이동)

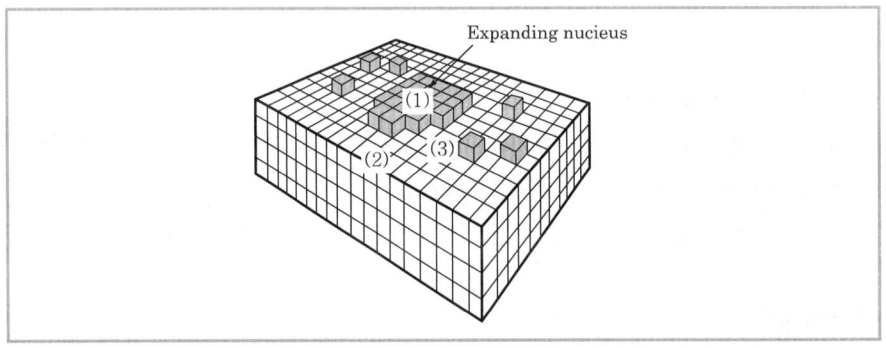

[결정 위의 표면위치. (1) 킨크자리, (2) 가장자리, (3) 흡착원자자리]

(3) 전착층의 형상에 대한 영향요인

1) 전류밀도 : 전류밀도가 높은 경우, 표면확산에 비해 전자의 전달속도가 빠르므로, 흡착원자가 결정격자 위치로 이동하기 전에 새로운 원자들이 붙는다. 따라서 핵생성 밀도가 증가하며, 결정은 불규칙적인 형상을 나타낸다. 반면, 전류밀도가 낮은 경우, 표면확산이 보다 빠르므로 흡착원자는 격자 내의 위치로 이동, 결정격자 성장과 와선선위(screw dislocation)가 형성된다.

2) 도금용액의 이온농도 : 농도가 낮으면 물질전달속도가 느려서 분말상의 금속이 석출되어 표면이 푸석푸석해진다.

3) 첨가제 : 낮은 전류밀도에서도 핵생성을 유발시킨다.

4) 온도 : 적당한 온도가 필요하다.

➡ 최고의 전착층은 낮은 전류밀도에서 얻어지는 것은 아니며 여러 실험과정을 거쳐 최적의 조건이 필요하며, 빠른 증착을 위해 농도의 증가, 온도의 상승, 교반이 필요하지만 이에 따른 여러 문제의 발생도 고려해야 한다.

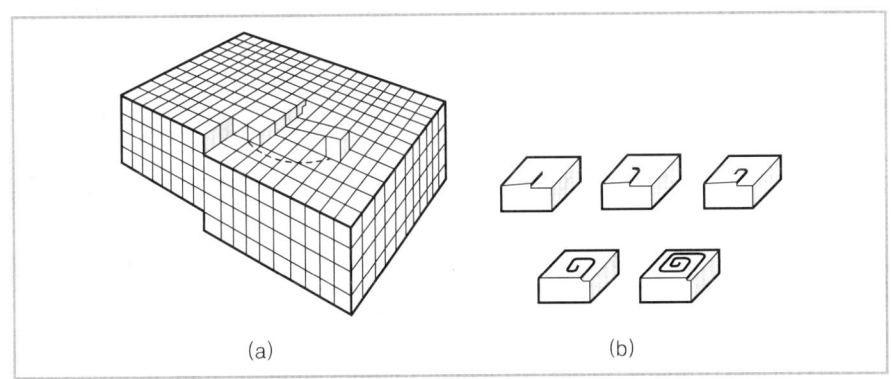

(a)　　　　　　　　(b)

[나선형 모양의 성장하는 (a) 와선전위와 (b) 와선전위의 전재
와선전위 성장과 킨크위치는 사라지지 않는다.]

3. 무전해 도금

(1) 무전해 도금의 특징

1) 무전해 도금은 촉매화로 비전도체에 도금이 가능하고, 복잡한 형상의 물체에도 균일한 도금이 가능하다.

2) 도금층이 치밀하고 특이한 기능을 갖는 도금막을 얻을 수 있다.

(2) 무전해 도금의 원리

1) 기판 위에서 산화와 환원이 동시에 일어난다.

$$M \cdot L_m^{n+} + ne^- \rightarrow M + mL \text{ (금속의 환원석출)}$$
$$Red \rightarrow Ox + ne^- \text{ (환원제의 산화반응)}$$
[전체반응] $M \cdot L_m^{n+} + Red \rightarrow M + mL + Ox$

위의 반응식에서 M은 금속, L은 착화제(배위자), Red는 환원제, Ox는 산화제를 나타낸다.

2) 무전해 도금반응이 진행되기 위해서는 석출되는 금속이 환원제의 산화반응에 대응하는 촉
   매활성을 가지고 있어야 하므로, 환원제−금속이 함께 포함된 용액이 도금에 사용된다.
   ➡ 촉매활성이 없는 금속 또는 비전도체 등에 무전해 도금을 하는 경우에는 미리 촉매화 처리를
      함으로써 팔라듐입자를 표면에 분산시키는 조작이 필요하다.

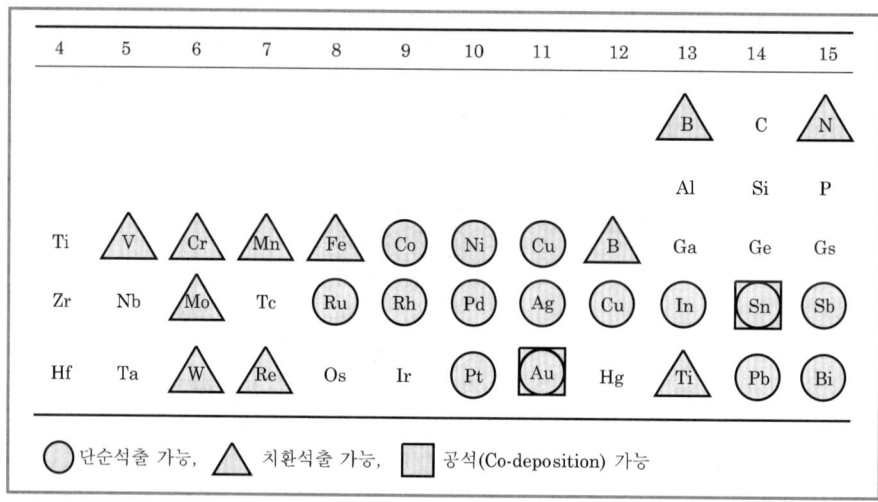

[무전해 도금이 가능한 금속]

(3) 무전해 도금의 종류와 용도

1) 니켈도금

① 반응 : 환원제로 NaH_2PO_2를 사용한다.

> (환원반응) $Ni^{2+} + 2e^- \longrightarrow Ni$
>
> (산화반응) $H_2PO_2^- + H_2O \longrightarrow H_2PO_3^- + 2H^+ + 2e^-$
>
> (전체반응) $Ni^{2+} + H_2PO_2^- + H_2O \longrightarrow Ni + H_2PO_3^- + 2H^+$

② 용도 : 전자재료로 주로 사용된다.

2) 구리도금

① 반응 : 환원제로 HCHO를 사용한다.

> (환원반응) $2Cu^{2+} + 4e^- \longrightarrow 2Cu$
>
> (산화반응) $HCHO + H_2O \longrightarrow CO_2 + 4H^+ + 4e^-$
>
> (전체반응) $2Cu^{2+} + HCHO + H_2O \longrightarrow 2Cu + CO_2 + 4H^+$

② 용도 : PCB 제조에 있어 중요한 공정이다.

3) 코발트도금

① 환원제로 니켈도금과 같은 NaH_2PO_2를 사용한다.

② 주로 고밀도의 자기기록매체(Co−Ni−P, Co−Ni−Zn−P)와 헤드(Co−B) 등의 재
   료로 이용되고 있다. 최근에는 수직 자기기록방식의 매체(Co−Ni−Re−P)와 광자기
   디스크에의 응용도 시도되고 있다.

4) 그 외의 무전해 도금

　① 금, 은 및 팔라듐의 무전해 도금이 이루어지고 있으며, 전도도가 높은 금과 은은 주로 전자제품의 커넥터 접점에 사용되고 있다.

　② SiO_2, Al_2O_3, ZrO_3, WC, B_4C, Cr_3C_2, 다이아몬드 등의 미립자를 Ni-P, Ni-B 매트릭스와 함께 석출시키는 무전해 분산도금이 이루어지고 있다.

 제70-2주제　부식

1. **부식의 기본원리 및 속도**
2. **부식전위** : 교환 전류밀도, 활성분극, 농도분극, 저항분극

4. 부식의 개요

(1) 부식의 의미

　1) 대부분의 금속은 불안정하여 대기 중의 산소 및 물과 반응하여 표면에 산화막을 형성하게 된다. 이때 알루미늄과 같이 표면 위에 치밀한 산화막을 형성하는 경우에는 금속과 외부 환경과의 접촉을 차단하여 줌으로써 금속을 보호하지만, 철과 같이 불균일하고 다공성의 산화막(rust)을 형성하는 경우에는 금속이 외부 환경에 의하여 공격을 받아 금속의 성질을 잃게 된다. 이때의 외부 환경은 물·공기 이외에 화학물질 등을 포함한다.

　2) 부식이란 금속이 외부 환경과의 전기화학적 반응에 의하여 열화되는 과정으로 정의된다.

(2) 금속의 부식과정의 특징

　1) 부식의 특징

　　① $\Delta G < 0$인 자발적 반응

　　② 부식의 구동력 $E = -\Delta G / nF$이다. ($\Delta G = -nFE$에서)

　2) 부식에 의해 야기될 수 있는 문제점

　　① 화학공장, 조립형 구조물

　　② 기타 장치의 피해 및 수리 또는 교체에 따르는 조업정지

　　③ 누출이나 기계 파손으로 인한 작업자의 상해 위험성

　　④ 공정 최종 생산물의 오염 및 손실

　　⑤ 작업효율의 감소

　　⑥ 제설계, 환경오염, 외관변형에 의한 소비자의 외면 등

3) 부식을 위한 필요조건

① 부식대상 금속이 양극으로 존재

② 환원반응이 일어나는 상대전극(음극)이 존재

③ 전해질(이온전도성 용액)이 존재

④ 양극과 음극의 전기적인 접촉이 가능

(3) 부식의 기본원리

1) 강철(steel)의 부식반응

$$2Fe + 2H_2O + O_2 \rightarrow 2Fe^{2+} + 4OH^- \rightarrow 2Fe(OH)_2\downarrow$$

$$(양극)\ Fe \rightarrow Fe^{2+} + 2e^-$$

$$(음극)\ H_2O + \frac{1}{2}O_2 + 2e^- \rightarrow 2OH^-$$

➡ 산소원자는 전자수용체(상대 전자를 끌어당김)이고, Fe는 이온화 경향이 크므로, 대기에 오염 물질 CO_2, CO, NOx, SOx 등이 많으면 부식이 빨리 일어난다.

2) 부식속도(부식전류) : 부식이 일어나는 곳의 부식층의 두께(δ)를 측정하여 나타낸다.

① 측정방법 : 무게감량법(무게감소량/면적·시간), 부식층의 침투깊이 측정법 등

② 허용 가능한 부식속도

㉠ 0.1mm/year 이하에서는 부식에 대한 저항성이 우수하다.

㉡ 1.0mm/year 이상에서는 부식에 대한 저항성이 거의 없다고 판단한다.

③ 부식속도의 계산

부식속도$=i_{corr}\,/\,nF$

여기서, i_{corr} : 부식 전류밀도(ampere/m^2)

5. 부식전위

(1) 부식전위

1) 전지전위 : $E_{cell} = E_{환원}{}^{음극} + E_{산화}{}^{양극}$

2) 부식전지를 고려할 때, 두 전극 간의 전위 차가 부식을 일으키는 구동력이지만, 전지전위 로부터 부식속도를 정확하게 예측하는 것은 불가능하다. 부식환경에서 사용하고자 하는 금속의 적합성 여부를 결정하는 필수적인 요소가 부식속도이다. 이론적으로 전지전위가 작으면 부식속도가 느리다고 할 수 있지만, 전지전위가 크다는 것이 꼭 부식속도가 빠르다 는 것을 의미하지는 않는다.

(2) 교환 전류밀도(i_0)

1) 전류의 흐름이 없는 상태를 평형상태라 하며, 동적평형은 정반응과 역반응이 같은 속도로 진행되는 상태, (산화반응속도)=(환원반응속도)=i_0/nF로 정의된다. 교환 전류밀도(i_0)는 직접 구힐 수 없고, 그래프에서 구한다. 매우 직을 수는 있으나 0은 아니다.

　➡ 평형에서는 전류가 흐르지 않으며 부식은 없다.

(3) 분극의 원인 : 분극은 전류의 흐름에 의해 야기된 전위의 이동이다.

1) 활성분극 : 전극표면과 전해질 계면 사이에서 반응이 활성화에너지 때문에 발생하는 분극 현상으로, 부식의 주요인이 바로 활성분극에 있다고 한다. 부식속도가 반응률속도임을 알려준다.

활성분극 $\eta_A = \pm\, b\log(i/i_0)$; Tefel식

여기서, b : 그래프 기울기, i : 전류밀도

2) 농도분극 : 양극에서는 양극물질 자체가 산화하므로 농도는 문제가 되지 않으나, 음극에서는 전자를 수용한 물질의 농도가 중요하다. 농도가 희박하면 확산이 느려지고 부식속도가 감소하므로, 부식속도는 확산율속 단계이다.

농도분극 $\eta_C = (RT/nF)\,\ln[1-(i/i_L)]$

3) 저항분극 : 전해질과 금속표면 위의 불용성막 때문에 발생한다.

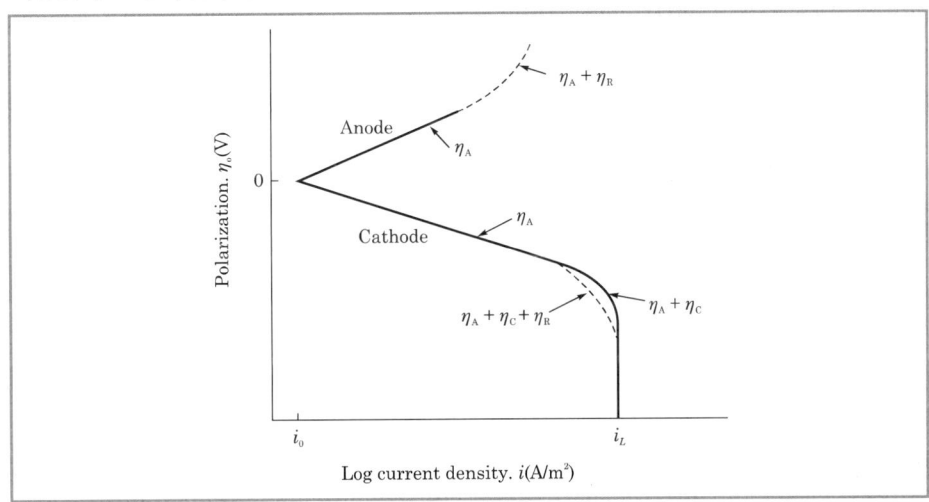

[양극과 음극 반응에서 활성분극 η_A, 농도분극 η_C, 저항분극 η_R의 영향을 보여주는 분극곡선]

기출 및 예상 문제

01 부식전류가 크게 되는 원인을 열거한 것이다. 옳지 않은 것은?

① 산소분포가 균일할 경우
② 서로 다른 금속들이 접하고 있을 경우
③ 금속이 전도성이 큰 전해액과 접촉하고 있을 경우
④ 금속표면의 내부응력차가 클 경우

02 금(Au) 도금 시, $K_2[Ag(CN)_4]$ 물질을 사용했을 때 나타나는 색은? ✪ 02 국가직 9급

① 흰색
② 녹색
③ 적색
④ 푸른색

03 부식은 금속, 구조재의 내구성에 심각한 영향을 준다. 다음 방식법 중 옳지 않은 것은?
✪ 02 국가직 9급

① 금속을 양극이 되도록 만든다.
② 용존산소를 제거한다.
③ 보호피막을 형성한다.
④ 부식 억제제를 넣는다.

04 전기화학반응에서 전류효율(%)을 구하는 식으로 옳은 것은? ✪ 98 행안부 9급

① (이론전기량/실제전기량)×100
② (실제전기량/이론전기량)×100
③ (이론분해전압/전해전압)×100
④ (전해전압/이론분해전압)×100

05 도금피막의 밀착성을 좋게 하기 위해 하는 공정은?

① 기름 닦아내기
② 녹 닦아내기
③ 활성화 처리
④ 연마

06 니켈 도금 시 도금용액의 수소이온농도를 조정하기 위해 넣는 물질은?

① 과산화수소
② 붕산
③ 질산
④ 황산

정답 및 해설

01 ①

유형 및 해설 [부식전류] ②는 이온화 경향이 서로 다른 금속 간의 전기화학반응으로 부식전류가 커질 것이며, ③의 전기전도성이 커지면, 전해액과의 전기화학반응, ④ 금속표면의 내부 응력의 차이가 클 경우 표면이 들떠서 전기화학반응이 보다 빠르게 일어난다. ①의 경우 균일하면 부식전류의 빠르고 느림에 영향이 없다.

02 ②

유형 및 해설 [금 도금 시 전착제의 색] 녹색 금 도금의 첨가제는 $K_2[Ag(CN)_4]$와 $K_2[Ca(CN)_4]$이 있으며, 흰색 금 도금 첨가제는 $K_2[Ni(CN)_4]$이고, 붉은색은 $K_2[Cu(CN)_4]$를 사용한다.

03 ①

유형 및 해설 [방식법] 금속의 부식 구성요소 중 하나라도 없으면, 부식은 일어나지 않는다. 즉 구성요소인 양극(부식대상 금속), 음극(환원반응 상대전극), 전해질(이온전도성 용액), 양극과 음극 사이의 전기적 접촉이 없으면 부식이 일어나지 않음을 의미한다.

04 ①

유형 및 해설 [전류효율(%)] 전류효율은 이론전기량에 대한 실제전기량의 비율(%)이다.

05 ③

유형 및 해설 [도금 > 활성화 처리] 활성화 처리는 액에 담가 음극 전해를 실시하여 도금피막의 밀착성을 좋게 하는 처리방법이다. 이는 5~10%의 묽은산을 사용한다.

06 ③

유형 및 해설 [니켈 도금] 니켈 도금 시 붕산(H_3BO_3)을 넣어 도금용액의 pH를 조정한다. 과산화수소는 발생된 수소를 산화시켜 도금피막에 핀홀(pin hole)이 생기지 않도록 하기 위한 첨가제이다.

반도체 제조공정

제71주제　　반도체 제조공정

1. 반도체 공업의 특징
2. 재료용 실리콘의 제조
3. 반도체 제조공정

1. 반도체 공업의 특징

(1) **반도체의 원리** : 도체와 부도체의 중간적 특성을 지닌 물질이라고 할 수 있다. 비저항 (specific resistivity)이 $10^{-2} \sim 10^{9} \Omega \cdot cm$ 사이의 값을 지니는 물질을 일반적으로 반도체라 한다. 에너지 대역(energy bandgap)이 약 0~3[eV]인 물질을 말한다.

➡ 에너지 대역이란 가장 높은 에너지의 전자가 채워져 있는 두 개의 허용된 에너지대 사이의 금지 대(forbidden band) 폭을 말한다.

(2) **반도체의 종류**

1) 고유 반도체(순수한 실리콘 반도체, 진성 반도체)
2) 비고유 반도체(실리콘+불순물 첨가)
　① n형 반도체(V족 원소첨가, P, As, Sb)
　② p형 반도체(Ⅲ족 원소첨가)
　③ 순수한 Si 반도체에 Ⅲ족 원소(Al, B, Ga, In)를 첨가하면 전자가 부족하여 정공 (hole)을 만드는데, 이 정공에 의해 전하(charge)가 전달될 수 있다.

> 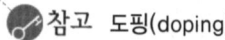**참고** 도핑(doping)
>
> 순수한 반도체에 불순물을 첨가하여 전기적 특성을 부여하는 작업을 도핑이라 한다. 이 작업 을 통해 만든 물질을 도판트(dopant)라 한다.

(3) 반도체의 결정구조

1) 결정(crystal)

① 단결정 : 전체 덩어리가 하나의 동일한 배열의 결정구조를 가지는 경우

② 다결정 : 부분 부분미다 결정의 배열이 다르게 나다나는 결정구조

➡ 반도체 소자원료로 가장 많이 사용되는 실리콘은 입방구조의 하나인 다이아몬드구조를 가진다.

2) 비결정(amorphous) : 유리와 같이 아무런 배열규칙이 없는 구조

3) 밀러지수(Miller index) : 실리콘 결정의 방향성을 표시하는 방법

실리콘의 구조는 입방구조이기 때문에 단위셀은 정육면체로 표시되며 이러한 실리콘은 결정의 방향에 따라 전기적, 물리적 특성이 달라진다.

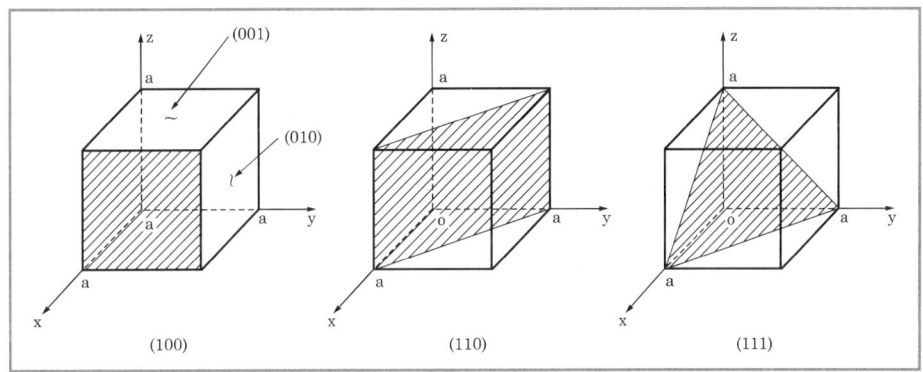

[입방구조의 단위셀에 대한 몇 가지 중요한 결정방향의 밀러지수]

2. 재료용 실리콘의 제조

(1) 다결정 전자재료급 실리콘(EGS, Electronic Grade Silicone)의 제조

1) 규소로부터 98% 이상의 순도를 가지는 금속재료급 실리콘(MGS, Metallurgical Grade Silicon)으로의 환원

$$SiO_2(s) + 2C(s) \rightarrow Si(s) + 2CO(g)$$

2) MGS에서 SiHCl$_3$(trichlorosilane)로의 전환

$$Si(s) + 3HCl(g) \rightarrow SiHCl_3(g) + H_2(g)$$

3) 증류에 의한 SiHCl$_3$의 정제 : 분별증류에 의해 SiHCl$_3$ 내의 불순물을 분리한다.

4) 정제된 SiHCl$_3$의 CVD(화학기상 증착)을 통한 EGS(전자재료급 실리콘)의 제조

$$2SiHCl_3(g) + 2H_2(g) \rightarrow 2Si(s) + 6HCl(g)$$

➡ 여기서 제조된 다결정 EGS는 단결정 실리콘으로 전환 후 실리콘 웨이퍼로 가공된다.

(2) 다결정(poly-crystal) EGS로부터 단결정(single-crystal) EGS의 제조

  1) CZ법(초크랄스키법, Czochralski Method)

   ① 전 세계적으로 가장 널리 사용되는 기술이다.

   ② **과정** : 종자(seed)를 용융 실리콘과 접촉시킨 후 천천히 위로 끌어올리면서 냉각 고화하면 성장된다. 초기 접촉 시 온도충격으로 '위치이탈(dilocation)'이라는 2차원적 결함이 생길 수 있으므로 초기에 종자를 빠르게 끌어올려 지름을 키우지 않고 결함이 제거된 후 성장시켜야 한다. 일정한 지름이 되도록 끌어올리는 속도와 온도를 조절한다. 결정의 성장이 끝나면, 위치이탈을 방지하기 위해 끌어올리는 속도를 증가시켜 끝부분의 지름을 작게 한다.

  2) FZ법(플롯 존법, Float Zone Method)

   [과정] 주입봉은 위에서부터 내려오고 종자는 아래에서부터 올라간다. RF(Radio Frequency) 코일에 의해 주입봉의 하단이 녹고, 종자는 표면장력 효과로 이 용융상과 접촉한다. 주입봉을 계속 아래로 내려주고, 종자도 계속 아래로 내려주면서 단결정을 성장시킨다.

(3) 실리콘 웨이퍼의 제조

  1) 원통형 단결정 실리콘의 표면은 불규칙하므로 연마 후 식각한다.

  2) 플랫(flat)*을 만든 후 웨이퍼(wafer) 형태로 자른다. 이때 자르는 방향에 따라 배향이 결정된다. {100} 혹은 {111} 웨이퍼 등으로 구분된다.

  3) 잘려진 웨이퍼 표면을 고르게 하기 위해 연마, 세정한다.

3. 반도체 제조공정

> **[단계별 공정]**
> 단결정 성장 → 규소봉 절단 / 웨이퍼 연마 → 회로 설계 / 마스크 제작 → 산화공정 → 감광액 도포 → 노광 → 현상 → 식각(에칭) / 이온주입 / 박막형성(CVD) → 금속배선 → 선별 및 성형 → 최종검사

(1) 웨이퍼 세척

  1) 반도체공정에서 실리콘 웨이퍼의 오염도는 IC(집적회로) 제작에 있어서 제품의 높은 생산율과 관계되므로 매우 중요하다. 불량품의 원인 중 80% 정도가 이물질에 의해 비롯되고 있다고 할 수 있다.

  2) 웨이퍼 표면의 오염원 : 미립자(먼지), 린트(lint), 감광제 덩어리(photoresist chunk), 박테리아(DI water)와 막(유기막, 금속막, 현상액, 잔류용매 등)

  3) 웨이퍼의 세척 : 기계적 처리(초음파 세척기 또는 고압 스프레이기) 방법으로 미립자를 제거하고, RCA법과 같이 화학적 처리로 막을 제거한다.

참고

(1) RCA법

유기막 제거 → 수화물 제거 → 이온 및 금속의 탈착 ・ 건조 ・ 보관

(2) DI water

이온, 입자, 박테리아 같은 오염물질을 제거한 매우 순수한 물이다. 이론적으로 순수한 물의 저항은 18.3 Ω・cm(25℃)이다. 일반적인 DI water 시스템은 0.25μm보다 큰 입자가 없고, 밀리미터당 박테리아 수가 1.2보다 적으면서 저항이 18Ω・cm가 되어야 한다.

---

(2) 사진공정(photolithography, 포토리소그래피) : 마스크 위에 설계된 패턴, 즉 형상을 그대로 웨이퍼 표면 위로 옮기는 공정을 말한다.

1) **장벽형성(표면준비)** : 세척 후, 실리콘 웨이퍼에 **장벽층**으로 사용할 물질을 도포한다. 장벽층(barrier layer)이란 금속과 반도체를 접촉시켜 전류를 통하게 하면, 접촉물질과의 일함수(물질 내의 전자를 밖으로 끌어내는 데 필요한 최소 일) 차 때문에 반도체 층에 높은 저항의 층이 생겨 전류의 방향에 따라 저항이 달라지는 층을 말한다. 이에 가장 일반적으로 사용되는 물질은 **실리콘 산화막(SiO₂)**이다.

2) **감광처리(접착도 개선)** : 실리콘 산화막층을 형성한 후에, 웨이퍼 표면에 빛에 민감한 감광제를 도포한다. 감광제와 필름표면의 접착이 제대로 되지 않으면 공정상 식각을 할 때 언더컷(undercut)이 발생할 수 있다. 이에 실리콘 표면에 **HMDS(hexamethyldisilazane)라는 접착력을 증진시키는 물질**을 사용하여 처리한다.

3) **감광제의 도포(spin coating법)** : 감광제를 웨이퍼 표면상에 균일한 두께로 도포하는 것으로, 웨이퍼를 고속으로 회전시켜 감광제를 도포하는 spin-coating법을 주로 사용한다. 감광제의 점도, 표면장력과 회전속도가 제어의 중요한 요소이다.

4) **저온 열처리(soft baking)** : 감광제의 용매를 제거하고, 접합의 향상을 위해 시행한다.

5) **정렬(alignment, 마스크 배열)** : 마스크의 웨이퍼를 정확히 정렬하는 것이다.

6) **노광(노출, exposure)** : 종류에는 접촉형, 근접형, 투사형, 스테퍼, 전자 빔 직접묘화법 등이 있다. 미세 패턴을 형성하는 데 있어서 한계는 노출광원의 파장에 달려 있다. 일반적으로 사용하는 노출광원은 자외선(UV)이다. 더욱 작은 크기의 패턴을 구현하기 위해서는 더욱 파장이 낮은 광원을 사용해야만 한다.

➡ 정렬과 노광에 의해 마스크의 패턴이 감광제층에 옮겨진다.

7) **현상(developing)** : 고분자화가 안 된 부분을 현상액을 이용해 제거하는 일이다.

8) **고온 열처리(hard baking)** : 저온 열처리처럼 남아 있는 현상액을 제거하고, 접합을 향상시키기 위하여 시행한다.

감광제

(1) 의미 : 감광제는 빛이나 혹은 열 등 여러 가지 형태의 에너지에 노출되었을 때, **내부구조가 바뀌는** 특성을 가진 유기고분자 물질이다.

(2) 구성 : 감광제는 고분자(polymer), 용매(solvent), 광감응제(photoactive agent)의 세 가지 기본요소로 구성되어 있다.

[감광제의 주요성분과 기능]

PR(포토레지스트)의 주요성분	기 능
고분자	에너지에 반응하여 구조를 바꾼다(고분자화 또는 광분해).
용매	박막을 스핀 코팅법으로 입힐 수 있게 한다.
광감응제	노광되었을 때 PR의 광화학적 반응을 조절하고 수정한다.

(3) 종류 : 감광제는 패턴을 형성하는 방법에 따라 양성(positive)과 음성(negative)으로 분류하는 것이 보통이다. 현재 양성 감광제가 여러모로 장점이 있어 널리 쓰인다.

[음성 및 양성 감광제의 특성 비교]

파라미터	음 성	양 성
다중체	iso−propylene	phenol−formaldehyde
빛에 대한 반응	고분자화	광분해
감응제의 역할	스펙트랄(spectral) 반응조절	솔벤트에 녹는 막을 수용성으로 만듦
다중체/감응제의 비	60 : 1	4 : 1
용제	크실렌	ethoxyethyl acetate 혹은 methoxyethyl acetate
첨가물	염료(dyes)	건조용제

[각 감광제에 대한 현상액 및 세척액]

구 분	양 성	음 성
현상액	NaOH tetramethyl ammonium hydroxide	xylene standard solvent
세척액	H_2O	N−butylacetate

(3) 식각공정(etching, 에칭) : 원하는 형태로 패턴이 형성된 표면에서 원하는 부분을 화학반응 혹은 물리적 과정을 통해 제거하는 공정을 말한다.

1) 식각공정 순서 : 식각될 기판을 석영보트에 넣어 진공 반응기로 도입 → CF_4나 CHF_3와 같은 식각 기체를 채우고 소량의 O_2를 넣음 → RF 에너지를 기체 혼합물에 가해 플라스마를 발생시켜 식각 시작 → 식각 후 생성물질은 기체상태로 진공 펌프로 배출

[습식 식각과 건식 식각의 상대성 비교]

습식 식각	건식 식각
공정의 이해가 쉽다.	공정이 복잡하여 이해가 어렵다.
마스크와 기판에 대한 선택노가 크다.	습식 식각에 비해 선택도가 떨어진다.
공해가 발생하고, 조업이 안전하지 못하다.	공해가 없고 안전하다.
등방성	비등방성, 1μm의 고밀도 집적회로에 적합하다.
자동화가 어렵다.	자동화가 쉽고, 수율과 생산성이 높다.

① 습식 식각(wet etching) : 습식 식각은 제거하고자 하는 기관 표면의 물질과 반응성이 높은 식각용액을 사용하여 식각을 수행하는 과정으로 일반적으로 반응성 기체만을 사용하는 건식 식각과 달리 **등방성**(isotropic), 즉 방향성이 없는 식각이 이루어진다.

② 건식 식각(dry etching, 플라스마 식각)

 ㉠ 습식 식각이 등방성을 가지고 진행된다는 단점을 극복하기 위해, **비등방성**(anisotropic) 식각방법이 고밀도 집적회로의 구현을 위해 필요하게 되었으며 이러한 미세형상의 식각은 건식 식각에 의해 가능하게 되었다.

 ㉡ 건식 식각속도에 영향을 주는 공정변수 : RF 에너지, 기판의 온도, 압력, 식각가스의 종류, 기판의 Si 무게비

[건식 식각의 장·단점]

장 점	단 점
• 마스크와 하부층에 대한 선택도가 높다. • 비등방성 식각을 통하여 정확한 패턴의 형성이 가능하다. • 자동화가 가능하여 수율과 생산고가 높다. • 공해가 적고 작업자의 안전도가 높다.	• 공정변수가 많다. • 복잡한 물리, 화학반응을 수반하므로 공정의 이해가 어렵다. • 플라스마 내의 충격이나 라디칼에 의한 손상 및 오염의 문제가 있다. • 선택도가 습식 식각에 비해 떨어진다.

참고 플라스마(plasma)

① 플라스마의 정의 : 전하입자 및 중성입자로 구성되어 집단적인 거동을 보이는 준중성 기체로서 고체, 액체, 기체와는 다른 물질의 제4 상태이다.

② 플라스마의 분류 : 열플라스마(핵융합), 저온 플라스마(반도체)

 • 저온 플라스마의 종류(발생방법에 따라) : DC 방전 플라스마, 용량 결합형 RF 플라스마, 유도 결합형 RF 플라스마, 헬리콘파(helicon wave) 플라스마, ECR(Electron Cyclotron Resonance).

 • DC 방전 플라스마와 용량 결합형 플라스마의 단점 : 이온의 양이 적고 에너지가 높아 이온의 양과 에너지의 조절이 힘들고, 공정의 압력도 높다. 이런 문제로 고밀도 집적회로의 구성에 적합하지 못하다. 최근에는 유도 결합형, 헬리콘파, ECR을 사용하여 위의 문제점을 해결하였다.

(4) **이온주입(ion implementation)** : 전하를 띤 원자인 도판트(B, P, As 등), 즉 이온들을 직접 기판의 원하는 부분에 주입하는 공정을 말한다.

[이온주입의 장점과 단점]

장 점	단 점

• 도판트의 양을 정확히 조절할 수 있다.
• 저온공정으로 감광제를 그대로 마스크로 사용할 수 있다.
• 균일한 도핑이 가능하다.
• 반복작업이 가능하다(공정의 재현성).
• 측면으로의 확산효과가 없다.
	• 단결정에서 채널링(channeling)현상
	  ➡ 해결책 : 웨이퍼를 임계각만큼 기울여서 자른다.
	• 결정결함(Damage)
	  ➡ 해결책 : Annealing(열처리)
	• 도판트의 전기적 특성 감소
	  ➡ 해결책 : Annealing(열처리)

(5) **박막형성 기술 및 공정** : 일반적으로 박막형성 공정은 크게 화학적 공정(chemical process)과 물리적 공정(physical process)으로 나눌 수 있다. 여러 가지 박막형성 기술 중에서 중요한 공정으로, 물리적 공정의 기화법(evaporation)과 스퍼터링법(sputtering)과 화학적 공정의 CVD(화학기상증착), 도금(plating), 솔겔법(sol-gel coating) 등을 들 수 있다.

[박막형성 기술의 원리 및 장·단점]

박막기술의 종류		원 리	장·단점
물리적 공정	진공 기화법	「진공상태에서 가열되어진 금속이 기화되거나 승화되어 기판에 증착되어 박막을 형성한다.」 이렇게 기화되어진 금속물질은 상부에 고정되어진 기판에 박막의 형태로 증착되어진다.	• 증착속도가 빠르다. • 단순하며, 조작이 용이하다. • 저에너지 공정, 분산증착을 한다. • 단차피복성(step coverage)이 불량하다. • 박막과 기판의 접합이 불량하다.
	스퍼터링	증착기 내에 설치된 플라스마로부터 이온이 생성되고, 고에너지 이온은 원료물질을 공격하여, 이의 원자를 탈착시킨다. 탈착된 원자는 증착될 기판으로 이동하고 응축하여 박막을 형성한다.	• 기판을 균일하게 코팅할 수 있다. • 두 개(duo)의 조절이 가능하다. • 합금물질의 증착 조절이 가능하다. • 원료물질에 대한 제한성이 적다. • 비싸다. 유기고분자의 경우 효율이 저하된다. • SiO_2의 경우 증착속도가 매우 느리다. • 저진공 공정으로 오염의 우려가 있다.
화학적 공정	화학 기상증착	기체, 액체, 고체의 반응물을 기체상대로 반응기에 공급하여 기판표면에서 화학반응을 유도하여 고체 생성물인 박막을 형성하는 공정이다.	• 다양한 특성의 박막을 원하는 두께로 성장이 가능하다. • 화합물의 박막의 조성을 조정할 수 있다. • 표면에서 화학반응을 통해 박막을 형성하므로 단차피복성이 매우 우수하다.

> **참고　박막형성과 온도**
> ① 표면반응 제한(율속) : 낮은 온도에서는 표면반응속도가 전체 속도인데, 박막 성장속도도 반응 속도에 영향을 빋는다.
> ② 물질전달 제한 : 조금 높은 온도에서는 물질전달속도가 느리므로 전체 속도는 물질전달속도이다.
> ③ 열역학적 제한 : 보다 높은 온도에서는 반응의 열역학적 특성에 의해 박막의 속도가 영향을 받는다. 즉, 발열반응의 경우 역반응이 우세하므로 박막 성장속도는 감소할 것이다.

기출 및 예상 문제

01 반도체공정 중 설계대로 옮기는 공정은?　❂ 07 서울시 9급

① 사진공정　　　　　　② 식각공정
③ 이온주입공정　　　　④ 화학기상증착
⑤ 절단공정

02 반도체에 대한 설명 중 틀린 것은?

① 온도가 증가함에 따라 전기전도도가 감소한다.
② p형 반도체는 Si에 Ⅲ족 원소가 첨가된 것이다.
③ 불순물 첨가량이 증가함에 따라 저항률이 감소한다.
④ LED는 p형 반도체를 이용한 전자소자이다.

03 용융상 실리콘 영역을 다결정 실리콘봉을 따라 천천히 이동시키면서 다결정 실리콘봉이 단결정 실리콘으로 성장되도록 하는 것은?

① 초크랄스키법(CZ법)　　② 플롯존법(FZ법)
③ 냉각도가니법　　　　　④ 경사냉각법

04 반도체공정 중 감광되지 않은 부분을 제거하는 공정은?

① 현상(develpoment)　　② 에칭(etching)
③ 세정(cleaning)　　　　④ 노출(exposure)

05 전자재료급 실리콘 EGS(Electronic Grade Silicon)으로부터 $SiHCl_3$로의 전환을 위해 사용되는 것은?

① KCl
② HCl
③ NaCl
④ LiCl

06 실리콘에 붕소와 같은 Ⅲ족 원소가 첨가된 경우에는 실리콘과 공유결합을 이룰 전자가 부족하기 때문에 빈자리 하나가 생긴다. 이를 무엇이라고 하는가?

① 주개(donor)
② 정공(hole)
③ 도핑(dopping)
④ 공유대(valence band)

07 p형 반도체를 제조하기 위해 실리콘에 소량 첨가하는 물질은?

① 비소(As)
② 안티몬(Sb)
③ 인듐(In)
④ 비스무스(Bi)

08 감광제의 세 가지 기본요소가 아닌 것은?

① 고분자
② 용매
③ 광감응제
④ 현상액

09 건식 식각공정 중 플라스마 에칭에 대한 설명이다. 틀린 것은?

① 라디칼 및 극성 반응종이다.
② 에칭상태는 등방성이다.
③ Al도 에칭이 가능하다.
④ 실리콘상의 SiO_2 에칭이 불가능하다.

10 실리콘산화에 의한 산화막 종류가 아닌 것은?

① 캐패시터 절연막
② 실리콘 보호막
③ 부동태막
④ 게이트 절연막

11 박막형성 기술공정 중 높은 에너지를 같은 이온의 충돌에 의해 원료물질의 표면으로부터 원자들이 떨어져 나오는 현상을 무엇이라 하는가?

① 스플리팅(splitting) ② 스트레칭(streching)
③ 스포르팅(sporting) ④ 스퍼터링(sputtering)

12 화학기상증착(CVD)에 대한 설명으로 옳지 않은 것은?

① 기판 표면에 박막이 형성되므로 단차 피복성이 다른 물리적증착에 매우 우수하다.
② 다양한 특성을 가진 박막을 원하는 두께로 제조가 가능하다.
③ 박막성장반응에서 이종반응의 경우 표면을 고르게 하기 위해 원료를 난류로 공급한다.
④ 여러 가지 화합물 박막의 조성조절이 용이하다.

 ## 정답 및 해설

01 ①

유형 및 해설 [반도체 제조공정] 반도체공정을 개괄적으로 이해해 두자.
① 사진공정 : 마스크 위에 설계된 패턴, 즉 형상을 그대로 웨이퍼 표면 위로 옮기는 공정
② 식각공정 : 원하는 형태로 패턴이 형성된 표면에서 원하는 부분을 화학반응 혹은 물리적 과정을 통해 제거하는 공정
③ 이온주입공정 : 전하를 띤 원자인 도판트를 직접 기판의 원하는 부분에 주입하는 공정
④ 화학기상증착 : 박막형성 공정

02 ①

유형 및 해설 [반도체의 개요] 특성상 온도를 올리면 입자의 활동도가 증가해 전기전도도가 증가한다.

03 ②

유형 및 해설 [플롯존(FZ)법] FZ법은 높은 순도, 높은 비저항의 단결정을 만드는 데에 적합한 방법으로 전력용인 트랜지스터, 사이리스터(실리콘제어 정류기) 등 높은 내압을 필요로 하는 소자들을 만드는 결정을 만드는 데 쓰인다.

04 ②

유형 및 해설 [반도체 제조공정 > 식각공정] 시각(에칭)은 감광되지 않은 부분을 제거하는 공정으로, 에칭은 물리 또는 화학적으로 실리콘 또는 그 산화막을 용해 또는 기화시켜 웨이퍼에 패턴을 형성시킨다.

05 ②

유형 및 해설 [전자 재료급 실리콘] 웨이퍼 제작 시 단결정 실리콘의 주괴를 만들고 이를 잘라 다듬은 후 웨이퍼를 제작한다. 실리콘 웨이퍼의 원료는 석영암(quarzite)이라 불리는 순수한 모래(SiO_2)이며, 이것을 탄소(coal, coke, wood, …)와 함께 노(furnace)에 넣으면 다음과 같은 반응을 일으킨다.

$SiC(s) + SiO_2 \rightarrow Si(s) + SiO(g) + CO(g)$

이 반응에서 약 98%의 순도를 갖는 실리콘 주괴가 만들어지고 이를 분쇄하고, HCl로 처리하면 삼염화실란($SiHCl_3$)이 생성된다.

➡ 삼염화실란을 증류시켜 불순물을 제거하면 EGS를 만들 수 있다.

06 ②

유형 및 해설 [반도체의 원리] 정공이란 반도체의 격자 질서상 있어야 할 곳에 전자가 없는 상태를 말한다.

07 ③

유형 및 해설 [p형 반도체] p형 반도체는 정공이 많고 (+)를 띈다. 따라서 순수한 4가 원소(실리콘, 게르마늄)에 3가 원소들(붕소, 갈륨, 인듐)을 결합시켜 정공을 만든다.

08 ④

유형 및 해설 [감광제] 감광제의 기본 3요소는 고분자, 용매, 광감응제이다.

09 ②

유형 및 해설 [식각공정 > 건식 식각] 건식 식각공정은 식각물과 반응 휘발성물질을 만들어 에칭을 진행시킨다. 대표적인 것으로 플라스마 에칭이 있고, 에칭을 위해 CF_4에 수 %의 O_2를 가하여 플라스마를 발생시키면 플루오르라디칼($F \cdot$)이 생성되어 다음과 같은 반응으로 휘발성 SiF_4를 생성, 건식 에칭이 진행된다.

$CF_4 \rightarrow C + 4F$, $Si + 4F \rightarrow SiF_4$, $SiO_2 + 4F \cdot \rightarrow SiF_4 + O_2$

일반적으로 에칭속도는 플리실리콘 > Si_4N_4 > SiO_2의 순이다.

이에 비해 습식 식각공정은 이제까지 많이 사용한 방법으로 HF, EPW, KOH 수용액 등이 사용되고 있다. HF에서는 등방성 에칭이, 알칼리수용액에서는 이방성 에칭이 특징적으로 일어나고 에칭속도는 용액조성, 온도, 교반 정도에 크게 의존한다.

10 ③

유형 및 해설 [실리콘의 산화막감광제] 실리콘 제조 시 생기는 산화막은 금속 또는 반도체가 산소와 반응해서 생성하는 얇은막, 반도체 공업에서는 실리콘 단결정이 각종 트랜지스터의 재료 이며, 실리콘 산화막을 간단히 산화막이라고 한다. 이 막은 실리콘을 약 1,000℃의 산소 또는 수증기 중에 두면 생성된다. 구조는 녹아있는 석영과 같은 유리상태에서 실리콘과 산소가 그물코모양으로 되어 있다. 절연석이 높고 화학적으로 안정되어 있어서 트랜지스터 제작 시 실리콘 결정에 함유된 각종 불순물의 확산방지에도 사용된다. 산화막은 MOS 소자에서 게이트(gate) 절연막으로 사용되는 것처럼 반도체 소자의 내부에 캐리어들의 이동을 막고 전기적으로 절연시켜 주는 절연체의 역할을 한다. 전기적으로 절연체의 역할뿐만 아니라 수많은 소자들로 구성되는 집적회로의 제조공정에서 소자와 소자 간의 격리를 요구하는 LOCOS 혹은 trench와 같은 격기구조를 형성할 때, 산화막(캐파시터 절연막)이 사용되기도 한다. 또한, 산화막의 중요한 역할은 실리콘 기판상에 원하는 불순물을 주입하는 diffusion이나 ion implartation과 같은 도핑과정에서 선택적 도핑을 위한 확산방지막(실리콘 보호막)의 역할을 하기도 한다. 일반적으로 bipolar transistor 혹은 MOS transistor 공정에서 초기 웨이퍼상에 형성하는 산화막의 용도는 거의 대부분이 확산방지막으로서 사용된다.

11 ④

유형 및 해설 [박막형성 공정 > 스퍼터링] 스퍼터링은 넓은 표면적을 사용할 경우 웨이퍼 전면적에 걸쳐 고른 박막의 증착이 가능한 방법으로 이온의 충돌에 의해 표면에서 원자들이 떨어져 나오는 현상으로 설명될 수 있다.

12 ③

유형 및 해설 [CVD] 박막을 성장시키는 경로는 반응의 형태, 즉 동종반응, 이종반응에 따라 상이하다. 이종반응일 경우 표면을 균일하게 하기 위해 기체원료가 일정한 속도로 기판으로 공급되는 것이 중요한데 이를 위해 반응기 내로 흐르는 유체가 층류를 이루도록 해야 한다.

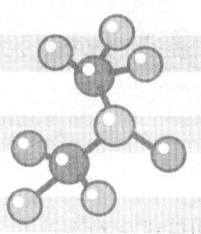

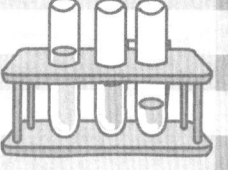

제**6**편

환경과 공해

제 **72** 주

지구온난화와 온실효과

제72주제　지구온난화

1. 지구온난화(global warming)란, 지구 표면의 평균온도가 상승하는 현상을 말한다. 땅이나 물에 있는 생태계가 변화하거나 해수면이 올라가서 해안선이 달라지는 등 기온이 올라감에 따라 발생하는 문제를 포함하기도 한다.
2. 지구온난화의 원인은 온실효과(greenhouse effect)에 있다고 하는 견해가 지배적이다.
3. 지구온난화는 지구의 평균온도가 상승하는 결과를 낳으며, 이에 더하여 생태계의 변화, 해수면 상승, 국부 기후변화 등을 일으킨다.

1. 지구온난화 개요

(1) 온난화현상 자체는 과거에도 있었으나, 여기서는 주로 19세기 후반(2차 대전 이후)부터 관측되고 있는 온난화를 가리킨다. 이러한 현대 온난화의 원인은 온실가스의 증가에 있다고 보는 견해가 지배적이다. 산업발달에 따라 석유와 석탄 같은 화석연료를 사용하고, 농업발전을 통해 숲이 파괴되면서 온실효과의 영향이 커졌다고 본다. 현재 기후변화에 관한 정부 간 패널(IPCC)에서 인정한 견해는 19세기 후반 이후 지구의 연평균 기온이 0.6℃ 정도 상승했다는 것이며, 20세기 전반까지는 자연활동이 온난화를 유발했지만 20세기 후반부터는 인류의 활동이 온난화를 유발했다는 것이다. IPCC의 연구에 따르면 1990년부터 2100년까지는 지구의 기온이 1.4℃에서 5.8℃까지 오를 가능성이 있으며 이에 따른 해수면 상승과 강수량 변화가 예측된다. 또한 그 결과로 홍수나 가뭄, 각종 기상이변이 늘어나고 규모도 커질 것으로 예측하고 있다.

(2) **온난화현상의 경과**

온난화는 1972년 로마클럽 보고서에서 처음 공식적으로 지적되었다. 이후 1985년 세계기상기구(WMO)와 국제연합환경계획(UNEP)이 이산화탄소가 온난화의 주범임을 공식으로 선언하였다. 1988년에는 IPCC가 구성되어 기후변화에 관한 조사와 연구를 행하고 있다. 1988년 미국항공우주국(NASA)에서 미국 의회에 지구온난화에 대한 발언을 한 것을 계기로 일반인에게도 널리 알려지게 되었다. 지구의 연평균 기온은 원래 400년에서 500년 정도를 주기로 약 1.5℃

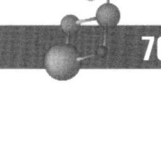

정도의 범위에서 계속 변화한다. 15세기에서 19세기까지는 비교적 기온이 낮은 시기였으며 20세기에 들어와서는 기온이 오르고 있어서, 어떤 면에서는 기온상승이 자연스러운 현상일 수도 있다. 하지만 대기 중의 이산화탄소량은 1800년대에는 280ppm이었으나 1958년에는 315ppm, 2000년에는 367ppm으로 계속 증가하고 있으며 다른 온실기체도 증가하고 있다. 따라서 현재의 연평균 기온상승은 이러한 온실기체 증가와 관련이 있다고 추측할 수 있다.

(3) 기후변화협약

공식명칭은 '기후변화에 관한 유엔 기본협약(United Nations Framework Convention on Climate Change)'이다. 1979년 G.우델과 G.맥도날드 등의 과학자들이 지구온난화를 경고한 뒤 논의를 계속했다. 1987년 제네바에서 열린 제1차 세계기상회의에서 정부 간 기후변화 패널(Inter-Governmental Panel on Climate Change ; IPCC)을 결성했다. 1988년 6월 캐나다 토론토에서 주요 국가의 대표들이 모여 지구온난화에 대한 국제협약 체결을 공식으로 제의했다. 1990년 제네바에서 열린 제2차 세계기후회의에서 기본적인 협약을 체결하고, 1992년 5월 정식으로 기후변화협약을 체결했다. 목적은 이산화탄소를 비롯한 온실가스의 방출을 제한하여 지구온난화를 방지하고자 하는 데에 있다. 규제대상물질은 탄산, 메탄가스, 프레온가스 등이 대표적 예이다. 협약 내용은 기본원칙, 온실가스 규제문제, 재정지원 및 기술이전문제, 특수 상황에 처한 국가에 대한 고려로 구성되어 있다. 기후변화협약 체결국은 염화불화탄소(CFC)를 제외한 모든 온실가스의 배출량과 제거량을 조사하여 이를 협상위원회에 보고해야 하며 기후변화방지를 위한 국가계획도 작성해야 한다.

(4) 교토의정서(Kyoto protocol)

1) 교토프로토콜이라고도 한다. 지구온난화 규제 및 방지의 국제협약인 기후변화협약의 구체적 이행 방안으로, 선진국의 온실가스 감축 목표치를 규정하였다. 1997년 12월 일본 교토에서 개최된 기후변화협약 제3차 당사국 총회에서 채택되었다.

2) 1995년 3월 독일 베를린에서 개최된 기후변화협약 제1차 당사국 총회에서 협약의 구체적 이행을 위한 방안으로서, 2000년 이후의 온실가스 감축 목표에 관한 의정서를 1997년 제3차 당사국 총회에서 채택하기로 하는 베를린 위임사항(Berlin Mandate)을 채택함에 따라 1997년 12월 제3차 당사국 총회에서 최종적으로 채택되었다. 의정서가 채택되기까지는 온실가스의 감축 목표와 감축 일정, 개발도상국의 참여 문제로 선진국 간, 선진국·개발도상국 간의 의견 차이로 심한 대립을 겪기도 했지만, 2005년 2월 16일 공식 발효되었다.

3) 의무 이행 대상국은 오스트레일리아, 캐나다, 미국, 일본, 유럽연합(EU) 회원국 등 총 38개 국이며 각국은 2008~2012년 사이에 온실가스 총 배출량을 1990년 수준보다 평균 5.2% 감축하여야 한다. 각국의 감축 목표량은 -8~+10%로 차별화하였고 1990년 이후의 토지 이용변화와 산림에 의한 온실가스 제거를 의무 이행 당사국의 감축량에 포함하도록 하였다. 그 예로 유럽연합 -8%, 일본 -6%의 온실가스를 2012년까지 줄여야 한다.

4) 감축 대상가스는 이산화탄소(CO_2), 메탄(CH_4), 아산화질소(N_2O), 불화탄소(PFC), 수소화
불화탄소(HFC), 불화유황(SF_6) 등의 여섯 가지이다. 당사국은 온실가스 감축을 위한 정책
과 조치를 취해야 하며, 그 분야는 에너지효율 향상, 온실가스의 흡수원 및 저장원 보호,
신·재생에너지 개발·연구 등도 포함된다.

5) 의무 이행 당사국의 감축 이행 시 신축성을 허용하기 위하여 **배출권거래(Emission Trading),
공동이행(Joint Implementation), 청정개발체제(Clean Development Mechanism)** 등의 제도를
도입하였으며, 1998년 11월 부에노스아이레스에서 개최된 제4차 당사국 총회에서는 신축적
인 제도운용과 관련한 작업을 2000년까지 완료한다는 부에노스아이레스 행동계획(Buenos
Aires Plan of Action)이 채택되었다.

6) **한국은** 제3차 당사국 총회에서 기후변화협약상 개발도상국으로 분류되어 의무 대상국에서
제외되었으나, 몇몇 선진국들은 감축 목표합의를 명분으로 한국·멕시코 등이 선진국과 같
이 **2008년부터 자발적인 의무부담을 할 것을** 요구하였고, 제4차 당사국 총회 기간에 아르
헨티나 카자흐스탄 등의 일부 개발도상국은 자발적으로 의무를 부담할 것을 선언하였다.

(5) 파리협정(Paris Agreement)

1) 2015년 11월 30일부터 12월 11일까지 프랑스 파리에서 열린 제21차 유엔기후변화협약 당
사국 총회에서 12월 12일 채택한 협정이다. 교토의정서의 한계를 극복하기 위하여, 2020년
이후 교토의정서를 대체할 새로운 기후변화협정이다. 주요 내용으로 지구의 평균 온도가
산업화 이전 대비 2℃ 이상 상승하지 않도록 온실가스 배출량을 줄이는 것을 목표로 삼아
각 국가가 온실가스 감축 목표치를 나눠 책임지도록 되어 있다. 대한민국에서는 2016년
12월 3일 발효하였다.

2) 모두가 참여하는 포괄적(Universal and Comprehensive) 체제로, 교토 체제하에서는 감
축 의무 부담 국가가 40여 개국, 전 세계 온실가스 배출량의 22%에 불과한 반면, 파리협
정 체제하에서는 197개국, 전 세계 배출량의 95.7%(INDC 제출 161개국 기준), 교토의정서
는 주로 온실가스 배출량 감축에 집중한 반면, 파리협정은 감축뿐만 아니라 적응, 재원,
기술이전, 투명성 등 다양한 분야를 포괄한다.

3) 기후변화협약(1992년)의 목표는 온실가스가 기후 체계에 위험한 영향을 미치지 않을 수준
으로 대기 중 온실가스 농도를 안정화시키는 것이 목표였던 반면, 파리협정은 온도 목표를
구체화하였다. 파리협정 제2조는 지구 평균 온도 상승을 2℃보다 훨씬 아래(well below)
로 유지해야 하고, 1.5℃까지 제한하도록 노력한다고 규정하고 있다.

4) 교토의정서는 개별 국가에게 온실가스 감축목표를 할당하는 방식(top-down)이었던 반면,
파리협정은 각 당사국이 스스로 온실가스 감축목표(NDC)를 설정(bottom-up)하도록 규정
하고 있다. 여기서 NDC(Nationally Determined Contribution)는 각 당사국이 감축, 적
응, 재원, 기술, 역량배양, 투명성 등 분야에서 취할 노력을 스스로 결정하여 제출한 목표
를 의미한다. 단, 파리협정 이전 제출한 것은 Intented NDC(INDC)로 지칭한다.

5) 교토체제는 의무를 부담하는 부속서 1국가(선진국)와 감축 의무를 부담하지 않는 비부속서 1국가(개도국)를 명시적으로 목록화하여 구분하고 있는 반면, 파리협정은 목록화하지 않았다. 선진 당사국(developed country parties)과 개발도상 당사국(developing country parties)으로 구분하고 있으나 별도의 국가별 구분 목록은 없다.

6) 교토의정서에 규정되지 않은 요소로서 파리협정상 국가들은 감축목표를 지속적·점진적으로 강화하는 체제로 5년마다 국제사회 차원의 종합적 이행 상황을 점검(Global Stocktake)하고, 차기 NDC는 이전 NDC보다 강화되어야 한다는 진전원칙(Progression)이 적용되었다. 파리협정은 NDC의 내용을 규정하고 의무를 부과하는 것이 아니라 NDC 제출 및 점검 등 관련 절차에 일정한 구속력을 부여하여 당사국이 목표를 달성해 나가도록 유도하는 체제이다.

[교토의정서와 파리협정 비교]

구 분	교토의정서	파리협정
감축대상	기후변화협약 Annex 1국가(선진국)	모든 당사국(NDC)
범위	온실가스 감축에 초점	감축, 적응, 이행수단 (재원, 기술이전, 역량배양) 포괄
목표	온실가스 배출량 감축 (1차 : 5.2%, 2차 : 18%)	온도 목표 (2℃ 이하, 1.5℃ 추구)
목표설정	하향식	상향식(자발적 공약)
의무준수	징벌적 (미달성량의 1.3배 페널티 부과)	비징벌적 (비구속적, 동료 압력 활용)
의무강화	특별한 언급 없음	진전원칙(후퇴금지원칙) 전 지구적 이행점검(매5년)
지속성	매 공약기간 대상 협상 필요	종료 시점 없이 주기적 이행 상황 점검

2. 지구온난화의 원인(온실효과)

(1) 지구온난화의 원인

1) 지구온난화는 인간의 욕구를 충족하기 위한 다양한 경제활동으로 인해 배출되는 이산화탄소(CO_2), 질소산화물(NO_x) 등의 온실가스가 대기 중에 누적되어 점차 그 농도가 증가함으로써 지구의 기온을 상승시키고 지구 생태계 전반에 막대한 영향을 미치는 현상이다.

➡ 지구온난화의 원인은 '온실효과'이다.

2) 온실효과(greenhouse effect)와 지구온난화 : 대기가 온실의 유리처럼 기능하기 때문에 온실효과라는 이름이 붙었다. 하지만 온실의 정확한 원리는 땅이 태양빛을 흡수해서 온도가 상승한 후 이렇게 해서 데워진 공기가 확산되는 것을 유리가 막음으로써 온실 내부 온도가 상승하는 데에 있다. 때문에 복사에너지 흡수가 원인인 '대기의 온실효과'와는 차이가 있다.

단열에너지 자체가 외부로 확산되지 않아서 온도가 상승한다는 점에서 결과는 마찬가지이다. 온실효과는 지구온난화의 주된 원인으로 알려져 있으며 금성의 온도가 470℃에 달하는 것도 금성 대기 중의 이산화탄소에 의한 온실효과 때문으로 추정된다.

➡ 대기의 온실효과 : 지구에 대기가 존재하지 않으면 태양에서 받는 빛에너지를 그대로 다시 방출할 것이다. 이러한 이론에 따라 계산해 보면 지구표면의 온도는 약 −20℃까지 떨어지게 된다. 현재 지구의 평균기온은 약 15℃ 정도이기 때문에 30℃가 넘는 차이가 나는데, 이 차이가 바로 온실효과 때문에 생긴다. 지구는 태양에서 에너지를 받은 후 다시 에너지를 방출하여 복사평형을 유지한다. 이때 대기 중에 있는 여러 가지 온실기체는 태양에서 오는 짧은 파장의 빛은 잘 흡수하지 않는다. 하지만 지구가 방출하는 긴 파장의 빛을 흡수하여 그 에너지를 대기 중에 묶어 두게 된다. 이렇게 대기 중에 들어온 에너지는 기체 분자의 운동량을 증가시켜 대기의 온도가 상승한다. 즉, 현재의 온난화현상이 있기 이전에도 온실효과는 지구의 대기와 함께 항상 있어왔던 현상인 것이다. 여기에는 수증기, 이산화탄소, 메탄 같은 온실기체가 관여하고 있으며 특히 수증기가 가장 큰 작용을 한다.

(2) 온실효과의 원리

1) 태양 복사에너지의 균형

온실가스의 역할은 인간과 생물이 생활하기에 적당한 온도의 조건에서 태양과 지구는 에너지평형을 이룬다. 이 평형은 적외선을 흡수하는 대기 중의 이산화탄소, 수증기 등, 즉 온실가스가 큰 역할을 한다.

➡ 만약 이 온실가스가 없었다면, 지구는 저온 빙하세계가 될 것이다.

2) 지구대기의 특징

① 가시광선은 잘 통과시킨다.

② 적외선은 $8 \sim 12 \mu \mathrm{m}$의 파장대를 제외하고는 잘 통과시키지 못한다.

③ 파장이 $0.31 \mu \mathrm{m}$보다 작은 자외선은 대류권 계면에 도달하기 전에 산소분자와 오존에 의해 거의 흡수된다.

➡ $2 \mu \mathrm{m}$ 이하의 가시광선 영역의 파장에 대해서는 흡수가 많지 않으나, $4 \mu \mathrm{m}$ 이상의 지구복사에 대해서는 흡수가 많은 것을 볼 수 있다. 이것은 이 파장영역에서 이산화탄소, 수증기, 오존 등의 적외선 흡수대가 있기 때문이다.

∴ 적외선을 흡수하는 온실가스가 증가하면, 대류권의 적외선 흡수량이 증가하여 기온이 상승하게 된다.

(3) 온실가스

1) 온실효과에 영향을 미치는 가스의 양은 다음과 같은 순서이다.

$\mathrm{CO_2} > \mathrm{CH_4} > \mathrm{CFCs} > \mathrm{N_2O} > $ 기타
(49.0%)　(18.0%)　(14.0)　(6.0)　(13.0)

2) 온실가스 각각의 발생원

　① CO_2 발생원 : 화석연료, 산림의 벌목, 인구의 증가 등

　② CH_4 발생원 : 인간과 생물의 활동, 화석연료 등

　③ CFCs 발생원 : 인공회합물로 매우 안정적이고 독성이 없어 냉매, 분시추진제, 세정
　　용매 등에 사용되는 물질

　④ $H_2O(g)$의 발생원 : 많은 질소질 비료, 농경지의 확대 등

3. 지구온난화의 결과(환경에 미치는 영향)

(1) **생태계의 변화** : 기온 1℃의 상승만으로 동식물의 분포대를 변화시킬 수 있다.

　　주의　엘리뇨현상이란, 수온의 상승, 발생원인은 아직 밝혀지지 않고 있다.

(2) **해수면의 상승** : 알프스 빙하와 극지방의 빙하를 녹여 해수면 상승을 가져온다.

(3) **기후의 변화** : 아열대 및 열대 등의 기후지대의 변동, 강수량의 변화가 일어난다(가뭄, 폭설).

(4) **농업에의 영향** : 기후의 변화로 농업생산력이 지역별로 변화한다(열대과일의 산지 이동).

(5) **광화학스모그 등의 간접적(2차적) 영향** : 지구온난화와 오존층 파괴가 함께 진행된다면,
　광화학스모그 등 제2차 환경오염이 심하게 발생할 것이다.

기출 및 예상 문제

01　지구온난화를 초래하는 온실가스에 대한 설명이다. 옳지 않은 것은?

　① 이산화탄소(CO_2)는 온실가스 중 지구온난화에 기여하는 비율이 가장 높다.

　② 아산화질소(NO)는 오존과 반응하여 오존층을 파괴한다.

　③ 메탄(CH_4)은 대류권에서 성층권으로의 전이, OH기에 의한 산화 등에 의해서 줄어
　　든다.

　④ 염화불화탄소는 성층권에서의 반응성이 낮으며, 대류권에서 자외선 작용하에서만 반
　　응한다.

02 빈 칸에 들어갈 알맞은 화합물은?

> (   )는 주로 인간의 화석연료 사용에 의한 발생물질로서, 다른 어떤 온실가스 배출량보다 많아 지구온실효과에 미치는 영향이 가장 크다.

① 이산화탄소(CO_2) ② 염화불화탄소(CFC)
③ 아산화질소(NO) ④ 메탄(CH_4)

03 빈 칸에 들어갈 용어가 순서대로 바르게 나열된 것은?

> • 메탄의 발생은 생물의 활동 및 인간의 활동과 관계가 깊다. 대류권에서 메탄 농도의 증가는 오존을 비롯한 다른 가스의 분포와 농도를 변화시키며, 성층권에서도 (㉠)을(를) 염화수소로 만들어 대류권으로 침전시킨다.
> • 성층권에서의 (㉠)의 감소는 오존을 파괴시키는 (㉠)의 활동을 감소시키고, 메탄은 산화하여 (㉡)을(를) 생성하는데 이의 증가는 지구온난화를 유발한다.
> • 대기 중 (㉢)가(이) 증가하는 원인은 화석연료의 사용, 질소 비료의 사용 증가, 인구 증가로 인한 식량 생산증대와 농경지 확대를 들 수 있다.

① H^+ - 산소 - 이산화탄소
② H_2 - 질소 - 이산화질소
③ Cl - 수증기 - 아산화질소
④ Cl - 메탄올 - 이산화탄소

04 지구온난화가 환경에 미치는 영향에 대해 가장 거리가 먼 것은?

① 지구의 대기 기온이 상승되면, 필연적으로 생태계가 변화를 수반한다.
② 기후변화를 유발하여, 온대 기후 지역이 아열대 기후 지역으로 변할 수 있다.
③ 해수의 온도상승으로, 양식 어종의 변화가 일어난다.
④ 하천이나 호수의 물을 산성화시켜, 수중 생태계를 파괴한다.

05 온실효과 유발물질이 아닌 것은?

① CH_4 ② CO_2
③ CFC - 11 ④ NO_2

 정답 및 해설

01 ④

유형 및 해설 [온실가스] 메탄은 목축, 미생물 활동, 논, 습지 등에서 생물 활동에 의해서 발생하며, 또한 천연가스의 사용, 석탄채광, 생물이나 화석연료의 연소 등에 의해서도 발생한다. 그러나 메탄은 대류권에서 OH기에 의한 산화, 성층권으로의 전이, 생물에 의한 토양에서의 분해 등으로 감소하기도 한다. 염화불화탄소는 대류권에서 반응성이 낮으며, 성층권에서 자외선 작용하에서만 반응한다.

02 ①

유형 및 해설 [온실가스 배출량] 배출량이 가장 많은 것은 이산화탄소(CO_2)이다.

03 ③

유형 및 해설 [온실가스의 역할] 성층권에서 염소이온은 염화수소를 형성하여 대류권으로 보낸다. 그리고 성층권에서 메탄은 산화하여 수증기를 생성하는데 이는 지구온난화 유발물질이다. 화석연료의 사용, 질소 비료의 사용 증가, 인구 증가로 인한 식량 생산증대와 농경지 확대에 공통적인 요인이 될 수 있는 것은 아산화질소이다.

04 ④

유형 및 해설 [산성비와 지구온난화] ④는 산성비의 직접적인 영향으로, 지구온난화와는 거리가 멀다.

05 ④

유형 및 해설 [온실가스] 온실가스 유발물질은 메탄, 이산화탄소, 오존, CFC, 수증기 등이 있다.

제 **73** 주

오존층

제73주제	오존층

1. **오존층이란?** : O₃로 구성된 층으로, 지구로 도입되는 태양 복사에너지 중 자외선을 차단하는 역할을 하는 층이다.
2. 오존층의 생성과 분해
3. 염화불화탄소의 종류와 반응

1. 오존층이란?

(1) 오존(ozone, O₃) : O₃로 O₂와 O로 쉽게 분해되며, 반응성과 산화력이 매우 큰 물질이다.

　1) 고농도의 오존은 호흡계 질환을 야기시키며, 폐 기능에 변화를 가져오는 반응성이 강한 가스이며, 강산화물이다.

　2) 오존의 검출반응은 요오드화칼륨 녹말종이를 이용한다. 푸른색으로 변하면 이의 확인이 가능하다.

(2) 오존의 구분

　1) 대류권 오존 : 약 10%, 여러 대기가스가 광화학반응에 의해 생성된 광화학적 오존이다. 대류권 오존은 대기오염물질이다. 이동성이 강해 지역 대기오염물질(local air pollutant)보다는 광역 대기오염물질(regional air pollutant)로 구분된다.

　　➡ 지표면에 가까운 대류권의 오존량은 인체나 지구 생태계에 악영향을 미칠 수 있기 때문에 적을수록 좋다.

　2) 성층권 오존 : 오존층을 형성하여 자외선을 차단하고, 지구온도를 조절하는 역할을 한다.

(3) 오존층

　1) 성층권 상부에 오존이 밀집해 있는 구역을 '오존층(ozone layer)'이라 하며, 오존은 지상 10~15km, 지상 20~25km 등 두 개의 층에 집중되어 있다.

　2) 오존의 농도는 지역에 따라 다양하지만, 북반구에서는 주로 겨울과 봄철에 낮아지고, 여름과 가을에는 높아진다.

3) 오존층의 두께는 Dobson 단위로 표시한다. 지구 대기 중 오존의 총량을 STP(0℃, 1atm) 상태에서 두께로 환산하여 1mm를 100Dobson으로 하였다.

➡ 적도상의 오존의 총량은 0.2cm(200Dobson) 정도이며, 극지방은 0.4cm(400Dobson) 정도이다.

(4) 오존층의 역할

1) 오존층은 태양광선의 자외선을 대부분 흡수하여, 지상의 생명체를 보호하는 역할을 한다.

➡ 자외선은 눈에 보이지 않지만, 태양에서 형성된 파장이 매우 짧은 광선이다. 그런데 자외선의 일부는 생명체의 유전자를 파괴하는 살상의 기능을 가지고 있다. 이런 유해한 자외선을 오존층이 막아주는 것이다.

➡ 원시 지구에서 바다의 생명체들이 육지로 올라와 살 수 있었던 것도 오존층이 형성되었기 때문이다.

2) 오존은 지구온도를 조절하는 역할을 한다.

➡ 이산화탄소나 다른 온실가스와 마찬가지로 오존도 온실효과 가스 중 하나이다.

2. 오존층의 형성과 파괴

(1) 오존의 생성과 분해

1) 오존의 생성

$$O_2 \xrightarrow[180\sim240nm]{UV} O\cdot + O\cdot$$

$$O_2 + O\cdot \longrightarrow O_3$$

오존의 생성은 자외선을 산소분자가 흡수하여 두 개의 산소원자 라디칼로 쪼개지고, 이 원자가 즉시 다른 산소분자와 결합하여 오존을 생성한다.

2) 오존의 분해

$$O_3 \xrightarrow[200\sim320nm]{UV} O_2 + O\cdot$$

생성된 오존이 다시 자외선을 흡수하여 산소분자와 한 개의 산소원자 라디칼로 분해되어 연쇄반응이 일어난다.

3) 오존의 생성 및 분해 과정은 서로 균형을 이루어, 대기 중의 오존의 양과 농도가 일정하게 유지된다.

(2) 오존층의 파괴와 CFCs(chlorofluorocarbon series)

1) 오존의 분해와 관련된 물질 : 염화불화탄소(CFC), 일산화질소(NO), 염화메틸(CH_3Cl), 메탄(CH_4), 사염화탄소(CCl), 할론(halon, 염화브롬화탄소) 등이다.

구 분	화학식	오존층 파괴 잠재력	용 도	대기권 잔류기간(년)
CFC-011	$CFCl_3$	1.00	냉각, 에어로졸, 발포제	65~75
CFC-012	CF_2Cl_2	0.90	냉각, 에어로졸, 발포제, 살균, 식품 냉동, 화장품, 가압송풍장치 등	100~140
CFC-113	CCl_3CF_3	0.80	용제, 화장품	100~134
CFC-114	$CClF_2CClF_2$	0.70	냉각	300
CFC-115	$CClF_2CF_3$	0.40	냉각, 거품크림 안정제	500
할론 1301	$CBrF_3$	10.00	소화(消火)	110
할론 1211	$CClBrF_2$	2.20	소화(消火)	15
HCFC-22	$CHClF_2$	0.05	냉각, 에어로졸, 발포제, 소화제	16~20
메틸클로로포름	CH_3CCl_3	0.15	용제	5.5~10
사염화탄소	CCl_4	1.20	용제	50~69

2) **오존층 파괴반응** : 반응 메커니즘은 라디칼반응이다.(CCl_2F_2에 의한 예)

① **연쇄 개시**

$$CCl_2F_2 + UV \longrightarrow CF_2Cl \cdot + Cl \cdot$$

② **연쇄 전파**

$$Cl \cdot + O_3 \longrightarrow ClO \cdot + O_2 \rightleftarrows \{10^5번 \ 정도 \ 진행\} \rightleftarrows ClO \cdot + O \longrightarrow Cl \cdot + O_2$$

➡ 위 반응에서 염소원자는 오존분자를 계속해서 분해시키는데, 위의 전파과정을 10만 번 정도 되풀이하여 약 10만 개의 오존분자를 파괴한다.

③ **총괄 반응식**

$$O_3 + O \cdot \longrightarrow O_2 + O_2$$

(3) 오존층 파괴의 영향

1) 가장 직접적인 증거로 현재 남극에 오존층이 계속 파괴되어 가고 있다.(오존 홀, ozone hole)

2) **인간과 자연생태계에 영향** : 피부암, DNA 손상 등

3) **기후변화** : 성층권 오존이 감소하면 자외선 투과량이 증가하여 지구기후를 변화시킨 것이다.

4) 오존은 이산화탄소와 마찬가지로 온실기체이다. 온실기체의 영향 이외에도 오존층 파괴로 인한 태양광선의 침투의 증가는 지구기온의 상승을 유발할 것이다.

3. 염화불화탄소(CFCs)

(1) 염화불화탄소의 용도

1) CFC의 상품명은 '프레온(Freon)'이다.

2) 용도 : 냉매, 에어로졸 분사제, 우레탄폼 발포제, 정밀기기의 세정제 등

① 세성제는 기름을 녹이나 플라스틱과는 작용하지 않고 선택싱이 우수, 침투싱 양호, 속건성(速乾性)으로 구석까지 세정이 가능하다.

② 에어로졸(aerosol)은 불연성, 독성이 낮고 취급이 편리하며, 분사성이 좋고 열전도율이 낮으므로 가스 봉입하여 단열성을 높인다.

(2) 염화불화탄소 대체물질의 개발

1) 염화불화탄소의 물성 : 무색, 무취, 열적·화학적 안정성, 불활성(noble), 무독성

2) CFCs와 유사한 물성을 가진 수소화염화불화탄소(HCFC, hydrochlorofluorocarbon), 과불화탄소(PFC, perfluorocarbon), 수소화불화탄소(hydrofluorocarbon) 등의 대체물질이 만들어졌다.

기출 및 예상 문제

01 광화학적 활성에서 가장 좋은 CFC(염화불화탄소)는?　　　　　❂ 02 환경부 9급(변형)

① CCl_4

② CS_2

③ $CClO_2$

④ CCl_3F

02 '오존층(ozone layer)'에 대한 설명이다. 틀린 것은?

① 지상에서 10~15km, 지상 20~25km 등 두 개의 층에 집중되어 있는 성층권 상부에 밀집해 있는 층이다.

② 일반적으로 지구 북반구에서 오존의 농도는 여름과 가을에 높아지고, 봄과 겨울에 낮아진다.

③ 오존층을 구성하는 오존(O_3)도 지구온난화의 주범인 온실가스이다.

④ 오존층은 태양복사에너지 중 자외선을 차단하여, 지상 생명체를 보호하는 역할을 한다.

⑤ 일반적으로 오존을 분류하면 성층권 오존과 중간권 오존으로 나뉜다.

03 현재 상용되는 프레온가스, 염화불화탄소는 오존층을 파괴한다. 이의 대체물질로 거론되고 있는 것들 중 가장 적합한 것은?

① NO

② CH_4

③ CCl_4

④ CHF_2CF_3

04 대기권의 특성에 대한 설명으로 옳지 않은 것은? ❖ 02 기술고시(변형)

① 대류권은 고도가 높아짐에 따라 지구에서 복사되는 거리가 멀어지므로 온도가 내려간다.

② 성층권은 대류권의 상단부에 위치하고, 고도가 높아짐에 따라 온도가 상승한다.

③ 대류권에는 대기 질량의 80% 이상이 있으며 수증기, 구름, 강우 등의 현상이 일어난다.

④ 대기권은 지표로부터 대류권, 중간권, 성층권, 열권의 순서로 존재한다.

⑤ 중간권은 고도가 높아짐에 따라 온도가 감소한다.

05 성층권에서 일어나는 광화학의 반응에 속하는 것은? ❖ 02 기술고시(환경화학, 변형)

① $NO_2 + hv \rightarrow NO \cdot + O \cdot$

② $CH_3CHO + hv \rightarrow CH_3 \cdot + HCO \cdot$

③ $O_2 + hv \rightarrow O \cdot + O \cdot$

④ $HCHO + hv \rightarrow H \cdot + HCO \cdot$

⑤ $SO_2 + hv \rightarrow SO_2 \cdot$

정답 및 해설

01 ④

유형 및 해설 [CFCs] 다른 CFC와 비교해 CCl_3F는 염소와 불소원자를 가진 프레온-11이다. 이는 다른 화합물보다 더욱 안정해 성층권까지 쉽게 도달해 오존층을 파괴한다.

02 ⑤

유형 및 해설 [CFCs] 대류권 오존과 성층권 오존으로 나뉜다. 중간권에 오존은 존재하지 않는다.

03 ④

유형 및 해설 [CFCs의 대체물질] 수소화불화탄소(HCFC)는 가스의 양에 비해 오존층을 파괴 정도가 상대적으로 적어 염화불화탄소의 대체물질로 거론되고 있다. 이들 대체물질은 CFC와 비교해 물성(무색, 무취, 열적·화학적으로 안정, 불활성, 무독성)이 비슷하고, 오존층 파괴를 줄일 수 있는 것이어야 한다. 현재 거론되고 있는 HCFC(hydrochlorofluorocarbon), PFC(perfluorocarbon), HFC(hydrofluorocarbon) 등이 있다.

04 ④

유형 및 해설 [기층의 분류] 순서는 대기권 – 성층권 – 중간권 – 열권 순이다.

05 ③

유형 및 해설 [오존반응] ③은 성층권에서 발생하는 오존의 생성반응 중의 일부이다. 나머지는 지표면 근방에서 일어나는 광화학스모그를 일으키는 반응들이다.

제74주 산성비

1. **산성비란?** : 산성도가 pH 5.6 이하인 비를 의미한다. 일반적으로 빗물은 pH 5.6~6.5 정도의 약산성을 띠지만 대기오염이 심한 지역에서는 강한 산성을 띤 산성비가 내린다.
2. 산성비의 원인물질은 주로 자동차에서 배출되는 질소산화물과 공장이나 발전소, 가정에서 사용하는 석탄, 석유 등의 연료가 연소되면서 나오는 황산화물이 있다. 이들은 대기 중에 축적되어 대기의 수증기와 만나면 황산이나 질산으로 바뀐다. 이러한 물질들은 강산성을 띠고 있어 비의 pH를 낮추게 된다.
3. 산성비로 인한 피해
4. 산성비 대책

(1) 산성비의 정의 : 공기 중에는 원래 약 200~400ppm의 탄산가스가 존재한다. 이것이 공기 중의 물방울과 반응하면 약산성인 탄산이 된다. 이 탄산이 빗물에 포화되면 pH가 5.6을 나타낸다. 따라서 정상적인 빗물에서도 pH가 5.6까지 될 수 있으며, 다른 오염물질에 의해 빗물이 더욱 산성화되어 pH 5.6 이하가 될 때, 이 비를 '산성비'라 한다.

$$CO_2 + H_2O \longrightarrow H_2CO_3$$
$$H_2CO_3 \rightleftarrows HCO_3^- + H^+$$
$$HCO_3^- \rightleftarrows CO_3^{2-} + H^+$$

1) 주로 공장이나 자동차 등의 각종 오염원에서 대기 중으로 배출된 아황산가스나 질소산화물이 대기 중의 여러 물질과 반응하여 강산성의 황산이나 질산을 생성하고 빗물에 의해 씻겨 내려온다. 그러므로 산성비는 대기에서 산성의 물질을 제거하는 과정에서 생기는 현상이다.
2) **두 가지 형태** : 습성침착(빗물에 녹아내림), 건성침착(에어로졸과 같은 형태로 강하)

(2) 산성비의 원인물질 및 생성과정 : 인간의 여러 가지 활동뿐만 아니라, 가정이나 공장에서 석유나 석탄 등의 연료를 태울 때 발생하는 아황산가스, 질소산화물, 염화수소 등의 산성가스에 의해 산성비가 내린다. 이들 산성가스는 수분이 존재하면 쉽게 황산, 질산, 염산 등과 같은 강산으로 변하여 구름이나 빗물 등에 스며들어 산성비, 산성안개, 산성눈 등의 형태로 지표면에 강하한다.

1) **황산** : 연료에 포함된 황성분이 산화하여 $SO_2(SO_x)$가 되는데, 수분과 반응해 황산이 된다.

$$SO_2 + H_2O \longrightarrow H_2SO_3$$
$$H_2SO_3 + H_2O \longrightarrow SO_4^{2-} + 4H^+ + 2e^-$$

2) **질산** : 대기 중에 번개의 방전에 의해 NO_x가 생성될 수 있으나, 대부분은 연료의 연소에 의해 생성된다.

$$2NO_2 + H_2O \longrightarrow NO_3^- + HNO_2 + H^+$$
$$3HNO_2 + H_2O \longrightarrow NO_3^- + 2H_2O + 2NO + H^+$$

3) **염산** : 석탄 속에 포함된 Cl이 수화하거나 해수의 NaCl이 대기 중의 H_2SO_4, HNO_3와 반응하여 생성된다.

$$2NaCl + H_2SO_4 \longrightarrow 2H^+ + Na_2SO_4 + 2Cl^-$$
$$NaCl + HNO_3 \longrightarrow H^+ + NaNO_3 + Cl^-$$

(3) 산성비의 영향

1) 하천이나 호수의 물을 산성화시키므로 수중생태계에 대한 영향이 크다.
2) 토양 내에서 염류가 용출되므로 토양의 산성화로 식물이나 산림이 막대한 피해를 입게 된다.
3) 인체에 미치는 영향은 눈이나 피부를 자극하여 불쾌감이나 통증을 느끼게 한다.
4) 재산에 미치는 영향은 금속이나 대리석 등으로 만든 동상이나 건물을 부식시킨다.

(4) 산성비의 피해를 줄이기 위한 대책 : 산성비에 대한 피해를 줄이기 위해서는 산성비의 원인인 이산화황, 질소산화물 배출 시 탈황, 탈질 공정을 반드시 거쳐야 한다.

 기출 및 예상 문제

01 **다음 중 틀린 것은?**

✿ 07 서울시9급(화학공학 일반)

① 오존층 파괴 – CFC
② 산성비 – 황산화물, 질소산화물, 암모니아
③ 광화학스모그 – 질소산화물
④ 온실효과 – CO_2, CH_4

02 산성비와 직접 관련된 것이 아닌 것은?

① CO_2 ② pH 5.6

③ CFC   ④ SO_x

⑤ NO_x

 정답 및 해설

---

01 ②

유형 및 해설 [대기오염의 원인과 결과] ②의 산성비의 원인으로 암모니아가 틀렸다. 산성비의 원인은
황산, 질산, 염산이 대기와 반응하여 파생된 황산화물, 질소산화물, 그리고 염소 분해물질이다.

02 ③

유형 및 해설 [산성비] CFC는 오존층 파괴물질이다. 또한 온실가스이다.

환경과 공해

(1) 환경오염

① 과학기술혁신과 고도 산업발달로 다양한 인간의 활동에 의해 발생하는 폐기물, 소음 등이
환경과 생태계를 변화시켜 수질, 대기, 토양 등의 자연환경을 오염시켰다.

② 자연환경은 자정 능력으로 어느 정도의 오염을 소화시킬 수 있으나, 오염도가 이 능력을 초
과하게 되면 인공적인 처리시설에 의해 정화하지 않으면 깨끗하고 쾌적한 환경을 누릴 수
없다.

③ 산업활동으로 인해 발생하는 공해는 직접적으로 인간을 비롯하여 동식물, 천연자원에 피해
를 주기도 하지만 중간 매체를 통해 피해를 주는 경우가 많다(간접적 피해).

(2) 환경오염의 분야별 발생원인 개관

환경오염 분야	발생원인
대기	매연(분진, 황화합물, 질소화합물), 자동차 배출가스 등
수질	공장폐수, 하수도, 광산의 유수·폐수 등, 선박·해양시설 등의 폐유 등
토양	대기, 수질오염을 통해 간접적 발생, 쓰레기 매립장, 농약 등
소음·진동	공장, 사업장, 건설공사나 교통기관 및 무단 고성방가
지반 침강	지하수의 채취로 발생, 지진(자연재해), 무작위한 재개발 공사 등
악취	음식물쓰레기, 공장, 가축 사육장, 가축 처리장에서 발생
폐기물	먼지, 오니, 분뇨, 알칼리, 폐산, 폐알칼리 등

(3) 생태계(ecosystem)
① 생태계란? : 자연계 중 생물이 주로 관여하는 부분계를 의미한다.
② 생태계의 특질
  ㉠ 에너지 흐름과 물질의 순환
  ㉡ 먹이 연쇄
  ㉢ 생화학적 순환
  ㉣ 항존성 유지, 상호의존, 복잡성, 적응 등
③ 생태계 물질의 순환
  ㉠ 탄소순환 : 순환과정 중에서 모든 성분이 잘 알려진 가장 단순한 영양소 순환의 형태로 거의 완전한 순환과정을 거치며, 탄소의 기본적인 경로는 대기로부터 각종 생산자에 의해 무기탄소(CO_2)가 유기탄소로 고정되고 소비자를 거쳐 분해자에게 도달한 후 그 역의 경로로 다시 저장고인 대기로 돌아간다.
  ㉡ 질소순환 : 공기 중 약 80%는 질소이고, 이 질소는 단백질의 기본적인 성분이기 때문에, 모든 생물조직이 필요로 하는 또 하나의 기본요소이다.
  ㉢ 인순환 : 인은 유전정보의 회로에 포함되는 디옥시리보핵산(DNA)과 리보핵산(RNA) 분자의 기본요소이고, 인화합물은 세포 에너지 조작장치의 기본이다.
  ㉣ 에너지순환 : 태양의 열에너지를 이용하여 식물은 광합성을 하며 세포를 합성한다. 태양광선으로부터 물리적 에너지를 얻어 세포를 합성시켜 화학에너지로 형성되는 것이다.
  ㉤ 물의 순환 : 물은 증발되고, 이는 다시 비나 눈이 되어 지상에 떨어진다.

제 **75** 주

대기오염

제75주제　　대기오염

1. 대기오염물의 성상
2. 대기오염물질
　① 1차 오염물질 : 입자상 물질, 가스상 물질
　② 2차 오염물질 : 광화학산화물
3. 방지기술

---

1. 대기오염물질(Ⅰ)

(1) **대기오염의 정의** : 대기 중에 입자상 물질, 기체상 물질 및 악취성 오염물질이 인간의 건강과 재산, 동식물과 생활환경에 피해를 줄 정도로 다량으로 노출된 상태를 말한다.

 보충설명　용어정리

---

① **먼지(dust)** : 대기 중에 떠다니거나 흩날려 내려오는 입자상 물질을 말한다.

② **매연(soot and smoke)** : 연소 시에 발생하는 유리탄소를 주로 하는 약 $1\mu m$ 이하 정도의 입자상 물질로, 대기 중에 분산되어 있다.

③ **검댕** : 연소 시에 발생하는 유리탄소가 응결하여 입자의 지름이 $1\mu m$ 이상이 되는 입자상 물질을 말한다.

④ **악취** : 황화수소, 메르캅탄, 아민류 및 기타 자극성 기체들이 동물의 후각을 자극하여 불쾌감과 혐오감을 주는 냄새를 말한다.

⑤ **대기오염물질** : 대기오염의 원인이 되는 가스·입자상 물질로서 환경부령으로 정하는 것을 말한다.

⑥ **가스** : 물질의 연소, 합성, 분해 시에 발생하거나 물리적 성질에 의하여 발생하는 기체상 물질을 말한다.

⑦ **입자상 물질** : 물질의 파쇄·선별·퇴적·이적, 기타 기계적 처리 또는 언소·합성·분해 시에 발생하는 고체상 또는 액체상의 미세한 물질을 말한다.

⑧ **특정 대기유해물질** : 사람의 건강·재산이나 동식물의 생육에 직접 또는 간접으로 위해를 줄 우려가 있는 대기오염물질로서, 환경부령으로 정하는 것을 말한다.

⑨ **안개(fog)** : 작은 물방울이 공기 중에 떠 있는 현상으로 습도가 70% 이상에서 생기며, 수평 시정거리는 1km 이하의 것을 말한다.

⑩ **연무(haze)** : 미세한 건조입자가 떠 있는 현상으로 습도가 70% 이하 유백색을 띤다.

⑪ **연무질(aerosol)** : 기체 내에 작은 고체 혹은 액체 입자가 분산된 상태를 말한다.

⑫ **분진(particulate)** : 미세한 고체, 액체의 알갱이를 말하며, 차량 지체 시간대에 많이 발생한다.

⑬ **훈연(fume)** : 용융된 승화, 휘발하여 생긴 기체가 응축할 E_i가 생긴 1μm 이하의 상호 응집하기 쉬운 성질을 가진 고체상 입자이며, 브라운 운동을 한다.

⑭ **미스트(mist)** : 입자의 핵 주위에 증기가 응축하여 생긴 입자로 수평 시정거리 1km 이상으로 회백색을 띤다.

(2) 대기오염물질의 종류, 영향 및 처리법

1) 황산화물(SO_x)

① 황산화물 성분

㉠ 아황산가스(SO_2) : 대기오염의 지표로서 무색의 자극성 기체이다. 물에 수용성이며 환원 표백제로 사용된다. 공기 중의 SO_2는 시간당 약 0.1~0.2%씩 산화된다.

㉡ 황화수소(H_2S) : SO_x 중 가장 양이 많은 물질(약 80%)이다. 맹독성 악취물질이다.

㉢ 이황화탄소(CS_2) : 휘발성 무색액체, 불용성이다. 비스코스 섬유공장과 이황화탄소 공장에서 다량 발생한다.

㉣ 황산(H_2SO_4) : SO_3 및 H_2SO_3의 산화에서 발생하고, 수증기, 빗물에 의해 생성된다. 산성비의 원인이 되는 황화물의 주성분이다.

㉤ 황산미스트 : SO_2, NO_x와 올레핀계 탄화수소의 존재하에서 광산화될 경우의 에어로졸상태를 말한다. 독성은 SO_2의 약 10배 정도 크며, 인체의 하부 기도까지 영향을 준다.

㉥ 메르캅탄 : 저농도에서도 악취되며, 페인트를 퇴색시킨다.

② 황산화물의 영향

㉠ 특히 SO_2가 0.097ppm 이상이 되면 섬유의 색깔이 변색되고, 식물은 흑반증(necrosis), 백화현상(chlorosis)을 야기한다. 또한 인체의 폐기능을 악화시킨다.

㉡ SO_2와 H_2S 등이 Fe, Al, Ni, Cu, Zn과 같은 금속을 부식시키며, 특히 습도가 80% 이상일 때 부식 정도가 심하다. SO_2에 의한 피해가 가장 크다.

ⓒ 3ppm 이상이 되면 연탄 태울 때 나는 냄새가 심하다. 또 부식성이 강한 황산방울이 형성되면 가시로가 감소된다.

ⓔ 호흡기 질환, 기관지 천식, 폐기종 등의 만성질환을 일으키며, 기관지 수축 호흡·맥박이 증가하는 급성피해도 발생시킨다.

③ **황산화물의 처리법** : 중유나 탄소에는 황이 많이 포함되어 있는데, 이를 연소하면 SO_x 성분이 발생한다. 이에 이 성분을 제거하는 공정을 거친다.

ⓐ 사전탈황 : 사전탈황에는 중유로부터 수소화반응을 통해 직접탈황하는 직접탈황법과 중유를 감압 증류하면 생성되는 감압 경유를 수소화처리하는 간접탈황법이 있다.

그 과정을 보면, Mo−Co계 촉매를 사용하여 $RSH + H_2 \rightarrow RH + H_2S$시키고, 이를 다시 환원반응시켜 $H_2S + ZnO \rightarrow ZnS + H_2O$, 단체황으로 회수를 제거한다. 석탄의 경우 사전탈황법으로 SRC(Solvent Refund Coal) 공정이 알려져 있다. 이는 용매에 의해 황화합물을 용해시켜 제거하는 공정으로 석탄으로부터 60~80%의 황성분이 제거 가능하다.

ⓑ 사후탈황 : 연소가스의 SO_2을 다른 반응제(흡수제)와 반응시켜 다른 물질로 전환하는 방법이다. 예를 들어 SO_2을 석회석 슬러지 또는 [생석회+물]의 혼합물에 반응시킴으로써 석고를 생산하는 방법이다.

> [비재생 공정] $SO_2 + CaCO_3 + 2H_2O \rightarrow CaSO_3 \cdot 2H_2O + CO_2$
>
> [재생공정(Wellman−Lord법)]
>
> $Na_2SO_3 + SO_3 + H_2O \rightarrow 2NaHSO_4 \xrightarrow{[+가열]} Na_2SO_3 + H_2O + SO_2$

2) **질소산화물(NO_x)**

① **질산화물의 성분 및 영향** : 대기오염에 영향을 미치는 물질은 NO와 NO_2이다.

ⓐ 일산화질소(NO) : NO는 O_3보다 독성이 1/10~1/15 정도 강한 무색 기체로, 혈중 Hb과 결합력(NO−Hb)이 CO보다 수백 배 더 강하다. 이 화합물을 변성 또는 니트로소헤모글로빈이라 한다. 그리고 중추신경장애로 마비와 경련을 일으키며 섬모운동 저하로 폐쇄성 기관지염, 폐암 등을 일으킨다.

ⓑ 이산화질소(NO_2) : NO_2는 적갈색 기체로서 NO보다 독성이 5~7배 정도 강하고 눈, 코의 점막을 자극하며 호흡기 장애로 만성 기관지염, 폐염, 폐충혈, 폐수종을 일으킨다. 또한 흡연 시 담배연기 속에 고농도로 존재하며 겨울에 농도가 높고 여름에 낮다. NO_2는 대기 중의 탄화수소와 자외선의 영향에 의해 오존, PAN, 알데히드, 아크롤레인 등의 광화학스모그를 발생시키고, 폐수종, 폐충혈, 폐쇄성 기관지염 등을 일으킨다.

ⓒ 일산화이질소(N_2O) : 대류권에서는 온실가스로 성층권에서는 질소와 오존의 반응으로 형성되는 물질로서, 일명 스마일가스(의료−마취제로 사용)라고 한다. 오존층 파괴물질로서 약 0.25ppm 정도가 대류권에서 존재하는데, 대류권 내에서는 불활성으로 대단히 인정된 가스이다. 인체에도 영향을 주지 않으면서 성층권에서는 자외선을 받아 N_2와 O로 광분해된다. 그러나 때로 성층권에 있어 NO_x 생성의 근원이 되기도 하며, 토양에 공급되는 과잉 비료 사용에 의한 것이 문제시 되고 있다. 체류기간은 20~100년으로 추정된다.

② **질소산화물의 처리법**

ⓐ 선택적 비촉매환원법 : NO_x 가 NH_3와 또는 요소(NH_2CONH_2)와 직접반응하여 N_2로 환원시키는 방법이다.(라디칼반응)

$$NH_3 + \cdot OH \longrightarrow NH_2 \cdot + H_2O$$
$$NH_2 \cdot + NO \longrightarrow N_2 + H_2O$$

ⓑ 선택적 촉매환원법(SCR ; Selective Catalytic Reduction) : NH_3를 환원제로 한 SCR법은 세 가지 종류로 분류되는데 주반응은 NO제거반응이며, 부반응은 이 반응의 환원제인 암모니아 산화반응과 배가스에 포함되어 있는 성분과 반응이다.

[NO_x의 환원반응]
$$6NO + NH_3 \longrightarrow 5N_2 + H_2O$$
$$6NO + 8NH_3 \longrightarrow 7N_2 + 12H_2O$$
$$4NO + 4NH_3 + O_2 \longrightarrow 2NO + 6N_2O$$

[NH_3 산화반응]
$$NH_3 + 3O_2 \longrightarrow 2N_2 + 6H_2O$$
$$N_2O + 2H_2O \longrightarrow N_2O + 2H_2O$$
$$4NH_3 + 5O_2 \longrightarrow 2NO + 6N_2O$$

[부가적인 반응]
$$2NH_3 + H_2O + 2NO_2 \longrightarrow NH_4NO_3 + NH_4NO_2$$
$$2SO_2 + O_2 \longrightarrow 2SO_3$$
$$4NH_3 + SO_3 + H_2O \longrightarrow (NH_4)_2SO_4$$

3) **SO_x 및 NO_x의 동시 제거법** : 근래 대기오염 상황을 살펴볼 때, SO_x 의 제거는 크게 개선되고 있으나, NO_x 는 오히려 증가하는 추세이다. 원인으로 디젤을 쓰는 차량수가 증가하고 자가발전용 시설의 증가 및 열전병급 시스템이 도시 대형 건물을 중심으로 급속히 보급되고 있기 때문이다. 따라서 NO_x 와 SO_x 의 동시 제거기술이 새로운 관점에서 다시 생각해야 할 시기가 왔다. 에너지효율과 장치 간략화의 견지에서 볼 때, SO_x 와 NO_x 를 동일한 반응기 내에서 동시에 제거할 수 있으면 공정이 간소화되어 경제성이 향상될 것이다.

방식, 촉매	원 리	특 징
활성탄 금속염 담지 활성탄	SO_x는 활성탄에 황산으로 흡착, NH_3와 반응하여 $(NH_4)_2SO_4$가 된다. NO_x는 NH_3로 환원	• 활성탄만으로는 탈초율이 낮으나, 활성 성분의 첨가에 의하여 향상 • 활성탄 보급이 필요
$CuO-(Al_2O_3,\ SiO_2,$ $ZrO_2)-TiO_2$	금속산화물의 황산화반응을 이용한 탈황과 황산염을 촉매로 SCR법에 의한 NO_x 제거	• 재생은 NH_3 가스로 실행 • 재생 비용이 크다.
$V_2O_x-TiO_2$ $Cr_2O_3-TiO_2$ V, Mo-산화물	SO_x는 $(NH_4)_2SO_4$로서 촉매상에 축적, NO_x는 NH_3로 환원	• SO_x 산화에 의한 탈황 효율 향상 • 촉매에서 $(NH_4)_2SO_4$ 분리가 문제
전자선 조사법	dust-free 배출가스에서 NH_3를 첨가하여 전자 beam을 조사, NO_x는 NH_4NO_3, SO_x는 $(NH_4)_2SO_4$로 전환	• 제거효율이 높다. • 부산물은 비료로 사용이 가능하다.

4) 자동차 배기가스 처리

　① **자동차 배기가스의 성분** : 탄화수소, SO_2, 매연, NO_x, CO, CO_2

　　➡ 자동차 배기가스 주요 오염물질 CO, 탄화수소, NO_x, 옥시던트, SO_2 및 부유분진이다.

　　㉠ 일산화탄소(CO) : 무색, 무취의 기체로 헤모글로빈과의 결합력이 O_2보다 200~300배 정도 강하고, 이를 카르복시헤모글로빈이라 한다.

　　㉡ 이산화탄소(CO_2) : 무색, 무미, 무취의 기체로 실내 공기 오염지표이며, 온실가스이다.

　　㉢ 탄화수소(HC) : 자동차 감속 시 다량 발생되며 발암성 물질 3,4-benzopyrene을 생성한다. 또한 올레핀계탄화수소는 광화학스모그를 발생한다.

　　㉣ 옥시던트(oxidant) : O_3, PAN, 알데히드 등을 총칭하여 옥시던트라 한다.

　　㉤ PAN(Peroxy Acetyl Nitrate) : 오존과 같이 강한 산화제이다.

　　㉥ 염소(Cl_2) : 유독한 물질로 강한 자극성 냄새를 가지는 산화성 표백제이다.

　　㉦ 암모니아(NH_3) : 무색, 자극, 냄새를 갖고 물에 잘 녹는다. 냉동제로 사용된다.

　② **자동차 배기 배출경로**

　　㉠ CO, NO_x, Pb는 배기통에서 전부 배출된다.

　　㉡ 탄화수소는 배기통 65%, 크랭크 케이스 25%, 연료증발 및 기타 10%로 배출된다.

　③ **종별 배출가스의 특징**

　　㉠ 디젤 자동차는 악취와 검은 매연 그리고 배기 중에 함유된 3,4-benzopyrene은 기관지 점막에 대해 발암작용을 한다.

　　㉡ 가솔린연료에 첨가하는 안티노킹제인 4에틸납은 납성분을 함유한다. 이는 배기 중에 무기납으로 거의 70~80% 배출된다.

④ 자동차 배기가스 감소를 위한 기술개발

　㉠ 연료대체 : LPG나 천연가스를 사용하면, 연료와 공기의 혼합이 쉬워 높은 출력을 얻을 수 있을 뿐만 아니라 탄화수소, CO, NO_2의 배출을 줄일 수 있다. 또한 수소에너지를 이용한 하이브리드카의 사용화, 에탄올 연료를 이용한 연료의 개발 등을 들 수 있다.

　㉡ 우수한 성능의 촉매 전환제 개발 : 현재 백금(Pt)과 로듐(Rh)이 섞인 촉매가 들어 있는 자동차 촉매 전환기는 불완전연소 산화물인 CO와 NO를 각각 CO_2, N_2, O_2로 전환시켜 배출한다. 이의 성능을 더욱 개선하여 발전시켜 수율을 증대시킬 필요가 있다.

　　➡ 촉매전환제의 활성화 자리에 납(Pb)과 같은 물질이 치환되면, 전환제의 성능이 저하된다. 그러므로 촉매전환제를 사용하는 자동차는 무연연료를 주유하여야 한다.

　㉢ 탄화수소 감소를 위한 활성탄의 이용 : 연료 증기는 활성탄 통에 저장되나 통제 밸브를 통하여 흡입분기관으로 송입된 다음 엔진에서 연소된다.

5) 다이옥신 처리

　① 다이옥신(dioxin)의 특징

　　㉠ 다이옥신은 두 개의 벤젠고리가 두 개의 산소에 의해 결합된 구조를 가지고 있다.

　　㉡ 두 개의 벤젠고리에 8개까지의 염소가 결합될 수 있으며, 75개의 이성질체가 있다.

　　㉢ 끓는점과 녹는점이 높고, 물에 대한 용해성이 작다.

　　㉣ 열에 대해 매우 안정하여 소각 시에도 잘 분해되지 않는다.

　　㉤ 인체에 대한 영향으로 태아의 발육을 억제하고, 면역기능을 악화시킨다.

　　㉥ 염소좌창, 피부의 색소 탈착, 탈모, 간기능 이상 등을 유발한다.

　② 다이옥신의 생성원인

　　㉠ 폐기물 안에 포함된 다이옥신류가 소각 시에 배출된다.

　　㉡ PVC, PCB, 클로로페놀, 유기염소계화합물 등이 다른 분자와 반응하여 다이옥신을 생성하기도 한다.

　　㉢ 탄소, 수소, 산소, 염소 원자들이 원자반응을 통해 다이옥신을 합성하는데, 각종 금속산화물, 규소화합물류 등이 촉매로 사용된다.

　③ 다이옥신의 제거

　　㉠ 연소 전 제어 : 폐기물에 포함된 다이옥신류, PVC, PCB, 클로로페놀, 유기염계 화합물, 무기물 형태의 염소화합물 등의 염소화합물, 다이옥신 합성에 촉매 역할을 하는 Cu, Fe 등의 금속성분 등을 제거한다.

ⓛ 연소제어 : 유기물질을 완전히 제거하기 위해, 보통 연소실 온도를 850~950℃ 이상, 체류시간 2초 이상, 산소농도 6~12%(충분한 산소농도 화격자의 경우)로 하여 2차 공기 공급에 의한 연소가스의 교반 및 미연분을 완전연소처리한다.

ⓒ 연소 후 제어 : 유해가스 처리장치, 질소산화물 처리설비, 활성탄 흡착 등의 후 처리 장치를 사용하고, 다이옥신이 재합성되지 않도록 적정한 온도조건을 유지 해야 한다.

2. 대기오염물질(Ⅱ)

(1) 1차 오염물질

1) 입자상 물질 : 연무, 안개, 미스트, 먼지, 매연, 훈연, 분진

2) 가스상 물질 : CO, CO_2, NH_3, SO_2, H_2S, NO, NO_2

(2) 2차 오염물질

1) 2차 오염물질의 의미 : 대기 중에 배출된 오염물질(1차 오염물질) 간의 상호작용이나 오염 물질과 대기 정상성분과 태양광선에 의한 광화학적 반응으로 오염물이 변질되어 생성되는 간접적 오염물을 의미한다.

➡ 예를 들면, 오존, PAN, PbN, H_2O_2, 아크롤레인 등

2) 1·2차 공통 오염물질 : 발생원에서 직접 생성 가능할 뿐 아니라 대기 중에서 반응에 의해 생성 가능한 물질을 말한다.

➡ 예를 들어, SO_2, SO_3, H_2SO_4, NO, NO_2, 알데히드, 유기산 등

(3) 광화학스모그

1) 스모그(smog)란, 연기(smoke)와 안개(fog)의 합성어이다.(런던 스모그)

2) 광화학스모그(photochemical smog)란? : 원래 스모그가 석탄이 연소한 데에서 나온 여러 가지 결과물이 안개와 섞여서 회색 안개가 되는 식으로 발생한 것과 달리, 광화학스모그는 자동차 배기가스와 같이 석유 연료가 연소된 후, 빛을 받아서 화학반응을 일으키는 과정을 통해 생물에 유해한 화합물이 만들어져서 옅은 황갈색 안개가 된다.(LA 스모그)

3) 형성과정

① 광화학스모그는 일사량이 크거나 대기오염물의 배출량이 많거나 공기 환기량이 적 을 때 발생한다.

② 질소산화물은 화석연료가 고온에서 연소될 때 공기 중의 질소와 산소가 반응하여 발생하는 것으로 생각되며, 탄화수소는 석유의 불완전연소에 의해 발생하는 것으로 생각된다. 질소산화물(nitrogen oxide)은 이산화질소(nitrogen dioxide ; NO_2)가 가장 대표적이며, 자외선을 받아서 산화질소(NO)와 유리 산소로 분리된 후 이 유리 산소가 대표적인 산화성 물질인 오존(ozone ; O_3)을 생성하는 식으로 진행된다.

이 외에도 이러한 산화력에 의해 질소산화물이나 탄화수소가 휘발성 유기물(volatile organic compound), PAN(peroxyacyl nitrate), 알데히드(aldehyde)로 변화되어 여러 가지 좋지 않은 영향을 주는 것으로 알려져 있다.

➡ 광화학스모그 3내 기인요소 : NO_x, 탄화수소, 사외선 또는 가시광선

[NO의 광화학 순환]

$$NO_2 + UV \rightarrow NO + O$$
$$O + O_2 \rightarrow O_3$$
$$O_3 + NO \rightarrow NO_2 + O_2$$

[탄화수소와 오존의 반응에 의한 알데히드의 생성]

$$C_x H_y + O_3 \rightarrow RCHO$$

[PAN의 생성 및 Oxident 형성]

$$RCHO + NO + NO_2 \rightarrow PAN$$
$$PAN + O_3 + RCHO \rightarrow Oxident$$

[SO₂의 산화 및 황산 미스트의 생성]

$$SO_2 + O \rightarrow SO_3$$
$$SO_3 + H_2O \rightarrow H_2SO_4 \ mist$$

---

3. 방지기술

(1) 입자상 물질 제거방법 : 집진장치

집진장치는 장치 선정상 입자가 큰 먼지를 집진할 경우, 주로 중력, 관성력, 원심력 집진장치를 사용하는데 이를 전처리용 집진장치라 하고, 미세한 입자의 먼지 집진 시 고성능 전기, 여과, 세정 집진장치들을 후처리 집진장치라 한다.

(2) 유해가스 방지기술 : 흡수법, 흡착법, 연소법

1) **흡수법** : 충전탑, 다공판탑, 분무탑이 설비된 흡수장치를 이용하는 방법이다.

   흡수원리-Henry의 법칙

2) **흡착법** : 기체의 분자나 원자가 고체의 표면에 달라붙는 성질을 이용하여 오염된 가스를 처리하는 방법으로 악취제거 및 오염가스를 회수할 가치가 있는 경우에 유용한 방법이다.

   흡착제-활성탄, 실리카겔, 활성알루미나, 합성 제올라이트 등이 사용된다.

   ➡ 합성 제올라이트는 극성이 다른 물질이나 포화가 다른 탄화수소물질의 선택적 흡착이 가능한 흡착제이다.

3) **연소법** : 직접연소, 가열연소법, 촉매연소법의 3가지 방법을 주로 사용한다.

구 분	흡수법	흡착법	연소법
장점	• 장치는 소형이며, 처리비가 저렴 • HCl, Cl_2, F_2 등의 처리에 적합 • 가스상 및 고체상 물질이 공존하는 경우 동일장치로 처리 가능	• 관리가 비교적 용이함 • 저농도 가스도 제거가 잘 됨 • 건식 처리에 배연 확산장해 없음	• 제거효율이 대단히 높음 • 처리경비가 저렴 • 저농도 유해물질도 적합함
단점	• 건식 처리장치보다 부식이 심함 • 고온 연소 후, 배기가스 온도가 하강할 경우 노점이 낮아져 연돌의 가스 확산이 약함	• 흡착제가 비쌈 • 처리경비가 많이 듦 • 고농도 시 탈착효과, 탈착 가스처리가 문제임	• 무기물 등 처리 대상가스가 제한적임 • 배기가스 온도를 높일 필요 없음 • 반응속도가 낮을 경우 장치의 대형화로 부식 등의 관리문제 있음

4. 대기오염물질의 분석방법

(1) 환경기준 시험방법

1) 아황산가스

① **수동 및 반자동 측정법** : 파라로자닐법, 산정량 수동법, 산정량 반자동법

② **자동연속측정법** : 용액 전도율법, 불꽃광도법, 자외선형광법

2) 일산화탄소

① **자동연속측정법** : 비분산적외선법(NDIR)

② **수동측정법** : 비분산적외선법, 수소염이온화검출기(FID)

3) **질소산화물** : 자동연속측정법(화학발광법, 살츠만법), 수동측정법(야콥스 호흐하이저법, 살츠만법)

4) **미세먼지** : 자동연속측정법(광산란법, 광투과법, 베타선흡수법), 수동측정법(HVAS법, LVAS법)

5) **오존** : 자동연속측정법(화학발광법, 중성 요오드칼륨법), 수동측정법(중성 요오드칼륨법, 알칼리성 요오드칼륨법)

6) **납** : 원자흡광광도법, 흡광광도법(디티존법)

5. 대기권

(1) 대기권의 분류

1) 대류권 : 대류권의 최하층으로서, 지표로부터 약 11km까지의 범위이며 기온이 평균 6.5℃/km 비율로 점차 하강한다. 구름이 끼고 비가 오는 등의 기상현상이 대류권에 국한되며, 대기 오염과 밀접한 관련이 있다.

2) 성층권 : 지상 12~50km 정도까지의 범위로서 온도는 대략 영하 55℃ 정도이며 기온의 변화가 높이에 관계없이 거의 일정하여 대류가 일어나지 않는다. 25~35km 근방에 오존층이 존재한다.

3) 중간권 : 지상 50~80km 정도에 존재하며, 기온이 다시 하강하기 시작하여 대류권과 비슷한 기류 혼합이 일어난다. 대기조성물질의 조성비율이 거의 일정하므로 지표에서 80km까지를 균질층이라고도 한다.

4) 열권 : 80km 이상의 구간으로 파장 약 $0.1\mu m$ 이하의 자외선을 흡수하여 고도에 따라 온도가 상승한다. 이 권역에서는 분자들이 전리상태에 있으므로 전리층이라고도 한다.

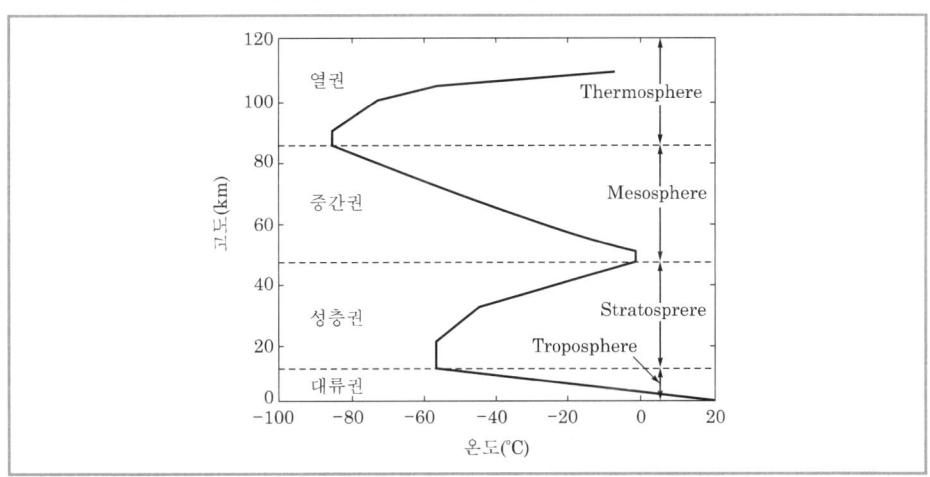

[대기에 대한 4가지의 온도층]

(2) 대기 열역학

1) 흑체(black body) : 모든 물체는 그 물체의 온도가 절대 영도가 아닌 한 전자기파를 복사한다. 입사된 복사에너지를 완전히 흡수하는 가상적인 물체를 흑체라고 하며, 그 물체는 주어진 온도에서 이론상 최대에너지를 복사하는 물체이다.

2) 복사이론

① 플랑크(Planck) 법칙 : 흑체의 온도를 T라 할 때, 흑체에서 방출되는 에너지 중 그 파장이 λ와 $\lambda + \Delta\lambda$ 사이에 들어 있는 에너지량은 다음 식과 같다.

$$E_\lambda = \frac{2\pi h C^2}{\lambda^5 (e^{hC/\lambda kT} - 1)}$$

여기서, k : 볼츠만 상수, C : 광속, h : 플랑크 상수, T : 절대온도

② Wien의 법칙 : 복사에너지 중 파장에 대한 에너지 강도가 최대가 되는 파장(λ_{max})은 흑체의 절대온도에 반비례한다.

$$\lambda_{max} = \frac{a}{T}$$

여기서, a : 비례상수로 0.288cm · K, T : 절대온도

③ Stefan-Boltzmann 법칙 : 흑체의 단위표면적에서 복사되는 에너지(E) 그 흑체의 절대온도의 4승에 비례한다.

$$E = \sigma T^4$$

여기서, σ : 비례상수로 5.67×10^{-8}[W · m^{-4} · K^{-4}], T : 절대온도

3) 복사평형

① 태양복사 : 태양복사에너지의 약 50%는 가시광선 영역의 빛이고, 나머지의 대부분은 자외선 및 적외선 영역에 속한다. 지구의 대기층을 통과하는 동안 공기, 구름, 에어로졸 등에 의해 산란, 반사, 흡수되어, 그 일부분만이 지표에 도달하게 된다. Wien의 변위법칙을 이용하면 태양을 흑체로 간주할 경우, λ_{max}가 0.475μm이므로 6,000K인 것임을 알 수 있다.

② 지구복사 : Wien의 변위법칙에 의한 지구의 복사평형온도는 255K 정도로, λ_{max}가 14μm인 곳에서 최대가 된다. 지구복사는 적외선 복사로서 장파복사에 속한다. 약 90%가 대기 중의 수증기, 구름 및 탄산가스(CO_2)에 의해 흡수되어 다시 지구표면으로 복사된다.

6. 대기오염현상

(1) **열섬효과** : 건물이 밀집되고 도로가 포장되어 있는 도시에서는 시내의 기온이 교외보다 높게 나타난다. 이로 인하여 시내의 공기는 상승하게 되어, 주위의 공기가 시내로 유입된다. 이러한 현상을 열섬현상(heat island effect)이라 한다.

(2) **온실효과** : CO_2는 수증기와 같이 적외선 복사를 흡수한다. 태양복사는 단파장이므로 투과시키고, 지구복사는 장파장 복사이기 때문에 CO_2에 의해 흡수된다. 이는 다시 역방향으로 복사가 일어나기 때문에 온실 내부를 고온으로 유지시켜 주는 역할을 한다.

(3) **열대야** : 여름 밤 기온이 25℃ 이상이면 열대야라 한다. 낮 기온이 30℃ 전후의 기온이 밤이 되면 20~23℃ 정도로 내려가야 하나, 엘리뇨 등 기상이변의 여파로 열대야가 일어난다.

(4) **엘리뇨** : 엘리뇨란 해수면의 온도가 평년보다 0.5℃ 이상 높게 6개월 이상 지속되는 현상을 말한다. 엘리뇨란 남아메리카 페루 연안에서 형성되는 "따뜻한 해류"를 뜻하는 스페인어로 크리스마스를 전후로 나타나기 때문에 "신의 아들"이란 별칭을 갖고 있다.

(5) **라니냐** : 해수면의 온도가 평년보다 0.5℃ 이상 낮은 것을 라니냐라 한다. 적도 무역풍이 평소보다 강해지며 차가운 바닷물이 솟아오르는 현상이다. 비교적 드물게 일어난다. 라니냐는 여자의 이름을 의미한다.

기출 및 예상 문제

01 화석연료를 사용할 때, 배출되는 산물로 공해대상이 아닌 것은? ✿ 97 총무처 9급

① 일산화탄소(CO)   ② 이산화황(SO_2)
③ 질소산화물(NO_x)   ④ 납(Pb)

02 대기오염물질의 분류 중 2차 오염물질인 것은?

① 안개   ② 아황산가스
③ 오존   ④ 불화수소

03 대기오염도 측정의 일반적인 지표로서 가장 많이 쓰이는 것은?

① CO_2 ② SO_2
③ O_2 ④ N_2

04 질소산화물 중 부식성이 강하고, 독성이 있는 물질은?

① NO_3 ② NO_2
③ NO   ④ N_2O

05 NO와 NO₂의 성질에 관한 설명이다. 옳지 않은 것은?

① NO가 NO₂보다 독성이 강하다.
② NO는 O₃보다 독성이 강하다.
③ NO는 혈중 헤모글로빈과 결합하여 CO보다 수백 배 강한 결합을 형성한다.
④ NO₂는 일반적으로 겨울에는 농도가 높고, 여름에는 농도가 낮다.

06 대기오염물질이 생물에 미치는 영향을 나타낸 것이다. 틀린 것은?

① HF는 동물보다 식물에 독성이 더 강하다.
② O₃는 인체와 식물에 강한 피해를 준다.
③ CO는 인체에는 대단히 해로우나 식물에는 영향이 적다.
④ NO₂는 인체보다 식물에 더 큰 피해를 준다.

07 질소산화물 중 대기오염의 직접적인 물질이 아닌 것은?   ✪ 02 국가직 9급

① NO   ② NO₂
③ N₂O   ④ NO₃

08 광화학스모그를 만드는 물질이 아닌 것은?

① NO   ② NO₂
③ RCHO   ④ NH₃

 정답 및 해설

---

01 ④

유형 및 해설 [대기오염 배출물] 화석연료를 사용할 때 배출되는 유해가스로는 CO, SO$_x$, NO$_x$가 대표적이다. 납과 같은 중금속물질은 주로 물 같은 액상에 녹아 인체 및 환경을 파괴하는 작용을 한다.

02 ③

유형 및 해설 [대기오염 – 2차 오염물질] 대기오염물질을 1차와 2차 물질로 분류한다. 보통 1차 물질이란 직접적인 영향을 주는 물질이고, 2차 물질이란 간접적인 영향을 주는 물질이라 생각한다. 1차 오염물질에는 먼지, 매연, 안개, SO₃, H₂S, NO$_x$, CO, NH₃, HF 등이 있다. 2차 오염물질에는 NOCl, H₂O₂, CH₂＝CHCHO, PAN, O₃ 등이 있다.

03 ②

유형및해설 [대기오염 지표] 아황산가스(SO_2)는 우리나라 대기오염의 환경기준 물질로 대기오염의 지표이다. 아황산가스는 환원성 표백제이며, 무색으로 자극성이 강하고 액화하기에 용이하다. 분진이나 액적 등과 동시에 흡입되면, 황산미스트(mist)가 되어 독성이 약 10배 증가한다. 동물, 식물에 피해를 주고, 건물이나 금속을 부식시킨다.

04 ②

유형및해설 [질소산화물] 이산화질소(NO_2)는 주황색 가스로 코를 찌르는 냄새가 나며, 부식성이 강하고 산화력이 크며 독성과 자극성이 있다. 이것은 흡수법과 촉매회수법으로 제거된다.

05 ①

유형및해설 [NO와 NO_2] NO_2가 NO에 비해 독성이 강하다. NO는 O_3보다 독성이 1/10~1/15 정도 강한 무색 기체이고, 혈중 Hb과 결합력(NO－Hb)이 CO보다 수백 배 더 강하다. 이 화합물을 변성 또는 니트로소 헤모글로빈이라 한다. NO_2는 적갈색 기체로서 NO보다 독성이 5~7배 정도 강하고 눈, 코의 점막을 자극하며 호흡기 장애로 만성 기관지염, 폐렴, 폐충혈, 폐수종을 일으킨다. 또한 흡연 시 담배연기 속에 고농도로 존재하며 겨울에 농도가 높고 여름에 낮다. NO_2는 대기 중의 탄화수소와 자외선의 영향에 의해 오존, PAN, 알데히드, 아크롤레인 등의 광화학스모그를 발생시키고, 폐수종, 폐충혈, 폐쇄성 기관지염 등을 일으킨다.

06 ④

유형및해설 [대기오염물의 영향] 이산화질소는 식물에는 독성이 약하나, 인체에는 독성이 강해 20~40ppm 정도에서 반점이 생긴다. 일산화탄소는 산소에 비해 Hb(헤모글로빈)과 결합력이 강하므로 조직을 질식시켜 생리 기능을 저하시킨다. 혈액 중 CO의 농도가 10ppm 이하일 때, 병적 증거는 없다. 그러나 100ppm 이상에서는 현기증, 두통, 지각 상실 등이 나타나며, 300~400ppm 정도에서는 시력장애, 구역질, 복통이 있고, 1,000ppm 이상에서는 인체에 치명적인 영향을 준다.

07 ③

유형및해설 [질산화물] 이 문제는 대기오염물질인 NO_x의 종류를 묻는 것으로, N_2O는 직접적인 물질이 아니다.

08 ④

유형및해설 [2차 오염물질] 광화학스모그에 의해 발생하는 2차 오염물질과 관련된 것으로, 암모니아는 이와 관련이 없다.

제 **76** 주

수질오염

1. **수질오염과 영향인자** : DO, BOD, COD 등
2. **수질관리** : 자정작용, 성층현상, 전도현상, 부영양화, 적조현상

1. 수질오염과 영향인자

(1) 수질오염이란? : 물에 어떤 이물질이 유입되어 물의 성분과 상태를 변화하여 물을 그대로 이용할 수 없는 상태를 말한다. 이러한 수질을 오염시키는 물질은 오염원별로 보면, 유독성 물질과 유기물로 대별된다. 이 밖에도 전염병균에 의한 세균오염이 있을 수 있다.

1) **유독성 물질에 의한 오염** : DDT, BHC와 같은 유기염소계 농약, 유기인제, 기타 각종 농약, 수은, 카드뮴, 크롬 등의 기타 중금속화합물, PCB, 시안화물, 비소 등이 여기에 속한다.

2) **유기오염** : 생물원료에서 유래되는 폐기물 또는 생물이 신진대사 과정에서 배설되는 분뇨 및 하수, 농축산폐수, 식품공장의 오·폐수가 여기에 해당한다.

➡ 펄프공장의 폐수는 생물 기원의 것이라도 제조과정에서 첨가되는 유해물질이 함유되어 이중으로 문제시된다. 이 유기폐수는 하천이나 호수의 자정능력을 초과할 때 수질오염을 유발한다.

(2) 오염원

1) **하수에 의한 오염원**

① **무기물** : 식염($NaCl$), 인산염(PO_4^{3-}), 질산염(NO_3^-), 암모늄염(NH_4^+), 철분 등이 하천과 해수에 유입되어 부영양화와 적조현상을 일으켜 어패류의 폐사 및 유독화를 초래한다.

② **유기물** : 중성세제(ABS) 및 연성세제(LAS)가 배출되어 하천 표면에 포막을 형성하여 자정작용을 방해하고 DO를 감소시키며, 또한 하수 내 유기물질은 수중 DO를 감소시키며 부패를 일으킨다.

③ **유류** : 수면에 유막을 형성하여 수서생물의 폐사 및 생육에 지장을 준다.

④ **현상** : BOD의 증가, COD의 증가, DO의 감소, 부영양화, 부패 악취의 원인이며, 각종 기생충 그리고 수인성 전염병을 유발한다.

　　2) 폐수 오염원

　　　① 농약 : DDT, PCP, 엔드린(endrin), 디엘드린(dieldrin), 파라티온(parathion), PCB 등 수서 생물폐사 및 먹이사슬을 통해 인체나 동물에 피해를 입힌다.

　　　② 유기물 및 무기물 : BOD와 COD 증가, DO 감소, 차색 등이 원인이 된다.

　　　③ 중금속 : 수은, 카드뮴, 비소, 납 등이 먹이연쇄를 통해 유독성을 나타낸다.

(3) 수질오염과 미생물

　1) 미생물(microorganism)이란? : 육안의 가시한계를 넘어선 0.1mm 이하의 크기인 미세한 생물로, 주로 단일세포 또는 균사로써 몸을 이루며 생물로서 최소 생활단위를 영위하는 데 식품, 의약품 등의 생산공업이나 생물자원 및 수질환경·토양의 지력보존 등에 이용된다.

　2) 미생물의 성질 및 용도 : 이들은 지구상 어디에서나 습기가 있는 곳에는 생육할 수 있으며 인간생활과 밀접한 관계가 있다. 사람을 비롯한 동식물에 질병을 가져오는 병원미생물, 독소를 생성하여 식중독을 일으키는 미생물, 의식주에 관계되는 각종 물질을 변질·부패시키는 원인생물인 유해 미생물도 잘 알려져 있다. 이러한 미생물의 특유한 성질을 이용하여 식품·의약품 그 밖의 공업생산품 등 생산 공업에도 많이 이용하며, 간편한 시설로서 계속 배양시킬 수 있는 생물자원으로도 각광을 받고 있다. 미생물의 균주개발에는 유전자공학적인 방법이 도입되어 이용되고 있다. 자연계에서는 동식물의 시체·배설물·부후물(腐朽物) 등을 분해하는 청소부 역할을 함에 따라 수질환경 및 토양의 지력보존에도 이들 미생물이 많이 이용되고 있다.

　3) 미생물의 종류 : 조류(algae), 박테리아(bacteria), 균류(fungi), 원생동물류(protozoa), 사상균류(mold), 효모류(yeast)와 한계적 생물이라고 할 수 있는 바이러스(virus) 등이 이에 속한다.

　　① 박테리아(bacteria)

　　　㉠ 유기물 분해 및 폐수처리에 있어서 가장 중요한 미생물이다.

　　　㉡ 화학식은 호기성 박테리아가 $C_5H_7O_2N$이고, 혐기성 박테리아가 $C_5H_9O_2N$이다.

　　　㉢ 엽록소가 없어 탄소동화작용을 하지 못한다.

　　② 조류(algae)

　　　㉠ 엽록소를 가지고 있는 단세포 또는 다세포 식물이다.

　　　㉡ 탄소동화작용을 하며 무기물을 섭취한다.

　　　㉢ 여러 가지 맛과 냄새를 유발한다.

　　　㉣ 산화지를 이용한 수처리에서 산소공급원의 역할을 한다.

　　　㉤ 분자식은 $C_5H_8O_2N$이다.

　　　㉥ 광합성 시 CO_2를 흡수하므로, 수중의 pH를 증가시킨다.

> **참고**
>
> **(1) 광합성반응과 호흡반응**
>
> ① 광합성
>
> $$CO_2 + H_2O \rightarrow CH_2O + O_2 + H_2O$$
>
> $$CO_2 + H_2O \rightleftarrows H_2CO_3 \rightleftarrows H^+ + HCO_3^- \rightleftarrows 2H^+ + CO_3^{2-}$$
>
> ② 호흡
>
> $$CH_2O + O_2 \rightarrow CO_2 + H_2O$$
>
> **(2) 주요 조류의 종류와 특징**
>
> ① 녹조류 : 가장 널리 서식하는 조류로 셀룰로오스형 세포벽을 가지고 있다.
>
> ② 규조류 : 규산질의 세포벽을 가지고 있다.
>
> ③ 남조류 : 세포구조는 박테리아와 같은 원핵생물이다. 질소 고정능력이 있고, 독성을 가진다.
>
> ④ 쌍편모조류 : 두 개의 편모를 가진, 운동성 조류이다. 적조현상을 유발시킨다.

③ 균류(fungi) : 화학 조성식이 $C_{10}H_{17}O_6N$이다. 사상균(絲狀菌)으로, 낮은 pH 2~5 정도에서도 잘 자란다. 활성슬러지법에서 잘 침전하지 않고 벌킹현상을 일으킨다.

④ 원생동물(protozoa) : 호기성이며, 탄소동화작용을 하지 않는다. 박테리아와 같은 미생물을 잡아 먹는다. 경험적인 분자식은 $C_7H_{14}O_3N$이다.

(4) 수질영향지수

1) DO(용존산소, Dissolved Oxygen)

① DO 포화도 : 20℃, 1atm의 대기하에서 순수한 물의 DO는 9.17ppm에서 포화상태에 이르는데, 이 값은 온도가 오르면 감소하고, 대기압이 오르면 증가한다. 또 다른 용해 성분의 영향도 받는다.

② DO의 특징

㉠ 수온, 기압, 기타 조건에 따라 달라지며, 수온이 높아지면 기체의 용해도가 감소하므로 그 양이 적어지고 공기 중에 산소가 많아지면 그 양이 증가한다.

㉡ DO는 순수일 때 최대이다. 염류의 농도가 높을수록 감소하며, 수온이 낮을수록 또는 기압이 높을수록 증가한다.

➡ 아황산염, 아질산염, 제1철염, 황화물이 많을수록 DO가 감소한다.

㉢ DO가 2ppm 이상이면 악취의 발생은 없고, 물고기 생존에 필요한 허용한도는 5ppm 이상이다. 수도법상 DO의 하한은 2ppm이다.

2) BOD(생화학적 산소요구량, Biochemical Oxygen Demand)

① BOD의 정의 : 호기성 미생물이 일정기간 동안 물속에 있는 유기물을 분해할 때 사용하는 산소의 양을 말한다. 물의 오염된 정도를 표시하는 지표로 사용된다.

➡ 하천, 호소, 해역 등의 자연수역에 도시·공장 폐수가 방류되면 그 중에 산화되기 쉬운 유기물질이 있어서 자연수질이 오염된다. 이러한 유기물질을 수중의 호기성 세균이 산화하는 데 소요되는 용존산소의 양을 mg/L(ppm)로 나타낸 것이 생화학적 산소요구량이다.

➡ 생물분해가 가능한 유기물질의 강도를 의미하는데, 수중의 유기물질 중에는 경성세제, 일부의 농약, 리그닌 등과 같이 생물분해가 불가능하거나 또는 생물분해가 곤란한 유기물질 등이 있는데 그러한 것들은 BOD값에 포함되지 않는다.

② BOD의 특징

㉠ BOD가 높을수록 분해되기 쉬운 수중 유기물이 많은 것을 의미한다.

㉡ 유기물질이 수중에 유입되면 용존산소의 소모를 가져와 DO가 감소하게 되어, 혐기성 생성물인 H_2S, NH_3, CH_4 등이 생성되어 악취가 난다.

㉢ 인간이 합성한 고분자 유기물질의 배출량이 증가하면서 BOD 반응에 잡히지 않는 유기물질의 농도가 증가되고 있는데, 이러한 것들의 농도는 중크롬산칼륨 COD 농도와 최종 BOD 농도의 차에 해당된다. 따라서 이론적으로 볼 때 생물분해가 가능한 유기물질에 대해서는 중크롬산칼륨 COD값과 최종 BOD값이 일치한다.

㉣ BOD 반응은 온도증가에 따라서 약간 증가한다. 도시폐수의 경우 BOD 반응은 20℃에서 약 20일이 걸리는데 이와 같이 끝까지 반응시켜서 얻은 것을 최종 BOD 농도라고 한다. 이와 같이 BOD의 완전반응 소요기간이 너무 길기 때문에 실무현장에서는 5일 간만 반응시켜서 얻은 농도값을 사용한다. 이것을 BOD_5 또는 5일 BOD라고 하며, 일반적으로 BOD라고 한다.

③ 종류

㉠ 1단계 BOD(Carbonaceous BOD, CBOD) : 탄소화합물을 호기성 조건에서 미생물에 의해 산화시키는 데 요구되는 산소량을 말한다.

㉡ 2단계 BOD(Nitrogenous BOD, NBOD) : 질소화합물을 호기성 조건에서 미생물에 의해 산화시키는 데 요구되는 산소량을 의미한다.

3) COD(화학적 산소요구량, Chemical Oxygen Demand)

① 정의 : 유기물을 분해할 때, 특정화합물(과망간산칼륨, 중크롬산칼륨)이 소비하는 산소량으로 수질오염의 중요한 지표이다.

➡ 자연수역에 도시폐수나 공장폐수가 흘러 들어오면, 그 속에 산화되기 쉬운 유기물질이 있어서 수질이 오염된다. 이렇게 유기물질을 함유한 물에 과망간산칼륨($KMnO_4$) 또는 중크롬산칼륨($K_2Cr_2O_7$) 따위의 수용액을 산화제로서 투입하면 유기물질이 산화된다. 이때 소비된 산화제의 양에 상당하는 산소의 양을 mg/L(ppm)로 나타낸 것이 화학적 산소요구량이다.

② COD의 산화제 : COD값은 산화제의 종류에 따라 달라진다.

㉠ $KMnO_4$를 산성 또는 알칼리성 시료에 가하는 시험방법은 조건에 따라서 결과치가 변하기 쉽고, 유기물질의 전량이 산화되기 어렵다.

ⓛ 반면 $K_2Cr_2O_7$에 의거한 시험방법은 조건에 따르는 결과값의 변화가 무시할만 하고, 유기물질의 전량이 산화되는 장점이 있으므로 최근에는 이 방법이 국제적으로 널리 이용된다. 한국의 공해공정 시험법에서는 1981년부터 $KMnO_4$ 방법을 채택하고 있으나, 그것을 $K_2Cr_2O_7$ 방법으로 대치하는 것을 검토하고 있다.

4) **부유물질(SS, Suspendid Solid)** : 부유물질이란 입자의 크기가 콜로이드상태($0.1\sim0.001\mu m$)보다 큰 약 $0.1\mu m$ 이상의 크기를 가지고, 물에서 뜨는 물질을 말한다. 이들은 침전이 가능한 입자($5\mu m$ 이상)와 침전이 불가능한 입자($0.1\sim5\mu m$)로 나뉜다.

5) **알칼리도(alkalinity)** : 물속에 함유되어 있는 탄산, 광산, 유기물 산성분을 중화시키는 데 필요한 알칼리성분의 양으로, 알칼리성분에 대응되는 탄산칼슘($CaCO_3$)으로 환산하여 ppm 단위로 사용한다.

① **알칼리도의 측정**

ⓐ 페놀프탈레인 지시약(분홍색 → 무색)

ⓛ 메틸오렌지 지시약(주황색 → 옅은 주황색)

② **알칼리도의 이용**

ⓐ 경수의 연수화 : 석회 및 소다회의 소요량 계산

ⓛ 부식억제 정도 계산, 완충용량 계산, 산업폐수의 생물학적 처리 적합성 판단 등

6) **산도(acidity)** : 수계(水界)에 알칼리의 유입 시 이를 중화시킬 수 있는 능력의 척도를 나타낸 것이다.

① **M 산도** : 산성상태에 있는 물에 NaOH 또는 KOH를 주입 중화시켜 pH 4.5 정도까지 높이는 데 소모된 알칼리의 양을 소모된 $CaCO_3$의 양으로 환산하여 표시한 값을 말한다. 이 방법에서 지시약으로 메틸오렌지를 사용하기 때문에, 이에 의한 값을 M 산도라 한다.

② **P 산도** : 페놀프탈레인 지시약을 사용하여 산성상태의 물을 pH 8.3까지 높이는 데 투여된 알칼리의 양을 소모된 $CaCO_3$의 양으로 환산하여 표시한 값을 말한다.

7) **경도(hardness)** : 물속에 용존하고 있는 Ca^{2+}, Mg^{2+}, Fe^{2+}, Mn^{2+}, Sr^{2+} 등의 2가 양이온 금속이온에 의하여 발생하며, 이에 대응하는 양을 $CaCO_3$로 환산하여 표시한 물의 세기를 나타내는 값이다.

① **경수의 분류**

ⓐ 단물(軟水) : $0\sim75$ppm

ⓛ 경수(비교적 센물) : $75\sim150$ppm

➡ 식수의 수질기준은 300ppm 이하이다.

② **경수의 영향** : 위장 장애, 설사, 조리된 음식의 맛이 좋지 않음, 세탁이 잘 안 됨, 공업용수일 경우 관석(scale)이 생긴다.

(5) 수질영향인자

　1) 질소산화물

　　① 질산화 과정(호기성)

유기물	→	암모니아성 질소	→	아질산성 질소	→	질산성 질소
		(NH_3-N)		$(NO_2{}^- - N)$		$(NO_3{}^- - N)$

> **참고　탈질산화 과정(혐기성)**
>
> 질산은 환원 박테리아에 의해 N_2로 방출 제거하는 것으로 이 과정에서는 $NO_3{}^-$이 수소 수용체로 인용되므로 혐기성 반응으로 된다. 즉, $NO_3{}^- → NO_2{}^- → N_2$로 되는 과정이다.

　　② 의의

　　　㉠ 암모니아성 질소 : 물이 최근에 오염되었음을 의미하며, 오염시간이 짧아 병원균이 살아 있을 위험성이 크다.

　　　㉡ 아질산성 질소 : 암모니아성 질소의 산화 첫 단계 생성물이므로, 물의 오염을 추정할 수 있는 유력한 지표가 된다.

　　　㉢ 질산성 질소 : 질소화합물의 최종 분해산물로서 과거에 오염되었음을 나타낸다.

　　③ **영향** : 조류나 각종 미생물의 영양분이 되어 과다 번식을 시키며, 산화분해되기 위한 DO 소비로 혐기성 상태를 유발하고, 악취를 발생시킨다.

　2) 대장균군

　　① 대장균은 그램음성, 무아포성의 간균으로 젖당을 분해하여 산과 가스를 발생하는 호기성 및 통성 혐기성균이다.

　　　㉠ 대장균은 분변성(糞便性) 오염의 지표로서 병원균의 존재 유무를 추정하는 데 사용된다.

　　② 종류

　　　㉠ 대장균군 자체는 인체에 무해하다.

　　　㉡ 병원균보다 물속에서 오래 생존하고 저항력이 강하다.

　　　㉢ 검출이 용이하고, 검사법이 간단하다.

　　　㉣ 소독에 대한 저항력이 바이러스(virus)보다는 약하다.

　3) 독성물질

　　① TLm : 일정시간을 경과시킨 후 시험용 물고기의 50%가 생존할 수 있는 농도를 말한다.

　　② LC_{50}(Lethal Concentration 50%) : TLm과 같은 의미로, 50% 치사농도를 말한다.

　　③ LD_{50}(Median Lethal Dose 50%) : 시험체인 생체 내에 실제로 받아들인 독성물질의 중간 치사량을 말한다.(경구치사 50%, 황산구리 LD_{50}은 300mg/kg임)

4) 색도 및 탁도

① 색도 : 물의 색의 정도를 표시하는 것으로, 백금을 포함한 색도 표준원액 1mL를 증류수 1L 중에 용해시켰을 때의 색상을 1도라 한다. 우리나라의 식수 기준 색도는 5도 이하이다.

➡ 색도 표준용액 1mL/L는 Pt 1mg과 Co 0.496mg/L로 이는 색도 1도를 나타낸다.

② 탁도 : 빛의 통과에 대한 저항도, 즉 물의 탁한 정도를 나타내며, 황산히드라진과 헥사메틸렌테트라민을 포함한 탁도 표준원액 2.5mL를 증류수 1L에 용해시켰을 때 탁도를 1NTU라 한다. 우리나라 식수 기준탁도는 1NTU를 넘지 않아야 한다.

5) **생물 농축** : 환경에 배출된 오염물질은 자연계를 순환하는 동안에 먹이사슬에 따라 높은 농도로 농축된 상태로 인체에 들어오게 되어 급성 및 만성 중독의 원인이 되는 것을 의미한다.

➡ 카드뮴-골연화증, 수은-중추신경 마비증, PCB-Canemi 중독, 비소(As)-각화증 등

2. 수질관리

(1) **자정작용** : 하천에 오염물이 유입되면 물이 흐르는 동안에 물리·화학·생물학적 작용에 의해 스스로 정화되어 정상상태로 회복되는 작용을 말한다.

1) **물리적 작용** : 오염물질의 운반, 희석, 확산, 혼합, 여과, 침전 등에 의한 오염물의 농도가 감소되는 작용을 의미한다.

2) **화학적 작용** : 오염물질의 산화, 환원, 흡착, 중화, 응집 등에 의한 오염물의 농도가 감소되는 현상을 말한다.

3) **생물학적 작용** : 박테리아, 균류 등에 의한 산화분해(호기성 및 혐기성 분해)를 의미한다.

(2) **성층현상** : 호수의 성층화는 수심에 따른 온도변화로 인해 발생되는 물의 밀도차에 의해 일어난다. 봄과 가을에는 표층의 물은 밑층으로 운동하고, 밑층의 물은 상층으로 이동한다. 이러한 수직운동을 전도(overturn)라 하며, 순환현상이 나타난다. 여름과 겨울에는 물의 층간 온도차가 커져 수직운동이 한 층에만 국한하여 일어나게 된다. 이것을 성층현상이라 한다.

(3) **전도현상** : 봄·가을의 저수지의 물은 온도차와 대기 중의 바람에 의하여 수직운동이 더욱 가속화되는데, 이 수직운동을 전도라고 한다.

(4) **부영양화** : 수역의 질소, 인 등의 영양염류의 농도가 증대해서, 이를 영양소로 하는 생물의 활동이 활발해지고 생산계에도 변화를 일으키는 과정을 말한다. 즉, 수계에서 1차 생산자인 식물성 플랑크톤이나 부착성 조류의 몸을 구성하는 원소의 비가 C(탄소) : N(질소) : P(인)이 100 : 15 : 1 정도의 비율을 갖는 경우이다.

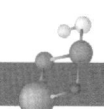

1) **원인** : 인간의 활동에서 야기되는 도시하수, 유기성 공장폐수, 농업배수(질소질 비료, 인산질 비료), 동물 분뇨 등의 폐수로, 이 중 질산염과 인산염이 주 원인물질이다.

2) **특징** : 부영양화된 호수는 쉽게 회복되지 않으며, 여과 폐쇄가 일어난다. 색도, 탁도가 높으며, 악취기 난다. 또한 플랑크톤이 증가하여 COD가 높으며, 용존산소 소모량이 많다.

3) **조류와 부영양화** : 자연수계에서는 N과 P가 부족한데 이들 원수가 증가하게 되면 조류의 번식이 두드러진다. 수중에 암모니아, 아질산, 질산 및 인산과 같은 영양염류가 증가하면 조류의 두드러진 증식이 일어나 2차적인 장해를 발생한다. 이상적으로 번식한 조류가 겉자라 폐사하게 되면, 부패하여 악취를 발생하고 미관을 더럽히며 산소를 결핍시켜 수질을 오염시킨다.

➡ 호수나 해양에서 무기질소가 0.3ppm 이상, 무기인이 0.01ppm 이상인 곳에서 부영양화현상이 발생한다.

4) **방지** : 하천수의 BOD뿐 아니라 영양염류, 특히 질소와 인의 농도나 하상의 생물 군집의 변화에도 주의를 기울여야 한다. 이 경우 하천의 부영양화 장해를 방지하기 위한 한계 농도는 무기질소(암모니아태 질소, 아질산태 질소, 질산태 질소의 합계)는 0.6ppm, 무기인은 0.03ppm으로 하는 것이 적당하다.

(5) 적조현상(red tide) : 플랑크톤이 급격히 증식하여 물의 색을 변화시키는 현상으로, 물의 색이 플랑크톤의 색인 갈색이나 청색, 흑색으로 변하는 것을 말한다.

1) **원인** : 일사량, 수온, 염분, pH 등 생물성장 조건이 유리해, 물의 이동이 적은 정체 수역에서 잘 일어난다. 또한 영양소인 Si, Ca, Mg 등 이 외에 미량 금속, 비타민, 특수한 유기물 때문에 발생한다. 이는 N, P, C 등의 영양염이 과량된 부영양화상태이다.

2) **피해** : 수중의 용존산소가 줄어들고, 수중생물을 질식시키며, 독성을 갖는 편모 조류가 어패류를 폐사시킨다. 그리고 적조생물의 급격한 사후 분해에 의해 용존산소가 결핍되면, 황화수소나 부패독 같은 유기물이 발생하여 어폐류를 전멸시킨다.

🔖**참고** AGP(Algae Growth Potential)

호수, 하천수, 해수 등 각종 배수에 있어서 질소 및 인 화합물에 의한 조류 생산의 잠재능력을 시험을 통해 평가하는 지표이다.

기출 및 예상 문제

01 수질오염 지표에 대한 설명이다. [보기]의 설명과 수질오염 지표를 바르게 짝지은 것은?

● 07 국가직 7급(화학개론)

[보기]
㉠ 이 값은 수온, 기압, 기타 조건에 따라 달라지며, 수온이 높아지면 기체의 용해도 가 감소하므로 그 양이 적어지고 공기 중에 산소가 많아지면 그 양이 증가한다.
㉡ 수중의 유기물질을 호기성 세균이 산화시켜 분해하는 데 사용되는 산소의 양을 나타낸 것으로, 이 값이 높으면 그 물속에 분해되기 쉬운 유기물이 많음을 의미 한다.
㉢ 수중의 유기물질을 산화시키기 위해 필요한 과망간산칼륨이나 중크롬산칼륨 등 의 산화제 양에 상당하는 산소의 양을 나타낸 것이다.

	㉠	㉡	㉢
①	DO	BOD	COD
②	DO	COD	BOD
③	COD	BOD	DO
④	BOD	DO	COD

02 일반적으로 수생생물이 서식할 수 있는 용존산소량은?

① 0.5ppm
② 1ppm
③ 3ppm
④ 5ppm 이상

03 적조현상의 원인이 아닌 것은?

① 물의 부영양화
② 독성물질의 유입
③ 수온의 상승
④ 플랑크톤의 증식

04 COD 측정에 사용되는 산화제는?

① O_2
② O_3
③ $KMnO_4$
④ Fe_2O_3

05 DO를 올리는 방법이 아닌 것은?

① 온도를 내린다. ② 압력을 높인다.
③ 면적을 늘린다. ④ 염류를 제거한다.

06 물의 경도(hardness)에 대한 설명이다. 옳지 않은 것은?

① 빗물은 대체로 연수이지만 지하수는 대체로 경도가 높다.
② 경도가 높은 물일수록 장비에 관석(scale)을 형성시켜 보일러의 효율을 감소시킨다.
③ 경도가 높은 물일수록 비누 소모량이 많다.
④ 물속에 용존하는 1가 양이온금속에 의해 발생한다.

07 혐기성 상태의 탈질소화 과정은?

① 암모니아성 질소 → 아질산성 질소 → 질산성 질소
② 질산성 질소 → 질소가스 → 아질산성 질소
③ 질산성 질소 → 아질산성 질소 → 질소가스
④ 암모니아성 질소 → 질산성 질소 → 아질산성 질소

08 부영양화를 일으키는 사항과 관계가 없는 것은?

① 목장지대의 동물의 분뇨
② 지하수의 경도 유발물질
③ 처리되지 않은 가정하수
④ 농지에서 사용되는 비료
⑤ 합성세제

09 자정작용에 대한 설명이다. 틀린 것은?   ✪ 03 해양경찰

① 유기물의 산화분해에는 미생물이 관여한다.
② 산소량이 많을수록 자정작용이 잘 된다.
③ 정화되는 유기물의 양은 산소공급량의 영향을 받는다.
④ 폭포와 같은 작용으로 DO가 감소된다.
⑤ 하천의 자정작용 중 생물학적 자정작용은 수온의 영향을 받는다.

10 COD 측정을 위하여 산화제로 $KMnO_4$를 사용할 경우, $K_2Cr_2O_7$을 사용할 경우와 비교하여 옳지 않은 것은?　　　　　　　　　　　　　　　✪ 02 기술고시(환경화학)

① 산화력이 약하다.
② 두 방법 모두 반응 완료 후 잔여분의 산화제를 측정한다.
③ 분석시간이 적게 소요된다.
④ 가열온도가 크롬법보다 높다.
⑤ 크롬법으로 분해시킨 것보다 약 0.25배 정도 작은 값을 가진다.

11 알칼리도(alkalinity)에 대한 설명이다. 옳지 않은 것은?　　　✪ 01 기술고시(환경화학)

① 알칼리도는 어떤 물이 산을 중화할 수 있는 능력의 척도이다.
② 높은 알칼리도를 나타내는 물에서 이산화탄소의 용해도는 매우 크다.
③ 알칼리도는 $CaCO_3$로 환산해서 mg/L로 표현한다.
④ 탄산알칼리도는 페놀프탈레인의 종말점 그리고, 총 알칼리도는 메틸오렌지의 종말점까지 소요되는 $[H^+]$의 양이다.

12 포화탄화수소화합물의 호기적 산화과정이 순서대로 바르게 나열된 것은?
　　　　　　　　　　　　　　　　　　　　　　　　　✪ 03 기술고시(환경화학)

① 포화탄화수소 → 알코올 → 알데히드 → 산 → H_2O + CO_2
② 포화탄화수소 → 알코올 → 산 → 알데히드 → H_2O + CO_2
③ 포화탄화수소 → 알데히드 → 알코올 → 산 → H_2O + CO_2
④ 포화탄화수소 → 산 → 알코올 → 알데히드 → H_2O + CO_2

13 수질오염 지표인 BOD와 COD에 관한 설명이다. 옳은 것은?　✪ 04 기술고시(환경화학)

① 제지공장에서 배출되는 폐수는 통상적으로 COD가 BOD보다 더 높은 편이다.
② BOD는 물에 함유된 유기물질이 혐기성 박테리아에 의해 분해되는 동안 소모되는 산소량이다.
③ COD는 물속의 총 산화성 물질의 양을 측정하는 것으로, 산화제로서는 황산과 염산을 사용한다.
④ BOD는 통상적으로 20℃에서 광조사하에 5일간 방치하여 감소되는 용존산소량을 측정하여 구한다.
⑤ BOD가 COD보다 높다는 것은 그만큼 물의 상태가 좋다는 것을 의미한다.

14 오염된 하천이 자정작용에 의해 깨끗하게 된다고 가정할 경우 하천의 상류에서부터 하류로 발견되는 미생물의 순서를 바르게 나타낸 것은? ✪ 88 서울시 7급, 07上한수원(화학)

① 박테리아(bacteria) – 혐기성 세균 – 윤충류(rotifier)

② 호기성 세균 – 혐기성 세균 – 박테리아(bacteria) – 윤충류(rotifier)

③ 윤충류(rotifier) – 호기성 세균 – 박테리아(bacteria)

④ 윤충류(rotifier) – 혐기성 세균 – 박테리아(bacteria)

⑤ 박테리아(bacteria) – 호기성 세균 – 윤충류(rotifier) – 혐기성 세균

정답 및 해설

01 ①

유형 및 해설 [BOD, COD, DO] 수온과 용해도의 관계, 공기 중 산소(기압)와 용해도의 관계를 통해 용존산소량(DO)을 의미함을 추측한다. BOD가 높다는 것은 수중 유기물의 양이 많다는 것을 의미한다. 따라서, 이를 분해하는 데 더 많은 산소가 요구됨을 의미한다. COD는 산화제(과망간산칼륨, 중크롬산칼륨)를 이용해 유기물을 산화시키는 데 필요한 산소량을 구하는 수치이다.

02 ④

유형 및 해설 [DO] 용존산소량(DO)이란, 액체 또는 수중에 녹아 있는 분자상의 산소로서, 유기물질의 오염 정도를 나타낸다. 일반적으로 수생생물이 서식할 수 있는 용존산소량은 5ppm 이상이다.

03 ②

유형 및 해설 [적조현상과 부영양화] 적조가 일어나는 가장 큰 요인은 물의 부영양화, 즉 물에 유기 양분이 너무 많은 경우에 있다. 과거에는 비누나 세제에 포함된 인성분이 문제가 되었으나 최근에는 영양물질이 공급되어 일어나는 원인 이외에도 연안개발로 인한 갯벌의 감소가 큰 문제로 떠오르고 있다. 갯벌에 사는 여러 생물은 물속에 있는 미생물이나 플랑크톤을 먹이로 함으로써 이러한 수준을 어느 정도 유지해 주는 자연정화 역할을 담당하고 있었으나, 간척사업 같은 활동에 의해 갯벌이 줄어들면서 부영양화가 심해져서 적조가 더욱 심하게 일어나는 것으로 추측되고 있다. 이 외에도 기온의 변화로 인해 수온이 상승하여 미생물이 더욱 왕성하게 번식하는 경우나 바람이 적게 불어서 바닷물이 잘 섞이지 않는 경우에도 적조가 일어나는 것으로 알려져 있다. 특히 최근 엘니뇨 같은 지구환경 변화에 따른 수온상승으로 적조가 자주 나타나는 것으로 알려져 있다.

04 ③

　　유형 및 해설 [COD측정 산화제] 산화제로 과망간산칼륨($KMnO_4$)과 중크롬산칼륨($K_2Cr_2O_7$)이 사용된다.

05 ③

　　유형 및 해설 [DO의 조절] DO의 수치를 올리는 방법에는 수온과 기압은 산소의 용해도를 위해 조절하며, 염류의 농도가 낮을수록 DO의 수치는 증가한다.

06 ④

　　유형 및 해설 [물의 경도] Ca^{2+}, Mg^{2+}과 같은 2가 양이온 금속이온에 기인한다.

07 ③

　　유형 및 해설 [탈질소화(탈질화)] 탈질소화는 용존산소가 없는 혐기성 상태에서 일어나는 것으로서 수체 내 유기질소의 감소요인이 된다. 혐기성 상태에서 탈질소화반응의 과정은 다음과 같다.

　　'질산성산소 → 아질산성질소 → 질소가스' 순으로 진행된다.

08 ②

　　유형 및 해설 [부영양화의 원인] 자연산림 지대 등에 있는 썩은 물질, 농지에서 사용되는 비료, 목장지역의 동물의 분뇨, 처리되지 않은 가정하수, 공장폐수의 유입, 합성세제 등이다.

09 ④

　　유형 및 해설 [하천의 자정작용] 폭포와 같은 작용으로 DO는 증가한다.

10 ④

　　유형 및 해설 [COD 측정산화제의 비교] 실험측정에 소요되는 시간을 비교해 보면 과망간산칼륨법 (약 2시간 정도)이 중크롬산칼륨법(2~3시간 정도)에 비해 적게 걸린다. 이는 측정과정에서 중크롬산칼륨법에 의한 방법에 더 많은 열량을 필요로 하기 때문이다. 즉, 가열온도는 크롬법이 높다.

$KMnO_4$법	$K_2Cr_2O_7$법
시험방법이 간단하다.	시험방법이 복잡하다.
시간이 짧게 소요된다.(약 2시간 정도)	시간이 많이 걸린다.(2~3시간)
유기물의 산화력이 약하다.(약 60~80%)	유기물의 산화력이 크다.(80~100%)
COD는 BOD의 약 1.5배가 된다.	COD는 BOD의 약 2배가 된다.

11 ②

유형 및 해설 [알칼리도] 높은 알칼리도를 나타내는 물에서 이산화탄소와 같은 염기의 용해도는 매우 적다.

12 ①

유형 및 해설 [호기성 산화] 일반적으로 포화탄화수소가 산화하면 알코올, 알데히드, (카르복시)산이 된다. 이 산은 유기물로서, 이를 호기성 분해(산화)하면 'H_2O + CO_2 + 에너지'를 생성한다.

13 ①

유형 및 해설 [BOD와 COD] 제지공장의 폐수는 BOD가 COD보다 더 높다. 제지공장의 폐수는 따라서 폐수의 오염도를 측정하기 위해 COD를 측정하는 것이 더 바람직하다.

14 ①

유형 및 해설 [자정작용과 미생물] 자정단계에서 1단계 분해지대에서 세균과 균류의 성질이 활발하여 박테리아와 같은 호기성세균이 많이 분포하게 된다. 2단계 활발한 분해지대에서는 호기성세균이 혐기성세균으로 교체되면, 펀지(fungi) 등이 사라진다. 3단계 회복지대에서는 세균의 수가 감소하며 원생동물, 윤충류, 갑각류가 번식하기 시작하고, 4단계에서 정수지대에서 회복된다.

제 77 주

수처리공정

1. 폐·하수 처리공정

(1) **수처리 계획** : 수중에 들어 있는 오염물질을 제거하여 하천이나 바다에 미치는 악영향을 제거하는 과정을 수처리라 한다. 수처리를 위해서는 처리목표, 폐수조사, 오염부하량조사 등을 고려하여야 한다.

폐수란 공장 등에서 배출하는 것을 말하며, 하수란 일반적인 가정에서 배출하는 오수와 도시 상사에서 배출하는 하수를 의미한다.

(2) **폐·하수의 발생원 및 특성**

1) **산업폐수의 특징** : 산업폐수의 수량과 수질은 업종과 작업공정에 따라 크게 다르다.

① 중금속 및 화학약품이 포함된 폐수가 많아 생물학적 처리가 곤란하다.

② 미생물성장에 필요한 N, P 등이 충분하지 못하다.

2) **도시하수의 특징** : 일반 가정하수, 도시상하수 등의 하수로, 다음과 같은 특징이 있다.

① pH 7~7.5 정도이고, 유기물질이 많이 포함되어 있어 생물학적 처리가 가능하다.

② 도시의 문화수준 및 생활수준 등에 따라 오염부하가 다르다.

3) **분뇨 및 축산 폐수의 특징**

① 수인성질환과 기생충질환을 일으킬 수 있는 균을 함유하고 있다.

② 질소농도가 높다.

③ 토사류를 많이 포함하고 있다.

(3) 폐·하수의 특성 및 처리법

1) 수은함유 폐수 : 이온교환 수지법

2) 카드뮴함유 폐수

① **침전분리법** : 알칼리를 가해 수산화물로 침전분리한다.

② **부상분리법** : 황화물로 석출시켜 포집제를 가해 부상분리한다.

③ **흡착분리법** : 이온교환 수지로 흡착시켜 분리한다.

3) 납함유 폐수

① 수산화물을 이용해 분리시킨다.

② 황화물침전법, 이온교환 수지법, 전기분해법, 추출분리법 등

4) 부유물이 많은 폐수 : 주로 침전법을 이용해 분리한다.

5) 낙농업 폐수 : 낙농 폐수는 pH는 중성이고, BOD가 높으므로 생물학적 처리방법이 좋다.

6) 의류계통 공업 폐수

① **화학적 처리** : 중화, 응집법을 주로 사용한다.

② **생물학적 처리** : 부유물과 유기물을 제거한다.

➡ 처리순서 : 중화 → 응집침전 → 생물학적 처리 → 방류

7) 계면활성제함유 폐수

① LAS(연성세제)가 ABS(경성세제)보다 미생물에 의한 분해가 쉽다.

② 가정오수, 세탁소 등에서 배출된다.

③ 지방과 유지를 유액상으로 만들기 때문에 물과 분리가 잘 안 된다.

④ 처리는 오존산화법이나 활성탄흡착법 등을 이용한다.

8) 부상분리법을 이용하는 폐수 : 유지제조업, 도료업, 석유정제공업, 제지공업에서 초지의 폐수 등

(4) 일반적인 수처리공정

1) **1차 처리(물리적 처리)** : 스크리닝, 부상, 여과, 원심분리, 침강분리, 건조, 증발, 동결, 소각 등

2) **2차 처리(생물학적 처리)** : 호기성 처리, 혐기성 처리

3) **고도 처리(영양염류의 제거)**

```
스크리닝 → 침사지 → 1차 침전지 → 포기조 → 2차 침전지 → 소독 → 방류
                       ↓              ┗━━━━━━━━┛        ↓
                     슬러지           반송슬러지      슬러지
```

2. 물리적 처리

(1) 스크리닝(screening)

1) 스크린은 수중에 함유되어 있는 비닐, 종이, 나뭇잎 등 부피가 비교적 큰 부유물질을 제거하기 위해 설치된 장치이다.

2) 형태에 따라 망(net) 스크린, 격자(grating) 스크린, 봉(rack) 스크린이 있다.

3) 유효 간격에 따라 세목(fine), 중목(medium), 조목(coarse) 스크린이 있다.

(2) 침전

1) **침사지(沈砂池)** : 하수처리 과정에서 비중이 커 물속에 가라앉는 돌, 모래 등이나 비중이 작아 물 위에 뜨는 플라스틱병 등을 걸러내기 위해 만들어 놓은 연못을 말한다.

   ① 침사지의 효율은 표면적에 따라 결정된다.

   ② 침사지에 정류판을 설치하는 이유는 난류방지, 효율 증대를 위한 것이다.

   ③ 설계 시 침사지 내에 유기물이 침전되지 않게 설계하여야 하고, 장방형을 사용한다.

2) **침전의 단계** : 수중의 입자성 고형물을 중력에 의해 제거하는 고액분리공정이다.

   ① 1차 침전지 : 하수원수중의 고형물을 제거하는 1차 침전지(최초 침전지)이다.

   ② 2차 침전지 : 생물학적 처리과정에서 혼합된 고형물(미생물 슬러지)과 정화 처리수를 분리하는 2차 침전지(최종)가 있다.

   ➡ 슬러지(sluge)란 침전되어 가라앉는 물질을 의미한다.

(3) 부상분리법(floatation)

1) 부상분리법은 물의 비중보다 작은 입자들이 하수, 폐수 내에 많이 포함되어 있을 때 이들 물질을 제거하기 위해 사용하는 방법이다.

2) 부상방법의 종류

   ① 공기부상(air floatation) : 폭기와 동일하며 거품이 잘 발생하는 폐수에 효과적이다.

   ② 용존 공기부상(dissolved air floatation) : 공기가 대기로 노출되면서 발생하는 작은 공기방울을 이용한 것이다.

   ③ 진공부상(vacuum floatation) : 진공상태에서 포화된 공기가 작은 공기방울로 방출되는 것을 이용한다.

3) 응집에 의한 부상처리의 목적 : 부상에 의한 처리 시 응집의 효과는 세균수의 감소, 색과 맛의 제거, 부유물의 제거 등이 있다.

4) 부상의 효과 : 온도를 높인다. 접촉시간을 길게 한다. 작은 거품을 발생시킨다. 기포제를 주입한다.

   ➡ 온도가 감소하면 헨리의 법칙에 의하여 기체의 용해도가 증가하므로 부상효과가 저하된다.

(4) 여과(filteration)

1) SS(부유물질)을 처리하는 것으로, 완속여과와 급속여과로 구분한다.

2) 완속여과(slow sand filter)

① 완속여과란 물이 모래판을 천천히 흘러갈 때, 불순물이 모래알 사이의 작은 틈에 침전되어 제거시키는 원리이다.

② 완속여과지의 작용은 여과, 흡착, 생물학적 응결작용으로 생물막(여과막)이 형성된다.

   ➡ 여기서 생물막은 완속여과 시 부유물의 모래 등이 상부에 축적되어 콜로이드상의 막이 되는데 이 막은 주로 생물이다. 이는 세균, 조류, 부유물의 여과작용을 한다.

3) 급속여과(rapid sand filter)

① 급속여과는 빠른 속도로 여과되기 때문에 약품침전을 하여야 하며, 도시급수를 위해 사용되는 여과장치이다.

② 모래, 자갈, 안스라사이트(anthracite), 무연탄, 규조토 등은 급속여과를 통해 분리한다.

(5) 흡착(adsoprtion)

1) 용액 중의 분자가 물리·화학적 결합력에 의해 고체표면에 붙는 현상을 이용하여 제거하는 방법이다. 흡착을 이용하는 폐수는 생물학적 분해가 불가능한 물질, 미량의 독성물질 등의 제거에 이용된다.

2) 흡착성 고체분말은 실리카겔, 활성탄, 알루미나, 합성 제올라이트 등이 있다.

3) 활성탄을 이용한 흡착

① 하수의 2차 처리수로부터의 COD 제거에 사용한다.

② 폐수처리장에서 생물학적 처리를 한 후 폐수 중에 남아있는 유기물 제거에 사용한다.

③ 응집, 침전 처리한 후의 착색수의 탈색 시 이용한다.

④ 냄새가 있는 폐수의 탈취 시 사용한다.

4) 등온흡착식

① Freundrich 흡착식

$\dfrac{X}{M} = kC^{-n}$	여기서, X : 흡착된 물질의 양 M : 흡착제의 양 C : 흡착이 평형상태에서 용액 내 남아 있는 피흡착제의 농도 $k,\ n$: 경험적 상수

② Langmuir 흡착식

$$\frac{X}{M} = \frac{abC}{1+bC}$$

여기서, X : 흡착된 물질의 양

M : 흡착제의 양

C : 흡착이 평형상태에서 용액 내 남아 있는 피흡착제의 농도

a, b : 경험적 상수

5) 흡착에 영향을 미치는 요소

① 피흡착제의 분자량이 작을수록 흡착률이 증가한다.

② 흡착제의 표면적이 클수록 흡착성은 양호하다.

③ 요철의 법칙으로 흡착제와 피흡착제의 관계가 맞을 때 흡착이 잘 된다.

④ 흡착은 온도, pH, 농도에 민감하다.

⑤ 온도가 낮을수록 흡착률이 증가한다.

⑥ pH가 2~3인 경우에 흡착률이 증가한다.

⑦ 용질의 농도가 증가하면 흡착량이 많아진다.

3. 생물학적 처리

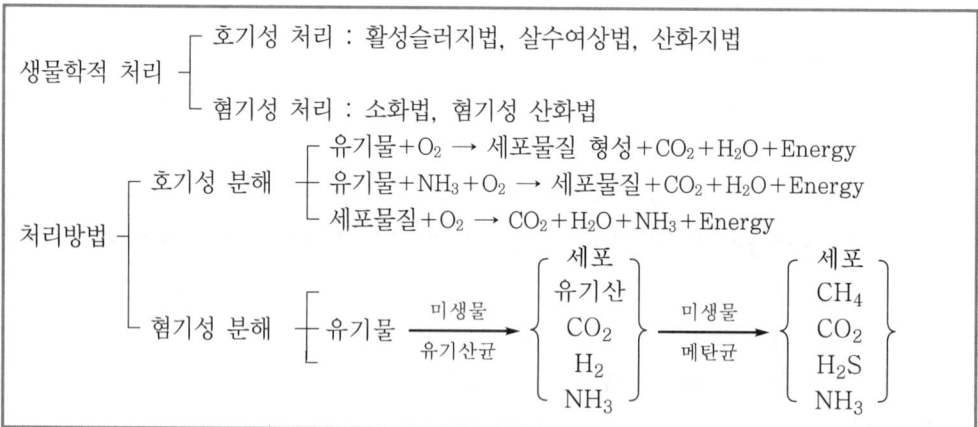

수중의 미생물이 2차 처리공정으로 유입된 부유성 및 용존성 유기물을 분해하고, 이러한 유기물을 기질로 섭취하여 미생물이 증식하게 된다. 여기서 미생물의 증식 정도가 생물학적 처리의 효율을 가늠하게 된다.

(1) 호기성 처리

1) 활성슬러지법 : 하수의 유기물질에 공기를 불어 넣으면서 교반해 주면, 미생물에 의한 분해가 일어나면서 플록(floc)을 형성한다. 플록의 대부분은 미생물이며 이를 활성슬러지라고 한다. 현재 처리되고 있는 하수 처리방식의 주류를 이룬다.

① 표준 활성슬러지법 : 1차 침전지, 폭기조, 2차 침전지의 3단계로 구성되며, 제거율이
좋고 안정된 처리수를 얻는다.

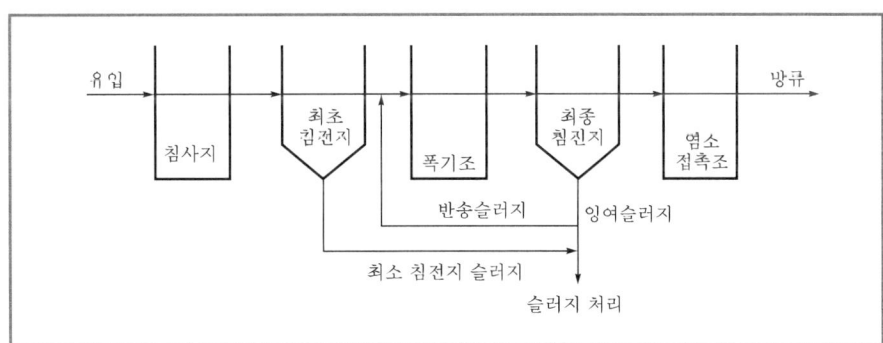

[표준 활성슬러지법의 기본 공정도]

표준 활성슬러지법의 처리능력 결정인자는 F/M비(기질에 대한 미생물의 비)와 슬
러지 체류시간이다. 예를 들면, F/M비가 높고 슬러지 체류시간이 낮으면 침전이 잘
되지 않는 사상성 미생물의 번식을 야기시키고, 반면 F/M비가 낮고 슬러지 체류시
간이 높으면 미생물이 자신의 세포 내 유기물을 분해시키면서 에너지를 공급하게
되는 플록이 파괴되는 현상을 일으킨다.

② 활성슬러지 변법

　　㉠ 단계폭기법(step aeration) : 폐수를 반응조 길이에 걸쳐 골고루 주입시킴으로써
　　　혼합액의 산소요구량을 균등하게 하기 위한 방법이다.

　　㉡ 산화구법(oxidation pond) : 1차 침전지를 설치하지 않고, 생물 반응조가 원형
　　　또는 트랙형으로 회전 로터를 사용하여 표면 폭기하여 내부를 순환교반시켜 2차
　　　침전지에서 고액분리가 이루어지는 저부하형 활성슬러지공법이다.

　　㉢ 막분리 활성슬러지법 : 막을 폭기조에 직접투여하여 하수를 처리하는 방식으로,
　　　이를 적용하면 2차 침전지가 필요없게 된다는 장점이 있지만, 현재 비교적 고가
　　　의 소모성막을 사용하므로 설치비가 비싼 단점이 있다.

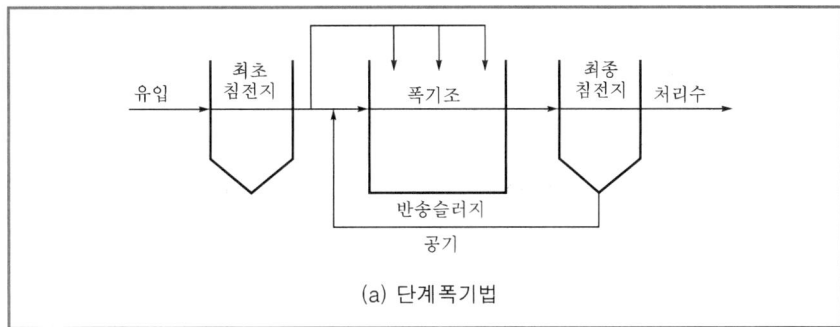

(a) 단계폭기법

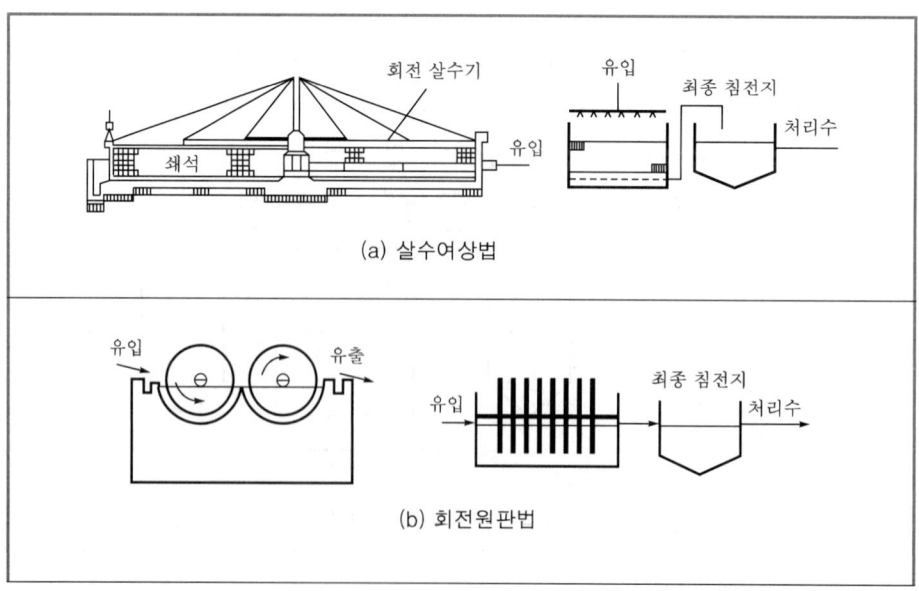

[활성슬러지법의 변법]

2) **생물막법** : 자연수 중에 자갈 등을 장시간 침적 방치하면 표면에 점성질의 얇은 미생물 슬림(slime)이 형성된다. 이를 생물막이라 하며 인위적으로 생물막을 증식시켜 하수처리에 이용하는 처리방식을 생물막법이라 한다. 생물막법은 대기, 하수 및 생물막의 상호, 접촉 양식에 따라 살수여상법, 접촉산화법, 회전원판법 및 침적여과형의 호기성 여상법으로 분류된다.

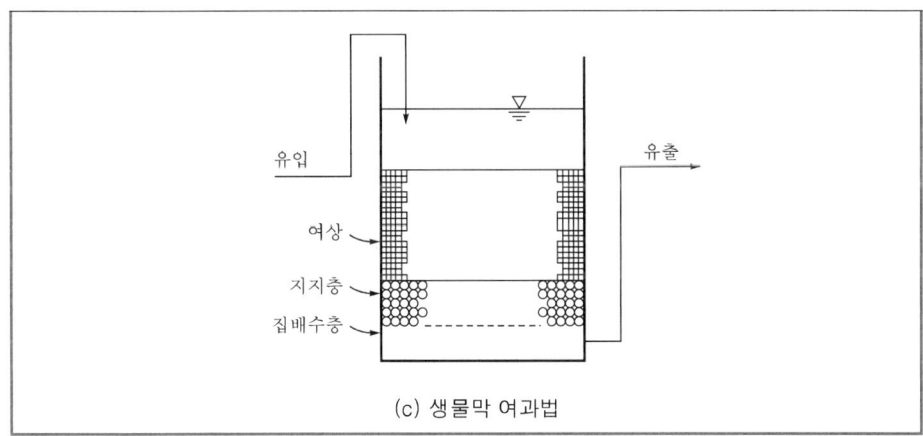

(c) 생물막 여과법

[생물막법의 대표적인 종류]

① **살수여상법** : 고정된 쇄석과 플라스틱 등의 여재표면에 부착한 생물막의 표면을 하수가 박막의 형태로 흘러내린다. 하수가 여재 사이의 적당한 공간을 통과할 때에 공기 중으로부터 하수에 산소가 공급되며, 하수로부터 생물막으로 산소와 기질이 공급된다.

② **접촉산화법** : 접촉여재는 통상 물에 잠겨 있기 때문에 하수에 산소를 공급하며 또한 하수와 생물막의 접촉을 촉진하기 위한 교반을 하는 장치가 필요하다. 이 방법은 접촉여재를 고정시킨 것과 부유상태 또는 유동상태인 것으로 대별된다.

③ **회전원판법** : 반응조상태가 살수여상법과 접촉환원법의 중간에 위치해 있다. 이 방법에서는 플라스틱 등으로 만들어진 접촉제가 구동축을 중심으로 회전한다. 접촉제는 일반적으로 그 표면의 40% 정도가 하수 중에 침적되어 있으며, 접촉제의 회전에 동반하여 그 표면에 부착된 미생물막은 하수 중과 대기 중을 상호로 왕복한다. 그러나 대기, 하수 및 생물막의 접촉 양식은 접촉제가 대기 중에 있는 시간은 살수여상법과 또 접촉제가 하수 중에 있는 시간은 접촉산화법과 유사하게 된다.

(2) 혐기성 처리 : 혐기성 처리는 유기물질의 농도가 높아 산소공급이 어려워 호기성 처리가 곤란할 경우 이용되는 방법이다. 메탄가스를 연료로 이용할 수 있는 장점이 있다. 혐기성 반응에서 에너지의 획득방법은 주로 발효반응이다.

1) **소화법(消化法)** : 메탄발효법은 유기물 농도가 높은 폐수·하수를 혐기성 분해시킬 때 알칼리 발효기에서 메탄균이 메탄과 탄산가스 등을 생성하는 방법이다. 혐기성 소화법 중 가장 많이 이용되는 방법으로 부산물로 메탄이 발생하여 에너지원으로 사용할 수 있는 장점이 있다.

2) **부패조** : 과거 공공하수도가 없는 주택이나 학교 등에서 이용되었으나, 현재는 사용되지 않는다.

3) **임호프(imhoff) 탱크** : 두 개의 층으로 구성된 탱크로, 상층에서 침전이 일어나고 하층에서 슬러지의 소화가 일어난다. 즉, 침전 및 소화가 한 탱크에서 일어나는 장치이다.

[호기성 처리와 혐기성 처리의 비교]

구 분	호기성 처리	혐기성 처리
장점	• 냄새가 발생하지 않는다. • 퇴비화시키면 비료가치가 크다. • 시설비가 적게 든다. • 혐기성보다 반응기간이 짧다. • 처리수의 BOD, SS 농도가 낮다.	• 산소공급이 필요없다. • 운전비가 적게 든다.(메탄을 에너지원으로 이용) • 슬러지 생성량이 적다. • 소화슬러지에 수분이 적다. • 연속공정이 가능하다. • 병원균이나 기생충란을 사멸시킨다. • 유지관리가 용이하다. • 유기물의 농도가 높은 폐수의 처리가 가능하다.
단점	• 산소 공급을 별도로 하여야 한다. • 운전비가 많이 든다. • 많은 동력비가 필요하다. • 소화슬러지의 수분이 많다.	• 냄새가 심하다. • 비료로서 가치가 적다. • 시설비가 많이 든다. • 반응기간이 호기성 반응보다 길다. • 상등액의 BOD가 높다. • 위생해충이 발생할 수 있다.

4. 화학적 처리

(1) 중화(neutralization)

1) 산성폐수의 중화를 중화시키기 위해서는 석회석층(limestone bed)을 통과시키거나 $Ca(OH)_2$, Na_2CO_3, $NaHCO_3$, $NaOH$ 등을 첨가함으로써 중화시킬 수 있다. 반면 알칼리성 폐수의 중화는 H_2SO_4, HCl, CO_2 등을 첨가하여 중화시킨다.

2) 중화공식

① 중화적정

$$N_1 V_1 = N_2 V_2$$

② 액성이 같은 용액 혼합

$$N_1 V_1 + N_2 V_2 = N(V_1 + V_2)$$

③ 액성이 다른 즉, 산성＋알칼리성 용액 혼합 시

$$N_1 V_1 - N_2 V_2 = N(V_1 + V_2)$$

3) 폐수 중화제

① 산성폐수 중화제 : 가성소다($NaOH$), 소다회(Na_2CO_3), 소석회[$Ca(OH)_2$], 생석회(CaO), 석회석($CaCO_3$), 돌로마이트[dolomite, $CaMg(CO_3)_2$] 등

② 알칼리폐수 중화제 : 황산(H_2SO_4), 염산(HCl), 탄산가스(CO_2)

(2) 응집침전(coagulation)

1) 콜로이드(colloid)

① 폐수 중의 입자성 물질, 조류, 유기물, 색소, 콜로이드 등을 응집시켜 침전 제거한다.

② 콜로이드성 물질은 자연침전이 불가능하므로, 응집제를 사용하여 응집·침전시킨다. 응집제로 황산알루미늄$[Al_2(SO_4)_3]$용액과 폴리염화알루미늄[PAC]과 같은 알루미늄염과 황산제1철$[FeSO_4 \cdot 7H_2O]$과 같은 철염을 사용한다.

③ **콜로이드의 특성** : 물속에 떠 있는 고형물 중에서 $10^{-9} \sim 10^{-6}$m의 입자크기를 가지는 부유입자를 콜로이드라고 하는데, 침전이 어렵거나 불가능한 특성이 있다. 전하를 띠며 흡착이 가능한 성질을 가진다. 이는 물속에서 콜로이드는 물과의 친화력에 따라 친수성(hydrophilic)과 소수성(hydrophobic)으로 분류한다.

특 성	친수성(hydrophilic)	소수성(hydrophobic)
물리적 상태	부유상태	에멀션상태
표면장력	용매와 거의 같음	용매보다 표면장력이 상당히 약함
점도	분산상의 점도와 유사	점도가 크게 증가함
틴들(Tyndall) 효과	현저히 나타남($Fe(OH)_3$는 예외)	약하거나 거의 없음
재생의 편이성	냉동이나 건조시킨 후 재생하기 어려움	쉽게 재생됨
전해질 반응	전해질에 의해 쉽게 응집	전해질에 대한 반응이 약함
종류	유화물, 할로겐은화합물, SiO_2 금속 및 금속 산화물	단백질, 녹말, 껌, 비누, 점액

2) 응집제

① **응집제** : 폐수 처리에서 가장 널리 사용되는 응집제는 알루미늄염이나 철염이다. 이들은 폐수의 특성을 고려하여 응집보조제와 함께 사용하면 그 효과가 증대된다.

② **주요 응집제의 종류**

종 류	화학식	용해도%(10~30℃)
고형 황산알루미늄	$Al_2(SO_4)_3 \cdot 18H_2O$	63.5~78.8
액체 황산알루미늄	$Al_2(SO_4)_3$ 용액	−
폴리염화알루미늄	$[Al_2(OH)_m \cdot Cl_{26-m}]_n$, $m = 2 \sim 4$	−
암모늄백반	$Al_2(SO_4)_3(NH_4)_2(SO_4) \cdot 24H_2O$	9.5~20.0
칼륨백반	$Al_2(SO_4)_3 \cdot K_2SO_4 \cdot 24H_2O$	7.6~16.6
황산제1철	$FeSO_4 \cdot 7H_2O$	37.5~60.2
황산제2철	$Fe_2(SO_4)_3$	크다.

㉠ 황산알루미늄(aluminum sulfate) : 수중에 황산알루미늄을 첨가하면 $Al(OH)_3$가 형성되어, 이것이 응집에 아주 큰 효과를 나타낸다.

$$Al_2(SO_4)_3 + 3Ca(HCO_3)_2 \rightleftharpoons 2Al(OH)_3 + 3CaSO_4 + 6CO_2$$

➡ 수중에 알칼리도가 부족할 때 상기 반응이 진행되지 않으므로 알칼리제로 소석회 $[Ca(OH)_2]$를 가하면 이산화탄소가 발생하지 않고 영구경도가 증가한다. 소다회 $(NaCO_3)$로서 알칼리도를 보충하면 경도가 증가되지 않는 것이 특징이다.

㉡ PAC(polyaluminum chloride) : PAC는 응집 및 플록(floc)형성이 황산알루미늄 보다 현저하게 빠르고, pH와 알칼리도의 저하가 황산알루미늄의 $\frac{1}{2}$ 이하여서 응집보조제가 불필요하다. 또한 탁질(濁質)제거효과가 현저하며, 저수온에 대해서도 응집효과가 탁월하다.

[액체 황산알루미늄과 PAC의 비교]

항 목	액체 황산알루미늄	PAC
외관	무색의 점성이 있는 산성용액	무색~담황색 갈색의 산성액체
비중, 점도	20℃에서 비중 1.3, 점도 20cps	20℃에서 비중 1.2, 점도 4.9cps
탁질제거효과	모든 탁질에 유효	모든 탁질에 매우 유효
부식성	콘크리트, 철에 부식	콘크리트, 철에 부식성이 큼
응집능력	시간에 따른 저하 없음	장시간 저장하면 응집능력 저하
동결여부	저온에서 동결	동결되지 않음
응집보조제	저수온 고탁도 시 응집보조제 필요	저수온 고탁도 시 응집보조제 불필요
최적 pH	6~7	6~9
처리비용	저탁도 : 액체 황산알루미늄 < PAC 고탁도 : 액체 황산알루미늄 > PAC	저탁도 : 액체 황산알루미늄 < PAC 고탁도 : 액체 황산알루미늄 > PAC
보관특징	–	LAS와 혼합하면 침전물 생성

㉢ 황산제1철(ferrous sulfate) : 화학식은 $FeSO_4 \cdot 7H_2O$로 소석회와 같이 사용하여야 한다. 알칼리도가 높고 고탁도의 원수에 적당하며, 경제적이다. 플록은 액반에 비해 무겁고 저온이나 pH 변화에 따른 영향이 적다. 최적 pH는 8.5~11의 높은 값이다. 주의할 점은 석회를 사용하기 때문에 과잉석회가 배수관에 후침전을 일으키는 것이다.

$$FeSO_4 + 2Ca(OH)_2 + Ca(HCO_3)_2 \rightleftharpoons Fe(OH)_2 + CaSO_4 + 2CaCO_3 + 2H_2O$$
$$4Fe(OH)_2 + O_2 + 2H_2O \rightleftharpoons 4Fe(OH)_3$$

㉣ 황산제2철(ferric sulfate) : 화학식은 $Fe_2(SO_4)_3$이며, 수중의 알칼리도와 반응하여 불용성인 3가지 수산화물을 형성하므로 소석회가 필요없다. 이 약품은 금속에

대한 부식성이 강하므로 내산성의 고무나 연으로 피복된 장치를 사용해야 한다. 또한 냉수에는 용해하기 어려우므로 더운물로 용해시켜야 한다. 그러나 건조상태에서는 부식성이 없으므로 건식 주입기를 사용할 수 있다. 플록 생성, 침전시간은 액반보다 빠르고 응집하는 pH 범위는 5~11로 넓은 특징이 있나.

$$Fe_2(SO_4)_3 + 3Ca(HCO_3)_2 \rightleftharpoons 2Fe(OH)_3 + 3CaSO_4 + 6CO_2$$

ⓓ 염화제2철(ferric chloride) : 화학식은 $FeCl_3$이며, 하수 슬러지의 응집용으로 널리 사용되고 있다. 간혹 정수용으로도 사용된다. 대단히 부식성이 강하여 장치에는 내산성 재료를 사용하여야 하고, 최적 pH의 범위는 5~11로 비교적 넓다.

$$FeCl_3 + 3H_2O \rightleftharpoons Fe(OH)_3 + 3HCl$$
$$2FeCl_3 + 3Ca(OH)_2 \rightleftharpoons 2Fe(OH)_3 + 3CaCl_2$$

3) 응집보조제 : 알루미늄이나 철과 같은 금속염을 응집제로 사용하면, 물의 pH에 따라 응집제의 작용효과가 크게 다르다. 이러한 금속염은 일반적으로 약산이므로 물에 투여하면 처리해야 할 물의 pH를 저하시킨다. 필요 이상으로 pH가 저하되면 응집제의 작용능력이 저하되므로, 일정수준을 유지하기 위해 알칼리제(가성소다, 소석회, 중탄산소다 등)를 투여해야 한다. 이러한 약품을 응집보조제라 한다.

• 응집보조제 : 소석회($Ca(OH)_2$), 생석회(CaO), 소다회(Na_2CO_3), 가성소다($NaOH$), 탄산칼슘($CaCO_3$), 활성규사, 점토 등

[응집보조제의 특성]

항 목	가성소다(NaOH, 액체)	소석회(고체)	소다회
성상	액체	고치(분말)	고체(분말)
반입방법	탱크로리 또는 용기	탱크로리 또는 포대	탱크로리 또는 포대
처리작업 간편성 및 안전성	액체로서 작업성이 용이, 강알칼리이므로 인체에 해로움	분말로서 취급이 불편, 분진문제 발생	대개 분말이나 입상도 있음
주입방법	45% 원액 또는 25% 희석액	대개 건식주입, 습식주입 시 10~20% 석회유	대개 건식주입, 습식주입 시 5% 이하 용액
저장성	원액 45%에서 석출되므로 20~25% 희석하여 저장	수분흡수 시 고화되기 쉬움, 제습하여 저장	수분흡수 시 고화되기 쉬움, 제습하여 저장

(3) **화학적 인제거** : 폐수 중의 인을 제거하기 위해 황산알루미늄과 각종 철염 등의 응집제와 소석회($Ca(OH)_2$)와 같은 응집보조제를 사용한다. 여기서 소석회는 응집침전이 보조 또는 대용 응집제로 주로 쓰이며, pH 조정용 알칼리제로 사용되기도 한다. 이는 일반적인 화학침전법에 비해 상대적으로 경제적인 이점이 있다.

$$Ca(OH)_2 + Ca(HCO_3)_2 \longrightarrow 2CaCO_3 + 2H_2O$$
$$5Ca^{2+} + 4OH^- + 3HPO_4^{2-} \longrightarrow Ca_5(OH)(PO_4)_3\downarrow + 3H_2O$$

(4) 중금속의 처리 : 소석회를 가해 수산화물형태로 침전, 황화합물, 탄산화합물 등을 이용해 화학적으로 침전하는 방법(화학적 침전)과 알칼리 첨가제를 첨가해 pH를 상승시키면 용해도가 작아져 침전되는 방법(pH에 의한 침전)이 있다.

1) 크롬(Cr)의 처리 : 크롬 폐수는 도금공장, 안료공장, 피혁공장, 화장품공장 등에서 배출된다.

① **6가 크롬 폐수의 처리방법**

㉠ 환원침전법 : 아황산나트륨 등의 무기환원제를 사용하여 폐수 중의 크롬을 환원한다.

㉡ 이온교환 수지법

㉢ 활성탄흡착법

② **환원제** : 6가 크롬(Cr^{6+})은 3가 크롬보다 독성이 매우 강하고 분해가 잘 되지 않는다. 따라서 $FeSO_4$, $NaHSO_4$, $Na_2S_2O_3$, SO_2 등의 환원제를 이용하여 처리한다.

➡ 환원제를 사용하여 처리할 시, 반응속도는 pH의 영향을 많이 받는다. pH가 낮을수록 반응속도가 빨라지지만 약품비가 많이 들어 비경제적이다. 경제적인 pH 2~3 정도이다.

2) 카드뮴(Cd)의 처리 : 카드뮴 폐수는 철강, 합금, 도장, 사진현상, 날염, 화학공장에서 발생한다.

① **침전분리법** : 적당한 약품을 가하여 불용성화합물을 만들어 침전 분리시킨다. 수산화물침전법을 많이 사용하여, 약품에는 수산화칼슘 또는 가성소다를 사용한다.
$$Cd^{2+} + Ca(OH)_2 \rightarrow Cd(OH)_2\downarrow + Ca^{2+}$$
$$Cd^{2+} + 2NaOH \rightarrow Cd(OH)_2\downarrow + 2Na^+$$

② **부상분리법** : 계면활성제 등의 포집제를 이용하여 공기를 불어넣어 부상분리한다.

3) 비소(As)의 처리

① 비소함유 폐수는 농약제조, 의약품제조, 제련소 등에서 발생한다.

② 비소는 염화제2철, 석회와 같은 물질에 비소를 흡착시켜 제거하는 방법을 사용한다.

③ 제거방법 : 수산화물공침법, 활성탄·활성백토 등에 의한 흡착 처리, 이온교환 처리 등이 있다.

4) 망간(Mn)의 처리

① 망간 폐수는 철합금, 건전지 제조, 유리 및 세라믹, 페인트, 염료의 제조공정에서 발생한다.

② 망간 제거를 위한 공정에는 수용성 망간이온을 불용성 침선물로 전환시켜 세서한다.

➡ 이 방법은 망간이온의 산화공정, 불용성산화물과 수산화물과의 분리에 의해 효과적으로 처리가 가능하다.

5) 납(Pb)의 처리

① 납은 축전지의 제조공정에서 발생한다.

② 일반적으로 침전에 의해 제거한다.

➡ 납 침전공정은 탄산기에 의히여 $PbCO_3$로, 수산회기에 의해 $Pb(OH)_2$로 침진된다.

6) 구리(Cu)의 처리

① 구리 폐수는 주로 도금공장에서 발생한다.

② 침전, 이온교환, 증발, 전기투석과 같은 재생공정에 의해 제거한다.

(5) 이온교환

1) 이온교환은 물 중의 염류를 제거하는 가장 적합한 처리방법으로, 이온교환 수지를 사용하여 용액 중 이온상태의 불순물을 걸러내는 방법이다.

용액 중 이온이 잘 제거되는 순서

① 음이온 순서 : $ClO_4^- > NO_3^- > Br^- > Cl^- > HCO_3^- > F^- > OH^-$

② 양이온 순서 : $Ba^{2+} > Sr^{2+} > Ca^{2+} > Co^{2+} > Cu^{2+} > Zn^{2+} > Mg^{2+} > Ag^+ > K^+ > Na^+ > H^+$

2) 제올라이트나 합성 수지와 같은 이온교환 고형물을 이용한 경수의 연수화는 다음 반응과 같다.

$$Ca^{2+} + 2Na \cdot Ex \rightleftharpoons Ca \cdot E_{X2} + 2Na^+$$
$$Mg^{2+} + 2Na \cdot Ex \rightleftharpoons Mg \cdot E_{X2} + 2Na^+$$

(위의 반응에서 Ex는 이온교환 고형물이다.)

① 고형물이 Ca^{2+}과 Mg^{2+}으로 포화된 후에는 반응이 가역적이므로 강한 염용액으로 재생할 수 있다.

$$Ca \cdot E_{X2} + 2Na^+ \rightleftharpoons 2Na \cdot E_X + Ca^{2+}$$
$$Mg \cdot E_{X2} + 2Na^+ \rightleftharpoons 2Na \cdot E_X + Mg^{2+}$$

② 이온교환에 의한 폐수처리는 소량이면서 독성이 강한 것의 처리에 적합하다. 이는 유용물질의 회수 재사용이 가능하며, 유해물질의 제거율이 매우 높다.

➡ 대량의 불순물을 포함하는 폐수처리에 부적합하고, 유류, 고분자량 유기물 등 함유용액은 이온교환 수지를 오염시키므로 사전에 제거해야 한다.

(6) 화학적 산화 : 폐수 속에 산화가 가능한 물질을 산화시켜 생물학적 분해를 촉진시키거나 흡착을 용이하게 한다. 산화제로 오존, 과산화수소, 과망간산칼륨, 염소 등을 사용한다.

1) 오존(O_3)에 의한 산화 : 산업폐수 처리분야에서 오존은 색도제거, 소독, 철 및 망간의 제거, 알드린, 시안, 페놀, 철이 포함된 화합물 및 계면활성제 등이 포함된 복잡한 유기물의 산화에 매우 효과적이다.

① 오존은 폐수 속에 존재하는 여러 가지 화합물을 빠르게 산화시킬 수 있는 강력한 산화제이다. 이러한 산화력을 이용하여 고분자물질을 저분자화시킨다.

② 산성에서 불소와 수산화기 다음으로 높은 환원전위(2.07V)를 갖고, 알칼리성에서도 1.24V로 백금과 은을 제외한 모든 금속을 산화시킨다.

③ 미생물과의 반응에 있어서 생체의 생체막이나 조직을 구성하는 지질, 단백질, 핵산 등을 파괴하기도 한다.

④ 유기물과의 반응 시 결합력이 약한 불포화 이중결합, 방향족 고리, 금속이온 등을 분리하여 분해하기 시작하며, 연쇄반응이 시작되어 중간생성물을 형성한다.

⑤ 오존은 대기 중에서 가스상태로 존재하며, 표준상태에서는 물에 낮은 용해도를 가진다. 또한 산성조건에서는 안정하지만 알칼리성으로 되어감에 따라 불안정하고 pH가 증가하면서 자체 분해속도가 증가한다.

⑥ 오존은 공기와 전력이 있으면 쉽게 생성이 가능하고, 다른 산화제가 처리할 수 없는 물질을 살균, 분해할 수 있는 장점이 있다.

⑦ 용존된 오존은 짧은 시간(상온, 중성에서 15~30분)에 산소로 분해되어 수중 용존산소를 증가시키고, 처리 후 pH에 거의 영향을 주지 않는다. 처리 후에도 무기염 농도의 상승, 슬러지 발생, 유기염소화합물의 생성 등 2차 오염이 없다.

2) **염소에 의한 살균** : 염소의 경우 화학적 산화제로 잘 알려져 있으며 정수처리, 소독 및 화학적 산화에 사용되고 있다. 염소는 시안 폐수 또는 페놀을 함유한 폐수 등을 처리하는 산화제로 알려져 있다.

① 특히 폐수의 방류수는 불활성 박테리아와 공중보건을 위해 염소로 살균된다.

② 인체와 접촉하기 쉬운 유원지나 도시 상수에 대해 염소를 이용하여 살균한다.

③ **클로라민법** : 살균은 염소가 폐수 중에 존재하는 암모니아와 결합할 때, 형성되는 클로라민에 의해 이루어진다. 염소가스와 물이 반응하면 차아염소산(HOCl)을 형성한다. 형성된 차아염소산은 암모니아와 반응하여 클로라민을 생성한다. 여기에는 일염화아민(NH_2Cl), 이염화아민($NHCl_2$), 삼염화아민(NCl_3)이 있다.

$$Cl_2 + H_2O \rightleftharpoons HOCl + H^+ + Cl^-$$
$$HOCl \rightleftharpoons H^+ + Cl^-$$

클로라민은 냄새가 적고 살균작용이 오래 지속되는 장점이 있지만, 상대적으로 살균력이 약한 단점이 있다.

➡ 염소의 살균력 : 'HOCl > OCl⁻ > 클로라민' 순이다. pH가 낮고 온도가 높을수록, 염소의 농도가 높고 반응시간이 길수록 살균력이 강해진다.

➡ HOCl과 OCl⁻의 물속 용존량은 pH가 낮을수록 HOCl > OCl⁻이고, pH가 높을수록 HOCl < OCl⁻이다.

④ 유리잔류염소 : 물속에 HOCl이나 OCl$^-$로 존재하는 염소를 말한다.

유리잔류염소는 살균력이 강한 장점이 있지만, 물에서 냄새가 나는 단점도 있다.

⑤ 결합잔류염소 : 염소가 암모니아나 유기성 질소와 반응하여 존재하는 것으로서 대표적인 형태가 클로라민(chloramine)이다.

5. 고도 처리

고도 처리란, 질소와 인으로 대표되는 영양염류가 많아지면, 하천이나 호수의 부영양화를 초래하므로 질소와 인을 제거해야 한다.

(1) 생물학적 질소제거(탈질반응)

탈질반응에서 질소는 단백질과 같은 유기질소 형태 혹은 NH_4^+, NO_2^-, NO_3^-과 같은 무기질소 형태로 존재한다. 수중에서 유기질소가 분해되어 형성된 NH_4^+은 호기성 미생물인 아질산균(nitrosomonas)과 질산균(nitrobactor)에 의해 산소를 이용하여 질산화반응을 일으킨다.

1) 질산화에는 반드시 산소가 필요하며, 생성되는 수소이온으로 인하여 pH가 감소하게 된다. 그런데 산화균은 pH 5 이하에서는 활성이 급격하게 떨어지게 되므로 하수 처리와 같이 인위적으로 질산화를 시키는 공정에서는 이를 방지하기 위해 $NaHCO_3$, NaOH와 같은 알칼리 보조제를 동시에 투입하기도 한다.

2) 질산화반응의 2단계 과정

$$1단계(효소 : 아질산균) : NH_4^+ + 1.5O_2 \longrightarrow NO_2^- + 2H^+ + H_2O$$
$$2단계(효소 : 질산균) : NO_2^- + 0.5O_2 \longrightarrow NO_3^-$$

$$전체반응 : NH_4^+ + 2O_2 \longrightarrow NO_2^- + 2H^+ + H_2O$$

3) 탈질반응 : 질산을 환원 박테리아에 의해 N_2로 방출 제거하는 것으로 NO_3^-이 수소 수용체로 이용되므로 이 반응은 혐기성반응이 된다.

$$NO_3^- + H^+ + 유기물 \longrightarrow N_2\uparrow + H_2O$$

(2) 생물학적 인제거

1) 활성슬러지법상의 미생물의 대사기작(代謝期作, metabolic mechanism)을 이용해 미생물이 인을 과잉 섭취하도록 함으로써 인을 활성슬러지에 축적, 제거한다.

2) 활성슬러지 미생물에 의한 인의 방출 및 미생물의 대사기작 : 미생물은 호기성(세균 따위가 산소를 좋아하는 성질) 분해를 통해 축적한 polyphosphate을 혐기성(산소를 싫어하여 공기 속에서 잘 자라지 못하는 성질) 상태가 되면 분해하여 산소원으로 사용된다. 유기물을 분해하고 이때 polyphosphate는 분해되어 orthophosphate가 된다. 다시 호기성 상태가 되면 하수 속의 유기물을 산화/분해시키는데, 이때 발생한 에너지를 이용해 orthophosphate을 다시 polyphosphate로 합성한다. 이 과정이 반복되면서 하수 속의 인은 활성슬러지상에 농축되고 농축된 인을 포함한 슬러지는 잉여슬러지로 제거된다.

3) 활성슬러지 미생물의 인 과잉섭취현상을 이용한 생물학적 인제거법은 일반적으로 반응조 일부를 용존산소가 존재하는 호기성 상태와 용존산소가 없는 혐기성 상태를 유지하여 이를 반복시켜 활성슬러지 중의 인함유율을 증가시키므로 인의 제거효율을 높이는 것이다.

(3) 암모니아 제거방법

질산화-탈질소화 공정 : 유기성 질소, 질산성 질소 및 아질산성 질소와 함께 암모니아를 제거한다. 인은 1단계 및 3단계에서 최종 침전지로 유입되기 이전에 응집제를 첨가함으로써 제거된다.

1) 이온교환법 : 2차 처리 유출수를 다중 여과와 탄소흡착방법으로 처리한 후, 천연 제올라이트를 사용하여 양이온교환방법으로 암모니아를 제거한다.

2) 파괴점 염소처리 : 염소가스나 차아염소산염을 사용하는 염소처리는 암모니아를 산화시켜 중간 생성물인 클로라민을 형성하고 최종적으로 질소가스와 염산을 생성시키는 것이다.

암모니아의 산화 단계

[1단계] $Cl_2 + H_2O \longrightarrow HOCl + HCl$

[2단계] $NH_4^+ + HOCl \longrightarrow NH_2Cl + H_2O + H^+$

[3단계] $2NH_2Cl + HOCl \longrightarrow N_2\uparrow + 3HCl + H_2O$

[전체반응] $3Cl_2 + 2NH_4^+ \longrightarrow N_2\uparrow + 6HCl + H^+$

 기출 및 예상 문제

01 유기물을 활성오니를 사용하여 분해시킬 때 생성기체는?　　　　　　　○ 02 국가직 9급

① CH_4　　　　　　　　　　　　② O_2

③ HCl　　　　　　　　　　　　④ NO_3

02 친수성 콜로이드의 특성에 대한 설명으로 옳은 것은?

① 에멀션상태이다.

② 표면장력은 분산매보다 현저히 작다.

③ 점도는 분산매보다 현저히 크다.

④ 틴들효과가 현저히 나타난다.

03 폐수의 화학적 처리에 대한 설명이다. 틀린 것은?

① 황산알루미늄으로 처리한 물은 pH가 저하된다.
② 황산제2철로 처리한 물은 pH가 저하된다.
③ 염화철로 처리한 물은 pH가 저하된다.
③ 수중 우유성분은 쉽게 응집 침전된다.

04 중금속을 함유하는 폐수 처리에 대한 설명으로 옳지 않은 것은?

① 일반적으로 pH를 올려 소석회를 가해 수산화물형태로 침전시킨다.
② 중금속의 수산화물은 일반적으로 농축, 탈수가 곤란한 것이 많다.
③ Na^+, K^+과 같은 양이온을 함유한 금속은 pH를 높이면 용해도가 작아진다.
④ 황화합물, 탄산화합물 등을 이용해 화학적으로 침전하는 방법이 있다.

05 폐수에 염소가스를 주입시키면 어떤 결과가 발생하는가? ✪ 88 서울시 9급

① 폐수의 BOD가 감소한다.
② 폐수의 DO를 감소시킨다.
③ 폐수의 SS가 증가된다.
④ 혐기성 박테리아가 증가한다.

06 이온교환 수지 처리방법에서 이온교환 수지의 일반적인 성향 중 틀린 것은?

① 1가 이온보다 2가 이온 쪽이 수지에 대한 친화성이 크다.
② 외부 용액의 염농도가 높으면 수지의 선택성이 커진다.
③ 등가 이온에서는 수화한 이온 반경이 적을수록 수지에 대한 친화성이 커진다.
④ 외부 용액의 농도에 따라 수지의 내부 상태는 변화한다.

07 호기성반응과 혐기성반응을 비교하여 설명한 것이다. 틀린 것은?

① 호기성반응은 반응속도가 빠르다.
② 최종생성물의 에너지 함량은 혐기성반응이 더 낮다.
③ 슬러지 생산량은 호기성반응이 더 적다.
④ 혐기성반응은 고농도 폐수에 더 적합하다.

08 F/M비(Food to Microorganism ratio)에 대한 설명으로 옳지 않은 것은?

① F/M비는 일반적으로 0.3~0.6이 좋다.
② F/M비를 크게 할수록 유기물 제거율이 증가한다.
③ F/M비를 적게 할수록 잉여슬러지 생산율도 적어진다.
④ F/M비의 단위는 [kg BOD_5/kg MLVSS · day]이다.

09 슬러지 처리의 목적에 해당하지 않는 것은?

① 유기화   ② 부피의 감소
③ 안정화   ④ 처분의 확실성

10 질산화공정에 필요하지 않은 물질은?   ✪ 03 충청북도 9급

① 산소   ② 암모니아
③ 단백질   ④ 이산화탄소
⑤ 유기성 질소

11 중금속에 따른 질병의 유형을 나타낸 것이다. 서로 관계없는 것은?

① 수은 – 이타이이타이병   ② 카드뮴 – 골연화증
③ 6가 크롬(Cr^{6+}) – 피부염, 피부궤양   ④ 납 – 빈혈
⑤ 구리 – 미각에 이상을 느끼며, 설사를 유발

12 [보기]의 (   ) 안에 들어갈 말로 옳은 것은?   ✪ 03 광주시 9급

> [보기]
> 활성슬러지 처리를 하고 있는 처리장에서 최종침전지의 여기저기에 슬러지가 떠올라 투시도가 저하되었다. 수질분석 결과 처리수의 pH는 5.0이고, DO는 5.5mg/L, 또한 (㉠) 질소도 6mg/L가 검출되었다.
> 이것은 (㉡)에 의한 활성슬러지의 부상이라 생각되어 (㉢) 조치를 하였더니 수일 내에 처리수의 수질이 회복되었다.

① ㉠ 아질산성, ㉡ 슬러지의 팽화, ㉢ 석회로 중화하는
② ㉠ 질산성,   ㉡ 질산화,   ㉢ 공기량을 낮추는
③ ㉠ 유기성,   ㉡ 질산화,   ㉢ BOD 부하를 낮추는
④ ㉠ 질산성,   ㉡ 슬러지의 팽화, ㉢ BOD 부하를 낮추는

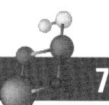

 정답 및 해설

01 ①

유형 및 해설 [활성슬러지법(활성오니법)] 침전 탱크 바닥에 침전된 오니의 일부를 폭기 탱크에 순환시키는 방법을 활성오니법이라 하며, 가장 일반적으로 사용되는 폐수처리 방법이다. 걸러진 오니(슬러지)는 건조시킨다. 건조상에 쌓은 죽은 미생물을 처리하는 방법에는 이를 유기질 비료로 전환(오니 비료)시키거나 염기성 미생물로 분해시켜 처리한다. 이 과정에서 메탄(CH_4)가스가 부생하며, 이를 공장 가동을 위한 연료로 사용하는 공정이 개발되고 있다.

02 ④

유형 및 해설 [친수성 콜로이드] 콜로이드의 종류별 특성을 요약해 두자. 친수성 콜로이드는 부유상태이고, 표면장력은 용매와 거의 같다. 점도는 분산상의 점도와 유사하며, 틴들효과는 현저히 나타난다.

03 ④

유형 및 해설 [화학적 처리] 화학적 처리에서 응집제에 대한 설명으로 응집제를 가하면 pH가 저하된다. 응집은 주로 콜로이드상태의 불순물을 제거하기 위해 선택된다. 그러나 에멀션 상태인 우유는 쉽게 응집으로 제거되지 않는다.

04 ③

유형 및 해설 [알칼리 첨가법] 알칼리 첨가법으로 알칼리를 첨가하여 pH를 상승시키면 용해도가 작아지는 현상을 이용하는 방법이다. 여기서 양성금속의 수산화물은 강알칼리성일 띤다. 따라서 pH를 올리면 용해도가 커진다.

05 ①

유형 및 해설 [화학적 산화−염소 소독] 염소는 폐수 처리 시 살균 이외에 냄새제거, 부식 통제, BOD 제거 등의 목적으로 사용된다. BOD가 감소하면, 당연히 COD는 감소, 반면 DO는 증가, 살균을 하므로 혐기성 박테리아는 소멸된다.

06 ②

유형 및 해설 [이온교환법] 이온교환 수지는 저농도일 경우, 상온의 수용액에서는 이온의 원자가가 높은 것일수록 잘 교환 흡착되고, 같은 원자가 이온일 때는 수화를 포함한 이온 반지름이 적을수록 흡착이 양호하며, 외부 용액의 염농도가 높으면 수지의 선택성이 작아진다.

07 ③

유형 및 해설 [호기성반응과 혐기성반응] 반응의 특성을 비교해 두자.

구 분	호기성반응	혐기성반응
반응속도	빠르다.	느리다.
최종 생성물의 에너지 함량	높다.	낮다.
슬러지 생성량	많다.	적다.
폐수의 농도	저농도 폐수에 적합하다.	고농도 폐수에 적합하다.
세포 생산계수(Y)	높다.	낮다.
영양소	유기성 영양소가 필요	무기성 영양소가 필요

08 ②

유형 및 해설 [활성슬러지법>F/M비] F/M비가 높다는 말은 먹이의 양이 미생물의 수에 비해 상대적으로 많아져 미생물 번식이 증가한다는 의미이다. 따라서 F/M비가 높아지면 유기물 제거율은 감소한다.

09 ①

유형 및 해설 [슬러지 처리의 목적] 슬러지 처리의 목적은 유기물의 제거를 통해 주위환경에 미치는 악영향을 제거하고(안정화), 살균에 의해 슬러지를 안전하게 이용(안전화)하고, 감량화를 하면 처분이 쉬워지며, 비용 절감(부피의 감소)을 목적으로 한다. 또한 슬러지의 처분은 편리하고 안전하게 하여 처리에 명확성을 부여한다(처분의 확실성).

10 ④

유형 및 해설 [질산화 과정] 질산화는 반드시 산소를 필요로 한다. 암모니아와 산소를 결합하여 질산화물을 생성한다. 그리고 박테리아와 같은 미생물은 단백질로 구성되어 있고, 이들은 유기성 질소를 함유하고 있다.

11 ①

유형 및 해설 [중금속 중독] 수은에 의한 증상으로는 미나마타병(유기 수은), 중추신경과 말초신경 마비로 언어장애, 보행장애, 운동장애를 일으킨다. 이타이이타이병은 카드뮴 중독의 증상이다.

12 ②

유형 및 해설 [활성슬러지에 의한 처리 및 실행] 활성슬러지법에 의한 수질분석에서 처리수 중에 포함된 것은 질산화 과정에 의한 질산성 질소의 생성이다. 이에 따라 공기량을 낮추는 방법을 택해 수질을 개선시켜야 한다.

제 **78** 주

폐기물 처리

1. 폐기물의 개요

(1) **폐기물의 개념** : 폐기물이란, 인간생활 및 산업생산 과정에서 발생되는 불필요하고 쓸모 없는 주로 고체상의 물질을 말한다. 이와 같은 물질은 인간생활을 위생적으로 위해하게 할 뿐만 아니라 자연 생태계를 파괴하고 훼손하며 감각적으로 불쾌하게 만든다.

(2) **폐기물 분류**

> 폐기물
> ┌ 생활 폐기물 : 연탄재, 음식물쓰레기, 종이류, 병, 폐플라스틱, 기타
> │
> └ 사업장 폐기물 : (사업장 폐기물) 지정 폐기물을 제외한 기타 폐기물
>   (지정 폐기물) 폐유·폐산 등 주변환경을 오염시킬 수 있는 폐기물

1) 폐기물 배출사업장의 범위

① 배출시설을 설치·운영하는 사업장 : 공업배치 및 공장설립에 관한 법률 제2조 1호의 규정에 의한 공장으로서 배출시설을 설치·운영하는 사업장을 의미한다.

② 기타 대통령령이 지정하는 사업장

㉠ 지정 폐기물을 배출하는 사업장, 폐기물을 1일 평균 300kg 이상 배출하는 사업장

㉡ 일련 공사·작업 등으로 인해 폐기물을 1주에 5톤 이상 배출하는 사업장

➡ 공사의 경우는 착공하는 때부터 완료하는 때까지 발생하는 폐기물의 양을 말한다.

2) 지정 폐기물

① 특정시설에서 발생되는 폐기물

㉠ 폐합성 고분자화합물

㉡ 오니류(수분함량이 95% 미만이거나, 고형물함량이 5% 이상인 것), 폐농약

② 부식성 폐기물

㉠ 폐산 : 액체상태의 폐기물로서 pH 2.0 이하인 것

㉡ 폐알칼리 : 액체상태의 폐기물로서 pH 12.4 이상인 것

③ 유해물질 함유 폐기물 : 광재, 분진, 폐주물사 및 샌드블라스트 폐사, 폐내화물 및 재벌구이 이전에 유약을 바른 도자기 조각, 소각재, 안정화 또는 고형화 처리로 폐촉매, 폐흡착제 및 폐흡수제 등

④ 폴리클로리네이티드비페닐(PCB) 함유 폐기물

㉠ 1리터당 2mg 이상을 함유한 액체상태의 것이다.

㉡ 용출액 1리터당 0.003mg 이상을 함유한 액체상태 이외의 것에 한한다.

⑤ 기타 : 폐유기용제(할로겐족 등), 폐페인트 및 폐래커, 폐유(기름성분 5% 이상 함유), 폐석면, 폐유독물, 감염성 폐기물 등

(3) 관련 용어

1) **폐기물** : 쓰레기, 연소재, 오니, 폐유, 폐산, 폐알칼리, 동물의 사체 등으로, 사람의 생활이나 활동에 필요하지 않은 물질을 말한다.

2) **생활 폐기물** : 사업장 폐기물 외에 폐기물을 말한다.

3) **사업장 폐기물** : 대기환경보전법, 수질환경보전법 또는 소음·진동 규제법의 규정에 의하여 배출시설을 설치, 운영하는 사업장, 기타 대통령령이 정하는 사업장에서 발생되는 폐기물을 말한다.

4) **지정 폐기물** : 사업장 폐기물 중 폐유, 폐산 등 주변환경을 오염시킬 수 있거나 감염성 폐기물 등 인체에 위해를 줄 수 있는 유해한 물질로서 대통령령이 정하는 폐기물을 말한다.

5) **감염성 폐기물** : 지정 폐기물 중 인체 조직 등 적출물, 탈지면, 실험 동물의 사체 등 의료기관이나 실험, 연구실 등의 기관에서 배출하는 인체에 위해를 줄 수 있는 물질로서 대통령령이 정하는 폐기물을 말한다.

6) **폐기물 처리시설** : 폐기물의 중간 처리시설과 최종 처리시설로서 대통령령이 정하는 시설을 말한다.

7) **폐기물 감량화시설** : 생산공정에서 발생되는 폐기물의 양을 줄이고, 사업장 내 재활용을 통하여 폐기물 배출을 최소화하는 시설로서 대통령령이 정하는 시설을 말한다.

8) **처리** : 폐기물의 소각, 중화, 파쇄, 고형화 등에 의한 중간 처리(재활용을 포함)와 매립, 해역 배출 등에 의한 최종 처리를 말한다.

9) 재활용 : 폐기물을 재사용·재생 이용하거나 재사용·재생 이용할 수 있는 상태로 만드는 활동 또는 폐기물로부터 환경부령이 정하는 기준에 따라 에너지 이용합리화법 제2조 1호의 규정에 의한 에너지를 회수하는 활동을 말한다.

2. 폐기물 처리방법

(1) 소각

1) 소각은 쓰레기 등의 가연성 폐기물을 고온에서 공기를 이용하여 연소시키는 공정이다.

2) 폐기물을 소각 처리하면 황산화물, 질소산화물, 염화수소, 일산화탄소, 다이옥신 등과 같은 대기오염물질과 재가 생산된다. 이에 처리시설을 설치하여야 한다.

3) 폐기물이 타고 남은 재는 매립장으로 운반되어 매립 처리한다.

> **참고　플라스틱 소각의 문제점**
> ① 염화수소의 부식성 가스를 발생한다.
> ② 소각 시 발열량이 크고, 많은 양의 연소공기가 필요하다.
> ③ C/H 비가 클수록 매연이 발생하기 쉽다.
> ④ 발암물질인 다이옥신이 발생할 가능성이 있다.

(2) 매립

1) 가연성 폐기물과 재활용 가능 폐기물을 제외한 폐기물을 땅에 묻어 처리하는 방법이다.

2) 매립은 많은 면적이 필요한 단점이 있다.

  ➡ 매립방식에는 경사식, 도랑식, 지역식이 있다.

3) 침출수에 의한 수질오염, 폐기물이 땅 속에서 분해될 때 발생하는 유해가스, 악취 등이 주요 문제점이다.

  ➡ 매립 침출수의 특징은 동식물성 잔사, 유기성 오염물질은 BOD 농도가 높은 오수가 침출된다. 또한 폐산, 폐알칼리, 금속성 광산 등을 그대로 매립하면 접촉되는 물에는 오염수가 침출될 수 있다. 침출량은 매립방법, 지반의 특수성에 의해 크게 좌우되며, 질의 다양성이나 형상도 처리 시스템에 따라 장해되는 정도는 달라진다.

(3) 압축 : 부피를 줄인 후 매립시키는 방법이다.

　※ 압축비＝(압축 전 부피)/(압축 후 부피)

(4) 퇴비화

1) 퇴비화의 특징 : 퇴비화란 호기성 조건하에서 생물학적으로 유기물을 안정화시키는 고형폐기물 자원화방법의 일종이다.

$$복잡한\ 유기물 + O_2 \longrightarrow 보다\ 덜\ 복잡한\ 유기물(Humus) + CO_2 + H_2O + NH_3 + 열$$

2) 퇴비화의 장·단점

① 장점 : 유기성 폐기물을 재활용함으로써 폐기물을 감량할 수 있고, 토양의 결합력을 증대시킬 수 있다. 또한 토양의 수분함량과 수분보유력 증대, 토양의 완충능력을 증가시킬 수 있다.

② 단점 : 퇴비화로 생산된 퇴비는 비료가치가 낮고, 부지선정이 어렵다. 그리고 부피가 크게 감소되지 않고, 악취발생의 가능성이 있다.

3) 퇴비화의 조건

① C/N : 최적비는 20~30 정도이다.

ⓐ C는 미생물의 에너지원이며, N은 미생물체를 구성하는 인자이다.

ⓑ C/N비는 미생물 개체당 먹이가 어느 정도 공급되는가의 척도이다.

ⓒ C/N비는 최대 50 이내일 것, 퇴비화에 따라 낮아지며 10 정도에서 퇴비화를 중단한다.

ⓓ C/N비가 너무 적으면 퇴비화 과정 중에 질소분이 유실된다.

ⓔ C/N비가 너무 크면 퇴비화 기간이 길어진다.

② 적정 온도 : 60~70℃

③ 수분 : 50~70%

④ 입도 : 100~200mm

⑤ pH 6~8 : 퇴비화 과정 시 pH 변화 과정은 '중성 → 산성 → 알칼리성 → 중성'이다.

4) 퇴비 생산 미생물 : 박테리아, 균류(효모, 곰팡이 등), 방선균(antinomycetes) 등

(5) 재활용

1) 재활용이라 함은 재사용(reuse)하거나 재사용할 수 있는 상태로 만드는 활동 또는 폐기물로부터 에너지를 만드는 활동을 말한다.

2) 폐지, 폐캔, 폐플라스틱, 폐병 등이 주요 재활용 대상이 된다.

(6) 폐기물 가공연료(RDF, Refuse Derived Fuel)

1) RDF의 정의 : 도시 폐기물 중에서 발열량이 높은 성분을 개질가공하여 연료화하는 공정으로 공통된 목적은 기계적 처리로서 고체연료를 만드는 것이다.

2) RDF의 조건

① 칼로리(calorie)가 높을 것, 함수율이 낮을 것, 재의 양이 적을 것, 대기오염이 적을 것

② 배합률(RDF의 조성)이 균일할 것, 저장 및 수송이 편리할 것

③ 기존 고체연료 사용 노에서 사용 가능할 것

3) RDF의 장·단점

① 장점 : 기존 시설에 큰 변화없이 그대로 사용 가능하며, 열효율이 높을 뿐 아니라 제
조비용이 비교적 저렴하다. 그리고 기술적으로 축적된 기술이 많으며, 상업적인 생
산시설의 공급이 가능하디. RDF의 밀도를 높게 하면 저장이나 운반이 편리하다.

② 단점 : 부피가 커서 저장 및 운바이 불편하다. 연소 시 분진의 배출량이 증대되고,
부피를 줄이는 방법에 아직까지 문제점을 가지고 있다. 시설 및 유지관리 비용이
높다.

4) RDF의 고형화(solidification)

① 목적 : 폐기물을 고체형태로 고정시키는 물질과 혼합시켜 고체 구조 내에 폐기물을
물리적으로 고립시키고, 화학적으로 안정화시켜 유해물질의 유출을 차단하는 방법
이다.

② 처리방법

㉠ 시멘트 기초법 : 가장 흔히 사용되는 방법으로, 포틀랜드시멘트를 고화제로 사용
한다. 시멘트혼합물에 의해 대부분의 다원자가 중금속 이온들이 용해되지 않는
수산화물이나 탄산염으로 첨전되기 때문에 고농도의 중금속 함유 폐기물에 적합
하다. 첨가제로는 액상 규산소다와 양이온치환능력이 높은 점토 등을 사용한다.

㉡ 석회 기초법 : 석회와 함께 미세한 포졸란 물질을 섞는 방법으로 포졸란법이라고
도 한다. 포졸란은 규소를 함유하는 미분상태의 물질을 말하며, 석회와 결합하여
불용성, 수밀성 화합물을 형성한다.

㉢ 자가 시멘트법 : 연소가스 탈황 시 발생된 슬러지 처리에 많이 쓰인다. 이러한
폐기물에는 $CaSO_4$와 $CaSO_3$가 포함되어 있으므로 스스로 고형화되는 성질을 이
용하는 방법이다.

㉣ 유리화법 : 폐기물에 규소를 혼합하여 유리화시키는 방법으로 스스로 고형화되
는 성질을 이용하는 방법이다.

(7) 분뇨 및 슬러지의 처리

1) 분뇨는 인체 신진대사의 최종 부산물로서, 다량의 유기물을 함유하고 있다. 특히 분뇨에는
질소화합물이 많이 존재하고 있고 BOD, COD가 높아 처리되지 않고 그대로 방치될 경우
심각한 수질오염의 원인이 된다.

2) 슬러지는 지정 폐기물의 일정으로, 수분 함유량이 95% 미만이거나 고형물 함유량을 5% 이
상 함유한 물질을 의미하며, 폐수처리 슬러지, 공정 슬러지 등이 있다.

① 폐수처리 슬러지는 폐수를 처리하고 난 후 발생하는 슬러지를 의미한다.

② 공정 슬러지는 각종 제조업의 제조공정에서 발생하는 슬러지를 의미한다.

3) 분뇨나 슬러지의 처리

처리순서 : 농축 → 안정화 → 개량 → 탈수 및 건조 → 최종 처리

① **농축** : 슬러지 부피를 감소시키는 공정이다.

② **안정화** : 슬러지 중에 함유된 미분해 유기물질을 분해하는 공정이다.

③ **개량** : 입자를 증대시켜 탈수가 잘 되도록 하는 공정이다.

④ **탈수 및 건조** : 수분을 감소시켜 최종 처리를 쉽게 하는 공정이다.

⑤ 여러 단계의 공정을 거쳐 부피와 수분 함유량이 줄어든 슬러지를 마지막으로 처리하는 것으로 해양투기, 매립, 소각 등이 있다.

(8) 환경오염물질의 전기화학적 처리 : 폐기물이나 오수 내 유기물질 오염의 정화는 다음과 같이 전기화학적으로 처리한다.

1) H_2O_2, O_3, Cl_2를 이용해 과산화물을 생성시켜 오염물질을 제거할 수 있다.

2) **전기부상법(electrofloatation)** : 전기분해로 거품을 일으켜 오염물질을 부상시켜 제거한다.

3) **전기응집법(electroflocculation)** : 양극물질로 Al, Fe를 사용하여 산화물을 생성시키고, 이 산화물이 핵으로 작용하여 오염물질을 응집한 후 성장시켜 제거한다.

4) **전기투석법(electrodialysis)** : 이온교환 수지(ion-exchange membrane)를 사용하여 농축과 희석된 용액을 분리하고 제거한다(해수의 담수화, 제염공정 등에 쓰이고 있음).

3. 방사성 폐기물 처리방법

(1) 방사성 폐기물의 종류

1) **저준위 방사성 폐기물** : 방사능의 정도가 낮은 것으로, 원자력 발전소의 운전원이나 보수 요원이 사용했던 장갑, 덧신, 가운, 걸레 등과 같은 물질을 말한다.

2) **고준위 방사성 폐기물** : 방사능의 정도가 높은 것으로, 원전 연료 자체 또는 이를 자원으로 재활용하는 과정에서 발생하는 플루토늄 반감기가 긴 동위원소를 포함하고 있는 사용 후 연료를 의미한다.

(2) 방사성 폐기물의 분류 및 처리방법

1) 방사성 폐기물은 처리 형태에 따라 기체, 액체, 고체 상태의 폐기물로 나뉜다.

2) 처리방법

① **기체 폐기물** : 일단 밀폐탱크에 저장한 후 방사능이 기준치 이하로 떨어지면 고성능 필터를 거쳐 대기로 내보낸다.

㉠ 발생원 : 핵주기 시설, RI 생산 시설, 병원, 연구소

㉡ 핵종 : ^{14}C, ^{129}I, ^3H, ^{85}Kr 등이 있으며, 부유입자들이 존재한다.

ⓐ 부유입자 제거 : 프리필터와 고성능필터를 조합하여 부유입자를 효율적으로 제거한다.

ⓑ 방사성 요오드 제거 : 실버 제올라이트(silver-zeolite)라는 흡착제로 거의 제거 가능하다. 처리 기체의 흐름에 수분이나 부유입자를 전처리 공정에서 회수하지 않으면 성능이 급격히 저하된다.

ⓒ 방사성탄소(^{14}C)의 제기 : 분자체(molecular sieve)로 제거한다.

ⓓ 루테늄(^{106}Ru)의 제거 : 실리카겔에 흡착하여 제거한다.

ⓔ 크립톤과 크세논의 제거 : 저온 증류법으로 각각 분리한다.

② 액체 폐기물 : 저장조에 모았다가 증발장치를 이용해 깨끗한 물과 찌꺼기로 분류한 후 물은 재사용하고, 찌꺼기는 안정된 고화체로 만들어 철제드럼에 넣어 밀봉해 저장한다.

➡ 액체 폐기물 처리방법 : 감용 처리, 고화 처리, 희석법을 사용한다.

참고　액체 혼합물의 감용 처리법

① 응집침전 처리, ② 증발 처리, ③ 이온교환 처리, ④ 시멘트 고화

---

③ 고체 폐기물 : 압축해 철제드럼에 넣어 밀봉상태에서 발전소 내 저장고에 보관한다. 연간 발생하는 고체 폐기물을 국민 전체로 환산하면 1인당 11g 정도이다.

➡ 고체 폐기물은 주로 소각 처리하거나 압축 처리한 후 저장한다.

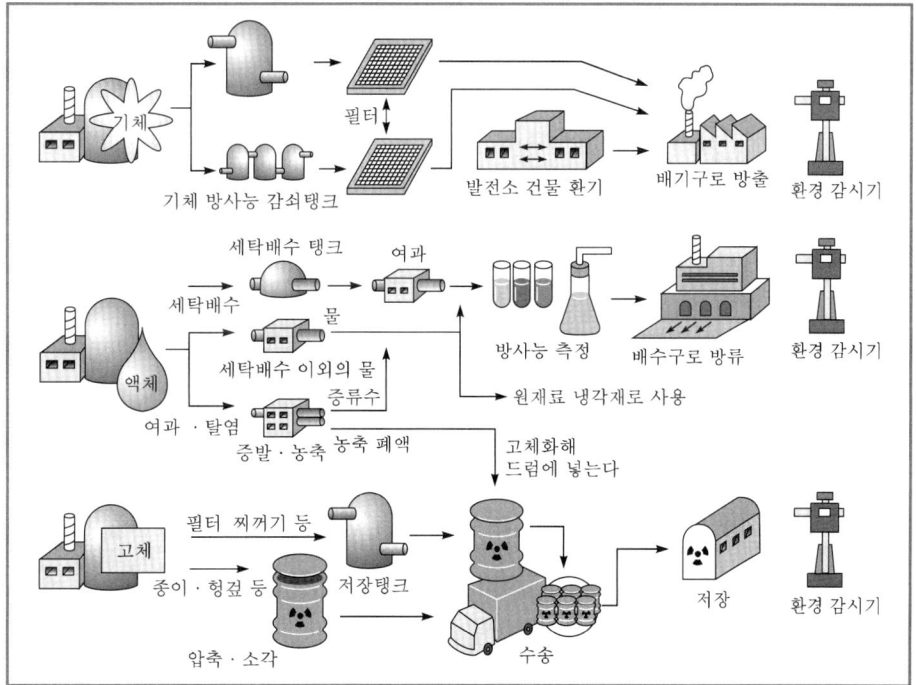

[원전 수거물 처리과정]

기출 및 예상 문제

01 지정 폐기물이 아닌 것은? ◆ 03 경상남도 9급, 02 서울시 9급, 03 인천시 9급(환경)

① 기름성분이 5% 이상인 폐유
② pH가 12 이상인 폐알칼리
③ 폐페인트 및 폐래커
④ 폐합성 수지
⑤ 2mg/L 이상의 PCB를 함유한 액체상태의 폐기물

02 폐기물을 퇴비화시킬 때, 최적의 C/N의 비는? ◆ 03 경상남도 9급

① 15~25   ② 25~35
③ 45~55   ④ 60~65
⑤ 75~85

03 폐기물 소각 시 발암물질인 다이옥신을 발생할 가능성이 가장 높은 물질은?

◆ 97 기술고시(환경화학)

① 플라스틱   ② 종이
③ 음식물   ④ 나무
⑤ 폐식용유

04 쓰레기 100m³를 용적 감소율 30%로 압축하였다면 압축비는?

① 0.33   ② 0.42
③ 0.72   ④ 1.24
⑤ 1.42

05 PCB(Poly Chlorinaed Biphenyl)의 특징에 관한 설명이다. 틀린 것은? ◆ 03 인천시 9급

① 물에 녹지 않고, 산·알칼리와 반응하지 않는다.
② 열가소제로 사용된다.
③ 열매체로 사용된다.
④ 각종 유기용제에 잘 녹고, 미생물에 의해 쉽게 분해된다.
⑤ 난연성이다.

06 RDF(폐기물 가공연료)에 대한 설명이다. 틀린 것은? ✪ 03 울산시 9급

① 주성분이 무기물이기 때문에 부패와 관계없다.

② 불순물과 입자의 크기, 수분함량, 재의 함량을 조절하여 생산하는 연료이다.

③ RDF의 주성분은 연료로 사용하기 좋은 유기물이 대부분이다.

④ RDF 내의 Cl 함량이 문제가 되는 수가 가끔 있다.

⑤ RDF의 형태를 pellet상이나 분말상으로 만들 수 있다.

07 방사성 폐액에 함유되어 있는 방사성 핵종이 일정하지 않고, 비휘발성이며, 폐액의 성장도 일정하지 않을 때 사용하는 방법은? ✪ 07上 한수원(화학)

① 이온교환 수지　　　　　　　② 응집침전

③ 희석　　　　　　　　　　　④ 증발 처리

 정답 및 해설

01 ②

유형 및 해설 [지정 폐기물의 종류] 폐알칼리는 pH 12.5 이상의 것과 폐산은 pH 2.0 이하의 것을 지정 폐기물로 한정한다.

02 ②

유형 및 해설 [폐기물의 퇴비화>C/N비] 퇴비화시킬 때, 최적 C/N의 비는 30 정도가 좋다.

03 ①

유형 및 해설 [플라스틱의 소각과 다이옥신] 다이옥신의 발생은 플라스틱의 소각과 가장 밀접한 관계가 있다.

04 ⑤

유형 및 해설 [압축비의 계산] 부피 감소율이 30%이므로 압축 후 부피는 70m³이다. 압축비는 압축 후 부피에 대한 압축 전 부피의 비(전/후)이므로 100/70＝10/7이다. 1/5이 0.250이고, 1/7이 0.125이므로 1/7은 0.14 정도이다. 따라서 압축비는 1.4 정도인 ⑤가 정답이다.

05 ④

유형 및 해설 [PCB] PCB는 이론적으로 242종의 이성질체가 있을 수 있으며 실제 사용되는 것은 약 100여 종이다. 비페닐($C_6H_5-C_6H_5$)을 염화철 등의 촉매하에 염소와 반응시켜 얻으며, 염소 한 원자만이 치환된 모노클로로비페닐을 포함하여 여러 종류의 이성질체가 형성된다. 공업적으로는 이들을 분리하지 않고 혼합물 상태로 사용한다. 무색유상, 황색점성유, 갈색 수지상의 것이 있으며, 모두 물에 불용성이고 유기용매에 용해도가 좋다. 산과 알칼리에 안정하고 열에도 안정한 불연성 화합물로 구리 이외의 보통의 금속을 침해하지 않는다. 옛날에는 공업용 열매체, 카본리스 복사지의 색소용제, 콘덴서의 절연유(絕緣油), 전력 케이블 피복용 고무의 가소제(可塑劑) 등으로 많이 사용되었다. 그러나 토양과 해수 중에서 오랫동안 잔류하고 인체에 들어가면 간장 및 피부 등에 심한 상해를 일으킨다는 것이 판명됨에 따라 현재는 사용 및 제조가 금지되었다. PCB는 유해물질로 유기용제에 잘 녹으나, 미생물에 의해 분해되지 않는다.

06 ①

유형 및 해설 [RDF] RDF의 주성분은 유기물이기 때문에 부패와 상관이 없다.

07 ①

유형 및 해설 [방사성 폐기물의 처리] 증발 처리는 폐액에 함유되어 있는 핵종이 일정하지 않고, 비휘발성이며, 폐액의 성상도 일정하지 않을 경우에 사용한다. 증발 처리의 특징은 제염률과 감용화가 크다는 것이다. 증발관의 형식은 단일효용과 증기압축형이 있다.

원료공기와 공업용수

1. 원료로서 공기

(1) 공기의 조성과 성질

1) 대기와 공기 : 지구를 둘러싸고 있는 기체를 대기라 하며, 지표 가까이에 있는 대기를 공기라 한다. 대기의 약 95%는 지표에서 20km 이내에 있으며, 250km 이상의 대기는 진공관속보다 더 희박한 상태이다.

2) 건조 공기의 조성

성 분	분자식	조성(부피 %)	조성(무게 %)
질소	N_2	78.10	75.51
산소	O_2	20.93	23.01
아르곤	Ar	0.93	1.286
이산화탄소	CO_2	0.03	0.04
네온	Ne	0.0018	0.0012
헬륨	He	0.0005	0.00007
메탄	CH_4	0.0002	0.0003
크립톤	Kr	0.0001	0.0001
수소	H_2	0.00005	0.00004

(2) 공기와 화학공업

1) 연소반응 : 공기를 그대로 화학공업에 이용한다.

① 주로 연소공정에 소비되는 공기 중의 산소(O_2)는 자연에서 CO_2와 O_2로 무수히 전환이 일어나지만 공기의 성분은 거의 불변이다.

② 화력발전소, 비행기나 자동차의 증기(steam)와 대형화 등에 따른 연료(fuel)의 연소과정에서 분진이나 연소가스가 대량 배출된다.

2) 산소, 질소 및 오존과 같은 성분 물질을 액체 공기로부터 분리하여 사용한다.

➡ Joule-Thomson 효과를 이용한 액화공정을 통해 액화공기를 생성한다. 액화공기에 함유되어 있는 산소, 질소, 불활성 기체 등은 각각 다른 비점을 가지므로 증류하여 분리한다(분리공정).

3) 공기는 고온 물체의 냉각, 분체의 선별 및 수송, 압축 공기에 의한 동력 전달에 이용된다.

4) 공기 중에 유해 기체성분이 있으면 촉매독이라든지, 반응을 저해하는 경우가 발생한다.

5) 공기는 순수한 산소(O_2)와 질소(N_2)를 얻는 데 매우 중요한 원료이며, 가열 및 냉각의 열에너지 전달 매체로도 이용된다.

(3) 공기로부터 산소, 질소, 아르곤의 분리방법

구 분	심랭분리법 air separation unit	흡착분리법(PSA법) pressure swing absoprtion	막분리법 membrane
원리	비점차에 의한 분리	가스의 흡착특성에 의한 분리	막투과 특성에 의한 분리
장점	• 저온 사용이 가능 　(식품, 냉동, 초전도 등) • 대량생산에 유리 • 초고순도 생산(반도체용)	• 중·소 규모 생산에 유리 • 생산단가 저렴 • 초기투자 저렴 • 무인 자동운전 가능	• 소량생산에 유리 • 장치가 비교적 단순하다. • 반영구적이다. • 작동·정지가 간편하다.
단점	• 초기자본이 많이 들어간다. • 소형화가 어려움	• 소음이 심하다. • 초고순도를 얻기 어렵다.	• 고순도를 얻기 어렵다. • 대용량이 될수록 가격 상승
경제적 용량	대규모, $700Nm^3/hr$	중·소규모, $50\sim200Nm^3/hr$	소규모, $500Nm^3/hr$
비고	1900년대 개발 packing형태로 변화되었다.	1970년대 개발 고순도화 지향	1980년대 개발

2. 공업용수

(1) 물의 특징

1) 물의 여러 가지 특성은 물분자의 수소결합 때문에 나타난다.

2) 물은 물분자 사이의 수소결합으로 매우 큰 표면장력을 가진다.

➡ 표면장력이란 액체표면에 작용하는 분자 간의 힘으로, 모세관현상을 일으킨다. 수온이 높을수록 표면장력이 감소한다.

3) 물은 분자량에 비해 끓는점이 높다.

4) 압력은 물의 밀도에 미미한 영향밖에 주지 않는다.

5) 물은 비열과 잠열이 크다는 특성으로 물의 이용에 있어서 중요한 성질을 가진다.

6) 물이 얼게 되면 액체상태보다 밀도가 작아진다.

  ➡ 물의 밀도는 4℃에서 $1g/cm^2$로 가장 크다.

7) 일정한 온도에서 물(H_2O)은 2개의 수소와 결합하고 있는 H_2S에 비해 밀도가 더 크다.

8) 물은 금속류 및 비금속류와도 쉽게 결합하는 성질을 가지고 있다.

9) H^+과 OH^-, 극성을 형성하므로 모든 용질에 대하여 가장 유용한 용매로 사용된다.

  ➡ 물분자의 극성은 용매의 특성을 결정하는 중요한 인자이다. 즉, 고체의 용해도는 온도에 비례하며, 기체의 용해도는 물의 온도가 높을수록 용해도가 감소한다.

10) 물은 쌍극성 분자의 특성을 가지고 있다.

(2) 화학공업에서 물의 이용

1) 화학공업에서 물은 냉각용수로 가장 많이 사용하며, 수질의 제한이 엄격하지 않기 때문에 바닷물을 이용하는 경우도 있으나 일반적으로 순도가 높은 물을 선호한다.

  ① 냉각용수, 세척용수로 이용

  ② 용해, 염색에 이용

  ③ 수소제조 반응수로 이용

  ④ 보일러, 동력 등 에너지 용수로 이용

  ⑤ 양조, 산·알칼리 등의 제조 용수로 이용 등

2) 공업용수원으로는 수돗물을 비롯해 지하수, 하천수, 호수의 지표수, 바닷물 및 순환수를 활용한다. 화학공업의 단위공정에서 많은 물을 소비하기 때문에 이의 관리가 필수이다.

(3) 공업용수의 조건

1) **냉각용수** : 침전물이 냉각장치를 부식시키는 경우가 있으므로, 이를 제거하여 조업한다. 반응열의 제거, 가열물의 냉각, 증기의 응축 등의 공정에 냉각수로 이용된다.

2) **반응용수, 용해용수, 흡수용수**

  ① 순수한 물을 많이 사용하고, 화학약품이나 의약공업의 경우 증류수를 사용한다.

  ② 염산의 제조, 소금의 용해, 과산화수소의 제조 등에 사용한다.

3) **세척용수** : 물의 세기가 낮고, 특히 철분, 세균 등이 적은 물을 사용한다. 섬유의 정련·표백·염색, 펄프의 제조, 유지의 정제 등에 이용된다.

(4) 공업용수의 정제

1) **공업용수의 불순물과 그 처리법** : 공업용수 중 냉각수의 이용이 가장 많다. 철강공업, 화학공업, 제지공업에서 공업용수의 사용량이 가장 많으며, 공업용수 중의 불순물과 그 장해 및 처리법을 다음 표에 나타내었다.

[용수 중 불순물과 그 피해에 대한 처리법]

불순물	피 해	처리법
탁도(점토)	관이나 보일러에 침적	응집, 침전, 여과
경도(Ca, Mg)	보일러 등에 scale 생성	연화, 증류, 이온교환
알칼리도(HCO_3^-)	거품, 부식	석회소다법, 증류, 이온교환
염화물	부식	탈염, 증류
실리카(용해물)	scale 생성	이온교환, 증류
철(Fe^{2+}, Fe^{3+})	관내 침적, 염색, 제지의 방해	폭기, 응집, 여과
용존산소	수도관이나 보일러 부식	탈기, 아황산나트륨 첨가

2) 공업용수의 일반적 처리법

① 응집, 침전, 여과 : 콜로이드성 유기불순물을 포함한 혼탁수의 경우, 철이나 알루미늄염 예컨대 병반 같은 것을 물에 첨가하면 가수분해에 의해 생성된 수산화철이나 수산화알루미늄이 핵 역할을 하여 그 핵에 부유물이 응집·침전하도록 한다. 침전된 물은 모래 여과기 등으로 분리한다.

② 연화 : 경도가 높은 물(Ca, Mg를 많이 함유)은 석회를 투입하여 연화시킨다.

③ 이온교환 : 물에 녹아 있는 각종 이온을 양이온교환 수지($R^-SO_3H^+$), 음이온교환 수지(R^+OH^-)를 충전한 탑을 통과시켜 제거한다.

④ 이온교환 수지의 재생

ㄱ 염산, 수산화나트륨 수용액 등으로 재생시켜 반복 사용한다.

> (양이온교환 수지 재생) $R-Na + HCl \longrightarrow R-H + NaCl$
> (음이온교환 수지 재생) $R'-Cl + NaOH \longrightarrow R'-OH + NaCl$

ㄴ 이온교환 수지 재생과정 중 물속에서 제거한 이온들이 농축되어 나오므로 이들을 처리하는 것이 문제점이다.

⑤ 탈기 : 물속에 녹아 있는 산소나 이산화탄소는 부식작용이 있기 때문에 제거해야 하지만, 수돗물의 경우에는 그럴 필요가 없다.

> $2Fe(s) + O_2(g) + 2H_2O \longrightarrow 2Fe(OH)_2(s)$

ㄱ 위의 반응식에서 수산화제일철은 공기와 물의 작용으로 수산화제이철이 되기 때문에 부식이 진행되는 것이다.

ㄴ 산소의 용해도는 온도가 올라가거나 압력이 떨어지면 작아지므로, 이것을 이용하여 60℃ 정도로 가열하고 0.2atm 정도로 가압하여 제거하면 산소함유량은 줄어들어 탄산도 없어진다.

⑥ 냄새와 맛의 제거

㉠ 물을 공기 중에 뿌리거나, 계단 위 또는 빗면 위 등으로 흘러내리게 한다.

㉡ 코크스, 굵은 자갈 속으로 떨어뜨려 공기에 접촉시키는 포기법이 있고 그 밖에 활성단법 등이 있다.

3. 공장폐수의 화학적 처리방법

(1) 공장폐수 처리방법의 종류 : 공장폐수의 pH에 따라 산성, 알칼리성, 중성으로 분류한다. 산성이나 알칼리성일 경우 금속 재료 및 콘크리트 구조물을 부식시키고 수중생물에 유해하므로, 이를 중화제를 이용하여 중성으로 만든다. 다음은 폐수의 상태에 따른 중화제의 종류이다.

1) 폐수가 산성일 경우 : $Ca(OH)_2$, $NaOH$, Na_2CO_3 등 염기성 중화제를 사용한다.

2) 폐수가 알칼리성일 경우 : CO_2, SO_2, H_2SO_4 등 산성 중화제를 사용한다.

3) 구리염 또는 3가 크롬염을 함유한 폐수 : 황화나트륨, 수산화칼슘 등으로 침전 제거한다.

4) 입자상 물질, 유기물, 색소, 콜로이드성 물질을 함유한 폐수 : 응집침전하여 제거한다.

5) 6가 크롬염을 함유한 폐수 : 환원제(아황산나트륨)를 사용하여 3가 크롬염으로 환원시킨 다음 알칼리로 침전시켜 제거한다.

(2) 공장폐수 처리 3단계

1) 1단계 : 물리적 처리

① 오물 속에 거친 물질을 분리 침전시키는 물리적 과정이다.

② 막대기, 돌, 깡통 등 부피가 큰 오물을 체(sieve)를 이용하여 분리한다.

③ 자갈과 모래는 모래통 바닥에 침전시키고, 가능한 한 탱크에 부유해 있는 유기물도 함께 침전시킨다.

➡ 1단계 처리에 의한 폐수는 표면상 깨끗해 보일지라도, 유기물질의 대부분이 제거되지 않은 상태이다. 다음 단계의 처리를 요구한다.

2) 2단계 : 생물학적 처리

미생물을 배양하여 유기물을 제거하는 단계이다.

① 호기성 미생물이 폭기 탱크 속에서 증식되고, 이것이 침전 탱크로 옮겨져 바닥에 오니(슬러지)가 쌓인다.

② **활성오니법(활성슬러지법)** : 침전 탱크 바닥에 침전된 오니의 일부를 폭기 탱크에 순환시키는 방법을 활성오니법이라 하며, 가장 일반적으로 사용되는 폐수 처리방법이다.

➡ 걸러진 오니(슬러지)는 건조시킨다. 건조상에 쌓은 죽은 미생물을 처리하는 방법에는, 이를 유기질 비료로 전환(오니 비료)시키거나 염기성 미생물로 분해시켜 처리한다. 이 과정에서 메탄(CH_4)가스가 부생하며, 이를 공장 가동을 위한 연료로 사용하는 공정이 개발되고 있다.

3) 3단계 : 1단계, 2단계 처리과정은 폐수의 용존 유기물과 부유물을 제거하고 살균 처리하는
데 매우 효과적이나, 질산염이나 인산염과 같은 물질은 3단계로 제거한다. 다음 세 가지
방법을 주로 사용한다.

① 침전제를 가하여 영양소를 제거하는 방법

② 활성탄으로 여과하는 방법

② 이온교환법

➡ 3단계 처리는 비용이 많이 들지만, 오염물을 제거하는 데 효율적인 방법으로 매우 유용하다.

기출 및 예상 문제

01 대기의 성분을 농도 순으로 표시하였다. 올바른 것은?　　　● 03 서울시 9급

① $N_2 > O_2 > Ar > Ne > CO_2$　　　　② $N_2 > O_2 > Ar > CO_2 > Ne$

③ $N_2 > O_2 > CO_2 > Ar > Ne$　　　　④ $N_2 > O_2 > Ne > CO_2 > Ar$

⑤ $N_2 > CO_2 > O_2 > Ar > Ne$

02 공업용수의 정제 중 냄새와 맛의 제거방법이 아닌 것은?　　　● 02 국가직 9급

① 모래층에 통과시킨다.　　　　　② 활성탄으로 정제한다.

③ 공기 중에 분산시킨다.　　　　　④ 물을 계단에서 흐르게 한다.

03 지표부근에 가장 많이 존재하는 가스로, 실내 공기오염의 지표인 가스는?

● 96 기술고시(환경화학)

① CO_2　　　　　　　　　　② SO_2

③ CO　　　　　　　　　　④ CH_4

⑤ O_3

04 공업용수에 포함된 불순물이다. 보일러, 관 등에 스케일(scale)을 형성하는 것은?

① 염화물　　　　　　　　　② 철

③ HCO_3^-　　　　　　　　④ 점토

⑤ Ca

05 공업용수가 염화물을 함유하여 장치를 부식시켰을 경우, 물의 처리법으로 가장 적합한 것은 어느 것인가?

① 탈염
② 응집
③ 이온교환
④ 침전
⑤ 석회소다법

06 공업용수의 불순물 중 관내 침적이 생기고, 염색이나 제지를 방해하는 물질은?

① 산성탄산이온
② 용존산소
③ Fe^{2+}
④ 염화물
⑤ Mg

07 공업용수의 처리에 대한 설명이다. 틀린 것은?

① 산소의 용해도는 온도가 올라갈수록 커진다.
② 물속의 산소는 60℃, 0.2atm에서 제거해야 효율적이다.
③ 물에 녹아 있는 O_2나 CO_2는 부식작용이 있다.
④ 수산화제일철은 공기와 물의 작용으로 부식이 진행된다.

정답 및 해설

01 ②

유형 및 해설 [공기의 성분과 농도] 공기 중의 성분을 분석(부피분율 %)해 보면 질소(78%), 산소 (21%), 그리고 아르곤(0.93%), 탄산가스(0.032%), 네온(0.0018%) 순이다.

02 ①

유형 및 해설 [공업용수의 처리>냄새 및 맛의 제거] 공업용수를 냄새 및 맛의 제거를 위해서는 코크스, 굵은 자갈 속으로 떨어뜨려 공기에 접촉시키는 포기법이 있고 그 밖에 활성탄법 등이 있다. 모래층에 통과시키는 경우는 부유물을 제거하는 경우이다. 입도가 작은 모래 속에 통과시키지 않고 입도가 비교적 큰 자갈 속에 통과시키는 포기법으로 제거한다.

03 ①

유형 및 해설 [지표부근의 성분] 선택지 중 이산화황과 일산화탄소, 메탄은 황화물 및 탄화수소의 특정 폐기물의 연소와 관련된 것이고, 오존은 성층권에 많이 분포한다. CO_2는 식물의 호흡과 각종 탄화수소의 완전연소 등 보기 중에서 지표부근에서 가장 많은 가스이다. 이는 지구온난화를 유발하는 온실가스이다.

04 ⑤

유형 및 해설 [불순물과 장해] 관 또는 보일러 등에 스케일을 형성하는 것은 Ca 또는 Mg이다.

05 ①

유형 및 해설 [불순물과 처리법] 공업용수가 염화물을 함유하는 경우 장치의 부식을 일으키는 문제가 발생한다. 이런 경우 물은 염산을 함유하여 장치를 부식시키므로, 탈염공정을 거쳐 담수를 만든다.

06 ③

유형 및 해설 [불순물과 장해] Fe^{2+}, Fe^{3+}과 같은 철은 산화 또는 수산화되어 관내 침적되거나, 염색 또는 제지를 방해하므로 응집 여과시켜 정제한다.

07 ①

유형 및 해설 [공업용수의 처리 > 탈기] 공업용수의 탈기에서 물에 녹아 있는 산소나 이산화탄소는 부식작용이 있기 때문에 제거하며, 수산화제1철은 공기와 물의 작용으로 수산화제2철이 되어 부식문제를 야기한다. 여기서 산소의 용해도는 온도가 올라가거나 압력이 떨어지면 작아진다.

제 **80** 주

해수 및 토양오염

1. 해수의 이용

(1) 해류의 분류

1) 조류(tide) : 태양과 달의 인력으로 발생하는 해류이다.

2) 쓰나미(tsunamis) : 해저의 화산활동으로 발생한다.

3) 심해류(deep ocean current, 밀도류) : 해수의 염분과 온도에 의한 밀도 차에 의해 발생한다.

4) 상승류(up welling current) : 바람, 해양, 대지의 상호작용으로 형성되는 상승류는 해수가 밑에서 위로 상승하는 경우를 의미한다.

(2) 해수의 성질

1) 지구상의 물의 분포 : 지구상의 물 중 해수가 97%로 대부분을 차지하며, 나머지는 담수로 빙하나 극지방의 얼음이 담수 중 3/4을 차지하고, 그 외는 지하수, 토양의 수분, 하천수이다.

2) 해수의 주성분 : 해수에는 Cl^-(18,980ppm), SO_4^{2-}(2,649ppm) 등의 성분이 많은데 이 중에서 염소이온의 농도가 가장 많다.

성 분	농도(ppm = mg/L)
Cl^-	18,980
Na^+	10,556
SO_4^{2-}	2,649
Mg^{2+}	1,272
Ca^{2+}	400
K^+	380
HCO_3^-	140
Br^-	65

3) 해수의 화학적 성질

① 해수의 평균적인 pH는 8.2 정도이다.

② 해수의 밀도는 담수보다 크며, 해수 내의 용존 유기물질은 평균 0.5mg/L 정도이다.

③ 해수 및 호수의 오염도 측정은 COD로 한다.

④ 해수의 용존산소 포화도는 담수보다 작은데 이는 주로 해수 중의 염류 때문이다.

⑤ 하구나 심해 바닥에 PO_4^{3-}이 많다.

⑥ 해수의 Mg/Ca가 담수의 Mg/Ca보다 크다.

2. 해수의 오염

(1) 우리나라 해양오염의 특징

우리나라의 남해안은 연안해수의 체류기간이 비교적 길기 때문에, 오염되기 쉽고 오염된 상태로 지속되기 쉽다. 또한 조류의 대량번식 등 적조현상을 일으키기 쉽다.

(2) 해양오염의 원인

1) 유류 : 해양오염의 대부분을 차지하는 것은 유류의 유출이다.

① 기름이 유출될 경우의 영향

㉠ 기름막에 의한 산소전달 방해로 용존산소량이 감소한다.

㉡ 광선투과율이 감소한다. 기름막에 의한 광차단으로 조류의 광합성작용을 방해한다.

㉢ 자체 독성에 의해 생물이 폐사한다. 생물에 기름냄새가 발생하여, 어종에 영향을 준다.

② 해양에 유출된 기름의 제거방법

㉠ 대량의 유처리제로 처리한다. 유처리제는 약제의 독성이 문제시된다.

㉡ 유흡착제는 흡인처리 후의 잔존 유류를 처리하는 데 효과적이다.

㉢ 침강처리는 해저에서 2차 오염시킬 우려가 있다.

참고 유처리제의 종류

① 응고제(solidifiers) : Gel화제라고 하며 액상의 기름을 고형화시키는 기능을 가진다. 화학적으로는 교차결합제(cross-linking agents)라고 한다. 흡착제(sorbent)가 응고제인 것처럼 선전되기도 하였으나 이것은 유출유량에 비해 상대적으로 다량이 투입되며 시간이 흐름에 따라 기름이 빠져 나오는 점을 보면 알 수 있듯이 물리적 회수 기자재에 속한다. 응고제는 기름 무게의 20% 정도의 투입으로도 효과를 보는 경우가 있으나 많게는 80%까지 투입해야 하는 경우가 있으며 처음 기름과 접촉한 부분에서 국부적으로 지나친 응고작용을 일으키고 다른 기름에는 영향을 미치지 못하는 경우가 많아서 방제작업의 효율성을 기대하기 힘들다. 그리고 교차결합제는 오일 펜스나 여타 방제 장비와도 반응하기 때문에 종합적인 방제작업에 지장을 줄 우려도 있다.

② 기계적 회수촉진제(recovery agents) : 유출유의 점탄성(viscoelasticity)을 높여 유회수기(skimmer)의 효율을 높여 주는 역할을 한다. 너무 많은 양을 투여할 경우에는 기계 장비에 과부하를 걸어 역기능이 발생하므로 적절한 양을 사용해야 한다.

③ 표면세정제(surface washing agents) : 고체 표면에 부착된 기름을 제거하는 역할을 하는 계면활성제의 일종이다. 최근의 시험 결과에 의하면 분산제로서의 기능이 좋은 계면활성제의 배합은 세정제로서의 기능이 미미하며, 성능이 좋은 세정제는 성능이 나쁜 분산제라고 한다. 물과 섞일 경우 기능이 대폭 저하되며 압력 분무나 증기 분무방식도 피해야 한다. 가장 효과적인 방법은 오일 표면에 다량으로 끼얹은 후 다량의 물로 씻어내는 것이다. 현재 제거효율은 40% 정도라고 하며 효율향상 및 환경영향에 관한 연구가 진행 중이다.

④ 유화방지제(deemulsifying agents) : 유출유의 유화를 방지하거나 유화된 기름(water-in-oil emulsion)을 복구시킨다. 계면활성제로서 높은 HLB(Hydrophilic-Lipophilic Balance) 값을 가진다. 물에 잘 녹기 때문에 트인 바다에서의 사용은 비효율적이다. 유화가 예방되면 유출유의 회수, 재사용이 용이하기 때문에 북해 연안 산유국들에서 활발한 연구가 진행 중이다.

2) **적조현상(red tide)** : 적조현상이란 식물성 플랑크톤의 이상증식(급격하게 발생)으로 해수가 변색되는 것을 말하며, 플랑크톤의 색에 따라 적색과 갈색을 나타내며 녹색을 띠는 경우도 있다. 적조는 해역의 부영양화현상이다.

① **우리나라 적조현상의 특징** : 남해안에서 특히 많이 발생하며, 연안해역에서 보통 발생한다.

② **적조현상 발생요인** : 정체성 수역인 경우와 수중의 탄소·질소·인 등의 영양염류의 증가, 염분의 농도가 일정수준일 경우, 수온의 온도가 상승할 경우 적조현상이 잘 발생한다.

③ **적조현상의 영향** : 조류가 독소를 방출하게 되는 경우가 생기며, 과영양상태로 용존산소를 소비한다. 또한 수중의 용존산소가 소비되어 어류 등 다른 생물이 살 수 없게 된다. 적조생물이 어패류의 아가미에 부착하여 질식시키기도 한다.

④ **적조의 원인인 조류의 제거방법**

㉠ 황산동($CuSO_4$) 등의 화학약품을 살포하거나, 활성탄을 살포하여 제거한다.

㉡ 에너지공급을 차단한다. 질소, 인 등의 영양원을 공급한다.

㉢ 유입 하수를 고도처리한다. 유역 내 무인(無燐)세제를 사용한다.

3. 토양오염

(1) 토양오염의 원인

1) 농·축산업의 가축분뇨나 광산, 공장 등의 폐수, 폐액 및 쓰레기, 오물 등에서 발생한다.

2) 카드뮴, 아연, 구리, 납 등이 주된 오염물질이다.

3) 생활용품에 많이 쓰이는 플라스틱 용구들은 토양에 버려지면 토양을 오염시키고, 소각하면 유독가스를 함유한 매연을 발생시키며 유해 찌꺼기를 남긴다.

4) 토양오염은 대기오염이나 수질오염의 결과로 빚어지는 일이 많고, 오염된 토양에서 자란 농산물을 먹고 간접적으로 인체에 해를 입는 것도 토양오염의 한 예이다.

(2) 영양물질

: 식물의 성장은 식물 자체의 외부적 인자인 환경요소(빛, 열, 공기, 영양분 등)에 의해 결정된다. 식물의 영양소는 대체로 15종으로 주 영양소 C, H, O, N, Ca, Fe, P, Mg, K, S이고, 미량 영양소는 Cu, Zn, Mn, B, Mo 등이다. 이 중 C는 대기로부터, H는 수분으로부터, O는 나뭇잎의 호흡작용에 의해 흡수한다. 식물은 94~99%가 C, H, O로 구성되어 있다.

1) 인산 : 광물인 인회석(apatite)이 풍화되어, 인산이온이 유리된 후 토양에 흡착되거나 부식 중 고정되고, 혹은 난용성화합물의 형태로 변형되어 토양에 저장된다.

① 알칼리 토양에서, Ca^{2+}나 Mg^{2+} 등과 함께 고정되고 산성토양에서는 Fe^{2+}나 Al^{3+}에 의해 $FeH_2PO_4^{2+}$, $FeHPO_4^+$, AlO_4^{2+}의 난용성 형태가 되므로 중성 및 약산성 정도가 인산을 유리상태로 유지시키기에 가장 좋은 조건이 된다.

② 인산의 함량은 광질토양의 표층 20cm에서 P로 0.02~0.1% 함유되어 있으며, 유기물이 많은 토양에서는 0.2%까지 흡수되기도 한다.

③ 농경지의 배수가 흘러 들어가는 지표수에는 식물성 플랑크톤이 과잉으로 생장되는 부영양화가 일어난다.

2) 질소 : 유기물의 형태로 토양에 들어간 유기형태 질소는 미생물의 활동에 의한 무기화작용을 통하여 무기형태의 NH_4^+으로 변형된다. 기체상태의 질소는 불활성상태로 존재하며, 미생물에 의한 공중 질소 고정으로 토양 중에 유기태－N을 형성한다.

(3) 토양오염물질의 영향

1) 염도 : 토양의 염도가 증가할 경우, 삼투압의 증가는 식물의 성장을 저해한다.

2) SAR(Sodium Adsorption Ratio) : 농업용수의 수질을 논할 때 가장 많이 사용되는 척도이다.

① SAR의 공식

$$SAR = \frac{[Na^+]}{\sqrt{\dfrac{[Ca^{2+}]+[Mg^{2+}]}{2}}} = \frac{[Na^+]\times 100}{[Na^+]+[Ca^{2+}]+[Mg^{2+}]+[K^+]}$$

② Na^+, Mg^{2+}, Ca^{2+}, K^+의 농도 단위는 [me/L] (1/1,000N)이다.

③ 토양에 미치는 SAR 척도수준 : 토양의 허용치는 SAR 26 이하이다.

④ 농업용수 내의 Na^+ 함유도가 높아지면, 알칼리성이 되어 Ca^{2+}, Mg^{2+} 등과 치환되어 투수성이 감소된다. 또한 배수가 잘 안 되고 통기성도 나빠지며, 토양은 Na^+에 의해 일시적으로 알칼리성이 되나 물속의 수소이온에 의해 치환되어 산성이 된다.

3) 중금속

① 구리 : 과수·감자의 살균제($CuSO_4$의 형태), 사료첨가제, Cu 이온의 형태로 축적된다. 토양에 Cu의 농도가 0.1ppm 이상이면 식물의 생육에 해로운 영향을 준다.

② 크롬 : Cr^{3+} 형태로 축적되며, 토양 내에서 불용성이다.

③ 카드뮴(Cd) : 과잉 흡수 시 식물 생육에 장애를 준다. 카드뮴의 양을 감소시키기 위해, 부엽토와 같은 유기물에 흡착하거나 석회 인산질 비료를 사용한다. 이타이이타이병을 유발한다. 이는 카드뮴 중독병으로 연골 경화증, 뼈마디 등 골조직에 통증이 오고 아픈 질환이다.

④ 수은 : 무기형태와 유기형태 수은은 토양에서 금속성 수은으로 변형한다. 양이온형태의 Hg는 토양에 흡착되어 이동성이 낮아진다. 유황환원 미생물에 의한 불용성인 HgS를 형성한다. 그리고 점토광물의 편단, 철산화물, 수산화물을 흡착하는 흡착제 역할을 한다. 미나마타병을 유발한다. 이는 유기 수은에 의한 병으로 언어장애, 난청, 보행장애, 운동장애, 시각장애, 정신장애를 일으킨다.

⑤ 납(Pb) : 토양 내 침전되어 있어 작물에 거의 흡수되지 않는다.

⑥ 망간(Mn) : 슬러지나 폐기물로 인해 토양 내 유입되는 것은 문제가 되지 않으나 용해 상태로 유입되는 경우는 작물에 흡수되어 문제가 된다.

참고 킬레이트 효과

체내의 중금속들을 EDTA 등의 킬레이트를 투여하여 배위결합시킴으로써 제거하는 방법으로 기존의 중금속들은 리간드라는 분자와 배위결합하는데 보통 하나의 리간드가 하나의 배위결합을 형성한다(한 자리 리간드). 하지만 하나의 리간드가 두 군데 이상의 배위결합을 할 수도 있는데, 이러한 리간드를 킬레이트라 부른다. 킬레이트는 기존의 한 군데만 결합하는 리간드보다 결합을 잘 하며, 이는 소수의 킬레이트가 결합함으로써 기존 다수의 리간드가 이탈되어 입자수가 증가하는 엔트로피 증가효과에 그 원인이 있다. 이를 킬레이트 효과라 부른다.

$[Co(en)_2Cl_2]Cl$(배위수 6자리)　　　　　금속 EDTA(배위수 6자리)

4) 농약

① 유기 염소계 살충제 : 다이옥신과 PCB가 유해 물질로 큰 문제가 된다.

② 기타 유기제 : 제초제 계통으로 PCP, TAC, TOK와 같이 토양 내에서 분해가 잘 안되는 것과 carbamate 계통으로서 carbaryl과 같이 토양 내에서 쉽게 분해되는 것이 있다.

③ 무기계 살충제 : copper(구리), sulfate(황산염), arsenate(비산염), 납(Pb) 등이 사용되며, 성질이 유해한 물질로 변화될 수 있다.

④ 탄화수소 계통의 살충제 : 탄소, 수소, 염소의 합성물질로서 DDT와 PCB 계통, polyvinyl chlorine 계통의 화합물, 토양 내에서 분해가 잘 안 되므로 오래 잔존한다.

⑤ 유기인 살충제 : 탄소, 수소, 산소, 인의 합성물질로서 phosphate, azinophosmethyl, parathion 등이 토양 내에서 쉽게 분해된다.

기출 및 예상 문제

01 해수를 화학적으로 분석하면 7가지 성분을 '홀리세븐(holy seven)'이라 한다. 여기에 포함되지 않는 성분은?

① Cl^- ② Na^+
③ SO_4^{2-} ④ Si
⑤ Ca^{2+}

02 오염물질의 확산을 가장 크게 해주는 해수의 이동은?

① 밀도류(density current)   ② 상승류(up welling current)
③ 쓰나미(tsunamis)   ④ 조류(tide)
⑤ 심해류(deep ocean current)

03 해수에 대한 설명이다. 틀린 것은?   ✪ 03 울산시 9급

① 해수에 있어서 용존산소량은 담수보다 적다.
② 해역의 확산은 수평보다 수직이 적다.
③ 해수의 밀도는 담수보다 크다.
④ 해수는 대기 중으로부터 산소 용해율이 높다.
⑤ 해수는 염분농도가 높다.

04 적조를 발생시킬 수 있는 요인이 아닌 것은?

                                                                  ✪ 02 서울시 9급

① 수온의 상승, 규소 및 철분의 증가는 적조를 촉진시킨다.
② 영양염류와 염분의 농도가 클수록 적조현상이 심해진다.
③ 연안 해역의 정체수역에서 적조가 잘 발생한다.
④ 독성물질을 형성하는 조류가 발생한다.
⑤ 해수 중에 식물성 플랑크톤의 급격한 증식에 의해 적조가 발생한다.

05 물은 인류에게 필요한 가장 중요한 자원으로서 여러 가지 용도로 사용된다. SAR (Sodium Adsorption Ratio)은 어떤 용도로 사용하기 위한 척도인가?

① 공업용수   ② 가정하수
③ 음료수   ④ 농업용수
⑤ 식수

06 토양오염의 영향에 대한 설명이다. 틀린 것은?

① 토양의 염도가 증가할 경우, 삼투압을 가하면 식물의 생장이 나빠진다.
② 농업용수 내의 Na^+ 함유도가 높아지면, Ca^{2+}, Mg^{2+} 등과 치환되어 투수성이 감소된다.
③ DDT와 BHC는 유기인계 살충제로서 과도하게 사용하여 토양의 질이 나빠진다.
④ 수은은 토양에서 금속성 수은으로 변한다.

 정답 및 해설

01 ④

   유형 및 해설 [해수의 성분>홀리세븐] Cl^-, Na^+, SO_4^{2-}, Ca^{2+}, Mg^{2+}, K^+, HCO_3^-을 홀리세븐이라 부른다. 이 중 염소이온의 농도가 가장 높다.

02 ④

   유형 및 해설 [해수의 분류와 역할] 해수 중 조류는 오염물질의 확산을 가장 크게 해주는 해수의 이동이다. 감조하천 해양은 난류에 의한 확산보다도 조류의 밀물과 썰물의 조석에 의한 혼합이 지배적이다. 따라서 그 선을 따라 희석이 진행된다.

03 ④

[유형 및 해설] [해수의 특징] 선택지 ②의 해수의 확산은 자연수역에서는 난류확산이 물질확산의 가장 큰 요인이 되고 있고, 해역에서의 확산은 수평방향이 수직방향(난류확산)에 비해 크다. 보통 수평확산이 10^4~10^5배 정도 크다. ⑤의 해수의 염분이란 해수에 녹아 있는 각종 물질의 농도의 종합을 염분이라 한다. ④에서 해수는 담수보다 산소 용해율이 낮다. 따라서, 염분농도가 높은 경우 산소 용해율은 낮다.

04 ②

[유형 및 해설] [해수의 적조현상] ②의 선택지는 영양염류의 농도가 클수록 적조가 심해지는 것은 옳으나, 염분농도가 클수록이란 어구가 일반적으로 오류를 포함하고 있다. 해수는 일반적으로 염분농도가 높으므로 적조현상과 관련된 영향변수가 아니다.

05 ④

[유형 및 해설] [SAR] SAR는 농업용수의 수질을 나타낼 때 가장 많이 사용하는 척도이다.

06 ③

[유형 및 해설] [토영오염 영향인자] DDT와 BHC는 유기염소계 살충제이다.

제 **81** 주

해수 담수화

제81주제　해수 담수화

1. 해수의 담수화 개요
2. 증발법, 역삼투압법 및 전기투석법
3. 냉동법 및 이온교환법
4. 멤브레인(막)

1. 담수화의 개요

(1) **담수화(desalination)의 의미** : 담수화란 염분을 포함하고 있는 해수 등에서 음료수나 기타 용도로 이용할 수 있도록 염분을 제거하여 담수를 얻는 것을 말하며 Cl^-, Na^+ 뿐만 아니라 다수의 무기염류가 제거된다.

(2) **담수화공정의 특징**

1) 해수담수화는 댐 다음으로 다량의 수자원을 확보할 수 있는 기술이다.
2) 공사기간이 짧아 조기에 다량의 수자원을 확보할 수 있다.
3) 계절과 기상조건에 좌우되지 않고 물의 확보가 가능하다.
4) 플랜트가 콤팩트(compact)하여 시설면적이 작게 든다.

2. 담수화공법

(1) **증발법(증류법, distillation)**

1) **기본원리** : 해수를 증발시키면 용매인 물은 증발하고, 용질인 소금은 잔류하는 성질을 이용하여 해수에서 담수를 분리한다. 증발방법과 증기 재활용방법에 따라 다단 플래시법(Multi Stage Flash ; MSF), 다중효용법(Multi Effect ; ME), 증기압축법(Vapor Compression ; VC) 등으로 나뉘어진다.

2) 현재 도시용 상수도수 제조에 증발법의 하나인 플래시(flash)법이 시험가동 중에 있다. 해수를 약 120℃ 정도로 열처리한 후 증발실의 하부로 보내어, 압력이 낮은 상태에서 순간적으로 비등하는 원리인 플래시가 증발하여 발생하는 수증기를 다시 해수와 열교환하여 응축시켜 담수를 얻는다. 이러한 증발실을 여러 개 설치한 다단 플래시 증발법(MSF)이 수율이 좋다.

3) 증발실에서 배출되는 해수는 약 2배의 농도로 배출되기 때문에, 염류회수에 활용된다.

4) 해수를 가열하는 에너지원의 효율적 이용을 위해 화력발전소나 원자력발전소의 폐열(열병합 원자로)을 이용하는 것이 유리하다.

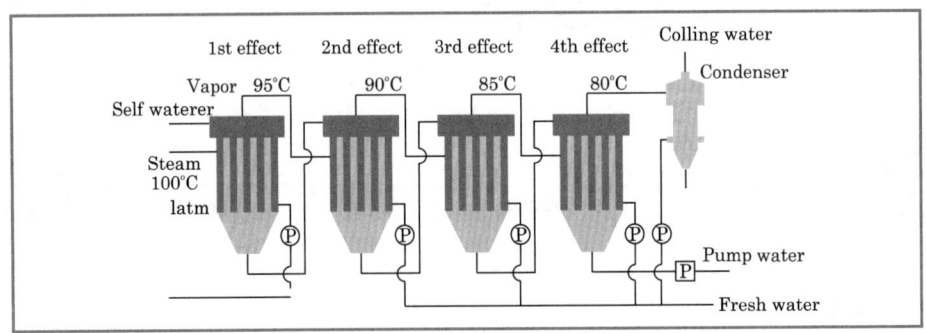

[다단계 플래시 증발법(MSF)]

(2) 역삼투압법(Reverse Osmosis : RO)

1) 기본원리 : 역삼투법은 압력에너지를 이용한 방법으로 물은 통과시키지만 용질(이온성 물질)은 거의 투과시키지 않는 역삼투막(Reverse Osmosis Membrane)에 해수를 가압하여 담수만을 분리해내는 공법으로, 역삼투막을 거친 생산수는 이온성 물질(Cl^-, Na^+, SO_4^{2-}, Mg^{2+}, Ca^{2+}, K^+ 등)이 거의 배제된다.

➡ 멤브레인은 물에 용해되어 있는 이온성 물질은 거의 배제되고, 순수한 물만 통과시키는 특수한 막(반투막)을 의미한다.

2) 삼투현상과 역삼투현상

① 삼투현상 : 반투막을 사이에 두고 동일한 양의 저농도 용액(담수)과 고농도 용액(해수)을 일정한 시간동안 두면 고농도용액 양이 증가하게 되는 현상을 삼투현상이라 하고 이때의 수두 차를 삼투압이라 하며, 유체는 일정 시간 후 평행상태를 유지한다.

② 역삼투현상 : 유체 평행상태에서 고농도용액 측에 삼투압 이상의 압력을 가하게 되면 삼투현상과는 반대로 고농도의 용액에서 순수한 물이 저농도용액 측으로 흘러 들어가는 현상을 역삼투현상이라 하며 가해진 압력을 역삼투압이라 한다.

3) 단점 : 산소에 접촉되고 미생물에 의해 분해되므로 반투막의 수명이 짧다(폴리아미드성 플라스틱막의 개발로 극복). 담수화 비용이 고가(에너지 절약형 펌프의 개발로 어느 정도 비용절감이 가능)이다.

4) 가압공정 시 압력이 평형삼투압보다 충분히 높아야 효율이 증대된다.

5) 공급되는 물의 수압이 높을수록 물의 통과율은 높아지나 염의 농도는 증가한다.

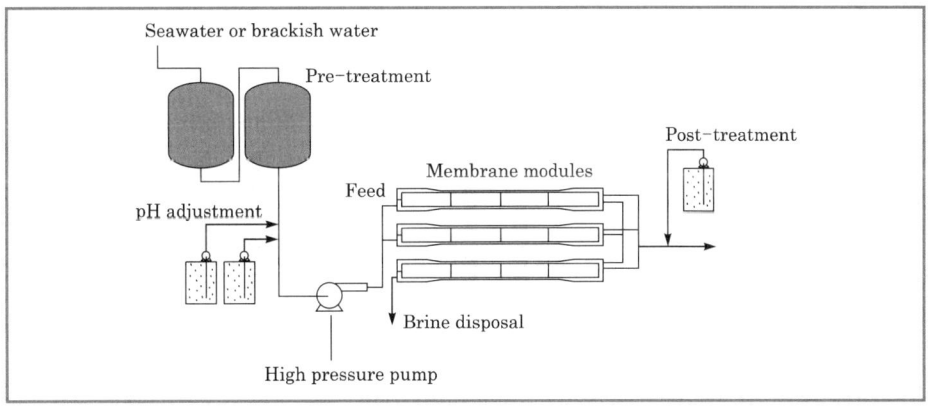

[역삼투압법과 증발법, 담수화 기술의 비교]

역삼투압법	증류(증발)법
전처리가 필요	전처리가 필요없음
부식의 위험이 없음	관로의 부식 위험이 있음
낮은 에너지 요구	원수의 가열을 위해 높은 에너지 요구
높은 회수율	−
농약, 박테리아 등 오염물 제거 가능	유지관리가 용이
좁은 부지가 요구	넓은 부지 요구
주기적인 세척(필터) 필요	−

(3) 전기투석법(electrodialysis ; ED)

1) **기본원리** : 양이온 또는 음이온을 선택적으로 통과시키는 멤브레인(막)을 이용하여 용액 중에 양이온만을 투과하는 음이온막과 음이온만을 투과하는 양이온막을 교대로 배치시킨 다. 이때 전극에 직류전압을 걸면 양이온은 음이온 교환막을 통과하고, 음이온은 양이온 교환막에서 통과하여, 순수한 담수만 남게 되는 원리를 이용하여 담수한다.

2) **역삼투압법과 전기투석법의 비교**

① **공통점** : 분리막(membrane)을 사용한다는 점에서는 동일함

② **차이점**

　　㉠ 역삼투법의 경우 구동력이 압력인 반면 전기투석법에서는 전기적인 힘을 이 용함

　　㉡ 역삼투법은 수중의 모든 물질이 제거되는 반면 전기투석법은 전기적인 전하를 가진 물질(주로 이온성분)만 제거함

　　㉢ 전기투석법에서는 해리된 염이 극성막을 통하여 이동되고 용매인 물은 막을 통과하지 않은 채로 남는 반면, 역삼투압법에서는 물분자는 막을 통과하고 용해되 거나 용해되지 않은 고형물은 막표면에 남게 된다는 점

ⓔ 전기투석법은 실리카, 부유물질이 많은 유기화합물과 이온화하지 않는 물질들은 제거하지 못하여 전처리가 매우 중요함

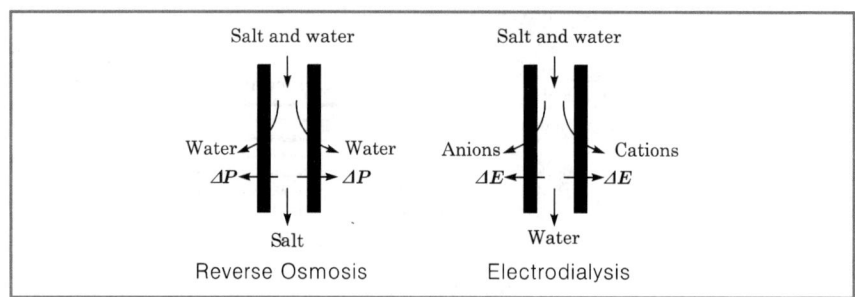

[역삼투압법(좌)과 전기투석법(우)의 비교]

(4) 냉동법

1) 결정화법의 일종으로, 냉매를 불어넣어 해수를 얼게 하면 물은 염분을 함유하지 않고 동결된다. 이 얼음을 분리하여 녹여서 담수를 얻는 방식이다. 직접 냉동법과 간접 냉동법이 있다.

2) 냉매로는 액화 부탄과 프로판을 사용하는 방법이 시험 중인데, 냉매가 새어 나올 위험이 있기 때문에 현재까지 장치의 설계에 미해결의 문제점을 남기고 있다.

3) 냉동법의 종류

① 직접식 냉동법

ㄱ 직접식 냉동법은 진공 : 플래시 공정(vacuum-flash process)으로도 알려져 있다.

ㄴ 직접법의 개략적인 계통도는 해수를 탈기(deaeration) 공정을 거친 후 냉각용 열교환기를 거쳐 3~4torr(이때 해수의 어는점은 −1.9℃)로 유지되고 있는 동결기 내부로 플래시된다.

ㄷ 플래시되면서 일정량의 물은 증발하게 되고 이때 증발잠열을 주위에서 흡수하므로 해수는 냉각되어 얼게 된다. 이때 생긴 얼음은 작은 알갱이의 형태로 브라인과 혼재되어 있는데, 담수를 얻기 위해서는 얼음 슬러리를 세척하여 브라인을 씻어낸 다음 융해시키면 담수가 된다.

② 간접식 냉동법

ㄱ 간접식에서는 물보다 증기압이 매우 높은 냉매를 사용, 냉매로는 물과의 분리가 쉽도록 물에 대해 불침투성인 부탄이나 R−114 등을 사용한다.

ㄴ 부탄을 사용한 간접식 냉동법은 부탄의 상압에서의 비등점은 −0.5℃로 물의 어는점과 비슷하다.

ㄷ 액체 부탄과 해수가 상압보다 압력이 약간 낮게 유지되고 있는(부탄이 비등할 수 있도록) 동결기로 들어가면 부탄이 증발하면서 주위로부터 증발잠열을 빼앗아 해수가 냉각, 동결되고 얼음을 분리 융해시키면 담수가 된다.

(5) 이온교환법

1) 해수가 이온교환 수지(양이온교환 수지($R^-SO_3H^+$), 음이온교환 수지(R^+OH^-)를 통과하는 사이에, 해수 중의 양이온(Na^+, Mg^{2+} 등)과 음이온 Cl^-(염류이온)이 각각 다른 이온으로 치환되어, 담수를 생산하는 방법이다.

2) 장점 : 에너지 소비량이 적다.

3) 단점 : 해수 중의 염분농도가 높은 경우에는 이온교환 수지의 가격 및 고가의 재생비용으로 비능률적이다.

3. 멤브레인(membrane)

(1) 멤브레인이란, 액체나 기체상태의 용해되지 않는 입자분리라는 일반여과(Filteration)뿐만 아니라 액체에 용해된 용존물질이나 혼합기체의 분리까지도 가능한 특수한 막을 의미한다.

1) 분리막(멤브레인)은 반투과의 성질을 이용하여 어떤 물질에서 성질이 다른 물질을 분리 혹은 전달하는 특수한 막으로 분리막 또는 멤브레인이라 칭한다.

2) 단순하게 어떠한 크기 이상을 분리 혹은 전달하는 것 외에도 전하 반발력, 용해도, 확산율 등의 성질을 이용하여 분리 혹은 전달을 강화시키기도 한다.

(2) 분리막(멤브레인)의 분리기능

1) 분리·농축 : 분리막 여과의 기본적인 특징은 상변화 없이 응집제 등 약품 첨가없이 고/액 분리, 액/액 분리 및 가스분리가 가능하다.

2) 분획 : 분획은 용질 혹은 미립자를 분자량이나 크기에 대응해서 개별적으로 분리하는 것

3) 격리 : 분리막에서의 격리는 다른 성질의 액체 혹은 물질이 막 사이에서 양자가 혼합되지 않게 분리상태에 있는 것

4) 고정·흡착 : UF막과 MF막은 비교적 큰 세공경의 내표면에서 막의 분리와 흡착을 동시에 행하는 것

(3) 분리막의 용도

1) 수처리 분야(분리)

2) 해수 담수화, 정수처리(상수도), 하수처리(중수도), 순수 및 초순수 등

3) 피부에 부착 니코틴을 전달하여 금연을 돕는 약품(전달)

4) 흐름 속에서 산소만을 감지하는 장비(선택적 전달)

5) 산소만을 투과시키는 콘택트렌즈

(4) 멤브레인의 종류별 특징

1) 생채막 : 미생물과 각종의 기관에 있어서 세포막 등의 생체 내에 존재하는 막으로 기능은 분리보다는 물질전달에 관계한다.

2) **합성막(synthetic membrane)** : 인공막은 생채막 이외의 모든 막으로 실질적인 수처리 용도 등에 사용되는 통상적인 막을 말한다.

3) **다공질막(porous membrane)** : 막에 실제 세공이 많이 있는 막으로 세공의 크기는 수 나노미크론 이상으로 세공수가 많고(개공률 높고), 균일한 공경을 가진 막이 가치가 높다.

4) **비다공질막(non-porous membrane)** : 기체분자와 무기이온 등의 물질이 투과되는 세공경을 가진 막으로 다공질막과 비다공질막의 사이에 세공경을 가진 막을 비다공질막이라 부른다.

5) **대칭성막** : 막의 단면을 중심으로 세공이 대칭된 구조를 가지는 막을 말한다.

6) **비대칭성막** : 막의 단면을 중심으로 표면과 내면이 다른 막으로 특수한 얇은 치밀층(0.1~1μm)과 이것을 지지하는 지지층, 즉 다공질층으로 형성한다.

7) **단일막** : 막재질이 한 종류인 막을 말한다.

8) **복합막** : 막재질이 2종류 이상으로 막이 합성되어 만들어진 막으로 복합막은 비대칭성막의 일종으로서 분리기능을 가진 특수한 얇은 치밀층과 재질이 다른 지지층으로 형성된다.

9) **균질막** : 막의 단면에서 균질한 막으로 균질막은 대칭막으로서 막이 두꺼워 여가 저항이 크다.

10) **불균질막** : 불균질막은 단면에서 균질하지 않은 막으로 기계적 강도를 보강하기 위하여 부직포 위에 분리기능을 형성시킨 막을 말한다.

11) **유기막** : PE(Polyethylene), PP(Polypropylene), PS(Polysulfone), CA(Cellulose Acetate), PAN(Polyacrylnitrile), PA(Polyamide) 등의 고분자물질로 합성되어진 막으로, 고분자물질로 합성되기 때문에 사용되는 재질도 풍부하고 막형태도 다양하다.

12) **무기막** : 세라믹이나 스테인리스 등의 무기물질로 만들어진 막으로 형태가 한정적이나 내고온성, 내산화성 등이 우수하다.

13) **친수성막** : 막표면의 물과 친화력을 보이는 소재의 막으로 CA, PVA(Polyvinylalcohol) 등이 있다.

14) **소수성막** : 막표면의 물과 친화성 없는 막, 즉 방수성을 나타내는 막으로 PE(Polyethylene), PP(Polypropylene), PS(Polysulfone) 등이 있으며, 소수성막 친화성을 위해 화학적 처리로 가능하다.

15) **CA(Cellulose Acetate)막** : 비대칭막(asymetric membrane)

① 이 막은 두께가 0.25~1μm의 조밀한 활성층(스킨층)과 수십 μm 정도의 세공이 다수 존재하는 스펀지형태의 지지층으로 구성되며 이 두 층이 같은 재질로 되어 있는 것이 특징이다.

② 이들 두 층 중 조밀한 구조의 활성층만이 탈염작용에 관여하며 지지층은 활성층이 고압에 견디도록 지지해준다.

③ 염의 분리작용을 하는 활성층의 두께가 전체의 1/100 이하로 얇은 것은 물의 투과에 대한 저항을 감소시켜 물의 막투과 유속을 증가시키기 위한 것이며, 단위 막면적당 투과유량이 많다.

16) PA(Polyamide)막 : 복합막(composite membrane)

① 복합막은 막의 분리기능을 담당하는 활성층(비대칭막의 조밀층)과 지지층(다공층)이 기본적으로 다른 재질로 구성, 이 막의 제조방법은 막의 두께를 얇게 하면 막투과 유속이 증가한다는 용해 확산설을 기초로 하고 있으며, CARNELL & CASSIDY법, FRANCIS법 및 초박막을 다공층 지지체에 직접 COATING하는 방법 등이 있다.

② 현재는 주로 계면중합법을 이용하여 역삼투복합막을 제조한다.

③ 복합막은 막의 표면적을 최대한 넓게 만들어 막투과 수량을 증가시키고 기존의 CA막에 비해 염제거율이 월등히 높다. 또한 단위 막면적당 투과유량이 적고 주로 hollow fiber type으로 사용되며, chemical과 biological agent에 대한 저항력이 있다.

[공법별 원리 및 장·단점]

구 분		원 리	에너지 소비량	장·단점
역삼투법 (RO)		반투막을 사이에 두고 해수에 삼투압보다 높은 역삼투압을 가해 담수 추출	약 7kWh/m^3	• 최근에 실적이 많다. • 증발법보다 에너지 소비량이 적다. • 조작이 용이하다. • 막의 내구성에 문제가 있다. • 해수 충분한 전처리가 필요하다.
증 발 법	다단 플래시법 (MSF)	순차적으로 감압상태에 있는 일련의 관 내에 과열해수를 주입하여 자기 증발시키고, 발생하는 수증기를 해수의 가열원으로 이용하여 응축시킴	약 25kWh/m^3	• 대규모 장치에 실적이 많다. • 생산수의 순도가 높다. • 다중목적의 장치에 유리하다. • 에너지 소비량이 많다. • 부식의 방지가 필요하다. • 부분부하 운전이 곤란하다.
	다중 효용법 (ME)	연결되어 있는 각 증발장치 내에 해수로부터 발생하는 수증기를 순차 감압상태에 있는 2차 증발장치의 해수의 가열, 증발에 사용하여 응축시킨다.	약 23kWh/m^3	• 중규모 장치에 실적이 많다. • 생산수의 순도가 높다. • 경우에 유리하다. • 에너지 소비량이 많다. • 부식의 방지가 필요하다. • 최대 12중 효용이 한계이다.
	증기 압축법 (VC)	증발장치 내 해수로부터 발생하는 수증기를 압축에 의해 온도를 높인 후 같은 장치 내 해수의 가열증발에 사용하여 응축시킨다.	약 18kWh/m^3	• 소규모 장치에 실적이 많다. • 기동 시 이외 열원이 불필요하다. • 장치의 이동설계가 용이하다. • 에너지 소비량이 많다. • 대형장치에는 대형의 증기압축기가 필요하다.
전기투석법 (ED)		음, 양의 두 전극 사이에 교대로 배치한 양이온교환막과 음이온교환막의 사이에 해수를 흘려 해수 중의 이온을 분리 제거한다.	약 18kWh/m^3	• 내압용기, 내압배관이 불필요하다. • 온도변화에 대응이 용이하다. • 에너지 소비량이 많다. • 대규모 장치에 실적이 없다. • 해수담수화에 실적이 적다.

[공법별 실용성 비교]

구 분	역삼투법	증발법	전기투석법
기술의 완성도	최신 공법으로 기술의 완성도가 높다.	초기 개발된 담수화 방법으로서 기술의 완성도가 높다.	기수담수화 실적이 있지만, 해수담수화에 실적이 적다.
대규모 시설의 실적	• 최근 대규모 시설 실적 증가 • 유닛 5~6천(m^3/일)	• 중동지역 대규모 시설의 주 방식으로 실적이 많다. • 유닛 2~3만(m^3/일)	해수담수화용의 대규모 시설은 없다.
경제성 (에너지 소요)	해수담수화 기술 중 에너지 – 소비 가장 적다.	• 비교적 에너지 소비량이 많으며 에너지 비용이 높은 곳에는 적당하지 않다. • 발전소 등과 2중 목적의 플랜트에 적합하다.	해수담수화와 같이 원수의 TDS 농도가 높으면 에너지 소비가 많아서 비경제적이다.
유지관리성	• 운전온도가 상온으로 저압 부분 PVC 재료 사용이 가능하다. • 부식문제가 비교적 적다. • 운전기기는 펌프가 중심이므로 운전 유지관리가 비교적 용이하다. • 막모듈 교환이 비교적 많다.	• 고온에서 운전하여 재료 부식이 많다. • 보일러, 펌프, 진공장치 등 유지관리가 복잡하다.	• 상온, 상압에서 운전을 하므로 PVC 재료의 사용이 가능하다. • 부식문제는 비교적 적다. • 정류기, 펌프의 운전이 중심이므로 유지관리가 쉽다. • 막의 세정교환 주기가 약간 빠르다.

참고 용액의 총괄성

같은 용매를 사용한 용액에서 용질 종류에는 무관하고 용질 입자수(농도)에만 영향을 받는 성질로, 종류로는 증기압력 내림(라울의 법칙), 끓는점 오름, 어는점 내림, 삼투압이 있다.
예를 들어, 같은 질량의 물에 같은 몰수의 설탕과 포도당이 각각 녹아 있다고 한다면 이 두 용액은 동일한 증기압력 내림, 끓는점 오름, 어는점 내림, 삼투압을 나타낸다.

기출 및 예상 문제

01 해수담수화 방법으로 적절하지 않은 방법은?

① 냉동법
② 응집침전법
③ 전기투석법
④ 증발법
⑤ 역삼투법

02 해수담수화에 쓰이는 역삼투막에 대한 설명이다. 틀린 것은?

① 이온상태의 물질까지 분리할 수 있어 해수담수화, 펄프 폐액정화, 도금폐수 처리 등에 쓰인다.
② 투막을 사이에 두고 동일한 양의 저농도용액과 고농도용액을 일정한 시간동안 두면 고농도용액 양이 증가하게 되는 현상을 이용한 방법이다.
③ 역삼투막은 막의 한 종류로서 구멍크기는 수 Å 정도로 알려져 있으나 일설에는 구멍이 없다고 설명하기도 한다.
④ 이러한 반투막의 분리크기와 비교하면 분리대상으로 하고 있는 물분자의 크기는 2Å 정도이고, 식염이온의 크기는 4Å 정도로 알려져 있다.

03 해수담수화 공법 중 증발(증류)원리를 이용한 방법이 아닌 것은?

① ME(Multi Effect)
② MSF(Multi Stage Flash)
③ MVC(Mechanical Vapor Compression)
④ RO(Reverse Osmosis)

04 해수담수화 공법에 대한 설명으로 옳지 않은 것은?

① 역삼투압법은 담수화 공법 중 에너지 소비가 가장 적은 방법이다.
② 기술적 완성도가 높은 증발법의 단점은 재료의 부식이 많은 것이다.
③ 이온교환법은 해수 중 염분농도가 높은 경우, 비경제적이다.
④ 냉동법은 냉매를 불어넣어 해수를 얼게 하여, 이 얼음을 분리한 후 녹여 담수를 얻는 방식이다.
⑤ 전기투석법은 분리막(membrane)을 사용한다는 점에서는 냉동법과 동일하다.

05 (   )에 들어갈 멤브레인(분리막)은?

> 담수화공정 중 역삼투압법의 단점은 산소접촉과 미생물의 분해에 의해 반투막의 수명이 짧은 것이다. 그러나 최근 (   )의 개발로 수명이 길어졌다. 현재는 주로 계면중합법을 이용하여 복합막을 제조한다. 복합막은 막의 표면적을 최대한 넓게 하여 막투과 수량을 증가시키고 기존의 막에 비해 염제거율이 월등히 높다.

① 다공질막(porous membrane)
② 비다공질막(non-porous membrane)
③ PA(polyamide)막
④ CA(Cellulose Acetate)

정답 및 해설

01 ②

유형 및 해설 [담수화 방법] 담수를 얻는 공정으로 응집침전법은 적합한 방법이 아니다. 담수화법의 대표적인 방법에는 역삼투압법, 전기투석법, 냉동법, 이온교환법, 증발법 등이 있다.

참고 해수로부터 염을 분리하는 방법에는 이온교환법, 전기투석법, 이온삼투법, 염승화법, 고형물에 흡착시키는 법 등 제염공법의 영역이다.

02 ②

유형 및 해설 [역삼투막] ②는 삼투막현상에 대한 설명이다. 역삼투현상은 유체 평행상태에서 고농도 용액 측에 삼투압 이상의 압력을 가하게 되면 삼투현상과는 반대로 고농도의 용액에서 순수한 물이 저농도 용액 측으로 흘러 들어가는 현상을 말한다. 증발법은 고온에서 운전하므로 장치의 부식문제가 있으며, 이온교환법은 해수 중의 염분 농도가 높은 경우에는 이온교환 수지의 가격 및 고가의 재생비용으로 비능률적이다.

03 ④

유형 및 해설 [증발법] 증발법에는 다단 플래시법(Multi Stage Flash, MSF), 다중효용법(Multi Effect, ME), 증기압축법(MVC 또는 VC, Mechanical Vapor Compression)이 있다. ④의 RO는 역삼투압법을 말한다.

04 ⑤

유형 및 해설 [담수화 공법] 역삼투압법은 다른 공정에 비해 역삼투현상을 이용한 공법으로 가압을 제외하고 다른 비용이 거의 들어가지 않는다. 따라서 담수화 공법 중 에너지 소비가 가장 적은 방법이다. 냉동법은 결정화법의 한 방법으로 해수를 냉동 및 가열하여 분리하는 방법이다. 그러나 전기투석법은 분리막을 사용한다는 점에서 역삼투압법과 공통점이 있다. 냉동법은 분리막을 사용하지 않는다.

05 ③

유형 및 해설 [분리막>폴리아마이드성 플라스틱막] PA막은 막의 분리기능을 담당하는 활성층과 지지층이 기본적으로 다른 재질로 구성되며, 이 막의 제조방법은 막의 두께를 얇게 하면 막 투과 유속이 증가한다는 용해 확산설을 기초로 하고 있다. 현재는 주로 계면중합법을 이용하여 역삼투복합막을 제조한다. 복합막은 막의 표면적을 최대한 넓게 만들어 막투과 수량을 증가시키고 기존의 CA막에 비해 염제거율이 월등히 높다. 또한 단위 막면적당 투과유량이 적고, 분리막의 수명이 과거에 비해 훨씬 길어졌다.

제82주

소음 및 진동

1. 소음

소음(noise)이란 원치 않는 음을 말한다.

(1) 음

1) **소리의 전달** : 음은 물체가 진동할 때 발생하며 공기, 물, 고체 등의 매개체를 통해 매개체 내의 분자들이 압축과 팽창에 의한 연속적인 사이클로 전달된다.

2) **소리의 매체** : 주로 공기를 매개체로 한다.

3) **파동(wave)** : 음에너지의 전달은 매질의 운동에너지와 위치에너지의 교번작용으로 이루어진다. 즉, 매질 자체가 이동하는 것이 아니라 매질의 변형운동으로 이루어지는 에너지전달을 파동이라 한다.

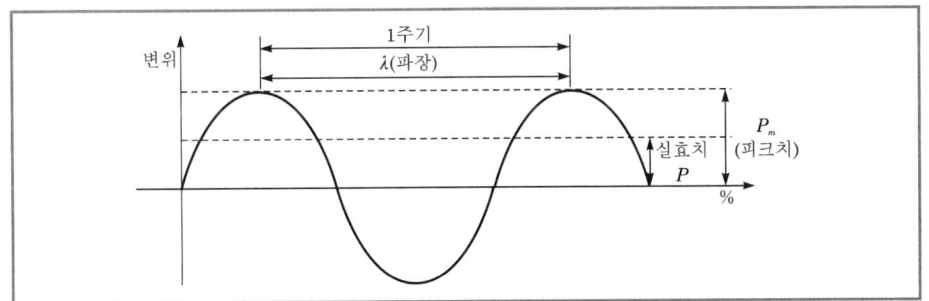

① **주기(period, T)** : 한 파장이 전달되는 데 소요되는 시간을 말한다. ($T = 1/f$ [sec])

② **진동수(frequency, f)**

③ **진폭(amplitude, A)** : 진동의 진폭과 같이 진동하는 입자에 의해 발생하는 최대 변위치이다.

음파에 의한 공기압의 진동 진폭은 실제로 매우 적어 10mm~수 mm이다.

4) **음속(sound velocity)** : 매질을 통과하는 소리가 갖는 전파속도이다. 이는 매질의 부피 탄성률과 정지상태의 밀도의 영향을 받아 결정된다.

음파가 소밀파(疎密波)로서, 매질 속을 진행하는 속도는 다음과 같다.

$$v = \sqrt{\frac{\beta}{\rho}}$$

여기서, v : 음속
β : 부피 탄성률
ρ : 공기의 밀도

> **예** 0℃, 1기압에서 몇 가지 물질의 속도를 보면, 공기는 331m/s, 물은 1,402m/s, 바닷물은 약 1,522m/s(20℃), 강철은 5,941m/s이다. 밀도가 클수록 음속은 증가한다. 그러나 위의 식에서 보면 이는 틀린 말 같다. 하지만 밀도가 증가할수록 부피 탄성률도 증가하게 된다. 물의 밀도는 공기보다 거의 1,000배 정도 크고 부피 탄성률 또한 1,000배 이상 크다.

T(℃)의 공기 속에서 음속은 $v = (331.5 + 0.61T)$(m/s)이다. 즉, 0℃일 때의 음속은 331.5m/s이고, 온도가 1℃ 높아지면 0.61m/s씩 빨라진다. 실온에서는 음속은 약 340m/s이다. 이는 1시간에 1,224km를 가는 것이다. 그리고 소리의 속도단위로 '마하'라는 것이 있다. 1마하는 약 340m/s이고, 2마하면 이것에 두 배인 680m/s이다. 만약 10마하면 한 시간에 $1,224 \times 10$km $= 12,240$km를 가는 것이고, 초당 3.4km를 가는 것과 같다. 서울에서 부산까지 약 450km라면 왕복 4분 25초 정도 걸린다.

5) **맥놀이(beat)** : 주파수가 약간 상이한 2개의 음원으로부터 나오는 음은 보강간섭과 소멸간섭을 번갈아 이루면서 어느 순간에 큰 음이 들리면 다음 순간에는 조용한 음이 들리는 현상을 말한다. 맥놀이의 수는 두 음원의 주파수의 차와 같다.

(2) 음(音)의 단위

1) **데시벨(dB, decibel)**

① 소음측정 단위로, '음압수준'을 의미한다.

② 소리의 크기를 나타내는 dB의 특징은 소음이 10배 증가할 때마다 10dB씩 증가한다.

> **예** 40dB에서 소음이 10배 증가하면 50dB이 된다.

2) **음의 세기 레벨(SIL)**

$$I_L = 10\log\frac{I_e}{I_0}$$

여기서, I_L: 음의 세기의 레벨(dB)
I_e: 음의 세기의 실효치(W/m^2)
I_0: 음의 세기의 기준치(W/m^2)

➡ 위의 식에서 I_0 는 국제적으로 10^{-12}W/m^{2}을 사용한다. 이는 1,000Hz의 최소 가청음의 세기와 같다.

3) **SPL(음압 레벨)**

$$\text{SPL} = 20\log\frac{p}{p_{ref}} = 20\log\frac{p}{0.0002}$$

여기서, SPL : 임의의 지점에서 음압의 크기(dB)
p : 임의의 음의 압력(μbar)
p_{ref} : 표준 가청압력으로 0.0002(μbar)

➡ p가 0.0002μbar인 경우 SPL은 0dB, p가 0.2μbar인 경우 SPL은 60dB, 20이면 100이다.

4) NRN(Noise Rating Number)

① 소음 평가지수로서, 영국에서 처음 사용되었는데, 국제적으로 사용하고 있다.

② 이는 1,000Hz인 진동수에서의 dB로 표시한다.

③ NRN의 장점은 어느 지점의 측정된 dB에 불평요소를 고려하여 보징치를 사용하는 점이다.

5) phon(폰)

① 음의 크기이다.

② 어떤 음의 음량수준을 나타내는 phon값은 이 음과 같은 크기로 들리는 1,000Hz 순음의 음압수준(dB)을 의미한다.(30dB의 1,000Hz는 30phon)

6) sone(손)

① 다른 음의 상대적인 주관적 크기를 나타내는 음량 척도이다.

② 40dB의 1,000Hz 순음의 크기를 1sone이라고 한다. 이 기준음보다 10배 크게 들리는 음의 음량은 10sone이다.[(phon값 − 40)/10]

③ sone값＝2

7) PNdB(Perceive Noise level in dB) : 제트기(jet plane)로부터 나오는 소음을 측정하기 위한 것이며, 일반적인 소음 측정방법으로는 부적당하다.

8) WECPNL(Weighted Equivalent Continuous Perceived Noise Level, 웹클)

① 항공기의 소음 측정단위이다.

② 웹클은 항공주변의 항공기 소음을 평가하는 단위로서 항공기 소음의 특성 및 발생 시간대 등을 고려한 값을 보정하여 하룻동안 측정치를 평균한 값이다.

(3) 음의 청력기능

1) 마스킹(masking)

① 마스킹효과란 크고 작은 두 소리를 동시에 들을 때 큰소리는 듣고 작은 소리는 듣지 못하는 현상을 말한다.

➡ 이는 음파의 간섭에 의해 일어나는 것이다.

② 저음이 고음을 잘 마스킹하는 특징이 있다.

③ 두 음의 주파수가 비슷할 때는 마스킹효과가 매우 크다.

2) 대화음(기준치)

① 대화의 주파수 : 100~10,000Hz

② 대화의 명료도 : 200~6,000Hz

③ 대화에 필요한 최소 주파수 : 500~4,000Hz

3) 가청음역

① 건강인이 들을 수 있는 범위를 말한다.(가청음역의 대역 20~20,000Hz)

② 난청을 조기에 발견할 수 있는 주파수 : 4,000Hz(C_5 − dip)

➡ 'C_5 − dip'이란 4,000cycle에서 최저가 되는 저주파를 말한다.

4) 난청

① 난청 가능 최저치 : 90~95dB

② 난청 발생에 영향인자 : 노출시간의 분포, 소음의 특성, 음압의 수준, 개인의 감수성

(4) 소음의 측정

1) 청감보정회로

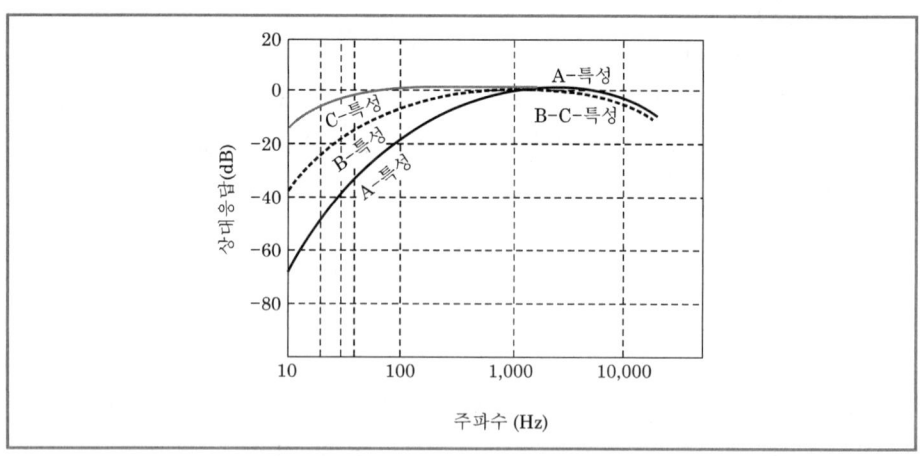

① 청감보정회로는 A, B, C의 특성 곡선으로 되어 있다.

② 사람이 느끼는 청감에 유사한 모양으로 측정신호를 변환시키는 장치를 소음계에 내장시킨 것으로, 설정된 등감곡선으로부터 청감보정곡선을 작성하였으며, A특성 회로는 음의 세기 레벨을 무시하고 청감특성에 대해 보정한 것으로 많은 법령에서 채택하고 있다. 위의 그림에서 보는 바와 같이 A특성 회로는 저주파 음에너지를 많이 소거시키며, C특성 회로는 측정신호에 거의 변화를 주지 않는다.

ⓐ A곡선은 소리의 세기보다 감각에 대한 특성을 나타낸 것이다.

ⓑ C곡선은 녹음을 하는 경우에 사용한다.

ⓒ B곡선은 별로 사용하지 않는다.

2) 소음에 대한 환경기준과 규제

① 나뭇잎이 흔들리는 소리는 20dB, 일상대화는 60dB, 전화벨소리는 70dB, 자명종소리는 80dB, 도시교통 소음은 90dB, 제트여객기 소음은 130dB이다.

② 소음 규제기준

ⓐ 전용주거지역(낮 50dB, 밤 40dB)

ⓑ 일반주거지역(낮 55dB, 밤 45dB)

ⓒ 준공업지역(낮 65dB, 밤 55dB)

ⓓ 전용공업지역(낮 70dB, 밤 64dB)

3) 소음 방지대책

   ① 소음원의 제거 및 억제

   ② 소음원의 거리적 격리

   ③ 차음 또는 흡음 관리

   ④ 작업 근로자에게 보호구 지급

   ⑤ 식수된 녹지대에 의해 소음은 어느 정도 경감할 수 있다.

2. 진동

(1) 진동의 특징

1) 진동은 음과 유사하게 공기, 물, 고체와 같은 매개체를 통해 전달된다.

2) 지반을 통해 전달되는 진동으로 지진이 있다.

3) 진동원은 단조기, 사출기, 진공펌프, 냉동기, 대형 트럭 등에 의해 진동이 발생한다.

4) 진동에는 국소적인 진동과 전신적인 진동이 있는데, 일반적으로 국소적인 진동에 의한 피해가 크다.

(2) 진동가속도 레벨

1) 진동의 크기는 진동속도 혹은 진동가속도로 표시한다.

   ➡ 진동속도는 단위시간당의 변위이며, 진동가속도는 단위시간당의 속도의 변화이다.

2) 인간은 진동이 4~8Hz인 상하진동에 대해서 매우 민감하며, 진동수가 2 이하인 수평진동에 대해서도 매우 민감하다.

3) 인간이 느끼는 최소감지선은 진동가속도 레벨이 60dB이고, 진동수가 4~8Hz인 경우이다. 진동은 진동가속도 level계에 의해 dB로 측정된다.

$$\mathrm{VAL} = 20\log\left[\frac{\alpha}{\alpha_{ref}}\right] = 20\log\left[\frac{1}{10^{-3}}\right] = 60\,\mathrm{dB}$$

여기서, VAL : 진동가속도 레벨(dB)

α : 진동가속도($1\mathrm{cm/sec}^2$ 혹은 1gal)

α_{ref} : 진동가속도의 기준치(10^{-3})

(3) 진동의 영향

1) **전신진동의 장애** : 위증상, 장내압의 증가, 척추의 이상, 자율신경계 및 내분비계의 이상

2) **국소적 진동장애** : 레노드병, 부종, 관절에 이상, 초혈관의 폐쇄, 순환기 장애 등을 유발

   ➡ 레노드병은 손가락이 창백하고 청색으로 변하면서 통증이 발생하는 질병이다.

3) 진동 방지대책

   ① 발생원 제거

   ② 비금속재료를 사용

   ③ 방진고무 사용 등

기출 및 예상 문제

01 'dB'은 무엇을 의미하는가?　　　　　　　　　　　　　　　　　　　　● 03 서울시(환경) 9급

① 음압수준　　　　　　　　　　② 주파수
③ 파장　　　　　　　　　　　　④ 진동
⑤ 저음

02 소음에 관한 설명이다. 옳지 않은 것은?　　　　　　　　　　　　　　　● 88 서울시(환경) 7급

① 60dB의 음압은 40dB인 음압의 10배이다.
② 데시벨(dB)은 음압수준을 나타내는 단위이다.
③ 주거전용구역의 야간 소음은 40dB 이하이다.
④ 식수된 녹지대에 의해 소음은 어느 정도 경감할 수 있다.
⑤ 60dB의 경우는 40dB보다 100배나 커진다.

03 음의 성질과 레벨에 대한 설명이다. 잘못 설명한 것은?　　　　　　　● 97 기술고시(환경공학개론)

① 음압의 실효치는 음압의 입자속도 실효치와 반비례한다.
② 음압레벨에서 음압의 기준치는 2×10^{-4} dyne/cm²이다.
③ 음의 세기레벨에서 음의 세기의 기준치는 10^{-12} W/m²이다.
④ 음압의 기준치는 1,000Hz의 최소 가청음의 음압실효치와 거의 같다.
⑤ 단위면적을 단위시간당 통과하는 음파의 세기를 음의 세기라 한다.

04 음의 정의를 나타낸 것이다. 틀린 것은?　　　　　　　　　　　　　　● 03 경기도(환경) 9급

① NRN(Noise Rating Number)는 소음 평가지수로서, 영국에서 처음 사용되었는데, 국제적으로 사용하고 있다. 이것은 1,000Hz인 진동수에서의 dB로 표시한다.
② phon(폰)은 음의 크기이다. 기기로 측정할 수 없는 실제의 음의 크기의 정도를 측정하기 위한 단위로서 사람이 직접 들어 결정한다. 따라서 주관적일 수 있다.
③ sone(손)은 음의 크기를 나타내는 단위로서 직접 들어 결정한다. sone은 소리의 크기를 느끼는 감량의 단위이다.
④ PNdB(Perceive Noise level in dB)은 제트기로부터 나오는 소음을 측정하기 위한 것이며, 일반적인 소음의 측정방법에는 부적당하다.
⑤ WECPNL 생활 속의 소음을 평가하는 단위이다.

05 소음에 관한 설명으로 옳지 않은 것은? ✪ 01 기술고시(환경공학개론)

① 일반적으로 차음벽의 효과는 벽재질의 면밀도가 클수록 높아진다.

② 실내 공간에서 흡음처리를 하면 직접음장의 소음레벨을 낮출 수 있다.

③ 소음은 감각공해의 일종으로 주변 환경매체에 대한 축적성이 낮다.

④ 같은 세기의 음이라노 주파수에 따라 소음레벨에 차이가 있다.

⑤ 음속은 대기온도가 높아질수록 빨라진다.

06 밑줄 친 곳에 맞는 파동의 명칭으로 올바르게 짝지어진 것은? ✪ 02 기술고시(환경공학개론)

> 진동의 파동에는 종파, 횡파, 표면파가 있다. 이 중에서 전파속도가 가장 빠른 것
> 은 ___(ㄱ)___ 파이고, 공해진동이 되기 쉬운 것은 ___(ㄴ)___ 파이다.

  (ㄱ)   (ㄴ)

① 종,   횡

② 횡,   종

③ 횡,   표면

④ 종,   표면

⑤ 표면,   종

07 크고 작은 두 소리를 동시에 들을 때, 큰소리만 듣고 작은 소리는 듣지 못하는 현상으로 음파의 간섭에 의해 일어나는 현상을 무엇이라 하는가? ✪ 03 기술고시(환경공학개론)

① Doppler효과   ② masking효과

③ Huyghens원리   ④ 일치효과

⑤ Raynaud현상

08 진동감각에 대한 설명이다. 옳지 않은 것은? ✪ 97 기술고시(변형)

① 진동의 크기는 진동속도 혹은 진동가속도로 표시한다.

② $1m/sec^2$의 진동레벨은 60dB이다.

③ 사람은 진동레벨이 60dB 이하의 진동은 느끼지 못한다.

④ 청감보정곡선을 바탕으로 등감곡선을 작성한다.

⑤ 주파수는 인체에 미치는 물리 진동의 영향을 결정하는 물리적 인자이다.

정답 및 해설

01 ①

해설 'dB'은 음압수준을 나타내는 단위이다. 진동의 단위와 구별해 둔다.

02 ①

해설 dB은 소리의 크기를 나타내는 단위로, 음압수준을 의미한다. 이는 소음이 10배 증가할 때마다 10dB씩 증가한다.

03 ⑤

해설 음의 세기란 음파가 진행하는 방향으로 수직으로 된 $1m^2$의 면을 1초가 통과하는 에너지를 음의 세기라 한다.

04 ⑤

해설 생활 속의 속음 단위는 'dB'이며, WECPNL은 항공기의 소음단위이다.

05 ②

해설 직접음장의 소음레벨까지는 낮출 수 없다.

06 ④

해설 종파는 파동이 진행하여 나아가는 방향과 매질의 진동방향이 같을 때 이러한 파동을 종파라고 부른다. 횡파는 파동이 진행하여 나아가는 방향과 매질의 진동방향이 수직을 이룰 때 이러한 파동을 횡파라고 부른다. 표면파는 진원이 수백 km 이상 떨어진 곳에서 P파, S파 다음에 전파되는 주기가 큰 파동을 말한다. L파는 레일리파와 러브파 등으로 다시 분류된다. 이 중 전파속도가 가장 빠른 것은 직선운동을 하는 종파이며, 공해 진동이 되기 쉬운 것은 표면파이다.

07 ②

해설 문제는 마스킹효과를 설명하고 있다.

08 ④

해설 등감곡선을 바탕으로 청감보정곡선을 작성한다.

제 **7** 편

금속공업 및 촉매

제 83 주

금속 제련

제83주제   금속 제련

1. **금속 제련방법** : 건식 제련, 습식 제련, 전기 제련
2. **제련 공정** : 건식야금 추출공정, 습식야금 추출공정

1. 금속의 개요

(1) **금속의 현황** : 재료로서 금속은 다양한 용도를 지니고 있다. 응용분야에 따라 주거용 기기, 수송용 기기만이 중요한 사용처였으나, 현대 문명의 발전과 더불어 수송용 기기 및 정보용 기기로의 용도에 대한 비중이 커지게 되었다. 특히 최근 들어 전자공업의 급속한 발전, 원자력이나 우주산업 등이 진척됨에 따라 Fe, Al, Cu, Ag, Zn, Pb 등 기존의 보편적인 금속 이외에 소위 새로운 금속이라 불리는 Be, Ge, Zr, Si, Ti, V 등이 등장하게 되었다. 이들 금속의 존재는 이미 알려져 왔으나 이들이 신금속이라고 불리게 된 가장 중요한 이유는 이들이 **초순도**라는 점이다.

(2) **금속의 분류**

1) 비중에 따른 분류 : Hg, Cd, Mn과 같이 비중이 4 이상인 것은 중금속이고, Mg, Al 등과 같이 비중이 4 이하인 금속은 경금속이라 한다.

2) 화학적 안정성에 따른 분류 : 화학적으로 안정하여 녹이 슬지 않고 약품에 잘 견디는 Au, Ag, Pt, Hg 등과 같은 금속인 귀금속과 녹이 잘 슬고 약품에 녹기 쉬운 Fe, Zn, Pb 등과 같은 비금속으로 나눈다.

3) 원자구조에 의한 분류 : d 또는 f 오비탈의 빈자리에 전자를 차례로 채우는 전이금속(transition metal)과 그렇지 않은 단순금속으로 구분한다.

구 분		종 류
보통 금속		철, 알루미늄, 아연, 납, 주석, 니켈, 마그네슘, 수은 등
합금용 금속		망간, 크롬, 몰리브덴, 텅스텐, 안티몬, 카드뮴, 코발트, 비스무트, 바나듐 능
귀금속		금, 은, 백금, 오스뮴, 이리듐, 팔라듐 등
기타	알칼리 금속	나트륨, 칼륨 등
	알칼리 토금속	칼슘, 스트론튬, 바륨 등
	희토류 원소	라듐, 토륨 등
	방사성 원소	란탄, 세륨 등

(3) 금속의 특성

1) **금속의 자유전자** : 금속의 결정 중에는 금속원자가 양이온으로 되어 결정격자를 만들고 양이온 사이를 움직이는 자유전자가 양이온 무리와 결합하여 금속결합(metal bond)을 이룬다.

➡ 금속의 특유한 성질은 이 자유전자 모형으로 설명된다.

2) **금속 중의 전자상태**

① 금속 증기 중의 고립원자가 전자를 끌어들이는 에너지는 양자수로 결정되는 불연속적인 값을 갖는다. 금속고체에서는 원자가 상호작용을 하므로 전자를 끌어들이는 에너지값은 어느 범위의 에너지값을 갖는데, 이를 에너지대(energy band)라 한다.

② 이 에너지대의 폭은 전자가 각각의 원자에 강하게 결합되어 있을수록 좁고, 약하게 결합되어 있으면 넓다.

2. 금속 제련

(1) 금속 제련이란?

1) **의미** : 광석에서 철·납·구리 등의 금속을 필요한 순도로 추출하여 지금(地金)의 형태로 만드는 공정을 말한다. 광석 제련의 공정을 조(粗)제련과 정(精)제련으로 나누는데, 광석 속에 있는 목적금속의 농도는 높아졌지만 아직도 불순물을 충분히 제거하지 못한 단계까지를 조제련이라고 하고, 조제련제품을 더욱 정련하여 목적금속의 순도까지 높여 지금으로 사용할 수 있는 단계로 높이는 작업을 정제련이라 한다.

2) **야금에서의 의미** : 금속을 광석으로부터 추출하여 정련하는 분야로, 화학야금의 주요 부문이다. 제련은 건식제련과 습식제련 2가지로 크게 나뉜다. 첫 번째, 건식 제련(건식 야금법)은 연료의 연소나 전열(電熱)에 의하여 광석을 가열하고 환원반응에 의하여 금속을 채취하는 방법이다. 이때 환원제로는 탄소·수소·금속 등을 사용한다. 두 번째, 습식 제련(습식 야금법)은 산 또는 알칼리 등의 수용액으로 광석의 금속성분을 추출한다.

이들 가운데 전열과 전해(電解)를 이용하는 것을 특별히 전기야금이라고 한다. 또한 대상으로 하는 금속의 종류에 따라 철강 제련과 비철금속 제련으로 나뉜다.

(2) 금속 제련방법

1) 건식 제련 : 금속정광의 용련(溶鍊), 전환 및 건식 정련

　　건식야금법은 금속추출의 중요한 방법이며, 습식야금이나 전기야금에 비해 속도가 빠름

2) 습식 제련 : 금속을 침전시키기 위해 수용액형태로 만든다.

　　습식야금법은 건식야금법보다 속도가 느리고 비용이 많이 들지만, 저품위광석의 추출에 사용할 수 있다.

3) 전기 제련 : 금속 불순물을 양극에서 정제하고, 금속을 전기적으로 추출한다.

　　값이 저렴한 수력발전소를 사용할 수 있는 환경에서는 전기야금법이 매우 효율적이다. 전기야금법의 경우 순도를 99.9%까지 만들 수 있으므로 종종 건식야금 추출공정의 마지막 공정으로 사용된다.

> **참고** 야금(metallurgy)이란?
>
> 금속을 그 광석으로부터 추출하고 정련해서 각종 사용목적에 적합하게 그 조성 및 조직을 조정하고 또 필요한 형태로 만드는 기술을 의미한다. 과정을 분류하면 광석으로부터 금속을 추출하여 정련하는 금속 제련, 제련에 의하여 얻어진 금속으로부터 각종 목적에 적합한 성질의 금속과 합금을 만드는 금속재료, 나아가서는 그 금속을 가공·성형하는 금속가공으로 크게 나뉜다.(∴ 야금이란 금속 제련의 상위 항목명이다.)

(3) 광석의 전처리 : 추출공정에 사용하기 위해 맥석(脈石)과 유가금속을 분리하여 유가금속 덩어리(정광, 精鑛)를 만드는 공정이다.

1) 분쇄 : 큰 광석을 작은 입자로 분쇄하는 공정이다.

2) 분류 : 맥석과 유가금속을 분리하는 공정이다.

3) 분리 : 분류는 대략적인 과정인 반면, 분리는 세분화된 과정이다. 부유선광법을 사용한다.

　➡ 부유선광법 : 이는 표면 자유에너지 차이를 이용해 광물을 분리하는 방법이다. 조광(粗鑛) 중의 대상 광물입자를 맥석과 분리가 가능한 크기까지 분쇄하고 물을 가하여 슬러지로 하여 선별한다. 광물에 친화성이 있는 작용기를 가진 물질(포집제, collector)을 슬러리에 첨가한 후 기포제를 넣고 공기를 불어 넣으면, 생성된 기포에 광물입자가 부착·부상하게 된다. 이 방법은 부선용액의 조성이 중요한데, 용액의 성질을 조정하는 물질을 총칭, 조건제(modifier)라 한다.

4) 응집 : 미분말을 보다 큰 덩어리로 개질하는 공정으로, 정광(精鑛)을 생성한다.

　　응집방법에는 온도를 높여 가면서 용융온도까지 올려서 소결과 구립화하는 방법이 있고, 결합제를 사용하여 상온에서 행해지는 조괴(briquetting)와 펠릿화(pelleting)가 있다.

　➡ 펠릿은 그들의 기계적인 강도를 향상시키기 위해 온도를 높여서 소성하게 된다.

3. 건식 제련

(1) **건식 제련이란?** : 광석을 녹여서 필요로 하는 금속을 불순물과 분리하여 제련하는 방법으로 크게 용융 제련(smelting)과 휘발 제련(vaporization metallurgy)으로 분류한다.

(2) **건식 제련의 분류**

　　1) 용융 제련(smelting) : 용융 제련(smelting of ore)은 광석 또는 정광을 노(爐) 내에서 용융시켜 목적금속을 조금속(粗金屬), 매트(matte), 스파이스(speiss) 등의 반제품으로 회수하고 광석 중의 맥석류를 슬래그(slag)로 만들어 충분히 제거하는 조작이다. 이때 필요에 따라 제련 예비 처리인 선광, 배소, 단광, 소결 등을 선행해야 할 때도 있다. 용융 제련을 편의상 농축된 황화물인 매트나 연화물(硏化物)인 스파이스를 만드는 용련(Cu, Ni, Co 제련)과 조금속을 만드는 용련(Pb, Sn, Bi, Pb 제련 및 Cu의 연속 제련) 등 2종류로 분류한다.

　　2) 휘발 제련(vaporization) : 휘발 제련은 증기압이 큰 금속화합물을 고온 처리하거나 환원하여 금속증기로 만들고 이것을 응축하여, 얻으려는 금속을 고체인 맥석과 분리하는 방법이다. 수은(Hg), 아연(Zn), 카드뮴(Cd) 등을 제련할 때 쓴다.

(3) **건식야금 추출공정**

　　1) 금속수화물의 추출공정(건조와 소성) : 금속수화물[M(OH)]은 건조 및 소성을 통해 건식 제련한다. 또한 [MCO₃]도 소성으로 제련한다. (여기서 M은 메탈을 의미하고, 이번 주제에서 계속 사용한다.)

　　　① 건조(drying) : 정광에 있는 물을 제거하기 위해 비점 이상으로 가열하는 것을 말한다.

　　　② 소성(firing) : 광물의 화학적인 분해를 포함하는 분해온도(T_D) 이상으로 가열하거나 또는 온도를 일정하게 하여 자체의 평형분압 이하에서 기상생성물의 분압을 줄임으로 진행되는 공정을 말한다. 즉, 금속수화물에 결합하고 있는 물, CO_2 및 그 외의 가스를 제거하는 공정을 일컫는다.

> 예 소성 : $CaCO_3$(금속산화물) $\longrightarrow$ CaO + $CO_2 \uparrow$ ($T_D = 900℃$)

　　2) 금속황화물의 추출공정(배소, 용융정련)

　　　① 배소(焙燒, roasting) : 회전가마 또는 배소로에서 산소와 반응시켜 가스의 형태로 배출시키는 과정을 의미한다.(가스는 배소로 밖으로 배출된다.)

> 예 $Pb(s)$ + $3/2O_2$ $\longrightarrow$ $PbO(s)$ + $SO_2(g) \uparrow$
> $PbO(s)$ + CO $\longrightarrow$ $Pb(s)$ + $CO_2(g) \uparrow$

> 예 소성과 배소의 구별 : 소성은 열적분해이고, 배소는 연소를 통한 가스의 배출이다.

② **용융 제련(용련, smelting)** : 금속황화물(불순물이 포함될 수 있다)을 용융시킨 후 공기를 불어 넣으면(건식정련), 매트에는 금속황화물이 농축되고, 다른 금속불순물은 산화되어 슬래그(slag)에는 금속산화물이 농축되는 공정을 의미한다.(슬래그, 매트, 액체금속 생성)

> 예 $2CuFeS_2(s) + 4O_2(g) \longrightarrow Cu_2S(s)_{on매트} + 2FeO(s)_{on슬래그} + 3SO_2(g)$: 용융 제련
> $Cu_2S(s) + O_2(g) \longrightarrow 2Cu(l) + SO_2(g)$

3) **금속산화물의 추출공정(환원반응)** : 금속산화물[MO]은 탄소, 일산화탄소, 수소 또는 환원시키고자 하는 금속산화물보다 상대적으로 안정한 산화물(산화물 생성에서 $\Delta G° < 0$의 값을 갖는)에 의해 금속으로 환원될 수 있다.(주로 탄소환원제가 쓰인다.)

> 예 $MO(s) + C(s) \longrightarrow M(s) + CO(g)$
> $2MO(s) + C(s) \longrightarrow 2M(s) + CO_2(g)$
> $CO_2(g) + C(s) \longrightarrow 2CO(g)$

4) **건식정련(fire refining)** : 불순물 금속을 포함하는 화합물에 산소를 주입하여 불순물을 산화시켜 제거한다. 건식정련은 최소 99.5%의 순도를 제공하며 Fe, Cu, Pb 및 다소의 귀금속의 경우에만 유용하다. 여기서 귀금속은 Pb-Ag 용융 회취법(cupellation)으로서 Pb가 우선적으로 산화하여 슬래그가 되고 잔류 은은 전기정련된다.

5) **할로겐 야금(halide metallurgy)** : 금속 할로겐화물은 일반적으로 그들의 산물에 비해 작은 음의 자유에너지 변화로 형성되기 때문에, Ti, Zr, Ar, Al, U 및 Mg와 같은 안정한 산화물을 형성하는 금속을 추출하는 데 사용된다. 할로겐화물은 일반적으로 산화물에 비해 낮은 용융점을 가지므로 보다 높은 전도에서 용융물을 형성한다는 점이다. 그러므로 금속 할로겐화물은 전해추출 및 Al, Mg, Na와 같이 반응성이 보다 큰 금속정련에서 용융염 전해질로서 이용된다.

➡ 할로겐화물의 안정성 : 요오드화물 < 브롬화물 < 염소화물 < 플루오르화물

4. 습식 제련

(1) **습식 제련이란?** : 광석 중의 목적 금속을 적당한 용매로 용출시켜 용액으로 만든 다음, 화학적 또는 전기화학적 방법으로 금속 또는 금속화합물을 얻어내는 방법이다. 오늘날 보크사이트로부터 알루미나를 제조할 때, 구리, 아연, 니켈, 크롬, 몰리브덴, 텅스텐과 그 밖의 희토류 금속원소의 제조에 습식 제련이 대규모로 실시된다.

(2) 습식 제련의 특징

1) 저품위의 광석, 용융하기 힘든 광석, 분광(粉鑛) 형태의 광석 등은 습식 제련으로 하는 것이 용이하고 비용이 적게 든다.

2) 화학적 친화력이 큰 금속일 때에는 습식법으로 중간물질을 만들어, 이로부터 금속을 얻는 방법을 쓰는 것이 용이하다.

3) 연료의 사용량은 거의 없으나, 침출용액을 만들 때는 특수한 약품이 필요하다.

4) 금, 은 등은 이에 적합한 침출액이 아니면 용출하지 않으므로, 금, 은 등의 산화광 처리에는 적합하지 않다. 하지만 일반 황화광을 습식법으로 처리할 때에는 침출 잔사 속에 금, 은이 남게 되어 손실이 생기기 때문에 금, 은을 함유한 황화광의 처리에는 건식법이 적합하다.

(3) 습식야금 추출공정 : '침출 → 침전 → 환원 → 금속'

1) 침출(leaching) : 광물로부터 적절한 용매를 사용하여 원하는 금속을 용해시키는 과정이다. 이 과정에서 용매의 선택이 중요한데, 안정성, 속도, 환원성, 경제성 등이 만족되어야 한다.
   - 종류 : 퇴적(heap)침출, 투과(percolation)침출, 교반(agitation)침출, 승온압축침출 등이 있다.

2) 침전(precipitation) : 침출 후에도 여러 다른 금속 이온이 존재하므로 특정 물질을 침전시켜 회수할 수 있다. 금속의 용해도는 pH와 산소의 압력(pO_2)에 영향을 받는다.

3) 환원(reduction) : 침전 후, 여과를 하여 불순물을 분리시킨 후, 기체환원 또는 시멘테이션(cementation)으로 환원시킨다.

   ① 기체의 환원 : 금속이온용액에 환원기체(H_2)를 불어 넣어 음극반응을 통해 환원금속을 얻는다.

   (음극) $M^{2+}(s) + 2e^- → M(s)$, (양극) $\frac{1}{2}H_2 → H^+ + e^-$

   ② 시멘테이션(cementation) : anodic금속 위로 용액을 통과시킴으로써 용액으로부터 다른 금속이온을 전기화학적으로 환원(음극침전)시키는 것이다. 구리이온을 포함하는 용액의 침전반응은 다음과 같다.

   (음극침전) $Cu^{2+} + 2e^- → Cu(s)$
   (양극용해) $Fe(s) → Fe^{2+} + 2e^-$

4) 분리기술(isolation techniques)

   ① 이온교환(ion exchange) : 양이온 및 음이온교환 수지를 이용해 특정이온을 획득한다.

   ② 용매추출(solvent extraction) : 유기용매는 물과 섞이지 않고, 금속에 대한 선택성이 우수하므로 수용액 속에 녹아 있는 많은 금속이온 중 특정한 금속이온을 선택적으로 추출이 가능하다.

   ③ 역삼투(reverse osmosis) : 농도가 진한 농축이온을 더욱 농축시킬 수 있다.

기출 및 예상 문제

01 금속 제련법에 대한 설명이다. 옳지 않은 것은?

① 건식 제련법은 금속추출속도가 다른 방법에 비해 느리다.
② 전기 제련법은 값이 저렴한 수력발전소를 사용할 수 있는 환경에서 매우 효율적이다.
③ 습식 제련법은 건식 제련법에 비해 비용이 많이 든다.
④ 전기 제련법을 사용하면 금속의 순도를 99.9%까지 만들 수 있다.

02 금속제품을 만들기 위한 원료 광석의 전처리 공정에 대한 설명이다. 틀린 것은?

① 분쇄－맥석으로부터 금속 성분을 분리하기 위해 미분으로 파쇄하는 공정이다.
② 분류－맥석에서 유가광물의 분리는 물을 통하여 광물의 이동속도차를 이용해 분리한다.
③ 분리－가장 널리 쓰이는 방법은 부유선광법이고, 이는 입자의 크기 차이를 이용해 분리한다.
④ 응집－보다 큰 덩어리로 개질하는 공정으로, 조개(briquet)와 펠릿화(pellet)가 있다.

03 건식 제련에 관한 설명으로 옳지 않은 것은?

① 보크사이트로부터 알루미늄을 만들 때, 이 방법을 사용한다.
② 산소와의 친화력이 탄소보다 작은 금속의 산화물을 탄소로 환원하는 방법이다.
③ 순도가 높은 금속을 만들기 위해 마지막 공정에 전기 제련을 실시한다.
④ 건식 제련은 용융 제련과 휘발 제련으로 분류한다.
⑤ 용융 제련은 액체 슬래그(slag)와 액체 매트(matte)와 같은 두 액체층을 만드는 공정이다.

04 습식 제련의 특징에 대한 설명이다. 틀린 것은?

① 저품위 광석 및 난용융성 광석은 습식 제련하는 것이 경제적이다.
② 화학적 친화력이 큰 금속은 중간물질을 만들어 습식 제련한다.
③ 연료의 사용은 거의 없다.
④ 침출용액을 만들 때, 특수한 약품을 필요로 한다.
⑤ 금, 은 등의 산화광은 침출하여 습식 제련하는 것이 적합하다.

05 습식야금 추출공정에 포함되지 않는 것은?

① 침전(precipitation)
② 침출(leaching)
③ 용매추출(solvent extraction)
④ 역삼투(reverse osmosis)
⑤ 배소(roasting)

정답 및 해설

01 ①

유형 및 해설 [금속 제련방법] 건식 제련법은 일반적으로 기상반응이다. 다른 반응은, 습식 제련은 액 상반응이 필요하고, 전기 제련은 전해질을 이용한 반응이 필요하다. 건식 제련은 다른 반 응에 비해 반응속도가 매우 빠른 반응이다.

02 ③

유형 및 해설 [금속 광석의 전처리] 분리에서 부유선광법은 표면 자유에너지의 차를 이용하여 분리하 는 방법을 말한다.

03 ①

유형 및 해설 [건식 제련] 건식 제련의 일반적인 방법을 서술하는 것으로, 건식 제련의 순도가 떨어 지는 단점을 보완하기 위해 전기 제련을 사용한다. 전기 제련은 99.9%까지 만들 수 있으 므로 종종 건식야금 추출공정의 마지막 공정에 부가하여 처리하기도 한다. 건식 제련은 철 을 비롯한 아연, 구리, 주석, 코발트, 납 등과 같이 산소와의 친화력이 탄소보다 작은 금속 산화물을 탄소로 환원하는 방법이다. ①의 보크사이트를 이용한 알루미늄의 제조는 습식 제련법이다.

04 ⑤

유형 및 해설 [습식 제련] 금, 은 등은 이에 적합한 침출액이 아니면 용출하지 않으므로, 금, 은 등의 산화광 처리에는 적합하지 않다. 하지만 일반 황화광을 습식법으로 처리할 때에는 침출잔 사 속에 금, 은이 남게 되어 손실이 생기기 때문에 금, 은을 함유한 황화광의 처리에는 건 식법이 적합하다.

05 ⑤

유형 및 해설 [습식야금 추출공정] 습식야금 추출공정에는 침출, 침전, 분리(이온교환분리, 용매추출, 역삼투) 공정을 통해 일반적으로 처리된다. 이에 반해 건식야금공정에서는 건조와 소성, 배소, 용융 제련, 금속산화물의 환원, 건식 정련, 할로겐 야금공정으로 처리된다.

> **참고** 배소
> 광석을 쉽게 환원처리하기 위해 금속을 그 녹는점 이하의 고온으로 가열하여 물리·화학적 성질을 변화시키는 일로서 철광석에서는 자철광을 배소하여 적철광화하고, 아연광석에서는 황화광을 배소 하여 황을 아황산가스로 바꾸며, 동광은 배소하여 황분을 제거한다.

제 **84** 주

금속 제품

1. 철강 제품

(1) 철강

1) 제선공정과 제강공정

① 오늘날 철 제련의 주된 반응은 산화철 광석의 코크스(cokes) 환원반응이다. 현재 주된 공정인 고로(高爐, 용광로) 제련공정에서는 환원제로 코크스를 사용하고 있다. 이 고로를 이용한 환원공정이 **제선(製銑)공정**이다. 여기에서 선철(銑鐵, pig iron)이 만들어진다.

② 이 선철은 3~4%의 탄소를 포함하여 단단하나 취약하므로 그대로 주물(casting)로 사용이 가능하지만 대부분은 탄소함량을 1.5% 이하로 낮추어 인성이 풍부하고 열처리 시 경화성이 있는 강으로 바뀐다. 이 공정을 **제강(製鋼)공정**이라 하며, 이를 위해 전로 또는 전기로가 사용된다.

2) **강(鋼)의 종류** : 보통강과 특수강이 있다.

① 보통강이란 철광석에서 추출된 철이 탄소만을 소량 함유하는, 즉 철과 탄소의 합금으로서 탄소강이라고도 한다.

➡ 탄소함량에 따라 저탄소강, 중탄소강, 고탄소강이 있다.

② 특수강이란 탄소 이외에 니켈, 크롬 등 각종 금속성분과의 합금으로 만들어져서 여러 가지 특성을 갖도록 만든 합금을 특수강이라 한다.

(2) 철의 제련

> [원료]
> 철광석, 코크스, 석회석 $\underset{\text{고로}}{\overset{\text{제선}}{\rightarrow}}$ 선철, 고로 슬래그, 고로가스 $\underset{\text{전로}}{\overset{\text{제강}}{\rightarrow}}$ 강, 전로 슬래그, 전로가스

1) **공정** : 철광석의 전처리 → 코크의 제조 → 세선 → 제상
2) **철광석의 전처리** : 철광석을 미분말을 소결화(sintering), 펠릿화(pelleting)하여 입도(粒度)를 조절하여 사용한다.
3) **코크(coke)의 제조** : 점결탄을 코크로(coke oven)에 넣고 가스연료에 의한 간접 가열을 통해 건류 제조한다.
   ➡ 점결탄(점결성인 석탄) : 고로(高爐)에 넣어도 분쇄되지 않는 강도가 있는 석탄이다.
4) **제선과정** : 소결화, 펠릿화된 철광석을 코크 및 CO에 의한 환원처리를 하는 공정이다.
   ① **고로(용광로, blast furnance)** : 제철용으로 사용되는 용광로를 의미한다.
   ② **고로가스(BFG, Blast Furnance Gas)** : 고로의 배기구에서 나오는 가스를 말한다.
      ↳ CO(합성가스)가 20~25% 정도 생성되어 유용하나, 질소가 많아 발열량이 감소한다. 열풍로의 가열과 보일러의 연료로 사용 가능하다.
   ③ **고로 슬래그(BFS, Blast Furnance Slag)** : 고로에서 발생한 광재(탄 찌꺼기)
      ↳ 물로 급랭시킨 후 분쇄하여 포틀랜드시멘트와 섞으면 고로시멘트가 된다.
5) **제강과정** : 선철 중의 인, 규소, 황 등의 함유량을 감소시켜 가공하기 쉬운 강을 만드는 공정을 의미한다. 특히 고로에서 나온 선철에 생석회, 카바이드, 소다회 등을 첨가하여 0.03~0.04% 포함하는 황분을 0.01% 정도로 낮출 수 있으며, 이것을 취과(取鍋)정련이라고 한다.
   ① **전로(轉爐)**
      - 평로제강법 : 중유, 코크스 등 연료를 사용하여 4~10시간 동안 탈탄제강
      - LD 전로법 : 연료를 사용하지 않고, 용융된 선철에 산소를 위에서 고속으로 분무
      - Thomas 전로법 : 연료를 사용하지 않고, 용융된 선철에 공기를 밑에서 분무
      - 전기로법 : 연료로 전력을 사용하여 선철을 녹여 제강함, 불순물의 유입이 적어 특수강에 적합한 방법
   ② **전로 슬래그과 전로가스** : 효용성이 떨어지는 물질이고, 처리가 어렵다.

2. 알루미늄

(1) 알루미늄의 특징

1) 알루미늄은 강도유지 재료인 철과 같이 사용이 가능하고, 자원량이 풍부하여 값이 싸다.
2) 내구성(내후성, 내식성)이 있으므로 소모가 적고, 따라서 소량의 에너지로 재생이 가능하다.

3) 이온화 경향이 크고 산소와의 결합력이 크고, 다량의 에너지를 소비하는 재료이다.(단점)

4) 탄소, 수소, CO에 의한 환원법으로 얻을 수 있다.

(2) 제조방법

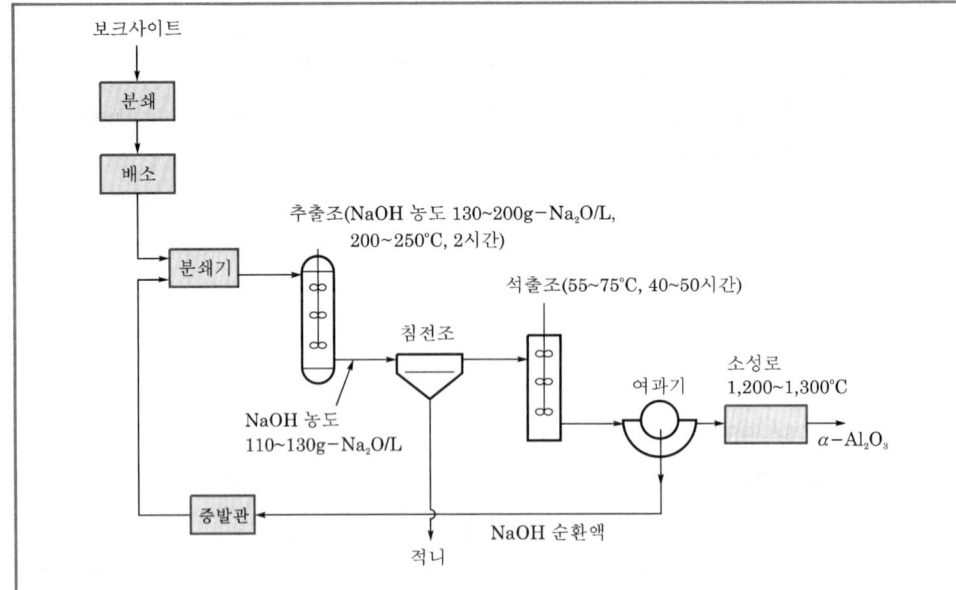

[보크사이트, 적니, NaOH 순환액, α-Al$_2$O$_3$의 조성 예]

bauxite[wt %]		적니[wt %]		NaOH 순환액 [g/L]		α-Al$_2$O$_3$[wt %]	
Al$_2$O$_3$	55.65	부착수	35~45	불순물함량		Al$_2$O$_3$	98.5~99.6
Fe$_2$O$_3$	11.20	건조적니		Na$_2$CO$_3$	17.0	Fe$_2$O$_3$	0.01~0.02
SiO$_2$	5.10	Al$_2$O$_3$	17~20	SiO$_2$	0.3	SiO$_2$	0.01~0.02
TiO$_2$	2.61	Fe$_2$O$_3$	39~45	Cl	0.5	Na$_2$O	0.3~0.5
강열감량	25.18	TiO$_2$	2.5~4	SO$_3$	0.15	강열감량	0.1~1.0
		Na$_2$O	7~9	P$_2$O$_5$	0.8		
		강열감량	10~12	V$_2$O$_5$	0.5		

[Bayer법의 공정도]

[보크사이트 침출조건]

항 목	보크사이트	
	베마이트형	깁사이트형
침출온도(℃)	200~250	120~150
침출 NaOH농도(gNa$_2$O/L)	260~380	130~200
알루미나 석출온도(℃)	40~60	55~75
알루미나 석출 시 NaOH농도(gNa$_2$O/L)	150~160	90~120

1) '보크사이트(bauxite)'로부터 알루미나(Al_2O_3)의 제조 : Bayer Process

> 보크사이트의 분쇄 → 배소(수분과 유기물의 분리) → 침출(NaOH 용액으로 Al_2O_3만 녹인다) → $NaAlO_2$ (알루민산나트륨) → 침전(적니(redmud)를 분리) → $Al(OH)_3$의 석출(석출조에서 가수분해) → 원심분리 → 소성 → Al_2O_3

　① **침출 및 침전** : $Al_2O_3 \cdot gangue(s) + 2NaOH(l) \rightarrow 2NaAlO_2(l) + H_2O(l) + gangue(s)$

　② **석출** : $NaAlO_2(l) + 2H_2O(l) \rightarrow Al(OH)_3(l) + NaOH(l)$

　③ **소성** : $2Al(OH)_3 \rightarrow Al_2O_3 + 3H_2O$

2) 알루미나로부터 알루미늄의 제조(알루미나의 전해)

> 전해조에 빙정석(Na_3AlF_6)을 넣고, 1,000℃로 가열, 용융 → Al_2O_3, AlF_3 첨가 → Al이 음극에서 석출 → 침전
>
> $Al_2O_3 \rightarrow 2Al + 3/2O_2$, $3/2O_2 + 7/4C \rightarrow 5/4CO_2 + 1/2CO$

3) 알루미늄 신제련법(새로운 제조방법)

　① **전해법** : 염화알루미늄의 전해법, 황산알루미늄의 전해법

　　소요 전력면에서 경제적이지만, 염화알루미늄을 따로 제조하여야 하고, 염화알루미늄 자체는 전도성이 없으므로 NaCl-LiCl에 염화알루미늄을 5% 정도 첨가하지만 염화리튬의 가격이 비싸서 부담이 크다.

　② **화학환원법** : 염화알루미늄의 불균화분해법(subhalide법), 알루미나의 탄소환원법, 염화알루미늄의 금속망간환원법, 질화알루미늄의 열분해법

　　대표적인 것이 염화알루미늄의 불균화분해법인 subhalide법으로, 1가 알루미늄의 염화물을 사용하는 특징이 있으나, 현재 공업화에 이르지 못했고, 고온에 있어서 염화물에 의한 부식이 치명적인 단점이 있다.

4) 알루미늄의 성질

　① 알루미늄은 가볍고, 뽑힘성(연성, 延性)과 퍼짐성(전성, 展性)이 커서 박판(薄板)을 만들기 쉽다. 또한 은, 구리 다음으로 전기를 잘 통하기 때문에 전선(wire)으로 이용된다.

　② 공기 중에 두면 표면에 산화알루미늄(Al_2O_3)의 단단한 피막을 형성해 내부가 보호된다.

　③ 이온화 경향이 매우 커서, 산소와 화합하는 힘이 수소나 탄소보다 크므로, 수소, 탄소, CO에 의한 환원으로 광석에서 알루미늄을 얻을 수 없다.

　④ 녹는점(660℃), 끓는점(2,270℃)이 비교적 높고, 팽창률이 작다.

　⑤ 가볍고 열·전기전도율, 반사율이 크며, 내식성이 우수하여 합금과 촉매로 널리 사용된다.

5) 알루미늄합금

- 두랄루민(duralumin) : 알루미늄이나 마그네슘을 주성분으로 하는 경합금으로, 그 조성비는 Cu(4%), Mg(0.5%), Mn(0.5%) 정도 들어간다(나머지는 물론 알루미늄이다). 가단성이 좋고 열처리형 합금이며, 강도 및 경도가 커서 항공기, 차량, 자동차의 구조용 재료로 많이 쓰이고 있다.

3. 구리 제품

(1) 구리의 용도

1) 구리의 용도 : 전지를 잘 통하기 때문에 생산량의 약 70%가 전선으로 이용되는데, 전선에는 기계적 강도를 증가시키기 위해 규소나 주석 등을 넣어준다.

2) 구리합금의 종류

① 황동(brass) : 구리에 아연이 들어간 합금으로, 놋쇠라고 한다. 대개 황금색을 띠고, 연성과 전성이 우수하여 선, 관, 판 등으로 가공이 가능하고 주물이나 단조품으로 일용가구, 기계 및 전기부품 등에 사용된다.

② 청동(bronze) : 구리에 주석이 10~15% 정도 들어간 합금으로 동상이나 미술 공예품, 기계부품, 화폐 등에 널리 이용된다.

➡ 청동에 인이 0.5~0.6% 정도 들어 있으면 내식성, 내마멸성이 커지므로, 베어링, 용수철, 기어 등에 이용할 수 있다.

③ 니켈청동 : 니켈과 구리의 합금으로, 단단하고 내식성이 좋아 내연기관의 재료로 사용된다.

④ 양은 : 아연 20~30%, 니켈 16~20%와 구리의 합금으로, 외관이 아름답고 기계적 성질이 좋아 장식품, 식기, 가구 및 전류 조절용 저항 재료에 사용된다.

⑤ 알루미늄청동 : 알루미늄 8~12%와 구리의 합금으로 발동기의 밸브, 선박의 스크루의 축 등에 사용된다.

➡ 내열성, 내식성, 내마모성은 청동, 황동에 비해 우수하나 단조 가공이 어렵다.

(2) 구리의 제련

1) 구리의 원료

① 황동광을 농축한 선광(concretion) : 부유선광법, 즉 부선으로 매우 효율적이다.

② 동광석 : 대부분 수입에 의존

2) 구리의 건식 제련

공정 : 원료를 용광로에 공급 → 용련 → 매트에 CuS가 생성 → 제동 → 전해정제

① 원료인 황동광($CuFeS_2$)을 분쇄한 후, 석회석과 코크스를 섞어 용광로에 넣는다.

② 용광로 안에서 코크스와 황화물이 타서 1,200℃ 정도되면, 원료광석이 모두 녹는다.

$$2CuFeS_2 + O_2 \longrightarrow Cu_2S + 2FeS + SO_2 \ (매트의 \ 생성)$$
$$2FeS + 2SiO_2 + 3O_2 \longrightarrow 2FeO \cdot SiO_2 + 2SO_2 \ (슬래그의 \ 생성)$$

위와 같은 반응이 일어난다.(용련반응)

➡ 구리의 용련에는 용광로, 반사로, 자용로 세 가지를 사용한다.

③ **제동(converting)** : 토마스 전로에서 공기를 불어 넣어 Cu(粗銅, blister copper)을 얻는다.

$$Cu_2S + 3/2O_2 \longrightarrow Cu_2O + SO_2$$
$$Cu_2S + 2CuO \longrightarrow 6Cu(조동) + SO_2$$

④ **전해정제** : 양극전극(조동), 음극전극(순수 구리) 전해조에 설치해, 조동의 순도를 99.9%까지 상승시킨다.

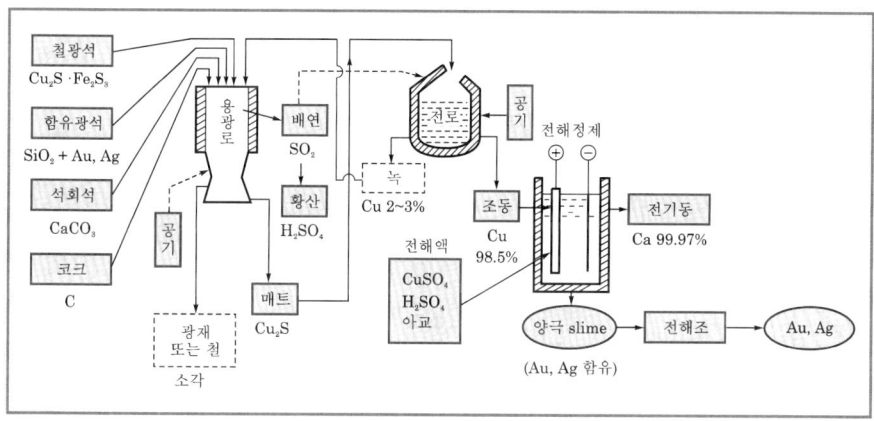

[구리의 건식 제련 공정도]

3) 구리의 습식 제련

① 저급 구리광석으로부터 황산 처리, 암모니아 처리를 하여 황산구리, 황산구리아민수 용액을 얻는 데 주로 습식 제련법을 사용한다. 그 방법은 다음과 같다.

㉠ 구리광상의 항내배수 : 박테리아에 의해 금속이 용해되어 황산구리 형태로 배출

㉡ 구리광상의 황산 처리 : 저급 구리광상을 황산으로 처리하여 황산구리수용액을 얻음

㉢ 황화구리광의 황산화배소 : 배소하여 황화구리광을 만든 후, 물로 처리 황산구리 수용액

㉣ 구리광의 암모니아 가압추출 : 황화구리광에 암모니아수를 혼합 가압하여, 황산 구리아민수용액을 만든다.

② 여러 가지 수용액을 이용한 구리의 형성방법

㉠ 전해법이 있는데, 현재 사용하지 않는다.

㉡ 시멘테이션법(cementation) : 항내 배수의 처리법으로 이온화 경향이 큰 철분만 을 사용하여 구리를 환원석출한다.

ⓒ 용매추출법 : 추출시약을 사용하여 황산 이외의 다른 용매로 구리를 추출하고, 묽은황산으로 역추출하면 고농도의 구리가 있는 황산구리수용액을 얻을 수 있다.

➡ 용매추출법은 전해법과 조합하여 사용이 가능하므로 SX-EX 공정으로 알려져 있다.

ⓔ 가압추출 - 수소환원제

ⓜ 아황산암모늄환원법

ⓑ 용매추출법(Arbiter법) 등

황산동 수용액	ⓐ →	전해	→	전기동			
	ⓑ →	(시멘테이션)	→	시멘트동	→	(건식제련)	
	ⓒ →	(용매추출)	→	황산동 전해	→	(전해)	→ 전기동

황산동 아민수용액	ⓓ →	(수소환원)	→	금속동			
	ⓔ →	(아황산암모늄)	→	금속동			
	ⓕ →	(용매추출)	→	황산동수용액	→	(전해)	전기동

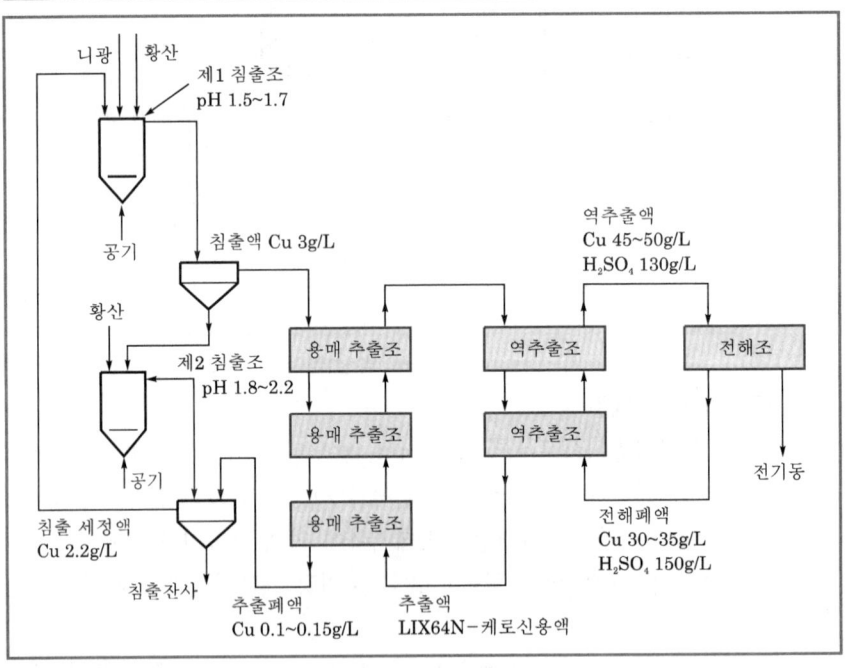

[용매추출법의 공정도]

4. 아연과 납

(1) 아연(zinc)

1) 제법 : 원료광석인 섬아연광(ZnS)을 유동 배소 가마에서 연소하여 산화아연을 만든 후, 건식법 또는 습식법으로 금속아연을 얻는다.

① 건식법 : 산화아연과 무연탄을 레토르트(retort)에 넣고 $1,000 \sim 1,200 \, ℃$로 가열하면 아연 증기가 응축되어 아연이 얻어진다.

② 습식법 : 산화아연을 황산에 용해하여 전해로 고순도의 아연을 얻는데, 이때 두 전극 반응은 다음과 같다.

(양극) $SO_4^{2-} + H_2O \rightarrow H_2SO_4 + \frac{1}{2}O_2 + 2e^-$

(음극) $Zn^{2+} + 2e^- \rightarrow Zn$

2) 납(lead)

① 제법 : 납광석 중 방연광(PbS)을 배소하고, 석회석, 코크스 등을 혼합하여 용광로에서 가열하면 순도 97~98%의 거친 납을 얻는다.

② 배소 가마에서는 황화납이 산화되고, 산화납은 CO에 의해 환원되는 반응이 일어난다.

$2PbS + 3O_2 \rightarrow 2PbO + 2SO_2$, $PbO + CO \rightarrow Pb + CO_2$

③ 거친 납은 전해 정제하여 순도 99.9%의 전기 납을 만들 수 있는데, 이것은 축전지 극판용으로 현재 많이 쓰이고 있다.

④ 성질 : 납은 내식성이 우수하고, 재생하기가 쉬우며 방사선 차단에도 우수한 성질을 가졌다. 녹는점이 낮고 연하여 가공하기 쉬운 특징이 있다.

5. 우라늄(uranium)

(1) 우라늄의 특성

1) 우라늄(U)은 핵연료 물질로 중요한 원소이다.

2) 원료광석 : 피치블랜드(pitchblend, U_3O_8)와 카르노타이트(carnotite, $K_2O \cdot 2UO_2 \cdot V_2O_5 \cdot 3H_2O$)가 있는데, 광석 중에 우라늄은 대개 U_3O_8로 0.1~0.01% 정도 들어 있다.

3) 천연우라늄 : 핵연료로서 유효한 235U가 0.712% 정도 극히 적은 양이 들어 있기 때문에, 그 비율을 높이기 위하여 육플루오르화우라늄(UF_6)을 만들어 농축한다.

(2) 우라늄의 형태 : 원자로에 사용하는 우라늄 연료의 형태는 금속우라늄, 이산화우라늄, 탄화우라늄 등이 있다.

1) 금속우라늄 : 육플루오르화우라늄을 환원하여 얻고, 지르코늄(Zr)과 합금하여 핵연료로 사용하는데, 너무 높은 온도에서는 사용할 수 없다.

2) 아산화우라늄 : 육플루오르화우라늄을 분해, 연소하여 얻지만, 이것은 녹는점이 높고 열 전도율이 낮다. 또한 급격한 온도변화나 고온에 약하다.

3) 탄화우라늄 : 헬륨가스 중에서 우라늄 및 흑연과 함께 아크 용융시키면 탄화우라늄(UC_2)이 생성되는데, 이것은 녹는점이 높고, 열에 의한 변형이 잘 안 된다. 그러나 물과 반응하기 쉬운 결점이 있다.

6. 신금속

(1) **형상 기억 합금** : 변형되기 전의 자기 모습을 기억하고 있다가 일정한 온도가 되면 순식간에 원래의 모양으로 되돌아가는 성질을 가지고 있는 합금이다.

  1) 형상 기억 효과를 사진 재료로서 지금까지 알려진 것은 니켈, 티탄, 구리, 금, 아연, 알루미늄 등을 조절하여 만든 합금들이다.

  2) Ni－Ti 합금인 니티놀은 여러 가지 특성이 뛰어나 가장 주목받고 있다.

(2) **수소 저장 합금** : 온도와 압력의 변화에 따라 적당히 수소를 마시기도 하고 토해 내기도 하는 금속을 말한다.

  1) 이런 성질을 가진 합금으로는 란탄－니켈($LaLi_5$)계, 마그네슘－니켈(Mg_2Ni)계, 철－티탄($FeTi$)계 등의 종류가 있다.

  2) Ni－Ti 합금인 니티놀은 여러 가지 특성이 뛰어나 가장 주목된다.

(3) **초전도 재료** : 절대 영도($-273℃$)에 가까운 극히 낮은 온도에서 전기저항이 영(0)이 되는 성질을 가지는 금속을 말한다.

  1) 대표적인 초전도 재료로는 니오브(Nb)와 티탄합금 또는 바나듐(V) 등이 있다. Nb－Ti 합금은 $-264℃$에서 전기저항이 영(0)이다.

  2) 이 금속을 전선으로 쓸 경우에 전력손실은 전혀 없다. 따라서 최고 효율의 발전기도 만들 수 있는 새로운 재료로 주목된다.

기출 및 예상 문제

01 철의 제조공정의 설명 중 틀린 것은?   ✿ 02 국가직 9급

  ① 평로법, 전로법 등으로 강을 제조한다.
  ② 선철을 만드는 공정은 제강공정이다.
  ③ 용광로 제철법에서는 슬래그가 부산물로 생성된다.
  ④ 제조원료로는 철광석, 석회석, 코크스 등이 사용된다.

02 철에 대한 설명으로 틀린 것은?   ✿ 97 총무처 9급

  ① 철속에 들어 있는 탄소의 양에 따라 주철과 탄소강으로 분류된다.
  ② 제선공정은 철광석 코크스로부터 선철을 얻는 공정이다.
  ③ 주철은 단조용 재료로 사용된다.
  ④ 철의 물리적 성질에 큰 영향을 미치는 불순물은 탄소이다.

03 보크사이트(bauxite)의 분자식은?

① $Al_2O_3 \cdot 2SiO_2 \cdot 2H_2O$　　　　② $Al_2O_3 \cdot nH_2O$

③ Na_3AlF_6　　　　　　　　　　　　　④ $NaAlO_2$

04 알루미늄의 합금인 두랄루민을 구성하는 금속은?

① Al, Zn, Ni　　　　　　　　　　　　② Al, Cu, Cr, Pt

③ Al, Mg, Fe　　　　　　　　　　　　④ Al, Cu, Mg, Mn

05 Bayer 공정에서 분쇄한 보크사이트를 뜨거운 NaOH로 처리하면, Al_2O_3는 무엇으로 변하여 녹는가?

① $Al(OH)_3$　　　　　　　　　　　　② Al_2O_3

③ $NaAlH_2$　　　　　　　　　　　　④ $NaAlO_2$

06 알루미나 제조반응 중 하소(煆燒, calcine) 반응은?

① $2Al(OH)_3 \rightarrow Al_2O_3 + 3H_2O$

② $2CaO + Al_2O_3 \rightarrow 2CaO \cdot Al_2O_3 \rightarrow SiO_2$

③ $NaAlO_2 + 2H_2O \rightarrow Al(OH)_3 + NaOH$

④ $Al_2O_3 + 2NaOH \rightarrow 2NaAlO_3 + H_2O$

07 납의 제조 시 배소 가마에서 산화납은 무엇에 의해 환원되는가?

① H_2　　　　　　　　　　　　　　② CO

③ 수증기　　　　　　　　　　　　　④ CO_2

08 금속 우라늄은 무엇을 환원하여 얻은 것인가?

① UO_2　　　　　　　　　　　　　② UF_6

③ ^{235}U　　　　　　　　　　　　④ U_3H_8

정답 및 해설

01 ②

유형 및 해설 [철강제품 제조] 선철을 만드는 공정은 제선공정이다.

02 ③

유형 및 해설 [철의 특징] 철은 탄소함유량에 따라 선철(주철)과 강, 순철로 분류한다. 철은 용광로 내의 반응으로 생성된 선철을 그대로 주조품에 이용하거나 제강공정에서 강철을 만드는 데 쓰인다. 용광로 위에서 철광석과 석회석, 코크스 등을 가마 내부에 넣고 가열하면 환원 조작에 의해 철이 생기는데, 철은 가마 내부에서 아래로 흘러내리게 된다. 이때 탄소, 규소, 망간, 황 등의 불순물이 들어가게 되는데, 이 중 탄소는 가장 중요한 역할을 한다.

03 ②

유형 및 해설 [철강제품 제조] ①은 점토의 분자식이며, ③은 빙정석, ④는 알루민산나트륨의 분자식이다.

04 ④

유형 및 해설 [두랄루민의 조성] 알루미늄합금인 두랄루민은 Cu 4%, Mg 5%, Mn 0.5%를 가하여 만든 것이다. 가단성이 좋고 열처리형 합금이며, 강도 및 경도가 좋아 항공기나 자동차의 구조용 재료로 많이 사용된다.

05 ④

유형 및 해설 [알루미늄 제련 > Bayer 공정] 베이어법은 보크사이트를 분쇄한 후 뜨거운 NaOH로 처리하면 산화알루미늄성분은 알루민산나트륨($NaAlO_2$)으로 되어 녹고, 불순물인 규소, 철, 티탄산화물 등은 불용성 찌꺼기로 되어 분해된다.
$Al_2O_3 + 2NaOH \rightarrow 2NaAlO_2 + H_2O$

06 ①

유형 및 해설 [알루미늄 제조반응] ②는 철의 제선공정 중 불순물 제거반응이고, ③은 침전반응이고, ④는 용해반응이다.

07 ②

유형 및 해설 [납제조 > 배소 가마반응] 황화납이 산화납으로 산화되고, 산화납은 일산화탄소에 의해 환원된다. 관련 반응은 다음과 같다.
$2PbS + 3O_2 \rightarrow 2PbO + 2SO_2$
$PbO + CO \rightarrow Pb + CO_2$

08 ②

유형 및 해설 [금속우라늄] 금속우라늄은 UF_6을 환원하여 얻는다. 이는 핵연료로 사용된다.

제85주

촉매의 개요

1. 촉매의 개념 및 정의

질소와 수소를 반응시켜 암모니아를 합성하는 반응은 열역학적으로 가능하지만, 촉매가 없으면, 고온·고압하에서도 반응이 거의 일어나지 않는다. 그러나 반응기에 **철가루(촉매)를 넣어주면** 기체들이 철과 접촉하는 즉시 암모니아가 생긴다.

(1) 촉매의 개요

1) **정의** : 촉매는 화학반응에 참여하여 반응속도를 빠르게 하지만, 자기 자신은 소비되지 않는 물질로 정의된다. 따라서 촉매는 전체 균형 반응식에서는 나타나지 않지만 촉매가 있으면 속도식에 큰 영향을 미치는데, 가령 반응경로를 변경하여 속도를 빠르게 한다. 일반적으로 반응이 완전히 새로운 경로로 일어난다.

2) **활성화에너지**(E_a : activation energy) : 반응을 일으키는 데 필요한 최소한의 에너지이다.

3) **촉매반응 경로** : 반응물이 먼저 촉매 표면에 흡착하고, 흡착된 성분들 간에 반응이 일어나 생성물로 전환된 후 생성물이 탈착하는 과정으로 진행된다. 흡착된 성분들은 서로 촉매 표면에 가깝게 위치하고 있으므로 활성화에너지가 낮다. 아레니우스식에 의하면 반응속도상수 $k = Ae^{-E_a/RT}$로 주어지므로 활성화에너지 E_a가 작으면 반응속도상수가 커져서 반응이 빨라진다.

4) **촉매의 활성**(catalyst activity) : 단위 시간당 생성되는 제품의 생성속도를 말한다.

5) **활성점**(active cite) : 촉매에서 반응이 일어나는 특정한 위치를 말한다. 촉매의 활성점은 반응에 따라 다르다. 어떤 반응에 유용한 활성점도 다른 반응에서는 활성이 없을 수 있다.

6) **전환횟수**(turnover frequency) : 단위 시간에 촉매 활성점 1개가 생성하는 분자수로 정의되며, 이는 촉매의 성능을 나타내는 중요한 수치이다.

7) 촉매 선택도(catalyst selectivity) : 원하는 반응의 반응속도와 전체 반응의 반응속도의 비이다.

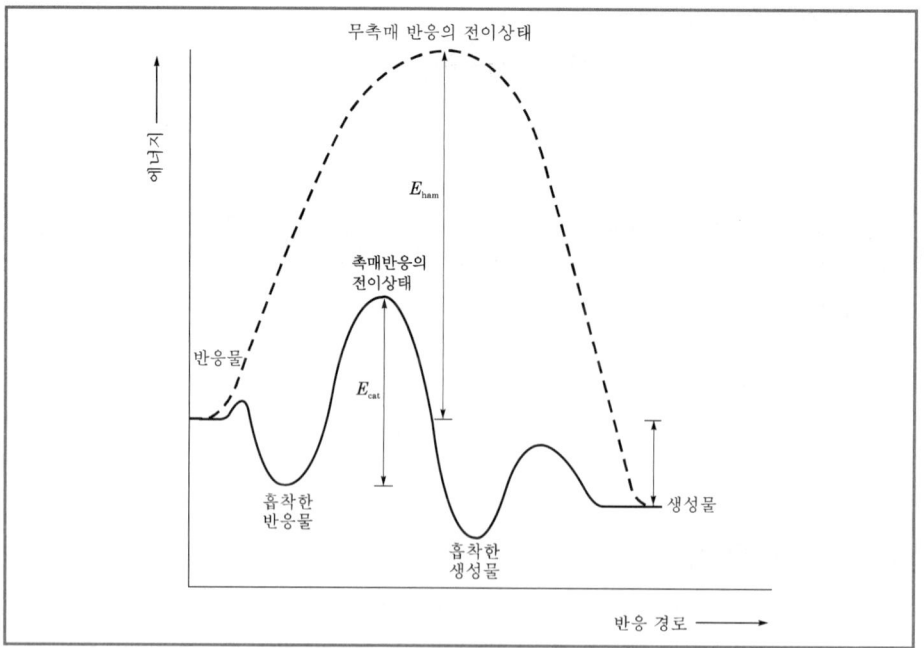

[촉매반응과 무촉매반응의 에너지 변화]

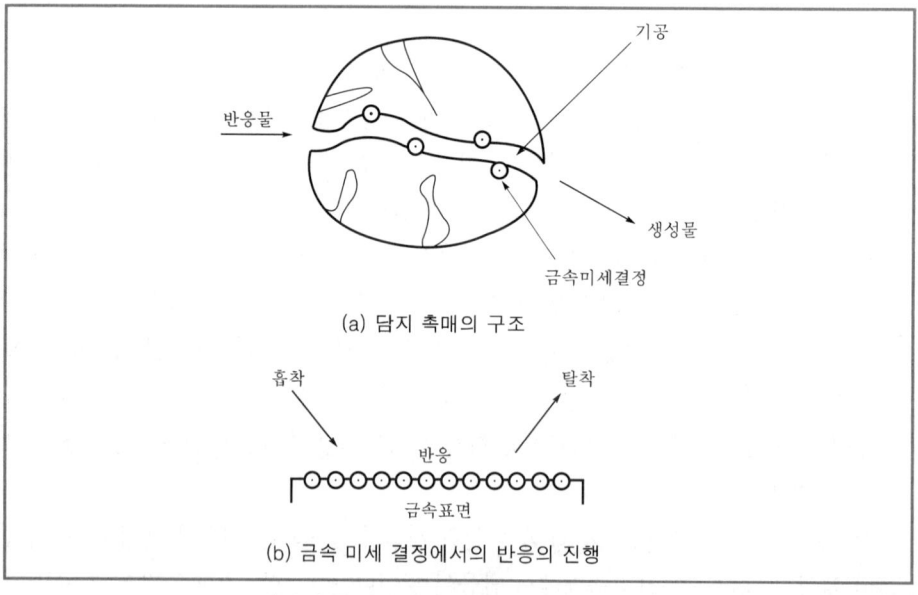

(a) 담지 촉매의 구조

(b) 금속 미세 결정에서의 반응의 진행

[담지 촉매상에서의 촉매반응의 진행]

8) 촉매반응

① 균질계 촉매반응 : 대부분의 균질계 촉매반응은 유기금속화합물을 촉매로 하여 액상에서 반응이 진행된다. 유기금속화합물은 금속에 리간드라 불리는 유기분자들이 배위되어, 유기용매에 잘 녹는다.

② 불균질계 촉매반응 : 대부분의 불균질계 촉매반응은 촉매는 고체로 존재하고 반응물은 액상이나 기상으로 존재한다. 화학반응은 촉매 표면에서 일어난다.

장점 : 촉매와 생성물의 분리가 쉬우며, 촉매의 합성과 성형이 용이하고 촉매가 비교적 안정하여 이용하기에 매우 편리하다.

[불균질계 촉매반응기에서 가능한 상의 조합]

촉 매	반응물	예
액체	기체	인산에 의한 알켄의 중합반응
고체	액체	Au 촉매에 의한 과산화수소의 분해반응
고체	기체	Fe 촉매에 의한 암모니아의 합성반응
고체	액체＋기체	Pd 촉매에 의한 니트로벤젠의 수소화반응

③ 생체 촉매반응 : 효소(enzyme)에 의해 진행되는 반응이다.

(2) 촉매의 특성

1) 촉매는 화학평형 자체를 변화시키지는 못하고 평형에 도달하는 속도를 빠르게 한다. 따라서 촉매는 열역학적으로 불가능한 반응을 가능하게 하지는 못한다.

2) 평형상수(K)가 변하지 않으므로 가역반응에서 촉매는 정반응속도뿐만 아니라 역반응속도도 증가시킨다.

3) 여러 가지 반응이 진행되어 열역학적으로 가능한 생성물이 여러 개일 때 촉매는 이 중에서 한 가지 반응을 선택적으로 진행시킨다.

4) 이상적인 촉매는 반응에서 소모되지 않아야 한다. 그러나 실제 촉매는 여러 가지 이유(피독, 파울링, 소결 등)로 활성을 잃는다.

5) 촉매는 재사용이 가능해야 한다. 촉매반응의 기본개념은 한 개의 촉매가 수천~수만 개의 생성물을 계속적으로 합성할 수 있어야 한다.(재생)

6) 촉매는 어떠한 물질(substance)을 의미한다. 따라서 온도의 증가나 높은 에너지를 가진 입자에 의한 충돌, 전기방전 등에 의한 반응속도의 증가는 촉매반응에서 제외된다.

(3) 촉매의 기능

1) **금속촉매** : 수소화반응, 탈수소화반응, 개질반응, 수소첨가 분해반응 등

2) **금속산화물 촉매** : 수소에 의해 환원되지 않는 금속산화물을 이용하여 수소화반응과 탈수소화반응에 사용됨

3) **고체산화물 촉매** : 크래킹, 알킬화반응, 이성질화반응, 중합반응의 촉매로 사용됨

4) 염기성 산화물 : 올레핀의 이성질화, 이량화, 톨루엔의 측쇄 메틸화 등

5) 이원기능(bifunctional) 촉매 : 파라핀의 이성질화반응에서 알루미나 담체에 담지된 백금촉매(Pt/Al₂O₃)를 사용한다. 이는 백금(Pt)에 의한 수소첨가, 탈수소화반응과 알루미나(Al₂O₃)에 의한 이성질화 기능이 합쳐진 촉매이다. 이러한 기능을 하는 촉매를 이원기능 촉매라 한다.

$$\text{파라핀} \xrightarrow[\text{Pt}]{\text{탈수소}} \text{올레핀} \xrightarrow[\text{Al}_2\text{O}_3]{\text{이성질화}} \text{이소올레핀} \xrightarrow[\text{Pt}]{\text{수소첨가}} \text{이소파라핀}$$

[촉매반응 요약]

Class	Functions	Examples
Transition metals	Hydrogenation Dehydrogenation Hydrogenolysis (Oxidation)	Fe, Ni, Pd, Pt, Ag
Semiconductors and transition metal oxides	Oxidation Dehydrogenation Desulfurization (hydrogenation)	NiO, ZnO, MnO₂, Cr₂O₃ Bi₂O₃/MoO₃, WS₂, SnO₂, Fe₂O₃
Insulator oxides (main group oxides) Acids and acidic mixed oxides	Dehydration (hydration) Polymerization Isomerization Cracking Alkylation (hydrolysis) Esterification	Al₂O₃, SiO₂, MgO H₃PO₄, H₂SO₄, BF₃, SiO₂/Al₂O₃, zeolites V₂O₅/Al₂O₃
Bases	Polymerization (esterification)	Na/NH₃
Transition metal complexes	Hydroformylation Polymerization Oxidation Metathesis	[Co₂(CO)₈] TiCl₄/Al(C₂H₅)₃ CuCl₂/PtCl₂ WO₃, WCl₆
Dual function catalysis	Isomerization plus hydrogenation/ dehydrogenation	Pt on SiO₂/Al₂O₃
Enzymes	Varied	Amylase, urease, proteinases
Reactions between immiscible reactants	Varied	Quaternary ammonium salts

Data partly based on G. C. Bond, *Heterogeneous Catalysis: Principles and Applications*, Clarendon Press, Oxford, 1974(see notes at end of this chapter). Less important functions are given in parentheses.

2. 촉매 이론

(1) **전자구조** : 반응물과 촉매 활성점의 결합은 모든 화학결합과 마찬가지로 전자가 이동되거나 공유되는 현상이다. 즉, 촉매반응이 일어나려면 촉매의 활성점과 반응물 사이에 화학결합이 형성되어 전자밀도 분포가 달라져야 한다.

1) **자유전자 이론** : 핵이나 양이온을 무시하고 전자가 고체 내부에서 자유롭게 운동한다고 보는 이론으로, 임의의 원자를 갖는 결정에 포함된 전도성 전자와 양이온에 대해 파동방정식을 풀어 에너지 관계로 해석하는 이론이다.

2) **에너지띠 이론** : 전도 진자파와 결정체 이온 사이에 이루어지는 상호작용으로 인하여, 전자의 궤도함수가 존재할 수 없는 에너지 영역 사이(에너지띠, energy band)에 전자의 궤도함수가 허용되는 에너지 범위가 있고, 이 영역에 전자가 존재한다고 간주하는 이론이다.

3) **분자궤도 함수론** : 전자의 이동 가능성의 관점에서 해석한 것으로, 화학결합의 관점에서 원자궤도 함수 간의 결합으로 구조를 설명하는 이론이다.

(2) 표면구조 : 고체표면에 존재하는 표면구조이다.

1) terrace : 여기에 원자가 존재하면 이웃할 수 있는 원자수가 매우 많다.

2) step : terrace에 비해 작은 수의 원자만 이웃할 수 있다.

3) kink : 특히 원자가 kink에 존재하면 이웃하는 원자의 수가 거의 없다.

4) adatom : 표면 위의 원자 이동에 큰 영향을 미친다.

➡ step과 kink는 선결함(line defect)이라 부르는 반면, adatom은 점결함(point defect)이라 부른다.

(3) 촉매반응 단계

1) 벌크 유체로부터 촉매입자 외부표면으로 반응물(A)의 물질전달(확산)

2) 촉매의 세공 입구로부터 촉매 내부의 표면 가까이로의 반응물 확산

3) 촉매표면 위에 반응물(A)의 흡착

4) 촉매표면에서의 반응(**예** A → B)

5) 촉매표면으로부터 생성물(B)의 탈착

6) 촉매입자 내부로부터 외부 표면의 세공입구로 생성물의 확산

7) 입자 외부 표면으로부터 벌크 유체영역으로 생성물의 물질전달

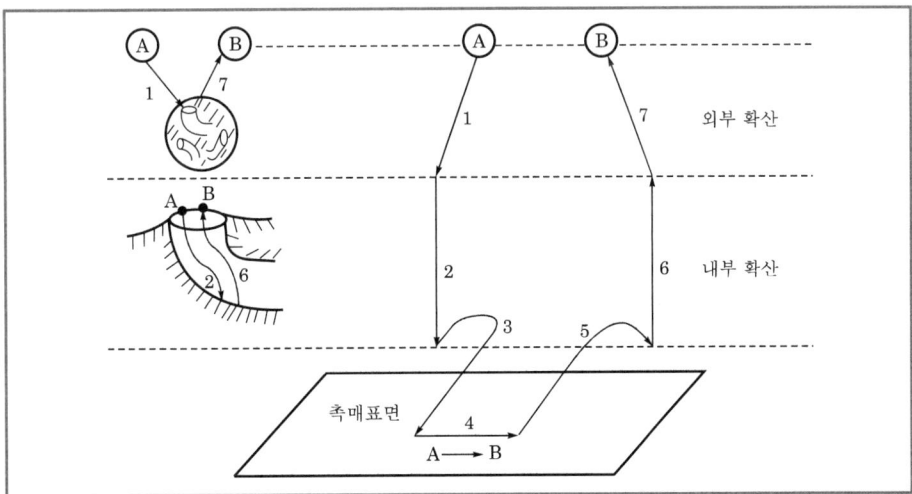

[불균질계 촉매상에서의 반응단계]

(4) 촉매의 비활성화

1) 촉매의 비활성화(deactivation)의 원인 : 촉매는 그 자신이 변하지 않으면서 반응속도를 증진시키는 물질이므로 이상적으로는 그 수명(lifetime)이 무한하면 좋으나, 실제로 어떤 촉매는 수 분(a few minutes)의 수명을 가지고 있다. 이는 촉매가 비활성화됨을 의미한다. 여기서 소결, 탄소침적, 피독이 중요하다.

[촉매의 비활성화의 원인]

유 형	원 인	결 과
기계적 요인	입자 붕괴	bed channeling, 막힘
	파울링(fouling)	표면적 감소
열적 요인	활성 성분의 증발	활성성분 감소
	상변화	표면적 감소
	화합물 형성	활성성분과 표면적 감소
	소결(sintering)	표면적 감소
화학적 요인	피독(poisoning)	활성점 상실
	탄소 침적(coke)	표면적 감소, 막힘

2) 비활성화의 형태

① **입자 붕괴(particle failure)** : 촉매층의 기계적 물성이 변하는 것으로, 그 결과 막힘, 채널링(channeling), 압력강하 증가, 고르지 못한 촉매층이 나타난다. 입자 붕괴는 또한 열적 비활성화와 탄소침적과 관련되는 열섬(hot spot)을 형성하는 등, 보다 심각한 다른 비활성화를 유발하는 원인이 된다.

② **파울링(fouling)** : 반응물이나 생성물의 일부분인 화학성분뿐 아니라 녹(rust)과 같은 반응기에서 떨어져 나온 물질 등이 촉매입자를 덮는 현상을 말한다. 파울링에 의해 촉매입자의 표면이 덮여 기공이 막히고, 활성점이 반응물로부터 차단될 뿐만 아니라 촉매층 내의 빈공간(void space)이 완전히 사라지는 부작용이 초래되기도 한다.

③ **활성성분의 증발(component volatilization)** : 높은 온도에서는 활성성분이나 조촉매가 증발하는 현상으로, 이에 의해 촉매의 활성이 상실된다.

④ **상변화(phase change)** : 열에 의해 상변화가 일어나, 촉매 활성상태가 소멸되는 현상을 말한다.

⑤ **화합물의 형성(compound formation)** : 활성성분이 주위의 반응성 물질들과 결합하여 화합물을 형성하는 것으로서, 이로 인해 촉매활성이 감소된다.

⑥ **소결(燒結, sintering)** : 소결이란 고체입자(분말체)를 가열하면 입자들이 서로 단단히 밀착하여 고결(固結)하는 현상을 말한다. 촉매의 표면과 내부(bulk)의 원자들은 그 자체 녹는점의 1/3이나 1/2에서 녹는점을 가져야 하나, 높은 녹는점을 가지는 담체 위에 분신된 낮은 녹는점의 금속, 금속산화물, 금속황화물 등은 높은 반응온도에서 여러 가지 메커니즘에 의해 소결을 일으키게 된다.

⑦ **탄소 침적(코크, coke)** : 촉매 표면에 탄화물이 형성되는 현상으로, 이 현상이 심할 경우 촉매 표면이 탄화물 층으로 덮히게 되어 반응에 참가할 수 있는 활성점이 감소와 더불어 촉매의 기공이 막히는 현상이 발생하게 된다.

⑧ **피독(poisoning)** : 피독물질이 촉매 표면에 흡착하는 현상이다. 이는 화학적 영향으로 분류되며, 활성점과 영구히 반응하는 물질은 모두 피독물질이라 할 수 있다.

 ## 기출 및 예상 문제

01 촉매에 대한 설명 중 옳지 않은 것은?

① 반응속도를 증가시킨다.
② 반응에 의해 소모되지 않는다.
③ 반응의 평형을 정반응 방향으로 이동시킨다.
④ 활성화에너지를 감소시킨다.

02 가장 강한 피독물질로 미소량의 함유로도 촉매작용을 완전히 잃어버리게 하는 물질은?

① 황(S)　　　　　　　　② 일산화탄소(CO)
③ 인(P)　　　　　　　　④ 비소(As)

03 촉매의 비활성에 대한 원인과 결과에 대한 설명이다. 바르게 짝지어지지 않은 것은?

① 소결(sintering) – 표면적 감소
② 파울링(fouling) – 활성점 상실
③ 피독(poisoning) – 활성점 상실
④ 탄소침적(coke) – 표면적 감소

04 백금(Pt)과 로듐(Rh)이 섞인 촉매가 들어 있는 자동차 촉매전환기는 불완전연소 산화물인 CO와 NO를 어떤 물질로 전환시키기 위하여 사용되는가? ◐ 05 기술고시(화학개론)

① O_2와 N_2, H_2O

② H_2O와 NO_2, CO_2

③ CO_2와 N_2, H_2O

④ CO_2와 N_2, O_2

05 지글러(Ziegler) 촉매의 화학식은? ◐ 02 국가직 9급

① $SnCl_2$

② $Al(C_2H_5)_3 \cdot TiCl_4$

③ $PdCl_2/CuCl_2$

④ $SiO_2 \cdot Al_2O_3$

06 촉매의 특징을 옳게 설명한 것은? ◐ 06 국가직 9급

① 촉매는 반응평형을 변화시켜 속도를 조절한다.

② 촉매는 고체, 액체는 물론 기체도 있다.

③ 촉매는 반응한 만큼 계속 공급해 주어야 한다.

④ 촉매의 구성은 주촉매와 조촉매로만 이루어져 있다.

07 촉매(catalyst)에 대한 설명이다. 옳은 것을 모두 고르면? ◐ 00 국가직 9급

> (ㄱ) 촉매는 반응열을 변화시킨다.
> (ㄴ) 촉매는 반응경로를 바꾼다.
> (ㄷ) 정촉매는 정반응속도만 빠르게 한다.
> (ㄹ) 촉매는 활성화에너지만 영향을 준다.
> (ㅁ) 촉매는 화학반응에 참여하여 자신은 변하면서 반응속도를 변화시킨다.

① (ㄱ), (ㄴ)

② (ㄴ), (ㄷ)

③ (ㄴ), (ㄹ)

④ (ㄷ), (ㄹ)

08 촉매반응에서 온도변화에 가장 민감하게 영향을 받는 과정은? ◐ 01 기술고시(화학공학개론)

① 외부 표면으로 반응물질의 확산

② 내부 기공으로 반응물질의 확산

③ 표면에서의 반응속도

④ 내부 기공에서 생성물질 및 미반응물질의 확산

⑤ 외부 표면에서 생성물질 및 미반응물질의 확산

 정답 및 해설

01 ③

유형 및 해설 [촉매의 특성] ①, ④ 촉매란 활성화에너지를 낮추거나 높여 줌으로써 반응속도를 빠르게 하거나 느리게 하는 물질을 말한다. 즉, 촉매를 가하면 반응속도는 빨라지거나 **느려진다**. 오답은 ③으로 촉매는 반응속도와 관계 있을 뿐 화학평형을 이동시킬 수는 없다.

02 ①

유형 및 해설 [피독물질의 종류] 아래 피독(被毒) 물질(촉매독)의 종류를 정리해 두자.
반응 도중 생성되는 코크스(cokes)의 경우처럼 촉매 활성점에 침적되어 촉매 비활성화를 야기시키는 침적촉매독(deposited poison), 황화합물과 같이 촉매 활성점에 화학흡착함으로써 촉매독으로 작용하는 화학흡착 촉매독(chemisorbed poison), 일부 활성점을 선택적으로 피독시켜 원하지 않는 반응만을 억제시키는 선택적 촉매독(selective poison), 반응물에 포함되어 반응 도중 촉매의 안정성을 약화시킴으로써 비활성화를 야기시키는 촉매독(stability poison), 다공성 촉매의 기공을 덮음으로써 촉매 비활성화를 야기시키는 확산촉매독(diffusion poison)으로 구분한다.

03 ②

유형 및 해설 [촉매의 비활성화] 이 문제는 용어의 의미 이해 여부. 파울링의 의미 및 작용을 바르게 인지하고 있느냐를 묻고 있다. 기계적 요인에 의한 파울링은 반응물이나 생성물의 일부인 화학성분 뿐만 아니라 녹(rust) 같은 반응기에서 떨어져 나온 물질 등이 촉매 입자를 덮는 현상으로, 기공이 막히고, 활성점이 반응물로부터 차단될 뿐만 아니라 촉매층 내의 빈 공간(void space)이 완전히 사라지는 부작용이 초래된다. 차단되거나 상실되는 것은 아니다.

04 ④

유형 및 해설 [촉매 전환제–이원기능 촉매] 자동차 촉매는 자동차 엔진의 배기가스 중의 불연소 탄화수소, 일산화탄소 및 질소산화물과 같은 오염물질을 줄이는 데 사용되는 촉매 전환제이다. 이는 탄화수소와 일산화탄소를 산화시키고, 그 동시에 질소산화물을 환원시킨다.
[산화] $(CO, C_xH_y) + O_2 \rightarrow CO_2 + H_2O$
[환원] $(NO, NO_2) \rightarrow N_2 + O_2$

05 ②

유형 및 해설 [지글러 촉매] 지글러 촉매는 유기알루미늄·염화티탄계로 구성되어 있다.

06 ②

유형 및 해설 [촉매의 특징] 촉매는 먼저 반응평형은 변화시키지 않고, 활성화에너지를 낮추어 반응속도를 빠르게 한다. 촉매는 반응계에서 재활용이 가능한 것도 있고, 어느 정도 수명을 가지고 있다. 촉매의 구성은 주촉매, 조촉매 그리고 담체로 대부분 이루어진다.

07 ③

유형 및 해설 [촉매의 특징] 촉매는 반응경로를 바꿔 반응속도를 빠르게 혹은 느리게 한다. 정촉매는 정반응, 역반응 속도를 빠르게 한다. 촉매는 활성화에너지를 높이거나 낮게 하여 반응에 영향을 준다. 촉매는 반응속도 이외의 다른 물성을 변화시킬 수는 없다. 그리고 촉매는 화학반응에 참여하지 않고, 촉매독이 없는 경우 그대로 보존된다.

08 ①

유형 및 해설 [불균일계 촉매반응 단계] 촉매반응 단계에서 반응속도 결정단계는 가장 느린 반응 단계이다. 이 문제에서 반응속도 결정단계는 표면에 흡착·탈착하는 경우이다. Langmuir 흡착을 보면, 온도가 지배적인 변수로 거론된다.

촉매의 구성 및 제법

제86주제   촉매의 제법 및 성형

1. 촉매의 구성과 종류
2. 촉매의 제법 및 성형

1. 촉매의 구성성분 및 종류

(1) 촉매의 종류 : 공업용 촉매가 지녀야 할 물리적 특성

➡ 큰 비표면적, 발달된 기공분포, 높은 열안정성, 내피독성, 높은 기계적 강도 등

하지만 주촉매 자체만으로는 이러한 조건을 만족시키기 어려우므로, 다공성 물질 담체로 사용하여 담체상에 주촉매를 분산시켜 촉매로 사용한다.

1) 주촉매(catalyst) : 촉매 활성을 나타내는 성분을 말한다.

① 금속 촉매(전이금속)

㉠ 금속원자로 구성되어 있으며, 주로 금속산화물을 수소로 환원시켜 제조한다.

㉡ 대부분 전이금속 또는 귀금속(d전자 가짐)이다.

㉢ 수소와 탄화수소가 관련된 반응에 아주 좋은 촉매이다.

㉣ 수소화반응 및 수소첨가 분해반응(Pt, Pd, Ni), 산화반응(Pt, Ag, Au)과 같은 반응을 한다.

② 금속산화물 촉매(전이 금속산화물)

㉠ 금속표면에 산소가 결합되어 있어 산화반응에 좋으나, 수소환원이 되는 금속산화물은 수소화반응에 좋지 않다. 그렇지 않은 금속은 탈수소반응에 사용이 가능하다.

㉡ 금속산화물은 황(S)에 의해 쉽게 피독되어 활성을 잃는다.

㉢ 부분산화에는 V_2O_5, MoO_3 등, 탈수소반응에는 FeO_3, Cr_2O_3 등이 주로 많이 쓰인다.

㉣ 동일한 금속산화물이라도 촉매작용은 표면의 배위 불포화도 및 결정면의 차이에 영향을 받는다.

③ **금속황화물 촉매**

　　㉠ 촉매독으로 작용하는 S, N 등의 화합물을 포함하는 반응물의 탈수소, 수소화, 수소첨가분해 등의 반응(수소첨가 탈황, 탈질도 포함)에 유효한 촉매이나, **금속에 비해 활성화에너지가 크므로 높은 반응온도를 필요로 한다.**

　　㉡ Mo, W, Co, Ni 및 이들의 혼합물을 Al_2O_3 등에 담지해서 사용한다.

　　㉢ 수소첨가 탈황에는 주로 Mo-Co 촉매를 사용한다.

④ **고체 산 촉매(전형 금속산화물)**

　　㉠ 고체 산에는 제올라이트, 금속산화물, 금속황화물, 금속황산염, 금속인산염, 고체 인산, 양이온교환 수지, 헤테로폴리산 등이 있다.

　　㉡ 산 세기에 따른 촉매의 활성을 보면, 산 세기가 너무 약하면 촉매활성이 나타나지 않으며, 반대로 너무 강하면 부반응, 탄소 석출이 일어나기 쉬워진다.

　　㉢ 반응물 표면에 산·염기 반응을 하여, 반응분자에 proton(H^+)을 공급 또는 이탈시켜 분자를 활성화시킨다. 주로 카르보 양이온·음이온이 형성된다.

　　㉣ 크래킹, 수소이동, 이성질화, 불균일화, 수화 및 중합반응에 많이 쓰인다.

　　㉤ 산으로 작용하는 산화물은 많은 경우 두 종류 이상의 전형 금속산화물을 복합화한 것으로, SiO_2와 Al_2O_3를 복합화한 $SiO_2-Al_2O_3$가 대표적이다.

　　㉥ 대표적인 촉매로 SiO_2, Al_2O_3, $SiO_2-Al_2O_3$, 헤테로폴리산, ZSM-5, 담지인산 등이 있다.

⑤ **고체 염기 촉매**

　　㉠ 알칼리 금속이 산화된 형태로, 알칼리 금속의 전기음성도가 작을수록 염기도가 강해진다.

　　㉡ 대표적인 촉매로 CaO, MgO, BaO, Na_2O, K_2O 등이 있다.

2) **조촉매(promoter)** : (두 가지 이상의 성분으로 이루어진 경우) 주성분 물질에 의한 촉매의 활성 및 선택성을 증대 또는 안정화시키는 소량의 물질을 말한다.

3) **담체(carrier)** : 활성성분을 그 표면에 담지시켜 촉매성능을 충분히 발휘시키기 위해 필요한 촉매성분의 하나이다. 대부분의 실제 공업적 조작에 사용된다. 촉매성분만을 사용하여, 제조법에 의해 촉매의 표면적이나 기공구조를 제어하는 데 한계가 있는 경우 사용한다.

① **담체 사용 목적** : 활성성분의 분산상태를 적절히 유지하게 하고, 촉매 전체의 표면적, 기공구조, 열적·기계적 특성 등을 적절히 조절할 뿐만 아니라, 반응의 일부에 직접 관여하여 반응을 촉진하거나, 원하지 않는 부반응을 억제하게 하기 위함이다.

② 담체의 기능

㉠ 주촉매를 보호하여 형상을 변화시키고 기계적 강도를 부여해준다.

㉡ 금속의 비퓨면적을 증가시키고 소결(燒結)을 방지하며, 금속의 승화를 방지한다. 예를 들어 $V_2O_5-MoO_3$ 촉매에 Al_2O_3를 남체로 사용하면, MoO_3의 휘발을 막을 수 있다.

㉢ 금속의 전자상태를 변화시킨다. 담체는 음이온을 띠고, 담지 금속은 양이온을 띠게 한다.

㉣ 주촉매와 더불어 촉매로서의 기능도 수행한다. (예 Pt/Al_2O_3의 탄화수소 이성화 반응)

③ 담체의 종류 : 알루미나($Y-Al_2O_3$), 실리카(SiO_2), 활성탄(C), 타이타니아(titania) 등이 있다.

2. 촉매의 제법과 성형

(1) 촉매의 제법

1) **침전법** : 용액에 시약을 가해 특정성분을 침전을 통해 얻는 방법으로, 다성분계 촉매나 고담지량 촉매의 제조에 적합한 방법이다. 비담지 촉매의 경우 활성성분의 수용액과 침전제 용액을 접촉시켜 침전을 형성하고, 담체 촉매의 경우는 담체를 용액에 담근 후 담체 위에 침전을 형성시킨다.

➡ 공침법(共沈法) : 촉매활성 성분이 2종류인 경우 이들을 동시에 침전시키는 방법

2) **함침법(含沈法)** : 담체 기공에 용액을 도입하여 건조, 소성 처리하여 금속을 담지시키는 것을 말한다. 물리적 흡착이다. 평형흡착법, Incipient wetness법, 증발 건조법 등이 있다.

3) **이온교환법** : 음이온 담체에 용액을 가해 양이온을 흡착시킨다. 결합이 강하고 균일하여 분산도가 크다. 담체에는 제올라이트, 실리카, 실리카알루미나, 이온교환 수지, 산화처리 활성탄 등이 있다.

4) **용융법** : 암모니아합성 시 철 촉매를 이용하여 제조하는 방법이다. Fe_2O_3에 소량의 Al_2O_3, MgO, SiO_2와 칼륨염을 첨가·용융한 후, 성형하고 약 500℃에서 수소 환원하여 합성한다.

5) **용해법** : Raney 촉매의 제조법으로, 촉매 금속(Ni, Co, Fe, Cu 등)을 Al과의 합금으로 만든 후, NaOH 용액으로 Al을 용해시키는 방법이다. Al이 빠져 나간 부분이 기공이 된다.

6) **수열 합성법** : 제올라이트 제조법으로, 물에 난용성인 촉매원료의 수용액을 / 가압하에 가열하여 / 결정성의 생성물을 얻는 방법이다.

(2) **촉매의 성형** : 제조된 촉매를 공업 프로세스에 사용하기 위해 일정한 크기의 형상으로 성형해야 한다. 성형된 촉매입자의 크기와 형상은 촉매반응에 있어서의 물질이동속도, 촉매층의 압력손실과 열전달, 반응 유체의 혼합이나 흐름의 균일화, 촉매의 기계적 강도 등에 영향을 준다.

1) **구형** : 제조비용이 비교적 저렴하나, 기계적 강도가 작고 촉매층의 압력손실이 크다.

2) **원주형 펠릿 촉매** : 가장 일반적으로 사용되는 촉매로, 펠릿(pellet)상 및 링형태는 형상이 일정하며 기계적 강도가 크다. 그러나 값이 비싸다.

3) **압출성형 촉매** : 페이스트상의 촉매원료를 특정 형상의 구멍으로 밀어내어 얻는 것으로, 원주형 이외의 여러 형상을 가진다. 기계적 강도는 적으나 값이 싸며, 압력손실이 적다.

[촉매입자의 형상에 따른 비교]

입자형상	특 성
알갱이(granule)	• 구형이고, 펠릿보다 밀(密)하지 않다(밀도가 적다). • 직경 2mm 이상인 것이 보통이다.
펠릿(pellet)	• 주로 원주형이고, 사출이나 알갱이에 비해 밀하고 강하다. • 직경 5~20mm이고, Rasching이나 원주형이 일반적이나 형태에는 제한이 없다. 2단계의 압축이 때로(가끔) 필요하다.
압출(extrusion)	• 길고 불규칙한 원주형이 보통이나, 클로버형태의 더 큰 겉표면적을 갖는 형태도 가능하다. • 펠릿보다는 밀하지 않으며, 직경이 보통 1mm 이상이다. • 자동차 촉매와 같은 중공형도 제조가 가능하다.

기출 및 예상 문제

01 촉매의 형태에 관한 설명이다. 옳지 않은 것은?

① 촉매의 형태는 반응에 있어서 물질의 이동속도, 촉매층의 압력손실과 열전달 등에 영향을 준다.

② 구형(sphere) 촉매는 값은 싸나 압력손실이 클 뿐만 아니라 기계적 강도 또한 크다.

③ 펠릿(pellet) 촉매는 주로 원주형으로, 압력손실이 작으나 값이 비싸다.

④ 압출(extrusion) 촉매는 주로 길고 불규칙한 원주형으로, 압력손실이 작고 기계적 강도 또한 적다.

02 담체(carrier)로 쓰이지 않는 것은?

❂ 07 서울시 9급(변형)

① Al_2O_3(알루미나)
② SiO_2(실리카)
③ 백금(Pt)
④ 활성탄(C)
⑤ 타이타니아(titania)

03 담체의 기공 안에 촉매성분 용액을 도입한 후, 건조 소성시켜 기공벽에 담지시키는 촉매의 제법은?

① 공침법
② 함침법
③ 이온교환법
④ 용융법
⑤ 수열합성법

정답 및 해설

01 ②

유형 및 해설 [촉매의 형상] 다음 표의 촉매의 형상에 대한 물성을 정리해 두자.

구분 \ 성질	가격(값, 제조비용)		압력손실		기계적 강도	
구형 촉매	싸다	cheap	크다	high	작다	light
펠릿형 촉매	비싸다	expensive	작다	low	크다	strong
압출성형 촉매	싸다	cheap	작다	low	작다	light

02 ③

유형 및 해설 [담체의 종류] 담체의 종류에는 알루미나, 실리카, 활성탄, 타이타니아, MgO(염기성 담체), SiO_2-Al_2O_3(산성담체), ZrO_2, 규조토(천연 SiO_2), 코디에라이트(세라믹 담체) 등
➡ 코디에라이트(cordierite)는 자동차와 같이 압력강하가 문제시되는 경우에는 하니컴 형태의 모놀리스 지지체를 사용하는 경우가 있는데, 이 경우에 사용하는 세라믹 담체이다.

03 ②

유형 및 해설 [촉매의 제법] 이는 함침법에 대한 설명이다.

제 87 주

촉매의 산업적 이용

제87주제　　**촉매의 산업적 이용**

1. **공업적 응용** : 정유, 석유화학공업, 암모니아공업, 질산 제조, 황산 제조, 합성가스 제조, 천연가스와 석탄, 연료전지 등
2. **균질계 촉매의 응용**
   ① 메탄올의 카르보닐화공정
   ② 와커공정
   ③ 비닐아세테이트 합성공정
   ④ 옥소공정(알켄의 히드로포밀화)
   ⑤ 키랄화합물의 합성

1. 촉매의 산업적 이용

(1) **정유(refinery)에 사용되는 촉매** : 원유의 정제공정 중 수소첨가 탈황, 접촉개질, 접촉분해, 이성질화, 알킬화, 수소첨가 분해가 촉매공정이다.

1) **접촉분해(크래킹)** : 현재 가솔린 제조를 목적으로 하는 크래킹은 모두 고체산을 촉매로 하는 접촉분해에 의하며, 크래킹의 주반응은 탄화수소분자의 탄소−탄소 결합의 가열로, 흡열반응이므로 열역학적으로 고온이 유리하다.
크래킹에 사용되는 촉매로는 결정성의 알루미노실리케이트인 제올라이트가 많이 사용된다.

2) **접촉개질** : 원유 중의 가솔린 유분에 들어 있는 탄화수소는 옥탄가가 매우 낮다. 이를 옥탄가가 높은 곁가지 파라핀 등으로 전환하는 공정이다.
접촉개질에 주로 사용되는 촉매는 Pt/Al_2O_3계의 이원 기능 촉매를 사용한다.

3) **수소첨가 탈황** : 석유정제 시 부생하는 불순물인 황은 대기오염물질인 SO_x를 발생한다. 수소첨가 정제에 의해 이의 농도를 감소시킨다.
이 공정에 주로 사용되는 촉매는 알루미나를 담체로 한 황화몰리브덴계 촉매가 사용되며, 조촉매로는 황화코발트 및 황화니켈이 활성 향상을 위해 사용되고 있다.

(2) 석유화학(petrochemical industry)

1) 수소 관련 반응

① 올레핀의 분해반응 : Pt, Ni, Pd 등

② 톨루엔, 크실렌으로부터 수소화탈알킬반응에 의한 벤젠의 제조 시 : $Cr_2O_3-Al_2O_3$

③ 탈수소반응 : Fe_2O_3, ZnO, Cr_2O_3

④ 수소첨가 탈황 : $Mo-Co/Al_2O_3$

2) 부분 산화반응 : 접촉 산화반응은 공기 중의 산소를 산화제로 하여, 탄화수소원료를 알데히드, 케톤, 산, 에스터 등의 함산소화합물로 변환하는 공정으로, 이 중 '올레핀의 선택 산화'가 중요한데, 특히 SOHIO법으로 불리는 프로필렌의 알릴산화가 대표적이다.

> 아크롤레인의 형성(공기산화)
>
> $$CH_2=CHCH_3+O_2 \xrightarrow{\text{cat.}} CH_2=CHCHO+H_2O \text{ (Mo-Bi계 촉매)}$$
>
> 아크릴산의 합성
>
> $$CH_2=CHCHO+\frac{1}{2}O_2 \xrightarrow{\text{cat.}} CH_2=CHCOOH \text{ (Mo-V계 촉매)}$$
>
> 아크릴로니트릴 합성
>
> $$CH_2=CHCH_3+NH_3+3/2O_2 \xrightarrow{\text{cat.}} CH_2=CHC{\equiv}N+3H_2O$$
> $$\text{(Mo-Bi계 or Fe-Sb계 촉매)}$$

3) 산 촉매반응

① 벤젠의 알킬화 : 에텐, 프로필렌을 알킬화 원료로 사용한다. 산 촉매가 친전자성 치환반응에 의해 탄소 양이온을 형성한다. 대부분 에틸벤젠을 형성한다.

　㉠ 액상반응 : Friedel-Craft 알킬화반응(Lewis 산 촉매 $AlCl_3$)

　㉡ 기상반응 : 고체산 촉매(ZSM-5, $H_3PO_4 \cdot SiO_2$, $SiO_2 \cdot Al_2O_3$)

② 에틸벤젠의 탈수소반응 : 스티렌합성하는 반응 ; 촉매 [$ZnO/Al_2O_3/CuO$] 3원 촉매

③ 큐멘 제조공정 : 벤젠의 프로필화 ; 액상에서 Friedel-Craft 알킬화반응 시 $AlCl_3$ 촉매를 사용하고, 기상에서 반응 시 고체산 촉매를 사용한다.

　➡ Friedel-Craft 촉매는 액상에서 강한 산성을 가지고 있어, 반응온도를 120℃ 이하로 낮출 수 있으며, 에틸벤젠의 생성을 억제하며 다른 부반응도 거의 일어나지 않는 장점이 있으나 장치의 부식 등이 문제시된다.

④ 톨루엔의 제조 : BTX 성분 중에는 톨루엔의 수요가 적어 공급과잉 되기 쉬우므로, 톨루엔의 불균일화(같은 종류의 알킬 방향족 간의 알킬기 이동 반응), 톨루엔과 C_9 방향족의 트랜스 알킬화(다른 종류 간 알킬기 이동 반응)에 의해 벤젠과 크실렌으로 전환한다. 촉매로는 무정형 고체산($SiO_2-Al_2O_3$, $Al_2O_3-B_2O_3$)이나 제올라이트가 사용된다.

(3) 암모니아공업

암모니아합성 반응 시 사용되는 촉매는, 철을 주성분으로 하여 칼륨과 알루미나-산화칼슘을 촉진제로 하는 2중 촉진철이라 불리는 촉매를 사용한다.

(4) 질산 제조공정

질산 제조반응 시 촉매는, 백금(Pt)망을 촉매로 하여 암모니아를 산화하여 이산화질을 얻는다.

(5) 황산 제조공정

황, 황화철을 배소하여 이산화황을 정제한 후, 산화바나듐(V_2O_5), 황산칼륨(K_2SO_4)을 실리카에 담지한 촉매를 사용한다.

(6) 합성가스

1) 합성가스의 생성(수증기 개질법) : 수소 및 수소와 일산화탄소의 혼합가스(합성가스)는 수증기 개질 시 담체상에 담지한 전이금속 촉매가 활성을 나타낸다. 담체로는 알루미나 또는 마그네시아 등의 친수성 산화물이 유효하며, 소수성 담체의 경우는 일반적으로 활성이 낮다. 메탄이나 에탄의 수증기 개질에 대한 금속 촉매의 활성 정도는 '(Rh, Ru) > Ni > Ir > (Pd, Pt, Re) ≫ (Co, Fe)' 순서이다.

2) Fischer-Tropsch 반응 : 합성가스로부터 액체연료를 합성하는 방법으로, 촉매로는 철, 코발트 촉매가 사용되고 있다.

(7) 천연가스와 석탄

1) 메탄올의 생성반응 : 액화수송 기술이 발달되어 직접 천연가스를 수송하여 연료로 사용하고 있다. 천연가스의 주성분인 메탄의 일부는 수증기 개질에 의해 합성가스를 거쳐 메탄올로 전환된다. 이 공정을 MTG(Methanol To Gasoline) 공정이라 부른다. 촉매로는 ZnO·Cr_2O_3가 주로 사용된다.

$$CO(g) + 2H_2(g) \xrightarrow[\text{ZnO·Cr}_2\text{O}_3]{\text{고온, 고압}} CH_3OH(l)$$

2) 석탄의 액화 : 석탄을 열분해, 수소첨가 분해에 의해 석탄을 저분자량화하여 원유 정도의 액화유로 만드는 공정으로 석유 정제의 경우와 마찬가지로 Co-Mo계, Ni-Mo계 수소첨가 탈황 촉매를 사용하여 수소화, 수소첨가 분해, 수소첨가 탈황, 수소첨가 탈질을 거쳐 청정한 연료유로 제조된다.

(8) 연료전지 : 연료전지는 천연가스나 메탄올에서 비롯된 수소를 산소와 반응시키는 형태이다.

1) 촉매를 사용하는 수증기 개질 및 shift 반응에 의해 이산화탄소를 포함하는 수소로 전환

연료가스 + H_2O → H_2 + CO

2) 촉매독으로 작용하는 극미량의 잔존 CO의 제거에도 촉매가 사용된다.

$$CO + H_2O \rightarrow H_2 + CO_2$$

➡ 전극 촉매의 필수 조건은 촉매 자신 또는 촉매 담체가 전자전도성이어야 한다는 것이다.

3) **인산형 연료전지** : 전도성 가본블랙에 딤지한 백금 비립자 촉매를 사용하여 산화전극에서 수소, 환원 전극에서 공기를 접촉시킨다.

(9) 자동차 촉매

1) 가솔린 자동차의 경우, 배기가스 중에 CO, 未燃 탄화수소, 질소산화물의 3성분이 정화 대상인데, 이들의 농도는 공연비(空燃比, 공기 대 가솔린의 비)에 따라 크게 변한다.

2) 위 3성분을 무해화하기 위해 실용되는 자동차 촉매에는 귀금속(Pt, Pd, Rh)을 주성분으로 하고, 알루미나 분말을 담체로 한 3원 촉매를 주로 사용한다. 활성의 향상 또는 담체의 안정화를 위해 산화세륨 등의 금속산화물을 첨가한다.[Pt, Pd, Rh/CeO$-$Al$_2$O$_3$]

2. 균질계 촉매의 응용

균질계 촉매반응은 산이나 금속 이온에 의한 반응도 포함하나 최근에는 대부분의 반응에 유기금속화합물을 촉매로 사용한다.

[균질계 촉매와 불균질계 촉매의 장·단점]

구 분	균질계 촉매	불균질계 촉매
장점	• 촉매의 설계가 가능함 • 균질 촉매는 하나의 분자이므로 촉매나 중간체 구조를 밝히고 반응속도를 연구하기가 상당히 용이함 • 낮은 온도와 낮은 압력에서 운전이 가능 • 불균질계에 비해 선택도가 높음	• 활성이 높음 • 생성물의 분리가 쉬움 • 촉매의 수명이 길다. • 고온에서 안정함 • 촉매독에 덜 민감함
단점	촉매와 생성물을 분리하기가 어려움	• 촉매의 활성점과 반응기구 연구가 어려움 • 선택도의 조절이 어려움

(1) 메탄올의 카르보닐화반응에 의한 초산의 합성공정 : 메탄올을 일산화탄소와 반응시키면 초산이 된다.

$$CH_3OH + CO \xrightarrow{\text{cat.}} CH_3COOH \text{ (촉매 : Co나 Rh 화합물, 조촉매 HI)}$$

(2) Wacker 공정 : 에틸렌을 산화시켜 아세트알데히드를 합성하는 반응을 말한다.

$$C_2H_4 + \frac{1}{2}O_2 \longrightarrow CH_3CHO \text{ (촉매 : PdCl}_2\text{/CuCl}_2\text{가 용액에 용해된 상태)}$$

$PdCl_2$는 C_2H_4와 반응하여 0가의 Pd^0로 환원되고 동시에 에틸렌은 아세트알데히드로 산화된다. 0가의 Pd는 $CuCl_2$에 의해 다시 $PdCl_2$로 산화되고 CuCl이 생성된다. CuCl은 산소에 의해 $CuCl_2$로 산화된다. 이 과정을 반응식으로 표시하면 다음과 같다.

$$C_2H_4 + PdCl_2 + H_2O \longrightarrow CH_3CHO + Pd^0 + 2HCl$$

$$2CuCl_2 + Pd^0 \longrightarrow CuCl + PdCl_2, \ 2CuCl + 2HCl + \frac{1}{2}O_2 \longrightarrow 2CuCl_2 + H_2O$$

➡ 위 반응에서 촉매 활성을 나타내는 것은 Pd이며, Cu는 Pd를 산화시켜 촉매 사이클을 가능하게 한다.

(3) 비닐아세테이트의 합성

$$H_2C{=}CH_2 + \frac{1}{2}O_2 + CH_3COOH \longrightarrow CH_3CO_2CH{=}CH_2 + H_2O$$

촉매로는 Wacker 공정과 같이 $PdCl_2/CuCl_2$가 사용된다. H_2O가 생성되므로 Wacker 반응도 진행되어 아세트알데히드가 부생된다.

(4) 옥소공정 : 알켄의 히드로포밀화(hydroformylation)반응을 의미한다.

$$RCH{=}CH_2 + CO + H_2 \longrightarrow RCH_2CH_2CHO + RCH(CHO)CH_3$$

1) 알켄을 H_2 및 CO와 반응시켜 알데히드를 생산하는 공정을 옥소(oxo)공정이라 한다. 이때 선형 알데히드와 가지달린 알데히드의 생성이 모두 가능한데 선형 알데히드가 공업적으로 더 가치가 있다.

2) 촉매 : Co 화합물[$Co_2(CO)_{12}$, $HCo(CO)_3PBu_3$]이나, Rh 화합물[$Rh(CO)Cl(PPh_3)_2$]

[균질계 전이금속 촉매를 이용한 상업화 공정]

공 정	반 응	생성물	촉 매
Wacker 공정	에틸렌 산화반응	CH_3CHO	$PdCl_2/CuCl_2$
비닐아세테이트 합성	에틸렌, 초산, 산소의 반응	$CH_3CO_2CH{=}CH_2$	$PdCl_2/CuCl_2$
옥소공정	알켄의 hydroformylation	$R{-}CH_2CH_2CHO$	Co 화합물, Rh 화합물
메탄올의 카르보닐화반응	메탄올과 CO의 반응	CH_3COOH	Co 화합물, Rh 화합물
지글러−나타 중합반응	에틸렌 or 프로필렌의 중합	폴리에틸렌, 폴리프로필렌	$TiCl_3 + Al(C_2H_5)_3$

(5) 키랄화합물의 합성 : 불균질계 촉매로는 입체특성(광학활성)이 있는 키랄화합물을 만들지 못한다. 이에 균질계 키랄촉매를 사용하여 합성한다. (촉매 : Rh(I), Ru(II), Ti(IV) 등)
균질계 촉매를 사용하여 상업화된 키랄화합물의 합성공정

반 응	촉 매	생성물	용 도
알켄의 수소화반응	Rh(Ⅰ)	• L−dopa • 아스파탐	• 파킨슨씨병 치료제 • 대용 설탕
케톤의 수소화반응	Rh(Ⅱ)	카바페넴	항생제
알릴알코올의 에폭시화반응	Ti(Ⅳ)	• 글리시돌 • 다스팔루어	• 의약품 중간체 • 살충제
알릴아민의 이성질화반응	Rh(Ⅰ)	• (−)−멘톨 • 시트로넬롤	• 의약품 • 향료

(6) **올레핀 상호교환**(olefin metathesis) : 전이금속을 포함한 Grubbs 촉매(Ru 기반)나 Schrock 촉매(Mo 기반)를 이용한 다이엔(diene)으로부터 C=C의 재배열을 통해 비대칭적으로 치환된 alkene 화합물을 합성하는 반응이다.

[반응]

[촉매 종류]

[Grubbs 촉매(Ru 기반)]

[Schrock 촉매(Mo 기반)]

기출 및 예상 문제

01 원유의 접촉분해에 사용되는 촉매는?

02 석유의 접촉개질 방법 중 플랫 포밍(plat forming)법이 사용되는 촉매는?

03 수소화 탈황공정에 사용되는 촉매는?

04 오늘날 환경오염에 대한 심각성이 대두되면서 폐수처리나 유해가스를 효과적으로 처리할 수 있는 장치의 개발이 많이 요구되고 있다. 특히 값싸고 안전한 광촉매를 이용한 처리기술이 발달되고 있는데, 광촉매로 많이 사용되고 있는 반도체 물질은?

05 수성가스는 수소와 일산화탄소의 혼합기체로 공장의 동력원으로 쓰는 기체이다. 다음 촉매 중 수성가스 합성의 저온 합성에 쓰이는 촉매는?

06 접촉식 황산제조에 쓰이는 주촉매는 무엇인가?

07 콩기름의 수소화(hydration)공정에 사용되는 촉매로 적합한 것은?

08 올레핀의 수소화 정제공정에서 사용되는 촉매는?

09 톨루엔과 자일렌을 수소화탈알킬하여 벤젠을 제조할 때, 이용되는 촉매는?

10 프로필렌의 알릴산화 시, 사용되는 촉매는?

11 아세트알데히드를 산화시켜 아크릴로니트릴을 생성할 때 사용하는 촉매는?

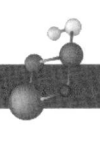

12 에틸렌의 에폭시화에 의한 산화에틸렌의 합성에 이용하는 촉매는?

13 벤젠의 액상 알킬화반응에 주로 사용하는 촉매는?

14 에틸벤젠의 기상 제조공정에서, 벤젠과 에틸렌의 반응에 사용되는 촉매는?

15 벤젠을 프로필화시켜 큐멘(cumene)을 제조할 시, 사용되는 촉매는?

16 암모니아의 합성공정에 사용되는 촉매는?

17 암모니아산화법에 의한 질산 제조공정에서 산화공정에서 사용하는 촉매는?

18 암모니아합성, 메탄올합성, 옥소합성, 석유정제 등에 있어 중요한 합성가스($H_2 + CO$)는 수증기 개질반응에서 전이금속 촉매가 활성을 나타낸다. 전이금속의 촉매금속 활성순위를 나열하면?

19 연료전지의 전극 촉매에 대한 짝지음이다. 빈칸에 알맞은 촉매는?

① 인산형 연료전지(PAFC) – 촉매 (㉠   )
② 용융탄산염 연료전지(MCFC) – 촉매 (㉡   )
③ 직접메탄올형 연료전지(DMFC) – 촉매 (㉢   )

20 배기가스를 정화하기 위한 자동차 촉매는 3원 촉매를 사용하는데, (1) 이 촉매의 정화 대상 성분 3가지와 (2) 촉매의 주성분인 귀금속에 사용 가능한 것 3가지는?

21 여러 화력발전소에서 배출되는 가스의 탈질장치에 사용되는 촉매는?

22 메탄올의 카르보닐화반응을 통해 초산을 합성할 때, 사용되는 촉매는?

23 에틸렌을 산화시켜 아세트알데히드를 얻는 와커(Wacker)공정에 사용되는 촉매는?

24 에틸렌의 산화에 의한 비닐아세테이트합성에 사용되는 촉매는?

25 알켄을 수소 및 일산화탄소와 반응시켜 알데히드를 생산하는 옥소공정(Oxo process)에 사용하는 촉매는?

26 에틸렌이나 프로필렌의 중합에 사용되는 지글러 – 나타(Ziegler – Natta) 촉매는?

27 올레핀을 중합하여 폴리에틸렌을 만들 시, 사용되는 메탈로센(metallocene) 촉매는?

정답 및 해설

01 $SiO_2 - Al_2O_3$

02 $Pt - Al_2O_3$

03 황화몰리브덴계 촉매

> **해설** 수소화 탈황공정
>
> 알루미나를 담체로 한 황화몰리브덴계 촉매가 사용되며, 조촉매로서는 황화코발트 및 황화니켈이 사용된다.

04 TiO_2, $SrTiO_3$

> **해설** 광촉매(photocatalyst)
>
> 광촉매란, 빛을 받아들여 화학반응을 촉진시키는 물질로 반도체, 색소, 엽록소도 그 중 하나이다. 반도체의 산화티탄(TiO_2)에 의한 효과는 1967년 두 명의 일본인 과학자에 의해 증명되었고, 환경문제 해결에도 도움이 되는 기초 기술로 실용화되기 시작했다. 산화티탄이 유해물질을 산화분해하는 기능을 이용하여 환경정화(환경오염을 제거하고 항균, 탈취하는 등의 효과)하는 데 이용거나, 초친수성 기능(표면이 젖어도 물방울을 만들지 않고 엷은 막을 만들어내는 성질)을 응용하여 셀프 크리닝 효과가 있는 유리와 타일, 청소기, 공기청정기, 냉장고, 도로포장, 커튼, 벽지, 인공 관엽식물 등 다양한 제품에 적용되고 있다. 산화티탄은 자외선에 반응하지만 가시광선의 영역에도 반응하는 기술이 개발되고 있다.

05 Cu－Zn

해설 수성가스의 전화 촉매
- 고온 전화 촉매 : $Fe_2O_3-Cr_2O_3$계
- 저온 전화 촉매 : ZnO Cr_2O_3계, Cu－Zn계

06 V_2O_5

해설 접촉식 황산 제조공정의 촉매
- 바나듐계 촉매 : 주촉매는 오산화바나듐이고, 조촉매로는 K_2SO_4, 담체로는 SiO_2를 쓴다.

07 Raney Ni 또는 규조토 담지 Ni

08 담지 Pd 촉매

09 $Cr_2O_3-Al_2O_3$

10 Mo－Bi계 촉매

11 Mo－V계 촉매

12 Ag 촉매

13 $AlCl_3$

해설 Friedel－Craft 알킬화반응(액상반응)

14 고체산 촉매(고체 인산 H_3PO_4/SiO_2, ZSM－5 등)

15 $AlCl_3$

16 철 촉매

해설 암모니아 합성반응

$N_2 + 3H_2 \rightarrow 2NH_3$

암모니아 합성반응, 하버－보쉬법에서는 철을 주성분으로 하여 칼륨과 알루미나－산화칼슘을 촉진제로 하는 2중 촉진철이라 불리는 물질을 사용한다. 알루미나와 산화칼슘은 철의 미립자상태를 유지시켜 주는 역할을 하며, 칼륨은 철에 전자를 공여하여 활성을 향상시키는 역할을 한다.

17 백금(Pt) 촉매

18 (Rh, Ru) > Ni > Ir > (Pd, Pt, Re) ≫ (Co, Fe)

19 ㉠ platinum 또는 Pt/C,   ㉡ 니켈 또는 니켈화합물,   ㉢ Pt/Ru 또는 Pt/C

20 (1) 일산화탄소, 탄화수소, 질소산화물   (2) 백금(Pt), 팔라듐(Pd), 로듐(Rh)

21 $V_2O_5 - TiO_2$

22 $RhCl(Co)(PPh_3)_2$

> **해설** 메탄올의 카르보닐화반응
>
> $CH_3COOH + CO \rightarrow CH_3COOH$
>
> 메탄올의 카르보닐화를 통해 초산을 합성할 시, 촉매로는 Co나 Rh 화합물이 사용되고 있으며, 조촉매로 HI가 사용된다. 코발트 촉매는 로듐 촉매에 비해 활성이 낮으므로 고온·고압을 필요로 한다.

23 용액에 용해된 $PdCl_2$와 $CuCl_2$

24 용액에 용해된 $PdCl_2$와 $CuCl_2$

> **해설** 비닐아세테이트의 합성
>
> $CH_2 = CH_2 + \frac{1}{2}O_2 + CH_3COOH \rightarrow CH_3COOCH = CH_2 + H_2O$
>
> 위의 합성에서는 와커(Wacker)공정에서와 같이 용액에 용해된 $PdCl_2$와 $CuCl_2$을 사용한다. H_2O가 부생하므로, 더불어 와커반응도 진행되어 아세트알데히드가 부산물로 얻어진다.

25 화합물이나 Rh 화합물

> **해설** 옥소(Oxo) 공정
>
> $R - CH = CH_2 + CO + H_2 \rightarrow R - CH_2CH_2CHO + RCH(CHO)CH_3$
>
> 옥소공정의 촉매로는 $Co_2(CO)_{12}$이나 $HCo(CO)_3PBu_3$과 같은 Co 화합물이나, $RhCl(Co)(PPh_3)_2$ 같은 Ph 화합물이 사용된다. 촉매의 활성과 선형 알데히드로의 선택도는 Rh 촉매가 훨씬 높아 낮은 압력과 온도에서도 운전이 가능하다.

26 $TiCl_3 + Al(C_2H_5)_3$

27 $Cp_2ZrCl_2 + MAO$

제**8**편

무기정밀화학,
세라믹스, 핵 및 분석

제 88 주

제올라이트

(1) 제올라이트의 특징

1) 분자체 기능 : 규칙적인 세공과 채널을 가지고 있어, Å단위로 분자조작이 가능하다.

2) 양이온 교환기능 : 음이온 뼈대 골격은 양이온을 수용할 수 있다.

➡ Si/Al로 구성된 제올라이트는 Si는 뼈대의 강도에 기여하고, Al은 음이온의 양에 기여하므로 Al이 많이 치환된 제올라이트는 많은 양이온을 치환할 수 있다.

3) 흡수능력 : 건조제로 사용 가능하다.

(2) 제올라이트의 구조와 조성

1) 제올라이트의 조성 : $M_{x/n}[(AlO_2)_x(SiO_2)_y]\,mH_2O$

위의 화학식에서 n가의 양이온이 알루미노실리게이트 골격에 있는 음전하를 중성화 한다.

2) 제올라이트의 구조단위 : $[SiO_4]_4{}^-$와 $[AlO_4]_5{}^-$ 사면체들이다.

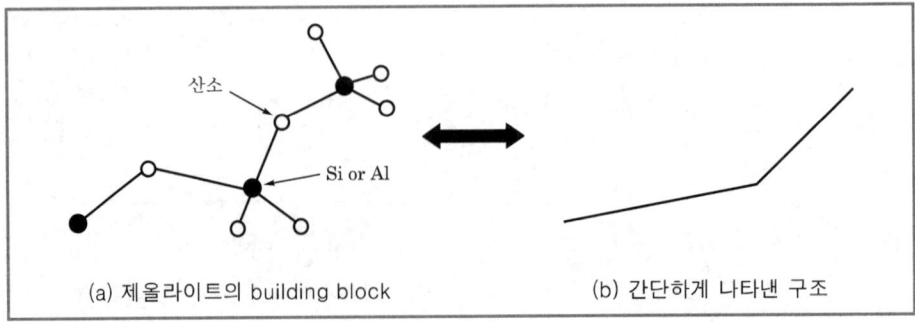

산소

Si or Al

(a) 제올라이트의 building block   (b) 간단하게 나타낸 구조

① 제올라이트의 사면체가 산소원자를 공유하며 서로 연결되어 있다. 상대적으로 실리콘이 알루미늄에 비해 훨씬 골격에 많이 존재하게 되고, 구조 내의 음이온은 중성화를 위해 골격 밖의 양이온을 필요로 하게 된다. 이 때문에 이온교환이나 여러 중요한 촉매물질이 제올라이트 세공 안에 들어살 수 있게 된다.

② 일반적으로 제올라이트의 구조를 보면 Si-O-Si 또는 Al-O Al 결합을 직선으로 표시한다. 많은 제올라이트들은 2차적인 빌딩블록을 가지고 있다.

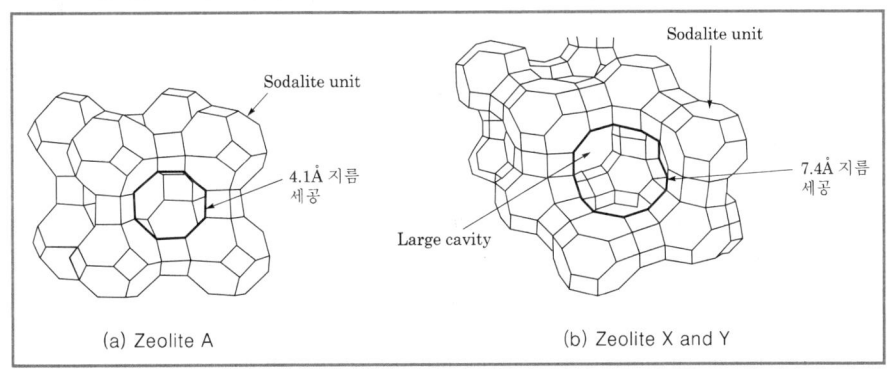

(a) Zeolite A

(b) Zeolite X and Y

(3) 제올라이트의 합성

1) 실리카와 알루미나를 전구물질로 하여 졸겔(sol-gel)공정을 통해 겔화하려 비정질 겔을 형성한다.

2) 이를 수화반응시켜 templates에 결정화한다.

3) 다음 소성 또는 추출하여 균일한 세공을 가진 제올라이트를 합성한다.

➡ 여기서 졸겔(sol-gel)공정이란, 전구물질이 100~200℃의 밀폐된 용기에서 강염기에 의해 반응하여 비정질(非晶質)의 겔을 형성하는 공정을 의미한다.

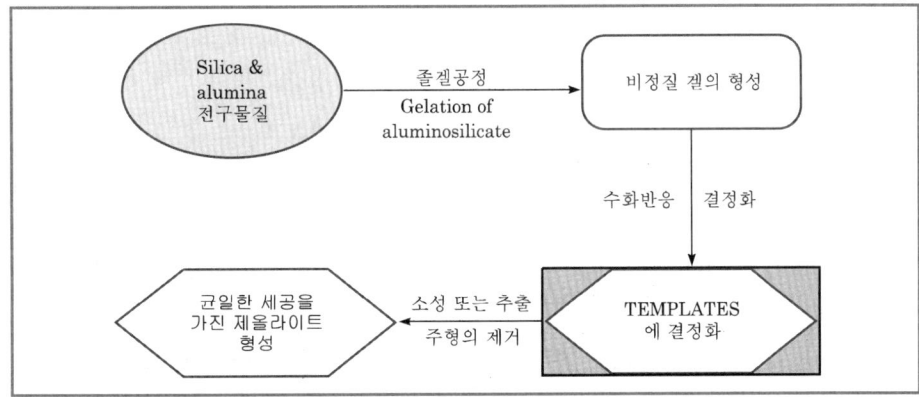

[제올라이트의 합성]

(4) 제올라이트의 용도(응용분야)

1) **건조제로의 응용** : 일반적으로 골격 밖에 있는 양이온에 붙어 있는 수화물 형태로 많은 양의 물을 포함한다. 그런데 진공하에서 가열하면 이 물이 빠져나가 건조상태로 된다. 이 건조상태의 제올라이트는 아주 좋은 **건조제**로 응용될 수 있다. 제올라이트 A가 건조제로 대표적이다.

2) **이온교환에 응용** : 양이온 교환능력에 따라, Na^+을 가진 제올라이트 A가 물속에 있는 Ca^{2+}을 이온교환하여 센물을 단물로 바꾸는 데 응용되어 세제로 많이 사용된다. 공업적으로 생산되는 제올라이트의 70% 정도가 **세제 보강재**(detergent builder)로 사용된다. 이 제올라이트는 기존에 사용되는 인산계통의 세제 보강제(세제 첨가제)를 대체하였다.

3) **흡착제로의 응용** : 탈수된 제올라이트는 표면적이 아주 높으며, 다공성 구조를 가지고 있기에 위에서 언급한 건조제 이외에도 여러 다양한 물질을 흡착하는 데 응용된다. 자연산 제올라이트인 chabazite는 공장의 굴뚝에서 나오는 유해가스인 이산화황을 제거하는 데 광범위하게 응용된다. 또한 제올라이트는 균일한 세공을 가지고 있기에, 두 가지 다른 형태의 화합물이 섞여 있을 경우 선택적으로 분리 가능하다(분리제). 제올라이트 A를 사용하면 선택적으로 직선형 탄소산화물을 분리할 수 있다.

4) **촉매로의 응용** : 제올라이트는 비정질의 실리카나 알루미나 등에 비하여 표면적이 넓고, 대부분의 촉매활성점이 노출되어 있고, 또한 열적 안정성이 우수하기 때문에 촉매 또는 촉매 담체로 많이 이용된다. 응용분야로는 고체산 촉매, 촉매 담체, 형상 선택성 촉매반응으로, 크게 세 가지로 응용된다.

(5) 제올라이트의 종류

1) 제올라이트 A
2) 제올라이트 X와 Y
3) ZSM-5
4) HZSM-5
5) modenite 등

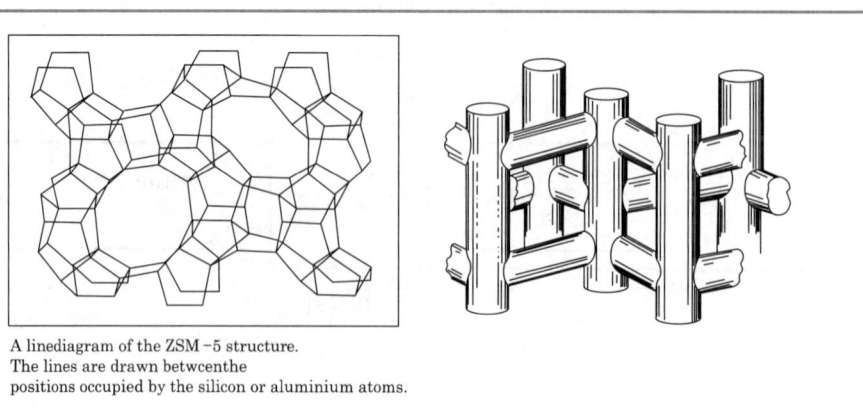

A linediagram of the ZSM-5 structure.
The lines are drawn betwcenthe
positions occupied by the silicon or aluminium atoms.

[ZSM-5 제올라이트의 구조]

🖐 정리 　제올라이트와 헤테로폴리산 촉매

(1) 제올라이트 : 그리스어로 '비등석'이라는 뜻으로, **다공질의 결정성 알루미노규소산염 (Al_2O_3/SiO_2 복합체)**이다. 천연과 합성의 여러 가지 제올라이트가 있고, **촉매나 흡착제**로 널리 사용되고 있다.

① 촉매로의 특성 : 이온교환기능(ionexchanging property)과 규칙적인 미세 기공에서 비롯되는 **분자체(molecularsieve)작용**이다.

② 이온교환기능에 의해 proton acid(프로톤산, 브뢴스테드산), Lewis acid을 발현할 수가 있으며, 전이금속을 도입하여 촉매 활성점으로 하는 것이 가능하다.

③ 분자체작용에 의해 **형상 선택성**이 나타난다. 형상 선택적 촉매작용이란, 촉매의 기하학적 형상 때문에 촉매반응의 선택성이 달라지는 것을 의미한다. 이는 규칙적 기공구조를 가지고 있으므로 분자의 크기를 조절할 수 있다. 이에 반응물, 생성물, 반응중간체의 형상을 선택적으로 조절이 가능하다.(생성물의 선택도 조절)

(2) 용도 : 공업적으로 많이 사용되는 p−xylene을 얻기 위한 이성질화나 알킬화반응의 경우, 열역학적 평형조성이 큰 m−xylene이 더 많이 얻어지게 되고, 이를 분리하여 재순환해야 하는 문제점이 존재한다. 이러한 때에, 제올라이트 촉매를 이용해 이온교환기능을 활용해 기공 크기의 조절에 의해 p−xylene의 선택도를 현저하게 증가시킬 수 있다.

(3) 헤테로폴리산 촉매 : 다음 반응에서 처럼, 두 종류 이상의 산소산이 탈수축합하여 생긴 축합산을 헤테로폴리산(heteropoly(acid))이라 한다. 이와 달리 같은 종류의 산소산인 경우, 이소폴리산이라 한다.

$$12WO_4^{2-} + HPO_4^{2-} + 23H^+ \rightarrow PW_{12}O_{40}^{3-} + 12H_2O$$

① 가장 일반적인 구조($PW_{12}O_{40}^{3-}$)로서 proton(H^+)을 받아들일 수 있다.

② 헤테로폴리산은 촉매로서 중요한 기능인 산성과 산화력을 함께 갖고 있으며, 분자성을 살려 구성 이온을 바꾸면 이러한 물성을 계통적으로 제어할 수 있어, 촉매의 분자 설계소재로 주목받고 있다.

③ 의액상 거동을 한다. 의액상 거동은 고체상태의 헤테로폴리산이 극성 분자를 흡수하여, 마치 액체와 같은 거동을 하는 것을 말하는데, 3차원의 반응장이 형성됨으로써 고활성 및 특이한 선택성이 발현된다(고체 촉매가 용매화합물과 같은 거동을 보임을 의미한다). 이러한 특성은 H^+나 Na^+와 같은 작은 양이온의 염에서 볼 수 있으나, Cs^+, NH_4^+과 같은 큰 양이온염은 매우 큰 표면적을 갖는 다공질의 초미립자 집합으로 난수용성이라 의액상 거동을 하기 어렵다.

④ 소프트 염기로서의 착색 형성기능이 있다.

기출 및 예상 문제

01 제올라이트의 용도로 알맞지 않은 것은?

✪ 07 국가직 9급

① 세제 보강제
② 연마제
③ 촉매
④ 흡착제

02 제올라이트에 대한 것이다. 서로 관련이 없는 것은?

① 이온교환능 – 세제
② 건조제 – 제올라이트 A
③ 형상 선택성 – 흡착제
④ 표면적이 넓음 – 촉매

03 제올라이트 골격 내의 Si/Al 몰비에 따라 발생하는 특성이다. 옳지 않은 것은?

① 제올라이트의 물리·화학적 성질을 결정한다.
② Si/Al>1.5인 것을 제올라이트 Y라고 부르고, Si/Al<1.5인 것을 제올라이트 X라 한다.
③ 제올라이트 A의 Si/Al은 1.0이다.
④ Al의 양이 상대적으로 많을수록 구조가 견고하다.

04 메탄올로부터 가솔린을 얻는 MTG(Methanol To Gasoline)공정에 응용되는 제올라이트는 어느 것인가?

① 제올라이트 A
② modenite
③ 제올라이트 X
④ HZSM-5

 정답 및 해설

01 ②

유형 및 해설 [제올라이트의 용도] 제올라이트의 특성에는 대표적으로 분자체, 양이온 교환기능, 흡수기능이 있다. ①은 양이온 교환기능, ③ 촉매로서 역할, ④는 흡착능력으로 건조제로 사용 가능하다. 오답 ②는 제올라이트의 성질과 관련 없고, 연마제로 쓰일려면 강도가 좋은 재료를 사용해야 한다.

02 ③

유형 및 해설 [제올라이트 성질 및 용도] 제올라이트는 표면적이 넓고, 대부분 촉매 활성점이 노출되어 있고, 열안정성이 우수하기 때문에 촉매 또는 촉매담체로 많이 이용된다. HZSM-5를 촉매로 사용한 알킬화반응의 경우 형상 선택성 반응이 일어난다.

03 ④

유형 및 해설 [제올라이트 Si/Al 몰비] Si/Al 몰비에서 Si의 양이 상대적으로 많으면 구조가 견고하다.

04 ④

유형 및 해설 [HZSM-5] MTG 공정에서 제올라이트인 HZSM-5를 사용한다.

제 **89** 주

활성탄

(1) 활성탄(activated carbon)이란? : 자연이나 인공적인 유기물이 분해하고 남은 물질 즉 char를 여러 물리·화학적인 방법으로 활성화하여 제조된 다공성 탄소재료를 통칭하여 말한다. 이 여러 종류의 활성탄들은 주로 화학공정, 약품제조, 식품제조 과정에서 **불순물이나 오염물질을 흡착하여 제거하는 데 광범위하게 응용**된다. 이와 같이 액체나 기체가 활성탄에 흡착하는 과정은 반 데르 발스 힘에 의한 물리적인 영향이 지배적인 것으로 알려져 있다. 따라서 흡착에 응용하기 위해서는 표면적의 크기와 세공 부피(pore volume)가 아주 중요한 성질이라 하겠다.

(2) 활성탄의 물리·화학적 구조

1) 물리적인 구조

　① 모든 활성탄들은 탄소 이외에 산소, 수소 등의 다른 원소들도 포함하고 있다. 또한 최고 20wt% 정도의 미네랄들을 포함하고 있는데, 이것을 재(ash)라고 칭하며, 그 양을 재함유량(ash content)이라고 표현한다.

　② 탄소재료의 분류

　　㉠ 흑연화탄소(graphitizable carbon) : 흑연구조를 가진 수 nm 크기의 단위 결정들 간의 결합이 아주 약하기 때문에, 충분한 유동성을 가지고 있어서 열처리과정 중에 유체상태를 거치게 되어 잘 정렬된 흑연에 가까운 탄소가 얻어진다.

　　㉡ 비흑연화탄소(non－graphitizable carbon)

　　　ⓐ 온도를 2,700℃ 이상 올려 탄소화하여도 흑연으로 바뀌지 않는 탄소재료를 말한다.

ⓑ char가 탄소화과정에서 용융상태를 거치지 않고 바로 탄소로 전환된 경우이다.

ⓒ 아주 작은 수 nm 크기에서는 어느 정도 흑연과 같은 poly(aromatic) ring들이 층상구조를 형성하지만 더 큰 영역에서는 아주 불규칙한 구조를 가지고 있다.

ⓓ 비흑연화 탄소를 활성 처리한 것이 활성탄이다.

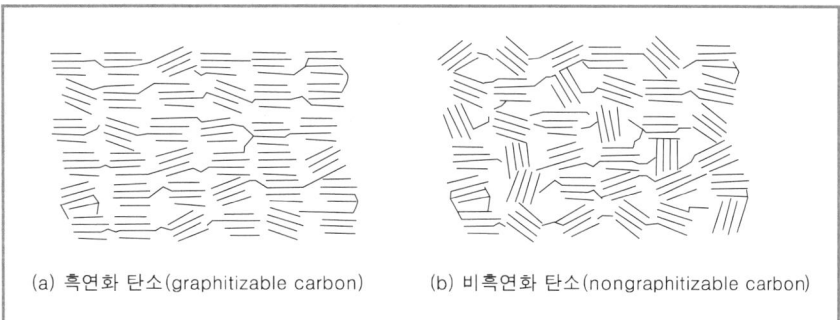

(a) 흑연화 탄소(graphitizable carbon)　　(b) 비흑연화 탄소(nongraphitizable carbon)

③ 활성탄은 다공성 물질의 세공크기에 따른 분류상, 작은 세공(세공지름<2nm)에 속한다. 전 절에서 다른 제올라이트도 작은 세공에 속한다. [중간 세공(2nm<세공지름<50nm), 큰 세공(세공지름>50nm) ; IUPAC 규정]

④ 활성탄의 탄소는 방향족고리가 서로 연결된 판상형태가 불규칙하게 형성되어 있다. 이와 같이 판상들이 불규칙하게 배열되어 있어 그 사이에 빈 공간이 생기게 된다. 이 빈 공간들에 타르나 다른 유기물이 분해된 것이 남아 있을 수 있는데, 이들이 활성화 과정에서 우선적으로 작용하여 빈 세공을 만들게 되어 좋은 흡착제로 작용하게 된다.

2) **화학적 구조** : 활성탄의 미세결정의 표면에는 산소, 수소를 포함한 다양한 작용기들이 존재하는데, 특히 **산소를 가진 작용기**는 흡착능력에 직접적인 영향을 미친다. 여기서 활성탄의 구조상 모서리 탄소들은 불포화되어 있어, 반응성이 좋고 산소를 매우 잘 흡수한다. 이 흡착된 산소는 탄소와 반응하여 표면 산소화합물을 형성하는데 이 화합물의 상태와 양은 활성탄의 표면적, 입자크기, 재함유량(ash content), 탄소화 온도와 시간 등에 영향을 받는다.

(3) 활성탄의 성질 : 흡착성질(요오드 흡착, 메틸렌블루 흡착, 페놀흡착 등으로 흡착성능을 실험)

1) 활성탄의 표면이 주로 비극성이기에 주로 비극성 물질들을 흡착한다. 그러나 표면에 산소를 포함한 산성화합물이나 재가 존재하면 극성화합물도 흡착 가능하다.

2) 표면에 있는 산소를 환원분위기에서 열처리한 후 흡착을 수행하면, 메탄올이나 물을 흡착하는 능력이 훨씬 감소하나, 질소나 벤젠 등의 흡착에는 전혀 영향이 없다. 만일 산소작용기를 의도적으로 도입하고자 한다면 질산이나 과산화수소 등을 이용하여 산화시켜 진행한다.

(4) 활성탄의 제조

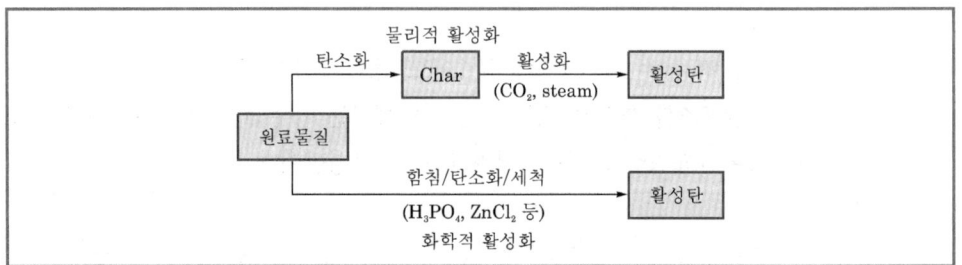

[활성탄의 제조과정]

1) **활성탄의 원료** : 나무, 토탄(peat), 숯(charcoal), 석탄(caol), 야자나무 껍질(coconut shell),
   석유 코크스(petroleum cokes), 갈탄(lignite) 등이 활성탄의 원료물질로 사용된다.
   원료물질의 선정기준은 다음과 같다.
   ① 수율이 좋을 것
   ② 무기물의 함량이 적을 것
   ③ 쉽게 구할 수 있고 값이 저렴할 것
   ④ 보관할 때 분해되지 않을 것
   ⑤ 활성화가 용이할 것 등이다.

2) **물리적인 활성화**
   ① 원료물질을 미리 탄화시킨다(공기가 없는 조건에서 가열 ; 세공을 가진 탄소재료 형성).
   ② 수증기나 이산화탄소를 이용하여 활성화하여 최종적으로 세공이 충분한 활성탄을
      얻는다.
      ㉠ 위의 두 활성제는 산화제로 작용하여 세공 안의 이물질을 가스화하여 제거한다.
      ㉡ 위의 두 활성제의 차이점은 수증기가 이산화탄소에 비해 더 큰 세공을 가진 탄
         소를 형성한다는 것이다. 실제 공정에서는 세공이 큰 탄소가 얻어질수록 수율
         이 낮다.
      ㉢ 물리적인 활성화과정에서 촉매나 억제제를 사용하여 세공의 크기를 적절히 조절
         한다.
   ③ 적절한 시점에서 공기로 연소시켜 불순물을 완전산화시킨다. 표면에 CO, H_2가 존재
      하면 피독작용을 일으키므로 제거한다.
      ➡ 물리적 방법에 의한 제조는 보통 높은 온도를 요구하고, 적은 수율과 작은 세공의 활성탄
         이 얻어진다.

3) **화학적 활성화**
   ① 원료물질을 잘게 부순다.
   ② 활성제($ZnCl_2$, H_3PO_4, H_2SO_4)에 함침시킨다.
   ③ 꺼내어 열처리 후, 정제하여 남아있는 활성제를 씻어낸다.
      ➡ 화학적 방법에 의한 제조는 보통 낮은 온도에서 반응하며, 높은 수율과 큰 세공의 활성탄
         이 얻어진다.

(5) 활성탄의 용도(응용분야) : 활성탄은 표면적이 아주 넓고, 높은 흡착능을 가지고 있고, 여러 다양한 표면기를 가지고 있어 여러 다양한 공정의 흡착제로 쓰인다.
  1) 기상공정 : 가스정제, 용매회수, 촉매담체 등이다.
  2) 액상공정 : 수처리 공정에 응용된다.
    ① 음용수 수처리 공정에서 물속에 있는 냄새나 맛을 제거하거나 유기물을 제기히기 위해 활성탄을 사용한다.
    ② 폐수처리 공정에서 2차 처리(생물학적 처리) 후나 그 전에 활성탄을 이용해 불순물을 제거한다.

 ## 기출 및 예상 문제

01 활성탄의 용도로 알맞지 않은 것은?

① 촉매
② 용매회수
③ 발포제
④ 흡착제

02 활성탄에 대한 설명이다. 옳지 않은 것은?

① 차르(char)를 활성화하여 제조된 다공성탄소를 통칭하여 활성탄이라 한다.
② 활성탄의 흡착과정은 반 데르 발스 힘에 의한 물리적인 영향이 지배적이다.
③ 활성탄은 표면이 친수성이기 때문에 비극성화합물을 잘 흡착한다.
④ 활성탄의 원료로는 나무, 토탄(peat), 숯(charcoal), 석탄(coal) 등을 이용한다.

03 수처리 공정에서 물속에 있는 냄새나 맛을 제거하기에 가장 적합한 것은?

① 제올라이트
② 탄산나트륨
③ 황산암모늄
④ 활성탄

04 방독마스크에 쓰이는 것은?

✪ 97 총무처 9급

① 활성탄
② 활성인
③ 활성비타민
④ 염화칼슘

정답 및 해설

01 ③

유형및해설 [활성탄의 용도] 발포제(공기를 발생하는 것)로는 사용되지 않는다.

02 ③

유형및해설 [활성탄의 특성] 활성탄의 표면이 소수성이기 때문에 비극성화합물을 잘 흡착하게 된다.

03 ④

유형및해설 [활성탄의 용도] 수처리 공정에서 활성탄은 다공성을 가진 흡착제로, 냄새나 맛을 제거하고 유기물의 제거에 사용되고 있다.

04 ①

유형및해설 [용도 관련] 여러 불순물을 흡착하여 거르는 성질이 있어 방독마스크 제조에 사용한다.

제**90**주

형광체

1. **형광체의 개요** : 정의, 구성, 반응기구
2. 형광등, 음극관, X-선 사진, 레이저

(1) 형광(fluorescence)

1) 정의 : 물질이 빛의 자극에 의해서 발광하는 현상으로, 빛에너지를 받은 물질이 새로운 빛을 내는 것으로 반사와는 다르다.

   쪼인 빛을 제거해도 계속 발광하는 것을 인광(phosphorescence), 조사광을 제거하면 바로 소멸해버리는 것을 형광(fluorescence)으로 따로 구별하는 경우가 많다.

2) 형광의 특징

   ① 형광으로 나오는 빛은 일반적으로 조사광(照射光)보다 파장이 길다. 따라서 물질의 반사색이나 투과색과는 다른 색을 띤다. 예로 태양광선 아래 관찰되는 붉은색 잉크에서 볼 수 있는 초록색, 등유의 유청색 등을 들 수 있다. 특히 자외선 등 에너지가 강한 광선을 사용하면 많은 물질들이 형광성을 나타내게 된다. 형광등은 관 내부의 기체분자가 자외선의 자극을 받아 가시광선 영역의 형광을 방출하는 것을 이용한다. 이 밖에도 X선, 방사선, 음극선 등도 형광을 발생하게 하는 원인이 된다.

   ② 형광이 발생하는 물리적 과정은 빛에너지를 흡수한 형광물질이 그 일부를 다시 빛에너지로서 복사하는 현상으로 볼 수 있다. 빛은 파장이 짧을수록 에너지가 크다. 따라서 자극광보다 에너지가 적은 형광의 파장은 자극광의 파장보다 길어야 한다. 이것이 형광, 인광에 대한 스토크스의 법칙(Stokes' law)이다.

   ③ 형광의 스펙트럼을 형광스펙트럼이라 하는데 보통 기체에서는 휘선 스펙트럼, 액체에서는 복잡한 띠 스펙트럼, 그리고 고체에서는 좁은 범위의 연속 스펙트럼이 된다. 이것은 분자 내에서의 빛에너지의 교환과정이 복잡하다는 것을 나타내고 있으며, 이들의 이론적인 뒷받침은 아직 충분히 이루어지지 못하고 있다.

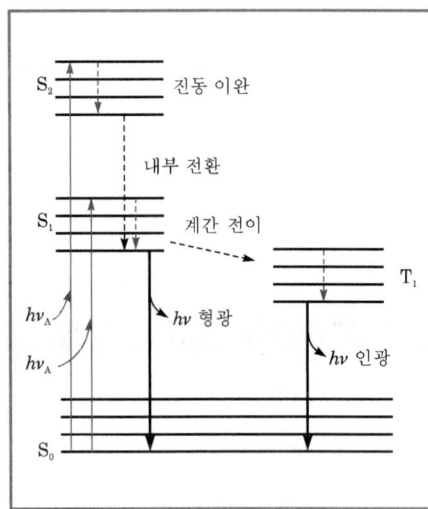

- **형광**

빛에너지 흡수에 의해서 생성된 들뜬상태에서 최초의 안정한 상태로 되돌아갈 때 내어 놓는 빛 (일중항−일중항 전환)

− 전자 스핀 허용과정

- **인광**

빛에너지 흡수에 의해 생성된 들뜬상태에서 계간 전이 과정을 거친 후 최초로 되돌아갈 때 내어 놓는 빛 (삼중항−일중항 전환)

− 전자 스핀 금지과정

3) **인광(phosphorescence)**

① 어떤 물체에 빛을 조사한 뒤 빛을 제거해도 장시간 발광작용을 하는 현상이다. 형광에 비해 장시간 빛을 내는 것은 물질 내의 전자가 들뜬상태에서 바로 바닥상태로 떨어지지 않고, 중간에 준안정상태를 거쳐 에너지를 잃기 때문이다. 인광을 내는 발광도료의 경우 황화아연(ZnS)에 약간의 라듐(Ra)을 섞어 방사능으로 장시간 황화아연을 자극해 빛을 내도록 한다.

② 인광은 루미네선스의 일종이다.

➡ 루미네선스(luminescence)란, 형광이나 인광처럼 열을 동반하지 않는 발광현상을 말한다. 백열전구처럼 열을 흡수하여 빛을 내는 것이 아니라, 열이 아닌 다른 종류의 자극에 의해 빛을 발생시키는 것이다. 어떤 자극에 의해 빛을 만드는지에 따라 다양한 종류로 나뉜다.

(2) 형광체의 개요

1) **형광체(발광물질)**는 여러 다른 종류의 에너지를 전자기파로 변환하는 고체물질을 통칭하여 말한다. 이 형광체에서 나오는 전자기파는 주로 가시광선이지만 적외선이나 자외선도 있다.

2) **여기(勵起, excite)** : 외부로부터 적당한 자극을 받으면 일정한 에너지를 흡수하여 보다 높은 에너지상태로 전이하는 현상(전자 들뜸)을 말한다.

3) **형광체의 구성** : 호스트 격자(활성화제를 지탱하는 것), 활성화제(빛을 내는 물질), 발광물질

4) 발광기구(메커니즘)

① 발광과정 : 에너지가 활성화제에 전달되고, 이에 따라 활성화제는 여기된다. 여기상태(exiting state)에서 바닥상태(ground state)로 에너지 준위가 낮아지며 빛을 낸다.

② 비발광과정 : 흡수한 에너지를 빛을 내는 데 사용하지 않고, 격자 간의 진동과 같은 열에너지로 전환되는 경우가 있는데 이는 발광과정과 경쟁관계에 있다. 따라서 좋은 형광체가 되기 위해서는 이 비발광과정을 최대한 억제할 수 있어야 한다.

즉, 좋은 형광체는 '발광속도/비발광속도'의 비가 커야 한다.

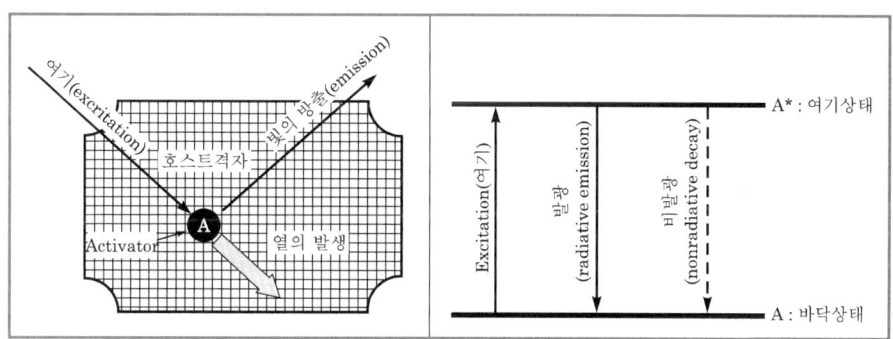

[형광체의 개략적인 구조]　　　　　[형광체의 에너지 준위 그림]

5) 감광제(sensitizer) : 활성화제에 의해 여기 전자파를 흡수하는 대신 다른 이온이나 호스트 격자에 의해 흡수되는 경우, 이 이온들이 여기 전자파를 흡수한 후 나중에 활성화제로 전이하게 되고 이때 이온들을 감광제라 부른다.

6) 형광체에서 일어나는 물리적 과정

① 에너지의 흡수 : 활성화제, 다른 감광제 이온, 또는 호스트 격자

② 활성화제로부터의 빛의 방출

③ 발광효율을 떨어뜨리는 비발광과정에 의한 바닥상태로의 전이

④ 발광 중심 사이에서의 에너지 전이

(3) 형광등에 사용되는 형광체

1) 광자발광은 형광등에 사용되는 형광체이다.

2) 수은등이라는 것은 저압 수은등에 의해 254nm의 자외선이 여기 전자파로 사용되고 형광체는 유리의 안쪽 표면에 발라져 있다.

➡ 이때 사용되는 형광체는 여러 화합물이 복합적으로 섞여 있는 것으로, 여러 빛이 합쳐져 백생광을 낸다.

3) 활성화제로 희토류 금속이온을 사용한다.

4) 형광체 : Eu^{2+}, Ce^{3+}, Tb^{3+}, Y^{3+}, Eu^{3+} 등

(4) 음극관(cathode ray)

1) RGB 컬러 : 모니터 등에 이용한다.

2) 형광체가 전자빔에 의해 여기된다.

3) 아래는 평판 디스플레이에 사용되는 형광체이다.

 ① 빨강(Red) : $Y_2O_3 : Eu^{3+}$, $Y_2O_2S : Eu^{3+}$

 ② 녹색(Green) : $Zn(Ga, Al)_2O_4 : Mn^{2+}$, $Y_3(Al, Ga)_5O_{12} : Tb^{3+}$, $Y_2SiO_5 : Ce^{3+}$, $ZnS : Cu^{3+}$, Al^{3+}

 ③ 파랑(Blue) : $Y_2SiO_5 : Ce^{3+}$, $ZnGa_2O_4$, $ZnS : Ag^+$

(5) X선 사진(X-ray)

1) Röntgen이 처음 X선을 발견하였다.

2) 형광체 : $CaWO_4$을 사용한다.

3) 최근에는 형광등에 사용되는 형광체와 마찬가지로 희토류 금속이온들을 활성화제로 이용하는 형광체로 대치되고 있다.

4) 섬광제(scintillator) : 의료진단이나 핵물리나 고에너지 물리학에 응용되는 α선, γ선을 흡수하는 형광체들도 개발되는데 이것들을 말한다.

(6) 레이저 형광체

1) 유도방출(stimulated emission)에 의해 빛이 나온다.

2) 루비($Al_2O_3 : Cr^{3+}$) : 이 보석은 자외선을 흡수하여 진홍색의 빛을 낸다. 이의 발광성질은 Cr^{3+}에 의해 나오는 것이고, 호스트인 알루미나는 단지 크롬이온을 잘 붙들고 있다.

기출 및 예상 문제

01 형광과 인광에 대한 설명이다. 틀린 것은?

 ① 형광으로 나오는 빛은 일반적으로 조사광보다 파장이 길다.

 ② 형광등은 관 내부의 기체분자가 자외선의 자극을 받아 가시광선영역의 형광을 방출하는 것을 이용한 것이다.

 ③ 인광은 빛을 조사한 뒤 빛을 제거해도 장시간 발광작용을 한다.

 ④ 형광은 전자가 들뜬상태에서 바로 바닥상태로 떨어지지 않고, 중간에 준안정상태를 거쳐 에너지를 잃는 계간진이가 일어난다.

 ⑤ 인광을 내는 발광도료의 경우 황화아연(ZnS)에 약간의 라듐(Ra)을 섞어 방사능으로 황화아연을 자극해 빛을 내도록 한다.

02 다음 중 외부로부터 적당한 자극을 받아 보다 높은 에너지상태로 전이하는 현상을 무엇이라 하는가?

① 연쇄이동(chain transfer)　　　　② 여기(excitation)

③ 이완(relaxation)　　　　　　　　④ 신축(stretching)

03 형광체에 대한 설명이다. 틀린 것은?

① 형광체에서 나오는 전자기파는 주로 가시광선이지만 적외선이나 자외선도 있다.

② 형광체는 호스트 격자, 활성화제, 발광물질로 구성된다.

③ 형광등에 사용되는 활성화제로 희토류 금속이온을 사용한다.

④ 레이저용 루비($Al_2O_3 : Cr^{3+}$)는 자외선을 흡수하여 담청색의 빛을 낸다.

⑤ 의료진단, 핵물리나 고에너지 물리학에 응용되는 α선, γ선을 흡수하는 형광체를 섬광체라 한다.

정답 및 해설

01 ④

유형 및 해설 [형광과 인광] ④는 인광에 대한 설명으로 준안정상태로의 전이, 즉 계간전이를 가진다. 형광은 들뜬상태에서 바닥상태로 떨어지며 단순히 빛을 방출한다.

02 ②

유형 및 해설 [발광현상] 들뜬상태로의 전이를 여기(勵起)라 한다.

03 ④

유형 및 해설 [형광체] 루비는 자외선을 쪼이면, 진홍색(적색 계통)을 낸다.

제91주

디스플레이

1. 디스플레이(display)의 개요

(1) 디스플레이란 무엇인가?

1) 디스플레이장치(display device)는 사전적인 의미로, 브라운관면에 문자나 도형의 형식으로 데이터를 시각적으로 표시하는 것으로, 표시장치라고도 불린다.

사람-기계-연결매체(human-machine-interface)로 TV, 컴퓨터, 통신기기, 산업용 기기로부터 발생하는 전기적인 정보신호를 빛 정보신호로 변환하여 사람의 시각이 인지할 수 있는 패턴화 정보를 통해 사람에게 전달하는 일련의 변환장치를 말한다.

2) 디스플레이의 빛 정보신호가 자체의 발광에 의해 표시되는 경우가 빛 발광형 표시(emissive display)로 구분하며, 반사 · 산란 · 간섭현상 등에 의한 주변광의 제어 즉, 광변조로 표시되는 경우가 비발광형 표시(non-emissive display)로 구분하고 있다.

(2) 전자 디스플레이장치의 분류

1) 발광형(發光形)

① CRT(Catode Ray Tube, 브라운관 디스플레이)

② LED(Light Emitting Diode, 발광 다이오드 디스플레이)

③ PDP(Plasma Display Panel, 플라스마 디스플레이)

④ FED(Field Emission Display, 전계 발광 디스플레이)

⑤ VFD(Vacuum Fluorescent Display, 형광 표시판 디스플레이)

2) 수광형(受光形)

① LCD(Liquid Crystal Display, 액정 디스플레이)

② ECD(Electro Chemical Display, 일렉트로 케미컬 디스플레이)

③ EPID(Electro Phoretic Image Display, 전기 영동 디스플레이)

④ TBD(Twisting Ball Display, 착색입자 회전형 디스플레이)

⑤ SPD(Suspended Particle Display, 분산입자 배향형 디스플레이)

(3) 디스플레이의 종류

1) 브라운관(Cathode Ray Tube, CRT) : 브라운관으로 우리에게 너무나 익숙한 이름인 음극선관(Cathode Ray Tube, CRT)은 1878년 K.F. 브라운이 진공이 유지되어 있는 상태에서 음극선에서 나오는 전자가 화면에 발라진 형광체를 때릴 때 빛이 나오는 것을 발견하고, 전자를 통해 시각적인 정보를 표현하는 디스플레이를 발명하면서 붙여진 이름이다.

2) PDP(Plasma Display Panel) : 플라스마 디스플레이는 두 개의 유리판 사이에 헬륨–네온–제논 등의 혼합 기체를 주입하고 전압을 가할 때 발생하는 플라스마를 이용하여 화상을 표시하는 디스플레이이다. PDP의 작동원리는 형광등의 작동원리와 유사하며, 적색, 녹색, 청색으로 빛나는 미세한 크기의 형광등을 무수히 배치하여 각각의 형광등을 빠른 속도로 점등시키거나 소등시킴으로써 영상을 나타낸다고 할 수 있다.

3) LCD(Liquid Crystal Display) : 액정 디스플레이는 뒷면에서 백라이트라고 불리는 백색광을 비추고, 두 장의 유리판 사이에 들어있는 고체와 액체의 중간 특성을 가진 유기 분자인 액정과 편광판이 LCD에 가해지는 전압에 따라 셔터 역할을 하면서 빛을 통과시키거나 차단시키고, 액정셔터를 통과한 빛이 컬러 필터에 의해 붉은색, 초록색, 청색의 R(Red), G(Green), B(Blue)로 바뀌는 과정에서 천연색을 구현하면서 도형, 문자, 영상 등을 표시하는 장치이다.

4) OLED(Organic Light–Emitting Diode) : 유기물질이 스스로 빛을 내는 유기발광현상은 1950년 프랑스 베르나노즈 연구팀이 처음으로 발견하였으며, 이를 디스플레이로 구현한 유기 EL(Organic Electro–Luminescent)은 1987년 미국 이스트먼코닥사에 의해 개발되었다. 음극선관이 형광체를 발광시키는 방식이고 LCD가 외부 광원인 백라이트를 이용하는 방식인데 반해, **유기 EL은 전압을 가할 때 스스로 발광하는 두께 1백~2백nm(나노미터, 1nm=10^{-9}m) 정도의 유기 박막층이 형광체 역할을 하면서 정보를 나타내는 디스플레이이다.** 유기 EL은 사진보다 선명한 화질을 가지며, **자유롭게 휘어지기도 하는** 디스플레이의 결정판이다. 또 스스로 빛을 내기 때문에 빛을 내기 위한 별도의 램프가 필요없어 디스플레이의 두께를 1mm 이하로 할 수도 있다.

5) FED(Field Emission Display) : 전계효과 디스플레이 FED는 음극관에서 나온 전자가 양극판의 형광체에 부딪히는 과정에서 영상을 나타낸다는 점에서 브라운관으로 알려진 음극선관과 그 원리가 같다. 그러나 음극선관이 하나의 전자총에서 방출된 전자들이 편향 시스템을 이용하여 화면의 상단에서 하단으로 순차적으로 형광체와 충돌하면서 영상을 표시하는 방식이라면, FED는 직경 10nm 정도의 수많은 전자총으로부터 화면의 픽셀당 수 백 개 이상의 방출된 전자가 형광체와 충돌하면서 영상을 만드는 방식이 다른 점이다.

6) 터치 스크린(Display Touchscreen System) : 터치 스크린은 키보드 대신 디스플레이 화면에 나타난 문자나 특정 지점을 손 또는 특정 물체로 누르면, 소프트웨어가 정해진 처리과정을 통해 그 위치를 파악하고 화면에서 직접 입력 자료를 받을 수 있도록 한 화면을 말한다. 터치 스크린은 키보드 기능을 갖추고 있는 디스플레이로, 사람이 컴퓨터와 상호 대화하는 가장 단순하고 가장 직접적인 방식이며 현재 은행의 현금 자동 입출기에서와 같이 우리의 생활에서 유용하게 쓰이고 있는 장치이다.

2. LCD

(1) 액정(Liquid Crystal)

1) 액정이란, 액체와 결정의 중간상태에 있는 것이다. 이러한 물질은 분자의 배열이 어떤 방향으로는 불규칙적인 액체상태이나 이와 다른 방향에서는 규칙적이고 광학적인 결정상태를 띠고 있다. 즉, 중간상태의 물질은 외관적으로 유동성이 있는 끈적한 액체이면서 광학적 이방성을 띤 결정을 보이고 있다.

2) 액정의 종류 : 분자배열방식에 따라 스멕틱(smectic), 네마틱(nematic), 콜레스테릭(cholesteric) 상태의 3종류로 구분한다.

① 스멕틱(smectic, 희랍어로 soap의 뜻) 액정

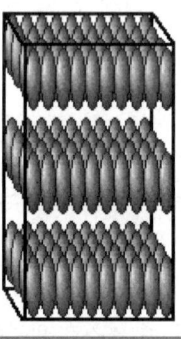 

A theoretical picture of the smectic phase (left) and a photo of the same phase(above).
Photo cowtesy Kent State University

다른 두 가지에 비해서 배열이 더 규칙적이고 층을 이루고 있다. 층의 면에서는 분자의 위치에 규칙성이 없지만 면이 직각인 방향에는 규칙성을 가진다. 그러므로 한 방향에 대해 분자 위치의 규칙성(positional order)을 유지하고 분자축은 전체로서 한 방향을 향한 질서가 있다. 액정 물질로 스멕틱과 네마틱을 가리키는 경우 규칙성이 좋은 스멕틱 쪽이 항상 네마틱보다 낮은 온도영역에서 나타난다. 스멕틱 액정의 층 내에서의 분자배열에 따라서 각종 분류가 나타난다.

② 네마틱(nematic, 희랍어로 thread라는 뜻) 액정

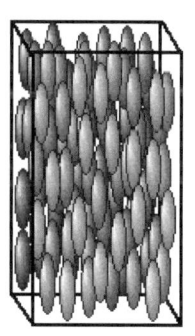 

A theoretical representation of
the nematic phase(left) and a photo
of a nematic liquid crystal(above).
Photo cowtesy Kent State University

　㉠ 분자 위치에 규칙성이 없지만 분자축을 전제로 한 방향으로 향한 질서(배향의 질
　　서, orientational order)를 가지고 있다.

　㉡ 분자의 방향은 위, 아래가 거의 동등하기 때문에 분극이 상쇄되어 일반적으로 강
　　유전성을 나타내지 않는다.

③ 콜레스테릭(cholesteric) 액정

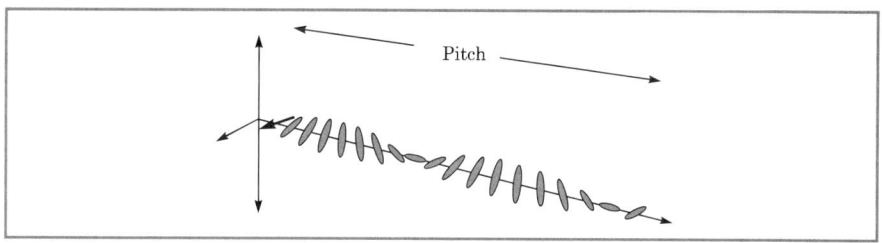

　㉠ 분자축이 비틀어진(거울에 비친 분자의 상이 원래의 상과 다를 때 카이랄
　　(chiral)한 분자라고 한다) 경우 또는 네마틱 액정에 카이랄 한 분자를 혼합하면
　　네마틱 액정의 디렉터 n이 비틀어진 상태가 된다. 이러한 배열의 액정을 콜레스
　　테릭(cholesteric) 액정이라 한다.

　㉡ 비틀림의 피치 L은 대략 0.3μm의 범위이다. 비틀림방향인 우선회 또는 좌선회
　　는 특례를 제외하고 물질에 따라서 결정된다.

　㉢ 콜레스테릭상태는 스멕틱상태와 마찬가지로 층상구조를 가지는데, 각 층에서의
　　분자배열은 네마틱상태와 비슷하다. 각 분자층은 매우 얇으며, 층 내에서의 분자
　　배열은 장축방향이고 층의 면은 평행이다. 그림과 같이 각 층내 분자의 장축방향
　　은 인접하는 층 분자의 장축방향과 조금 어긋나 있으며 전체적으로는 나선구조
　　를 이루고 있다.

　㉣ 콜레스테릭 유도체에서 많이 볼 수 있으므로 이런 이름이 붙었지만, 콜레스테릭
　　자체에는 액정성이 없다.

(2) LCD의 장·단점

1) 장점

① 저소비 전력으로 장시간의 전지 구동이 가능한 에너지 절약형이다.

② 저전압에서 동작하므로 직접 IC 구동이 가능하고 구동 전자회로의 소형화, 간략화가 가능하다.

③ 소자가 얇고 또한 대형 표시에서부터 소형 표시까지 가능하다. 특히 휴대형 기기에 적합하다.

④ 수광형 표시이므로, 밝은 장소에서도 표시가 선명하다.

⑤ 표시의 컬러화가 쉽기 때문에 표시 기능의 확대, 다양화가 이루어질 수 있다.

2) 단점

① 비발광형이므로 반사형 표시인 경우 어두운 곳에서 표시의 선명함이 떨어진다.

② 선명한 표시가 요구되는 경우 또는 컬러 표시의 경우 후광을 필요로 한다.

③ 표시 콘트라스트가 보는 방향에 따라 의존하는 경우가 많아서 시각에 제약을 받는다.

④ 응답시간이 주위 온도에 의존하기 때문에 저온 동작($-30 \sim -40\,^{\circ}\mathrm{C}$)에 어려움이 있다.

(3) TFT-LCD 제조공정

1) 세정(cleaning) : 세정은 초기 투입이나 공정 중에 기판이나 막의 표면의 오염, 불순물을 제거하여 불량이 발생하지 않도록 하는 기본 개념 이외에 증착될 박막의 접착력 강화와 TFT 특성 향상을 목적으로 하며, 넓은 의미에서는 에칭공정 후의 감광막 제거공정도 포함될 수 있다.

① LCD 제조공정 중의 오염의 형태에는 Na^+과 같은 이온성 오염, 금속이나 반도체 취급 시나 설비에 기인하는 입자성 오염이 있으며, 산화막이나 유기막처럼 기존에 막 표면에 형성되는 막상오염이 있을 수 있다.

② 세정방법에는 물리적 세정, 화학적 세정, 건식 세정방법이 있다.

2) 박막증착(deposition) : 금속막 및 투명전극의 경우 스퍼터링(sputtering) 방법을 사용하고, Si 및 절연막은 PECVD(Plasma Enhanced Chemical Vapor Deposition) 방법을 주로 사용한다.

3) 사진공정(photolithography) : 마스크에 그려진 패턴을 박막이 증착된 유리 위에 전사시켜 형성하는 일련의 공정으로 일반 사진현상의 공정과 같다. 주요공정은 다음과 같다.

① 감광액 도포(photo resist)

② 정렬 및 노광(align & exposure)

③ 현상(develop)

4) 식각공정(etching) : 물리적, 화학적 반응을 이용하여 유리 기판상에 포투레지스트(PR)에 의하여 형성된 패턴대로 박막을 선택적으로 제거함으로써 실제의 박막 패턴을 구현하는 방법이다. 패턴이 형성된 박막은 남게 되고 PR이 없는 부분의 박막은 제거된다. 식각공정의 방법은 다음과 같다.

① 건식 식각(dry etching) : 가스 플라스마를 이용하여 건식 식각하는 방법

② 습식 식각(wet etching) : 희박용액을 이용하여 습식 식각하는 방법

➡ 식각 후에는 유기용매 등에 의한 PR strip 공정이 행해진다.

5) 검사공정(inspection) : 공성의 완성도 확인 및 제품의 불량 여부를 확인하는 단계이다. 검사유형은 박막 증착 두께 및 식각 두께의 평가, 패턴 형성 확인, 전기적 특성 평가로 이루어진다.

6) TFT 패널 제조공정

① Etch—Back(E/B) 형태 : 박막 트랜지스터의 활성층 위에 n+층을 연속적으로 증착한 후, 소스—드레인 전극을 형성한다. 소스—드레인 전극을 형성한 후 n+층을 식각한다.

② Etch—Stopper(E/S) 형태 : 비정질 실리콘 위에 질화막을 연속적으로 증착한 후 질화막을 패터닝한다. 패터닝된 질화막 위에 n+층을 증착하고 그 위에 소스—드레인 전극을 형성한다. 소스—드레인 전극이 형성된 후 이를 식각한다.

(4) 컬러필터 제조공정

1) TFT—LCD 컬러 화면은 후면광(back light)의 백색광의 투과율을 조절하는 TFT와 액정의 동작과 RGB 컬러필터를 투과해 나오는 3원색의 가법 혼색을 통해 이루어진다.

2) 컬러필터는 제조 시 사용되는 유기필터의 재료에 따라 염료방식, 안료방식이 있다. 현재 컬러필터의 제조 시 사용되는 가장 보편적인 방법은 안료분산법이다.

3. OLED(Organic Light Emitting Diode)

(1) 유기 EL의 개요

1) 유기 EL에서 EL(Electroluminescence)은 주로 형광체에 전계를 인가하거나 혹은 전류를 흘려 주었을 때 발광재료의 자체 발광현상을 말한다.

2) 유기 EL의 기본 구조

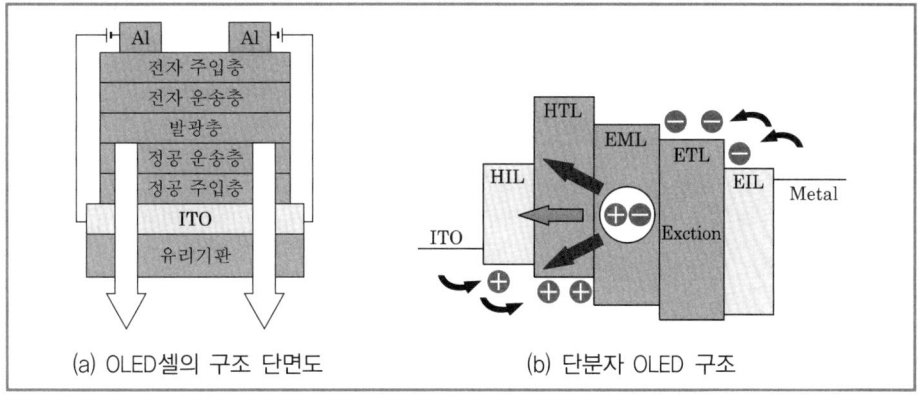

(a) OLED셀의 구조 단면도　　　(b) 단분자 OLED 구조

[유기 EL의 기본 구조]

음극과 양극 금속 전극 사이에 두께 200nm 내외의 전자와 정공 수송층과 이들이 재결합하여 발광하는 발광층으로 구성된다. 유기 EL은 유기물 박막에 음극과 양극을 통하여 주입된 전자와 정공이 유기물질 안에서 자유롭게 돌아다니다가 재결합하여 여기자(exciton)를 형성하고 형성된 여기자로부터 에너지에 의해 특정한 차장의 빛이 발생하는 현상을 이용한 것이다.

3) 유기 EL의 특징

① 형광성 유기화합물에 전류가 흐르면 빛을 내는 전계 발광현상을 이용하여 스스로 빛을 내는 '자체발광형 유기물질'을 말한다. 낮은 전압에서 구동이 가능하고 얇은 박형으로 만들 수 있다. 넓은 시야각과 빠른 응답속도를 갖고 있어 일반 LCD와 달리 바로 옆에서 보아도 화질이 변하지 않으며 화면에 잔상이 남지 않는다. 또한 소형 화면에서는 LCD 이상의 화질과 단순한 제조공정으로 인하여 유리한 가격 경쟁력을 갖는다.

② 휴대전화나 카오디오, 디지털카메라와 같은 소형 기기의 디스플레이에 주로 사용되다가 점차로 모니터, 대형 TV 등으로 사용이 확대되고 있고, 구부릴 수 있는 디스플레이가 가능하기 때문에 플렉시블(flexible) 휴대폰 등에 활용되고 있다.

③ 컬러 표시방식에 3(Red, Green, Blue)색 독립화소방식, 색변환방식(CCM), 컬러 필터방식이 있으며 디스플레이에 사용하는 발광재료에 따라 저분자 OLED와 고분자 OLED, 구동방식에 따라 수동형 구동방식(passive matrix)과 능동형 구동방식(active matrix)으로 구분한다.

4) 유기 EL의 구분

구 분		장 점	단 점	원천기술 보유
유기 EL 발광재료	저분자형	조기 양산화 가능	• 복잡한 제조공정, 수명이 짧음 • 발광효율이 낮아 대화면이 곤란	Eastman Kodak
	고분자형	• flexible 기판 사용 가능 • 고색상 기능	재료의 신뢰성 미흡	CDT
구동방식	수동형(PM)	저가격, 단순 제조공정	고소비 전력	Pioneer
	능동형(AM)	• 대화면 용이 • 저소비 전력	고가격	Sanyo

5) 유기 EL과 무기 EL의 장·단점 비교

구 분	저분자 유기 EL	고분자 유기 EL	무기 EL
재료	안트라센, Alq3	PPV, PPP, PT	ZnS, GaN, SiC
장점	• 발광효율 우수 • 풀컬러 가능 • 다층막 형성 가능 • 픽셀화 용이 • 대형화면 가능	• 낮은 구동 전압 • 기계적 강도 우수 • 열적 안정성이 높음 • 편광발광 가능 • 대형화면 가능 • 박막공정 용이	• 내충격성 • 내구성 • 내환경성
단점	• 결정화 • 기계적 강도 낮음 • 다층막 간의 상호 확산	• 픽셀화 쉽지 않음 • 다층막형성 어려움	• 높은 AC 구동 전압 • 청색 발광 어려움 • 고가
전망	상용화, 시장 확대 예상	연구 개발 중	특수 분야 활용 중

(2) **OLED의 발광재료 및 특성** : 유기 EL에 사용되는 모든 재료들은 순도가 높아야 하고, 진공증착이 가능해야 한다. 또한 유리 전이온도와 열분해 온도에서 높은 열안정성을 나타내야 하며, 소자 작동 시 발생하는 줄(joule) 열로 야기되는 결정화에 의한 소자의 파괴를 방지하기 위해 무정형이어야 한다. 인접한 다른 층과의 접착력은 좋은 반면 다른 층으로 이동하지 않아야 한다.

1) 저분자 유기물질

① **정공 주입재료** : 프탈로시아닌구리(CuPc : Copper Phthalocyanine), PEDOT 등

② **정공 전달재료** : 방향족 아민

③ **발광재료**

    ┌ 청색 : 안트라센, 페닐 치환된 사이클로펜타디엔 유도체 및 DVPBi 등
    ├ 노란색(580nm) : 1,2−phthalo−perino 유도체 등
    └ 녹색(550nm) : Alq3

➡ 이 물질에 유기물 색소를 도핑(doping)함으로써 초록색부터 빨간색까지의 넓은 영역에서 빛을 낼 수 있으며, 한 예로 DCM 색소를 Alq3에 도핑함으로써 적색발광하는 물질의 제조가 가능하다.

➡ 인광발광재료 : 기존의 발광재의 단점인 내부 발광효율을 개선한 재료로서, 계간전이(intersystem crossing) 또는 에너지 전이가 잘 일어나는 원자번호가 큰 금속이 중심원자로 있는 유기 금속화합물이 바람직하다.

➡ 이리듐(Ir), 백금(Pt), 유로퓸(Eu), 터비움(Tb)계 화합물 등이 있다.

2) 고분자 유기물질

① 발광재료

㉠ PPV : poly(p-phenetlenevinylene)

ⓐ PPV는 유기용매에 잘 녹으며 분자량도 큰 중합체를 얻는 방법이다.

ⓑ PPV의 PL 최대 피크(peak)는 540nm로서 녹색 빛을 발하며, 발광효율은 0.1%이고 약 14V 정도의 전압을 공급해줌으로써 전류가 흐르기 시작한다.

㉡ PPP : poly(p-phenylene)

ⓐ PPP는 내구성과 내열성이 좋은 고분자로 오직 한 형태만 가지고 있고 어느 정도 합성방법에 의해 PPP의 성질은 조절이 가능하며, 매우 높은 결정성을 갖고 있다.

ⓑ 다루기가 어렵고 잘 녹지 않으며, 공기 중 450℃까지 안정한 특성을 가진다.

ⓒ PPP는 약 10V의 구동 전압이 필요하고 발광효율은 약 0.01~0.05% 정도이며, 발광범위는 460nm로 청색을 발광한다.

ⓓ 전구체를 통해 얻어진 PPP의 경우 최종 생성물이 잘 녹지 않아 가공성이 좋지 않다. 이러한 단점을 극복하기 위해 알킬기나 알콕시기를 치환시켜 가용성 물질의 PPP 합성에 사용할 수 있어 발광효율면이나 유기용매 용해성 등에 장점을 갖는다.

㉢ PT : polythiophene

ⓐ PT와 그 유도체는 화학적 및 전기적 방법으로 합성이 가능하다.

ⓑ 공기 중이나 수분에 대해 매우 안정한 특징을 가지고 있다.

ⓒ PT는 치환된 알킬기의 길이, 온도, 용매에 따라 발광파장과 방출세기가 다르다.

➡ 한 예로 poly(3-thiophene)의 경우 온도가 증가함에 따라 흡수 peak가 자외선 흡수 스펙트럼에서 단파장 쪽으로 이동하며, 발광세기도 증가한다.

(a) PPV   (b) PPP   (c) PT

(3) OLED의 구조 및 동작원리

1) **적층구조** : 유기 EL 디스플레이는 유리 기판상에 양극, 3층의 유기막(홀 수송층, 발광층, 전자 수송층), 음극을 순서에 적층해 구성한다. 유기분자는 에너지를 받으면(여기상태), 원래의 상태(기저상태)로 돌아오려고 해, 그때에 받은 에너지를 빛으로써 방출하는 성질이 있다.

① 유기 EL 소자에서는 전압을 걸면 양극으로부터 주입된 홀(+)과 음극으로부터 주입된 전자(−)가 발광층 내에서 재결합해 유기분자를 여기해 발광한다.

② 전압을 가하면 유기물이 빛을 발하는 특성을 이용하며, 유기물에 따라 R, G, B를 발하는 특성을 이용해 full color를 구현하는 것이 발광원리이다. 자발광소자로서 휘도/색순도 특성이 뛰어나다.

2) 동작원리 : 전원이 공급되면 전자가 이동하면서 전류가 흐르게 되는데 음극에서는 전자(−)가 전자 수송층의 도움으로 발광층으로 이동하고, 상대적으로 양극에서는 hole(+개념, 전자가 빠져나간 상태)이 hole 수송층의 도움으로 발광층으로 이동하게 된다.

① 유기물질인 발광층에서 만난 전자와 홀은 높은 에너지를 갖는 여기자를 생성하게 되는데 이때 여기자가 낮은 에너지로 떨어지면서 빛을 발생하게 된다.

② 발광층을 구성하고 있는 유기물질이 어떤 것이냐에 따라 빛의 색깔은 달라지게 되며, R, G, B를 내는 각각의 유기물질을 이용하여 full color를 구현할 수 있다. 단순히 pixel을 열고 닫는 기능을 하는 LCD와는 달리 직접 발광하는 유기물을 이용한다.

(4) OLED 제조공정

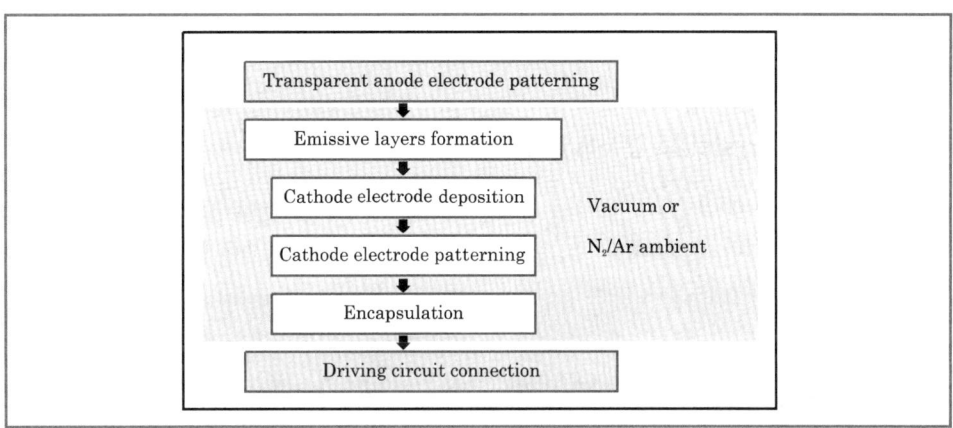

1) 기판 위에 양극을 증착한 후 패터닝(patterning)을 한다.
  ➡ 주로 투명전극인 ITO가 코팅된 유리기판에 대해 패터닝작업을 실시한다.

2) 유기 발광층의 형성과정
  ➡ 진공이나 질소, 아르곤 등과 같은 비활성 기체 분위기 내에서 공정이 진행된다.

3) 음극재료를 증착한 다음 패터닝을 실시한다.
  ➡ 이 경우 유기층의 손상을 방지하기 위해 건식공정인 셰도우 마스(shadow mask), 리프트 오프(lift off)공정 등을 적용한다.

4) 봉지공정(encapsulation)

5) 구동회로 연결

기출 및 예상 문제

01 유기물의 자체 발광을 이용한 디스플레이는?

① LCD   ② FED

③ PDP   ④ OLED

⑤ CRT

02 여러 가지 디스플레이에 대한 설명이다. 틀린 것은?

① CRT는 진공상태에서 전자가 형광체를 때릴 때 빛이 나오는 것을 이용한 것이다.

② PDP는 플라스마를 이용하여 화상을 표시하는 디스플레이이다.

③ LCD는 백라이트를 비추고, 두 장의 유리판 사이에 들어있는 액정을 이용한 것이다.

④ FED는 CRT의 원리와 유사하나 CRT에 비해 더 많은 전자총을 사용한다.

⑤ OLED는 음극관에서 나온 전자가 양극판의 형광체에 부딪히는 과정에서 영상을 나타 낸다는 원리를 이용한 것이다.

03 액정(liquid crystal)의 분자배열에 따른 종류가 아닌 것은?

① 스멕틱(smectic)   ② 아탁틱(atactic)

③ 콜레스테릭(cholesteric)   ④ 네마틱(nematic)

 정답 및 해설

01 ④

유형 및 해설 [OLED] OLED는 '반딧불'처럼 유기물질의 발광을 응용한 것이다. 유기물질인 발광층에 서 만난 전자와 홀은 높은 에너지를 갖는 여기자를 생성하게 되는데 이때, 여기자가 낮은 에너지로 떨어지면서 빛을 발생하게 되는 원리를 적용한 것이다.

02 ⑤

유형 및 해설 [디스플레이] ⑤는 FED이며, OLED는 유기물의 자체발광현상을 이용한 것이다.

03 ②

유형 및 해설 [디스플레이] 아탁틱은 고분자의 입체 규칙도 중 하나이다.

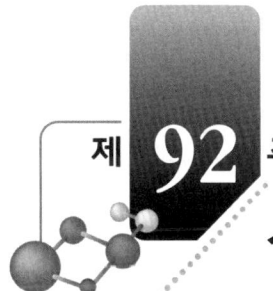

제 92 주

실리콘

제92주제   실리콘

1. 실리콘 고분자 개요
2. 실리콘 오일
3. 실리콘 레진
4. 실리콘 고무

참고 silicon과 silicone 용어 구별

① silicon은 원소기호 Si로 표시되는 규소를 의미한다. (응용 : 실리콘 웨이퍼 등)

② silicone은 유기기를 함유한 규소(organosilicone)와 산소 등이 화학적으로 연결된 폴리머이다.

(1) 실리콘 오일(oil)

1) 실록산 결합 : $Si-O-Si$

① 천연에 존재하지 않으며 완전히 인공적으로 합성된 것이다.

② 유동성을 가진다.

2) 실리콘 오일의 형태별 분류

$$
\begin{array}{ccccc}
 & R & R & R & R \\
 & | & | & | & | \\
R- & Si-O-Si-O & ------ & Si-O-Si & -R \\
 & | & | & | & | \\
 & R & R & R & R
\end{array}
$$

R : 주로 메틸(CH_3), 그 외에 페닐(C_6H_5), 긴 사슬 알킬(C_nH_{2n-1}) 등

[실리콘 오일의 분자구조(왼쪽 : 일반적 구조, 오른쪽은 구조의 한 예)]

➡ 위 실리콘 오일의 분자구조를 보면, 규소원자에 결합하는 유기기(R, R_1, R_2)의 종류와 실록산의 중합도(m, n)에 따라 분류된다.

① 순실리콘 오일 : 직접법을 사용해 가수분해 중합공정으로 오일을 만든다.

　　㉠ 디메틸 실리콘 오일 : R, R_1, R_2가 모두 CH_3이다.(계면특성, 전기절연성, 내열성)

　　㉡ 메틸페닐 실리콘 오일 : R_1, R_2가 페닐기(C_6H_5)이다.(반응성이 좋음)

　　㉢ 메틸히드로젠 실리콘 오일 : R_1은 메틸(CH_3), R_2는 H이다.(반응성이 좋음)

② 변성 실리콘 오일

　　㉠ 실리콘 오일 제조 시 다른 유기물과의 반응을 진행시켜, CH_3, H, C_6H_5기 이외의 다른 알킬기 또는 아릴기를 도입한 오일을 의미한다.

　　㉡ 앞의 그림에서 R에 긴 사슬의 알킬 또는 아릴기를 함유한 것을 알킬 변성 실리콘 오일 또는 아릴 변성 실리콘 오일이라 한다.

　　㉢ 여러 가지 화합물과 친화성이 향상되기 때문에 도장성이 우수한 오일이다.

3) 성질 및 용도

① 물리적 및 화학적 성질

물리적 성질	화학적 성질
• 온도변화에 대한 점도변화가 적다. • 응고점이 낮다.(−50℃) • 비열이 작고, 열전도율이 높다. • 전단저항이 크다. • 윤활성은 다소 떨어진다. • 표면장력이 작다.(거품이 잘 일어나지 않음) • 이형성, 소포성이 우수하다.	• 내열성이 크다. • 공기 중에서 산화가 잘 일어나지 않는다. • 화학적 안정성이 우수하다. • 부식작용을 잘 하지 않는다. • 전기절연성이 우수하다. • 비극성이므로 비극성 용매에 잘 녹는다.

참고

(1) 이형성

실리콘 오일은 표면장력이 작아, 퍼짐현상이 크고 물질에 대한 친화성 및 용해성이 작다. 두 다른 물질 간의 표면접촉을 방지하려는 성질을 의미한다.

(2) 소포성

거품을 제거하는 성질을 의미한다.

　　　⊙ 실리콘 오일의 가장 큰 특징은 온도변화에 따른 점성도의 변화가 적다.
　　　　➡ 보통의 광물유보다도 점성도가 매우 적다.
　　　ⓒ 전기절연성이 좋아 절연유로 사용되며, 증기압이 낮아 진공확산 펌프용으로 사용된다.
　　② 용도 : 절연유, 윤활유, 이형제, 소포제, 질삭유, 완충유 능 공업적 용도의 유제품 등

(2) 실리콘 레진(resin) : 실리콘 레진은 실리콘 오일 및 실리콘 고무 등의 제품이 주로 2관응성 단위로 구성되어 있는데 비하여 분자 중에 3관능성 또는 4관능성 단위를 많이 갖고 있다. 100% 실리콘 레진 및 그 용액이 실리콘 레진을 함유한 것을 총칭하여 실리콘 레진이라 한다.

1) **제조방법** : 가교하기 쉬운 단위를 초기에 선택하여 축합반응시킨다. 그 후 가교를 진행시키고 점차 신축성이 줄어들고 딱딱해지면서 가교밀도를 극단적으로 높이면 실리콘 레진을 얻는다.

2) **특징**
　① 기계적 강도가 약함
　② 내열성, 전기절연성, 내후성, 내수성이 우수
　③ 난연성
　④ 일종의 열경화성 수지이며, 3차원 망상구조를 가지고 있음
　　➡ 즉, 기계적・물리적 특성은 약하나, 화학적 특성은 우수하다.

3) **용도에 따른 분류**
　① **실리콘 바니스** : 일반 폴리 실록산(용제에 녹지 않는 도막형성 ; 도료)
　② **실리콘 중간체** : 규소원자가 결합된 수산기나 알콕시기를 가진 저분자량 폴리실록산이다.
　③ **실리콘 변성 바니스** : 규소원자에 알키드 수지, 폴리에스테르 수지 등을 반응시킨 폴리실록산이다. 변성에 따라 내용제성, 내약품성, 내후성이 우수하고 강한 특성을 얻는다.
　④ **용액・무용제 형태**
　　⊙ 용액형태 : 장점은 점도가 낮기 때문에 도포가 용이, 첨가물을 혼합하는 것도 용이하다.
　　ⓒ 무용제형태(액상, 고형/분말) : 자원절약이나 노동위생 측면에서 유리하다. 액상인 것은 주로 실리콘 고분자 중합에 사용되고, 고형/분말인 것은 분체 도료로 사용된다.

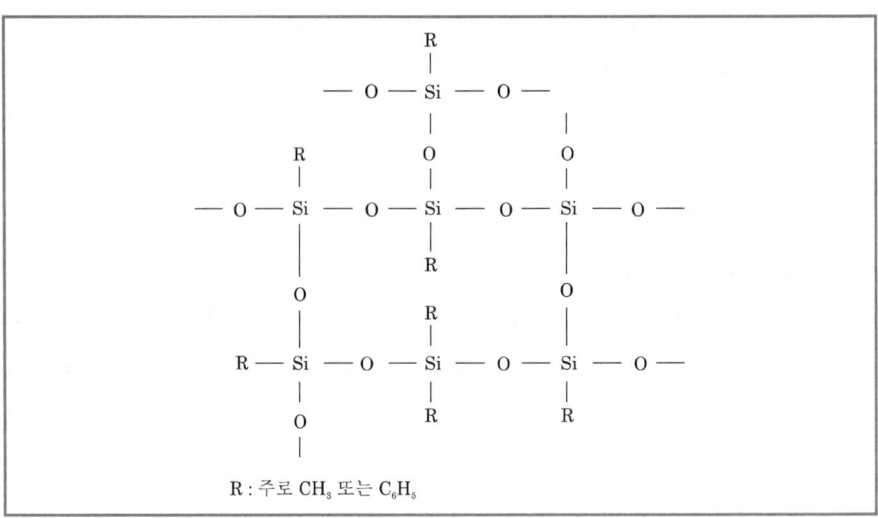

[실리콘 레진의 분자구조]

(3) 실리콘 고무(rubber)

1) 실리콘 고무의 특징

① 실리콘 고무에 사용되는 폴리머의 주된 사슬은 무기결합인 Si−O−Si로 되어 있고, 동시에 Si 원자는 메틸기를 대표로 하는 유기기와 결합하고 있기 때문에 C−C 결합을 주된 사슬로 하는 다른 유기계 고무와 특성이 구별된다.

② 실리콘 고무는 사용 온도 범위가 매우 넓어 −115~260℃에 견딜 수 있다.

③ 내열성, 내한성, 전기절연성 및 탄성이 우수해 고무재료, 피복재료 등에 사용된다.

④ (하지만) 기계적 강도는 네오프렌 등의 합성고무보다 작다는 단점이 있다.

⑤ 3차원 망상구조로, 가교밀도가 실리콘 레진보다 떨어진다. 실리콘 레진에 비해 분자 병진 자유도는 떨어지나 신축성은 증가한다. 액상고무로 제품화된다.

2) 실리콘 고무의 종류

① 미러블형(millable, 열가류형) 실리콘 고무 : 고중합도의 실리콘 오일을 가교제(과산화물)를 써서 가열하여 가교시킨 형태이다.

② 액체 실리콘 고무(말단에 활성기를 가진다) : 저중합도의 실리콘 오일에 가교제를 사용하여/상온에서 열, 빛으로 자극한 후 가교를 통해 얻어진 실리콘 고무이다.

3) 실리콘 고무의 성질 및 용도

① 내열성(250~315℃), 내한성(−65~−95℃) : 고온용, 저온용 상품 가능

② 전기 특성 및 난연성 : 난연성 소재(연소 시 유해가스를 발생하지 않음)

③ 내오존성 및 내후성 : 지중 케이블, 지중 전화선, 선박 등의 각종 진선 및 개스킷(gasket)

④ 기계적 특성 : 우수한 기계적 성질(경도 10~90도, 인장강도 40~110kg/cm^2 등)
⑤ 무미 · 무취 · 무독성 : 각종 식품용 고무(젖병 등), 의료용 고무재료(인공동맥, 인공 심장 등)
⑥ 내습 · 내수성 : 가황 후의 내습, 내수성이 뛰어남

 기출 및 예상 문제

01 실리콘(silicone)의 용도로 알맞지 않은 것은?

① 고무　　　　　　　　　② 레진
③ 오일　　　　　　　　　④ 흡착제
⑤ 실링제

02 실록산 결합을 나타낸 것은?

① Si-C-Si　　　　　　　② Si-Be-Si
③ Si-N-Si　　　　　　　④ Si-O-Si

03 실리콘 고분자에 대한 설명이다. 틀린 것은?

① 실리콘 오일의 가장 큰 특징은 점성도의 온도 의존성이 낮은 것이다.
② 실리콘 고무는 내열성, 내한성이 좋아 고온 · 저온 제품 모두 제조 가능하다.
③ 실리콘 레진은 경화하여 단단한 피막과 성형품을 형성한다.
④ 실리콘 고무는 난연성은 좋으나, 오존에 대해 저항성은 약하다.

04 실리콘 오일의 특성에 대한 설명이다. 옳지 않은 것은?

① 온도에 의한 점도변화가 적다.
② 증기압이 대단히 낮고, 인화점이 높다.
③ 유동점이 낮고, 온도에 의한 용적의 변화가 크다.
④ 전기절연성이 우수하고, 독특한 윤활성을 갖는다.

05 실리콘 레진의 특성에 대한 설명이다. 옳지 않은 것은?

① 기계적 강도는 곁사슬기의 종류에 따라 차이가 있다.

② 내열성이 우수하여, 고온에서도 잘 견딘다.

③ 물과 친화성이 있는 극성기가 없기 때문에, 내수성 및 내습성이 우수하다.

④ 전기전도성이 우수할 뿐 아니라 탄화되는 성분이 적어 내아크성이 우수하다.

⑤ 내후성 도료의 베이스 레진으로 실리콘 바니스를 사용할 수 있다.

06 보기에서 설명하는 실리콘 레진은 무엇인가?

[보기]

• 이는 통상 2관능성 단위와 3관능성 단위의 조합 또는 3관능성 단위만으로 구성된다.

• 이는 메틸트리클로로실란, 디메틸클로로실란, 페닐트리클로로실란, 디페닐클로로실란의 4종을 사용목적에 따라 배합하고 가수분해하여 제조한다.

• 용도에 따라 가수분해공정에서 사용되는 저축합 폴리실록산을 그대로 사용하는 경우도 있다.

① 순실리콘 바니스　　　　　　② 실리콘 변성 바니스

③ 용제형 실리콘 레진　　　　　④ 무용제형 실리콘 레진

정답 및 해설

01 ④

유형 및 해설 [실리콘의 용도] 실리콘(silicone)은 실리콘 고분자를 의미한다. 실리콘 고분자는 실리콘 오일, 레진, 고무 및 산업용·건축용 실링제를 중심으로 제품화되어 있다. 실리콘은 원자 및 구조적 특징상 물을 흡수하는 흡수적인 성질은 가지고 있지 못하다.

02 ④

유형 및 해설 [실록산 결합] 실론산 결합은 유기기를 함유한 규소와 산소의 화학적 결합을 통해 고분자를 이루는 기본단위로, 'Si—O—Si'이다.

03 ④

유형 및 해설 [실리콘 고분자] 실리콘 오일은 온도변화에 대한 점성도의 변화가 적다. 광물유보다도 보통 온도변화에 의한 점성도의 변화가 적어 이형용, 소포용, 발수용 등에 사용된다. 또한 실리콘 오일은 진기질연성이 좋아 절연유로 사용된다. 실리콘 고무는 내오존성을 가지고 있어, 자외선, 공기 중의 오존산화제 등에 뛰어난 저항성을 가지고 있다. 따라서 이는 지중 케이블, 전화선, 선박 등 각종 고무 부품과 창문의 개스킷, 고층 빌딩의 창틀 등에 이용된다.

04 ②

유형 및 해설 [실리콘 오일] 일반적 특징
① 온도에 의한 점도의 변화가 낮다.
② 증기압이 높다.
③ 인화점이 낮다.
④ 유동점이 낮다.
⑤ 온도에 의한 용적변화가 크다.
⑥ 압축률이 크다.
⑦ 전단저항성이 크다.
⑧ 독특한 윤활성을 갖는다.
⑨ 전기절연성이 우수하다.
⑩ 표면장력이 작다.
⑪ 발수성이 있다.
⑫ 이형성, 비점착성을 부여한다.
⑬ 소포성이 있다.
⑭ 양호한 광택성이 있다.
⑮ 타 물질의 용해가 쉽다.
⑯ 열산화 안정성이 우수하다.
⑰ 화학적 안정성이 우수하다.
⑱ 생리적인 불활성이 있다.

05 ④

유형 및 해설 [실리콘 레진의 특성] 실리콘 레진의 기계적 특성은 곁사슬의 종류에 따라 다르며, 전기절연성 및 내후성, 내수성, 내약품성, 난연성 등이 특히 좋다.

06 ①

유형 및 해설 [실리콘 레진의 종류] 실리콘 레진에 대한 설명으로 실리콘 바니스는 클로로실란들을 배합하여 가수분해 공정에서 축합하여 폴리실록산을 만들고, 이를 사용 목적에 따라 크실렌과 톨루엔 등으로 실록산 성분이 50~60%가 되도록 희석하여 사용한다.

세라믹스 일반

제93주제   세라믹스

1. 세라믹스의 개요

(1) 세라믹스(ceramics)의 정의

1) 세라믹스란 용어는 소성된(fired) 점토라는 뜻이다.

2) 우리나라에서는 '요업(窯業)'이라는 단어를 사용하다가 최근에는 세라믹스라는 말이 가장 널리 사용되고 있다.

(2) 세라믹스의 성질

1) 대부분의 세라믹스는 양이온과 음이온의 이온결합으로 연결되어 물질을 이루고 있으며, 일부 공유결합 형태를 취하기도 한다.

2) 이러한 화학결합의 특성 때문에, 단열성이 높고 전기저항성이 높다.

3) 그러나 세라믹스의 결합형식을 바꾸어 반도성(半導性,) 전도성(傳導性) 재료로도 만들어질 수 있다.

4) 기계적으로 변형이 일어나지 않고, 취성(brittle fracture)을 나타내고 있으며 인성이 약하다.

5) 화학적으로 매우 안정하여 대부분 산·알칼리 용액과 반응하지 않는다.

➡ 세라믹스는 '열에 강하다', '단단하다', '약품에 침식되지 않는다' 등의 기본적인 특성 이외에도 전기·자기적 기능, 열적 기능, 기계적 기능, 광학적 기능, 생물·화학적 기능, 원자력 기능 등과 같이 뛰어난 기능을 가지고 있으며, 여러 분야에 다양하게 이용되고 있다. 기능성 세라믹스는 정밀 요업체 또는 파인 세라믹스라고도 하며, 정성된 원료, 정확하게 조정된 조성, 정밀하게 제어된 성형법 및 소성기술로 제조한 세라믹스로서 도자기, 내화물, 시멘트, 유리 등의 전통 요업체에 비하여 그 성능이 현저하게 향상된 것이다.

(3) 세라믹스의 분류

1) 시멘트
2) 유리
3) 내화물 및 단열재
4) 도자기
5) 기능성 파인 세라믹스

(4) 세라믹스의 형태

1) **전통 세라믹스(traditional ceramics)** : 자연원료를 바탕으로 비교적 간단한 공정을 통하여 제조한 제품을 말한다. 흙을 원료로 한 유리, 시멘트, 도자기, 내화물 등이 이에 속한다.

2) **파인 세라믹스(fine ceramics)** : 정제된 순수한 원료를 사용하여 비교적 복잡하고 잘 제어된 공정을 통해 만든 제품을 말한다. 이를 위해 세라믹스의 미세구조를 잘 조절해야 하며, 고성능 기기를 이용하여 세밀한 분석을 해야 한다. 파인 세라믹스는 처음에는 소결체에 대해서만 사용했었는데, 최근에는 단결정, 박막, 유리재료 등에 다양하게 쓰이고 있다.

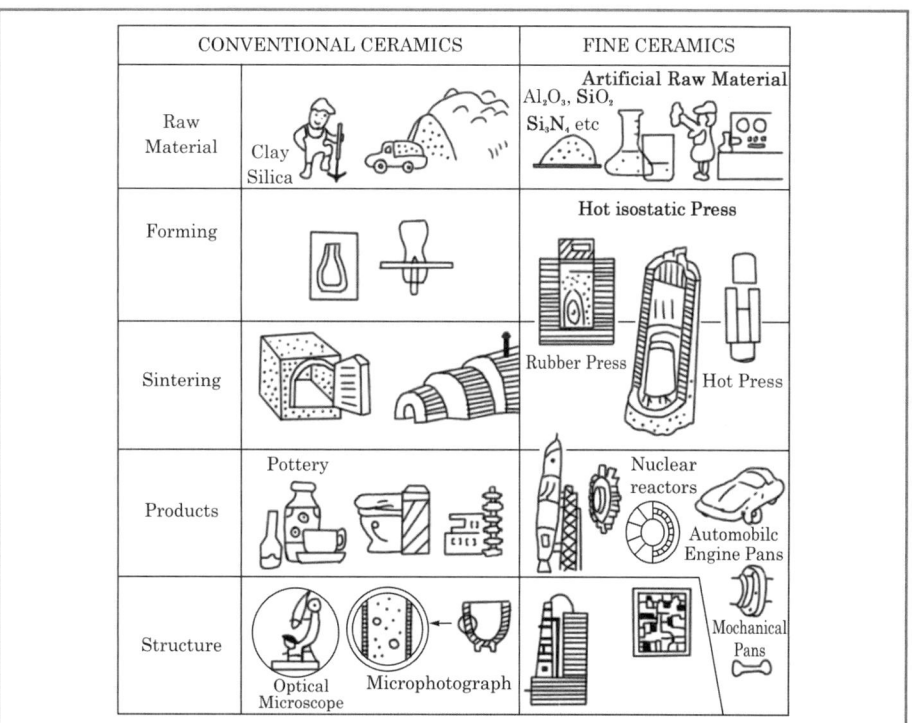

[전통 세라믹스와 파인 세라믹스의 비교]

2. 세라믹스(요업)의 원료

(1) 규산질 원료

1) 주성분이 실리카(SiO_2)인 원료이다.

2) 천연의 암석에서 풍부하게 산출되는데, 규석, 규사, 규조토가 대표적이다.

3) 규석은 도자기, 내화물 등의 제조에 사용되며, 특히 규사는 유리의 제조에 많이 사용된다.

4) 규조토는 다공질이므로 단열벽돌과 시멘트 혼합 등에 사용된다.

(2) 규산알루미늄 원료

1) 좁은 의미로 알루미늄의 규산염($Al_2O_3 \cdot SiO_2$)을 말하지만, 실제로 지반의 구성 광물 대부분이며, 요업재료 원료의 대부분이 여기에 속한다.

2) 납석(kaolin)

① 주성분이 엽랍성($Al_2O_3 \cdot 4SiO_2 \cdot H_2O$)인 밀랍과 같은 납모양의 촉감과 겉모양을 가진 돌이라는 뜻으로, 비교적 연하여 칼로 조각이 가능하다.

② 수화팽창이 적고 성형하기 좋으므로 타일재료로 많이 사용되며, 요업 이외에 제지용 충전제, 피복재료 등에도 사용이 가능하다.

③ 치밀한 조직을 가지고 소성 수축이 적으므로 내화물 원료로 많이 사용된다.

3) 점토(clay)

① 함수 규산알루미늄 광물인 고운 알갱이의 집합체로 구성되어 있다.

② 물과 함께 반죽하면 가소성을 나타내기 때문에, 어떤 모양이든지 쉽게 성형 가능하다.

③ 적당한 온도로 소성하면 소결되어 더욱 단단하게 되기 때문에, 내화물, 도자기, 시멘트의 결합제로 사용한다.

(3) 알루미나 원료

1) 알루미나(Al_2O_3)는 지표면에 실리카 다음으로 많이 있는 산화물이며, 운모, 장석을 비롯한 규산염의 형태로 존재한다.

2) 장석

① 장석($R_2O \cdot Al_2O_3 \cdot 6SiO_2$ 여기서 R은 Na 또는 K임)의 주성분은 알루미나와 실리카이다.

② 요업제품의 알칼리 금속산화물, 알칼리 토금속산화물, 알루미나 및 실리카 성분의 공급원이다.

③ 소결과정에서 융제 역할을 한다. 이는 용융액의 점성액이 커서 도자기, 연삭숫돌의 결합제, 유리 원료, 법랑의 유약으로 쓰인다.

3) 강옥 : 순수한 알루미나 광물이지만, 공업원료로 쓰이는 것은 대부분 함수 알루미나 광물이다.

(4) 석회 원료

1) 석회 : 무기재료 공업에서 주로 사용되는 중요한 원료로, 이것의 공급원은 석회석, 형석, 백운모, 식고 등 여러 가지 천연원료이다.

2) 석회석

① 주성분은 탄산칼슘($CaCO_3$)이며, 산화칼슘(CaO) 성분의 공급원으로서 가장 많이 쓰이는 광물이다.

② 시멘트 제조에 주로 이용되며, 기타 제철공장의 슬래그 형성제로 쓰인다.

③ 석회석을 가열하면 800~900℃에서 열분해되어 산화칼슘으로 변한다.

$$CaCO_3 \rightarrow CaO + CO_2$$

(5) 기타 원료

1) 돌로마이트(dolomite) : 소성시켜 내화물을 제조한다.

2) 석고($CaSO_4 \cdot 2H_2O$)

3) 마그네사이트($MgCO_3$) : 수증기, 물과 반응하지 않아 내화물로 제조에 사용한다.

4) 석면(asbestos) : 내열재료로서 단열재로 이용되며, 화학약품에 안정하다.

5) 규산마그네슘(magnesium silicate) : 융점이 높아 내화재로 제조에 사용된다.

6) 규조토(diatom earth) : 촉매의 담체, 비료의 고결방지용으로 쓰인다.

기출 및 예상 문제

01 세라믹스와 그 원료를 나타낸 것이다. 옳게 짝지어진 것은? ❂ 97 총무처 9급

① 도자기 - 점토, 석회석, 석고
② 유리 - 규석, 석회석, 탄산나트륨
③ 시멘트 - 규석, 탄산나트륨
④ 내화물 - 석고, 탄산나트륨

02 석회의 원료에 속하는 것은? ❂ 02 국가직 9급

① 슬래그   ② 백운석
③ 돌로마이트   ④ 감람석

03 파인 세라믹스(fine ceramics)와 관련된 것이 아닌 것은?

① special ceramics
② modern ceramics
③ functional ceramics
④ conventional ceramics

04 세라믹 원료에 대한 설명이다. 틀린 것은?

① 규석은 내화물, 도자기 제조에 사용된다.
② 규사는 다공질이므로, 단열 벽돌 제조에 사용된다.
③ 규산질 원료는 실리카(SiO_2)를 주성분으로 한다.
④ 점토는 함수 규산알루미늄 광물을 주성분으로 한다.

정답 및 해설

01 ②

유형 및 해설 [세라믹스의 원료] 유리의 원료에는 규산염, 탄산나트륨, 석회 등이 사용된다. 도자기의 원료에는 점토, 장석 등을 사용하며 석회석이나 석고는 경화성이 크고, 표면이 거친 단점이 있어 도자기로 이용하기 어렵다. 시멘트의 원료는 주로 석회석과 실리카, 알루미나를 이용한다. 내화물은 급격한 온도변화에 잘 견디며, 연화점이나 용융점이 높은 원료를 사용하는데 주로 실리카, 알루미나 원료를 사용하고, 탄산나트륨과 같은 원료는 적합하지 못하다.

02 ②

유형 및 해설 [석회의 원료] 석회를 공급하는 원료에는 석회석, 백운석, 형석, 석고 등이 있다.

03 ④

유형 및 해설 [파인 세라믹스] new, special, modern, functional, advanced 세라믹은 파인 세라믹과 같은 말이다.

04 ②

유형 및 해설 [세라믹 원료] 규사는 다공질이 아니며, 유리 제조에 특히 많이 사용된다. 규조토가 다공질이며 단열벽돌에 사용된다.

유리 제조공업

(1) 유리의 형성 및 구조

1) 유리(glass)

① 금속산화물을 원료로 하고 이를 용융하여 얻은 SiO_4를 구성단위로 정사면체가 입체적으로 결합하여 이루어진 투명한 고체를 의미한다.

➡ 우리 주위에서 흔히 보는 창유리, 병유리가 이에 속한다. 이 외에는 도자기에 입힌 유약(glaze)이나 금속표면에 입힌 법랑(enamel)도 이에 속한다.

② 최근에는 유리라는 단어가 졸−겔법이나 증착법으로 얻은 무정형(amorphous) 고체에도 적용하여 사용하기 때문에 그 사용범위가 크게 넓어졌다. 특히 무정형 고체가 세라믹 원료인 금속산화물로만 얻어지는 것이 아니고 고분자재료에서도 흔히 발견되고, 금속을 매우 빠르게 급랭시킬 때에도 무정형 유리 금속을 얻을 수 있기 때문에, 유리라는 단어는 세라믹스 이외 다른 재료에도 적용할 수 있다. 따라서 유리를 결정질과 비교하여 비정질 고체(non crystalline solid)라 한다. 여기서는 금속산화물을 원료로 하는 비정질 고체에 관하여 다룬다.

2) 유리의 특징

① 모든 무기질 재료는 고온으로 온도를 올리면 원자나 분자가 결합이 끊어져 액체상태가 되고, 충분히 빠르게 냉각하면 무정형의 유리상태가 된다.

② 유리전이온도(T_g) : 액체를 급랭시켰을 때, 유리가 되는 온도이다.

➡ 급랭속도가 빠를수록 생성된 유리의 부피는 커지며, 천천히 냉각하면 결정형이 된다.

③ 열역학적으로 볼 때, 결정상을 안정상(stable)이라고 한다면, 유리상을 '준 안정상(metastable)'이라고 할 수 있다.

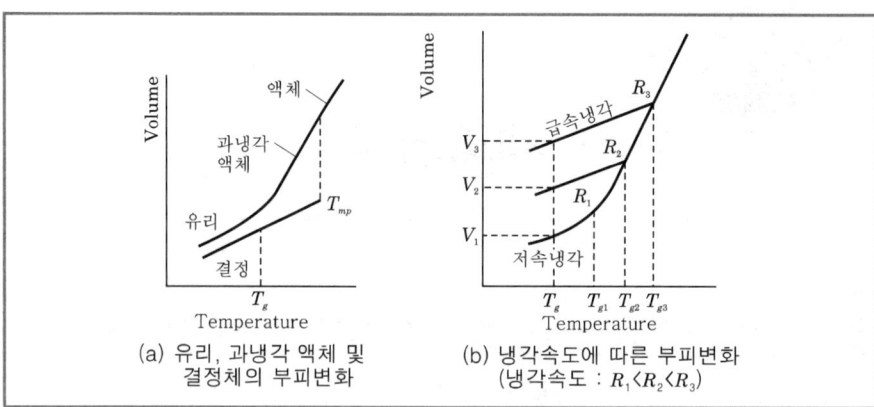

(a) 유리, 과냉각 액체 및 결정체의 부피변화

(b) 냉각속도에 따른 부피변화 (냉각속도 : $R_1 < R_2 < R_3$)

[온도변화에 따른 부피의 변화]

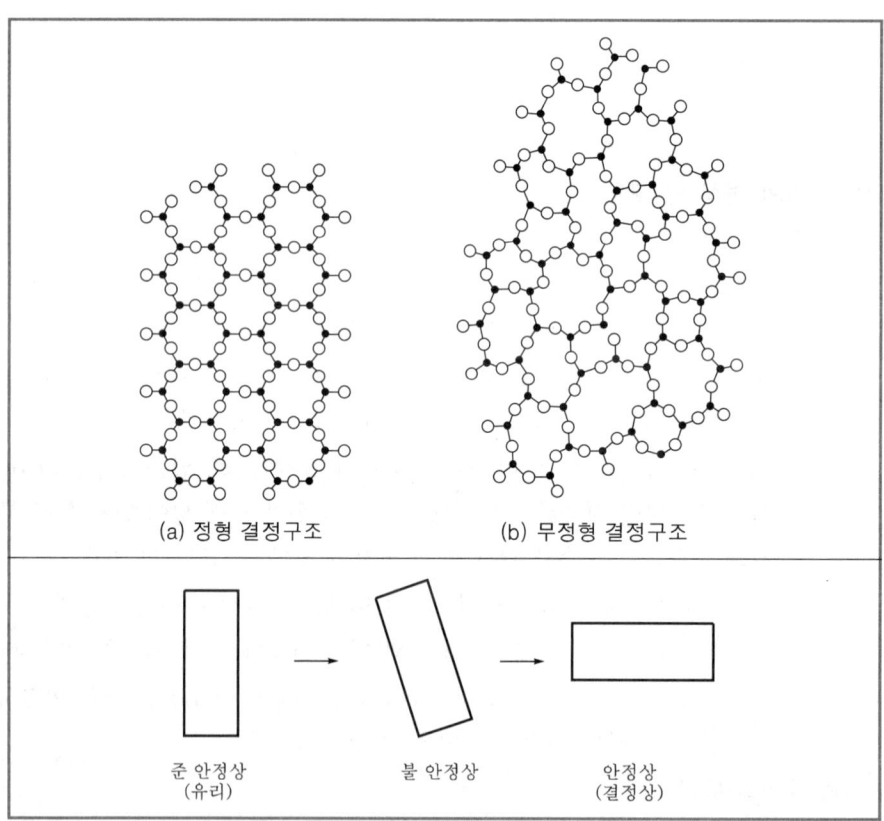

(a) 정형 결정구조

(b) 무정형 결정구조

준 안정상 (유리)

불 안정상

안정상 (결정상)

[유리구조와 결정구조의 열역학적 비교]

(2) 유리의 종류

1) 원소 유리 : Se, P, Te 등이 있음

2) 산화물 유리 : 대부분의 상업용 유리가 여기에 속한다.

SiO_2, B_2O_3, GeO_2 등은 단독으로 3차원 망목구조를 형성할 수 있어 이들을 **유리형성체**라고 한다. 반면 LiO_2, Na_2O, K_2O 등 알칼리 금속산화물과 MgO, CaO, BaO 등 알칼리 토금속산화물들은 일상 냉각속도에서는 스스로 유리를 형성하지 못하지만 유리구조 내에서 수식체로 들어가면서 유리를 형성할 수 있다. 이들을 **유리수식체**라 한다.

3) 할로겐 유리 : BeF_2, ZrF_4, AlF_3, PbF_2 등 불화물과 $ZnCl_2$ 등 염화물이 유리를 형성한다.

4) 칼코겐 유리 : S, Se, Te 등을 칼코겐 원소라 하는데, 이들 원소를 포함하는 As−S, As−Se, Ge−Se, As−Se−Te 등이 유리를 쉽게 형성한다. 이들 유리는 반도체 성질을 나타내고 적외선 투과 특성을 나타낸다.

(3) 유리의 결정화현상

1) 유리의 결정화는 핵 형성과 결정 성장 두 단계로 이루어진다.

2) 유리의 용융점 이상에서는 액상이 가장 안정한 상이 되어 결정화가 일어나지 않으며, 유리전이온도 이하에서도 분자의 이동이 거의 불가능하기 때문에 결정화가 일어날 수 없다. 그러나 유리 용융물을 충분히 서서히 냉각시킬 때, 용융점과 유리전이온도 사이에서는 원자나 분자의 재배열이 일어나면서 무정형상태가 결정상으로 변화할 수 있다.

(4) 유리의 물성

1) 기계적 성질

① 상온에서 유리는 완전히 탄성재료이고, 인장력에는 약하지만, 압축력에는 매우 강하다.

② 유리의 강도를 측정할 때는 금속(인장강도)과는 달리 굽힘 강도를 측정한다.

③ 유리는 강도가 매우 강한 재료이지만, 표면 결함이 생기면 기대치에 미치지 못한다.

➡ 유리강화법(강도 개선) : 열강화법, 이온교환법, 플라스틱 고정법 등

2) 화학적 성질

① 유리는 상온에서 화학적 내구성이 큰 물질이지만, 고온에서 산·알칼리용액과 반응한다. 특히 알칼리용액에 녹는다. 따라서 CaO, Al_2O_3 처리를 하여 화학적 내구성을 크게 한다.

② 유리가 깨지면, 공기 중의 수분과 반응하여 수산화기가 생긴다.

③ 고온에서 산성용액과 반응하여 알칼리 양이온(Na^+)과 수소 양이온(H^+) 사이 교환이 일어난다.

④ 알칼리용액에서는 OH^-의 공격으로 Si−O 결합이 깨지고 대신 Si−OH가 된다. $Si(OH)_4$가 되면 유리에서 떨어져 용해된다.

⑤ 물과 같은 중성용액에서는 초기에 양이온과 수소이온교환이 일어나고, 그 후 중성용액이 알칼리용액으로 바뀌면서 용해된다.

3) 전기적 성질

① 유리는 비정질로 이온결합이 우세하므로, 상온에서 부도체이지만, 온도 상승 시 유리 내 존재하는 알칼리이온에 의한 이온전도가 일어난다.

② 유리의 내부에 전이 금속산화물(Fe_2O_3, V_2O_5 등)이 있으면, 전자전도가 일어날 수 있다.

4) 광학적 성질

① 자유전자를 가진 금속은 빛을 흡수하지만, 세라믹은 가시광선을 흡수하지 않는다.

② 다결정 세라믹은 빛의 산란효과로 빛이 통과하지 못하며 단결정 세라믹과 유리는 빛이 통과한다. 단결정은 방향성이 있으나, 유리는 등방성이다.

5) 열적 성질

① 유리는 열전도도가 매우 낮은 물질이다.(비정질이기 때문)

② 유리는 온도 증가에 따라 조금씩 열팽창을 보이다가, T_g 부근에서 큰 열팽창을 보인다.

(5) 상용화된 유리제품의 제법 : 유리의 일반적 제법은 원료물질인 금속산화물(CaO, Na_2CO_3, SiO_2, $CaCO_3$)을 혼합하고 난 후, 용융하여 성형한다.

1) 판유리 : 주석(Sn)이 녹아있는 주석조(tin bath) 위로 유리물을 흘려 보내면서 압출한다.

성형법 : 수직 인상식(용융된 유리를 수직관에 상승시켜 제조하는 방법), 롤러식(롤러에 용융액을 부어 흐르며 성형하는 방법), 콜번식(수직으로 끌어올려 수평으로 구부려 당기는 방법)이 있다.

2) 병유리 : **포어허스(forehearth)**를 거친 유리물이 오리피스를 통과하여 병 유리틀에 들어가고, 이때 공기를 불어 넣는다. 병유리의 성형법은 주로 오웬스법을 사용한다.

➡ 오웬스(Owens)법은 다량의 병제조 시 자동 제병기를 사용하는 방법이다.

3) 섬유유리 : 포어허스를 통과한 유리물이, 제섬기(製纖機)로 들어가서 제섬기의 구멍으로 나오는 단섬유 제법과 백금 부싱을 만들어 놓고 밑에서 잡아당겨 얻는 장섬유 제법이 있다.

4) 관유리 : 유리물이 슬리브에 들어가고, 이때 공기를 불어 넣으면서 잡아당긴다.

5) TFT-LCD용 디스플레이 판유리 : 포어허스에서 트로프 내화물로 유리물이 흘러들어가 범람하는데, 이때 아래로 잡아당겨 유리판을 얻는다.

(6) 유리의 제조공정 : 유리의 제조공정이 일반 세라믹스의 제조공정과 다른 점은 일반 결정 질 세라믹스는 세라믹분말을 성형하여 열처리(소성)하지만, 유리는 원료분말을 먼저 열처 리(용융)하고 성형공정을 한다. 즉, 유리제조 시 먼저 각 원료를 원하는 양만큼 무게를 달 아서 잘 섞고 이를 용해로에 투입시켜 용융시킨 후, 성형틀에 부은 후 서랭(徐冷)시킨다.

1) 원료혼합물의 조합 및 용융

① 유리의 원료인 규사, 백운석, 석회석, 탄산나트륨, 황산나트륨 등을 혼합하여 용융 가마에 투입한다. 유리의 용융을 용이하게 하기 위해 판유리를 30% 이상 투입한다.

② 균질한 유리로 완전 용융이 끝난 용융물은 작업실로 보내 성형한다.

2) 유리의 성형 : 용융물을 목적에 따라 성형한다.

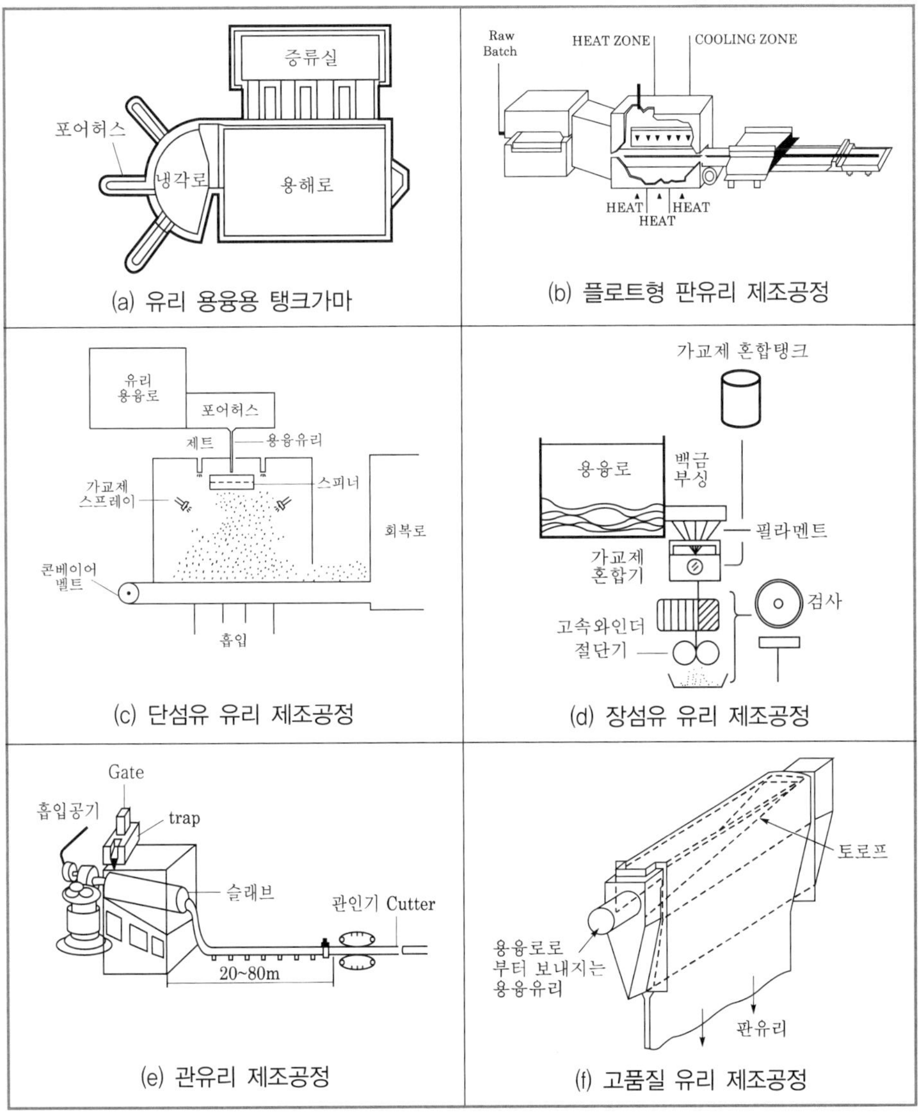

(a) 유리 용융용 탱크가마	(b) 플로트형 판유리 제조공정
(c) 단섬유 유리 제조공정	(d) 장섬유 유리 제조공정
(e) 관유리 제조공정	(f) 고품질 유리 제조공정

3) **유리의 종류** : 구성성분에 따른

① **나트륨유리(연질유리)** : 엷은 푸른색을 띠고 자외선을 잘 흡수한다. 비교적 연질로, 약품 및 열에 약하다.
- **용도** : 창유리, 판유리, 병유리, 그 밖의 유리기구에 사용된다.

② **석영유리** : 유리 중 가장 열에 강하고 열팽창률이 적으며, 내산성으로 자외선을 투과시킨다. 녹는점이 높고 가공이 어려우며 값이 매우 비싸다.
- **용도** : 연소관, 수은등관, 분광기, 이화학 기구 등에 사용된다.

③ **칼륨유리(크라운유리)** : 경질로서 색이 없고, 기계적으로 튼튼하며 내약품성, 내산성이 우수하다.
- **용도** : 화학 실험용 기구, 장식용, 광학기기의 렌즈 등에 사용된다.

④ **납유리(플린트유리)** : 연질로서 녹기 쉽고, 비중이 크며, 광택이 있다. 빛의 굴절률이 크다.
- **용도** : 광학기기의 렌즈, 커트 유리, 장식용, 전구 등에 사용된다.

⑤ **붕규산유리(텔렉스)** : 열팽창률이 작고, 내화성, 내산성이 크다. 전기의 절연성이 좋다.
- **용도** : 전기절연용, 방전관 전구, 온도계, 이화학 기구 등에 사용된다.

(7) 특수 유리의 제조

1) **강화유리(tempered galss)** : 전기 가마에서 판유리를 약 600℃로 가열하고, 일정 시간 경과 후 철제 상자 속에 넣고 찬 공기를 넣어 급랭시켜 제조한 유리로, 기계적 성질이 강하여 보통유리의 3~4배의 강도를 가진다. 자동차유리나 고층 건물의 창유리 등에 쓰인다.

2) **안전유리(safety galss)** : 판유리 사이에 폴리비닐아세테이트 또는 플라스틱 등을 끼워 넣어 만든 것으로, 센 충격에 잘 견디므로 비행기나 선박 등의 창유리로 활용된다.

3) **크리스탈유리**

① 투명도가 높아 두께가 두꺼워져도 색이 나타나지 않고 투명한 것이 특징이기 때문에 유리의 착색원인이 되는 불순물, 특히 산화철의 함유량을 적게(보통 0.012% 이하)한 칼륨석회유리가 사용된다.

② 빛에 대한 굴절률이 큰 유리일수록 반사율도 크며, 광휘(光輝)가 증가하므로 산화납을 함유하게 하여 굴절률을 높인 것이 사용된다.

③ 가공성이 풍부하므로 커트 세공하여 고굴절률의 효과를 높일 수 있고 맑은 소리를 내는 등 공예용 유리나 와인유리와 같은 고급 식기용 재료로서 뛰어난 요건을 갖추고 있다.

④ 산화납이 적은 것, 또는 가하지 않은 것을 세미크리스탈유리라고 한다.

4) **가변투과율 유리** : 유리에 염화은($AgCl$)을 분산시킨 것으로, 빛이 닿으면 회색이 되고, 빛이 닿지 않으면 투명하게 되는 성질이 있다.

 기출 및 예상 문제

01 유리의 주성분은?

✪ 97 총무처 9급

① Ca_4

② Mg_4

③ SiO_4

④ AlO_3

02 유리의 착색제이다. 녹색을 나타내는 것은?

① 아셀렌나트륨

② 산화니켈

③ 산화우라늄

④ 코발트

03 유리 제품에 대한 설명이다. 틀린 것은?

① 강화유리는 보통유리에 비해 3~4배 정도의 강도를 가진다.

② 크리스탈유리는 투과율 및 굴절률이 우수하다.

③ 유리섬유는 고온에 견디며, 흡수성이 없고 흡습성이 적다.

④ 판유리는 유리용액을 금형에 넣고 공기를 불어 넣어 성형한다.

04 물유리(water glass)의 제조반응은?

① $NaOH + SiO_2 \rightarrow NaO \cdot HSiO_2$

② $nSiO_2 + Na_2CO_3 \rightarrow Na_2O \cdot nSiO_2 + CO_2$

③ $Na_2SIO + 2H_2O \rightarrow 2NaOH + H_2SiO_3$

④ $Na_2CO_3 + Ca(OH)_2 \rightarrow 2NaOH + CaCO_3$

05 유리(glass)의 특성에 대한 설명이다. 옳지 않은 것은?

① 납유리는 경질로 광택이 있다.

② 칼륨유리는 내산성이 크다.

③ 붕규산유리는 열팽창률이 적다.

④ 나트륨유리는 엷은 푸른색을 띤다.

06 판유리, 병유리, 창유리에 주로 쓰이는 유리는?

✪ 98 행안부 9급

① 나트륨유리

② 칼륨유리

③ 납유리

④ 석영유리

정답 및 해설

01 ③

유형 및 해설 [유리의 구성성분] 유리는 SiO_4를 주 구성단위로 결합된 세라믹이다.

02 ③

유형 및 해설 [유리의 착색제] 유리는 주원료 외에 산화제, 환원제, 청정제, 착색제를 도입하여 제조한다. 여기서 착색제는 고유의 색을 띠는 화합물을 주입하는데 그 색을 구분해 두자.

- 붉은색(적색) : 셀렌, 아셀렌나트륨, 구리가루, 산화가루, 금 등
- 푸른색(청색) : 산화코발트, 산화구리, 황산구리 등
- 녹색 : 철, 산화크롬, 산화우라늄 등
- 노란색(황색) : 황, 황화카드뮴, 질산은 등
- 보라색(자색) : 이산화망간, 산화니켈 등
- 갈색 : 산화철, 이산화망간, 탄소 등
- 검은색(흑색) : 코발트, 망간, 철, 구리 등

03 ④

유형 및 해설 [유리제품] 판유리의 성형법은 수직 인상법이나 롤러법을 사용한다. ④는 유리병을 만드는 방법이다.

04 ②

유형 및 해설 [물유리] 물유리(규산나트륨)는 석영 분말, 백토를 소다회나 가성소다와 용융하여 추출한 점도가 높은 액체로서, 그 조성은 $Na_2O \cdot nSiO_2 \cdot xH_2O$ ($n=2\sim3$의 것이 많음)이다. 물유리는 접착제, 비누 배합제, 실리카겔, 시멘트 제조에 이용된다. 제조 반응식은 문제의 ②와 같다.

05 ①

유형 및 해설 [납유리] 납유리는 연질(軟質)로서 녹기 쉽고, 비중이 크며, 광택이 좋고, 빛의 굴절률이 커서, 광학기기의 렌즈, 커트유리, 장식용, 전구 등에 사용된다.

06 ①

유형 및 해설 [유리의 종류 및 용도] 나트륨유리는 연질유리라 불리며, 엷은 푸른색을 띠며, 자외선을 잘 흡수하는 성질이 있다. 비교적 연질로서, 약품이나 열에는 약하다. 이는 창유리, 판유리, 병유리 등 성형을 통해 제조가능 유리기구 제조에 사용한다.

제95주

시멘트 제조공업

1. **시멘트의 종류 및 특성** : 포틀랜드 시멘트, 혼합 시멘트, 특수 시멘트
2. 포틀랜드 시멘트의 제조공정

---

(1) **시멘트란?**

1) 일반적으로 시멘트란 무기물 접착제를 총칭하여 말하므로, 그 종류가 매우 많으며, 각 시멘트의 성분이나 성질도 다르다. 우리가 사용하는 시멘트의 주류는 포틀랜드 시멘트이다.

2) **시멘트의 분류** : 기경성(공기 중에서 경화), 수경성(공기, 물속에서 경화) 시멘트

3) **클링커(clinker)** : 시멘트 소성로에서 나온 응괴(凝塊)이다.

(2) **포틀랜드 시멘트(Portland Cement)** : 원료를 적절히 혼합한 후, 그 일부를 용융하여 소성시킨 클링커(clinker)에 적당한 양의 석고를 넣어 가루로 만든 것이 포틀랜드 시멘트이다.

1) **구성** : 포틀랜드 시멘트는 공통적으로 C_3S, C_2S, C_3A 및 C_4AF를 클링커의 주 광물로 한다.

   ➡ 구체적인 구성성분을 분석해 보면, SiO_2(20~25%), CaO(62~66%), Al_2O_3(3~6%)이다.

2) **제조공정** : 원료공정, 소성공정, 완성공정의 세 가지 공정이 있다.

   ① **원료공정** : 석회석과 점토질을 액 4 : 1로 혼합하여 분쇄기에서 가루로 만들어 이를 회전가마로 보낸다.(원료 : 석회석, 점토, 규석, 산화철 등)

   [원료의 분쇄와 혼합(방법)]

   ㉠ 습식법 : 칭량 배합한 원료에 물을 가해 진흙모양으로 분쇄하는 방법으로, 건식법보다 미분쇄가 가능하다. 수분 약 30% 정도의 슬러리는 큰 탱크나 풀에 넣고 밑에서 공기를 보내어 교반하여 균질화하는 방법이다.

   ㉡ 건식법 : 건조한 원료를 칭량 배합한 후, 분말상태로 노에 넣는 방법이다.

   ㉢ 레폴(Lepol)법 : 건식법으로 분쇄한 원료에 물을 가해 조립기로 10~15mm 정도의 입자를 만들어 노에 넣는 방법이다.

   ② **소성공정** : 시멘트 제조의 핵심공정으로, 소성 가마로는 보통 회전가마(rotary kiln)가 사용되고, 레폴가마와 연결해서 쓰기도 한다.

ⓒ 회전가마는 강철로 만든 큰 원통으로, 크기는 지름 약 3~6m, 길이 60~200m 이다. 이 원통을 수평면에 대해 4~25° 경사지게 놓고, 회전시켜 내부에서 소성을 진행시킨다.

ⓛ 원료는 가마의 높은 쪽에서 넣어 주고, 낮은 쪽에서 연료를 연소시키는데, 소성물과 연소된 가스가 서로 반대방향으로 흐르게 되어 있다.

ⓔ 가마 안의 최고 온도는 1,450℃ 정도이고, 소성된 클링커는 낮은 쪽에서 나온다.

ⓡ 회전가마 안에서의 반응은 점토나 석회석의 분해가 일어나고, 이 분해물들 간의 결합이 일어나 $2CaO \cdot SiO_2$의 화합물이 생기고, 다음에 $3CaO \cdot SiO_2$의 화합물이 생성된다.

➡ $2CaO \cdot SiO_2$ 성분의 화합물은 고온에서 시멘트의 성질을 나타내지 않고 결정으로 변하기 쉬워, 소성물이 가마를 나올 때는 이것을 급랭시킨다.

③ **완성공정**

ⓒ 가마에서 나온 클링커에 석고를 3~5% 혼합하고 미분쇄한 것이 시멘트 제품이다. 클링커의 분쇄공정은 원료 분쇄공정과 비슷하며, 분쇄기로 원통형 롤 밀을 사용한다. 적당한 입자로 분쇄된 시멘트는 포장하여 시장에 공급하거나, 포장하지 않은 채로 벌크 시멘트 트럭이나 벌크 탱크 등에 실어 공급하기도 한다.

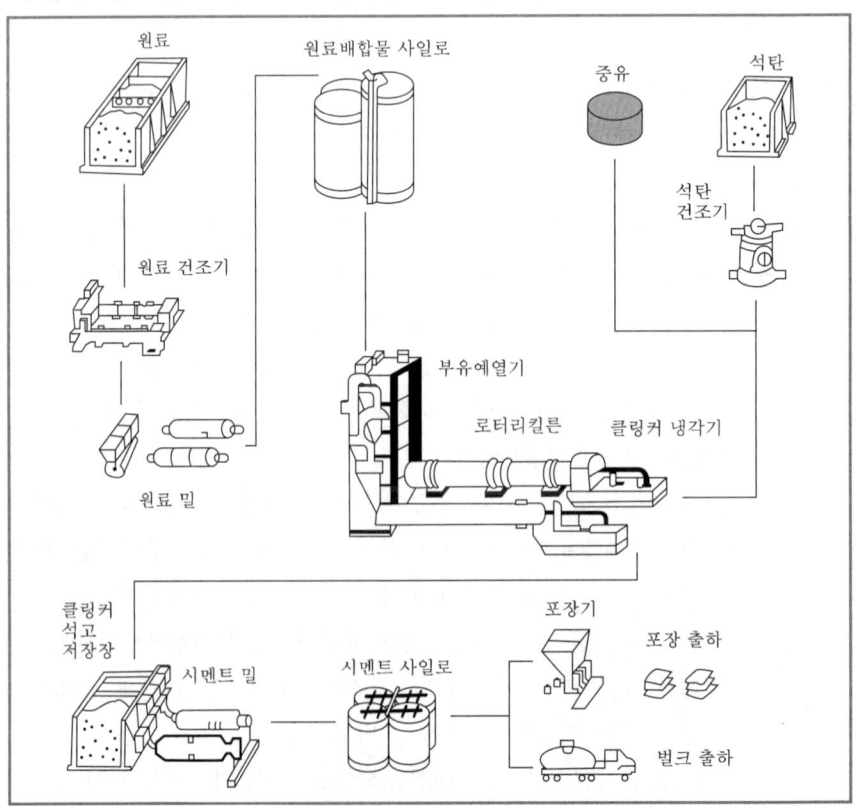

[포틀랜드 시멘트의 제조공정도]

3) 포틀랜드 시멘트의 종류

① 보통 포틀랜드 시멘트(ordinary Portland cement)

ㄱ 콘크리트 공사에 일반적으로 많이 사용하는 시멘트이다.

ㄴ 보편석인 불성의 포틀랜드 시멘트로서, 흔히 시멘트라 하면 보통 포틀랜드 시멘트를 말한다.

ㄷ 광물 구성비 : C_3S 50%, C_2S 26%, C_3A 9% 및 C_4AF 9% 정도이다.

② 조강 포틀랜드 시멘트(rapid-hardening Portland cement)

ㄱ 강도 발현속도가 가장 빠른 C_3S의 비율을 높이고 C_2S의 비율을 낮춰 수화반응이 빠르게 진행되도록 만든 시멘트이다.

➡ 광물의 구성비 : C_3S 67%, C_2S 9%, C_3A 8%, C_4AF 8%

ㄴ 수화반응이 빠르고, 강도도 단기에 나타나므로 도로공사, 수중공사 등의 긴급용 공사에 많이 사용된다.

ㄷ 기온이 낮은 지역 또는 동절기 공사의 경우 물이 얼어 수화가 제대로 진행되기 어려운 경우 조강 시멘트의 빠른 수화반응으로 가능하다.

➡ 빠른 수화반응으로 인해 수화열이 초기에 다량으로 발생하기 때문이다.

ㄹ 시멘트 2차 제품공장에서 형틀의 제거 시기를 단축시킬 수 있으므로 생산성을 높일 수 있다.

③ 초조강 포틀랜드 시멘트(super rapid-hardening Portland cement)

ㄱ 조강 시멘트보다 C_3S의 비율을 더 높여 C_2S의 비율을 낮춤으로써 더 빠르게 경화하는 시멘트이다.

➡ 광물의 구성비 : C_3S 68%, C_2S 6%, C_3A 8%, C_4AF 8%

ㄴ 주의 : 댐건설과 같은 대용량의 콘크리트 공사에서 수화열의 누적으로 콘크리트 내부의 온도가 과도하게 상승되어 내외부의 온도차로 인해 균열 및 강도 하락의 원인이 될 수 있다.

➡ 반응 초기 수화열이 더욱 집중되어 발생하기 때문이다.

④ 중용열 포틀랜드 시멘트(low-heat Portland cement)

ㄱ 장기 강도 발현의 목적으로, C_3S와 C_3A의 함량을 줄이고, C_2S의 함량을 늘여 제조한 시멘트이다.

➡ 광물의 구성비 : C_3S 48%, C_2S 30%, C_3A 5%, C_4AF 11%

ㄴ 수화열 누적이 우려되는 댐건설과 같은 대량의 콘크리트 공사에 이용된다.

ㄷ 초기에 다른 시멘트에 비해 강도가 약하지만, 콘크리트의 제조 시보다 '물/시멘트비'가 적어 경화제는 건조수축이 적고 화학적 저항성도 크다.

ㄹ 대략 1년 후의 재령에서는 포틀랜드 시멘트 중 가장 높은 강도를 나타낸다.

⑤ 내황산염 포틀랜드 시멘트(sulfate-resisting Portland cement) : C_3A가 해수 및 토양 속의 황산염과 반응하여 내부 강도를 파괴하므로, C_3A의 비율을 줄이고 C_4AF의 비율을 늘려 제조한 시멘트이다.

➡ 광물의 구성비 : C_3S 57%, C_2S 23%, C_3A 2%, C_4AF 13%

⑥ 백색 포틀랜드 시멘트(white Portland cement)

㉠ 포틀랜드 시멘트 성분 중 어두운 색상을 띠는 Fe_2O_3 성분의 함량을 줄여 제조한 시멘트이다.

㉡ 무기질 안료를 혼입하여 색상을 낼 수 있어 컬러(color) 시멘트의 제조가 가능하며, 별도의 도장이나 표면처리를 하지 않아도 되는 콘크리트의 제조, 실내장식 및 조명, 각종 표식용으로 제조 가능하다.

포틀랜드 시멘트 구성비(%)	C_3S	C_2S	C_3A	C_4AF	기타
보통	50	26	9	9	6
조강	67	9	8	8	8
초조강	68	6	8	8	10
중용열	48	30	5	11	6
내황산염	57	23	2	13	5
백색	51	28	12	1	8

(3) 기타 시멘트

1) 혼합 시멘트

① 고로 시멘트(Portland & blast furnace slug cement)

㉠ 선철 제조 시 고로에 철광석, 석회석, 코크스를 섞어 넣어 용융시킨 다음 고로에서 빠져 나오는 무기성분이 다량 함유된 고로 슬래그(blast furnace slug)를 얻는다.

➡ 고로 슬래그의 평균조성은 CaO 40.35%, SiO_2 37.32%, Al_2O_3 14.26%, MgO 6.46%로 대부분을 구성하며, 나머지는 MnO, TiO_2, K_2O, Na_2O, Fe, P_2O_5가 함유되어 있다.

㉡ 이 고로 슬래그를 물로 급랭시키면 고로 수쇄 슬래그를 얻는데, 이는 잠재수경성을 나타낸다. 따라서, 혼합 시멘트용으로 사용할 수쇄 슬래그는 염기도(산성 성분에 대한 중성 및 염기성의 비율)와 유리화율이 높을수록 유리하다.

㉢ 고로 수쇄 슬래그를 포틀랜드 시멘트와 혼합시키면, 포틀랜드 시멘트의 수화과정 $Ca(OH)_2$가 발생하는데(포졸란반응), 이 칼슘염이 자극제 역할을 하여 수화반응에 참여한다.

➡ 간단히 말해, 고로 시멘트는 포틀랜드 시멘트와 고로 수쇄 슬래그를 혼합한 시멘트이다.

ㄹ 고로 시멘트는 제철산업에서 부생되는 슬래그를 원료로 사용하기 때문에 에너지 절약면에서 매우 중요하다.

ㅁ 수화열이 수화 초기에 집중적으로 발생하는 것을 막고 잠재수경성으로 인하여 후기 상노를 높이고 경화제 조직을 치밀하게 하여 내화학성도 높은 장점을 가지고 있다.

② 실리카 시멘트(Portland & pozzolan cement)

ㄱ SiO_2 성분을 포함한 혼합 시멘트를 총칭하여 실리카 시멘트라 하며, 포졸란 시멘트라고도 부른다.

ㄴ 포졸란반응(pozzolanic rxn) : 시멘트 수화 시 유리질 $Ca(OH)_2$가 유리되어 공존하면, 혼합재에서 용출된 가용성의 SiO_2나 Al_2O_3 성분이 수산화칼슘과 서서히 반응하여 규산칼슘수화물이나 규산알루미늄수화물의 gel을 형성하는 반응을 말한다.

ㄷ 실리카 시멘트는 포졸란반응에 의해 후기 강도가 높아지고, 경화체의 조직을 치밀하게 하여 방수성, 화학적 저항성이 크게 향상되며, 산업 부생 포졸란물질을 활용할 경우 에너지 절약의 장점이 있다.

ㄹ 이 포졸란 시멘트 역시 고로 시멘트와 같이 잠재수경성을 가진다.

③ 플라이 애시 시멘트(Portland & fly-ash cement)

ㄱ 플라이 애시 : 미분탄을 연소한 후의 연소가스로부터 집진한 구형의 미립자로 된 석탄회를 말하며, 이를 혼합재로 사용한 시멘트를 플라이 애시 시멘트라 한다.

ㄴ 이의 주성분은 50% 이상의 SiO_2와 20~30% 정도의 Al_2O_3로, 일종의 포졸란물질이다.

ㄷ 석탄의 연소에서 용융과정을 거치므로 비정질상태의 구형물질이다.

ㄹ 일반적인 성질은 실리카 시멘트와 유사하며, 여러 측면에서 에너지 절감의 장점이 있다.

2) 특수 시멘트

① 알루미나 시멘트 : Al_2O_3 함량을 50% 이상으로 구성하여, $CA(CaO_3 \cdot Al_2O_3)$가 주성분인 시멘트이다.

② 팽창 시멘트 : 수분의 증발 시 수축을 막기 위해 미리 팽창제를 넣은 시멘트를 말한다.

③ 초속경 시멘트 : 초조강 시멘트보다 더 큰 조기강도를 얻을 수 있도록 한 시멘트이다.

④ 유정, 지열정 시멘트 : 지중에 빛이 들어갈수록 지온과 압력이 높아지기 때문에, 이러한 환경에서 사용할 수 있도록 만든 시멘트이다.

⑤ **해양 개발용 시멘트** : 물리적 침해와 SO_4^{2-}나 Cl^-에 의한 강도파괴, 철부식 등의 화학적 침해를 만든 시멘트이다.

⑥ **콜로이드 시멘트** : 토양 속에 높은 압력으로 밀어내어 공극을 메우기 위한 그라우트(grout) 공법에 사용되는 시멘트로, 지반 산극으로의 침투력이 강하고, 긴 통로에서 침강하지 않고 부유성이 큰 특징이 있다.

⑦ **저에너지 시멘트** : 낮은 에너지 비용으로 만든 시멘트를 말한다. ion-rich, belite, alynite 시멘트 등이 이에 속한다.

⑧ **칼슘클로로알루미네이트 시멘트**

ㄱ 제조공정 중 칼슘클로로알루미네이트($11CaO \cdot 7Al_2O_3 \cdot CaCl_2$)가 25% 정도 생성되어 경화체에 염소이온의 함량이 높은 시멘트를 말한다.

ㄴ 염소이온이 철근의 부식을 야기하므로 도로 포장, 댐용 콘크리트, 해양 콘크리트 등의 용도 중 무근 콘크리트에 제한된다.

ㄷ 에코 시멘트(eco-cement) : 도시 쓰레기 소각회와 하수 슬러지를 주원료로 만든 수경성 시멘트이다. 이는 공해성 폐산물을 최종 처분하는데 국한되지 않고, 환경적으로 안전하고 새로운 토목건축용 시멘트로 재자원화되기 때문에 재활용 측면에서 중요한 시멘트이다.

⑨ **화학결합형 특수 시멘트** : 다른 시멘트들이 수화반응(넓은 의미의 가수분해 과정)을 거쳐 만들어지는 것과는 달리, 이는 산-염기반응 등의 화학반응에 의해 응결·경화하는 특수 시멘트이다.

예 magnesia, oxychloride cement, 치과용 시멘트, 생체 재료용 시멘트 등

참고 생체 재료용 세라믹스

① **특성** : 정밀요업 재료는 화학적으로 안정하고, 생체 내에서 거부반응이 없으며, 생체와 친화력이 좋아 장기간에 걸쳐 그 기능을 유지할 수 있기 때문에 의료용으로 많이 사용된다.

② **용도** : 정밀요업 재료는 치아, 뼈, 심장막 등의 대체와 혈압, 체온 등의 특성과 장기를 직접 관찰하는 각종 진단 기기로 사용할 수 있다.

③ **알루미나(alumina)** : 알루미나는 화학적으로 안정하고 독성이 없기 때문에, 인공 뼈, 인공 치아의 재료로 사용된다. 특히 사파이어(sapphire)는 상당히 큰 외력에도 견딜 수 있어 인공 관절 등에도 사용이 가능하다.

④ **카본(carbon)** : 카본(C)은 인공 장기로 이용되며, 화학적으로 불활성이고 거부반응도 없지만 검은색을 띠는 단점이 있고, 또한 X선에 투과성이 있으므로 사용 후 이상 유무를 X선 촬영으로 알 수 없는 단점이 있다.

⑤ **아파타이트(apatite)** : 히드록시아파타이트[$Ca_{10}(PO_4)_6(OH)_2$]는 생체 내에서 치아나 뼈의 구성성분으로, 아파타이트 소결체의 뿌리나 뼈 등에 심으면 뼈 안에서 굳게 고정되고, 인공 뼈와 생체 뼈 사이에 치환반응이 일어나 원래의 뼈와 같게 되는 효과가 있다.

 기출 및 예상 문제

01 수경성 시멘트가 아닌 것은?

① 포틀랜드 시멘트　　　　　② 실리카 시멘트
③ 마그네시아 시멘트　　　　④ 고로 시멘트

02 시멘트 제조공정 중 회전가마에서 점토와 석회석의 분해가 일어나 시멘트를 형성하는 공정은 어느 것인가?

① 원료의 배합공정　　　　　② 원료의 분쇄공정
③ 소성공정　　　　　　　　④ 완성공정

03 공업용 콘크리트(concrete)에 대한 설명이다. 바르지 않은 것은?

① 시멘트, 모래 및 자갈을 1 : 2 : 4 또는 1 : 3 : 6 정도로 섞는다.
② 틈이 많아 물이 침투하기 때문에, 이를 방지하기 위해 불화규소가스와 반응하거나 수지 등으로 메운다.
③ 시멘트에 2% 정도의 염화칼륨을 가하면 급속히 경화가 일어나 제품 형성속도를 빠르게 한다.
④ 해수나 황산이 많은 지하수에 닿으면 균열이 생기지만, 고로 시멘트만은 해수에 강하다.

04 포틀랜드 시멘트의 주원료가 아닌 것은?　　　　　　　　　● 04 서울시 9급

① 석회석　　　　　　　　　② 점토
③ 보크사이트　　　　　　　④ 규석
⑤ 석고

05 포틀랜드 시멘트의 소성공정에 대한 설명으로 틀린 것은?

① 가마 안의 최고온도는 1,450℃ 정도이다.
② 회전가마에서 점토, 석회석이 먼저 분해된다.
③ 회전가마는 분당 1~2회 정도 회전한다.
④ 소성물과 연소가스는 같은 방향으로 흐르게 조작되어 있다.
⑤ 자동화 대량생산의 소성공정에서는 거의 건식법을 사용한다.

06 시멘트 클링커(clinker)를 분쇄 후, 석고($CaSO_4 \cdot 2H_2O$)를 가하는 이유는 무엇인가?

① 콘크리트의 강도를 높이기 위해
② 경화속도를 빠르게 하기 위해
③ 경화속도를 느리게 하기 위해
④ 색을 조절하기 위해

정답 및 해설

01 ③

유형 및 해설 [수경성 시멘트와 기경성 시멘트] 이 문제는 시멘트의 경화에 따른 분류를 인식하고 있는가를 묻는 문제이다. 수경성 시멘트의 종류와 기경성 시멘트의 종류를 정리해 두자.

> 🔍 **참고** 시멘트의 분류
> ① 수경성 시멘트 : 공기 중에서도 수중에서도 경화하는 시멘트이다. 포틀랜드, 고로, 실리카, 알루미나, 제트 시멘트가 여기에 속한다.
> ② 기경성 시멘트 : 수중에서 경화하기 어렵고 공기 중에서 경화하는 시멘트이다. 석회, 구토 석회, 석고, 마그네시아 시멘트가 여기에 속한다.

02 ③

유형 및 해설 [포틀랜드 시멘트의 제조공정] 포틀랜드 시멘트의 제조 3공정(원료 – 소성 – 완성)
① 원료공정 : 석회석과 점토질을 약 4 : 1의 비율로 혼합하고 분쇄하여 가루로 만든다.
② 소성공정 : 원료를 회전가마 속에 넣어 고온으로 소성시켜 클링커로 형성한다.
③ 완성공정 : 가마에서 나온 클링커에 석고를 3~5% 혼합하고, 원통형 롤 밀로 미분쇄한다.

03 ③

유형 및 해설 [콘크리트의 성질] 콘크리트의 성질에 대해 알아두자.
①은 개괄적인 콘크리트 배합에 관한 서술, ②는 콘크리트의 물리적 구조(조직)에 관한 서술, ④는 콘크리트의 침식 및 강도에 대한 서술이다. 정답은 ③으로, 시멘트에 염화칼륨을 가하면 천천히 굳는다. 매우 빠르게 굳힐 경우 콘크리트에 균열이 간다.

04 ③

유형 및 해설 [포틀랜드 시멘트] 보크사이트(bauxite)는 알루미늄의 주원료이다.

보통 포틀랜드 시멘트 1ton을 생산하기 위해 필요한 원료의 양은 석회석 1,150kg, 점토 220kg, 규석 50kg, 산화철 원료 30kg, 석고 30kg 및 기타 원료 10kg이다.

05 ④

유형 및 해설 [포틀랜드 시멘트 제조공정 > 소성공정] 소성공정에서 원료는 가마의 높은 쪽에서 도입하고, 낮은 쪽에서 연료를 연소시키는데, 소성물과 연소된 가스가 서로 반대방향으로 흐르게 되어 있다.

06 ③

유형 및 해설 [수화반응과 경화속도] 시멘트의 응결속도 조절제로 석고를 사용한다. 시멘트의 응결시간을 느리게 하는 완결체의 역할을 하며, 클링커에 3~5%를 가해 분쇄하여 시멘트를 만든다.

제 **96** 주

도자기, 내화물, 단열재 제조

제96-1주제 도자기

1. 도자기 분류 및 특성
2. 도자기의 제조방법

1. 도자기

(1) 개요

1) **의미** : 일정한 모양으로 성형한 후 소성한 무기질 비금속 재료를 도자기라 한다.

2) **원료** : 원료에는 소지 원료(가소성, 용제, 비가소성 원료), 유약 원료, 착색제 등이 있다.

➡ **착색제** : 유약에 녹아 색유리로서 발색하는 것에는 Co(청색), Ni(갈색), Mn(황갈색), Cu(녹색), Mn+Fe(흑색)이 있고, 유약에 녹지 않는 것에는 $Mo \cdot M_2O_3$의 스피넬형이 있다.

3) **종류** : 전기용 자기, 화학용 자기, 알루미나 자기, 탄화규소 자기, 산화티탄 자기, 베릴리아 자기, 다공질 재료, 글래스 세라믹 등이 있다.

(2) 도자기의 분류 : 치밀한 소결체를 가진 자기(porcelain), 석기(stone ware)와 다공성 소결체를 가진 도기(earthen ware), 토기(clay ware)가 있다.

1) **자기(瓷器, porcelain)** : 소지가 백색, 치밀, 흡수성이 없고, 투광성이 있으며, 기계적 강도가 크며, 파단면이 구각상(concoidal)이며, 전기적 부도체이며, 화학적 내식성이 커서 알칼리 및 산 등에 안정한 특징을 가지고 있다.

2) **석기(石器, stone ware)** : 약한 회색이나 갈색 등의 색이 있는 치밀한 소지이다. 액체나 가스를 잘 통과하지 않으며, 투광성이 나쁘며, 기계적 강도가 큰 특징을 갖고 있다.

3) **도기(陶器, earthen ware)** : 소지가 다공성으로서 백색 또는 상아색이며, 자기와 비교하여 기계적 강도가 낮으며 흡수율이 높은 점 등이 나쁘지만, 제조가 용이한 점, 배토의 조정이 용이한 점, 소성온도가 낮은 점, 유약(glaze)이 잘 피복되는 점 등의 이점이 있다.

4) **토기(土器, clay ware)** : 기와, 토관, 화분 등의 점토 제품으로서 700~800℃ 부근의 비교적 저온에서 소성하여 만든다. 기공 크기 및 분포, 기계적 강도, 내산성 등이 요구되는 여과용기, 전해용 격막 등의 특수 소지는 고온소성을 한다.

(3) 도자기의 제조공정 : 전반적인 제조공정 '원료, 분체처리 → 성형 → 건조 → 소성'이다. 세부적 공정은 다음과 같다.

점토 ┐
규석 ├── 배합 ── 미분쇄 ── 반죽 ── 성형 ── 건조 ── 초벌구이 ──→ 제품
장석 ┘

1) **성형공정** : 각각의 용도에 알맞은 치수와 모양을 가져야 하므로, 요업제품이 특유한 모양과 치수를 가지도록 만드는데 이를 성형이라 한다.

① **주입성형** : 석고 틀 안에 소지를 흘려 넣는 방법으로 타원형, 다각형 등의 대칭성이 좋지 않은 물건이나 인형류, 올록볼록한 면을 가진 제품의 성형에 이용된다.

② **가압성형** : 원료를 틀 사이에 넣고 압력을 가해 성형하는 방법으로 내장 타일, 모자이크 타일 등의 성형에 이용된다.

③ **물레성형** : 회전대를 사용하는 방법으로, 일반 식기류, 미술, 공예품 등의 성형에 주로 이용된다.

2) **건조공정** : 세라믹 소지를 성형할 때 물을 가하지만, 성형 후 소성을 시작하기 전에 물을 제거해야 한다. 그렇지 않으면, 소지를 소성할 때 가열과정에서 소지에 함유된 수분이 급속히 증발하므로 소지가 비틀어지거나 균열이 일어난다.

세라믹 소지를 건조할 때, 소지에 금(crack)이 가거나 뒤틀림(warping)이 일어나는 경우

① 실수속도가 다른 경우

② 소지 내부의 수분 분포가 불균일한 경우

③ 입자의 배향성에 의한 수축의 이방성

④ 입자의 편석이 있는 경우

⑤ 기계적으로 수축이 억제될 경우

⑥ 소지가 균일한 두께가 아니거나 온도분포가 불균일한 경우

3) **소성공정** : 물체를 분해 온도까지 가열 또는 일정 온도에서 가열하여 원하는 물리, 화학적 변화를 얻는 공정을 의미한다.

① **초벌구이** : 식기용 700~900℃, 경질 도기 1,180~1,280℃로서 산화불꽃으로 가열한다.

② **참구이** : 초벌구이한 소지를 유약칠하여 말린 후, 참구이를 행한다.

③ **윗그림구이** : 참구이를 마친 후, 제품에 그림을 그려 이를 유약 속에 녹여 붙이는 작업이다.

㉠ 세라믹의 소지의 소성과정 중 일어나는 변화

➡ 흡착수 방출, 탈수, 분해, 산화, 고상소결, 고상반응, 용융, 액상소결, 석출, 결정화, 입자성장, 상전이, 고상, 액상분열, 고상분열, 잔류 용융상의 glass 고화 등

ⓛ 고상소결에 영향을 미치는 요인

➡ 분체 제조 시 배소과정 중의 하소온도와 하소시간, 입자크기 및 형상과 같은 분체 자신의 성질, 소결온도 및 소결분위기, 첨가제 등이 있다.

> **참고 소결(sintering)**
>
> 고체 분말집합체(성형체)를 고체 용융온도 이하 또는 일부 액상이 생성하는 온도로 가열하여 어느 정도의 강도를 가진 고체 덩어리로 되는 현상을 말한다. 분말상태는 에너지상으로 불안정한 상태이며 이들은 서로 뭉쳐 표면에너지가 감소하는 방향으로 진행된다. 소결은 밀도가 변화없이 입자끼리 서로 결합하는 조립화(coarsening) 또는 밀도가 증가(기공의 감소)하는 방향으로 입자가 뭉치는 치밀화(densification)를 이루는 과정을 의미한다.

4) 유약(glaze) 처리

① 유약은 도자기 제품의 표면에 용착된 얇고 품질이 고른 규산염혼합물을 의미한다.

② 유약은 제조방법에 따라 생유약(raw glaze), 프릿(fritted) 유약이 있는데, 염기성·중성·산성 산화물로 구성된다.

ⓖ 일반적으로 산성 산화물 RO_2를, 중성 산화물은 R_2O_3 구조를 나타낸다.

ⓛ 염기성산화물

　　R_2O형 : Na_2O, Cu_2O, K_2O 등
　　RO형 : CaO, MgO, BaO, CaO, CuO, NiO, FeO, SrO, RhO 등

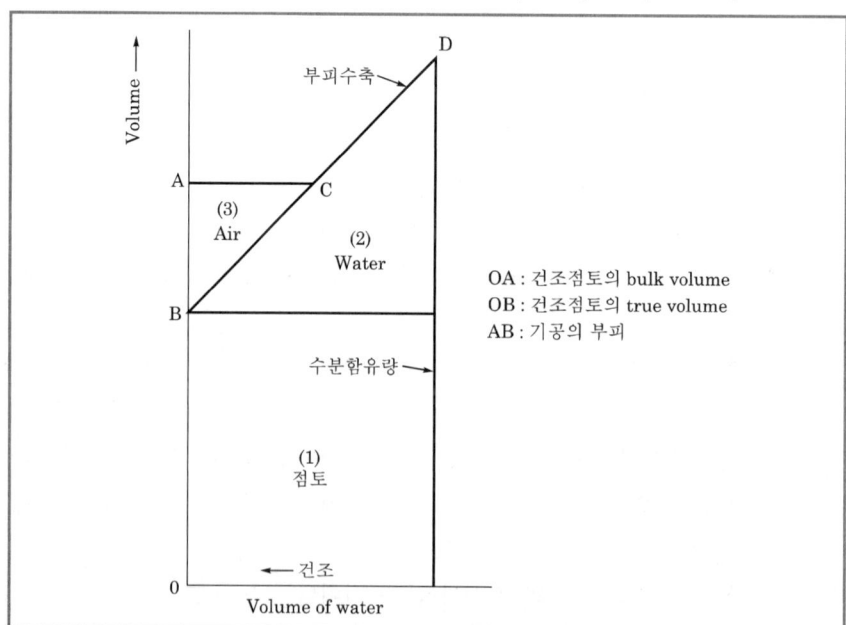

[점토소지의 건조에 의한 상태변화]

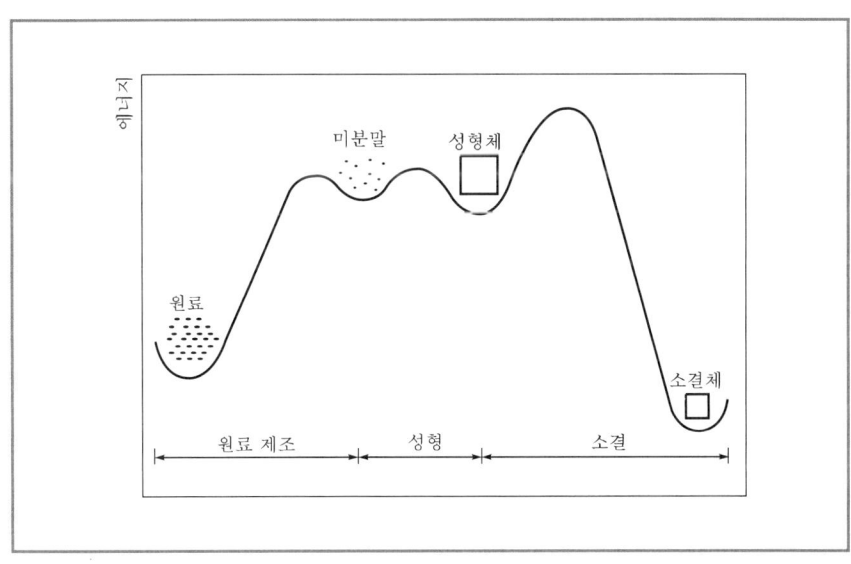

[세라믹공정과 에너지 변화]

 제96-2주제 내화물 및 단열재

1. 내화물의 종류 및 성질
2. 단열재의 원료 및 종류

2. 내화물

(1) **내화물의 개요** : 의미는 요로(窯爐) 또는 고온 공업에 쓰이는 재료로, 고온에서 열의 작용에 잘 견디고 용적변화가 작고 동시에 기계적으로 열의 급변에 견딜 수 있는 재료로 접촉하는 기체 및 용융체, 고체 등의 침식, 마멸 등에 저항성을 가진 것을 말한다.

(2) **내화물의 성질과 품질** : 기공률 및 흡수율, 압축 강도 및 꺾임 강도, 내마모성, 탄성률 등의 물리적 성질이 좋아야 한다. 또한 내화도, 하중 연화, 열간 선팽창 수축, 스폴링 등 열적 성질이 우수하고, 변질, 침식 등의 화학적 성질이 좋아야 한다.

➡ 스폴링(spalling) : crack이나 벽면의 박리현상으로, 열적, 기계적, 조직적 스폴링이 있다.

(3) **내화물의 종류**

  1) 물리적인 분류법(내화벽돌, 내화 모르타르, 부정형 내화물)
  2) 화학적인 분류법(산성 내화물, 중성 내화물, 염기성 내화물)

(4) **내화물의 용도** : 금속제련 공업이나 전력, 가스, 그 밖에 고온, 고열을 필요로 하는 공업에서 매우 중요한 구조용 재료로 쓰인다.

(5) 제조 : 한 두 가지의 광물원료를 배합한 후, 소성하여 안정한 내화물을 제조한다.

[내화물의 용도와 성질]

분류	종류	연화온도	성질	용도
산성 산화물	SiO_2계	1,600℃	산성에 강함 (ZrO_2계, SiC계)	코크스 열풍로 주조용 노즐 등
	$Al_2O_3 - SiO_2$계	1,400℃		
중성 산화물	Al_2O_3계	1,700℃	(Cr_2O_3계, C계)	고로, 전기로, 가열로 등
	Spinel계	1,700℃		
염기성 산화물	$MgO-FeO-Cr_2O_3-Al_2O_3-Fe_2O_3$계	1,500℃	염기성에 강함	제강로, 비철금속, 탈가스 처리로, 노저, 노벽 하부 등
	MgO계	1,600℃		
	$MgO-SiO_2$계	1,600℃		
	$CaO-MgO-SiO_2$계	1,700℃		

3. 단열재

(1) 단열재란? : 외부로 손실되는 열량을 줄이기 위해서 사용되는 재료이다. 900℃ 미만에 견디는 것을 보온재라 한다. 열전도도가 0.1kcal/mh℃ 이하인 재료를 주로 사용한다.

(2) 단열재의 원료

1) **규조토(diatomaceous earth)** : 규조라고 부르는 조류가 죽은 유해가 점토, 유기물, 산화재 등과 함께 퇴적한 것이 규조토이며, 양질의 규조토는 SiO_2를 약 70% 이상 함유한 것을 말한다.

2) **석면(asbestos)** : 온석면, 청석면, 감각석면, 직섬석면 등 네 가지로 분류한다.

3) **질석(vermiculite)** : 화학식이 (Mg, Fe)$_3$(Si, Al, Fe)$_4$O$_{10}$(OH)$_2$ · 4H$_2$O인 광물이다.

4) **팽창성 점토(exapandable clay)** : 팽창혈암을 가열하여 유리질을 생성시켜 이때 발생하는 가스의 방출을 억제시켜 다공질의 단열제를 얻을 수 있는 원료이다.

5) **기타 원료** : 진주암(pearlite), 흑요석(obsidian)과 같은 천연 유리암을 700~800℃로 가열하면 급격히 팽창하면서 다공질로 된다.

(3) 단열재의 종류

1) **단열 벽돌** : 최고 사용 안전온도가 900~1,200℃인 단열재를 단열 벽돌이라 한다.

2) **내화 단열 벽돌** : 최고 사용 안전온도가 1,300℃ 이상인 단열재를 말한다.

① 기공률이 크면 가볍고, 열전도도가 낮아져 단열성이 좋으나 강도는 약해진다.

② 내화 점토에 가연성 물질(톱밥, 코르크 부스러기, 코크스, 숯 등)을 첨가하거나, 비누거품이나 기름 같은 기포를 주입, 또는 나프탈렌과 같은 승화성물질을 넣어 제조한다.

내화 단열 벽돌 종류	사용온도(℃)	특 성
A류	900~1,500	기공률이 가장 커서 단열성은 우수하나, 강도가 약하다.
B류(가장 많이 사용)	900~1,500	A류보다 단열성은 조금 떨어지나 강도는 조금 더 깅하다.
C류	1,300~1,500	단열성은 A류, B류보다 떨어지나, 강도는 더 강하다.
용융 알루미나 중공구질	1,600℃ 정도	단열성은 적으나 1,600℃까지 견디고, 강도가 강하다.

 ## 기출 및 예상 문제

01 도자기의 원료로 사용되지 않는 것은?

✿ 97 총무처 9급

① 점토
② 규석
③ 장석
④ 코크스

02 유약으로 쓰이는 중성 산화물은?

① ZnO
② SiO_2
③ RhO
④ Fe_2O_3

03 도자기의 성형에 대한 설명이다. 옳지 않은 것은?

① 일반 식기류의 성형 또는 공예품은 물레성형으로 한다.
② 가압성형은 원료를 틀 사이에 넣고 압력을 가해성형한다.
③ 내장 타일, 모자이크 타일 등은 주로 주입성형한다.
④ 물레성형은 회전대 위에 이긴 흙을 올려 놓고 성형한다.

04 내화물에 대한 설명이다. 틀린 것은?

① 내화물 재료는 연화점과 용융점이 높아야 한다.
② 급격한 온도변화에도 파손되지 않은 성질을 지녀야 한다.
③ SiO_2계는 산성에 강한 산성산화물이다.
④ Al_2O_3계는 염기성에 강한 염기성산화물이다.

05 단열재에 대한 설명이다. 바르지 않은 것은?

① 단열재는 열전도율을 크게 하기 위해, 다공질이 되도록 만들어 이의 단열성을 이용한다.

② 단열재의 대부분은 내화물을 다공질모양으로 결합시켜 만든 내화벽돌로 사용된다.

③ 단열재의 원료에는 코르크·면과 같은 유기질과 규조토·석면과 같은 무기질을 사용한다.

④ 단열재는 가연성물질을 첨가하거나 기포를 주입 또는 승화물질을 넣어 제조한다.

06 고온의 내화물 제조에 사용하지 않는 내화재는?

① 탄화규소　　　　　　　　　② 소다회

③ 마그네시아　　　　　　　　④ 지르코니아

정답 및 해설

01 ④

유형 및 해설 [도자기의 원료] 소지 원료 중 가소성 원료로 점토질, 융제 원료로 장석질이, 비가소성 원료로 규석류가 사용된다.

02 ④

유형 및 해설 [도자기 유약의 수용액의 액성] ZnO와 RhO는 염기성산화물이고, SiO₂는 산성산화물이다.

03 ③

유형 및 해설 [도자기의 성형] 내장 타일, 모자이크 타일은 주로 가압 성형을 하며, 주입 성형을 하는 제품에는 인형류 또는 올록볼록한 면을 가진 제품의 성형에 이용한다.

04 ④

유형 및 해설 [내화물의 개관] 내화물의 성질과 분류에서 내화물은 액성에 따라 염기성산화물, 산성산화물, 중성산화물로 나뉜다. 다음과 같이 정리해 두자.

- 염기성산화물 : $MgO - FeO - Cr_2O_3 - Al_2O_3 - Fe_2O_3$계, MgO계, $MgO - SiO_3$계 등
- 산성산화물 : SiO_2계, $Al_2O_3 - SiO_2$계
- 중성산화물 : Al_2O_3계, SiC계

05 ①

유형 및 해설 [단열재] 단열재는 말 그대로 단열성을 이용하는 것이다. 이는 열전도도가 적은 자재를 사용해야 지정된 공간을 최대한 평온상태로 유지할 수 있다. 따라서 열전도도를 작게 하기 위해 다공질이 되도록 만들어 단열성을 향상시켜 제조한다.

06 ②

유형 및 해설 [고온 내화물의 재료] 내화물 재료는 1,500~1,600℃ 이상에서 견딜 수 있는 재료이어야 한다. 여기에는 마그네시아(MgO), 돌로마이트($CaCO_3 \cdot MgCO_3$) 등의 염기성 내화물재와 규석(SiO_2), 내화 점토질($3Al_2O_3 \cdot 2SiO_2$) 등의 산성 내화물재 및 알루미나, 크롬 등의 중성 내화물재로 구분된다. 문제에서 소다회인 탄산나트륨은 유리, 비누 제조, 조미료, 용수처리, 펄프 제조공업 등의 분야에 사용된다.

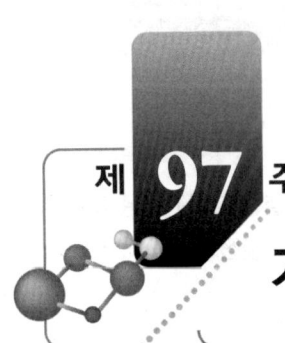

제**97**주

기능성 세라믹스

 제97주제 **기능성 세라믹스**

1. 기능성 세라믹스의 분류
2. 절연 세라믹스
3. 유전성 세라믹스
4. 자성 세라믹스

1. 기능성 세라믹스의 분류

기 능		재 료	응 용
전기 자기적 기능	절연성	Al_2O_3, $SiC(+BeO)$	IC 기판, package
	유전성	$BaTiO_3$, $SrTiO_3$	condenser
	압전성	PZT, ZnO	착화 소자, 발진자
	도전성	ZrO_2, SiC, $MoSi_2$	저항 발열체
	반도성	SnO_2, $ZnO-Bi_2O_3$, 반도성 $BaTiO_3$	gas sensor, varistor, thermistor
	이온전도성	ZrO_2, $\beta-Al_2O_3$	산소 센서, 전지
	연자성	$Mn_{1-x}Zn_xFe_2O_4$, $\gamma-Fe_2O_3$	자심, 기록 매체
	경자성	$BaO \cdot 6Fe_2O_3$, $SrO \cdot 6Fe_2O_3$	모터 및 스피커용 자석
열적 기능	내열성	Al_2O_3, SiC, Si_3N_4	내열 구조재
	단열성	ZrO_2, SiO_2	각종 단열재
	절연성	BeO, $SiC(+BeO)$	기판
기계적 기능	연마, 절삭	Al_2O_3, TiC, B_4C	절삭 공구, 연마재
	강도 기능	Si_3N, SiC	세라믹 엔진, 터빈 블래이드(blade)
광학적 기능	형광성	Y_2O_3	형광체
	투광성	Al_2O_3	$Na-lamp$
	편광성	PLZT	편광 소지
	도광성	SiO_2	광섬유

기 능		재 료	응 용
생물 화학적 기능	생체적 합성	Al_2O_3, apatite	인공 뼈, 인공 치아
	담체성	cordierite	촉매 담체
	내식성	Al_2O_3, BN, Si_3N_4	내식제
원자력 관련 기능	원자로제	UO	핵연료
	감속재	BeO	감속재
	제어재	B_4C	제어재

2. 절연 세라믹스

1) **세라믹스의 절연성** : 세라믹스의 절연성은 미세구조를 형성하고 있는 입자, 입계, 기공 등의 종류, 조성, 형상, 크기 등에 크게 의존한다.

① **세라믹스의 입계(grain boundary)** : 같은 결정상을 가진 결정입자 간의 결정학적 방위(direction)만 서로 다른 경우 나타내는 계면을 말한다.

② **상경계(phase boundary)** : 결정입자의 결정상이 서로 다른 경우 계면을 말한다.

③ 세라믹스의 입계에는 전위, 빈자리 등의 격자 결함 및 격자 변형(strain)이 존재하기 때문에 불순물이 모이기 쉬워, 입계 편석층, 층상 석출물, 입상 석출물 등이 형성된다.

④ 세라믹스의 절연성은 입계부분의 불순물의 농도가 높고, 전위 및 결함이 존재함에 따라 큰 영향을 받는다.

⑤ 결정입자의 전기전도도를 σ_c, 입계부분의 전기전도도를 σ_m이라 하면, 세라믹스 물질의 전기전도도 σ를 구할 수 있다. 이를 이용해 세라믹스의 절연성을 판단한다.

⑥ 기공이 결정입자의 내부에 존재할 경우 수분 및 오염물질이 흡착할 우려가 있으므로, 표면 절연성의 보완을 위해 유약(glaze)을 도포하여 이를 방지한다.

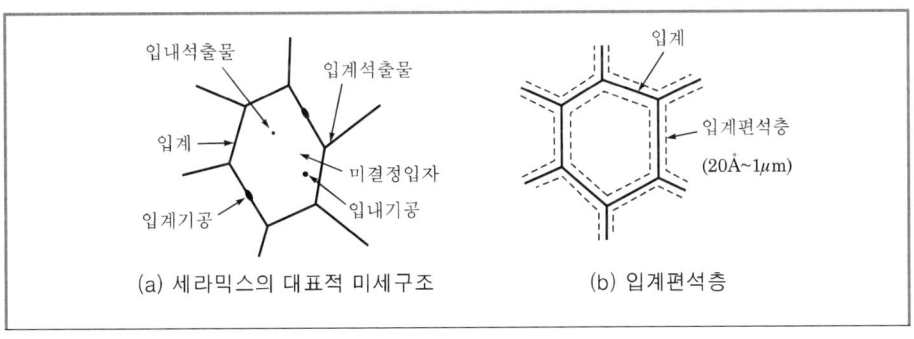

(a) 세라믹스의 대표적 미세구조　　　　　(b) 입계편석층

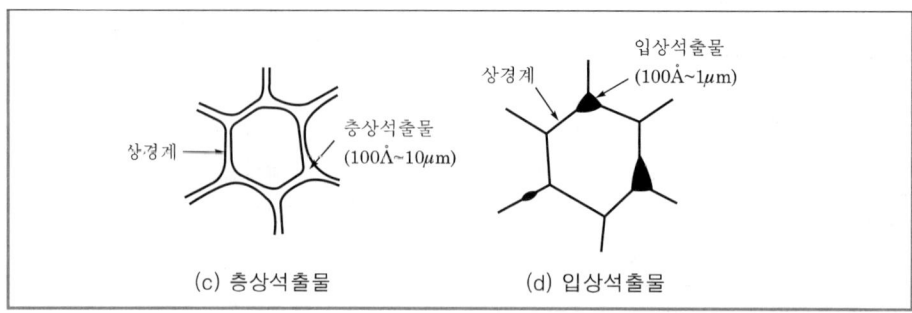

[세라믹스의 미세구조]

2) 절연 세라믹스의 성질

① 일반적으로 내열성, 경도, 기밀성, 비흡습성, 안정성, 내후성이 우수하다.

② 위의 성질에 따라 고주파 절연물, 전력용 절연물, 내열 절연물 등에 이용되고 있다.

　㉠ 고주파 절연물

　　ⓐ 유전손실이 작고, 내전압, 절연저항, 기계적 강도가 우수하다.

　　ⓑ 정확한 치수를 쉽게 얻을 수 있는 재료가 좋다.

　　ⓒ 피막저항 심체, 권선저항 심체, 진공관 절연물, 소켓, 안테나 애자, 고주파 동축 케이블용 절연물, 마이크로 모듈 기판 등에 다양하게 사용되고 있다.

　　➡ 애자(碍子, insulator) = 절연물, 절연체

　㉡ 전력용 절연물

　　ⓐ 절연성 및 기계적 강도가 우수하다.

　　ⓑ 제조가 용이한 보통 자기를 주로 사용한다.

　　ⓒ 각종 애자, 애관, 부싱(bushing) 등에 활용되고 있다.

　㉢ 내열 절연물

　　ⓐ 용융온도가 높고, 열팽창계수가 작은 것이 좋다.

　　ⓑ 기밀 봉착용 재료, 점화플러그 애자, 열전대 보호관 등에 사용된다.

3) 알루미나(Al_2O_3)계 자기

① 알루미나(alumina)

　㉠ 일반적으로 알루미나는 α-alumina(또는 corundum)를 말한다.

　㉡ 융점이 약 2,000℃이고, 경도(Moh's 경도)가 9이다(산화물 중 경도가 매우 높다).

　㉢ 1,900℃ 이하에서는 물리·화학적으로 매우 안정한 재료이다.

② 알루미나의 원료

　㉠ 보크사이트(bauxite, $Al_2O_3 \cdot 3H_2O$) 또는 디아스포아(diaspore, $Al_2O_3 \cdot H_2O$)를 사용한다.

　　　ⓛ 절연용 세라믹스를 제조할 때에는 화학처리한 순도가 높은 원료를 사용한다.

　　　　　ⓐ 베이어법(Bayer process)

　　　　　ⓑ 금속알루미늄 정련공정의 중간 생성물인 보크사이트를 1,000℃ 이상 소성하여 $\alpha-Al_2O_3$ 원료분말을 얻고 있다.

　　③ Al_2O_3 함유량가 알루미나 세라믹스의 성질과 관계

　　　　㉠ Al_2O_3 함유량이 증가할수록 인장강도, 절연내력, 열전도율은 비교적 급격히 증가한다.

　　　　㉡ Al_2O_3 함유량이 많을수록 고온 소결이 필요하므로 공업적인 제약을 받는다.

　　　　㉢ 현재 소결성이 좋은 활성알루미나 등의 특수한 알루미나 원료 및 제조공정이 개발되어 Al_2O_3 함유량이 99% 이상인 알루미나 자기가 1,500℃ 정도로서 소결이 가능하게 되었다.

　　④ 알루미나계 자기

　　　　㉠ 일반적으로 알루미나 자기는 $\alpha-Al_2O_3$ 결정을 80% 이상 함유한 것을 말한다.

　　　　㉡ 공업적인 알루미나 자기는 Al_2O_3를 주성분으로 하고, 부성분으로는 SiO_2, CaO, MgO, BaO, 점토, 활석, 장석 등이 첨가되고 있다.

4) **집적회로 기판(IC)용 절연 세라믹스** : 세라믹스의 절연성은 세라믹스의 미세구조(결정입자, 입계, 입계 기공, 입내 석출물, 입내 기공)에 크게 의존한다. 특히 입계부분은 불순물의 농도가 높고, 전위 및 결함이 존재하므로 절연성에 큰 영향을 미친다.

　　① IC 기판 세라믹스의 필요조건

　　　　㉠ 전기절연성, 고주파 특성이 우수할 것

　　　　㉡ 화학적으로 불활성이고, Na 등 이온의 함유량이 적을 것

　　　　㉢ 후막이 스크린 인쇄가 될 수 있도록 평활하고, 후막과의 밀착이 우수할 것

　　　　㉣ 절연내력이 크고, 열전도도가 클 것

　　　　㉤ 저항 및 탑재된 반도체 IC의 발열에 대하여 열방산성이 있을 것

　　　　㉥ 열처리에 견디며, 열팽창계수가 작을 것

　　　　㉦ 기계적 강도가 크고, 치수 정밀도가 좋으며, 가격이 저렴할 것

　　② IC 기판 세라믹스의 종류

　　　　㉠ 알루미나(Al_2O_3)계 절연 세라믹스

　　　　㉡ 질화알루미늄(AlN)계 세라믹스

　　　　㉢ 탄화규소(SiC)계 세라믹스

　　③ **Al_2O_3 함유량에 따른 특성변화** : Al_2O_3 함유량이 증가하면 인장강도, 절연성, 열전도율이 크게 상승하고, 경도는 감소한다. 단, 유전율, 밀도, 비열은 거의 일정하다.

3. 유전성 세라믹스

1) 유전현상(dielectric phenomenon) : 재료에 전계를 가할 때, 재료 속의 양 또는 음의 전하가 평형위치에서 근소하게 도달하고, 전계를 제거하면 다시 본래의 평형위치로 되돌아가는 현상이다. 따라서 전압을 가하는 순간에만 근소한 전류가 흐르고 전계를 계속 가하더라도 전류는 계속해서 흐르지 않는다.

> **참고** **전기적인 특성 : 도전성(導電性)과 유전성(遺傳性)**
>
> ① 재료에 전계(電界)를 가한 경우, 전기적인 특성으로 크게 분류하면, 도전성과 유전성으로 나눌 수 있다.
> ② 도전성은 거시적인 거리를 하전입자가 이동하는 것으로서 그 이동은 전계를 제거할 때까지 계속하여 전류가 흐르게 된다. 이에 반해 유전성이란, 유전분극에 기인하며 전계를 가하고 제거하는 순간에만 전기가 통하고(방향은 반대) 전계를 가한 상태에서는 전기가 통하지 않는 성질을 말한다.

> **참고** **분극현상**
>
> ① 전자분극 : 핵에 있던 전자운(電子雲)이 전계를 가하면, 비틀어져 형성된다(치우친다).
> ② 이온분극 : 이온결합상태의 결정이 전계를 가하면, 각각 서로 반대방향(부호)으로 끌려간다.
> ③ 배향분극 : 영구 쌍극자물질은 평소 무질서한 상태이나 전계를 받으면 일정한 배향으로 분극한다.
> ④ 공간전하분극(계면분극) : 결정체 계면에 전하가 축적되고 다른 계면에는 반대 전하가 축적된다.

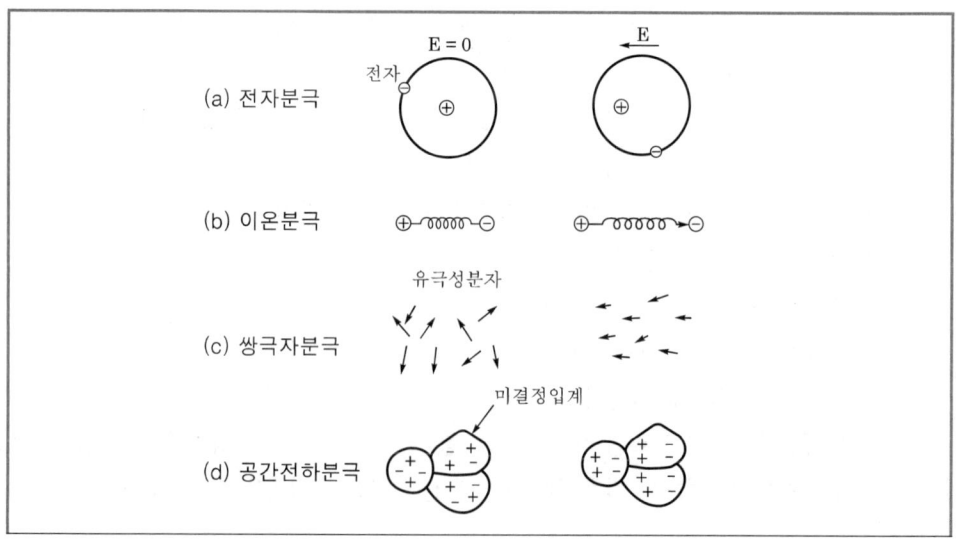

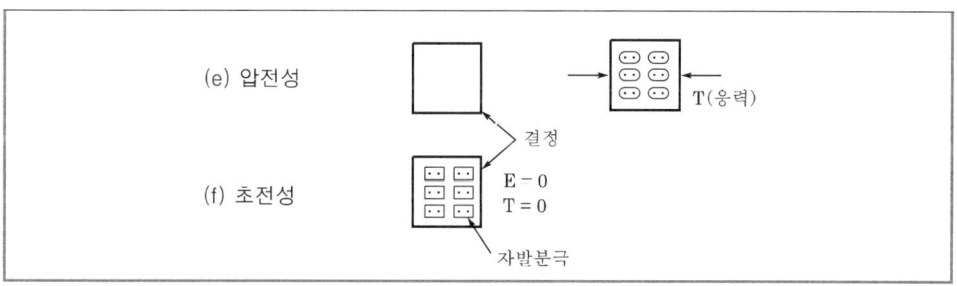

[각종 분극]

2) BaTiO₃ 강유전체(ferroelectrics) : 강유전체는 자발분극을 가진 유전체 중에서 전계를 가하면 분극방향이 반전되는 유전체를 강유전체라 한다. 대표적인 강유전체는 BaTiO₃이며 콘덴서의 실용재료로 사용된다.

3) 세라믹 콘덴서

① BaTiO₃와 같은 강유전체를 사용한다. 강유전체의 양면을 은(Ag)과 같은 전극을 입힌다.

② 콘덴서는 전계를 받으면 유전분극이 일어나 전하를 축적하게 된다.

③ 전계의 크기가 너무 크면, 유전현상은 깨진다.

④ **분류** : 세라믹 콘덴서는 온도 보상용, 고유전율, 반도체 콘덴서로 분류한다.

　　㉠ 온도 보상용 : 온도에 따라 정전용량이 증가 또는 감소하는 콘덴서

　　㉡ 고유전율 : BaTiO₃와 같은 강유전체(유전율이 큼)를 이용한 것

　　㉢ 반도체 : BaTiO₃는 절연체이지만, La₂O₃에 넣고 소성하면 N형 반도체 특징이 된다.

4. 자기적(magnetic) 기능성 세라믹스

1) ferrite : 세라믹 자성재료는 철족원소의 산화물인 페라이트를 말한다.

2) 종류 및 용도

① **연자성 재료** : 투자율(permeability, μ)이 크고, 보자력(coercive, H_c)이 작아야 하며, 고주파 손실($\tan\delta$)이 작아야 한다.

　　㉠ 고주파 자심 재료 : 중간주파수 내지 무선주파수대에서 코일 자심

　　㉡ 자기 기억 재료 : 전가계산기용 메모리 소자

　　㉢ 마이크로파용 재료 및 자기 헤드용 재료 : 전파흡수제, 테이프 레코더 등

② **경자성 재료** : 보자력이 크고, 전류자속밀도(B_r)가 크고, 최대에너지적($B_H \max$)이 크다. 한번 자성을 갖게 되면, 연자성 재료와 달리 영구자석이 된다.

　　㉠ 스피커, 헤드폰, 수화기 등 음향기기의 자장 발생용

　　㉡ 마그네트론, 마이크로파 도관 및 전류계, 정압계 등 계측기기의 자장 발생용

　　㉢ 소형전동기, 발전기, 마이크로 모터 등의 전기 응용기기

③ **자기 기록 재료** : 반경자성 재료라고도 하며, 연자성과 경자성의 중간적 특성을 가진다. 녹화 및 녹화용 자기 테이프와 디스크, 정보기록용 자기 테이프 및 디스크 등

④ 자기이력곡선은 강자성체에 자기적 성질을 나타내는 데 사용한다.

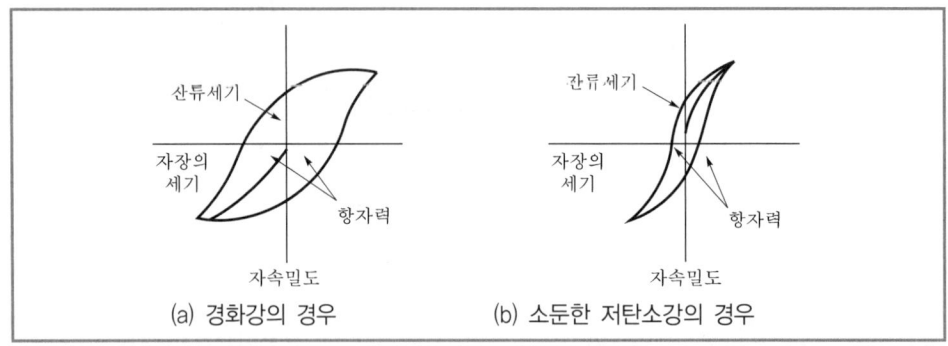

[자기이력곡선]

5. 광학 세라믹스

1) 광투과 재료
   ① 실리카 유리(silica glass)는 열팽창계수가 작고 용융점이 높은 내열 유리이다.
      ➡ 이는 할로겐 램프, 크세논 램프 등의 광구(光球)로 쓰이고 있다.
   ② 광통신 유리 섬유(optical fiber glass)는 고순도의 실리카 내부에 고굴절률의 실리카 유리
      를 외부에 저굴절률의 실리카 유리를 씌우고 이 중 파이버(fiber)로 만든 섬유이다.
2) 레이저 재료 : 레이저 발생원에 따라 분류하면, 루비 레이저, 반도체 레이저로 분류할 수 있다.
   ① 루비 레이저 : 산화알루미늄에 크롬을 1% 함유한 단결정으로 0.694μm의 레이저를 발생한다.
   ② 반도체 레이저 : 갈륨비소(GaAs) 단결정에 Te, Sn을 첨가하여 레이저를 발생한다.

 기출 및 예상 문제

01 레이저 재료 중 적색을 내는 물질은?   ✪ 02 국가직 9급

    ① Ar   ② Ne
    ③ He   ④ Xe

02 전자 정밀 재료에 대한 설명으로 잘못된 것은?

    ① 탄화물, 붕화물의 도전율은 금속에 가깝다.
    ② 크롬산탄은 1,800℃까지 공기 중에서 쓸 수 있다.
    ③ 반도체는 도체와 부도체의 중간 성질을 가진다.
    ④ 탄산은 흑연이 적을수록 저항이 낮아진다.

03 생체용 세라믹스 중 인공 장기로 사용 가능한 것은?

① 알루미나　　　　　　　　　　② 카본
③ 아파타이트　　　　　　　　　④ 사파이어

04 IC 기판용 세라믹스의 필요조건이 아닌 것은?

① 전기절연성이 우수해야 한다.
② 화학적으로 안정해야 하며, Na 등의 이온의 함유량이 작아야 한다.
③ 고주파 특성이 우수해야 한다.
④ 열전도도가 작아야 한다.

05 고전압 내열성 경도 · 강도 등에 견디는 성질이 우수한 전기절연 재료로 많이 이용되는 물질
은 어느 것인가?　　　　　　　　　　　　　　　　　　　　　　　　　　✪ 97 총무처 9급

① SiO_2　　　　　　　　　　② $CaCO_3$
③ Al_2O_3　　　　　　　　　　④ K_2CO_3

06 전자 정밀 세라믹스로 사용할 수 있는 것은?

① 레이저 재료　　　　　　　　② 알루미나
③ 아파타이트　　　　　　　　　④ 절연 재료

07 정밀 요업 재료 중 힘을 가하면 전압이 발생하고, 그 반대로 전압을 가하면 힘이 발생되는
것은?　　　　　　　　　　　　　　　　　　　　　　　　　　　　　　✪ 98 행안부 9급

① 반도체 재료　　　　　　　　② 광학 재료
③ 절연 재료　　　　　　　　　④ 압전 재료

 정답 및 해설

01 ②

[유형 및 해설] [광학 세라믹스 > 레이저 재료] 레이저 재료는 공업적, 경제적 이유로 적색과 청색을
많이 사용한다. 네온의 발광파장은 단파장이기 때문에 붉은 색을 띤다. 헬륨(He)은 황색을
띠고, 아르곤(Ar)과 크립톤(Kr)은 청자색을 띠며, 라돈(Rn)은 청록색을 띤다.

02 ④

유형 및 해설 [유전성 세라믹스 > 도전 재료] 도전 재료는 일반적으로 금속을 이용하나 탄화물, 붕화물의 도전율은 금속에 가까워 이들도 이용된다. 탄소는 흑연이 많을수록 저항이 낮아지므로, 전기 분해용이나 아크 전기가마의 전극, 전기가마의 발열체로 많이 쓰인다.

03 ②

유형 및 해설 [생체용 세라믹스 > 카본] 카본은 현재 인공 장기로 실용화되고 있으며, 화학적으로 불활성이며 거부반응도 없는 장점을 가지고 있으나, 색이 검은 것이 단점이다.

04 ④

유형 및 해설 [집적회로 기판용 세라믹스] IC 기판용 세라믹스의 특징은 일반적으로 열전도도가 커야, IC 기판의 목적인 회로의 원활한 흐름에 기여할 수 있다. 문제에 주어진 요건 이외에도, 후막이 스크린 인쇄가 될 수 있도록 평활하고, 후막과의 밀착이 우수할 것, 절연내력이 크고, 열전도도가 클 것, 저항 및 탑재된 반도체 IC의 발열에 대하여 열방산성이 있을 것, 열처리에 견디며, 열팽창계수가 작을 것, 기계적 강도가 크고, 치수 정밀도가 좋으며, 가격이 저렴할 것과 같은 요건이 있다.

05 ③

유형 및 해설 [전기 절연성 세라믹스 > 알루미나] 산화알루미늄은 고전압에서 내열성 경도, 강도 등에 우수한 성질을 가지고 있는 전기절연성 세라믹스이다. 순도가 높을수록 절연성이 증가하여 IC 기판용으로 순도 99.9%의 것을 사용한다.

06 ④

유형 및 해설 [전자 정밀 세라믹스] 전자 정밀 세라믹스는 특수한 전자기적 성질과 성능을 이용하여, 전기절연성이 뛰어난 도전 재료, 반도체 성질이 뛰어난 반도체 재료, 압력을 주면 전기가 흐르는 성질을 지닌 압전 재료, 자석의 성질을 가지는 자성 재료가 있다.

07 ④

유형 및 해설 [압전 재료] 재료에 힘을 가하면 전압이 발생한다. 반대로 재료에 전압을 가하면 힘이 발생한다. 신기하지 않은가? 이것이 기능성 세라믹스인 압전 세라믹스(재료)이다. 압력(힘)과 전기를 이용한 압전 재료가 정답이다. 종류에는 로셀염, 수정 등이 있으며 초음파 세정기, 어군 탐지기, 초음파 용접기 등에 사용된다.

제 **98** 주

원자력 발전과 핵 에너지

제98주제   **원자력 발전**

1. 방사성 원소
2. **핵화학 기본이론** : 방사선
3. 핵분열과 핵융합
4. 원자력 발전
5. 방사성 위험과 폐기물 처리

1. 방사성 원소

(1) **방사성 원소** : 방사선을 내는 물질을 말한다.

- 방사성 동위원소란, 원자번호는 같으나 질량수가 다른 원소 중에서 방사선을 내는 물질을 말한다.
- 방사능(radioactivity)이란, 원자핵이 방사선을 내는 성질을 말한다.
- 방사성 핵종이란, 방사선을 내며 붕괴하는 성질을 가진 원자핵을 말한다.
- 자연방사능이란 자연계에 존재하며 스스로 붕괴하는 방사능을 말하며, 유발방사능이란 실험실에서 만들어진 불안정한 핵이 붕괴하는 방사능을 말한다.

1) 천연방사성 원소

① 천연방사성 원소는 우라늄(U), 토륨(Th), 라듐(Ra) 등 원자량이 큰 원소로, 붕괴되면서 방사능을 내는 물질을 말한다.

② 천연방사성 원소는 계속적으로 α와 β입자를 내면서 장시간에 걸쳐 붕괴하여 안정한 원소로 변한다. 이와 같이 천연방사성 원소 중 쉽게 변화할 수 있는 원소는 모두 안정한 원소로 변하였고, 그렇지 않은 원소만 자연계에 존재한다.

2) 인공방사성 동위원소

① 현재 1,500종 이상의 방사성 핵종이 만들어져 있다.

② 인공방사성 동위원소는 핵이 자발적으로 분열하지 않는다.

③ 인공적인 방법에 의해 만들어진 $^{30}_{15}P$ 는 최초의 인공방사성 핵종이며, 이것은 알루미늄에 α입자를 충돌시켜 양전자(positron)의 방출로 생성된다.

$$^{27}_{13}\text{Al} + {}^{4}_{2}\text{He} \rightarrow {}^{30}_{15}\text{P} + {}^{1}_{0}\text{n}$$

> **참고 동위원소, 동중원소 그리고 동소체**
>
> ① 동위원소(isotope) : 양성자의 수는 같으나 중성자 수가 다른 관계를 말한다. 즉, 질량수가 다른 원소의 관계이다. 이 동위원소들은 물리적 성질은 다르나, 화학적 성질은 유사하다.
>
> 　예 12C와 13C, 2D와 3T
>
> ② 동중원소(isobar) : 원자번호는 다르나, 질량수가 같은 원소들 간의 관계를 말한다.
>
> 　예 $^{14}_{7}\text{N}$과 $^{14}_{8}\text{O}$
>
> ③ 동소체(allotrope) : O_2와 O_3의 관계, 다이아몬드(C)와 흑연(C)의 관계와 같이, 같은 원소로 이루어진 홑원소 물질이지만, 그 결합구조가 다른 물질을 동소체라고 한다.

2. 핵 화학

(1) 핵에서 질량 – 에너지 관계

1) 원자의 구성

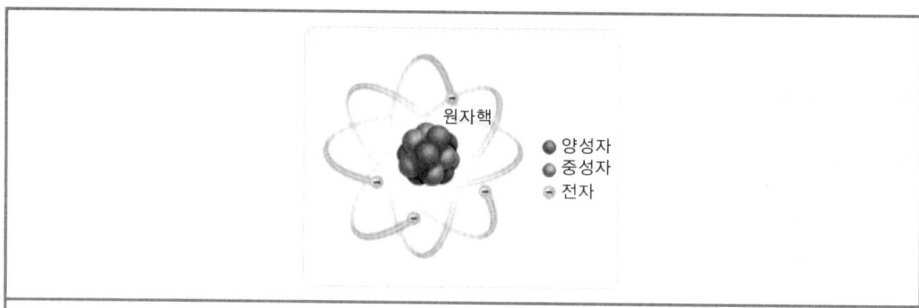

원자핵 ● 양성자 ● 중성자 ◦ 전자

	원자핵	양성자 : 양전기를 띠고 있으며, 원자번호와 같은 개수의 양성자
원자		중성자 : 질량수(원자량)에서 원자번호(양성자수)를 뺀 만큼의 개수
	전자 : 음전기를 띠고 있으며, 전자의 총 개수는 양성자의 수와 같음	

2) 원자기호 표시법

$$^{A}_{Z}X^{b}_{a}$$

여기서, 질량수(A) = 양성자수(Z) + 중성자수(n)이고,
원자번호(Z)는 양성자수와 같다.
그리고 b는 이온의 전하수, a는 분자의 원자수를 의미한다.

원자의 질량단위(amu, atomic mass unit) : 단일 12C 원자질량의 1/12로 정의한다. 12C 원자 1mol은 정확히 12g이므로 한 원자의 무게는 $12/N_o$ 그램이다.

➡ 여기서, N_o는 아보가드로수를 의미한다.

$$1\text{amu} = \frac{1}{12} \times \frac{12\text{g/mol}}{6.02 \times 10^{23}/\text{mol}} = 1.66 \times 10^{-24}\text{g}$$

3) 핵분열 에너지 : 아인슈타인의 질량-에너지 관계

① 균형핵 반응식(balanced nuclear equation)

② **특수 상대성 이론** : 반응에서 손실된 질량은 에너지로 전환되었다($E = mc^2$).

$$\Delta E = c^2 \Delta m$$

핵반응에서 에너지변화는 거의 언제나 전자볼트(eV)로 나타낸다.

(2) 방사선

방사선이란 물질을 투과할 수 있는 에너지를 가진 광선이다.

1) 알파(α)입자 : $_2^4 \text{He}$

① 알파입자는 양전하를 가지고 있다.

② 알파입자는 약한 투과력을 가진다. 사람의 손도 투과하지 못한다.

③ **알파붕괴** : 헬륨이온과 동일한 질량을 가지고 있으며, 원자번호 2가 감소하고 질량 수는 4가 감소하면서 붕괴한다. (핵반응 중 유일하게 질량수가 감소하는 반응이다.)

$$_{92}^{238}\text{U} \rightarrow {}_{90}^{234}\text{Th} + {}_2^4\text{He}$$

2) 베타(β)입자 : $_{-1}^{0}e^{-1}\,({}_{-1}^{0}\beta^{-1})$; 전자

① 베타입자는 음전하를 가지고 있다.

② 베타입자는 사람의 손은 통과하나, 얇은 금속판을 투과하지는 못한다.

③ 질량이 거의 0에 가까울 정도로 작기 때문에, 질량수의 감소는 없으며 원자번호는 1씩 감소한다. (핵반응 중 유일하게 원자번호가 증가하는 반응이다.)

$$_6^{14}C \rightarrow {}_7^{14}N + {}_{-1}^{0}\beta^{-1}$$

3) 감마(γ)입자 : $_0^0\gamma$

① 전기장과 자기장에 영향을 받지 않고 직진하는 광선이다.

② 5~6cm 정도의 금속판을 투과할 수 있지만 두꺼운 콘크리트는 투과하지 못한다.

③ 파장이 매우 강한 전자기파로 라듐 방사선이 1%를 차지하고, 속력은 빛의 속도와 같다.

[방사선의 성질 비교]

방사선	입 자	양성자 수	질량 수	중성자 수	전 하	투과도	형광작용	사진작용	전리작용
α선	$_2^4\text{He}$	2	4	2	+2	작음	큼	큼	큼
β선	$_{-1}^{0}e$	-1	0	+1	-1	중간	중간	중간	중간
γ선	$_0^0\gamma$	0	0	0	0	큼	작음	작음	작음

> **참고** 반입자(antiparticle)
>
> 알파입자, 베타입자, 감마 전자기 복사선(감마입자), 중성자($_0^1 n$), 양성자($_1^1 H$), 양전자
> ($_{+1}^0 e^{+1}$)를 말한다. 이들은 핵반응에 관여하는 입자이다.

(3) 방사성 원소의 반감기 : 어떤 주어진 불안정한 핵의 붕괴는 임의적이며, 주위의 이미 붕괴된 다른 핵들의 수에 무관하게 일어난다. 핵의 수가 많을 때 어떤 주어진 시간 동안 항상 일정한 분율의 핵이 다른 핵종으로 붕괴된다는 것을 확신할 수 있다. 즉, 핵들이 붕괴하는 속도는 핵들이 존재하는 수에 비례하며, 핵 붕괴는 화학반응 속도론의 1차 반응속도식과 동일하다.

1) 반감기(T)

$$N = N_o \left(\frac{1}{2}\right) t / T$$

여기서, N : 시간, t : 지난 후에 남아있는 양, N_o : 반감기,
$\quad\quad T$: 방사성 원소의 초기 성분의 양

[예제] Ra의 반감기가 1600년이다. 6400년 후에 Ra은 처음 양의 얼마가 남겠는가?

> **해설** $N = N_o (1/2)^{6400/1600} = N_o (1/2)^4 = N_o (1/16)$
> ∴ '처음 양의 1/16'이 남게 된다.

2) 단위 및 양

① 베크렐(Bq) : 방사성 양은 초당 이루어지는 붕괴수를 측정한 값으로 나타낸다. 방사성의 SI 단위는 베크렐(Bq)이며, 이는 초당 한 번의 붕괴가 일어난 경우이다.

② 큐리(Ci) : 베크렐(Bq)보다 실용적인 단위는 큐리(Ci)로 초당 3.7×10^{10}의 붕괴, 즉 3.7×10^{10}Bq로 정의된다. 1g의 라듐-233의 방사성 양은 1Ci이고, 1g의 코발트의 방사성 양은 1kCi이다.

➡ 혼합된 방사성 동위원소인 경우, 각각 핵종의 붕괴율은 알 수가 없으므로 전체 방사성 양으로 측정한다.

③ 그레이(Gy) : 인체에 알파선 또는 감마선이 조사되면 매우 해롭기 때문에 이러한 조사의 경우 좀더 실용적인 측정단위가 필요하다. 이렇게 인체에 흡수된 방사선량의 SI 단위는 그레이(Gy)이다. 이는 방사선이 투과한 1kg의 물질에 대해 1J의 에너지 흡수가 일어난 경우이다. 이 경우 또 다른 단위로는 래드(rad)를 사용하는데 1rad = 0.01Gy이다.

④ 시버트(Sv) : 흡수된 에너지는 이온화방사선에 의한 인체영향을 표현하는 척도로 만족스럽지 않기 때문에, 이를 표현하는 단위를 시버트(Sv)라 하며, 유효선량(dose equivalent)이라 불린다. 단위는 그레이와 같이 J/kg이며, 흡수된 방사선의 질을 고려한다. 실제 방사선의 양에 무차원 인자인 Q(quality factor)에 N을 곱해서 1J/kg일 때, 1Sv의 유효선량을 받았다고 정의한다.

➡ Q는 방사선의 성질과 관련이 있어 X선, 감마선, 베타선이면 1, 중성자이면 10, 그리고 알파입자이면 20이다. 그리고 N은 에너지 분포를 고려하는 인자이다. 유효선량의 또 다른 단위는 렘(rem)으로 0.01Sv에 해당한다.

구 분		단 위		단위환산
		기존 단위	국제 단위	
방사선량	조사단위	뢴트겐(R)	쿨롬/킬로그램 (C/kg)	$1R = 2.58 \times 10^{-4}$C/kg 1C/kg$ = 3.88 \times 10^{3}$R
	흡수선량	래드(rad)	그레이(Gy)	1rad$ = 0.01$Gy 1Gy$ = 100$rad
	선량당량	렘(rem)	시버트(Sv)	1rem$ = 0.01$Sv 1Sv$ = 100$rem
방사능		큐리(Ci)	베크렐(Bq)	1Ci$ = 3.7 \times 10^{10}$Bq 1Bq$ = 2.7 \times 10^{-11}$Ci

(4) 생활과 방사선

1) 자연방사선과 인공방사선

① 자연방사선은 태양광선, 지표면, 신체, 음식물 등에서 낮은 값의 방사선을 발생하는 것으로 우리 주위에서 매일 같이 발생하고 있다.

② 인공방사선은 전자레인지, 텔레비전, X–선장치, 암 치료장치, 원자력 발전소 등에서 발생되는 방사선을 의미한다.

2) 방사선의 응용

① 분석에의 이용 : 미량의 원소 A를 정량하고 싶을 때, RI를 함유한 시약 B를 이용하여 AB의 침전을 만든다. 미리 B의 방사능을 측정해 놓고, 침전 AB의 방사능을 측정하면 A의 양을 계산할 수 있다.

② 화학반응 기구의 연구 : 화합물 중의 특정한 원자를 방사성 동위원소로 치환반응시킨 다음 RI를 추적하면, 그 화합물이 관계하는 화학반응기구를 알 수 있다.

③ 석유공업 등에 이용 : 1개의 송유관으로 종류가 다른 두 기름을 수송할 때에, 그 기름의 경계면에 RI를 함유한 기름을 유입시키고 흘려 보낸 후, 하류 목적지에서 방사선을 검출하여 밸브를 전환시키면 두 기름을 분리할 수 있다.

④ 농업에 이용 : 식물체 내에 비료가 흡수되는 경로와 흡수 기간 등을 연구하려고 할 때, RI를 함유한 비료를 주입하고 RI를 추적하면 된다. 인산비료를 추적하는 데는 $^{32}_{15}$P을 함유한 인산비료를 시비하여 이를 추적한다.

⑤ 의학에의 이용 : 테크네튬(Tc)의 RI를 이용하여 혈액의 순환상태를 알아내기도 하고, $^{67}_{31}$Ga을 사용하여 악성 종양이 발생한 부위를 알아내기도 한다.

3. 핵분열과 핵융합

(1) 핵분열(nuclear division)

1) 핵분열이란, 우라늄-235와 같은 방사성 원소에 중성자를 충돌시키면, 원자핵이 둘로 쪼개지는 과정을 말하는 데, 이때 매우 큰 열에너지가 방출된다.

$$^{235}U + {}^1_0n \longrightarrow {}^{144}Ba + {}^{89}Kr + 3{}^1_0n + 177MeV$$

2) **핵분열의 연쇄과정** : 핵분열이 진행 시 2~3개의 중성자가 나오고, 이 중성자가 매우 빠른 속도로 다른 원자핵을 분열시키면서 연속적인 핵분열이 일어나는 과정을 말한다. 따라서 지속적인 에너지 생성이 가능한 것이다.

3) 우라늄-235가 핵분열 생성물들로 분열하는 과정에서 발생한 2~3개의 중성자 중 일부는 핵연료 중 가장 많은 부분을 차지하는 우라늄-238에 흡수되어 다음과 같은 플루토늄-239을 생성하는 과정을 유발시킨다. 이 과정에서 감마와 베타선을 방출한다.

$$^{235}U + {}^1_0n \longrightarrow {}^{239}U + {}^0_0\gamma \longrightarrow {}^{239}Np + {}^{\ 0}_{-1}\beta \longrightarrow {}^{239}Pu + {}^{\ 0}_{-1}\beta$$

➡ 플루토늄-239는 연쇄반응을 유지할 수 있는 분열성(fissile) 물질이다. 더구나 플루토늄은 우라늄과 같은 물질로서 다 사용한 핵연료로부터 화학적으로 추출이 가능하여 원자로에 장착하는 새로운 핵연료물질로 사용할 수 있다. 이는 핵폭탄에 활용될 여지가 있어 현재 각국에서는 핵연료의 재처리를 법적으로 금지하고 있다.

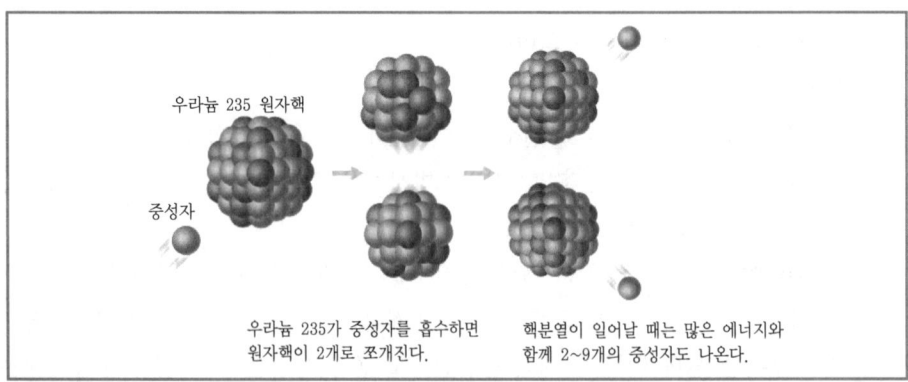

우라늄 235 원자핵

중성자

우라늄 235가 중성자를 흡수하면
원자핵이 2개로 쪼개진다.

핵분열이 일어날 때는 많은 에너지와
함께 2~9개의 중성자도 나온다.

(2) 핵융합(nuclear fission)

1) 핵융합은 핵분열의 반대 과정으로 가벼운 원자핵이 융합하여 무거운 원자핵으로 변하는 것을 말한다. 다음은 중수소와 삼중수소가 반응하여 헬륨 원자핵이 생성되는 과정을 제시한 것이다.

$$^2_1H + {}^3_1H \longrightarrow {}^4_2He + {}^1_0n$$

① 이 반응이 일어나기 위해서는 매우 높은 에너지가 필요하며, 두 물질이 어느 정도 근접해야 반응이 일어날 수 있다.

② 위의 반응에서 질량 감소에 의해 에너지가 발생되며, 이는 핵분열보다 높은 에너지를 얻을 수 있다.

2) 핵융합 과정의 예

$$^2D + {}^3T \longrightarrow {}^4He + {}^1_0n + 17.6\,MeV$$
$$^2D + {}^2D \longrightarrow {}^3He + {}^1_0n + 4\,MeV$$
$$^2D + {}^3He \longrightarrow {}^4He + {}^1H + 18.3\,MeV$$

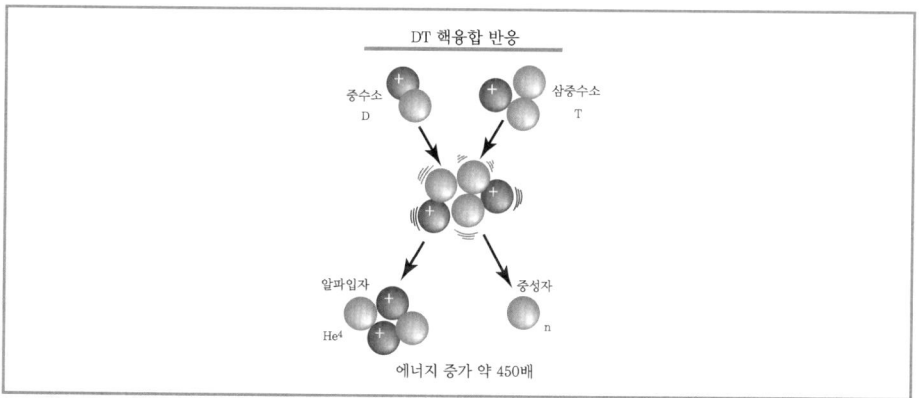

3) 핵융합 발전의 장점

① 핵융합로에서 사용되는 원료의 원재료는 중수소로 자연계에서 수소 다음으로 풍부하므로, 공급면에서 볼 때 거의 무한정하다 볼 수 있다. 물론 수소로부터 중수소를 분리하는 작업은 상당한 에너지가 요구된다. 삼중수소는 자연적으로 존재하지는 않지만 다음과 같이 리튬의 동위원소로부터 쉽게 얻어질 수 있다.

$$\text{삼중수소 생성반응} : {}^6Li + {}^1_0n \longrightarrow {}^3T + {}^4He + 4.8MeV$$

② 핵융합작용은 최소한의 방사능만 발생시킨다. 물론 주변 구조물에 흡수된 중성자에 의한 제한적인 방사성 동위원소들이 생성될 수 있으며, 삼중수소는 반감기가 12년 정도로 낮은 베타선을 방출하는 약한 방사능물질이다.

③ 이것은 사용 후 핵연료와 같은 폐기물이 발생하지 않는다.

4) 고온 플라스마

① 플라스마(plasma) : 기체 분자가 높은 온도(1억~3억℃ 정도)에서 빠른 속도로 서로 충돌하여 원자궤도의 전자들이 떨어져 나가 음이온을 이루고 나머지 원자핵은 전자를 잃은 채 양이온이 되어, 결과적으로 양이온의 기체와 음이온의 기체가 뒤섞여 있는 이온체들의 집합을 말한다.

② 핵융합 시 초고온에서 원자가 핵과 전자로 분리되어 플라스마상태로 만든다. 이 상태에서의 매우 큰 운동에너지로 인해 서로 충돌하여 융합반응을 일으키는 것을 고온 플라스마반응이라 한다. 이는 현재 반도체공정에 이용되고 있다.

4. 원자력 발전

(1) 원자로의 구성 : 원자력 발전에서 원자로는 핵연료를 담아두고 있는 용기를 의미하며, 원자로 내의 핵연료에서 연쇄반응을 통해 발생하는 열은 냉각제를 이용해 원자로 용기 밖으로 전달하게 된다.

1) 핵연료

① **천연 우라늄** : 이는 0.7% 정도의 우라늄-235를 함유하며, 인공적으로 90%까지 농축 가능하다.

㉠ 고농축 우라늄은 우라늄-235의 농축도가 90% 이상이 되는 것을 말한다.

㉡ 저농축 우라늄은 우라늄-235와 우라늄-238을 원심분리법과 가스확산법으로 2~4% 정도로 농축한 우라늄을 말한다. 주로 동력용으로 사용한다.

② **산화 우라늄(UO_2)** : 펠릿(pellet)의 형태로 장전하여 사용하는 핵연료이다. 이는 열전도 특성이 양호하며, 성형이 용이하고, 산소 원자핵의 흡수 단면적이 적어 기하학적으로 안정하나, 핵연료 연소가 과다하면 깨질 수 있다.

③ **연료의 피복제** : 연료와 냉각제의 반응을 방지하는 역할을 한다. 피복제는 중성자의 흡수가 적어야 하며, 연료와 냉각제와 반응하지 않고, 방사선에 대한 손상률이 적어야 한다. 이에 알루미늄, 스테인리스강, 지르코늄합금, 마그네슘합금, 흑연 등이 사용된다.

2) **감속재** : 핵분열 과정에서 발생한 매우 빠른 중성자를 감속시켜 보다 낮은 에너지의 열중성자로 변화시키는 데 사용된다. 이 작용은 핵연료봉에 있는 분열성(fissile) 물질에 중성자가 쉽게 흡수되어 연쇄반응을 일으키는 확률을 높일 수 있다. 즉, 중성자의 속도가 느릴수록 반응이 잘 일어난다. 감속재에 사용되는 핵종은 높은 중성자 산란능력과 낮은 흡수율을 가져야 한다.

대표적인 감속재 : 중수(D_2O), 경수(H_2O), 흑연(C), 베릴륨(Be) 등

➡ 경수나 중수 감속재는 핵연료봉 사이를 순환하는 방식이고, 흑연이나 베릴륨은 핵연료봉 사이의 고체형태로 삽입하게 된다.

3) **조절봉** : 열중성자를 잘 흡수하는 물질로 구성되어 있으며, 이는 연쇄반응이 일어나는 것을 어렵게 한다. 이런 조절봉으로 연쇄반응을 조절하거나 정지시키게 된다.

대표적으로 사용되는 물질 : 보론(B), 카드뮴(Cd)

4) **냉각재** : 원자로 내 발생한 열은 반드시 제거되어야 한다. 이런 열은 핵분열 과정뿐만 아니라 핵분열물질에서 발생하는 붕괴 과정에서도 발생한다. 이러한 열을 냉각재에 의해 제거한다.

대표적인 냉각재 : 물이나 용융금속(sodium) 또는 가스(헬륨 또는 이산화탄소) 등

(2) 원자로의 종류

1) 가압 경수형 원자로(Pressurized Water Reactor, PWR)

① 우라늄 235의 농도가 2~5% 정도인 저농축 우라늄을 연료로 사용한다.

② 감속재와 냉각재는 모두 경수(H_2O)를 사용한다.

③ 원자로와 터빈 계통이 완전히 분리되어 있어, 방사선 차폐가 용이하다.

2) 가압 중수형 원자로(Pressurized Heavy Water Reactor, PHWR)

① 천연 우라늄을 원료로 사용하기 때문에 핵분열 효율이 낮다.

② 냉각재 및 감속재로 중수(D_2O)를 사용하여 중성자의 속도를 낮춘다.

③ 나머지 계통은 경수로와 비슷하다.

④ 운전 중 연료를 교체할 수 있다는 장점이 있다.

⑤ 우리나라 월성 원자력 발전소는 가압 중수형 원자로이다.

(3) 원자로와 원자폭탄 : 원자로와 원자폭탄은 핵분열 에너지를 이용한다는 것은 같지만, 그 원리는 상이하다.

1) **원자로** : 천연 우라늄에는 우라늄-235가 0.7% 정도 들어 있다. 이 정도의 농도로는 핵분열을 일으키기 힘들다. 따라서 우라늄-235 농도가 2~5% 정도인 우라늄으로 농축시켜 원자력 발전에 이용한다.

2) **원자폭탄** : 우라늄-235를 약 95%로 농축시킨 다음에 중성자를 충돌시키면 매우 큰 핵분열 에너지가 나온다. 원자폭탄은 이 원리를 이용한다.

5. 방사성 위험

(1) 방사선이 인체에 미치는 영향

방사선 발생량(mSv)	증 상
0.01	저준위 방사성 폐기물 처분장 주변
0.05	원자력 발전소 주변의 선량 목표값
5	일반의 연간 허용선량
250 이하	임상 증상 없음
500	전신 : 백혈구의 일시적 감소
1,000	전신 : 구토, 권태감
3,000	모발 : 탈모
5,000	피부 : 붉어진다.
7,000	전신 : 사망
8,500	피부 : 물집이 생긴다
10,000 정도	피부 : 궤양이 생긴다.

(2) **방사선 안전** : 방사선은 원자력 발전소, 병원, 농업분야 등 많은 곳에서 사용되고 있어 안전유지와 관리가 철저해야 한다. 원자력 발전소는 자동안전 보호장치, 이상 발생 초기 검출장치, 오조작 방지장치, 다중 방호설비, 내진 설계, 격납용기, 원자로 보호시설 등 많은 안전장치를 설치해야 한다.

 기출 및 예상 문제

01 핵반응 또는 핵분열의 유형 중 원자번호가 증가하는 것은? ⊙ 05 기술고시(화학개론)

① 알파붕괴　　　　　　　　　② 양전자 방출
③ 전자포획　　　　　　　　　④ 감마붕괴
⑤ 베타붕괴

02 방사성 붕괴에 대해 서술한 내용이다. 옳지 않은 것은? 05 국가직 7급(화학개론)(변형)

① 알파입자는 헬륨이온과 동일한 질량을 가지고 있다.
② 알파붕괴는 원자번호가 2 감소하며, 질량수가 4 감소한다.
③ 베타붕괴는 원자번호가 1 증가하며, 질량수는 변하지 않는다.
④ 감마붕괴는 원자번호는 증가하지 아니하나, 질량수는 1 증가한다.

03 $^{88}_{226}Ra$이 $^{88}_{206}Rb$로 붕괴되는 동안 방출되는 알파붕괴와 베타붕괴의 각각의 횟수는?

⊙ 96 총무처 7급

① 4회, 5회　　　　　　　　　② 4회, 6회
③ 5회, 4회　　　　　　　　　④ 6회, 4회

04 다음 중 어느 방사성 물질의 반감기가 400년이라면, 2000년 후에 남는 양은 초기농도의 얼마인가? ⊙ 99 서울시 7급

① 1/4　　　　　　　　　② 1/8
③ 1/16　　　　　　　　④ 1/32
⑤ 1/64

05 베타붕괴에서 생성된 베타입자는 어디에서 나온 것인가?　　　　　　　　　● 97 지방고시

① 원자핵 속에 존재하고 있던 전자가 방출된 것이다.

② 핵력의 원인인 중간자가 전자로 변하여 발생된 것이다.

③ 붕괴 전 X 원자핵에 있던 6개의 양성자 중 하나가 중성자로 변환히는 과정에서 생성된 것이다.

④ 붕괴 전 X 전자의 핵 주위를 돌고 있던 6개의 전자 중의 하나이다.

⑤ 붕괴 전 X 원자핵에 있던 8개의 중성자 중 하나가 양성자로 변환하는 과정에서 새로 생성된 것이다.

06 입자 가속기 연구소에 설치된 전자 싱크로트론(electron synchrotron)에 대한 설명으로 부적절한 것은?　　　　　　　　　　　　　　　　　　　● 96 기술고시

① 전자를 광속에 가깝게 가속시키는 장치이다.

② 사이클로트론(cyclotron)의 문제점을 해결하였다.

③ 전자가 저장에서 휘어질 때 방사광이 나온다.

④ 방사광은 X선만 나온다.

⑤ 전자 궤도를 유지하기 위하여 전자석을 사용한다.

07 순수한 ^{66}Cu가 15분만에 처음 질량의 7/8이 붕괴하여 Zn이 되었다. 구리의 반감기는?　　　　　　　　　　　　　　　　　　　● 01 기술고시

① 3.75분　　　　　　　　　　② 5분

③ 7분　　　　　　　　　　　④ 10분

⑤ 15분

08 어떤 방사성 원소가 붕괴하고 있다. 이 방사성 원소가 초기 양의 1/8로 감소하는 데 3년이 걸린다면 이 원소의 반감기는?　　　　　　　　　　　　● 02 기술고시

① 1년　　　　　　　　　　　② 2년

③ 3년　　　　　　　　　　　④ 4년

⑤ 5년

09 빈칸에 알맞은 용어는?

> • 원자로는 감속재를 사용하여 (㉠)의 속도를 늦추어 핵분열 연쇄반응이 서서히
>   일어나게 한다. 이때 나오는 열로 증기를 발생시키고, 터빈을 돌려 발전기에서 전
>   력을 발생하는 것이다.
> • 감속재는 (㉡), 중수 또는 흑연 등을 사용한다.
> • 제어봉은 (㉢) 밀도를 유지시켜 주고, 시동 및 정지를 제어하는 역할을 한다.

	㉠	㉡	㉢
①	양성자	경수	중성자
②	양전자	베릴륨	양성자
③	중성자	경수	중성자
④	양성자	카드뮴	양전자

10 입자들 중 방사선 투과력이 가장 큰 것은?

① 알파입자　　　　　　② 베타입자
③ 감마입자　　　　　　④ 양전자

정답 및 해설

01 ⑤

　[유형 및 해설] [핵분열반응] 핵분열반응에서 원자번호, 즉 양성자수가 증가하는 반응은 베타 붕괴밖에
　없다. 추가하여, 질량수가 감소하는 반응은 알파붕괴뿐이다.

02 ③, ④

　[유형 및 해설] [핵분열의 형태] 베타붕괴는 원자번호 1 증가, 질량수 불변의 형태의 반응이다.

03 ③

　[유형 및 해설] [알파붕괴와 베타붕괴] 알파붕괴는 원자번호 2씩, 질량수 4씩 감소한다. 따라서, 226−
　206/4이면 5회이다. 그리고 베타붕괴는 원자번호 1씩 증가하고, 질량수는 변하지 않는다.
　82−(88−10)=4회이다.

04 ④

유형 및 해설 [방사성 붕괴와 반감기]

$$N = N_o(1/2)^{2,000/400} = N_o(1/2)^5 = N_o(1/32)$$

05 ①

유형 및 해설 [베타붕괴] 원자핵 속의 1개의 중성자가 양성자로 변환되면서 전자를 방출하는 것이 베타붕괴이다. 이는 질량수가 불변한다. 즉, 방출된 전자는 원자핵 속에 존재하고 있던 것이다.

06 ③

유형 및 해설 [입자 가속기] 전자나 이온이 자계나 고주파 전계를 이용하여 통로를 굽혀서 가속할 때, 방사광이 나온다.

07 ②

유형 및 해설 [방사성 원소의 반감기]

$$N/N_o = [1-(7/8)] = (1/2)^3 = (1/2)^{15/T}$$

$$\therefore \; T = 5\text{min}$$

08 ②

유형 및 해설 [방사성 원소의 반감기]

$$N/N_o = 1/8 = (1/2)^{3/T}$$

$$\therefore \; T = 1\text{year}$$

09 ③

유형 및 해설 [원자로] 원자로는 중성자를 이용하여 속도를 늦추며, 터빈을 돌려 발전기에서 전력을 발생하는 것이다. 감속재는 경수, 중수 또는 흑연을 주로 사용한다. 제어봉은 중성자의 밀도를 유지시켜 주고, 시동 및 정지를 제어하는 역할을 한다.

10 ③

유형 및 해설 [방사선의 투과력] 투과력의 크기 순서는 '감마입자 > X선 > 베타입자 > 알파입자' 순이다.

제 **99** 주

나노 테크놀로지

제99주제　나노 기술

1. **나노 기술이란?** : 10억분의 1 수준의 정밀도를 요구하는 극미세 가공 과학기술을 말한다. 기존의 재료 분야들을 횡적으로 연결함으로써 새로운 기술영역을 구축하고, 기존의 학문분야와 인적자원 사이의 시너지 효과를 유도하며 최소화와 성능 향상에 기여하는 바가 크다.
2. **탄소 나노 튜브란?** : 탄소 6개로 이루어진 육각형들이 서로 연결되어 관모양을 이루고 있는 신소재를 의미한다.

1. 나노 기술의 개요

(1) 나노 기술이란, 물질을 나노미터 크기(nm, 10^{-9}m, 머리카락의 10만분의 1 굵기, DNA 정도), 즉 물질의 근본을 이루는 분자나 원자수준에서 제어와 조작을 하는 기술을 총칭하여 일컫는다.

1) 나노는 난쟁이를 뜻하는 그리스어 나노스(nanos)에서 유래하였다. 1나노초(ns)는 10억분의 1초를 뜻한다. 1나노미터(nm)는 10억분의 1m로서 사람 머리카락 굵기의 10만분의 1, 대략 원자 3~4개의 크기에 해당한다.

2) 나노 기술은 100만분의 1을 뜻하는 마이크로를 넘어서는 미세한 기술로서 1981년 스위스 IBM 연구소에서 원자와 원자의 결합상태를 볼 수 있는 주사형 터널링 현미경(STM)을 개발하면서부터 본격적으로 등장하였다. 미국·일본 등의 선진국에서는 1990년대부터 국가적 연구과제로 삼아 연구해 오고 있다.

3) 나노 기술의 특징은 물리, 재료, 전자 등 기존의 재료 분야들을 횡적으로 연결함으로써 새로운 기술영역을 구축하고, 기존의 인적자원과 학문 분야 사이의 시너지 효과를 유도하며, 크기와 소비에너지 등을 최소화하면서도 최고의 성능을 구현할 수 있으므로 고도의 경제성을 실현할 수 있다는 점 등이다.

4) 지금까지 알 수 없었던 극미세 세계에 대한 탐구를 가능하게 하고, DNA 구조를 이용한 동식물의 복제나 강철섬유 등 새로운 물질제조를 가능하게 한다. 전자공학 분야에서는 나노미터의 정밀도가 요망되며, 이것이 실현된다면 대규모 집적회로(LSI) 등의 제조기술은 비약적으로 향상될 것이다.

(2) **나노 기술의 포인트** : 초미세 제어

　1) 분자, 원자 배열방식을 잘 조절하면, 굉장히 가치 있는 것을 만들 수 있다.

　2) DNA와 같은 근원적인 물질정보의 제어가 가능하다.

　3) 나노 기술은 모든 산업의 근간이 되는 기술로, 그 파급효과가 상당하다.

(3) **나노 기술 연구방법**

　1) 탑 다운(Top Down) : 큰 것을 더욱 잘게 세분화하는 방법이다.

　2) 버텀 업(Bottom Up) : 미세 알갱이를 쌓아 올려서 임의의 크기의 물건을 만드는 방법이다.

2. 나노 재료의 응용분야

[다양한 나노 재료의 응용분야]

구 분	재 료	응용분야
무기	나노 유리	고강도 유리 나노 광학 재료(회절격자, 포토닉 결정, 나노 도파로)
	나노 메탈	초내식 금속, 고강도 금속
	탄소 나노 튜브, 기타 나노 튜브	고강도 재료, 디스플레이, 연료 전지 주사 프로브 탐침, 전자 디바이스, 배선 재료
	플러렌	윤활, 광전변환 재료, 기능성 첨가제
	나노 입자 나노 클러스터	가변 파장 발광체, 화학반응 촉매 광촉매, 화장품, 전도 페이스트, 도료
	나노 포러스머테리얼	촉매, 분리막 필터
	나노 세라믹스	생체 적합 의료용 재료
	스핀 일렉트로닉스 나노 재료	초고밀도 메모리, 스핀 트랜지스터 양자 계산 디바이스
유기/분자	나노 고분자	초고강도 플라스틱, 구조색 필름 및 섬유, 고기능 광학 소재, 코팅
	덴 드리머	약물 전달 시스템, 광에너지 변환
	나노 액정	에너지 절약 디스플레이, 전자 페이퍼
	분자 자성체, 분자 전도체	OLED(유기 EL), 분자장치
	분자 기록 재료	초고밀도 광디스크
	자기조직 재료, 분자 튜브	나노 템플레이트, 코팅
바이오	리보솜, 베시클	약물 전달 시스템
	DNA, 단백	자기 조직성 템플레이트, 인공효소, 센싱 재료
	약토미오신계, 편모, 모터 단백	분자 액추에이터, 분자 모터

3. 탄소 나노 튜브

(1) 탄소 나노 튜브 개념

1) 탄소 나노 튜브는 탄소 6개로 이루어진 육각형들이 서로 연결되어 관모양을 이루는 원통 (튜브) 형태의 탄소 동소체 중의 하나이다.

2) 탄소 나노 튜브는 전기전도도가 구리와 비슷하고 열전도율은 자연계에서 가장 뛰어난 다이아몬드와 같으며 강도는 강철의 10만 배 정도이다. 탄소섬유는 1%만 변형되어도 끊어지나, 이 소재는 15%가 변형되어도 견딜 수 있다. 인장력도 다이아몬드보다 뛰어나다.

3) 소재의 특성으로 인해 탄소 나노 튜브는 앞으로 반도체는 물론 일상 용품에 이르기까지 활용도가 높아 '꿈의 신소재'로 불리며 과학계는 '산업 판도를 바꿀 10대 미래 신기술' 중의 하나로 꼽고 있다.

(2) 탄소 나노 튜브의 종류

1) 단일벽 탄소 나노 튜브(SWNT, Single-Walled carbon Nano Tube) : 하나의 겹으로 구성된 단일벽 나노 튜브로 약 1nm 정도의 직경을 갖는다.

2) 다중벽 탄소 나노 튜브(MWNT, Multi-Walled carbon Nano Tube) : 여러 겹의 탄소망이 겹쳐져 있는 다중벽 나노 튜브는 전체 직경이 5~100nm 정도이다.

| 단일벽 탄소 나노 튜브(SWNT) | 이중벽 탄소 나노 튜브(DWNT) | 다중벽 탄소 나노 튜브(MWNT) |

(3) 탄소 나노 튜브의 특징

1) 탄소 나노 튜브는 특유의 나선성(chirality)에 따라 부도체적 성질, 전도체 또는 반도체적 성질을 나타낼 수 있어서, 구리와 같은 금속성이 될 수도 있고 또 실리콘과 같은 반도체성 거동을 나타내기도 한다.

2) 탄소 원자 간의 강력한 공유결합(covalent bond)에 의해 연결되어 있기 때문에 높은 강도를 나타내고 있다.

3) 1/6의 무게로 강철 100배의 인장강도를 나타내는가 하면, 매우 큰 인장강도에도 불구하고 매우 유연하며, 평편하게 또는 꼬거나 구부릴 수도 있다.

4) 탄성이 커서 변형 후에 원래의 형상으로 쉽게 되돌아 온다.

5) 위와 같은 물성으로 인해 SWNT는 강하고 유연한 코드나 케이블의 제조에 유용하게 쓰일 수 있다.

(4) 탄소 나노 튜브 합성방법

1) 화학 기상 증착법(Chemical Vapor Deposition, CVD) : 기판상에 촉매를 부착한 후 이를 가열로 내에 두고, 메탄과 같은 탄소함유 가스를 서서히 공급하면서 촉매상에 나노 튜브를 형성하는 방법이다.

2) 레이저 증착법(Laser Vaporization) : 흑연 막대가 레이저 펄스로 증발되어 고온의 탄소 가스를 발생하여 나노 튜브로 응축되게 하는 방법이다.

3) 기상 합성법(Vapor Phase Growth) : 촉매 입자와 반응 기체가 반응기 안으로 연속적으로 주입되면서 탄소 나노 튜브가 합성되는 방법이다.

4) 기타 방법 : 전기 분해법, Flame 합성법 등이 있다.

(5) 탄소 나노 튜브의 응용분야

분 야	용 도	비 고
전지/콘덴서	• 연료 전지용 수소 저장 소재 • 리튬 이온 전지의 전극 재료 • 전기 이중층 콘덴서 재료 • 고성능 축전지	고성능 축전지의 장수명화
전자장치	차세대 트랜지스터(양자 효과 이용)	
측정기	나노 온도계	50~1,000℃를 0.25℃ 단위로 측정
표시 소자	• FED(Field Emission Display) • 형광 표시관의 전자총 • 전계 방출형 전자원	전자 방출 소자를 10% 낮은 전압에서 가동
탐침/나노테크 부재	• AFM, APM, ATM 현미경의 탐침 • 나노 휘스커, 나노 로드	재료의 요철 부분 위를 씌워 원자 단위로 관찰
회로 소재	반도체 회로 등의 초미세 가공 소재에 사용	–
바이오/의약	• 바이오 센서, 주사침 • 캡슐(약의 생체 수송과 방출)	–
복합 재료	• 수지・세라믹・금속의 강화 • 전도성 복합재, 반도성 플라스틱 • CC 복합 재료	복합 재료의 정전방지, 경량화, 고강도화, 수지의 성능 향상

➡ 이 물질이 발견된 이후 과학자들은 합성과 응용에 심혈을 기울여왔는데, 반도체와 평판 디스플레이, 배터리, 초강력 섬유, 생체 센서, 텔레비전 브라운관 등 탄소 나노 튜브를 이용한 장치가 수없이 개발되고 있으며, 나노 크기의 물질을 집어 옮길 수 있는 나노 집게로도 활용되고 있다.

4. 풀러렌(fullerene)

풀러렌은 다면체 클러스터 분자형태를 하고 있으며, 탄소원자로 이루어진 5각형, 6각형 구조로 되어 있다. 일반적으로 발견되는 풀러렌은 C_{60}의 축구공 모양으로 이를 버크민스터풀러렌 (Buckminsterfullerene)으로 불린다. 종류로는 C_{60}, C_{70}, C_{76}, C_{78}, C_{84} 등이 있다.

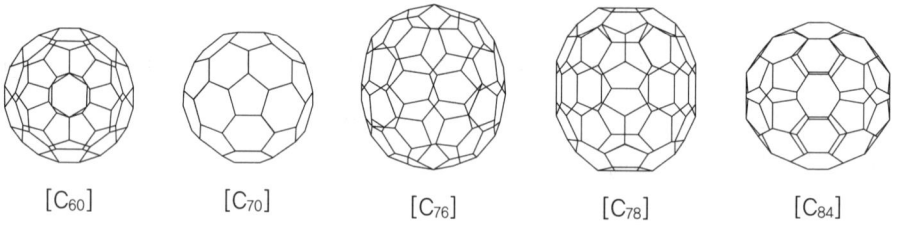

[C_{60}]   [C_{70}]   [C_{76}]   [C_{78}]   [C_{84}]

풀러렌은 물리적으로 3,000기압 이상의 압력에도 잘 견디며 원래 형태로 환원되는 성질을 가지며 X선 광검출기에도 이용된다. 풀러렌은 대부분의 용매에 용해되는 탄소동소체로서 일반적으로 톨루엔, 이황화탄소 등의 방향족성 용매에 용해시킨다. 화학적으로 친전자성 첨가반응을 주로 한다. 다음은 풀러렌의 반응들이다.

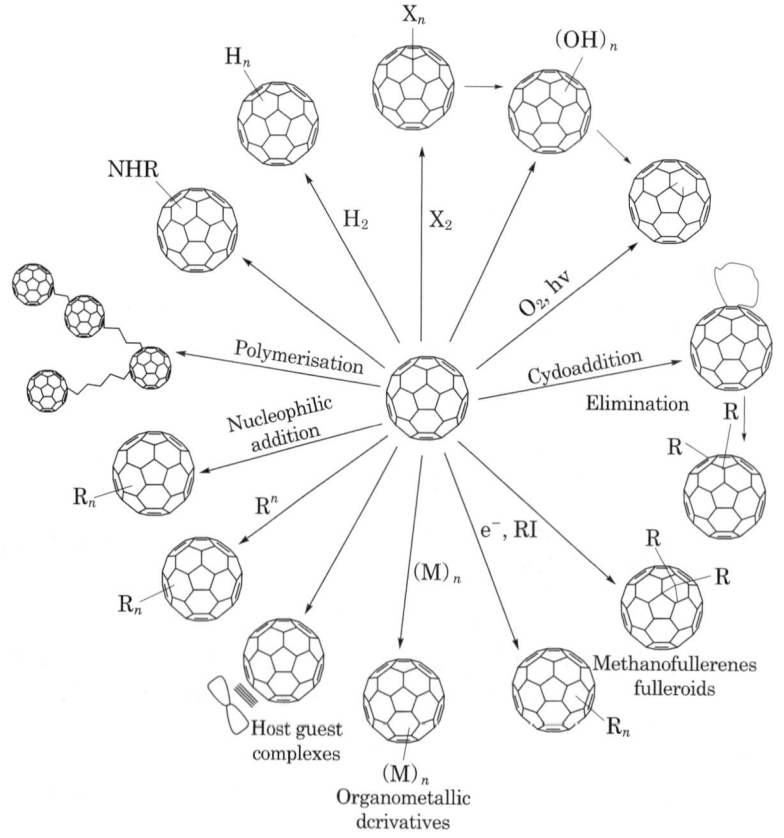

Taylor, Roger, and David R. Walton. "The Chemistry of Fullerenes." Nature 363 (1993)
: 685–693. 23 mar. 2007

 기출 및 예상 문제

01 최근 선망받는 '나노 기술'에 대한 설명이다. 옳은 것을 모두 묶은 것은?

> (ㄱ) 나노 기술이란 물질을 10^{-9}m 정도에서, 분자 또는 원자를 제어 · 조작을 하는 기술을 말한다.
> (ㄴ) 물리, 재료, 전자 등 기존의 재료 분야들을 횡적으로 연결함으로써 새로운 기술 영역을 구축한다.
> (ㄷ) 원자와 원자의 결합상태를 볼 수 있는 주사형 터널링 현미경(STM)이 개발되면서 본격적으로 등장하였다.
> (ㄹ) DNA와 같은 근원적인 물질정보의 제어가 가능하다.

① (ㄱ)
② (ㄱ), (ㄴ)
③ (ㄱ), (ㄷ)
④ (ㄱ), (ㄴ), (ㄹ)
⑤ (ㄱ), (ㄴ), (ㄷ), (ㄹ)

02 10^{-9}m 정도에서 극미세 가공하는 기술을 무엇이라 하는가?

① NT   ② BT
③ IT   ④ ET
⑤ CT

03 '탄소 나노 튜브'와 관계 없는 것은?

① 화학 기상 증착법(CVD)
② 이중벽 튜브(DWNT)
③ 이온결합(ion bond)
④ 강철의 100배 이상의 인장강도
⑤ 탄성이 크다.

정답 및 해설

01 ⑤

유형및해설 [나노 테크놀로지] 나노 기술은 미세입자 제어를 통해 파급 효과가 상당히 큰 기술이다.

02 ①

유형및해설 [6T] BT(bio, 생명공학), ET(Environment, 환경), IT(Information, 정보통신 분야), NT(Nano, 초정밀 원자세계), ST(Space, 우주항공 분야), CT(Culture, 문화관광 컨텐츠)

03 ③

유형및해설 [탄소 나노 튜브] 특유의 나선성(chirality)에 따라 부도체적 성질, 전도체 또는 반도체적 성질을 나타낼 수 있다. 탄소원자 간의 강력한 공유결합(covalent bond)에 의해 연결되어 있기 때문에 높은 강도를 나타내고 있다.

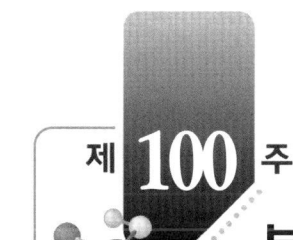

 제100주제 　분석방법

1. 전자기 스펙트럼
2. 분석법의 종류
3. **분석방법** : 적외선 분광법(IR), 라만 분광법, 흡수 분광법, 핵자기 공명분광법(NMR), 질량분석법, 크로마토그래피

1. 전자기 복사선(electromagnetic radiation)

영 역	파장(Å)	파장(cm)	진동수(Hz)	에너지(eV)
라디오파(radio)	10^9 이상	10 이상	3×10^9 이하	10^{-5} 이하
마이크로파(microwave)	$10^9 \sim 10^6$	$10 \sim 0.01$	$3 \times 10^9 \sim 3 \times 10^{12}$	$10^{-5} \sim 0.01$
적외선(infrared)	$10^6 \sim 7,000$	$0.01 \sim 7 \times 10^{-5}$	$3 \times 10^{12} \sim 4.3 \times 10^{14}$	$0.01 \sim 2$
가시광선(visible)	$7,000 \sim 4,000$	$7 \times 10^{-5} \sim 4 \times 10^{-5}$	$4.3 \times 10^{14} \sim 7.5 \times 10^{14}$	$2 \sim 3$
자외선(ultraviolet)	$4,000 \sim 10$	$4 \times 10^{-5} \sim 10^{-7}$	$7.5 \times 10^{14} \sim 3 \times 10^{17}$	$3 \sim 10^3$
X선(X−rays)	$10 \sim 0.1$	$10^{-7} \sim 10^{-9}$	$3 \times 10^{17} \sim 3 \times 10^{19}$	$10^3 \sim 10^5$
γ선(γ−rays)	0.1 이하	10^{-9} 이하	3×10^{19} 이상	10^5 이상

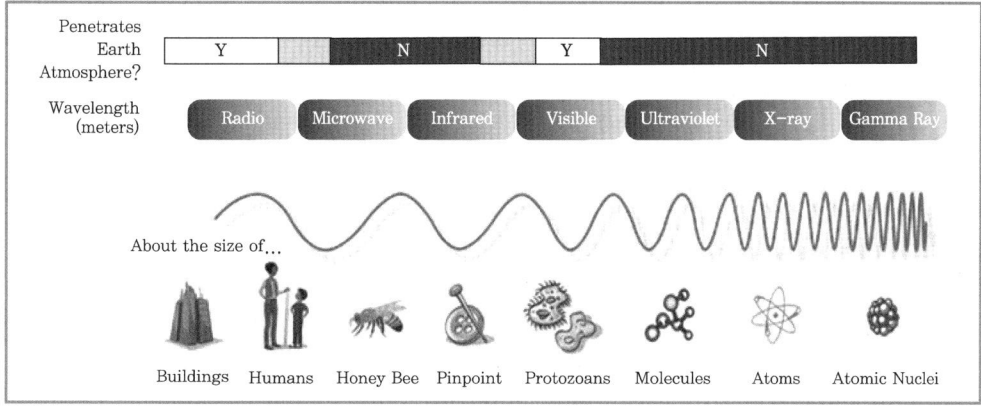

2. 분석방법의 종류

특 성	분석 기법
복사선 방출	방출분광법(X선, UV, 가시광선, 전자 Auger), 형광·인광(X선, UV 및 가시광선)
복사선 흡수	분광광도법(X선, UV, 가시광선, IR), 광음향분석법, 핵자기 공명과 전자스핀 공명분광법
복사선 산란	비탁법, 네펠로법, Raman 분광법
복사선 굴절	굴절법, 간섭측정법
복사선 회절	X선과 전자회절법
복사선 회전	편광법, 광회전분산법, 원편광 이색성법
전기 전위	전위차법, 대시간 전위차법
전기 전하량	전기량법
전기 전류	폴라로그래피법, 전류법
전기 저항	전도도법
질량	무게법 분석(석영 결정, 마이크로 결정)
질량-대-전하비	질량분석법
반응속도	반응속도법
열적성질	열무게법과 열적정법 ; 시차 주사분광법, 시차 열분석법, 열전도도법
방사능	활성화법, 동위원소 묽힘법

3. 여러 가지 분석기법

(1) 적외선 분광법(InfraRed Spectroscopy, IR)

1) 적외선 분광법이란, 다양한 작용기의 존재를 입증해 주는 기기분석 기술이다.

① 유기물 또는 무기물과 같은 공유결합을 갖는 거의 모든 화합물은 전자 복사선의 적외선 영역에서 다양한 진동수의 전자파를 흡수한다. 적외선은 파수가 약 $10 \sim 12,800 \mathrm{cm}^{-1}$까지의 전자 복사선을 말하는데, 응용과 기기장치의 편의상 $4,000 \sim 12,800 \mathrm{cm}^{-1}$를 근적외선 $200 \sim 4,000 \mathrm{cm}^{-1}$, 중간 적외선 $10 \sim 200 \mathrm{cm}^{-1}$를 원적외선 영역으로 구분되고 있다.

② 적외선 분광법은 분자의 작용기에 의한 특성적 스펙트럼을 얻어, 분자구조를 확인하는데 많은 정보를 제공한다. 적외선은 파장에 따라 세 가지 영역으로 크게 나눌 수 있다. 즉, 가시광선부에 가까운 짧은 파장의 근적외선 영역(near IR, $0.78 \sim 2.5 \mu \mathrm{m}$), 중간 정도의 적외선 영역(IR, $2.5 \sim 50 \mu \mathrm{m}$) 및 원적외선 영역(far IR, $50 \sim 1,000 \mu \mathrm{m}$)이다. 그러나 이 중에서 분석에 유용한 영역은 중간 정도의 적외선이다.

③ 분자에 중간 영역 적외선, 2.5~15μm 정도에 해당하는 빛을 쬐어주면 이것은 X-선 또는 UV-VIS보다 에너지가 낮기 때문에 빛을 흡수하여 원자 내 전자의 전이현 싱을 일으키지 못하고, 대신 분자의 진동(vibration), 회전(rotation) 및 벙진 (translation) 등과 같은 여러 가지 분자운동을 일으키게 된다. 그러나 주로 이 영역 에서는 분자 진동에 의한 특성적 흡수 스펙트럼이 나타나는데, 이것을 분자 진동 스 펙트럼(Molecular Vibration Spectrum) 또는 적외선 스펙트럼(IR spectrum)이라 한다.

2) 특징적인 적외선 흡수

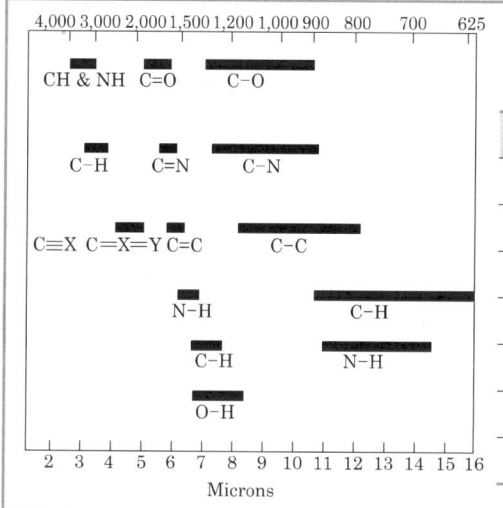

작용기	진동수 범위(cm^{-1}) / 기본값
C-H	2,853~2,962/(3,000)
C=C	1,620~1,680/(1,650)
C≡C	2,100~2,260/(2,150)
O-H	3,590~3,650/(3,600)
C=O	1,630~1,780/(1,715)
N-H	3,300~3,500/(3,500)
C≡N	2,220~2,260/(2,250)

3) 디메틸에테르의 적외선 스펙트럼(예시)

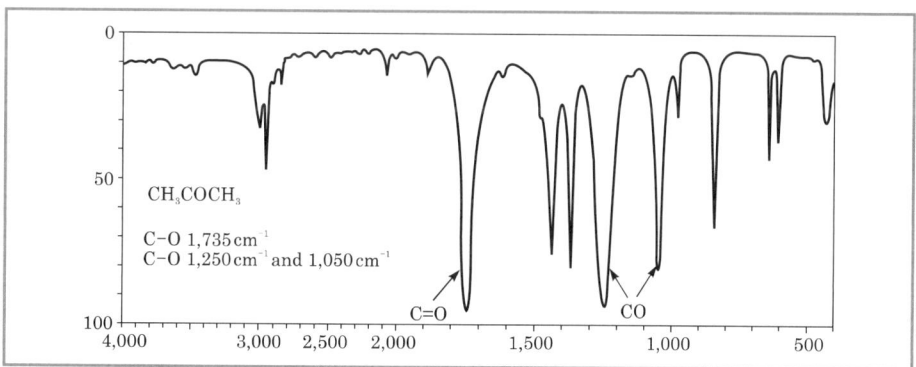

CH$_3$COCH$_3$

C-O 1,735cm^{-1}
C-O 1,250cm^{-1} and 1,050cm^{-1}

4) 적외선 흡수과정

① 분자가 적외선을 흡수하면 높은 에너지상태로 들뜨게 된다.

㉠ 흡수는 여러 가지 진동 및 회전상태의 에너지 차가 있는 화학종에 한정된다.

㉡ 흡수는 분자 내 신축(streching)과 굽힘(bending) 진동수와 쪼여준 IR 진동수가 일치할 때 흡수가 일어난다.

② 진동수가 일치하더라도 쌍극자 모멘트를 가진 결합만이 IR을 흡수한다.

③ 빛을 흡수하는 위치가 다르므로 구조 결정에 쓰인다.

5) 진동양식

① 신축 진동(stretching vibration) : 두 원자 사이의 결합축을 따라 원자 간 거리가 연속적으로 변화하는 운동이다. 신축운동의 종류에는 대칭 신축운동과 비대칭 신축운동이 있다.

② 굽힘 진동(bending vibration) : 두 결합 사이의 각도가 변하는 운동으로, 가위질 운동, 좌우 흔듦 운동, 앞뒤 흔듦 운동, 꼬임 진동의 형태가 있다.

6) 적외선 스펙트럼의 흡수 경향성

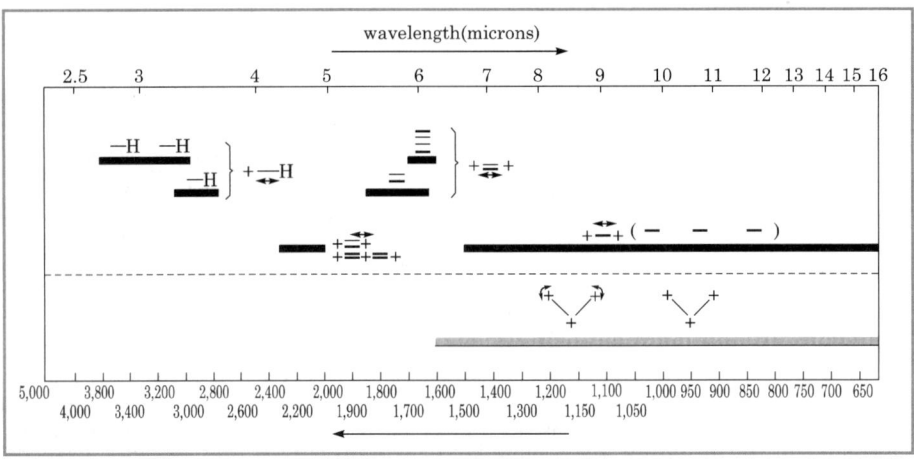

① 강한 결합이 약한 결합보다 높은 진동수에서 흡수된다.

　예 $C{\equiv}C$ 2,150, $C=C$ 1,650, $C-C$ 1,200 (이상 단위 cm^{-1})

② 탄소와 결합하는 원자질량이 증가함에 따라 낮은 진동수에 흡수된다.

　예 $C-H$ 3,000, $C-C$ 1,200, $C-O$ 1,100, $C-Cl$ 800, $C-Br$ 550, $C-I$ 500

③ 굽힘(bending)은 신축(stretching)보다 낮은 진동수에서 흡수된다.

　예 stretching $C-H$ ~3,000, bending $C-H$ ~1,340

④ 혼성화에 따라, $sp^3 < sp^2 < sp$ 순으로 높은 진동수에서 흡수된다.

　예 ${\equiv}CH$ 3,300(sp), $=CH$ 3,100(sp^2), $-CH$ 2,900(sp)

⑤ 공명 : 흡수가 더 낮은 진동수로 내려간다. $C=O$ stretching 진동 1,715cm^{-1}에서 일어나는 반면 $C=C$ 이중결합에 연결된 $C=O$는 1,675~1,680cm^{-1}에서 진동이 일어난다.

⑥ α-치환효과 : 전자 흡인효과는 흡수 진동수를 증가시킨다.

(2) 라만 분광법(Raman spectroscopy)

1) 원리 : 시료에 적외선 또는 가시광선을 쪼여서 원자진동에 의해 산란(scattered)된 빛을 일정 각도(90°)에서 측정하는 분광법을 말한다.

산란된 복사선의 일부 파장은 입사 빛살의 파장과 달라지고, 그 파장의 변화는 산란을 일으키는 분자의 화학적 구조에 의존한다.

2) 산란의 종류

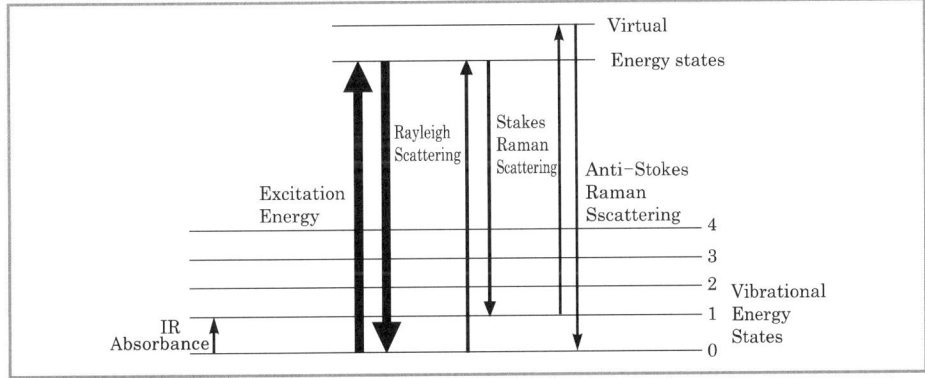

① Rayleigh 산란 : 빛을 물질에 비추어 산란시킬 때, 파장변화를 수반하지 않는 산란으로, 입사파와 산란파의 진동수가 같을 때의 산란이다.

② Raman 산란 : 빛을 물질에 비추어 산란시킬 때, 물질 특유의 파장이 변한 빛이 섞여 나오는 산란으로, 입사파와 산란파의 진동수가 다를 때의 산란이다. Rayleigh 산란 이외에 $v \pm v_i$의 진동수를 가진 빛이 방출된다.

3) Raman 분광법의 장·단점

① 장점

  ㉠ 물이 방해를 일으키지 않아서 수용액 분석에 사용할 수 있다.

  ㉡ 산란광을 측정하므로 광원에서 임의의 파장을 선택할 수 있다.

  ㉢ 수용액에서 사용 가능하므로 무기물 연구에 적외선보다 우수하다.

  ㉣ 적외선 스펙트럼에서 보이지 않는 유용한 정보를 준다.

  ㉤ 적외선 스펙트럼보다 봉우리 겹침이 적어서 측정이 간단하다.

  ㉥ 적은 시료의 양으로도 측정이 가능하다.

② 단점

  ㉠ 시료의 형광에 의한 방해 또는 시료 내의 불순물의 방해가 있다.

    ➡ 최근 레이저 광원을 사용하여 거의 제거가 가능하다.

  ㉡ 대부분 라만 산란선의 세기는 광원 세기의 0.001% 정도이므로 검출과 측정이 어렵다.

    ➡ 세기가 큰 라만선은 예외가 된다.

  ㉢ 적외선 분광기에 비해 복잡하고 고가이다.

(3) 흡수 분광 이론

1) **투광도(transmittance, T)** : 투광도는 시료에 쪼여준 빛과 통과한 빛의 분율이다.

투광도(T)$=P/P_o$

여기서, P_o : 입사 전 빛의 세기, P : 투과된 빛의 세기

2) **흡광도(absorbance, A)** : 용액의 흡광도는 빛살이 많이 감소할수록 증가한다.

흡광도와 투광도의 관계 : $A=-\log\ T=\log(P/P_o)$

3) **빛의 흡수법칙** : Lambert$-$Beer 법칙

① 시료 용액의 빛의 흡수는 cell의 길이(L)에 비례한다 : Lambert 법칙

② 시료 용액의 빛 흡수는 용액의 농도(C)에 비례한다 : Beer 법칙

Lambert$-$Beer 법칙 : $A=\log(P_o/P)=\varepsilon\cdot L\cdot C$ (여기서, ε : 몰 흡광계수)

➡ 몰 흡광계수(ε)는 특정 파장에서의 그 물질의 특성 값이다.

4) **흡수 스펙트럼**

① **원자 흡수** : 다색의 자외선이나 가시광선의 복사선이 기체 원자에 포함된 매질을 통과할 때, 흡수에 의해 단지 몇 개의 특정한 진동수만 흡수되므로 스펙트럼은 여러 개의 아주 좁은 흡수선으로 이루어진다. 다른 궤도함수 사이의 전이를 전자전이(electronic transition)라 한다.

② **분자 흡수** : 분자가 자외선, 가시광선 및 적외선에 의해 들뜨게 될 때, 4가지 다른 형태의 양자화된 전이를 가진다. 분자는 전자전이 이외에, 진동전이(vibration transition)와 회전전이(rotation transition)를 나타낸다.

③ **적외선 흡수** : 적외선은 전자전이를 일으킬 만큼 에너지가 충분하지 못하다. 그러나 분자의 바닥 전자상태와 관련된 진동과 회전상태에서 전이를 일으킬 수 있다.

④ **자외선 가시광선 흡수** : 자외선과 가시광선 영역에서의 분자흡수는 조밀한 선들로 이루어진 흡수 띠로 구성된다. 용액에서는 흡수 화학종이 용매로 둘러싸여 있어서 이들 사이에서 충돌이 일어나 이 양자상태의 에너지가 많아져서 분자 흡수 띠의 성질이 불명확해진다. 따라서 흡수 스펙트럼은 완만하고 연속적인 흡수 봉우리가 된다.

(4) 핵자기 공명분광법(Nucleo Magnetic Resonace spetroscopy)

1) **원리** : 회전하는 원자핵은 자기 모멘트를 가지고 자석처럼 행동한다. 이 핵을 외부 자기장 속에 놓아두면, 각 진동수(ω)로 세차운동을 한다. 이 핵에 라디오파를 외부 자기장에 수직되게 걸어주면, 핵의 각 진동수와 라디오파의 진동수가 같을 때, 핵은 라디오파를 흡수하여 공명을 한다.

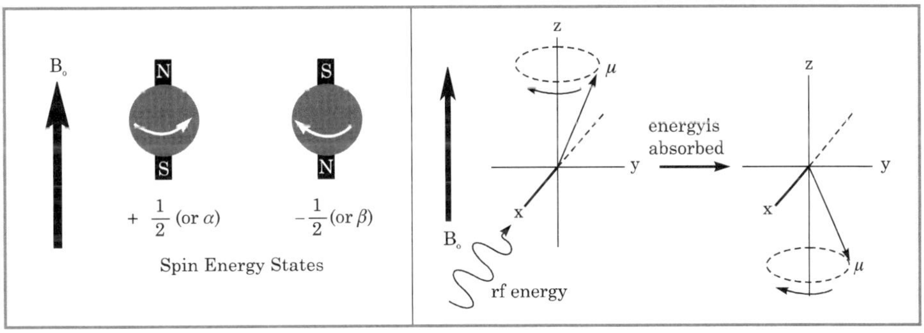

2) NMR이 가능한 핵종 : 홀수의 원자핵은 양자화된 스핀 각운동량과 자기 모멘트를 가지므로 원자핵이 홀수 스핀을 가진 것만 가능하다.

예 1H, 13C, 19F, 31P

3) 화학적 이동(chemical shift, δ)

① 시료 물질의 핵의 공명진동수와 기준물질의 핵의 공명진동수의 차이를 화학적 이동이라 한다.

② 동일한 핵종이라도 화학적 환경이 다르면 공명선의 위치가 다르다.

③ δ=(shift[Hz])/(spectrometer frequency[MHz])

④ TMS proton의 공명을 0.0 위치에 두고 시료의 상대값을 측정한다.

➡ TMS(Tetramethylsilane, $Si(CH_3)_4$)

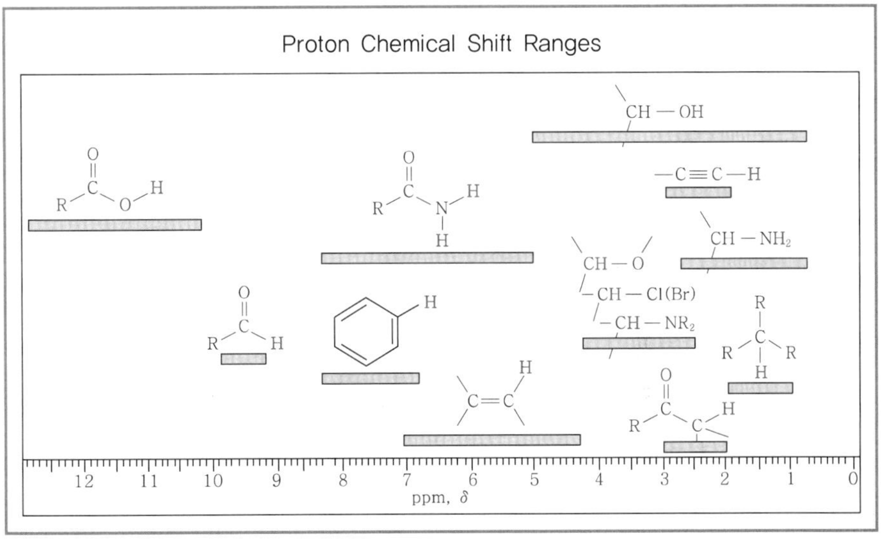

4) 차폐효과(shielding effect)

① 핵 주위의 전자가 회전하므로 인해 외부 자기장(B_0)에 반대방향으로 유도 자기장이 생성되어 외부 자기장보다 작은 자기장을 핵에 보내는 효과이다.

② 전자의 회전 때문에 생긴 유도 자기장이 외부 자기장을 가리우는 것을 차폐효과라 한다.

③ 차폐의 크기는 전자밀도에 비례하며, 전자가 풍부할수록 δ는 감소한다.

④ 화학적 환경이 다른 양성자는 자기적 환경도 달라서 유도자기장의 크기가 차이가 생기며, 다른 자장에서 공명한다.

⑤ 경향성

㉠ 인접 원자단의 전기 음성도가 증가할 때, 핵 주위의 전자밀도가 감소하여 차폐효과는 감소하나 화학적 이동은 증가한다.

㉡ 혼성효과

ⓐ sp^3 수소($0 \sim 2\delta$, CH_3CH_3 0.9δ)

ⓑ sp^2 수소(비닐 수소원자 $4.5 \sim 7.0\delta$, 방향족 수소원자 $7 \sim 8\delta$, 알데히드 수소원자 $9 \sim 10\delta$)

ⓒ sp 수소(아세틸렌 수소 $2 \sim 3\delta$, $CH \equiv CH$ 2.5δ)

⑥ 비등방성(deshielding) 효과 : proton에 인접한 불포화계에 의해 영향을 받는다. 벤젠이나 알켄과 같은 π 전자를 가진 화합물이 만든 자기장이 외부 자기장과 같은 방향이어서 shielding이 감소하여 δ값이 큰쪽으로 이동한다.

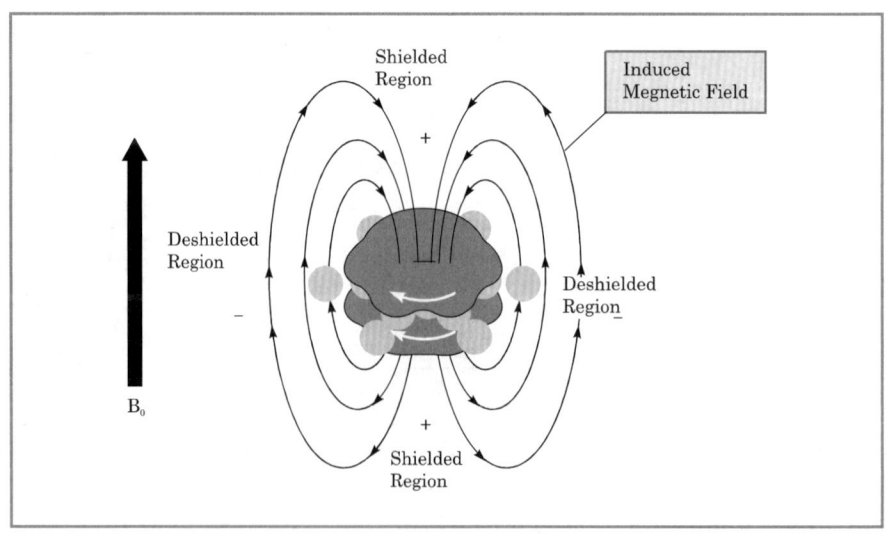

[차폐효과]

5) 스핀-스핀 갈라짐(spin-spin interaction)

① 스핀-스핀 갈라짐이란?

㉠ 이웃한 원자의 핵 스핀 간의 상호작용, 짝지음(coupling)에 의한 것이다.

㉡ 한 핵의 작은 자기장이 이웃한 핵의 자기장에 영향을 미치는 것이다.

② 스핀-스핀 갈라짐 규칙

㉠ 화학적 이동으로 동등한 양성자들은 스핀-스핀 갈라짐을 일으키지 않는다.

㉡ n개의 서로 동등하며 이웃한 양성자를 갖는 양성자의 신호는 $(n+1)$개의 다중선으로 분리되며 짝지음 상수(J)를 갖는다.

㉢ 서로 짝지음 양성자 무리는 동일한 짝지음 상수(J)를 가져야 한다.

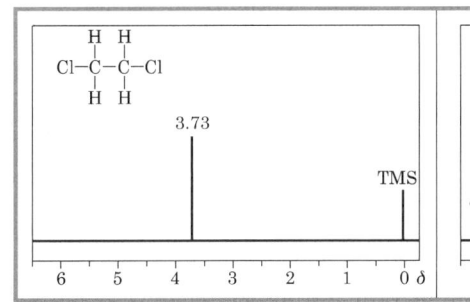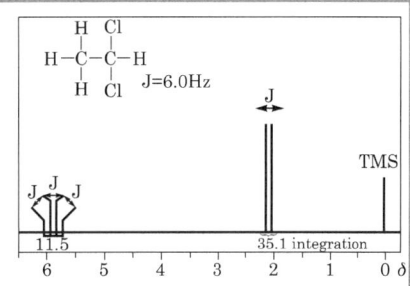

③ 갈라짐의 형태

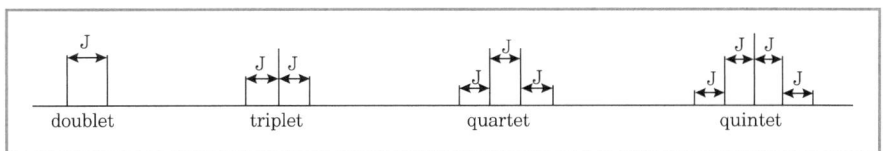

6) 짝지음 상수(J)

① 다중 peak에서 peak 사이의 거리이며, chemical shift와 같은 단위로 측정한다.

② 파스칼 삼각형

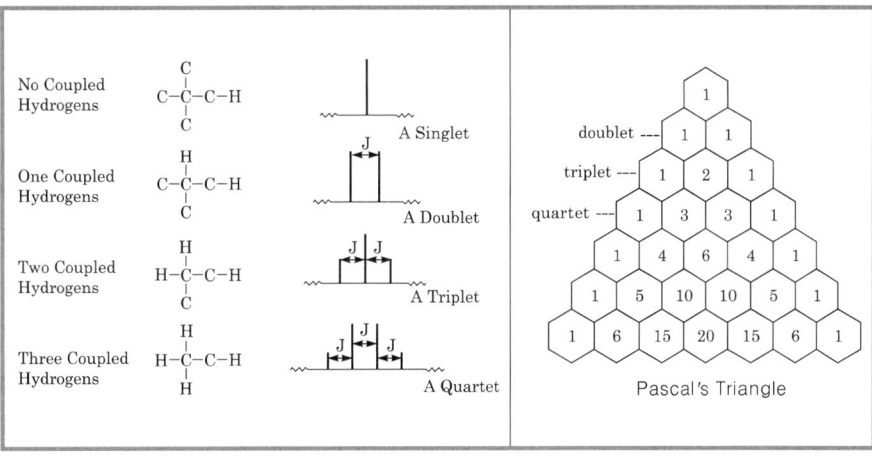

③ 짝지음상수는 이성질체를 구별하는 데 도움을 준다.

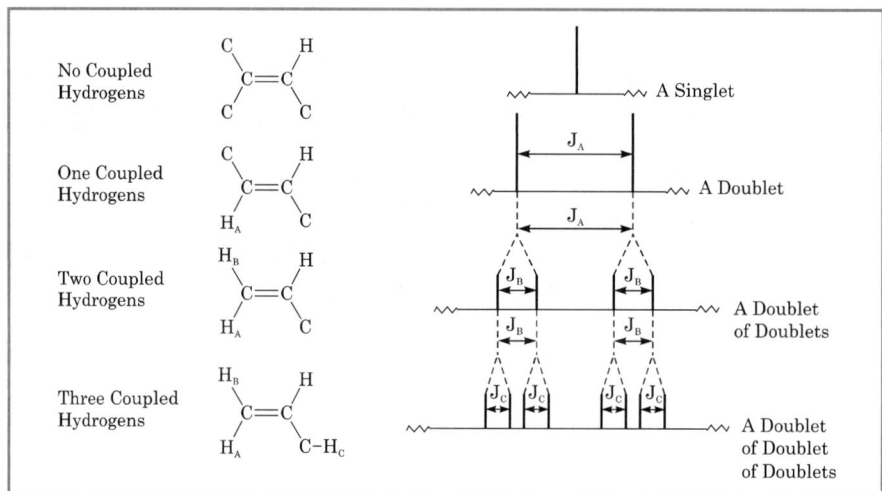

④ 몇 가지 중요한 짝지음 상수의 값

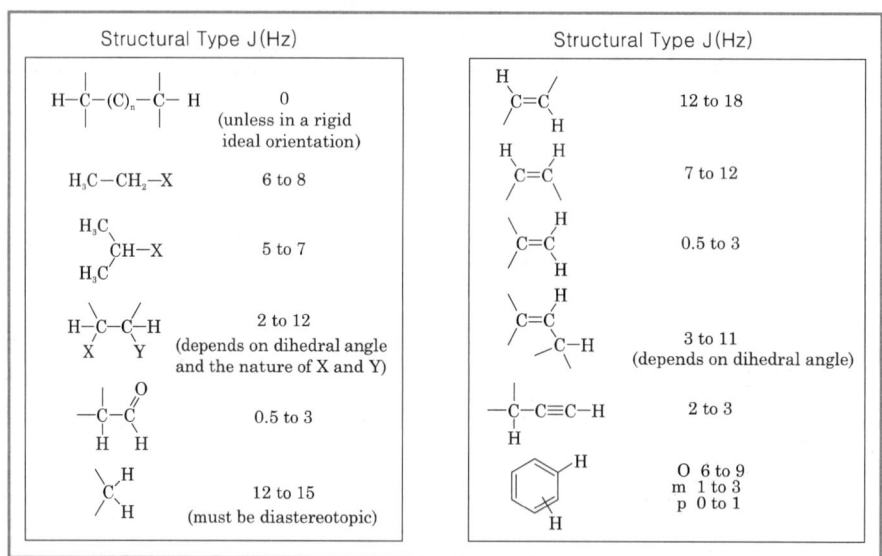

(5) 질량분석법(mass spectrometer)

1) 원리 : 질량분석법은 이온화된 원자 또는 분자들의 질량 대 전하의 비(m/e)에 따라 시료로 부터 정보를 얻는 분석법이다. 따라서 질량분석법은 원자나 분자의 정량, 분자에 대한 화학적 특성이나 구조적 특성을 연구하는 데 유용하다.

① 시료 기체 분자와 고속 전자 간이 충돌하면

$$M + e^- \rightarrow M + 2e^-$$

② 이때 시료의 전자 포획(electron capture)에 의해 분자 음이온이 생성되기도 하나 그 수율은 매우 작다.

$$M + e^- \rightarrow M^-$$

2) 특징 : 질량분석법은 1897년 톰슨이 교차된 전기장과 자기장 내에서 전자의 질량 대 전하 비를 측정하였으며, 1910년대에 여러 가지 양이온들의 질량 대 전하비에 따른 분리에 성공한 이후 다양한 연구에 활용되어 왔다.

① 특히 감도와 선택성이 우수하기 때문에 고성능 질량분석계를 사용하면 이온반응의 반응물질과 생성물질을 결정할 수 있다.

② 이온의 운동에너지, 운동량 및 그들의 변화량에 대한 정확한 측정도 용이하며 생성 물질의 각 분포를 측정하는 것도 가능하다.

③ 또한 이온의 자외선 및 가시광선, 적외선 스펙트럼을 얻는 것이 가능하다.

④ 분자의 구조와 분자량을 알 수 있다.

⑤ 동위원소비를 알 수 있다.

3) 분석절차

① gas−phase ion의 생성

② 공간 또는 시간에 따라 mass−to−charge ratio별로 이온을 분리

③ 각 mass−to−charge ratio의 이온의 양을 측정

4) 이온분리능력(Resolution, R)

$$R = \frac{m}{\Delta m}$$

여기서, m : ion의 질량

Δm : 질량 스펙트럼에서 분해 가능한 두 피크 간의 질량 차

5) 장치 : 시료 주입기 → 이온화 상자 → 이온 분리관 → 검출기(이온 수집관) → 증폭기 → 기록기

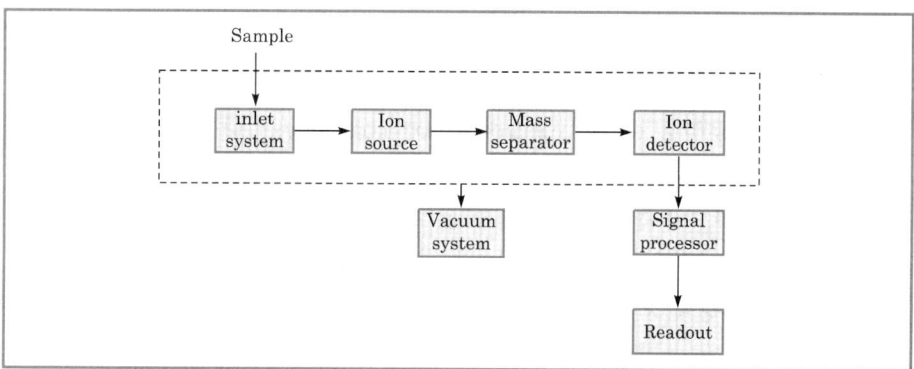

(6) 크로마토그래피(chromatography)

1) 원리 및 구성

① 원리 : 크로마토그래피는 혼합물의 성분이 기체 또는 액체 이동상에 의해 정지상을 통하여 운반되는 속도의 차이에 따라 혼합물이 분리되는 방법이다.

② 구성

ㄱ 이동상(mobile phase) : 정지상 사이를 흐르면서 분석물을 운반하는 상으로, 칼럼을 통해 이동하는 용매이다. 이동상 기체일 때는 가스 크로마토그래피(GC), 액체일 때 LC라 한다.

ㄴ 정지상(stationary phase) : 칼럼 안 또는 평평한 표면에 고정되어 있는 상이다. 보통 모세관 내벽에 혹은 칼럼에 충진된 고체입자 표면에 덮여 있는 점도가 있는 액체이다. 대부분의 고체입자가 정지상으로 사용된다.

2) 용리(elution) : 시료가 칼럼을 통해 흘러가는 과정으로, 관으로 들어가는 이동상 용리액(eluent), 관을 통과하여 나오는 이동상은 용출액(eluate)이다.

3) 칼럼(column)

① 충전된 칼럼은 정지상을 포함하고 있는 입자로 채워진 관이다.

② 모세관 칼럼은 안벽에 정지상으로 덮여진 좁은 모세관으로 칼럼 중앙은 비어 있다.

③ 정지상의 두께를 줄일 경우, 단높이 감소, 머무름시간 감소, 분석물질의 용량이 감소한다.

4) 종류

① 흡착 크로마토그래피(adsorption chromatography)

ㄱ 고체 정지상과 액체나 기체 이동상이 속한다. 용질이 고체입자 표면에 흡착하는 것을 이용한다. 용질은 이동상과 정지상의 표면 사이에서 평형을 이룬다. 이동상은 보통 유기용매이며 정지상은 미세하게 분쇄된 입자이다.

ㄴ 흡착제 : 실리카겔, 알루미나, 활성탄(숯)

② 분배 크로마토그래피(partition chromatography) : 정지상과 이동상 사이의 용해도 차이에 따라 분배의 정도가 달라지는 점을 이용해 분리한다. 용질은 이동상과 정지상에 부착된 액체의 막 사이에 평형을 이룬다.

③ 이온교환 크로마토그래피(ion exchange chromatography) : 정지상에 있는 반대 하전을 띤 이온과 시료 이온의 친화력에 기인한다.

④ 배제 크로마토그래피(exclusion chromatography) : 다공성의 크기에 따라 시료분자가 투과의 차이가 생겨서 큰 것이 먼저 용리된다. 용질들은 크기에 따라 정지상에 있는 틈 안으로 침투하므로 가장 큰 용질이 먼저 용리한다.

⑤ 친화 크로마토그래피(affinity chromatography)

ㄱ 정지상에 공유결합(고정)된 다른 분자와 용질 중 한 분자가 특별한 상호작용으로 분리하는 방법이다.

ㄴ 예를 들면 공유결합된 분자가 특별한 단백질에 대해 항체인 경우, 1,000 종류의 단백질을 포함한 혼합물이 칼럼을 통과할 때, 단지 항체와 반응하는 하나의 단백질만 칼럼에 결합된다. 칼럼을 통해 다른 모든 단백질이 씻겨 나간 후, 필요한 단백질은 pH를 변화시키거나 이온 세기를 변화시킴으로써 항체로부터 떨어지게 하여 회수한다.

 기출 및 예상 문제

01 라만 분광법의 원리는?　　　　　　　　　　　　　　　✿ 07 서울시 9급

① 흡수　　　　　　　　　　　　② 방출
③ 굴절　　　　　　　　　　　　④ 산란
⑤ 회전

02 카르보닐기 '>C=O'의 IR 파장(cm^{-1})은?　　　　　　✿ 07 서울시 9급

① 1,600~1,700　　　　　　　② 1,600~1,800
③ 2,100~2,250　　　　　　　④ 2,200~2,300
⑤ 2,850~3,000

03 다음 중 카르보닐기(>C=O)를 분석할 수 있는 분석기는?　✿ 06 국가직 9급

① VR(자외선 분광기)
② IR(적외선 분광기)
③ MS(질량 분석기)
④ GC(가스 크로마토그래피)

04 분광기기(spectrometer) 중 분자 진동에 의해 물질을 판별하는 측정기구는?

① IR
② NMR
③ MS
④ 가스 크로마토그래피

05 NMR에서 화학적 이동(chemical shift)이란 무엇인가?

① 다중선에서 peak들 사이의 거리
② 화학적 환경 차이로 인한 상이값
③ 분자 내에서 원자들끼리 결합 세기 측정값
④ 분자 내에서 원자들끼리 결합 거리 측정값
⑤ 공명구조로 인한 공명에너지

06 다음은 화학물질을 분석하는 데 널리 쓰이는 기기들이다. 각 기기의 역할과 올바르게 연결된 것은?

○ 02 변리사(자연과학개론)

> (ㄱ) 핵자기 공명현상
> Ⅰ. NMR
> Ⅱ. mass spectrometer
> Ⅲ. HPLC
> Ⅳ. IR spectrometer
> Ⅴ. X-ray spectrometer
>
> (ㄱ) 핵자기 공명현상
> (ㄴ) 고성능 액체 크로마토그래피
> (ㄷ) 결정구조 확인
> (ㄹ) 화합물의 분자량 결정
> (ㅁ) 분자의 전자 들뜸상태
> (ㅂ) 전자주사에 의한 표면분석
> (ㅅ) 분자의 기능기 확인

① Ⅰ-(ㄱ), Ⅱ-(ㅂ), Ⅲ-(ㅁ), Ⅳ-(ㅅ), Ⅴ-(ㄷ)
② Ⅰ-(ㄱ), Ⅱ-(ㄹ), Ⅲ-(ㄴ), Ⅳ-(ㅅ), Ⅴ-(ㄷ)
③ Ⅰ-(ㄱ), Ⅱ-(ㄷ), Ⅲ-(ㄴ), Ⅳ-(ㄹ), Ⅴ-(ㅁ)
④ Ⅰ-(ㄷ), Ⅱ-(ㄹ), Ⅲ-(ㄴ), Ⅳ-(ㅁ), Ⅴ-(ㅂ)

07 다음 설명 중 옳은 것은?

① 적외선은 가시광선보다 파장이 작으며, 에너지가 크다.
② 핵자기공명(NMR)은 핵이 스핀하므로 적외선보다 에너지가 크다.
③ 당근이 오렌지색으로 보이는 이유는 카로틴(carotene)이 오렌지색의 파장을 흡수하기 때문이다.
④ 콘쥬게이션(conjugation)된 C=C 이중결합이 많을수록 $\pi \rightarrow \pi^*$ 에너지가 작아진다.

08 분자가 빛을 흡수한 후에 무슨 일이 일어나는지 다음 설명 중 틀린 것은?

① 새로 얻은 에너지를 주위에 열에너지 형태로 잃는다.
② 일정한 시간 후 광자를 재방출하고 원래상태로 돌아간다.
③ 들뜬상태에 있는 분자는 반응성이 낮아진다.
④ 들뜬상태의 분자는 쪼개지거나 재배치된다.

09 복사선 흡수에 대한 표현으로 옳지 않은 것은?

① 투광도 : $A = -\log_{10} T$
② 흡광도 : $T = P_o / P$ (또는 I_o / I)
③ Lambert-Beer 법칙 : $A = \varepsilon CL$
④ 전체 흡광도: A 전체 $= A_1 + A_2 + A_3 + \cdots$
⑤ 투광 후의 빛의 세기 : $P = P_o \cdot e^{-kCL}$

 정답 및 해설

01 ④

유형 및 해설 [분광법의 원리] 라만 분광법은 빛의 산란을 응용한 방법이다.

02 ②

유형 및 해설 [IR의 흡수 파장] 카르보닐기(C=O)는 유기화합물의 작용기를 분석하는 IR(적외선 분광법)에서 가장 많이 적용되는 작용기이다. 파장 영역은 1,630~1,780cm^{-1}이다.

03 ②

유형 및 해설 [IR] 카르보닐기와 같은 작용기를 분석하기 가장 적합한 기기는 IR이다.

04 ①

유형 및 해설 [IR] '분자진동'은 분자의 굽힘(bending)과 신축(stretching)에 의한 특수 파장의 영역만 흡수하는 적외선 분광법이다. 정확히 말하자면, IR은 분자의 진동에너지 변화를 이용하여 분자 내의 작용기의 존재를 밝히는 분광기이다.

05 ②

유형 및 해설 [NMR > 화학적 이동] 화학적 이동(chemical shift)이란 수소원자 주위의 화학적 환경 차이로 인한 상이한 값을 말한다.

06 ②

유형 및 해설 [분광기기의 종류] NMR은 핵자기 공명분광기이고, 질량분석기(mass sepctrometer)는 화합물의 분자량을 측정한다. 그리고 HPLC(High Performance Liquid Chromatography)로 고성능 액체 크로마토그래피를 의미한다. IR은 분자의 기능기(작용기) 확인을 하고, X-선 분광기는 결정구조의 확인에 쓰인다. 전자주사에 의한 표면분석은 STM(전자 주사현미경)을 많이 사용하고, 분자의 전자 들뜸상태는 UV 및 Vis 분광기를 많이 사용한다.

07 ③

유형 및 해설 [흡수분광법] 적외선은 가시광선보다 파장이 길며 에너지는 작다. 핵자기 공명은 마이크로파를 사용하므로 적외선보다 에너지가 작다. 당근이 오렌지색의 보색을 흡수하기 때문이다.

08 ③

유형 및 해설 [원자의 전이] 바닥상태의 전자가 에너지를 흡수하여 들뜨게 되면, 들뜬상태의 분자가 되어 에너지 준위가 높다. 이 상태에서 분자의 반응성은 커진다.

09 ②

유형 및 해설 [분자흡광법] ②의 $T = P/P_o$ 이다.

100주
공업화학

부 록

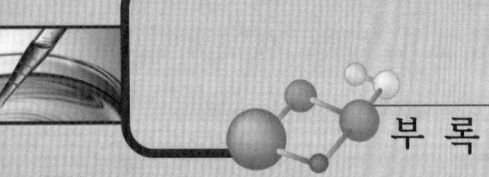

부 록

 **2018년 9급 국가직 기출문제 (국)책형**

01 나일론의 화학식이 옳게 표현된 것만을 모두 고른 것은?

> ㉠ 나일론 6 : $[NH(CH_2)_4CO]_n$
> ㉡ 나일론 6,6 : $[NH(CH_2)_6NHCO(CH_2)_4CO]_n$
> ㉢ 나일론 6,10 : $[NH(CH_2)_6NHCO(CH_2)_{10}CO]_n$

① ㉡   ② ㉢

③ ㉠, ㉡   ④ ㉠, ㉢

정답 ①

해설 100주 공업화학 제40주 천연섬유와 합성섬유(fibers)
  • 나일론 6 : $[NH(CH_2)_5CO]_n$
  • 나일론 6, 10 : $[NH(CH_2)_6NHCO(CH_2)_8CO]_n$

02 식물성 오일의 경화(hardening)에 대한 설명으로 옳은 것은?

① 식물성 오일의 이중결합을 수소화하여 고체 식물성 지방으로 변환하는 과정이다.
② 식물성 오일을 알칼리와 함께 가열하여 글리세롤과 지방산의 염으로 변환하는 과정이다.
③ 식물성 오일을 수소화하여 비누를 얻는 과정이다.
④ 식물성 오일을 가수소분해하여 글리세롤을 얻는 과정이다.

정답 ①

해설 100주 공업화학 제45주 유지(fats and oils)
식물성 오일에 수소첨가반응을 통해 포화유지가 생성되는 반응으로 경화유(고체 식물성 지방)를 제조한다.

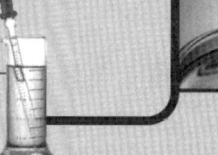

03 IUPAC 명명법에 따른 다음 화합물의 이름은?

$$CH_3CHCH_2CH_2CH_3$$
$$|$$
$$CH_2CH_3$$

① 2-에틸펜테인(2-ethylpentane)

② 3-메틸헥세인(3-methylhexane)

③ 4-에틸펜테인(4-ethylpentane)

④ 4-메틸헥세인(4-methylhexane)

정답 ②

해설 가장 긴 사슬을 모체로 하여 치환기를 찾는다. 치환기-모체 순으로 읽는다.

$$\begin{array}{ccc} C-C-C-C-C & C-C-C-C-C-C & \text{모체(헥세인)} \\ | & ^1 ^2 ^3 ^4 ^5 ^6 & \\ C-C & C & \\ & \text{치환기(메틸)} \end{array}$$

04 톨루엔을 산화시켜 만들 수 있고, 큐멘법으로 제조할 수 있으며, 아닐린을 합성할 때 원료로 사용되는 화합물은?

① 페놀(phenol)

② 아세톤(acetone)

③ 아크릴산(acrylic acid)

④ 무수프탈산(phthalic anhydride)

정답 ①

해설 100주 공업화학 29주 프로필렌(propylene)으로부터 유도체

$$\text{큐멘} \xrightarrow[\text{산처리}]{\text{공기산화}} \text{페놀}$$

부 록

05 가장 안정한 탄소양이온(carbocation)은?

①

②

③

④

정답 ②

해설 100주 공업화학 제5주 극성 반응(polar reaction)
알릴기($CH_2=CH-CH_2-$) 또는 벤질기($C_6H_5CH_2-$) 카르보양이온 및 차수가 높은 카르보양이온일수록 안정하다.

06 60°F에서 물에 대한 석유의 밀도비가 0.5일 때 석유의 API도는?

① 141.0

② 141.5

③ 151.0

④ 151.5

정답 ④

해설 100주 공업화학 제21주 석유의 성분과 성질

$$API = \frac{141.5}{\text{비중(석유 60°F/물 60°F)}} - 131.5 = \frac{141.5}{0.5} - 131.5 = 151.5$$

07 하이드로폼일화(hydroformylation) 반응에 대한 설명으로 옳은 것은?

① 알켄(alkene)에 H_2O와 CO를 반응시킨다.

② 반응을 통해 만들어지는 주생성물은 케톤이다.

③ 반응물의 탄소 간 이중결합이 반응 후에 단일결합으로 바뀐다.

④ 알켄 반응물과 주생성물에 존재하는 탄소 수는 같다.

정답 ③

해설 100주 공업화학 제15주 산화 · 환원(oxidation · reduction)
옥소반응(하이드로폼일화 반응) : 알켄과 촉매하에서 CO : H_2의 비를 1 : 1로 반응시키면 C=C 이중결합에 CHO가 첨가되면서 C-C-CHO의 알데히드가 생성되는 반응이다.

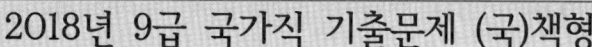

08 생분해성 고분자가 아닌 것은?

① 폴리락트산(poly(lactic acid))
② 폴리글라이콜산(poly(glycolic acid))
③ 폴리테트라플루오르에틸렌(polytetrafluoroethylene)
④ 폴리하이드록시뷰티레이트(polyhydroxybutyrate)

정답 ③

해설 100주 공업화학 제39주 합성 수지(plastics)
폴리테트라플루오르에틸렌은 합성 고분자로 내약품성, 내용제성, 내수성, 화학적 불활성 등
으로 쉽게 분해되지 않는다.

09 염소 - 알칼리 공정에 대한 설명으로 옳지 않은 것은?

① 진한 소금물을 전기분해하는 공정이다.
② 공정이 마무리되면 수용액은 염기성이 된다.
③ 수소(H_2)기체와 염소(Cl_2)기체가 발생한다.
④ 산화전극에서는 수소(H_2)기체가 발생한다.

정답 ④

해설 100주 공업화학 제62주 가성소다(NaOH) 제조공업
산화전극에서는 염소기체가, 환원전극에서는 수소기체가 발생한다.

10 금속결정에 대한 설명으로 옳지 않은 것은?

① 금속결정은 전자 바다 모델(electron - sea model)로 설명 가능하다.
② 모든 금속결정은 이온화합물이다.
③ 금속결정은 배위수가 8인 구조도 존재한다.
④ 금속결정은 전기와 열에 높은 전도도를 가진다.

정답 ②

해설 100주 공업화학 제55주 무기물화학의 개요
금속결정은 금속결합으로 이루어져 있고, 이온결정은 이온결합으로 이루어져 있다.

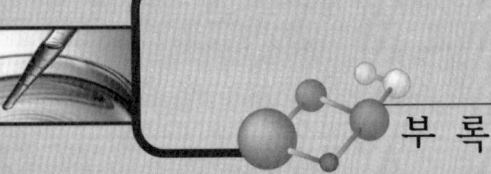

11 어떤 반결정성(semi-crystalline) 고분자 시료를 시차주사열량법(DSC)으로 분석하여 다음과 같은 결과를 얻었을 때, 유리전이(glass transition) 현상이 나타나는 위치는?

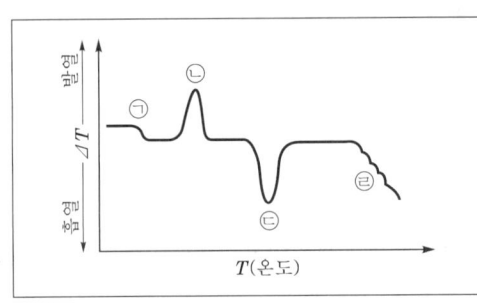

① ㉠   ② ㉡

③ ㉢   ④ ㉣

정답 ①

해설 100주 공업화학 제36주 고분자화학의 개요

      ㉠ 유리전이 온도   ㉡ 결정화 온도

      ㉢ 녹는점   ㉣ 분해

12 고옥탄가 가솔린의 생산을 늘리기 위한 석유의 전화(conversion)과정 중 촉매를 이용하여 n-파라핀을 탄소 수가 같은 iso-파라핀으로 변환하는 과정은?

① 분해(cracking)   ② 에스테르화(esterification)

③ 알킬화(alkylation)   ④ 이성질화(isomerization)

정답 ④

해설 100주 공업화학 제23주 석유의 전화

이성화법(이성질화, isomerization) : n-파라핀을 iso-파라핀으로 전환하는 방법(이성질체 상호 간의 변환)

13 어떤 고분자 A의 분자량에 대한 설명으로 옳지 않은 것은?

① 분자량은 중합도에 비례한다.

② 무게평균분자량은 수평균분자량보다 작다.

③ 무게평균분자량을 수평균분자량으로 나눈 값이 다분산지수(PDI)이다.

④ 완전히 단분산인 경우 다분산지수는 1이다.

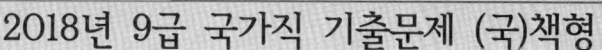

정답 ②

해설 100주 공업화학 제36주 고분자화학의 개요

- 무게평균분자량 : $\overline{M}_w = \dfrac{\sum M_i^2 N_i}{\sum M_i N_i}$

- 수평균분자량 : $\overline{M}_n = \dfrac{\sum M_i N_i}{\sum N_i}$

- 다분산도(polydispersity) $= \dfrac{\overline{M}_w}{\overline{M}_n} \geq 1$

다분산도는 1 이상의 값을 가지기 때문에 무게평균분자량이 수평균분자량보다 큰 값을 가진다.

14 효소를 불용성 담체에 고정하여 사용하는 이유로 옳지 않은 것은?

① 효소의 운동성을 높일 수 있다.
② 효소를 재사용할 수 있다.
③ 효소의 안정성이 증대되어 최적온도 상승효과를 낼 수 있다.
④ 반응 후 효소의 회수나 효소 반응 생성물의 정제과정을 없앨 수 있다.

정답 ①

해설 100주 공업화학 제42주 생체고분자 개요와 탄수화물
효소를 고정화시키므로 효소가 한 곳에 머물러 있게 된다.

15 플루오르 화합물 제조에 사용되지 않는 원료물질은?

① 형석
② 인광석
③ 규석
④ 빙정석

정답 ③

해설 100주 공업화학 제55주 무기물화학의 개요
형석(CaF_2), 빙정석(Na_3AlF_3), 인광석(플루오린화인회석)을 사용한다.

16 금속이온과 배위결합을 이룰 수 없는 리간드(ligand)는?

① H_2O ② CN^-

③ NH_4^+ ④ $H_2C=CH_2$

정답** ③

해설** 100주 공업화학 제55주 무기물화학의 개요

리간드의 경우 비공유 전자쌍이나 다중결합이 존재해야 하는데, NH_4^+는 질소 주위로 수소이온이 모두 결합하여 비공유 전자쌍이 존재하지 않아 리간드로 사용할 수 없다.

17 팔면체 착화합물 중 시스(cis) 이성질체의 구조식은? (단, M은 임의의 금속이고, a와 b는 서로 다른 한 자리 리간드이다.)

①    ②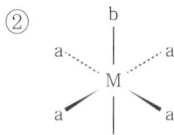

③ 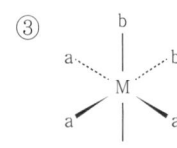   ④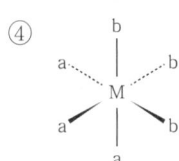

정답** ③

해설** 100주 공업화학 제3주 이성질체(isomer)

Ma_4b_2의 구조에서 b와 b가 직각일 경우 cis, b와 b가 일직선에 존재하면 trans로 구분한다.

18 2개의 카복실기를 가지는 아미노산은?

① 글라이신(gly)   ② 알라닌(ala)

③ 발린(val)   ④ 글루탐산(glu)

정답** ④

해설** 100주 공업화학 제53주 아미노산과 단백질

카르복시기 COO^- 또는 COOH를 두 개 가지고 있는 아미노산 : 글루탐산(glutamate)

19 친전자성 방향족 치환반응(electrophilic aromatic substitution reaction)에서 메타(meta) 위치를 지향하는 작용기는?

① $-OH$

② $-NHCOCH_3$

③ $-Cl$

④ $-COOCH_3$

정답 ④

해설 100주 공업화학 제18주 방향족탄화수소
메타 위치의 배향성을 갖는 치환기는 $-CO_2R$, $-NO_2$, $-CF_3$ 등
따라서 $-COOCH_3(-CO_2R)$이 된다.

20 다음은 물질 M의 자기이력고리(magnetic hysteresis loop)이다. 이에 대한 설명으로 옳지 않은 것은?

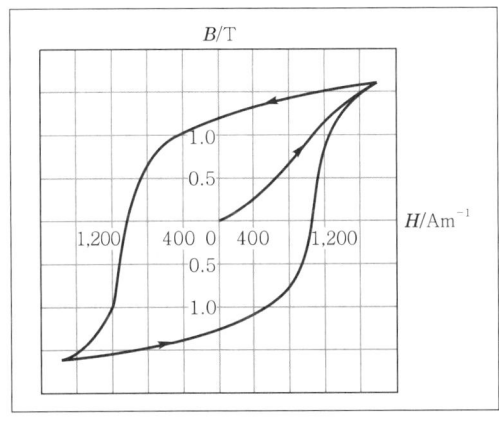

① B는 자속밀도를 나타낸다.

② H는 외부 자기장의 세기를 의미한다.

③ M은 반자성(diamagnetic) 물질이다.

④ 영구자석으로의 사용 가능 여부를 판단할 수 있다.

정답 ③

해설 100주 공업화학 제97주 기능성 세라믹스
자기이력곡선은 강자성체에 자기적 성질을 나타내는 데 사용한다.

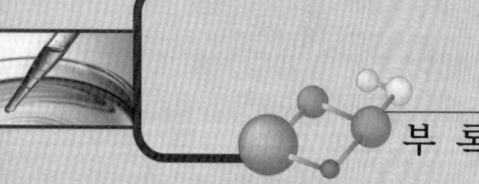

 2018년 9급 지방직 기출문제 (B)책형

01 다음 에너지 도표에 해당하는 반응에 촉매를 가하여 반응속도가 빨라졌을 때, A~D 중에서 가장 큰 영향을 받는 부분은?

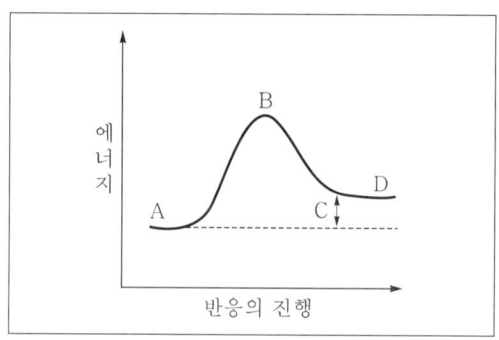

① A   ② B

③ C   ④ D

정답 ②

해설 100주 공업화학 제85주 촉매의 개요

(정)촉매는 활성화 에너지를 감소시켜 반응속도를 빠르게 한다.

참고 정촉매의 경우 활성화 에너지를 감소시켜 반응속도를 빠르게 하고, 부촉매의 경우 활성화 에너지를 증가시켜 반응속도를 느리게 한다.

활성화 에너지의 크기에 해당하는 것은 B이다.

02 효소반응에서 속도상수와 온도와의 관계를 나타내는 식은?

① 이상기체식   ② Beer−Lambert식

③ Arrhenius식   ④ van der Waals식

정답 ③

해설 100주 공업화학 제85주 촉매의 개요

속도상수와의 관계식 : Arrhenius식 : $k = Ae^{-E_a/RT}$

03 다음 중 이온결합 화합물은 어느 것인가?

① HCl

② NaCl

③ BF₃

④ NH₃

정답 ②

해설 100주 공업화학 제2주 유기화합물의 분류와 기초원리

이온결합 화합물이란 금속양이온과 비금속음이온의 결합이다. 따라서 Na⁺(금속양이온)−Cl⁻(비금속음이온), 즉 NaCl이다.

04 비료의 3요소가 아닌 것은?

① 질소(N)

② 인(P)

③ 마그네슘(Mg)

④ 칼륨(K)

정답 ③

해설 100주 공업화학 제64주 비료 제조공업

비료의 3요소는 질소, 인, 칼륨이다.

05 전기화학반응에 대한 설명으로 옳은 것만을 모두 고르면?

> ㉠ 반응속도는 전류에 비례한다.
> ㉡ 전극전위는 전극 내 전자의 에너지를 의미한다.
> ㉢ 전류와 전극전위를 동시에 조절할 수 없다.
> ㉣ 전기화학반응은 전극의 표면 근처에서만 가능하다.

① ㉠, ㉡

② ㉡, ㉢

③ ㉠, ㉢, ㉣

④ ㉠, ㉡, ㉢, ㉣

정답 ④

해설 100주 공업화학 제67주 전기화학공업

전극전위(V)는 단위전하량이 가진 에너지로 전자의 에너지를 의미하며, 전류는 단위시간당 전하량의 크기로 주로 반응속도를 의미한다. 전극전위(전압)를 조절함으로써 전류는 변화시킬 수 있다(동시에 조절은 불가능). 전기화학반응은 전극의 표면 근처에서 산화환원반응이 진행된다.

06 석유의 전화(conversion) 과정에서 리포밍(reforming)에 대한 설명으로 옳지 않은 것은?

① 촉매를 이용하여 리포밍하는 것을 접촉개질이라 한다.

② 나프텐계 탄화수소를 방향족 탄화수소로 변환시키는 기술이다.

③ 옥탄가를 높이는 석유 전화 기술이다.

④ 중질유의 분해에 의해 가솔린을 만드는 기술이다.

정답 ④

해설 100주 공업화학 제23주 석유의 전화

리포밍(reforming)은 개질이라고 하며 옥탄가를 높이기 위해 탄화수소를 변화시키는 기술이다. 촉매를 이용한 리포밍을 접촉개질이라고 한다. 중질유의 분해에 의해 가솔린을 만드는 기술을 크래킹(열분해)이라고 한다.

07 다음 반응의 주생성물은?

$$\bigcirc\!\!= \ + \ HBr \ \longrightarrow \ 주생성물$$

① (시클로헥산-메틸렌, Br 치환)

② (시클로헥산-CH₂Br)

③ (시클로헥산-CH₃, Br)

④ (시클로헥산-CH₃, Br)

정답 ③

해설 100주 공업화학 제5주 극성 반응

C=C에 HBr을 첨가할 때 수소가 많은 C에 수소가 첨가되는 마르코프니코프 규칙이 적용된다.

$$\bigcirc\!\!=CH_2 \ + \ H-Br \ \longrightarrow \ \bigcirc\!\!\underset{Br}{\overset{CH_2 H}{|}}$$

08 결정화가 가장 어려운 폴리올레핀(polyolefin) 구조는?

①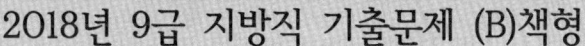

②

③

④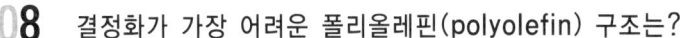

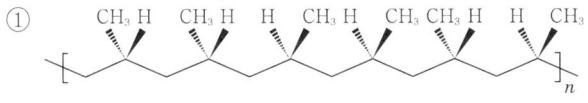

정답 ①

해설 100주 공업화학 제36주 고분자화학의 개요
가장 불규칙한 atactic 구조가 결정화가 가장 어렵다.

09 에틸렌(ethylene)으로부터 아세트알데하이드(acetaldehyde)를 합성하는 Wacker 공정을 수행하기 위하여 필요한 화합물이 아닌 것은?

① 염화팔라듐($PdCl_2$)

② 염화납($PbCl_2$)

③ 염화구리($CuCl_2$)

④ 염산(HCl)

정답 ②

해설 100주 공업화학 제28주 에틸렌으로부터 유도체
와커공정 : 에틸렌으로부터 아세트알데하이드 합성공정
• $CH_2=CH_2+PdCl_2+H_2O \rightarrow CH_3CHO+Pd+2HCl$
• $Pd+2CuCl_2 \rightarrow PdCl_2+2CuCl$
• $4CuCl+4HCl+O_2 \rightarrow 4CuCl_2+2H_2O$
필요한 화합물 : $PdCl_2$, $CuCl_2$, HCl

10 다음 반응이 S$_N$1 반응 또는 E1 반응으로 진행될 때, ㉠와 ㉡의 주생성물은?

$$㉠ \xleftarrow{S_N1} CH_3CH_2OH + (CH_3)_3CBr \xrightarrow{E1} ㉡$$

	㉠	㉡
①	$CH_3CH_2C(CH_3)_3$	$H_2C=CH_2$
②	$CH_3CH_2C(CH_3)_3$	$H_2C=C(CH_3)_2$
③	$CH_3CH_2OC(CH_3)_3$	$H_2C=CH_2$
④	$CH_3CH_2OC(CH_3)_3$	$H_2C=C(CH_3)_2$

정답 ④

해설 100주 공업화학 제5주 극성 반응

㉠은 S$_N$1 치환반응, ㉡은 E1 제거반응

우선적으로 $(CH_3)_3CBr \rightarrow (CH_3)_3C^+ + Br^-$로 카르보양이온을 형성한다.

- S$_N$1 반응 : 형성된 카르보양이온($(CH_3)_3C^+$)에 CH_3CH_2OH의 O가 $(CH_3)_3C^+$에 결합하면 $CH_3CH_2OC(CH_3)_3$가 형성
- E1 반응 : 카르보양이온 베타수소(*H) 제거로 C=C 이중결합을 가진 $H_2C=C(CH_3)_2$ 형성

$$H_3C-\underset{\underset{H}{|}}{\overset{\overset{CH_3}{|}}{C^+}}-\underset{H}{\overset{H}{C}}-H^* \longrightarrow H_3C-\underset{\underset{H}{|}}{\overset{\overset{CH_3}{|}}{C}}=\underset{H}{\overset{H}{C}}$$

11 유지(fatty oil)의 최소단위는 어느 것인가?

① 아크릴로나이트릴(acrylonitrile)

② 부틸알데하이드(butylaldehyde)

③ 클로로프렌(chloroprene)

④ 트리글리세라이드(triglyceride)

정답 ④

해설 100주 공업화학 제45주 유지

유지의 기본단위는 트리아실글리세롤 또는 트리글리세라이드로 구성된다.

12 다음 화학종 중에서 친전자체(electrophile)에 해당하는 것만을 모두 고르면?

| ㉠ NO_2^+ | ㉡ CN^- | ㉢ CH_3NH_2 | ㉣ $(CH_3)_3S^+$ |

① ㉠, ㉡　　　　　　　　　　　② ㉠, ㉣
③ ㉡, ㉢　　　　　　　　　　　④ ㉢, ㉣

정답 ②

해설 100주 공업화학 제5주 극성 반응
　　　친전자체는 전자가 부족한 화학종으로 주로 +전하를 띠고 있다. 따라서 NO_2^+, $(CH_3)_3S^+$이다.

13 효모의 반응에 의해 바이오에탄올을 생산할 때 가장 적합한 기질은?

① 글루코스(glucose)　　　　　　② 아세트산(acetic acid)
③ 퍼퓨랄(furfural)　　　　　　　④ 페놀(phenol)

정답 ①

해설 100주 공업화학 제42주 생체고분자 개요와 탄수화물
　　　효모를 이용하여 포도당(글루코스 : glucose)을 발효시켜 에탄올(알코올)을 생산한다.

14 단백질의 이차 구조(secondary structure)를 결정하는 데 가장 중요한 결합력은?

① 공유결합(covalent bond)
② 수소결합(hydrogen bond)
③ 이온결합(ionic bond)
④ 분산력(dispersion force)

정답 ②

해설 100주 공업화학 제53주 아미노산과 단백질
　　　단백질의 2차 구조는 알파나선구조와 베타병풍구조로 나타나는데 이는 펩티드 결합부위에
　　　주기적인 수소결합이 나타나기 때문이다.

15 다음 식의 중합방법은?

$$nH_2N-R-\overset{\displaystyle O}{\overset{\displaystyle \|}{C}}-OH \xrightarrow{-(n-1)H_2O} H\left[\overset{\displaystyle H}{\overset{\displaystyle |}{N}}-R-\overset{\displaystyle O}{\overset{\displaystyle \|}{C}}\right]_n OH$$

① 축합중합(condensation polymerization)

② 부가중합(addition polymerization)

③ 이온중합(ionic polymerization)

④ 배위중합(coordination polymerization)

정답 ** ①

해설 ** 100주 공업화학 제37주 고분자의 분류, 제38주 고분자의 중합반응
부산물이 빠져나오며 중합이 이뤄지는 것을 축합중합이라고 한다.

16 결정성 고분자에 대한 설명으로 옳지 않은 것은?

① 용융 온도 이상에서 고분자는 결정성을 보인다.

② HDPE(high density polyethylene)는 결정성 고분자이다.

③ 일반적으로 결정화도가 증가하면 불투명해진다.

④ 결정화도는 고분자의 물리적 물성에 영향을 준다.

정답 ** ①

해설 ** 100주 공업화학 제36주 고분자화학의 개요
용융 온도 이상에서는 고분자는 용융되므로 결정성이 나타나지 않는다.

17 전자 재료로 많이 사용되는 희토류(rare earth)는?

① 할로겐족(halogen) ② 알칼리 토금속(alkaline earth metal)

③ 란타넘족(lanthanide) ④ 알칼리 금속(alkaline metal)

정답 ** ③

해설 ** 100주 공업화학 제83주 금속 제련, 제84주 금속 제품
희토류금속이란 주로 전이금속(d오비탈), 란타넘족(4f오비탈), 악티늄족(5f오비탈) 등의 금속
을 의미한다.

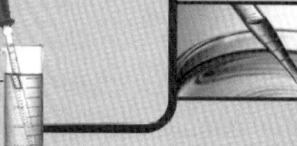

18 연료전지와 전해질의 연결이 옳지 않은 것은?

① 알카라인 연료전지(AFC) − KHCO₃
② 인산염 연료전지(PAFC) − H₃PO₄
③ 고체 전해질 연료전지(SOFC) − Y₂O₃/ZrO₂
④ 용융탄산염 연료전지(MCFC) − Li₂CO₃/K₂CO₃

정답 ① ①

해설 ① 100주 공업화학 제69주 연료전지
알카라인 연료전지(AFC)의 경우 전해질로 염기성인 KOH을 사용한다.

19 세탄가(cetane number)가 0인 기준 화합물의 구조는?

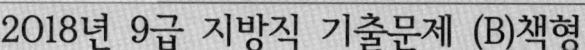

정답 ① ①

해설 ① 100주 공업화학 제24주 옥탄가와 세탄가
세탄가는 n−세탄을 100으로 α−메틸나프탈렌을 0으로 조합하여 디젤의 착화성을 나타내는 지표이다.
세탄은 n−헥사데칸(hexadecane)으로 $C_{16}H_{34}$의 긴 사슬이다.

• 세탄(n−헥사데칸 : $C_{16}H_{34}$)

H₃C ⌇⌇⌇⌇⌇⌇⌇ CH₃

• α−메틸나프탈렌

H₃C

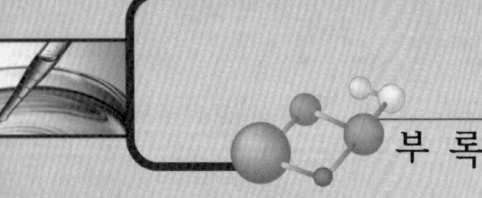
20 다음 중 흡착제, 촉매 및 세제 원료로 널리 사용되는 제올라이트(zeolite)인 ZSM-5에
포함되지 않는 원소는?

① 산소(O)

② 알루미늄(Al)

③ 규소(Si)

④ 황(S)

정답 ④

해설 100주 공업화학 제88주 제올라이트

제올라이트는 Al, Si, O로 구성되어 있다.

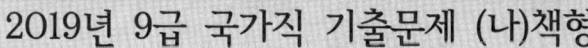

2019년 9급 국가직 기출문제 (나)책형

01 증류정제공정을 이용하여 원유를 여러 성분으로 분리할 때, 끓는점이 높아지는 순서대로 바르게 나열한 것은?

① LPG → 휘발유/나프타 → 등유 → 경유 → 아스팔트
② LPG → 아스팔트 → 등유 → 경유 → 휘발유/나프타
③ 휘발유/나프타 → LPG → 등유 → 아스팔트 → 경유
④ 휘발유/나프타 → 등유 → 아스팔트 → 경유 → LPG

정답 ① ①

해설 100주 공업화학 제22주 석유의 정제공정
탄소수가 낮은 것부터 높은 순으로 끓는점이 증가하므로 LPG → 휘발유/나프타 → 등유 → 경유 → 아스팔트 순이다.

02 탄소 동소체로서 탄소 원자의 sp^3 혼성오비탈로 구성된 것은?

① 흑연
② 풀러렌
③ 다이아몬드
④ 탄소나노튜브

정답 ① ③

해설 100주 공업화학 제2주 유기화합물의 분류와 기초원리
다이아몬드의 경우 sp^3 혼성오비탈로 구성된다.

03 목재의 주요 성분의 함유율을 큰 순서대로 바르게 나열한 것은?

① 셀룰로스＞헤미셀룰로스＞수지＞리그닌
② 셀룰로스＞헤미셀룰로스＞리그닌＞수지
③ 셀룰로스＞리그닌＞수지＞헤미셀룰로스
④ 셀룰로스＞리그닌＞헤미셀룰로스＞수지

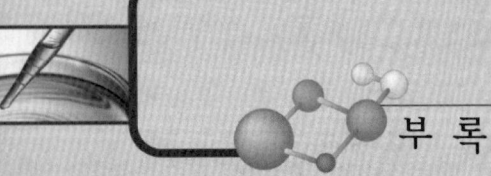

정답 ④

해설 100주 공업화학 제43주 제지공업

목재의 주요 성분 함유율은 셀룰로스>리그닌>헤미셀룰로스>수지 순으로 구성되어 있다.

04 다음 중 어떤 유지 5kg을 완전히 비누화하는 데 KOH가 0.2kg이 사용되었다면, 비누화가(saponification value)는?

① 10
② 20
③ 30
④ 40

정답 ④

해설 100주 공업화학 제45주 유지

비누화가 : 시료 1g을 완전히 비누화시키는 데 필요한 KOH의 mg 수를 비누화값이라고 한다. 유지 5kg을 비누화시키는 데 KOH 0.2kg이 사용되었으므로 비례식으로 계산하면 유지 1g에 KOH 0.04g 사용된 것과 같다. 즉, KOH는 40mg 사용되었다.

05 화학기상증착(CVD)에 대한 설명으로 옳은 것만을 모두 고르면?

> ㉠ 여러 가지 화합물 박막의 조성 조절이 어렵다.
> ㉡ 다양한 특성을 가지는 박막을 원하는 두께로 성장시킬 수 있다.
> ㉢ 물리적 증착 공정에 비해 단차피복성(step coverage)이 떨어진다.

① ㉠
② ㉡
③ ㉠, ㉡
④ ㉡, ㉢

정답 ④

해설 100주 공업화학 제71주 반도체 제조공정

화학기상증착의 경우 물리기상증착방식에 비해 박막의 조성조절이 쉽고, 원하는 두께로 성장시킬 수 있으며 단차피복성이 뛰어나다.

06 다음 반응에서 얻어지는 최종 생성물 ㉠은?

$$CH_3CHCH_2OH \overset{CH_3}{} \xrightarrow[\triangle]{H_2SO_4} \xrightarrow{H_2/Pt} ㉠$$

① $CH_3(CH_2)_2CH_3$

② $CH(CH_3)_3$

③ $CH(CH_3)_2COOH$

④ $CH(CH_3)_2CHO$

정답 ②

해설 100주 공업화학 제5주 극성 반응

$$H_3C - \overset{CH_3}{\underset{|}{CH}} - CH_2 - OH \xrightarrow{H_2SO_4} H_3C - \overset{CH_3}{\underset{|}{C}} = CH_2 \xrightarrow{H_2/Pt} H_3C - \overset{CH_3}{\underset{|}{CH}} - CH_3$$

황산을 이용한 산촉매를 가열하게 되면 물이 빠져나가면서 C＝C 이중결합이 형성된다(E2 제거반응). 여기에 금속촉매에 수소첨가반응을 진행하면 C－C 단일결합이 형성된다.

07 아스피린의 합성 반응에 대한 설명으로 옳지 않은 것은?

$$\text{(OH, COOH 치환 벤젠)} + CH_3COOH \rightleftharpoons^{H^+} \text{(OCOCH}_3\text{, COOH 치환 벤젠)} + H_2O$$

① 이 반응은 탈수축합반응이다.

② 이 반응은 산과 염기 사이의 중화반응이다.

③ H^+은 촉매로 사용된 산을 나타낸 것이다.

④ 아세트산 대신 아세트산 무수물을 사용하여도 생성물 아스피린을 얻을 수 있다.

정답 ②

해설 100주 공업화학 제20주 주요 인명반응

아스피린의 합성반응은 살리실산과 아세트산의 에스테르화을 통해서 아세틸살리실산(아스피린)과 물이 생성된다. 물이 생성되면서 두 물질이 결합하므로 탈수축합반응이고, H^+를 촉매로 사용한다. 아세트산 대신 아세트산 무수물을 사용할 경우 아스피린의 수득률을 높일 수 있다. 참고로 중화반응이 진행되기 위해서는 산과 염기가 반응하여야 하는데 아세트산 및 살리실산 모두 산성으로 중화반응이 진행될 수 없다.

08 다음 반응의 생성물을 바르게 연결한 것은?

(가) $2CH_3CHO \xrightarrow{Al(OC_2H_5)_3}$ ⓐ

(나) $CH_3CH=CHCH_3 + 3O_2 \xrightarrow{V_2O_5}$ ⓑ $+ 3H_2O$

㉠
OH

OH

㉡

㉢

㉣

	ⓐ	ⓑ
①	㉠	㉢
②	㉠	㉣
③	㉡	㉢
④	㉡	㉣

정답 ④

해설 100주 공업화학 제20주 주요 인명반응, 제33주 자일렌으로부터 유도체

$$H_3C-CHO + H_3C-CHO \xrightarrow{C_2H_5O^-} H_3C-COOC_2H_5-CH_3 + H_3C-CHOH$$

위 반응은 카니자로반응과 비슷한 원리로 진행되는 것으로 알데히드가 하나는 OH⁻ 또는 RO⁻가 공격하면서 에스터와 진행되며 산화되고, 한쪽에서는 알코올로 환원되는 반응이다.

$$H_3C-CH=CH-CH_3 \xrightarrow{3O_2} \text{(HOOC-CH=CH-COOH)} \longrightarrow \text{(무수물)}$$

2-부텐의 양 끝쪽 알릴수소를 산화시켜 2개의 카르복시산을 형성하고 물이 제거되면서 무수물을 생성하는 반응이다.

09 Friedel-Crafts 알킬화 반응에 대한 설명으로 옳은 것은?

① 방향족 고리가 탄소양이온(R^+)을 공격하는 친핵성 방향족 치환반응이다.

② 다중 알킬화 반응 및 탄소양이온 자리옮김이 일어날 수 있다.

③ 아미노기와 같이 전자를 강하게 끌어당기는 기가 벤젠고리에 치환되어 있으면 반응이 잘 일어난다.

④ Friedel-Crafts 알킬화 반응에는 할로겐화 알킬, 할로겐화 아릴, 할로겐화 바이닐을 사용할 수 있다.

정답 ② ②

해설 100주 공업화학 제5주 극성 반응, 제18주 방향족 탄화수소

Friedel-Crafts 알킬화 반응은 친전자성 방향족 치환반응으로 다중 알킬화 반응 및 탄소양이온 자리옮김이 일어날 수 있다. 아미노기는 전자를 벤젠고리에 잘 제공해 주는 치환기이며, 할로겐화 알킬을 사용하여 반응시킨다(할로겐화 아릴, 할로겐화 바이닐을 사용 못함).

10 화합물의 화학식이 다음과 같이 표현될 때, IUPAC 명명법에 따른 이 화합물의 이름은?

$$(CH_3)_2CHCH(CH_3)CHCHCH_3$$

① 4,5-다이메틸-2-헥센(4,5-dimethyl-2-hexene)

② 4,5-다이메틸-2-헥세인(4,5-dimethyl-2-hexane)

③ 2,3-다이메틸-4-헥센(2,3-dimethyl-4-hexene)

④ 2,3-다이메틸-4-헥세인(2,3-dimethyl-4-hexane)

정답 ② ①

해설 100주 공업화학 제2주 유기화합물의 분류와 기초원리

이중결합이 포함되는 가장 긴 사슬을 모체로 보고, 이중결합이 가장 작은 번호가 오도록 순서를 정해준다.

• 모체 : 이중결합이 2번째 탄소에서 시작하므로 가장 긴 사슬을 모체로 볼 때 2-헥센이다.

• 치환기 : 4번째, 5번째 탄소에 동일한 메틸기가 결합되었으므로 전체 이름은 4,5-다이메틸-2-헥센 (4,5-dimethyl-2-hexene)

$$H_3C-\underset{\underset{CH_3}{|}}{\overset{\overset{CH_3}{|}}{CH}}-\underset{\underset{CH_3}{|}}{CH}-CH=CH-CH_3$$

11 다음 그림은 인안계 고도화성비료의 제조공정 중 일부를 나타낸 것이다. ㉠~㉢에 들어갈 물질로 옳게 짝지은 것은?

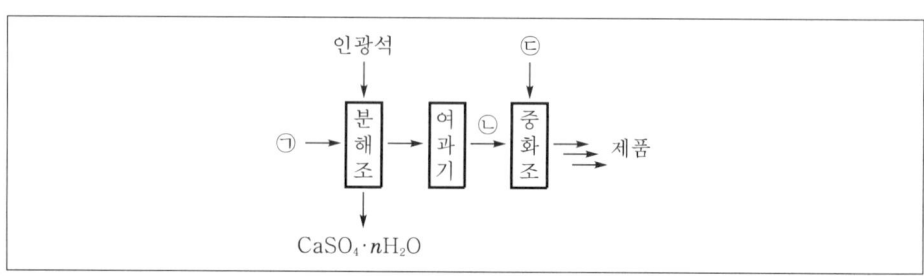

	㉠	㉡	㉢
①	H_2SO_4	(H_3PO_4, H_2SO_4)	NH_3
②	HNO_3	(H_3PO_4, H_2SO_4)	KOH
③	H_2SO_4	KCl	NH_3
④	HNO_3	KCl	KOH

정답 :: ①

해설 :: 100주 공업화학 제65주 복합 비료

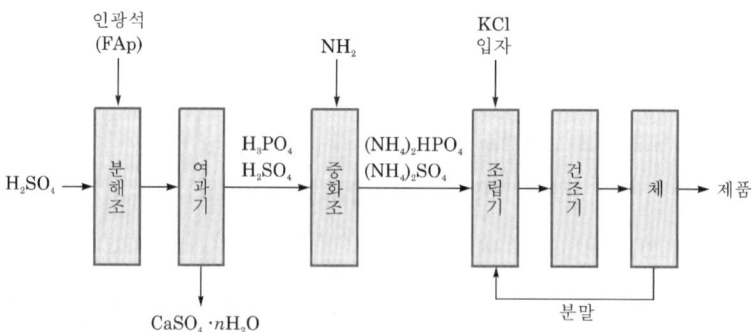

12 비닐계 합성수지가 아닌 것은?

① 폴리스타이렌(polystyrene) 　　② 폴리에틸렌(polyethylene)

③ 폴리프로필렌(polypropylene) 　② 폴리카르보네이트(polycarbonate)

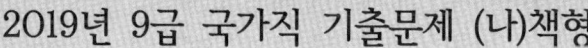

정답 ④

해설 100주 공업화학 제39주 합성 수지

비닐기 : $H_2C=CH-$

① 폴리스타이렌 : $H_2C=CH(C_6H_5)- \rightarrow -H_2C-CH(C_6H_5)-$

② 폴리에틸렌 : $H_2C=CH_2 \rightarrow -H_2C-CH_2-$

③ 폴리프로필렌 : $H_2C=CH(CH_3)- \rightarrow -H_2C-CH(CH_3)-$

④ 폴리카르보네이트 : 비스페놀A+포름알데히드 → 폴리카르보네이트

13 두 단량체 A와 B로부터 생성된 그래프트 공중합체(graft copolymer)의 구조는?

① $-A-A-A-A-B-B-B-B-$

② $-A-B-A-B-A-B-A-B-$

③ $-A-B-A-A-B-A-B-B-B-A-$

④ $-A-A-A-A-A-A-A-A-$
       $|$
    $B-B-B-B$

정답 ④

해설 100주 공업화학 제36주 고분자화학의 개요

① $-A-A-A-A-B-B-B-B-$: 블록공중합체

② $-A-B-A-B-A-B-A-B-$: 교대공중합체

③ $-A-B-A-A-B-A-B-B-B-A-$: 랜덤공중합체

④ $-A-A-A-A-A-A-A-A-A-$: 그래프트 공중합체
         $|$
      $B-B-B-B-$

14 음이온성 계면활성제가 아닌 것은?

① 비누

② 테트라알킬암모늄염(tetraalkylammonium salt)

③ 알킬황산에스터염(alkylsulfate salt)

④ 알킬벤젠술폰산염(alkylbenzenesulfonate salt)

정답 ②

해설 100주 공업화학 제46주 계면활성제

• 양이온성 계면활성제 : 비누, 알킬황산에스터염, 알킬벤젠술폰산염

• 음이온성 계면활성제 : 테트라알킬암모늄염

15 연료전지(fuel cell)에 대한 설명으로 옳지 않은 것은?

① 반응연료를 외부에서 공급받는 전지이다.

② 가장 높은 온도에서 작동하는 것은 용융탄산염형 연료전지이다.

③ 소음이 적고, 무공해로 발전이 가능한 전기화학시스템 중의 하나이다.

④ 알칼리 연료전지에 사용되는 전해질은 진한 KOH 용액이다.

정답 ②

해설 100주 공업화학 제69주 연료전지

가장 높은 온도에서 작동하는 것은 고체산화물형 연료전지이다.

다음은 연료전지의 작동온도이다.

• 고체산화물형 : 700~1,000℃

• 용융탄산염형 : 600~700℃

• 인산형 : 150~200℃

• 고분자 전해질형 : 상온~100℃

• 알칼리형 : 상온~100℃

16 프로펜(propene)과 1-부텐(1-butene)을 혼합하여 올레핀 상호교환(metathesis) 반응을 진행했을 때, 얻어지는 최종 생성물이 아닌 것은? (단, 자체-상호교환(self-metathesis)반응도 일어날 수 있으며, 촉매 내에는 어떠한 금속-탄소 이중결합도 존재하지 않는다.)

① 에텐(ethene)   ② 2-부텐(2-butene)

③ 2-펜텐(2-pentene)   ④ 3-헵텐(3-heptene)

정답 ④

해설 100주 공업화학 제87주 촉매의 산업적 이용

• 프로펜+프로펜 → 에텐+2-부텐

• 1-부텐+프로펜 → 2-펜텐+에텐

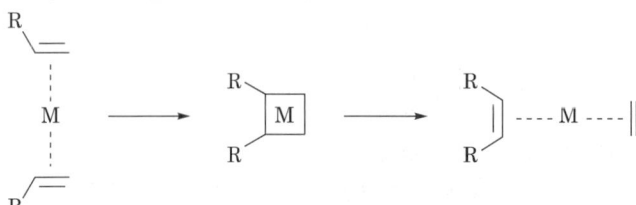

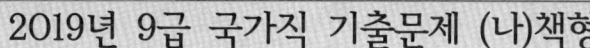

17 진한 질산(HNO_3 98% 수용액)을 원료로 사용하여 제조되는 물질이 아닌 것은?

① 축전지   ② 화약

③ 의약품   ④ 염료

정답 ①

해설 100주 공업화학 제68주 전기화학전지

축전지의 경우 일반적으로 황산이 원료로 사용된다.

18 케블라(Kevlar)에 대한 설명으로 옳은 것만을 모두 고르면?

> ㉠ 파라계 방향족 폴리아마이드 섬유이다.
>
> ㉡ 1970년대 독일 BASF에서 최초로 개발하였다.
>
> ㉢ 같은 무게의 강철보다 강도가 약하다.
>
> ㉣ 방탄복, 방탄모 등에 사용된다.

① ㉠, ㉡   ② ㉠, ㉣

③ ㉡, ㉣   ④ ㉢, ㉣

정답 ②

해설 100주 공업화학 제40주 천연섬유와 합성섬유(fibers)

케블라(Kevlar) 특징

- 파라계 방향족 폴리아마이드 섬유
- 1971년 미국 듀폰社 출시
- 방탄 성능이 우수해 방탄복, 방탄모에 사용
- 같은 무게의 강철보다 강도가 강함

19 석탄에 대한 설명으로 옳지 않은 것은?

① 석탄의 건류공정을 통해 방향족 탄화수소를 얻을 수 있다.

② 무연탄은 아탄에 비해 석탄화도가 크다.

③ 석탄의 탈수소화를 거쳐 석유와 유사한 기름을 얻어낼 수 있다.

④ 수증기와 반응하여 일산화탄소를 제조할 수 있다.

해설 100주 공업화학 제27주 석탄, 제87주 촉매의 산업적 이용
석탄의 액화란 석탄을 열분해, 수소첨가 분해에 의해 석탄을 저분자량화하여 원유 정도의 액화유를 만드는 공정이다.

20 고분자의 입체규칙성(tacticity)에 대한 설명으로 옳은 것만을 모두 고르면?

> ㉠ 폴리에틸렌은 아탁틱(atactic) 구조로만 존재할 수 있다.
> ㉡ 아이소탁틱(isotactic) 구조가 아탁틱(atactic) 구조에 비해 결정화를 이루기 쉽다.
> ㉢ 신디오탁틱(syndiotactic) 폴리스타이렌(polystyrene)의 구조는 다음과 같이 나타낼 수 있다.
>
>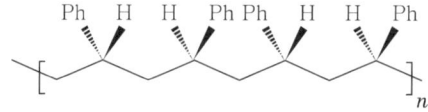

① ㉠   ② ㉠, ㉡
③ ㉡, ㉢   ④ ㉠, ㉡, ㉢

정답 ③

해설 100주 공업화학 제36주 고분자화학의 개요
- 폴리에틸렌의 경우 탄소사슬에 수소로만 연결되어 있어 아이소타틱, 신디오탁틱, 아탁틱구조로 분류할 수 없다.
- 아타틱(atatic) 고분자의 경우 랜덤배열로 규칙적인 결정화를 이루기 어렵다. 따라서 아이소탁틱 구조가 결정화를 이루기 쉽다.
- 고분자의 같은 방향 배열의 경우 아이소탁틱(isotactic), 배열이 규칙적으로 교대로 진행할 경우 신디오탁틱(syndiotactic), 무질서할 경우 아탁틱(atactic)으로 부른다.

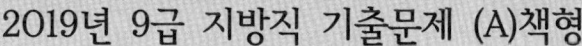

2019년 9급 지방직 기출문제 (A)책형

01 1차 전지로만 나열한 것은?

① 망간전지, 수은−아연전지
② 알칼리전지, 니켈−카드뮴전지
③ 산화은전지, 나트륨−황전지
④ 납축전지, 리튬−산화망간전지

정답 ①

해설 100주 공업화학 제67주 전기화학공업
• 1차 전지(방전만 가능) : 망간전지, 수은−아연전지, 알칼리전지, 산화은전지
• 2차 전지(충전, 방전 가능) : 니켈−카드뮴전지, 나트륨−황전지, 납축전지, 리튬−산화망간전지

02 포화지방산으로만 나열한 것은?

① 부티르산, 올레산, 라우르산
② 카프로산, 미리스트산, 팔미트올레산
③ 카프릴산, 라우르산, 팔미트산
④ 카프르산, 팔미트산, 리놀렌산

정답 ③

해설 100주 공업화학 제45주 유지
• 포화지방산 : 부티르산, 카르로산, 카프릴산, 카프르산, 라우르산, 미리스트산, 팔미트산
• 불포화지방산 : 리놀렌산, 올레산, 팔미트올레산

03 다음 중 DNA(deoxyribonucleic acid)에 대한 설명으로 옳지 않은 것은 어느 것인가?

① 유전정보를 함유하는 생체 고분자 물질이다.
② 염기의 상보적인 결합에 의하여 나선형 구조를 이룬다.
③ 염기의 상보적인 결합은 수소결합에 의해 이루어진다.
④ 질산이 뉴클레오타이드를 연결하는 역할을 한다.

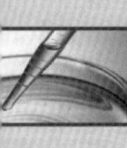
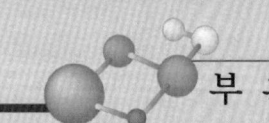
해설 100주 공업화학 제54주 바이오테크놀로지

DNA의 경우 인산이 뉴클레오타이드를 연결하는 역할을 한다.

04 다음 글에서 설명하는 중합법은?

> 단량체를 수중에서 격렬한 교반으로 혼합 분산시켜 중합시키는 방법이며, 중합열의 제어가 용이하고 알맹이 모양의 고분자가 얻어진다.

① 괴상중합 ② 현탁중합

③ 유화중합 ④ 용액중합

정답 ②

해설 100주 공업화학 제37주 고분자의 분류

• 현탁중합의 경우 수용액에 단량체(친유성)가 섞이지 않으므로 격렬한 교반을 통해 분산시켜 중합한다.

• 유화중합의 경우 수용액에 단량체(친유성)에 유화제를 이용하여 분산시켜 중합한다.

05 다음 반응을 통해서 얻어지는 주생성물은?

$$H-C\equiv C-CH_3 \xrightarrow[HgSO_4]{H_2O, \ H_2SO_4} \text{주생성물}$$

① propanone ② propenal

③ propan-2-ol ④ propen-2-ol

정답 ①

해설 100주 공업화학 제12주 가수분해(아세틸렌의 수화반응)

propyne에 황산수은염과 물, 황산을 반응시키면 중간 생성물인 비닐알코올이 생성되고 바로 케토-엔올 토토머화 반응에 의해 케토 형태인 propanone이 생성된다.

$$H-C\equiv C-CH_3 \xrightarrow[HgSO_4]{H_2O, H_2SO_4} \overset{\overset{\displaystyle OH}{|}}{H_2C=C-CH_3} \longrightarrow \overset{\overset{\displaystyle O}{\|}}{H-CH_2-C-CH_3}$$

06 아닐린(aniline) 유도체로부터 염화아릴(aryl chloride)을 합성하기 위한 반응의 중간체는?

$$Ar-NH_2 \xrightarrow[\text{HCl}]{\text{NaNO}_2} \text{중간체} \xrightarrow{\text{CuCl}} Ar-Cl$$

① $Ar-H$

② $Ar-NO_2$

③ $Ar-O^-Na^+$

④ $Ar-N_2^+Cl^-$

정답 ④

해설 100주 공업화학 제7주 할로겐화반응

아닐린에 아질산염($NaNO_2$)을 반응시키면 디아조 화합물($Ar-N_2^+Cl^-$)이 생성된다. 디아조 화합물에서 N 부분이 N_2 기체로 쉽게 제거될 수 있어서 다양한 작용기를 도입시킬 수 있다.

07 2-bromo-2,3-dimethylbutane으로부터 할로겐화수소 제거반응에 의해 얻어지는 주생성물은?

① 2,3-dimethylbutane

② 2,3-dimethyl-1-butene

③ 2,3-dimethyl-2-butene

④ 2-methyl-2-butene

정답 ③

해설 100주 공업화학 제5주 극성 반응

Zaitsev 규칙에 따라 C=C 주위로 알킬기가 많이 치환된 아래와 같은 알켄이 생성된다.

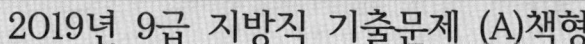

2-bromo-2,3-dimethylbutane   2,3-dimethyl-2-butene

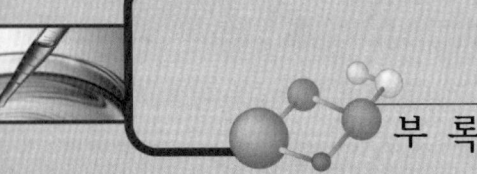

08 칼슘카바이드(CaC_2)는 물과 반응하여 무색의 기체 A를 생성한다. 기체 A에 대한 설명으로 옳지 않은 것은?

① 분자구조가 선형이다.
② 불포화탄화수소이다.
③ 브롬(Br_2)과 첨가반응이 가능하다.
④ 수산화나트륨(NaOH)과 중화반응을 한다.

정답 ④

해설 100주 공업화학 제34주 메탄으로부터 유도체
아세틸렌 기체가 생성된다.
$CaC_2(s) + H_2O(l) \rightarrow Ca(OH)_2(aq) + H-C\equiv C-H$
아세틸렌 기체의 경우 3중 결합의 불포화탄화수소, 선형 구조이며 Br_2과 첨가반응이 가능하다.

09 다음 글에서 설명하는 주생성물은?

벤젠과 프로필렌으로부터 얻어지는 큐멘(cumene)을 산화시킨 후 산 분해하면, 주생성물과 아세톤이 얻어진다.

① 에탄올　　　　　　　　　② 페놀
③ 비스페놀A　　　　　　　④ 톨루엔

정답 ②

해설 100주 공업화학 제31주 벤젠으로부터 유도체
큐멘을 산화시키면 페놀과 아세톤이 생성된다.

10 다음은 천연가스 분리공정에서 이용되는 단위공정들이다. 공정진행순서를 바르게 나열한 것은?

㉠ 흡수탑	㉡ 증류탑
㉢ 탈에탄탑	㉣ 가솔린분리기

① ㉠ → ㉢ → ㉡ → ㉣
② ㉠ → ㉡ → ㉢ → ㉣
③ ㉣ → ㉠ → ㉡ → ㉢
④ ㉣ → ㉠ → ㉢ → ㉡

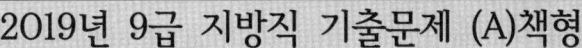
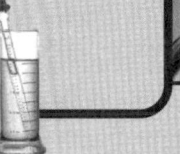

정답 ②

해설 100주 공업화학 제26주 연료유

천연가스 분리공정 : 흡수탑 → 증류탑 → 탈에탄탑 → 가솔린분리기

11 열경화성 수지와 열가소성 수지에 대한 설명으로 옳은 것은?

① 열경화성 수지는 가교결합을 가지고 있으며, 용매에는 녹지 않으나 열에는 용융된다.

② 열가소성 수지는 일반적으로 선형 구조로 되어 있으며, 용매에 쉽게 용해되지 않는 경우도 있다.

③ 열경화성 수지의 대표적인 예로 페놀수지, 멜라민수지, 폴리스타이렌 등이 있다.

④ 열가소성 수지의 대표적인 예로 폴리에틸렌, 폴리프로필렌, 에폭시수지 등이 있다.

정답 ②

해설 100주 공업화학 제36주 고분자화학의 개요, 제37주 고분자의 분류
- 열경화성 수지는 가교결합으로 고온에서는 용융되지 않고 분해된다. 종류로는 페놀수지, 멜라민수지, 에폭시수지 등이 있다.
- 열가소성 수지는 선형 구조로, 고온에서 용융되므로 재성형이 가능하다. 종류로는 폴리에틸렌, 폴리프로필렌, 폴리스타이렌 등이 있다.

12 단백질의 구조에 대한 설명으로 옳지 않은 것은?

① 1차 구조는 단백질 내 아미노산의 순서를 말한다.

② 2차 구조는 단백질 사슬이 국소적으로 이루는 모양을 말하며, 병풍모양이나 나선모양을 보이기도 한다.

③ 3차 구조는 단백질 사슬에서 상대적으로 멀리 떨어져 있는 아미노산 단위들의 공간적 관계를 말한다.

④ 4차 구조는 하나의 단백질 사슬이 4번 이상 접혀 있는 구조를 말한다.

정답 ④

해설 100주 공업화학 제53주 아미노산과 단백질

단백질의 4차 구조는 단백질의 3차 구조인 폴리펩타이드가 여러 개 모여서 형성된 단백질로서 헤모글로빈이 대표적인 4차 구조 단백질이다.

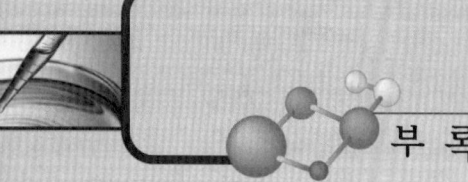

부 록

13 종이 제조 시 펄프를 물에서 기계적으로 세단하고 해리, 콜로이드화시켜 종이의 품질을 고르게 하는 공정은?

① 사이징   ② 충전

③ 초지   ④ 비팅

정답 ④

해설 100주 공업화학 제43주 제지공업
- 비팅 : 펄프를 물에서 기계적으로 세단하고 해리, 콜로이드화시켜 종이의 품질을 고르게 함
- 충전 : 다공성인 부분을 메우는 공정
- 사이징 : 종이에 액체가 침투하는 것을 방지하기 위한 처리
- 초지 : 종이를 뜨는 것

14 다음 반응을 통해서 얻어지는 주생성물은?

$$CH_2=CH-CH_3+NH_3+\frac{3}{2}O_2 \xrightarrow[\substack{400\sim450℃ \\ 1\sim3기압}]{촉매} 주생성물+3H_2O$$

① $CH_2=CHCOOH$ ② $CH_2=CHCHO$

③ $CH_2=CHCN$ ④ $CH_2=CHCONH_2$

정답 ③

해설 100주 공업화학 제29주 프로필렌으로부터 유도체
아크릴로니트릴 제법

$$CH_2=CH-CH_3+NH_3+\frac{3}{2}O_2 \xrightarrow[\substack{400\sim450℃ \\ 1\sim3기압}]{촉매} CH_2=CHCN+3H_2O$$

15 이소프렌을 합성하는 방법에 대한 설명으로 옳지 않은 것은?

① 이소부틸렌과 포름알데하이드의 반응

② 이소펜텐이 탈수소 반응

③ 아세톤과 아세틸렌의 반응

④ 이소부틸렌과 에틸렌의 불균화 반응

정답 ④

해설

$$H_2C = C\begin{smallmatrix}CH_3\\CH_3\end{smallmatrix} \quad + \quad \underset{H}{\overset{O}{\underset{}{\parallel}}}C-H \quad \longrightarrow \quad H_2C = C\begin{smallmatrix}CH_3\\\\CH\end{smallmatrix} = CH_2 \quad + \quad H_2O$$

이소부틸렌 + 포름알데히드 → 이소프렌 + 물

$$H_2C = C\begin{smallmatrix}CH_3\\CH_2\end{smallmatrix} - CH_3 \quad \longrightarrow \quad H_2C = C\begin{smallmatrix}CH_3\\\\CH\end{smallmatrix} = CH_2 \quad + \quad H_2$$

이소펜텐의 탈수소 반응

$$H_3C-\overset{O}{\underset{}{\overset{\parallel}{C}}}-CH_3 \quad + \quad HC \equiv CH \quad \longrightarrow \quad H_2C = C\begin{smallmatrix}CH_3\\\\CH\end{smallmatrix} = CH_2 \quad + \quad \frac{1}{2}O_2$$

아세톤 + 아세틸렌 → 이소프렌 + 산소

16 소다 생산을 위한 전해법으로 얻어지는 가성소다 수용액의 농도가 높은 것부터 순서대로 바르게 나열한 것은?

① 수은법 > 이온교환막법 > 격막법
② 수은법 > 격막법 > 이온교환막법
③ 격막법 > 수은법 > 이온교환막법
④ 격막법 > 이온교환막법 > 수은법

정답 ①

해설 100주 공업화학 제62주 가성소다 제조공업
가성소다 농도의 높은 순서 : 수은법 > 이온교환막법 > 격막법
단, 수은법의 경우 수은을 사용하므로 공해의 원인이 될 수 있다.

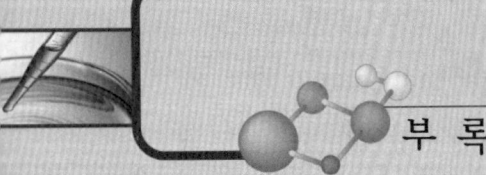
17 산 및 염기와 모두 반응할 수 있는 화합물은?

① P_4O_{10}

② Al_2O_3

③ SiO_2

④ MgO

정답 ** ②

해설 ** 100주 공업화학 제12주 가수분해
- $Al_2O_3 + 6HCl \rightarrow 2AlCl_3 + 3H_2O$
- $Al_2O_3 + 2NaOH \rightarrow 2NaAlO_2 + H_2O$

18 풀러렌(fullerene)에 대한 설명으로 옳지 않은 것은?

① 풀러렌은 C_{60}이 대표적이고 C_{70}, C_{84} 등이 존재한다.

② C_{60} 풀러렌은 5원환과 6원환으로 이루어진 다면체 클러스터 분자 형태이다.

③ C_{60} 풀러렌은 화학적으로 안정하여 다른 물질과 화학반응이 일어나지 않는다.

④ 풀러렌은 다이아몬드와 동소체이다.

정답 ** ③

해설 ** 100주 공업화학 제99주 나노 테크놀로지
- 풀러렌의 동소체로는 다이아몬드와 흑연, 탄소나노튜브 등이 있다. 풀러렌은 축구공 형태로 육각형, 오각형으로 구성된 구형 분자로 C_{60}, C_{70}, C_{84} 등이 존재한다.
- 평면구조인 흑연은 화학적으로 안정한데 반해 구형인 풀러렌은 상대적으로 불안정하여 다른 물질과 화학반응이 일어나기 쉽다.

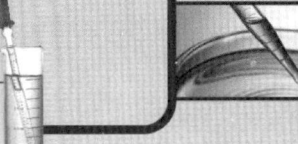

19 복합 비료에 대한 설명으로 옳지 않은 것은?

① N, P_2O_5, K_2O의 세 요소 중에서 두 성분 이상을 포함한 비료를 복합 비료라 한다.
② N, P_2O_5, K_2O의 함량의 합계가 30% 미만인 것을 고도화성 비료라고 한다.
③ 황안, 요소, 과인산석회 및 염화칼륨 등을 단순히 혼합시킨 비료를 배합 비료라 한다.
④ 복합 비료는 식물이 필요로 하는 성분을 복합시켜 비료 효과가 크다.

정답 ②

해설 100주 공업화학 제65주 복합 비료
N, P_2O_5, K_2O의 세 요소 중 두 성분 이상을 포함한 비료를 복합 비료라고 한다. 화성비료 중 N, P_2O_5, K_2O 함량의 합계가 30% 이상인 것을 고도화성 비료라고 한다. 30% 미만인 것은 저도화성 비료라고 한다.

20 다음 중 음이온 개시제에 대한 단량체의 반응성이 작은 것부터 순서대로 바르게 나열한 것은?

> ㉠ acrylonitrile
> ㉡ ethyl α-cyanoacrylate
> ㉢ methyl methacrylate
> ㉣ styrene

① ㉠ < ㉣ < ㉡ < ㉢
② ㉡ < ㉢ < ㉠ < ㉣
③ ㉢ < ㉣ < ㉡ < ㉠
④ ㉣ < ㉢ < ㉠ < ㉡

정답 ④

해설 100주 공업화학 제38주 고분자의 중합반응
음이온 개시제의 경우 단량체의 C=C 이중결합에 결합된 작용기가 전자를 잘 당길수록 반응성이 커진다. 치환기의 경우 −C≡N, −COO− 작용기는 전자를 주로 당기는 역할을 하고, −CH₃, −C₆H₅ 등은 주로 전자를 밀어주는 역할을 한다. 따라서,

styrene < methyl methacrylate < acrylonitrile < ethyl α-cyanoacrylate

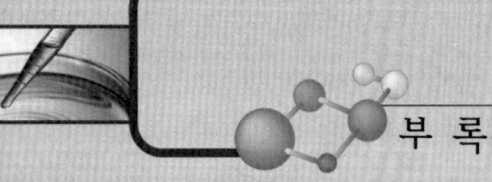

:: 2020년 9급 국가직 기출문제 (가)책형

01 삼브로민화붕소(BBr₃)에 대한 설명으로 옳은 것은?

① 브뢴스테드-로우리 산이다.
② 루이스 산이다.
③ 브뢴스테드-로우리 염기이다.
④ 루이스 염기이다.

정답 ② ②

해설 ² 100주 공업화학 제4주 산·염기 반응
삼브로민화붕소(BBr_3)는 전자쌍 받개인 루이스 산이다.

구 분	산	염기
아레니우스	수소이온(H^+) 주개	수산화이온(OH^-) 주개
브뢴스테드-로우리	수소이온(H^+) 주개	수소이온(H^+) 받개
루이스	전자쌍 받개	전자쌍 주개

02 축합중합(condensation polymerization)이 주된 합성법이 아닌 것은?

① 폴리아마이드(polyamide)
② 폴리이미드(polyimide)
③ 페놀-포름알데히드 수지(phenol-formaldehyde resin)
④ 폴리올레핀(polyolefin)

정답 ② ④

해설 ² 100주 공업화학 제38주 고분자의 중합반응
④ 폴리올레핀은 부가중합으로 합성된다.
• 축합중합 : 두 종류 이상의 단위체가 중합반응 시 부산물이 생성되며 중합
• 부가중합 : 한 종류의 단위체가 중합반응 시 부산물 없이 중합
• 공중합 : 두 종류 이상의 단위체가 중합반응 시 부산물 없이 중합

03 이차 전지만 고른 것으로 적절한 것은?

> ㉠ 니켈-카드뮴 전지
> ㉡ 리튬-산화망간 전지
> ㉢ 수은-아연 전지

① ㉠, ㉡

② ㉠, ㉢

③ ㉡, ㉢

④ ㉠, ㉡, ㉢

정답 ①

해설 100주 공업화학 제68주 전기화학전지
- 일차 전지 : 방전만 가능(망간 전지, 수은-아연 전지)
- 이차 전지 : 충전·방전이 가능(납 축전지, 니켈-카드뮴 전지, 리튬-산화망간 전지, 산화은-아연 전지)

04 다음 반응에서 얻어지는 고분자의 종류는?

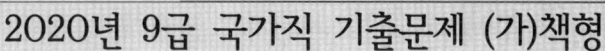

① 폴리아마이드(polyamide)

② 폴리카보네이트(polycarbonate)

③ 폴리에스터(polyester)

④ 폴리우레탄(polyurethane)

정답 ③

해설 100주 공업화학 제40주 천연섬유와 합성섬유

HOOC— —COOH + HOCH$_2$CH$_2$OH $\xrightarrow[\triangle]{-H_2O}$ *
테레프탈산 + 에틸렌글리콜 → PET(폴리에스터 섬유)

05 다음 반응의 주생성물(major product) ㉠은?

$$CH_3CH_2CH_2CH_2Br + (CH_3)_3CO^-K^+ \rightarrow ㉠$$

① $CH_3CH_2CH=CH_2$

② $CH_3CH_2CH_2CH_2OC(CH_3)_3$

③ $CH_3CH=CHCH_3$

④ $CH_3CH=CHCH_2OC(CH_3)_3$

정답 ①

해설 100주 공업화학 제5주 극성 반응

$CH_3CH_2CH_2CH_2Br + (CH_3)_3CO^-K^+ \rightarrow CH_3CH_2CH=CH_2 + (CH_3)_3COH + KBr$

참고 위 반응의 종류는 E2 제거반응이다.

06 합성가스를 이용한 메탄올의 공업적 합성에 대한 설명으로 옳지 않은 것은?

① 반응물은 일산화탄소(CO)와 수소(H_2)이다.

② 이 반응은 발열반응이다

③ 디메틸에테르(CH_3OCH_3)가 부산물(byproduct)로 생성될 수 있다.

④ 상온 · 상압에서 H_3PO_4/SiO_2를 사용하여 합성한다.

정답 ④

해설 100주 공업화학 제34주 메탄으로부터의 유도체

합성가스를 이용한 메탄올 합성은 고온 · 고압에서 구리, 산화아연, 알루미늄의 금속 촉매를 사용한다.

07 헤미셀룰로오스(hemicellulose)의 구성성분 중 5탄당(pentose)으로만 묶인 것은?

① 만노오스(mannose), 글루코오스(glucose)

② 갈락토오스(galactose), 아라비노오스(arabinose)

③ 만노오스(mannose), 갈락토오스(galactose)

④ 자일로오스(xylose), 아라비노오스(arabinose)

정답 ④

해설 100주 공업화학 제43주 제지공업
헤미셀룰로오스의 구성
• 5탄당 : 아라비노오스, 자일로오스
• 6탄당 : 만노오스, 글루코오스, 갈락토오스

08 음이온과 양이온을 모두 함유한 양쪽성(zwitterion) 계면활성제가 주생성물로 얻어지는 반응은? (단, R는 소수성 알킬기이다.)

① $RN(CH_3)_2 + CH_3Cl \longrightarrow$

② $RN(CH_3)_2 + ClCH_2COONa \longrightarrow$

③ $RCOOH + HO(CH_2CH_2O)_nH \xrightarrow{H_2SO_4}$

④ $RO(CH_2CH_2O)_nSO_3H \xrightarrow{NaOH}$

정답 ②

해설 100주 공업화학 제46주 계면활성제
① $RN(CH_3)_2 + CH_3Cl \longrightarrow RN^+(CH_3)_3$ (양이온 계면활성제)
② $RN(CH_3)_2 + ClCH_2COONa \longrightarrow RN^+(CH_3)_3COO^-$ (양쪽성 계면활성제)
③ $RCOOH + HO(CH_2CH_2O)_nH \xrightarrow{H_2SO_4} RCOO(CH_2CH_2O)_nH$ (중성 계면활성제)
④ $RO(CH_2H_2O)_nSO_3H \xrightarrow{NaOH} RO(CH_2H_2O)_nSO_3^-$ (음이온 계면활성제)

09 격자 에너지(lattice energy)는 고체 이온결합화합물 1몰을 기체 이온으로 완전히 분리시키는 데 필요한 에너지이다. 다음 중 격자 에너지가 가장 큰 것은?

① MgO ② MgS
③ NaF ④ NaCl

정답 ①

해설 100주 공업화학 제2주 유기물화합물의 분류와 기초원리
격자 에너지의 크기 비교
• 양이온과 음이온 간의 전하량 차이가 클수록 크다.
• 전하량 차이가 동일할 경우 이온 간 결합길이가 짧을수록 크다.
• $Mg^{2+}\cdots O^{2-} > Mg^{2+}\cdots S^{2-} > Na^+\cdots F^- > Na^+\cdots Cl^-$

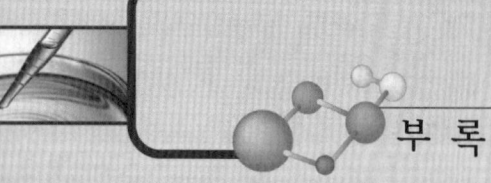
10 응집침전법에 사용하는 응집보조제가 아닌 것은?

① Ca(OH)$_2$ ② Na$_2$CO$_3$

③ NaOH   ④ FeCl$_3$

정답 ④

해설 100주 공업화학 제77주 수처리공정

응집침전법의 응집보조제로는 염기를 이용하며, pH를 높여 수산화물로 침전작용을 한다.

① Ca(OH)$_2$: 염기
② Na$_2$CO$_3$: 염기
③ NaOH : 염기
④ FeCl$_3$: 산(응집보조제 역할을 못함)

11 비스페놀 A를 원료로 사용하지 않는 고분자는?

① 폴리카보네이트(polycarbonate)   ② 폴리아릴레이트(polyarylate)

③ ABS 수지(ABS resin)   ④ 애폭시 수지(epoxy resin)

정답 ③

해설 100주 공업화학 제39주 합성 수지

① n비스페놀 A + n포스겐 → 폴리카보네이트 + $(2n-1)$H$_2$O
② n비스페놀 A + n테레프탈산 → 폴리아릴레이트 + $(2n-1)$H$_2$O
③ n아크릴로니트릴 + n부타디엔 + n스티렌 공중합체 → ABS 수지
④ n비스페놀 A + n에피클로로히드린 → 에폭시수지 + $(2n-1)$HCl

12 소금물의 전기분해 생성물이 아닌 것은?

① 염소(Cl$_2$)   ② 수소(H$_2$)

③ 수산화소듐(NaOH)   ④ 과산화수소(H$_2$O$_2$)

정답 ④

해설 100주 공업화학 제62주 가성소다 제조공업

식염수(NaCl 수용액)를 전기분해하면,

- 산화전극 : $2Cl^- \rightarrow Cl_2 + 2e^-$
- 환원전극 : $2H_2O + 2e^- \rightarrow H_2 + 2OH^-$

즉, 염소(Cl$_2$)기체, 수소(H$_2$)기체와 물을 증발시켜 수산화소듐(NaOH)을 얻을 수 있다.

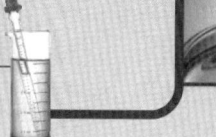

13 반도체 소자 제조공정에서 도판트(dopant)를 주입하는 공정은?

① 식각(etching)
② 확산(diffusion)
③ 세척(washing)
④ 산화(oxidation)

정답 ②

해설 100주 공업화학 제71주 반도체 제조공정
도판트(P형 또는 N형 반도체를 만들기 위한 3족, 5족 원소)는 Si 단결정 내에 확산공정으로 주입된다.

14 탄화수소 C_4H_8의 구조 및 기하 이성질체의 총 개수는?

① 4개
② 5개
③ 6개
④ 7개

정답 ③

해설 100주 공업화학 제3주 이성질체

• 구조 이성질체(4개) :

• 기하 이성질체(2개) :

15 올레핀 중합공정에 대한 설명으로 옳지 않은 것은?

① 지글러－나타 촉매(Ziegler－Natta catalyst)를 이용하여 에틸렌으로부터 폴리에틸렌을 만들 수 있다.
② 메탈로센 촉매(Metallocene catalyst)는 폴리프로필렌의 합성에 사용할 수 없다.
③ 크롬계 촉매를 이용하여 고밀도 폴리에틸렌을 만들 수 있다.
④ 고온·고압 조건에서 에틸렌을 중합하면 저밀도 폴리에틸렌을 만들 수 있다.

정답 ②

해설 100주 공업화학 제38주 고분자의 중합반응
지글러－나타 촉매, 메탈로센 촉매를 이용하여 프로필렌으로부터 폴리프로필렌을 합성할 수 있다.

16 전이금속화합물 $[Co(en)_2Cl_2]Cl$에서 중심 금속인 코발트(Co)의 배위수와 산화수를 옳게 짝지은 것은? (단, en = 1,2-ethylenediamine)

	Co 배위수	Co 산화수
①	4	+2
②	4	+3
③	6	+2
④	6	+3

정답 ④

해설 100주 공업화학 제80주 해수 및 토양오염

$$[Co(en)_2Cl_2]Cl \rightarrow Co(en)_2Cl_2^+ + Cl^-$$

• 전하량을 계산하면,

$$Co^{(+n)} + 2en^{(0)} + 2Cl^- = +1$$
$$(+n) + (-2) = +1$$
$$+n = +3$$

따라서, Co 산화수는 +3이다.

• en은 1,2-ethylenediamine으로 2자리 리간드, Cl^-은 1자리 리간드이다.
Co 주위에 en이 2, Cl^-가 2있으므로 총 6자리 결합, 즉 Co 배위수는 6이다.

참고 가장 높은 온도에서 작동하는 것은 고체산화물형 연료전지이다.

17 C_4 올레핀을 주원료로 하는 석유화학제품은?

① 뷰테인-1,4-다이올(butane-1,4-diol)
② 아이소프로필알코올(isopropyl alcohol)
③ 폴리아크릴로나이트릴(polyacrylonitrile)
④ 펜타에리트리톨(pentaerythritol)

정답 ①

해설 100주 공업화학 제30주 C_4 및 C_5 유분으로부터 유도체

① 뷰테인-1,4-다이올 : C_4 유분으로부터 유도체(부타디엔으로부터 합성)
② 아이소프로필알코올 : 프로필렌으로부터 유도체
③ 폴리아크릴로나이트릴 : 프로필렌으로부터 유도체
④ 펜타에리트리톨 : C_5 유분으로부터 유도체

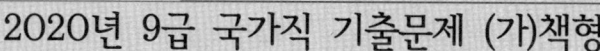
18 탄소(C)가 친핵성인 화합물은?

① CH_3MgCl

② CH_3NH_2

③ $O=CH_2$

④ CH_3Cl

정답 ①

해설 100주 공업화학 제20주 주요 인명반응

① CH_3MgCl : 친핵체 및 염기, 그리냐르(Grignard) 시약

② CH_3NH_2 : 친전자체

③ $O=CH_2$: 친전자체

④ CH_3Cl : 친전자체

19 DNA로부터 단백질이 형성되는 과정에 대한 설명으로 옳은 것을 모두 고르면?

> ㄱ DNA로부터 전령 RNA(mRNA)가 형성되는 과정을 번역(translation)이라 한다.
>
> ㄴ 생성된 mRNA의 염기서열이 C-G-G라면, 해당 주형 DNA의 염기서열은 G-C-C 이다.(G : 구아닌, C : 사이토신)
>
> ㄷ 코돈에 의해 아미노산의 종류가 정해진다.
>
> ㄹ 세포의 핵 내부에서 mRNA와 리보솜(ribosome)에 의해 단백질이 합성된다.

① ㄱ, ㄷ

② ㄱ, ㄹ

③ ㄴ, ㄷ

④ ㄴ, ㄹ

정답 ③

해설 100주 공업화학 제53주 아미노산과 단백질, 제54주 바이오 테크놀로지

ㄱ DNA에서 mRNA로 진행되는 과정을 전사(transcription)이라고 한다.

ㄴ 주형 DNA의 염기서열이 G-C-C라면, RNA 중합효소에 의해 상보적으로 C-G-G 염 기서열의 mRNA를 합성한다.

ㄷ 아미노산은 mRNA의 염기가 3개씩 묶여 지정되는데, 이를 코돈이라 한다.

ㄹ 세포의 핵공을 통해 핵 밖에서 mRNA가 빠져나와 리보솜과 결합하고, 코돈을 통해 아미 노산이 중합하여 단백질을 합성한다.

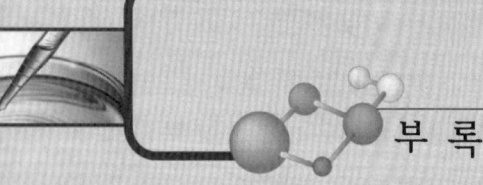
20 $[\mathrm{Ni(en)_3}]^{2+}$의 생성 평형상수(K_1)가 $[\mathrm{Ni(NH_3)_6}]^{2+}$의 생성 평형상수($K_2$)보다 10^{10}배만큼 더 크다. 이 차이를 설명할 수 있는 가장 적절한 효과는? (단, en＝1,2-ethylenediamine)

$$\mathrm{Ni}^{2+}(aq) + 3\mathrm{en}(aq) \rightleftharpoons [\mathrm{Ni(en)_3}]^{2+}(aq)$$

$$K_1 = \frac{[[\mathrm{Ni(en)_3}]^{2+}]}{[\mathrm{Ni}^{2+}][\mathrm{en}]^3}$$

$$\mathrm{Ni}^{2+}(aq) + 6\mathrm{NH_3}(aq) \rightleftharpoons [\mathrm{Ni(NH_3)_6}]^{2+}(aq)$$

$$K_2 = \frac{[[\mathrm{Ni(NH_3)_6}]^{2+}]}{[\mathrm{Ni}^{2+}][\mathrm{NH_3}]^6}$$

① 결정장 효과(crystal field effect) 　② 킬레이트 효과(chelate effect)
③ 얀텔러 효과(Jahn-Teller effect) 　④ 틴들 효과(Tyndall effect)

정답 '' ②

해설 '' 100주 공업화학 제80주 해수 및 토양오염

- $\mathrm{Ni}^{2+}(aq) + 3\mathrm{en}(aq) \rightleftharpoons [\mathrm{Ni(en)_3}]^{2+}(aq)$, $K_1 = \dfrac{[(\mathrm{Ni(en)_3}]^{2+}}{[\mathrm{Ni}^{2+}][\mathrm{en}]^3}$

  반응물의 총수＝1+3=4, 생성물의 총수＝1
  즉, 4개 → 1개로 감소하는 반응이다.

- $\mathrm{Ni}^{2+}(aq) + 6\mathrm{NH_3}(aq) \rightleftharpoons [\mathrm{Ni(NH_3)_6}]^{2+}(aq)$, $K_2 = \dfrac{[(\mathrm{Ni(NH_3)_6}]^{2+}}{[\mathrm{Ni}^{2+}][\mathrm{NH_3}]^6}$

  반응물의 총수＝1+6=7, 생성물의 총수＝1
  즉, 7개 → 1개로 감소하는 반응이다.

입자수가 상대적으로 많이 증가하는 반응 또는 입자수가 상대적으로 적게 감소하는 반응은 엔트로피를 상대적으로 많이 증가시키거나 상대적으로 적게 감소시켜 엔트로피적으로 유리한 반응이다. en과 같은 킬레이트가 존재할 경우 이러한 엔트로피 효과가 나타나는데, 이를 킬레이트 효과라 한다.
위 반응에서는 상대적으로 적게 감소(4개 → 1개)하는 첫 번째 반응이 두 번째 반응에 비해 유리하게 진행된다. 즉, 평형상수가 크게 나타난다.

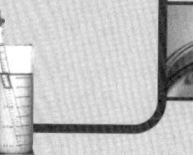

2020년 9급 지방직 기출문제 (B)책형

01 토양에 뿌려졌을 때 염기성을 나타내는 비료는?

① 황안

② 요소

③ 염화칼륨

④ 석회질소

정답 ④

해설 100주 공업화학 제64주 비료 제조공업
- 산성 : 과인산석회, 중과인산석회
- 중성 : 황안, 요소, 염안, 염화칼륨
- 염기성 : 석회질소, 용성인비, 석회, 질산석회, 초목재

02 생선의 유지를 경화유로 만드는 화학반응은?

① 에스터화반응

② 환원반응

③ 산화반응

④ 가수분해반응

정답 ②

해설 100주 공업화학 제45주 유지
- 생선의 유지 : 불포화 지방
- 경화유 : 포화 지방
즉, 불포화 지방에 수소첨가반응을 하면 포화 지방으로 바뀐다. 반응 종류로는 환원반응이다.

03 유지의 트라이글리세라이드를 구성하는 지방산 중 불포화 지방산인 것은?

① 라우르산(lauric acid)

② 팔미트산(palmitic acid)

③ 리놀레산(linoleic acid)

④ 스테아르산(stearic acid)

정답 ③

해설 100주 공업화학 제45주 유지
- 포화 지방산 : 라우르산($C_{12}H_{24}O_2$), 팔미트산($C_{16}H_{32}O_2$), 스테아르산($C_{18}H_{36}O_2$)
- 불포화 지방산 : 리놀레산($C_{18}H_{32}O_2$)

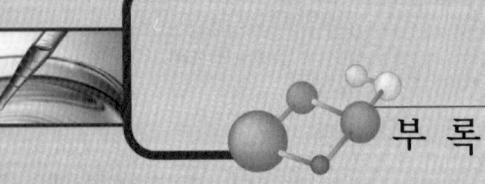

부 록

04 다음 화학반응식에 해당하는 반응은?

$$CH_3COOCH_3 + H_2O \xrightarrow{\text{산 촉매}} CH_3COOH + CH_3OH$$

① 첨가반응(addition reaction) ② 제거반응(elimination reaction)
③ 치환반응(substitution reaction) ④ 자리옮김반응(rearrangement reaction)

정답 ③
해설 100주 공업화학 제5주 극성 반응
$CH_3COOCH_3 + H_2O \rightarrow CH_3COOH + CH_3OH$
위 반응물의 CH_3COOCH_3의 OCH_3가 OH로 치환되었다.
따라서, 반응 종류는 치환반응이다.

05 가장 안정한 탄소양이온(carbocation)은?

① $(CH_3)_3C^+$ ② $(CH_3)_2CH^+$
③ $CH_3CH_2^+$ ④ CH_3^+

정답 ①
해설 100주 공업화학 제5주 극성 반응
탄소양이온은 C 주위에 알킬기(R)가 많이 치환될수록 안정해진다.
즉, $(CH_3)_3C^+$(3차) > $(CH_3)_2CH^+$(2차) > $CH_3CH_2^+$(1차) > CH_3^+(메틸)

06 석유의 전화(conversion)에 대한 설명으로 옳지 않은 것은?

① 코킹(coking)을 통해 황, 질소, 산소를 각각 황화수소, 암모니아, 물로 전환한다.
② 알킬화(alkylation)를 통해 올레핀과 파라핀으로부터 고옥탄가의 가솔린을 만든다.
③ 고비점의 원료유를 촉매하에 분해하여 고옥탄가의 가솔린을 제조하는 것을 접촉분해(catalytic cracking)라 한다.
④ 촉매를 사용하여 직선 사슬 화합물과 지방족 고리 화합물을 탈수소하여 측쇄 파라핀과 방향족 화합물을 만드는 것을 접촉개질(catalytic reforming)이라 한다.

정답 ①
해설 100주 공업화학 제23주 석유의 전화
코킹법 : 찌꺼기유를 분해하여 분해경유, 분해가솔린, 석유코크스를 얻는 데 주로 사용되며, 경질유와 함께 고품질의 코크스를 만드는 것을 목적으로 한다.

07 방향족 작용기를 가진 아미노산으로 옳은 것을 모두 고르면?

> ㉠ 시스테인(cysteine)
> ㉡ 페닐알라닌(phenylalanine)
> ㉢ 라이신(lysine)

① ㉠

② ㉡

③ ㉢

④ ㉠, ㉡, ㉢

정답 ②

해설 100주 공업화학 제53주 아미노산과 단백질

㉡ 페닐알라닌에 방향족 작용기인 벤젠고리(페닐기)가 있다.

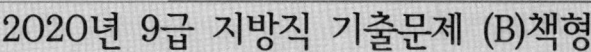

시스테인   페닐알라닌   라이신

08 다음 중 열경화성 고분자는?

① 폴리카보네이트(polycarbonate)

② 폴리프로필렌(polypropylene)

③ 나일론 6,6(nylon 6,6)

④ 페놀 수지(phenol resin)

정답 ④

해설 100주 공업화학 제39주 합성 수지

- 열가소성 수지 : 폴리카보네이트, 폴리프로필렌, 나일론 6,6, PET
- 열경화성 수지 : 페놀 수지, 요소 수지, 에폭시 수지

09 메조 화합물(meso compound)을 가질 수 있는 분자는?

① 2-Chlorobutane

② 2,3-Dichlorobutane

③ 2-Bromo-3-chlorobutane

④ 2-Bromo-1-phenylheptane

정답 **②**

해설 100주 공업화학 제3주 이성질체

메조 화합물 : 키랄탄소(비대칭탄소)가 있지만 분자 내 대칭면이 존재하며 키랄성이 없는 물질로, 다음 구조와 같이 대칭면을 기준으로 위 아래 대칭인 분자 2,3-Dichlorobutane이 있다.

$$
\begin{array}{c}
CH_3 \\
H \!-\!\!\!\!\begin{array}{|c|}\hline\\\hline\end{array}\!\!\!\!- Cl \\
\text{-------------- 대칭면} \\
H \!-\!\!\!\!\begin{array}{|c|}\hline\\\hline\end{array}\!\!\!\!- Cl \\
CH_3
\end{array}
$$

10 벤젠으로부터 얻어지는 화합물과 이를 제조하기 위해 필요한 반응을 짝지은 것으로 옳지 않은 것은?

	화합물	반응
①	페놀(phenol)	알킬화
②	스타이렌(styrene)	알킬화
③	무수말레인산(maleic anhydride)	수소화
④	아닐린(aniline)	니트로화

정답 **③**

해설 100주 공업화학 제19주 방향족화합물의 반응

무수말레인산(maleic anhydride) : 벤젠의 산화반응

$$
\bigcirc \xrightarrow[\text{400 440℃}]{O_2,\ V_2O_5}
\begin{array}{c}
HC-C{=}O \\
\quad\ \ O \\
HC-C{=}O
\end{array}
$$

11 메테인(CH₄)을 라디칼 할로겐화반응(radical halogenation)시킬 때 전파 단계(propagation step)에 해당하는 것은?

① $Cl_2 \rightarrow 2Cl \cdot$

② $CH_3 \cdot + Cl \cdot \rightarrow CH_3Cl$

③ $CH_4 + Cl \cdot \rightarrow CH_3 \cdot + HCl$

④ $CH_4 + Cl_2 \rightarrow CH_3Cl + HCl$

정답 ⁑ ③

해설 ⁑ 100주 공업화학 제6주 라디칼반응

메테인의 라디칼 할로겐화반응 단계

• 개시 단계 $Cl_2 \rightarrow 2Cl \cdot$

• 전파 단계 $CH_4 + Cl \cdot \rightarrow CH_3 \cdot + HCl$

• 종결 단계 $CH_3 \cdot + Cl \cdot \rightarrow CH_3Cl$

(전체 반응식 : $CH_4 + Cl_2 \rightarrow CH_3Cl + HCl$)

12 다음 반복단위를 갖는 고분자의 합성에 사용되는 단량체는?

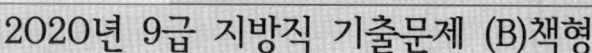

① $H_2N(CH_2)_6NH_2$와 $Cl(CH_2)_8Cl$

② (구조식) 와 $HO(CH_2)_6OH$

③ $HO(CH_2)_6OH$와 $ClC(CH_2)_6CCl$ (디아실클로라이드)

④ $H_2N(CH_2)_6NH_2$와 $ClC(CH_2)_6CCl$ (디아실클로라이드)

정답 ⁑ ④

해설 ⁑ 100주 공업화학 제40주 천연섬유와 합성섬유

$$n\ Cl-\overset{O}{\underset{\|}{C}}(CH_2)_6\overset{O}{\underset{\|}{C}}-Cl + n\ H-\overset{H}{\underset{\|}{N}}(CH_2)_6\overset{H}{\underset{\|}{N}}-H \longrightarrow \left[\overset{O}{\underset{\|}{C}}(CH_2)_6\overset{O}{\underset{\|}{C}}-NH(CH_2)_6NH\right]_n + (n-1)HCl$$

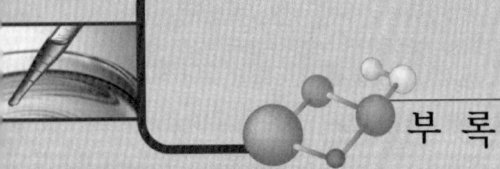
13 용질 입자의 종류와는 무관하며, 용액 내 용질 입자의 수에 의해서만 결정되는 용액의 성질을 모두 고르면?

> ㉠ 삼투압
> ㉡ 끓는점 오름
> ㉢ 증기압 내림
> ㉣ 점도

① ㉠, ㉣
② ㉠, ㉡, ㉢
③ ㉠, ㉢, ㉣
④ ㉡, ㉢, ㉣

정답 ② ②

해설 100주 공업화학 제81주 해수 담수화
용액의 총괄성 : 용질 입자의 종류와는 무관하며, 용액 내 용질 입자의 수에 의해서만 결정되는 성질로, 라울의 법칙, 증기압 내림, 끓는점 오름, 어는점 내림, 삼투압이 있다.

14 촉매에 대한 설명으로 옳지 않은 것은?

① 촉매는 반응 엔탈피를 변화시켜 반응을 빠르게 한다.
② 불균일계 촉매를 사용할 경우 반응 후 촉매와 생성물의 분리가 균일계 촉매에 비해 쉽다.
③ 이상적인 촉매의 경우 촉매반응이 진행되는 동안 촉매의 질량은 바뀌지 않는다.
④ 평형상수가 일정한 가역반응에서 촉매에 의해 정반응속도가 증가하면 역반응속도도 증가한다.

정답 ① ①

해설 100주 공업화학 제85주 촉매의 개요
촉매는 활성화에너지를 변화시켜 반응속도를 변화시키지만, 반응물과 생성물의 엔탈피나 평형상수는 변화시키지 않는다.

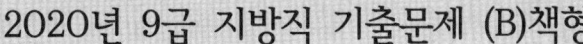

15 이산화황으로부터 황산을 제조하는 연실식과 접촉식에 대한 설명으로 옳지 않은 것은?

① 연실식은 산화질소를 산화제로 사용한다.

② 연실식은 접촉식에 비해 제품의 농도가 낮고 불순물이 많다.

③ 접촉식에서는 생성된 삼산화황을 흡수탑에서 물에 흡수시켜 황산을 제조한다.

④ 삼산화황 제조를 위해 접촉식에서는 410~440℃에서 바나듐 촉매를 사용한다.

정답 ③

해설 100주 공업화학 제56주 황산 공업

접촉식에서 생성된 삼산화황을 흡수탑에서 진한 황산(98% 황산)에 흡수시켜 발연 황산이나 100% 황산을 만든다.

16 KOH를 전해질로 사용하는 수소 연료전지에 대한 설명으로 옳지 않은 것은?

① 알짜반응의 반응 엔탈피는 0보다 작다.

② 산소기체가 주입되는 환원전극에서 H_2O가 발생한다.

③ 관련된 알짜반응식은 $2H_2 + O_2 \rightarrow 2H_2O$이다.

④ 전해질의 OH^-이온은 산화전극 쪽으로 이동한다.

정답 ②

해설 100주 공업화학 제69주 연료전지

산소기체가 주입되면 물과 반응하여 OH^-이온이 만들어진다.

$O_2 + H_2O \rightarrow 2OH^-$

17 라임 - 소다(lime - soda) 공정의 단물화(softening)에 대한 설명으로 옳은 것끼리 짝지어진 것은?

> ㉠ $Ca(OH)_2$와 Na_2CO_3가 사용된다.
> ㉡ Mg^{2+}이온은 $Mg(OH)_2$로 침전된다.
> ㉢ 침전 유도 후 처리수의 pH는 중성이다.

① ㉠, ㉡   ② ㉠, ㉢

③ ㉡, ㉢   ④ ㉠, ㉡, ㉢

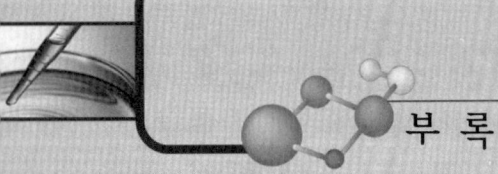
정답 ** ①

해설 ** 100주 공업화학 제76주 수질오염

라임−소다 공정은 $Ca(OH)_2$, Na_2CO_3 등의 염기를 첨가하여 pH를 높여주고 Mg^{2+} 등의 수화물 형태 $Mg(OH)_2$로 침전시켜 제거하여 단물화시켜주는 공정이다.

이때, 침전 유도 후 처리수의 pH는 증가한다.

18 친핵성 치환반응(nucleophilic substitution reaction)에 대한 설명으로 옳은 것을 모두 고르면?

> ㉠ 용매의 극성이 증가할수록 S_N1 반응의 반응속도는 감소한다.
> ㉡ S_N2 반응은 반응 중간체(reaction intermediate)를 형성하는 두 단계로 이루어진다.
> ㉢ CH_3Br은 $(CH_3)_3CBr$에 비해 S_N2 반응이 일어나기 쉽다.

① ㉠

② ㉡

③ ㉢

④ ㉠, ㉡

정답 ** ③

해설 ** 100주 공업화학 제5주 극성 반응

1) S_N1 반응의 특징
- 극성 양성자성 용매에서 반응이 잘 진행된다(용매의 극성이 증가할수록 S_N1의 반응속도는 빨라진다).
- 반응 중간체를 형성하는 두 단계로 이루어진다.
- 기질이 복잡한 구조(3차 기질)일수록 반응이 잘 진행된다[$CH_3Br < (CH_3)_3Br$].

2) S_N2 반응의 특징
- 극성 비양성자성 용매에서 반응이 잘 진행된다.
- 단일단계 반응으로 구성되어 있다(반응 중간체가 없다).
- 기질이 단순한 구조(메틸, 1차 기질)일수록 반응이 잘 진행된다[$CH_3Br > (CH_3)_3Br$].

19 단량체[HO−(CH₂)₃−NCO]를 중합하여 고분자를 만든다. 전환율 0.98에 도달하였을 때, 생성물의 수평균분자량($\overline{M_n}$)[g mol⁻¹]과 다분산지수(polydispersity index, PDI)로 옳은 것은? (단, 수소, 탄소, 질소, 산소의 원자량은 각각 1, 12, 14, 16g mol⁻¹이다.)

$\overline{M_n}$ PDI

① 5,050   1.49

② 5,050   1.98

③ 9,999   1.49

④ 9,999   1.98

정답 ②

해설 100주 공업화학 제36주 고분자화학의 개요

- 수평균중합도 $\overline{X_n} = \dfrac{1}{1-X} = \dfrac{1}{1-0.98} = 50$ (X : 전환율)

- 중량평균중합도 $\overline{X_w} = \dfrac{1+X}{1-X}$

- 다분산지수 PDI $= \dfrac{\overline{M_w}}{\overline{M_n}} = \dfrac{\overline{X_w}}{\overline{X_n}} = 1+X = 1.98$ ($\overline{M_w}$: 중량평균분자량, $\overline{M_n}$: 수평균분자량)

- 수평균분자량 $\overline{M_n} = M_0 \times \overline{X_n} = 101 \times 50 = 5,050$ (M_0 : 단량체의 분자량)

20 유화(emulsification)에 대한 설명으로 옳지 않은 것은?

① 온도에 의해 유화의 안정성이 달라질 수 있다.

② 계면활성제는 계면장력을 높이기 때문에 유화제로 사용된다.

③ 유화제의 HLB(Hydrophile−Lipophile Balance)에 따라 물과 기름과의 상관관계가 달라지게 된다.

④ 한 액체가 작은 액적의 형태로 다른 액체에 분산되어 있는 상태를 말한다.

정답 ②

해설 100주 공업화학 제46주 계면활성제

② 계면활성제는 계면장력을 낮추기 때문에 유화제로 사용된다.

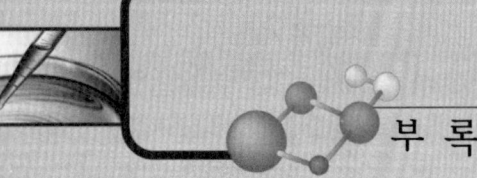

2021년 9급 국가직 기출문제 (나)책형

01 암모니아를 원료로 사용하여 제조되는 합성 질소비료는?

① 황안
② 용성인비
③ 황산칼륨
④ 과인산석회

정답 ①

해설 100주 공업화학 제63주 암모니아 제조공업
황산암모늄(황안, $[(NH_4)_2SO_4]$)은 질소비료로 사용되는데, 황산과 암모니아를 반응시켜 생성한다.

02 유지 1g을 완전히 비누화시키는 데 필요한 수산화칼륨(KOH)의 양(mg수)으로 표현되는 유지의 화학적 특성지표는?

① 산가(acid value)
② 용해도(solubility)
③ 요오드가(iodine value)
④ 비누화가(saponification value)

정답 ④

해설 100주 공업화학 제45주 유지
① 산가(Acid value, Av) : 시료 1g 속에 들어있는 유리지방산을 중화시키는 데 필요한 KOH의 mg수를 말한다.
② 용해도(solubility) : 용매 100g에 최대로 녹을 수 있는 용질의 양을 말한다.
③ 요오드가(Iodine value, Iv) : 시료 100g에 할로겐을 작용시켰을 때, 흡수되는 할로겐의 양을 요오드로 환산하여 시료에 대한 백분율로 표시한 것으로, 이를 통해 분자의 불포화도를 알 수 있다.

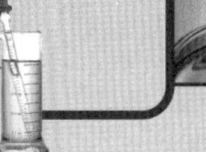

03 1차 아민(primary amine)은?

① CH₃CHCH₂NH₂
$\qquad$|
$\qquad$CH₃

② CH₃NHCH₂CH₃

③ (CH₃CH₂)₂NH

④ (CH₃CH₂)₃N

정답 ① ①

해설 100주 공업화학 제2주 유기화합물의 분류와 기초원리
N에 알킬기($-$R) 하나가 결합된 아민을 1차 아민, 2개 결합된 아민을 2차 아민, 3개 결합된 아민을 3차 아민이라 한다.

① CH₃CHCH₂NH₂ : 1차 아민
$\qquad$|
$\qquad$CH₃

② CH₃NHCH₂CH₃ : 2차 아민

③ (CH₃CH₂)₂NH : 2차 아민

④ (CH₃CH₂)₃N : 3차 아민

04 석유의 접촉분해공정에서 일어나는 반응이 아닌 것은?

① 고리화

② 베타(β) $-$ 절단

③ 이성질화

④ 라디칼 생성

정답 ④ ④

해설 100주 공업화학 제23주 석유의 전화
라디칼 생성은 열분해공정에서 발생한다.

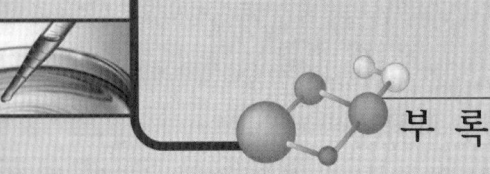
05 열가소성 수지에 대한 설명으로 옳은 것은?

① 열경화성 수지에 비해 더 많은 가교결합이 있다.

② 가열에 의해 경화반응이 일어난다.

③ 멜라민-폼알데하이드는 열가소성 수지이다.

④ 열가소성 수지는 주로 사출성형에 의해 제조된다.

정답 ④

해설 100주 공업화학 제36주 고분자화학의 개요
- 열경화성 수지 : 가교결합이 많아 가열 시 경화반응이 일어나며, 종류로는 페놀수지, 요소수지, 멜라민수지(멜라민-폼알데하이드수지) 등이 있다.
- 열가소성 수지 : 가열 시 플라스틱이 유연하게 되어 재가공이 가능한 수지로, 사출성형 등에 사용된다.

06 제올라이트의 일반적인 응용분야가 아닌 것은?

① 촉매   ② 윤활제

③ 건조제   ④ 이온교환

정답 ②

해설 100주 공업화학 제88주 제올라이트
제올라이트는 건조제, 이온교환, 흡착제, 촉매 등의 분야로 이용된다.

07 질소산화물 제거공정 중 선택적 비촉매환원법(SNCR)에서 사용하는 것으로만 묶인 것은?

① 제올라이트, 요소

② 제올라이트, 실리카겔

③ 암모니아, 요소

④ 암모니아, 실리카겔

정답 ③

해설 100주 공업화학 제75주 대기오염
선택적 비촉매환원법이란 NOx가 암모니아(NH_3) 또는 요소(NH_2CONH_2)와 직접 반응하여 N_2로 환원시키는 방법이다.

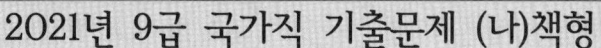

08 다음 화학기상증착법에 의한 박막성장의 단계를 진행 순서대로 바르게 나열한 것은?

> ㉠ 표면에서 반응물의 흡착
> ㉡ 표면에서 화학종의 이동
> ㉢ 표면으로 반응물의 이동
> ㉣ 경계층 밖으로 부생성물의 확산
> ㉤ 표면으로부터 부생성물의 탈착

① ㉠ → ㉡ → ㉢ → ㉣ → ㉤
② ㉡ → ㉠ → ㉣ → ㉢ → ㉤
③ ㉢ → ㉠ → ㉡ → ㉤ → ㉣
④ ㉢ → ㉡ → ㉠ → ㉤ → ㉣

정답 ③

해설 100주 공업화학 제71주 반도체 제조공정
  • 화학기상증착법은 기체, 액체, 고체의 반응물을 기체상태로 반응기에 공급하고 기판 표면
    에서 화학반응을 유도하여 고체 생성물인 박막을 형성하는 공정이다.
  • 반응물을 표면으로 이동 및 흡착하고, 반응물로부터 화학종의 표면 이동 후 생성된 부생성
    물을 표면 밖으로 탈착 및 경계층 밖으로 확산시켜 제거한다.

09 금속의 부식에 대한 설명으로 옳지 않은 것은?

① 금속의 부식과정에서 일어나는 전기화학적 반응의 깁스에너지 변화(ΔG)는 0보다
   작다.
② 불균일 부식에서는 단위표면적당 무게감량을 측정하여 부식속도를 나타낼 수 있다.
③ 부식이란 금속이 외부 환경과의 전기화학적 반응에 의하여 열화되는 과정이다.
④ 부식이 일어나는 물질은 산화전극 역할을 한다.

정답 ②

해설 100주 공업화학 제70주 금속의 표면처리와 부식
  균일 부식에서는 단위시간당·단위표면적당 무게감량을 측정하여 부식속도를 나타낼 수 있다.

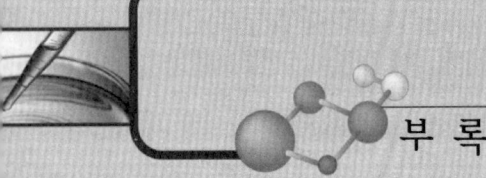
10 미생물의 회분식 생장곡선에서 나타나는 다음 단계를 시간 순서대로 나열했을 때, 세 번째 단계는?

> ㉠ 지수생장기(exponential growth phase)
> ㉡ 지연기(lag phase)
> ㉢ 감속기(deceleration growth phase)
> ㉣ 정지기(stationary phase)

① ㉠   ② ㉡

③ ㉢   ④ ㉣

정답 ** ③

해설 ** 100주 공업화학 제54주 바이오 테크놀로지
유도기(지연기) – 대수기(지수생장기) – 감속기 – 정지기 – 사멸기

11 생물공정에서 사용하는 막(membrane) 분리공정 중 농도 차이를 주요 구동력으로 하는 것은?

① 투석법(dialysis)

② 마이크로여과법(microfiltration)

③ 역삼투압법(reverse osmosis)

④ 초미세여과법(ultrafiltration)

정답 ** ①

해설 ** 100주 공업화학 제81주 해수 담수화
- 투석법이란 반투막 등의 분리막을 통과할 수 있는 작은 입자가 농도 차를 구동력으로 하여 고농도에서 저농도로 이동하는 것을 이용한 방법이다.
- 마이크로여과법과 초미세여과법은 분리막의 구멍 크기(pore size)에 따라 통과 가능한 입자 외에 나머지를 걸러내는 방법이다.
- 역삼투압법은 자연적인 삼투압과 반대 방향으로 압력을 가해 반투막을 통해 용매(주로 물)만 통과시키고, 용질(불순물, 이온)은 걸러내는 방법이다.

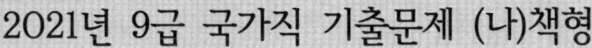

12 부가사슬중합으로 중합된 고분자는?

① 노볼락(novolak)

② 폴리에스터(polyester)

③ 나일론 6(nylon 6)

④ 폴리염화바이닐(polyvinyl chloride)

정답 ④

해설 100주 공업화학 제37주 고분자의 분류

부가사슬중합 고분자란 첨가중합(addition polymerization) 또는 연쇄중합(chain-growth polymerization)에 의해 생성되는 고분자로, 단량체(monomer)들이 단계적으로 첨가되면서 고분자가 성장하는 방식이다. 주로 이중결합이나 삼중결합을 가진 단량체가 첨가반응하는 과정에서 물, 알코올, 암모니아 등의 부산물이 생성되지 않는다. 종류로는 폴리에틸렌(에틸렌), 폴리염화바이닐(염화바이닐), 폴리프로필렌(프로필렌), 폴리바이닐아세테이트(바이닐아세테이트) 등이 있다.

13 프로필렌(propylene, $CH_3-CH=CH_2$)과 염산의 첨가반응이 탄소 양이온 형성을 통해 진행할 때, 생성되는 주생성물은?

① $CH_3-CHCl-CH_3$

② $CH_3-CH_2-CH_2Cl$

③ $CH_2Cl-CH=CH_2$

④ $CH_3-CH=CHCl$

정답 ①

해설 100주 공업화학 제5주 극성 반응

불포화결합이 있는 알켄에 HX를 첨가하는 반응은 Markovnikov 규칙을 따른다. Markovnikov 규칙이란, 알켄에 HX가 첨가될 때 수소원자는 이중결합의 탄소원자들 중 수소원자를 더 많이 가지는 탄소에 첨가된다는 규칙이다.

$CH_3-CH=CH_2 + HCl \rightarrow CH_3-CHCl-CH_3$

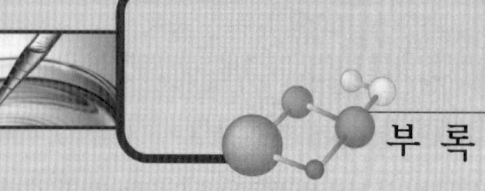

14 다음 화합물을 정상 끓는점이 낮은 것부터 순서대로 바르게 나열한 것은?

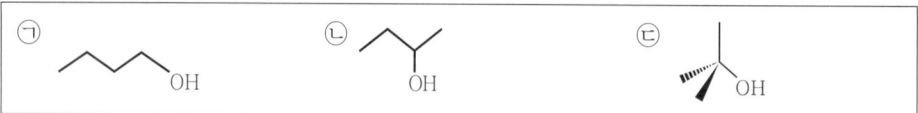

① ㉠ < ㉡ < ㉢
② ㉡ < ㉠ < ㉢
③ ㉡ < ㉢ < ㉠
④ ㉢ < ㉡ < ㉠

정답 ④

해설 100주 공업화학 제9주 아미노화반응, 제28주 에틸렌으로부터 유도체
정상 끓는점은 분자 간 힘이 클수록 커지는데 일반적으로 분자 간 힘의 크기는 '극성 분자 간의 수소결합 > 극성 분자 간의 인력(쌍극자−쌍극자 인력) > 분산력'으로 비교할 수 있다.
보기의 3가지 분자는 수소결합을 나타내는 OH를 1개씩 가지고 있으므로 수소결합의 크기는 유사하고, 분산력의 크기를 나타내는 분자량도 모두 동일하므로 분자의 형태에 따라 분자 간 힘의 크기가 결정된다. 일반적으로 선형 분자가 가지 달린 분자보다 인력이 크므로, 분자 간 인력의 순서는 ㉢ < ㉡ < ㉠으로 판단할 수 있다.

15 수소의 제법이 아닌 것은?

① 코크스와 물의 반응
② 산화철(Fe_2O_3)과 물의 반응
③ 메테인(CH_4)과 물의 반응
④ 물의 전기분해

정답 ②

해설 100주 공업화학 제34주 메탄으로부터 유도체, 제35주 에너지와 연료의 연소
① 코크스와 물의 반응 : $C + H_2O \rightarrow CO + H_2$
③ 메테인(메탄)과 물의 반응 : $CH_4 + H_2O \rightarrow CO + 3H_2$
④ 물의 전기분해 : $2H_2O \rightarrow 2H_2 + O_2$

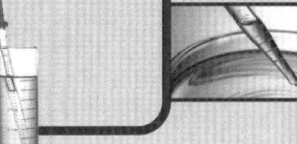

16 다음 반응에서 얻어지는 최종 생성물은?

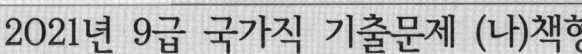

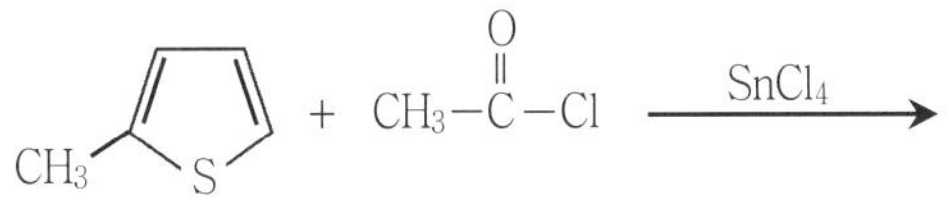
CH3
S
+ CH3-C-Cl
O
SnCl4

① 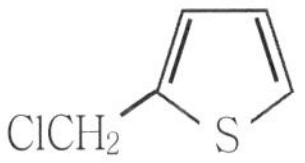
ClCH2
S

② 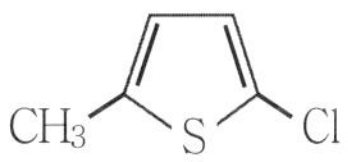
CH3
S
Cl

③ 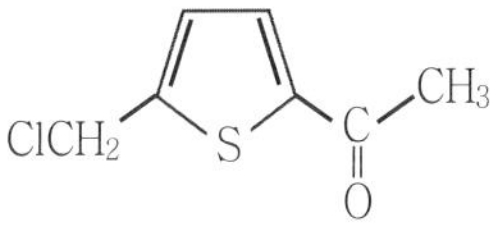
ClCH2
S
C
O
CH3

④ 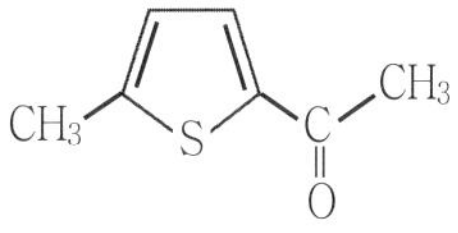
CH3
S
C
O
CH3

정답 ④

해설 100주 공업화학 제14주 아실화

문제의 반응은 친전자성 방향족 치환반응의 예로, 아래 벤젠의 아실화 반응과 유사한 반응이다.

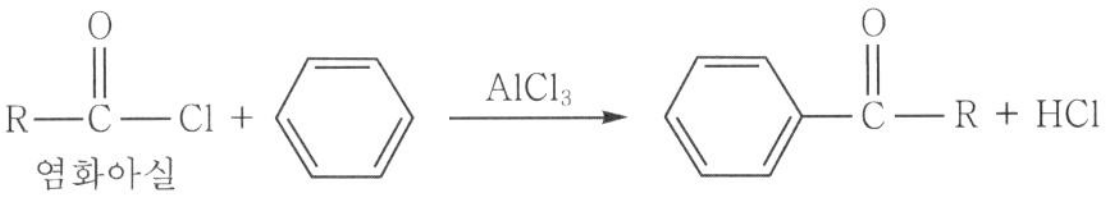
R—C—Cl +
O
AlCl3
C — R + HCl
O
염화아실

따라서, 실제 반응은 다음과 같다.

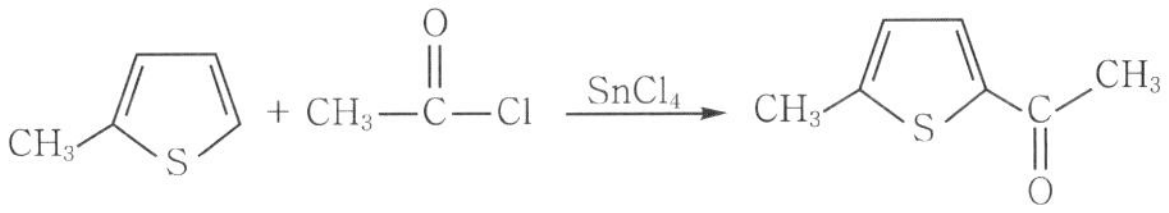
CH3
S
+ CH3—C—Cl
O
SnCl4
CH3
S
C
O
CH3

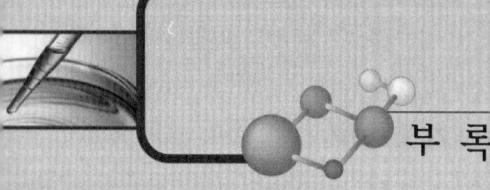

17 다음 반응에서 얻어지는 최종 생성물 ⓛ은?

$$\text{⬡} + H_2C{=}CH_2 \xrightarrow{\text{AlCl}_3-\text{HCl}} ㉠ \xrightarrow[600\sim660℃]{\text{Fe}_2\text{O}_3-\text{CrO}_3} ⓛ + H_2$$

① 에틸벤젠(ethyl benzene)
② 스타이렌(styrene)
③ 톨루엔(toluene)
④ 자일렌(xylene)

정답 ②

해설 100주 공업화학 제28주 에틸렌으로부터 유도체

$$CH_2{=}CH_2 + \text{⬡} \xrightarrow[\text{or Zeolite, 400℃, 20bar}]{\text{AlCl}_3,\ 450℃,\ 20bar} \text{⬡}-CH_2CH_3 \xrightarrow[\text{금속산화물 촉매}]{-H_2} \text{⬡}-CH{=}CH_2$$

에틸벤젠　스타이렌

18 지글러–나타(Ziegler–Natta) 촉매에 대한 설명으로 옳지 않은 것은?

① 유기금속 복합물로 전형적인 촉매는 $TiCl_4$와 $(CH_3CH_2)_3Al$을 반응시켜 만들 수 있다.
② 지글러–나타 촉매로 에틸렌을 중합하면 고밀도 폴리에틸렌(HDPE)을 얻을 수 있다.
③ 중간체로 라디칼이 생성되며 곁사슬 생성을 위한 분자 간 수소 이동이 일어나기 쉽다.
④ 불균일계 촉매뿐만 아니라 균일계 촉매로도 개발된다.

정답 ③

해설 100주 공업화학 제38주 고분자의 중합반응, 제87주 촉매의 산업적 이용
지글러–나타 촉매는 라디칼 생성이 아닌, 배위음이온 중합방식으로 진행한다.

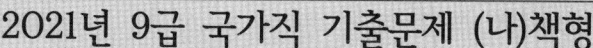

19 리그닌, 헤미셀룰로오스, 펙틴, 지방산, 로진 등 다른 물질들과 결합하고 있는 탄수화물로서 식물 세포벽을 만드는 주요 물질은?

① 셀룰로오스(cellulose)

② 수크로오스(sucrose)

③ 전분(starch)

④ 검(gum)

정답 ①

해설 100주 공업화학 제42주 생체고분자 개요와 탄수화물

셀룰로오스는 글루코오스가 베타결합을 갖는 다당류로 식물의 세포벽을 형성하며, 셀룰로오스와 함께 리그닌, 헤미셀룰로오스, 펙틴 등과 결합하고 있다.

20 활성점 상실을 일으켜 촉매를 비활성화하는 화학적 현상은?

① 파울링(fouling)

② 상변화

③ 소결(sintering)

④ 피독(poisoning)

정답 ④

해설 100주 공업화학 제85주 촉매의 개요

① 파울링 : 촉매 표면에 반응물, 생성물, 불순물 등이 활성점(active site)을 포함한 촉매 표면을 덮어 활성점을 반응물로부터 차단시키는 현상

② 상변화 : 열에 의해 상변화가 일어나 촉매 활성상태가 소멸되는 현상

③ 소결 : 높은 온도에서 촉매 입자가 서로 뭉쳐 표면적이 감소하고, 활성점의 수가 줄어드는 현상

④ 피독 : 특정 피독물질이 촉매의 활성점과 화학적으로 결합하여 촉매를 비활성화시키는 현상

※ 위 4가지 모두 활성점 상실에 영향을 주지만, 활성점과 직접적으로 반응하여 활성점 상실을 주는 것은 피독으로 볼 수 있다.

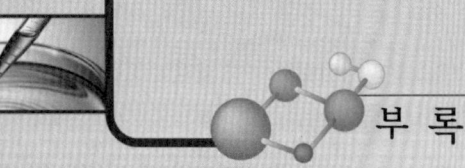

부 록

01 수용액에서 산의 세기가 가장 큰 것은?

① HBr　　　　　　　　　　　② CH_3OH

③ $(CH_3)_3CH$　　　　　　　　④ $(CH_3)_2NH$

정답 ①

해설 100주 공업화학 제4주 산·염기 반응

산의 세기 : $HBr > CH_3OH > (CH_3)_2NH > (CH_3)_3CH$

02 양쪽성 계면활성제는?

① 폴리알킬페놀

② 라우린산나트륨

③ 아미노산형 계면활성제

④ 폴리에틸렌글리콜형 계면활성제

정답 ③

해설 100주 공업화학 제46주 계면활성제

양쪽성 계면활성제는 분자 내에 양이온 활성기와 음이온 활성기를 둘 다 가지고 있는 활성제이다. 종류로는 아미노산형, 베타인형, 레시틴, 타우린형 계면활성제가 있다.

03 수용액에서 HPO_4^{2-} 이온의 짝염기는?

① H_3PO_4　　　　　　　　　　② $H_2PO_4^{-}$

③ H_3O^{+}　　　　　　　　　　④ PO_4^{3-}

정답 ④

해설 100주 공업화학 제4주 산·염기 반응

• 짝산 → 짝염기 + H^{+}

• HPO_4^{2-} → PO_4^{3-} + H^{+}

04 Friedel – Crafts 알킬화 촉매로 가장 적절하지 않은 것은?

① $AlCl_3$

② BF_3

③ KOH

④ $ZrCl_4$

정답 ③

해설 100주 공업화학 제13주 알킬화

Friedel – Crafts 알킬화 반응은 루이스산이 촉매로 사용되며, 종류로는 $AlCl_3$, BF_3, $ZrCl_4$, $ZnCl_2$ 등이 있다.

05 친전자성 방향족 치환반응(electrophilic aromatic substitution) 조건에서 메타 (meta) 치환된 화합물을 주생성물로 제공하는 반응물은?

① CH₃

② NO₂

③ OH

④ NH₂

정답 ②

해설 100주 공업화학 제18주 방향족탄화수소

벤젠의 치환기 종류에 따라 치환위치가 달라진다.

- ortho, para 지향기 : $-NH_2$, $-F$, $-Cl$, $-Br$, $-I$, $-OCH_3$, $-OR$, $-OH$, $-NHOCR$ 등
- meta 지향기 : $-NO_2$, $-CF_3$, $-C\equiv N$, $-SO_3H$, $-CO_2H$, $-CO_2R$, $-CHO$ 등

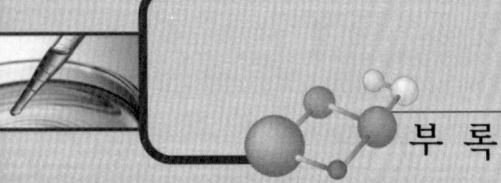
06 불포화도(degree of unsaturation)가 다른 것은?

① cyclohexene

② 1, 3-pentadiene

③ C_8H_{12}

④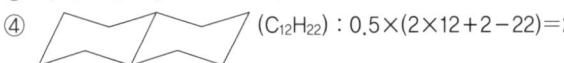

정답 ③

해설 100주 공업화학 제28주 에틸렌으로부터 유도체

불포화도=0.5×(2×탄소수+2−수소수)

① cyclohexene(C_6H_{10}) : 0.5×(2×6+2−10)=2

② 1, 3-pentadiene(C_5H_8) : 0.5×(2×5+2−8)=2

③ C_8H_{12} : 0.5×(2×8+2−12)=3

④ 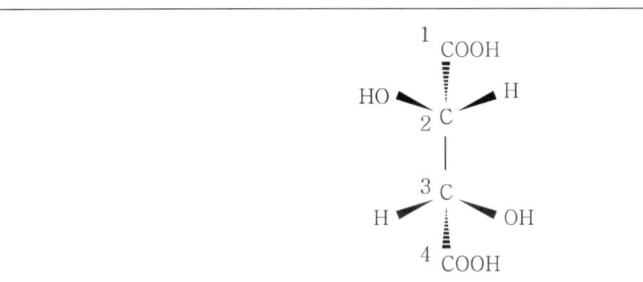 ($C_{12}H_{22}$) : 0.5×(2×12+2−22)=2

07 카이랄성 중심 2번 탄소(C_2)와 3번 탄소(C_3)의 R/S 배열을 바르게 연결한 것은?

```
        1
         COOH
HO       |      H
    2 ─ C ─
         |
    3 ─ C ─
H        |      OH
        4
         COOH
```

$\underline{C_2}$ $\underline{C_3}$

① R R

② R S

③ S R

④ S S

정답 ④

해설 2번·3번 탄소를 중심으로 4개 치환기의 우선순위(원자번호가 클수록 선순위)를 정해 4순위를 후면으로 보내고 1, 2, 3순위로 회전하여 시계방향이면 R, 반시계방향이면 S 배열이 된다.

2번 탄소 : S, 3번 탄소 : S

08 에틸벤젠(ethylbenzene)의 탈수소반응으로 생성되는 주생성물은?

① 자일렌(xylene)

② 스타이렌(styrene)

③ 폴리에스터(polyester)

④ 프탈산(phthalic acid)

정답 ②

해설 100주 공업화학 제28주 에틸렌으로부터 유도체

에틸벤젠 → (−H₂, 금속산화물 촉매) → 스타이렌

09 분자식이 다른 것은?

① 옥테인(n−octane)

② 3−이소프로필헥세인(3−isopropylhexane)

③ 3, 4−다이메틸헥세인(3, 4−dimethylhexane)

④ 3−메틸−3−에틸펜테인(3−methyl−3−ethylpentane)

정답 ②

해설 ① 옥테인 : , 분자식 : C_8H_{18}

② 3−이소프로필헥세인 : , 분자식 : C_9H_{20}

③ 3, 4−다이메틸헥세인 : , 분자식 : C_8H_{18}

④ 3−메틸−3−에틸펜테인 : , 분자식 : C_8H_{18}

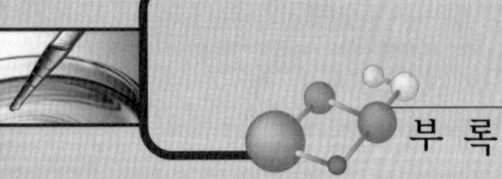

10 옥탄가에 대한 설명으로 옳은 것은?

① α-메틸나프탈렌을 0으로 한다.

② 2, 2, 4-트라이메틸헵테인(2, 2, 4-trimethylheptane)을 100으로 한다.

③ 나프텐계 탄화수소는 같은 탄소수의 파라핀계보다 옥탄가가 낮다.

④ 가지가 많은 탄화수소는 같은 탄소수의 곧은 사슬 탄화수소보다 옥탄가가 높다.

정답 ④

해설 100주 공업화학 제24주 옥탄가와 세탄가
- 옥탄가는 가솔린의 성능을 나타내는 척도로 n-헵테인을 0으로 하고, 아이소옥테인(2, 2, 4-트리메틸펜테인)을 100으로 정하여 비율로 나타낸다.
- 나프텐계 탄화수소가 파라핀계보다 옥탄가가 높으며 가지가 많은 탄화수소가 곧은 사슬 탄화수소보다 옥탄가가 높다.

11 단백질 기반 효소에 대한 일반적인 설명으로 옳지 않은 것은?

① 기질에 대해 특이성이 있다.

② 최적의 활성을 갖는 수용액의 온도와 pH가 존재한다.

③ 보통의 효소는 변성(denaturation)되더라도 활성이 쉽게 복구된다.

④ 생화학반응의 활성화 에너지를 낮춰서 반응의 속도를 증가시킨다.

정답 ③

해설 100주 공업화학 제42주 생체고분자 개요와 탄수화물
단백질로 구성된 효소는 단백질의 3차원 구조가 효소 활성에 중요한 영향을 준다. 열이나 용매 등에 의해 효소가 변성될 경우 단백질의 구조가 바뀌고 원래 구조로 복귀가 어렵게 되어 효소 활성이 쉽게 복구되기 어렵다.

12 다음 중 질소비료는?

① 요소(urea)

② 폴리할라이트(polyhalite)

③ 니트로인산염(nitrophosphate)

④ 중과린산석회(triple superphosphate)

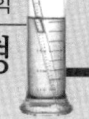

정답 ①

해설 100주 공업화학 제64주 비료 제조공업
- 질소비료 : 요소, 황산암모늄, 질산암모늄, 염화암모늄, 질산칼슘, 석회질소 등
- 인산비료 : 인산1칼슘, 과인산석회, 중과인산석회, 용성인비, 소성인비 등
- 칼륨비료 : 황산칼륨, 염화칼륨 등

13 사탕수수나 사탕무로부터 주로 추출되는 당은?

① 락토오스(lactose)

② 수크로오스(sucrose)

③ 글루코오스(glucose)

④ D-프룩토오스(D-fructose)

정답 ②

해설 100주 공업화학 제42주 생체고분자 개요와 탄수화물
수크로오스는 포도당과 과당으로 구성되어 있는 이당류로, 설탕이라고도 불린다. 벼과 식물인 사탕수수 또는 뿌리작물인 사탕무로부터 추출되며, 수수는 잘라서 분쇄한 후 물을 이용하여 그 액을 추출한다.

14 전이금속 화합물 $[Co(NH_3)_4Cl_2]^+$의 이성질체 수는?

① 1개 ② 2개

③ 3개 ④ 4개

정답 ②

해설 100주 공업화학 제3주 이성질체
아래 그림과 같이 trans와 cis의 두 가지 이성질체가 생긴다.

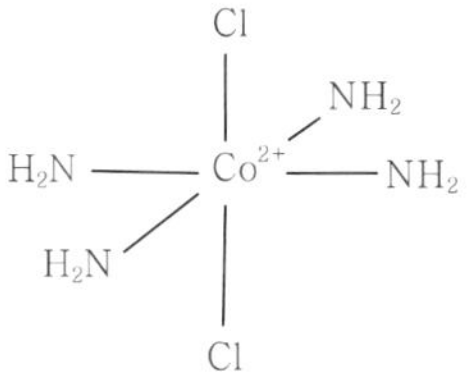

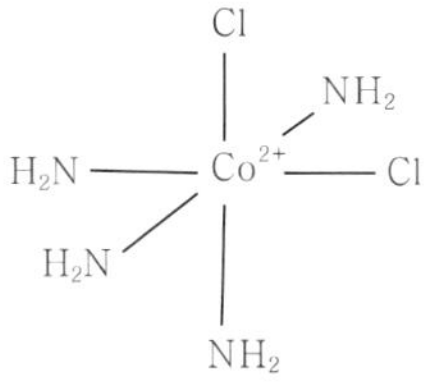

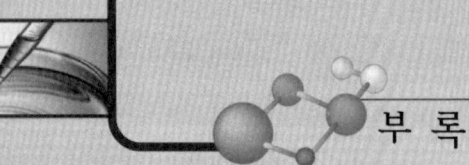
15 고분자의 분자량에 대한 설명으로 옳지 않은 것은? (단, n_x는 분자량이 M_x인 분자 개수, w_x는 분자량이 M_x인 분자의 무게, $\overline{M_n}$은 수평균 분자량, $\overline{M_w}$은 무게평균 분자량이다.)

① $\overline{M_n}$은 삼투압 측정법으로 결정할 수 있다.

② $\dfrac{\overline{M_w}}{\overline{M_n}}$이 증가할수록 분자량 분포는 넓어진다.

③ $\overline{M_n} = \dfrac{n_1 M_1 + n_2 M_2 + \cdots + n_x M_x + \cdots}{n_1 + n_2 + \cdots + n_x + \cdots}$

④ $\overline{M_w} = \dfrac{n_1 M_1 + n_2 M_2 + \cdots + n_x M_x + \cdots}{w_1 + w_2 + \cdots + w_x + \cdots}$

정답 ④

해설 100주 공업화학 제36주 고분자화학의 개요

무게평균 분자량 $\overline{M_w} = \dfrac{n_1 M_1^2 + n_2 M_2^2 + \cdots + n_x M_x^2 + \cdots}{w_1 + w_2 + \cdots + w_x + \cdots} = \dfrac{\sum\limits_i n_i M_i^2}{\sum\limits_i n_i M_i}$

16 저밀도 폴리에틸렌(LDPE)과 고밀도 폴리에틸렌(HDPE)에 대한 일반적인 설명으로 옳지 않은 것은?

① LDPE는 HDPE보다 가지가 많다.

② LDPE는 HDPE보다 투명성이 낮다.

③ LDPE는 HDPE보다 결정화도가 낮다.

④ LDPE는 HDPE보다 기계적 강도가 낮다.

정답 ②

해설 100주 공업화학 제39주 합성 수지

고밀도 폴리에틸렌(HDPE)은 저밀도 폴리에틸렌(LDPE)에 비해 주사슬에 가지가 거의 없고, 연화점이 높으며, 결정화도가 크고, 투명성이 작으며, 기계적 강도가 강하다.

17 다음 전지 반응의 산화 전극(anode)에서 일어나는 반응으로 옳은 것은?

$$Zn(s) + Cu^{2+}(aq) \rightarrow Zn^{2+}(aq) + Cu(s)$$

① $Cu^{2+}(aq) + 2e^- \rightarrow Cu(s)$ ② $Cu^+(aq) + e^- \rightarrow Cu(s)$

③ $Zn(s) \rightarrow Zn^{2+}(aq) + 2e^-$ ④ $Zn(s) \rightarrow Zn^+(aq) + e^-$

정답 ③

해설 100주 공업화학 제67주 전기화학공업
• 산화전극 : $Zn(s) \rightarrow Zn^{2+}(aq) + 2e^-$
• 환원전극 : $Cu^{2+}(aq) + 2e^- \rightarrow Cu(s)$

18 올레산(oleic acid)에 수소(H_2)를 첨가시켜 얻을 수 있는 지방산은?

① 리놀레산(linoleic acid)

② 스테아르산(stearic acid)

③ 팔미톨레산(palmitoleic acid)

④ 아라키돈산(arachidonic acid)

정답 ②

해설 100주 공업화학 제45주 유지
올레산($C_{17}H_{33}COOH$) + 수소(H_2) → 스테아르산($C_{17}H_{35}COOH$)

19 밑줄 친 원소의 산화수가 +4인 것은?

① $\underline{C}O_2$ ② $\underline{Al}Cl_3$

③ $Na\underline{Cl}$ ④ $\underline{Mg}SO_4$

정답 ①

해설 100주 공업화학 제15주 산화 · 환원
① CO_2 : $C + 2 \times O(-2) = 0$, $C = +4$
② $AlCl_3$: $Al + 3 \times Cl(-1) = 0$, $Al = +3$
③ $NaCl$: $Na + Cl(-1) = 0$, $Na = +1$
④ $MgSO_4$: $Mg + S(+6) + 4 \times O(-2) = 0$, $Mg = +2$

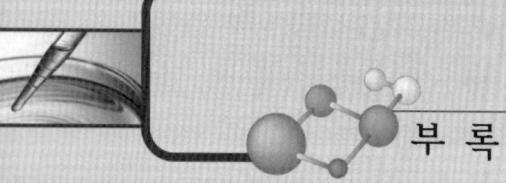
20 서로 다른 고분자 ㉠ ~ ㉢의 온도 변화에 따른 비부피(specific volume) 그래프에 대한 설명으로 옳지 않은 것은? (단, T_g는 유리전이온도, T_m은 용융온도이다.)

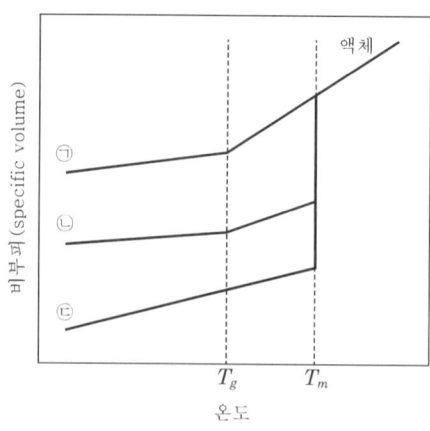

① T_g와 T_m은 고분자의 가공 공정에 영향을 준다.

② ㉠은 비정질(amorphous) 고분자에 해당한다.

③ ㉡은 ㉠보다 결정성(crystallinity)이 높다.

④ ㉢의 투명성(transparency)이 가장 높다.

정답 ④

해설 100주 공업화학 제36주 고분자화학의 개요

고분자의 비정질 부분은 T_g(유리전이온도)에 영향을 주고, 결정성 부분은 T_m(녹는점)에 영향을 주는데, 결정성 부분이 많을수록 투명도가 떨어진다.

㉠ 고분자 : T_m이 명확히 나타나지 않으므로, 결정성이 거의 없는 비정질 고분자

㉡ 고분자 : T_m과 T_g가 둘 다 나타나므로, 비정질 부분과 결정성 부분이 혼합되어 있는 고분자

㉢ 고분자 : T_g가 명확히 나타나지 않는 대부분이 결정성인 고분자

따라서, ㉢의 투명도가 가장 낮다고 할 수 있다.

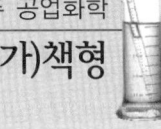

2022년 9급 국가직 기출문제 (가)책형

01 용액 중의 금속이온을 환원제로 환원시켜 물체 표면에 도금하는 방법은?

① 전착(electrodeposition)

② 전기도금(electroplating)

③ 무전해도금(electroless plating)

④ 전기이동코팅(electrophoretic coating)

정답 ③

해설 100주 공업화학 제70주 금속의 표면처리와 부식

금속이온을 전기를 쓰지 않고 환원제로 환원시켜 물체 표면에 도금하는 방법은 무전해도금으로, 전원설비가 불필요하며 부도체에서도 도금이 가능하다는 장점이 있다.

02 계면활성제의 용도로 적절하지 않은 것은?

① 가교제

② 분산제

③ 습윤제

④ 유화제

정답 ①

해설 100주 공업화학 제46주 계면활성제

계면활성제는 습윤제, 침투제, 기포제, 소포제, 가용화제, 분산제, 유화제, 세정제 등으로 사용된다.

03 알루미나(Al_2O_3)의 제조에 이용되는 공정은?

① Bayer 공정

② Reppe 공정

③ Solvay 공정

④ Wacker 공정

정답 ①

해설 100주 공업화학 제84주 금속 제품

보크사이트(bauxite)로부터 알루미나(Al_2O_3)의 제조 : Bayer Process

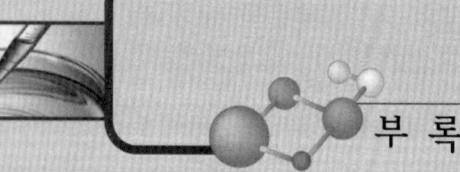

04 4-에틸-3-메틸헵테인(4-ethyl-3-methylheptane) 분자 1개당 수소 원자의 개수는?

① 20

② 22

③ 24

④ 26

정답 ② ②

해설 ② 100주 공업화학 제1주 유기화합물의 개요

4-에틸-3-메틸헵테인($C_{10}H_{22}$)의 구조식은 다음과 같다.

$$
\begin{array}{c}
\text{CH}_3 \\
\text{H}_2\text{C} \\
\text{CH}_2 \quad \text{CH} \quad \text{CH}_2 \\
\text{H}_3\text{C} \quad \text{CH} \quad \text{CH}_2 \\
\text{CH}_3 \quad \text{CH}_3
\end{array}
$$

05 고분자의 분자량을 측정하는 방법으로 옳지 않은 것은?

① 광산란법

② 점도측정법

③ 적외선분광법

④ 겔 투과 크로마토그래피

정답 ③ ③

해설 ③ 100주 공업화학 제100주 분석과 화학공업

적외선분광법은 고분자가 아닌 일반 분자의 작용기를 분석하는 기기분석방법으로, 분자 내 진동운동을 기반으로 한다.

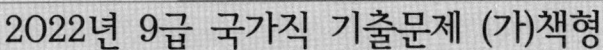
06 석유 유분에 함유된 메르캅탄(mercaptan)을 산화시켜 제거하는 정제법은?

① 알킬화
② 스위트닝
③ 수소화 분해
④ 수소화 정제

정답 ②

해설 100주 공업화학 제25주 석유정제
스위트닝이란 등유, 직류 가솔린 등의 유분 중에 함유된 나쁜 냄새와 부식성을 가지며, 대기 오염원이 되는 황화수소, 티올(메르캅탄)류, 황 등을 산화하여 이황화물로 변화시켜 없애는 정제법이다.

07 (S)-2-Butanol의 입체구조로 옳은 것은?

①
$$H \cdots \overset{\displaystyle CH_3}{\underset{\displaystyle OH}{\overset{|}{C}}} {-} CH_2CH_3$$

②
$$CH_3 \cdots \overset{\displaystyle CH_3}{\underset{\displaystyle CH_3}{\overset{|}{C}}} {-} OH$$

③
$$H \cdots \overset{\displaystyle CH_3}{\underset{\displaystyle CH_3}{\overset{|}{C}}} {-} CH_2OH$$

④
$$CH_3CH_2 \cdots \overset{\displaystyle OH}{\underset{\displaystyle H}{\overset{|}{C}}} {-} CH_3$$

정답 ①

해설 100주 공업화학 제3주 이성질체
$(S)-2-$Butanol은 4개의 탄소사슬에서 2번째 탄소에 OH가 결합되어 있으며, 2번째 C 주위에 4개의 치환기에 우선순위(원자번호가 클수록 선순위)를 매겨 4순위를 뒤로 보내고, 나머지를 순서대로 회전시킬 때 반시계방향(S배열)으로 회전하는 물질이다.
나머지 보기가 의미하는 물질은 다음과 같다.
② $2-$Methyl$-2-$propanol(t$-$Butanol)
③ $2-$Methyl$-1-$propanol
④ (R)-2-Butanol

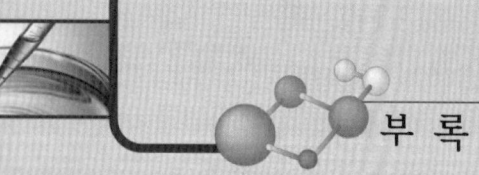
08 염산의 공업적 제조에 대한 설명으로 옳은 것만을 모두 고르면?

> ㉠ 합성 염산은 H_2O와 Cl_2를 반응시켜 제조한다.
> ㉡ 합성 염산의 제조과정은 발열과정이다.
> ㉢ 부생 염산은 유기합성공정에서 생성된 HCl을 회수하여 제조한다.

① ㉠, ㉡

② ㉠, ㉢

③ ㉡, ㉢

④ ㉠, ㉡, ㉢

정답 ③

해설 100주 공업화학 제58주 염산 공업

합성 염산은 소금수용액을 전해하여 NaOH를 제조할 때 부생되는 H_2와 Cl_2를 서로 연소반응시켜 HCl을 만드는 공정(연소탑)과 이것을 물에 흡수시키는 흡수공정(흡수탑) 등 2개의 공정으로 이루어진다.

09 질산(HNO_3)을 제조하는 오스트발트 공정(Ostwald process)에 대한 설명으로 옳지 않은 것은?

① 암모니아(NH_3)를 출발 물질로 사용한다.

② 공정의 첫 단계에서 이산화질소(NO_2)가 생성된다.

③ 공정을 구성하는 세 단계 모두 발열반응이다.

④ 공정 전체를 통해 N의 산화수는 증가한다.

정답 ②

해설 100주 공업화학 제57주 질산 공업

오스트발트 공정은 암모니아 산화법을 이용한 공정으로, 3단계 공정으로 구성되어 있다. 1단계 공정의 반응은 다음과 같으며, 공정의 첫 단계에서 일산화질소(NO)가 생산된다.

$4NH_3 + 5O_2 \rightarrow 4NO + 6H_2O + 216.4kcal$

10 방향족화합물로 옳은 것만을 모두 고르면?

㉠ 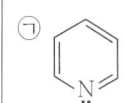	㉡ 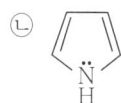	㉢ 

① ㉠, ㉡

② ㉠, ㉢

③ ㉡, ㉢

④ ㉠, ㉡, ㉢

정답 ④

해설 100주 공업화학 제18주 방향족탄화수소

방향족화합물은 평면 구조의 고리화합물로 내부의 파이전자 수가 $4n+2(n=0, 1, 2, \cdots)$를 만족하는 화합물이다.

㉠, ㉡, ㉢ 화합물 모두 평면 구조의 고리화합물이고, 파이전자 수가 6개($4 \times 1 + 2 = 6$)로 모두 방향족화합물이다.

11 화합물명과 화학식을 옳게 짝 지은 것은?

	폼산	아세트산	벤조산
①	$HCOOH$	CH_3COOH	C_6H_5COOH
②	$HCOOH$	CH_3COOH	$C_6H_5CH_2COOH$
③	CH_3COOH	$HCOOH$	C_6H_5COOH
④	CH_3COOH	$HCOOH$	$C_6H_5CH_2COOH$

정답 ①

해설 100주 공업화학 제2주 유기화합물의 분류와 기초원리

• 폼산 : $HCOOH$

• 아세트산 : CH_3COOH

• 벤조산 : C_6H_5COOH

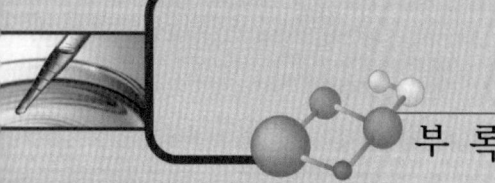
12 희토류(rare earth) 원소로 옳은 것은?

① 리튬(Li) ② 백금(Pt)

③ 바나듐(V) ④ 네오디뮴(Nd)

정답 ④

해설 100주 공업화학 제83주 금속 제련, 제84주 금속 제품

희토류 금속은 21번 스칸듐(Sc), 39번 이트륨(Y) 및 란타넘족(57번 란타넘(La)~71번 루테튬(Lu))의 총 17종 원소의 총칭으로, 60번 네오디뮴(Nd)이 희토류 원소에 속한다.

13 상업적 생산을 위해 라디칼 중합을 이용하는 고분자로 적절하지 않은 것은?

① 폴리에틸렌(polyethylene)

② 폴리스타이렌(polystyrene)

③ 폴리프로필렌(polypropylene)

④ 폴리염화비닐[poly(vinyl chloride)]

정답 ③

해설 100주 공업화학 제2주 유기화합물의 분류와 기초원리

폴리프로필렌은 프로필렌 단위체가 $H_2C=CH-CH_3$의 구조로, 라디칼 반응 시 $C=C$ 이중결합에 결합한 C에 라디칼이 형성되어야 하는데 $H_2C=CH-CH_3$의 CH_3의 C에 라디칼이 잘 형성(알릴라디칼)되기 때문에 고분자 합성이 어려워 적절하지 않다.

14 다음 중 수소/탄소 원자수 비가 가장 큰 것은?

① 석탄 ② 석유

③ 가솔린 ④ 천연가스

정답 ④

해설 100주 공업화학 제26주 연료유

수소/탄소 원자수 비가 가장 큰 탄화수소는 알칸(파라핀)으로, $C_n H_{2n+1}$의 비율로 구성되어 있다. 이러한 알칸 중에서도 수소/탄소 원자수 비가 가장 큰 물질은 $n=1$인 CH_4로, 수소/탄소$=4/1=4$의 값을 갖는다. 석탄, 석유, 가솔린의 경우 다양한 탄화수소의 혼합물로 구성되어 있으며 천연가스의 경우 주성분이 메탄(CH_4)으로 구성되어 있어 수소/탄소 원자수의 비가 가장 크다.

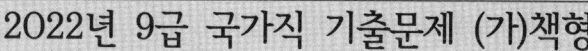
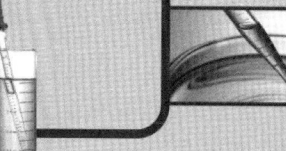
15 탄소수 5~9 범위의 탄화수소를 성분으로 가지며, 올레핀 제조에 사용되는 것은?

① 나프타

② 천연가스

③ 합성가스

④ 액화석유가스

정답 ①

해설 100주 공업화학 제26주 연료유

나프타(납사)는 탄소수 5~9 범위의 탄화수소를 성분으로 가지며, 석유화학공업의 원료인 에틸렌, 프로필렌, 부타디엔과 같은 올레핀 제조에 사용된다.

16 효소에 대한 설명으로 옳은 것만을 모두 고르면?

> ㉠ 라이페이즈(lipase)는 지질을 가수분해한다.
> ㉡ 아밀레이즈(amylase)는 전분을 가수분해한다.
> ㉢ 락테이즈(lactase)는 포도당을 과당으로 전환한다.

① ㉠, ㉡

② ㉠, ㉢

③ ㉡, ㉢

④ ㉠, ㉡, ㉢

정답 ①

해설 100주 공업화학 제42주 생체고분자 개요와 탄수화물

- 락테이즈(lactase)는 젖당을 가수분해하여 포도당과 갈락토오스로 전환한다.
- 포도당 아이소머레이즈(Glucose-isomerase)는 포도당을 과당으로 전환한다.

17 비타민 C 생산의 대표적 원료로 옳은 것은?

① 락트산(lactic acid)

② 리보오스(ribose)

③ 자일로오스(xylose)

④ 글루코오스(glucose)

정답 ④

해설 100주 공업화학 제50주 의약품의 종류

비타민 C는 D-글루코오스로부터 7가지 공정에 의해 합성되며, 괴혈병, 해독, 색소침착의 치료, 그 외의 널리 다른 비타민과 함께 보건약으로도 사용된다.

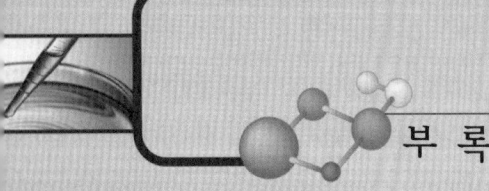

18 유지에 대한 설명으로 옳은 것만을 모두 고르면?

> ㉠ 비누화가는 KOH를 사용하여 측정한다.
> ㉡ 식물성 기름의 주성분은 트리글리세라이드와 지방산이다.
> ㉢ 아라키돈산은 포화지방산이다.
> ㉣ 천연 불포화지방산은 cis 구조가 trans 구조보다 우세하다.

① ㉠, ㉡　　　　　　　　　　② ㉡, ㉢
③ ㉠, ㉡, ㉣　　　　　　　　④ ㉠, ㉢, ㉣

정답 ③

해설 100주 공업화학 제45주 유지
아라키돈산(arachidonic acid)는 불포화지방산으로, cis 형태 (〔)의 탄소-탄소 이중결합 4개를 가지고 있다.

$$\text{아라키돈산 구조식}$$

19 중합반응에 대한 설명으로 옳지 않은 것은?

① 음이온 중합에서는 HCl이나 H_2SO_4와 같은 산을 개시제로 사용한다.
② 자유라디칼 중합에서는 과산화물을 라디칼 개시제로 사용할 수 있다.
③ 축합 중합에서는 작은 분자가 제거되면서 단량체들이 결합하여 고분자를 만든다.
④ 서로 다른 종류의 단량체들을 혼합 중합하여 만든 고분자를 공중합체라 한다.

정답 ①

해설 100주 공업화학 제38주 고분자의 중합반응
음이온 중합 개시제는 염기이며, 개시작용은 그 염기의 세기에 따라 지배된다.

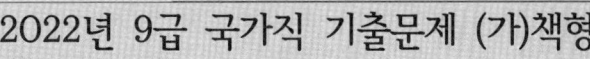

20 연료전지에 대한 설명으로 옳지 않은 것은?

① 고체 산화물 연료전지는 천연가스를 연료공급원으로 사용할 수 있다.

② 알칼리 연료전지가 작동할 때, 전해질에서 주된 전하 운반체는 알칼리 양이온이다.

③ 작동온도는 고체 산화물 연료전지가 알칼리 연료전지보다 높다.

④ 고출력(high power) 응용에는 고체 산화물 연료전지가 알칼리 연료전지보다 적합하다.

정답 ②

해설 100주 공업화학 제69주 연료전지

알칼리 연료전지가 작동할 때, 전해질에서 주된 전하 운반체는 수산화 음이온이다.

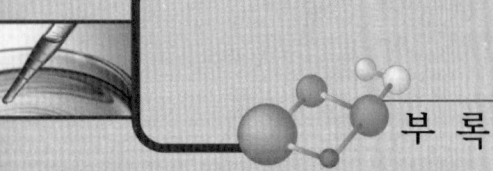

 2022년 9급 지방직 기출문제 (A)책형

01 '어떤 화학반응이 연속적으로 일어날 때, 그 반응의 엔탈피 변화값은 각 단계의 엔탈피 변화값의 합과 같다'는 법칙은?

① Raoult의 법칙

② Hess의 법칙

③ Henry의 법칙

④ Nernst의 법칙

정답 ② ②

해설 ‥ 제67주 전기화학공업, 제77주 수처리공정, 제81주 해수 담수화

① Raoult의 법칙 : 이상용액의 증기압은 휘발성 용매의 증기압에 그 용매의 몰분율을 곱한 값과 같다.

③ Henry의 법칙 : 기체의 용해도는 기체의 부분압에 비례한다.

④ Nernst의 법칙 : 산화 · 환원 반응의 전위차를 수식으로 나타낸 법칙으로, 보통 Nernst식 이라고 부른다.

02 옥탄가 100의 기준이 되는 물질의 구조식은?

① $CH_3-CH_2-CH_2-CH_2-CH_2-CH_2-CH_2-CH_3$

② $CH_3-CH-CH_2-CH_2-CH_2-CH_2-CH_3$
          |
        CH_3

③ CH_3
           |
  $CH_3-C-CH_2-CH_2-CH_2-CH_3$
           |
           CH_3

④ CH_3 CH_3
           | |
  $CH_3-C-CH_2-CH-CH_3$
           |
           CH_3

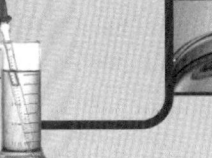

2022년 9급 지방직 기출문제 (A)책형

정답 ④

해설 100주 공업화학 제24주 옥탄가와 세탄가
옥탄가는 휘발유(가솔린)의 안티노킹 정도를 노멀헵탄과 아이소옥탄의 비율로 나타낸 것으로, 노멀헵탄은 0, 아이소옥탄은 100의 값을 나타낸다.

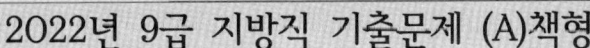

Isooctane(100)   Heptane(0)

03 합성가스에 대한 설명으로 옳지 않은 것은?

① 일반적으로 이산화탄소(CO_2)와 수소(H_2)의 혼합물이다.
② 메탄(CH_4)의 수증기 개질로부터 제조될 수 있다.
③ 암모니아(NH_3) 제조에 활용될 수 있다.
④ 메탄올(CH_3OH) 제조에 사용될 수 있다.

정답 ①

해설 100주 공업화학 제34주 메탄으로부터 유도체
합성가스는 일반적으로 일산화탄소(CO)와 수소(H_2)의 혼합물이다.

04 유지의 분자량 또는 불포화도와 관련이 없는 것은?

① 산가(acid value)
② 아이오딘가(iodine value)
③ 비누화가(saponification value)
④ 친수성 – 친유성 밸런스(hydrophilic – lipophilic balance)

정답 ④

해설 100주 공업화학 제46주 계면활성제
HLB(Hydrophilic Lipophile Balance) 값이란 계면활성제 분자 중 소수성인 부분과 친수성인 부분의 균형을 나타낸다. 그러므로 소수성 유화제는 HLB가 낮으며, 친수성 유화제는 HLB가 높게 나타난다.

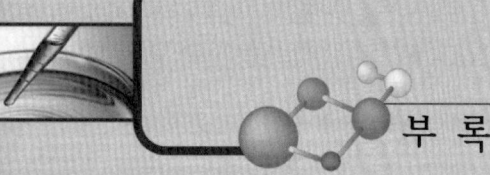
05 괴상(bulk) 중합에서 급격한 중합속도 증가와 온도 증가에 따른 자동가속화 현상은?

① 겔 효과(gel effect)

② 역성장(depropagation)

③ 유리전이(glass transition)

④ 유도분해(induced decomposition)

정답 ① ①

해설 100주 공업화학 제37주 고분자의 분류

괴상 중합의 반응 후기 단계에서 중합속도가 급격히 증가하면 평균분자량도 동시에 증가하는 자동가속화 현상이 발생하는데, 이를 Norrish-Smith 효과, Trommsdorff 효과 또는 gel 효과라고 한다.

06 페놀류에 대한 설명으로 옳지 않은 것은?

① 페놀은 상온에서 고체로 존재한다.

② 크레솔(cresol)은 세 가지의 이성질체가 있다.

③ 페놀은 물에 용해도가 낮으며 중성을 나타낸다.

④ 페놀은 $FeCl_3$ 수용액과 발색반응으로 검출이 가능하다.

정답 ③ ③

해설 100주 공업화학 제31주 벤젠으로부터 유도체

페놀은 산성을 나타낸다.

07 고분자의 유리전이온도를 측정하는 분석법으로 옳지 않은 것은?

① 만능시험법(UTM)

② 시차열분석법(DTA)

③ 시차주사열량법(DSC)

④ 동적 기계적 분석법(DMA)

정답 ① ①

해설 100주 공업화학 제36주 고분자화학의 개요

만능시험법은 만능시험기로 인장강도(인장) 및 압축강도(밀기), 굽힘강도, 굽힘, 전단, 경도 및 비틀림을 시험하는 데 사용된다.

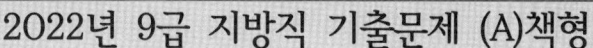

08 1당량의 1-hexyne(CH₃CH₂CH₂CH₂C≡CH)과 2당량의 HBr을 반응시켰을 때 얻어지는 주생성물은?

① BrCH₂CH₂CH₂CH₂CHBrCH₃

② CH₃CH₂CH₂CH₂CHBrCH₂Br

③ CH₃CH₂CH₂CH₂CH₂CHBr₂

④ CH₃CH₂CH₂CH₂CBr₂CH₃

정답 ④

해설 100주 공업화학 제5주 극성 반응

Markovnikov 첨가반응 : HX 첨가 시 H는 H가 많은 탄소에 결합한다.

CH₃CH₂CH₂CH₂C≡CH + 2HBr → CH₃CH₂CH₂CH₂CBr₂CH₃

09 카이랄 탄소의 절대배열(absolute configuration)이 S인 화합물은?

①

②

③

④

정답 ④

해설 100주 공업화학 제3주 이성질체

카이랄 탄소 4개의 치환기에 우선순위(원자번호가 클수록 선순위)를 매겨 4순위를 후면에 배열한 후 1, 2, 3순위로 회전할 때 시계방향이면 R배열, 반시계방향이면 S배열로 구분한다.

① : R배열, ② : R배열, ③ : R배열, ④ : S배열

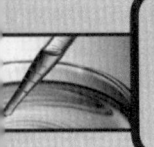
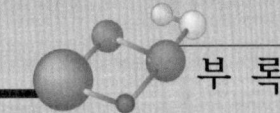
10 다음 화학반응식의 A에 가장 적합한 반응물은?

$$\text{—CH}_2\text{—CH}_3 \xrightarrow[150℃, 5\text{atm}]{O_2} \text{—}\overset{\text{H}}{\underset{\text{OOH}}{\text{C}}}\text{—CH}_3$$

$$\xrightarrow{\text{(A)} \; H_2MoO_4}$$

$$\text{—}\overset{\text{H}}{\underset{\text{OH}}{\text{C}}}\text{—CH}_3 \;+\; CH_3\text{—CH—CH}\overset{\displaystyle}{\underset{O}{}}$$

① $\overset{\text{OH}}{\underset{}{CH_3\text{—CH—CH}_3}}$

② $CH_3\text{—CH}=CH_2$

③ $CH_3\text{—CH}_2\text{—CH}_2\text{—OH}$

④ $CH_3\text{—CH}_2\text{—CH}_3$

정답 ②

해설 아래와 같은 반응으로 C＝C 이중결합과 반응하여 고리형 에테르(에폭시) 화합물을 만든다.

$$\underset{\text{H}}{\overset{\text{H}}{\underset{\text{R}}{\text{C}}}}=\underset{\text{H}}{\overset{\text{H}}{\text{C}}} \;+\; \text{—}\overset{O}{\underset{O}{C}}\text{OOH} \longrightarrow \underset{\text{H}}{\overset{\text{H}}{\underset{\text{R}}{\text{C}}}}\overset{O}{\underset{}{}}\underset{\text{H}}{\overset{\text{H}}{\text{C}}} \;+\; \text{—}\overset{O}{\underset{}{C}}\text{OH}$$

11 다음 설명을 모두 만족하는 화합물은?

- 베타(β) 결합을 갖는 글루코오스에서 생성된다.
- 식물의 구조를 이루는 주요한 다당류이다.
- 나무는 리그닌과 이것의 혼합물로 이루어진다.

① 녹말(starch)
② 셀룰로오스(cellulose)
③ 글라이코겐(glycogen)
④ 수크로오스(sucrose)

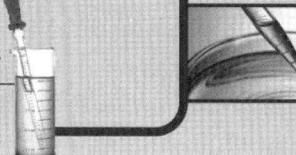

정답 ②

해설 100주 공업화학 제42주 생체고분자 개요와 탄수화물

셀룰로오스는 글루코오스가 베타 결합을 갖는 다당류로 식물의 세포벽을 형성하며, 나무는 셀룰로오스, 리그닌, 헤미셀룰로오스로 구성되어 있다.

12 고분자의 구조식이 옳은 것만을 모두 고르면?

ㄱ 폴리에틸렌(PE)

ㄴ 폴리스티렌(PS)

ㄷ 폴리(에틸렌옥사이드)(PEO)

ㄹ 폴리(에틸렌테레프탈레이트)(PET)

---

① ㄱ, ㄴ

② ㄱ, ㄷ

③ ㄴ, ㄹ

④ ㄷ, ㄹ

정답 ④

해설 100주 공업화학 제37주 고분자의 분류

ㄱ의 구조식은 폴리스티렌(PS), ㄴ의 구조식은 폴리에틸렌(PE)이다.

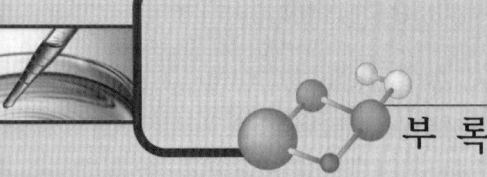

13 생체의료용 고분자에 대한 설명으로 옳지 않은 것은?

　① 일회용 의료제품으로는 PP와 PVC가 사용되고 있다.
　② 안과 영역에서는 PMMA가 사용되고 있다.
　③ 수술용 봉합사로는 PS가 사용되고 있다.
　④ 의치 제품으로는 PMMA가 사용되고 있다.

정답 ③

해설 100주 공업화학 제39주 합성 수지
　　수술용 봉합사로는 생체 내에서 녹아 흡수되는 성질이 있는 PGA, PL, PGLA 등을 사용한다.

14 아민기보다 카르복실기의 개수가 더 많은 아미노산만을 모두 고르면?

> ㉠ 라이신(lysine)
> ㉡ 아르기닌(arginine)
> ㉢ 아스파트산(aspartic acid)
> ㉣ 글루탐산(glutamic acid)

① ㉠, ㉡　　　　　　　　　　　　② ㉠, ㉣
③ ㉡, ㉢　　　　　　　　　　　　④ ㉢, ㉣

정답 ④

해설 100주 공업화학 제53주 아미노산과 단백질

구분	라이신	아르기닌	아스파트산	글루탐산
아민기(NH_3^-)	2개	3개	1개	1개
카르복시기(COO^-)	1개	1개	2개	2개
구조식	$$\begin{array}{c} COO^- \\ | \\ H_3\overset{+}{N}-C-H \\ | \\ CH_2 \\ | \\ CH_2 \\ | \\ CH_2 \\ | \\ CH_2 \\ | \\ {}^+NH_3 \end{array}$$	$$\begin{array}{c} COO^- \\ | \\ H_3\overset{+}{N}-C-H \\ | \\ CH_2 \\ | \\ CH_2 \\ | \\ CH_2 \\ | \\ NH \\ | \\ C=\overset{+}{N}H_3 \\ | \\ NH_3 \end{array}$$	$$\begin{array}{c} COO^- \\ | \\ H_3\overset{+}{N}-C-H \\ | \\ CH_2 \\ | \\ COO^- \end{array}$$	$$\begin{array}{c} COO^- \\ | \\ H_3\overset{+}{N}-C-H \\ | \\ CH_2 \\ | \\ CH_2 \\ | \\ COO^- \end{array}$$

15 수용액에서 침전반응이 일어나지 않는 화학반응식은?

① $2Al(NO_3)_3(aq) + 3Ba(OH)_2(aq) \rightarrow$

② $FeSO_4(aq) + 2KCl(aq) \rightarrow$

③ $MgCl_2(aq) + Ca(OH)_2(aq) \rightarrow$

④ $CaCl_2(aq) + Na_2CO_3(aq) \rightarrow$

정답” ②

해설” 100주 공업화학 제77주 수처리공정

보기의 반응 중 침전물질 생성 여부를 확인한다.

① $2Al(NO_3)_3(aq) + 3Ba(OH)_2(aq) \rightarrow 2Al(OH)_3 \downarrow$ (침전) $+ 3Ba(NO_3)_2(aq)$

② $FeSO_4(aq) + 2KCl(aq) \rightarrow FeCl_2(aq) + K_2SO_4(aq)$

③ $MgCl_2(aq) + Ca(OH)_2(aq) \rightarrow Mg(OH)_2 \downarrow$ (침전) $+ CaCl_2(aq)$

④ $CaCl_2(aq) + Na_2CO_3(aq) \rightarrow CaCO_3 \downarrow$ (침전) $+ 2NaCl(aq)$

16 $Fe(CN)_6^{3-}$ 착이온의 리간드장 안정화 에너지의 절대값은? (단, Fe는 8족 원소이며, Δ_o는 팔면체 결정장 갈라짐 에너지이다.)

① 0

② $0.4\Delta_o$

③ $2.0\Delta_o$

④ $2.4\Delta_o$

정답” ③

해설” 100주 공업화학 제55주 무기물화학의 개요

$Fe(CN)_6^{3-}$에서 CN^- 6개가 모여서 전체 전하가 -3이 되므로 Fe의 전하량은 3^+임을 알 수 있다. Fe의 전자배치는 $[Ar]4s^2 3d^5$이므로 Fe^{3+}일 경우는 $[Ar]3d^4$가 된다. 따라서 d오비탈의 전자는 4개가 된다.

CN^- 리간드는 강한장 리간드이므로 전자배치는 다음과 같다.

$$e_g \quad \underline{\hspace{2cm}}_{dz^2} \qquad \underline{\hspace{2cm}}_{dx^2-y^2}$$

$$t_{2g} \quad \underline{\;\updownarrow\;}_{dxy} \qquad \underline{\;\updownarrow\;}_{dyz} \qquad \underline{\;\uparrow\;}_{dzx}$$

결정장 갈라짐 에너지$= (0.6 \times e_g$의 전자수$- 0.4 \times t_{2g}$의 전자수$) \times \Delta_o$

$\qquad\qquad\qquad = 0.6 \times 0 - 0.4 \times 5) \times \Delta_o = -2\Delta_o$

따라서, 절대값은 $2\Delta_o$이다.

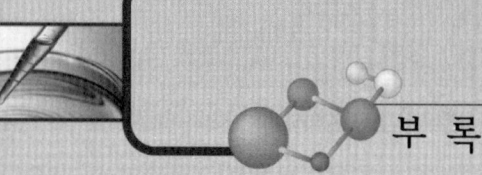
17 전이금속원소의 바닥상태 전자배치로 옳은 것은?

① VLSUB23 : $[Ar]4s^2 3d^2$

② CLSUB24r : $[Ar]4s^1 3d^5$

③ NLSUB28i : $[Ar]4s^1 3d^9$

④ CLSUB29u : $[Ar]4s^2 3d^9$

정답** ②

해설** 100주 공업화학 제55주 무기물화학의 개요

   ① VLSUB23 : $[Ar]4s^2 3d^3$

   ③ NLSUB28i : $[Ar]4s^2 3d^8$

   ④ CLSUB29u : $[Ar]4s^1 3d^{10}$

18 다음 반응에서 얻어지는 주비료는?

$$3Ca_3(PO_4)_2 \cdot CaF_2 + 2Na_2CO_3 + 2H_3PO_4 \rightarrow$$

① 소성인비   ② 용성인비

③ 과린산석회   ④ 중과린산석회

정답** ①

해설** 100주 공업화학 제64주 비료 제조공업

인광석에 인산, 소다회를 섞어 회전로에서 수증기를 불어 넣으면서 용융점 아래에서 소성 처리하여 구용성 비료로 만든 것을 소성인비라 한다.

$3Ca_3(PO_4)_2 \cdot CaF_2 + 2Na_2CO_3 + 2H_3PO_4 \rightarrow Ca_3(PO_4)_3 \cdot 2CaNaPO_4 + HF + H_2O$

19 양자점(quantum dot)에 대한 설명으로 옳지 않은 것은?

① 디스플레이 재료로 활용되고 있다.

② 연속적인 에너지준위 구조를 가진다.

③ 나노미터 크기의 초미세입자이다.

④ 크기에 따라 가시광선 영역으로부터 적외선 영역까지 발광할 수 있다.

정답 ②

해설 100주 공업화학 제100주 분석과 화학공업

양자점에서 '양자'의 의미를 에너지가 연속적으로 분포하는 것이 아닌 에너지를 일정한 크기로 포장한 꾸러미라고 한다면, 이러한 꾸러미가 1개, 2개, 3개씩 불연속적으로 증가하는 상태를 의미한다.

20 전기화학전지에 대한 설명으로 옳은 것은?

① 자발적으로 진행되는 전기화학반응의 기전력은 음의 값을 갖는다.

② 자발적 반응의 깁스 자유에너지 변화값은 양의 값을 갖는다.

③ 전해전지의 깁스 자유에너지 변화값은 양의 값을 갖는다.

④ 수소연료전지의 역반응은 기전력이 양의 값을 갖는다.

정답 ③

해설 100주 공업화학 제67주 전기화학공업

① 자발적으로 진행되는 전기화학반응의 기전력은 양의 값을 갖는다.

② 자발적 반응의 깁스 자유에너지 변화값은 음의 값을 갖는다.

④ 수소연료전지의 역반응은 기전력이 음의 값을 갖는다.

2023년 9급 국가직 기출문제 (나)책형

01 수소결합을 이루지 않는 것은?

① 에탄올(ethanol)

② 불화수소(hydrogen fluoride)

③ 아세트산(acetic acid)

④ 다이에틸에터(diethyl ether)

정답 ④

해설 100주 공업화학 제1주 유기화합물의 개요, 제4주 산·염기 반응

수소결합에 필요한 수소는 F, O, N에 결합된 H로, 에탄올($CH_3CH\underline{O-H}$), 불화수소($\underline{H-F}$), 아세트산($CH_3CO\underline{O-H}$)이 수소결합을 할 수 있고, 다이에틸에터($H_3C-O-CH_3$)는 F, O, N에 결합된 H가 없어 수소결합을 하지 못한다.

02 화학적으로는 중성이지만 영양성분이 식물에 흡수된 이후 산성을 나타내는 비료로 옳은 것은?

① 석회

② 요소

③ 염화칼륨

④ 용성인비

정답 ③

해설 100주 공업화학 제64주 비료 제조공업

화학적으로는 중성이지만 영양성분이 흡수된 이후 산성을 나타내는 것을 생리적 산성이라 하며, 생리적 산성을 갖는 비료로는 염화칼륨(KCl), 황안[$(NH_4)_2SO_4$], 염안(NH_4Cl), 황산칼륨(K_2SO_4) 등이 있다.

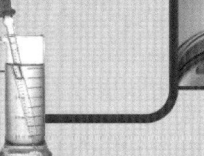

03 탄산나트륨의 용도로 적절하지 않은 것은?

① 비누 제조
② 유리 제조
③ 암모니아 제조
④ 글루탐산소다 제조

정답 ③

해설 100주 공업화학 제63주 암모니아 제조공업
암모니아는 수소와 질소를 원료로 반응시켜 생산하는 하버보쉬법으로 제조한다.

04 $[Cr(NH_3)_5Cl]Cl_2$에서 크로뮴(Cr)의 산화수는?

① +1
② +2
③ +3
④ +4

정답 ③

해설 100주 공업화학 제55주 무기물화학의 개요
$[Cr(NH_3)_5Cl]Cl_2 \rightarrow [Cr(NH_3)_5Cl]^{2+} + 2Cl^-$
산화수를 분석하면, $Cr^{n+}(+n)$, NH_3 중성(0), $Cl^-(-1)$이 되고,
$[Cr(NH_3)_5Cl]^{2+}$의 각 산화수를 모두 합치면, $+n+(-1)=+2$가 되어야 하므로, $n=+3$이 된다.

05 아세톤의 공업적 제조법으로 적절하지 않은 것은?

① Hock 공정
② 프로필렌(propylene)의 직접 산화
③ 아이소프로필알코올(isopropyl alcohol)의 공기 산화
④ 에피클로로하이드린(epichlorohydrin)의 가수분해

정답 ④

해설 100주 공업화학 제17주 지방족탄화수소, 제29주 프로필렌으로부터 유도체
아세톤의 공업적 제조법으로는 Hock 공정(큐멘 산화법), 프로필렌의 직접 산화, 아이소프로
필알코올의 공기 산화가 있다.
에피클로로하이드린은 가수분해 시 알코올로 전환된다.

06 전해전지에 대한 설명으로 옳은 것만을 모두 고르면?

> ㉠ 전기에너지를 이용하여 비자발적 화학반응을 일으킨다.
> ㉡ 산화전극은 (−)극이다.
> ㉢ 연료전지는 전해전지에 해당한다.

① ㉠

② ㉠, ㉡

③ ㉡, ㉢

④ ㉠, ㉡, ㉢

정답 ** ①

해설 ** 100주 공업화학 제67주 전기화학공업, 제68주 전기화학전지
- 전해전지는 전기에너지를 이용하여 비자발적 화학반응을 일으키는 전지로, 환원전극이 (−)극이고, 산화전극이 (+)극이다.
- 연료전지는 화학반응을 통해 자발적으로 전기에너지를 생산하는 갈바니전지(화학전지)에 해당한다.

07 비료에 대한 설명으로 옳은 것은?

① N, P_2O_5, SO_3 중 2가지 이상을 함유하면 복합 비료로 분류한다.

② 화성 비료는 비료 성분을 단순 혼합하여 만든다.

③ 고도 화성 비료는 저도 화성 비료에 비해 저장효율이 낮다.

④ 과인산석회와 석회질 비료를 섞으면 비료 효과가 감소한다.

정답 ** ④

해설 ** 100주 공업화학 제65주 복합 비료
① N, P_2O_5, K_2O 중 2가지 이상을 함유하면 복합 비료로 분류한다.
② 배합 비료는 비료 성분을 단순 혼합하여 만든다.
③ 고도 화성 비료는 저도 화성 비료에 비해 저장효율이 높다.
④ 과인산석회와 석회질 비료를 석으면 산성 비료와 염기성 비료의 혼합으로 인해 비료 효과가 감소한다.

08 계면활성제의 임계마이셀농도(critical micelle concentration) 측정방법으로 적절하지 않은 것은?

① 타원편광법　　　　　　　② 표면장력법
③ 색소가용화법　　　　　　④ 전기전도도법

정답 ①

해설 100주 공업화학 제46주 계면활성제
아래 그림과 같이 임계마이셀농도(CMC) 전후로 전기전도도(당량전도도), 표면장력, 가용화능 등이 크게 변화하므로, 표면장력법, 색소가용화법, 전기전도도법을 이용하여 임계마이셀농도를 측정할 수 있다.

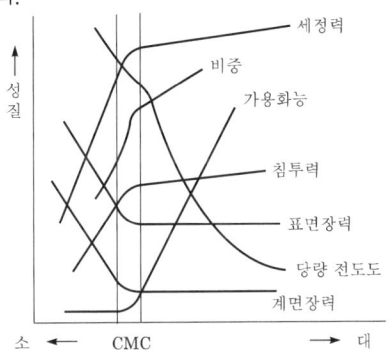

09 프로필렌(propylene)을 원료로 생산되는 석유화학 제품이 아닌 것은?

① 염화알릴(allyl chloride)

② 아세트산바이닐(vinyl acetate)

③ 아크릴로나이트릴(acrylonitrile)

④ 아이소프로필알코올(isopropyl alcohol)

정답 ②

해설 100주 공업화학 제29주 프로필렌으로부터 유도체
프로필렌으로부터의 유도체 종류 : 아크릴산, 아크릴로나이트릴, 아이소프로필알코올, 염화알릴
※ 아세트산바이닐은 에틸렌과 아세트산과의 반응으로 생산된다.

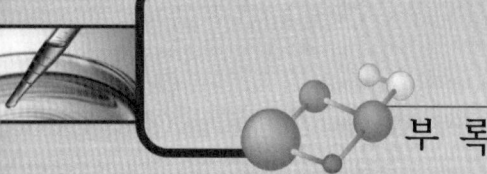
10 다음 반응의 주생성물 ㉠이 과량의 물과 반응할 때 주로 생성되는 것은?

$$CH_2=CH_2 + \frac{1}{2}O_2 \xrightarrow[\substack{250\sim300℃ \\ 10\sim30atm}]{Ag} ㉠$$

① 에탄올(ethanol)
② 에틸렌글라이콜(ethylene glycol)
③ 아세트산(acetic acid)
④ 아세트알데하이드(acetaldehyde)

정답 ②

해설 100주 공업화학 제28주 에틸렌으로부터 유도체

$$CH_2=CH_2 + \frac{1}{2}O_2 \xrightarrow[\substack{250\sim300℃ \\ 10\sim30atm}]{Ag} \underset{\text{산화에틸렌}}{\overset{\displaystyle H_2C-CH_2}{\diagdown O \diagup}}$$

$$\underset{\diagdown O \diagup}{\overset{\displaystyle H_2C-CH_2}{}} + H_2O \xrightarrow{\text{(excess)}} \underset{\text{에틸렌글라이콜}}{\underset{\displaystyle OH \qquad OH}{CH_2-CH_2}}$$

11 P와 O의 형식전하를 옳게 짝지은 것은?

$$\ddot{C}l \overset{\displaystyle :\ddot{O}:}{\underset{\displaystyle :\ddot{C}l:}{-P-}} \ddot{C}l:$$

	P	O
①	+1	0
②	+1	−1
③	−1	0
④	−1	−1

정답 ②

해설 100주 공업화학 제15주 산화 · 환원
형식전하＝원자가전자수 − 비공유전자수 − 공유결합수
• P : 5−0−4＝+1
• O : 6−6−1＝−1

12 다음 구조식을 갖는 고분자는?

$$\left[R - \overset{\overset{\displaystyle H}{|}}{N} - \overset{\overset{\displaystyle }{\underset{\underset{\displaystyle O}{||}}{C}}}{} \right]_n$$

① 폴리에스터(polyester) ② 폴리우레아(polyurea)

③ 폴리우레탄(polyurethane) ④ 폴리아마이드(polyamide)

정답 ④

해설 100주 공업화학 제37주 고분자의 분류

① 폴리에스터 : $\left[O - \overset{\underset{\underset{O}{||}}{C}}{} - R \right]_n$

② 폴리우레아 : $\left[R \overset{\overset{O}{||}}{\underset{\underset{H}{|}}{N}} \overset{}{\underset{\underset{H}{|}}{N}} \right]_n$

③ 폴레우레탄 : $\left[R - \overset{\overset{H}{|}}{N} - \overset{\underset{\underset{O}{||}}{C}}{} - O \right]_n$

④ 폴리아마이드 : $\left[R - \overset{\overset{H}{|}}{N} - \overset{\underset{\underset{O}{||}}{C}}{} \right]_n$

13 실리콘 반도체의 제조공정을 진행 순서대로 옳게 나열한 것은?

① 감광제 도포 → 노광 → 산화 → 식각

② 감광제 도포 → 산화 → 식각 → 노광

③ 산화 → 감광제 도포 → 노광 → 식각

④ 산화 → 식각 → 감광제 도포 → 노광

정답 ③

해설 100주 공업화학 제71주 반도체 제조공정

산화 → 감광제 도포 → 노광 → 식각(에칭)

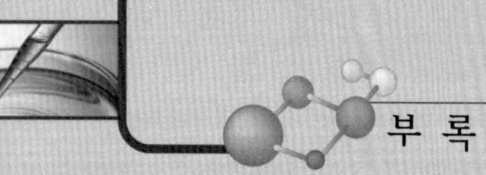

14 사슬중합과 단계중합에 대한 설명으로 옳은 것만을 모두 고르면?

> ㉠ 사슬중합은 개시제가 반드시 필요하다.
> ㉡ 사슬중합에서는 시간에 따라 평균분자량의 증가속도가 느려진다.
> ㉢ 단계중합에서는 시간에 따라 단량체의 소모속도가 느려진다.

① ㉠
② ㉠, ㉡
③ ㉡, ㉢
④ ㉠, ㉡, ㉢

정답 ** ③

해설 ** 100주 공업화학 제38주 고분자의 중합반응

㉠ 사슬중합에서는 빛과 열에 의해서도 반응이 시작될 수 있으므로 반드시 개시제가 필요한 것은 아니다.

㉡ 사슬중합은 순차적으로 모노머(monomer, 단량체)가 결합하여 고분자의 사슬길이가 길어 지므로 초기에 평균분자량의 증가속도가 가장 크고, 시간이 따라 평균분자량의 증가속도 는 감소한다.

㉢ 단계중합은 모노머와 모노머끼리 상호 결합하여 다이머(dimer, 이량체)가 형성되면, 그 후 다이머와 다이머가 결합하여 다량체(oligmer)가 형성되는 방법으로 중합된다. 따라서, 초기에 단량체의 소모속도가 가장 빠르고, 시간에 따라 단량체의 소모속도가 느려진다.

15 지용성 비타민으로만 묶은 것은?

① 비타민 A, 비타민 C, 비타민 E
② 비타민 A, 비타민 D, 비타민 K
③ 비타민 B, 비타민 D, 비타민 K
④ 비타민 C, 비타민 D, 비타민 E

정답 ** ②

해설 ** 100주 공업화학 제50주 의약품의 종류
• 수용성 비타민 : B복합체, C
• 지용성 비타민 : A, D, E, K

16 탈수소반응(dehydrogenation)의 반응물과 생성물의 짝으로 옳지 않은 것은?

반응물	생성물
① $n-$뷰테인(n-butane)	$n-$뷰틸렌($n-$butylene)
② 에틸벤젠(ethyl benzene)	스타이렌(styrene)
③ $n-$헵테인($n-$heptane)	톨루엔(toluene)
④ 아세트알데하이드(acetaldehyde)	에탄올(ethanol)

정답 ④

해설 100주 공업화학 제15조 산화 · 환원
1) 아래 반응은 수소가 떨어지는 탈수소반응(산화반응)이다.
 • $n-$뷰테인(C_4H_{10}) → $n-$뷰틸렌(C_4H_8) + 2H
 • 에틸벤젠($C_6H_5C_2H_5$) → 스타이렌($C_6H_5C_2H_5$) + 2H
 • $n-$헵테인(C_7H_{16}) → 톨루엔($C_6H_5CH_3$) + 8H
2) 아래 반응은 수소가 결합하는 반응(환원반응)이다.
 아세트알데하이드(CH_3CHO) + 2H → 에탄올(C_2H_5OH)

17 10몰의 에테인다이아민(ethanediamine)과 10몰의 아디프산(adipic acid)이 반응하여 합성된 고분자에서 말단 카르복실기의 총량이 0.1몰일 때, 고분자의 수평균 분자량은? (단, 합성된 고분자에서 반복단위의 분자량은 170이고, 말단기 분자량은 무시한다.)

① 8,500 　　　　　　　　② 17,000
③ 34,000 　　　　　　　　④ 68,000

정답 ②

해설 100주 공업화학 제36주 고분자화학의 개요
에테인다이아민을 A, 아디프산을 B라고 할 때,
단량체의 몰수 $N_A = N_B = N$=10mol
형성된 고분자의 몰수=말단 카르복실기의 총량=N_P=0.1mol
고분자의 끝부분 작용기가 말단 카르복실기이므로 해당 총량은 고분자 양만큼 나온다.
이 경우, $N(A+B) \rightarrow -A-B-A-B- \cdots\cdots -A-B- = [A-B]_{N/N_P}$
$N/N_P = 10/0.1 = 100$
따라서, 1개의 고분자에 100개의 반복단위가 생기므로
분자량은 170×100=17,000이 된다.

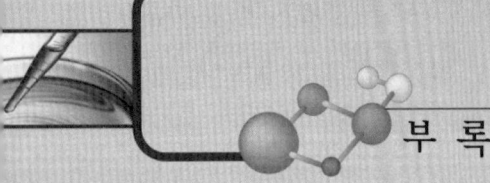
18 α-결합을 갖는 포도당 중합체 ㉠과 β-결합을 갖는 포도당 중합체 ㉡에 대한 설명으로 옳은 것은?

① 아밀로스는 ㉠에 해당한다.

② 사람은 ㉠을 소화하지 못한다.

③ ㉠은 레이온(rayon)의 공업적 생산에 이용된다.

④ ㉡은 수소결합을 하여 물에 잘 녹는다.

정답 ① ①

해설 ① 100주 공업화학 제42주 생체고분자 개요와 탄수화물

• ㉠은 아밀로스(녹말) 성분으로 사람의 몸속의 아밀라아제라는 효소가 이를 분해하여 에너 지원으로 사용한다.

• ㉡은 셀룰로오스(섬유) 성분으로 결합이 안정하고 강해 물에 녹거나 분해가 되지 않는다. 식물의 세포벽을 형성하며 레이온(섬유)의 공업적 생산에 이용된다.

19 원유 성분의 질량 함량에 대한 설명으로 옳은 것만을 모두 고르면?

> ㉠ 수소(H)가 질소(N)보다 크다.
> ㉡ 파라핀계 탄화수소가 올레핀계 탄화수소보다 크다.
> ㉢ 나프텐계 탄화수소 중 가장 큰 것은 벤젠이다.

① ㉠

② ㉡

③ ㉠, ㉡

④ ㉠, ㉡, ㉢

정답 ** ③

해설 ** 100주 공업화학 제21주 석유의 성분과 성질

원유의 구성원소 질량 함량은 탄소>수소>질소>황으로 구성되며, 파라핀계, 나프텐계에 비해 올레핀계 탄화수소는 원유에서 가장 적은 비율로 존재한다.

벤젠은 방향족(아로마틱계) 탄화수소이다.

20 다음 반응의 생성물로 적절한 것은?

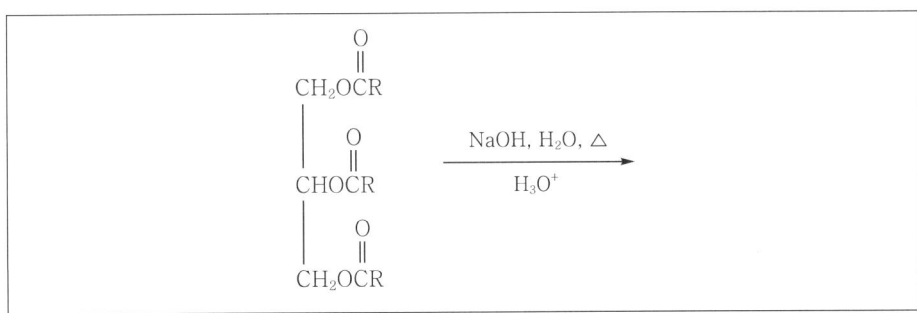

① $CH_2 - CH - CH_2$, RCO_2H
   $\quad$ | $\quad$ | $\quad$ |
   $\quad OH \quad OH \quad OH$

② $CH_2 - CH - CH_2$, RCH_2OH
   $\quad$ | $\quad$ | $\quad$ |
   $\quad OH \quad OH \quad OH$

③ $CH_2 - CH - CH_2$, RCO_2Na
   $\quad$ | $\quad$ | $\quad$ |
   $\quad OR \quad OR \quad OR$

④ $\quad CH_2 - CH - CH_2$, HCO_2H
   $\quad\quad$ | $\quad$ | $\quad$ |
   $\quad\quad OR \quad OR \quad OR$

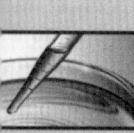

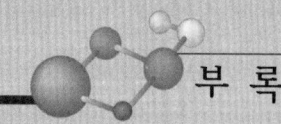

부 록

정답 ① ①

해설 100주 공업화학 제45주 유지, 제46주 계면활성제

유지의 비누화 반응

$$
\begin{array}{l}
\text{R} - \overset{\overset{\displaystyle O}{\parallel}}{\text{C}} - \text{O} - \text{CH}_2 \\[2mm]
\text{R}' - \overset{\overset{\displaystyle O}{\parallel}}{\text{C}} - \text{O} - \text{CH} \quad + \quad 3\text{NaOH} \quad \overset{\triangle}{\longrightarrow} \\[2mm]
\text{R}'' - \overset{\overset{\displaystyle O}{\parallel}}{\text{C}} - \text{O} - \text{CH}_2
\end{array}
\qquad
\begin{array}{l}
\text{R} - \overset{\overset{\displaystyle O}{\parallel}}{\text{C}} - \text{O}^- \text{Na}^+ \quad\quad \text{HO} - \text{CH}_2 \\[2mm]
\text{R}' - \overset{\overset{\displaystyle O}{\parallel}}{\text{C}} - \text{O}^- \text{Na}^+ \; + \; \text{HO} - \text{CH} \\[2mm]
\text{R}'' - \overset{\overset{\displaystyle O}{\parallel}}{\text{C}} - \text{O}^- \text{Na}^+ \quad\quad \text{HO} - \text{CH}_2
\end{array}
$$

유지(에스터화합물) + 수산화나트륨 $\longrightarrow$ 비누 + 글리세린

여기서 산(H_3O^+)을 첨가하면

RCO_2Na(비누)$+H_3O^+ \rightarrow RCO_2H$(지방산)이 된다.

따라서,

$$
\begin{array}{ccc}
\text{CH}_2 - & \text{CH} - & \text{CH}_2, \;\; RCO_2H \\
| & | & | \\
\text{OH} & \text{OH} & \text{OH}
\end{array}
$$

글리세린 + 지방산이 형성된다.

2023년 9급 지방직 기출문제 (B)책형

01 폴리스타이렌(polystyrene)의 화학구조식은?

①
$$\left(NH-(CH_2)_5-\underset{\underset{O}{\parallel}}{C} \right)_n$$

②
$$\left(CH_2-CH \right)_n$$
〔벤젠고리〕

③
$$\left(CH_2-\underset{\underset{Cl}{|}}{CH} \right)_n$$

④
$$\left(CH_2-\underset{\underset{COOCH_3}{|}}{\overset{\overset{CH_3}{|}}{C}} \right)_n$$

정답 ②

해설 100주 공업화학 제39주 합성 수지

① $\left(NH-(CH_2)_5-\underset{\underset{O}{\parallel}}{C} \right)_n$: 나일론 6

② $\left(CH_2-CH \right)_n$ 〔벤젠고리〕 : 폴리스타이렌

③ $\left(CH_2-\underset{\underset{Cl}{|}}{CH} \right)_n$: 폴리염화바이닐

④ $\left(CH_2-\underset{\underset{COOCH_3}{|}}{\overset{\overset{CH_3}{|}}{C}} \right)_n$: 폴리메틸메타크릴레이트

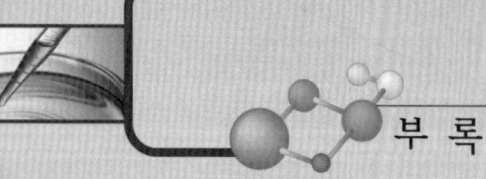

부 록

02 다음 원유의 성분 중 상압에서 끓는점이 가장 낮은 것은?

① 경유 ② 중유
③ 등유 ④ 경질 나프타

정답 ④

해설 100주 공업화학 제22주 석유의 정제공정
상압에서 끓는점은 경질 나프타＜등유＜경유＜중유 순으로 증가한다.

03 밑줄 친 원자의 산화수로 옳지 않은 것은?

① $H_2\underline{O}$: -2
② $\underline{Al}Cl_3$: $+3$
③ $\underline{Mg}SO_4$: $+1$
④ $Na_2\underline{C}O_3$: $+4$

정답 ③

해설 100주 공업화학 제15주 산화 · 환원
① H_2O : $2 \times H(+1) + O = 0$, $O = -2$
② $AlCl_3$: $Al + 3 \times Cl(-1) = 0$, $Al = +3$
③ $MgSO_4$: $Mg + S(+6) + 4 \times O(-2) = 0$, $Mg = +2$
④ Na_2CO_3 : $2 \times Na(+1) + C + 3 \times O(-2) = 0$, $C = +4$

04 비료의 3요소가 아닌 것은?

① 인 ② 아연
③ 질소 ④ 칼륨

정답 ②

해설 100주 공업화학 제64주 비료 제조공업
비료의 3요소는 질소(N), 인(P_2O_5), 칼륨(K_2O)이다.

05 계(system)에 대한 설명으로 옳지 않은 것은?

① 계의 종류로는 열린계(open system), 닫힌계(closed system), 고립계(isolated system)가 있다.

② 열린계는 계와 주위(surroundings) 사이에 물질 및 에너지 이동이 가능하다.

③ 닫힌계는 계와 주위 사이에 물질 이동이 불가능하나 에너지 이동이 가능하다.

④ 고립계는 계와 주위 사이에 물질 이동이 가능하나 에너지 이동이 불가능하다.

정답 ④

해설 계와 주위 사이에 물질 이동 및 에너지 이동을 구분하면 다음과 같다.

구 분	물질 이동	에너지 이동
열린계	가능	가능
닫힌계	불가능	가능
고립계	불가능	불가능

고립계는 계와 주위 사이에 물질 및 에너지 이동 모두 불가능하다.

06 다음 반응이 300K, 표준상태에서 평형에 도달할 때, $\ln K$는? (단, K는 평형상수, $\Delta_r G^o$은 300K에서의 표준반응 깁스에너지, 기체상수 $R = 8 \mathrm{Jmol}^{-1}\mathrm{K}^{-1}$이다.)

$$N_2(g) + 3H_2(g) \rightleftarrows 2NH_3(g)$$
$$\Delta_r G^o = -32\mathrm{kJmol}^{-1}$$

① $\dfrac{4}{3}$ ② $\dfrac{40}{3}$

③ $\dfrac{400}{3}$ ④ $\dfrac{4,000}{3}$

정답 ②

해설 100주 공업화학 제67주 전기화학공업

$$\Delta_r G^o = -RT\ln K$$

$$\ln K = -\frac{\Delta_r G^o}{RT} = -\frac{-32,000}{8 \times 300} = \frac{40}{3}$$

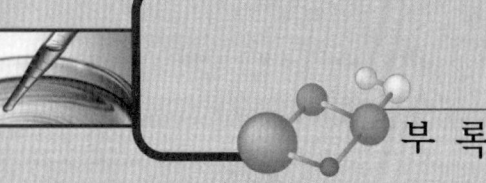
07 자발적 화학반응에 대한 설명으로 옳은 것은? (단, A는 계의 헬름홀츠(Helmholtz) 에너지, H는 계의 엔탈피(enthalpy), S와 S_{surr}은 각각 계와 주위의 엔트로피 (entropy)이다.)

① $\Delta A > 0$

② $\Delta H < 0$

③ $\Delta S + \Delta S_{surr} > 0$

④ 반응물의 운동에너지가 생성물의 운동에너지보다 낮다.

정답 ** ③

해설 ** 자발적 화학반응의 경우
$\Delta A < 0$, $\Delta G < 0$, $\Delta S + \Delta S_{surr} > 0$으로 표현할 수 있다.

08 다음 분자에서 sp^2 혼성 오비탈을 갖는 탄소와 sp^3 혼성 오비탈을 갖는 탄소의 개수를 옳게 짝지은 것은?

	sp^2	sp^3
①	2	3
②	2	4
③	3	2
④	3	3

정답 ** ④

해설 ** 100주 공업화학 제2주 유기화합물의 분류와 기초원리
• sp^2 혼성 오비탈의 탄소 : ◇ 총 3개
• sp^3 혼성 오비탈의 탄소 : ○ 총 3개

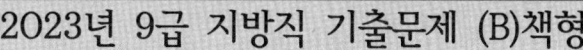
09 친핵성 치환반응에 대한 설명으로 옳은 것은?

① S_N1 반응은 탄소양이온 중간체가 안정할수록 느려진다.

② S_N2 반응은 기질(substrate)의 입체장애가 클수록 빨라진다.

③ S_N2 반응의 반응속도는 기질의 농도에 영향을 받지 않는다.

④ S_N1 반응에서 삼차 할로젠화 알킬이 일차 할로젠화 알킬보다 반응성이 크다.

정답 ④

해설 100주 공업화학 제5주 극성 반응

- S_N1 반응은 탄소양이온 중간체가 안정할수록 반응성이 크며, 삼차 할로젠화 알킬이 일차 활로젠화 알킬보다 반응성이 크다. 반응속도는 기질의 농도에 영향을 받는다.
- S_N2 반응은 기질의 입체장애가 작을수록 반응성이 크며, 반응속도는 기질과 친핵체의 농도에 영향을 받는다.

10 천연가스에 대한 설명으로 옳은 것만을 모두 고르면?

> ㉠ 압축천연가스(Compressed Natural Gas)의 주성분은 메테인(CH_4)이다.
>
> ㉡ 액화천연가스(Liquefied Natural Gas)는 천연가스를 고온에서 팽창시켜 액화시킨 상태로 수분 함량이 매우 높다.
>
> ㉢ 액화천연가스의 주성분은 메테인 하이드레이트(CH_4 hydrate)라는 결정성 물질이다.

① ㉠

② ㉡

③ ㉠, ㉢

④ ㉡, ㉢

정답 ①

해설 100주 공업화학 제34주 메탄으로부터 유도체

㉡ 액화천연가스(Liquefied Natural Gas)는 상온에서 기체상태인 천연가스를 끓는점 이하의 저온에서 액화시켜 만든다.

㉢ 액화천연가스의 주성분은 메테인(메탄)이다.

11 일정한 온도 T와 압력 P에서 V_{CH_4} m³의 메테인($CH_4(g)$)과 V_{H_2} m³의 수소($H_2(g)$)를 각각 완전연소시켰을 때 발생하는 열이 같다. T와 P에서 $CH_4(g)$의 연소열이 -60 kJ g^{-1}이고 $H_2(g)$의 연소열이 -160 kJ g^{-1}일 때, $\dfrac{V_{CH_4}}{V_{H_2}}$는? (단, 메테인과 수소의 전화율 (fractional conversion)은 각각 100 %이고, 기체는 이상기체이며, C와 H의 원자량은 각각 12, 1이다.)

① $\dfrac{1}{3}$

② $\dfrac{3}{8}$

③ $\dfrac{8}{3}$

④ 3

정답 ① ①

해설 수소의 연소반응은 다음과 같다.

$H_2 + 1/2 O_2 \longrightarrow H_2O$

수소(H_2)의 분자량은 2g/mol이므로,

수소의 몰당 연소열 $\Delta H_{H_2}^0 = -160\dfrac{\mathrm{kJ}}{\mathrm{g}} \times \dfrac{2\mathrm{g}}{1\mathrm{mol}} = -320\mathrm{kJ/mol}$

메테인의 연소반응은 다음과 같다.

$CH_4 + 2O_2 \longrightarrow CO_2 + 2H_2O$

메테인(CH_4)의 분자량은 16g/mol이므로,

메테인의 몰당 연소열 $\Delta H_{CH_4}^0 = -60\dfrac{\mathrm{kJ}}{\mathrm{g}} \times \dfrac{16\mathrm{g}}{1\mathrm{mol}} = -960\mathrm{kJ/mol}$

수소 n몰 반응 시 메테인 1mol과 연소열이 같아지려면

$-320 \times n = -960$,

$n = 3\mathrm{mol}\ H_2$

기체의 몰(mol)은 부피(m³)에 비례하므로, 수소 3mol과 메테인 1mol의 연소열이 같다.

따라서, 부피비 $= \dfrac{V_{CH_4}}{V_{H_2}} = \dfrac{1}{3}$

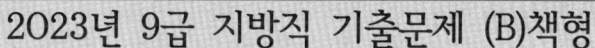

12 셀룰로오스에 대한 설명으로 옳은 것은?

① 단당류이다.

② 화학식은 $(C_6H_{12}O_6)_n$이다.

③ 셀룰로오스는 β-글리코사이드 결합(glycosidic linkage)을 가지고 있다.

④ α-글리코사이드 결합에 의해 연결된 아밀로오스와 아밀로펙틴으로 구성되어 있다.

정답 ③

해설 100주 공업화학 제40주 천연섬유와 합성섬유

- 셀룰로오스는 글루코오스가 β-글리코사이드 결합(glycosidic linkage)으로 연결된 다당류로 화학식은 $(C_6H_{10}O_5)_n$이다.
- 아밀로오스와 아밀로펙틴은 녹말의 일종으로 글루코오스가 α-글리코사이드 결합에 의해 연결되어 있다.

13 계면활성제의 Hydrophilic-Lipophilic Balance(HLB) 값과 용도에 대한 설명으로 옳은 것만을 모두 고르면?

> ㄱ 계면활성제는 HLB 값이 낮을수록 친유성, 높을수록 친수성을 나타낸다.
> ㄴ HLB 값은 계면활성제 분자 전체 구조의 분자량과 친수성기의 분자량을 알면 계산할 수 있다.
> ㄷ 세정(washing)용 계면활성제의 HLB 값이 소포(antifoaming)용 계면활성제의 HLB 값보다 작다.

① ㄱ, ㄴ

② ㄱ, ㄷ

③ ㄴ, ㄷ

④ ㄱ, ㄴ, ㄷ

정답 ①

해설 100주 공업화학 제46주 계면활성제

HLB(Hydrophilic Lipophilic Balance)는 계면활성제 분자 중 소수성인 부분과 친수성인 부분의 균형을 나타내는 값으로 소수성 유화제는 HLB가 낮으며, 친수성 유화제는 HLB가 높게 나타난다.

$$HLB = \frac{M_h}{M} \times 20$$

(M_h : 분자 내 친수성 부분의 분자량, M : 전체 분자의 분자량)

일반적으로 HLB 값은 세정용의 경우 친수성 비율이 높은 12 이상, 소포용의 경우 소수성 비율이 높은 4 이하의 값을 갖는다.

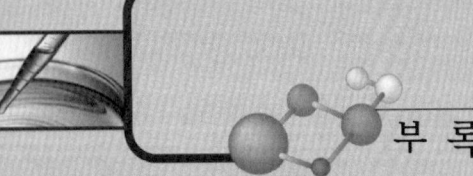
14 무정형(amorphous) 고분자 A와 B에 대한 설명으로 옳은 것은? (단, $T_{g,A}$와 $T_{g,B}$는 각각 A와 B의 유리전이온도(glass transition temperature)이고, T_1은 $T_{g,A}$와 $T_{g,B}$ 사이($T_{g,B} < T_1 < T_{g,A}$)의 온도이다.)

① B의 끓는점은 $T_{g,B}$이다.

② A의 녹는점은 $T_{g,A}$이다.

③ T_1에서 A는 유리상이다.

④ $T_{g,B}$ 이하의 온도에서 B는 결정을 형성한다.

정답 ③

해설 100주 공업화학 제36주 고분자화학의 개요

고분자는 유리전이온도보다 낮으면 유리상(딱딱해짐)으로, 유리전이온도보다 높으면 고무상(유연해짐)으로 존재하기 때문에 T_1의 온도는 B고분자의 유리전이온도보다 크고 A고분자의 유리전이온도보다 낮으므로 B고분자는 고무상으로, A고분자는 유리상으로 존재한다.

15 전체 시료의 부피 대비 결정영역의 부피가 20%인 poly(ethylene terephthalate)(PET) 시료의 밀도(g mL^{-1})는? (단, PET의 무정형 영역의 밀도는 1.20g mL^{-1}이고 결정영역의 밀도는 1.40g mL^{-1}이다.)

① 1.24

② 1.28

③ 1.32

④ 1.36

정답 ①

해설 100주 공업화학 제36주 고분자화학의 개요

전체 시료의 밀도=결정영역 비율×결정영역 밀도+무정형 영역 비율×무정형 영역 밀도

결정영역 비율+무정형 영역 비율=1

$0.2×1.4+0.8×1.2=1.24$g mL^{-1}

16 촉매에 대한 설명으로 옳은 것은?

① 촉매는 반응속도상수를 변화시키지 않는다.

② 불균일촉매는 반응물과 다른 상으로 존재한다.

③ 촉매는 화학반응에 대한 평형상수를 변화시킨다.

④ 촉매는 반응엔탈피를 증가시킨다.

정답 ②

해설 100주 공업화학 제85주 촉매의 개요

촉매는 반응속도를 변화시키지만 열역학적 성질인 반응엔탈피나 평형상수는 변화시키지 않는다. 반응물질의 상과 동일한 상의 촉매를 균일촉매라하고, 반응물질의 상과 다른 상의 촉매를 불균일촉매라고 한다.

17 DNA와 RNA에만 각각 존재하는 염기를 옳게 짝지은 것은?

	DNA	RNA
①	티민(thymine)	우라실(uracil)
②	아데닌(adenine)	우라실(uracil)
③	티민(thymine)	사이토신(cytosine)
④	아데닌(adenine)	사이토신(cytosine)

정답 ①

해설 제54주 바이오테크놀로지

DNA의 염기는 아데닌(adenine), 티민(thymine), 사이토신(cytosine), 구아닌(guanine)으로 구성되어 있고, RNA의 염기는 아데닌(adenine), 티민(thymine), 사이토신(cytosine), 우라실(uracil)로 구성되어 있다.

18 다음 전지반응의 환원전극(cathode)에서 일어나는 반응은?

$$Zn(s) + Ni^{2+}(aq) \rightarrow Zn^{2+}(aq) + Ni(s)$$

① $Zn^{2+}(aq) + 2e^{-} \rightarrow Zn(s)$

② $Ni^{2+}(aq) + 2e^{-} \rightarrow Ni(s)$

③ $Zn(s) \rightarrow Zn^{2+}(aq) + 2e^{-}$

④ $Ni(s) \rightarrow Ni^{2+}(aq) + 2e^{-}$

정답 ②

해설 100주 공업화학 제67주 전기화학공업

• 산화전극 : $Zn(s) \rightarrow Zn^{2+}(aq) + 2e^{-}$

• 환원전극 : $Ni^{2+}(aq) + 2e^{-} \rightarrow Ni(s)$

19 다음 질소비료 중 질소 함량이 가장 높은 것은?

① 질산칼슘
② 요소
③ 질산암모늄
④ 황산암모늄

정답 ②

해설 100주 공업화학 제64주 비료 제조공업

- 질소 함량 $= \dfrac{\text{포함된 총 질소의 화학식량}}{\text{비료의 전체 화학식량}}$

- 원자량 H(1), N(14), O(16), S(32), Ca(40)

① 질산칼슘[Ca(NO$_3$)$_2$] : $\dfrac{2N}{Ca(NO_3)_2} = \dfrac{2 \times 14}{20 + (14 + 16 \times 3) \times 2} = 0.194$

② 요소[(NH$_2$)$_2$CO] : $\dfrac{2N}{(NH_2)_2CO} = \dfrac{2 \times 14}{(14 + 2) \times 2 + 12 + 16} = 0.467$

③ 질산암모늄(NH$_4$NO$_3$) : $\dfrac{2N}{NH_4NO_3} = \dfrac{2 \times 14}{14 + 4 + 14 + 16 \times 3} = 0.35$

④ 황산암모늄[(NH$_4$)$_2$SO$_4$] : $\dfrac{2N}{(NH_4)_2SO_4} = \dfrac{2 \times 14}{(14 + 4) \times 2 + 32 + 16 \times 4} = 0.212$

20 웨이퍼 표면 위에 스핀 코팅(spin coating)을 통해 감광제를 도포하였다. 목표한 두께에 비해 도포된 감광제 층이 얇을 경우 이를 개선하기 위한 방법은?

① 웨이퍼의 반경을 늘린다.
② 감광제 용액의 점도를 낮춘다.
③ 웨이퍼의 회전속도를 낮춘다.
④ 감광제 용액 내 고형분의 함량을 낮춘다.

정답 ③

해설 100주 공업화학 제71주 반도체 제조공정

감광제 층의 두께를 두껍게 하기 위해서는 가급적 도포면적을 줄이고, 감광액의 도포영역에 체류시간을 높여야 한다. 따라서 웨이퍼 회전속도를 줄이고 도포영역에 감광액의 점도를 높일 필요가 있다. 고형분의 함량이 클수록 액체에 비해 이동시간이 느려 체류시간이 높아지는 특성이 있다.

 **2024년 9급 국가직 기출문제 (가)책형**

01 다음 중 수용액에서 산의 세기가 가장 약한 화합물은?

① HF
② HI
③ HBr
④ HCl

정답 ① ①

해설 100주 공업화학 제4주 산·염기 반응
수용액에서 산의 세기 비교 : HI＞HBr＞HCl＞HF
할로젠화수소산의 경우 원자번호가 클수록 산의 세기가 증가한다.

02 다음 석유제품 중 구성 성분의 평균 탄소수가 가장 많은 것은?

① 등유
② 디젤
③ 가솔린
④ 아스팔트

정답 ④ ④

해설 100주 공업화학 제21주 석유의 성분과 성질
탄소수 : 석유가스＜나프타(가솔린)＜등유＜경유＜중유＜아스팔트유

03 DNA와 RNA에 대한 설명으로 옳지 않은 것은?

① RNA의 당은 리보오스(ribose)이다.
② DNA에 있는 4종류의 염기는 아데닌(A), 우라실(U), 시토신(C), 구아닌(G)이다.
③ 수소결합은 DNA가 이중 나선구조를 가지는 데 기여한다.
④ 유전정보를 저장하고 있는 DNA는 핵산(nucleic acid)의 한 종류이다.

정답 ② ②

해설 100주 공업화학 제54주 바이오 테크놀로지
DNA에 있는 4종류의 염기는 아데닌(A), 티민(T), 시토신(C), 구아닌(G)이고, RNA에 있는 염기는 아데닌(A), 우라실(U), 시토신(C), 구아닌(G)이다.

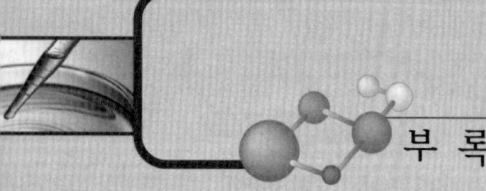
04 섬유식물 또는 목재를 기계적·화학적으로 처리하여 얻은 셀룰로오스(cellulose) 섬유의 집합체는?

① 펄프(pulp)
② 레티놀(retinol)
③ 나프타(naphtha)
④ 글리세린(glycerin)

정답 ① ①

해설 100주 공업화학 제40주 천연섬유와 합성섬유, 제43주 제지공업
셀룰로오스의 경우 β-포도당이 β-1,4-글리코시드 결합으로 연결된 구조로 식물, 목재의 세포벽, 섬유 등을 형성하고, 펄프는 이러한 식물의 섬유질을 분리하여 가공하여 만든 종이 제조 원료이다.

05 미국석유협회(American Petroleum Institute)가 제정한 API도에 따른 원유 분류 법에 대한 설명으로 옳지 않은 것은?

① 원유의 비중이 클수록 API도는 작다.
② 60°F에서 물과 밀도가 같은 원유의 API도는 10이다.
③ API도가 20인 원유는 중질유(heavy crude oil)로 분류된다.
④ API도는 파라핀기유(paraffin-base oil)가 나프텐기유(naphthene-base oil)보다 작다.

정답 ④ ④

해설 100주 공업화학 제21주 석유의 성분과 성질

$$\text{API 비중} = \frac{141.5}{\text{원유의 비중}(@60°F)} - 131.5$$

위 식에서 원유의 비중이 클수록 API 비중은 작아지고, 원유의 비중이 60°F에서 물의 비중과 같은 1일 경우 API 비중은 10이 된다. 일반적으로 API가 34 이상이면 경질유(light crude oil), 24~34 사이면 중(中)질류(medium crude oil), 24 이하이면 중(重)질류(heavy crude oil)로 분류한다(이 값은 기관 및 협회마다 약간의 차이는 있을 수 있다).
파라핀기유가 나프텐기유에 비해 탄소 함유량이 적고, 비중이 작아 API도가 크다.

06 원유의 상압증류(distillation) 공정에 대한 설명으로 옳지 않은 것은?

① 탄화수소의 혼합물을 끓는점 차이로 분리한다.

② 증류탑의 위쪽으로 갈수록 끓는점이 높은 성분이 분리된다.

③ 원유 중의 염분을 제거하는 전처리공정인 탈염 조작이 필요하다.

④ 증류액(distillate)의 일부를 환류(reflux)시켜 제품의 순도를 조절한다.

정답 ②

해설 100주 공업화학 제22주 석유의 정제공정

원유의 상압증류는 대기압하에서 원유(혼합물)의 끓는점 차를 이용하여 분리하는 방법으로, 가열하여 증발된 혼합물이 증류탑의 위로 갈수록 온도가 낮아지는데, 이 온도가 각 성분의 끓는점보다 작아지게 되면 응축되어 분리되는 방식이다. 따라서 증류탑 위쪽에서 나오는 물질일수록 끓는점이 낮은 성분이 분리된다.

07 원자가껍질 전자쌍 반발(VSEPR) 이론에 근거할 때, 분자의 성질에 대한 설명으로 옳은 것은?

① O_3는 비극성이다.

② SO_3는 비극성이다.

③ SF_4는 비극성이다.

④ PCl_5는 극성이다.

정답 ②

해설 100주 공업화학 제2주 유기화합물의 분류와 기초원리

VSEPR 이론에 따른 분자구조는 아래와 같다. 전체적인 대칭구조인 SO_3와 PCl_5가 비극성 분자이고, O_3, SF_4는 극성 분자이다.

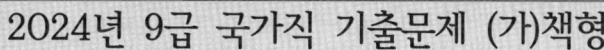

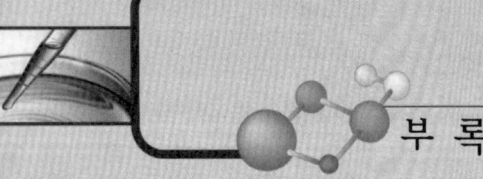

부 록

08 다음에서 설명하는 고분자는?

> • 투명하고 기계적 강도가 크다.
> • 내열성과 내한성이 있다.
> • 포스겐(phosgene)과 비스페놀−A(bisphenol−A)가 반응하여 생성된다.

① 페놀수지(phenol resin)
② 폴리카보네이트(polycarbonate)
③ 폴리비닐알코올(poly(vinyl alcohol))
④ 폴리에틸렌테레프탈레이트(poly(ethylene terephthalate))

정답 ②

해설 100주 공업화학 제39주 합성 수지

폴리카보네이트는 열가소성 수지로, 뛰어난 기계적 성질과 내열성, 내한성 및 전기적 성질을 균형있게 갖추었으며, 투명하고 자기소화성을 나타내는 특징을 가지고 있다. 아래 반응식과 같이 비스페놀−A와 포스겐의 중합반응으로 만들어진다.

bisphenol A + phosgene → polycarbonate of bisphenol A

09 다음 중 포화지방산은?

① 올레산(oleic acid)
② 리놀레산(linoleic acid)
③ 리놀렌산(linolenic acid)
④ 스테아르산(stearic acid)

정답 ④

해설 100주 공업화학 제45주 유지

• 포화지빙산 : 라우르신, 팔미드산, 스데이르산
• 불포화지방산 : 올레산, 리놀레산, 리놀렌산

10 탄소, 수소, 산소 원소로만 구성된 고분자만을 나열한 것은?

① 페놀수지, 폴리에테르, 에폭시수지

② 요소수지, 멜라민수지, 폴리우레탄

③ 폴리에틸렌, 폴리프로필렌, 폴리우레탄

④ 폴리아마이드, 폴리우레탄, 에폭시수지

정답 ①

해설 100주 공업화학 제37주 고분자의 분류
- 탄소, 수소 포함 고분자 : 폴리에틸렌, 폴리프로필렌
- 탄소, 수소, 산소 포함 고분자 : 페놀수지, 폴리에테르, 에폭시수지
- 탄소, 수소, 산소, 질소 포함 고분자 : 요소수지, 멜라민수지, 폴리우레탄

11 다음 중 고분자의 구조와 명칭을 바르게 연결한 것은?

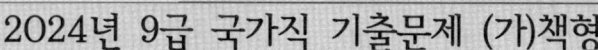

구조		명칭
①	㉠	폴리스타이렌(polystyrene)
②	㉡	폴리아크릴로나이트릴(polyacrylonitrile)
③	㉢	폴리염화비닐(poly(vinyl chloride))
④	㉣	폴리메틸메타크릴레이트(poly(methyl methacrylate))

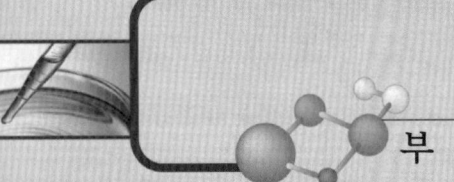

정답 ③

해설 제37주 고분자의 분류

ⓐ : 폴리아크릴로나이트릴(polyacrylonitrile)

ⓑ : 폴리스타이렌(polystyrene)

ⓒ : 폴리염화비닐(poly(vinyl chloride))

ⓓ : 폴리카보네이트(polycarbonate)

12 다음 ㉠, ㉡에 들어갈 용어를 바르게 연결한 것은?

> 나일론 6은 원료인 [㉠] 의 [㉡] 반응으로 제조된다.

㉠	㉡
① 아디프산	축합중합(condensation polymerization)
② 부타디엔	부가축합(addition condensation)
③ ε-카프로락탐	개환중합(ring-opening polymerization)
④ 아크릴로나이트릴	부가중합(addition polymerization)

정답 ③

해설 100주 공업화학 제37주 고분자의 분류

• 나일론 6은 원료인 ε-카프로락탐의 개환중합 반응으로 제조된다.

• 나일론 6,6은 원료인 아디프산과 헥사메틸렌디아민의 축합중합 반응으로 제조된다.

13 다음 반응의 명칭은?

$$\bigcirc\!\!\!-CH=CH-\overset{\overset{O}{\|}}{C}-OC_2H_5 + CH_2\!\!\!\begin{matrix}CO_2C_2H_5\\CO_2C_2H_5\end{matrix} \xrightarrow{C_2H_5ONa} \bigcirc\!\!\!-\underset{\underset{CH(CO_2C_2H_5)_2}{|}}{CH}CH_2CO_2C_2H_5$$

① Reppe 반응   ② Michael 반응

③ Diels-Alder 반응   ④ Kolbe-Schmitt 반응

정답 ②

해설 100주 공업화학 제20주 주요 인명반응

Michael 반응은 α, β - 불포화 카보닐화합물에 에놀레이트와 같은 친핵체가 첨가되는 반응이다.

α, β - 불포화 카보닐화합물의 공통적인 구조는 $-CH=CH-\overset{\overset{\displaystyle O}{\|}}{C}-$ 부분이고, 여기에 친핵체

$CH_2\overset{\displaystyle CO_2C_2H_5}{\underset{\displaystyle CO_2C_2H_5}{\diagdown}}$ 이 결합하는 반응을 의미한다.

14 암모니아소다법(Solvay process)의 반응물 또는 생성물이 아닌 것은?

① CO_2

② $CaCl_2$

③ NH_4Cl

④ $NaHSO_4$

정답 ④

해설 100주 공업화학 제61주 소다회 제조공업

암모니아소다법 반응식

• $NaCl + H_2O + NH_3 + CO_2 \rightarrow NaHCO_3 + NH_4Cl$

• $CaCO_3 \rightarrow CO_2 + CaO$

• $2NaHCO_3 \rightarrow Na_2CO_3 + CO_2 + H_2O$

• $2NH_4Cl + CaO \rightarrow CaCl_2 + 2NH_3 + H_2O$

15 수소 제조법으로 옳지 않은 것은?

① 물을 전기분해하여 제조한다.

② 천연가스를 개질하여 제조한다.

③ 경질유를 탈황시켜 제조한다.

④ 중질유 또는 석탄을 부분 산화시켜 제조한다.

정답 ③

해설 100주 공업화학 제34주 메탄으로부터 유도체, 제35주 에너지와 연료의 연소

수소 제조법의 종류 : 물의 전기분해법, 천연가스의 수증기 개질법, 탄화수소의 부분 산화법

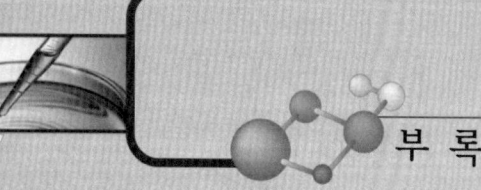

부 록

16 다음 반응의 주 생성물은?

$$\text{벤젠} + \underset{\text{H}_3\text{C}}{\overset{\text{O}}{\parallel}}\text{Cl} \xrightarrow{\text{AlCl}_3}$$

① 아세토페논 (CH₃)

② 벤조일 클로라이드 (Cl)

③ 클로로벤젠 (Cl)

④ 톨루엔 (CH₃)

정답 ①

해설 100주 공업화학 제13주 알킬화, 제20주 주요 인명반응

친전자성 방향족 치환반응의 한 종류인 프리델크래프트 아실화 반응으로, Cl이 제거되고

$$\underset{\text{H}_3\text{C}}{\overset{\text{O}}{\parallel}}\text{이 벤젠} \bigcirc \text{과 결합하여} \underset{}{\overset{\text{O}}{\parallel}}\text{CH}_3 \text{이 형성된다.}$$

17 천연가스의 수증기 개질반응으로 생성된 혼합물에서 이산화탄소를 포집 · 저장하고 얻은 수소는?

① 블루 수소(blue hydrogen)

② 그린 수소(green hydrogen)

③ 그레이 수소(gray hydrogen)

④ 화이트 수소(white hydrogen)

정답 ①

해설 100주 공업화학 제35주 에너지와 연료의 연소

① 블루 수소 : 천연가스의 수증기 개질반응으로 생성된 혼합물에서 이산화탄소를 포집 · 저장하고 얻은 수소

② 그린 수소 : 신재생에너지로부터 얻은 전기로 물을 전기분해해서 얻은 수소

③ 그레이 수소 : 천연가스의 수증기 개질반응으로 생성된 수소, 이산화탄소 혼합물

④ 화이트 수소 : 자연상태에서 채굴되는 수소

1096

18 25℃ 수용액에서 다음의 표준환원전위(E°_{red})를 갖는 전극 A, B로 구성된 전지의 기전력[V]은? (단, SHE는 표준수소전극의 전위이다.)

$A^{2+}(aq) + 2e^- \rightarrow A(s)$	$E^{\circ}_{red} = -1.6V$ vs. SHE
$B^{+}(aq) + e^- \rightarrow B(s)$	$E^{\circ}_{red} = -0.2V$ vs. SHE

① 0.6   ② 1.2

③ 1.4   ④ 1.8

정답 ③

해설 100주 공업화학 제68주 전기화학전지

    기전력＝표준환원전위 차이

        ＝(큰 값의 표준환원전위－작은 값의 표준환원전위)

        ＝－0.2－(－1.6)

        ＝1.4V

19 계면활성제에 대한 설명으로 옳지 않은 것은?

① 피리디늄염은 암모늄염형의 계면활성제로서 양이온성이다.

② 알킬황산염 수용액의 세정력은 테트라알킬암모늄염을 첨가하면 향상된다.

③ 유지를 수산화나트륨으로 비누화하여 합성한 비누는 카르복실산염 계면활성제이다.

④ Hydrophile－Lipophile Balance(HLB) 값이 클수록 친수성이 크다.

정답 ②

해설 100주 공업화학 제46주 계면활성제

    알킬황산염 수용액은 음이온성 계면활성제로 테트라알킬암모늄염의 양이온성 계면활성제를 첨가하면 서로 결합하여 세정력이 저하된다.

    ※ Hydrophile－Lipophile Balance(HLB) 값이 클수록 친수성이 크고, 작을수록 소수성이 크다.

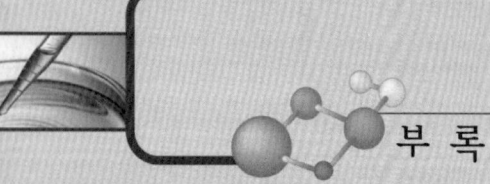
20 다음 주기율표를 참고하여 p형 반도체만을 모두 고르면?

주기 \ 족	2		13	14	15
2	Be		B	C	N
3	Mg		Al	Si	P
4	Ca	...	Ga	Ge	As

> ㉠ As가 도핑된 Si
> ㉡ Be가 도핑된 AlP
> ㉢ As의 일부가 Ge로 치환된 GaAs

① ㉠
② ㉡
③ ㉡, ㉢
④ ㉠, ㉡, ㉢

정답 ** ③

해설 ** 100주 공업화학 제71주 반도체 제조공정

일반적으로 14족인 Si에 15족 원소를 도핑시키면 여분의 전자로 인한 n형 반도체가 형성되고, 13족 원소를 도핑시키면 부족한 전자로 인한 p형 반도체가 만들어진다. 14족 Si 대신 13족과 15족을 결합시켜 반도체를 형성할 수 있는데, 문제에서 AlP와 GaAs이다. 이 경우 AlP로 구성된 반도체에서는 2족인 Be을 도핑시키면 전자 부족으로 인한 p형 반도체를 얻을 수 있고, GaAs로 구성된 반도체의 경우 구성원소 15족 As 대신 전자가 하나 부족한 14족 Ge으로 일부를 치환해도 p형 반도체를 얻을 수 있다.

따라서, ㉠ n형 반도체
㉡ p형 반도체
㉢ p형 반도체

2024년 9급 지방직 기출문제 (C)책형

01 열경화성 고분자인 것은?

① 폴리스타이렌(polystyrene)

② 폴리에틸렌(polyethylene)

③ 폴리염화비닐(polyvinylchloride)

④ 에폭시수지(epoxy resin)

정답 ④

해설 100주 공업화학 제36주 고분자화학의 개요
- 열가소성 수지 : 폴리염화비닐(polyvinylchloride), 폴리스타이렌(polystyrene), 폴리에틸렌 (polyethylene)
- 열경화성 수지 : 에폭시수지(epoxy resin), 페놀수지(phenol resin), 요소수지(urea resin)

02 옥탄가(octane number) 0의 기준이 되는 연료는?

① n-옥테인(n-octane)

② n-헵테인(n-heptane)

③ 2, 2, 4-트라이메틸펜테인(2, 2, 4-trimethylpentane)

④ 2, 2, 4-트라이메틸헵테인(2, 2, 4-trimethylheptane)

정답 ②

해설 100주 공업화학 제24주 옥탄가와 세탄가
옥탄가는 휘발유의 노킹 정도를 측정하는 값으로, 원래 2, 2, 4-트라이메틸펜테인(아이소옥테인)을 100, n-헵테인을 0으로 하여 휘발유의 안티노킹 정도를 수치화한 값이다.

03 유기화합물의 산화반응에 해당하는 것은? (단, R은 알킬기이다.)

① $2CH_3CHO + O_2 \rightarrow 2CH_3COOH$

② $RCN + 2H_2 \rightarrow RCH_2NH_2$

③ $C_6H_4(CH_3)_2 + 3H_2 \rightarrow C_6H_{10}(CH_3)_2$

④ $ROH + H_2 \rightarrow RH + H_2O$

정답 ①

해설 100주 공업화학 제15주 산화 · 환원
- 산화반응 : 산소와 결합하거나 수소를 잃거나 전자를 잃는 반응
- 환원반응 : 산소를 잃거나 수소와 결합하거나 전자를 얻는 반응
① : 산화반응
②, ③, ④ : 환원반응

04 탄소의 중량 함량이 90%를 초과하는 석탄은?

① 갈탄   ② 무연탄
③ 역청탄   ④ 아탄

정답 ②

해설 100주 공업화학 제27주 석탄
석탄은 탄화도에 따라 탄소분이 60%인 이탄, 70%인 아탄 및 갈탄, 80~90%인 역청탄, 95%인 무연탄으로 나뉜다.

05 방향족 화합물의 Friedel-Crafts 알킬화 반응에 이용되는 촉매만을 나열한 것은?

① $AlCl_3$, BF_3

② $AlCl_3$, KOH

③ BF_3, $NaOH$

④ KOH, $NaOH$

정답 ②

해설 100주 공업화학 제13주 알킬화
친전자성 방향족 치환반응의 한 종류인 Friedel-Crafts 알킬화 반응에서는 촉매로 $AlCl_3$, BF_3, $FeCl_3$ 등의 루이스산을 사용한다.

06 불포화 액상 유지에 수소를 첨가하여 고상 유지로 전환시키는 공정은?

① 유화

② 경화

③ 탄화

④ 열화

정답 ②

해설 100주 공업화학 제45주 유지

① 유화 : 서로 섞이지 않는 두 개의 액체에 유화제를 넣어서 섞이게 하는 것

② 경화 : 불포화 액상 유지에 수소를 첨가하여 고상 유지로 전환하는 것

③ 탄화 : 유기물질이 열분해 혹은 화학변화를 통해 탄소화되는 과정

④ 열화 : 물리 · 화학적 변화에 의해 물체의 성능이 저하하는 현상

07 플라스틱 제품에서 파이프, 튜브, 시트의 연속 제조에 적합한 고분자 가공법은?

① 열성형(thermoforming)

② 사출(injection) 성형

③ 압출(extrusion) 성형

④ 압축(compression) 성형

정답 ③

해설 100주 공업화학 제39주 합성 수지

① 열성형 : 열을 가해 유연해진 플라스틱 시트를 금형에 맞춰 특정한 형태로 성형하는 플라스틱 제조공정

② 사출성형 : 합성 수지(플라스틱) 등의 재료를 가열해 녹이고 금형에 주입한 뒤 냉각시켜 원하는 성형을 만드는 제조공정

③ 압출성형 : 합성 수지(플라스틱) 등을 가열해 녹인 재료를 용기에 넣고 특정한 모양의 구멍이 있는 다이를 통해 밀어내 일정하고 긴 모양의 제품을 연속적으로 생산하는 방식

④ 압축성형 : 성형 재료를 금형에 넣고 압력과 열을 가하여 프레스 성형하는 방법

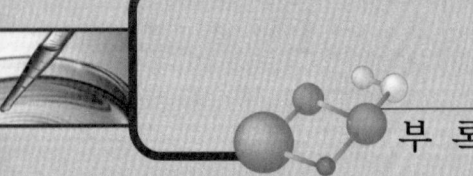
08 다음 연속 반응의 주생성물 ㉠은 무엇인가? (단, THF는 tetrahydrofuran이고, LDA는 lithium diisopropylamide이다.)

① (메톡시벤젠 구조)

② (2-메틸사이클로헥산온 구조)

③ (3-메틸사이클로헥산온 구조)

④ (4-메틸사이클로헥산온 구조)

정답 ** ②

해설 ** 100주 공업화학 제5주 극성 반응

카보닐 α-치환반응으로 아래와 같이 반응한다.

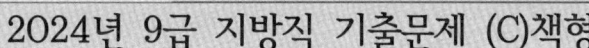

09 회분식 반응기에서 배양되는 세포의 성장곡선의 각 단계에 대한 설명으로 옳은 것은?

① '성장기'에 세포가 새로운 배지에 접종되어 성장에 필요한 효소를 합성하기 시작한다.
② '감속기'에 세포 농도가 감소한다.
③ '정지기'는 '성장기'보다 먼저 나타난다.
④ '성장기'에 세포의 성장속도가 가장 빠르다.

정답 ④

해설 100주 공업화학 제54주 바이오 테크놀로지

유도기 → 성장기 → 감속기 → 정지기 → 사멸기
- 유도기 : 세포가 새로운 배지에 접종되어 성장에 필요한 효소를 합성하기 시작한다.
- 성장기 : 세포의 성장속도가 가장 빠르다.
- 감속기 : 영양소의 고갈로 세포의 성장속도가 느려진다.
- 정지기 : 영양소의 고갈과 독성 물질의 축적으로 알짜 성장속도는 - 이 된다.
- 정지기 : '성장기'보다 늦게 나타난다.
- 사멸기 : 세포 농도가 감소한다.

10 다음 경유 제조를 위한 석유의 정제공정을 순서대로 바르게 나열한 것은?

㉠ 상압증류
㉡ 스트리핑(stripping)
㉢ 탈염공정
㉣ 수소화 정제

① ㉠→㉡→㉢→㉣
② ㉠→㉢→㉣→㉡
③ ㉢→㉠→㉡→㉣
④ ㉢→㉣→㉡→㉠

정답 ③

해설 100주 공업화학 제22주 석유의 정제공정, 제25주 석유정제

탈염공정 → 상압증류 → 스트리핑 → 수소화 정제

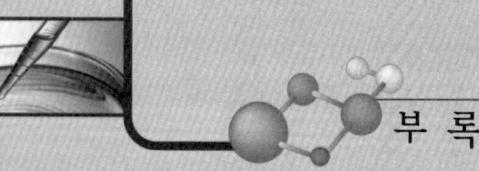

11 유지의 비누화 반응에 대한 설명으로 옳지 않은 것은?

① 산촉매 조건에서 반응 시 아마이드 화합물이 생성된다.
② 에스터 화합물을 사용한 글리세린 제조에 이용된다.
③ 금속 수산화물이 반응에 사용된다.
④ 생성물은 지방산 금속염과 알코올을 포함한다.

정답 ④

해설 100주 공업화학 제45주 유지, 제46주 계면활성제
유지의 비누화 반응

$$
\begin{array}{l}
R-\overset{\overset{\displaystyle O}{\|}}{C}-O-CH_2 \\[2mm]
R'-\overset{\overset{\displaystyle O}{\|}}{C}-O-CH \ + \ 3NaOH \ \xrightarrow{\triangle} \ R'-\overset{\overset{\displaystyle O}{\|}}{C}-O^-Na^+ \ + \ HO-CH \\[2mm]
R''-\overset{\overset{\displaystyle O}{\|}}{C}-O-CH_2
\end{array}
$$

$$
R-\overset{\overset{\displaystyle O}{\|}}{C}-O^-Na^+ \qquad HO-CH_2
$$
$$
R''-\overset{\overset{\displaystyle O}{\|}}{C}-O^-Na^+ \qquad HO-CH_2
$$

유지(에스터화합물) + 수산화나트륨 ⟶ 비누 + 글리세린

여기서 산(H_3O^+)을 첨가하면, RCO_2Na(비누) + H_3O^+ → RCO_2H(지방산)이 된다.

따라서,
$$
\begin{array}{ccc}
CH_2 & - CH & - CH_2, \ RCO_2H \\
| & | & | \\
OH & OH & OH
\end{array}
$$

글리세린 + 지방산이 형성된다.

12 탄화칼슘을 질소 분위기로에서 가열하여 제조하는 비료는?

① 요소   ② 질안
③ 석회질소   ④ 황안

정답 ③

해설 100주 공업화학 제64주 비료 제조공업
CaC_2(탄화칼슘) + N_2(질소) → $CaCN_2$(석회질소) + C(탄소)

13 다음의 고분자 중합반응에서 중합 후 고분자의 수평균중합도는? (단, A‑B는 A와 B를 말단기로 갖는 단량체이다.)

• 중합 전	A−B	A−B	A−B	A−B
	A−B	A−B	A−B	A−B
	A−B	A−B	A−B	A−B

$$\Downarrow$$

• 중합 후	A−B−A−B	A−B−A−B
	A−B−A−B	A−B−A−B
	A−B A−B	A−B A−B

① $\dfrac{1}{3}$ ② $\dfrac{2}{3}$

③ $\dfrac{3}{2}$ ④ 3

정답 ③

해설 100주 공업화학 제36주 고분자화학의 개요

수평균중합도 $DP = \dfrac{\text{중합체의 수평균분자량}}{\text{단량체분자량}} = \dfrac{M}{M_0}$

중합체의 수평균분자량 $= \dfrac{\text{총 분자량의 합}}{\text{총 분자수의 합}} = \dfrac{\sum N_i M_i}{\sum N_i}$

단량체 A−B의 분자량을 M_0라고 하면

총 분자량의 합 $= 4 \times$ A−B−A−B $+ 4 \times$ A−B $= 4 \times 2M_0 + 4 \times M_0 = 12M_0$

총 분자수의 합 $= 8$

중합체의 수평균분자량 $= \dfrac{12M_0}{8} = \dfrac{3}{2}M_0$

$\therefore$ 수평균중합도 $DP = \dfrac{\dfrac{3}{2}M_0}{M_0} = \dfrac{3}{2}$

14 효소의 특징에 대한 설명으로 옳지 않은 것은?

① 등전점(isoelectric point)에서 효소의 알짜 전하는 0이다.
② 효소 고정화에 의해 기질에 대한 효소 활성은 증가한다.
③ 효소의 활성 부위 특성과 입체구조 특징에 따라 반응속도는 변할 수 있다.
④ 효소의 고정화 방법은 흡착(adsorption)과 공유결합(covalent binding) 등이 있다.

정답 ③

해설 100주 공업화학 제42주 생체고분자 개요와 탄수화물
효소를 화학적 또는 물리적 방법에 의해 불용성 담체(matrix)에 고정하여 이동성을 제한하는 것을 효소 고정화라고 한다. 효소를 고정화하면 용액상태의 효소와 달리 재사용이 가능하기 때문에 비용이 절감되고 사용 후 분리를 시행할 필요가 없다. 다만 확산에 의한 물질전달 저항으로 고정화 전에 비해 효소활성이 저하되는 단점이 있다.

15 비료의 3요소 중 어느 것도 포함하지 않는 간접비료는?

① 퇴비　　　　　　　　　　② 황산칼륨
③ 인산칼슘　　　　　　　　④ 산화칼슘

정답 ④

해설 100주 공업화학 제64주 비료 제주공업
질소(N), 인(P), 칼륨(K)을 비료의 3요소라 한다. 황산칼륨(K_2SO_4), 인산칼슘($Ca_3(PO_4)_2$), 퇴비(천연비료)는 비료의 3요소 성분이 포함되어 있지만, 산화칼슘(CaO)의 경우에는 포함되어 있지 않다.

16 암모니아 생산을 위한 하버(Haber) 공정에 사용되는 주촉매의 성분은?

① 철　　　　　　　　　　　② 알루미늄
③ 칼슘　　　　　　　　　　④ 마그네슘

정답 ①

해설 100주 공업화학 제63주 암모니아 제조공업
암모니아 생산을 위한 하버 공정에서는 철을 주촉매로 한 철촉매(Fe_3O_4)가 사용되는데, 조촉매로는 산화칼슘(CaO), 산화칼륨(K_2O), 산화알루미늄(Al_2O_3)을 사용한다.

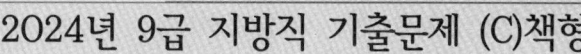

17 유기발광다이오드(Organic Light Emitting Diode, OLED)에 대한 설명으로 옳지 않은 것은?

① 음극(cathode)으로 ITO(indium tin oxide)가, 양극(anode)으로 금속 박막이 주로 사용된다.

② OLED에 전압 인가 시 '전자 및 정공의 주입, 이동, 재결합, 빛의 생성 및 방출'의 과정이 진행된다.

③ OLED의 발광물질로 전도성 공액 고분자를 사용한다.

④ 시야각이 넓고, 응답속도가 빠른 디스플레이 구현이 가능하다.

정답 ** ①

해설 ** 100주 공업화학 제91주 디스플레이

양극(anode)으로 ITO(indium tin oxide)가, 음극(cathode)으로 금속 박막이 주로 사용된다.

18 실리콘 잉곳(silicon ingot)을 만드는 쵸크랄스키(Czochralski) 공정에 대한 설명으로 옳지 않은 것은?

① 단결정 실리콘 씨앗(seed)을 다결정 실리콘 용융액에 접촉 후, 씨앗을 서서히 끌어올려 단결정 실리콘 잉곳을 제작한다.

② 실리콘 씨앗을 끌어올리는 속도 및 실리콘 용융액의 온도는 실리콘 잉곳의 품질과 관련된 공정변수이다.

③ 실리콘 씨앗과 실리콘 용융액의 접촉 및 결정 성장은 초고순도 산소 분위기에서 진행된다.

④ 실리콘의 전기적 특성 조절을 위해 다결정 실리콘 원료와 함께 도판트(dopant)를 첨가한다.

정답 ** ③

해설 ** 100주 공업화학 제71조 반도체 제조공정

초고순도 산소 분위기에서 진행 시 실리콘의 산화반응이 일어나기 때문에 산소가 없는 조건하에서 진행해야 한다.

19 과망가니즈산칼륨(KMnO₄)과 반응하여 카복실산을 생성하는 것은?

① 2-프로판올(2-propanol)

② 에탄올(ethanol)(ethanol)

③ 1, 1-디메틸에탄올(1, 1-dimethylethanol)

④ 메틸에틸케톤(methylethylketone)

정답 ②

해설 100주 공업화학 제15주 산화·환원

- 1차 알코올(에탄올) $\xrightarrow{\text{산화}}$ 알데히드 $\xrightarrow{\text{산화}}$ 카르복시산

- 2차 알코올(2-프로판올) $\xrightarrow{\text{산화}}$ 케톤

- 3차 알코올(1, 1-디메틸에탄올)은 산화 안 됨
  메틸에틸케톤도 더이상 산화되지 않음

20 반도체의 제조공정에서 사용되는 감광제(photoresist)에 관한 설명으로 옳은 것은?

① 노광을 통해 분해되는 음성(negative) 감광제와 고분자화가 진행되는 양성(positive) 감광제로 구분된다.

② 사진공정(photolithography)은 '감광제 도포 → 현상 → 노광 → 식각'의 순서로 진행된다.

③ 산화 실리콘 막과 도포된 감광제는 현상 공정을 통해 제거된다.

④ 양성 감광제는 수성 현상액을, 음성 감광제는 유기용매 현상액을 사용한다.

정답 ④

해설 100주 공업화학 제71조 반도체 제조공정

① 노광을 통해 분해되는 양성(positive) 감광제와 고분자화가 진행되는 음성(negative) 감광제로 구분된다.

② 사진공정은 '감광제 도포 → 노광 → 현상 → 식각'의 순서로 진행된다.

③ 산화 실리콘 막은 식각 공정을 통해 제거된다.

인생에서 가장 멋진 일은
사람들이 당신이 해내지 못할 것이라 장담한 일을
해내는 것이다.

-월터 배젓(Walter Bagehot)-

☆

항상 긍정적인 생각으로 도전하고 노력한다면,
언젠가는 멋진 성공을 이끌어 낼 수 있다는 것을 잊지 마세요.^^

100주 공업화학

2009. 1. 12. 초 판 1쇄 발행
2025. 4. 9. 개정 4판 1쇄(통산 14쇄) 발행

지은이 | 이흥주
펴낸이 | 이종춘
펴낸곳 | BM (주)도서출판 성안당

주소 | 04032 서울시 마포구 양화로 127 첨단빌딩 3층(출판기획 R&D 센터)
10881 경기도 파주시 문발로 112 파주 출판 문화도시(제작 및 물류)

전화 | 02) 3142-0036
031) 950-6300

팩스 | 031) 955-0510
등록 | 1973. 2. 1. 제406-2005-000046호
출판사 홈페이지 | www.cyber.co.kr
ISBN | 978-89-315-8460-8 (13570)
정가 | 55,000원

이 책을 만든 사람들

책임 | 최옥현
진행 | 이용화, 곽민선
교정 | 곽민선
전산편집 | 전채영
표지 디자인 | 박현정
홍보 | 김계향, 임진성, 김주승, 최정민
국제부 | 이선민, 조혜란
마케팅 | 구본철, 차정욱, 오영일, 나진호, 강호묵
마케팅 지원 | 장상범
제작 | 김유석